TURING 图灵程序设计丛书

CCNA
学习指南
路由和交换认证
（第2版）

[美] Todd Lammle 著

袁国忠 译

U0267735

100-105
200-105
200-125

CCNA Routing and Switching
Complete Study Guide, Second Edition

Exam 100-105, Exam 200-105, Exam 200-125

人民邮电出版社

北京

图书在版编目（CIP）数据

CCNA学习指南：路由和交换认证：100-105，200-
105，200-125：第2版 ／（美）托德·拉莫尔
（Todd Lammle）著；袁国忠译. -- 北京：人民邮电出
版社，2017.9（2023.7重印）
（图灵程序设计丛书）
ISBN 978-7-115-46654-9

Ⅰ. ①C… Ⅱ. ①托… ②袁… Ⅲ. ①互联网络—路由
选择—自学参考资料②互联网络—信息交换—自学参考资
料 Ⅳ. ①TN915.05

中国版本图书馆CIP数据核字(2017)第193671号

内 容 提 要

  本书是通过 CCNA 考试 100-105、200-105 和 200-125 的权威指南。由知名思科技术培训专家 Todd Lammle 针对最新考试大纲编写，旨在帮助考生全面掌握考试内容。本书通过大量示例、动手实验、书面实验、真实场景分析，全面介绍了互联网和 TCP/IP 等的背景知识、子网划分、VLSM、思科 IOS、命令行界面、路由和交换、VLAN、安全和访问控制列表、网络地址转换、无线技术、IPv6 以及 WAN 等技术。

  本书适合所有 CCNA 应试人员、网络管理人员及开发人员学习参考。

◆ 著   [美] Todd Lammle
 译   袁国忠
 责任编辑 杨 琳
 责任印制 彭志环

◆ 人民邮电出版社出版发行 北京市丰台区成寿寺路11号
 邮编 100164 电子邮件 315@ptpress.com.cn
 网址 http://www.ptpress.com.cn
 北京九州迅驰传媒文化有限公司印刷

◆ 开本：800×1000 1/16
 印张：49.75   2017年9月第1版
 字数：1331千字   2023年7月北京第16次印刷
    著作权合同登记号 图字：01-2017-0986号

定价：139.00元
读者服务热线：(010)84084456-6009 印装质量热线：(010)81055316
反盗版热线：(010)81055315
广告经营许可证：京东市监广登字 20170147 号

前　　言

欢迎来到激动人心的思科认证世界。如果你阅读本书旨在提高水平，以获得更好、更满意、更稳定的工作，从而改变人生，那你真是选对了。无论你是渴望进入激动人心、发展迅速的 IT 领域，还是已身在其中，但想通过提高水平获得晋升的机会，思科认证都对你实现目标大有裨益。

思科认证不仅是助你叩开成功大门的强有力的敲门砖，还将大大加深你对网络互联的全面认识。通过阅读本书，你不仅能熟悉思科设备，还能全面认识网络技术。在当今这个发达的世界，网络对生活的方方面面都至关重要，而阅读完本书后，你将对如何结合使用各种技术和拓扑组建网络有全面的认识。无论你身处哪种网络相关的职位，都必须掌握这些知识和专业技能，这也是思科设备不多的公司也亟需思科认证的原因所在。

众所周知，思科是路由和交换领域的王者，还是安全、协作、数据中心、无线和服务提供商领域的生力军。不同于 CompTIA 和微软认证等其他流行认证，思科认证对洞察当今极其复杂的网络技术不可或缺。决定获得思科认证相当于宣称要成为最优秀的网络专家，而本书将引领你向这个目标迈进。提前祝贺你即将踏上美好前程！

要获悉 CCNA 认证考试更新和增补的最新信息，以及学习工具、复习题、视频和补充材料，请访问 Todd Lammle 的网站和论坛，网址为 www.lammle.com/ccna。

思科网络认证

最初，要获取最顶级的思科认证 CCIE，只需通过一门笔试，但接下来的动手实验难度极大、令人恐惧。这种毕其功于一役的认证方式让人望而却步，对大多数人来说都是一项几乎不可能完成的任务，因此效果不佳。为解决这种问题，思科制定了一系列新认证，既让考生更容易获得梦寐以求的 CCIE 认证，又让雇主能够准确地评估既有和潜在雇员的技能水平。这种认证方式的转变激动人心，敞开了原本只有极少数人才能迈进的大门。

从 1998 年起，CCNA（Cisco Certified Network Associate，思科认证网络工程师）成了思科认证路径的第一步，它是其他所有思科认证的前提。2007 年，情况发生了变化，思科推出了 CCENT（Cisco Certified Entry Network Technician，思科认证入门级网络技术员）认证。2016 年 5 月，思科再次修订了 CCENT 和 CCNA 路由和交换（R/S）认证。现在的思科认证路径如图 I-1 所示。

图 I-1 只列出了最受欢迎的认证系列。除这些认证系列外，还有"设计""服务提供商""服务提供商运营"和"视频"等认证系列。

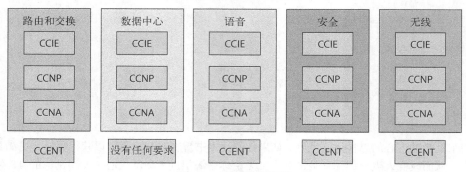

图 I-1　思科认证路径

"路由和交换"无疑是当前最受欢迎的认证系列,未来很长时间内也将如此。然而,随着越来越多的公司采用数据中心技术,"数据中心"认证系列将日益受到重视。凭借"安全"和"协作"认证系列也能找到不错的工作。还有一种较新的认证越来越受欢迎,它就是 CCNA 工业网络认证(CCNA Industrial)。然而,强烈建议你先牢固地掌握路由和交换方面的基本知识,再考虑获取其他认证系列。

如图 I-1 所示,大多数认证系列都只要求先获得 CCENT 认证。另外,还有一些图中未列出的认证系列,但它们不像列出的认证系列那样受欢迎。

思科认证入门级网络技术员(CCENT)

这项认证的名称极具误导性,可别被骗了——它绝对不是入门级的。虽然在思科认证路径中,CCENT 是入门级的,但它绝非毫无经验者碗里的菜,这些人梦想通过单挑 CCENT 踏入收入颇丰也极具挑战性的 IT 就业市场。门外汉必须明白,要想得到思科认证,得具备 CompTIA 认证 A+和 Network+要求的技能,虽然思科没有明确要求考生获得这些认证。

2016 年后,获取思科认证又变得难了很多。CCENT 看似简单,但如果考生没有心理准备,就可能遇上大麻烦,因为它实际上比以前的 CCNA 都难不少。一旦你开始学习,很快就会明白这一点,但不要气馁。从长远看,认证越难获得对你越有利:唯有更难获得,等你最终获得时它们才更有价值,不是吗?确实如此!

需要牢记的另一点是,要获得 CCENT 认证,必须通过 ICND1(思科网络设备互联第一部分)考试。这门考试每次收费 150 美元,要通过绝非易事!好在本书的第一部分(第 1~14 章)提供了循序渐进的指南,可帮助你牢固地掌握路由和交换技术。你需要做的是打下坚实的技术基础,因此请远离应考型书籍、可疑的在线资料等类似的东西。这些资料或许会有所帮助,但别忘了,除非具备牢固的基本功,否则别指望通过思科认证考试,而要具备牢固的基本功,唯一的办法是尽可能多地阅读本书,完成其中的书面实验和复习题,并做大量的动手实验。本书配套网站还提供了其他模拟题、视频和实验;另外,很多网站都提供了相关的学习资料。

所有认证都要求考生先获得 CCENT 认证,要满足这种要求,除了通过 ICND1 考试外,还有一种办法,那就是通过 CCNA R/S 综合考试。下面先说 ICND2(思科网络设备互联第二部分)考试,再谈 CCNA 综合考试。通过 CCNA 综合考试后,可同时获得 CCENT 和 CCNA R/S 认证。

思科认证路由和交换网络工程师（CCNA R/S）

获得 CCENT 认证后，要想获得 CCNA R/S 认证，还需通过 ICND2（200-105）考试。CCNA R/S 无疑是最受欢迎的思科认证，因为无论去什么单位应聘，有这种认证的都是抢手人才。

与 ICND1 一样，ICND2 考试也每次收费 150 美元，因此如果你以为不看书就能通过这些考试，就可能为这种错误想法付出惨重的代价。CCENT/CCNA 考试非常难、涉及面极广，你必须精通相关的内容！要想通过这么难的考试，要么参加思科课程培训，要么花数月进行实践。

获得 CCNA 认证后，不必就此止步，还可继续学习并获得更高级别的认证——思科认证资深网络工程师（Cisco Certified Network Professional，CCNP）。从图 I-1 可知，CCNP 认证有多种，但最受欢迎的还是 CCNP R/S，紧追其后的是 CCNP 语音认证，但需要指出的是，CCNP 数据中心认证很快就会迎头赶上。获得 CCNP R/S 认证后，就具备了参加 CCIE R/S 实验考试所需的全部技能和知识。这种认证难得可怕，也令人垂涎欲滴。然而，仅获得 CCNA R/S 认证就可帮助你找到梦寐以求的工作，这正是本书的目的所在：帮你找到并保住好工作！

在有选择余地的情况下，为何非得通过两门考试以获得 CCNA 认证呢？思科还提供了 CCNA 综合（200-125）考试，只要通过这门考试，就可同时获得 CCENT 和 CCNA R/S 认证，而且收费仅为 250 美元。有些人喜欢一次性考试，有些人喜欢分两次考。本书第二部分（第 15 ~ 22 章）介绍了与 ICND2 考试相关的主题。

为何要成为 CCENT 和 CCNA R/S

与微软及其他提供认证的厂商一样，思科制定的认证流程旨在帮助管理员掌握一系列技能，并给雇主提供检查这些技能的方法和标准。你可能知道，成为 CCNA R/S 是迈向成功的第一步，它让你能够进入网络领域，获得可观的收入，确保职业生涯持续向前发展。

制定 CCNA 认证旨在详尽地介绍思科互联网络操作系统（Internet Operating System，IOS）和思科设备，同时全面介绍网络互联技术，让你对网络有全面的认识，而不局限于思科特有的领域。从这种意义上说，即使是没有思科设备的网络公司，也可能要求应聘者获得思科认证。

获得 CCNA 认证后，如果仍对思科和网络互联感兴趣，你就踏上了通往成功之路。

成为 CCNA R/S 需要具备的技能

ICND1 考试（100-105）旨在检查考生是否具备完成如下工作所需的知识和技能：安装和运营小型分支机构网络以及排除其故障。考题涉及如下方面：IP 数据网络的工作原理、LAN 交换技术、IPv6、IP 路由选择技术、IP 服务、网络设备安全以及基本的故障排除。ICND2 考试（200-105）旨在检查考生是否具备完成如下工作所需的知识和技能：安装和运营中小型企业分支机构网络以及排除其故障。考题涉及如下方面：LAN 交换技术、IP 路由选择技术、安全、故障排除和 WAN 技术。

如何成为 CCNA R/S

如果想一次性获得 CCNA R/S 认证，可只参加一门考试：CCNA 综合考试（200-125）。不过别指望它有多么容易。确实只需通过一门考试，但涉及的内容非常多，必须掌握足够的知识才能读懂考题。

要通过这门考试，必须对前面介绍 ICND1 和 ICND2 考试时提及的内容都了如指掌。别灰心，这门考试虽难，但也是能够通过的！

CCNA 综合考试（200-125）涵盖哪些内容呢？几乎与 ICND1 和 ICND2 涵盖的主题相同。你可参加思科授权的 Todd Lammle 训练营，为参加这门考试做准备。200-125 考试检查考生是否具备完成如下工作所需的知识和技能：安装和运营中小型企业分支机构网络以及排除其故障。

除了通过 CCNA 综合考试外，思科还提供了前面介绍的分两步成为 CCNA 的途径。这可能比参加一次更长的考试轻松些，但绝不要以为这种途径很容易。你需要做大量的准备工作，但只要坚持不懈地学习，就完全能够成功。本书涵盖了这三门考试所需的知识。

分两步获取 CCNA 认证时，需要通过如下考试。

❑ 考试 100-105：思科网络设备互联第一部分（ICND1）。

❑ 考试 200-105：思科网络设备互联第二部分（ICND2）。

具备一些实际使用思科路由器的经验至关重要，这一点无论如何强调都不过分。为此需有一些基本路由器和交换机，但确实没有也没关系，本书提供了数百个配置示例，可帮助网络管理员（或想成为网络管理员的人）掌握通过 CCENT 和 CCNA R/S 考试所需的知识。

 注意 CCSI Todd Lammle 开设了思科授权的动手实验培训，要参加该培训，请访问 www.lammle.com/ccna。在该培训中，每个学生都将动手配置至少三台路由器和两台交换机，且每台设备都只供一个学生使用。

本书涵盖的内容

本书涵盖了通过 ICND1（100-105）、ICND2（200-105）和 CCNA 综合考试（200-125）需要掌握的方方面面的知识。无论你选择哪种途径来获取 CCNA 认证，花时间研究并实际使用路由器或路由器模拟器都非常重要。

本书分为两部分，第一部分包含第 1 ~ 14 章，对应于 ICND1 考试；第二部分包含第 15 ~ 21 章，对应于 ICND2 考试。你将通过本书学习如下内容。

❑ **第 1 章（网络互联）** 在这一章中，你将以思科希望的方式学习开放系统互联（OSI）模型的基本知识。还有书面实验和大量复习题给你提供帮助，千万不要跳过基础性的书面实验。

❑ **第 2 章（以太网和数据封装）** 介绍要通过 CCENT 和 CCNA 考试必须掌握的以太网基本知识，并详细讨论数据封装。与其他各章一样，这一章也包含书面实验和复习题，可为你提供帮助。

❑ **第 3 章（TCP/IP 简介）** 提供通过 CCNA 考试和完成实际工作所需的 TCP/IP 背景知识。首先探讨 Internet 协议（IP）栈，接着详细介绍 IP 编址以及网络地址和广播地址的差别，最后阐述网络故障排除。

❑ **第 4 章（轻松划分子网）** 阅读这一章后，你将能够通过心算进行子网划分。章末的书面实验和复习题有极大的帮助。

❑ **第 5 章（变长子网掩码、汇总和 TCP/IP 故障排除）** 介绍变长子网掩码（VLSM）、如何设计使用 VLSM 的网络以及路由汇总及其配置。与第 4 章一样，章末的书面实验和复习题会对你帮助极大。

❑ **第 6 章（思科互联网络操作系统）**　介绍思科网络互联操作系统（IOS）和命令行界面（CLI）。你将学习如何开启路由器以及进行基本的 IOS 配置，包括设置密码、旗标等。动手实验有助于牢固掌握本章介绍的概念，但进行这些动手实验前，务必完成书面实验和复习题。

❑ **第 7 章（管理思科互联网络）**　帮助你获得运营思科 IOS 网络所需的管理技能，包括备份和恢复 IOS 和路由器配置以及确保网络正常运行所需的故障排除工具。同样，进行动手实验前，务必完成书面实验和复习题。

❑ **第 8 章（管理思科设备）**　介绍思科路由器的启动过程、配置寄存器以及如何管理思科 IOS 文件，还专辟一节讨论了思科新采用的 IOS 许可方式。动手实验、书面实验和复习题将帮助你牢固地掌握这一章探讨的主题。

❑ **第 9 章（IP 路由选择）**　这一章很有趣，你将开始组建网络、添加 IP 地址以及在路由器之间路由数据。你还将学习静态路由、默认路由以及使用 RIP 和 RIPv2 进行动态路由选择。动手实验、书面实验和复习题将帮助你全面认识 IP 路由选择。

❑ **第 10 章（第 2 层交换）**　介绍第 2 层交换的背景知识、交换机如何获悉地址及做出转发和过滤决策，还将详细讨论基于 MAC 地址的交换机端口安全。同样，请务必完成动手实验、书面实验和复习题，确保你确实明白第 2 层交换。

❑ **第 11 章（VLAN 及 VLAN 间路由选择）**　介绍虚拟 LAN 及如何在互联网络中使用它们，这包括 VLAN 的本质、涉及的各种概念和协议以及 VLAN 故障排除。动手实验、书面实验和复习题将巩固这些 VLAN 知识。

❑ **第 12 章（安全）**　介绍安全和访问列表。访问列表是在路由器上创建的，用于过滤数据流。这一章将详细讨论 IP 标准访问列表、扩展访问列表和命名访问列表。书面实验、动手实验和复习题将帮助你学习 CCNA 考试中安全和访问列表方面的知识。

❑ **第 13 章（网络地址转换）**　介绍网络地址转换（NAT）。新增的信息、命令、故障排除示例和动手实验将帮助你牢固掌握 ICND1 考试中与 NAT 相关的主题。

❑ **第 14 章（IPv6）**　这一章很有趣，包含大量重要的信息。大多数人认为 IPv6 是个庞大而令人恐惧的怪物，但实际上并非如此。在最新的 CCNA 考试大纲中，IPv6 非常重要，请务必仔细研究这一章，并完成其中的动手实验。

❑ **第 15 章（高级交换技术）**　首先详细介绍 STP 基本知识及各种 STP 版本，然后介绍 VLAN、中继和故障排除，最后探讨 EtherChannel 技术及其配置和验证。动手实验、书面实验和复习题大有帮助，千万不要跳过。

❑ **第 16 章（网络设备管理和安全）**　介绍如何使用各种安全技术缓解接入层面临的威胁，还有使用 RADIUS 和 TACACS+实现 AAA 以及 SNMP 和 HSRP。千万不要跳过这一章的动手实验、书面实验和复习题。

❑ **第 17 章（增强 IGRP）**　ICND1 部分未涉及增强 IGRP（EIGRP），因此本章专门介绍 EIGRP 和 EIGRPv6。这一章提供了大量示例，涵盖 EIGRP 和 EIGRPv6 的配置、验证和故障排除。章末也提供了动手实验、书面实验和复习题。

❑ **第 18 章（开放最短路径优先）** 深入探讨如何使用开放最短路径优先（OSPF）进行更复杂的动态路由选择。动手实验、书面实验和复习题将帮助你掌握这种重要的路由选择协议。

❑ **第 19 章（多区域 OSPF）** 第 18 章详细地介绍了 OSPF，因此阅读第 19 章前，务必牢固掌握 OSPF 基本知识。这一章以第 18 章为基础，介绍多区域 OSPF 网络、OSPF 高级配置以及 OSPFv3，章末提供了动手实验、书面实验和极具挑战性的复习题。

❑ **第 20 章（排除 IP、IPv6 和 VLAN 故障）** 这是本书最重要的一章，但并非所有人都这样认为。等你参加考试时，就知道这种看法是否正确了。请务必详细阅读所有的 IP、IPv6 和 VLAN 故障排除步骤。这一章的动手实验放在免费的补充材料中，我将根据需要编写和修改它们。千万不要跳过这一章的书面实验和复习题。

❑ **第 21 章（广域网）** 这是本书篇幅最长的一章，深入介绍多种协议，尤其是 HDLC 和 PPP，还讨论了众多其他的技术。在讨论 PPP 的小节中，提供了多个不错的故障排除示例，千万不要跳过。章末是紧扣考试大纲的动手实验，还有书面实验和极具挑战性的复习题。

❑ **第 22 章（智能网络进展）** 我将最难的一章放在最后。这章难以理解的原因是，没有提供帮助深入理解云计算的配置小节，而介绍 APIC-EM 和 QoS 的小节还要求你有开放而准备充分的心态。这一章力图紧扣大纲，旨在帮助你通过考试。书面实验和复习题也是完全按照考试大纲编写的。

❑ **附录 A（书面实验答案）** 包含各章书面实验的答案。

❑ **附录 B（复习题答案）** 包含各章复习题的答案。

❑ **附录 C（禁用和配置网络服务）** 列举了在路由器上应禁用的基本服务，这样可避免网络成为拒绝服务（DoS）和其他攻击的目标。

 提示 请务必查看我开设的论坛的通告（announcements）部分，了解如何下载专为本书制作的补充材料。

在线内容

经过艰苦的努力，我提供了一些很好的工具，可帮助你为认证考试做准备。这些工具大都可从 www.wiley.com/go/sybextestprep 下载，你在备考期间应将它们都安装到计算机中。作为补充材料，我还提供了一个下载链接，让你能够下载我录制的 CCNA 视频系列的预览版！虽然不是完整版，但作为免费提供的材料，它们还是很有价值的。

备考软件 备考软件可帮助你为通过 ICND1、ICND2 和 CCNA R/S 综合考试做好准备。这个考试引擎包含书中所有的评估测试和复习题，还有只能在备考软件中找到的模拟题。

电子抽认卡 配套学习工具包含 200 多张抽认卡，这些抽认卡旨在挑战极限，确保你为考试做好了充分准备。因此即便一开始成绩不佳，你也不必气馁。如果能正确完成复习题、模拟题和抽认卡，那通过 CCNA 考试根本就不在话下。

术语表 www.wiley.com/go/sybextestprep 提供了一个术语表，其中包括 ICND1、ICND2 和 CCNAR/S 考试涉及的所有术语，还有思科路由选择术语。

补充材料和实验 请务必访问我开设的论坛（www.lammle.com/ccna）的通告（announcements）部

分，了解如何下载最新的补充材料，这些材料是为帮助你备考 ICND1、ICND2 和 CCNA R/S 专门制作的。

Todd Lammle 视频　我录制了完整的 CCNA 视频系列，可从 www.lammle.com/ccna 购买。

如何使用本书

如果你想严肃对待 ICND1、ICND2 和 CCNA R/S 综合考试，做好扎实的准备工作，那么精通本书内容足矣。我花了大量时间编写本书，唯一的目的是帮助你通过 CCNA 考试并学会如何配置思科路由器和交换机。

本书涵盖了大量宝贵信息，知道我编写本书的思路后，你将能最有效地利用学习时间。

为最有效地利用本书，建议你采用如下学习方法。

(1) 阅读前言后立刻完成评估测试（后面提供了答案）。即使一道题都不会也没有关系，不然你为何要购买本书呢！对于答错的题目，仔细阅读答案中的解释，并记下介绍相关内容的章节。这些信息有助于你制订学习计划。

(2) 仔细阅读每一章，确保完全掌握了该章的内容和开头指出的考试目标。要特别注意与答错的考题内容相关的章节。

(3) 完成每章末尾的书面实验（答案见附录 A）。绝不要跳过这些书面实验，它们与 CCNA 考试关系紧密，并指出了该章必须掌握的重点。再重申一遍，万不可跳过这些书面实验！确保自己知其所以然。

(4) 完成每章的动手实验，并参考正文，帮助理解执行每个步骤的原因。尽可能在设备上完成这些实验，如果没有思科设备，可试试 IOS 版 LammleSim，但它只可用于完成本书的动手实验。这些动手实验可帮助你掌握思科认证要求的所有知识。

(5) 回答每章的所有复习题（答案见附录 B）。将不懂的复习题记录下来，并复习相关主题，直到对涉及的概念一清二楚。千万不要跳过这些复习题，要确保自己完全明白每个答案。这些复习题虽然不会出现在考试中，但可帮助你理解每章的内容并最终通过考试。

(6) 尝试完成配套的模拟题，这些模拟题只能从 www.wiley.com/go/sybextestprep 获取。另外，请务必访问 www.lammle.com/ccna，这里有最新的思科模拟考题、视频、Todd Lammle 训练营等。

(7) 使用抽认卡进行自测，这些抽认卡也可从配套网站下载。它们经过了全面更新，旨在帮助你备考 CCNA R/S，是很好的学习工具！

要详细学习本书的内容，必须专心致志、持之以恒。尽可能每天都在固定的时段进行学习，并选择安静、舒适的学习环境。我深信，只要刻苦努力，学习进度就将让你惊讶。

只要按上述要求认真学习，完成动手实验、复习题、模拟考试和书面实验，观看 Todd Lammle 视频，并充分利用电子抽认卡，想不通过 CCNA 考试都难！然而，备考 CCNA 犹如塑身——如果不坚持每天都去健身房，就不可能成功。

去哪里考试

要参加 ICND1、ICND2、CCNA R/S 综合考试或其他任何思科认证考试，可前往 Pearson VUE 授权的任何考试中心。想了解更详细的信息，请访问 www.vue.com 或致电 877-404-3926。

要登记参加思科认证考试，请按如下步骤做。

(1) 确定要参加的考试的编号（ICND1 考试的编号为 100-105，ICND2 考试为 100-205，CCNA R/S 综合考试为 200-125）。

(2) 前往最近的 Pearson VUE 考试中心登记注册。在登记期间，你需要提前缴纳考试费。编写本书期间，ICND1 和 ICND2 考试费都是 150 美元，CCNA R/S 综合考试费为 250 美元，缴费后一年内有效。最长可提前 6 周预约考试时间，最短可预约当天的考试。如果未通过思科考试，至少要等待 5 天后才能重考。如果有事需要取消或重新预约考试，必须至少提前 24 小时与 Pearson VUE 联系。

(3) 预约考试后，你将获悉预约的时间及取消流程、需要携带的身份证明以及考试中心的位置。

思科认证考试技巧

思科认证考试包含 40 ~ 50 道考题，必须在大约 90 分钟内完成，考题数和考试时长可能随每次考试而异。正确率必须达到大约 85% 才能通过考试，但这也可能随每次考试而异。

很多考题的答案乍一看都差不多，尤其是语法题！请务必仔细阅读每个答案，因为差不多是不行的。即使输入命令的顺序不对或遗漏了一个无关紧要的字母，也会判你错。因此，请务必反复完成每章末尾的动手实验，直到得心应手为止。

另外，别忘了，哪个答案正确是思科说了算。在很多情况下，有多个合适的答案，但只有思科推荐的答案才是正确的。考题总是让你选择一个、两个或三个正确的答案，而绝不会让你选择所有正确的答案。思科认证考试包含的题型如下：

- ❏ 单选题；
- ❏ 多选题；
- ❏ 拖放题；
- ❏ 路由器模拟题。

思科考试不会列出完成路由器配置所需的步骤，但允许使用简写的命令。例如 show run、sho running 和 sh running-config 都可以。

下面是一些成功通过考试的技巧。

- ❏ 提前到达考试中心，这样不至于太紧张，还可以复习学习材料。
- ❏ **仔细阅读考题**，不要急于作答。确保自己准确地理解了考题。我总是跟学生讲，三思后作答。
- ❏ 对于没有把握的多选题，采用排除法将明显不对的答案排除。在需要进行有根据的猜测时，这种做法可极大地提高准确率。
- ❏ 在思科考试中，不能来回翻阅考题。单击 Next 按钮前，务必核实答案，因为一旦单击 Next 按钮，就不能改变主意了。

考试结束后，参考人员将马上得到在线通知，告诉你是否通过了考试。考试管理人员还会给你一张打印的成绩报告单，它指出你是否通过了考试，并列出各部分的得分情况。考试结束后的 5 个工作日内，考试成绩将自动发送给思科，而不需要你邮寄。如果你通过了考试，通常将在 2 ~ 4 周内收到思科的确认，但有时时间更长一些。

致　　谢

　　书籍是众人协作的结晶。作为作者，我为编写本书付出了大量时间，但如果没有众多其他人员专心致志的艰苦努力，本书就不可能付梓。

　　感谢组稿编辑 Kenyon Brown，我在思科认证领域的成功离不开他的帮助。期盼能够与 Kenyon Brown 继续在印刷和视频市场携手前行。感谢技术编辑 Todd Montgomery 及时地审读手稿并提出建议，与他合作真是非常愉快。还要感谢策划编辑 Kim Wimpsett，我们合作了多年，正是在她的协调下我的想法才变成你现在手握的大部头。

　　感谢制作编辑 Christine O'Connor 和文字编辑 Judy Flynn 承担了繁重的编辑工作。这个梦幻团队给我信心，让我得以度过艰难而漫长写作时光。Christine 让我的修改井井有条，确保每个示意图都放在正确的位置，真不知道她是怎么做到的！Christine，你太出色了，谢谢你。Judy 担任过我 10 多本图书的文字编辑，对我的写作风格了如指掌，有时甚至能发现我写作过程中忽视的技术错误。感谢 Judy 所做的出色工作！

CCNA 路由和交换认证考试大纲地图

下面的考试大纲地图指出了 CCNA 路由和认证考试大纲的各项内容都是在本书何处介绍的，旨在帮助你快速找到它们。

ICND1 考试大纲

思科有权根据自己的判断，在不通知的情况下随时修改考试大纲。要获悉最新的 ICND1 考试（100-105）信息，请访问思科认证网站（www.cisco.com/web/learning）。

表I-1　1.0 网络基本知识（20%）

目　　标	所在章
1.1 比较OSI和TCP/IP模型	3
1.2 比较TCP和UDP协议	3
1.3 描述企业网络中基础设施组件的影响	1
1.3.a 防火墙	1
1.3.b 接入点	1
1.3.c 无线控制器	1
1.4 比较收缩核心（collapsed core）架构和三层架构	2
1.5 比较网络拓扑	1
1.5.a 星型	1
1.5.b 网状	1
1.5.c 混合	1
1.6 根据实现需求选择合适的电缆类型	2
1.7 使用故障排除方法来解决问题	3、5
1.7.a 隔离并记录故障	3、5
1.7.b 解决或上交	3、5
1.7.c 验证并监视解决方案	3、5
1.8 IP编址和子网划分的配置、验证和故障排除	4、5
1.9 比较IPv4地址类型	3
1.9.a 单播地址	3
1.9.b 广播地址	3
1.9.c 组播地址	3

（续）

目　标	所在章
1.10 描述需要IPv4私有地址的原因	3
1.11 根据LAN/WAN环境的编址需求制定合适的IPv6编址方案	14
1.12 IPv6编址的配置、验证和故障排除	14
1.13 配置和验证IPv6无状态地址自动配置	14
1.14 比较IPv6地址类型	14
1.14.a 全局单播地址	14
1.14.b 唯一本地地址	14
1.14.c 链路本地地址	14
1.14.d 组播地址	14
1.14.e 改进的EUI-64地址	14
1.14.f 自动配置	14
1.14.g 任意播地址	14

表I-2　2.0 LAN交换技术（26%）

目　标	所在章
2.1 描述交换概念	10
2.1.a MAC获悉和老化	10
2.1.b 帧交换	10
2.1.c 帧泛洪	10
2.1.d MAC地址表	10
2.2 解读以太网帧格式	2
2.3 接口和电缆故障排除（冲突、错误、双工模式、速度）	6
2.4 横跨多台交换机的VLAN（正常范围）的配置、验证和故障排除	11
2.4.a 接入端口（数据和语音）	11
2.4.b 默认VLAN	11
2.5 交换机间连接的配置、验证和故障排除	11
2.5.a 中继端口	11
2.5.b 802.1Q	11
2.5.c 本机VLAN	11
2.6 配置和验证第2层协议	7
2.6.a 思科发现协议	7
2.6.b LLDP	7
2.7 端口安全的配置、验证和故障排除	10
2.7.a 静态	10
2.7.b 动态	10
2.7.c 粘性MAC地址	10
2.7.d 最大MAC地址数	10
2.7.e 违规措施	10
2.7.f 错误禁用恢复	10

表I-3　3.0 路由选择技术（25%）

目　　标	所在章
3.1 描述路由选择概念	9
3.1.a 传输途中的分组处理	9
3.1.b 基于路由查找的转发决策	9
3.1.c 帧改写	9
3.2 解读路由选择表的组成部分	9
3.2.a 前缀	9
3.2.b 子网掩码	9
3.2.c 下一跳	9
3.2.d 路由选择协议代码	9
3.2.e 管理距离	9
3.2.f 度量值	9
3.2.g 最后求助的网关	9
3.3 描述不同的路由选择信息源如何填充路由选择表	9
3.3.a 管理距离	9
3.4 VLAN间路由选择的配置、验证和故障排除	11
3.4.a 单臂路由器	11
3.5 比较静态路由和动态路由选择	9
3.6 IPv4和IPv6静态路由的配置、验证和故障排除	9
3.6.a 默认路由	9、14
3.6.b 网络路由	9
3.6.c 主机路由	9
3.6.d 浮动静态路由	9
3.7 IPv4 RIPv2的配置、验证和故障排除（不包括身份验证、过滤、手工汇总、重分发）	9

表I-4　4.0 基础设施服务（15%）

目　　标	所在章
4.1 描述DNS查找操作	7
4.2 排除与DNS相关的客户连接性故障	7
4.3 在路由器上配置和验证DHCP（不包括静态保留）	7
4.3.a 服务器	7
4.3.b 中继	7
4.3.c 客户端	7
4.3.d TFTP、DNS和网关选项	7
4.4 排除基于客户端和路由器的DHCP连接性故障	7
4.5 配置和验证客户端/服务器模式下的NTP操作	7
4.6 为路由型接口配置和验证IPv4标准编号和命名访问列表并排除其故障	12
4.7 内部源NAT的配置、验证和故障排除	13
4.7.a 静态转换	13
4.7.b 地址池	13
4.7.c PAT	13

表I-5　5.0 基础设施管理（14%）

目　标	所在章
5.1 配置和验证使用系统日志的设备监视	7
5.2 配置和验证设备管理	7、8
5.2.a 备份和恢复设备配置	7
5.2.b 使用思科发现协议和LLDP来发现设备	7
5.2.c 许可	8
5.2.d 日志	7
5.2.e 时区	7
5.2.f 环回	7
5.3 设备初步设置的配置和验证	6
5.4 设备基本强化的配置、验证和故障排除	6
5.4.a 本地身份验证	6
5.4.b 安全密码	6
5.4.c 访问设备	6
5.4.c(i) 源地址	6
5.4.c(ii) Telnet/SSH	6
5.4.d 登录旗标	6
5.5 执行设备维护	6、8
5.5.a 思科IOS升级和恢复（SCP、FTP、TFTP和MD5验证）	8
5.5.b 密码恢复和配置寄存器	8
5.5.c 文件系统管理	8
5.6 使用思科IOS工具诊断并排除故障	6
5.6.a 扩展ping和traceroute	6
5.6.b 终端监视器	6
5.6.c 将事件写入日志	6

ICND2 考试大纲

思科有权根据自己的判断，在不通知的情况下随时修改考试大纲。要获悉最新的 ICND2 考试（200-105）信息，请访问思科认证网站（www.cisco.com/web/learning）。

表I-6　1.0 LAN交换技术（26%）

目　标	所在章
1.1 横跨多台交换机的VLAN（正常/扩展范围）的配置、验证和故障排除	15
1.1.a 接入端口（数据和语音）	15
1.1.b 默认VLAN	15
1.2 交换机间连接的配置、验证和故障排除	15
1.2.a 添加和删除中继链路支持的VLAN	15

（续）

目　标	所在章
1.2.b DTP和VTP（v1和v2）	15
1.3 STP的配置、验证和故障排除	15
1.3.a STP模式（PVST+和RPVST+）	15
1.3.b STP根网桥选举	15
1.4 与STP相关的可选功能的配置、验证和故障排除	15
1.4.a PortFast	15
1.4.b BPDU防护	15
1.5 EtherChannel（第2层/第3层）的配置、验证和故障排除	15
1.5.a 静态	15
1.5.b PAGP	15
1.5.c LACP	15
1.6 描述交换机堆叠和机架聚合的好处	22
1.7 描述常用的接入层威胁缓解方法	15、16、20
1.7.a 802.1x	16
1.7.b DHCP snooping	16
1.7.c 非默认的本机VLAN	15、20

表I-7　2.0 路由选择技术（29%）

目　标	所在章
2.1 VLAN间路由选择的配置、验证和故障排除	15
2.1.a 单臂路由器	15
2.1.b SVI	15
2.2 比较距离矢量路由选择协议和链路状态路由选择协议	17、18、19
2.3 比较内部路由选择协议和外部路由选择协议	17、18、19
2.4 单区域和多区域IPv4 OSPFv2的配置、验证和故障排除（不包括身份验证、过滤、手工汇总、重分发、末节路由器、虚链路和LSA）	18、19
2.5 单区域和多区域IPv6 OSPFv3的配置、验证和故障排除（不包括身份验证、过滤、手工汇总、重分发、末节路由器、虚链路和LSA）	18、19
2.6 IPv4 EIGRP的配置、验证和故障排除（不包括身份验证、过滤、手工汇总、重分发和末节路由器）	17
2.7 IPv6 EIGRP的配置、验证和故障排除（不包括身份验证、过滤、手工汇总、重分发和末节路由器）	17

表I-8　3.0 WAN技术（16%）

目　标	所在章
3.1 在WAN接口上配置和验证使用本地身份验证的PPP和MLP	21
3.2 使用本地身份验证的PPPoE客户端接口的配置、验证和故障排除	21
3.3 GRE隧道连接性的配置、验证和故障排除	21
3.4 描述各种WAN拓扑	21

（续）

目　标	所在章
3.4.a 点到点	21
3.4.b 中央和分支	21
3.4.c 全网状	21
3.4.d 单宿主和双宿主	21
3.5 描述各种WAN接入方式	21
3.5.a MPLS	21
3.5.b 城域以太网	21
3.5.c 宽带PPPoE	21
3.5.d 互联网VPN（DMVPN、场点到场点VPN、客户端VPN）	21
3.6 配置和验证使用eBGP IPv4的单宿主分支机构连接性（仅限于对等关系和使用network命令通告网络）	21

表I-9　4.0 基础设施服务（14%）

目　标	所在章
4.1 基本HSRP的配置、验证和故障排除	16
4.1.a 优先级	16
4.1.b 抢占	16
4.1.c 版本	16
4.2 描述云资源对企业网络架构的影响	22
4.2.a 访问内部和外部云服务的流量的传输路径	22
4.2.b 虚拟服务	22
4.2.c 基本的虚拟网络基础设施	22
4.3 描述QoS基本概念	22
4.3.a 标记	22
4.3.b 设备信任	22
4.3.c 指定优先顺序	22
4.3.c(i) 语音	22
4.3.c(ii) 视频	22
4.3.c(iii) 数据	22
4.3.d 整形	22
4.3.e 监管	22
4.3.f 拥塞管理	22
4.4 用于过滤流量的IPv4和IPv6访问列表的配置、验证和故障排除	20
4.4.a 标准	20
4.4.b 扩展	20
4.4.c 命名	20
4.5 使用APIC-EM的ACL分析工具路径跟踪来验证ACL	22

表I-10　5.0 基础设施维护（15%）

目　　标	所在章
5.1 配置和验证设备监视协议	16
5.1.a SNMPv2	16
5.1.b SNMPv3	16
5.2 使用基于ICMP回应的IP SLA排除网络连接故障	20
5.3 使用本地SPAN诊断并排除故障	20
5.4 描述如何通过TACACS+和RADIUS使用AAA来管理设备	16
5.5 描述企业网络架构中的网络可编程性	22
5.5.a 控制器的功能	22
5.5.b 控制层面和数据层面分离	22
5.5.c 北向和南向API	22
5.6 排除基本的第3层端到端连接故障	22

CCNA 综合考试大纲

思科有权根据自己的判断，在不通知的情况下随时修改考试大纲。要获悉最新的 CCNA 综合考试（200-125）信息，请访问思科认证网站（www.cisco.com/web/learning）。

表I-11　1.0 网络基本知识（15%）

目　　标	所在章
1.1 比较OSI和TCP/IP模型	3
1.2 比较TCP和UDP协议	3
1.3 描述企业网络中基础设施组件的影响	1
1.3.a 防火墙	1
1.3.b 接入点	1
1.3.c 无线控制器	1
1.4 描述云资源对企业网络架构的影响	22
1.4.a 访问内部和外部云服务的流量的传输路径	22
1.4.b 虚拟服务	22
1.4.c 基本的虚拟网络基础设施	22
1.5 比较收缩核心（collapsed core）架构和三层架构	2
1.6 比较网络拓扑	1
1.6.a 星型	1
1.6.b 网状	1
1.6.c 混合	1
1.7 根据实现需求选择合适的电缆类型	2
1.8 使用故障排除方法来解决问题	3、5
1.8.a 隔离并记录故障	3、5
1.8.b 解决或上交	3、5

目　　标	所在章
1.8.c 验证并监视解决方案	3、5
1.9 IP编址和子网划分的配置、验证和故障排除	4、5
1.10 比较IPv4地址类型	3
1.10.a 单播地址	3
1.10.b 广播地址	3
1.10.c 组播地址	3
1.11 描述需要IPv4私有地址的原因	3
1.12 根据LAN/WAN环境的编址需求制定合适的IPv6编址方案	14
1.13 IPv6编址的配置、验证和故障排除	14
1.14 配置和验证IPv6无状态地址自动配置	14
1.15 比较IPv6地址类型	14
1.15.a 全局单播地址	14
1.15.b 唯一本地地址	14
1.15.c 链路本地地址	14
1.15.d 组播地址	14
1.15.e 改进的EUI-64地址	14
1.15.f 自动配置	14
1.15.g 任意播地址	14

表I-12　2.0 LAN交换技术（21%）

目　　标	所在章
2.1 描述交换概念	10
2.1.a MAC获悉和老化	10
2.1.b 帧交换	10
2.1.c 帧泛洪	10
2.1.d MAC地址表	10
2.2 解读以太网帧格式	2
2.3 接口和电缆故障排除（冲突、错误、双工模式、速度）	6
2.4 横跨多台交换机的VLAN（正常范围）的配置、验证和故障排除	11
2.4.a 接入端口（数据和语音）	11
2.4.b 默认VLAN	11
2.5 交换机间连接的配置、验证和故障排除	11
2.5.a 中继端口	11
2.5.b 添加和删除中继链路支持的VLAN	15
2.5.c DTP、VTP（v1和v2）和802.1Q	15
2.5.d 本机VLAN	11
2.6 STP的配置、验证和故障排除	15
2.6.a STP模式（PVST+和RPVST+）	15

（续）

目　　标	所在章
2.6.b STP根网桥选举	15
2.7 与STP相关的可选功能的配置、验证和故障排除	15
2.7.a PortFast	15
2.7.b BPDU防护	15
2.8 配置和验证第2层协议	7
2.8.a 思科发现协议	7
2.8.b LLDP	7
2.9 EtherChannel（第2层/第3层）的配置、验证和故障排除	15
2.9.a 静态	15
2.9.b PAGP	15
2.9.c LACP	15
2.10 描述交换机堆叠和机架聚合的好处	22

表I-13　3.0 路由选择技术（23%）

目　　标	所在章
3.1 描述路由选择概念	9
3.1.a 传输途中的分组处理	9
3.1.b 基于路由查找的转发决策	9
3.1.c 帧改写	9
3.2 解读路由选择表的组成部分	9
3.2.a 前缀	9
3.2.b 子网掩码	9
3.2.c 下一跳	9
3.2.d 路由选择协议代码	9
3.2.e 管理距离	9
3.2.f 度量值	9
3.2.g 最后求助的网关	9
3.3 描述不同的路由选择信息源如何填充路由选择表	9
3.3.a 管理距离	9
3.4 VLAN间路由选择的配置、验证和故障排除	11、15
3.4.a 单臂路由器	11、15
3.4.b SVI	15
3.5 比较静态路由和动态路由选择	9
3.6 比较距离矢量路由选择协议和链路状态路由选择协议	17、18、19
3.7 比较内部路由选择协议和外部路由选择协议	18、19
3.8 IPv4和IPv6静态路由的配置、验证和故障排除	9
3.8.a 默认路由	9、14
3.8.b 网络路由	9

（续）

目　标	所在章
3.8.c 主机路由	9
3.8.d 浮动静态路由	9
3.9 单区域和多区域IPv4 OSPFv2的配置、验证和故障排除（不包括身份验证、过滤、手工汇总、重分发、末节路由器、虚链路和LSA）	18、19
3.10 单区域和多区域IPv6 OSPFv3的配置、验证和故障排除（不包括身份验证、过滤、手工汇总、重分发、末节路由器、虚链路和LSA）	18、19
3.11 IPv4 EIGRP的配置、验证和故障排除（不包括身份验证、过滤、手工汇总、重分发和末节路由器）	17
3.12 IPv6 EIGRP的配置、验证和故障排除（不包括身份验证、过滤、手工汇总、重分发和末节路由器）	17
3.13 IPv4 RIPv2的配置、验证和故障排除（不包括身份验证、过滤、手工汇总、重分发）	9
3.14 排除基本的第3层端到端连接故障	22

表I-14　4.0 WAN技术（10%）

目　标	所在章
4.1 在WAN接口上配置和验证使用本地身份验证的PPP和MLP	21
4.2 使用本地身份验证的PPPoE客户端接口的配置、验证和故障排除	21
4.3 GRE隧道连接性的配置、验证和故障排除	21
4.4 描述各种WAN拓扑	21
4.4.a 点到点	21
4.4.b 中央和分支	21
4.4.c 全网状	21
4.4.d 单宿主和双宿主	21
4.5 描述各种WAN接入方式	21
4.5.a MPLS	21
4.5.b 城域以太网	21
4.5.c 宽带PPPoE	21
4.5.d 互联网VPN（DMVPN、场点到场点VPN、客户端VPN）	21
4.6 配置和验证使用eBGP IPv4的单宿主分支机构连接性（仅限于对等关系和使用network命令通告网络）	21
4.7 描述QoS基本概念	22
4.7.a 标记	22
4.7.b 设备信任	22
4.7.c 指定优先顺序	22
4.7.c(i) 语音	22
4.7.c(ii) 视频	22
4.7.c(iii) 数据	22
4.7.d 整形	22
4.7.e 监管	22
4.7.f 拥塞管理	22

表I-15　5.0 基础设施服务（10%）

目　标	所在章
5.1 描述DNS查找操作	7
5.2 排除与DNS相关的客户连接性故障	7
5.3 在路由器上配置和验证DHCP（不包括静态保留）	7
5.3.a 服务器	7
5.3.b 中继	7
5.3.c 客户端	7
5.3.d TFTP、DNS和网关选项	7
5.4 排除基于客户端和路由器的DHCP连接性故障	7
5.5 基本HSRP的配置、验证和故障排除	16
5.5.a 优先级	16
5.5.b 抢占	16
5.5.c 版本	16
5.6 内部源NAT的配置、验证和故障排除	13
5.6.a 静态转换	13
5.6.b 地址池	13
5.6.c PAT	13
5.7 配置和验证客户端/服务器模式下的NTP操作	7

表I-16　6.0 基础设施安全（11%）

目　标	所在章
6.1 端口安全的配置、验证和故障排除	10
6.1.a 静态	10
6.1.b 动态	10
6.1.c 粘性MAC地址	10
6.1.d 最大MAC地址数	10
6.1.e 违规措施	10
6.1.f 错误禁用恢复	10
6.2 描述常用的接入层威胁缓解方法	15、16、20
6.2.a 802.1x	16
6.2.b DHCP snooping	16
6.2.c 非默认的本机VLAN	15、20
6.3 用于过滤流量的IPv4和IPv6访问列表的配置、验证和故障排除	20
6.3.a 标准	20
6.3.b 扩展	20
6.3.c 命名	20
6.4 使用APIC-EM的ACL分析工具路径跟踪来验证ACL	22
6.5 设备基本强化的配置、验证和故障排除	6
6.5.a 本地身份验证	6

（续）

目　标	所在章
6.5.b 安全密码	6
6.5.c 访问设备	6
6.5.c(i) 源地址	6
6.5.c(ii) Telnet/SSH	6
6.5.d 登录旗标	6
6.6 描述如何通过TACACS+和RADIUS使用AAA来管理设备	16

表I-17　6.0 基础设施管理（10%）

目　标	所在章
7.1 配置和验证设备监视协议	16
7.1.a SNMPv2	16
7.1.b SNMPv3	16
7.1.c 系统日志	7、16
7.2 使用基于ICMP回应的IP SLA排除网络连接故障	20
7.3 配置和验证设备管理	7、8
7.3.a 备份和恢复设备配置	7
7.3.b 使用思科发现协议和LLDP来发现设备	7
7.3.c 许可	8
7.3.d 日志	7
7.3.e 时区	7
7.3.f 环回	7
7.4 设备初步设置的配置和验证	6
7.5 执行设备维护	8
7.5.a 思科IOS升级和恢复（SCP、FTP、TFTP和MD5验证）	8
7.5.b 密码恢复和配置寄存器	8
7.5.c 文件系统管理	8
7.6 使用思科IOS工具诊断并排除故障	6
7.6.a 扩展ping和traceroute	6
7.6.b 终端监视器	6
7.6.c 将事件写入日志	6
7.6.d 本地SPAN	6、20
7.7 描述企业网络架构中的网络可编程性	22
7.7.a 控制器的功能	22
7.7.b 控制层面和数据层面分离	22
7.7.c 北向和南向API	22

评 估 测 试

(1) BPDU 中的 sys-id-ext 字段有何用途？

    A. 这是一个 4 位的字段，被插入以太网帧中，用于在交换机之间传输中继信息

    B. 这是一个 12 位的字段，被插入以太网帧中，用于指定 STP 实例中的 VLAN

    C. 这是一个 4 位的字段，被插入非以太网帧中，用于指定 EtherChannel 选项

    D. 这是一个 12 位的字段，被插入以太网帧中，用于指定 STP 根网桥

(2) 你有两台运行 RSTP PVST+的交换机，它们之间有 4 条链路，为提高带宽可采用哪种解决方案？

    A. EtherChannel   B. PortFast   C. BPDU Channel   D. VLAN

    E. EtherBundle

(3) 要让 LACP 能够建立 EtherChannel，交换机的哪三个配置参数必须相同？

    A. 虚拟 MAC 地址   B. 端口速度   C. 双工模式   D. PortFast

    E. VLAN 信息

(4) 你在配置寄存器的设置为 0x2101 时重启路由器，请问路由器重启后将如何做？

    A. 路由器将进入设置模式   B. 路由器将进入 ROM 监视器模式

    C. 路由器将加载 ROM 中的微型 IOS   D. 路由器将加载闪存中的第一个 IOS

(5) 哪个命令显示路由器的产品 ID 和序列号？

    A. show license   B. show license feature

    C. show version   D. show license udi

(6) 要显示路由器支持的技术包许可证以及多个状态变量，可使用哪个命令？

    A. show license   B. show license feature

    C. show license udi   D. show version

(7) 下面哪种服务提供操作系统和网络？

    A. IaaS   B. PaaS

    C. SaaS   D. 上述答案都不对

(8) 要将控制台消息发送给系统日志服务器，但只想发送严重级别不大于 3 的消息，该使用下面哪个命令？

    A. logging trap emergencies   B. logging trap errors

    C. logging trap debugging   D. logging trap notifications

    E. logging trap critical   F. logging trap warnings

    G. logging trap alters

(9) 下面哪两种有关交换机堆叠的说法是正确的？

    A. 堆叠被作为多个对象进行管理，但只有一个管理 IP 地址

    B. 堆叠被作为单个对象进行管理，且只有一个管理 IP 地址

    C. 主交换机是你首次在交换机上启动主交换机算法后选择的

D. 主交换机是选举出来的, 它是堆叠的成员之一

(10) 你需要连接到虚拟服务器群中的一台远程 IPv6 服务器。你能连接到 IPv4 服务器, 却无法连接到这台 IPv6 服务器。根据下面的输出, 问题可能是什么?

```
C:\>ipconfig
  Connection-specific DNS Suffix  . : localdomain
  IPv6 Address. . . . . . . . . . . : 2001:db8:3c4d:3:ac3b:2ef:1823:8938
  Temporary IPv6 Address. . . . . . : 2001:db8:3c4d:3:2f33:44dd:211:1c3d
  Link-local IPv6 Address . . . . . : fe80::ac3b:2ef:1823:8938%11
  IPv4 Address. . . . . . . . . . . : 10.1.1.10
  Subnet Mask . . . . . . . . . . . : 255.255.255.0
  Default Gateway . . . . . . . . . : 10.1.1.1
```

A. 全局地址位于错误的子网

B. 没有配置 IPv6 默认网关, 也未从路由器那里获悉默认网关

C. 未解析链路本地地址, 主机无法与路由器通信

D. 配置了两个 IPv6 全局地址, 必须删除一个

(11) 在思科路由器上, 要查看 IPv6 地址到 MAC 地址的映射表, 可使用哪个命令?

A. show ip arp
B. show ipv6 arp
C. show ip neighbors
D. show ipv6 neighbors
E. show arp

(12) 你查看路由器的 IPv6 ARP 缓存时, 发现一个状态为 REACH 的条目。据此能得出什么结论?

A. 接口已与该条目中的邻居通信, 该映射条目是最新的

B. 可达时间内接口未与邻居通信

C. 这个 ARP 条目已过期

D. 这个邻居地址可达, 但还未被解析

(13) 根据下面的输出, 如果接口 Serial0/1 出现故障, EIGRP 将如何把分组发送到网络 10.1.1.0?

```
Corp#show ip eigrp topology
[output cut]
P 10.1.1.0/24, 2 successors, FD is 2681842
         via 10.1.2.2 (2681842/2169856), Serial0/0
         via 10.1.3.1 (2973467/2579243), Serial0/2
         via 10.1.3.3 (2681842/2169856), Serial0/1
```

A. EIGRP 将让网络 10.1.1.0 进入活动模式

B. EIGRP 将丢弃所有前往网络 10.1.1.0 的分组

C. EIGRP 继续将前往网络 10.1.1.0 的分组从接口 S0/0 发送出去

D. EIGRP 将出站接口为 S0/2 的路由用作后继路由, 将分组继续发送到 10.1.1.0

(14) 下面的输出来自哪个命令?

```
via FE80::201:C9FF:FED0:3301 (29110112/33316), Serial0/0/0
via FE80::209:7CFF:FE51:B401 (4470112/42216), Serial0/0/1
via FE80::209:7CFF:FE51:B401 (2170112/2816), Serial0/0/2
```

A. show ip protocols
B. show ipv6 protocols
C. show ip eigrp neighbors
D. show ipv6 eigrp neighbors
E. show ip eigrp topology
F. show ipv6 eigrp topology

(15) 两台配置了 EIGRP 的路由器未建立邻居关系, 为排除这种故障, 应检查下面哪四个方面?

A. 核实 AS 号

B. 核实在正确的接口上启用了 EIGRP

C. 确保 K 值一致

D. 检查被动接口设置

E. 确保远程路由器未连接到 Internet

F. 如果配置了身份验证，确保路由器使用的密码不同

(16) 有两台直接相连的 OSPF 路由器，但未能建立邻居关系，你该检查哪三个方面？

　　A. 进程 ID　　　　　　　　B. Hello 定时器和失效定时器　　　　　　C. 链路成本

　　D. 所属区域　　　　　　　　E. IP 地址/子网掩码

(17) 两台直接相连的 OSPF 路由器在什么时候进入双向状态？

　　A. 彼此收到对方的 Hello 信息后　　　　　　B. 交换拓扑数据库后

　　C. 它们只与 DR 或 BDR 相连时　　　　　　D. 需要交换 RID 信息时

(18) 哪类 LSA 由 ABR 生成，被称为汇总链路通告（SLA）？

　　A. 1 类　　　　　　B. 2 类　　　　　　C. 3 类　　　　　　D. 4 类

　　E. 5 类

(19) IPsec 的 AH 部分**没有**提供下面哪项？

　　A. 完整性　　　　　　B. 保密性　　　　　　C. 真实性　　　　　　D. 防重放

(20) 下面哪种有关 GRE 的说法**不正确**？

　　A. GRE 是无状态的，也没有流量控制机制

　　B. GRE 提供了安全机制

　　C. 数据 GRE 会带来额外的开销，每个分组至少 24 字节

　　D. GRE 报头包含一个协议类型字段，因此可通过隧道传输任何第 3 层协议

(21) 会话使用的带宽超过配额时，哪种 QoS 机制将超额流量丢弃？

　　A. 拥塞管理　　　　　　B. 整形　　　　　　C. 监管　　　　　　D. 标记

(22) 假定在路由器 Corp 上启用了 IPv6 单播路由选择，根据命令 `sh int f0/0` 的输出可知，命令 `show ipv6 int brief` 将显示哪个地址？

```
Corp#sh int f0/0
FastEthernet0/0 is up, line protocol is up
  Hardware is AmdFE, address is 000d.bd3b.0d80 (bia 000d.bd3b.0d80)
[output cut]
```

　　A. FF02::3c3d:0d:bdff:fe3b:0d80　　　　　　B. FE80::3c3d:20d:bdff:fe3b:0d80

　　C. FE80::3c3d:0d:bdff:fe3b:0d80　　　　　　D. FE80::3c3d:2d: ffbd: 3bfe:0d80

(23) 主机发送哪种 NDP 消息以提供请求的 MAC 地址？

　　A. NA　　　　　　B. RS　　　　　　C. RA　　　　　　D. NS

(24) 在 IPv6 地址中，每个字段长多少位？

　　A. 4 位　　　　　　B. 16 位　　　　　　C. 32 位　　　　　　D. 128 位

(25) 要启用 OSPFv3，可使用哪个命令？

　　A. Router(config-if)#`ipv6 ospf 10 area 0.0.0.0`

　　B. Router(config-if)#`ipv6 router rip 1`

　　C. Router(config)#`ipv6 router eigrp 10`

　　D. Router(config-rtr)#`no shutdown`

　　E. Router(config-if)#`ospf ipv6 10 area 0`

(26) 命令 routerA(config)#`line cons 0` 让你接下来能够做什么？

A. 设置 Telnet 密码　　　B. 关闭路由器　　　　C. 设置控制台密码　　　D. 禁用控制台连接

(27) 下面哪两种有关 IP 地址 10.16.3.65/23 的说法是正确的?

A. 其所属子网的地址为 10.16.3.0 255.255.254.0

B. 在其所属子网中，第一个主机地址为 10.16.2.1 255.255.254.0

C. 在其所属的子网中，最后一个合法的主机地址为 10.16.2.254 255.255.254.0

D. 其所属子网的广播地址为 10.16.3.255 255.255.254.0

E. 这个网络没有进行子网划分

(28) 给交换机配置 IP 地址时，在哪个接口上配置它?

A. int fa0/0　　　　B. int vty 0 15　　　　C. int vlan 1　　　　D. int s0/0/0

(29) 下面哪项是 IP 地址 192.168.168.188 255.255.255.192 所属子网的有效主机地址范围?

A. 192.168.168.129 ~ 192.168.168.190　　　　B. 192.168.168.129 ~ 192.168.168.191

C. 192.168.168.128 ~ 192.168.168.190　　　　D. 192.168.168.128 ~ 192.168.168.192

(30) 下面哪项是转换后的内部主机地址?

A. 内部本地地址　　　B. 外部本地地址　　　C. 内部全局地址　　　D. 外部全局地址

(31) 如果内部本地地址未转换为内部全局地址，可使用下面哪个命令确定内部本地地址是否可使用 NAT 地址池?

```
ip nat pool Corp 198.18.41.129 198.18.41.134 netmask 255.255.255.248
ip nat inside source list 100 int pool Corp overload
```

A. debug ip nat　　　　　　　　　　B. show access-list

C. show ip nat translation　　　　　D. show ip nat statistics

(32) 使用包含 12 个端口的交换机对网络进行分段时，将形成多少个冲突域?

A. 1 个　　　　B. 2 个　　　　C. 5 个　　　　D. 12 个

(33) 下面哪个命令让你能够在思科路由器上设置 Telnet 密码?

A. line telnet 0 4　　　　　　B. line aux 0 4

C. line vty 0 4　　　　　　　D. line con 0

(34) 下面哪个路由器命令让你能够查看所有访问控制列表的完整内容?

A. show all access-lists　　　B. show access-lists

C. show ip interface　　　　　D. show interface

(35) VLAN 有何作用?

A. 充当前往所有服务器的最快端口　　　B. 在一个交换机端口上提供多个冲突域

C. 在第 2 层交换型互联网络中分割冲突域　　　D. 在一个冲突域中提供多个广播域

(36) 要删除存储在 NVRAM 中的配置，可使用哪个命令?

A. erase startup　　B. delete running　　C. erase flash　　D. erase running

(37) 下面哪种协议用于向源主机发送"目标网络未知"消息?

A. TCP　　　　B. ARP　　　　C. ICMP　　　　D. BootP

(38) 哪类 IP 地址可包含 15 个子网位?

A. A 类　　　　B. B 类　　　　C. C 类　　　　D. D 类

(39) 路由器有三条前往特定远程网络的路由：第一条来自 OSPF，度量值为 782；第二条来自 RIPv2，度量值为 4；第三条来自 EIGRP，度量值为 20 514 560。请问路由器将把哪条路由加入路由选择表?

A. RIPv2 路由　　　B. EIGRP 路由　　　C. OSPF 路由　　　D. 全部三条路由

(40) 下面哪种有关 VLAN 的说法是正确的?

A. 默认情况下，在所有思科交换机上都配置了两个 VLAN

B. 仅当交换型互联网络使用的全部是思科交换机时，VLAN 才管用

C. 一个 VTP 域包含的交换机数量不应超过 10 台

D. 要通过交换机之间的链路发送多个 VLAN 的信息，必须将其配置为中继链路

(41) 下面哪两个命令将把网络 10.2.3.0/24 加入区域 0？

```
A. router eigrp 10
B. router ospf 10
C. router rip
D. network 10.0.0.0
E. network 10.2.3.0 255.255.255.0 area 0
F. network 10.2.3.0 0.0.0.255 area0
G. network 10.2.3.0 0.0.0.255 area 0
```

(42) 使用包含 12 个端口的交换机对网络进行分段时，将形成多少个广播域？

　　A. 1 个　　　　　　　B. 2 个　　　　　　　C. 5 个　　　　　　　D. 12 个

(43) 如果在一个区域中，给所有路由器配置的优先级都相同，则在没有环回接口的情况下，路由器将哪个地址用作 OSPF 路由器 ID？

　　A. 最小的物理接口 IP 地址　　　　　　　　B. 最大的物理接口 IP 地址

　　C. 最小的逻辑接口 IP 地址　　　　　　　　D. 最大的逻辑接口 IP 地址

(44) 下面哪两种协议用于在交换机上配置中继？

　　A. VLAN 中继协议　　　B. VLAN　　　　　C. 802.1q　　　　　D. ISL

(45) 末节网络指的是什么？

　　A. 有多个出口的网络　　　　　　　　　　　B. 有多个入口和出口的网络

　　C. 只有一个入口且没有出口的网络　　　　　D. 只有一个入口和一个出口的网络

(46) 集线器运行在 OSI 模型的哪一层？

　　A. 会话层　　　　　　B. 物理层　　　　　　C. 数据链路层　　　　D. 应用层

(47) 访问控制列表（ACL）分哪两大类？

　　A. 标准访问控制列表　　B. IEEE 访问控制列表　　C. 扩展访问控制列表　　D. 专用访问控制列表

(48) 汇总网络 192.168.128.0 ~ 192.168.159.0 时，下面哪项是最佳选择？

　　A. 192.168.0.0/24　　B. 192.168.128.0/16　　C. 192.168.128.0/19　　D. 192.168.128.0/20

(49) 要备份配置，可使用哪个命令？

　　A. copy running backup　　　　　　　　B. copy running-config startup-config

　　C. config mem　　　　　　　　　　　　D. wr net

(50) 1000Base-T 是哪种 IEEE 标准？

　　A. 802.3f　　　　　　B. 802.3z　　　　　　C. 802.3ab　　　　　D. 802.3ae

(51) DHCP 在传输层使用哪种协议？

　　A. IP　　　　　　　　B. TCP　　　　　　　C. UDP　　　　　　　D. ARP

(52) 如果路由器有 CSU/DSU，为将其串行链路的时钟频率设置为 64 000 bit/s，需要使用哪个命令？

```
A. RouterA(config)#bandwidth 64
B. RouterA(config-if)#bandwidth 64000
C. RouterA(config)#clockrate 64000
D. RouterA(config-if)#clock rate 64
E. RouterA(config-if)#clock rate 64000
```

(53) 要确定在特定接口上是否应用了 IP 访问控制列表，可使用哪个命令？

```
A. show access-lists                  B. show interface
C. show ip interface                  D. show interface access-lists
```

(54) 下面哪种有关 ISL 和 802.1q 的说法是正确的?

A. 802.1q 使用控制信息封装帧, 而 ISL 插入一个包含标记控制信息的 ISL 字段

B. 802.1q 是思科专用的

C. ISL 使用控制信息封装帧, 而 802.1q 插入一个包含标记控制信息的 802.1q 字段

D. ISL 是一种标准

(55) 协议数据单元 (PDU) 是以什么样的顺序封装的?

A. 比特、帧、分组、数据段、数据

B. 数据、比特、数据段、帧、分组

C. 数据、数据段、分组、帧、比特

D. 分组、帧、比特、数据段、数据

(56) 根据下述配置, 哪种说法是正确的?

```
S1(config)#ip routing
S1(config)#int vlan 10
S1(config-if)#ip address 192.168.10.1 255.255.255.0
S1(config-if)#int vlan 20
S1(config-if)#ip address 192.168.20.1 255.255.255.0
```

A. 这是一台多层交换机

B. 两个 VLAN 属于同一个子网

C. 必须配置封装

D. VLAN 10 是管理 VLAN

评估测试答案

(1) B。为支持 PVST+，在 BPDU 中新增了一个字段。该字段包含扩展的系统 ID，让 PVST+ 能够为每个 STP 实例选择根网桥。扩展的系统 ID（VLAN ID）长 12 位，在命令 show spanning-tree 的输出中可看到这个字段的值。更详细的信息请参阅第 15 章。

(2) A。思科 EtherChannel 最多可将交换机之间的 8 条链路捆绑起来，以提供弹性以及增加带宽。更详细的信息请参阅第 15 章。

(3) B、C、E。各条链路两端的端口的配置必须相同，否则将不管用。速度、双工设置以及支持的 VLAN 都必须相同。更详细的信息请参阅第 15 章。

(4) C。配置寄存器设置为 2100 时，路由器将进入 ROM 监视器模式；为 2101 时，路由器将加载 ROM 中的微型 IOS；为默认值 2102 时，路由器将从闪存加载 IOS。更详细的信息请参阅第 8 章。

(5) D。命令 show license udi 显示路由器的唯一设备标识符（UDI）。UDI 由路由器的产品 ID（PID）和序列号组成。更详细的信息请参阅第 8 章。

(6) B。命令 show license feature 让你能够查看当前路由器支持的技术包许可证和功能许可证（包括已许可和未许可的功能），它还显示多个与软件激活和许可相关的状态变量。更详细的信息请参阅第 8 章。

(7) B。平台即服务（PaaS）提供操作系统和网络，即提供计算平台和解决方案栈。详细的信息请参阅第 22 章。

(8) B。有 8 种严重级别。举个例子，trap 严重级别设置为 3 将把第 0～3 级消息（即紧急、警报、危险和错误消息）发送到系统日志服务器。更详细的信息请参阅第 8 章。

(9) B、D。每个交换机堆叠都只有一个 IP 地址，因此整个堆叠是作为一个整体进行管理的。你将使用这个 IP 地址来管理堆叠，包括故障检测、VLAN 数据库更新、安全性和 QoS 控制。每个堆叠都只有一个配置文件，这个文件被分发给堆叠中的每台交换机。当你在堆叠中添加交换机时，主交换机将自动使用当前运行的 IOS 映像和堆叠配置来配置新增的交换机。因此，你什么都不用做就能让新交换机运行起来。更详细的信息请参阅第 22 章。

(10) B。没有 IPv6 默认网关。IPv6 默认网关是路由器接口的链路本地地址，这是以路由器通告的方式发送给主机的。收到这种路由器地址后，主机才能使用 IPv6 在本地子网内通信。更详细的信息请参阅第 20 章。

(11) D。命令 show ipv6 neighbors 显示路由器的 ARP 缓存。更详细的信息请参阅第 20 章。

(12) A。如果状态为 STALE，说明在可达时间内接口未与邻居通信。再次与邻居通信时，状态将重新变为 REACH。更详细的信息请参阅第 20 章。

(13) C。有两条后继路由，因此 EIGRP 默认将在始于接口 S0/0 和 S0/1 的路由之间均衡负载。S0/1 出现故障时，EIGRP 将只将流量从接口 S0/0 转发出去，并将始于 S0/1 的路由从路由选择表中删除。更详细的信息请参阅第 17 章。

(14) F。这些输出提供的信息不多，但只有命令 show ip eigrp topology 和 show ipv6 eigrp topology 显示 FD 和 AD。输出中的地址为 IPv6 链路本地地址，因此答案是 show ipv6 eigrp topology。更详细的信息请参阅第 17 章。

(15) A、B、C、D。思科文档指出了出现邻居关系故障时应检查哪些方面。更详细的信息请参阅第 18 章。

(16) B、D、E。两台 OSPF 路由器要建立邻居关系，Hello 定时器和失效定时器都必须相同，相连接口必须属于相同的区域和子网。更详细的信息请参阅第 18 章。

(17) A。首先，路由器发送 Hello 分组。随后，每台侦听的路由器都将始发路由器加入邻居数据库，并向始发路由器提供完整的 Hello 信息，从而让始发路由器将其加入邻居表。至此，进入了双向状态——只有部分路由器能继续往前走，最终建立邻居关系。更详细的信息请参阅第 19 章。

(18) C。3 类 LSA 被称为汇总链路通告（SLA），由区域边界路由器生成。ABR 将 3 类 LSA 发送到它连接的其他区域。更详细的信息请参阅第 19 章。

(19) B。验证头（AH）添加一个根据分组内容计算得到的报头，可对整个 IP 分组或一部分进行身份验证，但未提供任何加密服务。更详细的信息请参阅第 21 章。

(20) B。通用路由选择封装（GRE）没有内置任何安全机制。更详细的信息请参阅第 21 章。

(21) C。流量超过分配的速率时，监管器将采取两种措施之一：将流量丢弃或将其重新标记为别的服务类别。新指定的服务类别通常被丢弃的可能性更高。更详细的信息请参阅第 21 章。

(22) B。如果你忘了反转 MAC 地址的第 7 位，将无法正确回答这个问题。备考 CCNA R/S 考试时，务必注意第 7 位。如果使用了 EUI-64，务必将这一位反转。EUI-64 自动配置在 48 位的 MAC 地址中间插入 FF:FE，以生成唯一的 IPv6 地址。更详细的信息请参阅第 14 章。

(23) A。NDP 邻居通告（NA）包含请求的 MAC 地址。为请求邻居提供 MAC 地址，主机发送邻居请求（NS）。更详细的信息请参阅第 14 章。

(24) B。在 IPv6 地址中，每个字段长 16 位。IPv6 地址总长 128 位。更详细的信息请参阅第 14 章。

(25) A。像 RIPng 一样，要启用 OSPFv3，只需在接口级启用它，命令为 ipv6 ospf *process-id* area *area-id*。area 0 和 area 0.0.0.0 的含义相同，指的都是 area 0，明白这一点很重要。更详细的信息请参阅第 19 章。

(26) C。命令 line console 0 切换到这样的配置模式，即让你能够设置控制台用户模式密码。更详细的信息请参阅第 6 章。

(27) B、D。在 A 类网络中使用子网掩码 255.255.254.0（/23）时，意味着有 15 个子网位和 9 个主机位。第三个字节的块大小为 2（256 − 254）。因此，在第三个字节中，子网号为 0、2、4、6 等，直到 254。主机 10.16.3.65 位于子网 2.0 中，下一个子网为 4.0，因此子网 2.0 的广播地址为 3.255。合法主机地址范围为 2.1 ~ 3.254。更详细的信息请参阅第 4 章。

(28) C。IP 地址配置给了一个逻辑接口，这种逻辑接口被称为管理域或 VLAN 1。更详细的信息请参阅第 10 章。

(29) A。256 − 192 = 64，因此块大小为 64。要确定子网，只需计算 64 的整数倍：64 + 64 = 128，128 + 64 = 192。子网为 128，广播地址为 191，因此合法的主机地址范围为 129 ~ 190。更详细的信息请参阅第 4 章。

(30) C。对私有网络中主机的 IP 地址进行转换后，得到的是内部全局地址。更详细的信息请参阅第 13 章。

(31) B。创建地址池后，必须使用命令 ip nat inside source 指定哪些内部本地地址可使用该地址池。为回答这个问题，需要检查访问控制列表 100 是否配置正确，因此最佳答案是 show access-lists。更详细的信息请参阅第 12 章。

(32) D。第 2 层交换在每个端口上创建一个冲突域。更详细的信息请参阅第 1 章。

(33) C。命令 line vty 0 4 切换到这样的配置模式——让你能够设置或修改 Telnet 密码。更详细的信息请参阅第 6 章。

(34) B。要查看所有访问控制列表的内容，可使用命令 show access-list。更详细的信息请参阅第 12 章。

(35) C。VLAN 在第 2 层分割广播域。更详细的信息请参阅第 11 章。

(36) A。命令 erase startup-config 删除存储在 NVRAM 中的配置。更详细的信息请参阅第 6 章。

(37) C。ICMP 是一种网络层协议，用于向始发路由器发送消息。更详细的信息请参阅第 3 章。

(38) A。A 类地址包含 24 个主机位，最多可将其中 22 位用于子网划分；B 类地址包含 16 个主机位，最多可将其中 14 位用于子网划分；C 类地址最多可将 6 位用于子网划分。更详细的信息请参阅第 3 章。

(39) B。只有 EIGRP 路由会被加入路由选择表，因为它的管理距离（AD）最小，而选择路由时，总是先考虑管理距离，后考虑度量值。更详细的信息请参阅第 8 章。

(40) D。除非链路被配置成中继链路，否则交换机将只通过它发送一个 VLAN 的信息。更详细的信息请参阅第 11 章。

(41) B、G。要配置 OSPF，必须首先启用 OSPF 并指定进程 ID。进程 ID 无关紧要，只要在范围 1～65 535 内就行。启动 OSPF 进程后，必须在 network 命令中使用 IP 地址和通配符掩码指定要在哪些接口上激活 OSPF，并指定这些接口所属的区域。答案 F 不对，因为在关键字 area 和区域号之间必须有一个空格。更详细的信息请参阅第 9 章。

(42) A。默认情况下，每个交换机端口都是一个独立的冲突域，但所有端口都属于同一个广播域。更详细的信息请参阅第 1 章。

(43) B。OSPF 进程启动时，自动将最大的活动物理接口 IP 地址用作路由器 ID（RID）。如果配置了环回接口（逻辑接口），其 IP 地址将优先于物理接口 IP 地址，被自动用作路由器的 RID。更详细的信息请参阅第 18 章。

(44) C、D。VLAN 中继协议（VTP）不对，它除了通过中继链路发送 VLAN 信息外，与中继毫无关系。802.1q 和 ISL 封装用于在端口上配置中继。更详细的信息请参阅第 11 章。

(45) D。末节网络只有一条到互联网络的连接。在末节网络中，应配置默认路由，否则可能出现环路；但这种规则也有例外。更详细的信息请参阅第 9 章。

(46) B。集线器重建电子信号，这是由物理层规范的。更详细的信息请参阅第 1 章。

(47) A、C。要在路由器上配置安全措施，可使用标准访问控制列表（ACL）和扩展访问控制列表。更详细的信息请参阅第 12 章。

(48) C。如果从 192.168.128.0 数到 192.168.159.0，你会发现总共包含 32 个网络。由于汇总地址总是指定范围内的第一个网络地址，因此汇总地址为 192.168.128.0。哪个子网掩码在第三个字节提供的块大小为 32 呢？答案是 255.255.224.0（/19）。更详细的信息请参阅第 5 章。

(49) B。对路由器配置进行备份的命令为 copy running-config startup-config。更详细的信息请参阅第 7 章。

(50) C。IEEE 标准 802.3ab 使用双绞线，最高传输速率 1 Gbit/s。更详细的信息请参阅第 2 章。

(51) C。用户数据报协议是传输层的一种无连接网络服务，DHCP 使用这种无连接服务。更详细的信息请参阅第 3 章。

(52) E。需要将 clock rate 分开，而线路速度是以 bit/s 为单位指定的。更详细的信息请参阅第 6 章。

(53) C。命令 show ip interface 指出是否在接口上应用了入站或出站访问控制列表。更详细的信息请参阅第 12 章。

(54) C。不像 ISL 那样使用控制信息来封装帧，802.1q 插入一个包含标记控制信息的 802.1q 字段。

(55) C。PDU 封装方法定义了数据穿越 TCP/IP 模型各层时如何对其进行编码。在传输层，对数据进行分段，生成数据段；在网络层，生成分组；在数据链路层，生成帧；最后，在物理层，将 1 和 0 编码成数字信号。更详细的信息请参阅第 2 章。

(56) A。在多层交换机上，启用 IP 路由选择，并使用命令 interface vlan *number* 为每个 VLAN 创建一个逻辑接口后，就将在交换机背板上执行 VLAN 间路由选择。更详细的信息请参阅第 11 章。

目　　录

Part 1

ICND1

本部分内容

第 1 章

网络互联

本章涵盖如下 ICND1 考试要点。

- ✓ **网络基本知识**
- ☐ 1.3 描述企业网络中基础设施组件的影响
  - 1.3.a 防火墙
  - 1.3.b 接入点
  - 1.3.c 无线控制器
- ☐ 1.5 比较网络拓扑
  - 1.5.a 星型
  - 1.5.b 网状
  - 1.5.c 混合

　　欢迎来到激动人心的网络互联世界。本章复习网络互联知识，重点介绍如何使用思科路由器和交换机将多个网络连接起来。这里假设你掌握了一些基本的网络互联知识，因此重点复习你必须牢固掌握的思科 CCENT、CCNA 路由和交换（CCNA R/S）的考试要点，以帮助你获得这些认证。

　　首先，给互联网络下个准确的定义：当你使用路由器将多个网络连接起来，并配置 IP 或 IPv6 协议的逻辑网络编址方案时，便组建了互联网络。

　　另外，本章还将剖析开放系统互联（Open Systems Interconnection，OSI）模型，详细描述其每个组成部分，因为你必须全面而牢固地掌握 OSI 模型。要学习更复杂的思科网络知识，你必须有坚实的基础，而要打下坚实的基础，理解 OSI 模型是关键。

　　OSI 模型包含 7 层，这些层让各种网络中的不同系统能够可靠地通信。鉴于本书的重点是 CCNA，你必须从思科的角度理解 OSI，这至关重要，因此本章也将从思科的角度阐述这 7 层。

　　本章末尾提供了 3 个书面实验和 20 道复习题，旨在让你牢固掌握本章介绍的知识，请务必完成它们。

注意　　有关本章内容的最新修订，请访问 www.lammle.com/ccna 或出版社网站的本书配套网页（www.sybex.com/go/ccna）。

1.1　网络互联基础

　　探索网络互联模型以及 OSI 参考模型规范之前，你必须对如下重要问题有大致认识并知道其答案：学习思科网络互联为何如此重要？

过去 20 年，网络和网络技术呈几何级数增长，这是可以理解的。它们必须高速增长，这样才能满足关键业务用户快速增长的基本需求（如简单的数据和打印机共享）以及多媒体远程演示和视频会议。除非需要共享网络资源的所有人都位于同一个办公区域（这样的情况越来越少见），否则就需要将众多相关的网络连接起来，让所有用户都能共享各种服务和资源。

图 1-1 是一个用集线器连接的简单**局域网**（local area network，LAN）。**集线器**是一种古老的设备，用于将电缆连接起来。这样的简单网络只有一个冲突域和一个广播域。如果你不明白这些概念，也不用担心，本书后面将大量讨论广播域和冲突域，让你做梦都会想起它们！

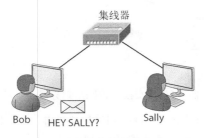

图 1-1 非常简单的网络

没有比这更简单的网络了。虽然有些家用网络还采用这样的配置，但当今很多家用网络和最小的企业网络都更复杂。在本书中，我将逐步扩展这个微型网络，最终搭建一个健壮而卓越的现代网络，帮助你获得认证、找到工作。

前面说过，我们将循序渐进地实现最终目标，因此现在回到图 1-1 所示的网络，假定 Bob 要通过这样的网络向 Sally 发送一个文件。为此，他将通过广播来寻找 Sally。这基本上相当于通过网络喊话，大致类似于这样：Bob 走出家门，一边沿 Chaos Court 大街往前走，一边大喊大叫，以便与 Sally 取得联系。如果这个地方只有 Bob 和 Sally 居住，这或许可行。但如果有很多人居住在这里，其他居民也像 Bob 一样，在大街上叫喊邻居，这就不太管用了。倘若如此，Chaos Court 大街将名副其实，居民都随心所欲地大喊大叫——信不信由你，上述网络从某种程度上说就是这样的。假设有个新社区 Broadway Lanes，它漂亮、设施齐全、空间开阔，不久还会修建舒适、宽阔的街道，容纳现有和未来的车流绰绰有余。如果能够选择，你会继续留在 Chaos Court，还是搬到 Broadway Lanes？当然是搬到 Broadway Lanes 去，Sally 就是这样做的。她现在的生活环境安静得多，接收 Bob 的信函（分组）不再令她头痛。

刚才描绘的情景指出了本书和思科认证的基本目标。我的目标是，向你展示如何搭建高效的网络并正确划分网段，从而最大限度地避免网络设备无序的混乱，这也是我编著的 CCENT 和 CCNA 图书一以贯之的主题。随着网络不可避免地扩容，其响应用户的速度将慢如蜗牛，我们必然要将较大的网络划分为多个。但只要掌握了这一系列图书介绍的重要技术和技能，你就能得心应手地拯救网络及其用户：打造崭新而高效的网络社区，向用户提供带宽等重要设施，满足他们日益增长的需求。

这可不是开玩笑。大多数人都认为扩容是好事，但正如很多人每天上下班、上下课途中遇到的，这也意味着 LAN 可能拥挤不堪，甚至完全停顿。同样，要解决这样的问题，首先得将规模庞大的网络划分成众多小网络，这称为**网络分段**。这很像规划新社区或对旧社区进行现代化改造：新建街道、十字路口、信号灯和邮局，在官方地图上标出每条街道的名称并提供前往各个地方的指南。为维护秩序，需要实施新法规，并在新社区建立派出所。在网络社区环境中，所有这一切都由**路由器**、**交换机**

和**网桥**等设备负责。

下面来看看这个新社区。消息传出后，又有很多主机搬到这个社区，我们必须兑现承诺，对基础设施进行升级改造。图 1-2 中使用交换机对网络进行了分段，让交换机连接的每个网段都是独立的冲突域。这样改造后，社区安静多了。

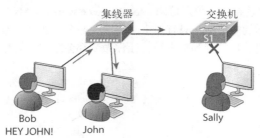

图 1-2   可使用交换机将网络划分成多个冲突域

这是个良好的开端，但需要注意的是，这个网络依然只有一个广播域。这意味着叫喊声只是少了，并未完全消除。例如，要向整个社区发布重要通告，依然得大喊大叫。图 1-2 所示的集线器只是增大了相应交换机端口连接的冲突域，其结果是 John 能够收到 Bob 发送的数据，但 Sally 没有收到。这是好事，因为 Bob 原本就只想与 John 交谈。如果 Bob 为此必须发送广播，那么包括 Sally 在内的所有人都将收到，这可能导致不必要的拥塞。

导致 LAN 拥塞的常见原因如下：

- 广播域或冲突域中的主机太多；
- 广播风暴；
- 组播流量太多；
- 带宽太低；
- 使用集线器拓展网络；
- ARP 广播太多。

请再次查看图 1-2，注意到我将图 1-1 所示的主集线器连接到了一台交换机。这样做的原因是，集线器不能将网络分段，而只连接网段。基本上，使用集线器将多台 PC 连接起来是一种廉价的解决方案，非常适合用于家庭网络和故障排除，但仅此而已。

随着我们规划的社区的居民不断增多，我们需要增加街道并安装交通信号灯，还需采取一些基本的安全措施。为此，我们将添加路由器，这种便利的设备用于连接网络以及在网络之间路由数据分组。鉴于思科提供的高品质路由器产品、广阔的选择范围和良好的服务，它成了路由器方面的事实标准。默认情况下，路由器将**广播域**划分成多个。广播域指的是同一个网段中所有的设备，这些设备侦听该网段中发送的所有广播。

在图 1-3 中，我在这个不断扩容的网络中添加了一台路由器，它组建互联网络并划分广播域。

图 1-3 所示的小网络很不错，交换机确保每台主机都位于独立的冲突域中，而路由器将网络划分成了两个广播域。现在，Sally 在另一个社区享受着幸福而平静的生活，即便 Bob 没完没了地大喊大叫，也干扰不到她。如果 Bob 要与 Sally 交谈，他必须发送分组，并将其目标地址设为 Sally 的 IP 地址，而不能向她广播。

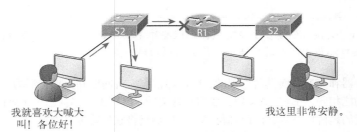

图 1-3   路由器用于组建互联网络

不仅如此，路由器还能提供**广域网**（wide area network，WAN）连接。路由器使用串行接口来建立 WAN 连接，在思科路由器上，这种接口为 V.35 物理接口。

对广播域进行分割为何如此重要呢？主机或服务器发送网络广播时，网络中的所有设备都必须读取并处理这个广播——除非在网络中使用了路由器。路由器的接口收到广播后，可这样进行响应：将广播丢弃，而不转发给其他网络。路由器默认对广播域进行分割，但也对冲突域进行分割，牢记这一点很重要。

在网络中使用路由器有两个优点：

❑ 默认情况下，路由器不转发广播；
❑ 路由器可根据第 3 层（网络层）信息（如 IP 地址）对分组进行过滤。

在网络中，路由器有如下 4 项功能：

❑ 分组交换；
❑ 分组过滤；
❑ 网络间通信；
❑ 路径选择。

本章后面将详细介绍网络的各层，但就现在而言，将路由器视为第 3 层交换机大有裨益。不像第 2 层交换机那样转发或过滤帧，路由器（第 3 层交换机）使用逻辑地址，并提供**分组交换**功能。路由器还可使用访问列表进行分组过滤，当路由器连接多个网络并使用逻辑地址（IP 或 IPv6）时，便组建了**互联网络**。最后，路由器使用路由选择表（相当于互联网络地图）来为分组选择前往目标网络的最佳路径，并将分组转发到远程网络。

相反，我们不用第 2 层交换机来组建互联网络（因为默认情况下，它们不对广播域进行分割），而用它们来改善 LAN 的功能。交换机的主要用途是让 LAN 更好地运行：向 LAN 用户提供更高的带宽，从而优化 LAN 的性能。交换机不像路由器那样将分组转发到其他网络，而只在交换型网络内的端口间交换帧。你可能会问，帧和分组是什么？不用担心，本章后面将详细介绍。就现在而言，将分组视为包含数据的包裹即可。

默认情况下，交换机对冲突域进行分割，但冲突域是什么？**冲突域**是一个以太网术语，指的是这样一种情形：某台设备发送分组时，当前网段中的其他所有设备都必须留意。如果有两台设备试图同时传输数据，将导致冲突；这两台设备必须分开重传数据，因此效率不高！这种情形常出现在使用集线器的网络环境中——与集线器相连的所有主机都属于同一个冲突域，且属于同一个广播域。与此相反，交换机的每个端口都是独立的冲突域，这让网络数据的传输平稳得多。

交换机创建多个冲突域，但这些冲突域都属于同一个广播域；而路由器的每个
注意　接口都属于不同的广播域。请务必明白这一点。

　　桥接是在路由器和交换机面世前出现的，因此经常有人将网桥和交换机混为一谈，这是因为网桥和交换机的基本功能相同，都将 LAN 划分成多个冲突域。实际上，当前已买不到网桥，只有 LAN 交换机，但后者使用的是桥接技术，因此思科和其他厂商仍将它们称为多端口网桥。

　　这是否意味着交换机不过是更智能的多端口网桥呢？大致如此，但存在一些重要差别。交换机确实提供桥接功能，但其管理功能得到了极大改善。另外，大多数网桥都只有 2 个或 4 个端口，这是一个重大的缺陷。虽然你可能遇到多达 16 个端口的网桥，但有些交换机的端口多达数百个，相较而言，这不值一提！

　　　　　　在网络中使用网桥可减少广播域中的冲突，并增加网络中的冲突域数量。这样
注意　做将给用户提供更高的带宽。使用集线器可能导致以太网更拥塞，千万不要忘了这
　　　　　一点。请务必仔细规划网络设计。

　　图 1-4 所示的网络使用了前面提到的所有网络互联设备。请记住，路由器不仅让每个 LAN 接口都属于独立的广播域，还分割冲突域。

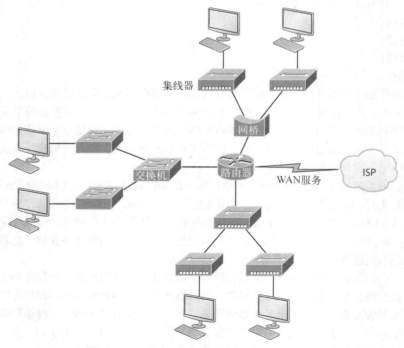

图 1-4　网络互联设备

在图 1-4 中，路由器位于中央，将所有物理网络连接起来，你注意到了吗？鉴于系统采用了古老的网桥和集线器，必须使用这种布局。虽然我真心希望你不会遇到这样的网络，但明白图 1-4 传达的理念很重要。

图 1-4 所示的互联网络的顶部使用一个网桥将集线器连接到了路由器。该网桥对冲突域进行分割，但连接到两台集线器的所有主机都属于同一个广播域。另外，该网桥只创建了三个冲突域（每个端口一个），这意味着连接到同一个集线器的所有设备都属于同一个冲突域。这很糟糕，应尽量避免，但胜过让所有主机都属于同一个冲突域。因此，在家里千万不要这样做。这种低效的设计该进博物馆，它淋漓尽致地展示了应杜绝的做法；这种设计对当今的网络来说非常糟糕。它让我们知道了网络互联的来龙去脉，你必须明白其中说明的概念。

另外还需注意，底部三台彼此相连的集线器也连接到了路由器。它们组成一个冲突域和一个广播域，让这个桥接型网络看起来好得多！

注意 虽然网桥/交换机用来将网络分段，但它们不能隔离广播和组播分组。

在与该路由器相连的网络中，最好的是左边的交换型网络。为什么呢？因为交换机的每个端口都属于独立的冲突域，但还不够好，因为该网络中的所有设备都属于同一个广播域。这实际上可能很糟糕，你还记得原因吗？那就是所有设备都必须侦听所有的广播。广播域越大，用户可用的带宽就越少，必须处理的广播就越多，而网络的响应速度将慢到引起办公室骚乱的程度。因此，在当今的网络中，确保广播域较小很重要。

在该网络中添加交换机将会极大改善这一状况！图 1-5 显示了如今常见的网络。

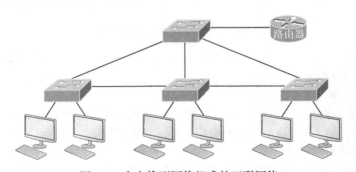

图 1-5　由交换型网络组成的互联网络

在这里，我将 LAN 交换机放在网络中央，路由器连接的只是逻辑网络。采用这种配置会创建虚拟 LAN（VLAN）。VLAN 用于将第 2 层交换型网络划分为多个逻辑广播域。然而，即便在交换型网络环境中，依然需要使用路由器来支持 VLAN 间通信。明白这一点很重要，可别忘了。

显然，最佳的网络是这样的：进行了正确配置，能够满足公司或客户的业务需求。最佳的网络设计是，在网络中正确地结合使用 LAN 交换机和路由器。但愿本书能够帮助你理解路由器和交换机的基本知识，让你能够根据具体情况做出正确决策。

回到图 1-4，让我们花点时间仔细研究一下。在该图所示的互联网络中，有多少个冲突域和广播域？

冲突域 9 个，广播域 3 个，但愿你的答案与此相同。广播域最容易辨别，因为默认情况下，只有路由器对广播域进行分割。鉴于路由器连接有 3 条，因此有 3 个广播域。但你理解冲突域有 9 个吗？如果没有，请听我解释。底部只包含集线器的网络有一个冲突域；顶部使用了网桥的网络有 3 个冲突域；加上交换型网络中的 5 个冲突域（每个交换机端口一个），总共是 9 个。

现在来看图 1-5。每个交换机端口对应一个冲突域，而每个 VLAN 对应一个广播域。在你看来，有多少个冲突域呢？答案是 12 个：请别忘了，交换机的每条连接都对应一个冲突域！由于该图没有列出 VLAN 信息，我们假定属于默认情况，即只有一个广播域。

介绍网络互联模型前，再来看看当今几乎每个网络都使用的其他几种设备，如图 1-6 所示。

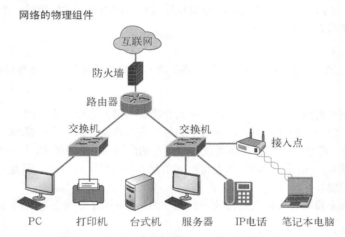

图 1-6　当今互联网络通常会用到的其他设备

在图 1-5 所示交换型网络的周边是 WLAN 设备，这包括 AP、无线控制器和防火墙。在当今的网络中，找不到这些设备的情形很少见。

下面更深入地介绍一下这些设备。

❑ WLAN 设备：这些设备将计算机、打印机和平板电脑等无线设备连接到网络。当前生产的几乎每台设备都有无线 NIC，因此你只需配置一个基本接入点（access point，AP）就能将它们连接到传统的有线网络。

❑ 接入点：这些设备让无线设备能够连接到有线网络，并在交换机中增加一个冲突域；它们通常位于独立的广播域中，我们将这种广播域称为虚拟 LAN（VLAN）。AP 可能是简单的独立设备，但当前通常由无线控制器管理。这些无线管理器可能与 AP 位于同一个地方，也可能通过网络与之相连。

❑ WLAN 控制器：这些设备被网络管理员或网络运营中心用来管理中等数量乃至大量的接入点。WLAN 控制器能够自动配置无线接入点，通常只用于较大的企业系统。然而，思科并购 Meraki Systems 后，你可使用其易于配置的 Web 控制器系统从云端轻松地管理中小型无线网络。

❑ **防火墙**：这些设备是网络安全系统，它们监视进入和外出的网络流量，并根据预定的安全规则对其进行控制，通常构成了一个入侵保护系统（Intrusion Protection System，IPS）。思科自适应安全设备（Adaptive Security Appliance，ASA）防火墙通常在安全可信的内部网络和不安全、不可信的互联网之间建立屏障。思科最近并购了 Sourcefire，这让它得以凭下一代防火墙（Next Generation Firewalls，NGFW）和下一代 IPS（Next Generation IPS，NGIPS）执市场之牛耳；思科将这两种设备都改名为 Firepower。Firepower 运行在专用设备上，如思科 ASA、ISR 路由器和 Meraki 产品。

 真实案例

应替换现有的 10/100 Mbit/s 交换机吗

假设你是一家大型公司的网络管理员，申请新购一批交换机，但老板觉得开支太大，因此找你商量。你该竭力说服老板吗？也就是说确实需要购买吗？

绝对应该这样做。最新的交换机可提供老式 10/100 Mbit/s 交换机没有的功能（如今使用 5 年的交换机就相当旧了），但大多数公司的预算并非不受限制，无法购买全新的吉比特交换机。不过 10/100 Mbit/s 交换机对当今的网络来说确实不够好。

另一个很好的问题是，对于所有的用户、服务器和其他设备，都需要连接到延迟低的 1 Gbit/s 甚至更好的交换机端口吗？是的，**绝对需要新的高端交换机**！因为互联网络的瓶颈不再是服务器和主机，而是路由器和交换机——尤其是老式路由器和交换机！每个台式机和路由器接口至少必须是吉比特的；当前，对交换机之间的上行链路来说，10 Gbit/s 是最起码的配置，如果负担得起，应配置 40 Gbit/s 乃至 100 Gbit/s。

按照你的想法做好了！提出购买全新交换机的申请吧，不久后你就会成为英雄。

简要介绍网络互联技术以及互联网络中的各种设备后，下面该介绍网络互联模型了。

1.2 网络互联模型

先来说说网络的历史：网络刚面世时，通常只有同一家制造商生产的计算机才能彼此通信。例如，要么采用 DECnet 解决方案，要么采用 IBM 解决方案，而不能结合使用这两种方案。20 世纪 70 年代末，为打破这种藩篱，国际标准化组织（International Organization for Standardization，ISO）开发了**开放系统互联**（Open Systems Interconnection，OSI）**参考模型**。

OSI 模型旨在以协议的形式帮助厂商生产可互操作的网络设备和软件，让不同厂商的网络能够协同工作。与世界和平一样，这不可能完全实现，但不失为一个伟大的目标。

OSI 模型是主要的网络架构模型，描述了数据和网络信息如何通过网络介质从一台计算机的应用程序传输到另一台计算机的应用程序。为此，OSI 参考模型进行了分层。

下面阐述这种分层方法以及如何使用它来帮助排除互联网络故障。

提示　　ISO、OSI，稍后你还会见到 IOS，太乱了！你只需记住，ISO 开发了 OSI 模型，而思科开发了本书将重点介绍的 IOS（Internetworking Operating System，互联网络操作系统）。

1.2.1　分层方法

参考模型是描绘如何进行通信的概念蓝图。它指出了进行高效通信所需的全部步骤，并将这些步骤划分成称为层的逻辑组。以这种方式设计通信系统时，便采用了**分层架构**。

让我们这样考虑，假设你和一些朋友打算组建一家公司。为此，首先需要做的事情之一是考虑下述问题：必须完成哪些任务，由谁完成，各项任务之间的关系以及按什么样的顺序完成这些任务。接下来，你将组建各个部门（如销售部、库存部和发货部），其中每个部门都有特定的任务，确保员工忙活起来并专注于自己的职责。

在这种情景下，部门就相当于通信系统中的层。为确保业务的正常运行，每个部门的员工都必须信任并依靠其他部门的员工，这样才能完成工作。在规划过程中，你可能将整个流程记录下来，以方便讨论和澄清操作标准，而操作标准将成为业务蓝图（参考模型）。

企业开始运营后，各部门的领导都将拥有该蓝图中与其部门相关的部分。他们需要制定可行的方案，以完成分配给他们的任务。这些可行的方案（协议）需要编辑成标准操作流程手册并严格遵守。每个流程出现在手册中的原因和重要性各异。与其他公司建立合作伙伴关系或并购其他公司时，新公司的业务协议（业务蓝图）必须与公司的相容。

同样，对软件开发人员来说，模型也很重要。软件开发人员经常使用参考模型来理解计算机通信过程，从而判断各层需要实现的功能。这意味着要为某一层开发协议，他们只需考虑这一层的功能，而其他功能将由其他层及其协议和软件处理。从技术上说，这种理念称为**绑定**：在特定层，彼此相关的通信步骤被绑定在一起。

1.2.2　参考模型的优点

OSI 模型是层次型的，具有分层模型的很多优点，但正如前面指出的，OSI 模型的主要用途是让不同厂商的网络能够互操作。

使用 OSI 分层模型的一些重要优点如下所示。

- ❑ 将网络通信过程划分成更小、更简单的组件，这有助于组件的开发、设计和故障排除。
- ❑ 通过标准化网络组件，让多家厂商能够协作开发。
- ❑ 明确定义了模型每层执行的功能，从而支持行业标准化。
- ❑ 让不同类型的网络硬件和软件能够彼此通信。
- ❑ 防止对一层的修改影响其他层，从而避免了对开发工作的影响。

1.3　OSI 参考模型

OSI 规范最大的作用之一是，有助于在运行不同操作系统的主机之间传输数据，如 Unix 主机、Windows 计算机、Mac 和智能手机等。

1

　　然而，别忘了 OSI 是逻辑模型，而非物理模型。它是一组指导原则，开发人员可据此来开发可在网络中运行的应用程序。它还提供了一个框架，可用于指导如何制定和实施网络标准，如何制造设备以及如何制定网络互联方案。

　　OSI 模型包含 7 层。这些层分两组：上 3 层指定终端中的应用程序如何彼此通信以及如何与用户交流，下 4 层指定如何进行端到端的数据传输。

　　图 1-7 显示了上 3 层及其功能。

应用层	·提供用户界面
表示层	·表示数据 ·进行加密等处理
会话层	·将不同应用程序的数据予以分离

图 1-7　上 3 层

　　从图 1-6 可知，用户通过应用层与计算机交互。另外，上 3 层还负责主机之间的应用程序通信。这 3 层都对联网和网络地址一无所知，因为这些是下 4 层的职责。

　　图 1-8 显示了下 4 层及其功能。从中可知，这 4 层定义了数据是如何通过物理介质（如电缆和光纤）、交换机和路由器进行传输的，它们还定义了如何在发送方主机和目标主机的应用程序之间重建数据流。

传输层	·提供可靠或不可靠的传输 ·在重传前执行纠错
网络层	·提供逻辑地址，路由器使用它们来选择路径
数据链路层	·将分组拆分为字节，并将字节组合成帧 ·使用MAC地址提供介质访问 ·执行错误检测，但不纠错
物理层	·在设备之间传输比特 ·指定电平、电缆速度和电缆针脚

图 1-8　下 4 层

下述网络设备都运行在 OSI 模型的全部 7 层上：

❑ **网络管理工作站**（network management station，NMS）；
❑ Web 和应用程序服务器；
❑ 网关（非默认网关）；
❑ 服务器；
❑ 网络主机。

　　ISO 大致相当于网络协议领域的 Emily Post。Post 女士编写有关社交标准（协议）的图书，而 ISO 开发的 OSI 参考模型是开放网络协议集的先例与指南。OSI 定义了通信模型的规范，当前仍是最常见的协议簇比较方法。

　　OSI 参考模型包含如下 7 层：

　　❑ 应用层（第 7 层）；
　　❑ 表示层（第 6 层）；
　　❑ 会话层（第 5 层）；
　　❑ 传输层（第 4 层）；
　　❑ 网络层（第 3 层）；
　　❑ 数据链路层（第 2 层）；
　　❑ 物理层（第 1 层）。
　　图 1-9 总结了 OSI 模型各层的功能。

应用层	• 文件、打印、消息、数据库和应用程序服务
表示层	• 数据加密、压缩和转换服务
会话层	• 对话控制

传输层	• 端到端连接
网络层	• 路由选择

数据链路层	• 成帧
物理层	• 物理拓扑

图 1-9　各层的功能

　　我将这 7 层分成三组：上层、中层和下层。上层负责与用户界面和应用程序通信；中层负责与远程网络可靠地通信以及路由到远程网络；下层则负责与本地网络通信。

　　有了这些知识后，便可以详细探索各层的功能了。

1.3.1　应用层

　　OSI 模型的应用层是用户与计算机交流的场所，仅当马上需要访问网络时，这一层才会发挥作用。以 Internet Explorer（IE）为例，即使将系统中所有的联网组件（如 TCP/IP、网卡等）卸载掉，依然可使用 IE 来浏览本地的 HTML 文档。但如果你试图浏览远程 HTML 文档，就绝对会遇到麻烦。这是因为响应这些请求时，IE 和其他浏览器将试图访问应用层。实际上，应用层让应用程序能够将信息沿协议栈向下传输，从而充当了应用程序和下一层之间的接口。浏览器并非 OSI 分层结构的组成部分，因为它们并不位于应用层中，仅当需访问远程资源时才与应用层及相关协议交互。

　　应用层还负责确定目标通信方的可用性，并判断是否有足够的资源进行所需的通信。这些任务很重要，因为与浏览器的大部分功能一样，计算机应用程序有时候需要的不仅仅是桌面资源。为执行要求的功能，通常需要结合使用多个网络应用程序的通信组件，这样的典型示例包括：

　　❑ 文件传输；
　　❑ 电子邮件；
　　❑ 启用远程访问；

□ 网络管理活动；
□ 客户端/服务器进程；
□ 信息查找。

很多网络应用程序提供了通过企业网络进行通信的服务，但就当前和未来的网络互联而言，这种需求发展太快了，超过了现有物理网络的极限。

注意 应用层是实际应用程序之间的接口。这意味着诸如 Microsoft Word 等应用程序并不位于应用层，而只是与应用层协议交互。第 3 章将介绍一些位于应用层的重要程序，如 Telnet、FTP 和 TFTP。

1.3.2 表示层

表示层因其用途而得名，它向应用层提供数据，并负责数据转换和代码格式化。可将其视为 OSI 模型中的转换器，提供编码和转换服务。一种确保数据成功传输的有效方法是，将数据转换为标准格式再进行传输。计算机被配置成能够接受这种通用格式的数据，然后将其转换为本机格式以便读取。一种这样的转换服务是，将数据从 EBCDIC（Extended Binary Coded Decimal Interchange Code，广义二进制编码的十进制交换码）转换为 ASCII（American Standard Code for Information Interchange，美国标准信息交换码）。通过提供转换服务，表示层确保来自一个系统的应用层的数据可被另一个系统的应用层读取。

有鉴于此，OSI 制定了相关协议。这些协议定义了如何格式化标准数据，因此诸如数据压缩、解压、加密和解密等功能都是在表示层完成的。有些表示层标准还涉及多媒体操作。

1.3.3 会话层

会话层负责如下工作：在表示层实体之间建立、管理和终止会话；将用户数据分开；对设备间的对话进行控制。

为协调和组织主机的各种应用程序之间的通信（如客户端到服务器的通信），会话层提供了三种不同的模式：单工、半双工和全双工。单工属于单向通信，有点像你说完话后没人回应。半双工实际上是双向通信，但不能同时沿两个方向传输数据，以免设备发送数据时被打断。这类似于飞行员和船长通过无线电以及步话机交流。全双工类似于日常交谈，设备可同时发送和接收数据，很像两个人在电话里吵架。

1.3.4 传输层

传输层将数据进行分段并重组为数据流。位于传输层的服务接收来自应用程序的各种数据，并将它们合并到一个数据流中。这些协议提供了端到端数据传输服务，可在互联网络中的发送主机和目标主机之间建立逻辑连接。

TCP 和 UDP 是传输层的两个著名协议，如果你不熟悉它们，也不用担心，第 3 章将全面介绍。虽然它们都运行在传输层，但 TCP 是一种可靠的服务，而 UDP 不是。这给应用程序开发人员提供了更多的选择，因为设计传输层产品时，他们可在这两种协议之间做出选择。

传输层负责提供如下机制：对上层应用程序进行多路复用，建立会话以及拆除虚电路。它还提供透明的数据传输，并对高层隐藏随网络而异的信息。

在传输层，可使用术语**可靠的联网**，这意味着将使用确认、排序和流量控制。

传输层可以是无连接的或面向连接的，但思科只要求你明白传输层的面向连接功能，因此下面进行详细介绍。

1. 面向连接的通信

为进行可靠的传输，要传输数据的设备首先必须建立到远程设备（对等系统）的面向连接通信会话，这称为**呼叫建立**或**三次握手**。建立会话后，就可以传输数据了。传输完毕后，将通过**呼叫终止**拆除虚电路。

图1-10描述了发送系统和接收系统之间进行的典型可靠会话。从中可知，两台主机的应用程序都首先通知各自的操作系统：即将发起建立连接。两个操作系统通过网络发送消息，确认传得到了批准且双方已准备就绪。这种必不可少的同步完成后，便完全建立了连接，可以开始传输数据了。顺便说一句，这种虚电路建立被称为开销，明白这一点很有帮助。

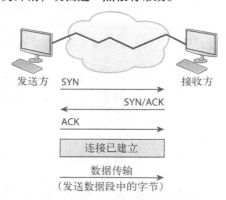

图1-10　建立面向连接的会话

传输信息期间，两台主机定期地检查对方，通过协议软件进行通信，确保一切进展顺利且正确地收到了数据。

对图1-10展示的面向连接会话中的步骤（三次握手）总结如下。

❑ 第一个是"连接协定"数据段，用于请求同步（SYN）。

❑ 接下来的数据段确认请求（ACK），并在主机之间确定连接参数（规则）。这些数据段请求同步接收方排序，以建立双向连接。

❑ 最后一个数据段也是确认，它通知目标主机，接受了连接协定且连接已建立。现在可以开始传输数据了。

听起来相当简单，但事情并非总是如此顺利。有时候，在传输期间，高速计算机生成的流量远远超过了网络的传输能力，进而导致拥塞。大量计算机同时向一个网关或目标主机发送数据报时，也很容易导致问题，在这种情况下，网关或目标主机可能发生拥塞，但这不能怪罪任何一台源主机。这类似于高速公路的瓶颈——流量太大，而容量太小。这种问题通常并非某辆车导致的，而只是高速公路上的车太多。

如果主机收到大量的数据报，超出了其处理能力，结果将如何呢？它将这些数据报存储在称为**缓冲区**的内存中，但仅当突发数据报的数量较少时，这种缓冲方式才能解决问题。如果数据报纷至沓来，耗尽设备的内存，超过其容量，它最终将不得不丢弃新到来的数据报，就像已经满了的水桶不断向外冒水那样。

2. 流量控制

面对流量太大可能导致的数据丢失，我们采用了故障防范装置——**流量控制**。其职责是在传输层确保数据的完整性，这是通过允许应用程序请求在系统间进行可靠的数据传输实现的。流量控制可避免发送主机让接收主机的缓冲区溢出。可靠的数据传输在系统间使用面向连接的通信会话，而相关的协议确保可实现如下目标。

- ❑ 收到数据段后，向发送方确认。
- ❑ 重传所有未得到确认的数据段。
- ❑ 数据段到达目的地后，按正确的顺序排列它们。
- ❑ 确保数据流量不超过处理能力，以避免拥塞、过载和数据丢失。

 注意 流量控制旨在提供一种机制，让接收方能够控制发送方发送的数据量。

传输层的流量控制系统确实很管用。传输层可向发送方发出信号"未准备好"，从而避免数据泛滥而丢失数据。这种机制类似于刹车灯，告诉发送设备不要再向不堪重负的接收方传输数据段。处理完毕其内存储水池（缓冲区）中的数据段后，接收方发送信号"准备就绪"。等待传输的计算机收到这个"前进"信号后，将继续传输。图 1-11 说明了这一点。

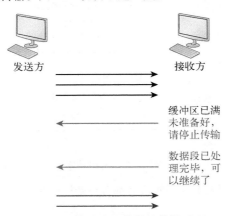

图 1-11 使用流量控制的传输过程

在面向连接的可靠数据传输中，数据报到达接收主机的顺序与发送顺序完全相同。如果在传输过程中，有任何数据段丢失、重复或受损，传输将失败。为解决这个问题，接收主机必须确认它收到了每个数据段。

如果服务具有如下特征，它就是面向连接的：

- ❑ 建立虚电路（或创建"三次握手"）；
- ❑ 使用排序技术；
- ❑ 使用确认；
- ❑ 使用流量控制。

流量控制方式包含缓冲、窗口技术和拥塞避免。

3. 窗口技术

在理想情况下，数据传输快捷而高效。可以想见，如果传输方发送每个数据段后都必须等待确认，传输速度将极其缓慢。在收到确认前，传输方可发送的数据段数量（以字节为单位）称为**窗口大小**。

窗口用于控制未确认的数据段数量。

窗口大小决定了在收到对方的确认前可发送的信息量。有些协议以分组数度量信息量，但 TCP/IP 以字节数度量信息量。

在图 1-12 中，双方使用的窗口大小不同：一方将其设置为 1，另一方将其设置为 3。

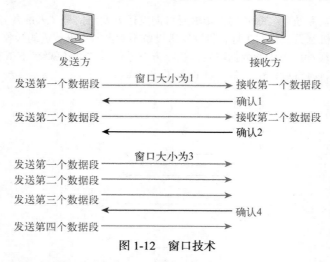

图 1-12   窗口技术

窗口大小为 1 时，发送方传输每个数据段后都等待确认；窗口大小为 3 时，发送方将传输三个数据段，再等待确认。

在这个简化的示例中，发送方和接收方都是工作站。在实际情况中，收到确认前可发送的信息量用字节数（而不是数据段数）度量。

如果未收到所有应确认的字节，接收方将缩小窗口，以改善通信会话。

4. 确认

在数据链路正常的情况下，可靠的数据传输可确保机器间发送的数据流的完整性。它确保数据不会重复或丢失，这是通过**肯定确认和重传**（positive acknowledgement with retransmission）实现的，这种方法要求接收方收到数据后向发送方发送确认消息。发送方以字节为单位记录每个数据段，将其发送后等待确认。发送数据段后，发送方启动定时器；如果定时器到期后仍未收到接收方的确认，就重传该数据段。图 1-13 说明了这一点。

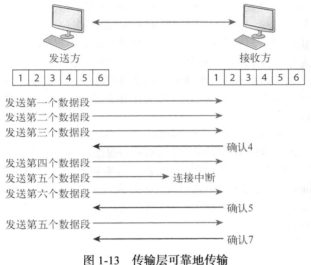

图 1-13 传输层可靠地传输

在图 1-12 中，发送方传输了数据段 1、2 和 3，接收节点请求发送数据段 4，这确认它收到了前 3 个数据段。收到确认后，发送方传输数据段 4、5 和 6。如果数据段 5 未能到达目的地，接收方将请求重传数据段，以指出这一点。接下来，发送方将重传该数据段并等待确认，仅当收到确认后，接收方才会继续传输数据段 7。

传输层与会话层紧密协作，还将来自不同应用程序的数据分开，这称为**会话多路复用**。在客户端连接到服务器并打开多个浏览器会话时，就会发生会话多路复用。当你访问 Amazon 网站，并单击多个链接以便比较多件商品时，就打开了多个浏览器会话。在服务器端，必须将来自各个浏览器会话的数据分开，这项工作就是由传输层负责的。

1.3.5 网络层

网络层（第 3 层）管理设备编址、跟踪设备在网络中的位置并确定最佳的数据传输路径，这意味着网络层负责在位于不同网络中的设备之间传输流量。路由器（第 3 层设备）位于网络层，在互联网络中提供路由选择服务。

具体过程如下。在接口上收到分组后，路由器首先检查分组的目标 IP 地址。如果分组的目的地不是当前路由器，将在路由选择表中查找目标网络地址。选择出站接口后，路由器将分组发送到该接口，后者将分组封装成帧后，将其在本地网络中传输。如果在路由选择表中找不到目标网络对应的条目，路由器将分组丢弃。

网络层使用的分组有两种：数据分组和路由更新分组。

❑ **数据分组**   用于在互联网络中传输用户数据。用于支持用户数据的协议称为**被路由的协议**，包括 IP 和 IPv6。IP 编址将在第 3 章和第 4 章介绍，而 IPv6 将在第 14 章介绍。

❑ **路由更新分组**   包含有关互联网络中路由器连接的网络的更新信息，用于将这些信息告知邻接路由器。发送路由更新分组的协议称为路由选择协议；就 CCNA 考试而言，最重要的路由选择协议包括 RIPv2、EIGRP 和 OSPF。路由更新分组用于帮助建立和维护路由选择表。

图 1-14 是一个路由选择表。路由器存储并使用的路由选择表包含如下信息。

❑ **网络地址**   随协议而异的网络地址。对于每种被路由的协议，路由器都必须为其维护一个路由选择表，因为每种被路由的协议都以不同的编址方案跟踪网络。例如，IP 和 IPv6 的路由选择表截然不同，因为路由器为每种被路由的协议都维护一个路由选择表。可将网络地址视为用不同语言书写的街道标识。如果某条街居住着美国人、西班牙人和法国人，该街道将标识为 Cat/Gato/Chat。

❑ **接口**   为前往特定网络的分组选择的出站接口。

❑ **度量值**   到远程网络的距离。不同的路由选择协议使用不同的方式来计算这种距离。路由选择协议将在第 9 章详细介绍，就目前而言，只需知道如下信息即可：诸如 RIP（Routing Information Protocol，路由选择信息协议）等路由选择协议使用跳数（分组前往远程网络穿越的路由器数量），而有些路由选择协议使用带宽、线路延迟甚至嘀嗒（1/18 秒）数来确定前往目的地的最佳路径。

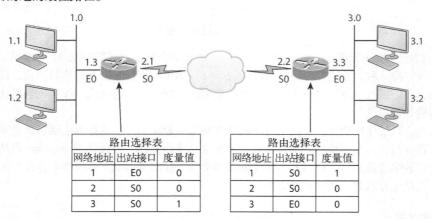

图 1-14   路由器使用的路由选择表

正如前面指出的，路由器分割广播域。这意味着默认情况下，路由器不会转发广播。这是件好事，你还记得原因吗？路由器还分割冲突域，但也可使用第 2 层（数据链路层）交换机达成这种目的。路由器的每个接口都属于不同的网络，因此必须给每个接口分配不同的网络标识号，且与同一个接口相连的每台主机都必须使用相同的网络号。图 1-15 说明了路由器在互联网络中扮演的角色。

图 1-15　互联网络中的路由器。路由器的每个 LAN 接口都属于不同的广播域。路由器
　　　　 默认分割广播域，还能提供 WAN 服务

对于路由器，必须牢记如下要点。

❑ 默认情况下，路由器不转发任何广播分组和组播分组。
❑ 路由器根据网络层报头中的逻辑地址来确定将分组转发到哪个下一跳路由器。
❑ 路由器可使用管理员创建的访问列表来控制可进出接口的分组类型，以提高安全性。
❑ 必要时，路由器可在同一个接口提供第 2 层桥接功能和路由功能。
❑ 第 3 层设备（这里指的是路由器）在**虚拟 LAN（VLAN）**之间提供连接。
❑ 路由器可为特定类型的网络流量提供**服务质量**（quality of service，QoS）。

1.3.6　数据链路层

数据链路层提供数据的物理传输，并处理错误通知、网络拓扑和流量控制。这意味着数据链路层将使用硬件地址确保报文传输到 LAN 中的正确设备，还将把来自网络层的报文转换为比特，供物理层进行传输。

数据链路层将报文封装成**数据帧**，并添加定制的报头，其中包含目标硬件地址和源硬件地址。这些添加的信息位于原始报文周围，形成一种"胶囊"，就像阿波罗计划中的引擎、导航设备和其他工具与登月舱相连的方式一样。这些设备仅在太空航行的特定阶段有用，会在这些阶段结束后被剥离并丢弃。数据在网络中的传输过程与此类似。

图 1-16 显示了数据链路层以及以太网和 IEEE 规范。需要注意的是，IEEE 802.2 标准与其他 IEEE 标准配合使用，并添加了额外的功能。第 2 章将更详细地介绍 CCNA 考点涉及的重要 IEEE 802 标准。

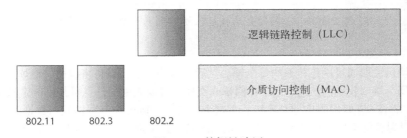

图 1-16　数据链路层

路由器运行在网络层，根本不关心主机位于什么地方，而只关心网络（包括远程网络）位于什么地方以及前往这些网络的最佳路径，明白这一点很重要。路由器只关心网络，这是好事！对本地网络中每台设备进行标识的工作由数据链路层负责。

数据链路层使用硬件地址，让主机能够给本地网络中的其他主机发送分组以及穿越路由器发送分组。在路由器之间传输分组时，都将使用数据链路层控制信息将其封装成帧，但这些信息将被接收路由器剥离，只保留完整的原始分组。在每一跳都将重复这种将分组封装成帧的过程，直到分组最终到达正确的接收主机。在整个传输过程中，分组本身从未被修改过，而只是使用必要的控制信息对其进行封装，以便能够通过不同的介质进行传输，明白这一点至关重要。

　　IEEE 以太网数据链路层包含两个子层。

　　❑ **介质访问控制**（media access control，MAC）定义了如何通过介质传输分组。它采用"先到先服务"的访问方式，带宽由大家共享，因此被称为竞用介质访问（contention media access）。这个子层定义了物理地址和逻辑拓扑。逻辑拓扑指的是信号在物理拓扑中的传输路径。在这个子层，还可使用线路控制、错误通知（不纠错）、顺序传递帧以及可选的流量控制。

　　❑ **逻辑链路控制**（logical link control，LLC）负责识别网络层协议并对其进行封装。LLC 报头告诉数据链路层，收到帧后如何对分组进行处理。其工作原理类似于：收到帧后，主机查看 LLC 报头以确定要将分组交给谁，如网络层的 IP 协议。LLC 还可提供流量控制以及控制比特排序。

　　本章开头谈到的交换机和网桥都工作在数据链路层，它们根据硬件（MAC）地址过滤帧，接下来将详细介绍这些内容。

　　在 OSI 模型的各层，使用控制信息对数据进行封装，封装后的数据统称为协议数据单元（protocol data unit，PDU）。各层的 PDU 各不相同，传输层为数据段，网络层为分组，数据链路层为帧，而物理层为比特。这种在各层给数据命名的方法将在第 2 章详细介绍。

工作在数据链路层的交换机和网桥

　　我们将第 2 层交换看作基于硬件的桥接，因为它使用被称为**专用集成电路**（application-specific integrated circuit，ASIC）的特殊硬件。ASIC 的速度可高达吉比特，且延迟非常低。

　　延迟（latency）指的是从帧进入端口到离开端口所需的时间。

　　网桥和交换机读取通过网络传输的每个帧。然后，这些第 2 层设备将源硬件地址加入过滤表中，以记录帧是从哪个端口收到的。这些记录在网桥或交换机过滤表中的信息可帮助确定特定发送设备的位置。图 1-17 显示了互联网络中的交换机。在这个网络中，John 向互联网发送数据时，Sally 不会收到相关的帧，因为她位于另一个冲突域。John 发送的帧将直接进入充当默认网关的路由器，Sally 根本看不到，这极大地减轻了她的负担。

　　对房地产来说，最重要的因素就是位置，对第 2 层和第 3 层设备来说亦如此。虽然第 2 层设备和第 3 层设备都需要了解网络，但它们关心的重点截然不同。第 3 层设备（如路由器）需要确定网络的位置，而第 2 层设备（交换机和网桥）需要确定设备的位置。因此，网络之于路由器犹如设备之于交换机和网桥，提供了互联网络地图的路由选择表之于路由器犹如提供了设备地图的过滤表之于交换机和路由器。

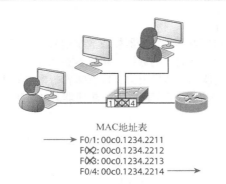

MAC 地址表

F0/1: 00c0.1234.2211
F0/2: 00c0.1234.2212
F0/3: 00c0.1234.2213
F0/4: 00c0.1234.2214

图 1-17　互联网络中的交换机

建立过滤表后，第 2 层设备只把帧转发到目标硬件地址所属的网段。如果目标设备与发送设备位于同一个网段，第 2 层设备将禁止帧进入其他网段；如果目标设备位于另一个网段，帧将只传输到该网段。这被称为**透明桥接**。

交换机接口收到帧后，如果在过滤表中找不到其目标硬件地址，交换机将把帧转发到所有网段。如果有未知设备对这种转发操作做出应答，交换机将更新其过滤表中有关该设备位置的信息。然而，如果帧的目标地址为广播地址，交换机将默认把广播转发给与之相连的所有网段。

接收广播的所有设备都位于同一个广播域中，这是个问题：第 2 层设备传播第 2 层广播风暴，这会极大地降低网络性能。要阻止广播风暴在互联网络中传播，唯一的办法是使用第 3 层设备——路由器。

在互联网络中，使用交换机而不是集线器的最大好处是，每个交换机端口都属于不同的冲突域，而集线器形成一个大型冲突域，这可不是好事。然而，即使使用了交换机，默认仍不能分割广播域，因为交换机和网桥都没有这样的功能，它们只是简单地转发所有的广播。

相对以集线器为中心的实现来说，LAN 交换的另一个优点是，与交换机相连的每个网段中的每台设备都能同时传输：至少在每个交换机端口只连接一台主机而且没有连接集线器的情况下是这样的。你可能猜到了，使用集线器时，每个网段不能有多台设备同时通信。

1.3.7　物理层

终于来到了最底层。物理层有两项功能：发送和接收比特。比特的取值只能为 0 或 1——使用数字值的摩尔斯码。物理层直接与各种通信介质交流。不同的介质以不同方式表示比特值，有些使用音调，有些使用**状态切换**——从高电平变成低电平以及从低电平变成高电平。对于每种类型的介质，都需要特定的协议。这些协议描述了正确的比特模式，如何将数据编码成介质信号以及物理介质连接头的各种特征。

物理层定义了要在终端系统之间激活、维护和断开物理链路而需要满足的电气、机械、规程和功能需求，还让你能够确定**数据终端设备**（data terminal equipment，DTE）和**数据通信设备**（data communication equipment，DCE）之间的接口（有些年老的电话公司雇员仍将 DCE 称为数据电路端接设备）。DCE 通常位于服务提供商处，而 DTE 是与之相连的设备。通常情况下，DTE 通过调制解调器或**信道服务单元/数据服务单元**（channel service unit/data service unit，CSU/DSU）来使用可用的服务。

OSI 以标准的形式定义了物理层接头和各种物理拓扑，让不同的系统能够彼此通信。CCNA 考试只涉及 IEEE 以太网标准。

1. 工作在物理层的集线器

集线器实际上是一种多端口转发器。转发器接收数字信号，对其进行放大或重建，再通过所有活动端口将其转发出去，而不查看信号表示的数据。集线器亦如此，从任何端口收到数字信号后，都进行放大或重建，再通过所有集线器端口转发出去。这意味着与集线器相连的所有设备都属于同一个冲突域，也属于同一个广播。图 1-18 显示了网络中的集线器。在这种网络中，当一台主机传输数据时，其他主机都必须停下来侦听。

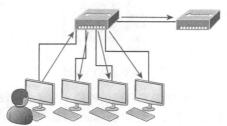

无论我说什么，大家都得倾听，我太喜欢了！

图 1-18   网络中的集线器

与转发器一样，集线器也不查看进入的流量，而只是将其转发到物理介质的其他部分。与集线器相连的所有设备都必须侦听，看看是否有其他设备在传输数据。使用集线器组建的是星型物理网络，集线器位于网络中央，电缆从集线器出发向各个方向延伸。从视觉上说，这种设计确实像星型，但以太网使用的是逻辑总线拓扑，这意味着信号必须从网络一端传输到另一端。

注意   集线器和转发器可用于增大单个 LAN 网段覆盖的区域，但不推荐这样做。通常情况下，你能负担起使用 LAN 交换机的费用，且 LAN 交换机的效果要好得多。

2. 物理层拓扑

对于物理层，我想讨论的最后一点是拓扑，包括物理拓扑和逻辑拓扑。你必须明白，每个网络都有物理拓扑和逻辑拓扑。

❑ 网络的物理拓扑指的是设备的物理布局，但主要是电缆和电缆布局。

❑ 逻辑拓扑定义了信号在物理拓扑中的逻辑传输路径。

图 1-19 说明了 4 种拓扑。

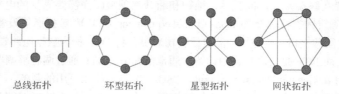

图 1-19   物理拓扑和逻辑拓扑

1

下面是最常见的拓扑类型，但当今网络几乎都使用物理星型拓扑和逻辑总线拓扑，这被视为一种混合拓扑（想想以太网就知道了）。

- ❏ **总线拓扑**：在总线拓扑中，所有工作站都连接到同一条电缆，这意味着网络中的任何两个工作站都直接相连。
- ❏ **环型拓扑**：在环型拓扑中，计算机和其他网络设备依次相连，同时最后一台设备又连接到第一台设备，从而形成一个圆（环）。
- ❏ **星型拓扑**：最常见的物理拓扑是星型拓扑，以太网使用的就是这种布局。在这种拓扑中，一台中央设备（交换机）将计算机和其他网络设备连接起来。这种拓扑包括简单星型拓扑和扩展星型拓扑，它使用的物理连接通常是双绞线。
- ❏ **网状拓扑**：在网状拓扑中，任何两台网络设备都直接相连。冗余的链路提高了可靠性和自我修复能力。这种拓扑中的物理连接通常为光纤或双绞线。
- ❏ **混合拓扑**：以太网使用物理星型拓扑（电缆通向四面八方），而信号以端到端的方式传输，看起来像总线。

1.4 小结

我知道，本章看起来似乎还不会结束，但到这里确实结束了，你也阅读完了。你现在掌握了大量基础知识，可以以此为基础，踏上认证之路。

本章首先讨论了简单的基本网络以及冲突域和广播域的差别。

接着讨论了 OSI 模型，这是一个包含 7 层的模型，用于帮助应用程序开发人员设计可在任何类型的系统和网络中运行的应用程序。每层都有其独特的任务和职责，确保稳定、高效地通信。我全面介绍了每层的细节，并从思科的角度讨论了 OSI 模型的规范。

另外，OSI 模型的每层都指定了不同类型的设备，而我也描述了各层使用的设备。

还记得吗？集线器属于物理层设备，将数字信号转发给除信源所属网段以外的其他所有网段；交换机使用硬件地址将网络分段，并分割冲突域；路由器分割广播域和冲突域，并使用逻辑地址在互联网络中传输分组。

1.5 考试要点

找出可能导致 LAN 拥塞的原因。 广播域中的主机太多、广播风暴、组播以及带宽太低都是可能导致 LAN 拥塞的原因。

描述冲突域和广播域的差别。 冲突域是一个以太网术语，指的是这样一组联网的设备：网段中的一台设备发送分组时，该网段中的其他所有设备都必须侦听。在广播域中，网络中的所有设备都侦听各个网段上发送的广播。

区分 MAC 地址和 IP 地址，并描述在网络中使用这些地址的时机和方式。 MAC 地址是一个十六进制数，标识了主机的物理连接。MAC 地址运行在 OSI 模型的第 2 层。IP 地址可表示为二进制，也可表示为十进制，是一种逻辑标识符，位于 OSI 模型的第 3 层。位于同一个物理网段的主机使用 MAC 地址彼此寻找对方，而当主机位于不同的 LAN 网段或子网时，将使用 IP 地址来寻找对方。

理解集线器、网桥、交换机和路由器之间的差别。 集线器创建一个冲突域和一个广播域。网桥分割冲突域，但形成一个大型广播域。交换机不过是更智能的多端口网桥；它们分割冲突域，但默认创建一个大型广播域。网桥和交换机都使用硬件地址来过滤帧。路由器分割冲突域和广播域，并使用逻辑地址来过滤分组。

了解路由器的功能和优点。路由器执行分组交换、过滤和路径选择，帮助进行互联网络通信。路由器的优点之一是，可减少广播流量。

区分面向连接的网络服务和无连接网络服务，并描述网络通信期间如何处理这两种服务。面向连接的服务使用确认和流量控制来建立可靠的会话，与无连接网络服务相比，其开销更高。无连接服务用于发送无需进行确认和流量控制的数据，但不可靠。

定义 OSI 模型的各层，了解每层的功能并描述各种设备和网络协议所属的层。你必须牢记 OSI 模型的 7 层以及每层提供的功能。应用层、表示层和会话层属于上层，负责用户界面和应用程序之间的通信。传输层提供分段、排序和虚电路。网络层提供逻辑网络编址以及在互联网络中进行路由选择的功能。数据链路层提供将数据封装成帧并放到网络介质上的功能。物理层负责将收到的 0 和 1 编码成数字信号，以便在网段中传输。

1.6   书面实验

在本节中，你将完成如下实验，确保完全明白其中涉及的知识和概念。

❑ 实验 1.1：OSI 问题。
❑ 实验 1.2：定义 OSI 模型的各层及其使用的设备。
❑ 实验 1.3：识别冲突域和广播域。

答案见附录 A。

1.6.1   书面实验 1.1：OSI 问题

请回答下述有关 OSI 模型的问题。

(1) 哪一层选择通信伙伴并判断其可用性，判断建立连接所需资源的可用性，协调参与通信的应用程序，并就控制数据完整性和恢复错误的流程达成一致？

(2) 哪一层负责将来自数据链路层的数据转换为电信号？

(3) 哪一层实现路由选择，在终端系统之间建立连接并选择路径？

(4) 哪一层定义了如何对数据进行格式设置、表示、编码和转换，以便在网络中使用？

(5) 哪一层负责在应用程序之间建立、管理和终止会话？

(6) 哪一层确保通过物理链路可靠地传输数据，且专注于物理地址、线路管理、网络拓扑、错误通知、按顺序传输帧以及流量控制？

(7) 哪一层用于让终端节点能够通过网络进行可靠的通信，提供建立、维护、拆除虚电路的机制，提供传输错误检测和恢复机制，并提供流量控制机制？

(8) 哪一层提供逻辑地址，供路由器用来决定传输路径？

(9) 哪一层指定了电平、线路速度和电缆针脚，并在设备之间传输比特？

(10) 哪一层将比特合并成字节，再将字节封装成帧，使用 MAC 地址，并提供错误检测功能？

(11) 哪一层负责在网络中将来自不同应用程序的数据分开？

(12) 哪一层的数据表示为帧？

(13) 哪一层的数据表示为数据段？

(14) 哪一层的数据表示为分组？

(15) 哪一层的数据表示为比特？

(16) 按封装顺序排列下列各项：

- ❏ 分组
- ❏ 帧
- ❏ 比特
- ❏ 数据段

(17) 哪一层对数据进行分段和重组？

(18) 哪一层实际传输数据，并处理错误通知、网络拓扑和流量控制？

(19) 哪一层管理逻辑编址、跟踪设备在网络中的位置并决定传输数据的最佳路径？

(20) MAC 地址长多少位？以什么方式表示？

1.6.2　书面实验 1.2：定义 OSI 模型的各层及其使用的设备

在下面的空白区域填上合适的 OSI 层或设备（集线器、交换机、路由器）。

描　　述	设备或OSI层
这种设备收发有关网络层的信息	
该层在两个终端之间传输数据前建立虚电路	
这种设备使用硬件地址过滤数据	
以太网是在这些层定义的	
该层支持流量控制、排序和确认	
这种设备可度量到远程网络的距离	
该层使用逻辑地址	
该层定义了硬件地址	
这种设备创建一个冲突域和一个广播域	
这种设备创建很多更小的冲突域，但网络仍属于一个大型广播域	
这种设备不能以全双工模式运行	
这种设备分割冲突域和广播域	

1.6.3　书面实验 1.3：识别冲突域和广播域

确定下图中每台设备连接的冲突域数量和广播域数量，其中每台设备都用一个字母表示：

    A. 集线器　　　　　B. 网桥　　　　　　C. 交换机　　　　　　D. 路由器

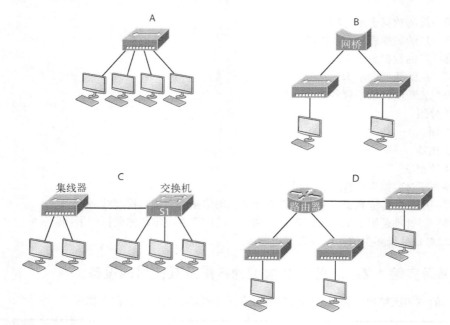

1.7 复习题

注意 下面的复习题旨在检验你对本章内容的理解程度。有关如何获取更多复习题的信息，请参阅 www.lammle.com/ccna。

这些复习题的答案见附录 B。

(1) 哪些有关下述设备的说法是正确的?

A. 它连接的设备组成 1 个冲突域和 1 个广播域

B. 它连接的设备组成 10 个冲突域和 10 个广播域

C. 它连接的设备组成 10 个冲突域和 1 个广播域

D. 它连接的设备组成 1 个冲突域和 10 个广播域

(2) 哪个有关 OSI 模型中 PDU 的说法是正确的?

A. 数据段包含 IP 地址   B. 分组包含 IP 地址

C. 数据段包含 MAC 地址   D. 分组包含 MAC 地址

(3) 你是一家公司的思科网络管理员。该公司新开了一个分支机构，而你负责为提供网络支持选购硬件。该分支机构有两个部门，每个部门的计算机都组成一个工作组。对于销售部的计算机，分配的 IP 地址范围为 192.168.1.2 ~ 192.168.1.50；而对于财务部，分配的 IP 地址范围为 10.0.0.2 ~ 10.0.0.50。为让这两个部门的计算机能够相互通信，你将选购什么设备将它们连接起来?

A. 集线器   B. 交换机   C. 路由器   D. 网桥

(4) 要缓解 LAN 的拥塞，最有效的方式是_____。

    A. 升级网卡　　　　　　　　　　　B. 将电缆换成 CAT 6 电缆

    C. 将集线器换成交换机　　　　　　D. 升级路由器的 CPU

(5) 用直线将下述 OSI 模型层与 PDU 正确连接起来。

OSI模型层	PDU描述
传输层	比特
数据链路层	数据段
物理层	分组
网络层	帧

(6) 下面哪项是 WLAN 控制器的功能？

    A. 监视并控制进出网络的流量

    B. 自动配置无线接入点

    C. 让无线设备能够连接到有线网络

    D. 将网络连接起来，并智能地选择从一个网络前往另一个网络的最佳路径

(7) 你需要把 150 台计算机连接到网络。这些计算机位于同一个子网中，但必须给每台计算机提供专用带宽。为此，应使用哪种设备来连接它们？

    A. 集线器　　　　　B. 交换机　　　　　C. 路由器　　　　　D. 网桥

(8) 用直线将下述 OSI 模型各层与描述正确连接起来。

OSI 模型层	描述
传输层	成帧
物理层	端到端连接
数据链路层	路由选择
网络层	转换为比特

(9) 下面哪项是防火墙的功能？

    A. 自动配置无线接入点

    B. 让无线设备能够连接到有线网络

    C. 监视并控制进出网络的流量

    D. 将网络连接起来，并智能地选择从一个网络前往另一个网络的最佳路径

(10) 在 OSI 参考模型中，哪层负责确定接收程序是否可用，并检查是否有足够的资源进行通信？

    A. 传输层　　　　　B. 网络层　　　　　C. 表示层　　　　　D. 应用层

(11) 下面哪两项正确地描述了 OSI 数据封装过程中的步骤？

    A. 传输层将数据流分成数据段，还可能添加可靠性和流量控制信息

    B. 数据链路层在数据段中添加物理源地址和目标地址以及一个 FCS

    C. 分组是网络层对帧进行封装，并添加源主机地址和目标地址以及协议相关的控制信息而得到的

    D. 分组是网络层在数据段中添加第 3 层地址和控制信息而得到的

    E. 表示层将比特转换为电平，以便通过物理链路进行传输

(12) OSI 模型中的哪层被划分为两个子层？

    A. 表示层   B. 传输层   C. 数据链路层   D. 物理层

(13) 下面哪项是接入点（AP）的功能？

    A. 监视并控制进出网络的流量

    B. 自动配置无线接入点

    C. 让无线设备能够连接到有线网络

    D. 将网络连接起来，并智能地选择从一个网络前往另一个网络的最佳路径

(14) 下面哪种设备只运行在物理层？

    A. 集线器   B. 交换机   C. 路由器   D. 网桥

(15) 下面哪项不是使用参考模型的优点？

    A. 将网络通信过程划分为更小、更简单的步骤

    B. 鼓励行业标准化

    C. 促使不同厂商采取一致的做法

    D. 让不同类型的硬件和软件能够通信

(16) 下面哪种有关路由器的说法是错误的？

    A. 路由器默认转发广播   B. 路由器可根据网络层信息过滤分组

    C. 路由器执行路径选择   D. 路由器执行分组交换

(17) 交换机分割_____域，而路由器分割_____域。

    A. 广播，广播   B. 冲突，冲突   C. 冲突，广播   D. 广播，冲突

(18) 下图所示的网络有多少个冲突域？

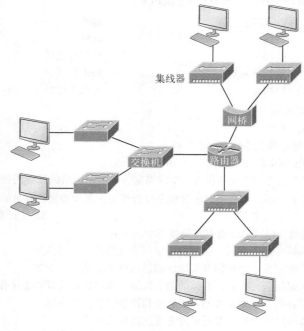

    A. 8 个   B. 9 个   C. 10 个   D. 11 个

(19) 下面哪个 OSI 模型层未参与指定终端中的应用程序如何彼此通信以及如何与用户交流？

    A. 传输层   B. 应用层   C. 表示层   D. 会话层

(20) 在下面的设备中，只有哪种运行在 OSI 模型的全部 7 层？

    A. 网络主机   B. 交换机   C. 路由器   D. 网桥

第2章

以太网和数据封装

本章涵盖如下 ICND1 考试要点。

✓ **网络基本知识**

❑ 1.6 根据实现需求选择合适的电缆类型

❑ 1.4 比较收缩核心（collapsed core）架构和三层架构

✓ **LAN 交换技术**

❑ 2.2 解读以太网帧格式

接下来的几章将探讨 TCP/IP 和 DoD 模型、IP 编址、子网划分、路由选择等重要主题，但在此之前，你必须对 LAN 有个大致的认识，并牢固掌握如下两个方面的基本知识：以太网在当今网络中扮演的角色；什么是介质访问控制（MAC）地址以及如何使用它们。

本章将介绍这些重要主题及其他内容。首先讨论以太网基本知识以及如何在以太网 LAN 中使用 MAC 地址；然后重点介绍以太网使用的数据链路层协议；最后，你将学习一些重要的以太网规范。

你现在知道，在 OSI 模型的各层指定了大量不同类型的设备。另外，有很多类型的电缆和接头用于将这些设备连接到网络，你必须熟悉它们。本章将复习用于连接思科设备的各种电缆，描述如何连接到路由器和交换机，包括使用控制台连接。

另外，本章还将简要地介绍重要的封装过程，它指的是沿 OSI 栈向下对数据进行编码。

请务必完成本章末尾的 4 个书面实验和 20 道复习题。你一定会为自己这样做感到高兴，因为它们旨在让你牢固地掌握本章介绍的知识。你可能会觉得我有点唠叨，但这确实很重要。

 注意 有关本章内容的最新修订，请访问 www.lammle.com/ccna 或出版社网站的本书配套网页（www.sybex.com/go/ccna）。

2.1 以太网回顾

以太网是一种基于争用的介质访问方法，让网络中的所有主机共享链路带宽。以太网很常见，因为它实现起来非常简单，这使得排除故障也相当容易。以太网还很容易扩展，这意味着在现有网络基础设施中引入新技术（如从快速以太网升级到吉比特以太网）很容易。

以太网使用了数据链路层规范和物理层规范，本章将介绍这两层的相关知识，让你能够高效地实现和维护以太网以及排除其故障。

2.1.1 冲突域

正如第 1 章指出的，**冲突域**是一个以太网术语，指的是这样一种网络情形，即网段上的一台设备发送帧时，该网段的其他所有设备都必须侦听。这很糟糕，因为同一个网段中的两台设备同时传输数据将引发冲突，导致这些设备都必须重传。冲突指的是多台设备的数字信号在线路上相互干扰。图 2-1 是一个老式网络，只有一个冲突域，因此每次只能有一台设备传输数据。

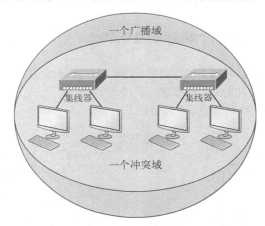

图 2-1　只有一个冲突域的老式网络设计

与集线器相连的所有主机都属于同一个冲突域，因此其中一台主机传输数据时，其他所有主机都必须花时间侦听并读取。由此很容易明白，冲突对网络性能有严重的负面影响，因此稍后将介绍如何避免冲突。

再看一下图 2-1 所示的网络。它确实只有一个冲突域，但更糟糕的是，它也只有一个广播域！下面来看看当前依然在使用的典型网络设计（如图 2-2 所示），看看它是不是更好。

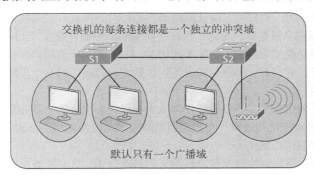

图 2-2　当今常见的典型网络设计

交换机的每个端口都是一个独立的冲突域，这给用户提供了更多的带宽，很不错。但交换机默认不分割广播域，因此整个网络依然只有一个广播域，这就不太好了。这种设计适用于小型网络，但要对网络进行扩展，就必须将其划分为多个广播域，否则给用户提供的带宽将会不够。你可能对右下角的设备满腹狐疑。那是一个**无线接入点**，有时称为 AP（access point，接入点）。AP 是一种无线设备，让主机能够按 IEEE 802.11 规范以无线方式连接到网络。这里添加它旨在说明可使用这种设备来增大冲突域。你需要知道的是，AP 并不会将网络分段，而只是增大网段。这意味着这个 LAN 大得多，包含的主机数量未知，但它们都属于一个广播域。这清楚地表明，明白广播域是什么很重要，下面就来详细介绍。

2.1.2　广播域

先来给广播域下个正式的定义：**广播域**指的是网段中的一组设备，它们侦听在该网段上发送的所有广播。

广播域的边界通常为交换机和路由器等物理介质，但广播域也可能是一个逻辑网段，其中所有的主机都可通过数据链路层（硬件地址）广播进行通信。

图 2-3 表明，路由器将网络划分为多个广播域。

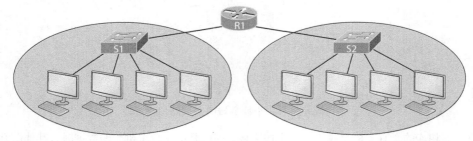

这个网络包含两个广播域。你认为它包含多少个冲突域呢?

图 2-3　路由器将网络划分成多个冲突域

在该图中，路由器的两个接口分别对应一个广播域，而与交换机相连的网段有 10 个，因此总共有 10 个冲突域。

图 2-3 所示的设计当前依然在用，而且路由器在很长时间内都有用武之地。然而，在最新的交换型网络中，确保广播域较小很重要。为此，可在交换型网络中创建虚拟 LAN（VLAN），稍后介绍这方面的内容。在当今的交换型网络中，如果不使用 VLAN，就无法给用户提供足够的带宽。每个交换机端口都是一个冲突域，这很好；但默认情况下，这些端口都属于同一个广播域。这是设计网络时要特别谨慎的另一个原因。

规划网络设计时，关键在于绝不要让广播域太大，以免失控。无论是冲突域还是广播域，使用路由器和 VLAN 都可轻松地控制其规模。在避免用户的连接速度慢如蜗牛方面，可用的工具如此之多，没有任何借口让用户遭受这样的痛苦。

本书的目标之一是，确保你牢固掌握思科网络的基本知识，让你能够卓有成效地进行设计、配置和排除故障，以优雅的设计满足用户对带宽的需求，让同事和上司刮目相看。

要实现这样的目标，光掌握一些基本概念还不够，下面来探讨半双工以太网使用的冲突检测机制。

2.1.3 CSMA/CD

以太网使用**载波侦听多路访问/冲突检测**（Carrier Sense Multiple Access with Collision Detection，CSMA/CD），这是一种帮助设备共享带宽的协议，可避免两台设备同时在网络介质上传输数据。多个节点同时传输数据时将发生冲突，而开发 CSMA/CD 旨在避免这种问题。请相信我，妥善地管理冲突至关重要，因为在 CSMA/CD 网络中，一个节点传输数据时，其他所有节点都将接收并查看这些数据。只有交换机和路由器才能有效地避免数据传遍整个网络。

那么，CSMA/CD 协议是如何工作的呢？先来看看图 2-4。

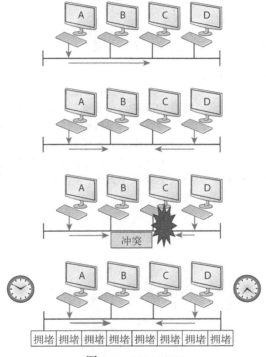

图 2-4　CSMA/CD

要通过网络传输数据，主机首先检查线路上是否有数字信号。如果没有其他主机传输数据，该主机将开始传输数据。

但到这里并非万事大吉，传输主机将持续地监视线路，确保没有其他主机开始传输。如果该主机在线路上检测到其他信号，它将发送扩展的拥堵信号（jam signal），导致网段上的所有节点都不再发送数据（想想电话忙音吧）。

检测到拥堵信号后，其他节点将等待一段时间再尝试传输。后退算法决定了发生冲突的工作站多长时间后可重新传输，如果连续 15 次尝试都导致冲突，尝试传输的节点将超时。使用半双工模式时，网络可能乱得一塌糊涂。

在以太网 LAN 中发生冲突后，将出现如下情况。

- 拥堵信号告诉所有设备发生了冲突。
- 冲突激活随机后退算法。
- 以太网网段中的每台设备都暂停传输，直到其后退定时器到期。
- 定时器到期后，所有主机的传输优先级都相同。

CSMA/CD 网络持续发生严重冲突将导致如下结果：延迟、吞吐量低、拥塞。

注意　在以太网中，后退指的是冲突导致的重传延迟。发生冲突后，主机将在指定的延迟时间过后重新传输。别忘了，后退延迟时间过后，所有工作站的数据传输优先级都相同。

下面花点时间详细介绍以太网的数据链路层（第 2 层）和物理层（第 1 层）。

2.1.4　半双工和全双工以太网

半双工以太网是在最初的以太网规范 IEEE 802.3 中定义的，该规范与思科的看法稍有不同。思科认为，半双工只使用一对导线，数字信号在导线中双向传输。虽然 IEEE 规范对半双工的描述稍有不同，但从技术上说，并没有严重的冲突。思科的说法大致描述了以太网中发生的情况。

半双工以太网也使用刚刚讨论的 CSMA/CD 协议，以帮助防范冲突，并在发生冲突时支持重传。如果与交换机相连，那么集线器必须运行在半双工模式下，因为终端必须能够检测冲突。在图 2-5 所示的网络中，四台主机连接到同一个集线器。

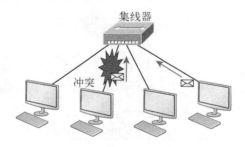

图 2-5　半双工示例

这种网络存在的问题是只能使用半双工，如果两台主机同时发送数据，将导致冲突。另外，半双工以太网的效率只有 30%～40%，因为在大型 100BaseT 网络中，通常最大传输速率只有 30 Mbit/s～40 Mbit/s，这都是半双工的开销导致的。

不像半双工以太网那样只使用一对导线，全双工以太网同时使用两对导线。在传输设备的发射器和接收设备的接收器之间，全双工使用一条点到点连接，这意味着全双工的数据传输速率比半双工快得多。另外，由于使用不同的线对来传输数据和接收数据，因此不会发生冲突。在图 2-6 所示的网络中，四台主机直接连接到交换机，而另外四台主机通过集线器连接到交换机。只要有可能，就绝对不要使用集线器。

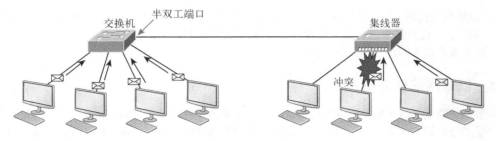

图 2-6　全双工示例

从理论上说，图 2-6 中与交换机直接相连的所有主机都可同时通信，因为它们运行在全双工模式下。但别忘了，与集线器相连的交换机端口和主机都必须在半双工模式下运行。

全双工提供了一条多车道高速公路，而不像半双工那样提供的是一条单车道公路，因此你无需担心冲突。全双工以太网在两个方向的效率都为 100%。例如，在采用全双工模式的 10 Mbit/s 以太网中，传输速率可达 20 Mbit/s，而在快速以太网中，传输速率可达 200 Mbit/s。不过，这种速率称为总速率，换句话说，效率为 100% 时才可能达到，但与现实生活中一样，这无法保证。

下面 6 种情形都可使用全双工模式。
- 交换机到主机的连接。
- 交换机到交换机的连接。
- 主机到主机的连接。
- 交换机到路由器的连接。
- 路由器到路由器的连接。
- 路由器到主机的连接。

 注意　在只有两个节点的情况下，全双工以太网要求使用点到点连接。除集线器外，其他所有设备都可在全双工模式下运行。

现在的问题是，为何全双工以太网有时提供的速度低于它支持的速度呢？全双工以太网端口通电后，它首先连接到快速以太网链路的另一端并与之协商，这称为**自动检测机制**。这种机制首先确定交换能力，即检查它能够在 10 Mbit/s、100 Mbit/s 还是 1000 Mbit/s 的速度下运行。然后，检查它能否在全双工模式下运行；如果不能，则在半双工模式下运行。

 注意　别忘了，半双工以太网只有一个冲突域，其有效吞吐量比全双工以太网低；在全双工以太网中，通常每个端口都对应一个冲突域，且有效吞吐量更高。

最后，请牢记如下要点。
- 在全双工模式下，不会发生冲突。
- 每个全双工节点都必须有一个专用的交换机端口。
- 主机的网卡和交换机端口必须能够在全双工模式下运行。

❑ 如果检测机制失败，10Base-T 和 100Base-T 主机默认在半双工模式下以 10 Mbit/s 的传输速率运行，因此只要可能，就应设置每个交换机的速度和双工模式。

下面来看看以太网在数据链路层的工作原理。

2.1.5　以太网的数据链路层

在数据链路层，以太网负责以太网编址，这通常称为硬件编址或 MAC 编址。以太网还负责将来自网络层的分组封装成帧，为使用基于争用的以太网介质访问方法在本地网络中进行传输做好准备。

1. 以太网编址

下面介绍以太网如何编址。它使用固化在每个以太网网卡（NIC）中的**介质访问控制（MAC）地址**。MAC（硬件）地址长 48 位（6 字节），采用十六进制格式。

图 2-7 说明了 48 位的 MAC 地址及其组成部分。

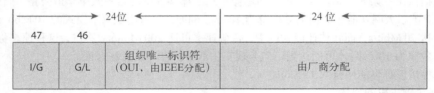

示例：0000.0c12.3456

图 2-7　以太网使用 MAC 地址

组织唯一标识符（organizationally unique identifier，OUI）由 IEEE 分配给组织，它包含 24 位（3 字节）；组织再给其生产的每个网卡都分配唯一的全局管理地址，该地址长 24 位（3 字节）。奇怪的是，竟然没有确保 MAC 地址唯一性的措施。如果仔细查看图 2-7，将发现最高位为 I/G（Individual/Group）位。如果它的值为 0，就可认为相应的地址为某台设备的 MAC 地址，可能出现在 MAC 报头的源地址部分；如果它的值为 1，就可认为相应的地址是以太网中的广播地址或组播地址。

接下来是全局/本地位（G/L 位，也称为 U/L 位，其中 U 表示 universal）。如果这一位为 0，则表示相应的地址为全局管理地址，由 IEEE 分配；如果为 1，则表示相应的地址为本地管理地址。在以太网地址中，最后 24 位为本地管理（制造商分配）的编码。特定制造商生产第一个网卡时，通常将这部分设置为 24 个 0，然后依次递增，直到将其生产的第 16 777 216 个网卡设置为 24 个 1。你将发现，很多制造商都将这部分地址对应的十六进制值作为网卡序列号的最后 6 个字符。

下面介绍以太网中一些重要的进制。

2. 从二进制转换为十进制和十六进制

学习 TCP/IP 协议和 IP 地址（见第 3 章）前，你需要真正明白二进制、十进制和十六进制数之间的差别以及如何在这些格式之间转换，这很重要。

下面首先介绍二进制，它非常简单。在二进制中，只能使用数字 0 和 1，其中每个数字对应于一位（bit，是 binary digit 的缩写）。通常，将每 4 位或 8 位作为一组，它们分别称为半字节（nibble）和字节。

我们感兴趣的是二进制值对应的十进制值——十进制以 10 为基数，我们从幼儿园就开始使用它了。二进制数按从右向左的顺序排列，每向左移动一位，位值就翻一倍。

表 2-1 列出了半字节和字节中各位的十进制值。别忘了，半字节包含 4 位，字节包含 8 位。

表2-1 二进制值

半字节中各位的位值	字节中各位的位值
8 4 2 1	128 64 32 16 8 4 2 1

这意味着如果某一位的取值为 1，则计算半字节或字节对应的十进制值时，应将其位值与其他所有取值为 1 的位值相加；如果为 0，则不考虑。

下面更详细地阐述这一点。如果半字节的每一位都为 1，则将 8、4、2 和 1 相加，结果为 15——半字节的最大取值。半字节的另一种取值是 1001，这表示位值为 8 和 1 对应的位为 1，对应的十进制值为 9。如果半字节的取值为 0110，则对应的十进制值为 6，因为位值为 4 和 2 对应的位为 1。

然而，**字节**的最大取值比 15 要大得多，因为如果字节中的每位都为 1，则其取值如下（别忘了，字节包含 8 位）：

11111111

要计算字节对应的十进制值，可将所有取值为 1 的位的位值相加，如下所示（这是字节的最大可能取值）：

128 + 64 + 32 + 16 + 8 + 4 + 2 + 1 = 255

二进制数可对应于众多其他的十进制值，下面来看一些例子。

❑ 10010110

哪些位的取值为 1 呢？位值为 128、16、4 和 2 的位，因此只需将这些位值相加：128 + 16 + 4 + 2 = 150。

❑ 01101100

哪些位的取值为 1 呢？位值为 64、32、8 和 4 的位，因此只需将这些位值相加：64 + 32 + 8 + 4 = 108。

❑ 11101000

哪些位的取值为 1 呢？位值为 128、64、32 和 8 的位，因此只需将这些位值相加：128 + 64 + 32 + 8 = 232。

阅读第 3 章和第 4 章与 IP 相关的小节前，强烈建议你牢记表 2-2。

表2-2 二进制到十进制转换表

二进制值	十进制值	二进制值	十进制值
10000000	128	11111000	248
11000000	192	11111100	252
11100000	224	11111110	254
11110000	240	11111111	255

十六进制地址与二进制和十进制完全不同，它通过读取半字节（而非字节）将二进制转换为十六进制。通过使用半字节，可轻松地从二进制转换到十六进制。首先需要明白的是，十六进制只能使用数字 0～9，而不能使用 10、11、12 等（因为它们是两位数），因此分别使用 A、B、C、D、E 和 F 表示 10、11、12、13、14 和 15。

注意　十进制使用 10 个数字，为增加可用的数字，十六进制使用了字母表的前 6 个字母 A～F，不区分大小写。十六进制的英文单词为 hexadecimal，简写为 hex。

表 2-3 列出了每个十六进制数字对应的二进制值和十进制值。

表2-3　十六进制到二进制和十进制的转换表

十六进制值	二进制值	十进制值
0	0000	0
1	0001	1
2	0010	2
3	0011	3
4	0100	4
5	0101	5
6	0110	6
7	0111	7
8	1000	8
9	1001	9
A	1010	10
B	1011	11
C	1100	12
D	1101	13
E	1110	14
F	1111	15

前 10 个十六进制数字（0～9）与相应的十进制值相同，你注意到了吗？这使得这些值转换起来非常容易。

假设有十六进制数 0x6A（有时候，思科喜欢在字符前添加 0x，让你知道它们是十六进制值。0x 并没有其他特殊含义），它对应的二进制值和十进制值是多少呢？你只需记住，每个十六进制字符相当于半字节，而两个十六进制字符相当于一字节。要计算该十六进制数对应的二进制值，可分别将这两个字符转换为半字节，再将它们合并为一字节：6 = 0110，而 A = 1010，因此整个字节为 01101010。

要从二进制转换为十六进制，只需将字节划分为半字节，下面具体解释这一点。

假设有二进制数 01010101。首先将其划分为半字节 0101 和 0101，这些半字节的值都是 5，因为取值为 1 的位对应的位值分别是 1 和 4。因此，其十六进制表示为 0x55。要将二进制数 01010101 转换为十进制数，结果为 64 + 16 + 4 + 1 = 85。

下面是另一个二进制数：

11001100

1100 = 12，1100 = 12，因此对应的十六进制数为 CC；转换为十进制时，结果为 128 + 64 + 8 + 4 = 204。

下面再介绍一个例子，假设有如下二进制数：

10110101

对应的十六进制数为 0xB5，因为 1011 对应的十六进制值为 B，0101 对应的十六进制值为 5。转换为十进制时，结果为 128 + 32 + 16 + 4 + 1 = 181。

　　请务必完成书面实验 2.1，进行更多的二进制/十六进制/十进制转换。

3. 以太网帧

数据链路层负责将比特合并成字节，再将字节封装成帧。在数据链路层，使用帧封装来自网络层的分组，以便通过特定类型的介质进行传输。

以太网工作站的职责是，使用 MAC 帧格式彼此传递数据帧。这利用**循环冗余校验**（cyclic redundancy check，CRC）提供了错误检测功能。别忘了，这是错误检测，而不是纠错。图 2-8 说明了当前使用的典型以太网帧。

Ethernet_II

前导码 7 字节	SFD 1 字节	目标地址 6 字节	源地址 6 字节	类型 2 字节	数据和填充 46 ~ 1500 字节	FCS 4 字节

分组

图 2-8 典型以太网帧的格式

注意　　使用一种帧封装另一种帧称为**隧道技术**。

下面详细介绍典型以太网帧的各个字段。

- **前导码**　交替的 0 和 1，在每个分组的开头提供 5 MHz 的时钟信号，让接收设备能够跟踪到来的比特流。
- **帧起始位置分隔符（SFD）/同步**　前导码为 7 字节，而 SFD（同步）为 1 字节。SFD 的值为 10101011，其中最后两个 1 让接收方能够识别中间的 0 和 1 交替模式，进而同步并检测到数据开头。
- **目标地址（DA）**　包含一个 48 位的值，且最右边的位为第一位（LSB 优先）。接收方根据 DA 判断到来的分组是否是发送给特定节点的。目标地址可以是单播地址、广播地址或组播 MAC 地址。别忘了，广播地址全为 1（在十六进制格式下全为 F）。广播发送给所有设备，而组播只发送给网络中一组类似的节点。
- **源地址（SA）**　SA 是一个 48 位的 MAC 地址，用于标识传输设备，也使用 LSB 优先格式。在 SA 字段中，不能包含广播地址或组播地址。
- **长度或类型**　802.3 帧使用长度字段，而 Ethernet_II 帧使用类型字段来标识网络层协议。802.3 不能标识上层协议，只能用于专用 LAN，如 IPX。
- **数据**　这是网络层传递给数据链路层的分组，其长度为 46 ~ 1500 字节。
- **帧校验序列（FCS）**　FCS 字段位于帧尾，用于存储循环冗余校验（CRC）结果。CRC 是一种数学算法，创建每个帧时都将运行它。接收主机收到帧后将运行 CRC，结果必须相同；否则，将认为发生了错误并将帧丢弃。

下面花点时间看看我信任的网络分析器捕获的一些帧。正如你看到的，这里只显示了三个帧字段：目标地址、源地址和类型（这里使用的分析器将其表示为 Protocol Type）：

```
Destination:    00:60:f5:00:1f:27
Source:         00:60:f5:00:1f:2c
Protocol Type:  08-00 IP
```

这是一个 Ethernet_II 帧。注意到类型（Type）字段为 IP，其十六进制表示为 08-00（在大多数情况下表示为 0x800）。

下一个帧包含的字段与前一个帧相同，也是 Ethernet_II 帧：

```
Destination:      ff:ff:ff:ff:ff:ff Ethernet Broadcast
Source:           02:07:01:22:de:a4
Protocol Type:    08-00 IP
```

这个帧是广播，你注意到了吗？这是因为其目标硬件地址的二进制表示全为 1，而十六进制表示全为 F。

下面再来看一个 Ethernet_II 帧。第 14 章介绍 IPv6 时将再次介绍这个示例，但正如你看到的，该以太网帧与被路由的协议 IPv4 的 Ethernet_II 帧相同。若帧包含的是 IPv6 数据，则类型字段的值为 0x86dd；而包含的是 IPv4 数据时，类型字段的值为 0x0800。

```
Destination: IPv6-Neighbor-Discovery_00:01:00:03 (33:33:00:01:00:03)
Source: Aopen_3e:7f:dd (00:01:80:3e:7f:dd)
Type: IPv6 (0x86dd)
```

这就是 Ethernet_II 帧的优点。由于包含类型字段，无论使用哪种网络层协议，Ethernet_II 帧都可包含相应的数据，因为它能标识网络层协议。

2.1.6   以太网物理层

以太网最初是由 DIX 集团（数字设备公司、英特尔公司和施乐公司）实现的。它们制定并实现了第一个以太网 LAN 规范，而 IEEE 在该规范的基础上制定了 IEEE 802.3。这是一种 10 Mbit/s 网络，其物理介质可以是同轴电缆、双绞线或光纤。

IEEE 对 802.3 进行了扩展，制定了两个新标准：802.3u（快速以太网）和 802.3ab（使用 5 类电缆的吉比特以太网）；然后制定了标准 802.3ae（使用光纤和同轴电缆，传输速率为 10 Gbit/s）。几乎每天都有新标准面世，如 802.3ba（100 Gbit/s 以太网）。

设计 LAN 时，知道可供使用的各种以太网介质至关重要。诚然，使用吉比特以太网连接到每个台式机，并在交换机之间使用 10 Gbit/s 以太网当然很好，但你必须为支付这样的成本提供充分的理由。然而，如果结合使用当前可用的各种以太网介质，可提供一个性价比相当高的网络解决方案，且效果非常不错。

EIA/TIA（电子工业协会和新近组建的电信工业协会）是一个制定以太网物理层规范的标准化组织，它规定以太网使用**非屏蔽双绞线**（UTP）和标准接头 RJ45。随着通信行业的发展，这种接头被称为 8 针模块式接头。

EIA/TIA 指定的每种以太网电缆都有固有衰减，这指的是信号沿电缆传输时的强度减弱，单位为分贝（dB）。EIA/TIA 对公司和家庭使用的电缆进行了分类，电缆的品质越高，其类别就越高，衰减越低。例如，5 类电缆优于 3 类电缆，因为 5 类电缆每英尺的绞数更多，串扰更小。串扰是电缆中相邻线对的信号干扰，越小越好。

下面介绍最常见的 IEEE 以太网标准，从 10 Mbit/s 以太网开始。

❑ **10Base-T（IEEE 802.3）**   传输速率为 10 Mbit/s，使用 3 类非屏蔽双绞线（UTP），最大传输距离为 100 米。不同于 10Base-2 和 10Base-5 网络，每台设备都必须连接到集线器或交换机，且每个网段或电缆上只能有一台主机。使用 RJ45 接头（8 针模块式接头），采用物理星型拓扑和逻辑总线拓扑。

- ❑ **100Base-TX（IEEE 802.3u）** 通常称为快速以太网，使用 2 对 EIA/TIA 5、5E 或 6 类 UTP，每个网段一名用户，最大传输距离为 100 米。它使用 RJ45 接头，并采用物理星型拓扑和逻辑总线拓扑。

- ❑ **100Base-FX（IEEE 802.3u）** 使用 62.5/125 微米的多模光纤。采用点到点拓扑，最大传输距离为 412 米。它使用 ST 和 SC 接头，这些接头都属于介质接口接头。

- ❑ **1000Base-CX（IEEE 802.3z）** 使用名为 twinax 的铜质双绞线（一种平衡同轴线对），最大传输距离只有 25 米，并使用被称为高速串行数据接头（HSSDC）的 9 针接头。思科新开发的数据中心技术采用了这种标准。

- ❑ **1000Base-T（IEEE 802.3ab）** 使用 4 对 5 类 UTP，最大传输距离为 100 米，最高传输速率为 1Gbit/s。

- ❑ **1000Base-SX（IEEE 802.3z）** 使用多模光纤（而不是铜质双绞线）和短波激光的吉比特以太网实现，其中多模光纤（MMF）的芯线为 62.5 微米或 50 微米。使用 850 纳米（nm）的激光时，如果使用 62.5 微米多模光纤，最大传输距离为 220 米；如果使用 50 微米多模光纤，最大传输距离为 550 米。

- ❑ **1000Base-LX（IEEE 802.3z）** 使用 9 微米的单模光纤和 1300 纳米的激光，最大传输距离为 3～10 千米。

- ❑ **1000Base-ZX（思科标准）** 1000BaseZX（1000Base-ZX）是思科制定的一种吉比特以太网通信标准，它使用普通单模光纤，最大传输距离为 43.5 英里（70 千米）。

- ❑ **10GBase-T（802.3an）** 10GBase-T 是 IEEE 802.3an 委员会提议的一种标准，旨在使用传统的 UTP 电缆（5e 类、6 类或 7 类电缆）提供 10 Gbit/s 连接。10GBase-T 支持传统以太网 LAN 使用的 RJ45 接头，它支持在 100 米的范围内传输信号。

提示 如果要实现不受电磁干扰（EMI）影响的网络，光纤可提供更安全的长距离传输，其速度高，且不受 EMI 影响。

掌握前面介绍的基本知识后，你便能够使用各种电缆来组建以太网了。

 真实案例

是由于干扰还是主机相隔太远

很多年前，我是洛杉矶地区一家超大型航天公司的顾问。这家公司的数百台主机都放在设备堆积如山的仓库中，为该地区的各个部门提供众多服务。

然而，有几台主机会时不时地中断服务，但没有人能解释其中的原因，因为其他的大部分主机都没有这样的问题。因此，我决定试一试，看看能否找出其中的原因。

我首先检查仓库区域主交换机与其他多台交换机之间的主干连接。我认为有问题的主机连接的是同一台交换机，因此检查每条电缆，却惊讶地发现它们连接的竟然是不同的交换机！这激发了我的兴趣，因为这表明情况可不简单，根本就不是简单的交换机问题！

我继续逐条地检查电缆，最终确定网络的布局如下图所示。

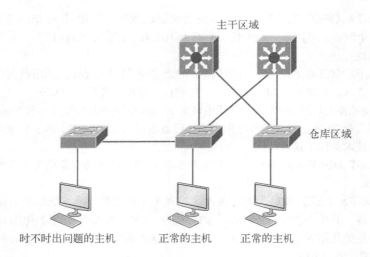

时不时出问题的主机　　　　正常的主机　　　　正常的主机

　　在确定网络布局的过程中，我注意到有很多中继器，但未马上怀疑它们，因为这个网络对带宽的需求并不高。但转念一想，我决定测量时不时出问题的主机到集线器/转发器的距离。

　　测量结果如下图所示，从中你能看出问题吗？

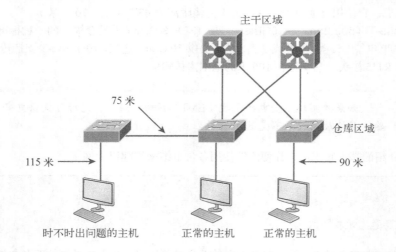

时不时出问题的主机　　　　正常的主机　　　　正常的主机

　　除非带宽要求很高（这个网络不是这样），否则在网络中使用集线器或转发器不是问题，但距离是个问题。在空间很大时，通常难以判断主机连接的长度，导致这些连接的长度超过了以太网规范规定的100米，使得主机无法正确地连接到网络设备。需要指出的是，这并不会导致主机完全停止功能，但工人们经常发现这些主机在关键时刻掉链子。这合乎逻辑，只要主机一掉链子，我一天中最紧张的时刻就到了。

2.2　以太网布线

以太网布线是一个重要主题，如果你打算参加思科考试，则尤其如此。你必须真正了解下面三种电缆：

❑ 直通电缆；

❑ 交叉电缆；

❑ 反转电缆。

接下来的几节将分别介绍这些电缆。但在此之前，先来看看当前最常见的以太网电缆——5 类增强型非屏蔽双绞线（UTP），如图 2-9 所示。

图 2-9　5 类增强型 UTP

5 类增强型 UTP 支持的传输速率可高达 1 Gbit/s，最大传输距离为 100 米。通常，我们在 100 Mbit/s 以太网中使用这种电缆，在吉比特以太网中使用 6 类电缆。然而，5 类增强型 UTP 的标称速率为 1 Gbit/s，而 6 类电缆为 10 Gbit/s。

2.2.1　直通电缆

直通电缆用于连接如下设备：

❑ 主机到交换机或集线器；

❑ 路由器到交换机或集线器。

在直通电缆中，使用 4 根导线来连接以太网设备。制作这种类型的电缆相对简单。图 2-10 说明了以太网直通电缆中使用的 4 根导线。

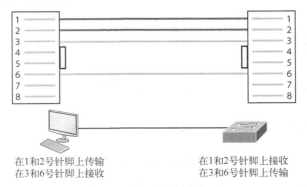

在1和2号针脚上传输　　　　在1和2号针脚上接收
在3和6号针脚上接收　　　　在3和6号针脚上传输

图 2-10　以太网直通电缆

注意到只使用了 1、2、3 和 6 号针脚。只需将两个 1 号针脚、两个 2 号针脚、两个 3 号针脚和两个 6 号针脚分别连接起来，电缆就制作好了，可使用它来组网。然而，需要记住的是，这种电缆只能用于 10/100 Mbit/s 以太网，而不能用于语音网络、其他 LAN 和 WAN。

2.2.2　交叉电缆

交叉电缆可用于连接如下设备：

- ❑ 交换机到交换机；
- ❑ 集线器到集线器；
- ❑ 主机到主机；
- ❑ 集线器到交换机；
- ❑ 路由器直接到主机；
- ❑ 路由器到路由器（使用快速以太网端口）。

这种电缆也使用 4 根导线，且这 4 根导线与直通电缆使用的相同。只需将不同的针脚连接起来即可，图 2-11 说明了以太网交叉电缆是如何使用这 4 根导线的。

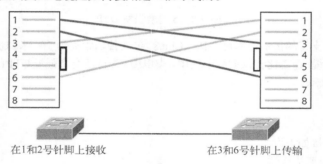

在1和2号针脚上接收　　　　　　　在3和6号针脚上传输

图 2-11　以太网交叉电缆

注意到这里不是将两个 1、2、3、6 号针脚相连，而将 1 号针脚与 3 号针脚相连，将 2 号针脚与 6 号针脚相连。图 2-12 说明了直通电缆和交叉电缆的一些典型用途。

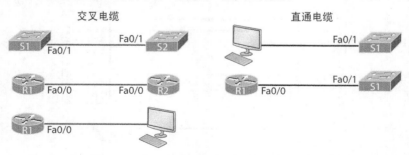

图 2-12　直通和交叉以太网电缆的典型用途

在图 2-12 中，交叉电缆用于将交换机和交换机端口、路由器和路由器以太网端口、PC 和路由器以太网端口相连；直通电缆则用于将 PC 以太网端口和交换机端口、路由器以太网端口和交换机端口相连。

提示　　拜自动检测机制 auto-mdix 所赐，完全可以使用直通电缆来连接两台交换机。但需要指出的是，CCNA 考题通常假定网络设备没有自动检测功能。

吉比特 UTP 电缆（1000Base-T）

在前面介绍的 10Base-T 和 100Base-T UTP 电缆中，只使用了两对导线，但这不符合吉比特 UTP 的要求。

1000Base-T UTP 电缆使用 4 对导线和高级电子技术，让所有导线对能同时传输数据，如图 2-13 所示。然而，吉比特电缆与前面介绍的 10/100 电缆几乎相同，只是将其他两对导线也派上了用场。

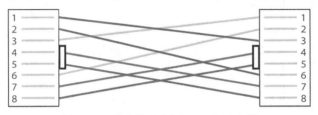

图 2-13　吉比特以太网 UTP 交叉电缆

在吉比特以太网直通电缆中，将两个 1、2、3、4、5、6、7 和 8 号针脚相连。在制作吉比特交叉电缆时，除将 1 和 3 号针脚以及 2 和 6 号针脚相连外，再将 4 和 7 号针脚以及 5 和 8 号针脚相连即可，非常简单。

2.2.3　反转电缆

虽然**反转电缆**不用于组建以太网，但可使用它将主机的 EIA-TIA 232 接口连接到路由器的控制台串行通信（COM）端口。

如果你有思科路由器或交换机，可使用反转电缆将 PC、Mac、iPad 等设备与这些思科设备相连。这种电缆使用全部 8 根导线来连接串行设备，但是并非这 8 根导线都被用于发送信息。图 2-14 显示了反转电缆使用的 8 根导线。

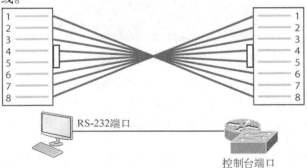

图 2-14　以太网反转电缆

这种电缆可能是最容易制作的，只需切开直通电缆的一端，将其反接到一个新接头上即可。

使用正确的电缆将 PC 连接到思科路由器或交换机的控制台端口后，便可启动模拟程序（如 puTTY 或 SecureCRT），以建立控制台连接并配置设备。图 2-15 演示了如何配置模拟程序。

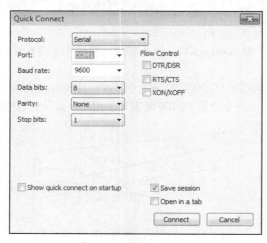

图 2-15　配置控制台模拟程序

注意到 Baud Rate（波特率）被设置为 9600，Data Bits（数据位）被设置为 8，Parity（奇偶校验）被设置为 None（无），且没有选择任何 Flow Control（流量控制）选项。现在单击 Connect（连接）按钮并按回车键，就将连接到思科设备的控制台端口。

图 2-16 是一台很新的 2960 交换机，它有两个控制台端口。

控制台端口

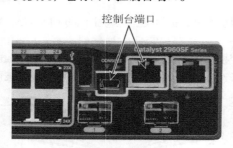

图 2-16　思科 2960 交换机的控制台端口

注意到这台新交换机有两个控制台端口：一个是 RJ45 接口，一个是较新问世、较小的 B 型 USB 接口。如果你同时连接到了这两个端口，将只有 USB 端口可用，这种端口的传输速率高达 115 200 Kbit/s，在你必须使用 Xmodem 来更新 IOS 时很好用。我还见过一些电缆可用来将 iPhone 和 iPad 连接到这些 USB 端口。

熟悉各种 RJ45 非屏蔽双绞线（UTP）后，请思考这样一个问题：在图 2-17 所示的交换机之间，应使用哪种电缆？

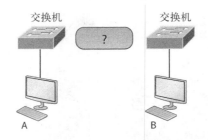

图 2-17   RJ45 UTP 电缆问题 1

要让主机 A 能够 ping 主机 B，必须使用交叉电缆将两台交换机连接起来。另一个问题：在图 2-18 所示的网络中，又该使用哪种电缆呢？

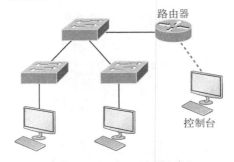

图 2-18   RJ45 UTP 电缆问题 2

在图 2-18 所示的网络中，需要使用多种类型的电缆。对于交换机之间的连接，显然需要使用如图 2-13 所示的交叉电缆。我们有一条控制台连接，它应使用反转电缆。另外，交换机和路由器之间的连接是直通电缆，主机到交换机的连接亦如此。这里没有串行连接；如果有，它将使用 V.35 电缆连接到 WAN。

2.2.4   光纤

光纤很久前就面世了，已经有一些这方面的标准。光缆非常细，由玻璃和塑料制成，是将光从一端传到另一端的波导管，让你能够以极高的速度传输数据。以前，光纤主要用于长距离传输数据，如洲际通信，但鉴于其速度快，且不像 UTP 那样会受串扰等干扰的影响，因此在以太网 LAN 中的应用日益普及。

这种电缆主要由纤芯和包层组成。纤芯用于传播光，而包层将光限制在纤芯中。包层越紧，纤芯就越小，而纤芯较小时，传播的光也较少，但速度更快，传输距离更长。

图 2-19 显示的是 9 微米（μm）的纤芯，这种纤芯非常细，比头发丝（50 微米）还要细。

包层的直径为 125 微米，这实际上是一种光纤标准，可方便光缆接头制造商。光缆的最后一部分是涂覆层，用于保护脆弱的玻璃。

光纤主要分两大类：单模光纤和多模光纤。图 2-20 说明了单模光纤和多模光纤之间的差别。

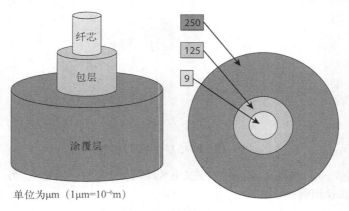

单位为μm （1μm=10⁻⁶m）

图 2-19   典型的光缆

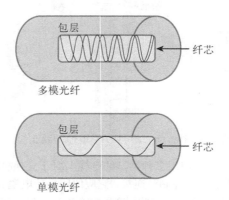

图 2-20   多模光纤和单模光纤

相比于多模光纤，单模光纤更贵，包层更紧，传输距离大得多。差别源自包层更紧，这让纤芯更小，只能传播一种模式的光。多模光纤的包层更松、纤芯更大，可传播大量光粒子。在接收端，必须将这些光粒子重组，因此传输距离比只能传播少量光粒子的单模光纤短。

有大约 70 种光纤接头，思科只使用其中的几种。在图 2-16 所示的交换机中，底部是两个小型可插拔（Small Form-Factor Pluggable，SFP）端口。

2.3   数据封装

主机通过网络将数据传输给另一台设备时，数据将经过**封装**：在 OSI 模型的每一层，都使用协议信息将数据包装起来。每层都只与接收设备的对等层通信。

为了通信和交换信息，每层都使用**协议数据单元**（protocol data unit，PDU）。PDU 包含 OSI 模型每一层添加的控制信息。通常在数据字段前面添加报头，但也可能在末尾添加报尾。

在 OSI 模型的每一层，都对数据进行封装来形成 PDU，PDU 的名称随报头提供的信息而异。在接收设备的对等层，将读取这些 PDU 信息，然后将其剥离，再将数据交给下一层。

图 2-21 显示了各层的 PDU 及添加的控制信息。该图说明了如何对上层用户**数据**进行转换，以便通过网络进行传输。然后，数据被交给传输层，而传输层通过发送同步分组来建立到接收设备的虚电路。接下来，数据流被分割成小块，创建传输层报头并将其放在数据字段前面，此时的数据块称为**数据段**（一种 PDU）。可对每个数据段进行排序，以便在接收端按发送顺序重组数据流。

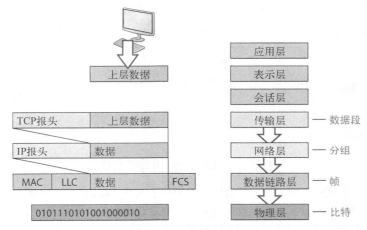

图 2-21　数据封装

接下来，每个数据段都交给网络层进行编址，并在互联网络中路由。为让每个数据段前往正确的网络，使用了逻辑地址（如 IP 地址或 IPv6 地址）。对于来自传输层的数据段，网络层协议给它添加控制报头，形成**分组**或**数据报**。在接收主机上，传输层和网络层协同工作以重建数据流，但它们不负责将 PDU 放到本地网段上——这是将信息传输给路由器或主机的唯一途径。

数据链路层负责接收来自网络层的分组，并将其放到网络介质（电缆或无线）上。数据链路层将每个分组封装成**帧**，其中的帧头包含源主机和目标主机的硬件地址。如果目标设备在远程网络中，帧将被发送给路由器，以便在互联网络中路由。到达目标网络后，将使用新帧将分组传输到目标主机。

要将帧放到网络上，首先必须将其转换为数字信号。帧是由 1 和 0 组成的逻辑编组，物理层负责将这些 0 和 1 编码成数字信号，供本地网络中的设备读取。接收设备将同步数字信号，并从中提取 1 和 0（解码）。接下来，设备将重组帧，运行 CRC，并将结果与帧中 FCS 字段的值进行比较。如果它们相同，则从帧中提取分组，并将其他部分丢弃，这个过程被称为**拆封**。分组被交给网络层，而网络层将检查分组的地址。如果地址匹配，则从分组中提取数据段，并将其他部分丢弃。在传输层，将对数据段进行处理以重建数据流，然后向发送方确认，指出接收方收到了所有信息。最后，传输层将数据流交给上层应用程序。

在发送端，数据封装过程大致如下。

(1) 用户信息被转换为数据，以便通过网络进行传输。

(2) 数据被转换为数据段，并在发送主机和接收主机之间建立一条可靠的连接。

(3) 数据段被转换为分组或数据报，并在报头中添加逻辑地址，以便能够在互联网络中路由分组。

(4) 分组或数据报被转换为帧，以便在本地网络中传输。使用硬件（以太网）地址唯一地标识本地网段中的主机。

(5) 帧被转换为比特，并使用数字编码方法和时钟同步方案。

我将使用图 2-22 更详细地解释这个过程。

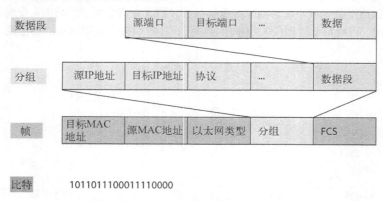

图 2-22 PDU 和各层添加的地址

你应该还记得，上层将数据流交给传输层。作为技术人员，我们并不关心数据流来自何方，因为这是程序员的事。我们的职责是，在接收设备处可靠地重建数据流，并将其交给上层。

详细讨论图 2-22 前，先来讨论端口号，以确保你明白它们。传输层使用端口号来标识虚电路和上层进程，如图 2-23 所示。

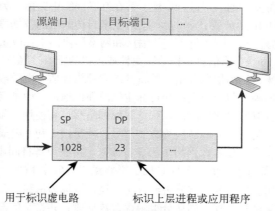

图 2-23 传输层使用的端口号

使用面向连接的协议（如 TCP）时，传输层将数据流转换为数据段，并创建一条虚电路以建立可靠的会话。接下来，它对每个数据段进行编号，并使用确认和流量控制。如果你使用的是 TCP，虚电路将由源端口号和目标端口号以及源 IP 地址和目标 IP 地址（称为套接字）标识。别忘了，主机只能使用不小于 1024 的端口号（0 ~ 1023 为著名端口号）。目标端口号标识了上层进程或应用程序，在接收主机可靠地重建数据流后，将把数据流交给该进程或应用程序。

至此，你明白了端口号以及传输层如何使用它们，下面回到图 2-22。给数据块添加传输层报头信息后，便形成了数据段。随后，数据段和目标 IP 地址一起被交给网络层。目标 IP 地址是随数据流一起由上层交给传输层的，它是由上层使用名称解析方法（可能是 DNS）发现的。

网络层在每个数据段的前面添加报头和逻辑地址（如 IP 地址）。给数据段添加报头后，形成的 PDU 为分组。分组包含一个协议字段，该字段指出了数据段来自何方（UDP 或 TCP）。这样当分组到达接收主机后，传输层便能够将数据段交给正确的协议。

网络层负责获悉目标硬件地址，这种地址指出了分组应发送到本地网络的什么地方。为此，它使用地址解析协议（Address Resolution Protocol，ARP），这将在第 3 章更详细地介绍。网络层的 IP 查看目标 IP 地址，并将其与自己的 IP 地址和子网掩码进行比较。如果比较表明分组是前往本地主机的，则使用 ARP 请求该主机的硬件地址；如果分组要前往远程网络中的主机，IP 将获悉默认网关（路由器）的 IP 地址。

接下来，网络层将分组向下传递给数据链路层，一同传递的还有本地主机或默认网关的硬件地址。数据链路层在分组前面添加一个报头，这样数据块就变成帧（之所以将其称为帧，是因为给分组添加了报头和报尾，使其就像位于书档之间一样），如图 2-22 所示。帧包含一个以太网类型（Ether-Type）字段，它指出了分组来自哪种网络层协议。现在，将对帧运行循环冗余校验（CRC），并将结果放在帧尾的帧校验序列（FCS）字段中。

至此，可以每次 1 比特的方式将帧向下传递给物理层了，而物理层将使用比特定时规则（bit timing rule）将数据编码成数字信号。网段中的每台设备都将接收数字信号，同步时钟，从数字信号中提取 1 和 0，并重建帧。重建帧后，将运行 CRC，以确保帧是正确的。如果一切顺利，主机将检查目标 MAC 地址和目标 IP 地址，以确定帧是否是发送给它的。

如果这一切让你眼花缭乱、头昏脑胀，请不要担心，第 9 章将详细介绍在互联网络中数据是如何被封装和路由的。

2.4 包含三层的思科层次模型

大多数人在童年就接触过层次结构，家有哥哥或姐姐的人都知道位于层次结构底层的滋味。无论你是在什么地方首次遇到层次结构，当今的大多数人都在生活中感受过它。正是**层次结构**帮助我们明白事物的归属和相互关系以及各部门的职责，它让那些原本复杂的模型变得有序，易于理解。例如，如果你想加薪，层次结构将告诉你去问老板而不是下属，因为老板才是能批准或拒绝你的要求的那个人。因此，理解层次结构有助于你明白到哪里去获取想要的东西。

在网络设计中，层次结构的优点与生活中相同。在使用得当的情况下，层次结构将让网络的行为更容易预测，并且帮助你指定各部分的职责。同样，你可在层次型网络的某些层使用诸如访问列表等工具，而避免在其他层使用。

大型网络可能非常复杂，它使用了多种协议，包含复杂的配置，采用了各种各样的技术。层次结构可帮助你将大量复杂的细节归纳成易于理解的模型，变混乱为有序。这样，进行具体配置时，模型将指出应用这些配置的正确方式。

设计、实现和维护可扩展、可靠、高性价比的层次型互联网络时，思科层次模型可提供帮助。思科层次模型包含三层，如图 2-24 所示，其中每层都有特定的功能。

每层都有特定的职责。然而，这三层是逻辑性的，并不一定是物理设备。想想另一个逻辑层次结构——OSI 模型，其中的 7 层描述的是功能，而不是协议。有时一种协议对应 OSI 模型的多层，而有时多种协议对应一层。同样，实现层次型网络时，可能一层有很多设备，也可能一台设备同时执行两层的功能。请记住，这些层的定义是逻辑性的，而不是物理性的。

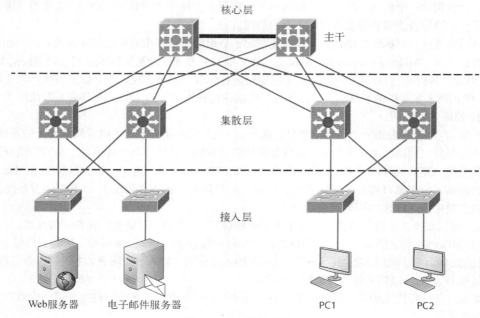

图 2-24　思科层次模型

下面详细介绍其中的每一层。

2.4.1　核心层

顾名思义，**核心层**是网络的核心。核心层位于层次结构顶端，负责快速而可靠地传输大量数据。网络核心层的唯一目标是尽可能快地交换数据。在核心层传输的流量是大多数用户共享的；然而，用户数据是在集散层处理的，该层在必要时将请求转发到核心层。

如果核心层出现故障，将影响所有用户，因此核心层容错很重要。穿越核心层的流量可能很多，因此速度和延迟是重要的考虑因素。知道核心层的功能后，就可以考虑一些具体的设计需求了。先来看看不应该做的事情。

❑ 不要做任何降低流量的事情，包括不使用访问列表、在虚拟局域网（VLAN）之间路由以及实现分组过滤。

❑ 不要在核心层支持工作组接入。

❑ 避免增大核心层（即在互联网络增大时添加路由器）。如果核心层的性能是个问题，应进行升级，而不是增大。

下面是设计核心层时应该做的一些事情。

❑ 设计核心层时，确保其高可靠性。考虑使用有助于改善速度和冗余性的数据链路技术，如包含冗余链路的吉比特以太网，甚至是 10 吉比特以太网。

□ 设计时要考虑速度，核心层的延迟必须非常短。

□ 选择会聚时间短的路由选择协议。如果路由选择表不行，快速和冗余的数据链路也帮不上忙。

2.4.2 集散层

集散层有时也称为**工作组层**，它是接入层和核心层之间的通信点。集散层的主要功能是提供路由选择、过滤和 WAN 接入，以及在必要时确定如何让分组进入核心层。集散层必须确定处理网络服务请求的最快方式。例如，如何将文件请求转发给服务器。确定最佳路径后，集散层将在必要时将请求转发给核心层，然后核心层将请求快速转发给正确的服务。

集散层是实现网络策略的理想场所，因为在这里可相当灵活地指定网络的运行方式。下面几项操作通常应该在集散层执行：

□ 路由选择；

□ 实现工具（如访问列表）、分组过滤和排队；

□ 实现安全性和网络策略，包括地址转换和防火墙；

□ 在路由选择协议之间重分发，包括静态路由；

□ 在 VLAN 之间路由以及其他支持工作组的功能；

□ 定义广播域和组播域。

在集散层应避免做的事情仅限于其他层的专属功能。

2.4.3 接入层

接入层控制用户和工作组对互联网络资源的访问，有时也称为**桌面层**。大多数用户需要的资源位于本地，而所有远程服务流量都由集散层处理。下面是接入层的一些功能：

□ 延续集散层的访问控制和策略；

□ 建立独立的冲突域（使用交换机将网络分段）；

□ 提供到集散层的工作组连接；

□ 提供到设备的连接；

□ 弹性服务和安全服务；

□ 高级技术功能（语音、视频等）。

接入层经常采用吉比特以太网和快速以太网等技术。

需要在此重申的是，有三个独立的层并不意味着三台独立的设备。设备可能更多，也可能更少。别忘了，这是一种分层方法。

2.5 小结

在本章中，你学习了以太网基本知识、网络中的主机如何通信以及半双工以太网中 CSMA/CD 的工作原理。

我还介绍了半双工和全双工模式之间的差别，讨论了冲突检测机制 CSMA/CD。

另外，本章还介绍了当今网络中常用的以太网电缆。随便说一句，你最好仔细研究相应的内容。

本章还简要地介绍了封装，这很重要，不容忽视。封装指的是沿 OSI 栈向下对数据进行编码的过程。

最后，本章介绍了包含三层的思科层次模型。我详细介绍了这三层以及如何使用它们来帮助设计和实现思科互联网络。

2.6   考试要点

描述载波侦听多路访问/冲突检测（CSMA/CD）的工作原理。 CSMA/CD 是一种帮助设备共享介质的协议，可避免两台设备同时在网络介质上传输数据。虽然它不能消除冲突，但有助于极大地减少冲突，进而减少重传，从而提高所有设备的数据传输效率。

区分半双工和全双工通信，并指出这两种方法的需求。 不像半双工那样使用一对导线，全双工使用两对导线。全双工使用不同的导线来消除冲突，从而允许同时发送和接收数据；半双工可发送或接收数据，但不能同时发送和接收数据，且仍会出现冲突。要使用全双工，电缆两端的设备都必须支持全双工，并配置成以全双工模式运行。

描述 MAC 地址的组成部分以及各部分包含的信息。 MAC（硬件）地址是一种使用十六进制表示的地址，长 48 位（6 字节）。前 24 位（3 字节）被称为组织唯一标识符（OUI），由 IEEE 分配给 NIC 制造商，余下的部分唯一地标识了 NIC。

确定十进制数对应的二进制值和十六进制值。 用这三种格式之一表示的任何数字都可转换为其他两种格式，能够执行这种转换对理解 IP 地址和子网划分至关重要。请务必完成本章后面将二进制转换为十进制和十六进制的书面实验。

识别以太网帧中与数据链路层相关的字段。 在以太网帧中，与数据链路层相关的字段包括前导码、帧起始位置分隔符、目标 MAC 地址、源 MAC 地址、长度或类型、数据以及帧校验序列。

识别与以太网布线相关的 IEEE 物理层标准。 这些标准描述了各种电缆类型的功能和物理特征，包括但不限于 10Base-2、10Base-5 和 10Base-T。

区分以太网电缆类型及其用途。 以太网电缆分为三种：直通电缆，用于将 PC 或路由器的以太网接口连接到集线器或交换机；交叉电缆，用于将集线器连接到集线器、集线器连接到交换机、交换机连接到交换机，以及 PC 连接到 PC；反转电缆，用于在 PC 和路由器或交换机之间建立控制台连接。

描述数据封装过程及其在分组创建中扮演的角色。 数据封装指的是在 OSI 模型各层给数据添加信息的过程，也称为分组创建。每层都只与接收设备的对等层通信。

理解如何从 PC 建立到路由器和交换机的控制台电缆连接。 使用反转电缆将主机的 COM 端口连接到路由器的控制台端口，启动模拟程序（如 putty 或 SecureCRT），并将波特率设置为 9600，流量控制设置为 None。

指出思科三层模型中的各层，并描述每层最适合完成的功能。 思科层次模型包含如下三层：核心层，负责快速而可靠地传输大量的数据；集散层，提供路由选择、过滤和 WAN 接入；接入层，将工作组连接到集散层。

2.7   书面实验

在本节中，你将完成如下实验，确保明白其中涉及的知识和概念。

❑ 书面实验 2.1：二进制/十进制/十六进制转换。
❑ 书面实验 2.2：CSMA/CD 的工作原理。

❑ 书面实验 2.3：布线。
❑ 书面实验 2.4：封装。
答案见附录 A。

2.7.1 书面实验 2.1：二进制/十进制/十六进制转换

(1) 将用十进制表示的 IP 地址转换为二进制格式。
完成下表，将 192.168.10.15 转换为二进制格式。

十进制	128	64	32	16	8	4	2	1	二进制
192									
168									
10									
15									

完成下表，将 172.16.20.55 转换为二进制格式。

十进制	128	64	32	16	8	4	2	1	二进制
172									
16									
20									
55									

完成下表，将 10.11.12.99 转换为二进制格式。

十进制	128	64	32	16	8	4	2	1	二进制
10									
11									
12									
99									

(2) 将用二进制表示的 IP 地址转换为十进制格式。
完成下表，将 IP 地址 11001100.00110011.10101010.01010101 转换为十进制格式。

二进制	128	64	32	16	8	4	2	1	十进制
11001100									
00110011									
10101010									
01010101									

完成下表，将 IP 地址 11000110.11010011.00111001.11010001 转换为十进制格式。

二进制	128	64	32	16	8	4	2	1	十进制
11000110									
11010011									
00111001									
11010001									

完成下表，将 IP 地址 10000100.11010010.10111000.10100110 转换为十进制格式。

二进制	128	64	32	16	8	4	2	1	十进制
10000100									
11010010									
10111000									
10100110									

(3) 将二进制值转换为十六进制值。

完成下表，用十六进制表示 11011000.00011011.00111101.01110110。

二进制	128	64	32	16	8	4	2	1	十六进制
11011000									
00011011									
00111101									
01110110									

完成下表，用十六进制表示 11001010.11110101.10000011.11101011。

二进制	128	64	32	16	8	4	2	1	十六进制
11001010									
11110101									
10000011									
11101011									

完成下表，用十六进制表示 10000100.11010010.01000011.10110011。

二进制	128	64	32	16	8	4	2	1	十六进制
10000100									
11010010									
01000011									
10110011									

2.7.2   书面实验 2.2：CSMA/CD 的工作原理

载波侦听多路访问/冲突检测（CSMA/CD）帮助最大限度地减少冲突，从而提高数据传输效率。请按正确的顺序排列下述冲突发生后的步骤。

❏ 定时器到期后，所有主机的传输优先级都相同。

❏ 以太网网段中的每台设备暂停传输一段时间，直到定时器到期。

❏ 冲突导致执行随机后退算法。

❏ 拥堵信号告诉所有设备，发生了冲突。

2.7.3 书面实验 2.3：布线

在下述各种情形下，应使用直通电缆、交叉电缆还是反转电缆？

(1) 主机到主机。

(2) 主机到交换机或集线器。

(3) 路由器直接到主机。

(4) 交换机到交换机。

(5) 路由器到交换机或集线器。

(6) 集线器到集线器。

(7) 集线器到交换机。

(8) 主机到交换机的控制台串行通信（COM）端口。

2.7.4 书面实验 2.4：封装

按正确的顺序排列下述封装过程的步骤。

❑ 分组或数据报被转换为帧，以便在本地网络中传输。使用硬件（以太网）地址来唯一地标识本地网络中的主机。

❑ 数据段被转换为分组或数据报，并在报头中加入逻辑地址，以便能够在互联网络中路由分组。

❑ 用户信息被转换为数据，以便通过网络进行传输。

❑ 帧被转换为比特，并使用数字编码和时钟同步方案。

❑ 数据被转换为数据段，并在发送主机和接收主机之间建立一条可靠的连接。

2.8 复习题

注意 下面的复习题旨在检验你对本章内容的理解程度。有关如何获取更多复习题的信息，请参阅 www.lammle.com/ccna。

这些复习题的答案见附录 B。

(1) 在下图中，用问号表示的 MAC 地址部分叫什么？

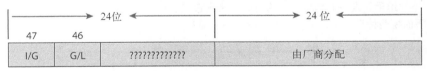

示例：0000.0c12.3456

   A. IOS   B. OSI   C. ISO   D. OUI

(2) 下面哪一项决定了发生冲突的工作站多长时间后可重新传输？

   A. 后退算法   B. 载波侦听   C. 转发延迟   D. 拥堵机制

(3) 在下图所示的网络中，连接各台主机的是哪种设备？

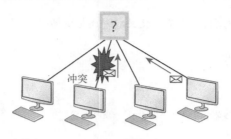

冲突

  A. 集线器   B. 交换机   C. 路由器   D. 网桥

(4) 在下面的 Ethernet_II 帧中，FCS 字段有何作用？

Ethernet_II

前导码 7 字节	SFD 1 字节	目标地址 6 字节	源地址 6 字节	类型 2 字节	数据和填充 46~1500 字节	FCS 4 字节

  A. 让接收设备能够控制比特流的速度   B. 错误检测
  C. 标识上层协议   D. 标识发送设备

(5) 有一个端口通过共享双绞线连接到网络，它启用了冲突检测和载波侦听。从上述描述可判断出下面那一点？

  A. 这是一个 10M bit/s 的交换机端口

  B. 这是一个 100M bit/s 的交换机端口

  C. 这是一个以半双工模式运行的以太网端口

  D. 这是一个以全双工模式运行的以太网端口

  E. 这是一个位于 PC 网络接口卡上的端口

(6) 以太网协议使用物理地址旨在实现哪两个目的？

  A. 在第 2 层唯一地标识设备

  B. 让位于不同网络中的设备能够通信

  C. 区分第 2 层帧和第 3 层分组

  D. 建立优先系统以确定哪台设备先传输

  E. 让位于同一个网络中的设备能够通信

  F. 在不知道远程设备的物理地址的情况下检测它

(7) 连接下面哪两种设备时，可使用下图所示的电缆？

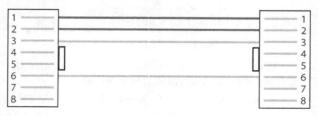

  A. 交换机和交换机   B. 路由器和路由器
  C. 主机和主机   D. 主机和交换机

(8) 在以太网中，设备在下面哪两种情况下可以传输数据？

    A. 收到特殊令牌时

    B. 检测到载波时

    C. 发现没有其他设备发送数据时

    D. 介质处于空闲状态时

    E. 服务器授权访问时

(9) 哪种电缆使用下图所示的针脚连接方式？

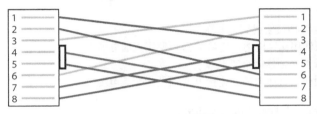

    A. 光纤   B. 吉比特以太网交叉电缆

    C. 快速以太网直通电缆   D. 同轴电缆

(10) 配置终端模拟程序时，下面哪种设置不对？

    A. 波特率为 9600   B. 奇偶校验为无

    C. 流量控制为无   D. 数据位为 1

(11) MAC 地址的哪部分指出了地址是全局管理地址还是本地管理地址？

    A. FCS   B. I/G 位   C. OUI   D. U/L 位

(12) 哪种电缆采用下图所示的针脚连接方式？

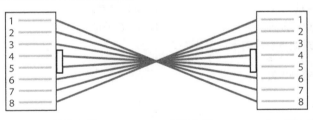

    A. 光纤   B. 反转电缆   C. 直通电缆   D. 交叉电缆

(13) 下面哪项不是发生冲突时 CSMA/CD 将执行的操作？

    A. 发送拥堵信号，让所有设备都知道发生了冲突

    B. 在冲突涉及的系统上执行随机后退算法

    C. 以太网网段上的每台设备都暂停传输一段时间，直到后退定时器到期

    D. 定时器到期后，所有主机的传输优先级都相同

(14) 下面哪种有关以太网的说法不对？

    A. 在全双工模式下，很少发生冲突

    B. 每个全双工节点都必须有一个专用的交换机端口

    C. 要使用全双工模式，主机的网卡和交换机端口必须能够在全双工模式下运行

    D. 如果自动检测机制失败，10Base-T 和 100Base-T 主机默认在半双工模式下以 10 Mbit/s 的传输速率运行

(15) 在下图中，连接 A 和 B 必须使用哪种电缆？

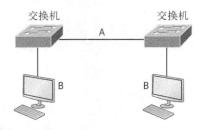

A. 连接 A 和 B 都必须使用交叉电缆

B. 连接 A 必须使用交叉电缆，连接 B 必须使用直通电缆

C. 连接 A 和 B 都必须使用直通电缆

D. 连接 A 必须使用直通电缆，连接 B 必须使用交叉电缆

(16) 将下述以太网类型与标准正确搭配起来。

1000Base-T	IEEE 802.3u
1000Base-SX	IEEE 802.3
10Base-T	IEEE 802.3ab
100Base-TX	IEEE 802.3z

(17) 下面哪种电缆用于连接到路由器或交换机的控制台端口？

A. 交叉电缆　　　　B. 反转电缆　　　　C. 直通电缆　　　　D. 全双工电缆

(18) 下面哪一项组成了套接字？

A. IP 地址和 MAC 地址　　　　　　　B. IP 地址和端口号

C. 端口号和 MAC 地址　　　　　　　D. MAC 地址和 DLCI

(19) 下面哪个十六进制数对应的十进制值为 28？

A. 1c　　　　　　　B. 12　　　　　　　C. 15　　　　　　　D. ab

(20) 下图显示的是哪种电缆？

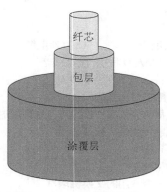

A. 光纤　　　　　　B. 反转电缆　　　　C. 同轴电缆　　　　D. 全双工电缆

第 **3** 章

TCP/IP 简介

本章涵盖如下 ICND1 考试要点。

✓ **网络基本知识**

☐ 1.1 比较 OSI 和 TCP/IP 模型

☐ 1.2 比较 TCP 和 UDP 协议

☐ 1.7 使用故障排除方法来解决问题

- 1.7.a 隔离并记录故障

- 1.7.b 解决或上交

- 1.7.c 验证并监视解决方案

☐ 1.9 比较 IPv4 地址类型

- 1.9.a 单播地址

- 1.9.b 广播地址

- 1.9.c 组播地址

☐ 1.10 描述需要 IPv4 私有地址的原因

　　传输控制协议/网际协议（Transmission Control Protocol/Internet Protocol，TCP/IP）最初由美国国防部（Department of Defense，DoD）设计并实现，旨在确保数据的完整性并在发生毁灭性战争时保持通信。因此，在设计和实现正确的情况下，TCP/IP 网络安全、可靠，自适应能力较强。本章介绍 TCP/IP 协议，而对如何使用思科路由器和交换机打造可靠 TCP/IP 网络的介绍将贯穿本书。

　　我将首先介绍 DoD 版本的 TCP/IP，再将该版本及其协议与前面讨论过的 OSI 参考模型进行比较。等你明白 DoD 模型各层使用的协议和流程后，我们再来讨论 IP 编址以及当今网络使用的各种 IP 地址。

注意　　子网划分非常重要，本书将专辟一章（第 4 章）进行介绍。

　　鉴于牢固掌握各种 IPv4 地址对理解 IP 编址、子网划分和变长子网掩码（VLSM）至关重要，本章最后将介绍你必须掌握才能通过 CCNA 考试的各种 IPv4 地址。

　　本章不讨论网际协议第 6 版（IPv6），因为这将在第 14 章介绍。另外，一般将网际协议第 4 版简称为 IP，而基本不说 IPv4。

注意　　有关本章内容的最新修订，请访问 www.lammle.com/ccna 或出版社网站的本书配套网页（www.sybex.com/go/ccna）。

3.1　TCP/IP 简介

鉴于 TCP/IP 在网络领域的核心地位，你必须对其有全面而深入的认识。我将首先介绍一些 TCP/IP 背景知识及其来历，再讨论最初的设计者定义的重要技术目标。当然，我还将对 TCP/IP 与理论模型 OSI 进行比较。

TCP/IP 简史

TCP/IP 于 1973 年面世，并于 1978 年被划分成两个协议：TCP 和 IP。1983 年，TCP/IP 取代网络控制协议（Network Control Protocol，NCP），并被批准成为官方数据传输方式，用于任何连接到 ARPAnet 的网络。ARPAnet 是互联网的前身，由 ARPA（美国国防部高级研究计划署）于 1957 年开发，旨在应对苏联的人造地球卫星计划。1983 年，ARPA 改名为 DARPA，并被划分为 ARPAnet 和 MILNET。这两个部门都于 1990 年解散。

大部分 TCP/IP 开发工作都由位于北加州的加州大学伯克利分校完成，这可能出乎你的意料。在加州大学伯克利分校，当时还有一个科学家小组在开发伯克利版 UNIX，不久后这一系列 UNIX 版本被称为 BSD（Berkeley Software Distribution）。当然，鉴于 TCP/IP 的效果很好，它被集成到了后续的 BSD Unix 中，并提供给其他购买了该软件的大学和机构。因此，BSD Unix 和 TCP/IP 最初基本上是学术界的一个共享软件，最终却成了当前取得巨大成功并空前增长的互联网的基础，也是小型私有企业内联网的基础。

就这样，虽然最初的 TCP/IP 狂热者不多，但随着它的发展，美国政府制定了测试计划，对新发布的标准进行测试，确保它们符合特定的标准。这旨在保护 TCP/IP 的完整性，避免开发人员大肆修改或添加专用功能。正是这种特质（TCP/IP 系列协议采用的开放系统方法）让 TCP/IP 得以流行，因为它确保各种硬件和软件平台能够彼此互联。

3.2　TCP/IP 和 DoD 模型

DoD 模型是 OSI 模型的精简版，它包含 4 层而不是 7 层：

- ❏ 进程/应用层；
- ❏ 主机到主机层（也称为传输层）；
- ❏ Internet 层；
- ❏ 网络接入层（也称为链路层）。

图 3-1 对 DoD 模型和 OSI 参考模型进行了比较。正如你看到的，这两个模型在概念上相似，但包含的层数不同，各层的名称也不同。思科有时使用不同的名称来指同一层。例如，将 Internet 层上面的那层称为主机到主机层或传输层，将最下面那层称为网络接入层或链路层。

注意　　讨论 IP 栈中的各种协议时，OSI 和 DoD 模型的层可互换。换句话说，在 CCNA 考题中，可能将主机到主机层称为传输层，你对此要有心理准备。

DoD 模型的**进程/应用层**包含大量协议，以集成分布在 OSI 上三层（应用层、表示层和会话层）

的各种活动和职责。我们将重点介绍 CCNA 考试涉及的几个最重要的应用程序。总之，进程/应用层定义了用于节点间应用程序通信的协议，还定义了用户界面规范。

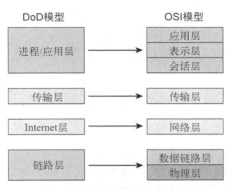

图 3-1　DoD 模型和 OSI 模型

　　主机到主机层（传输层）的功能与 OSI 模型的传输层相同，定义了为应用程序提供传输服务的协议，它负责解决如下问题：进行可靠的端到端通信，确保正确地传输数据，对分组进行排序，确保数据的完整性。

　　Internet 层对应于 OSI 模型的网络层，指定了与通过整个网络对分组进行逻辑传输相关的协议。它负责对主机进行编址——给它们分配 IP（网际协议）地址，并在多个网络之间路由分组。

　　DoD 模型的最底端是**网络接入层（链路层）**，它在主机和网络之间交换数据。网络接入层对应 OSI 模型的数据链路层和物理层，它负责硬件编址，并定义了用于实际传输数据的协议。TCP/IP 之所以如此常见，是因为它没有指定物理层规范，可用于任何现有和未来的网络中。

　　DoD 模型和 OSI 模型在设计和概念上相似，对应层的功能也类似。图 3-2 显示了 TCP/IP 协议簇及其协议对应的 DoD 模型层。

　　接下来的几节将从进程/应用层协议开始，更详细地介绍各种协议。

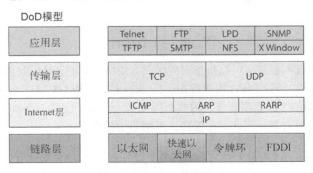

图 3-2　TCP/IP 协议簇

3.2.1　进程/应用层协议

　　下面介绍 IP 网络常用的各种应用程序和服务。这里重点介绍与 CCNA 考试关系最紧密的协议，但还有很多其他的协议。本节介绍如下协议和应用程序：

- ❏ Telnet
- ❏ SSH
- ❏ FTP
- ❏ TFTP
- ❏ SNMP
- ❏ HTTP
- ❏ HTTPS
- ❏ NTP
- ❏ DNS
- ❏ DHCP/BootP
- ❏ APIPA

1. Telnet

Telnet 是第一批互联网标准之一，开发于 1969 年。它是这些协议中的"变色龙"，专司终端模拟。它允许远程客户端机器（Telnet 客户端）的用户通过另一台机器（Telnet 服务器）的命令行界面访问其资源。为此，Telnet 要在 Telnet 服务器上耍花招，让客户端看起来像是与本地网络直接相连的终端。这实际上是使用软件营造的假象——可与选定的远程主机交互的虚拟终端。Telnet 协议的一个缺点是不支持加密，因此包括密码在内的一切内容都必须以明文方式发送。图 3-3 是一个使用 Telnet 协议的示例，其中的 Telnet 客户端试图连接到 Telnet 服务器。

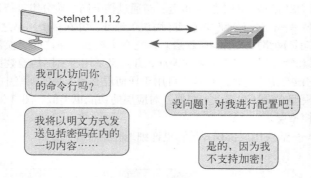

图 3-3　Telnet

这些模拟终端使用文本模式，可执行指定的操作，如显示菜单，让用户能够选择选项以及访问服务器的应用程序。要建立 Telnet 会话，用户首先运行 Telnet 客户端软件，再登录到 Telnet 服务器。Telnet 通过 TCP 建立面向字节的 8 位数据连接，因此相当完备。它易于使用、开销极低，因此现在还在用；但它以明文方式发送所有内容，因此不建议在生产网络中使用。

2. Secure Shell

与 Telnet 类似，**Secure Shell**（SSH）协议也通过标准 TCP/IP 连接建立会话，但会话是安全的。这种协议用于执行下述任务：将日志写入系统，在远程系统上运行程序以及在系统之间传输文件。执行这些任务时，它始终确保连接是加密的。图 3-4 是一个 SSH 示例，其中的 SSH 客户端试图连接到 SSH 服务器。客户端发送数据时，必须对其进行加密。

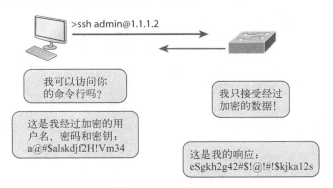

图 3-4 Secure Shell

可将 SSH 视为新一代协议，用于取代已废弃的 rsh 和 rlogin，乃至 Telnet。

3. 文件传输协议

文件传输协议（File Transfer Protocol，FTP）让你能够传输文件，这可在任何两台机器之间进行。然而，FTP 不仅仅是协议，还是程序。作为协议时，FTP 供应用程序使用；作为程序时，FTP 供用户手动传输文件。FTP 让你能够访问目录和文件以及执行某些类型的目录操作，如将其移到其他目录中。图 3-5 说明了如何使用 FTP。

通过 FTP 访问主机只是第一步，随后必须通过身份验证——系统管理员可能使用密码和用户名来限制登录。要避开这种身份验证，可使用用户名 anonymous，但这样获得的访问权将受到限制。

即使被用户用作程序时，FTP 的功能也仅限于列出和操作目录、输入文件内容以及在主机之间复制文件，而不能远程执行程序。

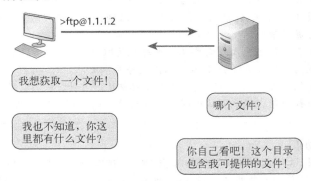

图 3-5 FTP

4. 简单文件传输协议

简单文件传输协议（Trivial File Transfer Protocol，TFTP）是 FTP 的简化版，但如果你知道自己要什么以及到哪里去寻找，也可选择使用它，因为它使用起来非常简单，速度也很快。

然而，TFTP 提供的功能没有 FTP 丰富，因为它没有提供目录浏览功能，这意味着只能发送和接收文件，如图 3-6 所示。然而，在思科设备上，TFTP 被广泛用于管理文件系统，这将在第 7 章介绍。

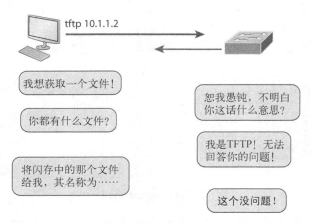

图 3-6   TFTP

这个紧凑的小协议开销更少，它发送的数据块比 FTP 小得多，也不像 FTP 那样要进行身份验证，因此更不安全。鉴于这种固有的安全风险，支持它的网站很少。

 真实案例

什么情况下应使用 FTP

　　假设旧金山办事处的同事要求你立刻将一个 50 GB 的文件发送给他，你该怎么办呢？大多数电子邮件服务器都会拒绝这样的邮件，因为它们对邮件大小有限制（大多数 ISP 都不允许电子邮件附件超过 5 MB 或 10 MB）。即使对邮件大小没有限制，将这样大的文件发送到旧金山也需要时间。此时，FTP 可提供帮助。

　　如果你需要将大型文件给他人或需要从他人那里获取大型文件，FTP 是个不错的选择。要使用 FTP，需要在互联网上搭建 FTP 服务器，以便能够共享文件。

　　除文件大小不受限制外，FTP 的速度还比电子邮件快。另外，因为它使用 TCP，而且是面向连接的，所以如果会话中断，FTP 可从中断的地方续传。电子邮件客户端不支持续传！

5. 简单网络管理协议

　　简单网络管理协议（Simple Network Management Protocol，SNMP）收集并操作有价值的网络信息，如图 3-7 所示。它运行在管理工作站（network management station，NMS）上，定期或随机地轮询网络中的设备，要求它们暴露特定信息，甚至主动要求设备提供特定信息。另外，发生问题时，网络设备还可以告诉 NMS，让它们通知网络管理员。

　　在一切正常的情况下，SNMP 将收到**基线**（baseline）信息，即描述健康网络运行特征的报告。该协议还可充当网络的"看门狗"，将任何突发事件迅速告知管理员。这些网络"看门狗"被称为**代理**（agent），出现异常情况时，代理将向管理工作站发送 trap 警告。

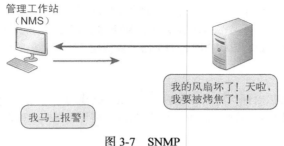

图 3-7 SNMP

SNMP 版本 1、2 和 3

　　SNMP 第 1 版和第 2 版已经相当陈旧了。这并不意味着你不会在网络中遇到它们，但你很难见到 SNMPv1。SNMPv2 做了改进，尤其是在性能方面。它添加的最佳功能之一是 GETBULK，让主机能够一次获取大量数据。然而，在网络领域，SNMPv2 从未流行过。SNMPv3 是最新的标准，它使用 TCP 和 UDP，而不像 SNMPv1 那样只使用 UDP。SNMPv3 进一步改善了安全性和消息完整性、身份验证和加密。

---

6. 超文本传输协议

　　所有生机勃勃的网站都包含图形、文本、链接等，这一切都是拜**超文本传输协议**（Hypertext Transfer Protocol，HTTP）所赐，如图 3-8 所示。它用于管理 Web 浏览器和 Web 服务器之间的通信，在你单击链接时打开相应的资源，而不管该资源实际位于何地。

　　要显示网页，浏览器必须找到它所在的服务器，并获悉对请求进行标识的详细信息。这样，服务器才能将请求的信息发回浏览器。当前，Web 服务器不可能只提供一个网页。

图 3-8 HTTP

　　当你输入统一资源定位符（uniform resource locator，URL）时，浏览器明白你想要什么。URL 俗称网址，如 http://www.lammle.com/forum 和 http://www.lammle.com/blog。

　　基本上，每个 URL 都指定了用于传输数据的协议、服务器名称以及该服务器上的特定网页。

7. 安全超文本传输协议

　　安全超文本传输协议（Hypertext Transfer Protocol Secure，HTTPS）使用安全套接字层（secure sockets layer，SSL），有时也被称为 SHTTP 或 S-HTTP。S-HTTP 其实与 HTTPS 稍有不同，但是 HTTPS

得到了微软的支持,因此成了确保 Web 通信安全的事实标准。顾名思义,HTTPS 是安全版本的 HTTP,向你提供了一系列安全工具,可确保 Web 浏览器和 Web 服务器之间的通信安全。

当你在网上预订、访问银行或购物时,浏览器需要使用 HTTPS 来填写表单、签名、验证身份和加密 HTTP 消息。

8. 网络时间协议

这种协议用于将计算机时钟与标准时间源(通常是原子钟)同步,由特拉华大学的 David Mills 教授开发。**网络时间协议**(Network Time Protocol,NTP)将设备同步,确保给定网络中的所有计算机的时间一致,如图 3-9 所示。

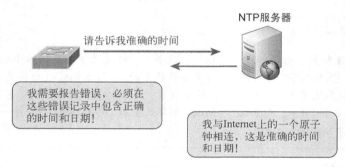

图 3-9   NTP

这虽然听起来非常简单,但却相当重要,因为当今的很多交易都需要指出时间和日期。想想数据库吧,如果服务器不与相连的计算机同步,哪怕只相差几秒,也可能导致严重的混乱甚至崩溃。如果某台机器在凌晨 1:50 发起交易,而服务器将交易时间记录为 1:45,交易将无法完成。因此,NTP 可避免因"回到未来"而导致网络崩溃,确实非常重要。

第 7 章将更详细地介绍 NTP,包括如何在思科网络环境中配置这种协议。

9. 域名服务

域名服务(Domain Name Service,DNS)解析主机名,具体地说是互联网名称,如 www.lammle.com。并非一定要使用 DNS,还可以输入要与之通信的设备的 IP 地址。要获悉 URL 对应的 IP 地址,可使用程序 Ping,例如,>ping www.cisco.com 将返回 DNS 解析得到的 IP 地址。

IP 地址标识网络和互联网中的主机,而 DNS 让我们的生活更容易。想想下面这种情形:如果要将网页移到另一家服务提供商,结果将如何呢? IP 地址将改变,没有人知道新的 IP 地址。DNS 让你能够使用域名来指定 IP 地址,你可以随时修改 IP 地址,不会有人感觉到有何不同。

要在主机上解析 DNS 地址,通常在浏览器中输入 URL。浏览器将数据交给应用层,以便通过网络进行传输。应用程序将查找 DNS 服务器,并向 DNS 发送 UDP 请求,要求它对指定的名称进行解析,如图 3-10 所示。

如果第一台 DNS 服务器无法提供查询结果,它将把 TCP 查询转发给 DNS 根服务器。查询有了结果后,结果将被发回发起查询的主机,让它能够马上向正确的 Web 服务器请求信息。

DNS 用于解析**全限定域名**(fully qualified domain name,FQDN),如 www.lammle.com 或 todd.lammle.com。FQDN 是一种层次结构,可根据域名标识符查找系统。

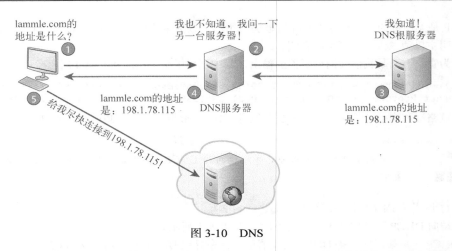

图 3-10 DNS

如果要解析名称 todd，要么输入 FQDN todd.lammle.com，要么让设备（如 PC 或路由器）帮你添加后缀。例如，在思科路由器中，可使用命令 `ip domain-name lammle.com` 给每个请求加上域名 lammle.com。如果不这样做，则必须输入 FQDN，这样 DNS 才能对名称进行解析。

提示　有关 DNS 需要牢记的一个重点是，如果能够使用 IP 地址 ping 某台设备，但使用其 FQDN 时不管用，则可能是 DNS 配置有问题。

10. 动态主机配置协议/自举协议

动态主机配置协议（Dynamic Host Configuration Protocol，DHCP）给主机分配 IP 地址，让管理工作更轻松，非常适合用于小型到超大型网络。很多类型的硬件都可用作 DHCP 服务器，包括思科路由器。

DHCP 与 BootP（Bootstrap Protocol，自举协议）的差别在于，BootP 也给主机分配 IP 地址，但必须手动将主机的硬件地址输入 BootP 表中。可将 DHCP 视为动态的 BootP。但别忘了，BootP 也用于发送操作系统，让主机使用它启动，而 DHCP 没有这样的功能。

主机向 DHCP 服务器请求 IP 地址时，DHCP 服务器可将大量信息提供给主机。下面是 DHCP 服务器可提供的最常见信息：

❑ IP 地址
❑ 子网掩码
❑ 域名
❑ 默认网关（路由器）
❑ DNS 服务器的地址
❑ WINS 服务器的地址

为获得 IP 地址，主机在第 2 层和第 3 层以广播的方式发送 DHCP 发现消息。

❑ 第 2 层广播的地址在十六进制表示下全为 F，即 FF:FF:FF:FF:FF:FF。
❑ 第 3 层广播的地址为 255.255.255.255，这表示所有网络和所有主机。

DHCP 是无连接的，这意味着它在传输层使用用户数据报协议（User Datagram Protocol，UDP）。传输层也叫主机到主机层，将稍后介绍。

眼见为实，下面是我信任的分析器的输出，其中列出了第 2 层广播和第 3 层广播：

```
Ethernet II,Src:0.0.0.0(00:0b:db:99:d3:5e),Dst:Broadcast(ff:ff:ff:ff:ff:ff)
Internet Protocol,Src:0.0.0.0(0.0.0.0),Dst:255.255.255.255(255.255.255.255)
```

数据链路层和网络层都向"全体成员"发送广播："帮帮我，我不知道自己的 IP 地址！"

 注意 第 7 章和第 8 章将更详细地讨论 DHCP，包括如何在思科路由器和交换机上配置它。

图 3-11 说明了 DHCP 服务器和客户端之间的交互。

客户端向 DHCP 服务器请求 IP 地址的 4 个步骤如下所示。

(1) DHCP 客户端广播一条 DHCP 发现消息，旨在寻找 DHCP 服务器（端口 67）。

(2) 收到 DHCP 发现消息的 DHCP 服务器向主机发送一条第 2 层单播 DHCP 提议消息。

(3) 客户端向服务器广播一条 DHCP 请求消息，请求提议的 IP 地址和其他信息。

(4) 服务器以单播方式发回一条 DHCP 确认消息。

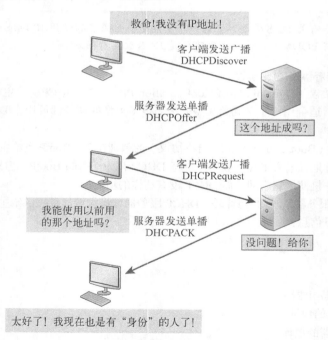

图 3-11　DHCP 服务器和客户端之间的四次交互

● **DHCP 冲突**

两台主机使用相同的 IP 地址时，就发生了 DHCP 地址冲突。这听起来很糟糕，确实如此！在介绍 IPv6 的那章，根本不需要讨论这个问题。

　　分配 IP 地址时，DHCP 服务器在分配地址池中的地址前，将使用 Ping 程序来检查它是否可用。如果没有主机应答，DHCP 服务器将认为该 IP 地址未分配出去。这有助于服务器确定要分配的地址未被占用，但主机呢？为进一步避免糟糕的 IP 地址冲突问题，主机可广播自己的地址。

　　主机使用免费 ARP（gratuitous ARP）来帮助避免地址重复。为此，DHCP 客户端在本地 LAN 或 VLAN 中发送 ARP 广播，并要求解析新分配给它的地址，从而将冲突消灭在萌芽状态。

　　如果检测到 IP 地址冲突，相应的 IP 地址将从 DHCP 地址池中删除。在管理员手动解决冲突前，该地址不会分配给任何主机，牢记这一点很重要。

注意　　有关如何在思科路由器中配置 DHCP，以及 DHCP 客户端和 DHCP 服务器分别位于路由器两边（位于不同网络）的结果将如何，请参阅第 9 章。

11. 自动私有 IP 编址（APIPA）

　　如果一台交换机或集线器连接了多台主机，且没有 DHCP 服务器，该怎么办呢？可手工添加 IP 信息（这被称为静态 IP 编址），但 Windows 提供了**自动私有 IP 编址**（Automatic Private IP Addressing，APIPA），这种功能只有较新的 Windows 操作系统才有。有了 APIPA，客户端可在 DHCP 服务器不可用时自动给自己配置 IP 地址和子网掩码（主机用来通信的基本 IP 信息）。APIPA 使用的 IP 地址范围为 169.254.0.1～169.254.255.254，客户端还会给自己配置默认的 B 类子网掩码——255.255.0.0。

　　然而，如果在有 DHCP 服务器的公司网络中，主机使用了该范围内的 IP 地址，则表明要么主机的 DHCP 客户端不正常，要么服务器出现了故障或因网络问题而不可达。在我认识的人当中，还没有看到主机使用该范围内的 IP 地址而感到高兴的。

　　下面来看看传输层，它在 DoD 模型中被称为主机到主机层。

3.2.2　主机到主机层（传输层）协议

　　主机到主机层的主要功能是对上层应用程序隐藏网络的复杂性，它告诉上层：“只需将你的数据和说明给我，我将对你的信息进行处理，为发送做好准备。”

　　接下来将介绍该层的两种协议：

　　❑ 传输控制协议（TCP）
　　❑ 用户数据报协议（UDP）

　　另外，还将介绍一些重要的主机到主机协议概念，以及端口号。

注意　　别忘了，主机到主机层依然被视为第 4 层。第 4 层可使用确认、排序和流量控制，思科喜欢这一点。

1. 传输控制协议

传输控制协议（Transmission Control Protocol，TCP）接收来自应用程序的大块数据，并将其划分成数据段。它给每个数据段编号，让接收主机的 TCP 栈能够按应用程序希望的顺序排列数据段。发送数据段后，发送主机的 TCP 等待来自接收端 TCP 虚电路会话的确认，并重传未得到确认的数据段。

发送主机开始沿模型向下发送数据段之前，发送方的 TCP 栈与目标主机的 TCP 栈联系，以建立连接。它们创建的是**虚电路**，这种通信称为**面向连接**的通信。在这次初始握手期间，两个 TCP 栈还将就如下方面达成一致：在接收方的 TCP 发回确认前将发送的信息量。预先就各方面达成一致为可靠地通信铺平了道路。

TCP 是一种可靠的精确协议，它采用全双工模式，且面向连接，但需要就所有条款和条件达成一致，还需进行错误检查，这些任务都不简单。TCP 很复杂，因此网络开销很大，这没有什么可奇怪的。鉴于当今的网络比以往的网络可靠得多，这些额外的可靠性通常是不必要的。大多数程序员都使用 TCP，因为它消除了大量的编程工作，但对于实时视频和 VoIP，使用**用户数据报协议**（UDP）通常更合适，因为可以降低开销。

● **TCP 数据段的格式**

鉴于上层只将数据流发送给传输层的协议，下面通过图 3-12 说明 TCP 如何将数据流分段，为 Internet 层准备好数据。Internet 层收到数据段后，将其作为分组在互联网络中路由。随后，数据段被交给接收主机的主机到主机层协议，而该协议重建数据流，并将其交给上层应用程序或协议。

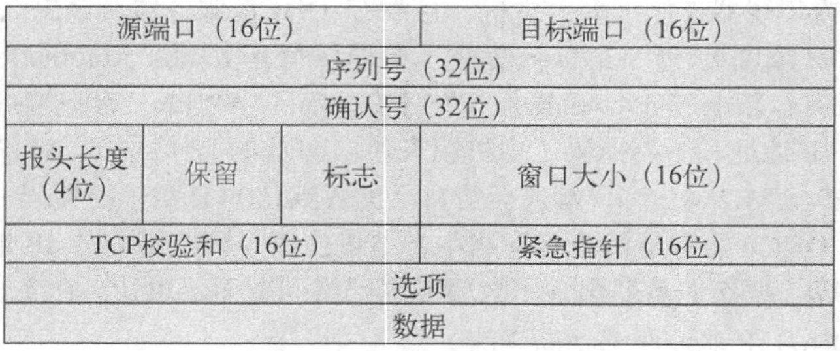

源端口（16位）			目标端口（16位）
序列号（32位）			
确认号（32位）			
报头长度（4位）	保留	标志	窗口大小（16位）
TCP校验和（16位）			紧急指针（16位）
选项			
数据			

图 3-12　TCP 数据段的格式

图 3-12 说明了 TCP 数据段的格式，列出了 TCP 报头中的各种字段。就 CCNA 考试而言，记不记住这种格式无关紧要，但你必须牢固地掌握这些重要的基本知识。

TCP 报头长 20 字节（在包含选项时为 24 字节），你必须理解 TCP 数据段中的每个字段，为以后的学习打下坚实的基础。

- ❑ **源端口**　发送主机的应用程序的端口号，本章后面将更详细地介绍。
- ❑ **目标端口**　目标主机的应用程序的端口号。
- ❑ **序列号**　一个编号；在排序过程中，TCP 用这个编号来将数据按正确的顺序重新排列、重传丢失或受损的数据。
- ❑ **确认号**　TCP 接下来期待收到的数据段。
- ❑ **报头长度**　TCP 报头的长度，以 32 位为单位。它指出了数据的开始位置。TCP 报头的长度为 32 位的整数倍，即使包含选项时亦如此。
- ❑ **保留**　总是设置为零。
- ❑ **编码位/标志**　用于建立和终止会话的控制功能。
- ❑ **窗口大小**　发送方愿意接受的窗口大小，单位为字节。
- ❑ **校验和**　循环冗余校验（CRC）；TCP 不信任低层，因此检查所有数据。CRC 检查报头和数据字段。

- ❏ **紧急指针**　仅当设置了编码位字段时，该字段才有效。如果设置了紧急指针，该字段表示非紧急数据的开头位置相对于当前序列号的偏移量，单位为字节。
- ❏ **选项**　长度为 0 或 32 位的整数倍。也就是说，没有选项时，长度为 0。然而，如果包含选项导致该字段的长度不是 32 位的整数倍，必须填充零，以确保该字段的长度为 32 位的整数倍。
- ❏ **数据**　传递给传输层的 TCP 协议的信息，包括上层报头。

下面来看一个从网络分析器中复制的 TCP 数据段：

```
TCP - Transport Control Protocol
 Source Port:       5973
 Destination Port: 23
 Sequence Number:  1456389907
 Ack Number:       1242056456
 Offset:           5
 Reserved:         %000000
 Code:             %011000
      Ack is valid
      Push Request
 Window:           61320
 Checksum:         0x61a6
 Urgent Pointer:   0
 No TCP Options
 TCP Data Area:
 vL.5.+.5.+.5.+.5  76 4c 19 35 11 2b 19 35 11 2b 19 35 11
  2b 19 35 +. 11 2b 19
 Frame Check Sequence: 0x0d00000f
```

你注意到了前面讨论的数据段中的各项内容了吗？从报头包含的字段数量可知，TCP 的开销很大。为节省开销，应用程序开发人员可能优先考虑效率而不是可靠性，进而使用 UDP。作为 TCP 的替代品，UDP 也是在传输层定义的。

2. 用户数据报协议

用户数据报协议（User Datagram Protocol，UDP）基本上是 TCP 的简化版，因此有时被称为瘦协议。与公园长凳上的瘦子一样，瘦协议占用的空间不大——在网络中，是占用的带宽不多。

UDP 未提供 TCP 的全部功能；对于不需要可靠传输的信息，它在传输信息方面做得相当好，且占用的网络资源更少。RFC 768 详细介绍了 UDP。

在有些情况下，开发人员选择使用 UDP 而不是 TCP 是绝对明智的。一种这样的情形是，进程/应用层已确保了可靠性。网络文件系统（NFS）处理了自己的可靠性问题，这使得使用 TCP 既不现实也多余。但归根结底，使用 UDP 还是 TCP 取决于应用程序开发人员，而不是想更快传输数据的用户。

UDP 不对数据段排序，也不关心数据段到达目的地的顺序。相反，UDP 将数据段发送出去后就不再管了。它不检查数据段，也不支持表示安全到达的确认，而是完全放手。因此 UDP 又被称为不可靠的协议。这并非意味着 UDP 效率低下，而只是意味着它根本没有处理可靠性问题。

另外，UDP 不建立虚电路，也不在发送信息前与接收方联系。因此，它也被称为**无连接**的协议。UDP 假定应用程序会采用可靠性机制，因此自己不再使用。这为应用程序开发人员在开发网际协议栈时提供了选择：使用 TCP 确保可靠性，还是使用 UDP 提高传输速度。

牢记 UDP 的工作原理至关重要，因为如果数据段未按顺序到达（这在 IP 网络中很常见），系统将按收到的顺序将它们传递给 OSI（DoD）模型的下一层，这可能导致数据极其混乱。另一方面，TCP

给数据段排序, 以便能够按正确的顺序重组它们, 而 UDP 根本没有这样的功能。

● **UDP 数据段的格式**

图 3-13 清楚地表明, UDP 的开销比 TCP 低。请仔细查看该图, 你注意到 UDP 没有使用窗口技术, 也不提供确认了吗?

图 3-13 UDP 数据段

熟知 UDP 数据段中的每个字段至关重要。

❑ **源端口** 发送主机的应用程序的端口号。

❑ **目标端口** 目标主机上被请求的应用程序的端口号。

❑ **长度** UDP 报头和 UDP 数据的总长度。

❑ **校验和** UDP 报头和 UDP 数据的校验和。

❑ **数据** 上层数据。

与 TCP 一样, UDP 也不信任低层, 因此运行 CRC。你可能还记得, CRC 结果存储在帧校验序列 (FCS) 字段中, 这就是你能够看到 FCS 信息的原因。

下面是网络分析器捕获的一个 UDP 数据段:

```
UDP - User Datagram Protocol
 Source Port:      1085
 Destination Port: 5136
 Length:           41
 Checksum:         0x7a3c
 UDP Data Area:
 ..Z......00 01 5a 96 00 01 00 00 00 00 00 11 0000 00
 ...C..2._C._C 2e 03 00 43 02 1e 32 0a 00 0a 00 80 43 00 80
Frame Check Sequence: 0x00000000
```

注意, 开销很低! 请尝试在 UDP 数据段中寻找序列号、确认号和窗口大小。你找不到, 因为它们根本就不存在。

3. 有关主机到主机层协议的重要概念

介绍完面向连接的协议 (TCP) 和无连接协议 (UDP) 后, 有必要对它们做个总结。表 3-1 列出了一些有关这两种协议的重要概念, 你应牢记在心。

表3-1 TCP和UDP的重要特征

TCP	UDP
排序	不排序
可靠	不可靠
面向连接	无连接
虚电路	开销低
确认	不确认
使用窗口技术控制流量	不使用窗口技术或其他流量控制方式

如果这还不清楚，使用电话打比方将有助于你理解 TCP 的工作原理。大多数人都知道，用电话与他人通话前，不管对方在什么地方，都必须先建立到对方的连接。这类似于 TCP 协议使用的虚电路。如果在通话期间给对方提供了重要信息，你可能问"你知道了吗"或"你明白了吗"，这样说相当于 TCP 确认——设计它用于让你进行核实。打电话（尤其使用手机）时，我们经常会问"你在听吗"。你还以某种再见方式结束通话，这相当于将为通信会话建立的虚电路拆除。TCP 也执行这些功能。

相反，使用 UDP 类似于邮寄明信片。你无需先与对方联系，只要写下要说的话、给明信片写上地址并邮寄出去。这类似于 UDP 的无连接模式。由于明信片上的话并非生死攸关，你不需要接收方确认。同样，UDP 也不涉及确认。

来看图 3-14，它包含 TCP、UDP 及其应用（对该图的讨论参见下面的"端口号"部分）。

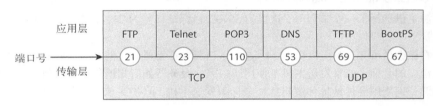

图 3-14 TCP 和 UDP 使用的端口号

4. 端口号

TCP 和 UDP 必须使用**端口号**来与上层通信，因为端口号标识了通过网络同时进行的不同会话。

源端口号是源主机动态分配的，其值不小于 1024。1023 及更小的端口号是在 RFC 3232（请参阅 www.iana.org）中定义的，该 RFC 讨论了著名端口号。

如果虚电路使用的应用程序没有著名端口号，将从指定范围随机分配端口号给它们。在 TCP 数据段中，这些端口号标识了源应用程序（进程）和目标应用程序（进程）。

     注意   RFC（Request for Comment，请求评论）是对互联网（最初为 ARPAnet）的说明，发端于 1969 年。这些说明对计算机的众多方面进行了讨论，重点是网络协议、规程、程序和概念，但也包含会议纪要和观点，有时还不乏幽默。要查看 RFC，可访问 www.iana.org。

图 3-14 说明了 TCP 和 UDP 如何使用端口号。对可使用的各种端口号解释如下。

❑ 小于 1024 的端口号为著名端口号，是在 RFC 3232 中定义的。

❑ 上层使用 1024 和更大的端口号来建立与其他主机的会话，而在数据段中，TCP 和 UDP 将它们用作源端口和目标端口。

● **TCP 会话：源端口**

来看看显示 TCP 会话的分析器输出，这是我使用分析器软件捕获的：

```
TCP - Transport Control Protocol
  Source Port:      5973
  Destination Port: 23
  Sequence Number:  1456389907
  Ack Number:       1242056456
```

```
Offset:              5
Reserved:            %000000
Code:                %011000
      Ack is valid
      Push Request
Window:              61320
Checksum:            0x61a6
Urgent Pointer:      0
No TCP Options
TCP Data Area:
vL.5.+.5.+.5.+.5 76 4c 19 35 11 2b 19 35 11 2b 19 35 11
  2b 19 35 +. 11 2b 19
Frame Check Sequence: 0x0d00000f
```

注意到源主机选择了一个端口号，这里为 5973。目标端口号为 23，它用于将连接的目的（Telnet）告知接收主机。

通过查看该会话可知，源主机从 1024 ~ 65 535 选择一个源端口，但它为何要这样做呢？旨在区分与不同主机建立的会话。如果发送主机不使用端口号，服务器如何知道信息来自何方呢？数据链路层和网络层协议分别使用硬件地址和逻辑地址来标识发送主机，但 TCP 和上层协议不这样做，它们使用端口号。

● TCP 会话：目标端口

查看分析器的输出时，你有时会发现只有源端口号大于 1024，而目标端口号为著名端口号，如下所示：

```
TCP - Transport Control Protocol
  Source Port:      1144
  Destination Port: 80 World Wide Web HTTP
  Sequence Number:  9356570
  Ack Number:       0
  Offset:           7
  Reserved:         %000000
  Code:             %000010
       Synch Sequence
  Window:           8192
  Checksum:         0x57E7
  Urgent Pointer:   0
  TCP Options:
   Option Type:     2 Maximum Segment Size
     Length:        4
     MSS:           536
   Option Type:     1 No Operation
   Option Type:     1 No Operation
   Option Type:     4
     Length:        2
     Opt Value:
  No More HTTP Data
  Frame Check Sequence: 0x43697363
```

毫无疑问，源端口号大于 1024，但目标端口号为 80，表明这是 HTTP 服务。必要时，服务器（接收主机）将修改目标端口号。

　　在上述输出中，向目标设备发送了一个 SYN（同步）分组。这告诉远程目标设备，它想建立一个会话。

- **TCP 会话：对同步分组的确认**

下面的输出是对同步分组的确认：

```
TCP - Transport Control Protocol
  Source Port:        80 World Wide Web HTTP
  Destination Port:   1144
  Sequence Number:    2873580788
  Ack Number:         9356571
  Offset:             6
  Reserved:           %000000
  Code:               %010010
      Ack is valid
      Synch Sequence
  Window:             8576
  Checksum:           0x5F85
  Urgent Pointer:     0
  TCP Options:
   Option Type:  2 Maximum Segment Size
     Length:     4
     MSS:        1460
  No More HTTP Data
Frame Check Sequence: 0x6E203132
```

注意到其中包含 *Ack is valid*，表明目标设备接受了源端口并同意建立一条到源主机的虚电路。同样，服务器的响应表明，源端口号为 80，而目标端口号为源主机发送的 1144。

表 3-2 列出了 TCP/IP 协议簇常用的应用程序、它们的著名端口号以及它们使用的传输层协议。请务必牢记该表。

表3-2　使用TCP和UDP的重要协议

TCP	UDP
Telnet 23	SNMP 161
SMTP 25	TFTP 69
HTTP 80	DNS 53
FTP 20、21	BooTPS/DHCP 67
DNS 53	
HTTPS 443	NTP 123
SSH 22	
POP3 110	
IMAP4 143	

　　注意到 DNS 可使用 TCP 和 UDP，具体使用哪个取决于要做什么。虽然它并非使用这两种协议的唯一一种应用程序，但你必须记住它。

注意　让 TCP 可靠的是排序、确认和流量控制（窗口技术）。UDP 不可靠。

接着讨论 Internet 层之前，我想再说一点，那就是会话多路复用。TCP 和 UDP 都使用会话多路复用，它让计算机能够使用单个 IP 地址同时建立多个会话。假设你浏览网站 www.lammle.com 时，单击某个链接打开了另一个网页，那么这将打开另一个会话。接下来你新建一个窗口，并访问 www.lammle.com/forum。至此，你使用相同的 IP 地址打开了三个会话，这要归功于会话层根据传输层端口号区分不同的请求。将应用层数据分开是会话层的职责。

3.2.3　Internet 层协议

在 DoD 模型中，Internet 层的主要作用有两个：路由选择以及为上层提供一个网络接口。

其他层的协议都没有提供与路由选择相关的功能，这项复杂而重要的任务完全由 Internet 层完成。Internet 层的第二项职责是提供一个到上层协议的网络接口。如果没有这一层，应用程序开发人员将需要在每个应用程序中编写到各种网络接入协议的“钩子”。这不仅麻烦，还将导致应用程序需要有多个版本——以太网版本、无线版本等。为避免这个问题，IP 提供了一个到上层协议的网络接口。这样，IP 将和各种网络接入协议协同工作。

在网络中，并非条条道路通罗马，而是条条道路通 IP。Internet 层以及上层的所有协议都使用 IP，千万不要忘记这一点。在 DoD 模型中，所有路径都要经过 IP。接下来的几小节介绍下述重要的 Internet 层协议：

- ❏ 网际协议（IP）
- ❏ 互联网控制消息协议（ICMP）
- ❏ 地址解析协议（ARP）

1. 网际协议

网际协议（Internet Protocol，IP）就相当于 Internet 层，该层的其他协议都只是为它提供支持。IP 掌控全局，可以说“一切尽收眼底”，因为它知道所有互联的网络。它之所以能够这样，是因为网络中的所有机器都有**软件地址**（即逻辑地址）。这种地址称为 IP 地址，本章后面将更详细地介绍它。

IP 查看每个分组的地址，再根据路由选择表确定接下来应将分组发送到哪里，从而选择最佳路径。在 DoD 模型底部的网络接入层协议不像 IP 那样胸怀整个网络，它们只处理物理链路（本地网络）。

要标识网络中的设备，需要回答两个问题：设备位于哪个网络？它在该网络中的 ID 是多少？对于第一个问题，答案是使用**软件地址**（即逻辑地址），它指出了街道；对于第二个问题，答案是使用硬件地址，它进一步指出了邮箱。网络中的所有主机都有一个逻辑 ID，称为 IP 地址。它属于软件地址（逻辑地址），包含宝贵的编码信息，极大地简化了路由选择这种复杂的任务（RFC 791 讨论了 IP）。

IP 接收来自主机到主机层的数据段，并在必要时将其划分成数据报（分组）。在接收端，IP 将数据报重组成数据段。每个数据报都包含发送方和接收方的 IP 地址，路由器（第 3 层设备）收到数据报后，将根据其目标 IP 地址做出路由选择决策。

图 3-15 展示了 IP 报头，让你对如下方面有大概的认识：上层向远程网络发送用户数据时，IP 协议将如何处理。

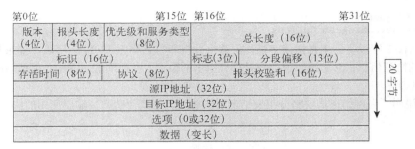

图 3-15   IP 报头

IP 报头包含如下字段。

❑ **版本**   IP 版本号。

❑ **报头长度**   报头的长度（HLEN），单位为 32 位字。

❑ **优先级和服务类型**   服务类型指出应如何处理数据报。前三位为优先级，当前称为区分服务位。

❑ **总长度**   整个分组的长度，包括报头和数据。

❑ **标识**   唯一的 IP 分组值，用于指出分组所属的数据报。

❑ **标志**   指出是否进行了分段。

❑ **分段偏移**   如果分组太大，无法放入一个帧中，分段偏移会提供分段和重组功能。它还允许互联网支持不同的最大传输单元（MTU）。

❑ **存活时间**   生成分组时给它指定的存活时间（TTL）。如果还未到达目的地 TTL 就已到期，分组将被丢弃。这可避免 IP 分组为寻找目的地不断在网络中传输。

❑ **协议**   上层协议的端口（TCP 为端口 6，UDP 为端口 17）。还支持网络层协议，如 ARP 和 ICMP（在有些分析器中，将该字段称为类型字段）。稍后将更详细地讨论该字段。

❑ **报头校验和**   对报头执行循环冗余校验（CRC）的结果。

❑ **源 IP 地址**   发送方的 32 位 IP 地址。

❑ **目标 IP 地址**   接收方的 32 位 IP 地址。

❑ **选项**   用于网络测试、调试、安全等。

❑ **数据**   位于选项字段后，为上层数据。

下面是网络分析器捕获的一个 IP 分组，注意其中包含前面讨论的所有报头信息：

```
IP Header - Internet Protocol Datagram
 Version:                4
 Header Length:          5
 Precedence:             0
 Type of Service:        %000
 Unused:                 %00
 Total Length:           187
 Identifier:             22486
 Fragmentation Flags:    %010 Do Not Fragment
 Fragment Offset:        0
 Time To Live:           60
 IP Type:                0x06 TCP
 Header Checksum:        0xd031
 Source IP Address:      10.7.1.30
```

```
Dest. IP Address:      10.7.1.10
No Internet Datagram Options
```

类型（Type）字段实际上是协议字段，但这个分析器将其称为 IP Type 字段。如果报头没有包含有关上一层的协议信息，IP 将不知道如何处理分组中的数据。在前面的示例中，类型字段告诉 IP，将数据段交给 TCP。

图 3-16 说明了在网络层需要将分组交给上层协议时，它如何获悉传输层使用的协议。

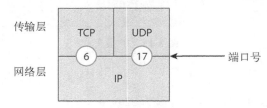

图 3-16   IP 报头中的协议字段

在这个示例中，协议字段告诉 IP，将数据发送到 TCP 端口 6 或 UDP 端口 17。然而，仅当数据要发送给上层服务或应用程序时，才是 UDP 或 TCP。数据也可能发送给 ICMP、ARP 或其他类型的网络层协议。

表 3-3 列出了其他一些可能在协议字段中指定的常见协议。

表3-3   可能在IP报头的协议字段中指定的协议

协　议	协　议　号
ICMP	1
IP in IP（隧道技术）	4
TCP	6
UDP	17
EIGRP	88
OSPF	89
IPv6	41
GRE	47
第2层隧道（L2TP）	115

注意　　有关协议字段可包含的协议号完整列表，请参阅 www.iana.org/assignments/protocol-numbers。

2. 互联网控制消息协议

互联网控制消息协议（Internet Control Message Protocol，ICMP）运行在网络层，IP 使用它来获得众多服务。ICMP 是一种管理协议，为 IP 提供消息收发服务，其消息是以 IP 数据报的方式传输的。RFC 1256 是一个 ICMP 附件，在发现前往网关的路由方面，给主机提供了额外的功能。

ICMP 分组具有如下特征：

❑ 可向主机提供有关网络故障的信息；

❏ 封装在 IP 数据报中。

下面是一些与 ICMP 相关的常见事件和消息。

❏ **目标不可达** 如果路由器不能再向前转发 IP 数据报，它将使用 ICMP 向发送方发送一条消息，以通告这种情况。例如，图 3-17 中路由器 Lab_B 的接口 e0 出现了故障。

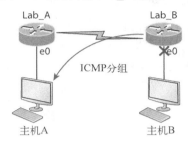

图 3-17 远程路由器向发送主机发送 ICMP 错误消息

主机 A 向主机 B 发送分组时，Lab_B 路由器将向主机 A 发回一条 ICMP 目标不可达消息。

❏ **缓冲区已满/源抑制** 如果用于接收数据报的内存缓冲区已满，路由器将使用 ICMP 发送这种消息，直到拥塞解除。

❏ **超过跳数/时间** 对于每个 IP 数据报，都指定了它可穿越的最大路由器数量（跳数）。如果数据报还未达到目的地就达到了该上限，最后收到该数据报的那台路由器将把它删除。然后，该路由器将使用 ICMP 发送一条讣告，让发送方知道其数据报已被删除。

❏ **Ping** Packet Internet Groper（Ping）使用 ICMP 回应请求和应答消息来检查互联网络中机器的物理连接性和逻辑连接性。

❏ **Traceroute** Traceroute 使用 ICMP 超时来发现分组在互联网络中传输时经过的路径。

> **注意** Traceroute（通常简称为 trace，Microsoft Windows 称之为 tracert）让你能够验证互联网络的地址配置。

下面是网络分析器捕获的一个 ICMP 回应请求：

```
Flags:          0x00
 Status:         0x00
 Packet Length:  78
 Timestamp:      14:04:25.967000 12/20/03
Ethernet Header
 Destination: 00:a0:24:6e:0f:a8
 Source:      00:80:c7:a8:f0:3d
 Ether-Type:  08-00 IP
IP Header - Internet Protocol Datagram
 Version:             4
 Header Length:       5
 Precedence:          0
 Type of Service:     %000
 Unused:              %00
```

```
Total Length:          60
Identifier:            56325
Fragmentation Flags: %000
Fragment Offset:       0
Time To Live:          32
IP Type:               0x01 ICMP
Header Checksum:       0x2df0
Source IP Address:     100.100.100.2
Dest. IP Address:      100.100.100.1
No Internet Datagram Options
ICMP - Internet Control Messages Protocol
ICMP Type:             8 Echo Request
Code:                  0
Checksum:              0x395c
Identifier:            0x0300
Sequence Number: 4352
ICMP Data Area:
abcdefghijklmnop 61 62 63 64 65 66 67 68 69 6a 6b 6c 6d 6e 6f 70
qrstuvwabcdefghi 71 72 73 74 75 76 77 61 62 63 64 65 66 67 68 69
Frame Check Sequence: 0x00000000
```

注意到其中有什么异常了吗？虽然 ICMP 运行在 Internet（网络）层，它仍使用 IP 来发出 ping 请求，你注意到这一点了吗？在 IP 报头中，类型字段的值为 0x01，这表明数据报中的数据属于 ICMP 协议。别忘了，条条道路通罗马，所有数据段或数据也都**必须**穿越 IP。

> **注意**　在分组的数据部分，程序 Ping 将字母用作有效负载，且有效负载默认通常为大约 100 字节。当然，如果从 Windows 主机执行 ping 操作，它将认为字母表在 W 处结束，而不使用 X、Y 和 Z。到达这种字母表末尾后将从 A 重新开始。你可以验证这一点。

如果你阅读了第 2 章有关数据链路层和各种帧的内容，将能根据前面的输出判断使用的以太网帧类型。其中只显示了字段目标硬件地址、源硬件地址和以太类型（Ether-Type），而只有 Ethernet_II 帧使用以太类型字段。

接着介绍 ARP 协议之前，再来看看 ICMP 的用途。图 3-18 显示了一个互联网络（它包含一台路由器，因此是互联网络）。

服务器 1（10.1.2.2）在 DOS 提示符模式下远程登录到 10.1.1.5，你认为服务器 1 将收到什么样的响应呢？服务器 1 将把 Telnet 数据发送到默认网关（这是一台路由器），后者将丢弃该分组，因为其路由选择表中没有网络 10.1.1.0。因此，服务器 1 将收到 ICMP 目标不可达消息。

3. 地址解析协议

地址解析协议（Address Resolution Protocol，ARP）根据主机的 IP 地址查找其硬件地址，其工作原理如下：IP 需要发送数据报时，它必须将目标端的硬件地址告知网络接入层协议，如以太网或无线。别忘了，上层协议已经将目标端的 IP 地址告诉了 IP。如果 IP 在 ARP 缓存中没有找到目标主机的硬件地址，它将使用 ARP 来获悉这种信息。

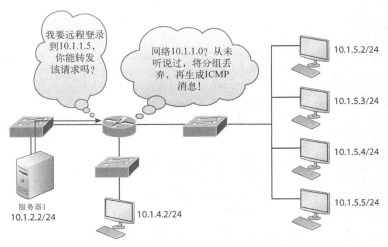

图 3-18　ICMP

　　作为 IP 的侦探，ARP 这样询问网络：发送广播，要求有特定 IP 地址的机器做出应答，并提供其硬件地址。因此，ARP 基本上是将软件（IP）地址转换为硬件地址，如目标主机的以太网网卡地址，再通过广播获悉该地址在 LAN 中的位置。图 3-19 显示了本地网络中的 ARP。

　　ARP 将 IP 地址解析为以太网（MAC）地址。

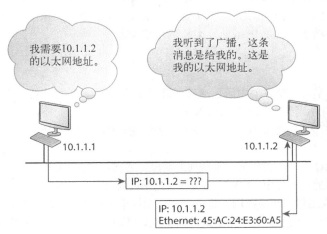

图 3-19　本地 ARP 广播

　　下面的输出表示一个 ARP 广播。注意到因为不知道目标硬件地址，所以将其十六进制表示设置为全 F（二进制表示全为 1）。这是一个硬件广播地址：

```
Flags:          0x00
Status:         0x00
```

```
Packet Length:   64
Timestamp:        09:17:29.574000 12/06/03
Ethernet Header
Destination:     FF:FF:FF:FF:FF:FF Ethernet Broadcast
Source:          00:A0:24:48:60:A5
Protocol Type: 0x0806 IP ARP
ARP - Address Resolution Protocol
Hardware:                   1 Ethernet (10Mb)
Protocol:                   0x0800 IP
Hardware Address Length: 6
Protocol Address Length: 4
Operation:                  1 ARP Request
Sender Hardware Address: 00:A0:24:48:60:A5
Sender Internet Address: 172.16.10.3
Target Hardware Address: 00:00:00:00:00:00 (ignored)
Target Internet Address: 172.16.10.10
Extra bytes (Padding):
.............. 0A 0A 0A 0A 0A 0A 0A 0A 0A 0A 0A 0A 0A
0A 0A 0A 0A 0A
Frame Check Sequence: 0x00000000
```

3.3   IP 编址

讨论 TCP/IP 时，IP 编址是最重要的主题之一。**IP 地址**是分配给 IP 网络中每台机器的数字标识符，指出了设备在网络中的具体位置。

IP 地址是软件地址，而不是硬件地址。硬件地址被硬编码到网络接口卡（NIC）中，用于在本地网络寻找主机。IP 地址让不同网络中的主机能够相互通信，而不管这些主机所属的 LAN 是什么类型。

学习 IP 编址的更复杂内容之前，需要了解一些基础知识。为此，我将首先介绍一些 IP 编址基本知识和相关术语，再阐述层次型 IP 编址方案和私有 IP 地址。

3.3.1   IP 术语

在本章中，你将学习多个重要术语，这对理解 IP 至关重要。下面是其中的几个。

❑ **比特**　一比特相当于一位，其取值为 1 或 0。

❑ **字节**　一字节为 7 或 8 位，这取决于是否使用奇偶校验。在本章余下的篇幅中，都假定一字节为 8 位。

❑ **八位组（octet）**　由 8 位组成，是普通的 8 位二进制数。在本章中，术语字节和八位组可互换。

❑ **网络地址**　在路由选择中，使用它将分组发送到远程网络，如 10.0.0.0、172.16.0.0 和 192.168.10.0。

❑ **广播地址**　应用程序和主机用于将信息发送给网络中所有节点的地址，第 3 层广播地址包括 255.255.255.255，表示所有网络中的所有节点；172.16.255.255 表示网络 172.16.0.0 中的所有子网和主机；10.255.255.255 表示网络 10.0.0.0 中的所有子网和主机。

3.3.2   层次型 IP 编址方案

IP 地址长 32 位，这些位分成四组（被称为字节或八位组），每组一字节（8 位）。可使用下面三种方法之一来描述 IP 地址：

- ❑ 点分十进制表示，如 172.16.30.56；
- ❑ 二进制，如 10101100.00010000.00011110.00111000；
- ❑ 十六进制，如 AC.10.1E.38。

上述示例表示的是同一个 IP 地址。讨论 IP 编址时，十六进制表示没有点分十进制和二进制那样常用，但你可能发现某些程序以十六进制方式存储 IP 地址。

32 位的 IP 地址是一种结构化（层次型）地址，而不是扁平或非层次型地址。虽然这两种编址方案都可用，但有充分的理由选择层次型编址方案。这种方案的优点在于，可处理大量的地址，具体地说是 43 亿［在 32 位的地址空间中，每位都有两种可能的取值（0 或 1），因此支持 2^{32} 个地址，即 4 294 967 296 个］。扁平编址方案的缺点与路由选择相关，这也是没有将其用于 IP 编址的原因。如果每个地址都是唯一的，互联网上的每台路由器将需要存储所有机器的地址，这导致几乎无法进行高效的路由选择，即使只使用部分可能的地址亦如此。

对于这种问题，解决方案是使用包含两层或三层的层次型编址方案，即地址由网络部分和主机部分组成，或者由网络部分、子网部分和主机部分组成。

使用两层或三层的编址方案时，IP 地址类似于电话号码。第一部分是区号，指定了一个非常大的区域；第二部分是前缀，将范围缩小到本地呼叫区域；最后一部分是用户号码，将范围缩小到具体的连接。IP 地址使用类似的分层结构：不像扁平编址那样将全部 32 位视为一个唯一的标识符，而是将其一部分作为网络地址，另一部分作为子网和主机部分或节点地址。

下面讨论 IP 网络编址以及各种可用来给网络编址的地址类型。

1. 网络地址

网络地址（也叫网络号）唯一地标识网络。在同一个网络中，所有机器的 IP 地址都包含相同的网络地址。例如，在 IP 地址 172.16.30.56 中，172.16 为网络地址。

网络中的每台机器都被分配了**节点地址**，节点地址唯一地标识机器。IP 地址的这部分必须是唯一的，因为它标识特定机器（个体）而不是网络（群体）。节点地址也称为**主机地址**。在 IP 地址 172.16.30.56 中，30.56 为节点地址。

设计互联网的人决定根据规模创建网络类型。对于少量包含大量节点的网络，他们创建了 **A 类网络**；对于另一个极端的网络，他们创建了 **C 类网络**，这样可以有大量只包含少量节点的网络；介于超大型和超小型网络之间的是 **B 类网络**。

网络的类型决定了 IP 地址将如何划分成网络部分和节点部分。图 3-20 总结了这三类网络，本章余下的篇幅将非常详细地讨论这个主题。

	8位	8位	8位	8位
A类：	网络部分	主机部分	主机部分	主机部分
B类：	网络部分	网络部分	主机部分	主机部分
C类：	网络部分	网络部分	网络部分	主机部分
D类：	组播			
E类：	用于研究			

图 3-20　三类网络

为确保路由选择的高效，设计互联网的人对每种网络地址的前几位进行了限制。例如，由于路由器知道 A 类网络地址总是以 0 打头，因此只需阅读地址的前几位，从而提高了转发分组的速度。编址方案指出了 A、B 和 C 类地址的差别，下面首先讨论这种差别，再讨论 D 类和 E 类地址。只有 A、B 和 C 类地址可用于给网络中的主机编址。

● **A 类网络地址范围**

IP 编址方案设计师指出，A 类网络地址的第一个字节的第一位必须为 0。这意味着 A 类地址的第一个字节的取值为 0 ~ 127（闭区间）。

请看下面的网络地址：

0xxxxxxx

如果将余下的 7 位都设置为 0，再将它们都设置为 1，便可获得 A 类网络地址的范围：

00000000 = 0
01111111 = 127

因此，A 类网络地址的第一个字节的取值范围为 0 ~ 127。请注意，0 和 127 不是有效的 A 类网络地址号，因为它们是保留地址，这将稍后介绍。

● **B 类网络地址范围**

RFC 规定，B 类网络地址的第一个字节的第一位必须为 1，且第二位必须为 0。如果将余下的 6 位全部设置为 0，再将它们全部设置为 1，便可获得 B 类网络地址的范围。

10000000 = 128
10111111 = 191

正如你看到的，B 类网络地址的第一个字节的取值为 128 ~ 191。

● **C 类网络地址范围**

RFC 规定，C 类网络地址的第一个字节的前两位必须为 1，且第三位必须为 0。可按前面的方法将二进制转换为十进制，以找出 C 类网络地址的范围：

11000000 = 192
11011111 = 223

因此，如果 IP 地址以 192 ~ 223 打头，就可知道它是 C 类 IP 地址。

● **D 类和 E 类网络地址范围**

第一个字节为 224 ~ 255 的地址保留用于 D 类和 E 类网络。D 类（224 ~ 239）用作组播地址，而 E 类（240 ~ 255）用于科学用途，但我不会深入介绍这些地址类型，因为它们超出了本书的范围。

● **用于特殊用途的地址**

有些 IP 地址保留用于特殊用途，网络管理员不能将它们分配给节点。表 3-4 列出了这些特殊地址以及保留它们的原因。

表3-4　保留的IP地址

地　　址	功　　能
网络地址全为0	表示当前网络或网段
网络地址全为1	表示所有网络
地址127.0.0.1	保留用于环回测试。表示当前节点，让节点能够给自己发送测试分组，从而避免生成网络流量
节点地址全为0	表示网络地址或指定网络中的任何主机

（续）

地　　　　址	功　　　能
节点地址全为1	表示指定网络中的所有节点。例如，128.2.255.255表示网络128.2（B类地址）中的所有节点
整个IP地址全为0	思科路由器使用它来指定默认路由，也可能表示任何网络
整个IP地址全为1（即255.255.255.255）	到当前网络中所有节点的广播，有时称为"全1广播"或本地广播

2. A 类地址

在 A 类地址中，第一个字节为网络地址，其他三个字节为节点地址。A 类地址的格式如下：

network.node.node.node

例如，在 IP 地址 49.22.102.70 中，49 为网络地址，22.102.70 为节点地址。在该网络中，每台机器的网络地址都为 49。

A 类网络地址长 1 字节，其中第一位被保留，余下的 7 位可用于编址。因此，最多可以有 128 个 A 类网络。为什么呢？因为在这 7 位中，每位的可能取值为 0 和 1，因此可表示 2^7（128）个网络。

让问题更复杂的是，全 0 网络地址（0000 0000）保留用于指定默认路由（参阅表 3-4）。另外，地址 127 保留用于诊断，也不能使用，这意味着只能使用编号 1～126 来指定 A 类网络地址。也就是说，实际可以使用的 A 类网络地址数为 128 − 2 = 126。

注意　　　　IP 地址 127.0.0.1 用于测试 IP 栈，不能用作主机地址。然而，该环回地址提供了一种快捷方法，让运行在同一台设备上的 TCP/IP 应用程序和服务能够相互通信。

每个 A 类地址都有 3 个字节（24 位）用于表示机器的节点地址。这意味着有 2^{24}（16 777 216 种）组合，因此每个 A 类网络可使用的节点地址数为 16 777 216。由于全 0 和全 1 的节点地址被保留，因此 A 类网络实际可包含的最大节点数为 2^{24} − 2 = 16 777 214。无论如何，这都是一个很大的数目。

- **A 类网络的合法主机 ID**

下面的示例演示了如何确定 A 类网络的合法主机 ID。

❑ 所有主机位都为 0 时，得到的是网络地址：10.0.0.0。
❑ 所有主机位都为 1 时，得到的是广播地址：10.255.255.255。

合法的主机 ID 为网络地址和广播地址之间的地址：10.0.0.1～10.255.255.254。请注意，0 和 255 不是合法的主机 ID。确定合法的主机地址时，只需记住这样一点：主机位不能都为 0，也不能都为 1。

3. B 类地址

在 B 类地址中，前两个字节为网络地址，余下的两个字节为节点地址，其格式如下：

network.network.node.node

例如，在 IP 地址 172.16.30.56 中，网络地址为 172.16，节点地址为 30.56。

在网络地址为 2 字节（每字节 8 位）的情况下，有 2^{16} 种不同的组合，但设计互联网的人规定，所有 B 类网络地址都必须以二进制数 10 开头，只留下 14 位可供使用，因此有 16 384（2^{14}）个不同的 B 类网络地址。

B 类地址使用 2 字节表示节点地址，因此每个 B 类网络有 2^{16} − 2（两个保留的地址，即全为 1 和全为 0 的地址），即 65 534 个节点地址。

● **B 类网络的合法主机 ID**

下面的示例演示了如何确定 B 类网络的合法主机 ID。

❑ 所有主机位都为 0 时，得到的是网络地址：172.16.0.0。

❑ 所有主机位都为 1 时，得到的是广播地址：172.16.255.255。

合法的主机 ID 为网络地址和广播地址之间的地址：172.16.0.1 ~ 172.16.255.254。

4. C 类地址

C 类地址的前三个字节为网络部分，只余下一个字节用于表示节点地址，其格式如下：

network.network.network.node

在 IP 地址 192.168.100.102 中，网络地址为 192.168.100，节点地址为 102。

在 C 类网络地址中，前三位总是为二进制 110。计算 C 类网络数的方法如下：3 字节为 24 位，减去 3 个保留位后为 21 位，因此有 2^{21}（2 097 152）个 C 类网络。

每个 C 类网络都有一个字节用作节点地址，因此每个 C 类网络有 $2^8 - 2$（两个保留的地址，即全为 1 和全为 0 的地址），即 254 个节点地址。

● **C 类网络的合法主机 ID**

下面的示例演示了如何确定 C 类网络的合法主机 ID。

❑ 所有主机位都为 0 时，得到的是网络地址：192.168.100.0。

❑ 所有主机位都为 1 时，得到的是广播地址：192.168.100.255。

合法的主机 ID 为网络地址和广播地址之间的地址：192.168.100.1 ~ 192.168.100.254。

3.3.3   私有 IP 地址（RFC 1918）

制定 IP 编址方案的人还提供了私有 IP 地址。这些地址可用于私有网络，但在互联网中不可路由。设计私有地址旨在提供一种亟需的安全措施，也节省了宝贵的 IP 地址空间。

如果每个网络中的每台主机都必须有可路由的 IP 地址，IP 地址在多年前就耗尽了。通过使用私有 IP 地址，ISP、公司和家庭用户只需少量公有 IP 地址就可将其网络连接到互联网。这是一种经济的解决方案，因为完全可以在内部网络中使用私有 IP 地址。

为此，ISP 和公司（也就是最终用户，不管他们是谁）需要使用**网络地址转换**（NAT）。NAT 将私有 IP 地址进行转换，以便在互联网中使用，这将在第 13 章介绍。同一个公有 IP 地址可供很多人用来将数据发送到互联网，这节省了大量的地址空间，对所有人都有益。

表 3-5 列出了保留的私有地址。

表3-5   保留的IP地址空间

地址类	保留的地址空间
A类	10.0.0.0 ~ 10.255.255.255
B类	172.16.0.0 ~ 172.31.255.255
C类	192.168.0.0 ~ 192.168.255.255

要通过思科认证，必须熟悉私有地址空间。

> **我应使用哪种私有 IP 地址呢**
>
> 　　这个问题问得好：组建网络时，应使用 A 类、B 类还是 C 类私有地址呢？下面以旧金山的 Acme Corporation 公司为例来回答这个问题。该公司搬到了新的办公大楼，需要组建全新的网络。该公司有 14 个部门，每个部门大约 70 名用户。你可以使用一个或两个 C 类网络地址，也可使用一个 B 类甚至 A 类网络地址。
>
> 　　咨询领域的一个经验规则是，组建公司网络时，不管其规模多小，都应使用 A 类网络地址，因为它提供了最大的灵活性和扩容空间。例如，如果你使用网络地址 10.0.0.0 和子网掩码/24，将得到 65 536 个网络，每个网络最多可包含 254 台主机。这为网络提供了极大的扩容空间。
>
> 　　然而，组建家庭网络应选择 C 类网络地址，因为它最容易理解和配置。通过使用默认的 C 类网络子网掩码，可获得一个网络，它最多可包含 254 台主机，这对家庭网络来说足够了。
>
> 　　就 Acme Corporation 而言，可使用 10.1.x.0 和子网掩码/24（其中 x 为每个部门的子网），这样容易设计、安装和排除故障。

3.4　IPv4 地址类型

　　大多数人都将广播作为通用术语使用，而且大多数时候我们都能明白其含义，但并非总是如此。例如，你可能会说"主机通过路由器广播到 DHCP 服务器"，但这种情况根本不可能发生。你要表达的意思可能如下（使用正确的技术术语）：DHCP 客户端通过广播来获取 IP 地址，路由器使用单播分组将该广播转发给 DHCP 服务器。在 IPv4 中，广播非常重要，而在 IPv6 中，根本就不会发送广播——当你阅读第 14 章时，这将是让你激动的因素。

　　在前两章以及本章中，我不断地提到广播地址，并提供了一些示例。然而，我并没有详细介绍与之相关的术语及其用法，现在是时候介绍了。下面是我要定义的 IPv4 地址。

- ❑ **环回地址（本地主机）**　用于测试当前主机的 IP 栈，可以是 127.0.0.1 ～ 127.255.255.254 的任何地址。
- ❑ **第 2 层广播地址**　表示 LAN 中的所有节点。
- ❑ **第 3 层广播地址**　表示网络中的所有节点。
- ❑ **单播地址**　这是特定接口的地址，用于将分组发送给单个目标主机。
- ❑ **组播地址**　用于将分组传输到不同网络中的众多设备，被称为一对多。

3.4.1　第 2 层广播

　　第 2 层广播也叫硬件广播，它们只在当前 LAN 内传输，而不会穿越 LAN 边界（路由器）。

　　典型的硬件地址长 6 字节（48 位），如 45:AC:24:E3:60:A5。使用二进制表示时，广播地址全为 1，而使用十六进制表示时全为 F，即 FF:FF:FF:FF:FF:FF，如图 3-21 所示。

　　这是第 2 层广播，因此包括路由器在内的每个网络接口卡（NIC）都将接收并读取它，但路由器不会转发它！

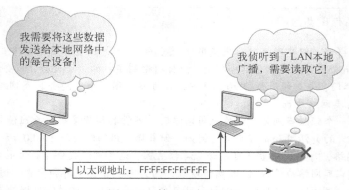

图 3-21　第 2 层本地广播

3.4.2　第 3 层广播

第 3 层也有广播地址。广播消息是发送给广播域中所有主机的，其目标地址的主机位都为 1。

下面是一个你熟悉的例子：对于网络 172.16.0.0 255.255.0.0，其广播地址为 172.16.255.255——所有主机位都为 1。广播也可以是发送给所有网络中的所有主机的，这用 255.255.255.255 表示，如图 3-22 所示。

在图 3-22 中，当前 LAN 中的所有设备（包括路由器）都将在网卡上收到广播，但路由器默认不转发分组。

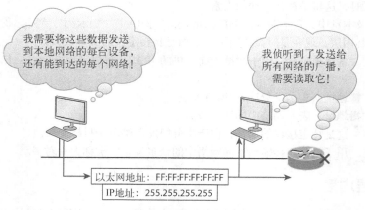

图 3-22　第 3 层广播

3.4.3　单播地址

单播地址是分配给网络接口卡的 IP 地址，在分组中用作目标地址。换句话说，它将分组传输到特定主机。

在图 3-23 中，MAC 地址和目标 IP 地址指定的都是网络中的单个网卡。当前广播域中的所有设备都将收到这个帧，但只有 IP 地址为 10.1.1.2 的网卡会接受其中的分组，而其他网卡都将其丢弃。

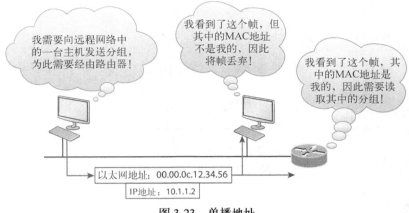

图 3-23　单播地址

3.4.4　组播地址

组播与其他通信类型完全不同。乍一看，它好像是单播和广播的混合体，但完全不是这样的。组播确实支持点到多点通信，这类似于广播，但工作原理不同。**组播**的优点在于，它让多个接收方能够接收消息，却不会将消息传递给广播域中的所有主机。然而，这并非默认行为，而是在配置正确的情况下可使用组播达到的目的。

组播的工作原理如下：将消息或数据发送给 **IP 组播组**地址，路由器将分组的副本从每个这样的接口转发出去（这不同于广播，路由器不转发广播），即它连接到**订阅**了该组播的主机。这就是组播不同于广播的地方：在组播通信中，从理论上说，只会将分组副本发送给订阅主机。当我说从理论上说时，指的是主机将收到发送给 224.0.0.10 的组播分组，这是 EIGRP 分组，只有运行 EIGRP 协议的路由器才会读取它。广播型 LAN（以太网是一种广播型多路访问 LAN 技术）中的所有主机都接收这种帧，读取其目标地址，再马上丢弃——除非它是组播组的成员。这节省了 PC 的处理周期，但没有节省 LAN 带宽。如果不小心实现，组播有时可能导致严重的 LAN 拥塞。在图 3-24 中，一台思科路由器在本地 LAN 中发送 EIGRP 组播分组，只有其他思科路由器会接受并读取该分组。

用户和应用程序可加入多个组播组。组播地址的范围为 224.0.0.0 ~ 239.255.255.255。正如你看到的，这个地址范围位于 D 类 IP 地址空间内。

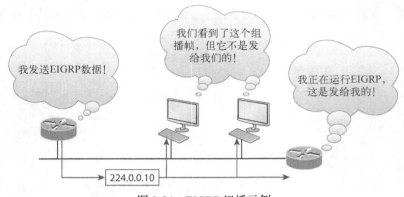

图 3-24　EIGRP 组播示例

3.5　小结

如果你坚持阅读到了这里，并一次就明白了所有的内容，应感到自豪。本章介绍了大量的内容，理解这些知识对你阅读本书的其他内容至关重要。

即使你第一次阅读本章时未能完全理解，也不要担心，阅读本章多次不会有任何害处。需要介绍的内容还有很多，请务必透彻理解本章，为阅读后续内容做好准备。你现在是在为后面的学习打下坚实的基础。

学习 DoD 模型及其包含的层和相关协议后，你学习了非常重要的 IP 编址。我详细讨论了各类地址之间的区别，以及如何确定网络地址、广播地址和合法的主机地址。这些知识的重要性怎么强调都不过分，阅读第 4 章前必须明白。

鉴于你已经走了这么远，没有理由就此停止脚步，让所做的努力付诸东流。不要就此止步，继续完成本章末尾的书面实验和复习题，并确保你理解了每个问题的答案。最美的风光在前方！

3.6　考试要点

指出 DoD 和 OSI 网络模型之间的差别。 DoD 模型是 OSI 模型的简化版，包含 4 层而不是 7 层，但与 OSI 模型的相似之处在于，它也可用于描述分组的创建以及设备和协议对应的层。

识别进程/应用层协议。 Telnet 是一个终端模拟程序，让你能够登录到远程主机并运行程序。文件传输协议（FTP）是一种面向连接的服务，让你能够传输文件。简单文件传输协议（TFTP）是一种无连接的文件传输程序。简单邮件传输协议（SMTP）是一个发送电子邮件的程序。

识别主机到主机层协议。 传输控制协议（TCP）是一种面向连接的协议，使用确认和流量控制来提供可靠的网络服务。用户数据报协议（UDP）是一种无连接协议，其开销低，并被视为不可靠的。

识别 Internet 层协议。 网际协议（IP）是一种无连接的协议，提供网络地址以及在互联网络进行路由选择的功能。ARP 根据 IP 地址获悉硬件地址。逆向 ARP（RARP）根据硬件地址获悉 IP 地址。互联网控制消息协议（ICMP）提供诊断消息和目标不可达消息。

描述 DNS 和 DHCP 在网络中的功能。 动态主机配置协议（DHCP）给主机提供网络配置信息（包括 IP 地址），让管理员无需手工配置它们。域名服务（DNS）解析主机名（包括诸如 www.lammle.com 等互联网名称以及诸如 Workstation 2 等设备名），让你无需知道设备的 IP 地址就能连接到它。

指出面向连接通信中 TCP 报头包含的内容。TCP 报头中的字段包括源端口、目标端口、序列号、确认号、报头长度、保留供以后使用的字段、编码位、窗口大小、校验和、紧急指针、选项和数据。

指出无连接通信中 UDP 报头包含的内容。UDP 报头只包含字段源端口、目标端口、长度、校验和和数据。相对于 TCP 报头，字段更少了，但代价是没有提供 TCP 的高级功能。

指出 IP 报头包含的内容。IP 报头中的字段包括版本、报头长度、优先级和服务类型、总长度、标识、标志、分段偏移、存活时间、协议、报头校验和、源 IP 地址、目标 IP 地址、选项和数据。

比较 UDP 和 TCP 的特征。TCP 是面向连接的，进行确认和排序，且支持流量和错误控制；而 UDP 是无连接的，不进行确认和排序，且没有提供错误和流量控制功能。

理解端口号的作用。端口号用于标识在传输中使用的协议或服务。

描述 ICMP 的作用。ICMP 运行在网络层，IP 使用它来获得众多的服务。ICMP 是一种管理协议，向 IP 提供消息收发服务。

描述 A 类 IP 地址的范围。A 类网络地址范围为 1 ~ 126。默认情况下，A 类地址的前 8 位为网络地址，余下的 24 位为主机地址。

描述 B 类 IP 地址的范围。B 类网络地址范围为 128 ~ 191。默认情况下，B 类地址的前 16 位为网络地址，余下的 16 位为主机地址。

描述 C 类 IP 地址的范围。C 类网络地址范围为 192 ~ 223。默认情况下，C 类地址的前 24 位为网络地址，余下的 8 位为主机地址。

描述私有 IP 地址的范围。A 类私有地址范围为 10.0.0.0 ~ 10.255.255.255；B 类私有地址范围为 172.16.0.0 ~ 172.31.255.255；C 类私有地址范围为 192.168.0.0 ~ 192.168.255.255。

理解广播地址、单播地址和组播地址的差别。广播地址表示子网中的所有设备，单播地址表示单台设备，而组播地址表示部分设备。

3.7 书面实验

在本节中，你将完成如下实验，确保明白其中涉及的知识和概念。
- 书面实验 3.1：TCP/IP。
- 书面实验 3.2：协议对应的 DoD 模型层。

答案见附录 A。

3.7.1 书面实验 3.1：TCP/IP

请回答如下有关 TCP/IP 的问题。

(1) 指出 C 类地址的范围，分别用二进制和十进制表示。

(2) DoD 模型的哪层对应于 OSI 模型的传输层？

(3) A 类网络地址在什么范围内？

(4) 地址 127.0.0.1 用于做什么？

(5) 如何根据 IP 地址找出网络地址？

(6) 如何根据 IP 地址找出广播地址？

(7) 请指出 A 类私有地址空间。

(8) 请指出 B 类私有地址空间。

(9) 请指出 C 类私有地址空间。

(10) 在十六进制地址中，可使用哪些字符？

3.7.2   书面实验 3.2：协议对应的 DoD 模型层

DoD 模型包含四层，它们是进程/应用层、主机到主机层、Internet 层和网络接入层。请指出下述各种协议运行在 DoD 模型的哪一层。

(1) 网际协议（IP）

(2) Telnet

(3) FTP

(4) SNMP

(5) DNS

(6) 地址解析协议（ARP）

(7) DHCP/BootP

(8) 传输控制协议（TCP）

(9) X Window

(10) 用户数据报协议（UDP）

(11) NFS

(12) 互联网控制消息协议（ICMP）

(13) 逆向地址解析协议（RARP）

(14) 代理 ARP

(15) TFTP

(16) SMTP

(17) LPD

3.8   复习题

注意   下面的复习题旨在检验你对本章内容的理解程度。有关如何获取更多复习题的信息，请参阅 www.lammle.com/ccna。

这些复习题的答案见附录 B。

(1) 发生 DHCP IP 地址冲突时，结果将如何？

    A. 代理 ARP 将修复这种问题

    B. 客户端使用免费 ARP 修复这种问题

    C. 管理员必须在 DHCP 服务器中手动消除冲突

    D. DHCP 服务器将给发生冲突的两台计算机分配新的 IP 地址

(2) 下面哪种应用层协议像 Telnet 那样建立会话，但会话是安全的？

    A. FTP   B. SSH   C. DNS   D. DHCP

(3) DHCP 客户端使用下面哪种机制来避免 IP 地址重复?

    A. ping   B. traceroute   C. 免费 ARP   D. pathping

(4) 哪种协议用于查找本地设备的硬件地址?

    A. RARP   B. ARP   C. IP   D. ICMP

    E. BootP

(5) 下面哪三项是 TCP/IP 模型包含的层?

    A. 应用层   B. 会话层   C. 传输层   D. Internet 层

    E. 数据链路层   F. 物理层

(6) 哪类网络最多只能包含 254 台主机?

    A. A 类   B. B 类   C. C 类   D. D 类

    E. E 类

(7) 下面哪两项描述了 DHCP 发现消息?

    A. 它将 FF:FF:FF:FF:FF:FF 用作第 2 层广播地址

    B. 它将 UDP 用作传输层协议

    C. 它将 TCP 用作传输层协议

    D. 它不使用第 2 层目标地址

(8) Telnet 使用哪种第 4 层协议?

    A. IP   B. TCP   C. TCP/IP   D. UDP

    E. ICMP

(9) 私有地址是在 RFC＿＿＿＿＿＿中定义的。

(10) 下面哪三项服务使用 TCP?

    A. DHCP   B. SMTP   C. SNMP   D. FTP

    E. HTTP   F. TFTP

(11) 下图描述的是哪类 IP 地址的格式?

网络部分	网络部分	网络部分	主机部分

    A. A 类   B. B 类   C. C 类   D. D 类

(12) 下面哪个是组播地址?

    A. 10.6.9.1   B. 192.168.10.6   C. 224.0.0.10   D. 172.16.9.5

(13) 下图描述的是哪种协议的报头?

源端口（16位）		目标端口（16位）	
序列号（32位）			
确认号（32位）			
报头长度（4位）	保留	标志	窗口大小（16位）
TCP校验和（16位）		紧急指针（16位）	
选项			
数据			

    A. IP   B. ICMP   C. TCP   D. UDP

    E. ARP   F. RARP

(14) 使用 Telnet 或 FTP 时,用哪层来生成数据?

A. 应用层　　　　　　B. 表示层　　　　　　C. 会话层　　　　　　D. 传输层

(15) DoD 模型也叫 TCP/IP 栈，它包含四层。请问 DoD 模型的哪层对应于 OSI 模型的网络层？

A. 应用层　　　　　　B. 主机到主机层　　C. Internet 层　　　D. 网络接入层

(16) 下面哪两个是私有 IP 地址？

A. 12.0.0.1　　　　　B. 168.172.19.39　　C. 172.20.14.36

D. 172.33.194.30　　E. 192.168.24.43

(17) TCP/IP 栈的哪层对应于 OSI 模型的传输层？

A. 应用层　　　　　　B. 主机到主机层　　C. Internet 层　　　D. 网络接入层

(18) 下面哪两项有关 ICMP 的说法是正确的？

A. ICMP 保证数据报的传递　　　　　　B. ICMP 可向主机提供有关网络故障的信息

C. ICMP 分组封装在 IP 数据报中　　　　D. ICMP 分组封装在 UDP 数据报中

(19) 下面哪项是 B 类网络地址范围的二进制表示？

A. 01xxxxxx　　　　　B. 0xxxxxxx　　　　C. 10xxxxxx　　　　　D. 110xxxxx

(20) 请将左侧的 DHCP 过程按照正确的步骤写在右边。

DHCPOffer　　　　　　　第 1 步

DHCPDiscover　　　　　　第 2 步

DHCPAck　　　　　　　　第 3 步

DHCPRequest　　　　　　第 4 步

第 **4** 章

轻松划分子网

本章涵盖如下 ICND1 考试要点。

✓ **网络基本知识**

❏ 1.8 IP 编址和子网划分的配置、验证和故障排除

本章从前一章结束的地方开始，继续讨论 IP 编址。我将首先介绍如何将 IP 网络划分成多个子网。你必须掌握这项重要技能，它是你掌握网络技术的关键。凡事预则立，不预则废，你必须做好充分的心理准备，因为快速而准确地划分子网是项高难度的工作，需要时间练习学到的技巧，才能真正掌握。因此，要有耐心，不要半途而废，务必让你的这项重要网络技能炉火纯青。我可不是开玩笑，本章确实很重要，你必须让这些内容烂熟于心。

请准备好，我们就要开始详尽而全面地介绍 IP 子网划分了。尽管这听上去很奇怪，但是最好能将之前学到的有关子网划分的所有知识都忘掉（尤其是在思科或微软课程中学到的）。我认为这些形式的折磨有害无益，有时甚至会将人吓跑，不敢进入网络技术领域。就是那些留下来的人，至少也会怀疑继续学习下去是否明智。如果你就是留下来的人之一，那么请你放心，你将发现我处理子网划分问题的方式相对简单。我将向你展示一种容易得多的全新方式，助你征服这个难缠的家伙！

阅读完本章并完成章末的书面实验和复习题后，你就能够驯服 IP 子网划分这头怪兽了。永不言弃，你终将为当初的坚持感到高兴。一旦掌握了子网划分，就会奇怪当初怎么会认为它很难。

注意 有关本章内容的最新修订，请访问 www.lammle.com/ccna 或出版社网站的本书配套网页（www.sybex.com/go/ccna）。

4.1　子网划分基础

在第 3 章，你学习了如何找出 A 类、B 类和 C 类网络的合法主机 ID 范围，方法是先将所有主机位都设置为 0，再将它们都设置为 1。这很好，但需要注意的是，你只定义了一个网络，如图 4-1 所示。

你知道，只使用一个规模庞大的网络并不好，其中的原因本书前三章说得很清楚，这里就没必要重复了。然而，如何消除图 4-1 展示的问题呢？如果能将庞大的网络划分成 4 个易于管理的网络，就太好了！这一点问题都没有，但要变成现实，必须利用令人讨厌的**子网划分技巧**，因为它是将规模庞大的网络划分为一系列小网络的最佳方式。图 4-2 说明了划分后的网络。

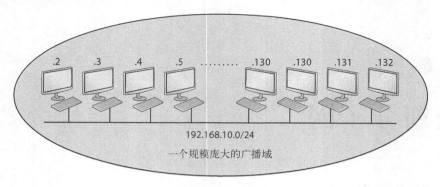

图 4-1   单个网络

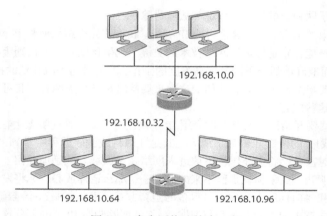

图 4-2   多个网络连接在一起

图中的 192.168.10.x 是什么呢？这就是本章要探讨的主题——如何将一个网络划分成多个网格。咱们接着第 3 章往下说，从 IP 地址的主机部分开始——通常借用主机位来创建子网。

4.1.1   如何创建子网

要创建子网，可借用 IP 地址中的主机位，将其用于定义子网地址。显然，这将导致可用于定义主机的主机位更少，你必须牢记这一点。

在本章后面，你将学习如何创建子网——从 C 类地址开始。但在网络领域，着手实施之前必须确定当前的需求并规划未来，进行子网划分时也不例外。

注意
　　本节讨论的是分类路由选择，指的是网络中所有的主机（节点）都使用相同的子网掩码。介绍变长子网掩码（VLSM）时，将讨论无类路由选择，即每个网段可使用不同的子网掩码。

要创建子网，首先需要完成下面三个步骤。

(1) 确定需要的网络 ID 数：
  ❑ 每个 LAN 子网一个；
  ❑ 每条广域网连接一个。
(2) 确定每个子网所需的主机 ID 数：
  ❑ 每台 TCP/IP 主机一个；
  ❑ 每个路由器接口一个。
(3) 根据上述需求，确定如下内容：
  ❑ 一个用于整个网络的子网掩码；
  ❑ 每个物理网段的子网 ID；
  ❑ 每个子网的主机 ID 范围。

4.1.2　子网掩码

要让子网划分方案管用，网络中的每台机器都必须知道主机地址的哪部分为子网地址。这是通过给每台机器分配**子网掩码**实现的。子网掩码是一个长 32 位的值，让 IP 分组的接收方能够将 IP 地址的网络 ID 部分和主机 ID 部分区分开来。

并非所有网络都需要子网；在不需要子网时，网络使用默认子网掩码。这相当于说 IP 地址不包含子网地址。表 4-1 列出了 A 类、B 类和 C 类网络的默认子网掩码。

表4-1　默认子网掩码

网　　络	格　　式	默认子网掩码
A类	*network.node.node.node*	255.0.0.0
B类	*network.network.node.node*	255.255.0.0
C类	*network.network.network.node*	255.255.255.0

虽然可以在接口上以任何方式使用任何子网掩码，但通常不应修改默认子网掩码。换句话说，不应将 B 类网络的子网掩码设置为 255.0.0.0，而且有些主机根本不允许你这样做。对于 A 类网络，不能修改其子网掩码的第一个字节，也就是说第一个字节必须是 255。同样，不能将子网掩码设置为 255.255.255.255，因为它全为 1，是一个广播地址。B 类网络的子网掩码必须以 255.255 打头，而 C 类网络的子网掩码必须以 255.255.255 打头。就 CCNA 考试而言，没有理由修改默认子网掩码。

理解 2 的幂

进行 IP 子网划分时，必须理解并记住 2 的幂，这很重要。为理解 2 的幂，请记住，当你看到一个数字的右上方有另一个数字时（这称为指数），表示应将该数字自乘右上方数字指定的次数。例如，2^3 表示 $2 \times 2 \times 2$，结果为 8。下面是 2 的幂列表，应将其记住：

$2^1 = 2$	$2^5 = 32$	$2^9 = 512$	$2^{13} = 8192$
$2^2 = 4$	$2^6 = 64$	$2^{10} = 1024$	$2^{14} = 16\,384$
$2^3 = 8$	$2^7 = 128$	$2^{11} = 2048$	
$2^4 = 16$	$2^8 = 256$	$2^{12} = 4096$	

记住这些 2 的幂值是个不错的主意，但并非必需。由于都是 2 的幂，后一个幂是前一个的两倍，只需记住这一点即可。

例如，要获悉 2^9 的值，只需知道 $2^8 = 256$。为什么呢？因为只需将 2^8（256）乘以 2，就可得到 2^9 的值（512）。要获悉 2^{10} 的值，只需将 2^8（256）翻两番。

也可采取方向操作。例如，要知道 2^6 的值，只需将 256 除以 2 两次：第一次的结果为 2^7 的值，而第二次的结果为 2^6 的值。

4.1.3　无类域间路由选择

你需要熟悉的另一个术语是**无类域间路由选择**（Classless Inter-Domain Routing，CIDR），它是 ISP（互联网服务提供商）用来将大量地址分配给客户的一种方法。ISP 以特定大小的块提供地址，本章后面将对此进行更详细的介绍。

从 ISP 那里获得的地址块类似于 192.168.10.32/28，指出了子网掩码。这种斜杠表示法（/）指出子网掩码中有多少位为 1，显然最大为/32，因为一个字节为 8 位，而 IP 地址长 4 字节（4 × 8 = 32）。然而，别忘了，最大的子网掩码为/30（不管是哪类地址），因为至少需要将两位用作主机位。

以 A 类网络的默认子网掩码 255.0.0.0 为例，其第一个字节全为 1，即 11111111。使用斜杠表示法时，需要计算为 1 的位有多少个。255.0.0.0 的斜杠表示法为/8，因为有 8 个取值为 1 的位。

B 类网络的默认子网掩码为 255.255.0.0，其斜杠表示法为/16，因为有 16 个取值为 1 的位：11111111.11111111.00000000.0000000。

表 4-2 列出了所有可能的子网掩码及其 CIDR 斜杠表示法。

表4-2　CIDR值

子网掩码	CIDR值
255.0.0.0	/8
255.128.0.0	/9
255.192.0.0	/10
255.224.0.0	/11
255.240.0.0	/12
255.248.0.0	/13
255.252.0.0	/14
255.254.0.0	/15
255.255.0.0	/16
255.255.128.0	/17
255.255.192.0	/18
255.255.224.0	/19
255.255.240.0	/20
255.255.248.0	/21
255.255.252.0	/22
255.255.254.0	/23

（续）

子网掩码	CIDR值
255.255.255.0	/24
255.255.255.128	/25
255.255.255.192	/26
255.255.255.224	/27
255.255.255.240	/28
255.255.255.248	/29
255.255.255.252	/30

其中/8～/15只能用于A类网络，/16～/23可用于A类和B类网络，而/24～/30可用于A类、B类和C类网络。这就是大多数公司都使用A类网络地址的重要原因。这样他们可使用所有的子网掩码，进行网络设计时的灵活性最大。

注意 配置思科路由器时，不能使用斜杠表示法。这确实挺好，不过你仍需知道子网掩码的斜杠（CIDR）表示法，因为它非常重要。

4.1.4 ip subnet-zero

ip subnet-zero并非新命令，但以前的思科课件和思科考试目标都未涉及它。这个命令让你能够在网络设计中使用第一个子网和最后一个子网。例如，在C类网络中使用子网掩码255.255.255.192时，将只有子网64和128（这将在本章后面详细讨论），但配置命令ip subnet-zero后，可使用子网0、64、128和192。虽然不是很多，但这让每个子网掩码提供的子网多了两个。

虽然到第6章才会讨论命令行界面（CLI），但你现在就必须熟悉这个命令：

```
Router#sh running-config
Building configuration...
Current configuration : 827 bytes
!
hostname Pod1R1
!
ip subnet-zero
!
```

上述输出表明，在该路由器上启用了命令ip subnet-zero。从思科IOS 12.x版起，思科默认启用了该命令，而本书使用的是15.x版。

参加思科考试时，务必详细阅读考题，看思科是否要求你不使用ip subnet-zero。有时候可能出现这样的情况。

4.1.5 C类网络的子网划分

进行子网划分的方法有很多，最适合你的方式就是正确的方式。在C类地址中，只有8位用于定义主机。别忘了，子网位从左向右延伸，中间不能留空。这意味着只能有如下C类子网掩码：

```
Binary      Decimal  CIDR
------------------------------------------------------------
00000000 = 255.255.255.0      /24
10000000 = 255.255.255.128    /25
11000000 = 255.255.255.192    /26
11100000 = 255.255.255.224    /27
11110000 = 255.255.255.240    /28
11111000 = 255.255.255.248    /29
11111100 = 255.255.255.252    /30
```

不能使用/31 和/32，因为至少需要 2 个主机位，这样才有可供分配给主机的 IP 地址。然而，这不完全正确。我们肯定不会使用/32，因为这意味着没有主机位，但很多思科 IOS 版本以及新推出的交换机操作系统思科 Nexus 都支持子网掩码/31。CCNET 和 CCNA 考试不涉及子网掩码/31，因此本书不介绍。

接下来我将践行本章开头的诺言，介绍一种非常简单的子网划分方法，让你能够快速而轻松地划分子网。无论你是想在网络领域有所作为，还是想通过 CCNA 考试，都必须能够快速而准确地划分子网。这可不是开玩笑！

1. C 类网络的快速子网划分

给网络选择子网掩码后，需要计算该子网掩码提供的子网数以及每个子网的合法主机地址和广播地址。为此，只需回答下面五个简单的问题。

❑ 选定的子网掩码将创建多少个子网？
❑ 每个子网可包含多少台合法主机？
❑ 有哪些合法的子网？
❑ 每个子网的广播地址是什么？
❑ 每个子网包含哪些合法主机地址？

如果你听从了我的建议，花时间牢记了 2 的幂，现在你将高兴得合不拢嘴；如果你没有听从我的建议，现在正是复习的绝佳时机，请参阅本章前面的补充内容"理解 2 的幂"。找到这五个重大问题的答案的方法如下。

❑ **多少个子网**？2^x 个，其中 x 为被遮盖（取值为 1）的位数。例如，在 11000000 中，取值为 1 的位数为 2，因此子网数为 2^2（4）个。

❑ **每个子网可包含多少台主机**？2^y-2 个，其中 y 为未遮盖（取值为 0）的位数。例如，在 11000000 中，取值为 0 的位数为 6，因此每个子网可包含的主机数为 2^6-2（62）个。减去的两个为子网地址和广播地址，它们不是合法的主机地址。

❑ **有哪些合法的子网**？块大小（增量）为 256–子网掩码。例如，对于子网掩码 255.255.255.192，我们只关心第四个字节，因为子网号包含在该字节中。将 192 代入前面的公式，结果为 64，即子网掩码为 192 时，块大小为 64。从 0 开始不断增加 64，直到到达子网掩码的值，中间的结果就是子网，即 0、64、128 和 192，是不是很容易？

❑ **每个子网的广播地址是什么**？这很容易。前面确定了子网为 0、64、128 和 192，而广播地址总是下一个子网前面的数。例如，子网 0 的广播地址为 63，因为下一个子网为 64；子网 64 的广播地址为 127，因为下一个子网为 128；以此类推。请记住，最后一个子网的广播地址总是 255。

❑ **每个子网包含哪些主机地址**？合法的主机地址位于两个子网之间，但全为 0 和全为 1 的地址除外。例如，如果子网号为 64，而广播地址为 127，则合法的主机地址范围为 65～126，即子网地址和广播地址之间的数字。

我知道，这看起来令人迷惑，但绝对不像你最初想象的那么难。为拨开迷雾，下面来尝试做些练习。

2. C 类网络子网划分实例

现在轮到你使用前面介绍的方法练习对 C 类网络进行子网划分了。太酷了！我们将从第一个可用的 C 类子网掩码开始，依次尝试每个可用的 C 类子网掩码。然后，我将演示对 A 类和 B 类网络进行子网划分，这也很容易。

● **实例#1C：255.255.255.128（/25）**

128 的二进制表示为 1000000，只有 1 位用于定义子网，余下 7 位用于定义主机。这里对 C 类网络 192.168.10.0 进行子网划分。

网络地址 = 192.168.10.0

子网掩码 = 255.255.255.128

下面来回答前面的五个重要问题。

❑ **多少个子网？** 在 128（10000000）中，取值为 1 的位数为 1，因此答案为 $2^1 = 2$。

❑ **每个子网多少台主机？** 有 7 位的取值为 0（1000000），因此答案是 $2^7 - 2 = 126$ 台主机。知道块大小后，就可将其减去 2 来得到主机数。没有必要做多余的额外计算。

❑ **有哪些合法的子网？** 256 − 128 = 128。还记得吗？需要从 0 开始不断增加块大小，因此子网为 0 和 128。增加块大小的次数就是子网数，因此其实没必要做第 1 步和第 2 步。从这一步可知，子网数为 2，而主机数总是块大小减 2。因此，在这个示例中有两个子网，每个子网 126 台主机。

❑ **每个子网的广播地址是什么？** 在下一个子网前面的数字中，所有主机位的取值都为 1，是当前子网的广播地址。对于子网 0，下一个子网为 128，因此其广播地址为 127。

❑ **每个子网包含哪些合法的主机地址？** 合法的主机地址为子网地址和广播地址之间的数字。要确定主机地址，最简单的方法是写出子网地址和广播地址，这样合法的主机地址就显而易见了。下表列出了子网 0 和 128 以及它们的合法主机地址范围和广播地址。

子　　网	0	128
第一个主机地址	1	129
最后一个主机地址	126	254
广播地址	127	255

显然，使用子网掩码/25 的 C 类网络有两个子网，那又怎样——为何这很重要？实际上并不重要，因为你没有问到点子上。你真正想知道的是，如何使用这种信息！

我知道，不是每位读者都喜欢这样的"中场休息"，但这里要做的真的很重要，因此请忍耐一下，我们马上就接着讨论子网划分。要理解子网划分，关键是明白为何要这样做，下面通过组建一个物理网络来说明其中的原因。

我在网络中添加了一台路由器，如图 4-3 所示。为了让该互联网络中的主机能相互通信，必须制定一个逻辑网络编址方案。我们原本可以使用 IPv6，但当前 IPv4 依然更常见，而且我们当前讨论的也是 IPv4，因此这里使用它。

从图 4-3 可知，有两个物理网络，因此这里将实现一种支持两个逻辑网络的逻辑编址方案。展望未来并考虑可能的扩容（包括短期和长期）总是个不错的主意，但就这里而言，使用子网掩码/25 就可以了。

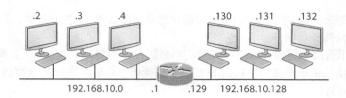

```
Router#show ip route
 [output cut]
C 192.168.10.0 is directly connected to Ethernet 0
C 192.168.10.128 is directly connected to Ethernet 1
```

图 4-3　实现使用子网掩码/25 的 C 类逻辑网络

图 4-3 表明，两个子网都与路由器接口相连，而路由器创建了广播域和子网。使用命令 show ip route 可查看路由器的路由选择表。从该命令的输出可知，现在不再只有一个大型广播域，而有两个较小的广播域，每个都最多可容纳 126 台主机。输出中的 C 表示直连网络，而我们创建并实现了两个广播域。祝贺你成功地划分了子网，并将方案用于网络设计。下面接着练习子网划分。

● 实例#2C：255.255.255.192（/26）

在这个示例中，将使用子网掩码 255.255.255.192 对网络 192.168.10.0 进行子网划分。

网络地址 = 192.168.10.0

子网掩码 = 255.255.255.192

下面来回答五个重大问题。

❑ 多少个子网？ 在 192（11000000）中，取值为 1 的位数为 2，因此答案为 $2^2 = 4$ 个子网。

❑ 每个子网多少台主机？ 有 6 位的取值为 0（11000000），因此答案是 $2^6 - 2 = 62$ 台主机。

❑ 有哪些合法的子网？ $256 - 192 = 64$。还记得吗，需要从 0 开始不断增加块大小，因此子网为 0、64、128 和 192。从这一步可知，块大小为 64，因此有 4 个子网，每个有 62 台主机。

❑ 每个子网的广播地址是什么？ 在下一个子网前面的数字中，所有主机位的取值都为 1，是当前子网的广播地址。对于子网 0，下一个子网为 64，因此其广播地址为 63。

❑ 每个子网包含哪些合法的主机地址？ 合法的主机地址为子网地址和广播地址之间的数字。前面说过，要确定主机地址，最简单的方法是写出子网地址和广播地址，这样合法的主机地址就显而易见了。下表列出了子网 0、64、128 和 192 以及它们的合法主机地址范围和广播地址。

子网（第 1 步）	0	64	128	192
第一个主机地址（最后一步）	1	65	129	193
最后一个主机地址	62	126	190	254
广播地址（第 2 步）	63	127	191	255

同样，只要知道不断地增加 64，你就能够使用子网掩码/26 划分子网了。进入下一个示例前，如何使用这些信息呢？实现子网划分！我们将使用图 4-4 来实现/26 子网划分。

子网掩码/26 提供了 4 个子网，每个路由器接口都需要一个子网。使用这种子网掩码时，这个示例还有添加一个路由器接口的空间。务必尽可能考虑未来的扩容。

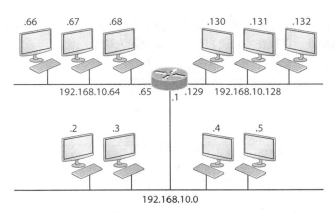

```
Router#show ip route
 [output cut]
C 192.168.10.0 is directly connected to Ethernet 0
C 192.168.10.64 is directly connected to Ethernet 1
C 192.168.10.128 is directly connected to Ethernet 2
```

图 4-4 实现使用子网掩码/26 的 C 类网络（包含 3 个网络）

● **实例#3C：255.255.255.224（/27）**

这次将使用子网掩码 255.255.255.224 对网络 192.168.10.0 进行子网划分。

网络地址 = 192.168.10.0

子网掩码 = 255.255.255.224

❑ 多少个子网？224 的二进制表示为 11100000，因此答案为 $2^3 = 8$ 个子网。

❑ 每个子网多少台主机？$2^5 - 2 = 30$。

❑ 有哪些合法的子网？$256 - 224 = 32$。需要从 0 开始不断增加块大小 32，直到到达子网掩码值，因此子网为 0、32、64、96、128、160、192 和 224。

❑ 每个子网的广播地址是什么（总是下一个子网前面的数字）？

❑ 每个子网包含哪些合法的主机地址（总是子网号和广播地址之间的数字）？

要回答最后两个问题，首先写出子网，再写出广播地址——下一个子网前面的数字，最后填写主机地址范围。下表列出了在 C 类网络中使用子网掩码 255.255.255.224 得到的所有子网。

子网	0	32	64	96	128	160	192	224
第一个主机地址	1	33	65	97	129	161	193	225
最后一个主机地址	30	62	94	126	158	190	222	254
广播地址	31	63	95	127	159	191	223	255

在实例#3C 中，使用的子网掩码为 255.255.255.224（/27），这提供了上述 8 个子网。图 4-5 演示了这种子网划分方案的实现。

在这个网络设计方案中，可使用的子网有 8 个，但是只使用了其中 6 个。图 4-5 中的闪电符号表示广域网（WAN），如到 ISP 或电信公司的 T1 或其他串行连接。换句话说，有些该连接并不归你所有，但它与路由器的 LAN 连接一样，也是一个子网。与前面一样，将每个子网的第一个合法主机地址分配给了路由器接口。这只是个经验法则，完全可以使用合法主机地址范围内的任何地址，但务必记住给路由器接口配置的地址，以便在主机上将默认网关设置为这个地址。

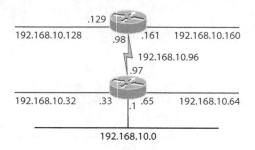

```
Router#show ip route
 [output cut]
C 192.168.10.0 is directly connected to Ethernet 0
C 192.168.10.32 is directly connected to Ethernet 1
C 192.168.10.64 is directly connected to Ethernet 2
C 192.168.10.96 is directly connected to Serial 0
```

图 4-5 实现使用子网掩码/27 的 C 类逻辑网络

● 实例#4C：255.255.255.240（/28）

再来看一个示例：

网络地址 = 192.168.10.0

子网掩码 = 255.255.255.240

❑ 多少个子网？240 的二进制表示为 11110000，答案为 $2^4 = 16$ 个子网。

❑ 每个子网多少台主机？主机部分为 4 位，答案为 $2^4 - 2 = 14$。

❑ 有哪些合法的子网？256 − 240 = 16。从 0 开始数，每次增加 16：0 + 16 = 16，16 + 16 = 32，32 + 16 = 48，48 + 16 = 64，64 + 16 = 80，80 + 16 = 96，96 + 16 = 112，112 + 16 = 128，128 + 16 = 144，144 + 16 = 160，160 + 16 = 176，176 + 16 = 192，192 + 16 = 208，208 + 16 = 224，224 + 16 = 240。

❑ 每个子网的广播地址是什么？

❑ 合法的主机地址？

下表回答了最后两个问题，它列出了所有子网以及每个子网的合法主机地址和广播地址。首先，使用块大小（增量）确定每个子网的地址；然后，确定每个子网的广播地址，它总是下一个子网前面的数字；最后，填充主机地址范围。下表列出了在 C 类网络中使用子网掩码 255.255.255.240 得到的子网、主机地址和广播地址。

子　网	0	16	32	48	64	80	96	112	128	144	160	176	192	208	224	240
第一个主机地址	1	17	33	49	65	81	97	113	129	145	161	177	193	209	225	241
最后一个主机地址	14	30	46	62	78	94	110	126	142	158	174	190	206	222	238	254
广播地址	15	31	47	63	79	95	111	127	143	159	175	191	207	223	239	255

提示 　思科发现，大多数人都不会计算 16 的倍数，因此难以确定使用子网掩码 255.225.255.240 时 C 类网络包含的子网、主机地址和广播地址。你最好仔细研究该子网掩码。

● **实例#5C：255.255.255.248（/29）**

继续练习：

网络地址 = 192.168.10.0

子网掩码 = 255.255.255.248

❑ 多少个子网？248 的二进制表示为 11111000，答案为 $2^5 = 32$ 个子网。

❑ 每个子网多少台主机？$2^3 - 2 = 6$。

❑ 有哪些合法的子网？$256 - 248 = 8$，因此合法的子网为 0、8、16、24、32、40、48、56、64、72、80、88、96、104、112、120、128、136、144、152、160、168、176、184、192、200、208、216、224、232、240 和 248。

❑ 每个子网的广播地址是什么？

❑ 合法的主机地址？

请看下表，它列出了使用子网掩码 255.255.255.248 时，该 C 类网络包含的部分子网（前四个和最后四个）以及它们的合法主机地址范围和广播地址。

子　　网	0	8	16	24	…	224	232	240	248
第一个主机地址	1	9	17	25	…	225	233	241	249
最后一个主机地址	6	14	22	30	…	230	238	246	254
广播地址	7	15	23	31	…	231	239	247	255

提示 　如果你给路由器接口配置地址 192.168.10.6 255.255.255.248 时，出现如下错误消息：

```
Bad mask /29 for address 192.168.10.6
```

这表明没有启用命令 ip subnet-zero。要知道这里使用的地址属于子网零，你必须能够划分子网。

● **实例#6C：255.255.255.252（/30）**

再看一个示例：

网络地址 = 192.168.10.0

子网掩码 = 255.255.255.252

❑ 多少个子网？64。

❑ 每个子网多少台主机？2。

❑ 有哪些合法的子网？0、4、8、12 等，直到 252。

❑ 每个子网的广播地址是什么（总是下一个子网前面的数字）？

❑ 合法的主机地址（子网号和广播地址之间的数字）？

下表列出了使用子网掩码 255.255.255.252 时，该 C 类网络包含的部分子网（前四个和最后四个）

以及它们的主机地址范围和广播地址。

子 网	0	4	8	12	…	240	244	248	252
第一个主机地址	1	5	9	13	…	241	245	249	253
最后一个主机地址	2	6	10	14	…	242	246	250	254
广播地址	3	7	11	15	…	243	247	251	255

 真实案例

该使用每个子网只支持两台主机的子网掩码吗

假设你是旧金山 Acme Corporation 的网络管理员，该公司有数十条 WAN 链路连接到你所属的分支机构。当前，该公司的网络为分类网络，这意味着每台主机和路由器接口使用的子网掩码都相同。你通过学习获知，使用无类路由选择时，可使用不同的子网掩码，但不知道在点到点 WAN 链路上使用什么样的子网掩码。在这种情形下，使用子网掩码 255.255.255.252（/30）可行吗？

是的，这是一个非常适合用于广域网和点到点链路的子网掩码。

如果使用子网掩码 255.255.255.0，每个子网将包含 254 个主机地址，但一条 WAN 链路或点到点链路只占用其中的两个，将浪费 252 个主机地址。如果使用子网掩码 255.255.255.252，每个子网将只有两个主机地址，因此不会浪费宝贵的地址。这是一个很重要的主题，在下一章有关 VLSM 网络设计的一节中将更详细地介绍。

3. 在脑海中对 C 类网络进行子网划分

可以在脑海中进行子网划分吗？可以。这也不像你想象的那么难，请看下例：

节点地址 = 192.168.10.50

子网掩码 = 255.255.255.224

首先，确定该 IP 地址所属的子网以及该子网的广播地址。为此，可回答五个重大问题中的第三个。256 − 224 = 32，因此子网为 0、32、64 等。地址 50 位于子网 32 和 64 之间，因此属于子网 192.168.10.32。下一个子网为 64，因此子网 32 的广播地址为 63。别忘了，广播地址总是下一个子网前面的数字。合法的主机地址范围为 33 ~ 62（子网和广播地址之间的数字）。这太简单了。

下面是另一个示例，它使用了另一个子网掩码：

节点地址 = 192.168.10.50

子网掩码 = 255.255.255.240

该 IP 地址属于哪个子网？该子网的广播地址是什么？256 − 240 = 16，因此子网为 0、16、32、48、64。主机地址 50 位于子网 48 和 64 之间，因此属于子网 192.168.10.48。下一个子网为 64，因此该子网的广播地址为 63。合法的主机地址范围为 49 ~ 62（子网和广播地址之间的数字）。

下面再做两个练习，确保你掌握这种技巧。

假设节点地址为 192.168.10.174，子网掩码为 255.255.255.240。合法的主机地址范围是多少呢？

子网掩码为 240，因此将 256 减去 240，结果为 16，这是块大小。要确定所属的子网，只需从零开始不断增加 16，并在超过主机地址 174 后停止：0、16、32、48、64、80、96、112、128、144、160、

176。主机地址 174 位于 160 和 176 之间，因此所属的子网为 160。广播地址为 175，合法的主机地址范围为 161 ~ 174。这个比较难。

再来看一个示例，这是所有 C 类子网划分中最容易的：

节点地址 = 192.168.10.17

子网掩码 = 255.255.255.252

该 IP 地址属于哪个子网？该子网的广播地址是什么？256 − 252= 4，因此子网为 0、4、8、12、16、20 等（除非专门指出，否则总是从 0 开始）。主机地址 17 位于子网 16 和 20 之间，因此属于子网 192.168.10.16，而该子网的广播地址为 19。合法的主机地址范围为 17 ~ 18。

有关 C 类网络的子网划分就介绍到这里，下面将介绍 B 类网络的子网划分。但在此之前，简单地复习一下。

4. 学到的东西

这里将应用所学的知识并帮助你完全记住这些内容。这部分相当重要，我在每年的课堂上都介绍它们，这有助于你牢固掌握子网划分。

看到子网掩码或其斜杠表示（CIDR）时，应知道如下内容。

对于/25，你应知道：

❑ 子网掩码为 128；

❑ 1 位的取值为 1，其他 7 位的取值为 0（10000000）；

❑ 块大小为 128；

❑ 子网为 0 和 128；

❑ 2 个子网，每个子网最多可包含 126 台主机。

对于/26，你应知道：

❑ 子网掩码为 192；

❑ 2 位的取值为 1，其他 6 位的取值为 0（11000000）；

❑ 块大小为 64；

❑ 子网为 0、64、128、192；

❑ 4 个子网，每个子网最多可包含 62 台主机。

对于/27，你应知道：

❑ 子网掩码为 224；

❑ 3 位的取值为 1，其他 5 位的取值为 0（11100000）；

❑ 块大小为 32；

❑ 子网为 0、32、64、96、128、160、192、224；

❑ 8 个子网，每个子网最多可包含 30 台主机。

对于/28，你应知道：

❑ 子网掩码为 240；

❑ 4 位的取值为 1，其他 4 位的取值为 0（11110000）；

❑ 块大小为 16；

❑ 子网为 0、16、32、48、64、80、96、112、128、144、160、176、192、208、224、240；

❑ 16 个子网，每个子网最多可包含 14 台主机。

对于/29，你应知道：

□ 子网掩码为 248；

□ 5 位的取值为 1，其他 3 位的取值为 0（11111000）；

□ 块大小为 8；

□ 子网为 0、8、16、24、32、40、48 等；

□ 32 个子网，每个子网最多可包含 6 台主机。

对于/30，你应知道：

□ 子网掩码为 252；

□ 6 位的取值为 1，其他 2 位的取值为 0（11111100）；

□ 块大小为 4；

□ 子网为 0、4、8、12、16、20、24 等；

□ 64 个子网，每个子网最多可包含 2 台主机。

表 4-3 总结了上述信息。你应该能默写这个表的内容。务必在考试前默写一遍。

表4-3　你学到的知识

CIDR表示法	子网掩码	二进制表示法	块大小	子　　　网	主机地址数
/25	128	1位的取值为1，其他7位的取值为0	128	0和128	2个子网，每个子网最多可包含126台主机
/26	192	2位的取值为1，其他6位的取值为0	64	0、64、128、192	4个子网，每个子网最多可包含62台主机
/27	224	3位的取值为1，其他5位的取值为0	32	0、32、64、96、128、160、192、224	8个子网，每个子网最多可包含30台主机
/28	240	4位的取值为1，其他4位的取值为0	16	0、16、32、48、64、80、96、112、128、144、160、176、192、208、224、240	16个子网，每个子网最多可包含14台主机
/29	248	5位的取值为1，其他3位的取值为0	8	0、8、16、24、32、40、48等	32个子网，每个子网最多可包含6台主机
/30	252	6位的取值为1，其他2位的取值为0	4	0、4、8、12、16、20、24等	64个子网，每个子网最多可包含2台主机

无论是 A 类、B 类还是 C 类网络，使用子网掩码/30 时，每个子网都只包含 2 个主机地址。思科建议，这种子网掩码只适用于点到点链路。

记住本节内容将对日常工作和学习大有帮助。请尝试大声地读出来，这有助于记忆。如果你在网络领域工作，你的同事会以为你忘记了这些内容，不过他们可能早在此之前就忘记了。如果你还未进入网络领域，正在为进入该领域作准备，现在就请养成这样做的习惯。

将这些内容写在抽认卡上，并让朋友帮助检查你的记忆程度也很有帮助。如果能记住块大小以及本节内容，你将对自己完成子网划分的速度感到惊奇。

4.1.6　B 类网络的子网划分

深入介绍这个主题前，先来看看 B 类网络可使用的全部子网掩码。注意与 C 类网络相比，B 类网络可使用的子网掩码多得多：

```
255.255.0.0    (/16)
255.255.128.0  (/17)    255.255.255.0    (/24)
255.255.192.0  (/18)    255.255.255.128  (/25)
255.255.224.0  (/19)    255.255.255.192  (/26)
255.255.240.0  (/20)    255.255.255.224  (/27)
255.255.248.0  (/21)    255.255.255.240  (/28)
255.255.252.0  (/22)    255.255.255.248  (/29)
255.255.254.0  (/23)    255.255.255.252  (/30)
```

我们知道，在 B 类地址中，有 16 位可用于主机地址。这意味着最多可将其中的 14 位用于子网划分，因为至少需要保留 2 位用于主机编址。使用/16 意味着不对 B 类网络进行子网划分，但它是一个可使用的子网掩码。

注意 顺便说一句，在上述子网掩码列表中，你注意到什么有趣的地方了吗（如某种规律）？这就是我在第 2 章要求你记住二进制到十进制转换表的原因。子网掩码位总是从左向右延伸，且必须是连续的。因此，不管是哪类网络，总有部分子网掩码是相同的。请记住这种规律。

B 类网络的子网划分过程与 C 类网络很像，唯一的不同是，可供使用的位更多——从第三个字节开始。

在 B 类网络中，子网号和广播地址都用两个字节表示，其中第三个字节分别与 C 类网络的子网号和广播地址相同，而第四个字节分别为 0 和 255。下表列出了一个 B 类网络中两个子网的子网地址和广播地址，该网络使用子网掩码 240.0（/20）。

子网地址	16.0	32.0
广播地址	31.255	47.255

只需在子网地址和广播地址之间添加合法的主机地址，就大功告成了。

注意 上述说法仅当子网掩码小于/24 时才正确。子网掩码不小于/24 时，B 类网络的子网地址和广播地址与 C 类网络完全相同。

1. B 类网络子网划分实例

在接下来的几小节中，你将有机会练习对 B 类网络进行子网划分。需要重申的是，这与 C 类网络的子网划分相同，只不过是从第三个字节开始，但数字是完全相同的。

● **实例#1B：255.255.128.0（/17）**

网络地址 = 172.16.0.0

子网掩码 = 255.255.128.0

❏ 多少个子网？ $2^1 = 2$（与 C 类网络相同）。

❏ 每个子网多少台主机？ $2^{15} - 2 = 32\,766$（第三个字节 7 位，第四个字节 8 位）。

❏ 有哪些合法的子网？ $256 - 128 = 128$，因此子网为 0 和 128。鉴于子网划分是在第三个字节中进行的，子网号实际上为 0.0 和 128.0，如下表所示。这些数字与 C 类网络相同，只是将其用于第三个字节，并将第四个字节设置为 0。

- ❑ 每个子网的广播地址是什么？
- ❑ 合法的主机地址？

下表列出了这两个子网及其合法主机地址范围和广播地址。

子　　网	0.0	128.0
第一个主机地址	0.1	128.1
最后一个主机地址	127.254	255.254
广播地址	127.255	255.255

注意，只需添加第四个字节的最小值和最大值，就得到了答案。同样，这里的子网划分与 C 类网络相同：在第三个字节使用了相同的数字，但在第四个字节添加了 0 和 255。非常简单，不是吗？一点也不难，这一点怎么强调都不过分。数字没有变，只是将它们用在了不同的字节！

请回答如下问题：子网掩码为/17 时，172.16.10.0 是合法的主机地址吗？172.16.10.255 呢？在合法的主机地址中，第四个字节可能为 0 或 255 吗？这些地址绝对是合法的主机地址。位于子网号和广播地址之间的任何数字都是合法的主机地址。

- ● **实例#2B：255.255.192.0（/18）**

网络地址 = 172.16.0.0

子网掩码 = 255.255.192.0

- ❑ 多少个子网？$2^2 = 4$。
- ❑ 每个子网多少台主机？$2^{14} - 2 = 16\,382$（第三个字节 6 位，第四个字节 8 位）。
- ❑ 有哪些合法的子网？256 − 192 = 64，因此子网为 0、64、128 和 192。鉴于子网划分是在第三个字节中进行的，因此子网号实际上为 0.0、64.0、128.0 和 192.0，如下表所示。
- ❑ 每个子网的广播地址是什么？
- ❑ 合法的主机地址？

下表列出了这四个子网及其合法主机地址范围和广播地址。

子　　网	0.0	64.0	128.0	192.0
第一个主机地址	0.1	64.1	128.1	192.1
最后一个主机地址	63.254	127.254	191.254	255.254
广播地址	63.255	127.255	191.255	255.255

同样，这与 C 类网络子网划分很像，只是在每个子网的第四个字节分别添加了 0 和 255。

- ● **实例#3B：255.255.240.0（/20）**

网络地址 = 172.16.0.0

子网掩码 = 255.255.240.0

- ❑ 多少个子网？$2^4 = 16$。
- ❑ 每个子网多少台主机？$2^{12} - 2 = 4094$。
- ❑ 有哪些合法的子网？256 − 240 = 16，因此子网为 0、16、32、48 等，直到 240。注意这些数字与使用子网掩码 240 的 C 类子网完全相同，只是将它们用于第三个字节，并在第四个字节分别添加了 0 和 255。
- ❑ 每个子网的广播地址是什么？

❑ 合法的主机地址?

下表列出了使用子网掩码 255.255.240.0 时,该 B 类网络包含的前四个子网以及这些子网的合法主机地址范围和广播地址。

子　　网	0.0	16.0	32.0	48.0
第一个主机地址	0.1	16.1	32.1	48.1
最后一个主机地址	15.254	31.254	47.254	63.254
广播地址	15.255	31.255	47.255	63.255

● **实例#4B:255.255.248.0(/21)**

网络地址 = 172.16.0.0

子网掩码 = 255.255.248.0

❑ 多少个子网? $2^5 = 32$。

❑ 每个子网多少台主机? $2^{11} - 2 = 2046$。

❑ 有哪些合法的子网? $256 - 248 = 8$,因此子网为 0、8、16、24、32 等,直到 248。

❑ 每个子网的广播地址是什么?

❑ 合法的主机地址?

下表列出了使用子网掩码 255.255.248.0 时,该 B 类网络包含的前五个子网以及这些子网的合法主机地址范围和广播地址。

子　　网	0.0	8.0	16.0	24.0	32.0
第一个主机地址	0.1	8.1	16.1	24.1	32.1
最后一个主机地址	7.254	15.254	23.254	31.254	39.254
广播地址	7.255	15.255	23.255	31.255	39.255

● **实例#5B:255.255.252.0(/22)**

网络地址 = 172.16.0.0

子网掩码 = 255.255.252.0

❑ 多少个子网? $2^6 = 64$。

❑ 每个子网多少台主机? $2^{10} - 2 = 1022$。

❑ 有哪些合法的子网? $256 - 252 = 4$,因此子网为 0、4、8、12、16 等,直到 252。

❑ 每个子网的广播地址是什么?

❑ 合法的主机地址?

下表列出了使用子网掩码 255.255.252.0 时,该 B 类网络包含的前五个子网以及这些子网的合法主机地址范围和广播地址。

子　　网	0.0	4.0	8.0	12.0	16.0
第一个主机地址	0.1	4.1	8.1	12.1	16.1
最后一个主机地址	3.254	7.254	11.254	15.254	19.254
广播地址	3.255	7.255	11.255	15.255	19.255

- **实例#6B：255.255.254.0（/23）**

  网络地址 = 172.16.0.0

  子网掩码 = 255.255.254.0

  - ❏ **多少个子网？** $2^7 = 128$。
  - ❏ **每个子网多少台主机？** $2^9 - 2 = 510$。
  - ❏ **有哪些合法的子网？** $256 - 254 = 2$，因此子网为 0、2、4、6、8 等，直到 254。
  - ❏ **每个子网的广播地址是什么？**
  - ❏ **合法的主机地址？**

  下表列出了使用子网掩码 255.255.254.0 时，该 B 类网络包含的前五个子网以及这些子网的合法主机地址范围和广播地址。

子　　网	0.0	2.0	4.0	6.0	8.0
第一个主机地址	0.1	2.1	4.1	6.1	8.1
最后一个主机地址	1.254	3.254	5.254	7.254	9.254
广播地址	1.255	3.255	5.255	7.255	9.255

- **实例#7B：255.255.255.0（/24）**

  与大家通常认为的相反，将子网掩码 255.255.255.0 用于 B 类网络时，并不将其称为具有 C 类子网掩码的 B 类网络。看到该子网掩码用于 B 类网络时，很多人都认为它是一个 C 类子网掩码，这太奇怪了。这是一个将 8 位用于子网划分的 B 类子网掩码，从逻辑上说，它不同于 C 类子网掩码。使用这种子网掩码时，子网划分非常简单。

  网络地址 = 172.16.0.0

  子网掩码 = 255.255.255.0

  - ❏ **多少个子网？** $2^8 = 256$。
  - ❏ **每个子网多少台主机？** $2^8 - 2 = 254$。
  - ❏ **有哪些合法的子网？** $256 - 255 = 1$，因此子网为 0、1、2、3 等，直到 255。
  - ❏ **每个子网的广播地址是什么？**
  - ❏ **合法的主机地址？**

  下表列出了使用子网掩码 255.255.255.0 时，该 B 类网络包含的前四个和最后两个子网以及这些子网的合法主机地址范围和广播地址。

子　　网	0.0	1.0	2.0	3.0	…	254.0	255.0
第一个主机地址	0.1	1.1	2.1	3.1	…	254.1	255.1
最后一个主机地址	0.254	1.254	2.254	3.254	…	254.254	255.254
广播地址	0.255	1.255	2.255	3.255	…	254.255	255.255

- **实例#8B：255.255.255.128（/25）**

  这是最难处理的子网掩码之一。更糟糕的是，它是一个非常适合用于生产环境的子网掩码，因为它可创建 500 多个子网，而每个子网可包含 126 台主机——一种不错的组合。因此，千万不要跳过这个示例！

  网络地址 = 172.16.0.0

子网掩码 = 255.255.255.128

- 多少个子网？$2^9 = 512$。
- 每个子网多少台主机？$2^7 - 2 = 126$。
- 有哪些合法的子网？这是比较棘手的部分。$256 - 255 = 1$，因此第三个字节的可能取值为 0、1、2、3 等；但别忘了，第四个字节还有一个子网位。还记得前面如何在 C 类网络中处理只有一个子网位的情况吗？这里的处理方式相同。第三个字节的每个可能取值对应于两个子网，因此总共有 512 个子网。例如，如果第三个字节的取值为 3，则对应的两个子网为 3.0 和 3.128。
- 每个子网的广播地址是什么？下一个子网前面的数字。
- 合法的主机地址？子网号和广播地址之间的数字。

下表列出了使用子网掩码 255.255.255.128 时，该 B 类网络包含的前八个和最后两个子网以及这些子网的合法主机地址范围和广播地址。

子　　网	0.0	0.128	1.0	1.128	2.0	2.128	3.0	3.128	...	255.0	255.128
第一个主机地址	0.1	0.129	1.1	1.129	2.1	2.129	3.1	3.129		255.1	255.129
最后一个主机地址	0.126	0.254	1.126	1.254	2.126	2.254	3.126	3.254		255.126	255.254
广播地址	0.127	0.255	1.127	1.255	2.127	2.255	3.127	3.255		255.127	255.255

● 实例#9B：255.255.255.192（/26）

现在，B 类网络的子网划分变得容易了。在该子网掩码中，第三个字节为 255，因此确定子网时，第三个字节的可能取值为 0、1、2、3 等。然而，第四个字节也被用于指定子网，但可像 C 类网络的子网划分那样确定该字节的可能取值，下面就来试试。

网络地址 = 172.16.0.0

子网掩码 = 255.255.255.192

- 多少个子网？$2^{10} = 1024$。
- 每个子网多少台主机？$2^6 - 2 = 62$。
- 有哪些合法的子网？$256 - 192 = 64$，合法的子网如下表所示。这些数字是否有似曾相识之感？
- 每个子网的广播地址是什么？
- 合法的主机地址？

下表列出了前八个子网以及这些子网的合法主机地址范围和广播地址。

子　　网	0.0	0.64	0.128	0.192	1.0	1.64	1.128	1.192
第一个主机地址	0.1	0.65	0.129	0.193	1.1	1.65	1.129	1.193
最后一个主机地址	0.62	0.126	0.190	0.254	1.62	1.126	1.190	1.254
广播地址	0.63	0.127	0.191	0.255	1.63	1.127	1.191	1.255

注意到确定子网时，对于第三个字节的每个可能取值，第四个字节都有四个可能取值：0、64、128 和 192。

● 实例#10B：255.255.255.224（/27）

这与前一个子网掩码的处理方式相同，只是子网更多，而每个子网可包含的主机更少。

网络地址 = 172.16.0.0

子网掩码 = 255.255.255.224

- ❏ 多少个子网？$2^{11} = 2048$。
- ❏ 每个子网多少台主机？$2^5 - 2 = 30$。
- ❏ 有哪些合法的子网？$256 - 224 = 32$，第四个字节的可能取值为 0、32、64、96、128、160、192 和 224。
- ❏ 每个子网的广播地址是什么？
- ❏ 合法的主机地址？

下表列出了前八个子网以及这些子网的合法主机地址范围和广播地址。

子　　网	0.0	0.32	0.64	0.96	0.128	0.160	0.192	0.224
第一个主机地址	0.1	0.33	0.65	0.97	0.129	0.161	0.193	0.225
最后一个主机地址	0.30	0.62	0.94	0.126	0.158	0.190	0.222	0.254
广播地址	0.31	0.63	0.95	0.127	0.159	0.191	0.223	0.255

下表列出了最后八个子网。

子　　网	255.0	255.32	255.64	255.96	255.128	255.160	255.192	255.224
第一个主机地址	255.1	255.33	255.65	255.97	255.129	255.161	255.193	255.225
最后一个主机地址	255.30	255.62	255.94	255.126	255.158	255.190	255.222	255.254
广播地址	255.31	255.63	255.95	255.127	255.159	255.191	255.223	255.255

2. 在脑海中对 B 类网络进行子网划分

你疯了吗？在脑海中对 B 类网络进行子网划分？这实际上比写出来更容易——我不是在开玩笑，下面就来演示。

问题　172.16.10.33/27 属于哪个子网？该子网的广播地址是多少？

答案　这里只需考虑第四个字节。256–224 = 32，而 32 + 32 =64。33 位于 32 和 64 之间，但子网号还有一部分位于第三个字节，因此答案是该地址位于子网 10.32 中。由于下一个子网为 10.64，该子网的广播地址为 10.63。这个问题非常简单。

问题　IP 地址 172.16.66.10 255.255.192.0（/18）属于哪个子网？该子网的广播地址是多少？

答案　这里需要考虑的是第三个字节，而不是第四个字节。256–192=64，因此子网为 0.0、64.0、128.0 等。所属的子网为 172.16.64.0。由于下一个子网为 128.0，该子网的广播地址为 172.16.127.255。

问题　IP 地址 172.16.50.10 255.255.224.0（/19）属于哪个子网？该子网的广播地址是多少？

答案　256 – 224 = 32，因此子网为 0.0、32.0、64.0 等（别忘了总是从 0 开始往上数）。所属的子网为 172.16.32.0，而其广播地址为 172.16.63.255，因为下一个子网为 64.0。

问题　IP 地址 172.16.46.255 255.255.240.0（/20）属于哪个子网？该子网的广播地址是多少？

答案　这里只需考虑第三个字节，256 – 240 =16，因此子网为 0.0、16.0、32.0、48.0 等。该地址肯定属于子网 172.16.32.0，而该子网的广播地址为 172.16.47.255，因为下一个子网为 48.0。是的，172.16.46.255 确实是合法的主机地址。

问题　IP 地址 172.16.45.14 255.255.255.252（/30）属于哪个子网？该子网的广播地址是多少？

答案　这里需要考虑哪个字节呢？第四个。256 – 252 = 4，因此子网为 0、4、8、12、16 等。所属的子网为 172.16.45.12，而该子网的广播地址为 172.16.45.15，因为下一个子网为 172.16.45.16。

问题　IP 地址 172.16.88.255/20 属于哪个子网？该子网的广播地址是多少？

答案　/20 对应的子网掩码是什么呢？如果你无法回答，就回答不了这个问题。/20 对应的子网掩码为 255.255.240.0，在第三个字节，该子网掩码提供的块大小为 16。第四个字节没有子网位，因此子网地址的第四个字节总是 0，而广播地址的第四个字节总是 255。/20 提供的子网为 0.0、16.0、32.0、48.0、64.0、80.0、96.0 等，而 88 位于 80 和 96 之间，因此所属子网为 80.0，而该子网的广播地址为 95.255。

问题　路由器在其接口上收到了一个分组，其目标地址为 172.16.46.191/26，请问路由器将如何处理该分组？

答案　将其丢弃。你知道为什么吗？在 172.16.46.191/26 中，子网掩码为 255.255.255.192。这种子网掩码创建的块大小为 64，因此子网为 0、64、128、192 等。172.16.46.191 是子网 172.16.46.128 的广播地址，而默认情况下，路由器丢弃所有的广播分组。

4.1.7　A 类网络的子网划分

A 类网络的子网划分与 B 类和 C 类网络没有什么不同，但需要处理的是 24 位，而 B 类和 C 类网络分别是 16 位和 8 位。

首先，列出可用于 A 类网络的所有子网掩码：

```
255.0.0.0        (/8)
255.128.0.0      (/9)       255.255.240.0      (/20)
255.192.0.0      (/10)      255.255.248.0      (/21)
255.224.0.0      (/11)      255.255.252.0      (/22)
255.240.0.0      (/12)      255.255.254.0      (/23)
255.248.0.0      (/13)      255.255.255.0      (/24)
255.252.0.0      (/14)      255.255.255.128    (/25)
255.254.0.0      (/15)      255.255.255.192    (/26)
255.255.0.0      (/16)      255.255.255.224    (/27)
255.255.128.0    (/17)      255.255.255.240    (/28)
255.255.192.0    (/18)      255.255.255.248    (/29)
255.255.224.0    (/19)      255.255.255.252    (/30)
```

仅此而已，因为至少需要留下两位来定义主机。但愿你现在能看出其中的规律。请记住，A 类网络的子网划分与 B 类和 C 类网络相同，只是主机位更多些。使用的子网号与 B 类和 C 类网络相同，但从第二个字节开始使用这些编号。A 类地址提供了最大的灵活性，这就是很多公司使用这种地址的原因。A 类网络的第二个、第三个和第四个字节用于子网划分，下面的实例演示了这一点。

1. A 类网络子网划分实例

看到 IP 地址和子网掩码后，你必须能够区分子网位和主机位。这非常关键。如果你还没有明白这个概念，请复习 3.3 节，它介绍了如何区分子网位和主机位，有助于你明白这一点。

● **实例#1A：255.255.0.0（/16）**

A 类网络默认使用子网掩码 255.0.0.0，这就使得有 22 位可用于子网划分，因为至少需要留下两位用于主机编址。在 A 类网络中，子网掩码 255.255.0.0 使用 8 个子网位。

- ❑ 多少个子网？$2^8 = 256$。
- ❑ 每个子网的主机数？$2^{16} - 2 = 65\,534$。
- ❑ 有哪些合法的子网？需要考虑哪些字节？只有第二个字节。$256 - 255 = 1$，因此子网为 10.0.0.0、10.1.0.0、10.2.0.0、10.3.0.0 等，直到 10.255.0.0。

□ 每个子网的广播地址是什么？
□ 合法的主机地址？

下表列出了使用子网掩码/16 时，A 类私有网络 10.0.0.0 的前两个子网和最后两个子网以及这些子网的合法主机地址范围和广播地址。

子　　网	10.0.0.0	10.1.0.0	…	10.254.0.0	10.255.0.0
第一个主机地址	10.0.0.1	10.1.0.1	…	10.254.0.1	10.255.0.1
最后一个主机地址	10.0.255.254	10.1.255.254	…	10.254.255.254	10.255.255.254
广播地址	10.0.255.255	10.1.255.255	…	10.254.255.255	10.255.255.255

● 实例#2A：255.255.240.0（/20）

子网掩码为 255.255.240.0 时，12 位用于子网划分，余下 12 位用于主机编址。

□ 多少个子网？$2^{12} = 4096$。
□ 每个子网的主机数？$2^{12} - 2 = 4094$。
□ 有哪些合法的子网？需要考虑哪些字节？第二个和第三个字节。在第二个字节中，子网号的间隔为 1；在第三个字节中，子网号为 0、16、32 等。
□ 每个子网的广播地址是什么？
□ 合法的主机地址？

下表列出了前三个子网和最后一个子网的主机地址范围和广播地址。

子　　网	10.0.0.0	10.0.16.0	10.0.32.0	…	10.255.240.0
第一个主机地址	10.0.0.1	10.0.16.1	10.0.32.1	…	10.255.240.1
最后一个主机地址	10.0.15.254	10.0.31.254	10.0.47.254	…	10.255.255.254
广播地址	10.0.15.255	10.0.31.255	10.0.47.255	…	10.255.255.255

● 实例#3A：255.255.255.192（/26）

这个例子将第二个、第三个和第四个字节用于划分子网。

□ 多少个子网？$2^{18} = 262\,144$。
□ 每个子网的主机数？$2^6 - 2 = 62$。
□ 有哪些合法的子网？在第二个和第三个字节中，子网号间隔为 1；而在第四个字节中，子网号间隔为 64。
□ 每个子网的广播地址是什么？
□ 合法的主机地址？

下表列出了使用子网掩码 255.255.255.192 时，A 类私有网络 10.0.0.0 的前四个子网以及这些子网的合法主机地址范围和广播地址。

子　　网	10.0.0.0	10.0.0.64	10.0.0.128	10.0.0.192
第一个主机地址	10.0.0.1	10.0.0.65	10.0.0.129	10.0.0.193
最后一个主机地址	10.0.0.62	10.0.0.126	10.0.0.190	10.0.0.254
广播地址	10.0.0.63	10.0.0.127	10.0.0.191	10.0.0.255

下表列出了最后四个子网以及这些子网的合法主机地址范围和广播地址。

子　　网	10.255.255.0	10.255.255.64	10.255.255.128	10.255.255.192
第一个主机地址	10.255.255.1	10.255.255.65	10.255.255.129	10.255.255.193
最后一个主机地址	10.255.255.62	10.255.255.126	10.255.255.190	10.255.255.254
广播地址	10.255.255.63	10.255.255.127	10.255.255.191	10.255.255.255

2. 在脑海中对 A 类网络进行子网划分

这听起来很难，但使用的数字与 B 类和 C 类网络相同，只不过是从第二个字节开始。容易的原因是什么呢？你只需考虑块大小最大的那个字节（通常被称为感兴趣的字节，其值不是 0 或 255）。例如，在 A 类网络中使用子网掩码 255.255.240.0（/20）时，第二个字节的块大小为 1，因此主机地址的第二个字节是多少，子网号的第二个字节就是多少。在该子网掩码中，第三个字节为 240，这意味着第三个字节的块大小为 16。如果主机 ID 为 10.20.80.30，那么它属于哪个子网呢？该子网的合法主机地址范围和广播地址分别是什么？

第二个字节的块大小为 1，因此所属子网的第二个字节为 20，但第三个字节的块大小为 16，因此子网号的第三个字节的可能取值为 0、16、32、48、64、80、96 等（顺便问一句，你现在会计算 16 的倍数了吗？），因此所属子网为 10.20.80.0。该子网的广播地址为 10.20.95.255，因为下一个子网为 10.20.96.0。合法的主机地址范围为 10.20.80.1 ~ 10.20.95.254。确定块大小后，便能在脑海中完成子网划分工作了，可不骗你！

再来做个练习：

主机 IP 地址为 10.1.3.65/23

首先，如果不知道 /23 对应的子网掩码，就回答不了这个问题。它对应的子网掩码为 255.255.254.0。这里感兴趣的字节为第三个。256 − 254 = 2，因此子网号的第三个字节为 0、2、4、6 等。在这个问题中，主机位于子网 2.0 中，而下一个子网为 4.0，因此该子网的广播地址为 3.255。10.1.2.1 ~ 10.1.3.254 范围内的任何地址都是该子网中合法的主机地址。

4.2　小结

阅读第 3 章和第 4 章时，第一遍就明白了其中介绍的所有内容吗？如果是这样，那太好了，祝贺你！然而，你可能阅读两三遍后还有不明白的地方。正如前面指出的，这很正常，不用担心。如果你必须阅读多遍（甚至多达 10 遍）才能真正明白这两章的内容，也不用难过，因为从长远看，这比一遍就搞得相当明白要好得多。

通过学习本章，你对 IP 子网划分有了深入的认识。牢固掌握本章的要点，你就能够在脑海中完成 IP 子网划分。

本章对思科认证至关重要，如果你只是浏览了一遍，请回过头去仔细阅读，并完成后面所有的书面实验。

4.3　考试要点

指出子网划分的优点。 对物理网络进行子网划分的好处包括减少网络流量、优化网络性能、简化管理，以及有助于覆盖大型地理区域。

　　描述命令 ip subnet-zero 的影响。这个命令让你能够在网络设计中使用第一个和最后一个子网。

　　指出对分类网络进行子网划分的步骤。首先，将 256 减去子网掩码值，计算出块大小；然后，列出子网并确定每个子网的广播地址（总是下一个子网前面的数字）。子网地址和广播地址之间的数字就是合法的主机地址。

　　指出可能的块大小。这对于理解 IP 编址和子网划分非常重要。可能的块大小为 2、4、8、16、32、64、128 等。要计算块大小，可将 256 减去子网掩码值。

　　描述子网掩码在 IP 编址中扮演的角色。子网掩码是一个 32 位的值，让 IP 分组的接收方能够将 IP 地址的网络 ID 部分和主机 ID 部分区分开来。

　　理解并使用公式 $2^x - 2$。根据要求的子网大小，可使用这个公式确定在分类网络中使用什么样的子网掩码。

　　解释无类域间路由选择（CIDR）的影响。CIDR 让你能够使用三个分类子网掩码外的其他子网掩码，从而创建分类子网划分不支持的子网规模。

4.4　书面实验

　　在本节中，你将完成如下实验，确保完全明白其中涉及的知识和概念。

　　❑ 书面实验 4.1：书面子网划分实践 1。
　　❑ 书面实验 4.2：书面子网划分实践 2。
　　❑ 书面实验 4.3：书面子网划分实践 3。

　　答案见附录 A。

4.4.1　书面实验 4.1：书面子网划分实践 1

　　对于问题(1) ~ (6)，请确定 IP 地址所属的子网以及该子网的广播地址和合法主机地址范围。

(1) 192.168.100.25/30
(2) 192.168.100.37/28
(3) 192.168.100.66/27
(4) 192.168.100.17/29
(5) 192.168.100.99/26
(6) 192.168.100.99/25
(7) 假设你有一个 B 类网络，并需要 29 个子网，应使用什么样的子网掩码？
(8) 192.168.192.10/29 所属子网的广播地址是什么？
(9) 在 C 类网络中使用子网掩码/29 时，每个子网最多可包含多少台主机？
(10) 主机 ID 10.16.3.65/23 属于哪个子网？

4.4.2　书面实验 4.2：书面子网划分实践 2

　　在 B 类网络中，指出下表中网络部分位数（CIDR）对应的子网掩码以及每个子网包含的主机地址数。

网络部分位数	子网掩码	每个子网的主机地址数（2^x-2）
/16		
/17		
/18		
/19		
/20		
/21		
/22		
/23		
/24		
/25		
/26		
/27		
/28		
/29		
/30		

4.4.3 书面实验 4.3：书面子网划分实践 3

根据给出的十进制 IP 地址完成下表。

十进制IP地址	地址类	子网位数和主机位数	子网数（2^x）	主机地址数（2^x-2）
10.25.66.154/23				
172.31.254.12/24				
192.168.20.123/28				
63.24.89.21/18				
128.1.1.254/20				
208.100.54.209/30				

4.5 复习题

注意　　　下面的复习题旨在检验你对本章内容的理解程度。有关如何获取更多复习题的信息，请参阅 www.lammle.com/ccna。

这些复习题的答案见附录 B。

(1) 在使用子网掩码 255.255.255.224 的网络中，每个子网最多有多少个 IP 地址可供分配给主机？

A. 14	B. 15	C. 16	D. 30
E. 31	F. 62		

(2) 网络需要 29 个子网，同时要确保每个子网可用的主机地址数最多。为提供正确的子网掩码，必须从主机部分借用多少位？

A. 2	B. 3	C. 4	D. 5
E. 6	F. 7		

(3) IP 地址为 200.10.5.68/28 的主机位于哪个子网中？
    A. 200.10.5.56　　　　B. 200.10.5.32　　　　C. 200.10.5.64　　　　D. 200.10.5.0

(4) 网络地址 172.16.0.0/19 提供多少个子网和主机？
    A. 7 个子网，每个子网 30 台主机　　　　　　B. 7 个子网，每个子网 2046 台主机
    C. 7 个子网，每个子网 8190 台主机　　　　　D. 8 个子网，每个子网 30 台主机
    E. 8 个子网，每个子网 2046 台主机　　　　　F. 8 个子网，每个子网 8190 台主机

(5) 下面哪两项有关 IP 地址 10.16.3.65/23 的说法是正确的？
    A. 其所属子网的地址为 10.16.3.0 255.255.254.0
    B. 在其所属子网中，第一个主机地址为 10.16.2.1 255.255.254.0
    C. 在其所属子网中，最后一个合法的主机地址为 10.16.2.254 255.255.254.0
    D. 其所属子网的广播地址为 10.16.3.255 255.255.254.0
    E. 这个网络没有进行子网划分

(6) 如果网络中一台主机的地址为 172.16.45.14/30，该主机属于哪个子网？
    A. 172.16.45.0　　　　B. 172.16.45.4　　　　C. 172.16.45.8　　　　D. 172.16.45.12
    E. 172.16.45.16

(7) 为减少对 IP 地址的浪费，在点到点链路上使用哪个子网掩码？
    A. /27　　　　　　　　B. /28　　　　　　　　C. /29　　　　　　　　D. /30
    E. /31

(8) IP 地址为 172.16.66.0/21 的主机属于哪个子网？
    A. 172.16.36.0　　　　B. 172.16.48.0　　　　C. 172.16.64.0　　　　D. 172.16.0.0

(9) 假设一个路由器接口的 IP 地址为 192.168.192.10/29，那么在该路由器接口连接的 LAN 中，有多少台主机可以有 IP 地址（包括该路由器接口在内）？
    A. 6 台　　　　　　　B. 8 台　　　　　　　C. 30 台　　　　　D. 62 台　　　　　E. 126 台

(10) 你需要配置子网 192.168.19.24/29 中的一台路由器，让其使用第一个可用的主机地址。应将哪个地址分配给它？
    A. 192.168.19.0 255.255.255.0　　　　　　　B. 192.168.19.33 255.255.255.240
    C. 192.168.19.26 255.255.255.248　　　　　　D. 192.168.19.31 255.255.255.248
    E. 192.168.19.34 255.255.255.240

(11) 一个路由器接口的 IP 地址为 192.168.192.10/29，在该接口连接的 LAN 中，主机将使用哪个广播地址？
    A. 192.168.192.15　　　　　　　　　　　　B. 192.168.192.31
    C. 192.168.192.63　　　　　　　　　　　　D. 192.168.192.127
    E. 192.168.192.255

(12) 你需要对一个网络进行子网划分，使其包含 5 个子网，每个子网至少可包含 16 台主机。你将使用哪个分类子网掩码？
    A. 255.255.255.192　　　　　　　　　　　　B. 255.255.255.224
    C. 255.255.255.240　　　　　　　　　　　　D. 255.255.255.248

(13) 你给路由器接口配置 IP 地址 192.168.10.62 255.255.255.192 时出现了如下错误：

    Bad mask /26 for address 192.168.10.62

请问为何会出现这种错误？
    A. 该接口连接的是 WAN 链路，不能使用这样的 IP 地址
    B. 这不是合法的主机地址和子网掩码组合
    C. 没有在该路由器上启用命令 ip subnet-zero
    D. 该路由器不支持 IP

(14) 如果给路由器的一个以太网端口分配了 IP 地址 172.16.112.1/25, 该接口将属于哪个子网?

A. 172.16.112.0   B. 172.16.0.0   C. 172.16.96.0   D. 172.16.255.0

E. 172.16.128.0

(15) 在下图中, 如果使用第 8 个子网, 接口 E0 的 IP 地址将是什么? 网络 ID 为 192.168.10.0/28, 而你需要使用子网中最后一个 IP 地址。这里将子网零视为非法。

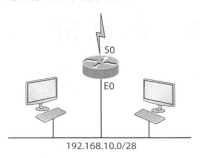

192.168.10.0/28

A. 192.168.10.142   B. 192.168.10.66   C. 192.168.100.254   D. 192.168.10.143

E. 192.168.10.126

(16) 在前面的示意图中, 如果你使用第一个子网, 接口 S0 的 IP 地址将是什么? 网络 ID 为 192.168.10.0/28, 而你需要使用子网中最后一个 IP 地址。同样, 这里将子网零视为非法。

A. 192.168.10.24   B. 192.168.10.62   C. 192.168.10.30   D. 192.168.10.127

(17) 你要在数据中心搭建一个网络, 这个网络需要容纳 310 台主机。请问你应使用哪个子网掩码, 以最大限度地减少地址浪费?

A. 255.255.255.0   B. 255.255.254.0

C. 255.255.252.0   D. 255.255.258.0

(18) 在包含主机地址 172.16.17.0/22 的子网中, 下面哪个主机地址是合法的?

A. 172.16.17.1 255.255.255.252   B. 172.16.0.1 255.255.240.0

C. 172.16.20.1 255.255.254.0   D. 172.16.16.1 255.255.255.240

E. 172.16.18.255 255.255.252.0   F. 172.16.0.1 255.255.255.0

(19) 你的路由器有一个 Ethernet0, 其 IP 地址为 172.16.2.1/23。在该接口连接的 LAN 中, 下面哪两个主机 ID 是合法的?

A. 172.16.0.5   B. 172.16.1.100   C. 172.16.1.198   D. 172.16.2.255

E. 172.16.3.0   F. 172.16.3.255

(20) 给定 IP 地址 172.16.28.252 和子网掩码 255.255.240.0, 对应的网络地址是什么?

A. 172.16.16.0   B. 172.16.0.0   C. 172.16.24.0   D. 172.16.28.0

第5章

变长子网掩码、汇总和 TCP/IP 故障排除

本章涵盖如下 ICND1 考试要点。

✓ **网络基本知识**

☐ **1.7 使用故障排除方法来解决问题**

■ 1.7.a 隔离并记录故障

■ 1.7.b 解决或上交

■ 1.7.c 验证并监视解决方案

☐ **1.8 IP 编址和子网划分的配置、验证和故障排除**

我们在前两章学习了 IP 编址和子网划分，为深入学习变长子网掩码（VLSM）做好了充分准备。本章还将演示如何设计并实现使用 VLSM 的网络。读者掌握 VLSM 的设计和实现后，我将介绍如何在分类网络边界汇总。

最后，本章将介绍 IP 地址故障排除，重点是思科推荐的 IP 网络故障排除步骤。

请做好心理准备，本章将丰富你的 IP 编址和网络知识，极大地提高你已学到的技能。请接着往下阅读——我保证你的努力将有极高的回报。准备好了吗？我们开始吧。

 注意 有关本章内容的最新修订，请访问 www.lammle.com/ccna 或出版社网站的本书配套网页（www.sybex.com/go/ccna）。

5.1 变长子网掩码

本章重点介绍一种简单的子网划分方法，它使用长度不同的子网掩码将大型网络划分成众多子网，适用于不同类型的网络设计。这称为变长子网掩码（variable length subnet mask，VLSM），它引出了第 4 章提及的另一个主题：分类组网和无类组网。

路由选择信息协议第 1 版（RIPv1）等较老的路由选择协议没有提供包含子网信息的字段，因此将丢弃子网信息。这意味着如果运行 RIP 的路由器使用特定的子网掩码，它将假定当前分类地址空间内的所有接口都使用该子网掩码。这被称为分类路由选择，而 RIP 就被视为分类路由选择协议。第 9 章将介绍 RIP 以及分类路由选择和无类路由选择之间的差别，就现在而言，你只需记住：在运行老式

路由选择协议（如 RIP）的网络中，如果使用长度不同的子网掩码，网络将不能正常运行。

　　然而，无类路由选择协议通告子网信息，因此在运行诸如 RIPv2、增强内部网关协议（EIGRP）和开放最短路径优先（OSPF）等路由选择协议的网络中，可使用 VLSM。这种网络的优点在于，让你能够节省大量的 IP 地址空间。

　　顾名思义，使用 VLSM 可给不同的路由器接口配置长度不同的子网掩码。图 5-1 说明了分类网络设计低效的原因。

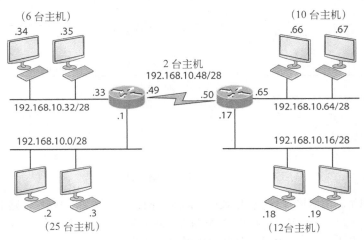

图 5-1　典型的分类网络

　　在图 5-1 中，有两台路由器。每台路由器都连接了两个 LAN，而两台路由器通过 WAN 串行链路相连。在使用 RIP 的典型分类网络设计中，像下面这样进行子网划分：

　　网络地址 = 192.168.10.0

　　子网掩码 = 255.255.255.240（/28）

　　这样，子网将为 0、16、32、48、64、80 等。这使得该互联网络最多可包含 16 个子网，但每个子网可包含多少台主机呢？现在你可能知道了，每个子网最多只能包含 14 台主机。这意味着每个 LAN 有 14 个合法的地址（不要忘记路由器接口也需要一个地址，它包含在所需的合法主机总数中），也就是说，其中一个 LAN 甚至没有足够的地址分配给所有主机。像图中这样编址，网络无法正常工作。点到点 WAN 链路也有 14 个合法的主机地址，如果能将这些地址挪给 LAN 使用，就太好了。

　　所有主机和路由器接口都使用相同的子网掩码，这被称为分类路由选择。如果要提高该网络的地址使用效率，必须给每个路由器接口分配不同的子网掩码。

　　但还有另一个问题，那就是两台路由器之间的链路使用的主机地址不会超过两个！这浪费了宝贵的 IP 地址空间，这也是你需要学习 VLSM 网络设计的最重要原因。

5.1.1　VLSM 设计

　　对于图 5-1 所示的网络，如果使用无类设计，它将变成如图 5-2 所示的新网络。在前一个示例中，由于所有路由器接口和主机都使用相同的子网掩码，导致了在浪费地址空间的同时，其中一个 LAN

却没有足够的地址。这很糟糕。一种更好的解决方案是，对于每个路由器接口连接的 LAN，都只提供所需的主机地址数。为此，我们将使用 VLSM。

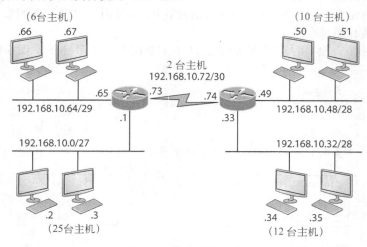

图 5-2　无类网络设计

请记住，在每个路由器接口上可使用长度不同的子网掩码。如果在 WAN 链路上使用/30，并在各个 LAN 上分别使用/27、/28 和 29，则 WAN 链路将有两个主机地址，而各个 LAN 分别有 30、14 和 6 个主机地址，这太好了（别忘了将路由器接口也视为主机）! 情形得到了极大改观，不仅每个 LAN 包含正确数量的主机地址，还可在该网络中添加 WAN 和 LAN。

要在网络中实现 VLSM 设计，需要使用在路由更新中发送子网掩码信息的路由选择协议，这包括 RIPv2、EIGRP 和 OSPF。RIPv1 不能用于无类网络，它被视为分类路由选择协议。

5.1.2　实现 VLSM 网络

要快捷而高效地制定 VLSM 设计方案，需要知道如何根据块大小来确定 VLSM。表 5-1 列出了在 C 类网络中使用 VLSM 时可使用的块大小。例如，如果需要支持 25 台主机，需要使用的块大小为 32；如果需要支持 11 台主机，需要使用的块大小为 16。如果需要支持 40 台主机呢? 需要使用的块大小为 64。块大小不是随意的，只能使用表 5-1 所示的块大小。因此，请记住该表列出的块大小。这很容易，它们与用于子网划分的数字相同!

表5-1　块大小

前　　缀	子网掩码	主机数	块大小
/25	128	126	128
/26	192	62	64
/27	224	30	32
/28	240	14	16

（续）

前　　缀	子网掩码	主机数	块大小
/29	248	6	8
/30	252	2	4

　　下一步是创建一个 VLSM 表。图 5-3 显示了组建 VLSM 网络时使用的表。使用这个表旨在避免子网相互重叠。

前缀	掩码	子网数	主机数	块大小
/25	128	2	126	128
/26	192	4	62	64
/27	224	8	30	32
/28	240	16	14	16
/29	248	32	6	8
/30	252	64	2	4

子网	主机数	块大小	前缀	掩码
A				
B				
C				
D				
E				
F				
G				
H				
I				
J				
K				
L				

图 5-3　VLSM 表

你将发现图 5-3 所示的表很有用，因为它列出了在网络中可使用的每个块大小。注意，列出的块大小为 4 ~ 128。如果块大小为 128，则可以有两个这样的子网；如果块大小为 64，则可以有 4 个这样的子网；以此类推。如果块大小为 4，则可以有 64 个这样的子网。当然，这里假设你在网络设计中使用了命令 ip subnet-zero。

现在，只需填写左下角的表格，再将子网加入工作表就可以了。

下面使用有关块大小的知识，在 C 类网络 192.168.10.0 中实现 VLSM，结果如图 5-4 所示。然后，填写 VLSM 表，如图 5-5 所示。

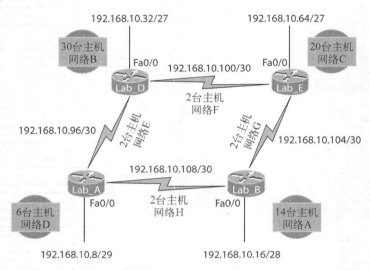

图 5-4   VSLM 网络示例 1

在图 5-4 中，使用四条 WAN 链路将四个 LAN 连接起来了，因此需要制定一个 VLSM 设计方案，以节省地址空间。有两个子网要求的块大小为 32，一个为 16，一个为 8；而每条 WAN 链路要求的块大小都为 4。请看图 5-5，看看我是如何填写 VLSM 表的。

这里需要指出两点。首先，这种 VLSM 网络设计方案提供了很大的扩容空间。其次，如果使用分类路由选择，将只能使用一个子网掩码，因此根本无法达到这样的目的。

再来看一个示例，如图 5-6 所示，它有 11 个子网，其中两个要求的块大小为 64，一个为 32，5 个为 16，还有 3 个为 4。

首先，创建 VLSM 表，并根据块大小确定所需的子网。图 5-7 提供了一种可能的解决方案。

注意整个图表都差不多填满了，只能再添加一个块大小为 4 的子网。只有使用 VLSM 才能如此节省地址空间。

请记住，块大小的开始位置无关紧要，只要始于其整数倍处即可。例如，如果块大小为 16，必须从 0、16、32、48 等处开始，而不能从 40 开始，也不能使用除 16 外的其他增量。

前缀	掩码	子网数	主机数	块大小
/25	128	2	126	128
/26	192	4	62	64
/27	224	8	30	32
/28	240	16	14	16
/29	248	32	6	8
/30	252	64	2	4

子网	主机数	块大小	前缀	掩码
A	14	16	/28	240
B	30	32	/27	224
C	20	32	/27	224
D	6	8	/29	248
E	2	4	/30	252
F	2	4	/30	252
G	2	4	/30	252
H	2	4	/30	252

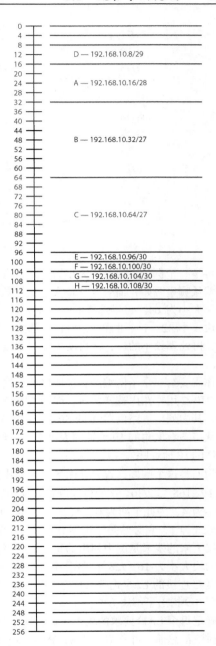

图 5-5　VLSM 表示例 1

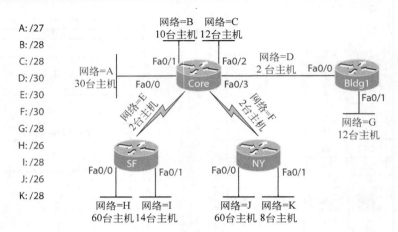

图 5-6　VLSM 网络示例 2

再举一个例子。如果块大小为 32，必须这样从 0、32、64、96 等处开始。请记住，不能想从哪里开始就从哪里开始，而必须从块大小的整数倍处开始。在图 5-7 所示的示例中，我从 64 和 128 开始，因为块大小为 64。可供选择的空间不大，因为只能选择 0、64、128 或 192。然而，我在其他地方添加了块大小 32、16、8 和 4，但它们都始于相应块大小的整数倍处。请记住，如果你总是从最大的块开始，再处理较小的块，将自动确保起始点为相应块大小的整数倍。这还可确保地址空间的使用效率最高。

你需要给三个子网编址，该网络使用网络地址 192.168.55.0，而你将配置命令 ip subnet-zero，并将 RIPv2 用作路由选择协议，因为 RIPv2 支持 VLSM，而 RIPv1 不支持。图 5-8 是一个 VLSM 设计示例，其中列出了路由器 A 的 S0/0 接口的 IP 地址。

从该图右上角的 IP 地址列表可知，将给每台路由器的 Fa0/0 接口以及路由器 B 的 S0/0 接口分配什么样的 IP 地址呢？

为回答这个问题，首先在图 5-8 中寻找线索。第一条线索是，给路由器 A 的接口 S0/0 分配了 IP 地址 192.168.55.2/30。这使得问题很容易回答，因为 /30 对应的子网掩码为 255.255.255.252，它提供的块大小为 4，因此子网为 0、4、8 等。鉴于已知的 IP 地址为 2，该子网（子网 0）中唯一可用的合法主机地址为 1，它必然是路由器 B 的接口 S0/0 的地址。

接下来的线索是图中列出的每个 LAN 包含的主机数。路由器 A 连接的 LAN 需要 7 个主机地址，要求的块大小为 16（/28）；路由器 B 连接的 LAN 需要 90 个主机地址，要求的块大小为 128（/25）；路由器 C 连接的 LAN 需要 23 个主机地址，要求的块大小为 32（/27）。

图 5-9 指出了解决方案。

确定每个 LAN 要求的块大小后，这个问题就变得非常简单了——只需查找正确的线索。

讨论汇总前，再介绍一个 VLSM 设计示例。在图 5-10 中，有三台路由器，它们都运行 RIPv2。为满足该网络的需求，同时尽可能节省地址空间，你该使用什么样的 C 类编址方案呢？

前缀	掩码	子网数	主机数	块大小
/25	128	2	126	128
/26	192	4	62	64
/27	224	8	30	32
/28	240	16	14	16
/29	248	32	6	8
/30	252	64	2	4

子网	主机数	块大小	前缀	掩码
A				
B				
C				
D				
E				
F				
G				
H				
I				
J				
K				

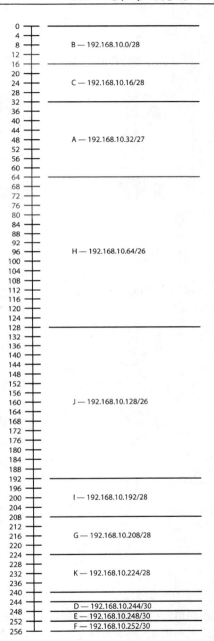

图 5-7　VLSM 表示例 2

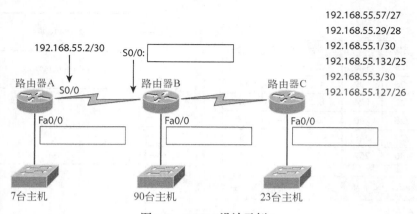

192.168.55.57/27
192.168.55.29/28
192.168.55.1/30
192.168.55.132/25
192.168.55.3/30
192.168.55.127/26

图 5-8　VLSM 设计示例 1

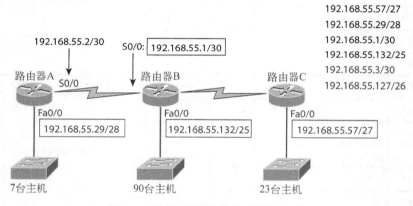

192.168.55.57/27
192.168.55.29/28
192.168.55.1/30
192.168.55.132/25
192.168.55.3/30
192.168.55.127/26

图 5-9　VLSM 设计示例 1 的解决方案

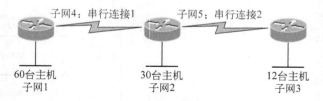

图 5-10　VLSM 设计示例 2

　　这很简单，你只需填写图表即可。三个 LAN 要求的块大小分别为 64、32 和 16，而两条串行连接要求的块大小为 4。接下来就是临门一脚，请看我的解决方案，如图 5-11 所示。

　　我的解决方案如下：从子网 0 开始，将其块大小设置为 64。显然，并非一定要这样做，也可将子网 0 的块大小设置为 4，但我通常喜欢从最大的块大小开始，依次向下处理到最小的块大小。接下来，我添加了块大小为 32 和 16 的子网，再添加两个块大小为 4 的子网。这个解决方案是最佳的，还有很大的空间可供添加子网！

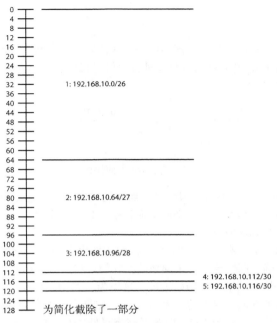

图 5-11 VLSM 设计示例 2 的解决方案

为何要如此麻烦地使用 VLSM 设计

假设你刚受雇于一家公司，负责扩充现有网络。你可以在该网络中采用全新的 IP 地址方案，是该采用 VLSM 无类网络设计还是分类网络设计呢？

假设你有大量地址空间，因为你在该公司环境中使用 A 类私有网络地址 10.0.0.0，根本就不会出现 IP 地址耗尽的问题。在这种情况下，为何要如此麻烦地使用 VLSM 设计呢？

这个问题问得好。下面是其中的原因。

通过在网络特定的区域使用连续的地址块，可轻松地对网络进行汇总，从而最大限度地减少路由选择协议通告的路由更新。如果只需在大楼之间通告一条汇总路由就能达到相同的效果，谁愿意在大楼之间通告数百条路由呢？这种方法可极大地优化网络的性能。

如果你不知道汇总路由是什么，让我来解释给你听。汇总也叫超网化（supernetting），它以最高效的方式提供路由更新：这是通过在一个通告中通告众多路由，而不是分别通告它们来实现的。这节省了大量带宽，并最大限度地降低了路由器的处理负担。使用成块的地址可配置汇总路由，让网络的性能得到极大改善。别忘了，前面列出的块大小适用于各种网络。

然而，需要知道的是，只有妥善地设计网络，汇总才能发挥作用。如果在网络中随意地布置 IP 子网，很快就将发现没有任何汇总边界。没有了汇总边界，在创建汇总路由的路上就走不远，因此请务必小心。

5.2   汇总

汇总也叫**路由聚合**，让路由选择协议能够用一个地址通告众多网络，旨在缩小路由器中路由选择表的规模，以节省内存，并缩短 IP 对路由选择表进行分析以找出前往远程网络的最佳路径所需的时间。

图 5-12 说明了在互联网络中使用的汇总地址。

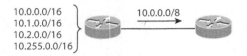

图 5-12   在互联网络中使用的汇总地址

汇总非常简单，因为你只需牢固掌握块大小，而我们在学习子网划分和 VLSM 设计时都使用过块大小。例如，如果要将如下网络汇总到一个网络通告中，只需确定块大小，就能轻松找出答案：

网络 192.168.16.0 ~ 192.168.31.0

块大小是多少呢？总共恰好有 16 个 C 类网络，使用块大小 16 刚好能满足需求。

知道块大小后，便可确定网络地址和子网掩码，它们可将这些网络汇总到一个通告中。用于通告汇总地址的网络地址总是块中的第一个网络地址，这里为 192.168.16.0。在这个例子中，要确定子网掩码，只需回答什么样的子网掩码提供的块大小为 16。如果你的答案是 240，那么你答对了。应将第三个字节（进行汇总的字节）设置为 240，因此子网掩码是 255.255.240.0。

再举一个例子：

网络 172.16.32.0 ~ 172.16.50.0

这没有前一个例子简单，因为有两个可能的答案，原因如下：由于第一个网络为 32，可供选择的块大小为 4、8、16、32、64 等。就这个示例而言，块大小 16 和 32 都可行。下面来看看这两种方案。

- 如果使用块大小 16，则汇总地址为 172.16.32.0 255.255.240.0（240 提供的块大小为 16）。然而，这只汇总了网络 32 ~ 47，也就是说，需要使用另一个地址通告网络 48 ~ 50。这可能是最佳方案，但是否如此取决于网络设计。
- 如果使用块大小 32，则汇总地址将为 172.16.32.0 255.255.224.0（224 提供的块大小为 32）。这个答案可能存在的问题是，它将汇总网络 32 ~ 63，但这里只使用了网络 32 ~ 50。如果你打算以后加入网络 51 ~ 63，则没有什么可担心的；但如果网络 51 ~ 63 出现在其他地方并被通告，你的互联网络将出现严重的问题！虽然这个方案提供了扩容空间，但前一个方案安全得多。

再来看一个示例：如果汇总地址为 192.168.144.0/20，将根据它转发前往哪些主机地址的分组？在这里，汇总地址为 192.168.144.0，子网掩码为 255.255.240.0。

第三个字节的块大小为 16，而被汇总的第一个地址为 192.168.144.0，在第三个字节加上块大小 16 后为 160，因此汇总的地址范围为 144 ~ 159。由此可见，学会计算 16 的倍数十分方便。

如果路由器在其路由选择表中包含该汇总地址，那么它将转发目标地址为 192.168.144.1 ~ 192.168.159.254 的任何分组。

下面再举两个例子，然后介绍故障排除。

在图 5-13 中，路由器 R1 连接的以太网被汇总为 192.168.144.0/20，再通告给 R2。R2 将根据该汇总地址将前往哪些 IP 地址的分组转发给 R1 呢？

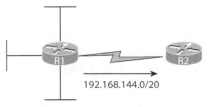

图 5-13 汇总示例 4

不用担心，这个问题没有看起来那么难。在这个问题中，实际上列出了汇总地址 192.168.144.0/20。我们知道，/20 对应的子网掩码为 255.255.240.0，这意味着第三个字节的块大小为 16。被汇总的第一个网络为 144（这也在问题中指出了），而下一个块的起始位置为 160，因此第三个字节不能超过 159。因此，R1 将根据该汇总地址将前往 IP 地址 192.168.144.1 ~ 192.168.159.254 的分组转发给 R2。

下面来看最后一个示例。在图 5-14 中，路由器 R1 连接了 5 个网络。将什么样的汇总地址通告给 R2 最合适？

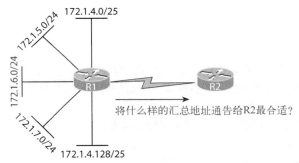

图 5-14 汇总示例 5

坦率地说，这个问题比图 5-13 所示的问题难得多，你必须仔细观察才能找出答案。一种不错的方法是，先将所有这些网络写下来，看它们有什么相同的地方：

- ❑ 172.1.4.128/25
- ❑ 172.1.7.0/24
- ❑ 172.1.6.0/24
- ❑ 172.1.5.0/24
- ❑ 172.1.4.0/25

你发现了让你感兴趣的字节了吗？我发现了，那就是第三个字节：分别是 4、5、6、7。这意味着块大小为 4。因此，可使用汇总地址 172.1.4.0 和子网掩码 255.255.252.0。这意味着第三个字节的块大小为 4。将根据该汇总路由转发前往 IP 地址 172.1.4.1 ~ 172.1.7.254 的分组。

现对本节内容总结如下：确定块大小后，再确定汇总地址和子网掩码将相对容易。然而，如果你不知道 /20 对应的子网掩码，或者不知道如何计算 16 的倍数，马上就会陷入困境。

5.3 排除 IP 编址故障

大家肯定会时不时遇到麻烦，因此排除 IP 编址故障是项重要的技能。我不是悲观主义者，而只是告诉你实情。好消息是，如果你掌握了诊断并排除故障的工具，就能力挽狂澜，变成英雄。通常，无论是在上班还是在家，你都能修复 IP 网络故障。

因此，这里介绍思科排除 IP 编址故障的方式。下面以图 5-15 所示的基本 IP 故障为例：可怜的 Sally 无法登录 Windows 服务器。面对这种情形，你会致电微软开发小组，指责它们的服务器是一堆垃圾，所有问题都因它而起吗？虽然你很想这样做，但还是先检查网络吧。

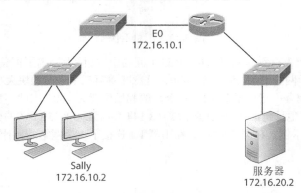

图 5-15　排除基本的 IP 故障

先介绍一下思科推荐的故障排除步骤。这些步骤非常简单，但很重要。假设你正在客户的旁边，他抱怨自己无法与位于远程网络中的服务器通信，下面是思科推荐的四个故障排除步骤。

(1) 打开命令提示符窗口，并 ping 127.0.0.1。这是诊断（环回）地址，如果 ping 操作成功，说明 IP 栈初始化了。如果失败，则说明 IP 栈出现了故障，需要在主机上重装 TCP/IP。

```
C:\>ping 127.0.0.1
Pinging 127.0.0.1 with 32 bytes of data:
Reply from 127.0.0.1: bytes=32 time<1ms TTL=128
Reply from 127.0.0.1: bytes=32 time<1ms TTL=128
Reply from 127.0.0.1: bytes=32 time<1ms TTL=128
Reply from 127.0.0.1: bytes=32 time<1ms TTL=128
Ping statistics for 127.0.0.1:
    Packets: Sent &#x0003D; 4, Received = 4, Lost = 0 (0% loss),
Approximate round trip times in milli-seconds:
    Minimum = 0ms, Maximum = 0ms, Average = 0ms
```

(2) 在命令提示符窗口中，ping 当前主机的 IP 地址（这里假设 IP 地址配置正确，但务必检查这种配置）。如果成功，说明网络接口卡（NIC）正常；如果失败，则说明 NIC 出现了故障。这一步成功并不意味着电缆插入了 NIC，而只意味着主机的 IP 协议栈能够通过 LAN 驱动程序与 NIC 通信。

```
C:\>ping 172.16.10.2
Pinging 172.16.10.2 with 32 bytes of data:
Reply from 172.16.10.2: bytes=32 time<1ms TTL=128
Reply from 172.16.10.2: bytes=32 time<1ms TTL=128
Reply from 172.16.10.2: bytes=32 time<1ms TTL=128
Reply from 172.16.10.2: bytes=32 time<1ms TTL=128
Ping statistics for 172.16.10.2:
    Packets: Sent = 4, Received = 4, Lost = 0 (0% loss),
Approximate round trip times in milli-seconds:
    Minimum = 0ms, Maximum = 0ms, Average = 0ms
```

(3) 在命令提示符窗口中，ping 默认网关（路由器）。如果成功，说明 NIC 连接到了网络，能够与本地网络通信。如果失败，则说明本地物理网络出现了故障，该故障可能位于 NIC 到路由器之间的任何地方。

```
C:\>ping 172.16.10.1
Pinging 172.16.10.1 with 32 bytes of data:
Reply from 172.16.10.1: bytes=32 time<1ms TTL=128
Reply from 172.16.10.1: bytes=32 time<1ms TTL=128
Reply from 172.16.10.1: bytes=32 time<1ms TTL=128
Reply from 172.16.10.1: bytes=32 time<1ms TTL=128
Ping statistics for 172.16.10.1:
    Packets: Sent = 4, Received = 4, Lost = 0 (0% loss),
Approximate round trip times in milli-seconds:
    Minimum = 0ms, Maximum = 0ms, Average = 0ms
```

(4) 如果第 1 ~ 3 步都成功了，尝试 ping 远程服务器。如果成功，便可确定本地主机和远程服务器能够进行 IP 通信，且远程物理网络运行正常。

```
C:\>ping 172.16.20.2
Pinging 172.16.20.2 with 32 bytes of data:
Reply from 172.16.20.2: bytes=32 time<1ms TTL=128
Reply from 172.16.20.2: bytes=32 time<1ms TTL=128
Reply from 172.16.20.2: bytes=32 time<1ms TTL=128
Reply from 172.16.20.2: bytes=32 time<1ms TTL=128
Ping statistics for 172.16.20.2:
    Packets: Sent = 4, Received = 4, Lost = 0 (0% loss),
Approximate round trip times in milli-seconds:
    Minimum = 0ms, Maximum = 0ms, Average = 0ms
```

如果虽然第 1 ~ 4 步成功了，但用户仍不能与服务器通信，则可能存在某种名称解析问题，需要检查域名系统（DNS）设置。如果 ping 远程服务器失败，便可确定存在某种远程物理网络问题，需要对服务器执行第 1 ~ 3 步，直到找出罪魁祸首。

介绍如何找出并修复 IP 地址问题前，需要介绍一些基本命令，它们有助于排除 PC 和思科路由器的网络故障。请记住，在 PC 和思科路由器中，这些命令的功能可能相同，但实现方式可能不同。

- ❑ **ping** 使用 ICMP 回应请求和应答进行测试，检查网络中节点的 IP 栈是否已初始化并处于活动状态。
- ❑ **traceroute** 使用 TTL 超时和 ICMP 错误消息，显示前往某个网络目的地时经过的路径上的所有路由器。在命令提示符窗口中，不能使用该命令。
- ❑ **tracert** 功能与 traceroute 相同，是一个 Microsoft Windows 命令，在思科路由器上不管用。
- ❑ **arp -a** 在 Windows PC 中显示 IP 地址到 MAC 地址的映射。
- ❑ **show ip arp** 功能与 arp -a 相同，但用于在思科路由器中显示 ARP 表。与命令 traceroute 和 tracert 一样，命令 arp -a 和 show ip arp 也只能分别用于 DOS 和思科路由器中。
- ❑ **ipconfig /all** 只能在命令提示符窗口中使用，显示 PC 的网络配置。

采取前面介绍的步骤并使用合适的命令提示符命令时，如果找出了问题所在，该如何办呢？也就是说你将如何修复 IP 地址配置错误呢？下面介绍如何找出并修复 IP 地址问题。

找出 IP 地址问题

给主机、路由器和其他网络设备配置的 IP 地址、子网掩码或默认网关不正确的情况很常见。鉴于这样的情况经常发生，你必须知道如何找出并修复 IP 地址配置错误。

一种不错的做法是，先绘制出网络示意图和 IP 编址方案。如果你已经这样做了，那么你很幸运，因为虽然这种做法很明智，但几乎没有几个人会做。即便已经绘制了网络示意图，它通常也是过时的或不那么准确。因此，无论是哪种情况，咬紧牙关从头开始绘制都是个不错的主意。

 第 7 章将介绍如何使用思科发现协议（CDP）绘制网络示意图，这是一种很不错的方法。

准确地绘制网络示意图（包括 IP 编址方案）后，需要核实每台主机的 IP 地址、子网掩码和默认网关地址，以找出问题。当然，这里假设没有物理层问题，即便存在这样的问题，也已经解决了。

来看如图 5-16 所示的示例。销售部的一位用户给你打电话，说她无法访问市场部的服务器 A。你问她能否访问市场部的服务器 B，她说不知道，因为她没有登录该服务器的权限。你该如何办呢？

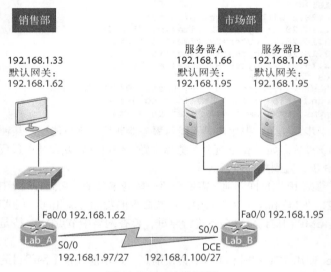

图 5-16 IP 地址问题 1

你指导她执行前一节介绍的四个故障排除步骤。第 1 ~ 3 步成功了，但第 4 步失败了。通过查看图 5-16，你能判断出问题所在吗？请在网络示意图中寻找线索。首先，路由器 Lab_A 和 Lab_B 之间的 WAN 链路使用的子网掩码为/27。你知道，这对应于 255.255.255.224，然后确定所有网络都使用该子网掩码。网络地址为 192.168.1.0，合法的子网和主机地址是什么呢？256 − 224 = 32，因此子网为 0、32、64、96、128 等。从图 5-16 可知，销售部使用的是子网 32，WAN 链路使用的是子网 96，而市场部使用的是子网 64。

现在，需要确定每个子网的合法主机地址范围。使用你在本章开头学到的知识，很容易确定子网地址、广播地址和合法的主机地址范围。销售部 LAN 的合法主机地址为 33 ~ 62，而广播地址为 63，因为下一个子网为 64；对于市场部 LAN，合法的主机地址为 65 ~ 94，广播地址为 95；而对于 WAN 链路，合法的主机地址为 97 ~ 126，广播地址为 127。通过仔细查看图 5-16，可确定路由器 Lab_B 的地址（默认网关地址）不正确。这个地址是子网 64 的广播地址，根本不是合法的主机地址。

 提示 如果你试图在路由器 Lab_B 的接口上配置地址 192.168.1.95/27，将出现错误消息 bad mask error，因为思科路由器不允许将子网号和广播地址用作主机地址。

你都明白了吗？为确保你完全明白，再看一个示例。图 5-17 存在一个网络问题：销售部 LAN 的一位用户无法访问服务器 B。你让这位用户执行四个基本的故障排除步骤，发现该主机能够与本地网络通信，但不能与远程网络通信。请找出并描述存在的 IP 编址问题。

如果采取解决前一个问题时使用的步骤，将发现图 5-17 也指出了 WAN 链路使用的子网掩码/29，即 255.255.255.248。假设采用的是分类编址，为找出问题所在，需要确定子网、广播地址和合法的主机地址范围。

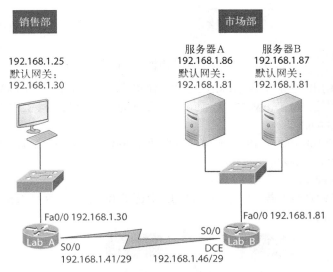

图 5-17　IP 地址问题 2

子网掩码 248 提供的块大小为 8（256 − 248 = 8，这在第 4 章讨论过），因此子网为 8 的倍数。从图 5-17 可知，销售部 LAN 使用的是子网 24，WAN 链路使用的是子网 40，而市场营销部使用的是子网 80。你还看不出问题所在吗？销售部 LAN 的合法主机地址范围为 25～30，其配置看起来正确；WAN 链路的合法主机地址范围为 41～46，其配置看起来也正确；子网 80 的合法主机地址范围为 81～86，其广播地址为 87，因为下一个子网为 88。给服务器 B 配置的是该子网的广播地址。

至此，你能够发现给主机配置的 IP 地址不正确的问题，但如果主机没有 IP 地址，需要给它分配一个，该怎么办呢？你需要做的是，查看该 LAN 中的其他主机，以确定网络地址、子网掩码和默认网关。下面介绍几个如何确定合法 IP 地址并将其分配给主机的例子。

假设需要给 LAN 中的服务器和路由器分配 IP 地址，而分配给该网段的子网为 192.168.20.24/29，且需要将第一个可用的 IP 地址分配给路由器，并将最后一个合法的主机 ID 分配给服务器。请问分配给服务器的 IP 地址、子网掩码和默认网关分别是什么？

要回答这个问题，必须知道/29 对应的子网掩码为 255.255.255.248，它提供的块大小为 8。已知所属的子网为 24，因此下一个子网为 32，而子网 24 的广播地址为 31，所以合法的主机地址范围为 25 ~ 30。

服务器的 IP 地址：192.168.20.30

服务器的子网掩码：255.255.255.248

默认网关：192.168.20.25（路由器的 IP 地址）

请看图 5-18，并解决下面的问题：

根据路由器接口 E0 的 IP 地址，确定可分配给主机的 IP 地址范围和子网掩码。

路由器 A

E0: 192.168.10.33/27

图 5-18   合法主机地址范围确定示例 1

路由器接口 E0 的 IP 地址为 192.168.10.33/27。你知道，/27 对应的子网掩码为 224，它提供的块大小为 32。该路由器接口位于子网 32 中，而下一个子网为 64，因此子网 32 的广播地址为 63，合法的主机地址范围为 33 ~ 62。

主机 IP 地址：192.168.10.34 ~ 192.168.10.62(该范围内的任何地址，但已分配给路由器的 33 除外)。

子网掩码：255.255.255.224

默认网关：192.168.10.33

在图 5-19 中，有两台路由器，给它们的接口 E0 分配了 IP 地址。可将什么样的主机地址和子网掩码分配给主机 A 和主机 B？

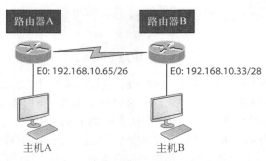

路由器 A   路由器 B

E0: 192.168.10.65/26   E0: 192.168.10.33/28

主机 A   主机 B

图 5-19   合法主机地址范围确定示例 2

路由器 A 的 IP 地址为 192.168.10.65/26，而路由器 B 的 IP 地址为 192.168.10.33/28。如何配置主机呢？路由器 A 的接口 E0 位于子网 192.168.10.64 中，而路由器 B 的接口 E0 位于子网 192.168.10.32 中。

主机 A 的 IP 地址：192.168.10.66 ~ 192.168.10.126

主机 A 的子网掩码：255.255.255.192

主机 A 的默认网关：192.168.10.65

主机 B 的 IP 地址：192.168.10.34 ~ 192.168.10.46

主机 B 的子网掩码：255.255.255.240

主机 B 的默认网关：192.168.10.33

在结束本章前，再介绍几个例子———一定要坚持下去！

在图 5-20 中，有两台路由器，需要配置路由器 B 的接口 S0/0。分配给串行链路的子网为 172.16.17.0/22，请问可给路由器 B 的接口 S0/0 分配哪些 IP 地址？

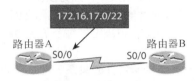

图 5-20　合法主机地址范围确定示例 3

首先，必须知道 CIDR 值/22 对应的子网掩码为 255.255.252.0，这使得第三个字节的块大小为 4。根据提供的 17.0 可知，合法的主机地址范围为 16.1 ~ 19.254。因此，这里可给接口 S0/0 分配 IP 地址 172.16.18.255，因为它位于上述范围内。

下面介绍最后一个示例。假设给你分配了一个 C 类网络 ID，而你需要给每个城市提供一个子网，且每个子网包含足够多的主机地址，如图 5-21 所示。该使用什么样的子网掩码？

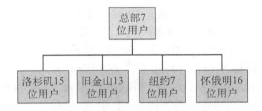

图 5-21　确定合法的子网掩码

实际上，这个问题可能是本章最容易的！从图 5-21 可知，需要 5 个子网，而怀俄明的分支机构有 16 位用户（总是找出需要最多主机地址的网络）。该分支机构要求的块大小是多少呢？答案是 32。不能使用块大小 16，因为主机数为块大小减 2。什么样的子网掩码提供的块大小为 32 呢？答案是 224。这提供了 8 个子网，每个子网可包含 30 台主机。

本章到这里就结束了。现在休息一下，再回来完成书面实验和复习题。

5.4　小结

如果你阅读到这里，且没有不明白的地方，那你真是太厉害了！即便有搞不懂的地方，也不用紧张，因为大多数人都跟你一样。只要有耐心，回过头去反复阅读搞不懂的地方，直到完全明白。你能做到！

通过阅读本章，你对变长子网掩码这个重要主题有了深入认识。还应知道如何设计和实现简单的 VLSM 网络，并谙熟汇总。

确保你理解并记住了思科故障排除方法。思科推荐你使用四个步骤来缩小网络/IP 编址问题的范围，你必须记住这些步骤，这样就知道如何系统地修复问题。另外，你还应该能够根据网络示意图确定合法的 IP 地址和子网掩码。

5.5　考试要点

描述变长子网掩码（VLSM）的优点。 VLSM 让你能够创建特定规模的子网以及将无类网络划分成大小不同的子网。这提高了地址空间的使用效率，因为使用分类子网划分时，经常会浪费 IP 地址。

理解子网掩码、块大小以及每个子网中合法 IP 地址范围之间的关系。 要划分的分类网络以及使用的子网掩码一起决定了主机数（块大小），还决定了每个子网的起始位置以及哪些 IP 地址不能分配给子网中的主机。

描述汇总（路由聚合）过程及其与子网划分的关系。 汇总指的是将分类网络中的子网合并，以便将一条路由（而不是多条路由）通告给邻接路由器，从而缩小路由选择表的规模，提高路由选择的速度。

计算汇总地址的子网掩码，以便使用一个地址通告所有子网。 用于通告汇总地址的网络地址总是子网块中的第一个网络地址，而子网掩码提供的块大小与要汇总的子网数相同。

牢记四个故障排除步骤。 思科推荐的四个简单的故障排除步骤如下：ping 环回地址、ping NIC、ping 默认网关以及 ping 远程设备。

找出并修复 IP 编址问题。 执行思科推荐的四个故障排除步骤后，你必须能够绘制出网络示意图并找出网络中合法和非法的主机地址，从而确定 IP 编址问题。

理解可在主机和思科路由器上使用的故障排除工具。 命令 `ping 127.0.0.1` 检查本地 IP 栈，而 `tracert` 是一个 Windows DOS 命令，它跟踪分组穿越互联网络前往目的地时经过的路径。思科路由器使用命令 `traceroute`（简写为 `trace`）。不要将 Windows 命令和思科命令混为一谈。虽然它们生成的输出相同，但在不同的提示符下执行。命令 `ipconfig /all` 在 DOS 提示符下执行，它显示 PC 的网络配置；而 `arp -a`（也在 DOS 提示符下执行）显示 Windows PC 中的 IP 地址到 MAC 地址映射。

5.6　书面实验

对于下面的每组网络，确定用于将它们进行汇总的汇总地址和子网掩码。

(1) 192.168.1.0/24 ~ 192.168.12.0/24

(2) 172.144.0.0 ~ 172.159.0.0

(3) 192.168.32.0 ~ 192.168.63.0

(4) 192.168.96.0 ~ 192.168.111.0

(5) 66.66.0.0 ~ 66.66.15.0

(6) 192.168.1.0 ~ 192.168.120.0

(7) 172.16.1.0 ~ 172.16.7.0

(8) 192.168.128.0 ~ 192.168.190.0

(9) 53.60.96.0 ~ 53.60.127.0

(10) 172.16.10.0 ~ 172.16.63.0

答案见附录 A。

5.7　复习题

这些复习题的答案见附录 B。

(1) 在 VLSM 网络中，为减少对 IP 地址的浪费，应在点到点 WAN 链路上使用哪个子网掩码？

　　A. /27　　　　　　B. /28　　　　　　C. /29　　　　　　D. /30　　　　　　E. /31

(2) 在下图所示的网络中，子网 B 最多可以有多少台主机？

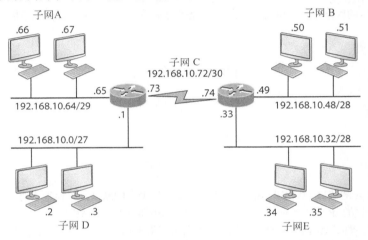

　　A. 6 台　　　　　　B. 12 台　　　　　　C. 14 台　　　　　　D. 30 台

(3) 在下图所示的网络中，为尽可能避免浪费 IP 地址，哪个子网应使用子网掩码/29？

　　A. A　　　　　　B. B　　　　　　C. C　　　　　　D. D

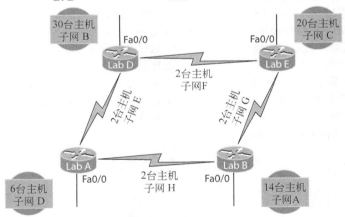

(4) 要使用 VLSM，使用的路由选择协议必须具备哪种功能？

A. 支持组播　　　　　　　　　　　　　B. 支持多种协议

C. 传输子网掩码信息　　　　　　　　　D. 支持非等成本负载均衡

(5) 哪个汇总地址刚好能够涵盖下图所示的所有网络,从而将一条高效的路由通告给路由器 B?

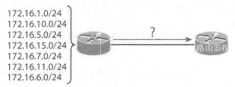

```
172.16.1.0/24
172.16.10.0/24
172.16.5.0/24
172.16.15.0/24                    ?
172.16.7.0/24                            路由器B
172.16.11.0/24
172.16.6.0/24
```

A. 172.16.0.0/24　　B. 172.16.1.0/24　　　C. 172.16.0.0/21　　　D. 172.16.0.0/20

E. 172.16.16.0/28　　F. 172.16.0.0/27

(6) 在下图所示的网络中,主机无法 ping 该网络外部的设备,请问最有可能的原因是什么?

路由器A

E0: 192.168.10.33/27

IP 192.168.10.28/27
默认网关 192.168.10.33/27

A. 路由器 A 的接口 E0 配置的地址不对　　B. 主机配置的默认网关地址不对

C. 主机配置的 IP 地址不对　　　　　　　D. 路由器 A 出现了故障

(7) 在主机 A 配置的默认网关不对,而其他主机及路由器的配置都对的情况下,下述哪种说法是正确的?

A. 主机 A 无法与路由器通信　　　　　　B. 主机 A 能够与当前子网中的其他主机通信

C. 主机 A 能够与其他子网中的主机通信　　D. 主机 A 无法与其他任何系统通信

(8) 在下面哪个故障排除步骤成功的情况下,其他所有步骤都将成功?

A. ping 远程计算机　　B. ping 环回地址　　　C. ping 当前主机的 NIC　　　D. ping 默认网关

(9) 如果 ping 本地主机的 IP 地址失败,可得出哪个结论?

A. 本地主机的 IP 地址不正确　　　　　　B. 远程主机的 IP 地址不正确

C. NIC 不正常　　　　　　　　　　　　D. IP 栈未初始化

(10) 如果 ping 本地主机的 IP 地址成功,但 ping 默认网关的 IP 地址失败,可排除下面哪些情况?

A. 本地主机的 IP 地址不正确　　　　　　B. 远程主机的 IP 地址不正确

C. NIC 不正常　　　　　　　　　　　　D. IP 栈未初始化

(11) 下图中哪些子网可使用子网掩码/29?

```
                    总部 7
                    位用户

洛杉矶 15    旧金山 13    纽约 7     怀俄明 16
位用户       位用户       位用户      位用户
```

A. 总部的子网　　　B. 洛杉矶的子网　　　C. 旧金山的子网　　　D. 纽约的子网

E. 无

(12) 如果使用 IP 地址 ping 某台计算机时成功了, 但使用名称 ping 时失败了, 很可能是哪种网络服务有问题?

A. DNS　　　　　B. DHCP　　　　　C. ARP　　　　　D. ICMP

(13) 执行 ping 命令时, 使用的是哪种协议?

A. DNS　　　　　B. DHCP　　　　　C. ARP　　　　　D. ICMP

(14) 下面哪个命令显示前往目的地时经过的路由器?

A. ping　　　　　B. traceroute　　　C. pingroute　　　D. pathroute

(15) 下述输出是哪个命令生成的?

```
Reply from 172.16.10.2: bytes=32 time<1ms TTL=128
Reply from 172.16.10.2: bytes=32 time<1ms TTL=128
Reply from 172.16.10.2: bytes=32 time<1ms TTL=128
Reply from 172.16.10.2: bytes=32 time<1ms TTL=128
```

A. traceroute　　　B. show ip route　　C. ping　　　　　D. pathping

(16) 将下述命令和功能正确搭配起来。

traceroute　　　　　　　显示前往目的地时经过的路由器

arp -a　　　　　　　　　显示 IP 地址到 MAC 地址的映射

show ip arp　　　　　　　显示路由器的 ARP 表

ipconfig /all　　　　　显示 PC 的网络配置

(17) 下面哪个网络地址正确而高效地汇总网络 10.0.0.0/16、10.1.0.0/16 和 10.2.0.0/16?

A. 10.0.0.0/15　　　B. 10.1.0.0/8　　　C. 10.0.0.0/14　　　D. 10.0.0.8/16

(18) 在思科路由器上, 下面哪个命令显示 ARP 表?

A. show ip arp　　　B. traceroute　　　C. arp -a　　　　　D. tracert

(19) 要在 PC 上检查 DNS 配置, 必须给命令 ipconfig 添加哪个开关?

A. /dns　　　　　B. -dns　　　　　C. /all　　　　　D. showall

(20) 汇总网络 192.168.128.0 ~ 192.168.159.0 时, 下面哪项是最佳的选择?

A. 192.168.0.0/24　　B. 192.168.128.0/16　　C. 192.168.128.0/19　　D. 192.168.128.0/20

第6章

思科互联网络操作系统

本章涵盖如下 ICND1 考试要点。

✓ **2.0 LAN 交换技术**

❏ 2.3 接口和电缆故障排除（冲突、错误、双工模式、速度）

✓ **5.0 基础设施管理**

❏ 5.3 设备初步设置的配置和验证

❏ 5.4 设备基本强化的配置、验证和故障排除

■ 5.4.a 本地身份验证

■ 5.4.b 安全密码

■ 5.4.c 访问设备

– 5.4.c(i) 源地址

– 5.4.c(ii) Telnet/SSH

■ 5.4.d 登录旗标

❏ 5.6 使用思科 IOS 工具诊断并排除故障

■ 5.6.a 扩展 ping 和 traceroute

■ 5.6.b 终端监视器

■ 5.6.c 将事件写入日志

现在该向你介绍思科**互联网络操作系统**（Internetwork Operating System，IOS）了。IOS 运行在思科路由器和思科交换机上，让你能够对设备进行配置。

在本章中，你将学习 IOS。我将向你演示如何使用思科 IOS 命令行界面（command-line interface，CLI）对运行思科 IOS 的设备进行配置。熟悉该界面后，你将能够使用思科 IOS 配置主机名、旗标（banner）、密码等，还能够使用它来排除故障。

本章还将介绍路由器和交换机配置以及验证命令的基本知识。

我将首先对一台 IOS 交换机进行基本配置，以组建一个网络，供全书的配置示例使用。别忘了，本章同时涉及交换机和路由器。这两种设备的配置方式很像，但涉及接口时差别很大，因此阅读相关内容时请务必特别留心。

与前几章一样，本章介绍的基本知识至关重要，阅读本书后续内容前必须掌握。

注意 有关本章内容的最新修订，请访问请访问 www.lammle.com/ccna 或出版社网站的本书配套网页（www.sybex.com/go/ccna）。

6.1 IOS 用户界面

IOS 是思科路由器和所有 Catalyst 交换机的内核。你可能不知道，内核是操作系统不可或缺的基本部分，它分配资源，并对诸如低级硬件接口和安全等方面进行管理。

接下来将介绍思科 IOS 以及如何使用**命令行界面**（CLI）配置思科交换机。通过使用 CLI，可访问思科设备，并启用语音、视频和数据服务等。本章介绍的所有配置都适用于思科路由器。

6.1.1 思科 IOS

思科 IOS 是一个专用内核，提供路由选择、交换、网络互联和远程通信功能。最初的 IOS 由 William Yeager 于 1986 年编写，用于支持网络应用程序。大多数思科路由器都运行 IOS，越来越多的思科 Catalyst 交换机也运行它，其中包括本书使用的 Catalyst 2960 和 3560 系列交换机。要通过思科认证考试，必须掌握思科 IOS。

下面是思科路由器 IOS 软件负责的一些重要方面：
- ❑ 运行网络协议及提供功能；
- ❑ 在设备间高速传输数据；
- ❑ 控制访问和禁止未经授权的网络使用，从而加强安全性；
- ❑ 提供可扩展性（以方便网络扩容）和冗余性；
- ❑ 提供连接到网络资源的可靠性。

要访问思科 IOS，可通过路由器或交换机的控制台端口，也可通过调制解调器连接到路由器的辅助（Aux）端口，还可通过 Telnet 和 Secure Shell（SSH）。访问 IOS 命令行被称为 EXEC 会话。

6.1.2 连接到思科 IOS 设备

要对思科设备进行配置、验证其配置以及查看统计数据，首先需要连接到它。这有多种不同的方式，但通常连接到控制台端口。**控制台端口**通常是 8 针的模块化 RJ45 接头，位于设备背面，可能设置了密码，也可能没有设置。

注意　　有关如何配置 PC 以连接到路由器控制台端口，请参阅第 2 章。

也可通过**辅助端口**（auxiliary port）连接到思科路由器。辅助端口实际上与控制台端口一样，可像使用控制台端口一样使用它，但辅助端口还让你能够配置调制解调器命令，让调制解调器能够连接到路由器。这是一项很好的功能，因为如果远程路由器出现了故障，而你需要对其进行**带外**（out-of-band）配置（在网络外进行配置），这项功让你能够通过拨号连接到其辅助端口。思科路由器和交换机的差别之一是，交换机没有辅助端口。

连接到思科设备的第三种方式是通过 Telnet 或 Secure Shell（SSH）程序。这是一种带内方式，即通过网络配置设备，与带外方式相反。我们在第 3 章介绍过 Telnet 和 SSH，本章将介绍如何配置思科设备，以便能够使用这两种协议来访问它们。

图 6-1 是一台思科 2960 交换机。这里的重点是各种接口和接头。右边的接口用于连接 10/100/1000 上行链路，你要么使用其中的 UTP 端口，要么使用光纤端口，两者不能同时使用。

图 6-1　思科 2960 交换机

本书将使用的 3560 交换机与 2960 交换机很像，但它能够执行第 3 层交换，而不像 2960 交换机那样只提供第 2 层功能。

这里还需介绍一下 2800 系列路由器，因为本书将使用它们。这种路由器被称为集成服务路由器（Integrated Services Router, ISR），思科已将其升级为 2900 系列，但我的生产网络依然使用了大量 2800 系列路由器。图 6-2 是 1900 系列路由器。这种 ISR 系列路由器很不错，因内置了众多服务（如安全）而得名。ISR 系列路由器属于模块化设备，速度比 2600 系列路由器快得多，也完美得多——优雅的设计使其支持更多的连接方式。这种 ISR 系列路由器可提供多个串行接口，可通过 V.35 WAN 接头连接到 T1 链路。ISR 路由器有多个快速以太网或吉比特以太网端口，具体情况随型号而异。1900 系列路由器有两个控制台端口，一个为 RJ45 接头，另一个为 USB 端口；还有一个辅助端口，可用于通过调制解调器建立远程连接。

图 6-2　思科 1900 路由器

需要牢记的是，在大多数情况下，2800/2900 系列路由器都物超所值，除非你要添加大量接口。你需要为添加的每个接口付费，而这些费用很快会累积成大数目！

有另外两个系列的路由器比 2800 系列便宜，这就是 1800/1900 系列。如果你要寻找便宜的 2800/2900 替代品，又想运行同样的 IOS 版本，可考虑采用这两个系列的路由器。

本书的 IOS 配置示例大都使用 2800 系列路由器和 2960/3560 交换机，但需要指出的是，为思科认证考试做准备时，使用哪种型号的路由器无关紧要。然而，在交换机方面，如果你想满足考试目标的要求，就必须使用两台 2960 交换机和一台 3560 交换机。

注意　有关所有思科路由器的更详细信息，请参阅 www.cisco.com/en/US/products/hw/routers/index.html。

6.1.3　启动交换机

启动思科 IOS 设备时，将经过加电自检（power-on self-test, POST）。通过加电自检后，将在闪存中查找思科 IOS，如果找到 IOS 文件，将把它加载到内存中。你可能知道，闪存是电可擦除只读存储器，即 EEPROM。IOS 加载后，它将寻找有效配置（称为启动配置），这种配置存储在非易失 RAM （nonvolatile RAM，NVRAM）中。

加载并运行 IOS 后，将把启动配置从 NVRAM 复制到内存中，此后这种配置就被称为运行配置。

然而，如果没有在 NVRAM 中找到有效的启动配置，交换机将进入设置模式，让你能够以对话的方式逐步配置一些基本参数。

另外，随时都可从命令行进入设置模式，方法是在特权模式下执行命令 setup，这种模式将稍后介绍。在设置模式下只可执行一些基本命令，因此这种模式通常用处不大。下面是一个启动示例：

```
Would you like to enter the initial configuration dialog? [yes/no]: y

At any point you may enter a question mark '?' for help.
Use ctrl-c to abort configuration dialog at any prompt.
Default settings are in square brackets '[]'.

Basic management setup configures only enough connectivity
for management of the system, extended setup will ask you
to configure each interface on the system

Would you like to enter basic management setup? [yes/no]: y
Configuring global parameters:

  Enter host name [Switch]: Ctrl+C
Configuration aborted, no changes made.
```

注意

可随时按 Ctrl＋C 退出设置模式。

强烈建议你使用一次设置模式，之后不再使用，因为你总是应该使用 CLI。

6.2 命令行界面

我有时将 CLI（命令行界面）称为 Cash Line Interface，因为如果你能使用 CLI 进行复杂的思科路由器和交换机配置，就能赚到钱。

6.2.1 进入 CLI

接口状态消息出现后，如果按回车键，将出现提示符 Switch>。这被称为**用户 EXEC 模式**（简称为用户模式），主要用于查看统计信息，但也是进入**特权 EXEC 模式**（简称为特权模式）的跳板。

只有在特权 EXEC 模式（特权模式）下，才能查看并修改思科路由器的配置。要进入这种模式，可执行命令 enable，如下所示：

```
Switch>enable
Switch#
```

提示符 Switch#表明当前处于特权模式，在这种模式下，可查看并修改交换机的配置。要从特权模式返回用户模式，可使用命令 disable，如下所示：

```
Switch#disable
Switch>
```

要退出控制台，可执行命令 **logout**：

```
Switch>logout
Switch con0 is now available
Press RETURN to get started.
```

接下来演示如何执行一些基本的管理配置。

6.2.2 路由器模式概述

在 CLI 中，可对路由器进行全局修改。为此，可输入 configure terminal（或简写为 config t），这将进入全局配置模式，让你能够修改运行配置。在全局模式下执行的命令称为全局命令，它们通常只需设置一次并将影响整台路由器。

在特权模式提示符下，可执行命令 config，再按回车接受默认选项 terminal，如下所示：

```
Switch#config
Configuring from terminal, memory, or network [terminal]? [press enter]
Enter configuration commands, one per line.  End with CNTL/Z.
Switch(config)#
```

这种模式下所做的修改将影响整台路由器，因此被称为**全局配置模式**。例如，要修改运行配置——在动态 RAM（DRAM）中运行的当前配置，可使用命令 configure terminal，前面演示了这一点。

6.2.3 CLI 提示符

下面来看看配置路由器或交换机时可能见到的各种提示符。熟悉这些提示符很重要，因为这有助于确定方向，准确地获悉当前所处的配置模式。下面展示思科交换机使用的一些提示符，并顺便介绍各种术语。请务必熟悉这些提示符和术语。另外，在对路由器配置进行任何修改前，都务必查看提示符！

这里不会探究每个命令提示符，因为这超出了本书的范围。相反，这里重点介绍要通过考试必须知道的提示符，它们既方便又非常重要，你在日常工作中经常需要用到。换句话说，它们是精华中的精华。

 注意 如果现在不知道这些命令提示符的作用，也不要害怕，后面将全面介绍它们。就目前而言，你只需放松心情，熟悉各种提示符，这样就万事大吉了！

1. 接口

要修改接口的配置，可在全局配置模式下执行命令 interface：

```
Switch(config)#interface ?
  Async               Async interface
  BVI                 Bridge-Group Virtual Interface
  CTunnel             CTunnel interface
  Dialer              Dialer interface
  FastEthernet        FastEthernet IEEE 802.3
  Filter              Filter interface
  Filtergroup         Filter Group interface
  GigabitEthernet     GigabitEthernet IEEE 802.3z
  Group-Async         Async Group interface
```

```
   Lex                    Lex interface
   Loopback               Loopback interface
   Null                   Null interface
   Port-channel           Ethernet Channel of interfaces
   Portgroup              Portgroup interface
   Pos-channel            POS Channel of interfaces
   Tunnel                 Tunnel interface
   Vif                    PGM Multicast Host interface
   Virtual-Template       Virtual Template interface
   Virtual-TokenRing      Virtual TokenRing
   Vlan                   Catalyst Vlans
   fcpa                   Fiber Channel
   range                  interface range command
Switch(config)#interface fastEthernet 0/1
Switch(config-if)#)
```

提示符变成了 Switch(config-if)#，你注意到了吗？这表明当前处于**接口配置模式**。如果提示符同时指出当前配置的是哪个接口，那该多好！至少就目前而言，我们必须在没有这种提示信息的情况下工作，因为没有提供这种信息。然而，有一点显而易见，那就是配置 IOS 设备时必须特别谨慎！

2. line 命令

要配置用户模式密码，可使用命令 line。执行该命令后，提示符将变成 Switch(config-line)#

```
Switch(config)#line ?
   <0-16>   First Line number
   console  Primary terminal line
   vty      Virtual terminal
Switch(config)#line console 0
Switch(config-line)#
```

命令 line console 0 是全局命令，有些人也称之为主命令。在这个示例中，在提示符 Switch(config-line)#下执行的命令都被称为子命令。

3. 配置访问列表

要配置标准的命名访问列表，需要让提示符变成 Switch (config-std-nacl) #：

```
Switch#config t
Switch(config)#ip access-list standard Todd
Switch(config-std-nacl)#
```

这里显示的是典型的基本标准 ACL 提示符。配置访问列表的方式很多，相应的提示符与这里的提示符只有细微差别。

4. 配置路由选择协议

需要指出的是，我不会在 2960 交换机上使用路由选择协议，但在 3560 交换机上，我可以这样做。下面是一个在第 3 层交换机上配置路由选择的示例：

```
Switch(config)#router rip
IP routing not enabled
Switch(config)#ip routing
Switch(config)#router rip
Switch(config-router)#
```

提示符变成了 Switch(config-router)#，你注意到了吗？为满足思科考试和本书的要求，我将配置静态路由、RIPv2 和 RIPng。不用担心，第 9 章和第 14 章将详细介绍它们。

5. 定义路由器术语

表6-1定义了前面使用的一些术语。

表6-1 路由器术语

模 式	定 义
用户EXEC模式	只能执行基本的监视命令
特权EXEC模式	让你能够访问其他所有的路由器命令
全局配置模式	可执行影响整个系统的命令
具体的配置模式	可执行只影响接口/进程的命令
设置模式	交互式配置对话

6.2.4 编辑和帮助功能

可使用思科高级编辑功能来帮助配置路由器。无论在哪种提示符下，输入问号（？）都将显示在该提示符下可执行的命令列表：

```
Switch#?
Exec commands:
  access-enable    Create a temporary Access-List entry
  access-template  Create a temporary Access-List entry
  archive          manage archive files
  cd               Change current directory
  clear            Reset functions
  clock            Manage the system clock
  cns              CNS agents
  configure        Enter configuration mode
  connect          Open a terminal connection
  copy             Copy from one file to another
  debug            Debugging functions (see also 'undebug')
  delete           Delete a file
  diagnostic       Diagnostic commands
  dir              List files on a filesystem
  disable          Turn off privileged commands
  disconnect       Disconnect an existing network connection
  dot1x            IEEE 802.1X Exec Commands
  enable           Turn on privileged commands
  eou              EAPoUDP
  erase            Erase a filesystem
  exit             Exit from the EXEC
  --More-- ?
Press RETURN for another line, SPACE for another page, anything else to quit
```

如果未找到所需的信息，可按空格显示下一页信息，也可按回车键每次显示一个命令。另外，还可按Q（或其他任何键）返回到提示符。在这个示例中，我在提示符 more 下输入问号（？），系统指出在该提示符下可执行哪些操作。

下面是一种快捷方式——要了解以某个字母打头的命令，可输入该字母和问号且不要在它们之间留空格，如下所示：

```
Switch#c?
```

```
cd        clear   clock   cns   configure
connect   copy
Switch#c
```

看到了吗？输入 c?列出了所有以字母 c 打头的命令。另外，注意到显示命令列表后，再次出现了提示符 Switch#c，这在命令很长而你想知道其下一部分时很有用。如果每次使用问号都需重新输入整个命令，那就太糟糕了！

要获悉命令的下一部分，可输入命令的第一部分和问号：

```
Switch#clock ?
  set  Set the time and date

Switch#clock set ?
  hh:mm:ss  Current Time

Switch#clock set 2:34 ?
% Unrecognized command

Switch#clock set 2:34:01 ?
  <1-31>  Day of the month
  MONTH   Month of the year

Switch#clock set 2:34:01 21 july ?
  <1993-2035>  Year

Switch#clock set 2:34:01 21 august 2013
Switch#
00:19:45: %SYS-6-CLOCKUPDATE: System clock has been updated from 00:19:45
UTC Mon Mar 1 1993 to 02:34:01 UTC Wed Aug 21 2013, configured from console
by console.
```

输入 clock ?列出了该命令下一个可能的参数以及这些参数的用途。注意可不断让命令完整，直到输入空格和问号后，系统指出你唯一的选择就是按回车。

如果执行命令时出现如下消息：

```
Switch#clock set 11:15:11
% Incomplete command.
```

也不用担心，因为它只是指出命令不完整。此时只需按上箭头键重新显示前一次输入的命令，再使用问号了解完整的命令即可。

如果出现如下错误消息：

```
Switch(config)#access-list 100 permit host 1.1.1.1 host 2.2.2.2
                                          ^
% Invalid input detected at '^' marker.
```

就大事不妙了，因为这表明输入的命令不正确。看到那个小脱字符（^）了吗？这是一个很有用的工具，准确地指出了命令中不对的地方。

下面是另一个你会看到脱字符的例子：

```
Switch#sh fastethernet 0/0
        ^
% Invalid input detected at '^' marker.
```

这个命令看似正确，但务必小心！完整的命令为 show interface fastethernet 0/0。

如果出现下面的错误消息：

```
Switch#sh cl
% Ambiguous command:  "sh cl"
```

则表明有多个命令以你输入的内容打头，因此其含义不明确。要获悉你需要的命令，可使用问号：

```
Switch#sh cl?
class-map  clock  cluster
```

就这个示例而言，有三个命令以 show cl 打头。

表 6-2 列出了思科路由器提供的高级编辑命令。

表6-2　高级编辑命令

命　　令	含　　义
Ctrl + A	将光标移到行首
Ctrl + E	将光标移到行尾
Esc + B	将光标后移一个字
Ctrl + B	将光标后移一个字符
Ctrl + F	将光标前移一个字符
Esc + F	将光标前移一个字
Ctrl + D	删除一个字符
Backspace	删除一个字符
Ctrl + R	重新显示一行
Ctrl + U	删除一行
Ctrl + W	删除一个字
Ctrl + Z	退出配置模式，返回到EXEC模式
Tab	帮你完成命令的输入

你需要知道的另一项优秀的编辑功能是，在命令行太长的情况下自动向左滚动。在下面的示例中，输入的命令到达了右边界，因此自动向左移动了 11 个字符位置。我是怎么知道的呢？因为美元符号（$）表示向左移动：

```
Switch#config t
Switch(config)#$ 100 permit ip host 192.168.10.1 192.168.10.0 0.0.0.255
```

使用表 6-3 所示的命令可查看路由器命令历史记录。

表6-3　查看路由器命令历史记录

命　　令	含　　义
Ctrl + P或上箭头	显示最后一次输入的命令
Ctrl + N或下箭头	显示以前输入的命令
show history	默认显示最近输入的20个命令
show terminal	显示终端配置和历史记录缓冲区的大小
terminal history size	修改缓冲区的大小（最大为256）

下面的示例演示了命令 show history 以及如何修改历史记录缓冲区的大小,并使用了命令 show terminal 来验证修改效果。首先,使用命令 show history 查看在路由器中输入的最后 20 个命令,但这里只显示了 10 个命令,因为该路由器重启后我只输入了 10 个命令:

```
Switch#sh history
  sh fastethernet 0/0
  sh ru
  sh cl
  config t
  sh history
  sh flash
  sh running-config
  sh startup-config
  sh ver
  sh history
```

现在使用命令 show terminal 来验证历史记录缓冲区的大小:

```
Switch#sh terminal
Line 0, Location: "", Type: ""
Length: 24 lines, Width: 80 columns
Baud rate (TX/RX) is 9600/9600, no parity, 2 stopbits, 8 databits
Status: PSI Enabled, Ready, Active, Ctrl-c Enabled, Automore On
  0x40000
Capabilities: none
Modem state: Ready
[output cut]
Modem type is unknown.
Session limit is not set.
Time since activation: 00:17:22
Editing is enabled.
History is enabled, history size is 10.
DNS resolution in show commands is enabled
Full user help is disabled
Allowed input transports are none.
Allowed output transports are telnet.
Preferred transport is telnet.
No output characters are padded
No special data dispatching characters
```

什么时候使用思科编辑功能

　　有几项编辑功能的使用频率非常高,而有些编辑功能的使用频率不那么高,甚至根本不会用到。这些命令并非思科凭空捏造的,而是来自 Unix。然而,要撤销命令时,Ctrl + A 确实很有用。

　　例如,如果你刚配置了一个很长的命令,随后又不想在配置中使用它,或者它不适用,则可以按上箭头键重新显示该命令,再按 Ctrl + A,输入 no 和空格并按回车键,这样该命令就撤销了。这种方法并非适用于每个命令,但适用于很多命令,可节省不少时间!

6.3   管理配置

虽然对于让路由器或交换机在网络中正常运行来说，本节的内容并非生死攸关，但它们仍然很重要。本节介绍可帮助你管理网络的配置命令。

在路由器和交换机上，可配置如下管理功能：

❑ 主机名

❑ 旗标

❑ 密码

❑ 接口描述

别忘了，这些配置都不能让路由器和交换机表现得更好或运行得更快，但请相信我，只要你花时间在每台网络设备上设置这些配置，你的工作将轻松得多。这是因为通过这些配置，排除网络故障和维护网络的工作将容易得多。本节将在思科交换机上演示这些命令，但这些命令也完全适用于思科路由器。

6.3.1   主机名

要设置路由器和交换机的身份，可使用命令 hostname。这只对本地有影响，即不会影响路由器或交换机如何执行名称查找，也不会影响设备在互联网络中的运行方式。然而，主机名依然很重要，因为很多广域网（WAN）都将主机名用于身份验证。下面是一个例子：

```
Switch#config t
Switch(config)#hostname Todd
Todd(config)#hostname Chicago
Chicago(config)#hostname Todd
Todd(config)#
```

虽然根据你的姓名来配置主机名很有诱惑力，但根据路由器的位置来命名通常好得多。这是因为根据设备实际所处的位置来指定主机名将非常易于查找，有助于确保你是在正确的设备上进行配置。前面将主机名设置成了 Todd，好像我完全将自己的建议抛在脑后，实际上并非如此——因为这台设备在我的办公室。这个主机名准确地指出了设备所处的位置，可避免与其他网络中的设备搞混。

6.3.2   旗标

配置旗标的一个充分理由是，可以给任何胆敢试图通过 Telnet 或拨号连接到互联网络的人发出安全警告。你可以创建并定制旗标，向任何登录到路由器的人显示你想告诉他们的信息。

务必熟悉下面三种旗标：

❑ EXEC 进程创建旗标

❑ 登录旗标

❑ 每日消息旗标

下面的代码说明了所有这些旗标：

```
Todd(config)#banner ?
  LINE           c banner-text c, where 'c' is a delimiting character
  exec           Set EXEC process creation banner
```

```
incoming         Set incoming terminal line banner
login            Set login banner
motd             Set Message of the Day banner
prompt-timeout   Set Message for login authentication timeout
slip-ppp         Set Message for SLIP/PPP
```

每日消息（message of the day，MOTD）是最常用的旗标，它向任何通过 Telnet、辅助端口甚至控制台端口连接到路由器的人显示一条消息，如下所示：

```
Todd(config)#banner motd ?
LINE c banner-text c, where 'c' is a delimiting character
Todd(config)#banner motd #
Enter TEXT message. End with the character '#'.
$ Acme.com network, then you must disconnect immediately.
#

Todd(config)#^Z （按下 Ctrl+Z 返回特权模式）
Todd#exit
con0 is now available
Press RETURN to get started.
If you are not authorized to be in Acme.com network, then you
must disconnect immediately.
Todd#
```

上述 MOTD 旗标告诉连接到路由器的人，如果他是不请自来的，就请离开。其中需要说明的是分隔字符，它告诉路由器消息到什么地方结束。显然，可使用任何字符，但在消息中不能使用分隔字符。输入完整的消息后按回车，再输入分隔字符并按回车。只要没有多个旗标，完全可以不这样做；但如果有多个旗标，请务必按前面说的做，否则这些旗标将合并成一条消息，并占据一行。

可在一行中设置旗标，如下所示：

```
Todd(config)#banner motd x Unauthorized access prohibited! x
```

下面花点时间更详细地说说前面提到的另外两种旗标。

❑ **EXEC 旗标**   可配置线路激活（EXEC）旗标，这种旗标在创建 EXEC 进程（如线路激活或有到来的 VTY 线路连接）时显示。通过控制台端口建立用户 EXEC 会话时，将激活 EXEC 旗标。

❑ **登录旗标**   可配置在所有连接的终端上显示的登录旗标。这种旗标在 MOTD 旗标之后、登录提示出现之前显示。不能基于线路来禁用登录旗标，而必须全局禁用它。为此，必须使用命令 no banner login 将其删除。

下面是一个登录旗标的例子：

```
!
banner login ^C
```

```
Cisco Router and Security Device Manager (SDM) is installed on this device.
This feature requires the one-time use of the username "cisco"
with the password "cisco". The default username and password
have a privilege level of 15.
Please change these publicly known initial credentials using
SDM or the IOS CLI.
Here are the Cisco IOS commands.
username <myuser>  privilege 15 secret 0 <mypassword>
no username cisco
```

```
Replace <myuser> and <mypassword> with the username and
password you want to use.
For more information about SDM please follow the instructions
in the QUICK START GUIDE for your router or go to http://www.cisco.com/go/sdm

^C
!
```

对任何曾登录过 ISR 路由器的人来说，上述登录旗标都相当熟悉，因为这是思科在其 ISR 路由器上默认配置的旗标。

 登录旗标在登录提示出现前、MOTD 旗标后显示。

6.3.3　设置密码

为确保思科路由器的安全，需要的密码有五种：控制台密码、辅助端口密码、Telnet/SSH（VTY）密码、启用密码（enable password）和启用加密密码（enable secret）。启用密码和启用加密密码用于控制用户进入特权模式，在用户执行 enable 命令时要求他提供密码。其他三种密码用于控制用户通过控制台端口、辅助端口和 Telnet 进入用户模式。

下面详细介绍每一种密码。

1. 启用密码

在全局配置模式下设置启用密码，如下所示：

```
Todd(config)#enable ?
 last-resort Define enable action if no TACACS servers
             respond
 password    Assign the privileged level password
 secret      Assign the privileged level secret
 use-tacacs  Use TACACS to check enable passwords
```

命令 enable 的参数如下所示。

❏ **last-resort**　在使用 TACACS 服务器进行身份验证，但该服务器不可用时，让你依然能够进入设备；如果 TACACS 服务器可用，则这种密码将不管用。

❏ **password**　在 10.3 之前的老系统上设置启用密码。如果设置了启用加密密码，则该密码不管用。

❏ **secret**　较新的加密密码，如果设置了，将优先于启用密码。

❏ **use-tacacs**　让路由器或交换机使用 TACACS 服务器进行身份验证。如果有大量路由器，这将很方便，因为在大量路由器上修改密码很繁琐。使用 TACACS 服务器只需修改密码一次即可，这容易得多。

下面是一个设置启用密码的例子：

```
Todd(config)#enable secret todd
Todd(config)#enable password todd
The enable password you have chosen is the same as your
```

```
enable secret. This is not recommended. Re-enter the
enable password.
```

如果你将启用加密密码和启用密码设置成一个，设备将礼貌地提醒你修改第二个密码。如果你使用的不是老式路由器，无需使用启用密码。

进入用户模式的密码是使用命令 line 设置的，如下所示：

```
Todd(config)#line ?
  <0-16>   First Line number
  console  Primary terminal line
  vty      Virtual terminal
```

下面是 CCNA 考试涉及的参数。

❑ **console** 设置控制台端口的用户模式密码。

❑ **vty** 设置通过 Telnet 连接到设备的密码。如果没有设置这种密码，默认将不能通过 Telnet 连接到路由器。

要配置用户模式密码，可配置相应的线路，并使用命令 login 让交换机进行身份验证。下面演示每条线路的配置。

2. 控制台端口密码

要设置控制台端口密码，可使用命令 line console 0。如果试图在提示符(config-line)#下输入命令 line console ?，结果会如何呢？将出现一条错误消息，如下所示：

```
Todd(config-line)#line console ?
% Unrecognized command
Todd(config-line)#exit
Todd(config)#line console ?
  <0-0>  First Line number
Todd(config)#line console 0
Todd(config-line)#password console
Todd(config-line)#login
```

在该提示符下仍然可输入命令 line console 0，且该命令也会被系统接受，但在该提示符下帮助屏幕不管用。输入 exit 后退一级，将发现帮助屏幕管用了。这也是一种特色。

由于只有一个控制台端口，只能选择编号 0。可将所有线路的密码都设置成相同的，但从安全角度说这样做很不明智。

另外，别忘了执行命令 login，否则控制台端口将不进行身份验证。给线路设置密码前，思科不允许你执行命令 login，因为如果执行命令 login 后没有设置密码，该线路将不可用。它会提示用户输入了根本不存在的密码。因此，这不是麻烦，它合乎逻辑，可给你提供帮助。

 注意 虽然思科在较新的 IOS 版本（12.2 和更高）中提供了这种"确保设置密码"的功能，但并非所有 IOS 都有这种功能。请务必牢记这一点。

还有其他几个与控制台端口相关的命令，你必须知道。

例如，命令 exec-timeout 0 0 将控制台 EXEC 会话的超时时间设置为 0，这意味着永远不超时。默认的超时时间为 10 分钟。

提示　如果你喜欢恶作剧，可尝试在命令 exec-timeout 中指定参数 0 1，这将把控制台端口超时时间设置为 1 秒。要修复这种问题，必须不断地按下箭头键，并用另一只手修改超时时间!

logging synchronous 很不错，它应该属于默认启用的命令，但实际并非如此。启用该命令可避免不断出现的控制台消息影响输入。配置该命令后，这些消息仍会出现，但会等到返回设备提示符后再出现，不会中断输入。这样，输入的信息将更容易阅读。

下面的示例演示了如何配置这两个命令:

```
Todd(config-line)#line con 0
Todd(config-line)#exec-timeout ?
  <0-35791>  Timeout in minutes
Todd(config-line)#exec-timeout 0 ?
  <0-2147483>  Timeout in seconds
  <cr>
Todd(config-line)#exec-timeout 0 0
Todd(config-line)#logging synchronous
```

注意　可将控制台超时时间设置为 0 0（永远不超时）到 35 791 分钟 2 147 483 秒之间的任何值。默认为 10 分钟。

3. Telnet 密码

要设置使用 Telnet 访问路由器时进入用户模式的密码，可使用命令 line vty。IOS 交换机通常有 16 条线路，但运行 IOS 企业版的路由器的线路多得多。要获悉有多少条线路，最佳的方法是使用问号，如下所示:

```
Todd(config-line)#line vty 0 ?
% Unrecognized command
Todd(config-line)#exit
Todd(config)#line vty 0 ?
  <1-15>  Last Line number
  <cr>
Todd(config)#line vty 0 15
Todd(config-line)#password telnet
Todd(config-line)#login
```

上述输出清楚地表明，在提示符(config-line)#下无法获取帮助，要使用问号（?），必须返回到全局配置模式。

如果你试图远程登录到没有设置 VTY 密码的设备，结果会如何呢? 将出现一条错误消息，指出连接请求遭到拒绝，因为没有设置密码。因此，如果你试图远程登录到交换机时出现如下消息:

```
Todd#telnet SwitchB
Trying SwitchB (10.0.0.1)…Open

Password required, but none set
[Connection to SwitchB closed by foreign host]
Todd#
```

则说明这台交换机（这里为 SwitchB）没有设置 VTY 密码。要绕开这种障碍，让交换机在没有设置
Telnet 密码时也允许建立 Telnet 连接，可使用 no login 命令：

```
SwitchB(config-line)#line vty 0 15
SwitchB(config-line)#no login
```

警告 　　除非在测试或课堂环境中，否则绝对不建议使用 no login 命令让没有设置密码的设备接受 Telnet 连接。在生产环境中，总是应该设置 VTY 密码。

给 IOS 设备配置 IP 地址后，便可使用 Telnet 程序来配置和检查路由器，而不必使用控制台电缆。
在任何命令提示符（DOS 或 Cisco）下，都可输入 telnet 来运行 Telnet 程序。第 7 章将更详细地介
绍 Telnet。

4. 辅助端口密码

要给路由器配置辅助端口密码，请进入全局配置模式并输入 line aux ?。顺便说一句，交换机
没有辅助端口。从下面的输出可知，你只有一种选择，那就是 0，因为只有一个辅助端口：

```
Todd#config t
Todd(config)#line aux ?
  <0-0>  First Line number
Todd(config)#line aux 0
Todd(config-line)#login
% Login disabled on line 1, until 'password' is set
Todd(config-line)#password aux
Todd(config-line)#login
```

5. 设置 Secure Shell

强烈推荐使用 Secure Shell（SSH）而不是 Telnet，因为它创建的会话更安全。Telnet 程序使用非加
密数据流，而 SSH 使用加密密钥来发送数据，避免了以明文方式发送用户名和密码，可防范被人偷窥。
设置 SSH 的步骤如下所示。

(1) 设置主机名：

```
Router(config)#hostname Todd
```

(2) 设置域名（为生成加密密钥，必须有用户名和域名）：

```
Todd(config)#ip domain-name Lammle.com
```

(3) 将用户名设置成支持 SSH 客户端接入：

```
Todd(config)#username Todd password Lammle
```

(4) 生成用于保护会话的加密密钥：

```
Todd(config)#crypto key generate rsa
The name for the keys will be: Todd.Lammle.com
Choose the size of the key modulus in the range of 360 to
4096 for your General Purpose Keys. Choosing a key modulus
Greater than 512 may take a few minutes.

How many bits in the modulus [512]: 1024
% Generating 1024 bit RSA keys, keys will be non-exportable...
[OK] (elapsed time was 6 seconds)
```

```
Todd(config)#
1d14h: %SSH-5-ENABLED: SSH 1.99 has been enabled*June 24
19:25:30.035: %SSH-5-ENABLED: SSH 1.99 has been enabled
```

(5) 在设备上启用 SSH 第 2 版。并非必须，但强烈推荐这样做：

```
Todd(config)#ip ssh version 2
```

(6) 进入交换机或路由器 VTY 线路配置模式：

```
Todd(config)#line vty 0 15
```

(7) 让线路使用本地数据库来存储密码：

```
Todd(config-line)#login local
```

(8) 配置接入协议：

```
Todd(config-line)#transport input ?
  all     All protocols
  none    No protocols
  ssh     TCP/IP SSH protocol
  telnet  TCP/IP Telnet protocol
```

请注意，在生产环境中，绝对不要配置下面的命令，因为这将带来可怕的安全风险：

```
Todd(config-line)#transport input all
```

建议配置下面的命令，以使用 SSH 来保护 VTY 线路：

```
Todd(config-line)#transport input ssh ?
  telnet  TCP/IP Telnet protocol
  <cr>
```

实际上，在必要的情况下，我偶尔确实会使用 Telnet，只是不会经常这样做。如果你确实想使用 Telnet，请按下面这样做：

```
Todd(config-line)#transport input ssh telnet
```

如果没有在上述命令末尾指定关键字 telnet，设备将只支持 SSH。这里并不是要建议你使用哪种方式，而只是想让你知道 SSH 比 Telnet 更安全。

6.3.4 对密码加密

默认情况下，只有启用加密密码是加密的，要对用户模式密码和启用密码加密，必须手动配置。在交换机上执行命令 show running-config 时，你将看到除启用加密密码外的其他所有密码：

```
Todd#sh running-config
Building configuration...

Current configuration : 1020 bytes
!
! Last configuration change at 00:03:11 UTC Mon Mar 1 1993
!
version 15.0
no service pad
service timestamps debug datetime msec
```

```
service timestamps log datetime msec
no service password-encryption
!
hostname Todd
!
enable secret 4 ykw.3/tgsOuy9.6qmgG/EeYOYgBvfX4v.S8UNA9Rddg
enable password todd
!
[output cut]
!
line con 0
 password console
 login
line vty 0 4
 password telnet
 login
line vty 5 15
 password telnet
 login
!
end
```

要手动配置密码加密，可使用命令 service password-encryption，如下所示：

```
Todd#config t
Todd(config)#service password-encryption
Todd(config)#exit
Todd#show run
Building configuration...
!
!
enable secret 4 ykw.3/tgsOuy9.6qmgG/EeYOYgBvfX4v.S8UNA9Rddg
enable password 7 1506040800
!
[output cut]
!
!
line con 0
password 7 050809013243420C
 login
line vty 0 4
 password 7 06120A2D424B1D
 login
line vty 5 15
 password 7 06120A2D424B1D
 login
!
end
Todd#config t
Todd(config)#no service password-encryption
Todd(config)#^Z
Todd#
```

这样，密码就将被加密。我们所要做的就是加密密码，再执行命令 show run，之后在有必要时取消密码加密。输出清楚地表明，启用密码和线路密码都被加密了。

探讨如何设置接口描述前，先指出一些有关密码加密的要点。前面说过，如果你设置密码并启用命令 service password-encryption，必须在禁用加密服务前执行命令 show running-config，否则密码将不会被加密。并非一定要禁用加密服务，仅当交换机的 CPU 使用率很高时才需禁用加密服务。如果在设置密码前就启用了加密服务，则即使不查看密码，它们也会被加密。

6.3.5   描述

设置接口描述也对管理员很有帮助。与主机名一样，接口描述也只在本地有意义。需要标识交换机电路号或路由器串行 WAN 端口时，命令 description 很方便。

下面的示例演示了如何给交换机接口设置描述：

```
Todd#config t
Todd(config)#int fa0/1
Todd(config-if)#description Sales VLAN Trunk Link
Todd(config-if)#^Z
Todd#
```

下面的示例演示了如何给路由器串行 WAN 接口设置描述：

```
Router#config t
Router(config)#int s0/0/0
Router(config-if)#description WAN to Miami
Router(config-if)#^Z
```

要查看接口的描述，可使用命令 show running-config 或 show interface，还可使用命令 show interface description：

```
Todd#sh run
Building configuration...

Current configuration : 855 bytes
!
interface FastEthernet0/1
 description Sales VLAN Trunk Link
!
 [output cut]

Todd#sh int f0/1
FastEthernet0/1 is up, line protocol is up (connected)
  Hardware is Fast Ethernet, address is ecc8.8202.8282 (bia ecc8.8202.8282)
  Description: Sales VLAN Trunk Link
  MTU 1500 bytes, BW 100000 Kbit/sec, DLY 100 usec,
 [output cut]

Todd#sh int description
Interface                      Status          Protocol Description
Vl1                            up              up
Fa0/1                          up              up       Sales VLAN Trunk Link
Fa0/2                          up              up
```

真实案例

`description`：一个很有用的命令

Bob 是 Acme Corporation 的一名资深网络管理员，该公司位于旧金山，有 50 多条 WAN 链路连接到遍布美国和加拿大的分支机构。每当有接口出现故障时，为确定它连接的电路，并找到该 WAN 链路提供商的电话号码，Bob 都需要花费大量时间。

这个案例表明，接口命令 `description` 很有用。因为 Bob 可使用这个命令准确地指出每个交换机接口连接的 LAN 链路，从而大大减少工作量。通过给路由器的每个 WAN 接口添加电路号以及提供商的电话号码，Bob 的工作也将轻松得多。

因此，如果 Bob 提前花时间给接口添加这些信息，当 WAN 链路不可避免地出现故障时，Bob 的压力将小得多，并将节省大量宝贵的时间。

使用 do 命令

在前面的每个示例中，所有 show 命令都是在特权模式下运行。这里有个好消息：从 IOS 12.3 版起，思科终于在 IOS 中添加了一个命令，让你能够在配置模式下查看配置和统计信息。

事实上，在任何 IOS 中，试图在全局配置模式下查看配置都将出现如下错误消息：

```
Todd(config)#sh run
            ^
% Invalid input detected at '^' marker.
```

下面是在运行 IOS 15.0 版的路由器上使用 do 语法执行该命令得到的输出，请将其与上面的输出进行比较：

```
Todd(config)#do show run
Building configuration...

Current configuration : 759 bytes
!
version 15.0
no service pad
service timestamps debug datetime msec
service timestamps log datetime msec
no service password-encryption
!
hostname Todd
!
boot-start-marker
boot-end-marker
[output cut]
```

基本上，现在可以在任何配置提示符下运行任何命令，是不是很酷？对于前面所有的密码加密示例，使用 do 命令绝对可以加快任务的完成速度，因此这样的创新确实可喜可贺！

6.4　路由器和交换机接口

接口配置无疑是最重要的路由器配置之一，因为如果没有接口，路由器几乎就是废物。另外，要与其他设备通信，接口配置必须绝对精确。配置接口时，需要指定网络层地址、介质类型和带宽，还需使用其他管理命令。

对于第 2 层交换机，接口配置涉及的工作量通常比路由器接口配置少得多。下面是功能强大的验证命令 show ip interface brief 的输出，其中列出了我的 3560 交换机的所有接口：

```
Todd#sh ip interface brief
Interface           IP-Address       OK? Method Status        Protocol
Vlan1               192.168.255.8    YES DHCP   up                  up
FastEthernet0/1     unassigned       YES unset  up                  up
FastEthernet0/2     unassigned       YES unset  up                  up
FastEthernet0/3     unassigned       YES unset  down              down
FastEthernet0/4     unassigned       YES unset  down              down
FastEthernet0/5     unassigned       YES unset  up                  up
FastEthernet0/6     unassigned       YES unset  up                  up
FastEthernet0/7     unassigned       YES unset  down              down
FastEthernet0/8     unassigned       YES unset  down              down
GigabitEthernet0/1  unassigned       YES unset  down              down
```

上述输出列出了所有思科交换机都有的默认路由端口（VLAN 1），还列出了交换机的 8 个快速以太网接口，另外还有一个吉比特以太网端口，用于连接到其他交换机的上行链路。

选择要配置的接口的方法随路由器而异。例如，下面的命令表明，我的 2800 ISR 思科路由器有两个快速以太网接口和两个串行 WAN 接口：

```
Router>sh ip int brief
Interface           IP-Address       OK? Method Status                 Protocol
FastEthernet0/0     192.168.255.11   YES DHCP   up                           up
FastEthernet0/1     unassigned       YES unset  administratively down down
Serial0/0/0         unassigned       YES unset  administratively down down
Serial0/1/0         unassigned       YES unset  administratively down down
Router>
```

以前，我们总是使用命令 interface *type number* 来选择接口，但较新的路由器有一个物理插槽，而插入该插槽的模块有端口号。因此，在模块化路由器上，需使用命令 interface *type slot/port*，如下所示：

```
Todd#config t
Todd(config)#interface GigabitEthernet 0/1
Todd(config-if)#
```

从提示符可知，我们进入了 0 号吉比特以太网插槽的 1 号端口。在这种提示符下，可修改该接口的配置。注意，不能使用命令 int gigabitethernet 0。插槽/端口没有简写，必须在命令中指定类型、插槽和端口（*type slot/port*），如 int gigabitethernet 0/1（也可简写为 int g0/1）。

进入接口配置模式后，就可配置各个选项了。别忘了，对 LAN 来说，速度和双工模式是两个重要的因素：

```
Todd#config t
Todd(config)#interface GigabitEthernet 0/1
```

```
Todd(config-if)#speed 1000
Todd(config-if)#duplex full
```

上述配置是什么意思呢？这在端口上关闭了自动检测机制，迫使它只能以全双工和吉比特速率运行。ISR 系列路由器的情况基本与此相同，只是选项更多。LAN 接口与此相同，但其他模块不同，需要使用三个而不是两个编号。这三个数字可表示为 slot/subslot/port，但随 ISR 路由器使用的卡而异。你只需记住这样一点：第一个 0 表示路由器本身，第二个编号为插槽号，第三个为端口号。下面是在 2811 路由器上选择一个串行接口的命令：

```
Todd(config)#interface serial ?
  <0-2>  Serial interface number
Todd(config)#interface serial 0/0/?
  <0-1>  Serial interface number
Todd(config)#interface serial 0/0/0
Todd(config-if)#
```

这看起来有点麻烦，但实际上并不难。总是应该先查看命令 show ip interface brief 或 show running-config 的输出，以获悉要配置哪些接口，牢记这一点很有帮助。下面是在我的 2811 路由器上得到的输出：

```
Todd(config-if)#do show run
Building configuration...
[output cut]
!
interface FastEthernet0/0
 no ip address
 shutdown
 duplex auto
 speed auto
!
interface FastEthernet0/1
 no ip address
 shutdown
 duplex auto
 speed auto
!
interface Serial0/0/0
 no ip address
 shutdown
 no fair-queue
!
interface Serial0/0/1
 no ip address
 shutdown
!
interface Serial0/1/0
 no ip address
 shutdown
!
interface Serial0/2/0
 no ip address
 shutdown
 clock rate 2000000
```

```
!
[output cut]
```

出于简化的目的，这里没有列出完整的运行配置，但提供了需要的所有信息。从上述输出可知，有两个内置的快速以太网接口、两个位于插槽 0 中的串行接口（0/0/0 和 0/0/1）、一个位于插槽 1 中的串行接口（0/1/0）和一个位于插槽 2 中的串行接口（0/2/0）。看到这样的接口后，就更容易明白模块是如何插入路由器的。

需要指出的是，在老式的 2500 系列路由器上输入 interface e0、在模块化路由器（如 2800 系列路由器）上输入 interface fastethernet 0/0 或在 ISR 路由器上输入 interface serial 0/1/0 时，实际上是选择了要配置的接口。选择这些接口后，配置方式完全相同。

下面更深入地讨论路由器接口，探索如何启用接口以及如何给接口分配 IP 地址。

启用接口

要禁用接口，可使用接口配置命令 shutdown；要启用接口，可使用命令 no shutdown。需要提醒你的是，所有交换机端口默认都被启用，而所有路由器端口默认都被禁用，因此接下来将更多地讨论路由器端口，而较少讨论交换机端口。

如果接口被禁用，则在命令 show interfaces（简写为 sh int）的输出中，该接口显示为管理性关闭（administratively down）：

```
Router#sh int f0/0
FastEthernet0/1 is administratively down, line protocol is down
[output cut]
```

另一种检查接口状态的方式是使用命令 show running-config。要启用路由器接口，可使用命令 no shutdown（简写为 no shut）：

```
Router(config)#int f0/0
Router(config-if)#no shutdown
*August 21 13:45:08.455: %LINK-3-UPDOWN: Interface FastEthernet0/0,
     changed state to up
Router(config-if)#do show int f0/0
FastEthernet0/0 is up, line protocol is up
[output cut]
```

1. 给接口配置 IP 地址

虽然并非一定要给路由器配置 IP 地址，但通常都会这样做。要给接口配置 IP 地址，可在接口配置模式下使用命令 ip address（但别忘了，不要给第 2 层交换机端口配置 IP 地址）：

```
Todd(config)#int f0/1
Todd(config-if)#ip address 172.16.10.2 255.255.255.0
```

另外，务必使用命令 no shutdown 启用接口。别忘了查看命令 show interface *int* 的输出，看接口是否被管理性关闭。命令 show ip int brief 和 show running-config 也提供这种信息。

 注意   命令 ip address *address mask* 在路由器接口上启用 IP 处理功能。再次重申，不要给第 2 层交换机接口配置 IP 地址！

　　如果要给接口配置辅助地址，必须使用参数 secondary。如果配置另一个 IP 地址并按回车键，它将取代原来的主 IP 地址和子网掩码。这无疑是思科 IOS 最优秀的功能之一。

　　下面就来试试。要添加辅助 IP 地址，只需使用参数 secondary：

```
Todd(config-if)#ip address 172.16.20.2 255.255.255.0 ?
  secondary  Make this IP address a secondary address
  <cr>
Todd(config-if)#ip address 172.16.20.2 255.255.255.0 secondary
Todd(config-if)#do sh run
Building configuration...
[output cut]

interface FastEthernet0/1
 ip address 172.16.20.2 255.255.255.0 secondary
 ip address 172.16.10.2 255.255.255.0
 duplex auto
 speed auto
!
```

　　不建议给接口配置多个 IP 地址，因为这种做法效率低下。这里之所以介绍这个主题，是怕你遇到喜欢糟糕网络设计的 MIS 经理，要你去管理这样的网络。也许有一天会有人向你问起辅助 IP 地址，如果你知道，就会显得很聪明。

2. 使用管道

　　这里说的管道不是通常意义上的管道，而是输出限定符。虽然我见过大量的路由器配置，但有时也会迷失方向。管道（|）让你能够在配置或其他冗长输出中迅速找到目标，如下例所示：

```
Router#sh run | ?
  append    Append redirected output to URL (URLs supporting append
            operation only)
  begin     Begin with the line that matches
  exclude   Exclude lines that match
  include   Include lines that match
  redirect  Redirect output to URL
  section   Filter a section of output
  tee       Copy output to URL

Router#sh run | begin interface
interface FastEthernet0/0
 description Sales VLAN
 ip address 10.10.10.1 255.255.255.248
 duplex auto
 speed auto
!
interface FastEthernet0/1
 ip address 172.16.20.2 255.255.255.0 secondary
 ip address 172.16.10.2 255.255.255.0
 duplex auto
 speed auto
!
interface Serial0/0/0
 description Wan to SF circuit number 6fdda 12345678
 no ip address
!
```

基本上，管道符号（输出限定符）可帮助你快速找到目标，比在路由器的全部配置中寻找快得多。在确定大型路由选择表是否包含特定路由时，我经常使用它，如下所示：

```
Todd#sh ip route | include 192.168.3.32
R       192.168.3.32 [120/2] via 10.10.10.8, 00:00:25, FastEthernet0/0
Todd#
```

首先需要指出的是，该路由选择表包含 100 多项，如果不使用我深信的管道，将需要在输出中查找很长时间！这是一个功能强大的高效工具，可在配置中快速找到一行或在路由选择表中快速找到特定路由（如上例所示），从而节省大量的时间和精力。

花点时间尝试使用该管道符号吧。熟悉其用法后，你将热衷于使用新学的技能来快速分析路由器输出。

3. 配置串行接口的命令

配置串行接口前，需要一些重要的信息。例如，通常使用串行接口连接到 CSU/DSU 设备，这种设备为路由器线路提供时钟频率，如图 6-3 所示。

DTE
DTE
DCE
CSU/DSU
CSU/DSU

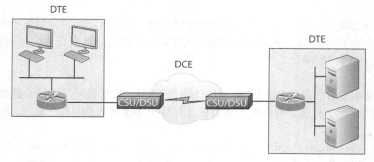

图 6-3　典型的 WAN 连接。时钟频率通常由 DCE 提供给路由器。在非生产环境中，并非总是有 DCE 网络

在该图中，使用串行接口通过 CSU/DSU 连接到一个 DCE 网络，CSU/DSU 向路由器接口提供时钟频率。然而，如果采用的是背对背配置（例如，如图 6-4 所示的实验环境配置），电缆的一端——数据通信设备（DCE）端——必须提供时钟频率。

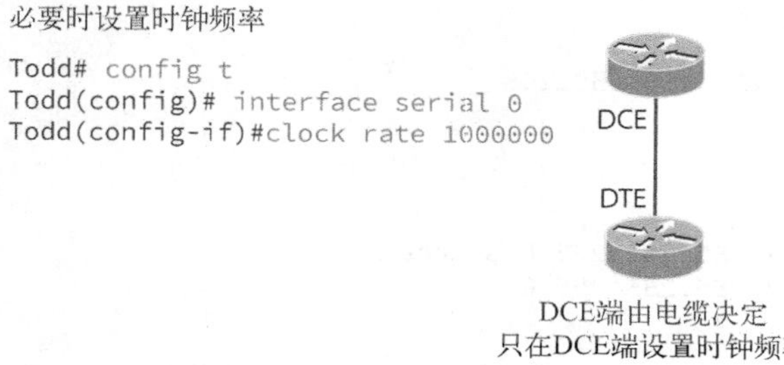

必要时设置时钟频率
Todd# config t
Todd(config)# interface serial 0
Todd(config-if)#clock rate 1000000
DCE
DTE
DCE端由电缆决定
只在DCE端设置时钟频率
>show controllers int 将显示电缆连接类型

图 6-4　在非生产网络中提供时钟频率

默认情况下，思科路由器的串行接口都是数据终端设备（DTE）。这意味着如果你想让接口充当 DCE，必须对其进行配置，使其提供时钟频率。然而，在 WAN 串行连接上，不需要提供时钟频率，因为串行接口与 CSU/DSU 相连，如图 6-3 所示。

使用命令 clock rate 配置 DCE 串行接口：

```
Router#config t
Enter configuration commands, one per line.  End with CNTL/Z.
Router(config)#int s0/0/0
Router(config-if)#clock rate ?
        Speed (bits per second)
  1200
  2400
  4800
  9600
  14400
  19200
  28800
  32000
  38400
  48000
  56000
  57600
  64000
  72000
  115200
  125000
  128000
  148000
  192000
  250000
  256000
  384000
  500000
  512000
  768000
  800000
  1000000
  2000000
  4000000
  5300000
  8000000
  <300-8000000>    Choose clockrate from list above
Router(config-if)#clock rate 1000000
```

命令 clock rate 以比特每秒（bit/s）为单位。要确定路由器串行接口连接的是否是 DCE 电缆，可查看电缆两端的标签（DCE 或 DTE），还可使用命令 show controllers *int*：

```
Router#sh controllers s0/0/0
Interface Serial0/0/0
Hardware is GT96K
DTE V.35idb at 0x4342FCB0, driver data structure at 0x434373D4
```

下面是描述 DCE 连接的输出：

```
Router#sh controllers s0/2/0
Interface Serial0/2/0
Hardware is GT96K
DCE V.35, clock rate 1000000
```

你需要熟悉的下一个命令是 bandwidth。在所有思科路由器上，串行链路的默认带宽都是 T1（1.544 Mbit/s），但这与数据如何在链路上传输毫无关系。诸如 EIGRP 和 OSPF 等路由选择协议使用串行链路的带宽来计算前往远程网络的最佳路径。如果你使用的是 RIP，串行链路的带宽设置将无关紧要，因为 RIP 只使用跳数来确定最佳路径。

 提示　　如果你正重读这一部分并在想：路由选择协议和度量值是什么？请不用担心，第 9 章将介绍它们。

下面的示例演示了如何使用命令 bandwidth：

```
Router#config t
Router(config)#int s0/0/0
Router(config-if)#bandwidth ?
  <1-10000000>  Bandwidth in kilobits
  inherit       Specify that bandwidth is inherited
  receive       Specify receive-side bandwidth
Router(config-if)#bandwidth 1000
```

不同于命令 clock rate，命令 bandwidth 使用的单位是千比特每秒，你注意到这一点了吗？

 注意　　学习这些与命令 clock rate 相关的配置示例后，你需要知道的是，ISR 路由器自动检测 DCE 连接并将时钟频率设置为 2 000 000。然而，为通过 CCNA 考试，你必须明白命令 clock rate，虽然新型路由器自动设置时钟频率。

6.5　查看、保存和删除配置

如果你运行设置模式，将被询问是否要使用刚创建的配置。如果回答 Yes，将把 DRAM 中运行的配置（这被称为运行配置）复制到 NVRAM，并将该文件命名为 startup-config。你肯定很明智，总是使用 CLI 而不是设置模式。

可手动将 DRAM（通常简称为 RAM）中的配置文件复制到 NVRAM。为此可使用命令 copy running-config startup-config，也可使用简写 copy run start：

```
Todd#copy running-config startup-config
Destination filename [startup-config]? [press enter]
Building configuration...
[OK]
Todd#
Building configuration...
```

看到答案位于[]内的问题后，如果按回车键，则表示选择该默认答案。

另外，该命令询问目标文件名时，默认答案为 startup-config。它这样询问的原因是，可将配置复制到几乎任何地方，看一下来自我的交换机的输出：

```
Todd#copy running-config ?
```

```
flash:            Copy to flash: file system
ftp:              Copy to ftp: file system
http:             Copy to http: file system
https:            Copy to https: file system
null:             Copy to null: file system
nvram:            Copy to nvram: file system
rcp:              Copy to rcp: file system
running-config    Update (merge with) current system configuration
scp:              Copy to scp: file system
startup-config    Copy to startup configuration
syslog:           Copy to syslog: file system
system:           Copy to system: file system
tftp:             Copy to tftp: file system
tmpsys:           Copy to tmpsys: file system
vb:               Copy to vb: file system
```

第 7 章将更详细地介绍如何复制文件以及将它们复制到什么地方。

要查看这些文件的内容，可在特权模式下执行命令 show running-config 或 show startup-config。命令 sh run 是 show running-config 的简写，用于查看当前配置：

```
Todd#sh run
Building configuration...

Current configuration : 855 bytes
!
! Last configuration change at 23:20:06 UTC Mon Mar 1 1993
!
version 15.0
[output cut]
```

命令 sh start（show startup-config 的一种简写）用于查看路由器下次重启时将使用的配置，它还指出启动配置文件占用了多少 NVRAM，如下所示：

```
Todd#sh start
Using 855 out of 524288 bytes
!
! Last configuration change at 23:20:06 UTC Mon Mar 1 1993
!
version 15.0
[output cut]
```

但注意，如果你尝试查看配置文件时看到的是：

```
Todd#sh start
startup-config is not present
```

则表明要么还未将运行配置存储到 NVRAM 中，要么将备份的配置删除了！下面介绍如何删除配置。

6.5.1 删除配置及重启设备

要删除启动配置，可使用命令 erase startup-config：

```
Todd#erase start
```

```
% Incomplete command.
```

首先，注意你再也不能使用简写的命令来删除备份的配置了。这种限制始于使用 IOS 12.4 的 ISR 路由器。

```
Todd#erase startup-config
Erasing the nvram filesystem will remove all configuration files! Continue?
[confirm]
[OK]
Erase of nvram: complete
Todd#
*Mar  5 01:59:45.206: %SYS-7-NV_BLOCK_INIT: Initialized the geometry of nvram
Todd#reload
Proceed with reload? [confirm]
```

执行命令 erase startup-config 后，如果重启路由器（或断电后再通电），将进入设置模式，因为 NVRAM 中没有保存任何配置。可随时按 Ctrl＋C 退出设置模式，但命令 reload 只能在特权模式下执行。

现在，你不应使用设置模式来配置路由器。请对设置模式说 no，因为它旨在帮助不知道如何使用 CLI 的人，而你不再是这样的人。强大起来，你能做到！

6.5.2 验证配置

显然，要验证当前配置，最佳方式是使用命令 show running-config；而要验证路由器下次重启时将使用的配置，最佳方式是使用 show startup-config。

查看运行配置后，如果它看起来没有任何问题，可使用 Ping 和 Telnet 等实用程序对其进行验证。Ping 是一个使用 ICMP 回应请求和应答的程序，这在第 3 章讨论过。这里复习一下，Ping 向远程主机发送分组，如果该主机做出了响应，你便知道它在运行，但你无法知道它是否运行正常——仅仅能够 ping Microsoft 服务器并不意味着你能够登录该服务器。尽管如此，Ping 还是为排除互联网络故障提供了不错的起点。

你知道 Ping 可用于多种协议吗？要验证这一点，可在路由器用户模式或特权模式提示符下输入 ping ？：

```
Todd#ping ?
  WORD  Ping destination address or hostname
  clns  CLNS echo
  ip    IP echo
  ipv6  IPv6 echo
  tag   Tag encapsulated IP echo
  <cr>
```

如果你要获悉邻居的网络层地址，以便将其用于执行 ping 操作，可进入该路由器或交换机，也可使用命令 show cdp entry * protocol。

还可使用扩展 Ping 修改默认参数，如下所示：

```
Todd#ping
Protocol [ip]:
Target IP address: 10.1.1.1
Repeat count [5]:
% A decimal number between 1 and 2147483647.
Repeat count [5]: 5000
```

```
Datagram size [100]:
% A decimal number between 36 and 18024.
Datagram size [100]: 1500
Timeout in seconds [2]:
Extended commands [n]: y
Source address or interface: FastEthernet 0/1
Source address or interface: Vlan 1
Type of service [0]:
Set DF bit in IP header? [no]:
Validate reply data? [no]:
Data pattern [0xABCD]:
Loose, Strict, Record, Timestamp, Verbose[none]:
Sweep range of sizes [n]:
Type escape sequence to abort.
Sending 5000, 1500-byte ICMP Echos to 10.1.1.1, timeout is 2 seconds:
Packet sent with a source address of 10.10.10.1
```

　　注意，扩展 Ping 让你能够：将重复次数设置成比默认值 5 大；将数据报长度设置得更大，这将增大 MTU，从而更好地测试吞吐量；指定源接口——你可指定 Ping 分组来自哪个接口，这在诊断故障时很有帮助。这里使用交换机来展示扩展 Ping 的功能，因此必须使用其唯一的路由端口，该端口默认名为 VLAN 1。

　　如果你要使用不同的诊断端口，可创建被称为环回接口的逻辑接口：

```
Todd(config)#interface loopback ?
  <0-2147483647>  Loopback interface number

Todd(config)#interface loopback 0
*May 19 03:06:42.697: %LINEPROTO-5-UPDOWN: Line prot
 changed state to ups
Todd(config-if)#ip address 20.20.20.1 255.255.255.0
```

　　现在可以将这个端口用于诊断，甚至将其用作 ping 或 traceroute 的源端口了：

```
Todd#ping
Protocol [ip]:
Target IP address: 10.1.1.1
Repeat count [5]:
Datagram size [100]:
Timeout in seconds [2]:
Extended commands [n]: y
Source address or interface: 20.20.20.1
Type of service [0]:
Set DF bit in IP header? [no]:
Validate reply data? [no]:
Data pattern [0xABCD]:
Loose, Strict, Record, Timestamp, Verbose[none]:
Sweep range of sizes [n]:
Type escape sequence to abort.
Sending 5, 100-byte ICMP Echos to 10.1.1.1, timeout is 2 seconds:
Packet sent with a source address of 20.20.20.1
```

　　逻辑接口非常适合用于诊断，在实验中没有实际接口可用时也可使用它。另外，在本书的 ICND2 部分，我们还将在 OSPF 配置中使用它们。

注意　　　思科发现协议（CDP）将在第 7 章介绍。

不同于 Ping（它只确定主机是否有响应），traceroute 使用 ICMP 和 IP 存活时间（TTL）来跟踪分组穿越互联网络时经过的路径。traceroute 也可用于多种协议，如下所示：

```
Todd#traceroute ?
  WORD       Trace route to destination address or hostname
  aaa        Define trace options for AAA events/actions/errors
  appletalk  AppleTalk Trace
  clns       ISO CLNS Trace
  ip         IP Trace
  ipv6       IPv6 Trace
  ipx        IPX Trace
  mac        Trace Layer2 path between 2 endpoints
  oldvines   Vines Trace (Cisco)
  vines      Vines Trace (Banyan)
  <cr>
```

与 ping 一样，也可通过指定额外的参数（通常是修改源接口）来执行扩展 traceroute：

```
Todd#traceroute
Protocol [ip]:
Target IP address: 10.1.1.1
Source address: 172.16.10.1
Numeric display [n]:
Timeout in seconds [3]:
Probe count [3]:
Minimum Time to Live [1]: 255
Maximum Time to Live [30]:
Type escape sequence to abort.
Tracing the route to 10.1.1.1
```

Telnet、FTP 和 HTTP 是最佳的工具，因为它们在网络层和传输层分别使用 IP 和 TCP 来创建到远程主机的会话。如果可使用 Telnet、FTP 或 HTTP 连接到设备，则说明 IP 连接性没有任何问题。

```
Todd#telnet ?
  WORD IP address or hostname of a remote system
  <cr>
Todd#telnet 10.1.1.1
```

Telnet 到远程设备时，默认看不到控制台消息，例如，无法看到调试输出。要将控制台消息发送给你的 Telnet 会话，可使用命令 terminal monitor，如下所示：

```
SF#terminal monitor
```

在提示符 Router#或 Switch#下，如果只输入主机名或 IP 地址，将认为你要使用 Telnet——无需输入命令 telnet。

下面演示如何查看接口统计信息。

1. 使用命令 show interface 进行验证

验证配置的另一种方式是使用命令 show interface。首先介绍 show interface ?，它显示可供验证和配置的所有接口。

注意　　命令 show interfaces 显示路由器所有接口的可配置参数和统计信息。

排除路由器和网络故障时，这个命令很有用。下面是在我的 2811 路由器上，删除配置并重启后执行命令 show interface ?得到的输出：

```
Router#sh int ?
  Async             Async interface
  BVI               Bridge-Group Virtual Interface
  CDMA-Ix           CDMA Ix interface
  CTunnel           CTunnel interface
  Dialer            Dialer interface
  FastEthernet      FastEthernet IEEE 802.3
  Loopback          Loopback interface
  MFR               Multilink Frame Relay bundle interface
  Multilink         Multilink-group interface
  Null              Null interface
  Port-channel      Ethernet Channel of interfaces
  Serial            Serial
  Tunnel            Tunnel interface
  Vif               PGM Multicast Host interface
  Virtual-PPP       Virtual PPP interface
  Virtual-Template  Virtual Template interface
  Virtual-TokenRing Virtual TokenRing
  accounting        Show interface accounting
  counters          Show interface counters
  crb               Show interface routing/bridging info
  dampening         Show interface dampening info
  description       Show interface description
  etherchannel      Show interface etherchannel information
  irb               Show interface routing/bridging info
  mac-accounting    Show interface MAC accounting info
  mpls-exp          Show interface MPLS experimental accounting info
  precedence        Show interface precedence accounting info
  pruning           Show interface trunk VTP pruning information
  rate-limit        Show interface rate-limit info
  status            Show interface line status
  summary           Show interface summary
  switching         Show interface switching
  switchport        Show interface switchport information
  trunk             Show interface trunk information
  |                 Output modifiers
  <cr>
```

在上述输出中，只有 FastEthernet、Serial 和 Async 是物理接口，其他的都是逻辑接口以及可用于验证接口的命令。

接下来介绍命令 show interface fastethernet 0/0，它显示硬件地址、逻辑地址、封装方法以及有关冲突的统计信息，如下所示：

```
Router#sh int f0/0
FastEthernet0/0 is up, line protocol is up
```

```
     Hardware is MV96340 Ethernet, address is 001a.2f55.c9e8 (bia 001a.2f55.c9e8)
     Internet address is 192.168.1.33/27
 MTU 1500 bytes, BW 100000 Kbit, DLY 100 usec,
        reliability 255/255, txload 1/255, rxload 1/255
     Encapsulation ARPA, loopback not set
     Keepalive set (10 sec)
     Auto-duplex, Auto Speed, 100BaseTX/FX
     ARP type: ARPA, ARP Timeout 04:00:00
     Last input never, output 00:02:07, output hang never
     Last clearing of "show interface" counters never
     Input queue: 0/75/0/0 (size/max/drops/flushes); Total output drops: 0
     Queueing strategy: fifo
     Output queue: 0/40 (size/max)
     5 minute input rate 0 bits/sec, 0 packets/sec
     5 minute output rate 0 bits/sec, 0 packets/sec
        0 packets input, 0 bytes
        Received 0 broadcasts, 0 runts, 0 giants, 0 throttles
        0 input errors, 0 CRC, 0 frame, 0 overrun, 0 ignored
        0 watchdog
        0 input packets with dribble condition detected
        16 packets output, 960 bytes, 0 underruns
        0 output errors, 0 collisions, 0 interface resets
        0 babbles, 0 late collision, 0 deferred
        0 lost carrier, 0 no carrier
        0 output buffer failures, 0 output buffers swapped out
 Router#
```

你可能猜到了，我将讨论上述输出中的重要统计信息，但在此之前，我必须问你：接口 FastEthernet 0/0 位于哪个子网中？该子网的广播地址和合法主机地址范围是什么？

你必须能够快速确定这些内容。如果不能，我来告诉你：该接口的地址为 192.168.1.33/27，而/27 对应的子网掩码为 255.255.255.224（如果你现在还不知道/27 是什么，能通过 CCNA 考试才怪，因此 真的需要阅读本书）。第四个字节的块大小为 32，所以子网为 0、32、64 等。该快速以太网接口位于 子网 32 中，该子网的广播地址为 63，合法的主机地址范围为 33 ~ 62。

注意　　如果你确认上述内容有困难，要挽救必然失败的命运，现在就回过头去阅读第 4 章，并反复阅读，直到完全掌握为止。

回到前面的输出。该接口处于活动状态，看起来运行正常。命令 show interfaces 指出在接口 上是否发生了错误，显示最大传输单元（MTU，可在该接口上传输的最大分组长度），还显示路由选 择协议使用的带宽（BW）、可靠性（255/255 表示完美）以及负载（1/255 表示没有负载）。

继续以前面的输出为例。该接口的带宽是多少呢？该接口是一个快速以太网接口，这泄露了其带 宽。另外，从输出可知，带宽为 100 000 Kbit，这相当于 100 000 000 bit，即 100 Mbit/s（快速以太网）。 吉比特为 1 000 000 Kbit/s。

别忘了输出错误和冲突，在上述输出中，它们都是零。如果这些数字持续增大，说明物理层或数 据链路层有问题。请务必检查双工模式！如果一端为半双工，另一端为全双工，接口也能正常运行， 但传输速度会非常慢，且刚才提及的两个数字会快速增大！

命令 show interface 显示的最重要的统计信息是，线路协议和数据链路协议的状态。如果输出为 FastEthernet 0/0 is up 和 line protocol is up，则表明接口运行正常：

```
Router#sh int fa0/0
FastEthernet0/0 is up, line protocol is up
```

第一项指的是物理层，如果它检测到载波，则为 up；第二项指的是数据链路层，它检测来自另一端的存活消息。存活消息很重要，因为设备使用存活消息确保它们之间的连接性。

下面的示例说明了串行接口常出现的问题：

```
Router#sh int s0/0/0
Serial0/0 is up, line protocol is down
```

如果线路处于 up 状态，而线路协议处于 down 状态，说明存在时钟频率（存活）或成帧方面的问题——可能是封装不匹配。在两端检查存活消息，确保它们匹配、设置了时钟频率且封装类型相同。上述输出表明数据链路层出现了问题。

如果线路接口和协议都处于 down 状态，表明接口或电缆出现了问题。下面的输出表明物理层出现了问题：

```
Router#sh int s0/0/0
Serial0/0 is down, line protocol is down
```

如果一端被管理性关闭（如下所示），则远程端的线路接口和协议都将处于 down 状态：

```
Router#sh int s0/0/0
Serial0/0 is administratively down, line protocol is down
```

要启用接口，可在接口配置模式下执行命令 no shutdown。

下面的示例使用命令 show interface serial 0/0/0 显示了串行线路的状态和最大传输单元（MTU）——默认为 1500 字节。它还指出带宽（BW）为 1544 Kbit/s，这是所有思科串行链路的默认带宽，EIGRP 和 OSPF 等路由选择协议使用它来计算度量值。另一项重要的配置是存活定时器——默认为 10 秒。路由器每隔 10 秒向邻居发送一条存活消息，如果两台路由器配置的存活定时器不同，将无法相互通信。

```
Router#sh int s0/0/0
Serial0/0 is up, line protocol is up
 Hardware is HD64570
 MTU 1500 bytes, BW 1544 Kbit, DLY 20000 usec,
   reliability 255/255, txload 1/255, rxload 1/255
 Encapsulation HDLC, loopback not set, keepalive set
  (10 sec)
 Last input never, output never, output hang never
 Last clearing of "show interface" counters never
 Queueing strategy: fifo
 Output queue 0/40, 0 drops; input queue 0/75, 0 drops
 5 minute input rate 0 bits/sec, 0 packets/sec
 5 minute output rate 0 bits/sec, 0 packets/sec
   0 packets input, 0 bytes, 0 no buffer
   Received 0 broadcasts, 0 runts, 0 giants, 0 throttles
   0 input errors, 0 CRC, 0 frame, 0 overrun, 0 ignored,
   0 abort
   0 packets output, 0 bytes, 0 underruns
```

```
    0 output errors, 0 collisions, 16 interface resets
    0 output buffer failures, 0 output buffers swapped out
    0 carrier transitions
    DCD=down DSR=down DTR=down RTS=down CTS=down
```

要重置接口的计数器，可使用命令 clear counters：

```
Router#clear counters ?
  Async              Async interface
  BVI                Bridge-Group Virtual Interface
  CTunnel            CTunnel interface
  Dialer             Dialer interface
  FastEthernet       FastEthernet IEEE 802.3
  Group-Async        Async Group interface
  Line               Terminal line
  Loopback           Loopback interface
  MFR                Multilink Frame Relay bundle interface
  Multilink          Multilink-group interface
  Null               Null interface
  Serial             Serial
  Tunnel             Tunnel interface
  Vif                PGM Multicast Host interface
  Virtual-Template   Virtual Template interface
  Virtual-TokenRing  Virtual TokenRing
  <cr>

Router#clear counters s0/0/0
Clear "show interface" counters on this interface
  [confirm][enter]
Router#
00:17:35: %CLEAR-5-COUNTERS: Clear counter on interface
  Serial0/0/0 by console
Router#
```

2. 使用命令 show interfaces 排除故障

介绍其他命令前，再来看看命令 show interfaces 的输出。在这个命令的输出中，有一些重要的统计信息，对通过 CCNA 考试很重要：

```
275496 packets input, 35226811 bytes, 0 no buffer
  Received 69748 broadcasts (58822 multicasts)
    0 runts, 0 giants, 0 throttles
    0 input errors, 0 CRC, 0 frame, 0 overrun, 0 ignored
    0 watchdog, 58822 multicast, 0 pause input
    0 input packets with dribble condition detected
    2392529 packets output, 337933522 bytes, 0 underruns
    0 output errors, 0 collisions, 1 interface resets
    0 babbles, 0 late collision, 0 deferred
    0 lost carrier, 0 no carrier, 0 PAUSE output
    0 output buffer failures, 0 output buffers swapped out
```

排除接口故障时，较难的是确定从哪里着手，但肯定要马上查看输入错误数和 CRC 错误数。如果这些数字不断增大，通常是双工模式方面的问题，但也可能是其他物理层问题，如电缆受到的干扰很强或网络接口卡出现了故障。通常，如果 CRC 和输入错误数不断增大，但冲突数没有增大，就说明电缆受到了干扰。

下面来看看一些输出内容。

❏ **no buffer**（缓冲空间不足） 你可不想看到这个数字不断增大。倘若如此，就意味着没有缓冲空间用于存储到来的分组。缓冲区满后，收到的分组都将被丢弃。输出中的 ignored 指出了有多少个分组被丢弃。

❏ **ignored**（忽略的分组数） 如果分组缓冲区已满，分组将被丢弃，导致 no buffer 和 ignored 不断增大。通常，如果这两个数字不断增大，就意味着 LAN 中出现了广播风暴。NIC 故障甚至糟糕的网络设计都可能导致这种问题。

提示 通常，如果这两个数字不断增大，就意味着 LAN 中出现了广播风暴。NIC 故障甚至糟糕的网络设计都可能导致这种问题。这里之所以重申这一点，是因为它对 CCNA 考试很重要。

❏ **runts**（残帧数） 短于最短帧长（64 字节）的帧数。通常是冲突导致的。

❏ **giants**（超长帧数） 长度超过 1518 字节的帧数。

❏ **input errors**（输入错误数） 众多计数器的和，包括 runts、giants、no buffer、CRC、frame、overrun 和 ignored 等计数器。

❏ **CRC** 每个帧的末尾都有一个帧校验序列（FCS）字段，其中存储了循环冗余校验（CRC）的结果。如果接收主机和发送主机计算得到的 CRC 不同，就出现了 CRC 错误。

❏ **frame** 如果收到的帧的格式无效或不完整，这个计数器就会增大。这通常表明发生了冲突。

❏ **packets output**（输出分组数） 从接口转发出去的总分组（帧）数。

❏ **output errors**（输出错误数） 交换机端口试图传输但遇到了问题的总分组（帧）数。

❏ **collisions**（冲突数） 在半双工模式下传输帧时，NIC 在电缆的接收线对上侦听信号。如果有其他主机传输信号，就会发生冲突。在全双工模式下，这个计数器不应不断增大。

❏ **late collisions**（延迟冲突数） 如果在布线期间遵循了所有以太网规范，所有冲突都将在帧的第 64 字节处发生。如果冲突发生在第 64 字节之后，延迟冲突数就会增大。双工模式不匹配或电缆长度超过了规定，这个计数器都将增大。

提示 双工模式不匹配将导致连接两端出现延迟冲突错误。为避免这种问题，可手动设置交换机的双工参数，使其与连接的设备匹配。

双工模式不匹配指的是交换机采用全双工，而连接的设备采用半双工，或者相反。双工模式不匹配的结果是传输速度极慢、时断时续以及连接断开。在全双工模式下可能导致数据链路错误的其他原因包括：电缆坏了、交换机端口出现故障以及 NIC 硬件或软件故障。要查看双工设置，可使用命令 `show interface`。如果两台思科设备的双工模式不匹配，且它们都启用了思科发现协议，你将在这两台设备的控制台或日志缓冲区中看到思科发现协议错误消息：

```
%CDP-4-DUPLEX_MISMATCH: duplex mismatch discovered on FastEthernet0/2 (not half duplex)
```

思科发现协议很有用，可帮助检测错误以及收集有关附近思科设备的端口和系统统计信息。CDP 将在第 7 章介绍。

3. 使用命令 show ip interface 进行验证

命令 show ip interface 显示路由器接口的第 3 层配置信息，如 IP 地址与子网掩码、MTU 以及在接口上是否设置了访问列表：

```
Router#sh ip interface
FastEthernet0/0 is up, line protocol is up
  Internet address is 1.1.1.1/24
  Broadcast address is 255.255.255.255
  Address determined by setup command
  MTU is 1500 bytes
  Helper address is not set
  Directed broadcast forwarding is disabled
  Outgoing access list is not set
  Inbound  access list is not set
  Proxy ARP is enabled
  Security level is default
  Split horizon is enabled
[output cut]
```

上述输出包含如下信息：接口的状态、接口的 IP 地址和子网掩码、在接口上是否设置了访问列表以及基本的 IP 信息。

4. 使用命令 show ip interface brief

在可在思科路由器或交换机中使用的命令中，show ip interface brief 可能是最有用的之一。它提供设备接口的摘要信息，包括逻辑地址和状态：

```
Router#sh ip int brief
Interface          IP-Address      OK? Method Status                Protocol
FastEthernet0/0    unassigned      YES unset  up                    up
FastEthernet0/1    unassigned      YES unset  up                    up
Serial0/0/0        unassigned      YES unset  up                    down
Serial0/0/1        unassigned      YES unset  administratively down down
Serial0/1/0        unassigned      YES unset  administratively down down
Serial0/2/0        unassigned      YES unset  administratively down down
```

别忘了，管理性关闭意味着需要输入命令 no shutdown 以启用接口。注意到 Serial0/0/0 的状态为 up/down，这意味着物理层正常且检测到了载波，但未收到来自远程端的存活消息。在非生产网络（如我在这里使用的网络）中，这表明没有设置时钟频率。

5. 使用命令 show protocols 进行验证

命令 show protocols 很有用，可使用它快速了解每个接口的第 1 层和第 2 层状态以及使用的 IP 地址。

下面是在我的一台路由器上执行该命令得到的输出：

```
Router#sh protocols
Global values:
  Internet Protocol routing is enabled
Ethernet0/0 is administratively down, line protocol is down
Serial0/0 is up, line protocol is up
  Internet address is 100.30.31.5/24
Serial0/1 is administratively down, line protocol is down
Serial0/2 is up, line protocol is up
  Internet address is 100.50.31.2/24
```

```
Loopback0 is up, line protocol is up
   Internet address is 100.20.31.1/24
```

命令 show ip interface brief 和 show protocols 显示接口的第 1 层和第 2 层统计信息以及 IP 地址，接下来要介绍的命令 show controllers 只提供第 1 层的信息。

6. 使用命令 show controllers

命令 show controllers 显示有关物理接口本身的信息。它还指出串行端口连接的串行电缆的类型，这通常是与数据服务单元（DSU）相连的 DTE 电缆。

```
Router#sh controllers serial 0/0
HD unit 0, idb = 0x1229E4, driver structure at 0x127E70
buffer size 1524 HD unit 0, V.35 DTE cable

Router#sh controllers serial 0/1
HD unit 1, idb = 0x12C174, driver structure at 0x131600
buffer size 1524 HD unit 1, V.35 DCE cable
```

注意到接口 serial 0/0 连接的是 DTE 电缆，而接口 serial 0/1 连接的是 DCE 电缆。因此，serial 0/1 必须使用命令 clock rate 提供时钟频率，而 serial 0/0 将从 DSU 那里获悉时钟频率。

在图 6-5 中，使用 DTE/DCE 电缆连接两台路由器，而在生产网络中不会这样做。

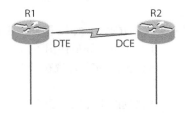

图 6-5　在哪里配置时钟频率呢？要获悉这一点，可使用命令 show controllers
　　　　了解路由器每个串行接口的情况

路由器 R1 连接的是 DTE 电缆。默认情况下，所有思科路由器都是如此。路由器 R1 和 R2 不能通信。下面是命令 show controllers s0/0 的输出：

```
R1#sh controllers serial 0/0
HD unit 0, idb = 0x1229E4, driver structure at 0x127E70
buffer size 1524 HD unit 0, V.35 DCE cable
```

命令 show controllers s0/0 指出，该接口为 V.35 DCE。这意味着 R1 需要向 R2 提供线路的时钟频率。这表明 R1 的串行接口没有连接到正确的电缆端，但如果在该接口上设置时钟频率，网络将正常。

再来看一个可使用命令 show controllers 解决的问题，如图 6-6 所示。同样，这里的问题也是 R1 和 R2 不能相互通信。

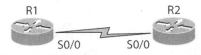

图 6-6　在路由器 R1 上，命令 show controllers 的输出表明 R1 和 R2 不能相互通信

下面是在路由器 R1 上执行命令 show controllers s0/0 和 show ip interface s0/0 得到的输出：

```
R1#sh controllers s0/0
HD unit 0, idb = 0x1229E4, driver structure at 0x127E70
buffer size 1524 HD unit 0,
DTE V.35 clocks stopped
cpb = 0xE2, eda = 0x4140, cda = 0x4000

R1#sh ip interface s0/0
Serial0/0 is up, line protocol is down
  Internet address is 192.168.10.2/24
  Broadcast address is 255.255.255.255
```

命令 show controllers 的输出表明，R1 没有收到线路的时钟频率。这是一个非生产网络，没有连接提供线路时钟频率的 CSU/DSU。这意味着电缆的 DCE 端（这里为路由器 R2）将提供时钟频率。命令 show ip interface 的输出表明，接口处于 up 状态，但协议处于 down 状态。这意味着未收到来自远程端的存活消息。在这个例子中，罪魁祸首很可能是电缆有问题或没有设置时钟频率。

6.6   小结

这一章很有趣！我介绍了大量有关思科 IOS 的知识，但愿你由此对思科路由器有了深入认识。本章首先阐述了思科网络互联操作系统（IOS）以及如何使用 IOS 来运行和配置思科路由器。你学习了如何启动路由器以及设置模式的用途。顺便说一句，你现在基本上已经能够配置思科路由器了，因此应该不需要使用设置模式。

讨论如何使用控制台和 LAN 链路连接到路由器后，我介绍了思科帮助功能以及如何使用 CLI 来查找命令和命令参数。另外，还讨论了一些基本的 show 命令，以帮助你验证配置。

路由器的管理功能可帮助你管理网络以及确保配置正确的设备。设置路由器密码是路由器上的重要配置之一。我介绍了必须设置的五种密码，还介绍了可帮助管理路由器的主机名、接口描述和旗标。

对思科 IOS 就介绍到这里。与往常一样，阅读后续章节前，你必须牢固地掌握本章介绍的基本知识，这至关重要。

6.7   考试要点

描述 IOS 的职责。思科路由器 IOS 软件负责：运行网络协议和提供功能；在设备之间高速传输数据；控制访问和禁止未经授权的网络使用，从而提高安全性；提供可扩展性（以方便网络扩容）和冗余性；提供连接到网络资源的可靠性。

列出连接到思科设备以便对其进行管理的方式。有三种连接方式：控制台端口、辅助端口以及 Telnet、SSH 和 HTTP 等带内通信。别忘了，仅当配置了 IP 地址和 Telnet 密码后，才能通过 Telnet 连接到路由器。

理解路由器的启动过程。启动思科路由器时，将经过加电自检（POST）。通过加电自检后，将在闪存中查找思科 IOS。如果找到 IOS 文件，就把它加载。IOS 加载后，它将在 NVRAM 中寻找被称为启动配置的有效配置。如果 NVRAM 中没有这种文件，路由器将进入设置模式。

　　描述设置模式的用途。 如果路由器启动时 NVRAM 中没有启动配置，将自动进入设置模式；还可在特权模式下执行命令 `setup` 以进入设置模式。对于不知道如何使用命令行界面配置思科路由器的人，利用设置模式能够轻松地完成最基本的配置。

　　从外观和命令用途角度描述用户模式、特权模式和全局配置模式之间的差别。 用户模式的提示符为 `routername>`，默认提供了一个可执行少量命令的命令行界面。在用户模式下，不能查看或修改配置。特权模式的提示符为 `routername#`，让用户能够查看和修改路由器的配置。要进入特权模式，可执行命令 `enable`，并输入启用密码或启用加密密码（如果设置了）。全局配置模式的提示符为 `routername(config)#`，让用户能够修改应用于整台路由器的配置（而不是只影响某个接口的配置）。

　　指出其他配置模式以及这些配置模式的提示符和用途。 其他配置模式是在全局配置模式提示符 `routername(config)#` 下进入的，包括接口配置模式（用于设置接口，其提示符为 `router(config-if)#`）、线路配置模式（用于配置各种连接方式的密码和其他设置，其提示符为 `router(config-line)#`）、路由选择协议配置模式（用于启用和配置路由选择协议，其提示符为 `router(config-router)#`）。

　　使用编辑和帮助功能。 要获取命令用法方面的帮助，可在命令末尾输入问号。另外，要限定显示的命令帮助信息，可使用问号和字母。可以使用命令历史记录来获取以前使用过的命令，以免重新输入。命令被拒绝时，脱字符指出了不正确的地方。最后，请牢记有用的热键组合。

　　指出命令 show version 提供的信息。 命令 `show version` 提供系统硬件的基本配置信息、软件版本、配置文件的名称和存储位置、配置寄存器设置以及启动映像。

　　设置路由器的主机名。 要设置路由器的主机名，可依次使用下述命令：

```
Enable
config t
hostname Todd
```

　　描述启用密码和启用加密密码的区别。 这两种密码都用于进入特权模式，但启用加密密码较新，默认总被加密。另外，如果设置启用密码后再设置启用加密密码，将只使用启用加密密码。

　　描述旗标的配置和用途。 旗标向访问设备的用户提供信息，可在各种登录提示画面中显示。要配置旗标，可使用命令 `banner`，并使用一个关键字来描述旗标的类型。

　　在路由器上设置启用加密密码。 要设置启用加密密码，可使用全局配置命令 `enable secret`。请不要使用 `enable secret password` *password*，否则将把启用加密密码设置为 *password password*。下面是一个设置启用加密密码的例子：

```
Enable
config t
enable secret todd
```

　　在路由器上设置控制台密码。 要设置控制台密码，可依次使用如下命令：

```
Enable
config t
line console 0
password todd
login
```

　　在路由器上设置 Telnet 密码。 要设置 Telnet 密码，可依次使用如下命令：

```
Enable
config t
line vty 0 4
password todd
login
```

描述使用 SSH 的优点并列出其需求。Secure Shell（SSH）使用加密密钥来发送数据，这样用户名和密码将不会以明文方式发送。它要求配置主机名和域名并生成加密密钥。

描述为使用接口做准备的过程。要使用接口，必须给它配置 IP 地址和子网掩码，并确保它与这样的主机位于同一个子网，即与它连接的交换机相连的主机。另外，还必须使用命令 no shutdown 启用接口。如果串行接口以背对背方式连接到另一个路由器串行接口，且位于串行电缆的 DCE 端，还必须给它配置时钟频率。

理解如何排除串行链路故障。如果执行命令 show interface serial 0/0 时，看到 down, line protocol is down，则说明物理层出现了问题；如果看到的是 up, line protocol is down，则说明数据链路层出现了问题。

理解如何使用命令 show interfaces 验证路由器。使用命令 show interfaces 可查看路由器接口的统计信息，验证接口是否被禁用以及获悉每个接口的 IP 地址。

描述如何查看、编辑、删除和保存配置。要查看路由器当前使用的配置，可使用命令 show running-config；要查看最后保存的配置（路由器下次启动时将使用它），可使用命令 show startup-config；要将对运行配置所做的修改保存到 NVRAM 中，可使用命令 copy running-config startup-config；要删除保存的配置，可使用命令 erase startup-config，这将导致路由器重启时进入设置模式，因为没有配置可用。

6.8 书面实验

写出下述问题所需的命令。

(1) 要设置串行接口，使其将时钟频率 1000 Kbit 提供给另一台路由器，可使用什么命令？

(2) 如果你远程登录到一台交换机并且收到响应 connection refused, password not set，为避免收到这种消息，且不被提示输入密码，应在目标设备上执行什么命令？

(3) 如果你执行命令 show int fastenthernet 0/1 时发现该端口被管理性关闭，你将执行什么命令来启用该接口？

(4) 要删除 NVRAM 中的配置，应执行哪些命令？

(5) 要将经控制台端口进入用户模式的密码设置为 todd，应执行哪些命令？

(6) 要将启用加密密码设置为 cisco，应执行哪些命令？

(7) 要判断路由器接口 serial 0/2 是否应提供时钟频率，可使用什么命令？

(8) 要查看命令历史记录的大小，可使用什么命令？

(9) 要重启交换机并用当前的启动配置替换运行配置，应使用什么命令？

(10) 如何将交换机的名称设置为 Sales？

答案见附录 A。

6.9 动手实验

在本节中，你将在思科交换机（或路由器）上执行一些命令，帮助理解本章介绍的内容。

你至少需要一台思科设备，两台更好，三台就太棒了。本节的动手实验应在思科路由器上完成，但也可使用路由器模拟器 LammleSim IOS 版（参见 www.lammle.com/ccna）或思科 Packet Tracer 来完成。就 CCNA 考试而言，使用什么样的交换机或路由器来完成这些实验无关紧要，只要它们运行的是 IOS 12.2 或更高版本即可。是的，CCNA 考试大纲说的是 IOS 15 版，但就这些实验而言，这没什么关系。

这里假设你使用的设备没有配置。如果必要，首先完成动手实验 6.1，将现有配置删除；否则，直接进入动手实验 6.2。

- ❑ 动手实验 6.1：删除现有配置。
- ❑ 动手实验 6.2：探索用户模式、特权模式和各种配置模式。
- ❑ 动手实验 6.3：使用帮助和编辑功能。
- ❑ 动手实验 6.4：保存配置。
- ❑ 动手实验 6.5：设置密码。
- ❑ 动手实验 6.6：设置主机名、描述、IP 地址和时钟频率。

6.9.1 动手实验 6.1：删除现有配置

在这个实验中，可能需要知道用户名和密码，以便进入特权模式。如果路由器有配置，而你不知道用于进入特权模式的用户名和密码，将无法完成这里指定的操作。在没有特权模式密码的情况下，也能删除配置，但需要执行额外的步骤，而这些步骤随路由器型号而异，这将在第 7 章介绍。

(1) 启动交换机，在系统提示时按回车键。

(2) 在提示符 Switch>下输入 enable。

(3) 在系统提示时输入用户名并按回车，再输入正确的密码并按回车。

(4) 在特权模式提示符下，输入 erase startup-config。

(5) 在特权模式提示符下，输入 reload，在系统提示是否要保存配置时输入 n，表示不保存。

6.9.2 动手实验 6.2：探索用户模式、特权模式和各种配置模式

在这个实验中，你将探索用户模式、特权模式和各种配置模式。

(1) 启动交换机或路由器。如果你刚完成动手实验 6.1 将配置删除了，在系统提示是否继续进行配置对话时，输入 n（表示不），再按回车键。在系统提示时按回车键连接到设备，这将进入用户模式。

(2) 在提示符 Switch>下输入问号（?）。

(3) 注意到屏幕底部有-more-。

(4) 按回车键逐行查看命令；按空格键以每次一屏的方式查看命令。可随时输入 q 退出。

(5) 输入 enable 或 en 并按回车键。这将切换到特权模式，让你能够修改和查看路由器配置。

(6) 在提示符 Switch#下输入问号（?）。注意在特权模式下有多少可供执行的命令。

(7) 输入 q 退出。

(8) 输入 config 并按回车键。

(9) 提示选择方法时，按回车键，以便使用终端来配置路由器（这是默认方法）。

(10) 在提示符 Switch(config)# 下，输入问号（?），再输入 q 退出或按空格键查看命令。

(11) 输入 interface f0/1 或 int f0/1（甚至是 int gig0/1），并按回车键，这让你能够配置接口 FastEthernet 0/1 或 Gigabit 0/1。

(12) 在提示符 Switch(config-if)# 下输入问号（?）。

(13) 如果使用的是路由器，输入 int s0/0、interface s0/0 或 interface s0/0/0 并按回车键，这将让你能够配置接口 serial 0/0。注意到可轻松地从一个接口切换到另一个接口。

(14) 输入 encapsulation ?。

(15) 输入 exit，注意到这将返回到上一级。

(16) 按 Ctrl + Z，这将退出配置模式并返回到特权模式。

(17) 输入 disable，这将返回到用户模式。

(18) 输入 exit，这将从路由器或交换机注销。

6.9.3 动手实验 6.3：使用帮助和编辑功能

在这个实验中，你将实际使用思科 IOS 的帮助和编辑功能。

(1) 登录到设备，并执行命令 en 或 enable 进入特权模式。

(2) 输入问号（?）。

(3) 输入 cl? 并按回车，注意到列出了所有以 cl 打头的命令。

(4) 输入 clock ? 并按回车键。

注意　　请注意第 3 步和第 4 步的差别。第 3 步让你输入字母和问号，且它们之间没有空格，这将列出所有以 cl 打头的命令。第 4 步让你输入命令、空格和问号，这将列出下一个可用的参数。

(5) 输入 clock ?，并根据帮助屏幕设置日期和时间。下面的步骤引导你设置日期和时间。

(6) 输入 clock ?。

(7) 输入 clock set ?。

(8) 输入 clock set 10:30:30 ?。

(9) 输入 clock set 10:30:30 14 May ?。

(10) 输入 clock set 10:30:30 14 May 2011。

(11) 按回车键。

(12) 输入 show clock 以查看日期和时间。

(13) 在特权模式下，输入 show access-list 10，但不要按回车键。

(14) 按 Ctrl + A 将光标移到行首。

(15) 按 Ctrl + E 将光标移到行尾。

(16) 按 Ctrl + A 再次将光标移到行首，再按 Ctrl + F 将光标向前移一个字符。

(17) 按 Ctrl + B 将光标向后移一个字符。

(18) 按回车键，再按 Ctrl + P，这将重新显示上一个命令。

(19) 按上箭头键，这也将重新显示上一个命令。

(20) 输入 sh history，这将显示最后输入的 10 个命令。

(21) 输入 terminal history size ?。这将修改历史记录缓冲区大小，? 是存储的命令数。

(22) 输入 show terminal 以收集终端统计信息和历史记录缓冲区大小。

(23) 输入 terminal no editing，这将禁用高级编辑功能。重复第 14 ~ 18 步，你将发现这些编辑快捷键不管用，直到执行命令 terminal eiditing。

(24) 输入 teminal eiditing 并按回车键，以重新启用高级编辑功能。

(25) 输入 sh run 并按 Tab 键，这将自动完成命令输入。

(26) 输入 sh start 并按 Tab 键，这将自动完成命令输入。

6.9.4 动手实验 6.4：保存路由器配置

在这个实验中，你将实际动手保存配置。

(1) 登录到设备，输入命令 en 或 enable 并按回车键以进入特权模式。

(2) 为查看存储在 NVRAM 中的配置，输入 sh start 并依次按 Tab 键和回车键，也可输入 show startup-config 并按回车键。然而，如果没有保存配置，将显示一条错误消息。

(3) 为将配置保存到 NVRAM 中（结果为启动配置），执行下述操作之一：

❑ 输入 copy run start 并按回车键；

❑ 输入 copy running，按 Tab 键，输入 start，按 Tab 键和回车键。

❑ 输入 copy running-config startup-config 并按回车键。

(4) 输入 sh start 并依次按 Tab 键和回车键。

(5) 输入 sh run 并依次按 Tab 键和回车键。

(6) 输入 erase startup-config 并依次按 Tab 键和回车键。

(7) 输入 sh start 并依次按 Tab 键和回车键，路由器将告诉你 NVRAM 中没有配置或显示其他类型的消息，这取决于 IOS 和硬件。

(8) 输入 reload 并按回车键。按回车键确认要重启，并等待设备重启。

(9) 选择 n 不进入设置模式，也可按 Ctrl + C。

6.9.5 动手实验 6.5：设置密码

(1) 登录到设备，输入 en 或 enable 以进入特权模式。

(2) 输入 config t 并按回车键。

(3) 输入 enable ?。

(4) 输入 enable secret *password*（其中 *password* 为要设置的密码）并按回车键，以设置启用加密密码。不要在参数 secret 后面添加参数 password，否则密码将为 password。一个设置启用加密密码的示例是 enable secret todd。

(5) 现在来看看从路由器注销再登录时发生的情况。按 Ctrl + Z 注销，再输入 exit 并按回车键。尝试进入特权模式，但切换到特权模式前，系统要求你提供密码。如果你输入了正确的特权加密密码，将切换到特权模式。

(6) 删除启用加密密码。为此，进入特权模式，输入 config t 并按回车键，再输入 no enable secret 并按回车键。注销后再登录，现在应该不会要求你输入密码了。

(7) 另一个用于进入特权模式的密码是启用密码。这是一种更老的密码，不那么安全。如果设置了启用加密密码，则不会使用它。下面的示例演示了如何设置启用密码：

```
config t
enable password todd1
```

(8) 注意到启用密码和启用加密密码不同。它们不能相同。事实上，根本就不应该使用启用密码，而应该只使用启用加密密码。

(9) 输入 config t 以进入设置控制台密码和辅助端口密码的模式，再输入 line ?。

(10) 注意到命令 line 的参数为 auxiliary、vty 和 console。在路由器上，可设置这三种密码；而在交换机上，只能设置控制台密码和 VTY 线路密码。

(11) 要设置 Telnet（VTY）密码，输入 line vty 0 4 并按回车键。0 4 指定了 5 条可用于 Telnet 连接的线路。如果使用的是企业版 IOS，线路数可能不同。要确定路由器上最后一条线路的编号，可使用问号。

(12) 接下来探索启用/禁用身份验证的命令。输入 login 并按回车键，这样用户远程登录到设备时，将要求提供用户模式密码。在这种情况下，如果没有设置密码，将无法远程登录到思科设备。

 注意　要在用户远程登录到思科设备时不提示他提供用户模式密码，可使用命令 no login。

(13) 要设置 VTY 密码，需要使用的另一个命令是 password。输入 password *password* 以设置密码（其中第二个 *password* 为密码）。

(14) 下面的示例演示了如何设置 VTY 密码：

```
config t
line vty 0 4
password todd
login
```

(15) 为设置辅助端口密码，首先输入 line auxiliary 0 或 line aux 0（如果你使用的是路由器）。

(16) 输入 login。

(17) 输入 password *password*。

(18) 为设置控制台密码，首先输入 line console 0 或 line con 0。

(19) 输入 login。

(20) 输入 password *password*。下面的示例演示了如何设置控制台密码和辅助端口密码：

```
config t
line con 0
password todd1
```

```
login
line aux 0
password todd
login
```

(21) 配置控制台端口时，还可执行命令 exec-timeout 0 0，这将禁止控制台端口超时和将你注销。在这种情况下，命令序列如下：

```
config t
line con 0
password todd2
login
exec-timeout 0 0
```

(22) 为避免控制台消息覆盖你正在输入的命令，可使用命令 logging synchronous：

```
config t
line con 0
logging synchronous
```

6.9.6 动手实验 6.6：设置主机名、描述、IP 地址和时钟频率

在这个实验中，你将在设备上设置管理功能。

(1) 登录到交换机或路由器，输入 en 或 enable 以进入特权模式，必要时输入用户名和密码。

(2) 使用命令 hostname 设置主机名。注意，主机名只能包含一个单词。下面是一个设置路由器主机名的例子，设置交换机主机名的命令完全相同：

```
Router#config t
Router(config)#hostname RouterA
RouterA(config)#
```

注意，按回车键后，路由器的主机名就变了。

(3) 使用命令 banner 设置网络管理员看到的旗标，具体的步骤如下。

(4) 输入 config t，再输入 banner ?。

(5) 注意至少可以设置四种不同的旗标。在这个实验中，只设置登录旗标和 MOTD 旗标。

(6) 输入如下命令以设置 MOTD 旗标。通过控制台端口、辅助端口或 Telnet 连接到路由器时，都将显示该旗标。

```
config t
banner motd #
This is an motd banner
#
```

(7) 上述示例将#用作分隔字符，告诉路由器消息到哪里结束。在消息中不能使用分隔字符。

(8) 要删除 MOTD 旗标，可使用如下命令：

```
config t
no banner motd
```

(9) 输入如下命令以设置登录旗标：

```
config t
banner login #
```

```
This is a login banner
#
```

(10) 登录旗标在 MOTD 旗标后显示，但在提示输入用户模式密码前显示。要设置用户模式密码，可设置控制台密码、辅助端口密码和 VTY 线路密码。

(11) 要删除登录旗标，可输入如下命令：

```
config t
no banner login
```

(12) 要给接口配置 IP 地址，可使用命令 ip address（如果使用的是路由器）。这要求你进入接口配置模式。下面的示例演示了如何给接口配置 IP 地址：

```
config t
int f0/1
ip address 1.1.1.1 255.255.0.0
no shutdown
```

注意到在同一行指定了 IP 地址（1.1.1.1）和子网掩码（255.255.0.0）。命令 no shutdown（简写为 no shut）用于启用接口。默认情况下，路由器的所有接口都被禁用。在第 2 层交换机上，只能给接口 VLAN 1 配置 IP 地址。

(13) 可使用命令 description 给接口配置描述。这可用于添加有关连接的信息，如下例所示：

```
config t
int f0/1
ip address 2.2.2.1 255.255.0.0
no shut
description LAN link to Finance
```

(14) 在路由器上，可给串行链路配置带宽，还可配置时钟频率以模拟 DCE WAN 链路，如下例所示：

```
config t
int s0/0
bandwidth 1000
clock rate 1000000
```

6.10   复习题

注意   下面的复习题旨在检验你对本章内容的理解程度。有关如何获取更多复习题的信息，请参阅 www.lammle.com/ccna。

这些复习题的答案见附录 B。

(1) 命令 show interface fa0/1 的输出如下：

```
275496 packets input, 35226811 bytes, 0 no buffer
   Received 69748 broadcasts (58822 multicasts)
   0 runts, 0 giants, 0 throttles
   111395 input errors, 511987 CRC, 0 frame, 0 overrun, 0 ignored
   0 watchdog, 58822 multicast, 0 pause input
   0 input packets with dribble condition detected
   2392529 packets output, 337933522 bytes, 0 underruns
   0 output errors, 0 collisions, 1 interface resets
```

```
0 babbles, 0 late collision, 0 deferred
0 lost carrier, 0 no carrier, 0 PAUSE output
0 output buffer failures, 0 output buffers swapped out
```

请问这个接口可能存在哪种问题?

A. 其速度与链路另一端的接口不匹配　　B. 冲突导致 CRC 错误

C. 收到的帧太长　　　　　　　　　　　D. 以太网电缆有干扰

(2) 命令 show running-config 的输出来自哪里?

A. NVRAM　　　　　　B. 闪存　　　　　　C. RAM　　　　　　D. 固件

(3) 在路由器上配置 SSH 时,必须执行下面哪两个命令?

A. enable secret *password*　　　　　B. exec-timeout 0 0

C. ip domain-name *name*　　　　　　D. username *name* password *password*

E. ip ssh version 2

(4) 下面哪个命令指出路由器的 WAN 接口 serial 0/0 连接的是 DTE 还是 DCE 电缆?

A. sh int s0/0　　　　　　　　　　　　B. sh int serial0/0

C. show controllers s0/0　　　　　　　D. show serial0/0 controllers

(5) 用箭头将下述路由器模式指向其定义。

模　　　式	定　　　义
用户EXEC模式	命令影响整个系统
特权EXEC模式	命令只影响接口/进程
全局配置模式	交互式配置对话
具体的配置模式	可执行所有路由器命令
设置模式	只能执行基本的监视命令

(6) 从下述输出可知,显示的是哪种类型的接口?

```
[output cut]
Hardware is MV96340 Ethernet, address is 001a.2f55.c9e8 (bia 001a.2f55.c9e8)
Internet address is 192.168.1.33/27
MTU 1500 bytes, BW 100000 Kbit, DLY 100 usec,
    reliability 255/255, txload 1/255, rxload 1/255
```

A. 10 MB　　　　　B. 100 MB　　　　　C. 1000 MB　　　　　D. 10 000 MB

(7) 下面哪个命令选择交换机的所有默认 VTY 端口以便对其进行配置?

A. Switch#**line vty 0 4**

B. Switch(config)#**line vty 0 4**

C. Switch(config-if)#**line console 0**

D. Switch(config)#**line vty all**

(8) 下面哪个命令将特权模式密码设置为 Cisco 并对其进行加密?

A. enable secret password Cisco　　　B. enable secret cisco

C. enable secret Cisco　　　　　　　　D. enable password Cisco

(9) 要让管理员登录交换机时看到一条消息,可使用哪个命令?

A. message banner motd　　　　　　　B. banner message motd

C. banner motd　　　　　　　　　　　D. message motd

(10) 下面哪个提示符表明当前处于特权模式?

A. Switch(config)#　　　　　　　　　　B. Switch>

C. Switch#　　　　　　　　　　　　　　D. Switch(config-if)

(11) 要将 RAM 中的配置存储到 NVRAM，可使用哪个命令？

A. Switch(config)#**copy current to starting**

B. Switch#**copy starting to running**

C. Switch(config)#**copy running-config startup-config**

D. Switch#**copy run start**

(12) 当你试图从路由器 Corp 登录到路由器 SF 时，收到如下消息：

```
Corp#telnet SF
Trying SF (10.0.0.1)...Open

Password required, but none set
[Connection to SF closed by foreign host]
Corp#
```

要解决这种问题，可使用下面哪个命令序列？

A. Corp(config)#line console 0
   Corp (config-line)#password *password*
   Corp (config-line)#login

B. SF (config)#line console 0
   SF(config-line)#enable secret *password*
   SF(config-line)#login

C. Corp(config)#line vty 0 4
   Corp (config-line)#password *password*
   Corp (config-line)#login

D. SF (config)#line vty 0 4
   SF(config-line)#password *password*
   SF(config-line)#login

(13) 下面哪个命令删除交换机 NVRAM 的内容？

A. delete NVRAM

B. delete startup-config

C. erase flash

D. erase startup-config

E. erase start

(14) 如果你执行命令 show interface g0/1 时出现如下消息，则该接口存在什么问题？

```
Gigabit 0/1 is administratively down, line protocol is down
```

A. 存活定时器不匹配   B. 管理员禁用了该接口

C. 管理员正通过该接口执行 ping 操作   D. 该接口没有连接电缆

(15) 下面哪个命令显示交换机的所有接口的可配置参数和统计信息？

A. show running-config   B. show startup-config

C. show interfaces   D. show versions

(16) 如果你删除 NVRAM 的内容并重启交换机，将进入哪种模式？

A. 特权模式   B. 全局模式

C. 设置模式   D. NVRAM 载入模式

(17) 你在交换机上执行如下命令时收到如下消息：

```
Switch#show fastethernet 0/1
                ^
% Invalid input detected at '^' marker.
```

请问为何会出现这种错误消息?

    A. 在特权模式下才能执行这个命令

    B. fastethernet 和 0/1 之间不能有空格

    C. 这台交换机没有接口 Fastethernet 0/1

    D. 这个命令不完整

(18) 你在提示符 Switch# 下执行命令 sh r 时,出现错误消息 a % ambiguous command。为何会出现这种错误消息?

    A. 需要在该命令中指定额外的选项或参数

    B. 有多个以字母 r 打头的 show 命令

    C. 没有以字母 r 打头的 show 命令

    D. 在错误的模式下执行了该命令

(19) 下面哪两个命令显示接口的当前 IP 地址以及第 1 层和第 2 层的状态?

    A. show version   B. show interfaces

    C. show controllers   D. show ip interface

    E. show running-config

(20) 如果执行命令 show interface serial 1 时出现如下消息,你认为问题出在 OSI 模型的哪一层?

Serial1 is down, line protocol is down

    A. 物理层   B. 数据链路层

    C. 网络层   D. 网络没有问题,问题出在路由器

6

第7章

管理思科互联网络

本章涵盖如下 ICND1 考试要点。

- ✓ **2.0 LAN 交换技术**
- ❑ 2.6 配置和验证第 2 层协议
  - ■ 2.6.a 思科发现协议
  - ■ 2.6.b LLDP
- ✓ **4.0 基础设施服务**
- ❑ 4.1 描述 DNS 查找操作
- ❑ 4.2 排除与 DNS 相关的客户连接性故障
- ❑ 4.3 在路由器上配置和验证 DHCP（不包括静态保留）
  - ■ 4.3.a 服务器
  - ■ 4.3.b 中继
  - ■ 4.3.c 客户端
  - ■ 4.3.d TFTP、DNS 和网关选项
- ❑ 4.4 排除基于客户端和路由器的 DHCP 连接性故障
- ❑ 4.5 配置和验证客户端/服务器模式下的 NTP 操作
- ✓ **5.0 基础设施管理**
- ❑ 5.1 配置和验证使用系统日志的设备监视
- ❑ 5.2 配置和验证设备管理
  - ■ 5.2.a 备份和恢复设备配置
  - ■ 5.2.b 使用思科发现协议和 LLDP 来发现设备
  - ■ 5.2.d 日志
  - ■ 5.2.e 时区
  - ■ 5.2.f 环回

本章介绍如何管理互联网络中的路由器和交换机。你将学习如下内容：路由器的组件和启动序列；如何使用 TFTP 服务器和 copy 命令管理思科设备；如何配置 DHCP 和 NTP；思科发现协议（Cisco Discovery Protocol，CDP）；如何解析主机名。

最后，本章将介绍一些重要的思科 IOS 故障排除技巧，确保你牢固地掌握这些重要技能。

注意　有关本章内容的最新修订，请访问 www.lammle.com/ccna 或出版社网站的本书配套网页（www.sybex.com/go/ccna）。

7.1　思科路由器和交换机的内部组件

除非你对汽车的机械原理及其各个部件如何协同工作了如指掌，否则就需要将它交给懂行的人去保养，出现故障时也需交给懂行的人去修理。思科联网设备亦如此，你需要全面了解其主要组件，熟悉这些组件的功能以及它们如何协同工作让网络得以正常运行。你对知识的掌握越牢固，对思科联网设备越熟悉，在配置思科互联网络和排除故障时就越得心应手。为此，请看表 7-1，其中简要地描述了思科路由器的主要组件。

表7-1　思科路由器的组件

组　　件	描　　述
引导程序	存储在ROM中的微代码，用于在初始化阶段启动路由器。引导程序启动路由器并加载IOS
POST（加电自检）	也是存储在ROM中的微代码，用于检查路由器硬件的基本功能以及判断路由器包含哪些接口
ROM监视器	也是存储在ROM中的微代码，用于制造、测试和故障排除，并在无法从闪存加载IOS时运行微型IOS
微型IOS	ROM中的小型IOS，思科称之为RXBOOT或引导加载程序，可用于启用接口以及将思科IOS加载到闪存中，还可用于执行其他一些维护操作
RAM（随机存取存储器）	用于存储分组缓冲区、ARP缓存、路由选择表及路由器正常运行所需的软件和数据结构。运行配置存储在RAM中，大多数路由器还在启动时将闪存中的IOS加载到RAM中
ROM（只读存储器）	用于启动和维护路由器，其中存储了POST、引导程序和微型IOS
闪存	默认存储了思科IOS。路由器重启时，闪存的内容不会消失。闪存是英特尔的EEPROM（可电擦除可编程只读存储器）
NVRAM（非易失RAM）	用于存储路由器和交换机的配置，路由器或交换机重启时其内容不会消失。NVRAM中没有存储IOS，但存储了配置寄存器
配置寄存器	用于控制路由器的启动方式。在命令show version的输出中，最后一行为配置寄存器的值，默认为0x2102，让路由器从闪存加载IOS并从NVRAM加载配置

路由器和交换机的启动过程

思科设备启动时执行一系列步骤，这些步骤被称为**启动序列**（boot sequence），旨在检查硬件以及加载必要的软件。启动过程包含如下步骤（如图 7-1 所示）。

(1) IOS 设备执行 POST 对硬件进行检查，确保设备不缺必要的组件且所有组件都正常。POST 检测交换机或路由器的各个接口，它存储在只读存储器（ROM）中。

(2) ROM 中的引导程序找到并加载思科 IOS。为此，它执行负责查找各个 IOS 程序的程序，并在找到这些程序后加载合适的文件。默认情况下，所有思科设备都从闪存加载 IOS 软件。

(3) 接下来，IOS 软件在 NVRAM 中查找有效的配置文件。这种文件称为启动配置，仅当管理员将运行配置复制到 NVRAM 时才存在。

(4) 如果在 NVRAM 中找到启动配置文件，路由器或交换机将把它复制到 RAM 中，并将文件命名为运行配置。路由器/交换机将使用这个文件来运行，此时应该能正常运行。如果 NVRAM 中没有启动配置文件，路由器/交换机将通过所有能检测到载波的接口发送广播，以查找可提供配置的 TFTP 服务器。如果找不到这样的 TFTP 服务器（通常如此），设备将进入设置模式。大多数人通常意识不到设备曾试图查找 TFTP 服务器！

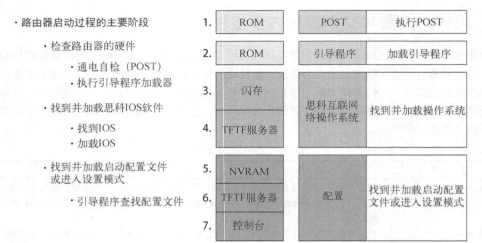

图 7-1 路由器启动过程

 提示   思科设备默认依次从闪存、TFTP 服务器和 ROM 加载 IOS。

7.2 备份和恢复思科配置

你对配置所做的修改都保存在运行配置文件中。修改运行配置后，如果没有执行命令 copy run start，那么设备重启或掉电时修改将丢失。备份总是好事，因此你应该备份配置信息，以防路由器或交换机崩溃。即便设备不会崩溃，也应将配置备份，以供参考和归档！

下面介绍如何将路由器的配置复制到 TFTP 服务器以及如何恢复配置。

7.2.1 备份思科设备的配置

要将 IOS 设备的配置复制到 TFTP 服务器，可使用命令 copy running-config tftp 或 copy startup-config tftp，它们分别备份 DRAM 和 NVRAM 中的路由器配置。

1. 查看当前配置

要查看 DRAM 中的配置，可使用命令 show running-config（简写为 sh run），如下所示：

```
Router#show running-config
Buildingconfiguration...

Current configuration : 855 bytes
!
version 15.0
```

上述当前配置表明，路由器当前运行的 IOS 为 15.0 版。

2. 查看存储的配置

接下来，应检查存储在 NVRAM 中的配置。为此，可使用命令 show startup-config（简写为 sh start），如下所示：

```
Router#sh start
Using 855 out of 524288 bytes
!
! Last configuration change at 04:49:14 UTC Fri Mar 5 1993
!
version 15.0
```

第 1 行指出了配置占用了多少存储空间。在这里，NVRAM 大约为 524 千字节，占用的空间只有 855 字节。然而，对于 ISR 路由器，使用命令 show version 更容易获悉其内存量。

如果你不确定运行配置和启动配置是否相同，但想使用运行配置，可执行命令 copy running-config startup-config，从而确保这两种配置相同，这将在下面详细介绍。

3. 将当前配置复制到 NVRAM

通过将运行配置复制到 NVRAM（如下面的输出所示），可确保路由器重启时加载运行配置。从 IOS 12.0 起，系统要求你指定文件名。

```
Router#copy running-config startup-config
Destination filename [startup-config]?[enter]
Building configuration...
[OK]
```

为何要求指定文件名呢？因为现在 copy 命令包含大量的选项，如下所示：

```
Router#copy running-config ?
  flash:          Copy to flash: file system
  ftp:            Copy to ftp: file system
  http:           Copy to http: file system
  https:          Copy to https: file system
  null:           Copy to null: file system
  nvram:          Copy to nvram: file system
  rcp:            Copy to rcp: file system
  running-config  Update (merge with) current system configuration
  scp:            Copy to scp: file system
  startup-config  Copy to startup configuration
  syslog:         Copy to syslog: file system
  system:         Copy to system: file system
  tftp:           Copy to tftp: file system
  tmpsys:         Copy to tmpsys: file system
```

4. 将配置复制到 TFTP 服务器

将运行配置文件复制到 NVRAM 后，可将其再备份到 TFTP 服务器，为此可使用命令 copy running-config tftp 或其简写 copy run tftp。执行该命令前，我将主机名设置成了 Todd：

```
Todd#copy running-config tftp
Address or name of remote host []? 10.10.10.254
Destination filename [todd-confg]?
!!
776 bytes copied in 0.800 secs (970 bytes/sec)
```

如果你配置了主机名，这个命令将自动把备份文件命名为主机名，且扩展名为-confg。

7.2.2　恢复思科设备的配置

修改运行配置文件后，如果要将配置恢复到启动配置文件中的版本，该怎么办呢？最简单的办法是使用命令 copy startup-config running-config（简写为 copy start run），但这仅当你在修改前将运行配置复制到 NVRAM 才管用！当然，重启设备也管用！

如果将配置备份到了 TFTP 服务器，可使用命令 copy tftp running-config （简写为 copy tftp run）或 copy tftp startup-config（简写为 copy tftp start）来恢复配置，如下面的输出所示。这里想告诉你的是，达成这个目的的旧命令为 config net。

```
Todd#copy tftp running-config
Address or name of remote host []?10.10.10.254
Source filename []?todd-confg
Destination filename[running-config]?[enter]
Accessing tftp://10.10.10.254/todd-confg...
Loading todd-confg from 10.10.10.254 (via FastEthernet0/0):
!!
[OK - 776 bytes]
776 bytes copied in 9.212 secs (84 bytes/sec)
Todd#
*Mar  7 17:53:34.071: %SYS-5-CONFIG_I: Configured from
    tftp://10.10.10.254/todd-confg by console
```

从上述输出可知，配置文件是 ASCII 文本文件。这意味着将存储在 TFTP 服务器的配置复制到路由器前，可使用任何文本编辑器修改这个文件。

注意　　　将路由器的配置删除并重启，再复制或合并存储在 TFTP 服务器的配置时，路由器接口默认被禁用，因此必须使用命令 no shutdown 手动启用每个接口。

7.2.3　删除配置

要删除思科路由器或交换机的启动配置文件，可使用命令 erase startup-config，如下所示：

```
Todd#erase startup-config
Erasing the nvram filesystem will remove all configuration files!
    Continue? [confirm][enter]
[OK]
Erase of nvram: complete
*Mar  7 17:56:20.407: %SYS-7-NV_BLOCK_INIT: Initialized the geometry of nvram
Todd#reload
System configuration has been modified. Save? [yes/no]:n
Proceed with reload? [confirm][enter]
 *Mar  7 17:56:31.059: %SYS-5-RELOAD: Reload requested by console.
    Reload Reason: Reload Command.
```

这个命令删除交换机或路由器的 NVRAM 中的内容。此时如果在特权模式下执行命令 reload 并选择不保存所做的修改，交换机或路由器将重启并进入设置模式。

7.3 配置 DHCP

第 3 章介绍了 DHCP 的工作原理以及发生地址冲突的结果。现在，你可以学习如何在思科 IOS 设备上配置 DHCP 了，还可以学习在主机与 DHCP 服务器不属于同一个子网时如何配置 DHCP 转发器。为从服务器获取地址，主机使用包含 4 个步骤的过程，你还记得吗？如果忘记了，现在是回到第 3 章全面复习这一点的最佳时机！

要为主机配置 DHCP 服务器，至少需要如下信息。

- ❑ **每个 LAN 的网络 ID 和子网掩码** 网络 ID 也称为地址池。默认情况下，子网中的所有地址都可租给主机。
- ❑ **保留/排除在外的地址** 保留地址供打印机、服务器、路由器等设备使用，这些地址不会租给主机。我通常保留每个子网的第一个地址供路由器使用，但你并非一定要这样做。
- ❑ **默认路由器** 在每个 LAN 中，由路由器使用的地址。
- ❑ **DNS 地址** 提供给主机的 DNS 服务器地址列表，让主机能够解析名称。

配置 DHCP 的步骤如下。

(1) 将要保留的地址排除在外。首先这样做的原因是，你设置网络 ID 后，DHCP 服务器就会开始响应客户端的请求。

(2) 为每个 LAN 创建地址池，并给它指定独特的名称。

(3) 给 DHCP 地址池指定网络 ID 和子网掩码，服务器将据此给主机提供地址。

(4) 设置子网的默认网关地址。

(5) 设置 DNS 服务器地址。

(6) 如果不想使用默认租期（24 小时），就需要以天/小时/分钟的方式设置租期。

下面配置图 7-2 所示的交换机，使其充当 LAN Sales Wireless 的 DHCP 服务器。

图 7-2 将交换机配置为 DHCP 服务器

需要指出的是，也可将这种配置放在图 7-2 所示的路由器上。下面演示如何配置 DHCP，其中使用的网络 ID 为 192.168.10.0/24：

```
Switch(config)#ip dhcp excluded-address 192.168.10.1 192.168.10.10
Switch(config)#ip dhcp pool Sales_Wireless
Switch(dhcp-config)#network 192.168.10.0 255.255.255.0
Switch(dhcp-config)#default-router 192.168.10.1
```

```
Switch(dhcp-config)#dns-server 4.4.4.4
Switch(dhcp-config)#lease 3 12 15
Switch(dhcp-config)#option 66 ascii tftp.lammle.com
```

从上面的配置可知，首先保留了 10 个地址，供路由器、服务器和打印机等设备使用。接下来，创建一个名为 Sales_Wireless 的地址池，指定默认网关和 DNS 服务器的地址并将租期设置为 3 天 12 小时 15 分钟（租期并不重要，这里只是为了演示如何设置它）。最后，我演示了如何设置 option 66（向 DHCP 客户端发送 TFTP 服务器的地址）；这个选项用于 VoIP 电话和自动安装的设备，必须以 FQDN 的方式列出。非常简单，不是吗？现在，交换机将响应 DHCP 客户端的请求。然而，如果需要让 DHCP 服务器向不在当前广播域中的主机提供 IP 地址，或者说想让客户端从远程 DHCP 服务器那里获取 IP 地址，该如何做呢？

7.3.1   DHCP 中继

要让 DHCP 服务器向位于其他 LAN 中的主机提供地址，可对路由器接口进行配置，以中继或转发 DHCP 客户端的请求，如图 7-3 所示。如果不配置这种服务，路由器收到 DHCP 客户端广播后将立即将其丢弃，导致远程主机无法获取地址——除非在每个广播域中都配置一个 DHCP 服务器。下面来看看在当今的网络中通常如何配置 DHCP 服务。

由于路由器默认将 DHCP 客户端发出的广播请求丢弃，因此被路由器隔开的主机无法访问 DHCP 服务器。为解决这个问题，可配置路由器的接口 Fa0/0，使其接受 DHCP 客户端请求并将它们转发给 DHCP 服务器，如下所示：

```
Router#config t
Router(config)#interface fa0/0
Router(config-if)#ip helper-address 10.10.10.254
```

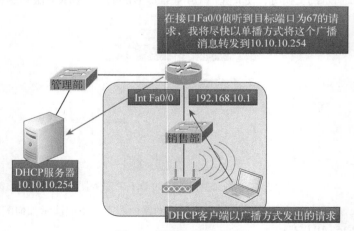

图 7-3   配置 DHCP 中继

这个示例非常简单，无疑还有其他配置 DHCP 中继的方式，但这些知识足以应付 CCNA 考试。另外需要指出的是，命令 ip helper-address 并非只转发 DHCP 客户端请求，因此配置该命令前务必详细研究它。演示如何配置 DHCP 服务后，下面花点时间来验证 DHCP 配置，再介绍 NTP。

7.3.2 验证思科 IOS 设备的 DHCP 配置

在思科 IOS 设备上，有一些很有用的验证命令可用于监视和验证 DHCP 服务。第 9 章组建网络并给两个远程 LAN 添加 DHCP 服务时，你将看到这些命令的输出。这里只想让你对它们有个大致了解，下面列出了四个非常重要的命令以及它们的用途。

- ☐ **show ip dhcp binding** 列出当前已租给客户端的每个 IP 地址的状态信息。
- ☐ **show ip dhcp pool [poolname]** 列出配置的 IP 地址范围、每个地址池中已租出的地址数以及可供出租的地址数。
- ☐ **show ip dhcp server statistics** 列出有关 DHCP 服务器的统计信息，这样的信息非常多！
- ☐ **show ip dhcp conflict** 如果有人静态地配置了 IP 地址，而 DHCP 服务器又将该地址出租，将导致两台主机使用的地址相同。这种情况很糟，这就是该命令很有用的原因！

如果你不明白这些至关重要的命令，也不用担心，第 9 章将详细介绍它们。

7.4 系统日志

要获悉网络在特定时刻发生的情况，最常见也是最有效的方式是，阅读来自交换机或路由器内部缓冲区的系统消息。然而，最佳的方式是将这些消息记录到**系统日志服务器**，这配置起来很容易。系统日志服务器存储来自设备的消息，还可给消息加上时间戳和序列号。

系统日志让你能够对消息进行显示、排序和搜索，因此是极佳的故障排除工具。系统日志的搜索功能尤其强大，你可使用关键字乃至严重级别进行搜索。另外，服务器还能根据消息的严重级别给管理员发送邮件。

可对网络设备进行配置，使其将生成的系统日志消息发送到各种目的地。下面是从思科设备收集消息的四种常见方式：

- ☐ 存储到日志缓冲区（默认启用）；
- ☐ 显示到控制台（默认启用）；
- ☐ 显示到终端（使用命令 terminal monitor 启用）；
- ☐ 存储到系统日志服务器。

你知道，对于 IOS 生成的所有系统消息和调试输出，默认都只显示到控制台并存储在 RAM 缓冲区。你还知道，思科路由器并不吝于发送消息。要将消息通过 VTY 线路发送到终端，可使用命令 terminal monitor。还可使用少量的配置将消息发送到系统日志服务器，这将稍后介绍。

默认情况下，在控制台上看到的消息类似于下面这样：

```
*Oct 21 17:33:50.565:%LINK-5-CHANGED:Interface FastEthernet0/0, changed
state to administratively down
*Oct 21 17:33:51.565:%LINEPROTO-5-UPDOWN:Line protocol on Interface
FastEthernet0/0, changed state to down
```

思科路由器向系统日志服务器发送的消息为通用版本，而系统日志服务器将消息转换为类似于下面的格式：

```
Seq no:timestamp: %facility-severity-MNEMONIC:description
```

这种格式的系统消息包含如下部分。

- ❑ **序列号**（seq no） 日志消息的序列号。默认不会添加序列号；如果需要这种信息，必须相应地配置。
- ❑ **时间戳**（timestamp） 消息或事件的日期和时间。同样，要添加这种信息，必须进行配置。
- ❑ **来源**（facility） 消息的来源。
- ❑ **严重级别**（severity） 0~7 的编码，指出消息的严重级别。
- ❑ **标识符**（MNEMONIC） 唯一地标识消息的文本字符串。
- ❑ **描述**（description） 对报告的事件进行详细描述的文本字符串。

表 7-2 按从重到轻的顺序对各种严重级别进行了解释。默认情况下，严重级别为"调试"，这将导致所有消息都发送到缓冲区和控制台。

表7-2　严重级别

严重级别	说　　明
紧急（Emergency，严重级别0）	系统不能用
警报（Alert，严重级别1）	需要马上采取措施
危险（Critical，严重级别2）	危险状态
错误（Error，严重级别3）	错误状态
警告（Warning，严重级别4）	警告状态
通知（Notification，严重级别5）	重要的正常消息
说明（Informational，严重级别6）	正常的说明性消息
调试（Debugging，严重级别7）	调试消息

提示　如果你阅读本书旨在备考 CCNA，请务必牢记表 7-2。

如果将严重级别配置为 0，将只显示紧急消息。如果将严重级别设置为 4，将显示 0~4 级的消息，这包括紧急消息、警报消息、危险消息、错误消息和警告消息。最保险的做法是将严重级别设置为 7，这将显示所有的消息，但需要注意的是，这可能严重影响设备的性能。在任何情况下都要慎用调试命令，只根据业务需求获取真正需要的消息。

配置和验证系统日志

前面说过，默认情况下，思科设备将所有高于指定严重级别的日志消息都发送到控制台，并将其存储到缓冲区。因此，最好知道禁用和启用这些功能的命令。

```
Router(config)#logging ?
  Hostname or A.B.C.D  IP address of the logging host
  buffered             Set buffered logging parameters
  buginf               Enable buginf logging for debugging
  cns-events           Set CNS Event logging level
  console              Set console logging parameters
```

```
count              Count every log message and timestamp last occurrence
esm                Set ESM filter restrictions
exception          Limit size of exception flush output
facility           Facility parameter for syslog messages
filter             Specify logging filter
history            Configure syslog history table
host               Set syslog server IP address and parameters
monitor            Set terminal line (monitor) logging parameters
on                 Enable logging to all enabled destinations
origin-id          Add origin ID to syslog messages
queue-limit        Set logger message queue size
rate-limit         Set messages per second limit
reload             Set reload logging level
server-arp         Enable sending ARP requests for syslog servers when
                   first configured
source-interface   Specify interface for source address in logging
                   transactions
trap               Set syslog server logging level
userinfo           Enable logging of user info on privileged mode enabling
```

```
Router(config)#logging console
Router(config)#logging buffered
```

从上述输出可知，命令 logging 的选项很多。上述配置所有日志消息都写入控制台和缓冲区，而不管其严重级别如何，这是所有思科 IOS 设备的默认设置。要禁用这些默认功能，可使用如下命令：

```
Router(config)#no logging console
Router(config)#no logging buffered
```

我喜欢保留默认设置，以便能够看到所有的日志消息，但具体怎么做由你自己决定。要查看缓冲区的内容，可使用命令 show logging，如下所示：

```
Router#sh logging
Syslog logging: enabled (11 messages dropped, 1 messages rate-limited,
                0 flushes, 0 overruns, xml disabled, filtering disabled)
    Console logging: level debugging, 29 messages logged, xml disabled,
                     filtering disabled
    Monitor logging: level debugging, 0 messages logged, xml disabled,
                     filtering disabled
    Buffer logging: level debugging, 1 messages logged, xml disabled,
                    filtering disabled
    Logging Exception size (4096 bytes)
    Count and timestamp logging messages: disabled
No active filter modules.

    Trap logging: level informational, 33 message lines logged

Log Buffer (4096 bytes):
*Jun 21 23:09:37.822: %SYS-5-CONFIG_I: Configured from console by console
Router#
```

注意到默认的 trap 级别（它决定了设备将把哪些消息发送给 NMS）为"调试"（debugging），但也可对其进行修改。上述输出指出了思科设备默认使用的系统消息格式，下面介绍如何启用在消息中添加序列号和时间戳的功能，这些功能默认被禁用。为此，首先通过一个非常简单的示例演示如何对设备进行配置，使其将消息发送给系统日志服务器，如图 7-4 所示。

系统日志服务器

我想查看路由器SF从前一天晚上开始
到现在生成的所有控制台消息

图 7-4　将消息发送给系统日志服务器

系统日志服务器存储控制台消息的副本，供你以后查看，它还能够给消息加上时间戳。这配置起来非常简单，下面演示如何在路由器 SF 上配置这种功能：

```
SF(config)#logging 172.16.10.1
SF(config)#logging informational
```

这样，所有的控制台消息都将存储在一个地方，供你方便时查看，真是太棒了！我通常使用命令 logging host *ip_address*，但省略关键字 host（即使用命令 logging *ip_address*）的效果完全相同。

我们可以限制发送给系统日志服务器的消息量，为此要使用下面的命令指定严重级别：

```
SF(config)#logging trap ?
  <0-7>          Logging severity level
  alerts         Immediate action needed        (severity=1)
  critical       Critical conditions            (severity=2)
  debugging      Debugging messages             (severity=7)
  emergencies    System is unusable             (severity=0)
  errors         Error conditions               (severity=3)
  informational  Informational messages         (severity=6)
  notifications  Normal but significant conditions (severity=5)
  warnings       Warning conditions             (severity=4)
  <cr>
SF(config)#logging trap informational
```

在命令 logging trap 中，可指定严重级别编号，也可指定严重级别名，但严重级别名是按字母顺序（而非编号）排列的，让记住严重程度变得更难。这里将严重级别设置成了 6（说明），因此将收到第 0 ~ 6 级消息。这些级别也叫 local 级别，如 local6。

下面来配置路由器 SF，使其给消息添加序列号：

```
SF(config)#no service timestamps
SF(config)#service sequence-numbers
SF(config)#^Z
000038: %SYS-5-CONFIG_I: Configured from console by console
```

退出配置模式时，路由器发送一条类似于上述输出中的消息。由于禁用了时间戳功能，消息不包含日期和时间，但包含序列号。

该消息包含如下字段。

❑ 序列号：000038。

❑ 来源：%SYS。

❑ 严重级别：5。

❑ 标识符：CONFIG_I。

❑ 描述：Configured from console by console。

就 CCNA 考试而言，这些字段中最重要的是严重级别，它还可用于控制发送到系统日志服务器的消息量。

7.5 网络时间协议

顾名思义，网络时间协议（Network Time Protocol，NTP）向所有的网络设备提供时间。更准确地说，在延迟时间可变的分组交换型数据网络中，NTP 同步计算机系统的时钟。

通常，你会配置一个 NTP 服务器，它通过互联网连接到一个原子钟。然后，你同步整个网络的时间，让所有的路由器、交换机、服务器等设备都收到相同的时间信息。

在网络中，正确的时间很重要。

❑ 正确的时间确保可按正确的顺序跟踪网络中的事件。

❑ 为正确解读系统日志记录的事件，同步时钟至关重要。

❑ 对数字证书来说，时钟同步至关重要。

请务必确保所有设备的时间都正确，这对路由器和交换机将安全问题和其他维护问题正确地记录到日志中很有帮助。每当有事件发生（如接口进入 down 状态，然后恢复到 up 状态），路由器和交换机都会生成日志消息。你知道，IOS 生成的所有消息默认都只发送到控制台端口。然而，可将这些控制台消息重定向到系统日志服务器，如图 7-4 所示。

系统日志服务器保存控制台消息的副本，还可给它们加上时间戳，供你以后查看。要实现这种功能其实很容易，只需对路由器 SF 进行如下配置：

```
SF(config)#service timestamps log datetime msec
```

虽然我使用命令 service timestamps log datetime msec 给消息加上了时间戳，但如果使用的是默认时钟源，将意味着我们获悉的消息生成时间可能不准确。

为确保所有设备使用的时间信息都相同，需要对设备进行配置，使其从中央服务器那里获悉准确的时间信息，如下面的命令和图 7-5 所示。

```
SF(config)#ntp server 172.16.10.1 version 4
```

图 7-5　同步时间信息

只需在所有设备上配置这个简单的命令，网络中每台网络设备的时间和日期信息都将相同。这样，你便能确信时间戳是准确的。你还可以使用命令 ntp master 将路由器或交换机配置成 NTP 服务器。

要核实 NTP 客户端是否收到了时钟信息，可使用下述命令：

```
SF#sh ntp ?
  associations    NTP associations
  status          NTP status   status      VTP domain status

SF#sh ntp status
Clock is unsynchronized, stratum 16, no reference clock
nominal freq is 119.2092 Hz, actual freq is 119.2092 Hz, precision is 2**18
reference time is 00000000.00000000 (00:00:00.000 UTC Mon Jan 1 1900)
clock offset is 0.0000 msec, root delay is 0.00 msec
S1#sh ntp associations

address      ref clock     st  when  poll reach  delay  offset    disp
~172.16.10.1  0.0.0.0          16    -    64    0    0.0    0.00  16000.
 * master (synced), # master (unsynced), + selected, - candidate, ~ configured
```

在这个示例中，命令 show ntp status 的输出表明，路由器 SF 的 NTP 客户端未与服务器同步。stratum 值是一个 1～15 的数字，其值越小说明 NTP 优先级越高，16 意味着没有收到时钟信息。

还有很多其他的 NTP 客户端配置，如进行 NTP 身份验证，以免路由器或交换机受到诱骗而修改攻击的发生时间。

7.6　使用 CDP 和 LLDP 探索连接的设备

思科发现协议（Cisco Discovery Protocol，CDP）是思科设计的一种专用的第 2 层协议，旨在帮助管理员收集有关本地思科设备的信息。使用 CDP 可收集有关邻接设备的硬件和协议信息，这些信息对排除网络故障及建立网络文档至关重要。另一个动态发现协议是链路层发现协议（Link Layer Discovery Protocol，LLDP），但它是独立于厂商的，而不像 CDP 那样是专用协议。

下面首先来探讨 CDP 定时器以及验证网络所需的 CDP 命令。

7.6.1　获取有关 CDP 定时器和保持时间的信息

命令 show cdp（简写为 sh cdp）提供可在思科设备上配置的两个 CDP 全局参数的信息。

❑ CDP 定时器　指定每隔多长时间从所有活动接口向外发送 CDP 分组。

❑ CDP 保持时间　指定设备将从邻接设备那里收到的分组保留多长时间。

思科路由器和交换机使用的参数相同。要了解 CDP 的工作原理，请看图 7-6。这是我为本书的交换实验搭建的一个交换型网络。

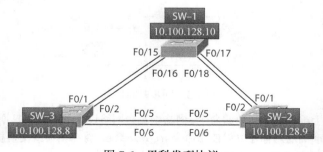

图 7-6　思科发现协议

在 SW-3（3560）交换机上，该命令的输出如下：

```
SW-3#sh cdp
Global CDP information:
        Sending CDP packets every 60 seconds
        Sending a holdtime value of 180 seconds
        Sending CDPv2 advertisements is enabled
```

上述输出表明，默认每隔 60 秒发送一次 CDP 分组，而来自邻居的分组将在 CDP 表中保留 180 秒。如果必要，可使用全局命令 cdp holdtime 和 cdp timer 来配置 CDP 保持时间和定时器，如下所示：

```
SW-3(config)#cdp ?
  advertise-v2  CDP sends version-2 advertisements
  holdtime      Specify the holdtime (in sec) to be sent in packets
  run           Enable CDP
  timer         Specify the rate at which CDP packets are sent (in sec)
  tlv           Enable exchange of specific tlv information

SW-3(config)#cdp holdtime ?
  <10-255>  Length of time  (in sec) that receiver must keep this packet

SW-3(config)#cdp timer ?
  <5-254>   Rate at which CDP packets are sent (in  sec)
```

要在设备上完全关闭 CDP，可在全局配置模式下执行命令 no cdp run；要重新启用它，可使用命令 cdp run：

```
SW-3(config)#no cdp run
SW-3(config)#cdp run
```

要在接口上启用/禁用 CDP，可分别使用命令 cdp enable 和 no cdp enable。

7.6.2 收集邻居的信息

命令 show cdp neighbors（简写为 sh cdp nei）提供有关直连设备的信息。CDP 分组不能穿越思科交换机，因此使用它只能获悉直连设备的信息，牢记这一点很重要。这意味着如果路由器连接了一台交换机，你将无法使用 CDP 来获取该交换机连接的其他思科设备的信息。

下面是在 SW-3 上执行命令 show cdp neighbors 得到的输出：

```
SW-3#sh cdp neighbors
Capability Codes: R - Router, T - Trans Bridge, B - Source Route Bridge
                  S - Switch, H - Host, I - IGMP, r - Repeater, P - Phone,
                  D - Remote, C - CVTA, M - Two-port Mac Relay Device ID
Local Intrfce    Holdtme    Capability  Platform   Port ID
SW-1   Fas 0/1    170         S I       WS-C3560- Fas 0/15
SW-1   Fas 0/2    170         S I       WS-C3560- Fas 0/16
SW-2   Fas 0/5    162         S I       WS-C3560- Fas 0/5
SW-2   Fas 0/6    162         S I       WS-C3560- Fas 0/6
```

从图 7-6 可知，我使用控制台电缆直接连接到交换机 SW-3，而该交换机又直接连接到了其他两台交换机。然而，必须通过图 7-5 才能获悉该网络的拓扑吗？不是这样的！使用 CDP 可获悉设备有哪些直连邻居并收集这些邻居的信息。从在 SW-3 上执行命令 show cdp neighbors 得到的输出可知，有两条到 SW-1 的连接和两条到 SW-2 的连接。SW-3 通过端口 Fas 0/1 和 Fas 0/2 连接到 SW-1，并通过端口 Fas 0/5 和 Fas 0/6 连接到 SW-2。SW-1 和 SW-2 都是 3560 交换机，其中 SW-1 通过端口 Fas 0/15 和 Fas 0/16 连接到 SW-3，而 SW-2 通过端口 Fas 0/5 和 Fas 0/6 连接到 SW-3。

总之，设备 ID 指出了连接的设备的主机名，本地接口为当前设备的接口，而端口 ID 为远程设备的接口。别忘了，你只能看到直连设备！

表 7-3 总结了命令 show cdp neighbors 显示的信息。

表7-3　命令show cdp neighbors的输出

字　　段	描　　述
Device ID（设备ID）	直连设备的主机名
Local Interface（本地接口）	通过它收到了CDP分组的端口或接口
Holdtime（保持时间）	如果再没有收到CDP分组，路由器将信息保留多长时间后将其丢弃
Capability（功能）	邻接设备的功能，如路由器、交换机中或继器。在该命令的输出开头，列出了设备类型代码
Platform（平台）	直连思科设备的类型。在前面的输出中，SW-3指出它直接连接了两台3560交换机
Port ID（端口ID）	以组播方式向邻接设备的哪个端口或接口发送了CDP分组

提示　你必须能够通过查看命令 show cdp neighbors 的输出，解读有关邻接设备的信息：邻接设备的功能；它是路由器还是交换机；邻接设备的型号（平台）；当前设备通过哪个端口连接到邻接设备（本地接口）；连接的是邻接设备的哪个端口（端口 ID）。

另一个提供邻居详细信息的命令是 show cdp neighbors detail（简写为 show cdp nei de）。无论是在路由器还是交换机上，都可执行这个命令，它显示当前设备直连的每台设备的详细信息，如代码清单 7-1 所示。

代码清单 7-1　显示邻接设备的详细信息

```
SW-3#sh cdp neighbors detail
-------------------------
Device ID: SW-1
Entry address(es):
  IP address: 10.100.128.10
Platform: cisco WS-C3560-24TS,  Capabilities: Switch IGMP
Interface: FastEthernet0/1,  Port ID (outgoing port): FastEthernet0/15
Holdtime : 137 sec

Version :
Cisco IOS Software, C3560 Software (C3560-IPSERVICESK9-M), Version 12.2(55)SE7,
RELEASE SOFTWARE (fc1)
Technical Support: http://www.cisco.com/techsupport
Copyright (c) 1986-2013 by Cisco Systems, Inc.
Compiled Mon 28-Jan-13 10:10 by prod_rel_team

advertisement version: 2
Protocol Hello:  OUI=0x00000C, Protocol ID=0x0112; payload len=27,
value=00000000FFFFFFFF010221FF000000000000001C575EC880Fc00f000
VTP Management Domain: 'NULL'
```

```
Native VLAN: 1
Duplex: full
Power Available TLV:

    Power request id: 0, Power management id: 1, Power available: 0, Power
management level: -1
Management address(es):
  IP address: 10.100.128.10
------------------------

[ouput cut]

------------------------
Device ID: SW-2
Entry address(es):
  IP address: 10.100.128.9
Platform: cisco WS-C3560-8PC,  Capabilities: Switch IGMP
Interface: FastEthernet0/5,  Port ID (outgoing port): FastEthernet0/5
Holdtime : 129 sec

Version :
Cisco IOS Software, C3560 Software (C3560-IPBASE-M), Version 12.2(35)SE5,
RELEASE SOFTWARE (fc1)
Copyright (c) 1986-2007 by Cisco Systems, Inc.
Compiled Thu 19-Jul-07 18:15 by nachen

advertisement version: 2
Protocol Hello:  OUI=0x00000C, Protocol ID=0x0112; payload len=27,
value=00000000FFFFFFFF010221FF000000000000B41489D91880Fc00f000
VTP Management Domain: 'NULL'
Native VLAN: 1
Duplex: full
Power Available TLV:

    Power request id: 0, Power management id: 1, Power available: 0, Power
management level: -1
Management address(es):
  IP address: 10.100.128.9
[output cut]
```

这个命令提供了哪些信息呢？首先，提供了所有直连设备的主机名和 IP 地址。除命令 show cdp neighbors 显示的信息（参见表 7-3）外，命令 show cdp neighbors detail 还指出了邻接设备的 IOS 版本和 IP 地址。相当多！

命令 show cdp entry *显示的信息与命令 show cdp neighbors detail 相同，没有任何区别。

 真实案例

CDP 可拯救生命

Karen 刚受聘于得克萨斯州达拉斯市的一家大型医院，担任资深网络顾问。医院希望不管出现什么问题，她都能应付。这样的压力已经够大了，更可怕的是，如果网络出现故障，可能耽误病患的康复甚至治疗。这可是生死攸关的大事！

但 Karen 自信满满，乐观地开展工作。当然，不久后她就发现网络存在一些问题。她不慌不忙，向一位初级管理员索要网络示意图，以便排除网络故障。这位初级管理员告诉她，网络示意图被她取代的前任资深管理员带走了，谁也找不到。形势变得不容乐观！

每隔几分钟就有医生打来电话，抱怨找不到治疗病患所需的信息。Karen 该如何做呢？

CDP 成了救命稻草！好在这家医院使用的路由器和交换机都是思科的，因为所有思科设备都默认启用了 CDP。更幸运的是，前任管理员虽然心怀不满，却未在离开前关闭任何设备的 CDP。

因此，Karen 只需使用命令 show cdp neighbors detail 获悉每台设备的信息，据此绘制出网络示意图，并让网络恢复正常，让依赖网络的人员得以开展拯救生命的重要工作！

要在网络中执行命令面临的唯一障碍是，你可能不知道设备的密码。在这种情况下，只能寄希望于找到密码或进行密码恢复。

因此，请使用 CDP 吧——不知道什么时候，它就能帮你救人一命！

顺便说一句，这个故事可是真的。

7.6.3 使用 CDP 建立网络拓扑结构文档

介绍这个真实案例后，下面演示如何使用 CDP 为一个简单网络建立拓扑结构文档。你将学习如何获悉路由器类型、接口类型以及各个接口的 IP 地址，为此只需使用 CDP 命令以及命令 show running-config。在这个网络文档示例中，你只能通过控制台端口连接到路由器 Lab_A。对于每台远程路由器，你只能把相应子网中的下一个 IP 地址分配给它。图 7-7 说明了路由器 Lab_A 的情况。

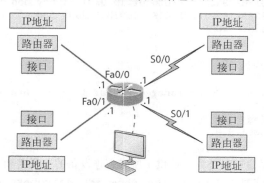

图 7-7   使用 CDP 建立网络拓扑结构文档

从图 7-7 可知，该路由器有四个接口：两个快速以太网接口和两个串行接口。首先，使用命令 show running-config 来获悉每个接口的 IP 地址，如下所示：

```
Lab_A#sh running-config
Building configuration...

Current configuration : 960 bytes
!
version 12.2
service timestamps debug uptime
```

```
service timestamps log uptime
no service password-encryption
!
hostname Lab_A
!
ip subnet-zero
!
!
interface FastEthernet0/0
 ip address 192.168.21.1 255.255.255.0
 duplex auto
!
interface FastEthernet0/1
 ip address 192.168.18.1 255.255.255.0
 duplex auto
!
interface Serial0/0
ip address 192.168.23.1 255.255.255.0
!
interface Serial0/1
ip address 192.168.28.1 255.255.255.0
!
ip classless
!
line con 0
line aux 0
line vty 0 4
!
end
```

根据上述输出，可将路由器 Lab_A 的四个接口的 IP 地址记录下来。接下来，必须确定这些接口连接的设备的类型。这很容易，只需使用命令 show cdp neighbors 即可：

```
Lab_A#sh cdp neighbors
Capability Codes: R - Router, T - Trans Bridge, B - Source Route Bridge
S - Switch, H - Host, I - IGMP, r - Repeater
Device ID    Local Intrfce    Holdtme    Capability Platform  Port ID
Lab_B        Fas 0/0          178        R          2501      E0
Lab_C        Fas 0/1          137        R          2621      Fa0/0
Lab_D        Ser 0/0          178        R          2514      S1
Lab_E        Ser 0/1          137        R          2620      S0/1
```

从输出可知，连接的路由器很旧，但我们不关心这些。我们肩负的使命是绘制网络示意图，所幸我们获悉了一些可用于应对这种挑战的信息。通过使用命令 show running-config 和 show cdp neighbors，我们获悉了路由器 Lab_A 的所有 IP 地址，以及该路由器的每个接口连接的远程设备类型和接口。

根据使用命令 show running-config 和 show cdp neighbors 收集的所有信息，可准确地绘制网络拓扑图，如图 7-8 所示。

如果必要，还可使用命令 show cdp neighbors detail 来获悉邻居的 IP 地址。然而，我们知道路由器 Lab_A 的每个接口的 IP 地址，因此已经知道了每个子网中下一个可用的 IP 地址。

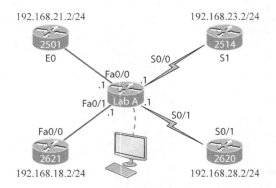

图 7-8   网络拓扑结构文档

链路层发现协议

结束对 CDP 的讨论之前，介绍一个非专用的发现协议，它提供的信息几乎与 CDP 相同，但可用于多厂商网络。

IEEE 开发了一种新的标准化发现协议：802.1AB（Station and Media Access Control Connectivity Discovery），称为链路层发现协议（Link Layer Discovery Protocol，LLDP）。

LLDP 定义了基本的发现功能，还针对语音应用进行了专门改进，改进后的版本名为 LLDP-MED（Media Endpoint Discovery）。你需要记住的是，LLDP 和 LLDP-MED 彼此不兼容。

下面说明了 LLDP 的局限性和配置指南。

❑ 要在接口上启用或禁用 LLDP，必须先在设备上启用它。

❑ 只在物理接口上支持 LLDP。

❑ LLDP 在每个端口上最多只能发现一台设备。

❑ LLDP 能够发现 Linux 服务器。

要在设备上完全禁用 LLDP，可在全局配置模式下执行命令 no lldp run；要启用它，可使用命令 lldp run，这也将在所有接口上启用 LLDP：

```
SW-3(config)#no lldp run
SW-3(config)#lldp run
```

要在接口上启用或禁用 LLDP，可使用命令 lldp transmit 和 lldp receive：

```
SW-3(config-if)#no lldp transmit
SW-3(config-if)#no lldp receive

SW-3(config-if)#lldp transmit
SW-3(config-if)#lldp receive
```

7.7   使用 Telnet

Telnet 是 TCP/IP 协议簇的一部分，它是一种虚拟终端协议，让你能够连接到远程设备，进而收集信息和运行程序。

配置好路由器和交换机后，可使用 Telnet 程序重新配置和查看配置，而无需使用控制台电缆。要运行 Telnet 程序，可在任何命令提示符（Windows 或思科）下输入 telnet，但仅当给 IOS 设备设置了 VTY 密码才可行。

　　别忘了，对于不与当前设备直接相连的路由器和交换机，使用 CDP 无法获悉它们的信息。不过，你可以使用 Telnet 连接到邻接设备，再在这些远程设备上运行 CDP 以获悉它们的信息。

　　在路由器和交换机上，可在任何提示符下执行命令 telnet，如下所示（这里试图从 SW-1 远程登录到 SW-3）：

```
SW-1#telnet 10.100.128.8
Trying 10.100.128.8 ... Open

Password required, but none set

[Connection to 10.100.128.8 closed by foreign host]
```

　　显然，我没有设置密码——这太让人难为情了！别忘了，VTY 端口默认配置了命令 login，这意味着我们要么设置 VTY 密码，要么配置命令 no login。如果你忘了如何设置密码，请复习第 6 章。

　　　　　　如果无法远程登录到远程设备，可能是由于它未设置密码，也可能是它使用的
注意　　访问列表将 Telnet 会话过滤掉了。

　　在思科设备上，可以不输入 telnet，而只在命令提示符下输入 IP 地址。在这种情况下，路由器将假定你要远程登录到指定的设备，如下所示：

```
SW-1#10.100.128.8
Trying 10.100.128.8... Open

Password required, but none set

[Connection to 10.100.128.8 closed by foreign host]
SW-1#
```

　　对于这里要远程登录到的设备（SW-3），现在是给它设置 VTY 密码的绝佳时机。下面是我在 SW-3 交换机上所做的配置：

```
SW-3(config)#line vty 0 15
SW-3(config-line)#login
SW-3(config-line)#password telnet
SW-3(config-line)#login
SW-3(config-line)#^Z
```

　　下面再次尝试远程登录到该设备。这次从 SW-1 控制台成功地连接到了 SW-3：

```
SW-1#10.100.128.8
Trying 10.100.128.8 ... Open

User Access Verification

Password:
SW-3>
```

　　别忘了，VTY 密码是用户模式密码，而不是特权模式密码。远程登录到该交换机后，如果试图切换到特权模式，结果将如何呢？下面的输出演示了这种情况：

7

```
SW-3>en
% No password set
SW-3>
```

设备让我吃了闭门羹，一点余地都没留，这是一项很不错的安全功能！毕竟，你不希望什么人都能远程登录到设备，进而执行命令 enable 切换到特权模式。要使用 Telnet 配置远程设备，必须给它设置启用密码或启用加密密码。

 注意 远程登录到远程设备时，默认看不到控制台消息。例如，你看不到调试输出。要在 Telnet 会话中显示控制台消息，可使用命令 terminal monitor。

下面演示如何远程登录到多台设备，然后介绍如何使用主机名（而不是 IP 地址）来连接到远程设备。

7.7.1 同时远程登录到多台设备

远程登录到路由器或交换机后，可随时输入 exit 来断开连接。但如果想返回始发路由器的控制台，同时不断开到远程设备的连接，该怎么办呢？为此，可先按 Ctrl + Shift + 6，再按 X。

下面的示例演示了如何从 SW-1 的控制台同时连接到多台设备：

```
SW-1#10.100.128.8
Trying 10.100.128.8... Open

User Access Verification

Password:
SW-3>Ctrl+Shift+6
SW-1#
```

在这里，我远程登录到 SW-1，并输入密码以进入用户模式。接下来，我先按 Ctrl + Shift + 6，再按 X，但是看不到任何东西，因为它们不会输出到屏幕上。从提示符可知，我回到了 SW-1 交换机。

下面来运行一些验证命令。

7.7.2 检查 Telnet 连接

如果要查看路由器或交换机到远程设备的连接，使用命令 show sessions 即可。在这里，我从 SW-1 远程登录到了交换机 SW-3 和 SW-2：

```
SW-1#sh sessions
Conn Host            Address           Byte  Idle Conn Name
   1 10.100.128.9    10.100.128.9      0          10.100.128.9
*  2 10.100.128.8    10.100.128.8      0          10.100.128.8
SW-1#
```

注意到了吗？连接 2 旁边有个星号。这表明会话 2 是最后建立的。要返回到最后一个会话，可按回车键两次。另外，无论要返回到哪个会话，都可输入其连接编号并按回车键。

7.7.3 检查 Telnet 用户

要显示路由器当前使用的所有活动控制台端口和 VTY 端口，可使用命令 show users：

```
SW-1#sh users
   Line        User        Host(s)             Idle        Location
*  0 con 0                 10.100.128.9        00:00:01
                           10.100.128.8        00:01:06
```

在上述命令输出中，con 表示本地控制台。从中可知，控制台会话连接到了两个远程 IP 地址，即两台设备。

7.7.4 关闭 Telnet 会话

结束 Telnet 会话的方式有多种，其中最容易、最快捷的两种方式可能是输入 exit 或 disconnect。如果当前处于远程设备的控制台，可使用命令 exit 来结束会话：

```
SW-3>exit
[Connection to 10.100.128.8 closed by foreign host]
SW-1#
```

如果当前处于本地设备的控制台，可使用命令 disconnect 来结束会话：

```
SW-1#sh session
Conn Host              Address         Byte  Idle Conn Name
   *2 10.100.128.9     10.100.128.9    0          10.100.128.9
SW-1#disconnect ?
  <2-2>  The number of an active network connection
  qdm    Disconnect QDM web-based clients
  ssh    Disconnect an active SSH connection
SW-1#disconnect 2
Closing connection to 10.100.128.9 [confirm][enter]
```

在这个示例中，我使用了会话编号 2，因为这是我要结束的连接。要获悉连接编号，可使用命令 show sessions，这在前面演示过。

7.8 解析主机名

如果你要使用主机名（而不是 IP 地址）来连接到远程设备，当前设备必须能够将主机名转换为 IP 地址。

将主机名解析为 IP 地址的方式有两种，一是在每台路由器上都创建一个主机表，二是配置一个域名系统（Domain Name System，DNS）服务器。第二种方式相当于创建一个动态的主机表（前提是你处理的是动态 DNS）。

7.8.1 创建主机表

主机表只为其所属的路由器提供名称解析功能，牢记这一点很重要。要在路由器上创建主机表，可使用类似于下面的命令：

```
ip host host_name [tcp_port_number] ip_address
```

Telnet 默认使用 TCP 端口号 23，但使用 Telnet 建立会话时也可指定其他 TCP 端口号。另外，对于每个主机名，最多可指定 8 个 IP 地址。

在下面的示例中，我在交换机 SW-1 上创建了一个主机表，其中包含两个条目，分别用于解析主

机名 SW-2 和 SW-3:

```
SW-1#config t
SW-1(config)#ip host SW-2 ?
 <0-65535>    Default telnet port number
 A.B.C.D      Host IP address
 additional   Append addresses

SW-1(config)#ip host SW-2 10.100.128.9
SW-1(config)#ip host SW-3 10.100.128.8
```

请注意，在上述配置中，可在每个主机名后面添加更多的 IP 地址。要查看新创建的主机表，只需使用命令 show hosts 即可:

```
SW-1(config)#do sho hosts
Default domain is not set
Name/address lookup uses domain service
Name servers are 255.255.255.255

Codes: u - unknown, e - expired, * - OK, ? - revalidate
       t - temporary, p - permanent
Host                   Port Flags      Age Type  Address(es)
SW-3                   None (perm, OK)  0   IP    10.100.128.8
SW-2                   None (perm, OK)  0   IP    10.100.128.9
```

上述输出列出了两个主机名及相关联的 IP 地址。Flags 列的 perm 表明，主机表条目是手动配置的。如果该列的值为 temp，则表明条目是 DNS 解析得到的。

 注意   命令 show hosts 提供有关临时 DNS 条目的信息，还提供使用命令 ip host 创建的永久性名称–地址映射的信息。

要验证主机表的名称解析功能，可尝试在路由器提示符下输入主机名。前面说过，如果你没有指定命令，路由器将假定命令为 telnet。

在下面的示例中，我使用主机名来远程登录到远程设备，然后先按 Ctrl + Shift + 6，再按 X，从而返回到交换机 SW-1 的控制台:

```
SW-1#sw-3
Trying SW-3 (10.100.128.8)… Open

User Access Verification

Password:
SW-3> Ctrl+Shift+6
SW-1#
```

这里使用主机名远程登录到 SW-3 时，利用主机表中的条目成功地创建了一个会话。你可能不知道，主机表中的名称不区分大小写。

现在，在命令 show sessions 的输出中，不仅包含 IP 地址，还包含主机名，如下所示:

```
SW-1#sh sessions
Conn Host              Address         Byte  Idle Conn Name
   1 SW-3              10.100.128.8      0    1    SW-3
```

```
*  2 SW-2                 10.100.128.9          0    1     SW-2
SW-1#
```

要将主机名从主机表中删除,只需使用命令 no ip host,如下所示:

```
SW-1(config)#no ip host SW-3
```

使用主机表的缺点是,必须在每台路由器上创建一个主机表,让它能够解析名称。显然,如果有大量路由器并希望它们都能解析名称,那么使用 DNS 会好得多。

7.8.2 使用 DNS 来解析名称

设备很多时,除非你实在闲得无聊,否则肯定不想在每台设备上都创建一个主机表。鉴于大多数人都不想这样做,我强烈建议使用 DNS 服务器来解析主机名!

默认情况下,每当思科设备接到不理解的命令时,它都会尝试通过 DNS 对其进行解析。下面是我在思科路由器提示符下输入特殊命令 todd 的结果:

```
SW-1#todd
Translating "todd"…domain server (255.255.255.255)
% Unknown command or computer name, or unable to find
  computer address
SW-1#
```

设备不明白我输入的命令 todd,尝试通过 DNS 对其进行解析。这确实令人心烦,原因有两个。首先,它竟然连我的名字都不认识;其次,我必须等待名称查找过程超时。为避免耗时的 DNS 查找过程,可在全局配置模式下执行命令 no ip domain-lookup。

因此,如果网络中有 DNS 服务器,要让 DNS 名称解析正确地运行,你还需要添加几个命令。

- ❑ 第一个命令是 ip domain-lookup。系统默认启用域名查找功能,仅当以前使用命令 no ip domain-lookup 关闭了该功能时,才需要输入这个命令。使用这个命令时,还可省略连字符,将其写作 ip domain lookup。
- ❑ 第二个命令是 ip name-server。它指定 DNS 服务器的地址,最多可指定 6 个。
- ❑ 最后一个命令是 ip domain-name。虽然这个命令是可选的,但实际上还是需要配置它,因为它在你输入的主机名后加上域名。鉴于 DNS 使用全限定域名(FQDN)系统,你必须以 *domain.com* 的格式提供二级 DNS 名称。

下面的示例演示了这三个命令的用法:

```
SW-1#config t
SW-1(config)#ip domain-lookup
SW-1(config)#ip name-server ?
  A.B.C.D  Domain server IP address (maximum of 6)
SW-1(config)#ip name-server 4.4.4.4
SW-1(config)#ip domain-name lammle.com
SW-1(config)#^Z
```

配置 DNS 后,就可对 DNS 服务器进行测试了。为此,可使用主机名来 ping 或远程登录设备,如下所示:

```
SW-1#ping SW-3
Translating "SW-3"…domain server (4.4.4.4) [OK]
```

```
Type escape sequence to abort.
Sending 5, 100-byte ICMP Echos to 10.100.128.8, timeout is
  2 seconds:
!!!!!
Success rate is 100 percent (5/5), round-trip min/avg/max
  = 28/31/32 ms
```

注意到路由器使用了 DNS 服务器来解析名称。

使用 DNS 解析名称后,可使用命令 show hosts 来查看设备缓存在主机表中的名称解析信息。如果前面没有配置命令 ip domain-name lammle.com,就得输入命令 ping sw-3.lammle.com,这有点麻烦。

 真实案例

该使用主机表还是 DNS 服务器

　　Karen 最终使用 CDP 绘制出了网络拓扑图,医院工作人员也对网络的满意度有了很大的提高。然而,Karen 管理网络依然很麻烦,因为每次需要远程登录到远程路由器,她都得通过网络拓扑图获悉设备的 IP 地址。

　　Karen 曾考虑在每台路由器上创建一个主机表,但鉴于路由器有数百台,这无疑是一项艰巨的任务,不是最佳解决方案。Karen 该如何做呢?

　　当前,大多数网络都配备了 DNS 服务器,因此在 DNS 服务器中添加 100 个左右的主机名要好得多——肯定胜过在每台路由器上都添加这些主机名! 她只需在每台路由器上添加三个命令,就能对名称进行解析!

　　另外,使用 DNS 服务器更新旧条目也容易得多。别忘了,如果使用静态的主机表,即便条目发生细微变化,也必须手动修改每台路由器的主机表。

　　请注意,这里的名称解析与网络中的名称解析无关,与网络中主机要完成的任务也无关,你只是使用它来解析通过路由器控制台输入的名称。

7.9　网络连接性检查及故障排除

要检查到远程设备的连接性,可使用命令 ping 和 traceroute。这两个命令都可用于众多协议,而不仅仅是 IP。同时不要忘了,show ip route 是个很不错的故障排除命令,可用于查看路由选择表;而命令 show interfaces 让你能够获悉每个接口的状态。

命令 show interfaces 在第 6 章介绍过,这里不再赘述。然而,这里将介绍 debug 命令和命令 show processes,它们在你需要排除路由器故障时很有帮助。

7.9.1　使用命令 ping

目前为止,你已经见过很多 ping 设备的示例,这些示例旨在检查 IP 连接性以及使用 DNS 服务器解析名称的情况。要获悉 ping 命令可用于哪些协议,可输入 ping ?:

```
SW-1#ping ?
  WORD   Ping destination address or hostname
  clns   CLNS echo
  ip     IP echo
  ipv6   Ipv6 echo
  tag    Tag encapsulated IP echo
  <cr>
```

命令 ping 显示为找到并返回指定系统而花费的最短时间、平均时间和最长时间，如下例所示：

```
SW-1#ping SW-3
Translating "SW-3"…domain server (4.4.4.4) [OK]
Type escape sequence to abort.
Sending 5, 100-byte ICMP Echos to 10.100.128.8, timeout is
  2 seconds:
!!!!!
Success rate is 100 percent (5/5), round-trip min/avg/max
  = 28/31/32 ms
```

上述输出指出，使用了 DNS 服务器来解析名称，而 ping 指定设备花费的最短时间为 28 毫秒、平均时间为 31 毫秒、最长时间为 32 毫秒。这说明网络存在一些延迟！

命令 ping 可在用户模式或特权模式下执行，但不能在配置模式下执行！

7.9.2 使用命令 traceroute

命令 traceroute(简写为 trace)显示分组前往远程设备时经过的路径。它使用存活时间(TTL)、超时和 ICMP 错误消息来确定分组通过互联网络到达远程主机时经过的路径。

命令 trace 可在用户模式或特权模式下执行，让你能够在网络主机不可达时，判断出哪台路由器很可能是导致网络故障的罪魁祸首，进而对其进行详尽的检查。

要获悉命令 traceroute 可用于哪些协议，可输入 traceroute ?：

```
SW-1#traceroute ?
  WORD        Trace route to destination address or hostname
  appletalk   AppleTalk Trace
  clns        ISO CLNS Trace
  ip          IP Trace
  ipv6        Ipv6 Trace
  ipx         IPX Trace
  mac         Trace Layer2 path between 2 endpoints
  oldvines    Vines Trace (Cisco)
  vines       Vines Trace (Banyan)
  <cr>
```

命令 traceroute 显示分组前往远程设备时经过的跳数。

不要将该命令与 tracert 混为一谈！tracert 是一个 Windows 命令，不能在路由器上使用。在路由器上，应使用命令 traceroute。

下面是一个在 Windows 提示符下使用命令 tracert 的示例。请注意，这个命令是 tracert，而不是 traceroute：

```
C:\>tracert www.whitehouse.gov

Tracing route to a1289.g.akamai.net [69.8.201.107]
over a maximum of 30 hops:

  1     *         *         *       Request timed out.
  2    53 ms     61 ms     53 ms   hlrn-dsl-gw15-207.hlrn.qwest.net [207.225.112.207]
  3    53 ms     55 ms     54 ms   hlrn-agw1.inet.qwest.net [71.217.188.113]
  4    54 ms     53 ms     54 ms   hlr-core-01.inet.qwest.net [205.171.253.97]
  5    54 ms     53 ms     54 ms   apa-cntr-01.inet.qwest.net [205.171.253.26]
  6    54 ms     53 ms     53 ms   63.150.160.34
  7    54 ms     54 ms     53 ms   www.whitehouse.gov [69.8.201.107]

Trace complete.
```

下面讨论如何使用 debug 命令来排除网络故障。

7.9.3   调试

debug 是一个很有用的故障排除命令，只可在思科 IOS 特权模式下执行。它显示有关路由器各种操作的信息、与路由器生成或收到的流量相关的信息以及错误消息。

这个工具提供的信息非常详尽，也很有用，但有几个要点你必须知道。调试被视为一种开销极高的任务，因为它可能占用大量资源，并迫使路由器以进程交换的方式对被调试的分组进行转发。因此，绝不能将 debug 用作监视工具，而只将其作为故障排除工具，且使用时间不能太长。无论是运行正常还是出现故障的软件和硬件，debug 对于获悉它们的重要信息都大有裨益，但别忘了只将其用作故障排除工具，这是设计它的初衷。

因为调试输出的优先级高于其他网络流量，而且命令 debug all 生成的输出比其他任何 debug 命令都多，所以 debug all 可能严重影响路由器的性能，甚至导致路由器不可用！有鉴于此，几乎在任何情况下，都最好使用更具体的 debug 命令。

从下面的输出可知，不能从用户模式，而只能从特权模式下启用调试：

```
SW-1>debug ?
% Unrecognized command
SW-1>en
SW-1#debug ?
  aaa                 AAA Authentication, Authorization and Accounting
  access-expression   Boolean access expression
  adjacency           adjacency
  aim                 Attachment Information Manager
  all                 Enable all debugging
  archive             debug archive commands
  arp                 IP ARP and HP Probe transactions
  authentication      Auth Manager debugging
  auto                Debug Automation
  beep                BEEP debugging
  bgp                 BGP information
  bing                Bing(d) debugging
```

```
call-admission          Call admission control
cca                     CCA activity
cdp                     CDP information
cef                     CEF address family independent operations
cfgdiff                 debug cfgdiff commands
cisp                    CISP debugging
clns                    CLNS information
cluster                 Cluster information
cmdhd                   Command Handler
cns                     CNS agents
condition               Condition
configuration           Debug Configuration behavior
[output cut]
```

如果有不位于网络中的路由器或交换机，真应该尝试使用命令 debug all 进行调试：

```
Sw-1#debug all
```

```
This may severely impact network performance. Continue? (yes/[no]):yes
All possible debugging has been turned on
```

此时我的交换机因负载过重而崩溃，必须重启。请在你的工作交换机上尝试该命令，看看结果是否与此相同——跟你开玩笑而已！

要在路由器上禁用调试，只需在 debug 命令前加上 no：

```
SW-1#no debug all
```

但我通常总是使用 undebug all，因为使用简写时这个命令非常简单：

```
SW-1#un all
```

别忘了，不要使用命令 debug all，使用更具体的 debug 命令通常要好得多。另外，不要长时间使用 debug 命令。下面是一个示例：

```
S1#debug ip icmp
ICMP packet debugging is on
S1#ping 192.168.10.17

Type escape sequence to abort.
Sending 5, 100-byte ICMP Echos to 192.168.10.17, timeout is 2 seconds:
!!!!!
Success rate is 100 percent (5/5), round-trip min/avg/max = 1/1/1 ms
S1#
1w4d: ICMP: echo reply sent, src 192.168.10.17, dst 192.168.10.17
1w4d: ICMP: echo reply rcvd, src 192.168.10.17, dst 192.168.10.17
1w4d: ICMP: echo reply sent, src 192.168.10.17, dst 192.168.10.17
1w4d: ICMP: echo reply rcvd, src 192.168.10.17, dst 192.168.10.17
1w4d: ICMP: echo reply sent, src 192.168.10.17, dst 192.168.10.17
1w4d: ICMP: echo reply rcvd, src 192.168.10.17, dst 192.168.10.17
1w4d: ICMP: echo reply sent, src 192.168.10.17, dst 192.168.10.17
1w4d: ICMP: echo reply rcvd, src 192.168.10.17, dst 192.168.10.17
1w4d: ICMP: echo reply sent, src 192.168.10.17, dst 192.168.10.17
1w4d: ICMP: echo reply rcvd, src 192.168.10.17, dst 192.168.10.17
SW-1#un all
```

debug 是个功能强大的命令，我确信你已明白这一点。正因为如此，我也确信你已经意识到，使用任何调试命令前，都一定要检查路由器的 CPU 使用率。这很重要，因为在大多数情况下，你都不希望调试给设备处理分组的能力带来负面影响。要获悉路由器的 CPU 使用率，可使用命令 show processes。

注意　远程登录到远程设备时，默认看不到控制台消息。例如，你看不到调试输出。要在 Telnet 会话中显示控制台消息，可使用命令 terminal monitor。

7.9.4　使用命令 show processes

前面说过，务必慎用 debug 命令。如果路由器的 CPU 使用率始终处于 50%甚至更高的水平，最好不要执行命令 debug all，除非你想看看路由器崩溃是什么样的。

那么，可采用其他什么方法呢？在获悉路由器的 CPU 使用率方面，一个不错的工具是命令 show processes 或 show processes cpu。除了 CPU 使用率，这个命令还列出所有的活动进程及其进程 ID、优先级、调度程序测试（状态）、占用的 CPU 时间、调用次数等——大量很有用的信息！如果在执行 debug 命令前，你想对路由器的性能和 CPU 使用率进行评估，这个命令相当方便。

下面的输出都包含哪些信息呢？第 1 行指出了最近 5 秒钟、1 分钟和 5 分钟内的 CPU 使用率。表示最近 5 秒钟内的 CPU 使用率时，使用的是 5%/0%，其中第一个数字是总使用率，第二个数字是中断程序的贡献。

```
SW-1#sh processes
CPU utilization for five seconds: 5%/0%; one minute: 7%; five minutes: 8%
 PID QTy      PC Runtime(ms)    Invoked    uSecs   Stacks  TTY Process
   1 Cwe 29EBC58          0         22        0 5236/6000    0 Chunk Manager
   2 Csp 1B9CF10        241     206881        1 2516/3000    0 Load Meter
   3 Hwe 1F108D0          0          1        0 8768/9000    0 Connection Mgr
   4 Lst 29FA5C4    9437909     454026    20787 5540/6000    0 Check heaps
   5 Cwe 2A02468          0          2        0 5476/6000    0 Pool Manager
   6 Mst 1E98F04          0          2        0 5488/6000    0 Timers
   7 Hwe 13EB1B4       3686     101399       36 5740/6000    0 Net Input
   8 Mwe 13BCD84          0          1        0 23668/24000  0 Crash writer
   9 Mwe 1C591B4       4346      53691       80 4896/6000    0 ARP Input
  10 Lwe 1DA1504          0          1        0 5760/6000    0 CEF MIB API
  11 Lwe 1E76ACC          0          1        0 5764/6000    0 AAA_SERVER_DEADT
  12 Mwe 1E6F980          0          2        0 5476/6000    0 AAA high-capacit
  13 Mwe 1F56F24          0          1        0 11732/12000  0 Policy Manager [output cut]
```

因此，命令 show processes 的输出大体上指出了路由器在不超载的情况下，有多大的能力处理调试命令。

7.10　小结

在本章中，你学习了如何配置思科路由器以及如何管理配置。

本章首先介绍了路由器的内部组件，包括 ROM、RAM、NVRAM 和闪存。

接下来，你学习了如何备份和恢复思科路由器和交换机的配置。

你还学习了如何使用 CDP 和 Telnet 来收集远程设备的信息。最后，你学习了如何解析主机名，如何使用命令 ping 和 trace 来检查网络连接性，以及如何使用命令 debug 和 show processes。

7.11　考试要点

定义思科路由器的组件。描述引导程序、POST、ROM 监视器、微型 IOS、RAM、ROM、闪存、NVRAM 和配置寄存器的功能。

阐述路由器启动过程的步骤。启动过程包括的步骤为 POST、加载 IOS、将 NVRAM 中的启动配置复制到 RAM。

保存路由器或交换机的配置。方法有多种，但最常见、最可靠的方法是使用命令 copy running-config startup-config。

删除路由器或交换机的配置。在特权模式下执行命令 erase startup-config，再重启设备。

明白系统日志的各种级别。系统日志配置起来很简单，但为通过 CCNA 考试，你必须记住大量的选项。配置默认级别为"调试"的基本系统日志时，只需下面一个命令：

```
SF(config)#logging 172.16.10.1
```

不过，你必须记住全部 8 个选项：

```
SF(config)#logging trap ?
  <0-7>           Logging severity level
  alerts          Immediate action needed         (severity=1)
  critical        Critical conditions             (severity=2)
  debugging       Debugging messages              (severity=7)
  emergencies     System is unusable              (severity=0)
  errors          Error conditions                (severity=3)
  informational   Informational messages          (severity=6)
  notifications   Normal but significant conditions (severity=5)
  warnings        Warning conditions              (severity=4)
  <cr>
```

明白如何配置 NTP。与系统日志一样，NTP 配置起来也非常简单，但你不必记住大量的选项。你只需让系统日志标上时间和日期，再启用 NTP：

```
SF(config)#service timestamps log datetime msec
SF(config)#ntp server 172.16.10.1 version 4
```

描绘 CDP 和 LLDP 的价值。思科发现协议可用于帮助建立网络文档以及排除网络故障；LLDP 可提供的信息与 CDP 相同，但并非专用的协议。

列出命令 show cdp neighbors 提供的信息。命令 show cdp neighbors 提供如下信息：设备 ID、本地接口、保持时间、功能、平台和端口 ID（远程接口）。

理解如何同时建立到多台路由器的 Telnet 会话。远程登录到路由器或交换机后，可随时输入 exit 来断开连接。但如果想返回到始发路由器的控制台，同时不断开到远程设备的连接，该如何做呢？为此，可先按 Ctrl + Shift + 6，再按 X。

查看当前 Telnet 会话。命令 show sessions 提供当前路由器到其他路由器的所有活动会话的信息。

在路由器上创建静态主机表。要在路由器上创建静态主机表，可使用全局配置命令 ip host host_name ip_address。在同一个主机条目中，可指定多个 IP 地址。

查看路由器的主机表。要查看主机表，可使用命令 show hosts。

描述命令 ping 的功能。ping（Packet Internet Groper）使用 ICMP 回应请求和 ICMP 回应应答来验证 IP 地址指定的设备是否处于活动状态。

从正确的提示符下 ping 主机 ID。要 ping IP 地址，可在用户模式或特权模式下进行，但不能在配置模式下进行——除非使用 do 命令。执行 ping 命令时，必须指定有效的 IP 地址，如 1.1.1.1。

7.12　书面实验

在本节中，你将完成如下实验，确保牢固掌握相关知识和概念。
❑ 书面实验 7.1：IOS 管理。
❑ 书面实验 7.2：路由器的存储器。
答案见附录 A。

7.12.1　书面实验 7.1：IOS 管理

请回答下述问题。
(1) 哪个命令将启动配置文件复制到 DRAM？
(2) 要获悉邻接路由器的 IP 地址，可在路由器提示符下执行哪个命令？
(3) 要获悉邻接路由器的主机名、平台、远程端口及其连接的本地接口，可使用哪个命令？
(4) 要同时远程登录到多台设备，可使用哪些组合键？
(5) 要获悉到邻居和远程设备的 Telnet 活动连接，可使用哪个命令？
(6) 要将备份的配置与 RAM 中的配置合并，可使用哪个命令？
(7) 要在网络中同步时钟和日期信息，可使用哪种协议？
(8) 要让路由器将 DHCP 客户端的请求转发给远程 DHCP 服务器，可配置哪个命令？
(9) 哪个命令让交换机和路由器接收时钟和日期信息，并与 NTP 服务器同步？
(10) 哪个 NTP 验证命令显示客户端参考的 NTP 服务器？

7.12.2　书面实验 7.2：路由器的存储器

指出下述文件默认存储在路由器的什么地方。
(1) 思科 IOS
(2) 引导程序
(3) 启动配置
(4) POST 程序
(5) 运行配置
(6) ARP 缓存
(7) 微型 IOS
(8) ROM 监视器
(9) 路由选择表
(10) 分组缓冲区

7.13　动手实验

要完成本节的实验，至少得有一台路由器或交换机（最好有三台），还至少得有一台充当 TFTP 服务器的 PC（即安装并运行 TFTP 服务器软件）。在这些实验中，假定 PC 通过交换机连接到思科设备，且所有接口（PC 网卡和路由器接口）都位于同一个子网中。你也可以将 PC 或路由器直接连接到路由器，为此需要使用交叉电缆。请记住，这些实验可使用路由器来完成，也可使用模拟程序 LammleSim IOS 版（参见 www.lammle.com/ccna）或思科路由器模拟器 Packet Tracer 来完成。最后，使用交换机还是路由器来完成这些实验无关紧要，虽然我使用的是路由器，但你也可以使用交换机。

本章包含如下四个动手实验。

❑ 动手实验 7.1：备份路由器配置。
❑ 动手实验 7.2：使用思科发现协议（CDP）。
❑ 动手实验 7.3：使用 Telnet。
❑ 动手实验 7.4：解析主机名。

7.13.1　动手实验 7.1：备份路由器配置

在这个实验中，你将备份路由器配置。

(1) 登录路由器，并执行命令 en 或 enable 进入特权模式。

(2) ping TFTP 服务器，以确认可通过 IP 连接到 TFTP 服务器。

(3) 在路由器上执行命令 copy run tftp。

(4) 系统提示时输入 TFTP 服务器的 IP 地址（如 172.16.30.2）并按回车键。

(5) 默认情况下，路由器将要求你指定文件名。默认文件名为路由器的主机名加后缀-confg，但你可指定任何名称：

```
Name of configuration file to write [RouterB-confg]?
```

按回车键接受默认文件名：

```
Write file RouterB-confg on host 172.16.30.2? [confirm]
```

再按回车键确认。

7.13.2　动手实验 7.2：使用思科发现协议

思科发现协议（CDP）是一个重要的 CCNA 考点。请完成下面的实验，并在备考期间尽可能多用 CDP。

(1) 登录路由器，并执行命令 en 或 enable 进入特权模式。

(2) 在路由器上输入命令 sh cdp 并按回车键。你将看到，每隔 60 秒钟通过所有活动接口向外发送 CDP 分组，而保持时间为 180 秒（这些都是默认设置）。

(3) 为将 CDP 更新频率改为 90 秒，在全局配置模式下执行命令 cdp timer 90：

```
Router#config t
Enter configuration commands, one per line.  End with
  CNTL/Z.
Router(config)#cdp timer ?
  <5-900>  Rate at which CDP packets are sent (in sec)
```

```
Router(config)#cdp timer 90
```

(4) 为验证 CDP 定时器修改是否已生效，在特权模式下执行命令 show cdp：

```
Router#sh cdp
Global CDP information:
Sending CDP packets every 90 seconds
Sending a holdtime value of 180 seconds
```

(5) 现在使用 CDP 来收集邻接路由器的信息。为获悉可使用哪些命令，输入 sh cdp ?：

```
Router#sh cdp ?
  entry      Information for specific neighbor entry
  interface  CDP interface status and configuration
  neighbors  CDP neighbor entries
  traffic    CDP statistics
  <cr>
```

(6) 执行命令 sh cdp int，以查看接口信息以及接口使用的默认封装。这个命令还显示 CDP 定时器信息。

(7) 执行命令 sh cdp entry *，以显示从所有设备那里收到的完整的 CDP 信息。

(8) 执行命令 show cdp neighbors，以收集所有邻居的信息（你应该知道该命令的输出中包含哪些具体信息）。

(9) 执行命令 show cdp neighbors detail。注意到它显示的信息与命令 show cdp entry *相同。

7.13.3 动手实验 7.3：使用 Telnet

远程访问思科设备时，应使用第 6 章介绍的 Secure Shell。然而，CCNA 考试目标涵盖的是远程登录配置，下面来完成一个与 Telnet 相关的实验。

(1) 登录路由器，并执行命令 en 或 enable 进入特权模式。

(2) 在路由器 RouterA 上，在命令提示符下执行命令 telnet *ip_address*，以远程登录到远程路由器 RouterB。执行命令 exit 断开连接。

(3) 在路由器 RouterA 的命令提示符下输入路由器 RouterB 的 IP 地址。注意到该路由器自动尝试远程登录到指定的 IP 地址。远程登录到远程设备时，可指定命令 telnet，也可只输入 IP 地址。

(4) 在路由器 RouterB 的提示符下，先按 Ctrl + Shift + 6，再按 X，以返回到路由器 RouterA 的命令提示符。现在，远程登录到第三台路由器 RouterC，然后先按 Ctrl + Shift + 6，再按 X，以返回到路由器 RouterA。

(5) 在路由器 RouterA 的命令提示符下，执行命令 show sessions。注意到有两个会话。你可以输入会话编号，再按回车键两次，以返回到指定会话。星号标识的是默认会话，要返回到该会话，可按回车键两次。

(6) 切换到 RouterB 的会话，再执行命令 show users。这将显示控制台连接和远程连接。要终止会话，可使用命令 disconnect；要关闭到 RouterB 的会话，可在命令提示符下执行命令 exit。

(7) 在路由器 RouterA 的提示符下，执行命令 show sessions，再使用连接编号切换到到路由器 RouterC 的会话。执行命令 show users，将显示到第一台路由器（RouterA）的连接。

(8) 执行命令 clear line *line_number*，终止这个 Telnet 会话。

7.13.4 动手实验 7.4：解析主机名

最好使用 DNS 服务器来解析名称，但也可创建本地主机表来解析名称，下面就来看一看。

(1) 登录路由器，并执行命令 en 或 enable 进入特权模式。

(2) 在路由器 RouterA 的提示符下，输入 todd 并按回车键。注意到一段时间后出现了错误消息，这是因为路由器试图查找 DNS 服务器，以便将主机名解析为 IP 地址。要想关闭这项功能，可在全局配置模式下执行命令 no ip domain-lookup。

(3) 要创建主机表，可使用命令 ip host。在路由器 RouterA 中，执行如下命令，以添加用于路由器 RouterB 和 RouterC 的主机表项：

```
ip host routerb ip_address
ip host routerc ip_address
```

下面是一个示例：

```
ip host routerb 172.16.20.2
ip host routerc 172.16.40.2
```

(4) 为对主机表进行测试，在特权模式提示符（而不是提示符 config）下执行命令 ping routerb。

```
RouterA#ping routerb
Type escape sequence to abort.
Sending 5, 100-byte ICMP Echos to 172.16.20.2, timeout
  is 2 seconds:
!!!!!
Success rate is 100 percent (5/5), round-trip
  min/avg/max = 4/4/4 ms
```

(5) 执行命令 ping routerc，再次对主机表进行测试：

```
RouterA#ping routerc
Type escape sequence to abort.
Sending 5, 100-byte ICMP Echos to 172.16.40.2, timeout
  is 2 seconds:
!!!!!
Success rate is 100 percent (5/5), round-trip
  min/avg/max = 4/6/8 ms
```

(6) 远程登录到路由器 RouterB。先按 Ctrl＋Shift＋6，再按 X，在不关闭到路由器 RouterB 的会话的情况下，返回到路由器 RouterA。

(7) 在命令提示符下输入 routerc，以远程登录到路由器 RouterC。

(8) 先按 Ctrl＋Shift＋6，再按 X，在不关闭到路由器 RouterC 的会话的情况下，返回到路由器 RouterA。

(9) 输入 show hosts 并按回车键，以查看主机表：

```
Default domain is not set
Name/address lookup uses domain service
Name servers are 255.255.255.255
Host              Flags      Age Type   Address(es)
routerb           (perm, OK)  0  IP     172.16.20.2
routerc           (perm, OK)  0  IP     172.16.40.2
```

7

7.14 复习题

注意 下面的复习题旨在检验你对本章内容的理解程度。有关如何获取更多复习题的信息，请参阅 www.lammle.com/ccna。

这些复习题的答案见附录 B。

(1) 下面哪一项是基于标准的协议，提供了动态网络发现功能？

A. DHCP   B. LLDP   C. DDNS   D. SSTP   E. CDP

(2) 下面哪个命令可用于确定路由器的 CPU 使用情况？

A. show version   B. show controllers

C. show processes cpu   D. show memory

(3) 你正在排除公司网络的连接故障，需要隔离故障。你怀疑在前往一个不可达网络的路径上，有一台路由器出了问题。你该使用下面哪个 IOS 用户模式命令？

A. Router>ping   B. Router>trace

C. Router>show ip route   D. Router>show interface

E. Router>show cdp neighbors

(4) 你将配置从网络主机复制到路由器的 RAM。该配置看起来正确，却根本不管用。问题可能出现在什么地方？

A. 你复制到 RAM 的配置文件不对

B. 你将配置复制到了闪存中

C. 该配置没有覆盖运行配置中的命令 shutdown

D. 执行 copy 命令后 IOS 受损

(5) 在下面的命令中，IP 地址 10.10.10.254 指的是什么？

```
Router#config t
Router(config)#interface fa0/0
Router(config-if)#ip helper-address 10.10.10.254
```

A. 路由器入站接口的 IP 地址

B. 路由器出站接口的 IP 地址

C. 前往 DHCP 服务器的路径的下一跳的 IP 地址

D. DHCP 服务器的 IP 地址

(6) 公司总部新到了一台路由器，需要你将其连接到网络。但使用控制台电缆连接到该路由器后，你发现它已包含配置。给这台路由器输入新配置前，你该如何做？

A. 清除 RAM 的内容并重启路由器   B. 清除闪存的内容并重启路由器

C. 清除 NVRAM 的内容并重启路由器   D. 直接输入并保存新配置

(7) 要获悉直连邻居的 IP 地址，可使用下面哪个命令？

A. show cdp   B. show cdp neighbors

C. show cdp neighbors detail   D. show neighbor detail

(8) 从下面的输出可知，SW-2 连接到 SW-3 时使用的是哪个接口？

```
SW-3#sh cdp neighbors
Capability Codes: R - Router, T - Trans Bridge, B - Source Route BridgeS -
Switch, H - Host, I - IGMP, r - Repeater, P - Phone, D - Remote, C - CVTA,
M - Two-port Mac Relay Device ID
```

```
Local  Intrfce     Holdtme     Capability  Platform   Port ID
SW-1   Fas 0/1     170         S I         WS-C3560-  Fas 0/15
SW-1   Fas 0/2     170         S I         WS-C3560-  Fas 0/16
SW-2   Fas 0/5     162         S I         WS-C3560-  Fas 0/2
```

　　A. Fas 0/1　　　　　B. Fas 0/16　　　　C. Fas 0/2　　　　D. Fas 0/5

(9) 要在思科设备上启用系统日志，并将级别设置为"调试"（debugging），可使用下面哪个命令？

　　A. syslog 172.16.10.1

　　B. logging 172.16.10.1

　　C. remote console 172.16.10.1 syslog debugging

　　D. transmit console messages level 7 172.16.10.1

(10) 你使用命令 copy running-config startup-config 保存配置并重启路由器，但路由器启动后却没有配置。问题可能出在什么地方？

　　A. 你启动路由器时使用的命令不对　　　　B. NVRAM 受损

　　C. 配置寄存器设置不正确　　　　　　　　D. 新升级的 IOS 与路由器硬件不兼容

　　E. 你保存的配置与路由器硬件不兼容

(11) 要让多个 Telnet 会话同时处于打开状态，可使用下面哪种组合键？

　　A. Tab + 空格键　　　　　　　　　　　　B. 先按 Ctrl + X，再按 6

　　C. 先按 Ctrl + Shift + X，再按 6　　　　D. 先按 Ctrl + Shift + 6，再按 X

(12) 你从交换机远程登录到远程设备时以失败告终，但以前能够远程登录该路由器。然而，ping 这台远程设备时成功了。请问原因可能是下面哪两个？

　　A. IP 地址不正确　　　　　　　　　　　　B. Telnet 被访问控制列表过滤掉了

　　C. 串行电缆有问题　　　　　　　　　　　D. 未设置 VTY 密码

(13) 下面哪两项信息包含在命令 show hosts 的输出中？

　　A. 临时的 DNS 条目

　　B. 使用命令 hostname 配置的路由器主机名

　　C. 可访问路由器的工作站的 IP 地址

　　D. 使用命令 ip host 创建的名称到地址的永久性映射

　　E. 主机通过 Telnet 连接到路由器后持续了多长时间

(14) 在交换机上，可使用下面哪三个命令来检查 LAN 连接故障？

　　A. show interfaces　　　　　　　　　　　B. show ip route

　　C. tracert　　　　　　　　　　　　　　　D. ping

　　E. dns lookups

(15) 系统日志的默认级别是什么？

　　A. local4　　　　　B. local5　　　　　C. local6　　　　　D. local7

(16) 你远程登录到一台远程设备，并执行命令 debug ip icmp，却看不到该 debug 命令的输出。问题可能出在什么地方？

　　A. 必须先执行命令 show ip icmp　　　　B. 网络的 IP 编址不正确

　　C. 必须使用命令 terminal monitor　　　　D. 调试输出只发送到控制台

(17) 下面哪三种有关系统日志的说法是正确的？

　　A. 使用系统日志来改善网络性能

　　B. 网络出现问题时，系统日志服务器将自动通知网络管理员

　　C. 系统日志服务器提供了存储日志文件所需的存储空间，无需占用路由器的磁盘空间

D. 在思科 IOS 中，系统日志消息比 SNMP Trap 消息多得多

E. 在路由器上启用系统日志后，将自动启用 NTP，以便添加准确的时间戳

F. 系统日志服务器可帮助收集日志和警报

(18) 你需要获悉一台位于夏威夷的交换机的 IP 地址，为此你可以如何做？

A. 飞往夏威夷，通过控制台端口连接到该交换机，再顺便在夏威夷放松一下，在太阳伞下喝一杯

B. 在与该交换机相连的路由器上执行命令 show ip route

C. 在与该交换机相连的路由器上执行命令 show cdp neighbors

D. 在与该交换机相连的路由器上执行命令 show ip arp

E. 在与该交换机相连的路由器上执行命令 show cdp neighbors detail

(19) 为配置所有路由器和交换机，使其时钟与某个时间源同步，你将在每台设备上输入哪个命令？

A. clock synchronization *ip_address*

B. ntp master *ip_address*

C. sync ntp *ip_address*

D. ntp server *ip_address* version *number*

(20) 网络管理员在路由器上执行了命令 logging trap 3，这导致将把下面哪三类消息发送给系统日志服务器？

A. 说明（Informational）消息　　　　　　B. 紧急（Emergency）消息

C. 警告（Warning）消息　　　　　　　　　D. 危险（Critical）消息

E. 调试（Debug）消息　　　　　　　　　　F. 错误（Error）消息

第8章

管理思科设备

本章涵盖如下 ICND1 考试要点。

✓ **5.0 基础设施管理**

❏ 5.2 配置和验证设备管理

■ 5.2.c 许可

❏ 5.5 执行设备维护

■ 5.5.a 思科 IOS 升级和恢复（SCP、FTP、TFTP 和 MD5 验证）

■ 5.5.b 密码恢复和配置寄存器

■ 5.5.c 文件系统管理

本章介绍如何管理互联网络中的思科路由器。互联网络操作系统（IOS）和配置文件存储在思科设备的各个地方，因此明白这些文件的存储位置和工作原理至关重要。

你将学习配置寄存器，包括如何使用配置寄存器进行密码恢复。

最后，本章将介绍如何在 ISR G2 路由器上验证许可证，如何安装永久许可证以及在最新的通用映像中配置评估功能。

注意 有关本章内容的最新修订，请访问 www.lammle.com/ccna 或出版社网站的本书配套网页（www.sybex.com/go/ccna）。

8

8.1 管理配置寄存器

所有思科路由器都在 NVRAM 中存储了一个 16 位的软件寄存器。默认情况下，**配置寄存器**的设置如下：从闪存加载思科 IOS，并在 NVRAM 中查找并加载启动配置文件。下面讨论配置寄存器的设置以及如何使用这些设置来恢复路由器的密码。

8.1.1 理解配置寄存器的各个位

配置寄存器长 16 位（2 字节）。读取配置寄存器时，将从左往右读取，即从第 15 位开始，依次读取到第 0 位。思科路由器的配置寄存器默认被设置为 0x2102，这意味着只有第 13、8 和 1 位的值为 1，其他位都为 0，如表 8-1 所示。请注意，每个十六进制位对应于 4 个二进制位（半字节），而在半字节中，各位的位值分别是 8、4、2 和 1。

表8-1   配置寄存器的位编号

配置寄存器		2						1				0			2	
位编号	15	14	13	12	11	10	9	8	7	6	5	4	3	2	1	0
二进制	0	0	1	0	0	0	0	1	0	0	0	0	0	0	1	0

 注意　表示配置寄存器的设置使用了前缀 0x，这意味着它后面是十六进制值。

表 8-2 指出了各个配置位的含义。注意可通过设置第 6 位来忽略 NVRAM 的内容。这一位用于密码恢复，将在 8.3.4 节介绍。

 注意　在十六进制中，使用数字 0~9 和字母 A~F，其中 A~F 分别表示 10~15。这意味着如果配置寄存器的设置为 210F，那么其中的 F 表示 15，即二进制值 1111。

表8-2   配置寄存器各位的含义

位编号	十六进制表示	描　述
0~3	0x0000 ~ 0x000F	启动字段（参见表8-4）
6	0x0040	忽略NVRAM的内容
7	0x0080	启用OEM位
8	0x101	忽略启动中断
10	0x0400	IP广播地址为全零地址
5、11 ~ 12	0x0800 ~ 0x1000	控制台线路速度
13	0x2000	网络连接失败时使用ROM中的默认软件启动
14	0x4000	IP广播地址不包含网络号
15	0x8000	启用诊断消息并忽略NVRAM的内容

配置寄存器的第 0~3 位（最后 4 位）为启动字段，它指定了路由器的启动方式，如表 8-3 所示。

表8-3   启动字段（配置寄存器的第0~3位）

启动字段	含　义	作　用
00	ROM监视器模式	要进入ROM监视器模式，可将配置寄存器设置为2100。在这种情况下，路由器将显示提示符rommon>，而你必须使用命令b手动启动路由器
01	从ROM启动	要使用ROM中的微型IOS映像启动路由器，可将配置寄存器设置为2101。在这种情况下，路由器将显示提示符Router(boot)>。微型IOS也被称为RXBOOT，但并非所有路由器都有
02-F	指定默认的启动文件名	配置寄存器的值为2102 ~ 210F时，路由器将使用NVRAM中的boot命令启动

8.1.2　查看配置寄存器的当前设置

要查看配置寄存器的当前值，可使用命令 show version（简写为 sh version 或 show ver），如下所示：

```
Router>sh version
Cisco IOS Software, 2800 Software (C2800NM-ADVSECURITYK9-M),
Version 15.1(4)M6, RELEASE SOFTWARE (fc2)
[output cut]
Configuration register is 0x2102
```

这个命令提供的最后一项信息就是配置寄存器的值,这里为默认设置 0x2102,即让路由器使用 NVRAM 中的 boot 命令进行启动。

注意命令 show version 还显示了 IOS 版本,这里为 15.1(4)M6。

命令 show version 显示系统的硬件配置信息、系统序列号、软件版本以及启动映像名。

要修改配置寄存器,可在全局配置模式下执行命令 config-register:

```
Router(config)#config-register 0x2142
Router(config)#do sh ver
[output cut]
Configuration register is 0x2102 (will be 0x2142 at next reload)
```

设置配置寄存器时务必小心。

如果保存配置并重启时路由器进入设置模式,说明配置寄存器设置可能不正确。

8.1.3 boot system 命令

你知道可对路由器进行配置,使其在闪存受损时从其他地方加载 IOS 吗?无论是什么路由器,都可从 TFTP 服务器加载 IOS,但这是老黄历了,现在大家不再这样做,而只将 TFTP 用于备份。

有一些 boot 命令可帮助控制路由器加载思科 IOS 的方式,但请注意,这里说的是路由器 IOS,而不是路由器配置。

```
Router>en
Router#config t
Enter configuration commands, one per line.  End with CNTL/Z.
Router(config)#boot ?
  bootstrap  Bootstrap image file
  config     Configuration file
  host       Router-specific config file
  network    Network-wide config file
  system     System image file
```

命令 boot 包含很多选项,这里介绍思科推荐的典型设置。下面首先来介绍命令 boot system flash,它让你能够命令路由器从闪存加载哪个 IOS 文件。别忘了,默认情况下,路由器加载它在闪存中找到的第一个 IOS 文件。你可使用命令 boot system flash 修改这种行为,如下所示:

```
Router(config)#boot system ?
  WORD   TFTP filename or URL
```

8

```
flash   Boot from flash memory
ftp     Boot from a server via ftp
mop     Boot from a Decnet MOP server
rcp     Boot from a server via rcp
rom     Boot from rom
tftp    Boot from a tftp server
Router(config)#boot system flash c2800nm-advsecurityk9-mz.151-4.M6.bin
```

注意到可从闪存、FTP 服务器、ROM、TFTP 服务器等地方加载 IOS。上述命令让路由器加载指定的 IOS。在下述情况下，这个命令很有用：将新 IOS 复制到闪存，并欲对其进行测试；要修改默认加载的 IOS。

接下来要介绍的命令通常用于提供补救措施，但前面说过，也可配置路由器，使其一开始就从 TFTP 服务器加载 IOS。我个人不推荐这样做（因为这会导致单点故障），这里演示这种方式只想说明存在这种可能：

```
Router(config)#boot system tftp ?
    WORD  System image filename
Router(config)#boot system tftp c2800nm-advsecurityk9-mz.151-4.M6.bin?
    Hostname or A.B.C.D  Address from which to download the file
    <cr>
Router(config)#boot system tftp c2800nm-advsecurityk9-mz.151-4.M6.bin 1.1.1.2
Router(config)#
```

下面介绍最后一种推荐的补救措施：如果无法从闪存加载 IOS，而 TFTP 服务器也未提供 IOS，就从 ROM 加载微型 IOS，如下所示：

```
Router(config)#boot system rom
Router(config)#do show run | include boot system
boot system flash c2800nm-advsecurityk9-mz.151-4.M6.bin
boot system tftp c2800nm-advsecurityk9-mz.151-4.M6.bin 1.1.1.2
boot system rom
Router(config)#
```

完成前述所有配置后，如果从闪存启动失败，路由器将尝试从 TFTP 服务器启动；如果连续 6 次尝试从 TFTP 服务器启动都以失败告终，路由器将加载微型 IOS。

下面介绍如何让路由器进入 ROM 监视器模式，以便恢复密码。

8.1.4 恢复密码

如果你忘记了密码，无法进入路由器，可修改配置寄存器，以便能够重新进入路由器。前面说过，配置寄存器的第 6 位用于告诉路由器是否加载 NVRAM 中的路由器配置。

配置寄存器的默认值为 0x2102，这意味着第 6 位为零。在这种情况下，路由器将在 NVRAM 中查找并加载路由器配置（启动配置）。要恢复密码，需要将第 6 位设置为 1，让路由器忽略 NVRAM 的内容。将第 6 位设置为 1 后，配置寄存器的值将为 0x2142。

密码恢复的主要步骤如下。

(1) 重启路由器并中断启动过程，让路由器进入 ROM 监视器模式。

(2) 将配置寄存器的值改为 0x2142，让第 6 位的值为 1。

(3) 重启路由器。

(4) 在系统询问是否要进入设置模式时选择否，从而进入特权模式。

(5) 复制启动配置文件，将其用于运行配置，同时确保重新启用了所有接口。

(6) 修改密码。

(7) 将配置寄存器重置为默认值。

(8) 保存路由器配置。

(9) 重启路由器（这一步是可选的）。

下面更详细地介绍这些步骤，并演示重新进入 ISR 系列路由器所需的命令。

要进入 ROM 监视器模式，可在路由器启动时按 Ctrl + Break，也可先按 Ctrl + Shift + 6，再按 b。然而，如果 IOS 受损或丢失，无法通过网络连接到 TFTP 服务器且从 ROM 加载微型 IOS 失败（即路由器默认的补救措施不管用），路由器将自动进入 ROM 监视器模式。

1. 中断路由器启动过程

密码恢复的第一步是重启并中断启动过程。连接到路由器时，如果使用的是超级终端（我使用的是 SecureCRT 或 PuTTY），通常可在重启路由器后按 Ctrl + Break 来中断启动过程。

```
System Bootstrap, Version 15.1(4)M6, RELEASE SOFTWARE (fc2)
Copyright (c) 1999 by cisco Systems, Inc.
TAC:Home:SW:IOS:Specials for info
PC = 0xfff0a530, Vector = 0x500, SP = 0x680127b0
C2800 platform with 32768 Kbytes of main memory
PC = 0xfff0a530, Vector = 0x500, SP = 0x80004374
monitor: command "boot" aborted due to user interrupt
rommon 1 >
```

输出 monitor: command "boot" aborted due to user interrupt 表明用户中断了启动过程。接下来出现了提示符 rommon 1>，这表明路由器进入了 ROM 监视器模式。

2. 修改配置寄存器

前面说过，要修改配置寄存器，可使用 IOS 命令 config-register。要将第 6 位设置为 1，可将配置寄存器的值改为 0x2142。

注意 　别忘了，如果将配置寄存器的值改为 0x2142，路由器将不会加载启动配置，而直接进入设置模式。

在思科 ISR 系列路由器上，要将第 6 位设置为 1，只需在提示符 rommon 1>下执行如下命令：

```
rommon 1 >confreg 0x2142
You must reset or power cycle for new config to take effect
rommon 2 >reset
```

3. 重启路由器并进入特权模式

现在需要重置路由器，方法如下。

❑ 在 ISR 系列路由器上，输入 I（表示初始化）或 reset。

❑ 在较旧的路由器上，输入 I。

这样，路由器将重启并询问你是否要进入设置模式（因为没有加载启动配置）。选择不进入设置模式，再按回车键进入用户模式，然后执行命令 enable 进入特权模式。

4. 查看并修改配置

你无需提供密码就进入了用户模式和特权模式。现在，复制启动配置并将其用于运行配置：

```
copy startup-config running-config
```

也可使用如下简写：

```
copy start run
```

至此，将启动配置复制到了**随机存取存储器**（RAM），而你处于特权模式，这意味着你可以查看并修改这些配置。然而，你看不到启动加密密码，因为它是加密的。要修改启动加密密码，可以这样做：

```
config t
enable secret todd
```

5. 重置配置寄存器并重启路由器

修改密码后，使用命令 config-register 将配置寄存器重置为默认值：

```
config t
config-register 0x2102
```

将 NVRAM 中的配置复制到 RAM 后，别忘了启用所有的接口，这很重要。

最后，使用命令 copy running-config startup-config 保存新配置，再使用命令 reload 重启路由器。

注意 如果保存配置并重启时路由器进入设置模式，说明配置寄存器设置可能不正确。

至此，我们按思科的建议配置了 IOS 加载顺序：闪存、TFTP 服务器、ROM。

8.2 备份和恢复思科 IOS

升级或恢复思科 IOS 前，务必将现有文件复制到 **TFTP 服务器**，以防新映像不管用。

可将备份存储到任何 TFTP 服务器。默认情况下，思科 IOS 存储在路由器闪存中。在接下来的几节中，将介绍如何查看闪存的容量，如何将闪存中的思科 IOS 复制到 TFTP 服务器以及如何将 TFTP 服务器中的思科 IOS 复制到闪存。

然而，将 IOS 映像备份到内联网中的服务器之前，需要先完成下述三项工作。

❑ 确保你能访问这台服务器。

❑ 确保该服务器有足够的空间存储 IOS 映像。

❑ 核实文件名和路径。

可将笔记本电脑或工作站的以太网端口直接连接到路由器的以太网接口，如图 8-1 所示。

在 TFTP 服务器和路由器之间复制映像前，需要明白如下几点。

❑ 笔记本电脑或工作站必须运行 TFTP 服务器软件。

❑ 必须使用交叉电缆在路由器和工作站之间建立以太网连接。

❑ 工作站与路由器的以太网接口必须位于同一个子网。

❑ 使用命令 copy flash tftp 将映像从路由器闪存复制到工作站时，必须提供工作站的 IP 地址。

❑ 将映像复制到闪存时，必须确保闪存有足够的可用空间，能容纳要复制的文件。

将IOS复制到TFTP服务器
Router# copy flash tftp

　　• TFTP服务器的IP地址
　　• IOS文件名

```
RouterX#copy flash tftp:
Source filename [] ?c2800nm-ipbase-mz.124-5a.bin
Address or name of remote host [] ? 10.1.1.1
Destination filename [c2800nm-ipbase-mz.124-5a.bin] [enter]
!!!!!!!!!!!!!!!!!!!!!!!!!!!!!!!!!!!!!!!!!!!!!!!!!!!!!!!!!!<output omitted>
12094416 bytes copied in 98.858 secs (122341 bytes/sec)
RouterX#
```

• PC必须运行TFTP服务器软件
• PC必须与路由器的E0接口位于同一个子网
• 执行命令copy flash tftp时，必须提供PC的IP地址

图 8-1　将 IOS 从路由器复制到 TFTP 服务器

8.2.1　检查闪存

升级路由器的思科 IOS 前，最好核实闪存是否有足够的空间，能容纳新的 IOS 映像文件。要查看闪存的容量以及当前存储了哪些文件，可使用命令 show flash（简写为 sh flash）：

```
Router#sh flash
-#- --length-- -----date/time------ path
1    45392400 Apr 14 2013 05:31:44 +00:00 c2800nm-advsecurityk9-mz.151-4.M6.bin

18620416 bytes available (45395968 bytes used)
```

从上述输出可知，大约 45 MB 闪存空间已被占用，但还有大约 18 MB 可用空间。如果你将大于 18 MB 的文件复制到闪存，路由器将询问你是否要清空闪存，此时务必谨慎行事。

　　命令 show flash 显示当前 IOS 映像占用的闪存量，并让你知道是否有足够的空间同时存储当前映像以及要复制的新映像。你必须明白，如果没有足够的空间存储当前映像以及你要复制的新映像，当前映像将被删除。

要盘点路由器的内存量和闪存量，实际上很容易，只需使用命令 show version：

```
Router#show version
[output cut]
System returned to ROM by power-on
System image file is "flash:c2800nm-advsecurityk9-mz.151-4.M6.bin"
[output cut]
Cisco 2811 (revision 1.0) with 249856K/12288K bytes of memory.
Processor board ID FTX1049A1AB
```

8

```
2 FastEthernet interfaces
2 Serial(sync/async) interfaces
1 Virtual Private Network (VPN) Module
DRAM configuration is 64 bits wide with parity enabled.
239K bytes of non-volatile configuration memory.
62720K bytes of ATA CompactFlash (Read/Write)
```

第三处标黑的代码指出，该路由器的内存量大约为 256 MB；而最后一行输出指出了闪存量，乐观地估计为 64 MB。

在第二处标黑的代码中，注意到文件名为 c2800nm-advsecurityk9-mz.151-4.M6.bin。在输出方面，命令 show flash 和 show version 的主要差别在于，命令 show flash 显示闪存中的所有文件，而命令 show version 显示路由器实际加载的映像文件及其所处的位置（闪存）。

8.2.2 备份思科 IOS

要将思科 IOS 备份到 TFTP 服务器，可使用命令 copy flash tftp。这个命令很简单，只要求你提供源文件名以及 TFTP 服务器的 IP 地址。

要成功完成这种备份，关键在于确保到 TFTP 服务器的连接稳定可靠。为此，可在路由器的控制台提示符下 ping TFTP 服务器，如下所示：

```
Router#ping 1.1.1.2
Type escape sequence to abort.
Sending 5, 100-byte ICMP Echos to 1.1.1.2, timeout
  is 2 seconds:
!!!!!
Success rate is 100 percent (5/5), round-trip min/avg/max
  = 4/4/8 ms
```

成功地 ping TFTP 服务器后，就可使用命令 copy flash tftp 将 IOS 复制到 TFTP 服务器了，如下所示：

```
Router#copy flash tftp
Source filename []?c2800nm-advsecurityk9-mz.151-4.M6.bin
Address or name of remote host []?1.1.1.2
Destination filename [c2800nm-advsecurityk9-mz.151-4.M6.bin]?[enter]
!!!!!!!!!!!!!!!!!!!!!!!!!!!!!!!!!!!!!!!!!!!!!!!!!!!!!!!!!!!!!!!!!!!!!!!
45395968 bytes copied in 123.724 secs (357532 bytes/sec)
Router#
```

你可复制命令 show flash 或 show version 显示的 IOS 文件名，再在系统让指定源文件名时进行粘贴。

前面的示例成功地将闪存的内容复制到了 TFTP 服务器。其中远程主机的地址为 TFTP 服务器的 IP 地址，而源文件名为闪存中文件的名称。

 警告   很多较新的思科路由器都有移动闪存，这种移动闪存可能名为 flash0:。在这种情况下，在上述示例中就应使用命令 copy flash0: tftp:。另外，这种移动闪存也可能名为 usbflash0:。

8.2.3 恢复或升级思科路由器 IOS

如果闪存中的思科 IOS 受损，你需要恢复到备份的 IOS，或者你想升级 IOS，该如何做呢？你可使用命令 copy tftp flash 将文件从 TFTP 服务器下载到闪存。这个命令要求你指定 TFTP 服务器的 IP 地址以及要下载的文件的名称。

然而，鉴于当今的 IOS 可能很大，而 tftp 是不可靠的，且只能传输较小的文件，因此你可能想使用其他选项。命令 copy 包含的选项如下：

```
Corp#copy ?
  /erase          Erase destination file system.
  /error          Allow to copy error file.
  /noverify       Don't verify image signature before reload.
  /verify         Verify image signature before reload.
  archive:        Copy from archive: file system
  cns:            Copy from cns: file system
  flash:          Copy from flash: file system
  ftp:            Copy from ftp: file system
  http:           Copy from http: file system
  https:          Copy from https: file system
  null:           Copy from null: file system
  nvram:          Copy from nvram: file system
  rcp:            Copy from rcp: file system
  running-config  Copy from current system configuration
  scp:            Copy from scp: file system
  startup-config  Copy from startup configuration
  system:         Copy from system: file system
  tar:            Copy from tar: file system
  tftp:           Copy from tftp: file system
  tmpsys:         Copy from tmpsys: file system
  xmodem:         Copy from xmodem: file system
  ymodem:         Copy from ymodem: file system
```

从上述输出可知，选项有很多。在 IOS 较大时，要将其复制到路由器和交换机或者从路由器和交换机复制它们，我们将使用 ftp:或 scp:。另外，还可以在命令末尾指定/verify 以执行 MD5 验证。

在本章的示例中，我们都将使用选项 tftp，因为它最简单。然而，在下载之前，务必确保要下载到闪存的文件位于 TFTP 服务器的默认目录。当你执行上述命令时，TFTP 不会询问文件的位置，因此如果指定的文件不在 TFTP 服务器的默认目录中，下载将以失败告终。

```
Router#copy tftp flash
Address or name of remote host []?1.1.1.2
Source filename []?c2800nm-advsecurityk9-mz.151-4.M6.bin
Destination filename [c2800nm-advsecurityk9-mz.151-4.M6.bin]?[enter]
%Warning: There is a file already existing with this name
Do you want to over write? [confirm][enter]
Accessing tftp://1.1.1.2/ c2800nm-advsecurityk9-mz.151-4.M6.bin...
Loading c2800nm-advsecurityk9-mz.151-4.M6.bin from 1.1.1.2 (via
    FastEthernet0/0): !!!!!!!!!!!!!!!!!!!!!!!!!!!!!!!!!!!!!!!!!!!!!!!!!!!!!
[OK - 21710744 bytes]

45395968 bytes copied in 82.880 secs (261954 bytes/sec)
Router#
```

8

在这个示例中，我将前面备份的文件复制到闪存，因此系统询问我是否要覆盖原来的文件。别忘了，这里操作的是闪存中的文件。如果文件因覆盖而受损，只有等到重启路由器时才能发现。因此，使用这个命令时务必小心。如果 IOS 文件受损，要对其进行恢复，就需进入 ROM 监视器模式。

将新的 IOS 文件复制到闪存时，如果闪存没有足够的空间同时容纳新旧文件，路由器将在复制新文件前询问你是否要删除闪存的内容。如果不需要删除旧版本就能将新 IOS 复制到闪存，请务必配置命令 boot system flash: *ios-file*。

> **注意**　可将思科路由器配置为 TFPT 服务器，让其他路由器从其闪存中复制系统映像。为此，可使用全局配置命令 tftp-server flash:*ios-file*。

 真实案例

那是一个星期一上午，你刚升级 IOS

你早早地来到公司，对路由器 IOS 进行升级。升级后你重启路由器，路由器却显示提示符 rommon>。

看起来你将度过糟糕的一天。我称之为卷铺盖回家事件（resume-generating event，RGE）。面对这种情形，该怎么办呢？请保持冷静，绝不轻言放弃。只要按下面的步骤做，你就能保住饭碗：

```
rommon 1 > tftpdnld

Missing or illegal ip address for variable IP_ADDRESS
Illegal IP address.

usage: tftpdnld [-hr]
  Use this command for disaster recovery only to recover an image via TFTP.
  Monitor variables are used to set up parameters for the transfer.
  (Syntax: "VARIABLE_NAME=value" and use "set" to show current variables.)
  "ctrl-c" or "break" stops the transfer before flash erase begins.

The following variables are REQUIRED to be set for tftpdnld:
        IP_ADDRESS: The IP address for this unit
    IP_SUBNET_MASK: The subnet mask for this unit
   DEFAULT_GATEWAY: The default gateway for this unit
       TFTP_SERVER: The IP address of the server to fetch from
         TFTP_FILE: The filename to fetch

  The following variables are OPTIONAL:
[unneeded output cut]
rommon 2 >set IP_Address:1.1.1.1
rommon 3 >set IP_SUBNET_MASK:255.0.0.0
rommon 4 >set DEFAULT_GATEWAY:1.1.1.2
rommon 5 >set TFTP_SERVER:1.1.1.2
rommon 6 >set TFTP_FILE: flash:c2800nm-advipservicesk9-mz.124-12.bin
rommon 7 >tftpdnld
```

这里列出了你需要使用命令 set 配置的变量，请务必在这些命令中全部使用大写和下划线。你首先需要设置当前路由器的 IP 地址、子网掩码和默认网关，然后设置 TFTP 服务器的 IP 地址。

在这个示例中，TFTP 服务器是与当前路由器直接相连的路由器，需要使用如下命令将其配置成 TFTP 服务器：

```
Router(config)#tftp-server flash:c2800nm-advipservicesk9-mz.124-12.bin
```

在上述命令中，末尾是要配置成 TFTP 服务器的路由器的 IOS 文件名。这样你的饭碗就保住了！

要恢复路由器 IOS，还有另一种办法，但需要的时间长些。如果路由器或交换机无法连接到网络，可使用 Xmodem 协议通过控制台端口将 IOS 文件上传到闪存。

8.2.4 使用思科 IOS 文件系统

思科开发了文件系统思科 IFS，让你能够像在 Windows 提示符窗口中一样操作文件和目录。为此，你可使用命令 dir、copy、more、delete、erase、format、cd、pwd、mkdir 和 rmdir。

IFS 让你能够查看所有文件，包括远程服务器上的文件。复制远程服务器上的映像前，你必须确定它是否有效。你还需知道它有多大——文件大小很重要！另外，将文件复制到路由器之前，最好看看远程服务器的配置，确定它一切正常。

IFS 提供了通用的文件系统用户界面，不随平台而异。在所有的路由器上，都可使用相同的命令语法，而不管其平台如何。

是不是好得不像真的？从某种程度上说确实如此，因为你将发现，并非每个文件系统和平台都支持所有的命令。然而，这没什么关系，因为不同的文件系统需要执行的操作不同。就特定文件系统而言，它不支持的命令都是与它不相关的。可以肯定，任何文件系统和平台都将支持对其进行管理所需的全部命令。

IFS 的另一个优点是，不再使用一大堆提示符。要执行命令，你只需在命令行输入所有必要的信息，而不需要在各种提示符之间切换。因此，如果要将文件复制到 FTP 服务器，只需指定要复制的源文件、要复制到 FTP 服务器的什么地方以及连接到服务器时要使用的用户名和密码。所有这些信息都可在一行中输入。对于那些不喜欢变化的人来说，依然可以让路由器提示输入必要的信息，从而使用更优雅、更简洁的命令。

然而，即便在命令行输入了所需的所有信息，路由器还是可能提示你输入信息，这取决于你如何配置命令 file prompt 以及要使用什么命令。不用担心，在这种情况下，系统将提供默认值，你只需按回车键确认这些默认值是否正确。

IFS 还让你能够查看各种目录以及目录中的文件。另外，你还可以在闪存或存储卡中创建子目录，但只有较新的平台允许你这样做。

请注意，这种新的文件系统接口使用 URL 来指定文件的位置。就像指定 Web 位置一样，URL 也可用于指定文件在思科路由器乃至远程文件服务器上的位置。要指定文件或目录的位置，只需在命令中输入 URL。这很容易，例如，要将文件从一个地方复制到另一个地方，只需输入命令 copy *source-url destination-url*。然而，IFS URL 与你熟悉的 URL 稍有不同，有些格式的用法随文件的位置而异。

思科 IFS 命令的用法与本章前面介绍的命令 copy 很像。我们将使用 IFS 命令来完成如下任务：

❑ 备份 IOS；
❑ 升级 IOS；
❑ 查看文本文件。

下面来看看可用于管理 IOS 的常见 IFS 命令。稍后就会讲解配置文件，但现在你首先应该掌握管理思科新 IOS 的基础知识。

- **dir**　与 Windows 中一样，这个命令让你能够查看目录中的文件。默认情况下，输入 dir 并按回车键将显示目录 flash:/的内容。
- **copy**　这是一个常用的命令，常用于升级、恢复或备份 IOS。前面说过，使用这个命令时要特别注意细节：要复制哪个文件，它位于哪里，要复制到什么地方。
- **more**　与 Unix 中一样，让你能够查看文本文件的内容。你可使用它来检查配置文件或配置文件备份。稍后进行实际配置的过程中会更详细地介绍这个命令。
- **show file**　这个命令让你能够查看指定文件或文件系统的信息，但用得不多，因此默默无闻。
- **delete**　它确实用于删除内容，但在有些路由器上，与你预期的不太一致。这是因为它虽然将文件删除，但并非总会释放文件占用的空间。要释放文件占用的空间，还得使用命令 squeeze。
- **erase/format**　使用这两个命令要小心：复制文件时，如果系统询问你是否要将文件系统删除，千万不要这样做。能否清空闪存取决于其类型。
- **cd/pwd**　与 Unix 和 DOS 中一样，命令 cd 用于切换目录。命令 pwd 用于打印（显示）工作目录。
- **mkdir/rmdir**　在有些路由器和交换机上，可使用这些命令来创建和删除目录，其中 mkdir 用于创建，而 rmdir 用于删除。创建或删除目录前，可使用 cd 和 pwd 切换到目标目录。

注意　思科 IFS 使用名称 system:running-config 和 nvram:startup-config 表示路由器的运行配置和启动配置。复制配置文件时，可使用这些名称，但并非必须这样做。

使用思科 IFS 升级 IOS

下面来使用前面介绍的一些思科 IFS 命令。我将在 1841 系列 ISR 路由器上执行这些命令，该路由器的主机名为 R1。

首先，使用命令 pwd 来获悉默认目录（flash:/），再使用命令 dir 查看默认目录的内容：

```
R1#pwd
flash:
R1#dir
Directory of flash:/
    1  -rw-     13937472   Dec 20 2006 19:58:18 +00:00   c1841-ipbase-
    mz.124-1c.bin
    2  -rw-         1821   Dec 20 2006 20:11:24 +00:00   sdmconfig-18xx.cfg
    3  -rw-      4734464   Dec 20 2006 20:12:00 +00:00   sdm.tar
    4  -rw-       833024   Dec 20 2006 20:12:24 +00:00   es.tar
    5  -rw-      1052160   Dec 20 2006 20:12:50 +00:00   common.tar
    6  -rw-         1038   Dec 20 2006 20:13:10 +00:00   home.shtml
    7  -rw-       102400   Dec 20 2006 20:13:30 +00:00   home.tar
    8  -rw-       491213   Dec 20 2006 20:13:56 +00:00   128MB.sdf
    9  -rw-      1684577   Dec 20 2006 20:14:34 +00:00   securedesktop-
    ios-3.1.1.27-k9.pkg
   10  -rw-       398305   Dec 20 2006 20:15:04 +00:00   sslclient-win-1.1.0.154.pkg

32071680 bytes total (8818688 bytes free)
```

　　从上述输出可知，使用的是基本 IP IOS（c1841-ipbase-mz.124-1c.bin），看来这台 1841 路由器需要升级。思科在文件名中指出了 IOS 类型，这很好。下面来看看闪存中文件的大小，为此可使用命令 show file，也可使用 show flash：

```
R1#show file info flash:c1841-ipbase-mz.124-1c.bin
flash:c1841-ipbase-mz.124-1c.bin:
  type is image (elf) []
  file size is 13937472 bytes, run size is 14103140 bytes
  Runnable image, entry point 0x8000F000, run from ram
```

　　从上述文件大小可知，要复制超过 21 MB 的新 IOS 文件（c1814-advipservicesk9-mz.124-12.bin），就得先将现有的 IOS 删除。为此，我们将使用命令 delete。别忘了，虽然我们可操作闪存中的任何文件，但如果处理有错，其严重后果要等重启后才会显现出来。因此，正如前面指出的，我们显然必须万分小心。

```
R1#delete flash:c1841-ipbase-mz.124-1c.bin
Delete filename [c1841-ipbase-mz.124-1c.bin]?[enter]
Delete flash:c1841-ipbase-mz.124-1c.bin? [confirm][enter]
R1#sh flash
-#- --length-- -----date/time------ path
1        1821 Dec 20 2006 20:11:24 +00:00 sdmconfig-18xx.cfg
2     4734464 Dec 20 2006 20:12:00 +00:00 sdm.tar
3      833024 Dec 20 2006 20:12:24 +00:00 es.tar
4     1052160 Dec 20 2006 20:12:50 +00:00 common.tar
5        1038 Dec 20 2006 20:13:10 +00:00 home.shtml
6      102400 Dec 20 2006 20:13:30 +00:00 home.tar
7      491213 Dec 20 2006 20:13:56 +00:00 128MB.sdf
8     1684577 Dec 20 2006 20:14:34 +00:00 securedesktop-ios-3.1.1.27-k9.pkg
9      398305 Dec 20 2006 20:15:04 +00:00 sslclient-win-1.1.0.154.pkg
22757376 bytes available (9314304 bytes used)
R1#sh file info flash:c1841-ipbase-mz.124-1c.bin
%Error opening flash:c1841-ipbase-mz.124-1c.bin (File not found)
R1#
```

　　在这里，首先删除现有文件，再使用命令 show flash 和 show file 核实这个文件已删除。下面将使用命令 copy 添加新文件，但同样需要万分小心，因为这种方式并不比前面介绍的第一种方法更安全：

```
R1#copy tftp://1.1.1.2/c1841-advipservicesk9-mz.124-12.bin/ flash:/
    c1841-advipservicesk9-mz.124-12.bin
Source filename [/c1841-advipservicesk9-mz.124-12.bin/]?[enter]
Destination filename [c1841-advipservicesk9-mz.124-12.bin]?[enter]
Loading /c1841-advipservicesk9-mz.124-12.bin/ from 1.1.1.2 (via
    FastEthernet0/0): !!!!!!!!!!!!!!!!!!!!!!!!!!!!!!!!!!!!!!!!!!!!
[output cut]
!!!!!!!!!!!!!!!!!!!!!!!!!!!!!!!!!!!!!!!!!!!!!!!!!!!!!!!!!
[OK - 22103052 bytes]
22103052 bytes copied in 72.008 secs (306953 bytes/sec)
R1#sh flash
-#- --length-- -----date/time------ path
1        1821 Dec 20 2006 20:11:24 +00:00 sdmconfig-18xx.cfg
2     4734464 Dec 20 2006 20:12:00 +00:00 sdm.tar
3      833024 Dec 20 2006 20:12:24 +00:00 es.tar
```

8

```
4        1052160  Dec 20 2006 20:12:50 +00:00 common.tar
5           1038  Dec 20 2006 20:13:10 +00:00 home.shtml
6         102400  Dec 20 2006 20:13:30 +00:00 home.tar
7         491213  Dec 20 2006 20:13:56 +00:00 128MB.sdf
8        1684577  Dec 20 2006 20:14:34 +00:00 securedesktop-ios-3.1.1.27-k9.pkg
9         398305  Dec 20 2006 20:15:04 +00:00 sslclient-win-1.1.0.154.pkg
10      22103052  Mar 10 2007 19:40:50 +00:00 c1841-advipservicesk9-mz.124-12.bin
651264 bytes available (31420416 bytes used)
R1#
```

可再次使用命令 show file 来查看新复制的文件的信息：

```
R1#sh file information flash:c1841-advipservicesk9-mz.124-12.bin
flash:c1841-advipservicesk9-mz.124-12.bin:
  type is image (elf) []
  file size is 22103052 bytes, run size is 22268736 bytes
  Runnable image, entry point 0x8000F000, run from ram
```

前面说过，路由器启动时才将 IOS 加载到 RAM，因此只有等到你重启路由器后，这个新 IOS 才会运行。

强烈建议你在路由器上练习使用思科 IFS 命令，以熟悉它们，因为正如前面说过的，如果执行不当，这些命令绝对会给你带来麻烦。

提示　　本章多次强调要万分小心。显然，我曾因操作闪存时不够小心而遭遇了不小的麻烦。操作闪存时务必注意，这一点怎么强调都不过分。

ISR 路由器的一大优点是使用物理闪存卡。闪存卡可插入路由器前面板，也可插入背面板，名称通常类似于 usbflash0:，因此要查看其内容，需要使用命令 dir usbflash0:。将这些闪存卡拔出，再插入合适的 PC 插槽，它们在 PC 上将显示为驱动器。添加、修改和删除文件，再将闪存卡插回路由器并重启，升级就完成了。真不错!

8.3　许可

当前，IOS 的许可方式与以前截然不同。在 IOS 15.0 之前，根本没有许可的概念，完全依靠承诺和诚信，从思科产品每天的下载情况可知，这种许可方式的效果很好!

从 IOS 15.0 起，情况有了很大的不同，事实上是差别太大了。在新的 IOS 15.0 中，许可证管理过于繁琐，我想思科在许可方面将重归中庸之道，是否如此请你阅读本节后自己判断。

新的 ISR 路由器预装了用户购买的软件映像和许可证，只要用户购买需要的一切，就万事大吉。否则，就需要额外安装许可证，这可能有点繁琐，繁琐到安装许可证成了一个 CCNA 考试目标! 当然，这绝非不可能完成的任务，但绝对需要费点劲。思科通常的做法是，只要你花足够多的钱购买产品，它就会让你的管理工作更容易，最新 IOS 的许可也不例外，这一点你马上就会明白。

令人高兴的是，对于你购买的硬件支持的大部分软件包和功能，思科都提供了评估许可证，能够在购买前试用总是好事。这是一种临时许可证，60 天后失效，此后要继续使用当前许可证未涵盖的功能，就需购买永久性许可证。这种许可方式让路由器能够使用 IOS 的不同部分。那么，60 天后将如何呢? 什么都不会发生，当前依然完全依靠用户的诚信。这种评估许可已更名为 RTU（Right-To-Use）

许可，以后可能不再依靠用户的诚信了，但目前还如此。

然而，这还不是新许可方式最大的不同之处。在 15.0 版之前，思科为每种路由器提供了 8 个不同的软件功能集；而 IOS 15.0 采用的是通用映像，即将所有功能集都封装在一个文件中。因此，不像 IOS 15.0 那样将每个功能集打包成一个文件，现在思科提供单个通用映像，其中包含所有的功能集。然而，不同型号或系列的路由器依然需要使用不同的通用映像，只是不像以前那样每个功能集都放在不同的映像中。

要使用 IOS 软件的功能，必须通过软件激活过程将它们解锁。由于通用映像包含所有的功能，只需将所需的功能解锁，并在确定这些功能能够满足你的业务需求后购买。所有路由器都自带 IP Base 许可，要安装其他任何功能，必须先有 IP Base。

必不可少的 IP Base 提供了基本的 IOS 功能，你还可购买其他三个技术包，以安装额外的功能。这些技术包如下。

- ❏ **数据**（Data） MPLS、ATM 和多协议支持。
- ❏ **统一通信**（Unified Communications） VoIP 和 IP 电话。
- ❏ **安全**（Security） 思科 IOS 防火墙、IPS、IPsec、3DES 和 VPN。

例如，如果要支持 MPLS 和 IPsec，就需要在路由器上将 IP Base、数据和安全包解锁。

要获取许可证，需要提供唯一设备标识符（UDI），它由两部分组成：产品 ID（PID）和路由器序列号。要获悉这些信息，可使用命令 show license udi，如下所示：

```
Router#sh license udi
Device#   PID                 SN              UDI
--------------------------------------------------------------
*0        CISCO2901/K9        FTX1641Y07J     CISCO2901/K9:FTX1641Y07J
```

60 天的评估期过后，可使用思科许可证管理器（Cisco License Manager，CLM）自动获取许可证文件，也可通过思科产品许可证注册（Cisco Product License Registration）入口手动获取。通常，只有大型公司才使用 CLM，因为这要求在服务器上安装软件，并由 CLM 负责跟踪所有的许可证。如果使用的许可证较少，可使用 Web 浏览器通过思科产品许可证注册入口手动获取许可证，再使用几个 CLI 命令添加许可证。此后，你基本上就只需跟踪每台设备的许可证组合。这看似工作量不少，但你并非经常需要执行这些步骤。当然，如果需要管理大量许可证，则使用 CLM 要合适得多，因为它让你能够轻松地管理所有路由器的许可证组合。

购买包含所需功能的软件包后，需要使用 UDI 和思科提供的产品授权密钥（Product Authorization Key，PAK）将软件包激活。PAK 相当于收据，确认你购买了许可证。然后，你需要结合使用 PAK 和 UDI 将许可证与路由器关联起来，这是通过思科产品许可证注册入口（www.cisco.com/go/license）在线完成的。如果你未在其他路由器上注册该许可证，且该许可证有效，思科将通过电子邮件将永久性许可证发送给你，你也可从自己的账户下载许可证。

且慢，事情还没完。现在，你需要在路由器上激活许可证。唉，也许还是应该在服务器上安装 CLM。回到手动管理许可证，你需要让路由器能够访问新的许可证文件，为此可使用路由器的 USB 端口，也可使用 TFTP 服务器。让路由器能够访问许可证文件后，在特权模式下执行命令 license install。

假设你将许可证文件复制到了闪存，可像下面这样执行命令 license install：

```
Router#license install ?
  archive:  Install from archive: file system
```

```
flash:      Install from flash: file system
ftp:        Install from ftp: file system
http:       Install from http: file system
https:      Install from https: file system
null:       Install from null: file system
nvram:      Install from nvram: file system
rcp:        Install from rcp: file system
scp:        Install from scp: file system
syslog:     Install from syslog: file system
system:     Install from system: file system
tftp:       Install from tftp: file system
tmpsys:     Install from tmpsys: file system
xmodem:     Install from xmodem: file system
ymodem:     Install from ymodem: file system
Router#license install flash:FTX1628838P_201302111432454180.lic
Installing licenses from "flash::FTX1628838P_201302111432454180.lic"
Installing...Feature:datak9...Successful:Supported
1/1 licenses were successfully installed
0/1 licenses were existing licenses
0/1 licenses were failed to install
April 12 2:31:19.786: %LICENSE-6-INSTALL: Feature datak9 1.0 was
installed in this device. UDI=CISCO2901/K9:FTX1628838P; StoreIndex=1:Primary
License Storage

April 12 2:31:20.078: %IOS_LICENSE_IMAGE_APPLICATION-6-LICENSE_LEVEL: Module name
=c2800 Next reboot level = datak9 and License = datak9
```

要让新许可证生效，必须重启路由器。安装许可证后，如何利用 RTU 许可在路由器上试用新功能呢？下面就来看看。

8.3.1 RTU 许可证

RTU 许可证以前被称为评估许可证，让你无需获取永久性许可证就可启用 IOS 新功能，或者对新功能进行试用，看它是否确实能够满足你的业务需求。这很有道理，因为如果思科让启用并试用新功能过于复杂，就可能错失潜在的销售机会。当然，如果试用的功能确实管用，思科希望你购买永久性许可证，但编写本书期间这完全依靠诚信。

思科许可证模型让你没有 PAK 也能安装所需的功能。RTU 许可证的有效期为 60 天，此后就需要安装永久性许可证。要启用 RTU 许可证，可使用命令 license boot module。下面演示了如何在 2900 系列路由器上激活 RTU 许可证，以启用安全模块 securityk9：

```
Router(config)#license boot module c2900 technology-package securityk9
PLEASE READ THE FOLLOWING TERMS CAREFULLY. INSTALLING THE LICENSE OR LICENSE KEY
PROVIDED FOR ANY CISCO PRODUCT FEATURE OR USING
SUCHPRODUCT FEATURE CONSTITUTES YOUR FULL ACCEPTANCE OF THE
FOLLOWING TERMS. YOU MUST NOT PROCEED FURTHER IF YOU ARE NOT WILLING
TO BE BOUND BY ALL THE TERMS SET FORTH HEREIN.
[output cut]
Activation of the software command line interface will be evidence of
your acceptance of this agreement.

ACCEPT? [yes/no]: yes
```

```
% use 'write' command to make license boot config take effect on next boot
Feb 12 01:35:45.060: %IOS_LICENSE_IMAGE_APPLICATION-6-LICENSE_LEVEL:
Module name =c2900 Next reboot level = securityk9 and License = securityk9

Feb 12 01:35:45.524: %LICENSE-6-EULA_ACCEPTED: EULA for feature
securityk9 1.0 has been accepted. UDI=CISCO2901/K9:FTX1628838P;
StoreIndex=0:Built-In License Storage
```

重启路由器后，就能使用安全功能集了。试用后如果你要安装这个功能集的永久性许可证，将不需要再次重启路由器，真是太棒了。要显示路由器安装了哪些许可证，可使用命令 show license：

```
Router#show license
Index 1 Feature: ipbasek9
      Period left: Life time
      License Type: Permanent
      License State: Active, In Use
      License Count: Non-Counted
      License Priority: Medium
Index 2 Feature: securityk9
      Period left: 8 weeks  2 days
      Period Used: 0  minute  0  second
      License Type: EvalRightToUse
      License State: Active, In Use
      License Count: Non-Counted
      License Priority: None
Index 3 Feature: uck9
      Period left: Life time
      License Type: Permanent
      License State: Active, In Use
      License Count: Non-Counted
      License Priority: Medium
Index 4 Feature: datak9
      Period left: Not Activated
      Period Used: 0  minute  0  second
      License Type: EvalRightToUse
      License State: Not in Use, EULA not accepted
      License Count: Non-Counted
      License Priority: None
Index 5 Feature: gatekeeper
 [output cut]
```

从上述输出可知，ipbasek9 许可证是永久性的，而 securityk9 的许可证类型为 EvalRightToUse。命令 show license feature 提供的信息与命令 show license 相同，但更紧凑，每个功能集的信息占一行，如下所示：

```
Router#sh license feature
Feature name      Enforcement   Evaluation   Subscription   Enabled   RightToUse
ipbasek9          no            no           no             yes       no
securityk9        yes           yes          no             no        yes
uck9              yes           yes          no             yes       yes
datak9            yes           yes          no             no        yes
gatekeeper        yes           yes          no             no        yes
SSL_VPN           yes           yes          no             no        yes
ios-ips-update    yes           yes          yes            no        yes
SNASw             yes           yes          no             no        yes
```

8

```
hseck9              yes        no         no         no         no
cme-srst            yes        yes        no         yes        yes
WAAS_Express        yes        yes        no         no         yes
UCVideo             yes        yes        no         no         yes
```

命令 show version 也在输出末尾显示许可证信息：

```
Router#show version
[output cut]
License Info:

License UDI:

--------------------------------------------------------
Device#   PID                  SN
--------------------------------------------------------
*0        CISCO2901/K9         FTX1641Y07J

Technology Package License Information for Module:'c2900'

----------------------------------------------------------------
Technology    Technology-package           Technology-package
              Current      Type            Next reboot
----------------------------------------------------------------
ipbase        ipbasek9     Permanent       ipbasek9
security      None         None            None
uc            uck9         Permanent       uck9
data          None         None            None

Configuration register is 0x2102
```

命令 show version 指出许可证是否已激活。别忘了，如果评估许可证未激活，就需要重启路由器，以启用相应的功能集。

8.3.2　备份和卸载许可证

如果许可证存储在闪存中，而闪存文件受损，那么许可证将丢失。倘若如此，那就太遗憾了。因此，务必要备份 IOS 许可证。

如果在其他地方存储了许可证，就可使用命令 license save 轻松地将其复制到闪存：

```
Router#license save flash:Todd_License.lic
```

上述命令将当前许可证保存到闪存。然后，就像前面演示的那样，使用命令 license install 来恢复许可证。

在路由器上卸载许可证包含两步。要卸载许可证，首先需要禁用响应的技术包，为此可使用命令 no license boot module，并在该命令末尾指定关键字 disable：

```
Router#license boot module c2900 technology-package securityk9 disable
```

第二步是清除许可证。为此，可使用命令 license clear，再使用命令 no license boot module 将许可证删除。

```
Router#license clear securityk9
Router#config t
```

```
Router(config)#no license boot module c2900 technology-package securityk9 disable
Router(config)#exit
Router#reload
```

执行上述命令后，便从路由器删除了许可证。

下面总结一下本章使用的许可证命令。掌握这些命令很重要，要通过 CCNA 考试，必须理解它们。

❑ show license 指出系统中处于活动状态的许可证。对于当前运行的 IOS 映像中的每项功能（包括已许可和未许可的功能），该命令都显示多行信息，其中包含多个与软件激活和许可相关的状态变量。

❑ show license feature 让你能够查看当前路由器支持的技术包许可证和功能许可证（包括已许可和未许可的功能），还显示多个与软件激活和许可相关的状态变量。

❑ show license udi 显示路由器的唯一设备标识符（UDI）。UDI 由产品 ID（PID）和路由器的序列号组成。

❑ show version 显示当前 IOS 版本的各种信息，包括许可细节（位于输出末尾）。

❑ license install *url* 在路由器上安装许可证密钥文件。

❑ license boot module 在路由器上安装 RTU 许可证。

 提示　　　为帮助管理大量的许可证，可在 Cisco.com 上搜索 Cisco Smart Software Manager（思科智能软件管理器），它让你能够在一个地方管理所有的许可证。通过使用思科智能软件管理器，能够以分组的方式组织和查看许可证。这种分组被称为虚拟账户，是一个许可证和产品实例集合。

8.4　小结

你在本章学习了如何配置思科路由器以及如何管理这些配置。

本章介绍了路由器的内部组件，包括 ROM、RAM、NVRAM 和闪存。

另外，本章介绍了路由器启动过程以及启动期间加载的文件。配置寄存器告诉路由器如何启动以及到哪里去寻找文件。你学习了为恢复密码如何修改和验证配置寄存器设置，还学习了如何使用 CLI 和 IFS 管理 IOS 文件。

最后，本章介绍了 IOS 15.0 的许可方式，包括如何安装永久性许可证和 RTU 许可证，其中后者让你能够在 60 天内试用相应的功能。我还介绍了一些许可证命令，这些命令让你能够获悉安装了哪些许可证以及查看许可证的状态。

8.5　考试要点

描述思科路由器的组件。描绘引导程序、POST、ROM 监视器、微型 IOS、RAM、ROM、闪存、NVRAM 和配置寄存器的功能。

阐述路由器启动过程的步骤。启动过程包括的步骤为 POST、加载 IOS、将 NVRAM 中的启动配置复制到 RAM。

理解配置寄存器命令和设置。在所有思科路由器上，配置寄存器的值都默认为 0x2102，让路由器执行 NVRAM 中指定的 boot 命令。设置 0x2101 让路由器从 ROM 启动，而 0x2142 让路由器不要加载 NVRAM 中的启动配置，以便进行密码恢复。

执行密码恢复。密码恢复的步骤如下：中断路由器启动过程；修改配置寄存器；重启路由器并进入特权模式；复制启动配置以用作运行配置，并检查重新启用了接口；修改/设置密码；保存新配置；重置配置寄存器；重启路由器。

备份 IOS 映像。要将闪存中的文件备份到 TFTP（网络）服务器，可在特权模式下使用命令 `copy flash tftp`。

恢复和升级 IOS 映像。要恢复或升级 IOS，可在特权模式下使用命令 `copy tftp flash`，将相应的文件从 TFTP（网络）服务器复制到闪存。

描述将 IOS 映像备份到服务器方面的最佳实践。确保能够访问网络服务器；确保网络服务器有足够的空间存储 IOS 映像；核实文件名和路径。

理解并使用思科 IFS 管理命令。常用的命令包括 `dir`、`copy`、`more`、`delete`、`erase`、`format`、`cd`、`pwd`、`mkdir` 和 `rmdir`；IFS 还使用名称 `system:running-config` 和 `nvram:startup-config`。

牢记如何安装永久性许可证和 RTU 许可证。要在路由器上安装永久性许可证，可使用命令 `install license` *url*；要安装评估许可证，可使用命令 `license boot module`。

牢记在 ISR G2 路由器上验证许可证的命令。命令 `show license` 显示系统中处于活动状态的许可证；命令 `show license feature` 让你能够查看路由器支持的技术包许可证和功能许可证；命令 `show license udi` 显示路由器的唯一设备标识符（UDI），而 UDI 由产品 ID（PID）和路由器的序列号组成；`show version` 显示当前 IOS 版本的各种信息，包括许可细节（位于输出末尾）。

8.6 书面实验

请回答下述问题。

(1) 要将思科 IOS 复制到 TFTP 服务器，可使用哪个命令？

(2) 要启动 ROM 中的微型 IOS，可将配置寄存器设置为什么值？

(3) 什么配置寄存器值让路由器执行 NVRAM 中指定的 boot 命令？

(4) 要进入 ROM 监视器模式，可将配置寄存器设置为什么值？

(5) 要生成许可证文件，需要结合使用什么和 PAK？

(6) 要进行密码恢复，可将配置寄存器设置为什么值？

(7) 要指定路由器从什么地方加载 IOS，可使用哪个命令？

(8) 路由器启动过程的第一步是什么？

(9) 要升级思科 IOS，可使用什么命令？

(10) 要显示系统中处于活动状态的许可证，可使用什么命令？

答案见附录 A。

8.7 动手实验

要完成本节的实验，至少得有一台路由器（最好有三台），还至少得有一台充当 TFTP 服务器的 PC（即安装并运行 TFTP 服务器软件）。在这些实验中，还假定 PC 通过交换机或集线器连接到思科设备，且所有接口（PC 网卡和路由器接口）都位于同一个子网中。你也可以将 PC 或路由器直接连接到路由器，为此需要使用交叉电缆。请记住，这些实验可使用路由器来完成，也可使用模拟程序 LammleSim IOS 版（参见 www.lammle.com/ccna）或思科 Packet Tracer 来完成。

本章包含如下动手实验。

❑ 动手实验 8.1：备份路由器 IOS。

❑ 动手实验 8.2：升级或恢复路由器 IOS。

8.7.1　动手实验 8.1：备份路由器 IOS

在这个实验中，我们将把闪存中的 IOS 备份到 TFTP 服务器。

(1) 登录路由器，并执行命令 en 或 enable 进入特权模式。

(2) 从路由器控制台 ping TFTP 服务器的 IP 地址，以确认可连接到 TFTP 服务器。

(3) 执行命令 show flash 以查看闪存的内容。

(4) 在特权模式提示符下执行命令 show version，以获悉路由器当前运行的 IOS 的名称。如果闪存中只有一个文件，命令 show flash 和 show version 显示的文件将相同。别忘了，命令 show version 显示当前运行的文件，而命令 show flash 显示闪存中的所有文件。

(5) 确定到 TFTP 服务器的以太网连接良好，并获悉 IOS 文件名后，使用命令 copy flash tftp 备份 IOS。这个命令让路由器将指定文件从闪存（IOS 的默认存储位置）复制到 TFTP 服务器。

(6) 输入 TFTP 服务器的 IP 地址以及源 IOS 的文件名。路由器将复制该文件，并将其存储到 TFTP 服务器的默认目录。

8.7.2　动手实验 8.2：升级或恢复路由器 IOS

在这个实验中，我们将把 TFTP 服务器中的 IOS 复制到闪存。

(1) 登录路由器，并执行命令 en 或 enable 进入特权模式。

(2) 从路由器控制台 ping TFTP 服务器的 IP 地址，以确认可连接到 TFTP 服务器。

(3) 确定到 TFTP 服务器的以太网连接良好后，执行命令 copy tftp flash。

(4) 按路由器控制台显示的提示做（也可能不会出现这样的提示）。需要指出的是，在恢复或升级期间，路由器将暂停执行其功能。

(5) 输入 TFTP 服务器的 IP 地址。

(6) 输入要恢复或升级的 IOS 文件的名称。

(7) 需要指出的是，如果闪存没有足够的可用空间来存储新映像，闪存将被清空。

(8) 新 IOS 被复制到闪存后，如果原来的 IOS 被删除，你一定会目瞪口呆。

如果闪存中原来的文件被删除，而新版本又未复制到闪存，路由器重启时将进入 ROM 监视器模式。在这种情况下，你需要找出复制失败的原因。

8.8　复习题

这些复习题的答案见附录 B。

(1) 命令 confreg 0x2142 有何作用？

    A. 用于重启路由器   B. 用于忽略 NVRAM 中的配置

    C. 用于进入 ROM 监视器模式   D. 用于查看遗忘的密码

(2) 哪个命令用于将 IOS 备份到网络中的 TFTP 服务器？

    A. transfer IOS to 172.16.10.1   B. copy run start

    C. copy tftp flash   D. copy start tftp

    E. copy flash tftp

(3) 哪个命令用于在 ISR2 路由器上安装永久性许可证？

    A. install license   B. license install

    C. boot system license   D. boot license module

(4) 你在路由器上执行如下命令并重启路由器，路由器将如何做？

```
Router(config)#boot system flash c2800nm-advsecurityk9-mz.151-4.M6.bin
Router(config)#config-register 0x2101
Router(config)#do sh ver
[output cut]
Configuration register is 0x2102 (will be 0x2101 at next reload)
```

    A. 路由器将解压缩并运行闪存中的 IOS 文件 c2800-advsecurityk9-mz.151-4.M6.bin

    B. 路由器将进入设置模式

    C. 路由器将加载 ROM 中的微型 IOS

    D. 路由器将进入 ROM 监视器模式

(5) 网络管理员想升级路由器的 IOS，但又不希望当前安装的映像被删除。因此，他需要查看当前 IOS 映像占用的闪存空间，并确定闪存是否有足够的空间同时存储当前映像和新映像。为此，他可使用哪个命令？

    A. show version   B. show flash

    C. show memory   D. show buffers

    E. show running-config

(6) 公司让你将一台新路由器连接到网络，但通过控制台电缆连接到该路由器后，你发现它包含一些配置。给这台路由器提供新配置前，你该如何做？

    A. 清空 RAM 并重启路由器   B. 清空闪存并重启路由器

    C. 清空 NVRAM 并重启路由器   D. 直接输入新配置再保存

(7) 下面哪个命令将新的思科 IOS 版本复制到路由器？

    A. copy flash ftp   B. copy nvram flash

    C. copy flash tftp   D. copy tftp flash

(8) 下面哪个命令显示路由器当前运行的 IOS 版本？

    A. sh IOS   B. sh flash

    C. sh version   D. sh protocols

(9) 完成密码恢复过程并让路由器正常运行后，配置寄存器的值是什么？

    A. 0x2100   B. 0x2101   C. 0x2102   D. 0x2142

(10) 你使用命令 copy running-config startup-config 保存路由器的配置，并重启路由器，但路由器启动后没有任何运行配置。可能出现了什么问题？

    A. 启动路由器时使用的命令不对   B. NVRAM 受损

    C. 配置寄存器的设置不正确   D. 新升级到的 IOS 与路由器硬件不兼容

    E. 保存的配置与硬件不兼容

(11) 要安装 RTU 许可证以使用评估版功能, 可使用哪个命令?

    A. install Right-To-Use license feature *feature*
    B. install temporary feature *feature*
    C. license install feature
    D. license boot module

(12) 要显示系统上处于活动状态的许可证以及多个状态变量, 可使用哪个命令?

    A. show license   B. show license feature
    C. show license udi   D. show version

(13) 要显示路由器支持的技术包许可证和功能许可证以及多个状态变量, 可使用哪个命令?

    A. show license   B. show license feature
    C. show license udi   D. show version

(14) 要显示由产品 ID 和路由器序列号组成的唯一设备标识符, 可使用哪个命令?

    A. show license   B. show license feature
    C. show license udi   D. show version

(15) 哪个命令显示有关当前 IOS 版本的各种信息, 包括许可细节（位于输出末尾）?

    A. show license   B. show license feature
    C. show license udi   D. show version

(16) 要将许可证复制到闪存, 可使用哪个命令?

    A. copy tftp flash   B. save license flash
    C. license save flash   D. copy license flash

(17) 哪个命令显示配置寄存器的设置?

    A. show ip route   B. show boot version
    C. show version   D. show flash

(18) 将路由器的许可证删除包括哪两步?

    A. 使用命令 erase flash:license
    B. 重启系统
    C. 使用命令 license boot, 并在末尾指定关键字 disable
    D. 使用命令 license clear 将许可证清除

(19) 你将一台笔记本电脑直接连接到了路由器的以太网端口。为确保命令 copy flash tftp 成功地完成其任务, 需要满足哪三个条件?

    A. 必须在路由器上运行 TFTP 服务器软件
    B. 必须在笔记本电脑上运行 TFTP 服务器软件
    C. 将笔记本电脑直接连接到路由器以太网端口的以太网电缆必须是直通电缆
    D. 笔记本电脑与路由器以太网接口必须位于同一个子网
    E. 必须给命令 copy flash tftp 提供笔记本电脑的 IP 地址
    F. 路由器闪存必须有足够的空间, 能够存储要复制的文件

(20) 配置寄存器设置 0x2102 给路由器提供了哪种功能?

    A. 让路由器进入 ROM 监视器模式
    B. 提供了密码恢复功能
    C. 让路由器在 NVRAM 中查找 boot 命令
    D. 从 TFTP 服务器加载 IOS
    E. 加载存储在 ROM 中的 IOS 映像

8

第**9**章

IP 路由选择

本章涵盖如下 ICND1 考试要点。

✓ **3.0 路由选择技术**

❑ **3.1 描述路由选择概念**

■ **3.1.a 传输途中的分组处理**

■ **3.1.b 基于路由查找的转发决策**

■ **3.1.c 帧改写**

❑ **3.2 解读路由选择表的组成部分**

■ **3.2.a 前缀**

■ **3.2.b 子网掩码**

■ **3.2.c 下一跳**

■ **3.2.d 路由选择协议代码**

■ **3.2.e 管理距离**

■ **3.2.f 度量值**

■ **3.2.g 最后求助的网关**

❑ **3.3 描述不同的路由选择信息源如何填充路由选择表**

■ **3.3.a 管理距离**

❑ **3.5 比较静态路由和动态路由选择**

❑ **3.6 IPv4 和 IPv6 静态路由的配置、验证和故障排除**

■ **3.6.a 默认路由**

■ **3.6.b 网络路由**

■ **3.6.c 主机路由**

■ **3.6.d 浮动静态路由**

❑ **3.7 IPv4 RIPv2 的配置、验证和故障排除（不包括身份验证、过滤、手工汇总、重分发）**

现在将注意力转向无处不在的 IP 路由选择这一核心主题。它是网络技术的有机组成部分，因为它与所有路由器都相关，并在配置中占据着重要地位。大致而言，IP 路由选择是使用路由器将分组从一个网络移到另一个网络的过程。当然，这里的路由器指的是思科路由器。然而，术语**路由器**和**第 3 层设备**可以互换，本章提到路由器时，指的都是第 3 层设备。

阅读本章之前，你务必明白**路由选择协议**和**被路由的协议**之间的差别。路由选择协议让路由器能够动态地发现互联网络中的所有网络，并确保所有路由器的路由选择表都相同。路由选择协议还用于找出最佳路径，让分组穿越互联网络前往目的地的效率最高。RIP、RIPv2、EIGRP 和 OSPF 是最常见的路由选择协议。

所有路由器都知道所有网络后，就可使用被路由的协议沿确定的路径发送用户数据（分组）了。被路由的协议是在接口上指定的，它决定了分组传输方式。IP 和 IPv6 都属于被路由的协议。

我深信，即便我不说，你也知道牢固掌握本章的内容至关重要。IP 路由选择是思科路由器固有的功能，它们在这方面做得非常好，因此无论你想在 CCNA 考试中得高分，还是想在管理网络时表现卓越，都必须牢固地掌握基本的 IP 路由选择知识。

本章介绍如何在思科路由器上配置和验证 IP 路由选择，包含如下 5 个重要主题：
- ❑ 路由选择基础
- ❑ IP 路由选择过程
- ❑ 静态路由
- ❑ 默认路由
- ❑ 动态路由选择

这里只介绍一些基本知识，让你知道分组是如何在互联网络中传输的。

 注意 有关本章内容的最新修订，请访问 www.lammle.com/ccna 或出版社网站的本书配套网页（www.sybex.com/go/ccna）。

9.1 路由选择基础

将 LAN 和 WAN 连接到路由器，从而打造出互联网络后，就需要给所有的主机配置逻辑网络地址，让它们能够通过互联网络进行通信。

术语**路由选择**（routing）指的是将来自设备的分组通过网络发送到其他网络中的设备。路由器并不具体的主机，而只关心网络以及前往每个网络的最佳路径。通过路由型网络传输分组时，目标主机的逻辑网络地址至关重要。分组到达目标网络后，路由器根据硬件地址将分组发送到正确的目标主机。

如果网络中没有路由器，就不存在路由选择的问题，因为将流量路由到目标网络是路由器的职责。然而，没有路由器的网络很少见！要高效地路由分组，路由器至少必须知道如下重要信息：
- ❑ 目标地址；
- ❑ 告知远程网络的邻接路由器；
- ❑ 前往各个远程网络的可能路由；
- ❑ 前往每个远程网络的最佳路由；
- ❑ 如何维护和验证路由选择信息。

路由器从邻接路由器或管理员那里获悉远程网络，然后创建一个路由选择表。路由选择表相当于一个互联网络地图，描述了如何前往远程网络。对于与路由器直接相连的网络，路由器无需通过路由选择表也知道如何前往。

然而，对于不与路由器直接相连的远程网络，路由器必须采用两种方式之一来获悉前往的方式。如果采用**静态路由选择**，管理员就必须手动将所有网络的位置输入路由选择表，因此除非网络非常小，否则这将是一项令人望而却步的任务。

相反，使用**动态路由选择**时，路由器运行的协议将与邻接路由器运行的协议通信。这样，路由器就能彼此交流有关网络的信息，并将这些信息加入路由选择表。网络发生变化时，动态路由选择协议将自动把相关信息告知所有路由器。如果使用的是静态路由选择，管理员就必须在所有路由器中输入相关的信息。通常，管理大型网络时，大多数人都结合使用动态路由选择和静态路由选择。

介绍 IP 路由选择过程之前，来看一个非常简单的例子，它演示了路由器如何根据路由选择表将分组从相应的接口发送出去。稍后将更详细地讨论这个过程，这里只介绍"最长匹配规则"：在路由选择表中查找与分组的目标地址最匹配的路由。为对这个过程进行大致了解，请看图 9-1。

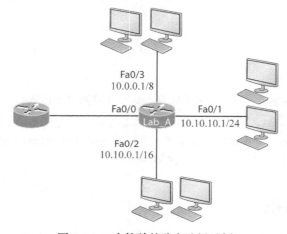

图 9-1   一个简单的路由选择示例

图 9-1 是一个简单的网络，其中的路由器 Lab_A 有四个接口。对于目标 IP 地址为 10.10.10.30 的 IP 数据报，将使用哪个接口进行转发呢？

通过在路由器上执行命令 show ip route，可查看它做转发决策时使用的路由选择表（互联网络地图）：

```
Lab_A#sh ip route
Codes: L - local, C - connected, S - static,
[output cut]
        10.0.0.0/8 is variably subnetted, 6 subnets, 4 masks
C       10.0.0.0/8 is directly connected, FastEthernet0/3
L       10.0.0.1/32 is directly connected, FastEthernet0/3
C       10.10.0.0/16 is directly connected, FastEthernet0/2
L       10.10.0.1/32 is directly connected, FastEthernet0/2
C       10.10.10.0/24 is directly connected, FastEthernet0/1
L       10.10.10.1/32 is directly connected, FastEthernet0/1
S*      0.0.0.0/0 is directly connected, FastEthernet0/0
```

在上述输出中，C 表示网络是直连的。如果在路由器上没有启用 RIPv2、OSPF 等路由选择协议，也未输入静态路由，路由选择表将只包含直连网络。那么路由选择表中的 L 是什么意思呢？它是思科在 IOS 15 中定义的一种新路由——本地主机路由。每条本地路由的前缀都是/32，只能前往一个地址。

在这个示例中，路由器依赖这些对应于本地 IP 地址的路由，以便更高效地转发前往当前路由器的分组。

回到前面的问题：根据图 9-1 和路由选择表，你能判断出路由器将如何处理目标 IP 地址为 10.10.10.30 的分组吗？答案是路由器将把分组交换到接口 FastEthernet 0/1，后者再将分组封装成帧，再将帧发送到它连接的网段。这被称为帧重写（frame rewrite）。根据最长匹配规则，路由器将在路由选择表中查找 10.10.10.30，如果没有找到，再依次查找 10.10.10.0、10.10.0.0 等，直到找到匹配的路由。

再举一个例子。根据下述路由选择表，将把目标地址为 10.10.10.14 的分组转发到哪个接口呢？

```
Lab_A#sh ip route
[output cut]
Gateway of last resort is not set
C      10.10.10.16/28 is directly connected, FastEthernet0/0
L      10.10.10.17/32 is directly connected, FastEthernet0/0
C      10.10.10.8/29 is directly connected, FastEthernet0/1
L      10.10.10.9/32 is directly connected, FastEthernet0/1
C      10.10.10.4/30 is directly connected, FastEthernet0/2
L      10.10.10.5/32 is directly connected, FastEthernet0/2
C      10.10.10.0/30 is directly connected, Serial 0/0
L      10.10.10.1/32 is directly connected, Serial0/0
```

要搞清楚这一点，请仔细查看上述输出，你将发现这个网络被划分成多个子网，每个接口的子网掩码都不同。我必须告诉你，如果你不明白如何划分子网，就根本回答不了这个问题。10.10.10.14 是一台位于子网 10.10.10.8/29 中的主机，而该子网与接口 FastEthernet0/1 相连。如果你不理解也不用担心，可以回过头去阅读第 4 章，直到弄明白这个问题。

9.2　IP 路由选择过程

IP 路由选择过程非常简单，且不会随网络规模而异。为说明这一点，我将以图 9-2 为例，详细说明 Host_A 与另一个网络中的 Host_B 通信的每一个步骤。

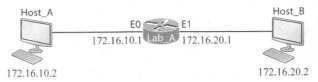

图 9-2　IP 路由选择示例，其中包含两台主机和一台路由器

在图 9-2 中，用户在 Host_A 上 ping Host_B 的 IP 地址。这里的路由选择过程再简单不过了，但依然涉及大量步骤，下面就来详细介绍。

(1) ICMP 生成一个回应请求——数据字段中的字母。

(2) ICMP 将该请求交给 IP，后者将创建一个分组。这个分组至少包含 IP 源地址、IP 目标地址以及包含十六进制值 01 的协议字段。别忘了，思科喜欢在十六进制值前加上 0x，因此这个值可能为 0x01。这个值告诉目标主机该将分组的有效负载交给谁，这里是 ICMP。

(3) 创建分组后，IP 判断目标 IP 地址位于本地网络还是远程网络。

(4) IP 判断出这是一个远程请求，因此必须将分组发送到默认网关，以便它能够被路由到远程网络。为获悉配置的默认网关，对 Windows 注册表进行分析。

9

(5) 在 Host_A 上，配置的默认网关为 172.16.10.1。为将分组发送到默认网关，必须知道 IP 地址为 172.16.10.1 的接口 E0 的硬件地址。为什么呢？因为只有知道硬件地址后，才能将分组交给数据链路层，再由后者将其封装成帧，并发送到与网络 172.16.10.1 相连的路由器接口。在 LAN 内，主机只能通过硬件地址进行通信，因此 Host_A 要想与 Host_B 通信，必须将分组发送给本地网络的默认网关的介质访问控制（MAC）地址，明白这一点很重要。

注意　MAC 地址只能用于 LAN 内部通信，而不能用于穿越路由器进行通信。

(6) 接下来，检查主机的地址解析协议（ARP）缓存，看看默认网关的 IP 地址是否已被解析为硬件地址。

如果已被解析为硬件地址，就可直接将分组交给数据链路层，由它将分组封装成帧。别忘了，硬件目标地址将随分组一起向下传递。要查看主机的 ARP 缓存，可使用下面的命令：

```
C:\>arp -a
Interface: 172.16.10.2 --- 0x3
  Internet Address        Physical Address        Type
  172.16.10.1             00-15-05-06-31-b0       dynamic
```

如果主机的 ARP 缓存中没有相应的硬件地址，将在本地网络发送 ARP 广播，以查询 172.16.10.1 对应的硬件地址。路由器将响应这种请求，并提供接口 E0 的硬件地址，而主机将缓存该硬件地址。

(7) 分组和目标硬件地址被交给数据链路层后，LAN 驱动程序将根据 LAN 类型（这里是以太网）来提供介质访问。接下来，将生成一个帧，它使用控制信息对分组进行封装。这个帧包含目标硬件地址和源硬件地址，还包含一个以太类型（Ether-Type）字段，该字段指出了分组是由哪种网络层协议交给数据链路层的，这里为 IP。在这个帧的末尾，是一个 FCS（帧校验序列）字段，其值为 CRC（循环冗余校验）的结果。这个帧的结构类似于图 9-3。它包含 Host_A 的硬件（MAC）地址以及默认网关的硬件地址，但不包含远程主机的 MAC 地址——请牢记这一点。

目标MAC地址（路由器接口E0的MAC地址）	源MAC地址（Host_A 的MAC地址）	"以太类型"字段	分组	FCS CRC

图 9-3　ping Host_B 时，Host_A 发送给 Lab_A 的帧

(8) 帧创建好后，被交给物理层，而物理层以每次 1 比特的方式将帧放到物理介质（这里是双绞线）上。

(9) 当前冲突域中每台设备都接收这些比特，并将其组装成帧。每台设备都执行 CRC 计算，并将结果与 FCS 字段的值进行比较。如果不相同，就将帧丢弃。

❑ 如果 CRC 相同，则检查硬件目标地址（这里是路由器接口 E0），看指的是不是自己。

❑ 如果是自己，就查看"以太类型"字段，以获悉使用的网络层协议。

(10) 从帧中提取分组，并将其他部分丢弃。然后，将分组交给"以太类型"字段指定的协议，这里是 IP。

(11) IP 接收分组并检查其目标 IP 地址。由于分组的目标 IP 地址与路由器配置的任何 IP 地址都不匹配，路由器在其路由选择表中查找目标 IP 网络。

(12) 路由选择表必须有前往网络 172.16.20.0 的路由，否则路由器将立即丢弃分组，并向始发设备发送一条 ICMP 消息，指出目标网络不可达。

(13) 如果在路由选择表中找到了前往目标网络的路由，路由器将把分组交换到指定的出站接口，这里是接口 E1。下面的输出显示了路由器 Lab_A 的路由选择表，其中 C 表示直连。在这个网络中，不需要路由选择协议，因为所有的网络（总共两个）都与路由器直接相连。

```
Lab_A>sh ip route
C        172.16.10.0 is directly connected,    Ethernet0
L        172.16.10.1/32 is directly connected, Ethernet0
C        172.16.20.0 is directly connected,    Ethernet1
L        172.16.20.1/32 is directly connected, Ethernet1
```

(14) 路由器将分组交换到接口 E1 的缓冲区。

(15) E1 的缓冲区需要知道目标主机的硬件地址，因此首先查看 ARP 缓存。

❏ 如果 Host_B 的硬件地址以前被解析过，并包含在路由器的 ARP 缓存中，将直接把分组以及该硬件地址交给数据链路层，以便将其封装成帧。来看看路由器 Lab_A 的 ARP 缓存，为此可使用命令 show ip arp：

```
Lab_A#sh ip arp
Protocol  Address       Age(min)  Hardware Addr   Type  Interface
Internet  172.16.20.1   -         00d0.58ad.05f4  ARPA  Ethernet1
Internet  172.16.20.2   3         0030.9492.a5dd  ARPA  Ethernet1
Internet  172.16.10.1   -         00d0.58ad.06aa  ARPA  Ethernet0
Internet  172.16.10.2   12        0030.9492.a4ac  ARPA  Ethernet0
```

其中的（-）表示路由器的物理接口。上述输出表明，该路由器知道 172.16.10.2（Host_A）和 172.16.20.2（Host_B）的硬件地址。思科路由器将 ARP 表项保留 4 小时。

❏ 如果该硬件地址以前未被解析过，路由器将通过 E1 向外发送 ARP 请求，以查询 172.16.20.2 对应的硬件地址；而 Host_B 将做出响应，并提供自己的硬件地址。然后，分组和目标硬件地址将被交给数据链路层，以便将分组封装成帧。

(16) 数据链路层创建一个帧，其中包含目标硬件地址、源硬件地址、"以太类型"字段和 FCS 字段。然后这个帧被交给物理层，而后者以每次 1 比特的方式将其发送到物理介质上。

(17) Host_B 接收这个帧，并马上执行 CRC 计算。如果结果与 FCS 字段的值一致，则接着查看目标硬件地址。如果目标硬件地址指的是 Host_B，则查看"以太类型"字段，以确定应将分组交给哪个网络层协议，这里是 IP。

(18) 在网络层，IP 收到分组后对 IP 报头执行 CRC 计算。如果结果匹配，IP 将接着查看目标地址。由于 IP 地址也匹配，继续查看"协议"字段，以确定应将分组的有效负载交给谁。

(19) 有效负载被交给 ICMP，后者知道这是一个回应请求，因此立即对请求进行响应：将分组丢弃并生成一个回应应答。

(20) 为封装回应应答，创建一个包含源 IP 地址、目标 IP 地址、"协议"字段和有效负载的分组，其中的目标 IP 地址为 Host_A。

(21) 接下来，IP 检查目标 IP 地址位于本地 LAN 还是远程网络。由于目标设备位于远程网络中，因此需要将分组发送到默认网关。

(22) 在 Windows 设备的注册表中找到默认网关的 IP 地址，并查看 ARP 缓存，看看是否曾将默认网关的 IP 地址解析为硬件地址。

(23) 获悉默认网关的硬件地址后，将其与分组一起交给数据链路层，以便将分组封装成帧。

(24) 数据链路层将分组封装成帧，并在帧头中添加如下内容：
- ❑ 目标硬件地址和源硬件地址；
- ❑ 值为 0x0800（表示 IP）的"以太类型"字段；
- ❑ 值为 CRC 结果的 FCS 字段。

(25) 接下来，这个帧被交给物理层，让它通过网络介质以每次 1 比特的方式发送出去。

(26) 路由器的接口 E1 接收这些比特，并将它们组装成帧。然后，执行 CRC 计算，并将结果与 FCS 字段的值进行比较，看它们是否相同。

(27) 确定 CRC 相同后，将查看目标硬件地址。目标硬件地址指的就是这个路由器接口，因此从帧中提取分组，并查看"以太类型"字段，以确定应将分组交给哪个网络层协议。

(28) 协议为 IP，因此分组被交给 IP。IP 首先对 IP 报头执行 CRC 检查，再查看目标 IP 地址。

注意   IP 不像数据链路层那样执行完整的 CRC 检查，而只通过检查报头来确定是否有错误。

因为 IP 目标地址不与路由器的任何接口匹配，所以检查路由选择表，看看它是否包含前往 172.16.10.0 的路由。如果没有前往该目标网络的路由，分组将马上被丢弃。我想指出的是，这正是让很多管理员感到迷惑的地方，因为 ping 失败时，大多数人都以为分组根本没有到达目标主机。但正如我们在这里看到的，情况并非总是如此。只要有一台远程路由器没有前往始发主机所属网络的路由，分组就会在**返回途中**被丢弃，因此分组并非总是在前往远程主机的路途中被丢弃的。

提示   这里要简单地说一下，如果分组在返回始发主机的路途中被丢弃，你通常会看到请求超时消息，因为这是一种未知错误。如果错误是由已知原因导致的（例如，在前往目标设备的路途中，有台路由器的路由选择表没有相应的路由），你将看到目标设备不可达消息。这应该能够帮助你判断出问题是在前往目标的路途中发生的，还是在返回的路途中发生的。

(29) 在这个例子中，路由器知道如何前往网络 172.16.10.0——出站接口为 E0，因此分组被交换到接口 E0。

(30) 接下来，路由器查看 ARP 缓存，看看以前是否曾经将 172.16.10.2 解析为硬件地址。

(31) 由于在分组前往 Host_B 期间，缓存了 172.16.10.2 对应的硬件地址，因此将该硬件地址和分组一起交给数据链路层。

(32) 数据链路层使用目标硬件地址和源硬件地址创建一个帧，并将"以太类型"字段设置为 IP，然后对整个帧执行 CRC 计算，并将结果放到 FCS 字段中。

(33) 随后，这个帧被交给物理层，让它以每次 1 比特的方式发送到本地网络上。

(34) 目标主机接收这个帧、执行 CRC 检查并检查目标硬件地址，再查看"以太类型"字段以确定应将分组交给谁。

(35) 指定的接收方为 IP，因此分组被交给网络层协议 IP。IP 检查"协议"字段，以确定该将有效负载交给谁。IP 发现应将有效负载交给 ICMP，而 ICMP 判断出这个分组是 ICMP 回应应答。

(36) ICMP 在用户界面上显示一个惊叹号（!），以确定它收到了应答。然后，ICMP 试图再向目标主机发送 4 个回应请求。

这就是我将 IP 路由选择过程分解而成的 36 个步骤，这样做旨在帮你理解 IP 路由选择。这里的要点是，即便网络大得多，路由选择过程也**完全相同**，只不过互联网络越大，分组在前往目标主机的过程中经过的跳数越多。

Host_A 向 Host_B 发送分组时，使用的目标硬件地址为默认网关的以太网接口，牢记这一点至关重要。为什么这样做呢？因为这不能传输到远程网络，而只能在本地网络中传输。因此前往远程网络的分组必须经过默认网关。

下面来看看 Host_A 的 ARP 缓存：

```
C:\ >arp -a
Interface: 172.16.10.2 --- 0x3
  Internet Address      Physical Address      Type
  172.16.10.1           00-15-05-06-31-b0     dynamic
  172.16.20.1           00-15-05-06-31-b0     dynamic
```

为前往 Host_B，Host_A 使用的硬件（MAC）地址是路由器 Lab_A 的接口 E0，你注意到这一点了吗？硬件地址只在本地有意义，不能用于跨越路由器接口传输数据。理解路由选择过程生死攸关，务必将其牢记在心。

9.2.1　思科路由器的内部处理过程

IP 路由选择过程包括前面介绍的 36 个步骤，检查你对这些步骤的理解程度之前，还需介绍一点，这一点对阐述路由器如何在内部转发分组很重要。为让 IP 能够在路由选择表中查找目标地址，路由器必须执行相关的处理。如果路由选择表包含的路由成千上万，相关处理将占用大量 CPU 时间。这种处理带来的开销可能让路由器不堪重负——想想 ISP 的路由器吧，它每秒必须为数百万个分组找到正确的出站接口！即便是在本书使用的小型网络中，当连接的主机发送数据时，路由器也需做大量的处理工作。

思科使用三种分组转发技术。

- ❏ **进程交换**（process switch）　这实际上是当前很多人对路由器工作原理的看法，因为早在 1990 年思科推出第一台路由器时，路由器就是以这种简单方式交换分组的。然而，流量需求极低的时代早就一去不复返了，当今网络面临的流量需求极高！当前，这种转发过程极其复杂，转发每个分组时都需要在路由选择表中查找目标网络，以确定正确的出站接口。它大致与前面介绍的 36 个步骤相同。不过，虽然前面所说的 36 个步骤从理论上说完全正确，但当前的路由器每秒必须处理数百万分组，因此在内部处理过程中，除分组交换外，还需要做大量其他的工作。为帮助解决处理过程过于复杂的问题，思科推出了一些其他的技术。

- ❏ **快速交换**　这种解决方案旨在提高缓慢进程交换的速度和效率。快速交换使用缓存来存储最近使用过的目标网络，避免每次转发分组时需进行查找。通过缓存目标设备对应的出站接口以及第 2 层报头，极大地改善了性能。但随着网络的发展，对速度的要求越来越高，为满足这种需求，思科开发了另一种技术。

❑ **CEF（Cisco Express Forwarding，思科特快转发）**　这是思科开发的一种较新的技术，最新的思科路由器都默认使用这种分组转发方法。为帮助改善性能，CEF 创建大量缓存表。这种创建工作由变化（而非分组）触发，换句话说，缓存随网络拓扑的变化而变化。

提示　要确定路由器接口使用的是哪种分组交换方法，可使用命令 show ip interface。

9.2.2　检查你对 IP 路由选择的理解程度

鉴于理解 IP 路由选择至关重要，下面通过一个小测验来检查你对 IP 路由选择过程的理解程度。为此，我将让你根据几个网络示意图回答一些非常简单的 IP 路由选择问题。

在图 9-4 中，一个 LAN 连接到 RouterA，后者又通过 WAN 链路连接到 RouterB，而 RouterB 连接了一个包含 HTTP 服务器的 LAN。

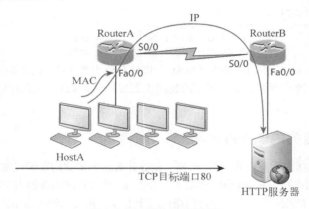

图 9-4　IP 路由选择示例 1

你需要根据这个示意图获悉的重要信息是，这里的 IP 路由选择是如何进行的。先来看看 HostA 发送出去的帧有何特征。这里直接将答案告诉你，但在示例 2 中，你应根据示意图回答问题，而不要先看我提供的答案。

(1) 在 HostA 发送的帧中，目标地址为 RouterA 的 Fa0/0 接口的 MAC 地址。

(2) 分组的目标地址为 HTTP 服务器的网络接口卡（NIC）的 IP 地址。

(3) 在数据段的报头中，目标端口号为 80。

这个示例简单易懂。需要牢记的一点是，多台主机使用 HTTP 与服务器通信时，它们必须使用不同的源端口号。在传输层，服务器根据源 IP 地址、目标 IP 地址和端口号来区分数据。

下面增加点难度，在网络中添加另一种设备，看看你是否还能正确地回答问题。在图 9-5 所示的网络中，只有一台路由器，但有两台交换机。

要理解这个示例中的 IP 路由选择过程，关键在于 HostA 向 HTTPS 服务器发送数据时，将发生什么情况？答案如下。

(1) 在 HostA 发送的帧中，目标地址为 RouterA 的 Fa0/0 接口的 MAC 地址。

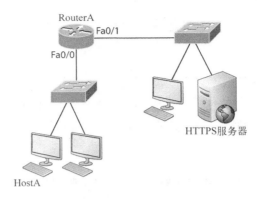

图 9-5　IP 路由选择示例 2

(2) 分组的目标地址为 HTTPS 服务器的网络接口卡（NIC）的 IP 地址。

(3) 在数据段的报头中，目标端口号为 443。

你注意到了吗？交换机未被用作默认网关。这是因为交换机与路由选择一点儿关系也没有。我很想知道，有多少读者将交换机视为 HostA 的默认网关，认为 HostA 发送的帧将其用作目标 MAC 地址。如果你就是这样想的，不要难过，但务必找到犯错的原因。如果分组前往的目的地在当前 LAN 外面（就像这两个示例中那样），目标 MAC 地址总是路由器接口。

下面来看看另一个问题，然后探讨 IP 路由选择更复杂的方面。请看下述路由选择表：

```
Corp#sh ip route
[output cut]
R    192.168.215.0 [120/2] via 192.168.20.2, 00:00:23, Serial0/0
R    192.168.115.0 [120/1] via 192.168.20.2, 00:00:23, Serial0/0
R    192.168.30.0 [120/1] via 192.168.20.2, 00:00:23, Serial0/0
C    192.168.20.0 is directly connected, Serial0/0
L    192.168.20.1/32 is directly connected, Serial0/0
C    192.168.214.0 is directly connected, FastEthernet0/0
L    192.168.214.1/32 is directly connected, FastEthernet0/0
```

从中能看出什么名堂呢？如果我告诉你，该路由器收到了一个分组，其源 IP 地址为 192.168.214.20，目标地址为 192.168.22.3，你认为该路由器将如何处理它？

如果你说："这个分组是经接口 FastEthernet 0/0 进入的，但路由选择表中没有前往网络 192.168.22.0 的路由（且没有默认路由），因此路由器将丢弃它，并通过接口 FastEthernet 0/0 向外发送一条 ICMP 目标不可达消息。"那么你真是天才！这个答案正确的原因是，这个接口连接的是发送分组的主机所属的 LAN。

下面详细谈谈帧和分组。这里并不会谈及任何新内容，而只是想确保你全面而牢固地掌握基本的 IP 路由选择知识！IP 路由选择是本书的核心，而 CCNA 考试目标都是围绕这个核心展开的。IP 路由选择是 CCNA 考试的重中之重，这意味着你必须对其了如指掌。接下来的几个示例都是围绕图 9-6 展开的。

请根据图 9-6 回答下面的问题，你必须牢记这些问题的答案。

(1) 为与 Sales 服务器通信，主机 4 发送一个 ARP 请求。面对这个请求，图 9-6 所示的各台设备将如何响应呢？

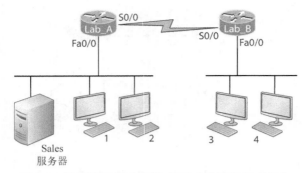

图 9-6　基本的 IP 路由选择（MAC 地址和 IP 地址）

(2) 收到 ARP 应答后，主机 4 将创建一个分组，再将其封装到帧中。如果主机 4 要与 Sales 服务器通信，在它发送的分组中，报头将包含哪些信息呢？

(3) 收到分组后，路由器 Lab_A 将通过接口 Fa0/0 把它发送到服务器所属的 LAN 上。在这个帧的帧头中，源地址和目标地址分别是什么？

(4) 主机 4 同时在两个浏览器窗口中显示两个来自 Sales 服务器的 Web 文档。这些数据是如何进入正确的浏览器窗口的？

下面的内容可能应该使用非常小的字体倒着放在本书其他地方，这样你想作弊和偷看都难。然而，我相信你不会作弊，而且你必须仔细阅读这些内容。因此，我在下面按顺序提供了前述问题的答案。

(1) 为与 Sales 服务器通信，主机 4 发送一个 ARP 请求。面对这个请求，图 9-6 所示的各台设备将如何响应呢？由于 MAC 地址只在本地网络中有意义，路由器 Lab_B 将对请求进行响应，并提供其接口 Fa0/0 的 MAC 地址。这样，主机 4 向 Sales 服务器发送分组时，将把所有的帧都发送到路由器 Lab_B 的接口 Fa0/0 的 MAC 地址。

(2) 收到 ARP 应答后，主机 4 将创建一个分组，再将其封装到帧中。如果主机 4 要与 Sales 服务器通信，在它发送的分组中，报头将包含哪些信息呢？这里谈论的是分组而不是帧，因此源地址为主机 4 的 IP 地址，而目标地址为 Sales 服务器的 IP 地址。

(3) 收到分组后，路由器 Lab_A 将通过接口 Fa0/0 把它发送到服务器所属的 LAN 上。在这个帧的帧头中，源地址和目标地址分别是什么？源地址为路由器 Lab_A 的接口 Fa0/0 的 MAC 地址，而目标地址为 Sales 服务器的 MAC 地址，因为所有的 MAC 地址都必须属于本地 LAN。

(4) 主机 4 同时在两个浏览器窗口中显示两个来自 Sales 服务器的 Web 文档。这些数据是如何进入正确的浏览器窗口的？根据 TCP 端口号来引导数据进入正确的应用程序窗口。

很好！但还没有完。在实际网络中真刀真枪地配置路由选择之前，你还得回答几个问题。准备好了吗？在图 9-7 所示的简单网络中，主机 4 需要接收电子邮件。在主机 4 发送的帧中，目标地址字段包含的是哪个地址？

答案是主机 4 将路由器 Lab_B 的接口 Fa0/0 的 MAC 地址用作目标地址，你早就知道，不是吗？再来看图 9-7，如果主机 4 要与主机 1（而不是服务器）通信呢？分组到达主机 1 时，其报头包含的 OSI 第 3 层源地址是什么？

你可能知道答案：在第 3 层，分组的源地址为主机 4 的 IP 地址，而目标地址为主机 1 的 IP 地址。当然，在来自主机 4 的帧中，目标 MAC 地址总是路由器 Lab_B 的接口 Fa0/0 的 MAC 地址。由于这个网络中有多台路由器，需要使用路由选择协议在路由器之间通信，这样才能沿正确的方向转发流量，使其达到主机 1 所属的网络。

再研究一个案例，你就能成为 IP 路由选择高手了！还是以图 9-7 为例，主机 4 将文件传输到与路由器 Lab_A 相连的 email 服务器时，其发送的帧的第 2 层目标地址是什么？这类问题前面问过多次了，但下面这样的问题从未问过：在 email 服务器收到的帧中，源 MAC 地址是什么？

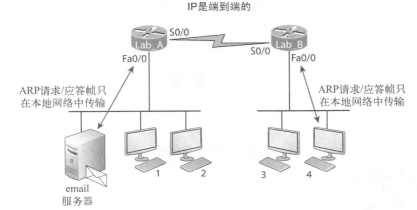

图 9-7 检查你对路由选择基本知识的掌握情况

在主机 4 发送的帧中，第 2 层目标地址为路由器 Lab_B 的接口 Fa0/0 的 MAC 地址，而在 email 服务器收到的帧中，第 2 层源地址为 Lab_A 的接口 Fa0/0 的 MAC 地址。但愿你的回答是正确的。

倘若如此，你便为探索大型网络环境中的 IP 路由选择做好了准备。

9.3 配置 IP 路由选择

现在该在真正的网络中配置 IP 路由选择了。在图 9-8 所示的网络中，有三台路由器：Corp、SF 和 LA。别忘了，默认情况下，这些路由器只知道与它们直接相连的网络。本章余下的篇幅都将以这个网络为例，并根据需要添加路由器和交换机。

你可能猜到了，我有很多路由器，但你练习使用本书介绍的命令时，不需要这么多设备，而只需有一台任意型号的路由器或优秀的路由器模拟程序即可。

回到正题，路由器 Corp 有两个串行接口和两个快速以太网接口，其中的串行接口将用于建立到路由器 SF 和 LA 的 WAN 连接。远程路由器 SF 和 LA 都有两个串行接口和两个快速以太网接口。

第一步是给每台路由器的接口配置正确的 IP 地址。下面的列表说明了我配置这个网络使用的 IP 编址方案。之后将探讨如何配置 IP 路由选择。请注意子网掩码——它们很重要！所有的 LAN 都使用子网掩码/24，而所有的 WAN 都使用/30。

路由器 Corp 的接口的地址如下：
- ❑ S0/0　172.16.10.1/30
- ❑ S0/1　172.16.10.5/30
- ❑ Fa0/0　10.10.10.1/24

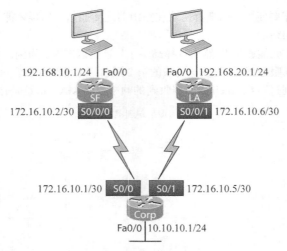

图 9-8   配置 IP 路由选择

路由器 SF 的接口的地址如下：

❑ S0/0/0   172.16.10.2/30
❑ Fa0/0   192.168.10.1/24

路由器 LA 的接口的地址如下：

❑ S0/0/0   172.16.10.6/30
❑ Fa0/0   192.168.20.1/24

这里的路由器配置其实非常简单，只需给接口配置 IP 地址并执行命令 no shutdown。后面的配置要复杂些，咱们先配置 IP 地址。

9.3.1   配置路由器 Corp

对于路由器 Corp，需要配置三个接口。通过给每台路由器都配置主机名，识别起来将容易得多。既然配置了主机名，就一并配置接口描述、旗标和路由器密码吧，因为养成给每台路由器配置这些信息的习惯确实不错。

首先，我在这台路由器上执行命令 erase startup-config 再重启。重启时，系统询问是否要进入设置模式，选择 no，从而直接进入用户模式。配置每台路由器时，我都将采取这种方式。

下面演示了配置这台路由器的过程：

```
      --- System Configuration Dialog ---
Would you like to enter the initial configuration dialog? [yes/no]: n

Press RETURN to get started!

Router>en

Router#config t
Router(config)#hostname Corp
Corp(config)#enable secret GlobalNet
Corp(config)#no ip domain-lookup
```

```
Corp(config)#int f0/0
Corp(config-if)#desc Connection to LAN BackBone
Corp(config-if)#ip address 10.10.10.1 255.255.255.0
Corp(config-if)#no shut
Corp(config-if)#int s0/0
Corp(config-if)#desc WAN connection to SF
Corp(config-if)#ip address 172.16.10.1 255.255.255.252
Corp(config-if)#no shut
Corp(config-if)#int s0/1
Corp(config-if)#desc WAN connection to LA
Corp(config-if)#ip address 172.16.10.5 255.255.255.252
Corp(config-if)#no shut
Corp(config-if)#line con 0
Corp(config-line)#password console
Corp(config-line)#logging
Corp(config-line)#logging sync
Corp(config-line)#exit
Corp(config)#line vty 0 ?
  <1-181>   Last Line number
  <cr>
Corp(config)#line vty 0 181
Corp(config-line)#password telnet
Corp(config-line)#login
Corp(config-line)#exit
Corp(config)#banner motd # This is my Corp Router #
Corp(config)#^Z
Corp#copy run start
Destination filename [startup-config]?
Building configuration...
[OK]
Corp# [OK]
```

　　来详细说说配置路由器 Corp 的过程。首先，我设置了主机名和启用加密密码，但命令 no ip domain-lookup 是做什么的呢？这个命令禁止路由器解析主机名，除非配置了主机表或 DNS，否则这是一项令人讨厌的功能。接下来，我给三个接口配置了描述和 IP 地址，并使用命令 no shutdown 启用它们。然后，配置了控制台密码和 VTY 密码，但在控制台线路配置模式下配置的命令 logging sync 有何作用呢？命令 logging synchronous 可避免控制台消息覆盖输入的内容，避开控制台消息的打扰，你一定会喜欢的。最后，我设置旗标并保存配置。

注意　　　　　　　　如果你不明白这个配置过程，请参阅第 6 章。

　　要查看思科路由器的 IP 路由选择表，可使用命令 show ip route。下面是在路由器 Crop 上执行这个命令得到的输出：

```
Corp#sh ip route
Codes: L - local, C - connected, S - static, R - RIP, M - mobile, B - BGP
    D - EIGRP, EX - EIGRP external, O - OSPF, IA - OSPF inter area
    N1 - OSPF NSSA external type 1, N2 - OSPF NSSA external type 2
    E1 - OSPF external type 1, E2 - OSPF external type 2
```

```
        i - IS-IS, su - IS-IS summary, L1 - IS-IS level-1, L2 - IS-IS level-2
        ia - IS-IS inter area, * - candidate default, U - per-user static route
        o - ODR, P - periodic downloaded static route, H - NHRP, l - LISP
        + - replicated route, % - next hop override
Gateway of last resort is not set

     10.0.0.0/24 is subnetted, 1 subnets
C        10.10.10.0 is directly connected, FastEthernet0/0
L        10.10.10.1/32 is directly connected, FastEthernet0/0
Corp#
```

只有配置接口后，与接口直接相连的网络才会出现在路由选择表中，牢记这一点很重要。路由选择表只包含接口 Fa0/0，这是为什么呢？别担心，因为仅当链路另一端运行正常时，串行接口才会处于活动状态。等我们配置路由器 SF 和 LA 后，这些接口就将处于活动状态。

你注意到路由选择表输出左边的 C 了吗？它表示相应的网络是直连的。在命令 show ip route 的输出中，开头列出了各种连接的编码及其描述。

出于简化的目的，本章后面将删除输出开头的这些编码。

9.3.2　配置路由器 SF

现在可以配置下一台路由器 SF 了。为正确地配置该路由器，别忘了有两个接口需要配置：S0/0/0 和 Fa0/0。另外，别忘了配置主机名、密码、接口描述和旗标。与配置路由器 Corp 时一样，首先删除该路由器的配置并重启，如下所示：

```
R1#erase start
% Incomplete command.
R1#erase startup-config
Erasing the nvram filesystem will remove all configuration files!
    Continue? [confirm][enter]
[OK]
Erase of nvram: complete
R1#reload
Proceed with reload? [confirm][enter]
[output cut]
%Error opening tftp://255.255.255.255/network-confg (Timed out)
%Error opening tftp://255.255.255.255/cisconet.cfg (Timed out)

        --- System Configuration Dialog ---

Would you like to enter the initial configuration dialog? [yes/no]: n
```

继续往下配置前，解释一下上述输出。首先，从 IOS 12.4 起，ISR 路由器不再接受命令 erase start。在思科 IOS 中，只有一个命令以 erase s 打头，如下所示：

```
Router#erase s?
startup-config
```

　　我知道，你肯定以为 IOS 会继续接受命令 erase start，但很遗憾，情况并非如此。我想说的第二点是，上述输出表明，路由器试图寻找 TFTP 服务器，看看能不能从那里下载配置。没有找到 TFTP 服务器后，它询问你是否要进入设置模式。这里的内容让你对第 7 章介绍的路由器默认启动过程有了更深的认识。

　　回过头来配置路由器 SF：

```
Press RETURN to get started!
Router#config t
Router(config)#hostname SF
SF(config)#enable secret GlobalNet
SF(config)#no ip domain-lookup
SF(config)#int s0/0/0
SF(config-if)#desc WAN Connection to Corp
SF(config-if)#ip address 172.16.10.2 255.255.255.252
SF(config-if)#no shut
SF(config-if)#clock rate 1000000
SF(config-if)#int f0/0
SF(config-if)#desc SF LAN
SF(config-if)#ip address 192.168.10.1 255.255.255.0
SF(config-if)#no shut
SF(config-if)#line con 0
SF(config-line)#password console
SF(config-line)#login
SF(config-line)#logging sync
SF(config-line)#exit
SF(config)#line vty 0 ?
  <1-1180>  Last Line number
  <cr>
SF(config)#line vty 0 1180
SF(config-line)#password telnet
SF(config-line)#login
SF(config-line)#banner motd #This is the SF Branch router#
SF(config)#exit
SF#copy run start
Destination filename [startup-config]?
Building configuration...
 [OK]
```

下面使用两个命令来查看接口的配置：

```
SF#sh run | begin int
interface FastEthernet0/0
 description SF LAN
 ip address 192.168.10.1 255.255.255.0
 duplex auto
 speed auto
!
interface FastEthernet0/1
 no ip address
 shutdown
 duplex auto
 speed auto
!
```

9

```
interface Serial0/0/0
 description WAN Connection to Corp
 ip address 172.16.10.2 255.255.255.252
 clock rate 1000000
!
SF#sh ip int brief
Interface              IP-Address        OK? Method Status                Protocol
FastEthernet0/0        192.168.10.1      YES manual up                    up
FastEthernet0/1        unassigned        YES unset  administratively down down
Serial0/0/0            172.16.10.2       YES manual up                    up
Serial0/0/1            unassigned        YES unset  administratively down down
SF#
```

注意配置好串行链路的两端后，链路就处于活动状态了。别忘了，接口状态 up/up 指的是物理层/数据链路层的状态，并未反映第 3 层的状态！我曾经问培训班的学生，如果链路状态为 up/up，ping 直连网络会成功吗？他们的回答是"会"。正确的答案是"不确定"，因为使用这个命令无法获悉第 3 层的状态，而只能获悉第 1 层和第 2 层的状态及核实 IP 地址有没有输错。明白这一点很重要。

下面是在路由器 SF 上执行命令 show ip route 得到的输出：

```
SF#sh ip route
C    192.168.10.0/24 is directly connected, FastEthernet0/0
L    192.168.10.1/32 is directly connected, FastEthernet0/0
     172.16.0.0/30 is subnetted, 1 subnets
C       172.16.10.0 is directly connected, Serial0/0/0
L       172.16.10.2/32 is directly connected, Serial0/0/0
```

注意到路由器 SF 知道如何前往网络 172.16.10.0/30 和 192.168.10.0/24，现在可以从路由器 SF ping 路由器 Corp 了：

```
SF#ping 172.16.10.1

Type escape sequence to abort.
Sending 5, 100-byte ICMP Echos to 172.16.10.1, timeout is 2 seconds:
!!!!!
Success rate is 100 percent (5/5), round-trip min/avg/max = 1/3/4 ms
```

现在回到路由器 Corp，并查看其路由选择表：

```
Corp>sh ip route
     172.16.0.0/30 is subnetted, 1 subnets
C       172.16.10.0 is directly connected, Serial0/0
L       172.16.10.1/32 is directly connected, Serial0/0
     10.0.0.0/24 is subnetted, 1 subnets
C       10.10.10.0 is directly connected, FastEthernet0/0
L       10.10.10.1/32 is directly connected, FastEthernet0/0
```

路由器 SF 的接口 S0/0/0 是 DCE 连接，这意味着需要在该接口上配置命令 clock rate。在生产环境中，不需要配置命令 clock rate，虽然如此，备考 CCNA 时你依然必须知道何时及如何使用它，并确保对这个命令有深入的认识。

要查看时钟频率，可使用命令 show controllers：

```
SF#sh controllers s0/0/0
Interface Serial0/0/0
Hardware is GT96K
```

```
DCE V.35, clock rate 1000000

Corp>sh controllers s0/0
Interface Serial0/0
Hardware is PowerQUICC MPC860
DTE V.35 TX and RX clocks detected.
```

由于 SF 路由器的串行接口连接的是 DCE，我需要给它设置时钟频率。别忘了，新的 ISR 路由器能自动检测到接口连接的是 DTE，并将其时钟频率设置为 2 000 000。然而，你依然必须能够识别 DCE 接口，并根据需要设置时钟频率。

路由器 Corp 和 SF 之间的串行链路处于活动状态，因此 Corp 的路由选择表中有两个网络。配置 LA 后，我们将在路由器 Corp 的路由选择表中看到另一个网络。路由器 Corp 看不到网络 192.168.10.0，因为我们还没有配置路由选择——默认情况下，路由器只能看到直连网络。

9.3.3 配置路由器 LA

我们将像配置其他两台路由器那样配置路由器 LA。需要配置的接口有两个：S0/0/1 和 Fa0/0。另外，我们也将配置主机名、密码、接口描述和旗标。

```
Router(config)#hostname LA
LA(config)#enable secret GlobalNet
LA(config)#no ip domain-lookup
LA(config)#int s0/0/1
LA(config-if)#ip address 172.16.10.6 255.255.255.252
LA(config-if)#no shut
LA(config-if)#clock rate 1000000
LA(config-if)#description WAN To Corporate
LA(config-if)#int f0/0
LA(config-if)#ip address 192.168.20.1 255.255.255.0
LA(config-if)#no shut
LA(config-if)#description LA LAN
LA(config-if)#line con 0
LA(config-line)#password console
LA(config-line)#login
LA(config-line)#logging sync
LA(config-line)#exit
LA(config)#line vty 0 ?
  <1-1180>  Last Line number
  <cr>
LA(config)#line vty 0 1180
LA(config-line)#password telnet
LA(config-line)#login
LA(config-line)#exit
LA(config)#banner motd #This is my LA Router#
LA(config)#exit
LA#copy run start
Destination filename [startup-config]?
Building configuration...
[OK]
```

所有的配置都非常简单。下面是命令 show ip route 的输出，其中列出了直连网络 192.168.20.0

和 172.16.10.0：

```
LA#sh ip route
     172.16.0.0/30 is subnetted, 1 subnets
C        172.16.10.4 is directly connected, Serial0/0/1
L        172.16.10.6/32 is directly connected, Serial0/0/1
C    192.168.20.0/24 is directly connected, FastEthernet0/0
L    192.168.20.1/32 is directly connected, FastEthernet0/0
```

给三台路由器都配置了 IP 地址和管理功能后，可以开始配置路由选择了。但在此之前，我还想给路由器 SF 和 LA 配置一项功能——由于这个网络很小，这里将路由器 Corp 配置为 DHCP 服务器，供每个 LAN 使用。

9.3.4　在路由器 Corp 上配置 DHCP

为完成这里的任务，可在路由器 Corp 上创建两个地址池，并让远程路由器将请求转发给路由器 Corp，因此不必费劲地在每台远程路由器上创建一个地址池。第 7 章介绍过如何配置 DHCP，你肯定还记得。

具体配置如下：

```
Corp#config t
Corp(config)#ip dhcp excluded-address 192.168.10.1
Corp(config)#ip dhcp excluded-address 192.168.20.1
Corp(config)#ip dhcp pool SF-LAN
Corp(dhcp-config)#network 192.168.10.0 255.255.255.0
Corp(dhcp-config)#default-router 192.168.10.1
Corp(dhcp-config)#dns-server 4.4.4.4
Corp(dhcp-config)#exit
Corp(config)#ip dhcp pool LA-LAN
Corp(dhcp-config)#network 192.168.20.0 255.255.255.0
Corp(dhcp-config)#default-router 192.168.20.1
Corp(dhcp-config)#dns-server 4.4.4.4
Corp(dhcp-config)#exit
Corp(config)#exit
Corp#copy run start
Destination filename [startup-config]?
Building configuration...
```

在路由器上创建 DHCP 地址池其实很简单，可使用上述配置方式在任何路由器上创建 DHCP 地址池。要将路由器配置成 DHCP 服务器，只需创建地址池并指定网络/子网和默认网关，再将不想出租的地址排除在外。务必将默认网关地址排除在外，通常还应指定 DNS 服务器。我总是先将要排除的地址排除，另外，别忘了可在单个命令中将指定范围内的地址排除在外。稍后将演示第 7 章承诺要演示的验证命令，但在此之前，需要搞清楚路由器 Corp 默认无法前往远程网络的原因。

我深信我正确地配置了 DHCP，却隐隐觉得还忘记了什么重要的东西。会是什么呢？有些主机与 DHCP 服务器之间隔着一台路由器，为让它们能够从 DHCP 服务器那里获取地址，我需要做什么呢？如果你认为我必须配置路由器 SF 和 LA 的接口 Fa0/0，使其将 DHCP 客户端的请求转发给 DHCP 服务器，那么你说对了。

下面演示了如何完成这种配置：

```
LA#config t
LA(config)#int f0/0
LA(config-if)#ip helper-address 172.16.10.5

SF#config t
SF(config)#int f0/0
SF(config-if)#ip helper-address 172.16.10.1
```

我深信正确地完成了配置，但要确认这一点，需要等到配置路由选择之后。下面就来配置路由选择。

9.4　在示例网络中配置 IP 路由选择

　　这个示例网络真的准备就绪了吗？毕竟，我配置了 IP 地址和管理功能，还配置了 ISR 路由器会自动配置的时钟频率。然而，路由选择表中只有直连网络，路由器如何根据这样的路由选择表找到分组的目的地信息，进而将其发送到远程网络呢？你知道，路由器收到分组后，如果目标网络没有出现在路由选择表中，路由器将立即丢弃分组。

　　因此我们并未做好充分准备，但很快就能准备就绪。有多种方法可用来配置路由器，使其路由选择表中包含这个小型互联网络中的所有网络，从而正确转发分组。然而，没有放之四海而皆准的方法，对一个网络来说是最佳方案，对另一个网络来说却未必。因此，理解各种路由选择方式有助于根据具体情况和业务需求选择最佳的解决方案。

　　接下来将介绍三种路由选择方法：

❑ 静态路由选择；

❑ 默认路由选择；

❑ 动态路由选择。

　　我们将首先介绍静态路由选择，并在我们的示例网络中实现它，因为如果你能正确地实现静态路由选择，就证明你已经深入地理解了互联网络。下面就来看看静态路由选择。

9.4.1　静态路由选择

　　静态路由选择指的是在每台路由器的路由选择表中手动添加路由。静态路由选择有利有弊，但哪种路由选择方法不如此呢？

　　静态路由选择的优点如下。

❑ 不会增加路由器 CPU 的负担，这意味着相比使用动态路由选择，价格更低廉的路由器就能胜任静态路由选择任务。

❑ 不会占用路由器之间的带宽，可节省 WAN 链路方面的支出，并最大限度地降低路由器的负担，因为没有使用动态路由选择协议。

❑ 更安全，因为管理员有很大的决定权，可限制主机可访问的网络。

　　下面是静态路由选择的缺点。

❑ 管理员必须对互联网络了如指掌，知道各台路由器是如何连接在一起的，这样才能正确地配置路由。如果你不熟悉互联网络的拓扑结构，事情很快就会一团糟。

9

❑ 在互联网络中添加网络后，必须在每台路由器上添加前往该网络的路由，这很繁琐。随着网络规模不断增大，你的工作量将越来越大。

❑ 鉴于前一点所说的问题，在大型网络中使用静态路由选择根本不可行，因为仅维护路由就得有专人负责。

然而，你不能因为静态路由选择存在上述缺点就不学它。前述第一个缺点也为你学习静态路由选择提供了充分的理由：你必须对网络了如指掌才能正确地配置静态路由，因此要让自己拥有超乎寻常的网络管理知识。下面就来学习静态路由选择，并提高这些技能。首先来看用于在路由选择表中添加路由的命令，这是一个全局配置命令，其语法如下：

```
ip route [destination_network] [mask] [next-hop_address or
exitinterface] [administrative_distance] [permanent]
```

对这个命令的各个部分描述如下。

❑ **ip route**　用于创建静态路由的命令。

❑ *destination_network*　要加入到路由选择表中的网络。

❑ *mask*　要加入到路由选择表中的网络所使用的子网掩码。

❑ *next-hop_address*　下一跳路由器的 IP 地址，将把分组发送给这台路由器，并由它将分组转发到远程网络。该地址必须是位于直连网络中的路由器接口的地址。仅当能够 ping 该路由器接口时，相应的路由才会被加入到路由选择表中。如果输入的下一跳地址不正确，或连接到下一跳路由器的接口处于 down 状态，相应的静态路由将出现在路由器的配置中，但不会出现在路由选择表中。

❑ *exitinterface*　可用于替代下一跳地址，以这种方式配置的静态路由将被标识为直连路由。

❑ *administrative_distance*　默认情况下，静态路由的管理距离为 1（如果配置静态路由时使用的是出站接口，而不是下一跳地址，则为 0）。要修改默认值，可在这个命令末尾添加管理权重。本章后面讨论动态路由选择时，将更详细地介绍这一点。

❑ **permanent**　默认情况下，如果接口被关闭或路由器无法与下一跳路由器通信，将自动把相应的静态路由从路由选择表中删除。选项 permanent 指定无论发生什么情况，都不会将静态路由从路由选择表中删除。

在路由器上实际配置静态路由前，先来看一条静态路由，看看它提供了哪些信息：

```
Router(config)#ip route 172.16.3.0 255.255.255.0 192.168.2.4
```

❑ 命令 ip route 表明，这是一条静态路由。

❑ 172.16.3.0 是远程网络，我们想要将分组发送到那里。

❑ 255.255.255.0 是这个远程网络的子网掩码。

❑ 192.168.2.4 是下一跳路由器，将首先把分组发送给它。

然而，下面的静态路由又是什么意思呢？

```
Router(config)#ip route 172.16.3.0 255.255.255.0 192.168.2.4 150
```

末尾的 150 修改默认管理距离（AD）1，将其设置为 150。前面说过，后面讨论动态路由选择时将更详细地介绍 AD，就现在而言，你只需记住 AD 表示路由的可信度，为 0 时可信度最高，为 255

时可信度最低。

再来看一个例子，然后就开始配置：

```
Router(config)#ip route 172.16.3.0 255.255.255.0 s0/0/0
```

可以不指定下一跳地址，而是指定出站接口，这样配置的静态路由将被标识为直连路由。从功能上说，使用下一跳地址和出站接口的效果完全相同。

为帮助你理解静态路由的工作原理，我将演示如何在图 9-8 所示的互联网络中配置静态路由。为避免来回翻页的麻烦，图 9-9 提供了同样的网络示意图。

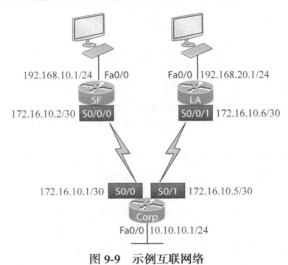

图 9-9   示例互联网络

1. 在路由器 Corp 上配置静态路由

每个路由选择表都自动包含直连网络。要让路由器能够路由到互联网络中的所有非直连网络，路由选择表必须包含这样的信息，即这些网络都位于什么地方以及如何前往这些网络。

与路由器 Corp 直接或间接相连的网络有三个。要让路由器 Corp 能够路由到所有这些网络，必须通过配置，使其路由选择表中包含如下网络：

❏ 192.168.10.0

❏ 192.168.20.0

下面演示了如何在路由器 Corp 上配置静态路由，并显示了配置静态路由后的路由选择表。为让路由器 Corp 能够找到远程网络，必须在路由选择表中添加一个条目，该条目描述了远程网络及其子网掩码以及该将分组转发到哪里。在每个命令末尾，我加上了 150，以增大管理距离。后面介绍动态路由选择时，你将明白为何要这样做。这常被称为浮动静态路由，因为这条静态路由的管理距离比任何路由选择协议的管理距离都大，所以仅当路由选择协议发现的路由不可用时，才会使用这条路由。

```
Corp#config t
Corp(config)#ip route 192.168.10.0 255.255.255.0 172.16.10.2 150
Corp(config)#ip route 192.168.20.0 255.255.255.0 s0/1 150
Corp(config)#do show run | begin ip route
ip route 192.168.10.0 255.255.255.0 172.16.10.2 150
ip route 192.168.20.0 255.255.255.0 Serial0/1 150
```

需要经由不同的路径前往网络 192.168.10.0 和 192.168.20.0，因此我将一条静态路由的下一跳设置为路由器 SF，并将另一条路由的出站接口设置为连接到路由器 LA 的接口。配置静态路由后，就可使用命令 **show ip route** 来查看它们了：

```
Corp(config)#do show ip route
S     192.168.10.0/24 [150/0] via 172.16.10.2
      172.16.0.0/30 is subnetted, 2 subnets
C        172.16.10.4 is directly connected, Serial0/1
L        172.16.10.5/32 is directly connected, Serial0/1
C        172.16.10.0 is directly connected, Serial0/0
L        172.16.10.1/32 is directly connected, Serial0/0
S     192.168.20.0/24 is directly connected, Serial0/1
      10.0.0.0/24 is subnetted, 1 subnets
C        10.10.10.0 is directly connected, FastEthernet0/0
L        10.10.10.1/32 is directly connected, FastEthernet0/0
```

至此，路由器 Corp 知道前往所有网络的路由。然而，前往路由器 SF 和 LA 的路由有点不同，你注意到这一点了吗？使用下一跳地址配置的静态路由被标识为 via，而使用出站接口配置的静态路由被标识为静态直连路由。这表明，这两种静态路由虽然从功能上说相同，但在路由选择表中以不同的方式标识。

需要指出的是，如果静态路由没有出现在路由选择表中，那是因为路由器无法与指定的下一跳地址通信。然而，如果使用了参数 permanent，那么即便联系不上下一跳设备，静态路由也会出现在路由选择表中。

在上述第一个路由选择表条目中，S 表示路由是静态的，[150/0] 表示远程网络的管理距离和度量值。

至此，路由器 Corp 获得了与远程网络通信所需的所有信息。但别忘了，如果不给路由器 SF 和 LA 配置这些信息，分组依然会被丢弃。下面就通过配置静态路由来修复这种问题。

> 请不要操心静态路由配置末尾的 150，我承诺稍后就会介绍它。目前你真的不用
> **注意**　为此操心。

2. 在路由器 SF 上配置静态路由

路由器 SF 与网络 172.16.10.0/30 和 192.168.10.0/24 直接相连，这意味着我必须在该路由器上配置如下静态路由：

❑ 10.10.10.0/24
❑ 192.168.20.0/24
❑ 172.16.10.4/30

下面演示了如何给路由器 SF 配置静态路由。别忘了，不需要创建前往直连网络的路由，另外，必须使用下一跳地址 172.16.10.1，因为这是路由器 SF 连接的唯一远程接口。

```
SF(config)#ip route 10.10.10.0 255.255.255.0 172.16.10.1 150
SF(config)#ip route 172.16.10.4 255.255.255.252 172.16.10.1 150
SF(config)#ip route 192.168.20.0 255.255.255.0 172.16.10.1 150
SF(config)#do show run | begin ip route
ip route 10.10.10.0 255.255.255.0 172.16.10.1 150
ip route 172.16.10.4 255.255.255.252 172.16.10.1 150
```

```
ip route 192.168.20.0 255.255.255.0 172.16.10.1 150
```

通过查看路由选择表可知，路由器 SF 现在知道如何前往每个网络了：

```
SF(config)#do show ip route
C    192.168.10.0/24 is directly connected, FastEthernet0/0
L    192.168.10.1/32 is directly connected, FastEthernet0/0
     172.16.0.0/30 is subnetted, 3 subnets
S       172.16.10.4 [150/0] via 172.16.10.1
C       172.16.10.0 is directly connected, Serial0/0/0
L       172.16.10.2/32 is directly connected, Serial0/0
S    192.168.20.0/24 [150/0] via 172.16.10.1
     10.0.0.0/24 is subnetted, 1 subnets
S       10.10.10.0 [150/0] via 172.16.10.1
```

至此，我们可以确信，路由器 SF 也有完整的路由选择表了。等路由器 LA 的路由选择表包含所有网络后，路由器 SF 就能够与所有远程网络通信了。

3. 在路由器 LA 上配置静态路由

路由器 LA 与网络 192.168.20.0/24 和 172.16.10.4/30 直接相连，因此必须添加如下路由：

❑ 10.10.10.0/24
❑ 172.16.10.0/30
❑ 192.168.10.0/24

下面演示了如何给路由器 LA 配置静态路由：

```
LA#config t
LA(config)#ip route 10.10.10.0 255.255.255.0 172.16.10.5 150
LA(config)#ip route 172.16.10.0 255.255.255.252 172.16.10.5 150
LA(config)#ip route 192.168.10.0 255.255.255.0 172.16.10.5 150
LA(config)#do show run | begin ip route
ip route 10.10.10.0 255.255.255.0 172.16.10.5 150
ip route 172.16.10.0 255.255.255.252 172.16.10.5 150
ip route 192.168.10.0 255.255.255.0 172.16.10.5 150
```

下面的输出显示了路由器 LA 的路由选择表：

```
LA(config)#do sho ip route
S    192.168.10.0/24 [150/0] via 172.16.10.5
     172.16.0.0/30 is subnetted, 3 subnets
C       172.16.10.4 is directly connected, Serial0/0/1
L       172.16.10.6/32 is directly connected, Serial0/0/1
S       172.16.10.0 [150/0] via 172.16.10.5
C    192.168.20.0/24 is directly connected, FastEthernet0/0
L    192.168.20.1/32 is directly connected, FastEthernet0/0
     10.0.0.0/24 is subnetted, 1 subnets
S       10.10.10.0 [150/0] via 172.16.10.5
```

现在，路由器 LA 的路由选择表包含互联网络中的全部 5 个网络，因此它也能够与所有路由器和网络通信。下面介绍另一个主题，然后对这个小型互联网络及其 DHCP 服务器进行测试。

9.4.2 默认路由选择

与路由器 Corp 相连的路由器 SF 和 LA 被称为末节路由器。末节表示前往其他所有网络时，都只有一条路可走，这意味着可以不创建多条静态路由，而只使用一条默认路由。对于目的地未包含在路由选择表中的任何分组，IP 都将使用默认路由来转发，因此默认路由也被称为最后求助的网关。鉴于 LA 为末节路由器，可以不给它配置静态路由，而使用下面的配置：

```
LA#config t
LA(config)#no ip route 10.10.10.0 255.255.255.0 172.16.10.5 150
LA(config)#no ip route 172.16.10.0 255.255.255.252 172.16.10.5 150
LA(config)#no ip route 192.168.10.0 255.255.255.0 172.16.10.5 150
LA(config)#ip route 0.0.0.0 0.0.0.0 172.16.10.5
LA(config)#do sho ip route
[output cut]
Gateway of last resort is 172.16.10.5 to network 0.0.0.0
172.16.0.0/30 is subnetted, 1 subnets
C        172.16.10.4 is directly connected, Serial0/0/1
L        172.16.10.6/32 is directly connected, Serial0/0/1
C     192.168.20.0/24 is directly connected, FastEthernet0/0
L     192.168.20.0/32 is directly connected, FastEthernet0/0
S*    0.0.0.0/0 [1/0] via 172.16.10.5
```

这里删除了以前配置的静态路由，并添加了一条默认路由。相比配置大量的静态路由，配置一条默认路由要容易得多。路由选择表末尾有一条默认路由，你注意到了吗？S*表明这是一条候选默认路由。现在也设置了最后求助的网关，但愿你注意到了这一点。对于目的地没有出现在路由选择表中的所有分组，路由器 LA 都将其转发到 172.16.10.5。配置默认路由时务必小心，因为一不小心就会创建网络环路。

至此，给所有路由器都配置了路由选择。所有路由器的路由选择表都正确无误，因此所有路由器和主机都能畅通无阻地通信。然而，哪怕你在这个互联网络中再添加一个网络或路由器，都得手动更新每台路由器的路由选择表——这太可恶了！如果网络很小，这根本不是问题，但如果你管理的是一个大型网络，这项工作将费时费力。

验证配置

事情还没完——给所有路由器都配置路由选择后，必须对配置进行验证。为此，除使用命令 show ip route 外，最佳的方式就是使用 ping。

首先从路由器 Corp ping 路由器 SF，如下所示：

```
Corp#ping 192.168.10.1
Type escape sequence to abort.
Sending 5, 100-byte ICMP Echos to 192.168.10.1, timeout is 2 seconds:
!!!!!
Success rate is 100 percent (5/5), round-trip min/avg/max = 4/4/4 ms
Corp#
```

这里从路由器 Corp ping 路由器 SF 的远程接口。下面 ping 路由器 LA 连接的网络，然后对 DHCP 服务器进行测试，看它是否也运行正常。

```
Corp#ping 192.168.20.1
Type escape sequence to abort.
Sending 5, 100-byte ICMP Echos to 192.168.20.1, timeout is 2 seconds:
!!!!!
Success rate is 100 percent (5/5), round-trip min/avg/max = 1/2/4 ms
Corp#
```

为何不顺便对路由器 Corp 的 DHCP 服务器配置进行测试呢？接下来进入路由器 SF 和 LA 连接的

每台主机，并将它们配置为 DHCP 客户端；同时将一台旧路由器用作"主机"，这非常适合学习。下面演示了我是如何做的：

```
SF-PC(config)#int e0
SF-PC(config-if)#ip address dhcp
SF-PC(config-if)#no shut
Interface Ethernet0 assigned DHCP address 192.168.10.8, mask 255.255.255.0
LA-PC(config)#int e0
LA-PC(config-if)#ip addr dhcp
LA-PC(config-if)#no shut
Interface Ethernet0 assigned DHCP address 192.168.20.4, mask 255.255.255.0
```

一举成功，你是不是很高兴？遗憾的是，在网络管理领域，情况并非总是如此理想，因此你必须具备验证网络并排除故障的能力。下面使用第 7 章介绍过的一些命令来验证 DHCP 服务器：

```
Corp#sh ip dhcp binding
Bindings from all pools not associated with VRF:
IP address           Client-ID/            Lease expiration      Type
                     Hardware address/
                     User name
192.168.10.8         0063.6973.636f.2d30.  Sept 16 2013 10:34 AM  Automatic
                     3035.302e.3062.6330.
                     2e30.3063.632d.4574.
                     30
192.168.20.4         0063.6973.636f.2d30.  Sept 16 2013 10:46 AM  Automatic
                     3030.322e.3137.3632.
                     2e64.3032.372d.4574.
                     30
```

从上述输出可知，DHCP 服务器运行正常。下面尝试执行其他几个命令：

```
Corp#sh ip dhcp pool SF-LAN
Pool SF-LAN :
 Utilization mark (high/low)    : 100 / 0
 Subnet size (first/next)       : 0 / 0
 Total addresses                : 254
 Leased addresses               : 3
 Pending event                  : none
 1 subnet is currently in the pool :
 Current index        IP address range                      Leased addresses
 192.168.10.9         192.168.10.1    - 192.168.10.254       3

Corp#sh ip dhcp conflict
IP address           Detection method   Detection time        VRF
```

最后一个命令指出是否有两台主机的 IP 地址相同。它没有报告冲突，这无疑是好消息。为避免地址冲突，使用了下面两种检测方法：

❑ 将 IP 地址出租前，DHCP 服务器 ping 这个地址，确保没有主机响应；
❑ 从 DHCP 服务器获得地址后，主机发送免费 ARP（gratuitous ARP）。

DHCP 客户端发送 ARP 请求，并在请求中包含新获得的 IP 地址，看看是否有主机响应。如果有主机响应，就向服务器报告冲突。

至此，可在任何两台主机之间进行端到端通信，主机也能够从 DHCP 服务器获取 IP 地址，这说明我们成功地配置了静态路由和默认路由。

9.5　动态路由选择

动态路由选择指的是路由器使用路由选择协议来获悉网络并更新路由选择表。相比使用静态或默认路由选择，这要容易得多，但需要占用路由器的 CPU 处理时间和网络链路带宽。路由选择协议定义了一组规则，路由器将根据这些规则与邻接路由器交换路由选择信息。

本章将讨论的路由选择协议是 RIP（Routing Information Protocol，路由选择信息协议）第 1 版和第 2 版。

互联网络中使用的路由选择协议分两类：**内部网关协议**（IGP）和**外部网关协议**（EGP）。IGP 用于在位于同一个自主系统（autonomous system，AS）的路由器之间交换路由选择信息。AS 是统一管理的单个网络或一系列网络，这意味着路由选择表信息相同的所有路由器都属于同一个 AS。EGP 用于在 AS 之间通信，边界网关协议（BGP）就是一种 EGP，它超出了本书的范围，因此不会介绍。

要进行动态路由选择，路由选择协议不可或缺，下面将介绍一些你必须知道的路由选择协议基本知识，再重点介绍配置。

路由选择协议基础

深入学习路由选择协议之前，你必须掌握一些相关的重要知识，如管理距离以及路由选择协议的三种类型。下面就来介绍这些内容。

1. 管理距离

管理距离（administrative distance，AD）用于判断从邻接路由器收到的路由选择信息的可信度，它是一个 0 ~ 255 的整数，0 表示可信度最高，255 意味着不会有数据流使用相应的路由。

如果路由器收到两条针对同一个远程网络的更新，它将首先检查 AD。在这两条通告的路由中，如果一条的 AD 比另一条小，将选择 AD 较小的路由，并将其加入路由选择表。

如果这两条前往同一个网络的路由的 AD 相同，将根据路由选择协议度量值（如**跳数**或线路带宽）来确定前往远程网络的最佳路径：将度量值最小的路由加入路由选择表；但如果 AD 和度量值都相同，路由选择协议采取均衡负载的方式，即在这两条路由之间分配要发送的数据。

表 9-1 列出了默认管理距离。默认情况下，思科路由器据此决定使用哪条前往远程网络的路由。

表9-1　默认管理距离

路由来源	默认AD
直连接口	0
静态路由	1
外部BGP	20
EIGRP	90
OSPF	110
RIP	120
外部EIGRP	170
内部BGP	200
未知	255（这种路由不会被使用）

对于前往直连网络的分组，路由器总是通过与该网络相连的接口将分组转发出去。如果你配置了静态路由，路由器将认为该路由优于它获悉的其他路由。静态路由的管理距离默认为 1，但可以修改。本章前面配置静态路由时，都将管理距离设置成了 150。这样，我们配置路由选择协议后，不用将静态路由删除，而可将它们用作备用路由，以防路由选择协议出现故障。

如果有三条前往同一个网络的路由，它们分别是静态路由、RIP 通告路由以及 EIGRP 通告路由，路由器将选择哪条路由呢？默认情况下，路由器总是使用静态路由，除非修改了静态路由的 AD——我们就是这样做的。

2. 路由选择协议

路由选择协议分为三类。

- **距离矢量型** 当前还在使用的距离矢量协议根据距离确定前往远程网络的最佳路径。在 RIP 中，分组经过的每台路由器都称为一跳，跳数最少的路由被视为最佳路由。矢量表示前往远程网络的方向。RIP 是一种距离矢量路由选择协议，它定期将整个路由选择表发送给直连邻居。
- **链路状态型** 在链路状态协议（也叫最短路径优先协议）中，每台路由器都创建三个表，分别用于记录直接相连的邻居、确定整个互联网络的拓扑结构以及用作路由选择表。与使用距离矢量协议的路由器相比，使用链路状态协议的路由器能更详细地了解互联网络。OSPF 是彻头彻尾的链路状态 IP 路由选择协议。链路状态协议将包含链路状态的更新发送给直接相连的路由器，后者再将更新传播给邻居。链路状态协议不会定期交换路由选择表，而是发送触发更新，其中只包含特定的链路状态信息。直接相连的邻居定期交换小而高效的存活消息，以建立和维持邻居关系，这种消息为 Hello 消息。
- **高级距离矢量型** 高级距离矢量协议兼具距离矢量协议和链路状态协议的特征，一个典型的例子是 EIGRP。EIGRP 可能像链路状态路由选择协议，因为它使用 Hello 协议来发现邻居并建立邻居关系，它还在网络拓扑发生变化时发送部分更新。然而 EIGRP 基于距离矢量路由选择协议的重要原则，只从直接相连的邻居那里获悉有关网络其他部分的信息。

没有哪种路由选择协议配置方式适用于所有情况，应当具体情况具体分析。只有理解了各种路由选择协议的工作方式，我们才能做出正确的选择，从而真正满足具体的应用需要。

9.6 路由选择信息协议

路由选择信息协议（Routing Information Protocol，RIP）是纯粹的距离矢量路由选择协议，它每隔 30 秒钟就通过所有活动接口将整个路由选择表发送出去。RIP 根据跳数来确定前往远程网络的最佳路径，但默认允许的最大跳数为 15，因此如果目标网络相隔 16 跳，将被视为不可达。在小型网络中，RIP 的效果很好；但在包含大量路由器或低速 WAN 链路的大型网络中，RIP 的效率极低；在链路速度各不相同的网络中，RIP 根本就不管用。

RIP 第 1 版只支持**分类路由选择**，这意味着网络中所有的设备都必须使用相同的子网掩码。这是因为在 RIP 第 1 版发送的更新中，没有子网掩码信息。RIP 第 2 版支持**前缀路由选择**，并在路由选择更新中包含子网掩码信息，这被称为**无类路由选择**。

下面使用 RIPv2 来配置我们的示例网络，然后再进入下一章。

9

9.6.1 配置 RIP

要配置 RIP，只需使用命令 router rip 启用它，再指定 RIP 路由选择协议应通告的网络。你可能还记得，配置静态路由选择时，我们总是配置前往远程网络的路由，而不配置前往直连网络的路由。配置动态路由选择时，情况完全相反：在路由选择协议配置模式下，不用指定**远程网络**，而只指定**直连网络**。下面给包含三台路由器的示例互联网络（参见图 9-9）配置 RIP。

1. 在路由器 Corp 上配置 RIP

RIP 路由的管理距离为 120，而静态路由的默认管理距离为 1，因此前面配置静态路由时，倘若没有将管理距离设置为 150，RIP 信息将不会被加入到路由选择表中。

要配置 RIP，可使用命令 router rip 和 network。命令 network 告诉路由选择协议 RIP 该通告哪些分类网络，这将在这样的接口上启用 RIP 路由选择进程：其地址属于命令 network 指定的分类网络。

下面是路由器 Corp 的配置，从中可知配置 RIP 有多容易。配置 RIP 之前，我想获悉有哪些直连网络，以便在命令 network 中指定它们：

```
Corp#sh ip int brief
Interface       IP-Address    OK? Method Status                Protocol
FastEthernet0/0 10.10.10.1    YES manual up                    up
Serial0/0       172.16.10.1   YES manual up                    up
FastEthernet0/1 unassigned    YES unset  administratively down down
Serial0/1       172.16.10.5   YES manual up                    up
Corp#config t
Corp(config)#router rip
Corp(config-router)#network 10.0.0.0
Corp(config-router)#network 172.16.0.0
Corp(config-router)#version 2
Corp(config-router)#no auto-summary
```

就这么简单！通常，配置 RIP 只需两三个命令，这比配置静态路由容易得多，不是吗？但别忘了，RIP 需要占用路由器 CPU 处理时间和带宽。

在上述配置中，我到底做了些什么呢？启用 RIP 路由选择协议，加入直连网络，确保只运行 RIPv2（这是一种无类路由选择协议），再禁用自动汇总。我们通常不希望路由选择协议进行汇总，因为手动进行汇总更合适，但在 IOS 15 x 之前，RIP 和 EIGRP 默认都自动进行汇总。因此，一般而言，应禁用自动汇总，让路由选择协议通告子网。

注意我没有指定子网，而只指定了分类网络地址（所有子网位和主机位都为零）。这是因为使用动态路由选择时，发现子网并将其加入路由选择表的职责由路由选择协议（而不是管理员）承担。由于其他路由器都没有运行 RIP，在路由选择表中还看不到 RIP 路由。

注意 指定 RIP 应通告的网络时，必须使用分类网络地址。为说明这一点，假设路由器 Corp 连接了子网 172.16.10.0 和 172.10.20.0，则配置 RIP 时只需指定分类网络地址 172.16.0.0/24，而 RIP 将负责发现这些子网并将它们加入路由选择表。这只是 RIP 和 EIGRP 要求的配置方式，并不意味着它们是分类路由选择协议。

2. 在路由器 SF 上配置 RIP

下面来配置路由器 SF，它与两个网络直接相连。我们需要指定直接相连的分类网络，而不是子网：

```
SF#sh ip int brief
Interface        IP-Address      OK? Method Status               Protocol
FastEthernet0/0  192.168.10.1    YES manual up                   up
FastEthernet0/1  unassigned      YES unset  administratively down down
Serial0/0/0      172.16.10.2     YES manual up                   up
Serial0/0/1      unassigned      YES unset  administratively down down
SF#config
SF(config)#router rip
SF(config-router)#network 192.168.10.0
SF(config-router)#network 172.16.0.0
SF(config-router)#version 2
SF(config-router)#no auto-summary
SF(config-router)#do show ip route
C    192.168.10.0/24 is directly connected, FastEthernet0/0
L    192.168.10.1/32 is directly connected, FastEthernet0/0
     172.16.0.0/30 is subnetted, 3 subnets
R       172.16.10.4 [120/1] via 172.16.10.1, 00:00:08, Serial0/0/0
C       172.16.10.0 is directly connected, Serial0/0/0
L       172.16.10.2/32 is directly connected, Serial0/0
S    192.168.20.0/24 [150/0] via 172.16.10.1
     10.0.0.0/24 is subnetted, 1 subnets
R       10.10.10.0 [120/1] via 172.16.10.1, 00:00:08, Serial0/0/0
```

配置非常简单。下面来说说这台路由器的路由选择表。有一台邻接路由器（Corp）在运行 RIP，SF 将与它交换路由选择表，因此其路由选择表包含路由器 Corp 通告的网络。其他路由要么是静态的要么是本地的。RIP 还发现，前往网络 10.10.10.0 和 172.16.10.4 的路由都经过路由器 Corp。但 RIP 配置工作还未完成。

3. 在路由器 LA 上配置 RIP

下面给路由器 LA 配置 RIP，我会先删除默认路由，虽然并非必须这样做。稍后你就会明白原因。

```
LA#config t
LA(config)#no ip route 0.0.0.0 0.0.0.0
LA(config)#router rip
LA(config-router)#network 192.168.20.0
LA(config-router)#network 172.16.0.0
LA(config-router)#no auto
LA(config-router)#vers 2
LA(config-router)#do show ip route
R    192.168.10.0/24 [120/2] via 172.16.10.5, 00:00:10, Serial0/0/1
     172.16.0.0/30 is subnetted, 3 subnets
C       172.16.10.4 is directly connected, Serial0/0/1
L       172.16.10.6/32 is directly connected, Serial0/0/1
R       172.16.10.0 [120/1] via 172.16.10.5, 00:00:10, Serial0/0/1
C    192.168.20.0/24 is directly connected, FastEthernet0/0
L    192.168.20.1/32 is directly connected, FastEthernet0/0
     10.0.0.0/24 is subnetted, 1 subnets
R       10.10.10.0 [120/1] via 172.16.10.5, 00:00:10, Serial0/0/1
```

随着配置了 RIP 的路由器越来越多，路由选择表中的 RIP 路由也越来越多。另外，配置的所有路由都出现在路由选择表中。

上述输出表明，路由选择表的内容与使用静态路由选择时基本相同，只是新增了一些 RIP 路由。R 表示路由是 RIP 路由选择协议动态添加的。[120/1]指的是路由的管理距离（120）和度量值（1）。在 RIP 中，度量值是前往远程网络的跳数。所有网络都与路由器 Corp 相隔 1 跳。

在这个小型互联网络中，RIP 确实管用，但对大多数企业来说，RIP 并非卓越的解决方案。RIP 支持的最大跳数为 15，这是一个严重的限制因素。另外，它每隔 30 秒就交换整个路由选择表，这会导致较大的互联网络慢如蜗牛。

对于 RIP 路由选择表和用于通告网络的参数，我还想说一点。请看下面的输出，这是在位于另一个网络中的路由器上执行命令 sh ip route 得到的。网络 10.1.3.0 的度量值为[120/15]，你注意到了吗？这表明管理距离为 120（RIP 的默认管理距离），跳数为 15。别忘了，每当路由器向邻接路由器发送更新时，都将每条路由的跳数加 1。

```
Router#sh ip route
     10.0.0.0/24 is subnetted, 12 subnets
C       10.1.11.0 is directly connected, FastEthernet0/1
L       10.1.11.1/32 is directly connected, FastEthernet0/1
C       10.1.10.0 is directly connected, FastEthernet0/0
L       10.1.10.1/32 is directly connected, FastEthernet/0/0
R       10.1.9.0 [120/2] via 10.1.5.1, 00:00:15, Serial0/0/1
R       10.1.8.0 [120/2] via 10.1.5.1, 00:00:15, Serial0/0/1
R       10.1.12.0 [120/1] via 10.1.11.2, 00:00:00, FastEthernet0/1
R       10.1.3.0 [120/15] via 10.1.5.1, 00:00:15, Serial0/0/1
R       10.1.2.0 [120/1] via 10.1.5.1, 00:00:15, Serial0/0/1
R       10.1.1.0 [120/1] via 10.1.5.1, 00:00:15, Serial0/0/1
R       10.1.7.0 [120/2] via 10.1.5.1, 00:00:15, Serial0/0/1
R       10.1.6.0 [120/2] via 10.1.5.1, 00:00:15, Serial0/0/1
C       10.1.5.0 is directly connected, Serial0/0/1
L       10.1.5.1/32 is directly connected, Serial0/0/1
R       10.1.4.0 [120/1] via 10.1.5.1, 00:00:15, Serial0/0/1
```

因此，[120/15]确实是糟糕的参数。这意味着相应路由的末日就要来临，因为下一台路由器收到该路由选择表后，将丢弃前往网络 10.1.3.0 的路由——因为其跳数达到了无效值 16。

注意　　路由器收到路由选择更新后，如果其中路由的成本比路由选择表中前往相应网络的路由的成本高，路由器将忽略这个更新。

9.6.2　抑制 RIP 更新的传播

你可能不希望 RIP 更新传遍整个 LAN 和 WAN。网络承受的压力已经足够大，就不要将 RIP 更新传播到互联网了，况且这样做也不会有多大的好处。

要避免 RIP 更新传遍整个 LAN 和 WAN，有多种方法，其中最简单的方法是使用命令 passive-interface。这个命令禁止从指定接口向外发送 RIP 更新广播，但允许该接口接收 RIP 更新。

下面演示了如何在路由器 Corp 的接口 Fa0/1（图 9-9 没有显示这个接口）上配置命令 passive-interface，这里假定我们不想将 RIP 更新传播到该接口连接的 LAN：

```
Corp#config t
Corp(config)#router rip
```

```
Corp(config-router)#passive-interface FastEthernet 0/1
```

这个命令禁止从接口 Fa0/1 向外发送 RIP 更新，但该接口依然能够接收 RIP 更新。

 真实案例

该在互联网络中使用 RIP 吗

你是一家公司的顾问。由于公司的网络不断增大，需要再安装几台思科路由器。网络中有几台老式的 Unix 路由器，但公司不想更换。除 RIP 外，这些路由器不支持其他任何路由选择协议，这可能意味着你必须在整个网络中运行 RIP。面临这样的问题，如果你以前就有点秃顶，现在头发可能都会掉光。

然而，你的头发完全能够保住：只需在一台连接到旧网络的路由器上运行 RIP，而无需在整个互联网络中都运行 RIP。

为此，可使用**重分发**。大致上说，重分发就是在路由选择协议之间交换路由。这意味着你可在老式路由器上使用 RIP，而在网络的其他部分使用 EIGRP 等好得多的路由选择协议。

这可避免 RIP 路由传遍整个互联网络，从而节省宝贵的带宽。

使用 RIP 通告默认路由

下面介绍如何将离开当前自主系统的路由通告给其他路由器，从而获得与使用 OSPF 相同的效果。假设路由器 Corp 的接口 Fa0/0 通过城域以太网连接到互联网，当前，这种使用 LAN 接口（而不是串行接口）连接到 ISP 的做法很常见。

在这种情况下，该 AS 中的所有路由器（SF 和 LA）都必须知道，应该将前往互联网的分组发送到哪里，否则它们收到远程请求后将把分组丢弃。对于这种小问题，一种解决方案是，在每台路由器上都配置一条默认路由，用于将信息路由到路由器 Corp，并在路由器 Corp 上配置一条前往 ISP 的默认路由。大多数中小型网络都采用这种配置，因为其效果相当不错。

然而，鉴于这里的所有路由器都运行 RIPv2，只需在路由器 Corp 上配置一条前往 ISP 的默认路由，再使用一个命令将该默认路由通告给 AS 中的所有路由器，告诉它们该将前往互联网的分组发送到哪里。

下面是 Corp 路由器的配置：

```
Corp(config)#ip route 0.0.0.0 0.0.0.0 fa0/0
Corp(config)#router rip
Corp(config-router)#default-information originate
```

如果此时显示路由器 Corp 的路由选择表，将发现其中的最后一个条目如下：

```
S*    0.0.0.0/0 is directly connected, FastEthernet0/0
```

下面来看看路由器 LA 是否获悉了该路由：

```
LA#sh ip route
Gateway of last resort is 172.16.10.5 to network 0.0.0.0

R    192.168.10.0/24 [120/2] via 172.16.10.5, 00:00:04, Serial0/0/1
     172.16.0.0/30 is subnetted, 2 subnets
```

```
C        172.16.10.4 is directly connected, Serial0/0/1
L        172.16.10.5/32 is directly connected, Serial0/0/1
R        172.16.10.0 [120/1] via 172.16.10.5, 00:00:04, Serial0/0/1
C        192.168.20.0/24 is directly connected, FastEthernet0/0
L        192.168.20.1/32 is directly connected, FastEthernet0/0
         10.0.0.0/24 is subnetted, 1 subnets
R        10.10.10.0 [120/1] via 172.16.10.5, 00:00:04, Serial0/0/1
R        192.168.218.0/24 [120/3] via 172.16.10.5, 00:00:04, Serial0/0/1
R        192.168.118.0/24 [120/2] via 172.16.10.5, 00:00:05, Serial0/0/1
R*       0.0.0.0/0 [120/1] via 172.16.10.5, 00:00:05, Serial0/0/1
```

看到最后一个条目了吗？这是一条 RIP 注入的路由，也是一条默认路由，这说明命令 default-information originate 发挥了作用。最后，注意也设置了最后求助的网关。

如果你理解并掌握了本章介绍的所有内容，那么祝贺你——你可以接着阅读下一章了，但别忘了先完成本章的书面实验、动手实验和复习题。

9.7   小结

本章详细介绍了 IP 路由选择。透彻理解本章介绍的基本知识至关重要，因为思科路由器所做的一切都与 IP 路由选择相关。

你在本章首先了解到，IP 路由选择使用帧将分组传递给其他路由器以及目标主机。接下来，我们在路由器上配置了静态路由选择，并讨论了管理距离——IP 使用它来确定前往目标网络的最佳路由。你了解到，在末节网络的路由器上，可配置默认路由选择，即设置最后求助的网关。

最后，我们讨论了动态路由选择，具体地说是 RIPv2 及其工作原理，但这种路由选择协议的效果并不是太好！

9.8   考试要点

描述基本的 IP 路由选择过程。 你必须牢记，每一跳传输的帧都不同，但分组在到达目标设备前始终保持不变（每经过一跳，IP 报头中 TTL 字段的值都减 1，仅此而已）。

指出路由器为路由分组所需的信息。 要路由分组，路由器必须至少知道目标地址、为前往远程网络而必须经由的邻接路由器的位置、前往所有网络的可能路由、前往每个远程网络的最佳路由，以及如何维护和验证路由选择信息。

描述在路由选择过程中如何使用 MAC 地址。 MAC（硬件）地址只用于在本地 LAN 中传输数据，不能用于让数据穿越路由器接口。帧使用 MAC（硬件）地址在 LAN 内发送分组，从而将分组传输到当前 LAN 中的主机或路由器接口（如果分组是前往远程网络的）。分组在路由器之间传输时，封装它的帧使用的 MAC 地址将不断变化，但分组中的源 IP 地址和目标 IP 地址通常保持不变。

查看并解读路由器的路由选择表。 要查看路由选择表，可使用命令 show ip route。对于每条路由，都将指出其来源。路由左边的 C 表示它是直连路由，其他字母指出了提供相关信息的路由选择协议，如 R 表示 RIP。

区分三种路由选择。 三种路由选择分别是静态路由选择、动态路由选择和默认路由选择。静态路由选择指的是通过 CLI 手动配置路由；动态路由选择指的是路由器使用路由选择协议来共享路由选择信息；而默认路由选择指的是配置一条特殊路由，供其目标网络未出现在路由选择表中的分组使用。

比较静态路由选择和动态路由选择。静态路由选择不会生成路由选择更新，给路由器和网络链路带来的负担较轻，但必须手动配置，且不能在链路出现故障时调整。动态路由选择会生成路由选择更新，给路由器和网络链路带来的负担较重。

通过 CLI 配置静态路由。配置静态路由的命令为 ip route，其语法为 ip route [*destination_network*] [*mask*] [*next-hop_address* or *exitinterface*] [*administrative_distance*] [permanent]。

配置默认路由。要配置默认路由，可使用命令 ip route 0.0.0.0 0.0.0.0 *ip-address*，其中 *ip-address* 可以是下一跳地址，也可以是出站接口的类型和编号。

理解管理距离及其在选择最佳路由过程中的用途。管理距离（AD）用于判断从邻接路由器收到的路由选择信息的可信度，它是一个 0~255 的整数，0 表示可信度最高，255 意味着不会有分组使用相应的路由。所有路由选择协议都有默认 AD，但可通过 CLI 进行修改。

区分距离矢量路由选择协议、链路状态路由选择协议和混合路由选择协议。距离矢量路由选择协议根据跳数做出路由选择决策（想想 RIP 吧），而链路状态路由选择协议可根据多个因素（如带宽）做出路由选择协议，它还创建一个拓扑表。混合路由选择协议兼具这两种路由选择协议的特点。

配置 RIPv2。要配置 RIP，首先必须进入全局配置模式并执行命令 router rip，然后使用分类网络地址指出所有直连网络，再配置命令 version 2，并使用命令 no auto-summary 禁用自动汇总。

9.9 书面实验

请回答下述问题。

(1) 在合适的命令提示符下，配置一条前往网络 172.16.10.0/24 的静态路由，并将其下一跳地址和管理距离分别设置为 172.16.20.1 和 150。

(2) PC 向远程网络中的 PC 发送分组时，在它发送给默认网关的帧中，包含的目标地址是什么？

(3) 在合适的命令提示符下配置一条前往 172.16.40.1 的默认路由。

(4) 哪种网络将最大程度地受益于默认路由？

(5) 在合适的命令提示符下显示路由器的路由选择表。

(6) 配置静态路由或默认路由时，可不使用下一跳的 IP 地址，而使用＿＿＿＿＿。

(7) 判断对错：要前往远程主机，必须知道其 MAC 地址。

(8) 判断对错：要前往远程主机，必须知道其 IP 地址。

(9) 在合适的命令提示符下，禁止路由器通过其 1 号串行接口向外发送 RIP 信息。

(10) 判断对错：RIPv2 被视为无类路由选择协议。

答案见附录 A。

9.10 动手实验

在下面的动手实验中，你将对一个包含三台路由器的网络进行配置。在设备方面，这些实验的要求与本书前面的动手实验相同。要完成这些实验，你可使用真正的路由器、www.lammle.com/ccna 提供的 IOS 版 LammleSim 或思科提供的程序 Packet Tracer。

本章包含如下动手实验。

- □ 动手实验 9.1：配置静态路由。
- □ 动手实验 9.2：配置 RIP。

这三台路由器组成的互联网络如下图所示。

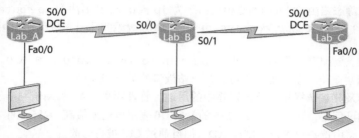

表 9-2 列出了每个路由器接口的 IP 地址（子网掩码都是/24）。

表9-2　路由器接口的IP地址

路由器	接　　口	IP地址
Lab_A	Fa0/0	172.16.10.1
Lab_A	S0/0	172.16.20.1
Lab_B	S0/0	172.16.20.2
Lab_B	S0/1	172.16.30.1
Lab_C	S0/0	172.16.30.2
Lab_C	Fa0/0	172.16.40.1

在这些实验中，没有使用路由器 Lab_B 的 LAN 接口。如有必要，可将该 LAN 加入实验中。另外，如果你的路由器有足够多的 LAN 接口，可不在实验中使用串行接口，只用 LAN 接口完全没问题。

9.10.1　动手实验 9.1：配置静态路由

在这个实验中，你将在每台路由器上都配置一条静态路由，让它们都能看到所有的网络。配置好静态路由后使用 ping 进行验证。

(1) 路由器 Lab_A 与两个网络直接相连：172.16.10.0 和 172.16.20.0，你需要配置前往网络 172.16.30.0 和 172.16.40.0 的路由。为此，使用下面的命令来配置这些静态路由：

```
Lab_A#config t
Lab_A(config)#ip route 172.16.30.0 255.255.255.0
  172.16.20.2
Lab_A(config)#ip route 172.16.40.0 255.255.255.0
  172.16.20.2
```

(2) 保存路由器 Lab_A 的当前配置。为此，进入特权模式，输入命令 copy run start，再按回车键。

(3) 在路由器 Lab_B 上，有到网络 172.16.20.0 和 172.16.30.0 的直接连接，因此需要配置前往网络 172.16.10.0 和 172.16.40.0 的路由。为此，使用下面的命令来配置这些静态路由：

```
Lab_B#config t
```

```
Lab_B(config)#ip route 172.16.10.0 255.255.255.0
  172.16.20.1
Lab_B(config)#ip route 172.16.40.0 255.255.255.0
  172.16.30.2
```

(4) 保存路由器 Lab_B 的当前配置。为此，进入特权模式，输入命令 copy run start，再按回车键。

(5) 在路由器 Lab_C 上，需要配置前往非直连网络 172.16.10.0 和 172.16.20.0 的路由。为此，使用下面的命令来配置静态路由，让路由器 Lab_C 能够看到所有网络：

```
Lab_C#config t
Lab_C(config)#ip route 172.16.10.0 255.255.255.0
  172.16.30.1
Lab_C(config)#ip route 172.16.20.0 255.255.255.0
  172.16.30.1
```

(6) 保存路由器 Lab_C 的当前配置。为此，进入特权模式，输入命令 copy run start，再按回车键。

(7) 执行命令 show ip route 以显示路由选择表，并核实所有网络都出现在路由选择表中。

(8) 从每台路由器 ping 其他所有路由器和主机。如果配置没问题，ping 操作将成功。

9.10.2　动手实验 9.2：配置 RIP

在这个实验中，我们将使用动态路由选择协议 RIP 而不是静态路由选择。

(1) 使用命令 no ip route 删除路由器上配置的所有静态路由和默认路由。例如，下面演示了如何在路由器 Lab_A 上删除静态路由：

```
Lab_A#config t
Lab_A(config)#no ip route 172.16.30.0 255.255.255.0
  172.16.20.2
Lab_A(config)#no ip route 172.16.40.0 255.255.255.0
  172.16.20.2
```

在路由器 Lab_B 和 Lab_C 上执行同样的操作。查看路由选择表，核实其中只包含直连网络。

(2) 删除静态路由和默认路由后，在路由器 Lab_A 上输入 config t 以进入配置模式。

(3) 输入命令 router rip 并按回车键，让路由器使用 RIP 进行路由选择，如下所示：

```
config t
router rip
```

(4) 指定要通告的网络的网络号。由于路由器 Lab_A 的两个接口位于不同的网络中，必须使用两个 network 命令，并分别指定每个接口所属网络的网络 ID。也可采取另一种做法：只使用一个 network 命令，并在其中指定这些网络的汇总，这样可最大限度地缩小路由选择表的规模。由于这两个网络为 172.16.10.0/24 和 172.16.20.0/24，而包含这两个子网的网络汇总为 172.16.0.0，可输入命令 network 172.16.0.0 并按回车键。

(5) 按 Ctrl + Z 退出配置模式。

(6) 路由器 Lab_B 的接口位于网络 172.16.20.0/24 和 172.16.30.0/24 中，而路由器 Lab_C 的接口位于网络 172.16.30.0/24 和 172.16.40.0 中，因此上述 network 语句也适用于这些路由器。在这些路由器上，配置同样的命令，如下所示：

```
Config t
Router rip
network 172.16.0.0
```

(7) 在每台路由器上执行下面的命令，以核实每台路由器都在运行 RIP：

```
show ip protocols
show ip route
show running-config or show run
```

第一个命令指出路由器正在运行 RIP，第二个命令显示左边有 R 的路由，而第三个命令表明路由器正运行 RIP 并向外通告网络。

(8) 在每台路由器上，输入命令 copy run start 或 copy running-config startup-config 并按回车键，以保存配置。

(9) ping 所有的远程网络和主机，以验证网络是否运行正常。

9.11   复习题

注意　　下面的复习题旨在检验你对本章内容的理解程度。有关如何获取更多复习题的信息，请参阅 www.lammle.com/ccna。

这些复习题的答案见附录 B。

(1) 使用哪个命令可生成类似于下面的输出？

```
Codes: L - local, C - connected, S - static,
[output cut]
        10.0.0.0/8 is variably subnetted, 6 subnets, 4 masks
C       10.0.0.0/8 is directly connected, FastEthernet0/3
L       10.0.0.1/32 is directly connected, FastEthernet0/3
C       10.10.0.0/16 is directly connected, FastEthernet0/2
L       10.10.0.1/32 is directly connected, FastEthernet0/2
C       10.10.10.0/24 is directly connected, FastEthernet0/1
L       10.10.10.1/32 is directly connected, FastEthernet0/1
S*      0.0.0.0/0 is directly connected, FastEthernet0/0
```

(2) 查看路由选择表时，你看到一个包含 10.1.1.1/32 的条目，预期该路由的左边将包含哪个代码？

A. C   B. L   C. S   D. D

(3) 下面哪两种有关命令 ip route 172.16.4.0 255.255.255.0 192.168.4.2 的说法是正确的？

　　A. 这个命令用于配置一条静态路由

　　B. 它使用默认管理距离

　　C. 这个命令用于配置默认路由

　　D. 源地址的子网掩码为 255.255.255.0

　　E. 这个命令用于配置末节网络中的路由器

(4) 在下面的网络中，HostA 向 HTTPS 服务器发送数据时，将下面哪两个地址用作目标地址？

　　A. 交换机的 IP 地址   B. 远程交换机的 MAC 地址

　　C. HTTPS 服务器的 IP 地址   D. HTTPS 服务器的 MAC 地址

　　E. 路由器 RouterA 的接口 Fa0/0 的 IP 地址   F. 路由器 RouterA 的接口 Fa0/0 的 MAC 地址

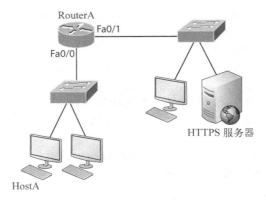

(5) 从下述输出可知，172.16.10.1 的 MAC 地址是使用哪种协议获悉的？

```
Interface: 172.16.10.2 --- 0x3
  Internet Address        Physical Address        Type
  172.16.10.1             00-15-05-06-31-b0       dynamic
```

　　A. ICMP 　　　　　　　B. ARP 　　　　　　　C. TCP 　　　　　　　D. UDP

(6) 下面哪种协议被称为高级距离矢量路由选择协议？

　　A. OSPF 　　　　　　　B. EIGRP 　　　　　　C. BGP 　　　　　　　D. RIP

(7) 在网络中路由分组时，分组中的_____每经过一跳都会变，而_____始终不变。

　　A. MAC 地址，IP 地址 　　　　　　　B. IP 地址，MAC 地址

　　C. 端口号，IP 地址 　　　　　　　　D. IP 地址，端口号

(8) 下面哪两种有关无类路由选择协议的说法是正确的？

　　A. 网络不能是不连续的

　　B. 可使用变长子网掩码

　　C. RIPv1 属于无类路由选择协议

　　D. IGRP 在自主系统内部支持无类路由选择

　　E. RIPv2 支持无类路由选择

(9) 下面哪两种有关距离矢量路由选择协议和链路状态路由选择协议的说法是正确的？

　　A. 链路状态路由选择协议定期通过所有活动接口向外发送整个路由选择表

　　B. 距离矢量路由选择协议定期通过所有活动接口向外发送整个路由选择表

　　C. 链路状态路由选择协议将向互联网络中的所有路由器发送包含链路状态的更新

　　D. 距离矢量路由选择协议将向互联网络中的所有路由器发送包含链路状态的更新

(10) 如果对于每个分组，路由器都在路由选择表中查找目标网络，则被称为什么？

　　A. 动态交换 　　　　　B. 快速交换 　　　　　C. 进程交换 　　　　　D. 思科特快交换

(11) 下面的路由属于哪种类型？

```
S*    0.0.0.0/0 [1/0] via 172.16.10.5
```

　　A. 默认路由 　　　　　B. 子网路由 　　　　　C. 静态路由 　　　　　D. 本地路由

(12) 有个网络被 RIP 和 EIGRP 通告，但网络管理员查看命令 `show ip route` 的输出时发现，它在路由选择表中被标记为 EIGRP 路由。请问为何前往该网络的 RIP 路由未被加入到路由选择表中？

　　A. EIGRP 的更新定时器更短 　　　　　　B. EIGRP 的管理距离更小

    C. RIP 路由的度量值更大   D. EIGRP 的跳数更少

    E. RIP 路由存在路由选择环路

(13) 下面哪项不是静态路由选择的优点?

    A. 给路由器 CPU 带来的负担更小   B. 不占用路由器间链路的带宽

    C. 更安全   D. 路由无效时可自动恢复

(14) RIPv2 使用哪种度量值来确定前往远程网络的最佳路径?

    A. 跳数   B. MTU   C. 累积接口延迟   D. 负载

    E. 路径的带宽

(15) 路由器 Corp 收到一个分组,该分组的源 IP 地址为 192.168.214.20,目标地址为 192.168.22.3。根据路由器 Corp 的下述输出,它将如何处理这个分组?

```
Corp#sh ip route
[output cut]
R    192.168.215.0 [120/2] via 192.168.20.2, 00:00:23, Serial0/0
R    192.168.115.0 [120/1] via 192.168.20.2, 00:00:23, Serial0/0
R    192.168.30.0 [120/1] via 192.168.20.2, 00:00:23, Serial0/0
C    192.168.20.0 is directly connected, Serial0/0
C    192.168.214.0 is directly connected, FastEthernet0/0
```

    A. 将这个分组丢弃   B. 将这个分组从接口 S0/0 路由出去

    C. 发送广播以查找目的地   D. 将这个分组从接口 Fa0/0 路由出去

(16) 如果有前往同一个网络的三条路由,它们分别是静态路由、RIP 路由和 EIGRP 路由。请问默认情况下,将使用哪条路由来路由前往该网络的分组?

    A. 任何可用路由   B. RIP 路由

    C. 静态路由   D. EIGRP 路由

    E. 将在这些路由之间均衡负载

(17) 下面哪种协议属于 EGP?

    A. RIPv2   B. EIGRP   C. BGP   D. RIP

(18) 下面哪些是静态路由选择的优点?

    A. 路由器 CPU 的负担较少   B. 不会占用路由器之间的带宽

    C. 更安全   D. 路由无效后自动恢复

(19) 下面的输出是由哪个命令生成的?

```
Interface        IP-Address     OK? Method Status                Protocol
FastEthernet0/0  192.168.10.1   YES manual up                    up
FastEthernet0/1  unassigned     YES unset  administratively down down
Serial0/0/0      172.16.10.2    YES manual up                    up
Serial0/0/1      unassigned     YES unset  administratively down down
```

    A. show ip route   B. show interfaces

    C. show ip interface brief   D. show ip arp

(20) 在下面的命令中,末尾的 150 指的是什么?

```
Router(config)#ip route 172.16.3.0 255.255.255.0 192.168.2.4 150
```

    A. 度量值   B. 管理距离   C. 跳数   D. 成本

第10章

第2层交换

本章涵盖如下 ICND1 考试要点。

✓ **2.0 LAN 交换技术**

❑ 2.1 描述交换概念。

- 2.1.a MAC 获悉和老化
- 2.1.b 帧交换
- 2.1.c 帧泛洪
- 2.1.d MAC 地址表

❑ 2.7 端口安全的配置、验证和故障排除

- 2.7.a 静态
- 2.7.b 动态
- 2.7.c 粘性 MAC 地址
- 2.7.d 最大 MAC 地址数
- 2.7.e 违规措施
- 2.7.f 错误禁用恢复

在思科 CCNA 考试目标中，除非特别说明，否则我们提到的交换指的都是第 2 层交换。第 2 层交换指的是在 LAN 中利用设备的硬件地址将网络划分成多个网段。鉴于你已经对第 2 层交换的工作原理有了基本认识，这里将深入介绍细节，确保你对它有牢固而全面的认识。

你知道，我们依靠交换将大型冲突域划分为多个小型冲突域，而冲突域指的是这样的网段，即包含多台共享带宽的设备。只使用集线器组建的网络就是一个冲突域。交换机的每个端口实际上就是一个冲突域，因此只需将集线器替换为交换机，就可极大地改善以太网 LAN 的品质。

交换机完全改变了设计和实现网络的方式。如果能正确地实现纯粹的交换型设计，绝对可让互联网络整洁、高效而又富有弹性。本章将审视并比较交换技术面世前后的网络设计方式。

我将使用三台交换机搭建出一个交换型网络，并对其进行基本配置，而第 11 章将继续配置其他功能。

注意 有关本章内容的最新修订，请访问 www.lammle.com/ccna 或出版社网站的本书配套网页（www.sybex.com/go/ccna）。

10.1   交换服务

不像古老的网桥那样使用软件来创建和管理 CAM（Content Addressable Memory，内容可寻址存储器）过滤表，新式快速交换机使用专用集成电路（ASIC）来创建和维护 MAC 过滤表。但依然可将第 2 层交换机视为多端口网桥，因为交换机和网桥的基本目标相同，就是划分冲突域。

第 2 层交换机和网桥处理数据的速度比路由器快，因为它们无需花时间去查看网络层报头信息。相反，它们查看帧的硬件地址，以决定对帧进行转发、泛洪还是丢弃。

不同于集线器，交换机将网络划分为多个冲突域，每个端口都有专用带宽。

下面是使用第 2 层交换的四个重要优点：
- □ 基于硬件（ASIC）的桥接
- □ 速度与线路速度相同
- □ 延迟低
- □ 成本低

第 2 层交换不对数据分组做任何修改，这是它如此高效的一个重要原因。设备只读取封装分组的帧，这使得交换过程的速度比路由选择过程快得多，也不容易出错。

如果使用第 2 层交换来连接工作组并对网络进行分段（划分冲突域），网段将比传统的路由型网络多。另外，第 2 层交换让每位用户可用的带宽更多，这也是由于交换机的每个接口（连接）都是一个独立的冲突域。

10.1.1   第 2 层的三项交换功能

第 2 层交换有三项功能，你必须牢记在心：**地址获悉、转发/过滤决策和环路避免**。
- □ **地址获悉**   对于在接口上收到的每个帧，第 2 层交换机都将其源硬件地址记录下来，并将相关的信息加入称为转发/过滤表的 MAC 数据库中。
- □ **转发/过滤决策**   在接口上收到帧后，交换机查看目标硬件地址，再根据 MAC 数据库选择合适的出站接口。这样，帧将只从正确的目标端口转发出去。
- □ **环路避免**   如果出于冗余目的在交换机之间建立了多条连接，就可能形成网络环路。生成树协议（STP）可用于防范网络环路，同时支持提供冗余。

下面讨论地址获悉和转发/过滤决策，而环路避免超出了本章的范围。

1. 地址获悉

交换机首次启动时，其 MAC 转发/过滤表（CAM）是空的，如图 10-1 所示。

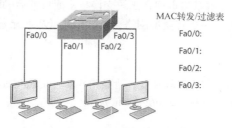

图 10-1   交换机的转发/过滤表是空的

有设备发送数据，而交换机在接口上收到帧后，它将其源地址加入到 MAC 转发/过滤表中，以便准确地知道发送设备连接的是接口。接下来，交换机别无选择，只能将这个帧从每个端口（源端口除外）发送出去，因为它不知道目标设备位于何方。

如果有设备做出应答并发回一个帧，交换机将从中提取源地址，并将这个 MAC 地址加入数据库，从而将它与收到帧的接口关联起来。至此，交换机的过滤表包含两个相关的 MAC 地址，让这两台设备能够以点到点的方式通信：交换机不用像以前那样将帧泛洪，因为现在能够也只会在这两台设备之间转发帧。这正是第 2 层交换机比集线器优越得多的原因所在。在使用集线器连接的网络中，无论什么时候，都必须通过所有端口将每个帧转发出去。图 10-2 说明了建立 MAC 数据库的过程。

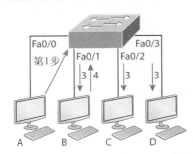

图 10-2　交换机如何获悉主机的位置

在图 10-2 中，有四台主机与交换机相连。交换机刚启动时，其 MAC 转发/过滤表中什么都没有，如图 10-1 所示。但主机开始通信后，交换机将每个帧的源硬件地址及对应的端口加入这个表中。

下面以图 10-2 为例说明转发/过滤表是如何被填充的。

(1) 主机 A 向主机 B 发送一个帧。主机 A 的 MAC 地址为 0000.8c01.000A，而主机 B 的 MAC 地址为 0000.8c01.000B。

(2) 通过接口 Fa0/0 收到这个帧后，交换机将其源地址加入 MAC 地址表。

(3) 由于 MAC 数据库中没有这个帧的目标地址，将这个帧从所有端口（源端口除外）转发出去。

(4) 主机 B 收到帧并做出响应。交换机通过接口 Fa0/1 收到主机 B 发回的帧，并将这个帧的源硬件地址加入 MAC 数据库。

(5) 至此，主机 A 和 B 可以进行点到点通信了，即只有这些设备能够收到在它们之间发送的帧。主机 C 和 D 看不到这些帧，它们的 MAC 地址也未出现在 MAC 数据库中，因为它们还未发送过帧。

如果在特定时间内主机 A 和 B 未再次通过交换机进行通信，交换机将把相关的条目从数据库中删除，以确保数据库的内容尽可能新。

2. 转发/过滤决策

在接口上收到帧后，交换机将其目标硬件地址同转发/过滤 MAC 数据库进行比较。如果目标硬件地址是已知的（即包含在 MAC 数据库中），交换机就只将帧从相应的出站接口发送出去。这样，除目标接口外，交换机不会将帧从其他任何接口发送出去，从而避免了占用其他网段的带宽。这个过程称为**帧过滤**。

然而，如果目标硬件地址未包含在 MAC 数据库中，交换机将把帧从所有活动接口（收到帧的接口除外）发送出去。如果有设备做出应答，交换机将更新 MAC 数据库，将该设备的位置（它连接的接口）加入其中。

如果有主机或服务器在 LAN 中发送广播，交换机默认将把广播帧从所有活动端口（源端口除外）发送出去。交换机将网络划分为多个冲突域，但默认情况下，交换机的所有端口都属于同一个广播域。

在图 10-3 中，主机 A 向主机 D 发送一个数据帧。你认为交换机收到来自主机 A 的帧后会如何做呢？

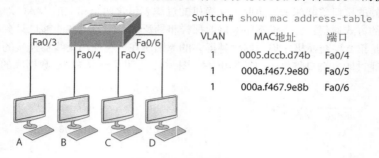

图 10-3　转发/过滤表

为回答这个问题，请看图 10-4。

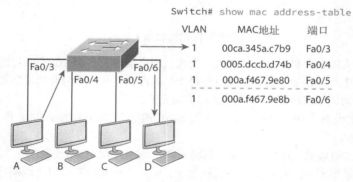

图 10-4　提供了答案的转发/过滤表

由于转发/过滤表中没有主机 A 的 MAC 地址，交换机将把源地址和源端口加入 MAC 地址表，再将这个帧转发给主机 D。交换机总是首先查看源 MAC 地址，看看它是否包含在 CAM 表中，牢记这一点很重要。接下来，如果在转发/过滤表中找不到主机 D 的 MAC 地址，交换机将把帧从所有端口（端口 Fa0/3 除外，因为帧就是在这个端口上收到的）发送出去。

下面来看看命令 show mac address-table 的输出：

```
Switch#sh mac address-table
Vlan    Mac Address      Type        Ports
----    -----------      --------    -----
   1    0005.dccb.d74b   DYNAMIC     Fa0/1
   1    000a.f467.9e80   DYNAMIC     Fa0/3
   1    000a.f467.9e8b   DYNAMIC     Fa0/4
   1    000a.f467.9e8c   DYNAMIC     Fa0/3
   1    0010.7b7f.c2b0   DYNAMIC     Fa0/3
   1    0030.80dc.460b   DYNAMIC     Fa0/3
```

```
1    0030.9492.a5dd    DYNAMIC    Fa0/1
1    00d0.58ad.05f4    DYNAMIC    Fa0/1
```

现在假设交换机收到一个帧，其 MAC 地址如下所示。

❑ 源 MAC 地址：0005.dccb.d74b。

❑ 目标 MAC 地址：000a.f467.9e8c。

交换机将如何处理它呢？正确的答案是，由于该目标 MAC 地址包含在 MAC 地址表中，交换机只将这个帧从端口 Fa0/3 转发出去。如果在转发/过滤表中找不到目标 MAC 地址，则为尝试找到目标设备，交换机将把帧从所有端口（收到帧的端口除外）转发出去。至此，你学习了 MAC 地址表以及交换机如何将主机地址加入转发/过滤表。接下来的问题是，如何对交换机进行保护，以禁止未经授权的用户访问呢？

10.1.2　端口安全

如果不管是谁，只要通过插口接上电缆就能访问交换机，这通常不是什么好事。我想说的是，既然我们担心无线安全，为何不对交换机安全有同样甚至更高的要求呢？

那么，如何防止将主机连接到交换机端口（乃至将集线器、交换机或接入点连接到办公室的以太网插口）就能访问网络呢？默认情况下，MAC 地址动态地进入转发/过滤表，但可以使用端口安全阻止这种情况发生。

在图 10-5 中，两台主机通过集线器或接入点连接到交换机端口 Fa0/3。

图 10-5　交换机的"端口安全"功能根据 MAC 地址决定是否允许访问端口

对端口 Fa0/3 进行了配置，只允许某些 MAC 地址与之关联。这里禁止主机 A 访问，但允许主机 B 关联到该端口。

通过使用端口安全，可限制与端口关联的 MAC 地址数，设置静态 MAC 地址以及对违反安全策略的用户进行惩罚，其中最后一项是我最喜欢的。我喜欢在有人违反安全策略时关闭相关的端口。对于滥用网络者，一种合理的惩罚是，要求他提供老板出具的备忘录，对其违反安全策略的行为做出解释；如果不提供类似的材料，就不重新启用相关的端口。这类措施可促使大家按规矩办事。

这很好，但你必须在安全需求和所需的实施时间之间进行平衡。如果你有大把时间，尽管去实施最严格的安全措施好了。但如果你像其他人一样忙碌，也不用担心，有办法既让网络相当安全，又避免管理任务让你不堪重负。首先，一定要记得将未用的端口关闭或将其划归到未用的 VLAN。默认情况下，所有端口都被启用，因此必须禁止访问未用的端口。

10

配置端口安全时，可供选择的方式如下：

```
Switch#config t
Switch(config)#int f0/1
Switch(config-if)#switchport mode access
Switch(config-if)#switchport port-security
Switch(config-if)#switchport port-security ?
    aging          Port-security aging commands
    mac-address    Secure mac address
    maximum        Max secure addresses
    violation      Security violation mode
    <cr>
```

大多数思科交换机出厂时端口都处于 desirable 模式。这意味着如果检测到有交换机与之相连，这些端口将主动与对方协商进入 trunk 模式。因此，你首先需要将端口从 desirable 模式改为 access 模式。如果不这样做，就根本不能配置端口安全。切换到 access 模式后，就可以使用命令 port-security 了。但别忘了先使用基本命令 switchport port-security 在接口上启用端口安全，注意到前面我将端口切换到 access 模式后就这样做了。

前面的输出清晰地表明，在命令 switchport port-security 中，可使用的选项有四个。可以使用命令 switchport port-security mac-address *mac-address* 指定与每个交换机端口关联的 MAC 地址，但需要注意的是，除非你有大把的空闲时间，否则不要这样做。

可使用命令 switchport port-security 对设备进行配置，使其在出现安全违规时采取下述措施之一。

- ❑ 保护：违规模式"保护"将源地址未知的分组丢弃，直到你删除了足够多的安全 MAC 地址，使安全 MAC 地址总数低于设置的最大值。然而，它还生成一条日志消息，导致安全违规计数器加 1，同时发送一条 SNMP Trap 消息。
- ❑ 限制：违规模式"限制"也将源地址未知的分组丢弃，直到你删除了足够多的安全 MAC 地址，使安全 MAC 地址总数低于设置的最大值。
- ❑ 关闭：违规模式"关闭"是默认的，它让接口立即进入错误禁用状态。这样，整个端口都将关闭。另外，在这种模式下，系统还将生成日志消息、发送 SNMP Trap 消息以及将违规计数器加 1。为让接口可用，你必须在接口上执行命令 shut/no shut。

如果你要设置交换机，让每个端口只允许一台主机访问，务必在有人违反这种规则时将端口关闭，为此可使用类似于下面的命令：

```
Switch(config-if)#switchport port-security maximum 1
Switch(config-if)#switchport port-security violation shutdown
```

这些命令可能是最常用的，因为它们可避免任何人都能通过办公室的交换机或接入点来访问网络。在端口上启用端口安全后，maximum 被默认设置为 1，而 violation 被设置为 shutdown。这好像不错，但缺点是只允许端口连接一台主机，如果有人（包括你在内）试图再连接一台主机，端口将立即进入错误禁用状态，而其信号灯将变成琥珀色。要重新启用端口，必须在交换机上手动执行命令 shutdown 和 no shutdown。

sticky 可能是我最喜欢的选项之一，因为它不光名字很酷，效果也一流。这个选项需要与 mac-address 结合起来使用：

```
Switch(config-if)#switchport port-security mac-address sticky
Switch(config-if)#switchport port-security maximum 2
Switch(config-if)#switchport port-security violation shutdown
```

大致而言，这个选项让你能够实现静态 MAC 地址安全，同时无需输入网络中每台主机的 MAC
地址。我喜欢能节省时间的工具。

在前面的示例中，最先连接到端口的两台设备的 MAC 地址将作为静态地址绑定到端口，并被加
入到运行配置中。但第三台设备试图连接时，接口将马上关闭。

本章后面的配置示例会再次介绍端口安全，因为这些知识很重要！

再来看一个例子。在图 10-6 中，一台主机放在公司大厅，需要对它连接的端口进行保护，确保除
该主机外，其他任何设备都不能使用这条以太网电缆。

图 10-6　保护大厅 PC 连接的端口

如何确保只有大厅 PC 能够访问交换机端口 Fa0/1 呢？

解决方案非常简单，因为在这里，默认端口安全的效果就很好，我们只需再指定一个静态 MAC
地址即可：

```
Switch(config-if)#switchport port-security
Switch(config-if)#switchport port-security violation restrict
Switch(config-if)#switchport port-security mac-address aa.bb.cc.dd.ee.ff
```

为保护大厅 PC 连接的端口，我将允许的最大 MAC 地址数设置为 1，并将 violation 设置为
restrict，这样即便有人试图使用该以太网电缆（这样的情况时有发生），端口也不会关闭。通过
使用 violation restrict，将丢弃未经授权的设备发送的帧。我先启用端口安全，再指定静态
MAC 地址，你注意到了吗？别忘了，在端口上启用端口安全后，violation 和 maximum 默认分
别被设置为 shutdown 和 1。因此，只需修改 violation 设置并指定静态 MAC 地址，就完全满足
了这里的需求。

　真实案例

大厅 PC 隐藏着安全隐患

在加州圣何塞，一家《财富》50 强公司的大厅摆着一台 PC，其中有公司的电话目录。由于没
有采取安全措施，任何在大厅等待的供应商、承包商和访客都可使用那台 PC 连接的以太网电缆。

端口安全可解决这种问题。通过使用命令 switchport port-security 启用端口安全，该
PC 连接的交换机端口将得到保护，默认只允许一个 MAC 地址与该端口关联，一旦出现违规情况，
端口就将关闭。然而，只要有人试图使用该以太网端口，它就进入 err-shutdown 模式。通过

10

将 violation 模式设置为 restrict,并使用命令 switchport port-security mac-address *mac-address* 设置一个静态 MAC 地址,只有大厅 PC 能够连接到网络并进行通信。这样问题就解决了。

环路避免

交换机之间必须有冗余链路,这很重要,因为这可避免网络因一条链路出现故障而大面积瘫痪。

然而,虽然冗余链路确实很有用,但它们引发的问题可能比解决的问题还多。这是因为交换机可能将帧泛洪到所有冗余链路,进而引发网络环路和其他问题。下面是冗余链路可能引发的一些最严重的问题。

❑ 如果没有采取环路避免措施,交换机将无休止地将广播泛洪,使其传遍整个互联网络。这有时被称为**广播风暴**,但在大多数情况下,大家都以非常难听的话来称呼它。图 10-7 说明了广播是如何传遍整个网络的,其中一个帧通过互联网络的物理介质被不断泛洪。

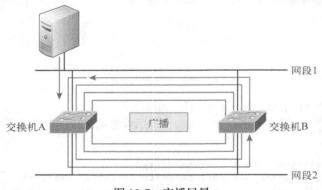

图 10-7   广播风暴

❑ 设备可能收到同一个帧的多个副本,因为这个帧可能同时从不同的网段进入设备,图 10-8 说明了这一点。在图 10-8 中,服务器向路由器 C 发送一个单播帧。由于这是单播帧,交换机 A 和交换机 B 都将转发它。这实在糟糕,因为这意味着路由器 C 将收到这个单播帧两次,给网络带来了额外的负担。

❑ 下面这一点你可能想到了:由于可能从多条链路收到相同的帧,交换机根本就不知道如何在 MAC 地址过滤表中记录源设备的位置。更糟糕的是,不明就里的交换机可能忙于不断地在 MAC 过滤表中更新源硬件地址的位置,而无暇转发帧。这被称为不断颠簸的 MAC 表。

❑ 最糟糕的情形之一是,网络中有多条环路。环路中还可能有其他环路。如果此时发生网络风暴,网络就根本无力对帧进行交换。

所有这些问题意味着灾难,属于极端糟糕的情形,必须采取措施加以避免,并在真的发生时进行修复。这是生成树协议的用武之地。事实上,开发这种协议就是为了解决刚才谈及的问题。

前面阐述了部署了冗余链路或链路实现不善可能导致的问题。相信你一定明白,防止这些问题发生有多重要。然而,最佳的解决方案超出了本章的范围,将在本书后面的 ICND2 部分介绍。下面将注意力转向如何配置一些交换功能。

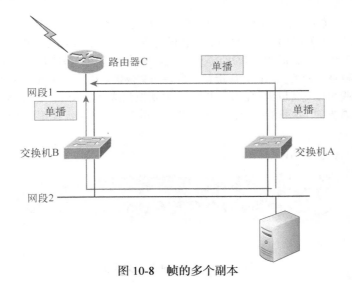

图 10-8　帧的多个副本

10.2　配置 Catalyst 交换机

思科 Catalyst 交换机型号众多，有些型号的端口传输速率为 10 Mbit/s，而有些高达 10 Gbit/s 甚至更高，并支持双绞线和光纤。诸如 3850 等较新的交换机更加智能，因此交换数据的速度更快，还能提供多媒体服务。

下面介绍如何启动思科 Catalyst 交换机以及如何使用命令行界面（CLI）对其进行配置。等你通过本章的学习掌握基本命令后，下一章将介绍如何配置虚拟局域网（VLAN）、交换机间链路（ISL）和 802.1q 中继。

接下来将介绍如下基本配置任务：

- ❏ 配置管理功能；
- ❏ 配置 IP 地址和子网掩码；
- ❏ 设置 IP 默认网关；
- ❏ 设置端口安全；
- ❏ 测试和验证网络。

 注意　要详尽地了解思科 Catalyst 系列交换机，请访问 www.cisco.com/en/US/products/ hw/switches/index.html。

10

10.2.1　Catalyst 交换机的配置

真刀真枪地配置 Catalyst 交换机之前，我得像第 7 章介绍路由器那样，先说说交换机的启动过程。图 10-9 是一台典型的思科 Catalyst 交换机，下面介绍一下这台设备的接口和功能。

首先要指出的是，Catalyst 交换机的控制台端口通常位于背面，但在 3560 等小型交换机上，控制台端口位于前面，以方便使用（8 端口 2960 交换机的外观与 3560 交换机完全相同）。如果 POST 成功，系统指示灯（LED）将变绿，但如果 POST 失败，它将变成琥珀色。系统指示灯变成琥珀色是不详的征兆，通常表明故障是致命的。因此，应准备一台备用交换机，以防交换机出现故障。切换到最下面的指示灯可了解哪些端口支持以太网供电（PoE），要切换到这个指示灯，可按 Mode 按钮。这些设备提供的 PoE 功能非常方便，让我能够给无线接入点和手机充电——只需使用以太网电缆将它们连接到交换机即可。

图 10-9　思科 Catalyst 交换机

与第 9 章配置交换机时一样，本章以及第 11 章也通过网络示意图指出我们要配置的网络。图 10-10 显示了我们要配置的交换型网络。

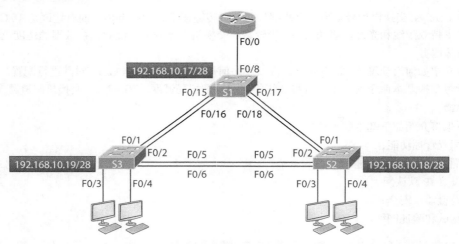

图 10-10　我们要配置的交换型网络

我将像第 6 章和第 7 章那样使用三台 3560 交换机。要完成本章的配置，可使用任何第 2 层交换机，但要完成第 11 章的配置，至少需要一台路由器以及一台第 3 层交换机（如 3560）。

要像图 10-10 所示的那样将交换机连接起来，需要使用交叉电缆。我使用的 3560 交换机自动检测电缆类型，因此也可以使用直通电缆。然而，并非所有交换机都自动检测电缆类型，不同交换机的需求和功能也不同，连接交换机务必牢记这一点。需要指出的是，在 CCNA 考题中，交换机都没有自动检测功能。

　　刚将交换机端口相连时，链路指示灯为琥珀色，随后变成绿色，表明链路运行正常。这其实是生成树会聚过程。在没有启用扩展的情况下，这个过程需要大约 50 秒钟。然而，如果连接交换机端口后，端口指示灯在绿色和琥珀色之间交替变化，则说明端口发生了错误。如果出现这种情况，请检查主机的网卡和电缆；如果网卡和电缆没有问题，请检查端口和主机的双工模式设置是否相同。

1. 需要给交换机配置 IP 地址吗

　　绝对不需要，交换机的所有端口默认都已启用，可直接使用。只要将交换机拆箱并插上电源，它就会开始获悉 MAC 地址并将其加入 CAM 表。既然交换机已经在提供第 2 层服务，为何还需给它配置 IP 地址呢？因为要进行带内管理，必须有 IP 地址。Telnet、SSH、SNMP 等都要求交换机有 IP 地址，这样才能通过网络（带内方式）与它通信。别忘了，所有端口默认都被启用，因此出于安全考虑，你必须将未用的端口关闭或将其分配给未用的 VLAN。

　　那么，在什么地方给交换机配置用于管理的 IP 地址呢？在管理 VLAN 接口上配置。在每台思科路由器上，都有一个这样的路由接口，名为 VLAN 1。可将管理接口改为其他接口，出于安全考虑，思科也建议这样做。不用担心，第 11 章将演示如何完成这项任务。

　　下面来配置交换机，让你看看我是如何在每台交换机上配置管理接口的。

2. 配置交换机 S1

　　为进行配置，我们首先通过控制台端口连接到每台交换机，并设置管理功能。我们还将给每台交换机配置一个 IP 地址，但前面说过，就这个网络而言并非必须这样做。给交换机配置 IP 地址的唯一目的是，让我们能够通过 Telnet 等远程管理交换机。我们将使用简单的 IP 编址方案，如 192.168.10.16/28，其中的子网掩码你应该很熟悉了。下面演示了如何配置交换机 S1：

```
Switch>en
Switch#config t
Switch(config)#hostname S1
S1(config)#enable secret todd
S1(config)#int f0/15
S1(config-if)#description 1st connection to S3
S1(config-if)#int f0/16
S1(config-if)#description 2nd connection to S3
S1(config-if)#int f0/17
S1(config-if)#description 1st connection to S2
S1(config-if)#int f0/18
S1(config-if)#description 2nd connection to S2
S1(config-if)#int f0/8
S1(config-if)#desc Connection to IVR
S1(config-if)#line con 0
S1(config-line)#password console
S1(config-line)#login
S1(config-line)#line vty 0 15
S1(config-line)#password telnet
S1(config-line)#login
S1(config-line)#int vlan 1
S1(config-if)#ip address 192.168.10.17 255.255.255.240
S1(config-if)#no shut
S1(config-if)#exit
S1(config)#banner motd #this is my S1 switch#
S1(config)#exit
S1#copy run start
```

10

```
Destination filename [startup-config]? [enter]
Building configuration...
[OK]
S1#
```

　　首先需要指出的是,没有给交换机的物理接口配置 IP 地址。由于交换机的所有端口都默认被启用,需要做的配置工作并不太多。IP 地址配置给了一个逻辑接口,这种逻辑接口被称为管理域或 VLAN 1。为管理交换型网络,你可以像这里这样使用默认的 VLAN 1,也可以选择使用其他 VLAN。

　　其他配置基本上与路由器配置相同。请记住,交换机物理接口没有 IP 地址,也没有运行路由选择协议。当前,这些交换机执行的是第 2 层交换,而不是路由选择。另外别忘了,思科交换机没有辅助端口。

3. 配置交换机 S2

　　下面是交换机 S2 的配置:

```
Switch#config t
Switch(config)#hostname S2
S2(config)#enable secret todd
S2(config)#int f0/1
S2(config-if)#desc 1st connection to S1
S2(config-if)#int f0/2
S2(config-if)#desc 2nd connection to s2
S2(config-if)#int f0/5
S2(config-if)#desc 1st connection to S3
S2(config-if)#int f0/6
S2(config-if)#desc 2nd connection to s3
S2(config-if)#line con 0
S2(config-line)#password console
S2(config-line)#login
S2(config-line)#line vty 0 15
S2(config-line)#password telnet
S2(config-line)#login
S2(config-line)#int vlan 1
S2(config-if)#ip address 192.168.10.18 255.255.255.240
S2(config)#exit
S2#copy run start
Destination filename [startup-config]?[enter]
Building configuration...
[OK]
S2#
```

　　现在应该能够从 S2 ping S1 了,下面就来试试:

```
S2#ping 192.168.10.17

Type escape sequence to abort.
Sending 5, 100-byte ICMP Echos to 192.168.10.17, timeout is 2 seconds:
.!!!!
Success rate is 80 percent (4/5), round-trip min/avg/max = 1/1/1 ms
S2#
```

　　为何只 ping 成功了四次而不是五次呢? 开头的句点 (.) 表示超时,而惊叹号 (!) 表示成功。

　　问得好,答案如下: 第一次没有 ping 成功的原因是,ARP 需要花时间将 IP 地址解析为相应的硬件 MAC 地址。

4. 配置交换机 S3

交换机 S3 的配置如下：

```
Switch>en
Switch#config t
SW-3(config)#hostname S3
S3(config)#enable secret todd
S3(config)#int f0/1
S3(config-if)#desc 1st connection to S1
S3(config-if)#int f0/2
S3(config-if)#desc 2nd connection to S1
S3(config-if)#int f0/5
S3(config-if)#desc 1st connection to S2
S3(config-if)#int f0/6
S3(config-if)#desc 2nd connection to S2
S3(config-if)#line con 0
S3(config-line)#password console
S3(config-line)#login
S3(config-line)#line vty 0 15
S3(config-line)#password telnet
S3(config-line)#login
S3(config-line)#int vlan 1
S3(config-if)#ip address 192.168.10.19 255.255.255.240
S3(config-if)#no shut
S3(config-if)#banner motd #This is the S3 switch#
S3(config)#exit
S3#copy run start
Destination filename [startup-config]?[enter]
Building configuration...
[OK]
S3#
```

现在从交换机 S3 ping 交换机 S1 和 S2，看看结果如何：

```
S3#ping 192.168.10.17
Type escape sequence to abort.
Sending 5, 100-byte ICMP Echos to 192.168.10.17, timeout is 2 seconds:
.!!!!
Success rate is 80 percent (4/5), round-trip min/avg/max = 1/3/9 ms
S3#ping 192.168.10.18
Type escape sequence to abort.
Sending 5, 100-byte ICMP Echos to 192.168.10.18, timeout is 2 seconds:
.!!!!
Success rate is 80 percent (4/5), round-trip min/avg/max = 1/3/9 ms
S3#sh ip arp
Protocol  Address          Age (min)  Hardware Addr   Type   Interface
Internet  192.168.10.17         0     001c.575e.c8c0  ARPA   Vlan1
Internet  192.168.10.18         0     b414.89d9.18c0  ARPA   Vlan1
Internet  192.168.10.19         -     ecc8.8202.82c0  ARPA   Vlan1
S3#
```

在命令 show ip arp 的输出中，Age (min)列的连字符（-）表明这是设备的物理接口。

对交换机配置进行验证之前，还有一个命令需要介绍，那就是 ip default-gateway。不过就我们这个网络而言，并不需要这个命令，因为这个网络中没有路由器。如果要从 LAN 外部管理交换机，就必须像主机一样在交换机上设置默认网关，为此可在全局配置模式下执行命令 ip default-gateway，如下例所示。在这个示例中，我们假定网络中有一台路由器使用了这里的子网的最后一个 IP 地址：

10

```
S3#config t
S3(config)#ip default-gateway 192.168.10.30
```

对三台交换机都进行了基本配置后，来做些有趣的事情。

5. 配置端口安全

启用了端口安全的交换机端口可关联 1~8192 个 MAC 地址，但这里使用的 3560 交换机最多支持 6144 个，这在我看来已经绰绰有余了。你可让交换机动态地获悉 MAC 地址，也可使用命令 switchport port-security mac-address *mac-address* 给每个端口设置静态地址。

下面在交换机 S3 上配置端口安全。在这个网络中，端口 Fa0/3 和 Fa0/4 只连接了一台设备。使用端口安全可确保我们的主机连接到端口 Fa0/3 和 Fa0/4 后，其他设备无法连接到这些端口。相关的配置非常简单，只包含两个命令：

```
S3#config t
S3(config)#int range f0/3-4
S3(config-if-range)#switchport mode access
S3(config-if-range)#switchport port-security
S3(config-if-range)#do show port-security int f0/3
Port Security               : Enabled
Port Status                 : Secure-down
Violation Mode              : Shutdown
Aging Time                  : 0 mins
Aging Type                  : Absolute
SecureStatic Address Aging  : Disabled
Maximum MAC Addresses       : 1
Total MAC Addresses         : 0
Configured MAC Addresses    : 0
Sticky MAC Addresses        : 0
Last Source Address:Vlan    : 0000.0000.0000:0
Security Violation Count    : 0
```

第一个命令将端口的模式设置为 access。要启用端口安全，端口必须处于 access 或 trunk 模式。在接口上配置命令 switchport port-security 会启用端口安全，同时将最大 MAC 地址数设置为 1，将 violation（违规）模式设置为关闭。这些设置是默认的，在前面的命令 show port-security int fa0/3 的输出中，我标出了这些设置。

在命令 show port-security int fa0/3 的输出中，第 1 行表明启用了端口安全，但第 2 行表明端口处于 Secure-down 状态，这是因为我还未将主机连接到端口。一旦完成状态就将变成 Secure-up，而发生违规后将变成 Secure-shutdown。

下面一点非常重要，这里必须重申：可以先设置端口安全参数，但仅当你在接口级启用端口安全后，它们才会生效，牢记这一点很重要。请看下面有关端口 Fa0/6 的输出：

```
S3#config t
S3(config)#int range f0/6
S3(config-if-range)#switchport mode access
S3(config-if-range)#switchport port-security violation restrict
S3(config-if-range)#do show port-security int f0/6
Port Security               : Disabled
Port Status                 : Secure-up
Violation Mode              : restrict
[output cut]
```

对端口 Fa0/6 进行配置，使其在发生违规时采取限制措施。然而，在命令 show port-security int fa0/6 的输出中，第 1 行表明该端口上没有启用端口安全。请记住，要在端口上启用端口安全，必须在接口级执行下面的命令：

```
S3(config-if-range)#switchport port-security
```

发生违规时，除关闭端口外，还可选择其他两种模式：restrict 和 protect。这两种模式的含义是，只要还未达到最大 MAC 地址数，就可连接其他主机，但达到最大地址数后，端口不会关闭，而只是将所有的帧都丢弃。另外，发生违规时，模式 restrict 和 shutdown 都会通过 SNMP 通知你。这样，你就可以给网络滥用者打电话，指出他们的阴谋已败露——你把他们的所作所为看得一清二楚，他们摊上大事了。

如果使用命令 switchport port-security violation shutdown 配置端口，发生违规时结果将类似于下面这样：

```
S3#sh port-security int f0/3
Port Security              : Enabled
Port Status                : Secure-shutdown
Violation Mode             : Shutdown
Aging Time                 : 0 mins
Aging Type                 : Absolute
SecureStatic Address Aging : Disabled
Maximum MAC Addresses      : 1
Total MAC Addresses        : 2
Configured MAC Addresses   : 0
Sticky MAC Addresses       : 0
Last Source Address:Vlan   : 0013:0ca69:00bb3:00ba8:1
Security Violation Count   : 1
```

从上述输出可知，端口处于 Secure-shutdown 模式，而端口的指示灯将为琥珀色。要重新启用该端口，需要这样做：

```
S3(config-if)#shutdown
S3(config-if)#no shutdown
```

有些交换机显示状态 err-disabled，而不像这里的交换机那样显示 Secure-shutdown，但这两种模式没有任何差别。下面来验证交换机的配置，而下一章将介绍 VLAN。

10.2.2　验证思科 Catalyst 交换机的配置

验证任何交换机或路由器的配置时，我都喜欢首先使用命令 show running-config 来查看完整的配置。为什么呢？因为这让我能够大致了解每台设备的情况。但这样做很耗时，而且列出所有配置将占据很大的篇幅。况且，使用其他命令也可获得详尽的信息。

例如，要查看给交换机配置的 IP 地址，可使用命令 show interface，如下所示：

```
S3#sh int vlan 1
Vlan1 is up, line protocol is up
  Hardware is EtherSVI, address is ecc8.8202.82c0 (bia ecc8.8202.82c0)
  Internet address is 192.168.10.19/28
  MTU 1500 bytes, BW 1000000 Kbit/sec, DLY 10 usec,
     reliability 255/255, txload 1/255, rxload 1/255
```

10

```
Encapsulation ARPA, loopback not set
[output cut]
```

上述输出表明，接口 vlan 1 的状态为 up/up。请务必查看这个接口的情况，为此除使用命令 show interface 外，还可使用命令 show ip interface brief。很多人常常忘记这个接口默认被关闭。

 注意 交换机不需要 IP 地址就能正常运行，千万不要忘记这一点。我们配置 IP 地址、子网掩码和默认网关只是为了方便管理交换机。

1. 命令 show mac address-table

你肯定还记得，本章前面演示过这个命令。使用它可显示转发/过滤表，也称为内容可寻址存储器（CAM）表。下面是在交换机 S3 上执行这个命令得到的输出：

```
S3#sh mac address-table
          Mac Address Table
-------------------------------------------
Vlan     Mac Address      Type       Ports
----     -----------      --------   -----
All      0100.0ccc.cccc   STATIC     CPU
[output cut]
  1      000e.83b2.e34b   DYNAMIC    Fa0/1
  1      0011.1191.556f   DYNAMIC    Fa0/1
  1      0011.3206.25cb   DYNAMIC    Fa0/1
  1      001a.2f55.c9e8   DYNAMIC    Fa0/1
  1      001a.4d55.2f7e   DYNAMIC    Fa0/1
  1      001c.575e.c891   DYNAMIC    Fa0/1
  1      b414.89d9.1886   DYNAMIC    Fa0/5
  1      b414.89d9.1887   DYNAMIC    Fa0/6
```

交换机使用分配给 CPU 的基本 MAC 地址。首先列出的是交换机的 MAC 地址。从上述输出可知，有 6 个 MAC 地址动态地关联到 Fa0/1，这意味着端口 Fa0/1 连接的是一台交换机。端口 Fa0/5 和 Fa0/6 只关联到一个 MAC 地址，而所有端口都属于 VLAN 1。

下面查看交换机 S2 的 CAM 表，看看从中能发现些什么：

```
S2#sh mac address-table
          Mac Address Table
-------------------------------------------
Vlan     Mac Address      Type       Ports
----     -----------      --------   -----
All      0100.0ccc.cccc   STATIC     CPU
[output cut
  1      000e.83b2.e34b   DYNAMIC    Fa0/5
  1      0011.1191.556f   DYNAMIC    Fa0/5
  1      0011.3206.25cb   DYNAMIC    Fa0/5
  1      001a.4d55.2f7e   DYNAMIC    Fa0/5
  1      581f.aaff.86b8   DYNAMIC    Fa0/5
  1      ecc8.8202.8286   DYNAMIC    Fa0/5
  1      ecc8.8202.82c0   DYNAMIC    Fa0/5
Total Mac Addresses for this criterion: 27
S2#
```

上述输出表明 Fa0/5 关联到了 7 个 MAC 地址，该端口连接的是交换机 S3。但端口 Fa0/6 呢？由于端口 Fa0/6 连接的是到交换机 S3 的冗余链路，STP 将其切换到了阻断模式。

2. 指定静态 MAC 地址

可在 MAC 地址表中添加静态 MAC 地址，但就像在不使用选项 sticky 的情况下设置静态 MAC 端口安全一样，这样做涉及的工作量非常大。如果你一定要这样做，下面是方法：

```
S3(config)#mac address-table ?
  aging-time    Set MAC address table entry maximum age
  learning      Enable MAC table learning feature
  move          Move keyword
  notification  Enable/Disable MAC Notification on the switch
  static        static keyword

S3(config)#mac address-table static aaaa.bbbb.cccc vlan 1 int fa0/7
S3(config)#do show mac address-table
          Mac Address Table
-------------------------------------------
Vlan    Mac Address       Type        Ports
----    -----------       --------    -----
 All    0100.0ccc.cccc    STATIC      CPU
[output cut]
   1    000e.83b2.e34b    DYNAMIC     Fa0/1
   1    0011.1191.556f    DYNAMIC     Fa0/1
   1    0011.3206.25cb    DYNAMIC     Fa0/1
   1    001a.4d55.2f7e    DYNAMIC     Fa0/1
   1    001b.d40a.0538    DYNAMIC     Fa0/1
   1    001c.575e.c891    DYNAMIC     Fa0/1
   1    aaaa.bbbb.0ccc    STATIC      Fa0/7
[output cut]
Total Mac Addresses for this criterion: 59
```

从上述输出可知，一个静态 MAC 地址被永久性关联到了接口 Fa0/7，而该接口也被分配给了 VLAN 1。

必须承认，本章的内容很多，你也确实学到了很多，也许还有一点点学习的乐趣。至此，你配置了交换机和端口安全，并对配置进行了验证，这意味着你可以开始学习 VLAN 了。我将保存所有的交换机配置，为第 11 章的配置工作打下基础。

10.3 小结

本章介绍了交换机和网桥之间的差别以及它们是如何在第 2 层工作的。它们创建 MAC 地址转发/过滤表，用于判断该对帧进行转发还是泛洪。

本章的内容都很重要，但有关端口安全的内容更重要，因此本章包含两个针对该主题的小节：一个介绍基本知识，另一个提供配置示例。对于这两个小节的内容，你必须了如指掌。

我还介绍了网桥（交换机）之间有多条链路时，可能引发的问题。

最后，我详细介绍了如何配置思科 Catalyst 交换机以及如何对配置进行验证。

10.4 考试要点

牢记交换机的三项功能。 交换机的三项功能是地址获悉、转发/过滤决策和环路避免。

10

牢记命令 **show mac address-table**。命令 show mac address-table 显示交换机使用的转发/过滤表。

明白端口安全的用途。端口安全根据 MAC 地址限制设备访问交换机。

熟悉启用端口安全的命令。要在端口上启用端口安全，你必须首先使用命令 switchport mode access 确保端口处于 access 模式，再在接口级使用命令 switchport port-security。你可在启用端口安全前设置端口安全参数，也可在启用端口安全后再设置。

熟悉验证端口安全的命令。要验证端口安全，可使用命令 show port-security、show port-security interface *interface* 和 show running-config。

10.5   书面实验

请回答下述问题。

(1) 哪个命令显示转发/过滤表。

(2) 如果帧的目标 MAC 地址未包含在转发/过滤表中，交换机将如何处理它？

(3) 交换机有哪三项第 2 层功能？

(4) 在端口上收到帧后，如果其源 MAC 地址未包含在转发/过滤表中，交换机将如何处理？

(5) 在端口上启用端口安全后，Maximum 和 violation 的默认设置分别是什么？

(6) 哪两种违规模式发送 SNMP Trap 消息？

(7) 哪种违规模式采取如下措施：将源地址未知的分组丢弃，直到你删除了足够多的安全 MAC 地址，使安全 MAC 地址总数低于设置的最大值；并且生成一条日志消息，导致安全违规计数器加 1，同时发送一条 SNMP Trap 消息；不禁用端口？

(8) 在命令 port-security 中，关键字 sticky 有何作用？

(9) 要核实在交换机的端口 FastEthernet 0/12 上是否配置了端口安全，可使用哪两个命令？

(10) 判断对错：第 2 层交换机必须配置一个 IP 地址，而与这种交换机相连的 PC 将该地址作为默认网关。

答案见附录 A。

10.6   动手实验

你将使用下面的交换型网络来完成本节的动手实验。要完成这些实验可使用任何思科交换机，也可使用 www.lammle.com/ccna 提供的模拟程序 LammleSim IOS 版。这里不需要使用多层交换机，使用第 2 层交换机即可。

在动手实验 10.1 中，你将配置三台交换机，而在动手实验 10.2 中，你将验证它们的配置。

本章包含如下动手实验。

❑ 动手实验 10.1：配置第 2 层交换机。

❑ 动手实验 10.2：验证第 2 层交换机的配置。

❑ 动手实验 10.3：配置端口安全。

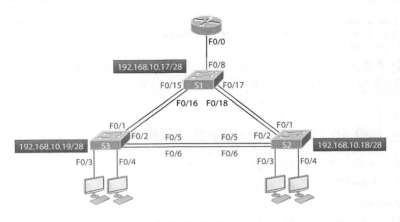

10.6.1 动手实验 10.1：配置第 2 层交换机

在这个实验中，你将配置前面的网络示意图中的三台交换机。

(1) 连接到交换机 S1，并配置如下方面（顺序无关紧要）：

- ❑ 主机名
- ❑ 旗标
- ❑ 接口描述
- ❑ 密码
- ❑ IP 地址、子网掩码和默认网关

```
Switch>en
Switch#config t
Switch(config)#hostname S1
S1(config)#enable secret todd
S1(config)#int f0/15
S1(config-if)#description 1st connection to S3
S1(config-if)#int f0/16
S1(config-if)#description 2nd connection to S3
S1(config-if)#int f0/17
S1(config-if)#description 1st connection to S2
S1(config-if)#int f0/18
S1(config-if)#description 2nd connection to S2
S1(config-if)#int f0/8
S1(config-if)#desc Connection to IVR
S1(config-if)#line con 0
S1(config-line)#password console
S1(config-line)#login
S1(config-line)#line vty 0 15
S1(config-line)#password telnet
S1(config-line)#login
S1(config-line)#int vlan 1
S1(config-if)#ip address 192.168.10.17 255.255.255.240
S1(config-if)#no shut
S1(config-if)#exit
S1(config)#banner motd #this is my S1 switch#
S1(config)#exit
```

10

```
S1#copy run start
Destination filename [startup-config]? [enter]
Building configuration...
```

(2) 连接到交换机 S2，并配置第 1 步列出的所有内容。别忘了在这台交换机上使用不同的 IP 地址。

(3) 连接到交换机 S3，并配置第 1 步和第 2 步列出的所有内容。别忘了在这台交换机上使用不同的 IP 地址。

10.6.2 动手实验 10.2：验证第 2 层交换机的配置

配置设备后，必须能够对配置进行验证。

(1) 连接到每台交换机，并验证其管理接口。

```
S1#sh interface vlan 1
```

(2) 连接到每台交换机并查看其 CAM 表。

```
S1#sh mac address-table
```

(3) 使用下述命令验证交换机的配置：

```
S1#sh running-config
S1#sh ip int brief
```

10.6.3 动手实验 10.3：配置端口安全

端口安全是一个重要的 CCNA 考点，请务必完成这个实验。

(1) 连接到交换机 S3。

(2) 给端口 Fa0/3 配置端口安全：

```
S3#config t
S(config)#int fa0/3
S3(config-if#Switchport mode access
S3(config-if#switchport port-security
```

(3) 查看默认的端口安全设置：

```
S3#show port-security int f0/3
```

(4) 修改端口安全设置，允许最多两个 MAC 地址关联到接口 Fa0/3：

```
S3#config t
S(config)#int fa0/3
S3(config-if#switchport port-security maximum 2
```

(5) 将违规模式改为 restrict：

```
S3#config t
S(config)#int fa0/3
S3(config-if#switchport port-security violation restrict
```

(6) 使用下述命令验证端口安全配置：

```
S3#show port-security
S3#show port-security int fa0/3
S3#show running-config
```

10.7 复习题

下面的复习题旨在检验你对本章内容的理解程度。有关如何获取更多复习题的信息，请参阅 www.lammle.com/ccna。

这些复习题的答案见附录 B。

(1) 下面哪种有关第 2 层交换的说法不对？

    A. 第 2 层交换机和网桥比路由器快，因为它们不花时间查看数据链路层报头信息

    B. 第 2 层交换机和网桥查看帧的硬件地址，以决定对帧进行泛洪、转发还是丢弃

    C. 交换机的每个端口都是一个冲突域，并提供专用带宽

    D. 交换机使用专用集成电路（ASIC）来创建和维护 MAC 地址过滤表

(2) 在下面的 MAC 地址表中，最后一项是使用什么命令生成的？

```
Mac Address Table
-------------------------------------------

Vlan    Mac Address       Type        Ports
----    -----------       --------    -----
All     0100.0ccc.cccc    STATIC      CPU
[output cut]
  1     000e.83b2.e34b    DYNAMIC     Fa0/1
  1     0011.1191.556f    DYNAMIC     Fa0/1
  1     0011.3206.25cb    DYNAMIC     Fa0/1
  1     001a.4d55.2f7e    DYNAMIC     Fa0/1
  1     001b.d40a.0538    DYNAMIC     Fa0/1
  1     001c.575e.c891    DYNAMIC     Fa0/1
  1     aaaa.bbbb.0ccc    STATIC      Fa0/7
```

    (3) 在下面的网络示意图中，如果在端口 Fa0/4 上收到一个目标 MAC 地址为 000a.f467.63b1 的帧，交换机将如何处理？

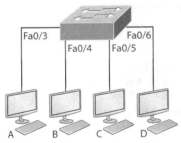

```
Switch# show mac address-table
VLAN        MAC地址          端口
  1      0005.dccb.d74b     Fa0/4
  1      000a.f467.9e80     Fa0/5
  1      000a.f467.9e8b     Fa0/6
```

    A. 将其丢弃   B. 通过端口 Fa0/3 将其发送出去

    C. 通过端口 Fa0/4 将其发送出去   D. 通过端口 Fa0/5 将其发送出去

    E. 通过端口 Fa0/6 将其发送出去

    (4) 下面的输出是由什么命令生成的？

```
          Mac Address Table
-------------------------------------------
Vlan    Mac Address       Type        Ports
----    -----------       --------    -----
```

10

```
     All      0100.0ccc.cccc      STATIC        CPU
     [output cut]
        1     000e.83b2.e34b      DYNAMIC       Fa0/1
        1     0011.1191.556f      DYNAMIC       Fa0/1
        1     0011.3206.25cb      DYNAMIC       Fa0/1
        1     001a.2f55.c9e8      DYNAMIC       Fa0/1
        1     001a.4d55.2f7e      DYNAMIC       Fa0/1
        1     001c.575e.c891      DYNAMIC       Fa0/1
        1     b414.89d9.1886      DYNAMIC       Fa0/5
        1     b414.89d9.1887      DYNAMIC       Fa0/6
```

(5) 交换机提供哪三项第 2 层功能?

    A. 地址获悉   B. 分组转发   C. 第 3 层安全   D. 转发/过滤决策

    E. 环路避免

(6) 给定下述输出, 下面哪些说法是正确的?

```
S3#sh port-security int f0/3
Port Security               : Enabled
Port Status                 : Secure-shutdown
Violation Mode              : Shutdown
Aging Time                  : 0 mins
Aging Type                  : Absolute
SecureStatic Address Aging  : Disabled
Maximum MAC Addresses       : 1
Total MAC Addresses         : 2
Configured MAC Addresses    : 0
Sticky MAC Addresses        : 0
Last Source Address:Vlan    : 0013:0ca69:00bb3:00ba8:1
Security Violation Count    : 1
```

    A. F0/3 的端口指示灯将呈琥珀色   B. 端口 F0/3 正在转发帧

    C. 这个问题几分钟后将自行消失   D. 要再次启用这个端口, 必须输入命令 shutdown

(7) 要指定端口最多可关联到两个 MAC 地址, 可使用什么命令? 只需指出命令, 不必指出提示符。

(8) 在下面的配置中, 哪个命令是其他命令得以生效的前提条件?

```
S3#config t
S(config)#int fa0/3
S3(config-if#switchport port-security
S3(config-if#switchport port-security maximum 3
S3(config-if#switchport port-security violation restrict
S3(config-if#Switchport mode-security aging time 10
```

    A. switchport mode-security aging time 10

    B. switchport port-security

    C. switchport port-security maximum 3

    D. switchport port-security violation restrict

(9) 下面哪项并非 STP 能解决的问题?

    A. 广播风暴   B. 网关冗余

    C. 设备收到同一个帧的多个副本   D. MAC 过滤表不断地更新

(10) 在下图中, 如果交换机之间有冗余链路, 将引发哪种问题?

    A. 广播风暴   B. 路由选择环路

    C. 端口违规   D. 找不到网关

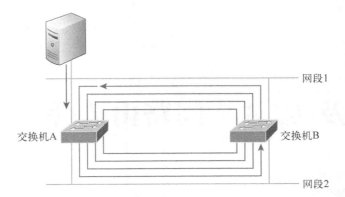

(11) 下面哪两种端口违规模式通过 SNMP 告诉你端口上发生了违规？

A. 限制（restrict）　　　　　　　　　B. 保护（protect）

C. 关闭（shutdown）　　　　　　　　 D. 错误禁用（err-disable）

(12) 交换机使用的环路避免机制为_____。

(13) 要从其他子网管理交换机，必须给交换机配置什么命令？

(14) 默认在哪个接口上给交换机配置 IP 地址？

A. int fa0/0　　　B. int vty 0 15　　C. int vlan 1　　　D. int s/0/0

(15) 要验证交换机端口的端口安全配置，可使用哪个命令？

A. show interfaces port-security

B. show port-security interface

C. show ip interface

D. show interfaces switchport

(16) 哪个命令将动态获悉的 MAC 地址保存到思科交换机的运行配置中？

(17) 要确保只有一台指定的主机可以连接到交换机端口 F0/3，可采用下面哪两种解决方案之一？

A. 在 F0/3 上配置端口安全，使其只接受源地址不是该主机 MAC 地址的帧

B. 配置一个静态条目，将该主机的 MAC 地址关联到端口 F0/3

C. 在端口 F0/3 上配置一个入站访问控制列表，只允许来自该主机的数据通过

D. 在 F0/3 上配置端口安全，使其只接受源地址为该主机 MAC 地址的帧

(18) 在端口 F0/1 上执行下述命令将带来什么后果？

```
switch(config-if)# switchport port-security mac-address 00C0.35F0.8301
```

A. 这个命令在端口 F0/1 上配置一个入站访问控制列表，从而只接受来自指定主机的数据

B. 这个命令明确地禁止 MAC 地址为 00c0.35F0.8301 的主机连接到交换机端口 F0/1

C. 这个命令对在端口 F0/1 上收到的源 MAC 地址为 00c0.35F0.8301 的所有数据进行加密

D. 这个命令定义了一个静态条目，将 MAC 地址 00c0.35F0.8301 关联到交换机端口 F0/1

(19) 会议室有一个交换机端口，所有演示人员都使用同一台 PC 连接到该端口。你要禁止其他 PC 连接到该端口，必须删除以前的所有配置，并重新配置。在此配置过程中，下面哪一步并非必不可少？

A. 启用端口安全　　　　　　　　　　B. 将 PC 的 MAC 地址关联到端口

C. 确保端口处于 access 模式　　　　　D. 确保端口处于 trunk 模式

(20) 要在发生违规时关闭端口，需配置什么命令？只需指出命令，不必指出提示符。

10

第11章

VLAN 及 VLAN 间路由选择

本章涵盖如下 ICND1 考试要点。

✓ **2.0 LAN 交换技术**

❑ 2.4 横跨多台交换机的 VLAN（正常范围）的配置、验证和故障排除

  ■ 2.4.a 接入端口（数据和语音）

  ■ 2.4.b 默认 VLAN

❑ 2.5 交换机间连接的配置、验证和故障排除

  ■ 2.5.a 中继端口

  ■ 2.5.b 802.1Q

  ■ 2.5.c 本机 VLAN

✓ **3.0 路由选择技术**

❑ 3.4 VLAN 间路由选择的配置、验证和故障排除

  ■ 3.4.a 单臂路由器

默认情况下，交换机分割冲突域，而路由器分割广播域。前面一直在这样说，但为确保你不会忘记这一点，这里最后一次重申。重申这一点后，我感觉好多了。我们继续吧。

以前的网络基于紧缩主干（collapsed backbone），而当今的网络设计采用的架构更扁平，这都是拜交换机所赐。哪又如何呢？在纯粹的交换型互联网络中，如何分割广播域呢？答案是创建虚拟局域网（VLAN）。VLAN 是网络用户和网络资源的逻辑编组，它们与交换机端口相连。通过创建 VLAN，可指定交换机端口为不同的子网服务，从而在第 2 层交换型网络中创建更小的广播域。VLAN 就像一个独立的子网或广播域，这意味着只会在属于同一个 VLAN 的端口之间交换广播帧。

这是否意味着不再需要路由器呢？答案可能是肯定的，也可能是否定的。这取决于你联网的需求和目标。默认情况下，分属不同 VLAN 的主机不能彼此通信，因此要在 VLAN 之间通信，依然需要使用路由器进行 VLAN 间路由选择（Inter-VLAN Routing，IVR）。

在本章中，你将全面了解 VLAN 是什么以及如何在交换型网络中使用 VLAN 成员资格。你还将谙熟中继链路及其配置和验证方法。

最后，将在交换型网络中添加路由器，以演示如何实现 VLAN 间通信。当然，这里将使用类似于前一章的交换型网络，在其中创建 VLAN，并在交换机上创建交换型虚拟接口（switched virtual interface，SVI），以实现中继和 VLAN 间路由选择。

注意 有关本章内容的最新修订，请访问 www.lammle.com/forum 或出版社网站的本书配套网页（www.sybex.com/go/ccna）。

11.1　VLAN 基础

图 11-1 说明了第 2 层交换型网络常用的扁平网络架构。在这种配置中，每台设备都能看到网络中所有的广播分组，而不管它是否需要接收这些数据。

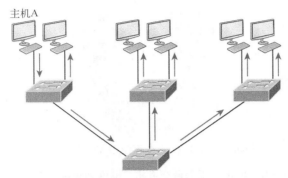

图 11-1　扁平型网络结构

默认情况下，路由器只允许广播在始发网段中传输，而交换机将广播转发到所有网段。顺便说一句，这种网络之所以称为**扁平型网络**，是因为它只有一个**广播域**，而不是因为其物理设计是扁平的。在图 11-1 中，主机 A 发送广播后，所有交换机的所有端口都对其进行转发，只有接收该广播的端口除外。

来看图 11-2 所示的交换型网络，其中的主机 A 发送一个帧，其目的地为主机 D。显然，这里的重点在于，只将这个帧从主机 D 连接的端口转发出去了。

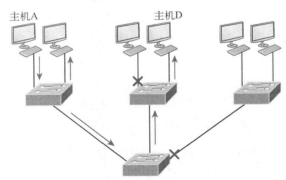

图 11-2　交换型网络的优点

除非默认只有一个**广播域**正是你想要的，否则这相对于老式集线器网络是一项重大改进。

你知道，第 2 层交换型网络最大的好处是，与每个交换机端口相连的每台设备都是一个独立的冲突域。这消除了以太网的密度约束，让你能够组建规模更大的网络。然而，每项新改进都会带来新问题。例如，网络包含的用户和设备越多，每台交换机需要处理的广播和分组就越多。

还存在另一个大问题：安全。这是一个棘手的问题，因为在典型的第 2 层交换型互联网络中，默认情况下每位用户都能看到所有的设备。你无法阻止设备发送广播，也无法阻止用户试图对广播做出响应。这意味着可采取的唯一安全措施是，在服务器和其他设备上设置密码。

11

　　但请等一等，如果创建**虚拟局域网**（VLAN），还是有希望的。你即将看到，使用 VLAN 可解决第 2 层交换存在的众多问题。

　　来介绍一下 VLAN 的工作原理。在图 11-3 中，一家小公司的所有主机都连接到一台交换机，这意味着所有主机都将收到所有的帧，这是所有交换机的默认行为。

图 11-3　一台交换机和一个 LAN：在不使用 VLAN 的情况下，主机未分开

　　要将主机传输的数据分开，可再购买一台交换机，也可创建虚拟 VLAN。图 11-4 说明了后一种解决方案。

　　在图 11-4 中，没有新购交换机，而是通过配置让原来的交换机连接两个 LAN（两个子网、两个广播域或两个 VLAN）。在大多数思科交换机上，都可配置大量 VLAN，从而节省数千美元的费用。

　　请注意，虽然分离是通过逻辑方式实现的，即所有主机依然连接到同一台交换机，但默认情况下不能在 VLAN 之间传输数据。这是因为它们是不同的网络，但不用担心，本章后面将介绍如何实现 VLAN 间通信。

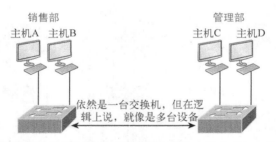

图 11-4　一台交换机和两个虚拟 LAN（以逻辑方式将主机分开）：依然只有一台交换机，但它就像是多台不同的设备

下面简要说明了 VLAN 简化网络管理的方式。

❑ 在网络中添加、移走和更换设备很容易，只需将端口加入恰当的 VLAN 即可。

❑ 对于安全要求极高的用户，可将他们加入一个独立的 VLAN。这样，其他 VLAN 中的用户将不能与他们通信。

❑ 作为用户逻辑编组，VLAN 可独立于用户的物理（地理）位置。

❑ 实现正确的情况下，VLAN 可极大地改善网络安全。

❑ VLAN 增加了广播域的数量，从而缩小了广播域的规模。

下面全面介绍交换技术，你将知道为何在当今网络中交换机提供的网络服务比集线器好得多。

11.1.1　控制广播

每种协议都使用广播，但广播的频率取决于三个因素：

❑ 协议的类型；

❑ 互联网络中运行的应用程序；

❑ 这些服务的使用方式。

可以重写一些老式应用程序以降低其占用的带宽，但新一代应用程序在带宽方面非常贪婪，会占用能找到的所有带宽。这些带宽贪婪者就是多媒体应用程序，它们大量地使用广播和组播。这些广播密集型应用程序带来了很多问题，而设备不完善、网段划分不充分、防火墙设计糟糕让这些问题更加严重。所有这些因素一起让网络设计和管理员面临一系列新挑战。必须对网络进行正确的分段，从而将问题限制在网段内，防止它们传播到整个互联网络。为此，最有效的方式是使用交换和路由选择。

鉴于交换机越来越便宜，几乎所有人都对使用集线器的扁平型网络进行了改进，使其成为纯粹的交换型网络和 VLAN 环境。在同一个 VLAN 中，所有设备都属于同一个广播域，接收其他设备发送的所有广播。默认情况下，这些广播不会通过连接到其他 VLAN 的交换机端口转发出去。这很好，因为它提供了交换型网络的所有优点，避免了让属于同一个广播域的所有用户面对一个广播域带来的所有问题。

11.1.2　安全性

陷阱无处不在，该回过头来谈谈安全问题了。在扁平型互联网络中，为确保安全，以前通常使用路由器将集线器和交换机连接在一起。因此，确保安全的职责基本上落在路由器头上。这种安排的作用极其有限，原因有几个。首先，只要连接到物理网络，任何人都可访问其所属 LAN 中的网络资源；其次，任何人都可监视网络中传输的流量，为此只需将网络分析器插入集线器；最后，用户只需将其工作站连接到集线器，就可加入相应的工作组，这与第二点一样令人恐怖。这样的安全犹如将一桶没有加盖的蜂蜜放在熊窝里。

但这正是 VLAN 如此好的原因所在。通过使用 VLAN 创建广播域，可完全控制每个端口和用户！这样，任何人只需将其工作站连接到交换机端口便可访问网络资源的历史便一去不复返了，因为你可以控制每个端口以及通过该端口可访问的资源。

不仅如此，还可根据用户需要访问的网络资源来创建 VLAN，并对交换机进行配置，使其在有人访问未经授权的网络资源时告知网络管理工作站。如果需要在 VLAN 之间进行通信，可在路由器上实施限制，确保这种通信是安全的。你还可对硬件地址、协议和应用程序进行限制。这样就给蜂蜜桶加了盖，并用带刺的钛丝网保护起来了。

11.1.3　灵活性和可扩展性

如果你仔细阅读了本书前面的内容，就知道第 2 层交换机仅为过滤而查看帧——它们不会查看网络层协议。另外，交换机默认将广播转发给所有端口，但通过创建并实现 VLAN 可在第 2 层创建更小的广播域。

因此，一个 VLAN 中的节点发送的广播不会转发到属于其他 VLAN 的端口。然而，通过将交换机端口或用户分配到横跨一台或多台交换机的 VLAN，可只将所需的用户加入相应的广播域，而不管

11

用户的物理位置如何。这也有助于防范网络接口卡（NIC）故障导致的广播风暴，还可防止中间设备将广播风暴传播到整个互联网络。广播风暴仍会在有问题的 VLAN 中发生，但不会传播到其他 VLAN。

另一个优点是，如果 VLAN 太大，可将其划分成多个 VLAN，以防广播占用太多带宽。VLAN 包含的用户越少，受广播影响的用户就越少。这当然很好，但在创建 VLAN 时，你需要考虑网络服务并了解用户如何连接到这些服务。一种不错的策略是，尽可能将所有服务（人人都需要的 email 和 Internet 接入服务除外）限定在需要它们的用户所属的 VLAN 内。

11.2 标识 VLAN

交换机端口是第 2 层接口，这种接口与物理端口相关联。交换机端口为接入端口时，只能属于一个 VLAN，而为中继端口时，可属于所有 VLAN。

交换机是非常忙碌的设备。为在网络中交换帧，交换机必须能够跟踪它们，并根据硬件地址对它们进行相应的处理。别忘了，将根据帧穿越的链路类型以不同方式对其进行处理。

在交换环境中，有两种类型的端口。先来看第一种端口，如图 11-5 所示。

注意到每台主机都连接到一个接入端口，而交换机也通过接入端口相连，即每个 VLAN 都有一个接入端口。

- ❑ **接入端口** 接入端口只属于一个 VLAN，且只为该 VLAN 传输流量。这种端口以本机格式发送和接收流量，而不进行 VLAN 标记（不带 VLAN 信息）。接入端口收到流量后，都假定它属于该端口所属的 VLAN。接入端口不查看源地址，因此只有中继端口能够转发和接收标记过的流量（包含 VLAN 信息的帧）。

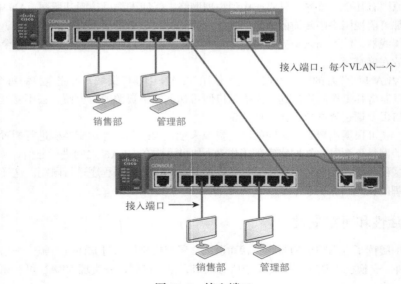

图 11-5　接入端口

对于接入链路来说，这个 VLAN 就是给它**配置**的 VLAN。与**接入链路**相连的设备没有 VLAN

成员资格的概念，只是假定自己是某个广播域的一员，而没有全景图，它根本不了解物理网络拓扑。

需要知道的另一点是，将帧转发给与接入链路相连的设备前，交换机删除所有的 VLAN 信息。请记住，除非分组被路由，否则与接入链路相连的设备将无法与其所属 VLAN 外部的设备通信。要么将交换机端口设置为接入端口，要么将其设置为中继端口，而不能同时设置为两者。因此，你必须做出选择，如果将端口设置为接入端口，则它只能属于一个 VLAN。在图 11-5 中，销售部 VLAN 中的主机只能与该 VLAN 中的其他主机通信，管理部 VLAN 中的主机亦如此。然而，这些主机能够与另一台交换机连接的主机通信。这是因为在两台交换机之间，为每个 VLAN 都提供了一条接入链路。

- **语音接入端口**　我在前面一直说接入端口只能属于一个 VLAN，但这种说法不完全正确。当前，大多数交换机都允许将接入端口分配给另一个 VLAN，以便传输语音流量。这种 VLAN 被称为语音 VLAN。语音 VLAN 通常被称为辅助 VLAN，可以与数据 VLAN 重叠，从而让同一个端口可同时传输语音和数据。虽然从技术上说，这属于不同类型的链路，但确实可配置接入端口，使其能够同时为语音 VLAN 和数据 VLAN 传输流量。这让你能够将电话和PC 同时连接到同一个交换机端口，并让它们属于不同的 VLAN。

☐ **中继端口**　信不信由你，术语**中继端口**的灵感来自电话系统中同时传输多个电话的中继线。因此，中继端口也同时传输多个 VLAN 的流量。

中继链路是 100、1000 或 10 000 Mbit/s 的点到点链路，位于交换机之间、交换机和路由器之间或交换机和服务器之间，它同时为多个（1～4094 个，但除非使用扩展 VLAN，否则最多为1001 个）VLAN 传输流量。

图 11-6 在交换机之间建立了一条中继链路，而不是给每个 VLAN 提供一条接入链路。

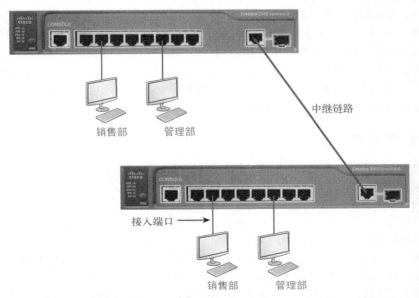

图 11-6　通过使用为多个 VLAN 传输流量的中继链路，让 VLAN 能够横跨多台交换机

使用中继可让一个端口同时属于众多不同的 VLAN。这很好，因为通过设置端口，可让同一台服务器属于两个不同的广播域，这样用户无需通过第 3 层设备（路由器）就能登录并访问它。中继的另一个优点表现在你连接交换机时。中继链路可传输来自不同 VLAN 的帧，但默认情况下，如果交换机之间的链路不是中继链路，它将只传输相应的接入 VLAN 的流量。

另外需要知道的是，每个 VLAN 都通过中继链路发送信息，除非手动将其排除在外。请不用担心，稍后将介绍如何将 VLAN 排除在外。

下面来介绍帧标记以及如何指出穿越中继链路的帧所属的 VLAN。

11.2.1　对帧进行标记

你知道，VLAN 可横跨多台相连的交换机。如图 11-6 所示，其中的主机属于两个横跨两台交换机的 VLAN。这种灵活而强大的功能可能是实现 VLAN 的主要优点，让我们能够创建上千个 VLAN 并支持数千台主机。

但这也有些复杂，即使对交换机来说亦如此，它们必须对穿越交换矩阵（switch fabric）和 VLAN 的帧进行跟踪。这里所说的交换矩阵指的是一组共享 VLAN 信息的交换机，这正是**帧标记**闪亮登场的地方。这种帧标识方法在每个帧中添加用户定义的 VLAN ID。

这种帧标识方法的工作原理如下：进入交换矩阵后，帧到达的每台交换机都首先从帧标记中获取 VLAN ID，再查看过滤表中的信息，以确定如何处理帧。如果帧到达的交换机还有另一条中继链路，将被从该中继链路端口转发出去。

一旦帧到达这样的出口，即它是与帧中 VLAN ID 匹配的接入链路（这种判断是根据转发/过滤表做出的），交换机就删除 VLAN ID，让目标设备即使不明白 VLAN 标识信息也能够接收帧。

对于中继端口，需要指出的另一点是，它们可同时支持标记过和未标记的流量，但条件是使用中继协议 802.1q，这将稍后讨论。中继端口有一个默认端口 VLAN ID（PVID），这是用于传输未标记流量的 VLAN 的 ID。这个 VLAN 也称为本机 VLAN，默认总是 VLAN 1，但可改为任何 VLAN 编号。

同样，对于标记过的流量，如果其包含的 VLAN ID 为 NULL（未指定），则认为它属于 PVID 对应的 VLAN（默认为 VLAN 1）。如果分组包含的 VLAN ID 与出站端口的本机 VLAN 相同，则在发送时不对其进行标记，因此只能传输到该 VLAN 中的主机或设备。对于其他所有流量，发送时都必须添加 VLAN ID，以便能够在相应的 VLAN 中传输。

11.2.2　VLAN 标识方法

交换机使用 VLAN 标识来跟踪穿越交换矩阵的所有帧，并确定帧所属的 VLAN。中继方法有多种。

1. 交换机间链路

交换机间链路（inter-switch link，ISL）是一种显式标记方法，它在以太网帧中添加 VLAN 信息。这些标记信息使得可利用外部封装方法在中继链路上多路复用多个 VLAN 的流量，并让交换机能够确定通过中继链路收到的帧属于哪个 VLAN。

通过使用 ISL，可连接多台交换机，并在流量通过中继链路在交换机之间传输时保留 VLAN 信息。ISL 运行在第 2 层，它使用新的报头和循环冗余校验（CRC）封装数据帧。

需要注意的是，这是一种思科专用协议，但多才多艺，可用于交换机端口、路由器接口和服务器接口卡。虽然有些思科交换机依然支持 ISL 帧标记，但思科正逐渐转向只使用 802.1q。

2. IEEE 802.1q

IEEE 802.1q 是 IEEE 制定的一种帧标记标准，它在帧中插入一个字段，用于标识 VLAN。在思科交换机和其他品牌的交换机之间中继时，必须使用 802.1q。

不像 ISL 那样使用控制信息来封装帧，802.1q 插入一个包含标记控制信息的 802.1q 字段，如图 11-7 所示。

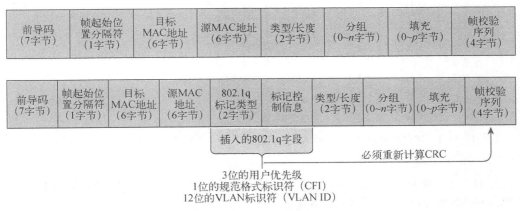

图 11-7 IEEE 802.1q 封装（添加 802.1q 标记前后）

就思科考试而言，你只需了解 12 位的 VLAN ID。它标识 VLAN，可能取值为 $2^{12} - 2$ 个，其中 0 和 4095 被保留，意味着使用 802.1q 标记的帧可为 4094 个 VLAN 传输信息。

其工作原理如下：首先指定使用 802.1q 封装的端口。为让这些端口能够通信，必须指定它们所属的 VLAN。默认的本机 VLAN 为 VLAN 1，使用 802.1q 时，不会对本机 VLAN 流量进行标记。中继链路两端的端口根据本机 VLAN 组成一个小组，并使用相应的标识号（默认为 VLAN 1）对帧进行标记。本机 VLAN 让中继链路能够传输不包含 VLAN 标识（帧标记）的信息。

大多数 2960 交换机都只支持中继协议 802.1q，但 3560 交换机支持 ISL 和 IEEE 802.1q，你将在本章后面看到这一点。

> 帧标记方法 ISL 和 802.1q 的基本用途是，提供交换机间 VLAN 通信。别忘了，将帧转发到接入链路前，将删除 ISL 或 802.1q 帧标记——标记只用于中继链路内部。

11.3 VLAN 间路由选择

同一个 VLAN 中的主机位于同一个广播域中，可自由地通信。VLAN 在 OSI 模型的第 2 层划分网络和隔离流量，前面解释为何仍需要路由器时说过，如果要让不同 VLAN 中的主机（或其他有 IP 地址的设备）能够彼此通信，就必须使用第 3 层设备来提供路由选择功能。

为此，可使用能给每个 VLAN 提供一个接口的路由器，也可使用支持 ISL 或 802.1q 的路由器。在支持 ISL 或 802.1q 的路由器中，最便宜的是 2600 系列路由器（你只能从二手设备贩卖商那里购买，

11

因为它们已经停产）。建议至少使用 2800 系列路由器，它只支持 802.1q——思科正逐渐放弃 ISL，因此你可能只使用 802.1q。有些 2800 系列路由器可能支持 ISL 和 802.1q，但我从未见过。

如图 11-8 所示，如果只有两三个 VLAN，则可使用带两三个快速以太网接口的路由器。对自学而言，10Base-T 是可行的，但在其他任何情况下，都强烈建议使用吉比特以太网接口。

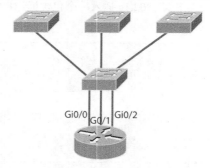

图 11-8　这台路由器将三个 VLAN 连接起来（每个 VLAN 一个接口），以便进行
　　　　VLAN 间通信

在图 11-8 中，每个路由器接口都连接了一条接入链路，这意味着每个路由器接口的 IP 地址都将成为相应 VLAN 中每台主机的默认网关地址。

如果 VLAN 数量比路由器接口多，可在一个快速以太网接口上配置中继，也可购买一台第 3 层交换机，如现在既旧又便宜的 3560 交换机或 3850 等更高端的交换机。如果你有钱没处花，也可购买 6800 交换机。

可不给每个 VLAN 提供一个路由器接口，而只使用一个快速以太网接口，并在该接口上运行中继协议 ISL 或 802.1q，如图 11-9 所示。这让所有 VLAN 都通过一个接口进行通信，思科称之为单臂路由器（router on a stick，ROAS）。

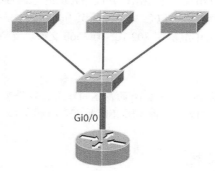

图 11-9　单臂路由器：一个接口连接三个 VLAN，以便进行 VLAN 间通信

需要指出的是，这导致了潜在的瓶颈和单点故障，因此必须限制主机/VLAN 数量。那么多少合适呢？这取决于流量的多少。要让设计真正合理，最好使用更高端的交换机并在背板（backplane）上进行路由选择，但如果只有一台路由器可用，这样做将不需要额外的费用。

图 11-10 演示了如何将路由器用作单臂路由器：在物理接口上创建逻辑接口，每个 VLAN 一个。

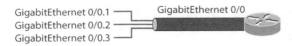

图 11-10 在单臂路由器上创建逻辑接口

这里将一个物理接口分成了多个子接口，而在每个 VLAN/子网中，都将一个子接口的 IP 地址作为默认网关地址。必须给每个子接口配置封装标识符，以指定该子接口所属的 VLAN。下一节配置 VLAN 和 VLAN 间路由选择时，将演示如何在交换型网络中配置单臂路由器。

然而，还有一种实现路由选择的方式。那就是，无需使用独立的路由器（为每个 VLAN 提供一个接口或将其配置成单臂路由器），而在第 3 层交换机的背板上配置逻辑接口。这被称为 VLAN 间路由选择，是使用交换虚拟接口（SVI）实现的。在主机看来，这些虚拟接口就像是一台路由器，如图 11-11 所示。

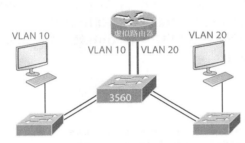

图 11-11 使用 IVR 时，在交换机背板上进行路由选择，在主机看来就像有一台交换机一样

在图 11-11 中，像是有一台路由器，但并不像使用单臂路由器那样有一台真正的路由器。实现 IVR 很容易，几乎不需要你花费额外的精力。另外，相比使用外部路由器，其效率高得多。要在多层交换机上实现 IVR，只需配置交换机，为每个 VLAN 提供一个逻辑接口。稍后就将进行这样的配置，但是先来看看第 10 章组建的交换型网络，再添加一些 VLAN，指定端口所属的 VLAN 并在交换机之间配置中继链路。

11.4 配置 VLAN

配置 VLAN 实际上非常容易，这可能让你感到惊讶。确定要在每个 VLAN 中包含哪些用户并不容易，可能需要很长的时间。但确定要创建多少个 VLAN 以及每个 VLAN 都包含哪些用户后，就可以开始创建第一个 VLAN 了。

要在思科 Catalyst 交换机上配置 VLAN，可使用全局配置命令 vlan。下面的示例演示了如何在交换机 S1 上配置 VLAN——为三个不同的部门创建了三个 VLAN（别忘了，默认情况下，VLAN 1 为本机 VLAN 和管理 VLAN）：

```
S1(config)#vlan ?
  WORD         ISL VLAN IDs 1-4094
  access-map   Create vlan access-map or enter vlan access-map command mode
  dot1q        dot1q parameters
  filter       Apply a VLAN Map
```

11

```
   group         Create a vlan group
   internal      internal VLAN
S1(config)#vlan 2
S1(config-vlan)#name Sales
S1(config-vlan)#vlan 3
S1(config-vlan)#name Marketing
S1(config-vlan)#vlan 4
S1(config-vlan)#name Accounting
S1(config-vlan)#vlan 5
S1(config-vlan)#name Voice
S1(config-vlan)#^Z
S1#
```

从上述代码可知，可以创建编号为 1~4094 的 VLAN，但这不完全正确。前面说过，实际上可使用的最大 VLAN 编号为 1001，且不能使用、修改、重命名或删除 VLAN 1 以及 VLAN 1002~1005，因为它们被预留了。编号大于 1005 的 VLAN 称为扩展 VLAN，除非交换机处于 VTP（VLAN Trunk Protocol，VLAN 中继协议）透明模式，否则不会将它们保存到数据库中。在生产环境中，使用这些 VLAN 编号的情况不常见。在下面的示例中，笔者试图在处于 VTP 服务器模式（默认 VTP 模式）的交换机 S1 上创建 VLAN 4000：

```
S1#config t
S1(config)#vlan 4000
S1(config-vlan)#^Z
% Failed to create VLANs 4000
Extended VLAN(s) not allowed in current VTP mode.
%Failed to commit extended VLAN(s) changes.
```

创建所需的 VLAN 后，可使用命令 show vlan 查看它们。请注意，交换机的所有端口默认都属于 VLAN 1，要调整端口所属的 VLAN，需要对每个接口进行配置，明确地指定它所属的 VLAN。

注意　　创建 VLAN 后，除非给它分配交换机端口，否则无法使用。默认情况下，所有端口都属于 VLAN 1。

创建 VLAN 后，可使用 show vlan（简写为 sh vlan）查看配置：

```
S1#sh vlan
VLAN Name                     Status    Ports
---- ------------------------ --------- -------------------------------
1    default                  active    Fa0/1, Fa0/2, Fa0/3, Fa0/4
                                        Fa0/5, Fa0/6, Fa0/7, Fa0/8
                                        Fa0/9, Fa0/10, Fa0/11, Fa0/12
                                        Fa0/13, Fa0/14, Fa0/19, Fa0/20
                                        Fa0/21, Fa0/22, Fa0/23, Gi0/1
                                        Gi0/2
2    Sales                    active
3    Marketing                active
4    Accounting               active
5    Voice                    active
[output cut]
```

这看似多余，但很重要。还需牢记的是，不能修改、删除或重命名 VLAN 1，因为它是默认 VLAN。

它还是所有交换机的默认本机 VLAN，思科建议将其作为管理 VLAN。如果你担心安全问题，可修改管理 VLAN。基本上，没有显式地分配到特定 VLAN 的端口都属于本机 VLAN（VLAN 1）。

从交换机 S1 的上述输出可知，端口 Fa0/1～Fa0/14、Fa0/19～Fa0/23 以及上行链路 Gi0/1 和 Gi0/2 都属于 VLAN 1，但端口 Fa0/15～Fa0/18 到哪里去了呢？你要明白，命令 show vlan 只显示接入端口。明白这一点后，你认为端口 Fa0/15～Fa0/18 到哪里去了呢？它们是中继端口！思科交换机运行专用协议 DTP（Dynamic Trunk Protocol，动态中继协议），如果端口连接的是兼容的交换机，它将自动进入中继模式，而前面缺失的 4 个端口就是这样的。要查看中继端口，必须使用命令 show interfaces trunk，如下所示：

```
S1# show interfaces trunk
Port       Mode          Encapsulation  Status       Native vlan
Fa0/15     desirable     n-isl          trunking     1
Fa0/16     desirable     n-isl          trunking     1
Fa0/17     desirable     n-isl          trunking     1
Fa0/18     desirable     n-isl          trunking     1

Port       Vlans allowed on trunk
Fa0/15     1-4094
Fa0/16     1-4094
Fa0/17     1-4094
Fa0/18     1-4094

[output cut]
```

上述输出表明，默认情况下，VLAN 1～4094 都可通过中继链路传输数据。另一个很有用、也是 CCNA 考试涉及的命令是 show interfaces *interface* switchport：

```
S1#sh interfaces fastEthernet 0/15 switchport
Name: Fa0/15
Switchport: Enabled
Administrative Mode: dynamic desirable
Operational Mode: trunk
Administrative Trunking Encapsulation: negotiate
Operational Trunking Encapsulation: isl
Negotiation of Trunking: On
Access Mode VLAN: 1 (default)
Trunking Native Mode VLAN: 1 (default)
Administrative Native VLAN tagging: enabled
Voice VLAN: none
[output cut]
```

上述标出的输出表明：管理模式为 dynamic desirable；端口处于中继模式；通过使用 DTP 协商，双方同意使用帧标记方法 ISL。另外，本机 VLAN 为默认的 VLAN 1。

确定创建 VLAN 后，便可将交换机端口分配给 VLAN 了。每个端口都只能属于一个 VLAN，但语音接入端口除外。使用中继技术可让端口为所有 VLAN 传输流量，这将稍后介绍。

11.4.1 将交换机端口分配给 VLAN

要指定端口所属的 VLAN，可指定其接口模式（这决定了它将传输哪种类型的流量）以及所属

VLAN 的编号。要将交换机端口（接入端口）分配给特定 VLAN，可使用接口命令 switchport；要同时配置多个端口，可使用命令 interface range。

接下来，我将把接口 Fa0/3 分配给 VLAN 3，该接口将交换机 S3 连接到一台主机：

```
S3#config t
S3(config)#int fa0/3
S3(config-if)#switchport ?
  access         Set access mode characteristics of the interface
  autostate      Include or exclude this port from vlan link up calculation
  backup         Set backup for the interface
  block          Disable forwarding of unknown uni/multi cast addresses
  host           Set port host
  mode           Set trunking mode of the interface
  nonegotiate    Device will not engage in negotiation protocol on this
                 interface
  port-security  Security related command
  priority       Set appliance 802.1p priority
  private-vlan   Set the private VLAN configuration
  protected      Configure an interface to be a protected port
  trunk          Set trunking characteristics of the interface
  voice          Voice appliance attributes voice
```

在上述输出中，有一些新内容，其中显示了各种命令（有些介绍过），但不用担心，稍后将介绍 access、mode、nonegotiate 和 trunk。下面首先将交换机 S3 的一个端口设置为接入端口，在配置了 VLAN 的生产环境中，这可能是使用最广泛的端口类型：

```
S3(config-if)#switchport mode ?
  access        Set trunking mode to ACCESS unconditionally
  dot1q-tunnel  set trunking mode to TUNNEL unconditionally
  dynamic       Set trunking mode to dynamically negotiate access or trunk mode
  private-vlan  Set private-vlan mode
  trunk         Set trunking mode to TRUNK unconditionally

S3(config-if)#switchport mode access
S3(config-if)#switchport access vlan 3
S3(config-if)#switchport voice vlan 5
```

这里首先使用了命令 switchport mode access，它告诉交换机这是一个非中继第 2 层端口。接下来，使用命令 switchport access 将端口分配给一个 VLAN。最后，你将这个端口指定为另一个不同类型的 VLAN（语音 VLAN）的成员。这让你能够将笔记本电脑连接到电话，再将电话连接到这个交换机端口。别忘了，要同时配置多个端口，可使用命令 interface range。

现在来查看 VLAN：

```
S3#show vlan
VLAN Name                   Status    Ports
---- ---------------------- --------- ------------------------------
1    default                active    Fa0/4, Fa0/5, Fa0/6, Fa0/7
                                      Fa0/8, Fa0/9, Fa0/10, Fa0/11,
                                      Fa0/12, Fa0/13, Fa0/14, Fa0/19,
                                      Fa0/20, Fa0/21, Fa0/22, Fa0/23,
                                      Gi0/1 ,Gi0/2
2    Sales                  active
```

```
3       Marketing                       active       Fa0/3
5       Voice                           active       Fa0/3
```

注意到 Fa0/3 现在同时属于两个不同类型的 VLAN——VLAN 3 和 VLAN 5。你能告诉我端口 Fa0/1 和 Fa0/2 到哪里去了吗？它们为何没有出现在命令 show vlan 的输出中？因为它们是中继端口！

为了解端口 Fa0/3 的详细情况，可使用命令 show interfaces *interface* switchport：

```
S3#sh int fa0/3 switchport
Name: Fa0/3
Switchport: Enabled
Administrative Mode: static access
Operational Mode: static access
Administrative Trunking Encapsulation: negotiate
Negotiation of Trunking: Off
Access Mode VLAN: 3 (Marketing)
Trunking Native Mode VLAN: 1 (default)
Administrative Native VLAN tagging: enabled
Voice VLAN: 5 (Voice)
```

标出的输出表明，Fa0/3 是一个接入端口，属于 VLAN 3（Marketing），它还是 Voice VLAN 5 的成员。

这就指定了端口所属的 VLAN，但如果此时将设备连接到 VLAN 端口，它们将只能与同一个 VLAN 内的设备通信。下面更详细地介绍中继，再启用 VLAN 间通信。

11.4.2 配置中继端口

2960 交换机只支持封装方法 IEEE 802.1q。要将快速以太网接口配置为中继端口，可使用接口命令 switchport mode trunk。在 3560 交换机上，配置方法稍有不同。

下面的示例将接口 Fa0/15 ~ Fa0/18 配置成了中继端口：

```
S1(config)#int range f0/15-18
S1(config-if-range)#switchport trunk encapsulation dot1q
S1(config-if-range)#switchport mode trunk
```

如果交换机只支持封装方法 IEEE 802.1q，就不能使用前面所示的封装命令。下面查看中继端口的详情：

```
S1(config-if-range)#do sh int f0/15 swi
Name: Fa0/15
Switchport: Enabled
Administrative Mode: trunk
Operational Mode: trunk
Administrative Trunking Encapsulation: dot1q
Operational Trunking Encapsulation: dot1q
Negotiation of Trunking: On
Access Mode VLAN: 1 (default)
Trunking Native Mode VLAN: 1 (default)
Administrative Native VLAN tagging: enabled
Voice VLAN: none
```

注意到端口 Fa0/15 为中继端口，使用的封装方法为 802.1q。下面查看所有中继端口的详情：

```
S1(config-if-range)#do sh int trunk
```

11

```
Port          Mode              Encapsulation   Status       Native vlan
Fa0/15        on                802.1q          trunking     1
Fa0/16        on                802.1q          trunking     1
Fa0/17        on                802.1q          trunking     1
Fa0/18        on                802.1q          trunking     1
Port          Vlans allowed on trunk
Fa0/15        1-4094
Fa0/16        1-4094
Fa0/17        1-4094
Fa0/18        1-4094
```

注意到现在端口 Fa0/15 ~ Fa0/18 处于中继模式，但使用的封装方法为 802.1q，而不是协商得到的 ISL。配置交换机接口时，可使用下面的选项。

❑ **switchport mode access** 前一节讨论过，它将接口设置为非中继模式，并通过协商将链路设置为非中继链路。无论邻接接口是否是中继接口，该接口都将成为非中继接口，即专用的第2层接入端口。

❑ **switchport mode dynamic auto** 这种模式让接口能够将链路转换为中继链路。如果邻接接口为 trunk 或 desirable 模式，该接口将成为中继接口。在很多思科交换机上，默认模式都为 dynamic auto，但在最新的交换机上，默认模式为 dynamic desirable。

❑ **switchport mode dynamic desirable** 这让接口尽力将链路转换为中继链路。如果邻接接口的模式为 trunk、desirable 或 auto，该接口将成为中继接口。以前，这是有些交换机采用的默认模式，但现在不是这样了。在所有新的思科交换机中，所有以太网接口都默认采用这种模式。

❑ **switchport mode trunk** 将接口设置为中继模式，并通过协商将链路转换为中继链路。即使邻接接口不是中继接口，该接口也将成为中继接口。

❑ **switchport nonegotiate** 禁止接口生成 DTP 帧。仅当接口处于 access 或 trunk 模式时，才能使用该命令。在这种情况下，要建立中继链路，必须手动将邻接接口配置为中继接口。

注意　　动态中继协议(DTP)用于在两台设备之间协商链路的模式以及封装类型(802.1q还是ISL)。如果不希望中继端口进行协商，使用命令nonegotiate。

要在接口上禁用中继，可使用命令 switchport mode access，它将端口恢复为专用的第2层接入端口。

1. 指定中继端口支持的 VLAN

前面说过，默认情况下，中继端口发送和接收来自所有 VLAN 的信息，并将未标记的帧发送到管理 VLAN。这也适用于扩展 VLAN。

然而，可将某些 VLAN 排除在外，禁止其流量通过中继链路进行传输。咱们先来看看是否所有 VLAN 的流量默认都可通过中继链路进行传输，再演示如何这样做：

```
S1#sh int trunk
[output cut]
Port          Vlans allowed on trunk
Fa0/15        1-4094
Fa0/16        1-4094
```

```
Fa0/17      1-4094
Fa0/18      1-4094
S1(config)#int f0/15
S1(config-if)#switchport trunk allowed vlan 4,6,12,15
S1(config-if)#do show int trunk
[output cut]
Port        Vlans allowed on trunk
Fa0/15      4,6,12,15
Fa0/16      1-4094
Fa0/17      1-4094
Fa0/18      1-4094
```

上述命令影响在 S1 的端口 F0/15 上配置的中继链路，导致它允许来自 VLAN 4、6、12 和 15 的流量通过。你可尝试将 VLAN 1 排除在外，但中继链路仍将接收和发送管理流量，如 CDP、DTP 和 VTP 等。

要将特定范围内的 VLAN 排除在外，可使用连字符：

```
S1(config-if)#switchport trunk allowed vlan remove 4-8
```

将 VLAN 排除在外后，要恢复到默认设置，可使用下述命令：

```
S1(config-if)#switchport trunk allowed vlan all
```

下面介绍如何配置中继端口的本机 VLAN，再启用 VLAN 间路由选择。

2. 修改中继端口的本机 VLAN

可将中继端口的本机 VLAN 从 VLAN 1 改为其他 VLAN，很多人出于安全考虑而这样做。要修改本机 VLAN，可使用如下命令：

```
S1(config)#int f0/15
S1(config-if)#switchport trunk native vlan ?
  <1-4094>  VLAN ID of the native VLAN when this port is in trunking mode

S1(config-if)#switchport trunk native vlan 4
1w6d: %CDP-4-NATIVE_VLAN_MISMATCH: Native VLAN mismatch discovered on FastEthernet0/15
(4), with S3 FastEthernet0/1 (1).
```

将中继端口的本机 VLAN 改为 VLAN 4 后，使用命令 show running-config 查看该中继端口的配置：

```
S1#sh run int f0/15
Building configuration...

Current configuration : 202 bytes
!
interface FastEthernet0/15
 description 1st connection to S3
 switchport trunk encapsulation dot1q
 switchport trunk native vlan 4
 switchport trunk allowed vlan 4,6,12,15
 switchport mode trunk
end

S1#!
```

你不会以为事情如此简单吧？确实不会如此简单。如果中继链路两端的交换机端口的本机 VLAN

11

不同，将出现如下错误（在你修改本机 VLAN 后马上就会出现）：

```
1w6d: %CDP-4-NATIVE_VLAN_MISMATCH: Native VLAN mismatch discovered
on FastEthernet0/15 (4), with S3 FastEthernet0/1 (1).
```

这个清晰的错误很有帮助。为消除这种错误，要么修改中继链路另一端的本机 VLAN，要么将当前端口的本机 VLAN 恢复到默认设置。这里采取第二种方式：

```
S1(config-if)#no switchport trunk native vlan
1w6d: %SPANTREE-2-UNBLOCK_CONSIST_PORT: Unblocking FastEthernet0/15
on VLAN0004. Port consistency restored.
```

这样，当前中继端口将把 VLAN 1 用作本机 VLAN。请记住，中继链路两端的本机 VLAN 必须相同，否则将导致严重的管理问题。这不会影响用户数据，只影响交换机之间传输的管理流量。下面在交换型网络中添加一台路由器，并配置 VLAN 间通信。

11.4.3   配置 VLAN 间路由选择

默认情况下，只有属于同一个 VLAN 的主机才能相互通信。要改变这种状况，允许进行 VLAN 间通信，需要路由器或第 3 层交换机。这里首先介绍使用路由器的方式。

为在快速以太网接口上支持 ISL 或 802.1q，将路由器接口分成多个逻辑接口，每个 VLAN 一个，如图 11-10 所示。这些逻辑接口被称为子接口。要在快速以太网接口或吉比特以太网接口上启用中继，可使用命令 encapsulation：

```
ISR#config t
ISR(config)#int f0/0.1
ISR(config-subif)#encapsulation ?
  dot1Q  IEEE 802.1Q Virtual LAN
ISR(config-subif)#encapsulation dot1Q ?
  <1-4094>  IEEE 802.1Q VLAN ID
```

注意到我的 2811 路由器（名为 ISR）只支持 802.1q。要使用 ISL 封装，需要购买较老的路由器，但为何要如此麻烦呢？

子接口号只有本地意义，因此使用什么样的编号无关紧要。由于子接口号只用于管理目的，我在大多数情况下都使用要路由的 VLAN 的编号，方便记忆。

每个 VLAN 实际上都是一个独立的子网，明白这一点很重要。最好将 VLAN 配置为独立的子网，虽然并非**必须**这样。继续往下介绍前，我想说一下**上行路由选择**。这个术语用于描述单臂路由器。单臂路由器提供 VLAN 间路由选择功能，但也可用于转发上行流量，即从交换型网络前往公司网络其他部分或互联网的流量。

现在，需要确保你为配置 VLAN 间路由选择和确定主机 IP 地址做好了充分准备。与往常一样，最好能够在问题出现时修复它们。为确保你成功，来看几个示例。

首先，请看图 11-12 并查看其中的路由器和交换机配置。学习到这里，你应该能够确定 VLAN 中每台主机的 IP 地址、子网掩码和默认网关。

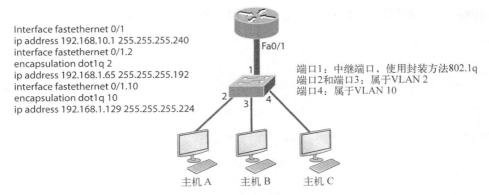

Interface fastethernet 0/1
ip address 192.168.10.1 255.255.255.240
interface fastethernet 0/1.2
encapsulation dot1q 2
ip address 192.168.1.65 255.255.255.192
interface fastethernet 0/1.10
encapsulation dot1q 10
ip address 192.168.1.129 255.255.255.224

端口1：中继端口，使用封装方法802.1q
端口2和端口3：属于VLAN 2
端口4：属于VLAN 10

主机 A　　主机 B　　主机 C

图 11-12　VLAN 间路由选择配置示例 1

接下来确定要使用哪些子网。从图中显示的路由器配置可知，VLAN 1 使用子网 192.168.10.0/28，VLAN 2 使用子网 192.168.1.64/26，而 VLAN 10 使用子网 192.168.1.128/27。

从交换机配置可知，端口 2 和端口 3 属于 VLAN 2，而端口 4 属于 VLAN 10。这意味着主机 A 和主机 B 属于 VLAN 2，而主机 C 属于 VLAN 10。

等等，这里给物理接口配置 IP 地址有何目的？我们能够实现这种目的吗？如果给物理接口配置 IP 地址，从该 IP 地址发送的帧将不会被标记。这样的帧属于哪个 VLAN 呢？默认属于 VLAN 1——管理 VLAN。这意味着 192.168.10.1/28 是该交换机的本机 VLAN 的 IP 地址。

主机应使用的 IP 地址如下。

❑ 主机 A：IP 地址为 192.168.1.66（255.255.255.192）；默认网关 192.168.1.65。
❑ 主机 B：IP 地址为 192.168.1.67（255.255.255.192）；默认网关为 192.168.1.65。
❑ 主机 C：IP 地址为 192.168.1.130（255.255.255.224）；默认网关为 192.168.1.129。

主机可使用正确范围内的任何地址，我选择的是默认网关地址后面的第一个可用 IP 地址。这不太难，不是吗？

现在继续以图 11-12 为例，介绍配置交换机端口 1，使其建立一条到路由器的链路，并使用封装方法 IEEE 802.1q 支持 VLAN 间通信所需的命令。别忘了，根据使用的交换机类型，所需的命令可能有细微的差别。

就 2960 交换机而言，使用如下命令：

```
2960#config t
2960(config)#interface fa0/1
2960(config-if)#switchport mode trunk
```

就这么简单！你知道，2960 交换机只支持封装方法 802.1q，因此不需要指定，也无法指定。对于 3560 交换机，配置基本相同，但由于它支持 ISL 和 802.1q，必须指定要使用的中继协议。

 别忘了，创建中继链路时，默认情况下所有 VLAN 都可通过它传输数据。

来看图 11-13，看看能从中获悉哪些信息。在该图中，有三个 VLAN，而每个 VLAN 都有两台主

11

机。图中路由器连接的是交换机端口 Fa0/1，而 VLAN 4 连接的是端口 Fa0/6。

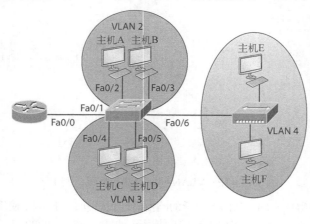

图 11-13   VLAN 间路由选择配置示例 2

思科要求你能够根据该示意图知道如下几点：

❏ 路由器通过子接口连接到交换机；

❏ 与路由器相连的交换机端口为中继端口；

❏ 与主机和集线器相连的交换机端口为接入端口，而不是中继端口。

交换机的配置应类似于下面这样：

```
2960#config t
2960(config)#int f0/1
2960(config-if)#switchport mode trunk
2960(config-if)#int f0/2
2960(config-if)#switchport access vlan 2
2960(config-if)#int f0/3
2960(config-if)#switchport access vlan 2
2960(config-if)#int f0/4
2960(config-if)#switchport access vlan 3
2960(config-if)#int f0/5
2960(config-if)#switchport access vlan 3
2960(config-if)#int f0/6
2960(config-if)#switchport access vlan 4
```

配置路由器前，需要设计逻辑网络。

❏ VLAN 1：192.168.10.0/28

❏ VLAN 2：192.168.10.16/28

❏ VLAN 3：192.168.10.32/28

❏ VLAN 4：192.168.10.48/28

路由器的配置应类似于下面这样：

```
ISR#config t
ISR(config)#int fa0/0
ISR(config-if)#ip address 192.168.10.1 255.255.255.240
ISR(config-if)#no shutdown
```

```
ISR(config-if)#int f0/0.2
ISR(config-subif)#encapsulation dot1q 2
ISR(config-subif)#ip address 192.168.10.17 255.255.255.240
ISR(config-subif)#int f0/0.3
ISR(config-subif)#encapsulation dot1q 3
ISR(config-subif)#ip address 192.168.10.33 255.255.255.240
ISR(config-subif)#int f0/0.4
ISR(config-subif)#encapsulation dot1q 4
ISR(config-subif)#ip address 192.168.10.49 255.255.255.240
```

注意到我没有对 VLAN 1 的流量进行标记。虽然可以创建一个子接口，并对 VLAN 1 的流量进行标记，但使用 802.1q 时没有必要这样做，因为未标记的帧属于本机 VLAN。

对于每个 VLAN 中的主机，都需要给它们分配相应子网中的地址，而默认网关为相应路由器子接口的 IP 地址。

再来看图 11-14，看看你能否在不看答案的情况下确定交换机和路由器的配置——可不要作弊哦！在图 11-14 中，一台路由器与一台有两个 VLAN 的 2960 交换机相连，对于每个 VLAN，都给其中的一台主机分配了 IP 地址。根据这些 IP 地址，你将如何配置路由器和交换机呢？

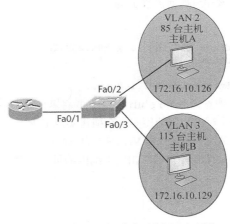

图 11-14　VLAN 间路由选择配置示例 3

由于没有指出主机使用的子网掩码，你必须根据每个 VLAN 包含的主机数确定块大小。VLAN 2 有 85 台主机，而 VLAN 3 有 115 台主机，它们要求的块大小都是 128，即子网掩码为/25（255.255.255.128）。

你应该知道，它们分别使用子网 0 和 128。子网 0（VLAN 2）的主机地址范围为 1 ~ 126，而子网 128（VLAN 3）的主机地址范围为 129 ~ 254。主机 A 的 IP 地址为 126，这使得它看起来像是与主机 B 属于同一个子网。但实际情况并非如此，你现在很聪明，不再会受此蒙蔽了。

下面是交换机的配置：

```
2960#config t
2960(config)#int f0/1
2960(config-if)#switchport mode trunk
2960(config-if)#int f0/2
2960(config-if)#switchport access vlan 2
2960(config-if)#int f0/3
2960(config-if)#switchport access vlan 3
```

11

下面是路由器的配置：

```
ISR#config t
ISR(config)#int f0/0
ISR(config-if)#ip address 192.168.10.1 255.255.255.0
ISR(config-if)#no shutdown
ISR(config-if)#int f0/0.2
ISR(config-subif)#encapsulation dot1q 2
ISR(config-subif)#ip address 172.16.10.1 255.255.255.128
ISR(config-subif)#int f0/0.3
ISR(config-subif)#encapsulation dot1q 3
ISR(config-subif)#ip address 172.16.10.254 255.255.255.128
```

这里使用了 VLAN 2 的主机地址范围内的第一个地址以及 VLAN 3 的主机地址范围内的最后一个地址，但使用相应范围内的任何地址都可行，只需将主机的默认网关配置为相应的路由器地址即可。另外，给物理接口分配了另一个子网中的地址，这是用于管理 VLAN 的地址。

介绍下一个示例前，需要确保你知道如何在交换机上设置 IP 地址。鉴于 VLAN 1 通常是管理 VLAN，我们将使用该地址池中的一个 IP 地址。下面的示例演示了如何设置交换机的 IP 地址（我不想喋喋不休，但你确实早就应该知道如何设置了）：

```
2960#config t
2960(config)#int vlan 1
2960(config-if)#ip address 192.168.10.2 255.255.255.0
2960(config-if)#no shutdown
2960(config-if)#exit
2960(config)#ip default-gateway 192.168.10.1
```

在该 VLAN 接口上，必须配置命令 no shutdown，并将默认网关设置为路由器物理接口的地址。

下面再介绍一个例子，然后讨论如何使用多层交换机实现 IVR——另一个绝对不容错过的重要主题。在图 11-15 中，有两个 VLAN，还有管理 VLAN（VLAN 1）。通过路由器的配置可知，主机 A 的 IP 地址、子网掩码和默认网关是什么呢？请将相应范围内的最后一个地址用于主机 A。

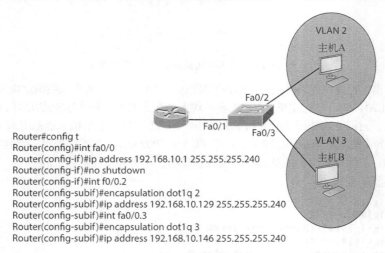

图 11-15　VLAN 间路由选择配置示例 4

如果仔细查看路由器（在这里，其主机名为 Router）的配置，答案将非常简单。所有子网的子网掩码都是/28，即 255.255.255.240，因此块大小为 16。属于 VLAN 2 的路由器子接口的地址包含在子网 128 内，下一个子网为 144，因此 VLAN 2 的广播地址为 143，合法的主机地址范围为 129～142。因此主机 A 的配置如下：

- ❑ IP 地址为 192.168.10.142；
- ❑ 子网掩码为 255.255.255.240；
- ❑ 默认网关为 192.168.10.129。

接下来的内容可能是全书最难的，为帮助你理解，我在这里提供的配置简单得不能再简单了。

我将通过图 11-16 来演示如何在多层交换机中配置 VLAN 间路由选择（IVR），这通常被称为交换虚拟接口（SVI）。这里的网络与讨论多层交换机时使用的网络（图 11-11）相同，将使用的 IP 编址方案如下：192.168.x.0/24，其中 x 表示 VLAN 子网，这里与 VLAN 编号相同。

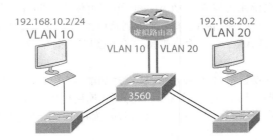

图 11-16　使用多层交换机实现 VLAN 间路由选择

已经给主机配置了 IP 地址、子网掩码和默认网关地址，其中 IP 地址为相应子网中第一个合法的 IP 地址。我们只需在交换机上配置路由选择，这其实非常简单：

```
S1(config)#ip routing
S1(config)#int vlan 10
S1(config-if)#ip address 192.168.10.1 255.255.255.0
S1(config-if)#int vlan 20
S1(config-if)#ip address 192.168.20.1 255.255.255.0
```

仅此而已。启用 IP 路由选择，再使用命令 interface vlan *number* 给每个 VLAN 创建一个逻辑接口，就大功告成了！现在，VLAN 间路由选择是在交换机背板中进行的。

11.5　小结

本章介绍了虚拟 LAN，描述了思科交换机如何使用它们。我们讨论了 VLAN 如何分割交换型互联网络中的广播域，这非常重要且必不可少，因为默认情况下，第 2 层交换机只分割冲突域，所有交换机组成一个大型广播域。我还介绍了接入链路，并讨论了如何让 VLAN 跨越快速以太网和速度更快的链路。

组建的网络包含多台交换机和多个 VLAN 时，必须对中继技术有深入的认识，这非常重要。

本章还提供了重要的配置和故障排除示例，这些示例涉及接入端口和中继端口、中继配置选项以及 IVR。

11

11.6　考试要点

理解术语"帧标记"。帧标记指的是 VLAN 标识，交换机使用它来跟踪所有穿越交换矩阵的帧，并使用它来确定帧所属的 VLAN。

理解 VLAN 标识方法 802.1q。这是 IEEE 制定的标准帧标记方法。在思科交换机和其他品牌的交换机之间中继时，必须使用 802.1q。

牢记如何将 2960 交换机的端口设置为中继端口。在 2960 交换机中，要将端口设置为中继端口，可使用命令 `switchport mode trunk`。

将主机连接到交换机端口时，别忘了查看端口所属的 VLAN。将主机连接到交换机端口时，务必检查端口所属的 VLAN。如果端口所属的 VLAN 与主机要求的不一致，主机将无法访问所需的网络服务，如工作组服务器或打印机。

牢记如何创建思科单臂路由器以支持 VLAN 间通信。可使用思科路由器的一个快速以太网接口或吉比特以太网接口来提供 VLAN 间路由选择。连接到路由器的交换机端口必须是中继端口，你还必须在该路由器端口上为每个 VLAN 创建一个虚拟接口（子接口），每个 VLAN 中的主机都将相应子接口的地址作为默认网关地址。

牢记如何使用第 3 层交换机提供 VLAN 间路由选择功能。可像使用单臂路由器那样使用第 3 层（多层）交换机来提供 IVR，但使用第 3 层交换机效率更高，速度更快。首先，使用命令 `ip routing` 启用路由选择进程，再使用命令 `interface vlan` *vlan* 为每个 VLAN 创建一个虚拟接口，然后给虚拟接口分配合适的 IP 地址。

11.7　书面实验

请回答下述问题。

(1) 判断对错：要使用第 3 层交换机提供 IVR，需要给每个交换机接口配置一个 IP 地址。

(2) 哪种协议可用于防范第 2 层交换型网络中出现环路？

(3) 在第 2 层交换型网络中，VLAN 分割_____域。

(4) 哪些 VLAN 编号默认被保留？

(5) 如果交换机支持帧标记方法 ISL 和 802.1q，要让中继端口使用 802.1q，可使用哪个命令？

(6) 中继提供了什么功能？

(7) 在 IOS 交换机中，默认可创建多少个 VLAN？

(8) 判断对错：将帧转发到接入链路前，将剥除 802.1q 封装。

(9) 哪种交换机端口只能属于一个 VLAN？

(10) 默认情况下，未标记的流量属于 VLAN 1，如果要让它们属于 VLAN 4，可使用哪个命令？

答案见附录 A。

11.8　动手实验

在这些动手实验中，你将使用三台交换机和一台路由器。要完成最后一个实验，还需要一台第 3

层交换机。

  ❏ 动手实验 11.1：配置和验证 VLAN。
  ❏ 动手实验 11.2：配置和验证中继链路。
  ❏ 动手实验 11.3：在单臂路由器上配置 IVR。
  ❏ 动手实验 11.4：在第 3 层交换机上配置 IVR。

这些实验使用的网络如下图所示。

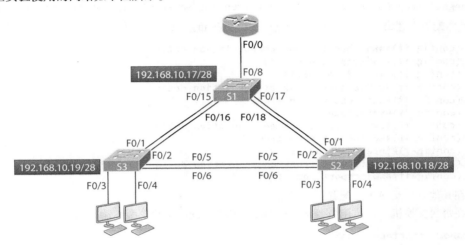

11.8.1 动手实验 11.1：配置和验证 VLAN

在这个实验中，你将在全局配置模式下配置并验证 VLAN。

(1) 在每台交换机上，配置两个 VLAN：VLAN 10 和 VLAN 20。

```
S1(config)#vlan 10
S1(config-vlan)#vlan 20

S2(config)#vlan 10
S2(config-vlan)#vlan 20

S3(config)#vlan 10
S3(config-vlan)#vlan 20
```

(2) 使用命令 show vlan 和 show vlan brief 验证 VLAN。注意默认情况下所有接口都属于 VLAN 1。

```
S1#sh vlan
S1#sh vlan brief
```

11.8.2 动手实验 11.2：配置和验证中继链路

在这个实验中，你将配置并验证中继链路。

11

(1) 连接到交换机 S1，在与其他交换机相连的端口上配置中继。如果你使用的交换机支持帧标记方法 802.1q 和 ISL，请配置命令 encapsulation，否则不配置。

```
S1#config t
S1(config)#interface fa0/15
S1(config-if)#switchport trunk encapsulation ?
  dot1q  Interface uses only 802.1q trunking encapsulation when trunking
  isl    Interface uses only ISL trunking encapsulation when trunking
  negotiate   Device will negotiate trunking encapsulation with peer on interface
```

如果你配置上述命令时出现了错误消息，就说明你的交换机并不同时支持这两种封装方法。

```
S1 (config-if)#switchport trunk encapsulation dot1q
S1 (config-if)#switchport mode trunk
S1 (config-if)#interface fa0/16
S1 (config-if)#switchport trunk encapsulation dot1q
S1 (config-if)#switchport mode trunk
S1 (config-if)#interface fa0/17
S1 (config-if)#switchport trunk encapsulation dot1q
S1 (config-if)#switchport mode trunk
S1 (config-f)#interface fa0/18
S1 (config-if)#switchport trunk encapsulation dot1q
S1 (config-if)#switchport mode trunk
```

(2) 在其他两台交换机上配置中继链路。

(3) 在每台交换机上，使用命令 show interface trunk 验证中继端口：

```
S1#show interface trunk
```

(4) 使用下面的命令验证 switchport 配置：

```
S1#show interface interface switchport
```

第二个 interface 是指定接口的变量，如 Fa0/15。

11.8.3　动手实验 11.3：在单臂路由器上配置 IVR

在这个实验中，你将把与交换机 S1 的端口 F0/8 相连的路由器配置成单臂路由器（ROAS）。

(1) 给路由器接口 F0/0 配置两个子接口，以便使用 802.1q 封装来提供 VLAN 间路由选择功能。将 172.16.10.0/24 用于管理 VLAN，将 10.10.10.0/24 用于 VLAN 10，并将 20.20.20.0/24 用于 VLAN 20。

```
Router#config t
Router (config)#int f0/0
Router (config-if)#ip address 172.16.10.1 255.255.255.0
Router (config-if)#interface f0/0.10
Router (config-subif)#encapsulation dot1q 10
Router (config-subif)#ip address 10.10.10.1 255.255.255.0
Router (config-subif)#interface f0/0.20
Router (config-subif)#encapsulation dot1q 20
Router (config-subif)#ip address 20.20.20.1 255.255.255.0
```

(2) 使用命令 show running-config 对配置进行验证。

(3) 在交换机 S1 中，在与路由器相连的接口 F0/8 上配置中继。

(4) 在各台交换机上，使用命令 sh vlan 验证 VLAN 配置。

(5) 在交换机上，使用命令 switchport access vlan x 将主机连接的端口加入 VLAN 10 或 VLAN 20。

(6) 从 PC ping 与它属于同一个 VLAN 的路由器子接口。

(7) 从 PC ping 另一个 VLAN 中的 PC。当前通过路由器进行路由。

11.8.4 动手实验 11.4：在第 3 层交换机上配置 IVR

在这个实验中，你将禁止路由器提供 VLAN 间路由选择功能，并通过创建 SVI 让交换机 S1 提供 VLAN 间路由选择功能。

(1) 连接到交换机 S1，并将接口 F0/8 设置为接入端口，这样路由器将不再提供 VLAN 间路由选择功能。

(2) 在交换机 S1 上启用 IP 路由选择。

```
S1(config)#ip routing
```

(3) 为提供 IVR，在交换机 S1 上创建两个虚拟接口。

```
S1(config)#interface vlan 10
S1(config-if)#ip address 10.10.10.1 255.255.255.0
S1(config-if)#interface vlan 20
S1(config-if)#ip address 20.20.20.1 255.255.255.0
```

(4) 清除交换机和主机的 ARP 缓存。

```
S1#clear arp
```

(5) 从 PC ping 与它属于同一个 VLAN 的交换机虚拟接口。

(6) 从 PC ping 另一个 VLAN 中的 PC。当前通过交换机 S1 进行路由。

11.9 复习题

注意 下面的复习题旨在检验你对本章内容的理解程度。有关如何获取更多复习题的信息，请参阅 www.lammle.com/ccna。

这些复习题的答案见附录 B。

(1) 下面哪种有关 VLAN 的说法是正确的？

    A. VLAN 极大地降低了网络的安全性

    B. VLAN 增加了冲突域，同时缩小了它们的规模

    C. VLAN 减少了广播域，同时缩小了它们的规模

    D. 在网络中添加、移走和更换设备很容易，只需将端口加入合适的 VLAN 即可

(2) 要让第 3 层交换机在下述命令创建的两个 VLAN 之间提供路由选择功能，还需配置哪个命令？

```
S1(config)#int vlan 10
S1(config-if)#ip address 192.168.10.1 255.255.255.0
S1(config-if)#int vlan 20
S1(config-if)#ip address 192.168.20.1 255.255.255.0
```

(3) 在下图中，要让其中的全部 4 台主机都能相互通信，线条两端的端口必须是什么端口？

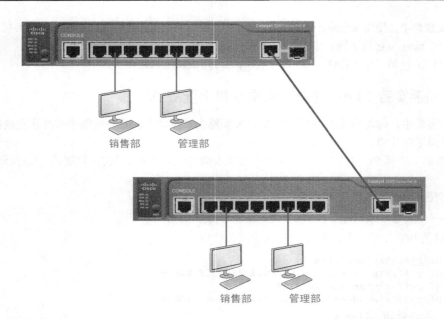

销售部　　　管理部

销售部　　　管理部

　A. 接入端口　　　　　　B. 10 GB 端口　　　　　C. 中继端口　　　　　　D. 生成树端口

(4) 接入端口可以是两个 VLAN 的成员，但第二个 VLAN 必须是下面哪种类型？

　A. 从 VLAN　　　　　　B. 语音 VLAN　　　　　C. 主 VLAN　　　　　　D. 中继 VLAN

(5) 在下述创建 VLAN 接口的配置中，缺失了哪个命令？

```
2960#config t
2960(config)#int vlan 1
2960(config-if)#ip address 192.168.10.2 255.255.255.0
2960(config-if)#exit
2960(config)#ip default-gateway 192.168.10.1
```

　A. no shutdown（在 vlan 1 的接口配置模式下）

　B. encapsulation dot1q 1（在 vlan 1 的接口配置模式下）

　C. switchport access vlan 1

　D. passive-interface

(6) 下面哪种有关 ISL 和 802.1q 的说法是正确的？

　A. 802.1q 使用控制信息封装帧，而 ISL 插入一个包含标记控制信息的 ISL 字段

　B. 802.1q 是思科专用的

　C. ISL 使用控制信息封装帧，而 802.1q 插入一个包含标记控制信息的 802.1q 字段

　D. ISL 是一种标准

(7) 下图描绘的是哪种概念？

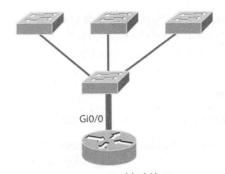

A. 多协议路由选择   B. 被动接口

C. 网关冗余   D. 单臂路由器

(8) 要将接口分配到 VLAN 2,可使用什么命令?只需指出命令,不必指出提示符。

(9) 下面的输出是由什么命令生成的?

```
VLAN Name                        Status    Ports
---- ----------------------      --------- ------------------------
1    default                     active    Fa0/1, Fa0/2, Fa0/3, Fa0/4
                                           Fa0/5, Fa0/6, Fa0/7, Fa0/8
                                 Fa0/9, Fa0/10, Fa0/11, Fa0/12
                                 Fa0/13, Fa0/14, Fa0/19, Fa0/20
                                 Fa0/21, Fa0/22, Fa0/23, Gi0/1
                                           Gi0/2

2    Sales                       active
3    Marketing                   active
4    Accounting                  active
[output cut]
```

(10) 在下图所示的网络中,要在 VLAN 2 和 VLAN 3 之间启用 VLAN 间路由选择,图中所示的配置缺少了哪个命令?

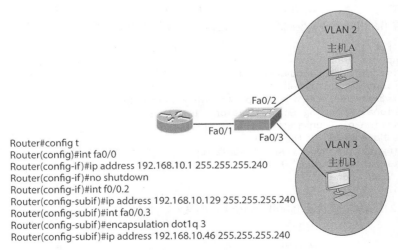

```
Router#config t
Router(config)#int fa0/0
Router(config-if)#ip address 192.168.10.1 255.255.255.240
Router(config-if)#no shutdown
Router(config-if)#int f0/0.2
Router(config-subif)#ip address 192.168.10.129 255.255.255.240
Router(config-subif)#int fa0/0.3
Router(config-subif)#encapsulation dot1q 3
Router(config-subif)#ip address 192.168.10.46 255.255.255.240
```

A. encapsulation dot1q 3(在接口 f0/0.2 的接口配置模式下)

B. `encapsulation dot1q 2`（在接口 f0/0.2 的接口配置模式下）

C. `no shutdown`（在接口 f0/0.2 的接口配置模式下）

D. `no shutdown`（在接口 f0/0.3 的接口配置模式下）

(11) 根据下述配置，哪种说法是正确的？

```
S1(config)#ip routing
S1(config)#int vlan 10
S1(config-if)#ip address 192.168.10.1 255.255.255.0
S1(config-if)#int vlan 20
S1(config-if)#ip address 192.168.20.1 255.255.255.0
```

A. 这是一台多层交换机　　　　　　　B. 两个 VLAN 属于同一个子网

C. 必须配置封装　　　　　　　　　　D. VLAN 10 是管理 VLAN

(12) 根据下述输出，哪种说法是正确的？

```
S1#sh vlan

VLAN Name                 Status    Ports
---- -------------------- --------- -------------------------------
1    default              active    Fa0/1, Fa0/2, Fa0/3, Fa0/4
                                    Fa0/5, Fa0/6, Fa0/7, Fa0/8
                                    Fa0/9, Fa0/10, Fa0/11, Fa0/12
                                    Fa0/13, Fa0/14, Fa0/19, Fa0/20,
                                    Fa0/22, Fa0/23, Gi0/1, Gi0/2
2    Sales                active
3    Marketing            active    Fa0/21
4    Accounting           active
[output cut]
```

A. 接口 F0/15 是一个中继端口　　　　B. 接口 F0/17 是一个接入端口

C. 接口 F0/21 是一个中继端口　　　　D. VLAN 1 的成员是手动指定的

(13) 使用 802.1q 时，未标记的帧属于_____VLAN。

A. 辅助　　　　B. 语音　　　　C. 本机　　　　D. 私有

(14) 下述输出是由哪个命令生成的？只需指出命令，不必指出提示符。

```
Name: Fa0/15
Switchport: Enabled
Administrative Mode: dynamic desirable
Operational Mode: trunk
Administrative Trunking Encapsulation: negotiate
Operational Trunking Encapsulation: isl
Negotiation of Trunking: On
Access Mode VLAN: 1 (default)
Trunking Native Mode VLAN: 1 (default)
Administrative Native VLAN tagging: enabled
Voice VLAN: none
[output cut]
```

(15) 问题 12 所示的交换机输出列出了多少个广播域？

A. 1 个　　　　　　　　　　B. 2 个

C. 4 个　　　　　　　　　　D. 1001 个

(16) 在下图中，主机 B 的默认网关地址是哪个？

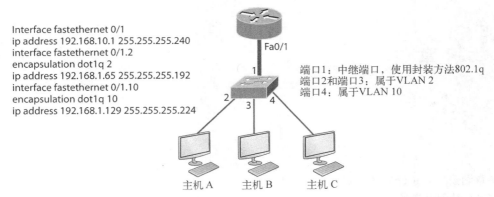

Interface fastethernet 0/1
ip address 192.168.10.1 255.255.255.240
interface fastethernet 0/1.2
encapsulation dot1q 2
ip address 192.168.1.65 255.255.255.192
interface fastethernet 0/1.10
encapsulation dot1q 10
ip address 192.168.1.129 255.255.255.224

端口1：中继端口，使用封装方法802.1q
端口2和端口3：属于VLAN 2
端口4：属于VLAN 10

Fa0/1

主机 A   主机 B   主机 C

A. 192.168.10.1   B. 192.168.1.65
C. 192.168.1.129   D. 192.168.1.2

(17) 在虚拟局域网（VLAN）中，帧标记的作用是什么？

　　A. VLAN 间路由选择   B. 加密网络分组

　　C. 对通过中继链路传输的帧进行标识   D. 对通过接入链路传输的帧进行标识

(18) 要在第 2 层交换机上创建 VLAN 2，需要使用什么命令？只需指出命令，不必指出提示符。

(19) 下面哪种有关帧标记方法 802.1q 的说法是正确的？

　　A. 802.1q 添加 26 字节的帧尾和 4 字节的帧头

　　B. 802.1q 使用本机 VLAN

　　C. 802.1q 不修改原始以太网帧

　　D. 802.1q 只能用于思科交换机

(20) 要禁止接口生成 DTP 帧，可使用哪个命令？只需指出命令，不必指出提示符。

11

第 12 章

安　全

本章涵盖如下 ICND1 考试要点。

✓ **4.0 基础设施服务**

❑ 4.6 为路由型接口配置和验证 IPv4 标准编号和命名访问列表并排除其故障

如果你是系统管理员，确保重要的敏感数据及网络资源免受各种威胁将是你的首要任务。思科提供了一些有效的安全解决方案，可帮助你完成这项任务。

我将介绍的第一个强大工具是访问控制列表。访问控制列表（ACL）是思科安全解决方案的有机组成部分，我将首先介绍如何创建和实现简单的 ACL，再演示更高级的 ACL，并阐述如何使用它们给深处高风险环境的互联网络穿上厚厚的盔甲。

附录 C 介绍了如何缓解常见的网络安全威胁。请务必阅读该附录，因为其中包含大量安全知识，而这些知识也在 CCNA 考试考查的范围内。

访问控制列表是一种多用途网络工具，因此在路由器配置中正确使用和配置访问控制列表至关重要。访问控制列表让网络管理员能够很好地控制流量在整个企业网络中的传输，从而极大地改善网络的运行效率。通过使用访问控制列表，管理员可收集分组传输方面的基本统计数据，确定要实现的安全策略；还可保护敏感设备，防范未经授权的访问。

本章讨论 TCP/IP 访问控制列表，并介绍一些可用于测试和监视访问控制列表效果的工具。我将首先讨论使用硬件设备和 VLAN 实现的重要安全措施，再介绍 ACL。

注意　有关本章内容的最新修订，请访问 www.lammle.com/forum 或出版社网站的本书配套网页（www.sybex.com/go/ccna）。

12.1　外围路由器、防火墙和内部路由器

大中型企业网络通常采用外围路由器、内部路由器和防火墙的配置来实现各种安全策略。内部路由器对前往企业网络中受保护部分的流量进行过滤，以进一步提高安全性，这是使用访问控制列表实现的。图 12-1 说明了这些设备所处的位置。

本章将频繁地使用**可信网络**（trusted network）和**不可信网络**（untrusted network）这两个术语，因此你必须知道它们位于典型网络的什么地方，这很重要。非军事区（DMZ）可能使用全局 Internet 地址，也可能使用私有地址，这取决于如何配置防火墙，但在非军事区，通常包含 HTTP 服务器、DNS 服务器、email 服务器以及其他与 Internet 相关的企业服务器。

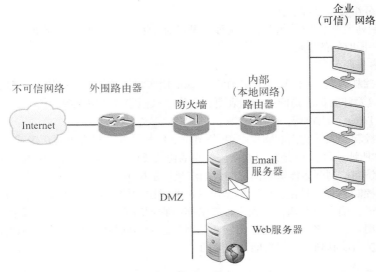

图 12-1 典型的安全网络

你知道，在可信网络内部，可不使用路由器，而是结合使用 VLAN 和交换机。多层交换机内置了安全功能，可替代内部路由器，在 VLAN 架构中提供较高的性能。

下面介绍一些使用访问控制列表保护互联网络的方式。

12.2 访问控制列表简介

从本质上说，**访问控制列表**是一系列对分组进行分类的条件，在你需要控制网络流量时很有用。在这些情况下，可将访问控制列表用作决策工具。

访问控制列表最常见也最容易理解的一大用途是，将有害的分组过滤掉以实现安全策略。例如，可使用访问控制列表来做出非常具体的流量控制决策，只允许某些主机访问互联网的 Web 资源。通过正确地组合使用多个访问控制列表，网络管理员几乎能够实施任何他们能想到的安全策略。

创建访问控制列表相当于编写一系列 `if-then` 语句——如果满足给定的条件，就采取给定的措施；如果不满足，则不采取任何措施，并继续评估下一条语句。访问控制列表语句相当于分组过滤器，将根据它对分组进行分类，并采取相应的措施。创建访问控制列表后，就可将其应用于任何接口的入站或出站流量。将访问控制列表应用到接口后，路由器将对沿指定方向穿越该接口的每个分组进行分析，并采取相应的措施。

将分组同访问控制列表进行比较时，将遵守下面三个重要规则。

❏ 总是按顺序将分组与访问控制列表的每一行进行比较，即总是首先与访问控制列表的第一行进行比较，然后是第二行和第三行，以此类推。

❏ 不断比较，直到满足条件为止。在访问控制列表中，找到分组满足的条件后，对分组采取相应的措施，且不再进行比较。

❏ 每个访问控制列表末尾都有一条隐式的 deny 语句，意味着如果不满足访问控制列表中任何行的条件，分组将被丢弃。

使用访问控制列表过滤 IP 分组时，上述每条规则都将带来深远的影响。要创建出有效的访问控制列表，必须经过一段时间的练习。

访问控制列表分两大类。

- **标准访问控制列表** 它们只将分组的源 IP 地址用作测试条件，所有的决策都是根据源 IP 地址做出的。这意味着标准访问控制列表要么允许要么拒绝整个协议簇。它们不区分 IP 流量类型，如 Web、Telnet、UDP 等。
- **扩展访问控制列表** 它们能够检查 IP 分组第 3 层和第 4 层报头中的众多其他字段。它们能够检查源 IP 地址、目标 IP 地址、网络层报头的协议（Protocol）字段、传输层报头中的端口号。这让扩展访问控制列表能够做出更细致的流量控制决策。
- **命名访问控制列表** 且慢！前面不是说只有两类访问控制列表吗？怎么这里列出了三类呢？从技术上说，确实只有两类，因为**命名访问控制列表**要么是标准的要么是扩展的，并非一种不同的类型。这里之所以专门列出它，是因为这种访问控制列表的创建和引用方式不同于标准和扩展访问控制列表，但功能是相同的。

注意 本章后面将更详细地介绍这些访问控制列表类型。

创建访问控制列表后，除非将其应用于接口，否则它不能发挥任何作用。此时访问控制列表确实包含在路由器配置中，但除非你告诉路由器使用它来做什么，否则它将处于非活动状态。要将访问控制列表用作分组过滤器，需要将其应用于要进行流量过滤的路由器接口。此外，还必须指定要使用访问控制列表来过滤哪个方向的流量，这种要求有充分的理由：对于从企业网络前往互联网的流量和从互联网进入企业网络的流量，你可能想采取不同的控制措施。通过指定流量的方向，你可以（也经常需要）在同一个接口上将不同的访问控制列表用于入站和出站流量。

- **入站访问控制列表** 将访问控制列表应用于入站分组时，将根据访问控制列表对这些分组进行处理，再将它们路由到出站接口。遭到拒绝的分组不会被路由，因为在调用路由选择进程前，它们已被丢弃。
- **出站访问控制列表** 将访问控制列表应用于出站分组时，分组将首先被路由到出站接口，再在将分组排队前根据访问控制列表对其进行处理。

在路由器上创建和实现访问控制列表时，应遵守一些通用的指导原则。

- 在接口的特定方向上，每种协议只能有一个访问控制列表。这意味着应用 IP 访问控制列表时，每个接口上只能有一个入站访问控制列表和一个出站访问控制列表。

注意 考虑到每个访问控制列表末尾的隐式 deny 语句带来的影响，不允许在接口的特定方向对特定协议应用多个访问控制列表是有道理的。鉴于不满足第一个访问控制列表中任何条件的分组都将被拒绝，因此不会有任何分组需要与第二个访问控制列表进行比较。

- 在访问控制列表中，应将具体的测试条件放在前面。

12

- 新增的语句将放在访问控制列表的末尾，因此强烈建议使用文本编辑器来编辑访问控制列表。
- 不能仅删除访问控制列表中的一行，如果试图这样做，将删除整个访问控制列表。因此，要编辑访问控制列表，最好先将其复制到文本编辑器中。唯一的例外是使用命名访问控制列表。

注意　对于命名访问控制列表，可编辑、添加或删除特定行，稍后将演示这一点。

- 除非访问控制列表以 permit any 命令结尾，否则不满足任何条件的分组都将被丢弃。访问控制列表至少应包含一条 permit 语句，否则它将拒绝所有的流量。
- 创建访问控制列表后应将其应用于接口。如果访问控制列表没有包含任何测试条件，即使将其应用于接口，它也不会过滤流量。
- 访问控制列表用于过滤穿越路由器的流量，它们不会对始发于当前路由器的流量进行过滤。
- 应将 IP 标准访问控制列表放在离目的地尽可能近的地方，这就是我们不想在网络中使用标准访问控制列表的原因。不能将标准访问控制列表放在离源主机或源网络很近的地方，因为它只能根据源地址进行过滤，这将影响所有的目的地。
- 将 IP 扩展访问控制列表放在离信源尽可能近的地方。扩展访问控制列表可根据非常具体的地址和协议进行过滤，你不希望流量穿越整个网络后，最终却被拒绝。将这种访问控制列表放在离信源尽可能近的地方，可在一开始就将流量过滤掉，以免它占用宝贵的带宽。

在介绍如何配置标准和扩展访问控制列表前，先来讨论如何使用 ACL 缓解前面提到的安全威胁。

使用 ACL 缓解安全威胁

最常见的攻击是拒绝服务（DoS）攻击。ACL 虽然有助于防范 DoS，但要防范这些常见的攻击，必须使用入侵检测系统（IDS）和入侵防范系统（IPS）。思科销售的自适应安全设备（ASA）包含 IDS/IPS 模块，但很多其他公司也销售 IDS/IPS 产品。

使用 ACL 可缓解众多安全威胁，如下所示：

- IP 地址欺骗（入站）；
- IP 地址欺骗（出站）；
- 拒绝服务（DoS）TCP SYN 攻击（阻断外部攻击）；
- DoS TCP SYN 攻击（使用 TCP 拦截）；
- DoS smurf 攻击；
- 拒绝/过滤 ICMP 消息（入站）；
- 拒绝/过滤 ICMP 消息（出站）；
- 拒绝/过滤 traceroute。

注意　本书主题并非介绍安全，如果你对上述有些术语不太明白，请自行研究。

如果外部 IP 分组的源地址为内部主机或网络的，通常明智的选择是不让它们进入私有网络。

配置 ACL，对从互联网前往私有网络的流量进行过滤以缓解安全威胁时，应遵守如下规则：

❑ 拒绝源地址属于内部网络的分组；
❑ 拒绝源地址为本地主机地址（127.0.0.0/8）的分组；
❑ 拒绝源地址为保留私有地址（RFC 1918）的分组；
❑ 拒绝源地址位于 IP 组播地址范围（224.0.0.0/4）内的分组。

对于使用这些源地址的分组，都不应让它们进入你的互联网络。下面真刀真枪地配置一些基本和高级访问控制列表。

12.3   标准访问控制列表

标准 IP 访问控制列表通过查看分组的源 IP 地址来过滤网络流量。创建标准 IP 访问控制列表时，使用访问控制列表编号 1～99 或 1300～1999（扩展范围），因为通常使用编号来区分访问控制列表的类型。根据创建访问控制列表时使用的编号，路由器知道输入时使用什么样的语法。使用编号 1～99 或 1300～1999 告诉路由器创建标准 IP 访问控制列表，这样路由器将要求你只将源 IP 地址用作测试条件。

下面列出了过滤网络流量时可使用的众多访问控制列表编号范围。可为哪些协议指定访问控制列表取决于你使用的 IOS 版本：

```
Corp(config)#access-list ?

  <1-99>             IP standard access list
  <100-199>          IP extended access list
  <1000-1099>        IPX SAP access list
  <1100-1199>        Extended 48-bit MAC address access list
  <1200-1299>        IPX summary address access list
  <1300-1999>        IP standard access list (expanded range)
  <200-299>          Protocol type-code access list
  <2000-2699>        IP extended access list (expanded range)
  <2700-2799>        MPLS access list
  <300-399>          DECnet access list
  <700-799>          48-bit MAC address access list
  <800-899>          IPX standard access list
  <900-999>          IPX extended access list
  dynamic-extended   Extend the dynamic ACL absolute timer
  rate-limit         Simple rate-limit specific access list
```

很多都是古老的协议，当今的任何网络都不会使用 IPX、AppleTalk 和 DECnet。来看创建标准访问控制列表的语法：

```
Corp(config)#access-list 10 ?
  deny     Specify packets to reject
  permit   Specify packets to forward
  remark   Access list entry comment
```

前面说过，通过使用访问控制列表编号 1～99 或 1300～1999，你告诉路由器要创建标准 IP 访问控制列表。

指定访问控制列表编号后，需要决定创建 permit 语句还是 deny 语句。下面创建一条 deny 语句：

```
Corp(config)#access-list 10 deny ?
  Hostname or A.B.C.D   Address to match
  any                   Any source host
  host                  A single host address
```

接下来的一步需要更详细的解释，因为有三个选项可供选择：

❑ 第一，使用参数 any，用于允许或拒绝任何源主机（网络）；

❑ 第二，使用一个 IP 地址来指定单台主机或特定范围内的主机；

❑ 第三，使用命令 host 指定特定的主机。

命令 any 的含义显而易见，它指的是匹配语句的任何源地址，因此每个分组都与该语句匹配。命令 host 也比较简单，如下所示：

```
Corp(config)#access-list 10 deny host ?
  Hostname or A.B.C.D  Host address
Corp(config)#access-list 10 deny host 172.16.30.2
```

这条语句拒绝任何来自 172.16.30.2 的分组。默认参数为 host，换句话说，如果输入 access-list 10 deny 172.16.30.2，路由器将认为你输入的是 access-list 10 deny host 172.16.30.2，且在运行配置中也将这样显示。

但还可指定特定主机或特定范围内的主机——使用通配符掩码。事实上，在访问控制列表中使用通配符掩码可指定任何范围内的主机。

什么是通配符掩码呢？下面通过一些标准访问控制列表示例来介绍它，并探讨如何控制对虚拟终端的访问。

12.3.1 通配符掩码

在访问控制列表中，可使用通配符来指定特定主机、特定网络或网络的一部分。要理解通配符，就必须理解块大小，后者用于指定地址范围。

接着往下介绍前，先简要地复习一下块大小。你肯定还记得，块大小包括 64、32、16、8 和 4 等。在需要指定地址范围时，可使用能满足需求的最小块大小。例如，如果需要指定 34 个网络，则需要使用块大小 64；如果需要指定 18 台主机，则需要使用块大小 32；如果只需指定 2 个网络，则使用块大小 4 就可以了。

结合使用通配符和主机（网络）地址来告诉路由器要过滤的地址范围。要指定一台主机，可使用类似于下面的组合：

```
172.16.30.5 0.0.0.0
```

其中的 4 个 0 分别表示一个字节。0 表示地址中的相应字节必须与指定的地址相同。要指定某个字节可以为任何值，可使用 255。下面的示例演示了如何使用通配符掩码指定一个 /24 子网：

```
172.16.30.0 0.0.0.255
```

这告诉路由器，前三个字节必须完全相同，而第四个字节可以为任何值。

这很容易。但如果要指定子网的很少一部分，该怎么办呢？此时块大小便可派上用场了。指定的范围必须与某个块大小相同，因此你不能指定 20 个网络，而只能指定与块大小相同的范围，即要么是 16，要么是 32，但不能是 20。

假定你要禁止网络中的一部分（172.16.8.0 ~ 172.16.15.0）访问你的网络。该范围对应的块大小为 8，因此在访问控制列表中，应指定网络号 172.16.8.0 和通配符掩码 0.0.7.255。路由器根据 7.255 确定块大小。上述网络号和通配符掩码组合告诉路由器，从 172.16.8.0 开始，向上数 8 个（块大小）网络，直到网络 172.16.15.0。

这比看起来简单。我原本可以使用二进制来解释，但不需要这样做，因为你只需记住，通配符掩码总是比块大小小 1。因此，在这个示例中，通配符掩码为 7，因为块大小为 8。如果使用的块大小为 16，通配符掩码将为 15。很容易，不是吗？

下面将通过一些示例帮助你掌握这一点。下面的示例告诉路由器，前三个字节必须完全相同，而第四个字节可以是任意值：

```
Corp(config)#access-list 10 deny 172.16.10.0 0.0.0.255
```

下面的示例告诉路由器，前两个字节必须完全相同，而后两个字节可以是任意值：

```
Corp(config)#access-list 10 deny 172.16.0.0 0.0.255.255
```

下面这行是什么意思呢？

```
Corp(config)#access-list 10 deny 172.16.16.0 0.0.3.255
```

该配置告诉路由器，从网络 172.16.16.0 开始，使用块大小 4，因此范围为 172.16.16.0 ~ 172.16.19.255。顺便说一句，CCNA 考题与此类似。

接着练习，下面的配置是什么意思呢？

```
Corp(config)#access-list 10 deny 172.16.16.0 0.0.7.255
```

这条语句指出，从网络 172.16.16.0 开始，向上数 8 个（块大小）网络，到 172.16.23.255 结束。

咱们接着练习，你认为下面的语句指定的是什么范围呢？

```
Corp(config)#access-list 10 deny 172.16.32.0 0.0.15.255
```

这条语句指出，从网络 172.16.32.0 开始，向上数 16 个（块大小）网络，到 172.16.47.255 结束。

练习得差不多了，再做几个练习就开始配置真正的 ACL。

```
Corp(config)#access-list 10 deny 172.16.64.0 0.0.63.255
```

这条语句指出，从网络 172.16.64.0 开始，向上数 64 个（块大小）网络，到 172.16.127.255 结束。

来看最后一个示例：

```
Corp(config)#access-list 10 deny 192.168.160.0 0.0.31.255
```

这条语句指出，从网络 192.168.160.0 开始，向上数 32 个（块大小）网络，到 192.168.191.255 结束。

确定块大小和通配符掩码时，还需牢记如下两点。

- ❑ 起始位置必须为 0 或块大小的整数倍。例如，块大小为 8 时，起始位置不能是 12，即范围必须是 0 ~ 7、8 ~ 15、16 ~ 23 等。块大小为 32 时，范围必须是 0 ~ 31、32 ~ 63、64 ~ 95 等。
- ❑ 命令 any 与 0.0.0.0 255.255.255.255 等价。

注意 通配符掩码对创建 IP 访问控制列表来说很重要，必须掌握。在标准 IP 访问控制列表和扩展 IP 访问控制列表中，通配符掩码的用法完全相同。

12.3.2 标准访问控制列表示例

本节介绍如何使用标准访问控制列表禁止特定用户访问财务部 LAN。

在图 12-2 中，路由器有三条 LAN 连接和一条到互联网的 WAN 连接。销售部 LAN 的用户不能访

12

问财务部 LAN，但可以访问互联网和市场部的文件。市场部的用户需要能够访问财务部 LAN，以使用其应用程序服务。

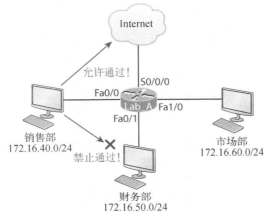

图 12-2　在有三条 LAN 连接和一条 WAN 连接的路由器上配置 IP 访问控制列表

在路由器上，配置如下标准 IP 访问控制列表：

```
Lab_A#config t
Lab_A(config)#access-list 10 deny 172.16.40.0 0.0.0.255
Lab_A(config)#access-list 10 permit any
```

命令 any 与 0.0.0.0 255.255.255.255 等价，如下所示：

```
Lab_A(config)#access-list 10 permit 0.0.0.0 255.255.255.255
```

该通配符掩码指出，不用考虑任何一个字节，因此所有地址都满足这个测试条件。这与使用关键字 any 等价。

当前，该访问控制列表禁止任何来自销售部 LAN 的分组进入财务部 LAN，但允许其他所有分组进入。别忘了，除非将访问控制列表应用于接口的特定方向，否则它不会发挥任何作用。

应将该访问控制列表放在什么地方呢？如果将其作为入站访问控制列表应用于接口 Fa0/0，还不如关闭这个快速以太网接口呢！原因是，这将导致销售部 LAN 的所有设备都无法访问与该路由器相连的任何网络。最佳选择是，将其作为出站访问控制列表应用于接口 Fa0/1：

```
Lab_A(config)#int fa0/1
Lab_A(config-if)#ip access-group 10 out
```

这就完全禁止了来自 172.16.40.0 的流量从接口 Fa0/1 传输出去。它不会影响销售部 LAN 的主机访问市场部 LAN 和互联网，因为前往这些目的地的流量不会经过接口 Fa0/1。任何试图从接口 Fa0/1 出去的分组都将首先经过该访问控制列表。如果在接口 Fa0/0 上应用了入站访问控制列表，则任何试图进入该接口的分组都将首先经过这个访问控制列表，然后才被路由到出站接口。

下面来看另一个标准访问控制列表示例。在图 12-3 所示的互联网络中，有两台路由器和四个 LAN。

我们想通过使用一个标准 ACL，禁止财务部用户访问与路由器 Lab_B 相连的人力资源服务器，但允许其他用户访问该 LAN。为此，需要创建什么样的标准访问控制列表并将它放在哪里呢？

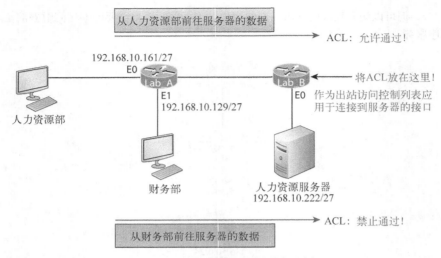

图 12-3   IP 标准访问控制列表示例 2

准确答案是，应创建一个扩展访问控制列表，并将其放在离信源最近的地方。不过这里要求使用标准访问控制列表，而根据经验规则，标准访问控制列表应放在离目的地最近的地方，这里是路由器 Lab_B 的接口 E0。下面是应在这里放置的访问控制列表：

```
Lab_B#config t
Lab_B(config)#access-list 10 deny 192.168.10.128 0.0.0.31
Lab_B(config)#access-list 10 permit any
Lab_B(config)#interface Ethernet 0
Lab_B(config-if)#ip access-group 10 out
```

为正确地回答这个问题，你必须理解子网划分、通配符掩码以及如何配置和实现 ACL。财务部子网为 192.168.10.128/27，相应的子网掩码为 255.255.255.224，而第四个字节的块大小为 32。

介绍如何限制以 Telnet 方式访问路由器前，再来看一个标准访问控制列表示例，它要求你进行更深入的思考。在图 12-4 中，一台路由器有四条 LAN 连接，还有一条到互联网的 WAN 连接。

你需要编写一个访问控制列表，禁止图中所示的四个 LAN 访问互联网。对于图中的每个 LAN，都列出了其中一台主机的 IP 地址，你需要据此确定在访问控制列表中指定每个 LAN 时应使用的子网地址和通配符掩码。

你的答案应类似于下面这样（依次指定了 E0～E3 连接的子网）：

```
Router(config)#access-list 1 deny 172.16.128.0 0.0.31.255
Router(config)#access-list 1 deny 172.16.48.0 0.0.15.255
Router(config)#access-list 1 deny 172.16.192.0 0.0.63.255
Router(config)#access-list 1 deny 172.16.88.0 0.0.7.255
Router(config)#access-list 1 permit any
Router(config)#interface serial 0
Router(config-if)#ip access-group 1 out
```

当然，也可以只使用下面一行：

```
Router(config)#access-list 1 deny 172.16.0.0 0.0.255.255
```

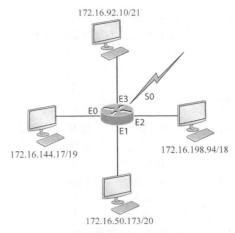

图 12-4　IP 标准访问控制列表示例 3

但这样做有什么意思呢？

创建这个访问控制列表的目的是什么？如果在路由器上应用这个访问控制列表，就等于完全禁止访问互联网，那还要互联网连接做什么？这里提供这个示例旨在让你练习在访问控制列表中使用块大小，这对备考 CCNA 至关重要。

12.3.3　控制 VTY（Telnet/SSH）访问

要禁止用户以 Telnet 或 SSH 方式访问路由器可能很难，因为每个活动接口都允许 VTY 访问。一个看似不错的解决方案是，创建一个扩展 IP 访问控制列表，禁止访问路由器的每个地址。但如果真的这样做，就必须将其应用于每个接口的入站方向。对于有数十甚至数百个接口的大型路由器来说，这种解决方案的可扩展性太低了。另外，如果每台路由器都对每个分组进行检查，以防它访问 VTY 线路，导致的网络延迟将很大。

不要放弃，总会有办法！就这里而言，一种好得多的解决方案是，使用标准 IP 访问控制列表来控制对 VTY 线路的访问。

这种解决方案为何可行呢？因为将访问控制列表应用于 VTY 线路时，不需要指定协议，访问 VTY 就意味着以 Telnet 或 SSH 方式访问终端。也不需要指定目标地址，因为你不关心用户将哪个接口的地址用作 Telnet 会话的目标。你只需控制用户来自何方——源 IP 地址指出了它们来自何方。

要实现这项功能，请执行如下步骤。

(1) 创建一个标准 IP 访问控制列表，它只允许你希望的主机远程登录到路由器。

(2) 使用命令 access-class in 将该访问控制列表应用于 VTY 线路。

下面的示例只允许主机 172.16.10.3 远程登录到路由器：

```
Lab_A(config)#access-list 50 permit host 172.16.10.3
Lab_A(config)#line vty 0 4
Lab_A(config-line)#access-class 50 in
```

由于访问控制列表末尾有一条隐式的 deny any 语句，除 172.16.10.3 外的其他任何主机都不能远程登录到该路由器，而不管它将路由器的哪个 IP 地址用作目标。最好将源地址指定为管理员所属的子网，而不是单台主机，但这个示例旨在演示如何在不增加路由器延迟的情况下确保 VTY 线路的安全。

 真实案例

应保护路由器的 VTY 线路吗

　　使用命令 show users 对网络进行监视时，你发现有人远程登录到了你的核心路由器。你使用命令 disconnect 断开了他到该路由器的连接，但发现几分钟后他又连接到了该路由器。因此，你想在该路由器的接口上放置一个访问控制列表，但又不想给每个接口增加过多的延迟，因为该路由器处理的分组已经很多了。这时，你想将一个访问控制列表应用于 VTY 线路本身，但以前没有这样做过，不知道这种解决方案能否取得与将访问控制列表应用于每个接口相同的效果。就这个网络而言，将访问控制列表应用于 VTY 线路是个好主意吗？

　　绝对是个好主意，你可使用本章前面介绍的命令 access-class。为什么呢？因为这可避免使用访问控制列表对进出接口的每个分组进行检查，增加不必要的开销和延迟。

　　在 VTY 线路上配置命令 access-class in 只会检查并比较进入路由器的 Telnet 分组，这提供了一种完美而又易于配置的安全解决方案。

 提示　　思科建议使用 Secure Shell（SSH）而不是 Telnet 来访问路由器的 VTY 线路。有关 SSH 以及如何在路由器和交换机上配置它的更多详细信息，请参阅第 6 章。

12.4　扩展访问控制列表

　　在本章前面的一个标准 IP 访问控制列表示例中，你必须禁止销售部 LAN 的所有主机访问财务部 LAN。如果需要允许销售部用户访问财务部 LAN 的一台服务器，但不允许他们访问其他网络服务（出于安全考虑），该如何做呢？使用标准 IP 访问控制列表无法在允许用户访问一种网络服务的同时禁止他们访问其他服务，因为使用标准访问控制列表时，无法同时根据源地址和目标地址来做出决策。标准访问控制列表只根据源地址做出决策，要实现这里的目标，需要采取其他方式。什么方式呢？

　　使用**扩展访问控制列表**可解决这个问题，因为在扩展访问控制列表中，可指定源地址、目标地址、协议以及标识上层协议或应用程序的端口号。通过使用扩展访问控制列表，可在允许用户访问某个 LAN 的同时，禁止他们访问其中的特定主机——甚至主机提供的特定服务。

 注意　　我也知道 ICND1 考试大纲不涉及扩展访问列表，但要完成 ICND2 要求的故障排除，你必须明白扩展 ACL。有鉴于此，我在这里介绍这些基础知识。

　　来看看可供我们使用的命令。首先需要指出的是，对于扩展访问控制列表，应使用编号 100 ~ 199，但编号 2000 ~ 2699 也可用于扩展访问控制列表。

　　选择正确的编号后，需要决定要创建的语句类型，这里创建一条 deny 语句：

```
Corp(config)#access-list 110 ?
  deny      Specify packets to reject
```

```
dynamic    Specify a DYNAMIC list of PERMITs or DENYs
permit     Specify packets to forward
remark     Access list entry comment
```

选择语句的类型后，需要指定协议：

```
Corp(config)#access-list 110 deny ?
  <0-255>   An IP protocol number
  ahp       Authentication Header Protocol
  eigrp     Cisco's EIGRP routing protocol
  esp       Encapsulation Security Payload
  gre       Cisco's GRE tunneling
  icmp      Internet Control Message Protocol
  igmp      Internet Gateway Message Protocol
  ip        Any Internet Protocol
  ipinip    IP in IP tunneling
  nos       KA9Q NOS compatible IP over IP tunneling
  ospf      OSPF routing protocol
  pcp       Payload Compression Protocol
  pim       Protocol Independent Multicast
  tcp       Transmission Control Protocol
  udp       User Datagram Protocol
```

注意 如果要根据应用层协议进行过滤，必须在 permit 或 deny 后面指定合适的第 4 层（传输层）协议。例如，要过滤 Telnet 或 FTP，可选择 TCP，因为 Telnet 和 FTP 都使用传输层协议 TCP。如果你选择 IP，将不能进一步指定应用层协议，而只能根据源地址和目标地址进行过滤。

这里选择 TCP，对使用 TCP 的应用层协议进行过滤（TCP 目标端口将在最后指定）。接下来，系统将提示你指定源主机或网络的 IP 地址，这里选择 any，即任何源地址：

```
Corp(config)#access-list 110 deny tcp ?
  A.B.C.D   Source address
  any       Any source host
  host      A single source host
```

指定源地址后，便可指定目标地址了：

```
Corp(config)#access-list 110 deny tcp any ?
  A.B.C.D   Destination address
  any       Any destination host
  eq        Match only packets on a given port number
  gt        Match only packets with a greater port number
  host      A single destination host
  lt        Match only packets with a lower port number
  neq       Match only packets not on a given port number
  range     Match only packets in the range of port numbers
```

下面的示例拒绝所有目标 IP 地址为 172.16.30.2 的分组，而不管其源 IP 地址是什么：

```
Corp(config)#access-list 110 deny tcp any host 172.16.30.2 ?
  ack         Match on the ACK bit
  dscp        Match packets with given dscp value
  eq          Match only packets on a given port number
  established Match established connections
```

```
fin             Match on the FIN bit
fragments       Check non-initial fragments
gt              Match only packets with a greater port number
log             Log matches against this entry
log-input       Log matches against this entry, including input interface
lt              Match only packets with a lower port number
neq             Match only packets not on a given port number
precedence      Match packets with given precedence value
psh             Match on the PSH bit
range           Match only packets in the range of port numbers
rst             Match on the RST bit
syn             Match on the SYN bit
time-range      Specify a time-range
tos             Match packets with given TOS value
urg             Match on the URG bit
<cr>
```

指定目标地址后，便可指定要拒绝的服务了。为此，可使用命令 equal to，这里将其简写为 eq。下面的帮助屏幕列出了可用的选项，你可使用端口号，也可使用应用程序名：

```
Corp(config)# access-list 110 deny tcp any host 172.16.30.2 eq ?
<0-65535>       Port number
bgp             Border Gateway Protocol (179)
chargen         Character generator (19)
cmd             Remote commands (rcmd, 514)
daytime         Daytime (13)
discard         Discard (9)
domain          Domain Name Service (53)
drip            Dynamic Routing Information Protocol (3949)
echo            Echo (7)
exec            Exec (rsh, 512)
finger          Finger (79)
ftp             File Transfer Protocol (21)
ftp-data        FTP data connections (20)
gopher          Gopher (70)
hostname        NIC hostname server (101)
ident           Ident Protocol (113)
irc             Internet Relay Chat (194)
klogin          Kerberos login (543)
kshell          Kerberos shell (544)
login           Login (rlogin, 513)
lpd             Printer service (515)
nntp            Network News Transport Protocol (119)
pim-auto-rp     PIM Auto-RP (496)
pop2            Post Office Protocol v2 (109)
pop3            Post Office Protocol v3 (110)
smtp            Simple Mail Transport Protocol (25)
sunrpc          Sun Remote Procedure Call (111)
syslog          Syslog (514)
tacacs          TAC Access Control System (49)
talk            Talk (517)
telnet          Telnet (23)
time            Time (37)
uucp            Unix-to-Unix Copy Program (540)
whois           Nicname (43)
www             World Wide Web (HTTP, 80)
```

下面禁止以 Telnet 方式（端口 23）访问主机 172.16.30.2。如果用户使用 FTP，没有问题——这是允许的。命令 log 在每次到达当前语句时都显示一条消息。这对监视非法访问企图很有帮助，但必须慎用，因为在大型网络中，这将让控制台充斥消息。

最终的语句如下：

```
Corp(config)#access-list 110 deny tcp any host 172.16.30.2 eq 23 log
```

这条语句将挫败任何远程登录到主机 172.16.30.2 的企图。别忘了，每个访问控制列表末尾都有一条隐式的 deny 语句。如果将该访问控制列表应用于接口，还不如关闭该接口，因为每个访问控制列表末尾都有一条隐式的 deny all 语句。因此，必须在该访问控制列表中添加如下语句：

```
Corp(config)#access-list 110 permit ip any any
```

其中的 IP 很重要，因为它让 IP 栈协议数据通过。如果将 IP 替换为 TCP，UDP 等协议数据都将被拒绝。别忘了，0.0.0.0 255.255.255.255 与命令 any 等效，因此上述语句与下面的语句等效：

```
Corp(config)#access-list 110 permit ip 0.0.0.0 255.255.255.255
0.0.0.0 255.255.255.255
```

然而，如果你输入该语句并查看运行配置，将发现 0.0.0.0 255.255.255.255 被替换为 any。我重视效率，因此总是使用 any，这样可减少输入量。

创建访问控制列表后，必须将其应用于一个接口（使用的命令与将 IP 标准访问控制列表应用于接口相同）：

```
Corp(config-if)#ip access-group 110 in
```

或者：

```
Corp(config-if)#ip access-group 110 out
```

下面通过一些示例演示如何使用扩展访问控制列表。

12.4.1 扩展访问控制列表示例 1

这里以图 12-5 为例，目标是禁止访问财务部 LAN 的主机 172.16.50.5 的 Telnet 和 FTP 服务，但允许销售部和市场部的主机访问该主机的其他服务以及财务部的其他所有主机。

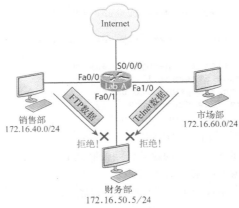

图 12-5　扩展访问控制列表示例 1

为此，必须创建如下访问控制列表：

```
Lab_A#config t
Lab_A(config)#access-list 110 deny tcp any host 172.16.50.5 eq 21
Lab_A(config)#access-list 110 deny tcp any host 172.16.50.5 eq 23
Lab_A(config)#access-list 110 permit ip any any
```

access-list 110 告诉路由器，我们要创建一个扩展 IP 访问控制列表。tcp 是网络层报头的协议字段，如果不指定它，就不能使用 TCP 端口号 21 和 23 进行过滤。这两个端口号分别表示 FTP 和 Telnet，它们都使用 TCP 来获得面向连接的服务。命令 any 为源地址，表示任何源 IP 地址，而 host 表示接下来指定的是目标 IP 地址。这个 ACL 的意思是，除了前往主机 172.16.50.5 的 FTP 和 Telnet IP 流量外，其他流量都允许通过。

注意　创建该扩展访问控制列表时，也可输入 172.16.50.5 0.0.0.0，而不是 host 172.16.50.5，这不会有任何差别：在运行配置中，路由器将把 172.16.50.5 0.0.0.0 改为 host 172.16.50.5。

创建访问控制列表后，需要将其应用于接口 Fa0/1 的出站方向，因为我们要禁止所有 FTP 和 Telnet 流量进入主机 172.16.50.5。然而，如果创建该访问控制列表旨在禁止销售部 LAN 访问主机 172.16.50.5，则必须将其放在离信源较近的地方，即接口 Fa0/0 上。在这种情况下，需要将其应用于入站流量。创建并应用 ACL 前，必须仔细分析当前的情形。

下面将该访问列表应用于接口 Fa0/1，以禁止前往主机 172.16.50.5 的 FTP 和 Telnet 流量出站：

```
Lab_A(config)#int fa0/1
Lab_A(config-if)#ip access-group 110 out
```

12.4.2　扩展访问控制列表示例 2

这里再次以图 12-4 为例，其中有四条 LAN 连接和一条串行连接。我们需要禁止 Telnet 流量进入与接口 E1 和 E2 相连的网络。

路由器的配置应类似于下面这样，但这不是唯一的答案：

```
Router(config)#access-list 110 deny tcp any 172.16.48.0 0.0.15.255
eq 23
Router(config)#access-list 110 deny tcp any 172.16.192.0 0.0.63.255
eq 23
Router(config)#access-list 110 permit ip any any
Router(config)#interface Ethernet 1
Router(config-if)#ip access-group 110 out
Router(config-if)#interface Ethernet 2
Router(config-if)#ip access-group 110 out
```

对于上述配置，你需要理解如下重要内容。

❑ 首先，需要确保使用的编号在要创建的访问控制列表类型要求的范围内。这里创建的是扩展访问控制列表，因此编号必须为 100 ~ 199。

❑ 其次，必须确保指定的协议与上层进程或应用程序匹配，这里为 TCP 端口 23（Telnet）。

提示 协议必须是 TCP，因为 Telnet 使用 TCP。如果要过滤的是 TFTP 流量，则必须将协议指定为 UDP，因为 TFTP 使用传输层协议 UDP。

❑ 再次，确保目标端口号与要过滤的应用程序匹配。这里使用的是端口 23，对应于 Telnet，因此是正确的。但你需要知道的是，也可在语句末尾输入 telnet，而不是 23。

❑ 最后，访问控制列表末尾的语句 permit ip any any 很重要，它让除 Telnet 分组外的其他所有分组都能前往接口 E1 和 E2 连接的 LAN。

12.4.3 扩展访问控制列表示例 3

再介绍一个扩展 ACL 示例，然后介绍命名 ACL。图 12-6 是这个示例将使用的网络。

在这个示例中，我们只想让主机 B 以 HTTP 方式访问财务部服务器，但允许其他流量通过。为此，需要创建一个包含三条语句的扩展访问控制列表，并将其应用于接口 Fa0/1。

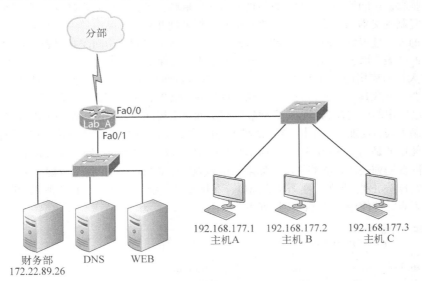

图 12-6 扩展 ACL 示例 3

下面利用所学的知识创建访问控制列表：

```
Lab_A#config t
Lab_A(config)#access-list 110 permit tcp host 192.168.177.2 host 172.22.89.26 eq 80
Lab_A(config)#access-list 110 deny tcp any host 172.22.89.26 eq 80
Lab_A(config)#access-list 110 permit ip any any
```

这个访问控制列表非常简单。首先，需要允许主机 B 以 HTTP 方式访问财务部服务器。然而，因为需要允许其他所有流量都通过，必须指出哪些主机不能以 HTTP 方式访问财务部服务器，所以第二条语句禁止其他所有主机以 HTTP 方式访问财务部服务器。最后，允许主机 B 以 HTTP 方式访问财务部服务器，并禁止其他所有主机以 HTTP 方式访问财务部服务器后，需要使用第三条语句允许其他所有流量都通过。

　　这很不错，只是要求你进行些思考。且慢，事情还没完，还需将该访问控制列表应用于接口。由于扩展访问控制列表通常应用于离信源最近的接口，应将该访问控制列表应用于接口 Fa0/0 的入站方向，是这样吗？在这个例子中，不能遵守这种经验规则。这里的要求是，只允许主机 B 以 HTTP 方式访问财务部服务器。如果将该 ACL 应用于接口 Fa0/0 的入站方向，则分部将能够以 HTTP 方式访问财务部服务器。在这个例子中，需要将 ACL 放在离目的地最近的地方：

```
Lab_A(config)#interface fastethernet 0/1
Lab_A(config-if)#ip access-group 110 out
```

　　很好！下面介绍如何创建命名 ACL。

12.4.4　命名 ACL

　　前面说过，**命名访问控制列表**只是另一种创建标准和扩展访问控制列表的方式。在大中型企业中，随着时间的推移，访问控制列表的管理可能变得非常麻烦。例如，如果要修改访问控制列表，常见的做法是将其复制到文本编辑器中，对其进行编辑，再复制并粘贴到路由器中。如果你不是那种什么东西都想留着的人，这很好。但很多人都会这样想：如果我发现新的访问控制列表有问题，想恢复到原来的访问控制列表，该怎么办呢？有鉴于此，大家通常会保留未应用的 ACL，而随着时间的推移，路由器将累积大量未应用的访问控制列表。这导致管理员面临如下问题：这些访问控制列表是做什么的？它们重要吗？我是否需要它们？为提供这些问题的答案，可使用命名访问控制列表。

　　当然，已应用的访问控制列表也会导致管理员面临上述问题。假设你在一个现有网络的路由器上查看访问控制列表，发现了一个长 93 行的扩展访问控制列表 177，这可能让你有很多疑问。如果该访问控制列表使用的是名称 FinaceLAN，而不是神秘编号 177，这些问题回答起来是不是要容易得多？

　　命名访问控制列表让你能够使用名称来创建和应用标准和扩展访问控制列表，它们没有什么独特之处，只是更容易识别。另外，在语法方面也存在细微的差别。下面为图 12-2 所示的网络重新创建标准访问控制列表，但使用命名访问控制列表：

```
Lab_A#config t
Lab_A(config)# ip access-list ?
  extended    Extended Access List
  log-update  Control access list log updates
  logging     Control access list logging
  resequence  Resequence Access List
  standard    Standard Access List
```

注意我输入的是 ip access-list，而不是 access-list，这让我能够创建命名访问控制列表。接下来，需要指出要创建的是标准访问控制列表：

```
Lab_A(config)#ip access-list standard ?
  <1-99>       Standard IP access-list number
  <1300-1999>  Standard IP access-list number (expanded range)
  WORD         Access-list name

Lab_A(config)#ip access-list standard BlockSales
Lab_A(config-std-nacl)#
```

指出要创建标准访问控制列表后，指定了名称 BlockSales。我原本完全可以使用编号，但这里没有这样做，而是使用了一个描述性名称。另外，注意输入名称并按回车键后，路由器提示符变了。这表明进入了命名访问控制列表配置模式。现在可以配置命名访问控制列表了：

```
Lab_A(config-std-nacl)#?
Standard Access List configuration commands:
  default  Set a command to its defaults
  deny     Specify packets to reject
  exit     Exit from access-list configuration mode
  no       Negate a command or set its defaults
  permit   Specify packets to forward

Lab_A(config-std-nacl)#deny 172.16.40.0 0.0.0.255
Lab_A(config-std-nacl)#permit any
Lab_A(config-std-nacl)#exit
Lab_A(config)#^Z
Lab_A#
```

配置访问控制列表后，我退出了配置模式。接下来，查看运行配置，核实该访问控制列表确实包含在路由器中：

```
Lab_A#sh running-config | begin ip access
ip access-list standard BlockSales
 deny   172.16.40.0 0.0.0.255
 permit any
!
```

访问控制列表 BlockSales 确实被创建了，包含在路由器的运行配置中。接下来，需要将它应用于正确的接口：

```
Lab_A#config t
Lab_A(config)#int fa0/1
Lab_A(config-if)#ip access-group BlockSales out
```

至此，使用命名访问控制列表重新完成了以前所做的工作。再来看看图 12-6 所示的扩展访问列表示例，并使用命名访问控制列表实现同样的目标。

这里复述一下目标：只允许主机 B 以 HTTP 方式访问财务部服务器，并允许其他类型的流量通过。配置如下：

```
Lab_A#config t
Lab_A(config)#ip access-list extended 110
Lab_A(config-ext-nacl)#permit tcp host 192.168.177.2 host 172.22.89.26 eq 80
Lab_A(config-ext-nacl)#deny tcp any host 172.22.89.26 eq 80
Lab_A(config-ext-nacl)#permit ip any any
Lab_A(config-ext-nacl)#int fa0/1
Lab_A(config-if)#ip access-group 110 out
```

这里将一个数字用作扩展访问控制列表的名称，有时候这样做是可行的。你可能认为，命名 ACL 并没有什么独特之处，一点也不令人激动。就这里而言，可能确实如此，只是不需要在每行开头输入 access-list 110。然而，命名 ACL 真正的亮点在于，让你能够插入、删除和编辑语句。这可不是一般的优点，简直是绝妙至极。使用编号的 ACL 根本无法与之比肩，我稍后就将证明这一点。

12.4.5   注释

关键字 remark 很重要，让你能够在 IP 标准和扩展 ACL 中添加注释。注释很有用，可帮助理解 ACL。如果没有注释，大量的数字可能让你陷入困境，想不起它们是什么意思。

注释可放在 permit 或 deny 语句前面，也可放在它们后面，但强烈建议保持其位置的一致性，以免无法确定注释是针对哪条 permit 或 deny 语句的。

要在标准和扩展 ACL 中添加注释，只需使用全局配置命令 access-list *access-list number* remark *remark*，如下所示：

```
R2#config t
R2(config)#access-list 110 remark Permit Bob from Sales Only To Finance
R2(config)#access-list 110 permit ip host 172.16.40.1 172.16.50.0 0.0.0.255
R2(config)#access-list 110 deny ip 172.16.40.0 0.0.0.255 172.16.50.0 0.0.0.255
R2(config)#ip access-list extended No-Telnet
R2(config-ext-nacl)#remark Deny all of Sales from Telnetting to Marketing
R2(config-ext-nacl)#deny tcp 172.16.40.0 0.0.0.255 172.16.60.0 0.0.0.255 eq 23
R2(config-ext-nacl)#permit ip any any
R2(config-ext-nacl)#do show run
[output cut]
!
ip access-list extended No-Telnet
 remark Stop all of Sales from Telnetting to Marketing
 deny   tcp 172.16.40.0 0.0.0.255 172.16.60.0 0.0.0.255 eq telnet
 permit ip any any
!
access-list 110 remark Permit Bob from Sales Only To Finance
access-list 110 permit ip host 172.16.40.1 172.16.50.0 0.0.0.255
access-list 110 deny    ip 172.16.40.0 0.0.0.255 172.16.50.0 0.0.0.255
access-list 110 permit ip any any
!
```

这里分别在一个扩展访问控制列表和一个命名访问控制列表中添加了注释。然而，在命令 show access-list 的输出中看不到这些注释，只能在运行配置中看到。

下面介绍如何监视和验证 ACL。这是一个很重要的主题，务必留心。

12.5   监视访问控制列表

验证路由器的访问控制列表配置很重要，表 12-1 列出了用于验证这种配置的命令。

表12-1   用于验证访问控制列表配置的命令

命 令	作 用
show access-list	显示路由器中配置的所有访问控制列表及其参数，还显示各条语句允许或禁止分组通过的次数。这个命令不会指出访问控制列表被应用于哪个接口
show access-list 110	只显示访问控制列表110的参数，但不会指出该访问控制列表被应用于哪个接口
Show ip access-list	只显示路由器上配置的IP访问控制列表
show ip interface	显示应用于指定接口的访问控制列表
show running-config	显示访问控制列表以及应用了访问控制列表的接口

前面使用过命令 show running-config 来核实命名访问控制列表是否包含在路由器中,因此这里只介绍其他命令。

命令 show access-list 列出路由器中的所有访问控制列表,而不管它们是否被应用于接口:

```
Lab_A#show access-list
Standard IP access list 10
    10 deny    172.16.40.0, wildcard bits 0.0.0.255
    20 permit any
Standard IP access list BlockSales
    10 deny    172.16.40.0, wildcard bits 0.0.0.255
    20 permit any
Extended IP access list 110
    10 deny tcp any host 172.16.30.5 eq ftp
    20 deny tcp any host 172.16.30.5 eq telnet
    30 permit ip any any
    40 permit tcp host 192.168.177.2 host 172.22.89.26 eq www
    50 deny tcp any host 172.22.89.26 eq www
Lab_A#
```

首先,注意输出中包含访问控制列表 10 以及两个命名访问控制列表(别忘了,前面配置的扩展命名访问控制列表名为 110)。其次,虽然在创建访问控制列表 110 时,指定的是 TCP 端口号,但为提高可读性,该 show 命令显示的是协议名而不是 TCP 端口号。

且慢,最重要的部分是左边的数字:10、20、30 等。这些数字被称为序列号,让我们能够编辑命名 ACL。在下面的示例中,我在命名扩展 ACL 110 中添加了一条语句:

```
Lab_A (config)#ip access-list extended 110
Lab_A (config-ext-nacl)#21 deny udp any host 172.16.30.5 eq 69
Lab_A#show access-list
[output cut]
Extended IP access list 110
    10 deny tcp any host 172.16.30.5 eq ftp
    20 deny tcp any host 172.16.30.5 eq telnet
    21 deny udp any host 172.16.30.5 eq tftp
    30 permit ip any any
    40 permit tcp host 192.168.177.2 host 172.22.89.26 eq www
    50 deny tcp any host 172.22.89.26 eq www
```

从上述输出可知,所添加语句的序列号为 21。还可以编辑和删除现有的语句,真是太方便了!

下面是命令 show ip interface 的输出:

```
Lab_A#show ip interface fa0/1
FastEthernet0/1 is up, line protocol is up
  Internet address is 172.16.30.1/24
  Broadcast address is 255.255.255.255
  Address determined by non-volatile memory
  MTU is 1500 bytes
  Helper address is not set
  Directed broadcast forwarding is disabled
  Outgoing access list is 110
  Inbound access list is not set
  Proxy ARP is enabled
  Security level is default
```

```
    Split horizon is enabled
[output cut]
```

请注意其中以粗体显示的一行，它表明对该接口应用了出站访问控制列表 110，但没有应用入站访问控制列表。访问控制列表 BlockSales 呢？前面不是将它应用到了接口 Fa0/1 的出站方向吗？确实如此，但后来又配置了扩展命名 ACL 110，并将其应用到了接口 Fa0/1 的出站方向。然而，在接口的同一个方向上，不能有两个访问控制列表，因此 BlockSales 被扩展命名 ACL 110 覆盖掉了。

前面说过，要查看所有的访问控制列表，可使用命令 show running-config。

12.6　小结

本章介绍了如何配置标准访问控制列表，以正确地过滤 IP 流量。你学习了标准访问控制列表是什么，如何将其应用于思科路由器接口以改善网络安全。你还学习了如何配置扩展访问控制列表，以进一步过滤 IP 流量。我还介绍了标准访问控制列表和扩展访问控制列表之间的差别，以及如何将它们应用于思科路由器接口。

接下来，介绍了如何配置命名访问控制列表并将其应用于路由器接口。命名访问控制列表的优点在于易于识别，相对于使用模糊编号的访问控制列表，管理起来要容易得多。

作为本章的补充，附录 C 介绍了如何禁用默认服务。我发现执行这项管理任务很有趣，而使用命令 auto secure 可在路由器上完成基本而必需的安全配置。

最后，本章介绍了如何监视和验证路由器的访问控制列表配置。

12.7　考试要点

牢记标准 IP 访问控制列表和扩展 IP 访问控制列表的编号范围。配置标准 IP 访问控制列表时，可使用的编号范围为 1～99 和 1300～1999；而扩展 IP 访问控制列表的编号范围为 100～199 和 2000～2699。

理解隐式 deny 语句。在每个访问控制列表末尾，都有一条隐式的 deny 语句。这意味着如果分组不满足访问控制列表中的任何条件，它将被丢弃。另外，如果访问控制列表中只包含 deny 语句，它将不会允许任何分组通过。

理解配置标准 IP 访问控制列表的命令。要配置标准 IP 访问控制列表，可在全局配置模式下使用命令 access-list，并指定 1～99 或 1300～1999 的编号，然后选择 permit 或 deny，并使用本章介绍的三种方式指定要用来过滤的源 IP 地址。

理解配置扩展 IP 访问控制列表的命令。要配置扩展 IP 访问控制列表，可在全局配置模式下使用命令 access-list，并指定 100～199 或 2000～2699 的编号，再依次选择 permit 或 deny、网络层协议、源 IP 地址、目标 IP 地址和传输层端口号（如果将协议指定为 TCP 或 UDP）。

牢记用于查看应用于路由器接口的访问控制列表的命令。要查看在接口上是否应用了访问控制列表以及过滤的方向，可使用命令 show ip interface。这个命令不会显示访问控制列表的内容，而只指出在接口上应用了哪些访问控制列表。

牢记用于验证访问控制列表配置的命令。要查看在路由器上配置的访问控制列表，可使用命令 show access-list。这个命令不会指出访问控制列表被应用于哪个接口。

12.8 书面实验

请回答下述问题。

(1) 要配置一个标准 IP 访问控制列表，禁止网络 172.16.0.0/16 中的所有主机访问你的以太网，你将使用什么命令？

(2) 要将你在问题 1 中创建的访问控制列表应用于一个以太网接口的出站方向，你将使用什么命令？

(3) 要创建一个访问控制列表，禁止主机 192.168.15.5 访问一个以太网，你将使用什么命令？

(4) 要核实你创建的访问控制列表是否正确，你将使用什么命令？

(5) 哪两种工具可检测和防范 DoS 攻击？

(6) 要创建一个扩展访问控制列表，禁止主机 172.16.10.1 远程登录到主机 172.16.30.5，你将使用什么命令？

(7) 要将访问控制列表应用于 VTY 线路，你将使用哪个命令？

(8) 按问题 1 的要求编写一个命名访问控制列表。

(9) 编写命令，将你在问题 8 中创建的命名访问控制列表应用于一个以太网接口的出站方向。

(10) 要查看访问列表被应用于哪个接口以及什么方向，可使用哪个命令？

答案见附录 A。

12.9 动手实验

在本节中，你将完成两个实验。要完成这些实验至少需要三台路由器。使用程序 Cisco Packet Tracer 可轻松完成这些实验。如果你要参加 CCNA 考试，务必完成这些实验。

❑ 动手实验 12.1：标准 IP 访问控制列表。

❑ 动手实验 12.2：扩展 IP 访问控制列表。

在所有这些动手实验中，你都将配置下述示意图中的路由器。

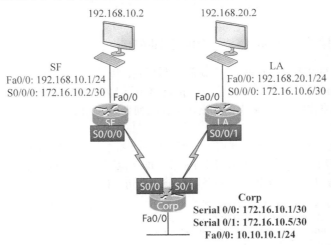

12.9.1 动手实验 12.1：标准 IP 访问控制列表

在这个实验中，你将只允许来自局域网 SF 中一台主机的分组进入局域网 LA。

(1) 在路由器 LA 中，执行命令 config t 进入全局配置模式。

(2) 在全局配置模式下，输入 access-list ? 列出各种访问控制列表编号范围。

(3) 选择一个 IP 标准访问控制列表可用的编号，即它在范围 1 ~ 99 或 1300 ~ 1999 内。

(4) 允许来自主机 192.168.10.2 的流量通过：

```
LA(config)#access-list 10 permit 192.168.10.2 ?
  A.B.C.D  Wildcard bits
  <cr>
```

要指定只允许来自主机 192.168.10.2 的流量通过，可使用通配符掩码 0.0.0.0：

```
LA(config)#access-list 10 permit 192.168.10.2
  0.0.0.0
```

(5) 创建访问控制列表后，要让它发挥作用，必须将它应用于一个接口：

```
LA(config)#int f0/0
LA(config-if)#ip access-group 10 out
```

(6) 使用下面的命令验证该访问控制列表：

```
LA#sh access-list
Standard IP access list 10
    permit 192.168.10.2
LA#sh run
[output cut]
interface FastEthernet0/0
 ip address 192.168.20.1 255.255.255.0
 ip access-group 10 out
```

(7) 从主机 192.168.10.2 ping 192.168.20.2，对该访问控制列表进行测试。

(8) 如果局域网 SF 中还有其他主机，从该主机 ping 192.168.20.2。如果访问控制列表配置正确，该 ping 操作将失败。

12.9.2 动手实验 12.2：扩展 IP 访问控制列表

在这个实验中，你将配置一个扩展 IP 访问控制列表，以禁止主机 192.168.10.2 创建到路由器 LA（172.16.10.6）的 Telnet 会话，但该主机应能够 ping 路由器 LA。IP 扩展访问控制列表应放在离信源尽可能近的地方，因此将在路由器 SF 上配置该访问控制列表。特别留意一下第 6 步中使用的 log 命令，这是思科的考试要求之一。

(1) 删除路由器 SF 的所有访问控制列表，再添加一个扩展访问控制列表。

(2) 选择一个扩展 IP 访问控制列表可用的编号，即在范围 100 ~ 199 或 2000 ~ 2699 内。

(3) 选择 deny 语句（第 7 步将添加一条 permit 语句，让其他所有流量都通过）：

```
SF(config)#access-list 110 deny ?
  <0-255>  An IP protocol number
  ahp      Authentication Header Protocol
  eigrp    Cisco's EIGRP routing protocol
```

```
esp         Encapsulation Security Payload
gre         Cisco's GRE tunneling
icmp        Internet Control Message Protocol
igmp        Internet Gateway Message Protocol
igrp        Cisco's IGRP routing protocol
ip          Any Internet Protocol
ipinip      IP in IP tunneling
nos         KA9Q NOS compatible IP over IP tunneling
ospf        OSPF routing protocol
pcp         Payload Compression Protocol
tcp         Transmission Control Protocol
udp         User Datagram Protocol
```

(4) 鉴于你要禁止 Telnet 流量通过，因此必须将传输层协议指定为 TCP：

```
SF(config)#access-list 110 deny tcp ?
  A.B.C.D  Source address
  any      Any source host
  host     A single source host
```

(5) 指定要用于过滤的源 IP 地址，再指定目标 IP 地址。请使用关键字 host，而不使用通配符掩码：

```
SF(config)#access-list 110 deny tcp host
  192.168.10.2 host 172.16.10.6 ?
  ack          Match on the ACK bit
  eq           Match only packets on a given port
               number
  established  Match established connections
  fin          Match on the FIN bit
  fragments    Check fragments
  gt           Match only packets with a greater
               port number
  log          Log matches against this entry
  log-input    Log matches against this entry,
               including input interface
  lt           Match only packets with a lower port
               number
  neq          Match only packets not on a given
               port number
  precedence   Match packets with given precedence
               value
  psh          Match on the PSH bit
  range        Match only packets in the range of
               port numbers
  rst          Match on the RST bit
  syn          Match on the SYN bit
  tos          Match packets with given TOS value
  urg          Match on the URG bit
  <cr>
```

(6) 现在，输入 eq telnet，以禁止主机 192.168.10.2 远程登录到 172.16.10.6。在语句末尾，也可添加命令 log，这样每次到达这条语句都将在控制台显示一条消息。

```
SF(config)#access-list 110 deny tcp host
  192.168.10.2 host 172.16.10.6 eq telnet log
```

(7) 添加下面一行，以创建一条 permit 语句，这很重要（别忘了，0.0.0.0 255.255.255.255 与命令 any 等价）。

```
SF(config)#access-list 110 permit ip any 0.0.0.0
    255.255.255.255
```

必须创建一条 permit 语句，如果只创建一条 deny 语句，任何流量都不能通过。每个 ACL 末尾都有一条隐式的 deny any 语句，有关该语句的详细信息，请参阅之前几节内容。

(8) 将这个访问控制列表应用于路由器 SF 的接口 Fa0/0，让 Telnet 流量到达第一个路由器接口就被丢弃。

```
SF(config)#int f0/0
SF(config-if)#ip access-group 110 in
SF(config-if)#^Z
```

(9) 尝试从主机 192.168.10.2 远程登录到路由器 LA——使用目标 IP 地址 172.16.10.6。这种操作将失败，但 ping 该路由器时应该成功。

(10) 由于配置了命令 log，在路由器 SF 的控制台中应显示如下消息：

```
01:11:48: %SEC-6-IPACCESSLOGP: list 110 denied tcp
    192.168.10.2(1030) -> 172.16.10.6(23), 1 packet
01:13:04: %SEC-6-IPACCESSLOGP: list 110 denied tcp
    192.168.10.2(1030) -> 172.16.10.6(23), 3 packets
```

12.10 复习题

注意　　下面的复习题旨在检验你对本章内容的理解程度。有关如何获取更多复习题的信息，请参阅 www.lammle.com/ccna。

这些复习题的答案见附录 B。

(1) 下面哪种有关将分组与访问控制列表进行比较的说法不对？

　　A. 总是按顺序将分组与访问控制列表的每一行进行比较

　　B. 在访问控制列表中找到分组满足的条件后，对分组采取相应的措施，且不再进行比较

　　C. 每个访问控制列表末尾都有一条隐式的 deny 语句

　　D. 只要还有语句未分析，比较就不算结束

(2) 要禁止来自网络 192.168.160.0 ~ 192.168.191.0 的流量通过，使用下面哪个访问控制列表？

　　A. access-list 10 deny 192.168.160.0 255.255.224.0

　　B. access-list 10 deny 192.168.160.0 0.0.191.255

　　C. access-list 10 deny 192.168.160.0 0.0.31.255

　　D. access-list 10 deny 192.168.0.0 0.0.31.255

(3) 你创建了一个名为 Blocksales 的命名访问控制列表，要将其应用于路由器接口 Fa0/0 的入站方向，可使用下面哪个命令？

　　A. (config)#ip access-group 110 in

　　B. (config-if)#ip access-group 110 in

　　C. (config-if)#ip access-group Blocksales in

　　D. (config-if)#Blocksales ip access-list in

(4) 网络 192.168.144.0/24 包含 Web 服务器,下面哪条访问控制列表语句允许所有 HTTP 流量前往该网络?
　　A. access-list 110 permit tcp 192.168.144.0 0.0.0.255 any eq 80
　　B. access-list 110 permit tcp any 192.168.144.0 0.0.0.255 eq 80
　　C. access-list 110 permit tcp 192.168.144.0 0.0.0.255 192.168.144.0 0.0.0.255 any eq 80
　　D. access-list 110 permit udp any 192.168.144.0 eq 80

(5) 下面哪个访问控制列表只允许 HTTP 流量进入网络 196.15.7.0?
　　A. access-list 100 permit tcp any 196.15.7.0 0.0.0.255 eq www
　　B. access-list 10 deny tcp any 196.15.7.0 eq www
　　C. access-list 100 permit 196.15.7.0 0.0.0.255 eq www
　　D. access-list 110 permit ip any 196.15.7.0 0.0.0.255
　　E. access-list 110 permit www 196.15.7.0 0.0.0.255

(6) 下面哪个路由器命令让你能够判断在特定接口上是否应用了 IP 访问控制列表?
　　A. show ip port　　　　　　　　　　　B. show access-lists
　　C. show ip interface　　　　　　　　 D. show access-lists interface

(7) 将下面的 show 命令与功能正确搭配起来。

show access-list	只显示访问控制列表110的参数,但不会指出该访问控制列表被应用于哪个接口
show access-list 110	只显示路由器上配置的IP访问控制列表
show ip access-list	显示应用于指定接口的访问控制列表
show ip interface	显示路由器中配置的所有访问控制列表及其参数,但不会指出访问控制列表被应用于哪个接口

(8) 如果只禁止所有到网络 192.168.10.0 的 Telnet 连接,可使用下面哪个命令?
　　A. access-list 100 deny tcp 192.168.10.0 255.255.255.0 eq telnet
　　B. access-list 100 deny tcp 192.168.10.0 0.255.255.255 eq telnet
　　C. access-list 100 deny tcp any 192.168.10.0 0.0.0.255 eq 23
　　D. access-list 100 deny 192.168.10.0 0.0.0.255 any eq 23

(9) 如果要禁止从网络 200.200.10.0 以 FTP 方式访问网络 200.199.11.0,但允许其他所有流量通过,可使用下面哪一项列出的命令?
　　A. access-list 110 den y 200.200.10.0 to network 200.199.11.0 eq ftp
　　　 access-list 111 permit ip any 0.0.0.0 255.255.255.255
　　B. access-list 1 deny ftp 200.200.10.0 200.199.11.0 any any
　　C. access-list 100 deny tcp 200.200.10.0 0.0.0.255 200.199.11.0 0.0.0.255 eq ftp
　　D. access-list 198 deny tcp 200.200.10.0 0.0.0.255 200.199.11.0 0.0.0.255 eq ftp
　　　 access-list 198 permit ip any 0.0.0.0 255.255.255.255

(10) 要创建一个扩展访问控制列表,以禁止来自主机 172.16.50.172/20 所属子网的流量通过,首先创建下面哪条语句?
　　A. access-list 110 deny ip 172.16.48.0 255.255.240.0 any
　　B. access-list 110 udp deny 172.16.0.0 0.0.255.255 ip any
　　C. access-list 110 deny tcp 172.16.64.0 0.0.31.255 any eq 80
　　D. access-list 110 deny ip 172.16.48.0 0.0.15.255 any

(11) 下面哪项是子网掩码/27 的通配符(反转)版本?
　　A. 0.0.0.7　　　　　B. 0.0.0.31　　　　　C. 0.0.0.27　　　　　D. 0.0.31.255

(12) 要创建一个扩展访问控制列表,以禁止来自主机 172.16.198.94/19 所属子网的流量通过,首先创建下面哪条语句？

A. `access-list 110 deny ip 172.16.192.0 0.0.31.255 any`
B. `access-list 110 deny ip 172.16.0.0 0.0.255.255 any`
C. `access-list 110 deny ip 172.16.172.0 0.0.31.255 any`
D. `access-list 110 deny ip 172.16.188.0 0.0.15.255 any`

(13) 假设在路由器的一个接口上应用了下述访问控制列表：

```
access-list 101 deny tcp 199.111.16.32 0.0.0.31 host 199.168.5.60
```

这条语句将禁止来自下面哪些 IP 地址的流量通过？

A. 199.111.16.67   B. 199.111.16.38
C. 199.111.16.65   D. 199.11.16.54

(14) 要将访问控制列表 110 应用于接口 Ethernet0 的入站方向，可使用下面哪个命令？

A. `Router(config)#ip access-group 110 in`
B. `Router(config)#ip access-list 110 in`
C. `Router(config-if)#ip access-group 110 in`
D. `Router(config-if)#ip access-list 110 in`

(15) 下述只包含一条语句的访问控制列表有何作用？

```
access-list 110 deny ip 172.16.10.0 0.0.0.255 host 1.1.1.1
```

A. 只禁止来自 172.16.10.0 的流量通过
B. 禁止所有流量通过
C. 禁止来自子网 172.16.10.0/26 的流量通过
D. 禁止来自子网 172.16.10.0/25 的流量通过

(16) 你配置了如下访问控制列表：

```
access-list 110 deny tcp 10.1.1.128 0.0.0.63 any eq smtp
access-list 110 deny tcp any any eq 23
int ethernet 0
ip access-group 110 out
```

这将导致什么样的结果？

A. 允许 email 和 Telnet 流量从接口 E0 出去
B. 允许 email 和 Telnet 流量从接口 E0 进入
C. 允许除 email 和 Telnet 外的其他流量从接口 E0 出去
D. 禁止任何 IP 流量从接口 E0 出去

(17) 下面列出的哪一项命令禁止以 Telnet 方式访问路由器？

A. `Lab_A(config)#access-list 10 permit 172.16.1.1`
   `Lab_A(config)#line con 0`
   `Lab_A(config-line)#ip access-group 10 in`
B. `Lab_A(config)#access-list 10 permit 172.16.1.1`
   `Lab_A(config)#line vty 0 4`
   `Lab_A(config-line)#access-class 10 out`
C. `Lab_A(config)#access-list 10 permit 172.16.1.1`
   `Lab_A(config)#line vty 0 4`
   `Lab_A(config-line)#access-class 10 in`
D. `Lab_A(config)#access-list 10 permit 172.16.1.1`
   `Lab_A(config)#line vty 0 4`
   `Lab_A(config-line)#ip access-group 10 in`

(18) 下面哪种有关应如何将访问控制列表应用于接口的说法是正确的?

    A. 可根据需要将任意数量的访问控制列表应用于任何接口,直到内存耗尽

    B. 在任何接口上都只能应用一个访问控制列表

    C. 在每个接口的每个方向上,只能针对每种第 3 层协议应用一个访问控制列表

    D. 在任何接口上都可应用两个访问控制列表

(19) 当前网络面临的最常见的攻击是什么?

    A. 撬锁攻击（lock picking）   B. Naggle

    C. DoS   D. auto secure

(20) 为实时防范 DoS 攻击,并将攻击网络的企图记录到日志,应如何做?

    A. 添加路由器   B. 使用 auto secure 命令

    C. 实现 IDS/IPS   D. 配置 Naggle

第13章

网络地址转换

本章涵盖如下 ICND1 考试要点。

✓ **4.0 基础设施服务**

❏ **4.7 内部源 NAT 的配置、验证和故障排除**

 ■ **4.7.a 静态转换**

 ■ **4.7.b 地址池**

 ■ **4.7.c PAT**

本章介绍网络地址转换（NAT）、动态 NAT 和端口地址转换（PAT），其中 PAT 也叫 NAT 重载。当然，我将演示所有的 NAT 命令，还将在本章末尾提供一些奇妙的动手实验，你务必要完成。

明白本章涉及的 CCNA 考试要点很重要。这些考试要点非常直观：在公司内部网络中，主机使用的是 RFC 1918 地址，而你需要配置 NAT，让这些主机能够访问互联网。本章就是围绕这个考试要点编写的。

配置 NAT 时需要用到访问控制列表，因此阅读本章前，熟练掌握第 12 章介绍的技能很重要。

注意 有关本章内容的最新修订，请访问 www.lammle.com/forum 或出版社网站的本书配套网页（www.sybex.com/go/ccna）。

13.1 在什么情况下使用 NAT

与无类域间路由选择（CIDR）一样，最初开发 NAT（网络地址转换）旨在推迟可用 IP 地址空间耗尽的时间，这是通过使用少量公有 IP 地址表示众多私有 IP 地址实现的。

但随后人们发现，在网络迁移和合并、服务器负载均衡以及创建虚拟服务器方面，NAT 也是很有用的工具。因此，本章将概述 NAT 的基本功能和常见术语。

NAT 确实可减少联网环境所需的公有 IP 地址数，因此在两家使用相同内部编址方案的公司合并时，NAT 也提供了方便的解决方案。在公司更换互联网服务提供商（ISP），而网络管理员又不想修改内部编址方案时，NAT 也提供了很好的解决方案。

下面是 NAT 可提供帮助的各种情形：

❏ 需要连接到互联网，但主机没有全局唯一的 IP 地址；

❏ 更换的 ISP 要求对网络进行重新编址；

❏ 需要合并两个使用相同编址方案的内联网。

NAT 通常用于边界路由器。例如，在图 13-1 中，NAT 用于连接到互联网的路由器 Corporate。

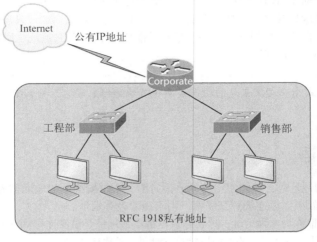

图 13-1　在什么地方配置 NAT

你可能在想：NAT 确实很酷，一定要使用它。但是可别忘乎所以，NAT 也有一些严重的缺陷，你必须明白。我的意思是说，NAT 有时候确实可以解救你，但它也有你必须知道的缺点。表 13-1 说明了 NAT 的优点和缺点。

表13-1　NAT的优点和缺点

优　　点	缺　　点
节省合法的注册地址	地址转换将增加交换延迟
在地址重叠时提供解决方案	导致无法进行端到端IP跟踪
提高连接到互联网的灵活性	导致有些应用程序无法正常运行
在网络发生变化时可避免重新编址	NAT修改报头中的值，导致IPSec等隧道协议更复杂

注意　　NAT 最明显的优点是，让你能够节省合法的注册地址。其 PAT 版也是 IPv4 地址至今还未耗尽的原因所在。倘若没有 NAT/PAT，IPv4 地址早在十多年前就消耗殆尽了。

13.2　网络地址转换类型

本节向你介绍 NAT 的三种类型。

❏ **静态 NAT（一对一）**　　这种 NAT 让你能够在本地地址和全局地址之间进行一对一的映射。请记住，使用静态 NAT 时，必须为网络中的每台主机提供一个互联网 IP 地址。

❏ **动态 NAT（多对多）**　　让你能够将未注册的 IP 地址映射到注册 IP 地址池中的地址。不像使用静态 NAT 那样，无需静态地配置路由器，使其将每个内部地址映射到一个外部地址，但必须有足够的互联网 IP 地址，让同时连接到互联网的主机都能够发送和接收分组。

❑ **NAT 重载（一对多）**　这是最常用的 NAT 类型。NAT 重载是真正的动态 NAT，它利用源端口将多个非注册 IP 地址映射到一个注册 IP 地址（多对一）。那么，它的独特之处何在呢？它也被称为**端口地址转换**（PAT），俗称 NAT 重载。通过使用 PAT，只需使用一个全局 IP 地址，就可将数千名用户连接到互联网，这是不是很酷？互联网 IP 地址之所以还未耗尽，真正的原因就在于使用了 NAT 重载。

本章正文及末尾的动手实验将演示如何配置这三种 NAT。

13.3　NAT 术语

描述用于 NAT 的地址时，我们使用的术语很简单。NAT 转换后的地址称为**全局地址**①。这通常是互联网公有地址，但如果无需连接到互联网，则不需要公有地址。

NAT 转换前的地址称为**本地地址**。这意味着内部本地地址是试图连接到互联网的主机的私有地址，而外部本地地址通常是与 ISP 相连的路由器接口的地址，通常是公有地址，也是外出分组到达的第一站。

分组外出时，内部本地地址将被转换为**内部全局地址**，而外部本地地址将被转换为目标主机的地址。表 13-2 列出了各种 NAT 术语，让你对它们有大致而清晰的认识。请注意，NAT 术语的名称和定义随实现而异，表 13-2 列出的是 CCNA 考试使用的术语。

表13-2　NAT术语

术　语	含　义
内部本地地址	转换前的内部源主机的地址，通常是RFC 1918地址
外部本地地址	在内部网络中看到的外部主机的地址，通常是连接到ISP的路由器接口的公有IP地址
内部全局地址	为前往互联网，对内部源主机的地址进行转换得到的地址，也是公有IP地址
外部全局地址	外部目标主机的地址，也是公有IP地址

13.4　NAT 的工作原理

下面介绍 NAT 的工作原理。首先，使用图 13-2 介绍基本的 NAT 转换。

在图 13-2 所示的示例中，为向互联网发送分组，主机 10.1.1.1 将其发送给配置了 NAT 的边界路由器。该路由器发现分组的源 IP 地址为内部本地 IP 地址，且是前往外部网络的，因此对源 IP 地址进行转换，并将这种转换记录到 NAT 表中。

然后，该分组被转发到外部接口，它包含转换后的源地址。收到外部主机返回的分组后，NAT 路由器根据 NAT 表将分组包含的内部全局 IP 地址转换为内部本地 IP 地址。就这么简单。

下面来看一个更复杂的示例，它使用 NAT 重载，也叫 PAT。这里使用图 13-3 来说明 PAT 的工作原理，其中的内部主机访问互联网的 HTTP 服务器。

---

① 这是针对外出的分组而言的，如果是从外进入的分组，情况正好相反。下一段开头对本地地址的定义亦如此。

——译者注

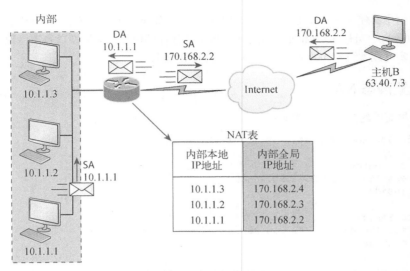

图 13-2　基本的 NAT 转换

使用 PAT 时，所有内部主机的地址都被转换为同一个 IP 地址，故名重载。这里重申一次，可用的互联网 IP 地址之所以没有耗尽，都是拜 NAT 重载（PAT）所赐。

请看图 13-3 所示的 NAT 表，除内部本地 IP 地址和内部全局 IP 地址外，还使用了端口号。这些端口号让路由器能够确定应将返回的流量转发给哪台主机。路由器使用主机提供的源端口号来区分各台主机发送的流量。在这个示例中，注意到离开路由器的分组的目标端口号为 80，而 HTTP 服务器发回的分组的目标端口号为 1026。这让 NAT 路由器能够在 NAT 表中区分不同的主机，进而将目标 IP 地址转换为内部本地地址。

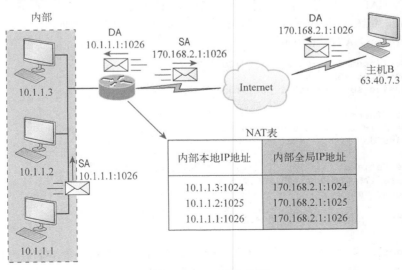

图 13-3　NAT 重载示例

在这个示例中，使用传输层端口号来标识本地主机。如果必须使用公有 IP 地址来标识本地主机（这称为**静态 NAT**），可用 IP 地址早就耗尽了。PAT 让你能够使用传输层端口号来标识主机，因此从理论上说，最多可让大约 65 000 台主机共用一个公有 IP 地址。

13.4.1 配置静态 NAT

下面是一种简单的静态 NAT 配置：

```
ip nat inside source static 10.1.1.1 170.46.2.2
!
interface Ethernet0
 ip address 10.1.1.10 255.255.255.0
 ip nat inside
!
interface Serial0
 ip address 170.46.2.1 255.255.255.0
 ip nat outside
!
```

命令 ip nat inside source 指定要对哪些 IP 地址进行转换。这里使用该命令配置了静态转换：将内部本地 IP 地址 10.1.1.1 映射到内部全局 IP 地址 170.46.2.2。

如果你往下查看该配置，将发现给每个接口都配置了命令 ip nat。命令 ip nat inside 将接口指定为内部接口，而命令 ip nat outside 将接口指定为外部接口。命令 ip nat inside source 将内部接口指定为源，即转换的起点；也可将该命令改为 ip nat outside source，从而将外部接口指定为源，即转换的起点。

13.4.2 配置动态 NAT

要使用动态 NAT，需要有一个地址池，用于给内部用户提供公有 IP 地址。动态 NAT 不使用端口号，因此对于同时试图访问外部网络的每位用户，都需要有一个公有 IP 地址。

下面是一个动态 NAT 配置示例：

```
ip nat pool todd 170.168.2.3 170.168.2.254
    netmask 255.255.255.0
ip nat inside source list 1 pool todd
!
interface Ethernet0
 ip address 10.1.1.10 255.255.255.0
 ip nat inside
!
interface Serial0
 ip address 170.168.2.1 255.255.255.0
 ip nat outside
!
access-list 1 permit 10.1.1.0 0.0.0.255
!
```

命令 ip nat inside source list 1 pool todd 让路由器这样做：将与 access-list 1 匹配的 IP 地址转换为 IP NAT 地址池 todd 中的一个可用地址。在这里，不同于出于安全考虑而过滤流量，访问控制列表并非用来禁止或允许流量通过，而是用于指定感兴趣的流量。如果流量与访问控制列表匹配（即为感兴趣的流量），则将其交给 NAT 进程进行转换。这是访问控制列表的一种常见用途，访问控制列表并非只能用于在接口处阻断流量。

命令 ip nat pool todd 170.168.2.3 170.168.2.254 netmask 255.255.255.0 创建一个地址池，用于将全局地址分配给主机。在 CCNA 考试中排除 NAT 故障时，请务必检查地址池，确定它有足够的地址用于转换。然后，检查地址池名称是否一致，如果不一致，就无法进行转换。别忘了，地址池名称是区分大小写的。

13.4.3 配置 PAT

这个示例将演示如何配置内部全局地址重载，这是当今使用的典型 NAT。除非需要进行静态映射（如映射到服务器），否则很少使用静态 NAT 和动态 NAT。

下面是一个 PAT 配置示例：

```
ip nat pool globalnet 170.168.2.1 170.168.2.1 netmask 255.255.255.0
ip nat inside source list 1 pool globalnet overload
!
interface Ethernet0/0
 ip address 10.1.1.10 255.255.255.0
 ip nat inside
!
interface Serial0/0
 ip address 170.168.2.1 255.255.255.0
 ip nat outside
!
access-list 1 permit 10.1.1.0 0.0.0.255
```

相比前面的动态 NAT 配置，该配置的一些不同的地方如下：

❑ 地址池只包含一个 IP 地址；

❑ 命令 ip nat inside source 末尾包含关键字 overload。

在这个示例中，注意到地址池只包含一个 IP 地址，它是外部接口的 IP 地址。这适合在只从 ISP 那里获得一个 IP 地址的家庭或小型办公室配置 NAT 重载。然而，如果有其他地址，如 170.168.2.2，也可使用它，这适合大型网络。在这种环境中，可能有很多内部用户需要同时访问互联网，必须重载多个公有 IP 地址。

13.4.4 NAT 的简单验证

配置要使用的 NAT 类型后——通常是 NAT 重载（PAT），必须像往常一样对配置进行验证。

要查看基本的 IP 地址转换信息，可使用如下命令：

```
Router#show ip nat translations
```

查看 IP NAT 转换条目时，可能看到很多包含同一个目标地址的转换条目，这通常是因为存在很多到同一台服务器的连接。

另外，还可使用命令 debug ip nat 来验证 NAT 配置。在该命令的每个调试输出行中，都包含发送地址、转换条目和目标地址：

```
Router#debug ip nat
```

如何将 NAT 表中的转换条目清除呢？可使用命令 clear ip nat translation。要清除 NAT 表中的所有转换条目，可在该命令末尾加上星号（*）。

13.5　NAT 的测试和故障排除

思科 NAT 功能强大，你无需为此做太多工作，因为其配置非常简单。但你知道，任何东西都不是完美的，如果出现故障，可按下述清单找出常见的原因。

- ❑ 检查动态地址池：它包含的地址范围是否正确？
- ❑ 检查不同动态地址池包含的地址是否重叠。
- ❑ 检查用于静态映射的地址和动态地址池中的地址是否重叠。
- ❑ 确保访问控制列表正确地指定了要转换的地址。
- ❑ 确保包含了应包含的地址，且没有包含不应包含的地址。
- ❑ 确保正确地指定了内部接口和外部接口。

必须牢记的一个要点是，NAT 配置有一种常见的问题，这种问题与 NAT 毫无关系，而与路由选择相关。因此，使用 NAT 修改分组的源地址或目标地址后，务必确保路由器知道如何处理转换后的地址。

通常，应首先使用命令 show ip nat translations，如下所示：

```
Router#show ip nat trans
Pro    Inside global    Inside local    Outside local    Outside global
---    192.2.2.1        10.1.1.1        ---              ---
---    192.2.2.2        10.1.1.2        ---              ---
```

根据上述输出，你能判断出路由器配置的不是静态 NAT 就是动态 NAT 吗？能够判断，因为内部本地地址和内部全局地址之间为一对一的映射关系。根据上述输出，并不能判断出使用的是静态 NAT 还是动态 NAT，但完全能够判断出使用的不是 PAT，因为没有端口号。

下面来看另一个例子：

```
Router#sh ip nat trans
Pro Inside global      Inside local      Outside local      Outside global
tcp 170.168.2.1:11003  10.1.1.1:11003    172.40.2.2:23      172.40.2.2:23
tcp 170.168.2.1:1067   10.1.1.1:1067     172.40.2.3:23      172.40.2.3:23
```

从上述输出可知，使用的是 NAT 重载（PAT）。输出表明了协议为 TCP，且两个转换条目包含的内部全局地址相同。

有人说，NAT 表可存储的转换条目数没有限制，但实际上，内存、CPU 以及可用地址和端口范围限制了可包含的转换条目数。每个转换条目都需要占用大约 160 字节内存。有时候，出于性能考虑或受策略的限制，必须限制包含的转换条目数，不过这样的情况不是特别常见。在这种情况下，可使用命令 ip nat translation max-entries。

另一个方便的故障排除命令是 show ip nat statistics。该命令显示 NAT 配置摘要，并计算活动的转换条目数。另外，它还显示命中现有转换条目的次数以及未找到现有条目的次数，在后一种情况下，将试图创建新的转换条目。该命令还显示过期的转换条目。如果要查看动态地址池——它们

的类型、包含的地址总数（其中有多少分配出去了，还有多少可用）以及执行的转换次数，可在
statistics 后面再加上关键字 pool。

下面是这个 NAT 调试命令的输出：

```
Router#debug ip nat
NAT: s=10.1.1.1->192.168.2.1, d=172.16.2.2 [0]
NAT: s=172.16.2.2, d=192.168.2.1->10.1.1.1 [0]
NAT: s=10.1.1.1->192.168.2.1, d=172.16.2.2 [1]
NAT: s=10.1.1.1->192.168.2.1, d=172.16.2.2 [2]
NAT: s=10.1.1.1->192.168.2.1, d=172.16.2.2 [3]
NAT*: s=172.16.2.2, d=192.168.2.1->10.1.1.1 [1]
```

注意到在最后一行输出中，开头的 NAT 后面有一个星号（*）。这表示分组在转换后被快速交换到
目的地。什么是快速交换呢？下面简要地解释一下。快速交换有很多名称，也称为基于缓存的交换，
而另一个更准确的名称是"路由一次，交换多次"。在思科路由器上，使用快速交换进程来缓存第 3
层路由选择信息，供第 2 层进程使用。这旨在避免每次转发分组时都对路由选择表进行分析，让路由
器能够快速转发分组。以进程方式交换分组（在路由选择表中查找）时，将相关的信息存储在缓存中，
供以后需要时使用，以提高路由选择的速度。

回到验证 NAT 的主题。前面说过，可手动清除 NAT 表中的转换条目。如果需要删除无用的转换
条目，以免它们等待过期，这将很方便。另外，如果要清空整个 NAT 表，以便重新配置地址池，这
也很有用。

你还需知道的是，只要 NAT 表中有转换条目包含地址池中的地址，思科 IOS 就不会允许你修改
或删除相应的地址池。命令 clear ip nat translations 清除转换条目——你可使用全局地址、
本地地址和 TCP（UDP）端口指定要清除特定的转换条目，也可使用星号（*）清除所有的转换条目。
然而，该命令只清除动态转换条目，而不会清除静态转换条目。

另外，外部设备为响应内部设备而返回分组时，使用的目标地址为内部全局（IG）地址。这意味
着必须将最初创建的转换条目保存在 NAT 表中，确保对通过特定连接返回的所有分组进行一致的转
换。将转换条目保存在 NAT 表中还可避免同一台内部主机向同一台外部主机发送分组时，每次都重
复执行转换操作。

转换条目被加入 NAT 表时，将启动一个定时器，该定时器的时间称为转换条目超时时间。每当
有穿越路由器的分组用到该转换条目时，都将重置其定时器。如果定时器到期，相应的转换条目将从
NAT 表中删除，而动态分配给它的地址将归还给地址池。在思科路由器中，转换条目超时时间默认为
86 400 秒（24 小时），但你可使用命令 ip nat translation timeout 修改它。

下面来看几个 NAT 示例，看看你能否确定所需的配置。首先，请看图 13-4，并回答下面两个问
题：你将在哪里实现 NAT？你将配置哪种类型的 NAT？

在图 13-4 中，应在路由器 Corporate 上配置 NAT（与图 13-1 所示的情况相同），并使用 NAT 重载
（PAT）。在下面的配置中，使用的是哪种类型的 NAT 呢？

```
ip nat pool todd-nat 170.168.10.10 170.168.10.20 netmask 255.255.255.0
ip nat inside source list 1 pool todd-nat
```

使用的是动态 NAT，但不是 PAT。这是因为命令 ip nat inside source 中包含关键字 pool，
指定的地址池包含多个地址，且末尾没有关键字 overload（这表明没有使用 PAT）。

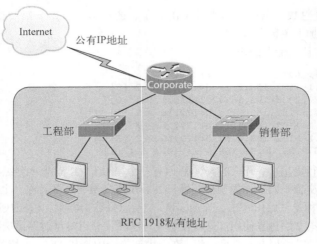

图 13-4 NAT 示例

接下来请看图 13-5，你能确定应使用的配置吗？

在图 13-5 所示的示例中，需要在边界路由器上配置 NAT，并将内部本地地址转换为 6 个公有 IP 地址（192.1.2.109 ~ 192.1.2.114）之一。然而，内部网络有 62 台主机，它们使用私有地址 192.168.10.65 ~ 192.168.10.126。在边界路由器上，应如何配置 NAT 呢？

实际上，有两种可行的解决方案，但考虑到 CCNA 考试大纲，我首选下面的解决方案：

```
ip nat pool Todd 192.1.2.109 192.1.2.109 netmask 255.255.255.248
access-list 1 permit 192.168.10.64 0.0.0.63
ip nat inside source list 1 pool Todd overload
```

命令 ip nat pool Todd 192.1.2.109 192.1.2.109 netmask 255.255.255.248 创建一个动态地址池。该地址池名为 Todd，其只包含一个地址（192.1.2.109）。在这个命令中，你也可以使用 prefix-length 29，而不使用关键字 netmask。你可能会问，给路由器接口配置地址时可以这样做吗？答案是不行。

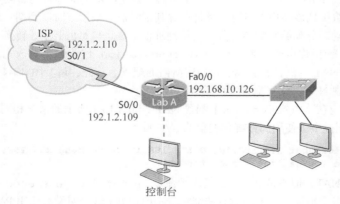

图 13-5 另一个 NAT 示例

第二个解决方案是使用 ip nat pool Todd 192.1.2.109 192.1.2.114 netmask 255.255.255.248，其效果与只将 192.1.2.109 用作内部全局地址相同，但这会浪费地址，因为仅当 TCP 端口号发生冲突时，才会使用第 2~6 个地址。仅当数万台主机共享一条互联网连接时，才应使用这种解决方案，这有助于解决 TCP-Reset 问题——两台主机试图使用相同的源端口号，进而遭到拒绝。但在这个示例中，最多只有 62 台主机同时连接到互联网，因此使用多个内部全局地址不会带来任何额外的好处。

如果你不明白创建访问控制列表的第二行代码，请参阅第 12 章。这行代码只使用了网络号和通配符掩码，因此并不难懂。我常说"什么问题都是子网问题"，这里也不例外。在这个示例中，内部本地地址为 192.168.10.65~192.168.10.126，其块大小为 64，因此子网掩码为 255.255.255.192。正如我几乎在每章都会提到的，你必须能够快速进行子网划分！

命令 ip nat inside source list 1 pool Todd overload 指定使用该地址池进行 PAT，关键字 overload 表明了这一点。

请务必在合适的接口上配置命令 ip nat inside 和 ip nat outside。

> **注意**　如果你打算参加 CCNA 考试，请务必完成本章末尾的动手实验，直到得心应手为止。

下面再介绍一个示例，然后你就可以去完成书面实验、动手实验和复习题了。

图 13-6 所示的网络中指出了配置的 IP 地址，但只显示了一台主机。然而，你需要在 LAN 中再添加 25 台主机，并确保这 26 台主机能够同时连接到互联网。

在该网络中，请使用下面的内部地址在路由器 Corp 上配置 NAT，让所有主机都能够连接到互联网。

❏ 内部全局地址：198.18.41.129~198.18.41.134。
❏ 内部本地地址：192.168.76.65~192.168.76.94。

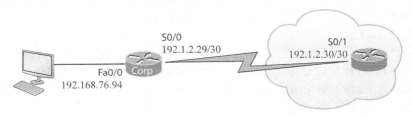

图 13-6　最后一个 NAT 示例

这个示例有点难度，因为要确定配置，可供使用的线索只有内部全局地址和内部本地地址，但根据这些信息以及路由器接口的 IP 地址，完全能够正确地完成配置。

为此，首先必须找出块大小，以确定配置 NAT 地址池时应使用的子网掩码以及配置访问控制列表时应使用的通配符掩码。

你应该能很容易看出来，内部全局地址对应的块大小为 8，而内部本地地址对应的块大小为 32。这些信息很重要，你必须能够轻松地确定它们。

确定块大小后，便可以配置 NAT 了：

```
ip nat pool Corp 198.18.41.129 198.18.41.134 netmask 255.255.255.248
ip nat inside source list 1 pool Corp overload
access-list 1 permit 192.168.76.64 0.0.0.31
```

由于地址池只包含 8 个地址，为确保全部 26 台主机都能够同时连接到互联网，必须使用关键字 overload。

还有另一种配置 NAT 的简单方式，我将家庭办公室连接到 ISP 时使用的就是这种方式。它只需一行代码，如下所示：

```
ip nat inside source list 1 int s0/0/0 overload
```

对于效率，我要多喜欢有多喜欢，只用一行代码就能完成大事总会让我无比兴奋。这行代码功能强大而优雅，意思是说："将我的外部本地地址用作内部全局地址，并重载它。"当然，还必须创建 ACL 1，并指定内部接口和外部接口。在没有多个地址可用时，这是一种配置 NAT 的快捷而可行的方式。

13.6　小结

本章很有趣，你学习了很多网络地址转换（NAT）的知识，还学习了如何配置静态 NAT、动态 NAT 和 PAT（端口地址转换，也叫 NAT 重载）。

本章还介绍了如何在网络中使用和配置每种类型的 NAT。

最后，介绍了一些验证和故障排除命令。别忘了反复练习极具帮助的动手实验，直到牢固掌握相关知识。

13.7　考试要点

明白术语"NAT"。NAT 有多个别名，你可能不知道，因为本章前面忘了说。网络行业称之为网络伪装（masquerading）、IP 伪装，而经常与外行打交道、必须将事情说清楚的人称之为网络地址转换。无论怎么叫，这些术语指的都是在 IP 分组穿越路由器或防火墙时重写其源/目标地址。只要将重点放在发生的过程上，你就能理解并掌握它。

牢记三种 NAT 方法。这三种方法是静态、动态和重载，其中重载也称为 PAT。

理解静态 NAT。这种 NAT 让你能够以一对一的方式将本地地址映射到全局地址。

理解动态 NAT。这种 NAT 让你能够将一系列非注册 IP 地址映射到地址池中的注册 IP 地址。

理解重载。重载实际上是一种特殊的动态 NAT，它通过使用不同的端口，将多个非注册 IP 地址映射到一个注册 IP 地址（多对一）。这种 NAT 也称为 PAT。

13.8　书面实验

请回答下述问题。

(1) 哪种类型的 NAT 只需使用一个地址就可对数千台主机的地址进行转换？

(2) 要实时显示路由器所做的 NAT 转换，可使用哪个命令？

(3) 要显示转换表，可使用哪个命令？

(4) 要清除转换表中的所有 NAT 条目，可使用哪个命令？

(5) 内部本地地址是转换前还是转换后的地址？

(6) 内部全局地址是转换前还是转换后的地址？

(7) 要显示 NAT 配置摘要、活动转换条目数以及现有转换条目的命中次数，可使用哪个故障排除命令？

(8) 要让 NAT 对地址进行转换，必须在路由器接口上配置哪些命令？

(9) 下面的命令配置的是哪种 NAT？

```
ip nat pool todd-nat 170.168.10.10 170.168.10.20 netmask 255.255.255.0
```

(10) 可使用关键字＿＿＿＿＿代替 netmask。

答案见附录 A。

13.9　动手实验

这些实验将用到一些基本路由器，几乎任何思科路由器都可以。另外，使用 IOS 版 LammleSim 可完成本章（以及本书）的所有动手实验。

本章包含如下动手实验。

❑ 动手实验 13.1：为使用 NAT 做准备。

❑ 动手实验 13.2：配置动态 NAT。

❑ 动手实验 13.3：配置 PAT。

在这些动手实验中，将使用如下图所示的网络。强烈建议你将一些路由器连接起来，并完成这些实验。你将在 Lab_A 上配置 NAT，将网络 192.168.10.0 中的私有 IP 地址转换为网络 171.16.10.0 中的公有地址。

表 13-3 列出了将要使用的命令以及每个命令的用途。

表13-3　NAT/PAT动手实验用到的命令

命　　令	用　　途
`ip nat inside source list` *acl* `pool` *name*	将与ACL匹配的IP地址转换为地址池中的地址
`ip nat inside source static` *inside-addr outside-addr*	将内部本地地址静态地映射到外部全局地址
`ip nat pool` *name*	创建地址池
`ip nat inside`	将接口设置为内部接口
`ip nat outside`	将接口设置为外部接口
`show ip nat translations`	显示当前的NAT转换条目

13.9.1　动手实验 13.1：为使用 NAT 做准备

在这个实验中，你将给路由器配置 IP 地址和 RIP。

(1) 按表 13-4 给路由器配置 IP 地址。

表13-4　给路由器配置的IP地址

路由器	接　口	IP地址
ISP	S0	171.16.10.1/24
Lab_A	S0/2	171.16.10.2/24
Lab_A	S0/0	192.168.20.1/24
Lab_B	S0	192.168.20.2/24
Lab_B	E0	192.168.30.1/24
Lab_C	E0	192.168.30.2/24

给路由器配置 IP 地址后，就应该能够从一台路由器 ping 另一台路由器了。但执行下一步后路由器才会运行路由选择协议，因此在配置 RIP 前，只能验证相邻路由器之间的连接性，而无法验证穿越整个网络的连接性。你可使用任何路由选择协议，但出于简单的考虑，我使用 RIP。

(2) 在 Lab_A 上，配置 RIP，设置一个被动接口并配置默认路由：

```
Lab_A#config t
Lab_A(config)#router rip
Lab_A(config-router)#network 192.168.20.0
Lab_A(config-router)#network 171.16.0.0
Lab_A(config-router)#passive-interface s0/2
Lab_A(config-router)#exit
Lab_A(config)#ip default-network 171.16.10.1
```

命令 passive-interface 禁止将 RIP 更新发送给路由器 ISP，而命令 ip default-network 将一条默认路由通告给其他路由器，让它们知道如何前往互联网。

(3) 在 Lab_B 上，配置 RIP：

```
Lab_B#config t
Lab_B(config)#router rip
Lab_B(config-router)#network 192.168.30.0
Lab_B(config-router)#network 192.168.20.0
```

(4) 在 Lab_C 上，配置 RIP：

```
Lab_C#config t
Lab_C(config)#router rip
Lab_C(config-router)#network 192.168.30.0
```

(5) 在路由器 ISP 上，配置一条前往公司网络的默认路由：

```
ISP#config t
ISP(config)#ip route 0.0.0.0 0.0.0.0 s0
```

(6) 配置路由器 ISP，让你能够远程登录到该路由器，且不会要求你输入密码：

```
ISP#config t
ISP(config)#line vty 0 4
ISP(config-line)#no login
```

(7) 核实你能够从路由器 ISP ping 路由器 Lab_C，且能够从路由器 Lab_C ping 路由器 ISP。如果不能，请排除网络故障。

13

13.9.2 动手实验 13.2：配置动态 NAT

在这个实验中，你将在路由器 Lab_A 上配置动态 NAT。

(1) 在路由器 Lab_A 上，创建一个名为 GlobalNet 的地址池。该地址池应包含地址 171.16.10.50 ~ 171.16.10.55。

```
Lab_A(config)#ip nat pool GlobalNet 171.16.10.50 171.16.10.55
net 255.255.255.0
```

(2) 创建访问控制列表 1，它指定对来自网络 192.168.20.0 和 192.168.30.0 的流量进行转换。

```
Lab_A(config)#access-list 1 permit 192.168.20.0 0.0.0.255
Lab_A(config)#access-list 1 permit 192.168.30.0 0.0.0.255
```

(3) 使用前面创建的访问控制列表和地址池配置 NAT。

```
Lab_A(config)#ip nat inside source list 1 pool GlobalNet
```

(4) 将接口 s0/0 配置为 NAT 内部接口。

```
Lab_A(config)#int s0/0
Lab_A(config-if)#ip nat inside
```

(5) 将接口 s0/2 配置为 NAT 外部接口。

```
Lab_A(config-if)#int s0/2
Lab_A(config-if)#ip nat outside
```

(6) 从控制台连接到路由器 Lab_C，并登录到该路由器，再从该路由器远程登录到路由器 ISP。

```
Lab_C#telnet 171.16.10.1
```

(7) 从控制台连接到路由器 Lab_B，并登录到该路由器，再从该路由器远程登录到路由器 ISP。

```
Lab_B#telnet 171.16.10.1
```

(8) 在路由器 ISP 上执行命令 show users，以显示谁在访问 VTY 线路。

```
ISP#show users
```

a. 在该命令的输出中，你的源 IP 地址是什么？

b. 你的源地址实际上是什么？

命令 show users 的输出类似于下面这样：

```
ISP>sh users
   Line        User        Host(s)              Idle        Location
   0 con 0                 idle                 00:03:32
   2 vty 0                 idle                 00:01:33 171.16.10.50
*  3 vty 1                 idle                 00:00:09 171.16.10.51
   Interface  User        Mode                 Idle Peer Address
ISP>
```

映射是一对一的，这意味着有多少台主机同时连接到互联网，就需要多少个公有 IP 地址，但这样的条件通常无法满足。

(9) 在不关闭到 ISP 的会话的情况下，连接到 Lab_A（按 Ctrl + Shift + 6，再按 X）。

(10) 登录到路由器 Lab_A，并使用命令 show ip nat translations 显示当前的转换条目。你看到的输出应类似于下面这样：

```
Lab_A#sh ip nat translations
Pro Inside global      Inside local      Outside local      Outside global
--- 171.16.10.50       192.168.30.2      ---                ---
--- 171.16.10.51       192.168.20.2      ---                ---
Lab_A#
```

(11) 如果在路由器 Lab_A 上执行命令 debug ip nat，再 ping 其他路由器，将看到 NAT 过程，如下所示：

```
00:32:47: NAT*: s=192.168.30.2->171.16.10.50, d=171.16.10.1 [5]
00:32:47: NAT*: s=171.16.10.1, d=171.16.10.50->192.168.30.2
```

13.9.3 动手实验 13.3：配置 PAT

在这个实验中，你将在路由器 Lab_A 上配置 PAT。之所以使用 PAT，是因为我们不想进行一对一的转换，而想只使用一个公有 IP 地址就让网络中的所有用户都能连接到互联网。

(1) 在路由器 Lab_A 上，删除转换表的内容，再删除动态 NAT 地址池。

```
Lab_A#clear ip nat translations *
Lab_A#config t
Lab_A(config)#no ip nat pool GlobalNet 171.16.10.50
171.16.10.55 netmask 255.255.255.0
Lab_A(config)#no ip nat inside source list 1 pool GlobalNet
```

(2) 在路由器 Lab_A 上，创建一个名为 Lammle 的 NAT 地址池，它只包含一个地址 171.16.10.100。为此，输入如下命令：

```
Lab_A#config t
Lab_A(config)#ip nat pool Lammle 171.16.10.100 171.16.10.100
net 255.255.255.0
```

(3) 创建访问控制列表 2，它指定要对来自网络 192.168.20.0 和 192.168.30.0 的流量进行转换。

```
Lab_A(config)#access-list 2 permit 192.168.20.0 0.0.0.255
Lab_A(config)#access-list 2 permit 192.168.30.0 0.0.0.255
```

(4) 使用前面创建的访问控制列表和地址池配置 NAT，并使用关键字 overload 指定使用 PAT。

```
Lab_A(config)#ip nat inside source list 2 pool Lammle overload
```

(5) 登录到路由器 Lab_C，再远程登录到路由器 ISP；另外，登录到路由器 Lab_B，再远程登录到路由器 ISP。

(6) 在路由器 ISP 上，执行命令 show users，其输出应类似于下面这样：

```
ISP>sh users
    Line        User        Host(s)        Idle        Location
*   0 con 0                 idle           00:00:00
    2 vty 0                 idle           00:00:39 171.16.10.100
    4 vty 2                 idle           00:00:37 171.16.10.100

    Interface  User        Mode           Idle Peer Address

ISP>
```

(7) 在路由器 Lab_A 上，执行命令 show ip nat translations。

```
Lab_A#sh ip nat translations
Pro Inside global  Inside local  Outside local Outside global
tcp 171.16.10.100:11001 192.168.20.2:11001 171.16.10.1:23
171.16.10.1:23
tcp 171.16.10.100:11002 192.168.30.2:11002 171.16.10.1:23
171.16.10.1:23
```

(8) 在路由器 Lab_A 上执行命令 debug ip nat，再从路由器 Lab_C ping 路由器 ISP，你将看到类似于下面的输出：

```
01:12:36: NAT: s=192.168.30.2->171.16.10.100, d=171.16.10.1 [35]
01:12:36: NAT*: s=171.16.10.1, d=171.16.10.100->192.168.30.2 [35]
01:12:36: NAT*: s=192.168.30.2->171.16.10.100, d=171.16.10.1 [36]
01:12:36: NAT*: s=171.16.10.1, d=171.16.10.100->192.168.30.2 [36]
01:12:36: NAT*: s=192.168.30.2->171.16.10.100, d=171.16.10.1 [37]
01:12:36: NAT*: s=171.16.10.1, d=171.16.10.100->192.168.30.2 [37]
01:12:36: NAT*: s=192.168.30.2->171.16.10.100, d=171.16.10.1 [38]
01:12:36: NAT*: s=171.16.10.1, d=171.16.10.100->192.168.30.2 [38]
01:12:37: NAT*: s=192.168.30.2->171.16.10.100, d=171.16.10.1 [39]
01:12:37: NAT*: s=171.16.10.1, d=171.16.10.100->192.168.30.2 [39]
```

13.10   复习题

注意　　下面的复习题旨在检验你对本章内容的理解程度。有关如何获取更多复习题的信息，请参阅 www.lammle.com/ccna。

这些复习题的答案见附录 B。

(1) 下面哪三项是使用 NAT 的缺点？

    A. 导致交换延迟

    B. 节省合法的注册地址

    C. 导致无法进行端到端 IP 跟踪

    D. 提高连接到互联网的灵活性

    E. 启用 NAT 后，有些应用程序将无法正常运行

    F. 可减少地址重叠的情况发生

(2) 下面哪三项是使用 NAT 的优点？

    A. 导致交换延迟

    B. 节省合法的注册地址

    C. 导致无法进行端到端 IP 跟踪

    D. 提高连接到互联网的灵活性

    E. 启用 NAT 后，有些应用程序将无法正常运行

    F. 为地址重叠提供解决方案

(3) 下面哪个命令让你能够实时查看路由器执行的转换？

    A. show ip nat translations   B. show ip nat statistics

　　　C. debug ip nat　　　　　　　　　　　　D. clear ip nat translations *

(4) 下面哪个命令显示路由器中的所有活动转换条目?

　　　A. show ip nat translations　　　　　　B. show ip nat statistics
　　　C. debug ip nat　　　　　　　　　　　　D. clear ip nat translations *

(5) 下面哪个命令清除路由器中所有活动的转换条目?

　　　A. show ip nat translations　　　　　　B. show ip nat statistics
　　　C. debug ip nat　　　　　　　　　　　　D. clear ip nat translations *

(6) 下面哪个命令显示 NAT 配置摘要?

　　　A. show ip nat translations　　　　　　B. show ip nat statistics
　　　C. debug ip nat　　　　　　　　　　　　D. clear ip nat translations *

(7) 下面哪个命令创建一个名为 Todd 且包含 30 个全局地址的动态地址池?

　　　A. ip nat pool Todd 171.16.10.65 171.16.10.94 net 255.255.255.240
　　　B. ip nat pool Todd 171.16.10.65 171.16.10.94 net 255.255.255.224
　　　C. ip nat pool todd 171.16.10.65 171.16.10.94 net 255.255.255.224
　　　D. ip nat pool Todd 171.16.10.1 171.16.10.254 net 255.255.255.0

(8) 下面哪三项是 NAT 方法?

　　　A. 静态　　　　　　　B. IP NAT 地址池　　　C. 动态　　　　　　　D. NAT 双重转换
　　　E. 重载

(9) 创建地址池时, 可使用下面哪个关键字代替 netmask?

　　　A. / (斜线表示法)　　　　　　　　　　B. prefix-length
　　　C. no mask　　　　　　　　　　　　　　D. block-size

(10) 如果路由器未进行地址转换, 首先采取下面哪种做法是种不错的选择?

　　　A. 重启路由器　　　　　　　　　　　　B. 致电思科
　　　C. 检查接口的配置是否正确　　　　　　D. 运行命令 debug all

(11) 下面哪三项是运行 NAT 的合理原因?

　　　A. 你需要连接到互联网, 但主机没有全局唯一的 IP 地址
　　　B. 因更换 ISP 而需要给网络重新编址
　　　C. 你不想让任何主机连接到互联网
　　　D. 需要合并两个使用重叠地址的内联网

(12) 下面哪项是转换后的内部主机地址?

　　　A. 内部本地地址　　　　　　　　　　　B. 外部本地地址
　　　C. 内部全局地址　　　　　　　　　　　D. 外部全局地址

(13) 下面哪项是转换前的内部主机地址?

　　　A. 内部本地地址　　　　　　　　　　　B. 外部本地地址
　　　C. 内部全局地址　　　　　　　　　　　D. 外部全局地址

(14) 从下述输出可知, 可使用哪个命令配置这种动态转换?

```
Router#show ip nat trans
Pro   Inside global    Inside local   Outside local Outside global
---   1.1.128.1        10.1.1.1       ---           ---
---   1.1.130.178      10.1.1.2       ---           ---
---   1.1.129.174      10.1.1.10      ---           ---
---   1.1.130.101      10.1.1.89      ---           ---
---   1.1.134.169      10.1.1.100     ---           ---
---   1.1.135.174      10.1.1.200     ---           ---
```

A. `ip nat inside source pool todd 1.1.128.1 1.1.135.254 prefix-length 19`
B. `ip nat pool todd 1.1.128.1 1.1.135.254 prefix-length 19`
C. `ip nat pool todd 1.1.128.1 1.1.135.254 prefix-length 18`
D. `ip nat pool todd 1.1.128.1 1.1.135.254 prefix-length 21`

(15) 如果内部本地地址未转换为内部全局地址，可使用下面哪个命令确定内部本地地址是否可使用 NAT 地址池？

```
ip nat pool Corp 198.18.41.129 198.18.41.134 netmask 255.255.255.248
ip nat inside source list 100 int s0/0 Corp overload
```

A. `debug ip nat`
B. `show access-list`
C. `show ip nat translation`
D. `show ip nat statistics`

(16) 在连接到私有网络的接口上，应配置下面哪个命令？

A. `ip nat inside`
B. `ip nat outside`
C. `ip outside global`
D. `ip inside local`

(17) 在连接到互联网的接口上，应配置下面哪个命令？

A. `ip nat inside`
B. `ip nat outside`
C. `ip outside global`
D. `ip inside local`

(18) 端口地址转换也叫什么？

A. 快速 NAT
B. 静态 NAT
C. NAT 重载
D. 重载静态

(19) 在下面的输出中，星号（＊）表示什么意思？

```
NAT*: s=172.16.2.2, d=192.168.2.1->10.1.1.1 [1]
```

A. 分组的目的地为路由器的本地接口

B. 分组被转换并快速交换到目的地

C. 试图对分组进行转换，但以失败告终

D. 分组被转换，但远程主机没有响应

(20) 要启用 PAT，需要在下面的配置中添加下述哪个命令？

```
ip nat pool Corp 198.18.41.129 198.18.41.134 netmask 255.255.255.248
access-list 1 permit 192.168.76.64 0.0.0.31
```

A. `ip nat pool inside overload`
B. `ip nat inside source list 1 pool Corp overload`
C. `ip nat pool outside overload`
D. `ip nat pool Corp 198.41.129 net 255.255.255.0 overload`

第 14 章

IPv6

本章涵盖如下 ICND1 考试要点。

- ❏ 1.11 根据 LAN/WAN 环境的编址需求制定合适的 IPv6 编址方案
- ❏ 1.12 IPv6 编址的配置、验证和故障排除
- ❏ 1.13 配置和验证 IPv6 无状态地址自动配置
- ❏ 1.14 比较 IPv6 地址类型
  - ■ 1.14.a 全局单播地址
  - ■ 1.14.b 唯一本地地址
  - ■ 1.14.c 链路本地地址
  - ■ 1.14.d 组播地址
  - ■ 1.14.e 改进的 EUI-64 地址
  - ■ 1.14.f 自动配置
  - ■ 1.14.g 任意播地址
- ❏ 3.6 IPv4 和 IPv6 静态路由的配置、验证和故障排除
  - ■ 3.6.a 默认路由

你在本书前面学习了众多主题,一路上不时遭遇各种艰难险阻,但这样的旅途很有意义!然而,这场网络技术探险还未结束,还有极其重要的未知领域 IPv6 等待着我们去探索。这个庞大的主题涉及范围广泛,请打起精神,为探索必知的 IPv6 知识做好准备。IPv6 至关重要,无论你想应对网络领域的挑战,还是想在 CCNA 考试中取得好成绩,都必须掌握它。本章涵盖了通过 CCNA 考试所需的全部 IPv6 知识,请打起十二分的精神,我们已进入最后冲刺阶段。

至此,你肯定已经牢固地掌握了 IPv4。我说这话或许多余,但还是要说,因为我已竭尽所能确保你达到这样的程度。但如果你不是很有把握或者想再复习一下,请参阅第 3 章和第 4 章。如果你不清楚 IPv4 存在的地址耗尽问题,请先复习第 13 章,再阅读本章。

IPv6 被称为"下一代网际协议",最初开发它旨在解决 IPv4 面临的地址耗尽危机。你可能知道 IPv6 的一些皮毛,但为提供灵活性、效率、容量和优化的功能,开发人员一直在不断改进它,以满足人们对技术和接入永无止境的渴求。相比 IPv6,IPv4 的容量太小了,因此注定要被 IPv6 取代,从历史舞台上完全消失。

IPv6 报头和地址结构经过了全面修改。在 IPv6 中,反思 IPv4 后补充的众多功能已成为标准的一部分。IPv6 提供了众多健壮而优雅的功能,它整装待发,为满足庞大的互联网需求做好了充分准备。

阅读上述简介后,你可能有些许担心,这完全可以理解,但我保证本章以及其中的重要主题简单

易懂。事实上，你可能发现阅读本章是种享受——我在编写时就有这样的感觉！IPv6 复杂而不失优雅，提供了大量强大的新功能，它像一部全新的阿斯顿马丁，又像一部引人入胜的未来主义小说，让我爱不释手。但愿你阅读本章的感受与我编写时一样。

有关本章内容的最新修订，请访问 www.lammle.com/ccna 或出版社网站的本书配套网页（www.sybex.com/go/ccna）。

14.1　为何需要 IPv6

为何需要 IPv6 呢？简单地说，是因为我们需要通信，而当前的系统无法真正满足这种需求，就像快马邮递无法与航空邮递比肩。只要看看我们投入了多少时间和精力，想尽一切办法去寻找节省带宽和 IP 地址的新途径，就能明白这一点。变长子网掩码（VLSM）虽然神奇，但它不过是为应对日益严峻的地址耗尽危机而发明的另一项工具。

形势越来越糟糕，这绝非危言耸听，现实情况就是如此。连接到网络的用户和设备每天都在增加，这不是坏事，而是好事，让我们能够通过激动人心的新途径与更多人更频繁地交流。这种趋势不会减缓，更不会消失，因为交流是人类的基本需求，是人的天性。然而，随着越来越多的人加入通信的浪潮，前景并不乐观，因为我们当前进行通信依赖的是 IPv4，而 IPv4 地址即将耗尽。

从理论上说，IPv4 提供的地址只有 43 亿左右，而且这些地址并非都能供我们使用。通过使用无类域间路由选择（CIDR）和网络地址转换（NAT），确实可以推迟 IPv4 地址耗尽的时间，但这些地址在几年内就将耗尽。在中国，需要连接到互联网的个人和公司很多。有很多报告提供了各种数字，但只要想想全球当前有大约 70 亿人口，而据估计只有 10% 左右的人连接到了互联网，你就会相信我在这里并非危言耸听。

上述统计数字揭示了一个残酷的事实：鉴于 IPv4 的容量，平均每人可拥有的计算机都不能超过一台，更不用说其他 IP 设备了。我就有好几台计算机，你很可能也是这样。这还没有包括电话、笔记本电脑、游戏控制台、传真机、路由器、交换机以及我们日常使用的众多其他设备！我应该说得很明白了，我们必须采取措施，以免地址耗尽，导致无法彼此通信，而这种措施就是实现 IPv6。

14.2　IPv6 的优点和用途

那么，IPv6 有何神奇之处呢？它真能让我们脱离即将到来的困境吗？真的值得从 IPv4 升级到 IPv6 吗？这些问题都很好，你可能还想到了其他一些问题。当然，有那么一群人患有著名的"拒绝改变综合征"，绝不要听他们的。倘若很多年前人们接受了这些人的观点，那么现在还在用快马递信，要等待数周甚至数月才能收到。你只需知道上述问题的答案绝对是**肯定的**，那就是值得从 IPv4 升级到 IPv6。IPv6 不仅提供了大量地址（3.4×10^{38}，这绝对足够了），还内置了众多其他的功能，值得花资金、时间和精力迁移到 IPv6。

当今的网络和互联网有众多创建 IPv4 时没有预见的需求。为满足这些需求，我们使用了一些附加功能，但实现起来比较困难。倘若它们是标准的组成部分，实现起来将容易得多。IPv6 对这些功能做了改进，并将其作为标准。一个这样的标准是 IPSec，它提供了端到端安全性。

最令人震撼的是，效率更高了。首先，IPv6 报头包含的字段减少了一半，且所有字段都与 64 位边界对齐，这极大地提高了处理速度——相比 IPv4，查找速度要快得多！原来包含在 IPv4 报头中的很多信息都删除了，但可在基本报头字段后面添加可选的扩展报头，将这些信息或其一部分加入报头。

当然，还有前面说过的海量地址（3.4×10^{38}），但这些地址来自何方呢？难道是精灵降临人间，神奇地变出来的？这么多的地址必须有出处！原因就是 IPv6 提供的地址空间非常大，即地址很长——比 IPv4 长四倍。IPv6 地址长 128 位，但不用担心，在 14.3 节，我将剖析这种地址的各个部分，让你知道它是什么样的。新增的长度让地址空间可包含更多的层次，从而提供了更灵活的编址架构。这还提高了路由选择的效率和可扩展性，因为可以更有效地聚合地址。IPv6 还允许主机和网络有多个地址，这对亟需改善接入和可用性的企业来说显得尤其重要。另外，IPv6 还更广泛地使用了组播通信（一台设备向很多主机或一组选定主机发送数据），这将极大地提高网络的效率，因为通信目标方更具体了。

IPv4 大量地使用广播，这会导致很多问题，其中最糟糕的是可怕的广播风暴。不受控制地四处转发广播可能耗尽所有带宽，导致整个网络瘫痪。广播令人讨厌的另一点是，导致网络中的所有设备中断。当你发送广播后，每台设备都必须停下手中的工作，对广播做出响应，而不管广播是否是发送给它的。

令人欣喜的是，IPv6 没有广播的概念，而是使用组播。IPv6 还支持另外两种通信：单播和**任意播**，其中单播与 IPv4 中相同，而任意播是新增的。任意播允许将同一个地址分配给多台设备，而向该地址发送流量时，它将被路由到共享该地址的最近主机。这仅仅是开始，14.3.2 节将更详细地介绍各种类型的通信。

14.3　IPv6 地址及其表示

理解 IPv4 地址的结构和用法至关重要，对 IPv6 地址来说亦如此。你知道，IPv6 地址长 128 位，比 IPv4 地址长得多。因此除了可以以新的方式使用 IPv6 地址外，IPv6 地址管理起来也更复杂。不用担心，这里将解释 IPv6 地址的组成、书写方法以及众多常见的用法。IPv6 地址看似神秘，但不知不觉你就会掌握它！

请看图 14-1，其中显示了一个 IPv6 地址及其组成部分。

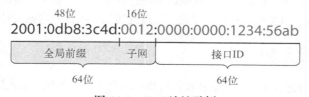

图 14-1　IPv6 地址示例

正如你看到的，IPv6 地址确实长得多，但除此之外，还有什么不同呢？首先，注意到它包含 8 组（而不是 4 组）数字，且各组之间用冒号而不是句点分隔。且慢，地址中还有字母！与 MAC 地址一样，IPv6 地址也是用十六进制表示的，因此可以这样说：IPv6 地址包含 8 个用冒号分隔的编组，每组 16 位，并用十六进制表示。这已经很拗口了，而你可能还未尝试将这个地址大声念出来！

在 IPv6 地址中，每个字段包含 4 个十六进制字母（16 位），字段之间用冒号分隔。

14.3.1　简化表示

好在书写这些大型地址时有很多简写方式。其一是可省略地址的某些部分，但必须遵守一些规则。首先，可省略各个字段的前导零。省略前导零后，前面的示例地址将变成下面这样：

```
2001:db8:3c4d:12:0:0:1234:56ab
```

这显然要好得多，至少无需书写所有多余的零了！但对于只包含零的字段，该怎么办呢？也可以省略——至少是其中的一部分。还是以前面的地址为例，可省略两个只包含零的相邻字段，并用两个冒号替代，如下所示：

```
2001:db8:3c4d:12::1234:56ab
```

很好，使用两个冒号替代了相连的全零字段。这样做必须遵守如下规则：只能替换相连的全零字段一次。因此，如果地址中有 4 个全零的字段，但彼此不相邻，则不能全部替换它们。请记住，这里的规则是只能使用两个冒号替换相连的全零字段一次。请看下面的地址：

```
2001:0000:0000:0012:0000:0000:1234:56ab
```

不能简化成下面这样：

```
2001::12::1234:56ab
```

最多只能简化成这样：

```
2001::12:0:0:1234:56ab
```

为什么？因为如果替换两次，设备见到该地址后，将无法判断每对冒号代表多少个字段。路由器见到这个错误的地址后，将发出这样的疑问：我是将每对冒号都替换为两个全零字段呢，还是将第一对冒号替换为三个全零字段，并将第二对冒号替换为一个全零字段？路由器无法回答这个问题，因为它没有所需的信息。

14.3.2　地址类型

大家都熟悉 IPv4 单播地址、广播地址和组播地址，它们指定了要与哪台设备（至少是多少台设备）通信。但前面说过，IPv6 改变了这种三重唱局面，新增了任意播；另外，由于广播效率低下，简直能把人逼疯，IPv6 因而不再支持它。

下面介绍这些 IPv6 地址类型和通信方法的功能。

❑ **单播地址**　目标地址为单播地址的分组被传输到单个接口。为均衡负载，位于多台设备中的多个接口可使用相同的地址，但这种地址被称为任意播地址。单播地址分为多种，这里不详细介绍。

❑ **全局单播地址**（2000::/3）　这是典型的可路由的公有地址，与 IPv4 中的单播地址相同。全局地址以 2000::/3 打头。图 14-2 说明了全局单播地址的组成部分。ISP 给你提供的是/48 的网络 ID，其中的 16 位可用于指定 64 位的路由器接口地址。最后 64 位用于指定唯一的主机 ID。

❑ **链路本地地址**（FE80::/10）　类似于微软使用 APIPA（Automatic Private IP Address，自动私有 IP 地址）分配的 IPv4 地址，也是不可路由的。IPv6 链路本地地址以 FE80::/10 打头，如图 14-3 所示。可将它们视为一种便利的工具，让你能够为召开会议而组建临时 LAN 或创建小型

LAN。这些 LAN 不与互联网相连，但需要在本地共享文件和服务。

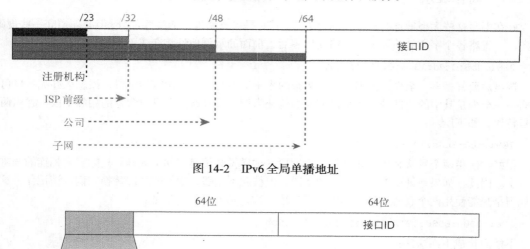

图 14-2 IPv6 全局单播地址

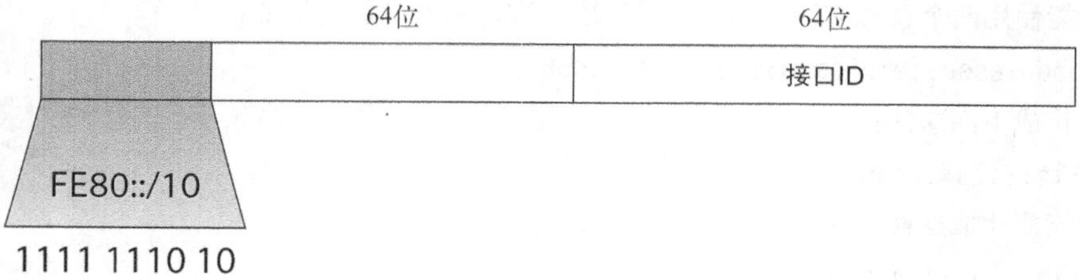

图 14-3 IPv6 链路本地地址 FE80::/10，前 10 位定义了地址类型

- **唯一本地地址**（FC00::/7） 这些地址也不可在互联网路由，但也是全局唯一的，因此你不太可能重复使用它们。唯一本地地址设计用于替代场点本地地址，因此它们的功能几乎与 IPv4 地址相同：支持在整个场点内通信，可路由到多个本地网络。场点本地地址已于 2004 年 9 月废除。

- **组播地址**（FF00::/8） 与 IPv4 中一样，目标地址为组播地址的分组被传输到该组播地址表示的所有接口。这种地址有时也称为“一对多”地址。IPv6 组播地址很容易识别，它们总是以 FF 打头。14.4 节将详细阐述组播的工作原理。

- **任意播地址** 与组播地址一样，任意播地址也标识多台设备的多个接口，但有一个很大的差别：任意播分组只被传输到一个接口——根据路由选择距离确定的最近接口。这种地址的特殊之处在于，可将单个任意播地址分配给多个接口。这种地址被称为“一对最近”地址。任意播地址通常只用于路由器，而从不用于主机；另外，任意播地址不能用作源地址。需要指出的是，对于每个/64 地址块，IETF 都将最后 128 个地址保留用作任意播地址。

你可能会问，在 IPv6 中，是否有保留的特殊地址，因为我们知道 IPv4 有这样的地址。答案是很多，下面就介绍它们！

14.3.3 特殊地址

表 14-1 列出了一些你绝对应该牢记的地址范围，因为你终将用到它们。它们都是特殊地址或保留用于特定目的的地址，但不同于 IPv4，IPv6 提供的地址非常多，因此保留一些不会有任何害处。

表14-1　特殊的IPv6地址

地　　址	含　　义
0:0:0:0:0:0:0:0	与::等价，相当于IPv4地址0.0.0.0，在使用有状态DHCP配置时，还未获得IP地址的主机通常将其用作源地址
0:0:0:0:0:0:0:1	与::1等价，相当于IPv4地址127.0.0.1
0:0:0:0:0:0:192.168.100.1	在同时支持IPv4和IPv6的网络中，从IPv4地址转换而来的IPv6地址通常这样书写
2000::/3	全局单播地址范围
FC00::/7	唯一本地单播地址范围
FE80::/10	链路本地单播地址范围
FF00::/8	组播地址范围
3FFF:FFFF::/32	保留供举例和编写文档使用
2001:0DB8::/32	保留供举例和编写文档使用
2002::/16	保留供6to4隧道技术使用。6to4隧道技术是一种从IPv4迁移到IPv6的方法，让IPv6分组能够通过IPv4网络进行传输，而无需配置显式的隧道

 注意　在路由器上同时运行 IPv4 和 IPv6 便使用了"双栈"。

下面介绍 IPv6 在互联网络中的运行方式。大家都知道 IPv4 的工作原理，下面来看看 IPv6 有何不同。

14.4　IPv6 在互联网络中的运行方式

现在该探讨 IPv6 的细节了。首先，介绍如何给主机分配地址以及主机如何找到网络中的其他主机和资源。

我还将演示设备的自动编址功能（无状态自动配置）以及另一种类型的自动配置（有状态自动配置）。请记住，有状态自动配置使用 DHCP 服务器，与 IPv4 中极其类似。另外，还将介绍 IPv6 网络中 ICMP 和组播的工作原理。

14.4.1　手动配置 IPv6 地址

要在路由器上启用 IPv6，必须使用全局配置命令 ipv6 unicast-routing：

```
Corp(config)#ipv6 unicast-routing
```

默认情况下，转发 IPv6 流量的功能被禁用，因此需要使用上述命令启用它。另外，你可能猜到了，默认不会在任何接口上启用 IPv6，因此必须进入每个接口并启用这项功能。

为此，可使用多种方式，但最简单的方式是给接口配置一个地址，方法是使用接口配置命令 ipv6 address *<ipv6prefix>*/*<prefix-length>* [eui-64]。

下面是一个例子：

```
Corp(config-if)#ipv6 address 2001:db8:3c4d:1:0260:d6FF.FE73:1987/64
```

可指定完整的 128 位 IPv6 全局地址（就像前面的例子那样），也可使用 EUI-64 选项。EUI-64（扩展唯一标识符）格式让设备对其 MAC 地址进行转换，以生成接口 ID，如下所示：

Corp(config-if)#**ipv6 address 2001:db8:3c4d:1::/64 eui-64**

为在路由器接口上启用 IPv6，也可不输入 IPv6 地址，而是让其自动使用链路本地地址。
要配置路由器接口，使其只使用链路本地地址，可使用接口配置命令 ipv6 enable：

Corp(config-if)#**ipv6 enable**

如果只有链路本地地址，将只能在本地子网中通信。

14.4.2 无状态自动配置（EUI-64）

自动配置是一种很有用的解决方案，让网络中的设备能够给自己分配链路本地单播地址和全局单播地址。它是这样完成的：首先从路由器那里获悉前缀信息，再将设备自己的接口地址用作接口 ID。但接口 ID 是如何获得的呢？我们知道，以太网中的每台设备都有一个 MAC 地址，该地址会被用作接口 ID。然而，IPv6 地址中的接口 ID 长 64 位，而 MAC 地址只有 48 位，多出来的 16 位是如何得来的呢？在 MAC 地址中间插入额外的位，即 FFFE。

例如，假设设备的 MAC 地址为 0060:d673:1987，插入 FFFE 后，结果将为 0260:d6FF:FE73:1987。图 14-4 说明了 EUI-64 地址是什么样的。

为何开头的 00 变成了 02 呢？问得好。插入时，采用改进的 EUI-64 格式，它反转第 7 位，以标识地址是本地唯一的还是全局唯一的。

为何要反转 U/L 位呢？手动给接口配置地址时，这意味着你可以指定地址 2001:db8:1:9::1/64，而不是长得多的 2001:db8:1:9:0200::1/64。另外，手动配置链路本地地址时，可使用简短的 fe80::1，而不是长得多的 fe80::0200:0:0:1 或 fe80:0:0:0:0200::1。因此，IETF 反转 U/L 位看似导致 IPv6 编址更难理解，但实际上让编址简单得多。另外，大多数人通常都不会修改 MAC 地址，因此在大多数情况下，U/L 位都将从 0 反转为 1。然而，考虑到你在备考 CCNA 考试，因此需要熟悉两种反转情况。

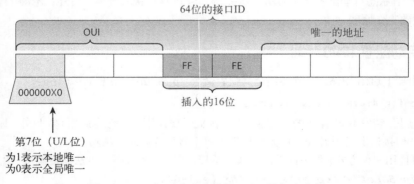

图 14-4　EUI-64 地址中的接口 ID 是怎么来的

下面提供了一些示例。

❑ MAC 地址为 0090:2716:fd0f。

❑ IPv6 EUI-64 地址为 2001:0db8:0:1:0290:27ff:fe16:fd0f。

这个示例很简单！对 CCNA 考试来说太简单了，下面再看一个示例。

❑ MAC 地址为 aa12:bcba:1234。

❑ IPv6 EUI-64 地址为 2001:0db8:0:1:a812:bcff:feba:1234。

在上述 MAC 地址中，前 8 位（aa）的二进制表示为 10101010，将第 7 位反转后为 10101000，对应的十六进制表示为 A8。熟悉这种反转至关重要，请容我再提供两个示例。

❑ MAC 地址为 0c0c:dede:1234。

❑ IPv6 EUI-64 地址为 2001:0db8:0:1:0e0c:deff:fede:1234。

在上述 MAC 地址中，前 8 位（0c）的二进制表示为 00001100，将第 7 位反转后为 00001110，对应的十六进制表示为 0e。再来看一个示例。

❑ MAC 地址为 0b34:ba12:1234。

❑ IPv6 EUI-64 地址为 2001:0db8:0:1:0934:baff:fe12:1234。

在上述 MAC 地址中，前 8 位（0b）的二进制表示为 00001011，将第 7 位反转后为 00001001，对应的十六进制表示为 09。

 提示　　一定要特别注意 EUI-64 地址，并确保自己能够根据 EUI-64 规则对第 7 位进行反转。书面实验 14.2 将帮助你提高这方面的技能。

为完成自动配置，主机执行两个步骤。

(1) 为配置接口，主机需要前缀信息（类似于 IPv4 地址的网络部分），因此发送一条路由器请求（router solicitation，RS）消息。该消息以组播方式发送给所有路由器（目标地址为 FF02::2）。这实际上是一种 ICMP 消息，并用编号进行标识。RS 消息的 ICMP 类型为 133。

(2) 路由器使用路由器通告（RA）消息进行应答，其中包含请求的前缀信息。RA 消息也是组播，被发送到表示所有节点的组播地址（FF02::1），其 ICMP 类型为 134。RA 消息是定期发送的，但主机发送 RS 消息后，可立即得到响应，因此无需等待下一条定期发送的 RA 消息，就能获得所需的信息。

图 14-5 说明了这两个步骤。

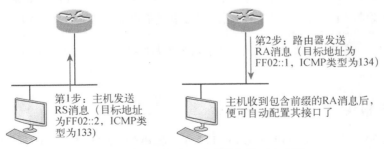

图 14-5　IPv6 自动配置过程中的两个步骤

顺便说一句，这种类型的自动配置称为无状态自动配置，因为无需进一步与其他设备联系以获悉额外信息。稍后讨论 DHCPv6 时，将介绍有状态自动配置。

讨论 DHCPv6 前，先来看看图 14-6。在这个图中，需要配置路由器 Branch，但我不想给连接到路由器 Corp 的接口手动配置 IPv6 地址，因此必须采取其他措施。大致而言，我想让路由器 Branch 支持 IPv6，又想最大限度地减少为此投入的精力。下面来看看如何做。

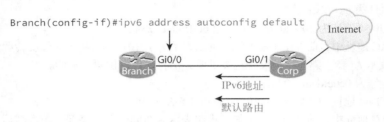

图 14-6 IPv6 自动配置示例

有一种简便方式！我喜欢 IPv6，它让我管理网络的某些部分时能够偷偷懒，同时不影响其出色的效果。通过配置命令 `ipv6 address autoconfig`，可让接口侦听 RA，进而使用 EUI-64 格式给自己分配全局地址。

这很好，但你很可能会问，这个命令末尾的 `default` 是做什么的？好眼力！这是一个神奇的可选选项，自动将一条默认路由加入路由选择表，该默认路由的下一跳为路由器 Corp。非常简单！

14.4.3 DHCPv6（有状态自动配置）

DHCPv6 的工作原理与 DHCPv4 很像，但有一个明显的差别，那就是支持 IPv6 新增的编址方案。DHCP 提供了一些自动配置没有的选项，这可能令你感到惊讶。在自动配置中，根本没有涉及 DNS 服务器、域名以及 DHCP 提供的众多其他选项。这是在大多数 IPv6 网络中使用 DHCP 的重要原因。

在 IPv4 网络中，客户端启动时将发送一条 DHCP 发现消息，以查找可给它提供所需信息的服务器。但在 IPv6 中，首先发生的是 RS 和 RA 过程。如果网络中有 DHCPv6 服务器，返回给客户端的 RA 将指出 DHCP 是否可用。如果没有找到路由器，客户端将发送一条 DHCP 请求消息，这是一条组播消息，其目标地址为 ff02::1:2，表示所有 DHCP 代理，包括服务器和中继。

思科 IOS 提供了有限的 DHCPv6 支持，但仅限于无状态 DHCP 服务器，这意味着它没有提供对地址池进行管理的功能，且可配置的选项仅限于 DNS、域名、默认网关和 SIP 服务器。

这意味着必要情况下需要使用其他服务器，以提供所有必要的信息以及管理地址分配。

请记住，无状态和有状态自动配置都能够动态地分配 IPv6 地址。

14.4.4 IPv6 报头

IPv4 报头长 20 字节。考虑到 IPv6 地址长 128 位，是 IPv4 地址的 4 倍，IPv6 报头的长度是否必然为 80 字节呢？这种完全基于直觉的推理合乎逻辑，但错得离谱！设计 IPv6 报头时，IPv6 设计人员使用的字段更少、更简单，提高了这种协议的速度。下面来看看简化后的 IPv6 报头，如图 14-7 所示。

基本的 IPv6 报头包含 8 个字段，长 40 字节，只有 IPv4 报头的两倍。下面来详细介绍这些字段。

❏ 版本（Version） 长 4 位，值为 6，而不像 IPv4 报头中那样为 4。

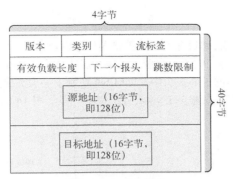

图 14-7 IPv6 报头

- **流量类别**（Traffic Class） 长 8 位，类似于 IPv4 字段"服务类型"（ToS）。
- **流标签**（Flow Label） 这个字段是新增的，长 24 位，用于标记分组和流。流是一系列分组，这些分组从单个信源传输到单台目标主机、一个任意播地址或一个组播地址。使用这个字段可对 IPv6 流进行有效的分类。
- **有效负载长度**（Payload Length） IPv4 有一个"总长度"字段，描述的是分组的长度。在 IPv6 中，"有效负载长度"字段描述的是有效负载的长度。
- **下一个报头**（Next Header） IPv6 支持可选的扩展报头，这个字段指出了接下来应读取的报头。这与 IPv4 形成了鲜明对比，因为 IPv4 指定的是每个分组都必须包含的报头。
- **跳数限制**（Hop Limit） 这个字段指定 IPv6 分组可经过的最大跳数。

请记住，"跳数限制"字段相当于 Ipv4 报头中的 TTL 字段，而扩展字段（位于目标地址字段后面，图 14-7 没有显示它）用于取代 IPv4 中的"分段"字段。

- **源地址**（Source Address） 这个字段长 16 字节（128 位），指出了分组的源地址。
- **目标地址**（Destination Address） 这个字段长 16 字节（128 位），指出了分组的目标地址。

在这 8 个字段后面，还有一些可选的扩展报头，它们包含其他网络层信息。这些扩展报头的长度不固定。

那么，IPv6 报头和 IPv4 报头有何不同呢？我们来看看：

- 删除了"报头长度"字段，因为不再需要它。IPv6 报头的长度固定为 40 字节，而不像 IPv4 报头那样是变长的。
- 在 IPv6 中，处理分段的方式不同，因此不再需要 IPv4 基本报头中的"标志"字段。在 IPv6 中，路由器不再负责分段，这项工作由主机负责。
- 删除了"报头校验和"字段，因为大多数数据链路层技术都执行校验和和错误控制，这让上层校验和不再是必不可少的。

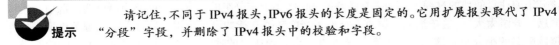
请记住，不同于 IPv4 报头，IPv6 报头的长度是固定的。它用扩展报头取代了 IPv4"分段"字段，并删除了 IPv4 报头中的校验和字段。

下面来看看另一张熟悉的面孔，看看 IPv6 对它做了哪些重要改进。

14.4.5 ICMPv6

IPv4 使用 ICMP 做很多事情,如目标不可达等错误消息以及 ping 和 traceroute 等诊断功能。ICMPv6 也提供了这些功能,但不同的是,它不再是独立的第 3 层协议。ICMPv6 是 IPv6 不可分割的部分,其信息包含在基本 IPv6 报头后面的扩展报头中。ICMPv6 新增了一项杰出的功能:默认情况下,可通过 ICMPv6 过程"路径 MTU 发现"来避免 IPv6 对分组进行分段。图 14-8 表明,ICMPv6 已成为 IPv6 分组的一部分。

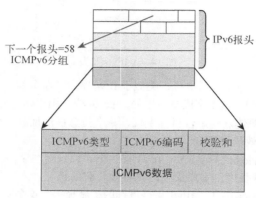

图 14-8 ICMPv6

在 IPv6 报头字段"下一个报头"中,使用 58 来指出下一个报头为 ICMPv6 分组。在 ICMPv6 分组中,"类型"字段指出了 ICMP 消息的类型,"编码"字段对消息做进一步描述,而"数据"字段包含 ICMPv6 有效负载。

表 14-2 列出了 ICMPv6 类型代码。

表14-2   ICMPv6类型

ICMPv6类型	描　　　述
1	目的地不可达
128	回应请求
129	回应应答
133	路由器请求
134	路由器通告
135	邻居请求
136	邻居通告

"路径 MTU 发现"过程的工作原理如下:源节点发送一个分组,其长度为本地链路的 MTU。在该分组前往目的地的过程中,如果有链路的 MTU 小于该分组的长度,中间路由器就会向源节点发送消息"分组太大"。这条消息向源节点指出了当前链路支持的最大分组长度,并要求源节点发送可穿越该链路的小分组。这个过程不断持续下去,直到到达目的地,此时源节点便知道了该传输路径的 MTU。接下来,传输其他数据分组时,源节点将确保分组不会被分段。

ICMPv6 用于路由器请求和路由器通告、邻居请求和邻居通告（即发现 IPv6 邻居的 MAC 地址）以及将主机重定向到最佳路由器（默认网关）。

14.4.6 邻居发现

ICMPv6 还接管了发现本地链路上其他设备的地址的任务。在 IPv4 中，这项任务由地址解析协议负责，但在 ICMPv6 中，已将这种协议重命名为邻居发现（neighbor discovery，ND）。这个过程是使用被称为请求节点地址（solicited node address）的组播地址完成的，每台主机连接到网络时都会加入这个组播组。

邻居发现支持如下功能：

❏ 获悉邻居的 MAC 地址；

❏ 路由器请求（RS），目标地址为 FF02::2，类型代码为 133；

❏ 路由器通告（RA），目标地址为 FF02::1，类型代码为 134；

❏ 邻居请求（NS），类型代码为 135；

❏ 邻居通告（NA），类型代码为 136；

❏ 重复地址检测（DAD）。

为生成请求节点地址，在 FF02:0:0:0:0:1:FF/104 末尾加上目标主机的 IPv6 地址的最后 24 位。地址被请求时，相应的主机将返回其第 2 层地址。网络设备也以类似的方式发现和跟踪相邻设备。前面介绍 RA 和 RS 消息时说过，它们使用组播来请求和发送地址信息，这是 ICMPv6 的邻居发现功能。

在 IPv4 中，主机使用 IGMP 协议来告诉本地路由器，它要加入特定的组播组并接收发送给该组播组的流量。这种 IGMP 功能已被 ICMPv6 取代，并被重命名为组播侦听者发现（multicast listener discovery）。

在 IPv4 中，只能给主机配置一个默认网关。如果默认网关发生故障，要么修复它，要么指定其他默认网关。对于 IPv4 的这种缺陷，另一种解决方案是使用其他协议来创建虚拟默认网关。图 14-9 说明了 IPv6 设备如何使用邻居发现来寻找默认网关。

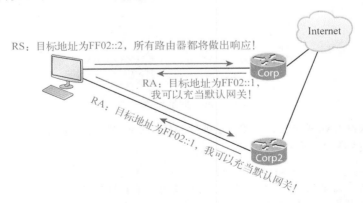

图 14-9 路由器请求（RS）和路由器通告（RA）

IPv6 主机在其连接的数据链路上发送路由器请求（RS），要求所有路由器都做出响应，这是使用组播地址 FF02::2 实现的。链路上的路由器做出响应，为此它们向请求主机发送单播或使用目标地址 FF02::1 发送路由器通告（RA）。

不仅如此，主机之间也能彼此发送请求和通告，这称为邻居请求（NS）和邻居通告（NA），如图 14-10 所示。RA 和 RS 用于收集和提供有关路由器的信息，而 NS 和 NA 用于收集和提供有关主机的信息。请记住，这里的"邻居"指的是位于同一条数据链路或同一个 VLAN 中的主机。

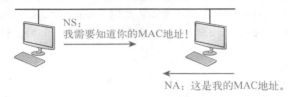

图 14-10　邻居请求（NS）和邻居通告（NA）

1. 以太网中的请求节点和组播映射

如果知道 IPv6 地址，就知道相关联的 IPv6 请求节点组播地址；如果知道 IPv6 组播地址，就知道相关联的以太网 MAC 地址。

例如，与 IPv6 地址 2001:DB8:2002:F:2C0:10FF:FE18:FC0F 相关联的请求节点地址为 FF02::1:FF18:FC0F。要获得以太网组播地址，只需在 33:33 后面加上 IPv6 组播地址的最后 32 位。

例如，如果 IPv6 请求节点组播地址为 FF02::1:FF18:FC0F，则相关联的以太网 MAC 地址为 33:33:FF:18:FC:0F，这是一个虚拟地址。

2. 重复地址检测（DAD）

你认为两台主机给自己配置相同 IPv6 地址的可能性有多大？在我看来，同一条数据链路上的两台主机给自己配置相同 IPv6 地址的概率，比你连续一年每天都中彩票大奖的概率还要低。然而，为确保这样的情况根本不会发生，还是设计了重复地址检测（DAD）。DAD 并非一种协议，而是 NS/NA 消息的一项功能。主机获得或生成 IPv6 地址后，都会发送一条 NS 消息，如图 14-11 所示。

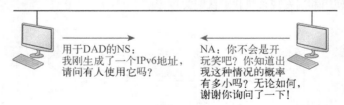

图 14-11　重复地址检测（DAD）

主机生成或获得 IPv6 地址后，发送三条进行 DAD 的 NS 消息，询问是否有人使用该地址。虽然使用相同地址的概率很低，但主机总会问一问。

提示　　请记住，在 ICMPv6 中，路由器通告消息的类型代码为 134。另外，通告的前缀的长度必须为 64 位。

14.5　IPv6 路由选择协议

为了可以用于 IPv6 网络，本书前面讨论的所有路由选择协议都进行了升级，因此在 IPv6 网络中，前面讨论的很多功能和配置的用法都保持不变。IPv6 不再使用广播，因此完全依赖于广播的协议都将被淘汰，你应该很乐意与这些消耗大量宽带并影响性能的协议说再见！

对于要在 IPv6 中继续使用的路由选择协议，我对其进行了改进，并赋予了新的名称。CCNA 考试大纲只涉及静态和默认路由选择，这些是本章关注的重点，但也会简要介绍其他几个重要的 IPv6 路由选择协议。

首先是 IPv6 RIPng（下一代）。有一定 IT 从业经验的人都知道，RIP 非常适合用于小型网络，这正是它没有惨遭淘汰，继续用于 IPv6 网络的原因。另外，还有 EIGRPv6，因为它有独立于协议的模块，只需添加支持 IPv6 的模块就可以了。没被淘汰的路由选择协议还有 OSPFv3——这可不是印刷错误，确实是 v3。用于 IPv4 的 OSPF 为 v2，因此升级到 IPv6 后，便变成了 OSPFv3。最后，根据新的 CCNA 考试大纲，本书后面将介绍 MP-BGP4，它是一种支持多种协议（包括 IPv6）的 BGP-4 协议，但在这里，你只需知道 IPv6 静态和默认路由选择即可。

IPv6 静态路由选择

千万不要被本节的标题吓倒，慌忙前往 Monster.com 寻找与网络毫无关系的工作！我知道，静态路由选择总是让人后脊发凉，因为它繁琐、棘手，一不小心就会搞砸。实话告诉你，IPv6 地址更长，所以配置 IPv6 静态路由选择并不会更容易，不过你肯定应付得了。

你知道，无论是在 IPv6 还是 IPv4 网络中，要正确地配置静态路由选择，都需要下面三项信息：

❑ 准确的互联网络示意图；
❑ 前往每个邻居的下一跳地址和出站接口；
❑ 所有远程子网的网络 ID。

当然，如果使用动态路由选择，就不需要上述任何信息，因此我们通常使用动态路由选择。让路由选择协议替我们完成所有工作（发现所有的远程子网并将它们加入路由选择表）实在是太美妙了！

图 14-12 演示了如何在 IPv6 网络中使用静态路由选择。配置静态路由选择真的没有你想得那么难，但与 IPv4 一样，要让静态路由选择管用，必须有准确的网络示意图。

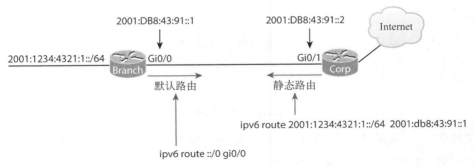

图 14-12　IPv6 静态路由和默认路由

我在这里的配置如下：首先，在路由器 Corp 上使用配置了一条前往远程网络 2001:1234:4321:1::/64 的静态路由。这里指定的是下一跳地址，但也完全可以指定路由器 Corp 的出站接口。接下来，在路由器 Branch 上配置一条默认路由，其中的网络地址为::/0，出站接口为路由器 Branch 的接口 Gi0/0。

14.6 在示例互联网络中配置 IPv6

这里继续配置本书一直配置的互联网络，如图 14-13 所示。我们首先在路由器 Corp、SF 和 LA 上启用 IPv6，并使用简单子网号 11、12、13、14 和 15，再配置静态和默认路由选择。在图 14-13 中，每条 WAN 链路两端的子网号都相同。在本章最后，我们将执行一些验证命令。

与往常一样，先来配置路由器 Corp：

```
Corp#config t
Corp(config)#ipv6 unicast-routing
Corp(config)#int f0/0
Corp(config-if)#ipv6 address 2001:db8:3c4d:11::/64 eui-64
Corp(config-if)#int s0/0
Corp(config-if)#ipv6 address 2001:db8:3c4d:12::/64 eui-64
Corp(config-if)#int s0/1
Corp(config-if)#ipv6 address 2001:db8:3c4d:13::/64 eui-64
Corp(config-if)#^Z
Corp#copy run start
Destination filename [startup-config]?[enter]
Building configuration...
[OK]
```

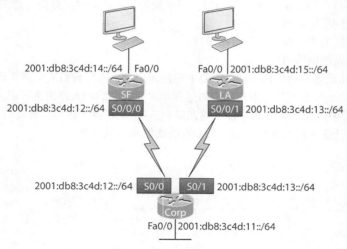

图 14-13　示例互联网络

非常简单！在上述配置中，只是将每个接口的子网号设置得各不相同。现在来看看路由选择表：

```
Corp(config-if)#do sho ipv6 route
C   2001:DB8:3C4D:11::/64 [0/0]
     via ::, FastEthernet0/0
```

```
L    2001:DB8:3C4D:11:20D:BDFF:FE3B:D80/128 [0/0]
       via ::, FastEthernet0/0
C    2001:DB8:3C4D:12::/64 [0/0]
       via ::, Serial0/0
L    2001:DB8:3C4D:12:20D:BDFF:FE3B:D80/128 [0/0]
       via ::, Serial0/0
C    2001:DB8:3C4D:13::/64 [0/0]
       via ::, Serial0/1
L    2001:DB8:3C4D:13:20D:BDFF:FE3B:D80/128 [0/0]
       via ::, Serial0/1
L    FE80::/10 [0/0]
       via ::, Null0
L    FF00::/8 [0/0]
       via ::, Null0
Corp(config-if)#
```

对于每个接口，都有两个条目，分别用 C 和 L 标识。用 C 标识的是我在接口上配置的 IPv6 子网地址，用 L 标识的是自动分配的链路本地地址。在链路本地地址中，注意到插入了 FF:FE，以创建 EUI-64 地址。

下面来配置路由器 SF：

```
SF#config t
SF(config)#ipv6 unicast-routing
SF(config)#int s0/0/0
SF(config-if)#ipv6 address 2001:db8:3c4d:12::/64
% 2001:DB8:3C4D:12::/64 should not be configured on Serial0/0/0, a subnet router anycast
SF(config-if)#ipv6 address 2001:db8:3c4d:12::/64 eui-64
SF(config-if)#int fa0/0
SF(config-if)#ipv6 address 2001:db8:3c4d:14::/64 eui-64
SF(config-if)#^Z
SF#show ipv6 route
C    2001:DB8:3C4D:12::/64 [0/0]
       via ::, Serial0/0/0
L    2001:DB8:3C4D:12::/128 [0/0]
       via ::, Serial0/0/0
L    2001:DB8:3C4D:12:21A:2FFF:FEE7:4398/128 [0/0]
       via ::, Serial0/0/0
C    2001:DB8:3C4D:14::/64 [0/0]
       via ::, FastEthernet0/0
L    2001:DB8:3C4D:14:21A:2FFF:FEE7:4398/128 [0/0]
       via ::, FastEthernet0/0
L    FE80::/10 [0/0]
       via ::, Null0
L    FF00::/8 [0/0]
       via ::, Null0
```

注意到在串行链路的两端，我使用了相同的 IPv6 子网地址。但注意到配置路由器 SF 的接口时，出现了与任意播地址相关的错误消息。这种错误是我无意间引发的——配置地址时忘记了在末尾加上 eui-64。为何会出现这种错误消息呢？任意播地址是主机部分（即最后 64 位）全为 0 的地址，但我指定了 /64，却没有指定 eui-64。这相当于将接口标识符指定为全为 0，而这样做是不允许的。

下面来配置路由器 LA，再接着配置路由选择协议 OSPFv3：

```
SF#config t
SF(config)#ipv6 unicast-routing
SF(config)#int s0/0/1
SF(config-if)#ipv6 address 2001:db8:3c4d:13::/64 eui-64
SF(config-if)#int f0/0
SF(config-if)#ipv6 address 2001:db8:3c4d:15::/64 eui-64
SF(config-if)#do show ipv6 route
C   2001:DB8:3C4D:13::/64 [0/0]
      via ::, Serial0/0/1
L   2001:DB8:3C4D:13:21A:6CFF:FEA1:1F48/128 [0/0]
      via ::, Serial0/0/1
C   2001:DB8:3C4D:15::/64 [0/0]
      via ::, FastEthernet0/0
L   2001:DB8:3C4D:15:21A:6CFF:FEA1:1F48/128 [0/0]
      via ::, FastEthernet0/0
L   FE80::/10 [0/0]
      via ::, Null0
L   FF00::/8 [0/0]
      via ::, Null0
```

看起来不错。这里需要指出的是，在将路由器 Corp 连接到路由器 SF 和 LA 的每条链路上，在两端使用的 IPv6 子网地址都相同。

14.7   在示例互联网络中配置路由选择

首先，在路由器 Corp 上配置静态路由，如下所示：

```
Corp(config)#ipv6 route 2001:db8:3c4d:14::/64  2001:DB8:3C4D:12:21A:2FFF:
FEE7:4398 150
Corp(config)#ipv6 route 2001:DB8:3C4D:15::/64 s0/1 150
Corp(config)#do sho ipv6 route static
[output cut]
S   2001:DB8:3C4D:14::/64 [150/0]
     via 2001:DB8:3C4D:12:21A:2FFF:FEE7:4398
```

必须承认，配置第一条静态路由的代码很长，因为使用的是下一跳地址，但配置第二条静态路由使用的是出站接口。不过，使用下一跳地址配置静态路由并没有你想的那么麻烦，只需执行命令 show ipv6 int brief，并复制要用作下一跳地址的接口地址。你终将习惯 IPv6 地址，并习惯于进行大量的复制和粘贴！

这里将静态路由的 AD 都设置成了 150，这样配置路由选择协议（如 OSPF）后，静态路由将被 OSPF 注入的路由取代。下面在路由器 SF 和 LA 上分别配置一条前往远程子网 11 的路由。

```
SF(config)#ipv6 route 2001:db8:3c4d:11::/64 s0/0/0 150
```

就这么简单！下面在路由器 LA 上配置一条默认路由：

```
LA(config)#ipv6 route ::/0 s0/0/1
```

来看看路由器 Corp 的路由选择表，看看其中是否包含刚才配置的静态路由。

```
Corp#sh ipv6 route static
[output cut]
S   2001:DB8:3C4D:14::/64 [150/0]
```

```
      via 2001:DB8:3C4D:12:21A:2FFF:FEE7:4398
S   2001:DB8:3C4D:15::/64 [150/0]
      via ::, Serial0/1
```

路由选择表中包含刚才配置的两条静态路由,IPv6 能够将分组路由到相应的网络。然而,事情还没有完,我们还需对网络进行测试! 首先进入路由器 SF,并查看其接口 Fa0/0 的 IPv6 地址:

```
SF#sh ipv6 int brief
FastEthernet0/0          [up/up]
    FE80::21A:2FFF:FEE7:4398
    2001:DB8:3C4D:14:21A:2FFF:FEE7:4398
FastEthernet0/1          [administratively down/down]
Serial0/0/0              [up/up]
    FE80::21A:2FFF:FEE7:4398
    2001:DB8:3C4D:12:21A:2FFF:FEE7:4398
```

接下来,返回路由器 Corp,并 ping 这个远程接口。ping 该接口时,我复制并粘贴了其地址。既然复制并粘贴的效果很好,就完全没有必要手动输入了。

```
Corp#ping ipv6 2001:DB8:3C4D:14:21A:2FFF:FEE7:4398
Type escape sequence to abort.
Sending 5, 100-byte ICMP Echos to 2001:DB8:3C4D:14:21A:2FFF:FEE7:4398, timeout is 2
seconds:
!!!!!
Success rate is 100 percent (5/5), round-trip min/avg/max = 0/0/0 ms
Corp#
```

结果表明,配置的静态路由管用。下面来查看路由器 LA 的接口 Fa0/0 的地址,再 ping 这个远程接口:

```
LA#sh ipv6 int brief
FastEthernet0/0          [up/up]
    FE80::21A:6CFF:FEA1:1F48
    2001:DB8:3C4D:15:21A:6CFF:FEA1:1F48
Serial0/0/1              [up/up]
    FE80::21A:6CFF:FEA1:1F48
    2001:DB8:3C4D:13:21A:6CFF:FEA1:1F48
```

现在返回路由器 Corp,并 ping 路由器 LA 的接口 Fa0/0:

```
Corp#ping ipv6 2001:DB8:3C4D:15:21A:6CFF:FEA1:1F48
Type escape sequence to abort.
Sending 5, 100-byte ICMP Echos to 2001:DB8:3C4D:15:21A:6CFF:FEA1:1F48, timeout is 2
seconds:
!!!!!
Success rate is 100 percent (5/5), round-trip min/avg/max = 4/4/4 ms
Corp#
```

下面来执行我最喜欢的命令之一:

```
Corp#sh ipv6 int brief
FastEthernet0/0          [up/up]
    FE80::20D:BDFF:FE3B:D80
    2001:DB8:3C4D:11:20D:BDFF:FE3B:D80
Serial0/0                [up/up]
    FE80::20D:BDFF:FE3B:D80
```

```
      2001:DB8:3C4D:12:20D:BDFF:FE3B:D80
FastEthernet0/1            [administratively down/down]
      unassigned
Serial0/1                  [up/up]
      FE80::20D:BDFF:FE3B:D80
      2001:DB8:3C4D:13:20D:BDFF:FE3B:D80
Loopback0                  [up/up]
      unassigned
Corp#
```

上述输出表明，所有接口都处于 up/up 状态。另外，该命令还显示了接口的链路本地地址和全局地址。

在 IPv6 中，静态路由的效果确实不错！这并不意味着我会在大型 IPv6 网络中使用静态路由。我绝不会这样做，在大型 IPv4 网络中亦如此。但正如你看到的，确实可以使用静态路由。另外，ping IPv6 地址很容易——复制粘贴对你大有裨益。

结束本章前，在这个网络中再添加一台路由器——将其连接到 Corp 路由器的 Fa0/0 接口所在的 LAN。对于这台路由器，我不想进行过多的配置，因此只执行如下命令：

```
Boulder#config t
Boulder(config)#int f0/0
Boulder(config-if)#ipv6 address autoconfig default
```

这些命令在接口上配置无状态自动配置，其中的关键字 default 将接口通告为本地链路的默认路由。

但愿你阅读本章后，像我一样觉得收获颇丰。学习 IPv6 的最佳方式是尝试在路由器上配置它。千万不要放弃，IPv6 很值得你花时间去学习。

14.8　小结

本章介绍了一些非常重要的 IPv6 知识以及如何在思科互联网络中使用它。阅读本章后，你知道需要学习的东西很多，而这里只介绍了一些皮毛，但足以让你通过 CCNA 考试。

本章首先介绍了为何需要 IPv6 以及 IPv6 的优点。接下来讨论了 IPv6 地址及其简写，并介绍了各种类型的 IPv6 地址以及保留的特殊 IPv6 地址。

IPv6 的部署几乎可以自动完成，即主机将使用自动配置。本章演示了 IPv6 如何使用自动配置及其在配置思科路由器方面的作用。在 IPv6 网络中，可以也应该使用 DHCP 服务器向主机提供选项（就像多年来我们在 IPv4 网络中所做的一样）——不一定是 IPv6 地址，而是诸如 DNS 服务器地址等选项。

接下来，本章讨论了一些你熟悉而且不可或缺的协议（如 ICMP 和 OSPF）在 IPv6 中有何不同。开发人员对这些协议进行了升级，使其能够适应 IPv6 环境。在确保 IPv6 网络正常运行方面，这些重要的网络协议依然至关重要。我详细介绍了 ICMPv6 的工作原理，然后探讨了如何配置 OSPFv3。最后，本章演示了一些重要的方法，它们可用于验证 IPv6 网络是否运行正常。请花点时间详细完成这些重要的学习材料（尤其是书面实验），确保达成网络要求的目标。

14.9　考试要点

明白为何需要 IPv6。如果没有 IPv6，IP 地址将耗尽。

理解链路本地地址。 链路本地地址类似于私有 IPv4 地址，但即使在组织内部也不可路由。

理解本地唯一地址。 与链路本地地址一样，这种地址也类似于私有 IPv4 地址，不可路由到互联网。然而，链路本地地址和本地唯一地址的差别在于，后者可在组织内部路由。

记住 IPv6 地址。 不同于 IPv4，IPv6 地址空间大得多。IPv6 地址长 128 位，用十六进制表示，而 IPv4 地址长 32 位，用十进制表示。

理解对第 7 位进行反转的 EUI-64 地址。 主机可使用自动配置来获得 IPv6 地址，其方法之一是使用 EUI-64。为此，在主机的 MAC 地址中间插入 FF:FE，将 48 位的 MAC 地址转换为 64 位的接口 ID。生成接口 ID 时，除插入 16 位外，还反转第一个字节的第 7 位——通常是从 0 改为 1。在书面实验 14.2 中，你将做这方面的练习。

14.10　书面实验

在本节中，你将完成下面的实验，以确保牢固地掌握相关知识和概念。

❏ 书面实验 14.1：IPv6
❏ 书面实验 14.2：转换为 EUI 地址

这些书面实验的答案见附录 A。

14.10.1　书面实验 14.1

请回答下述与 IPv6 相关的问题。

(1) 哪两种 ICMPv6 消息用于测试 IPv6 可达性？

(2) 与 FF02:0000:0000:0000:0000:0001:FF17:FC0F 对应的以太网地址是什么？

(3) 哪种地址不可路由？

(4) FE80::/10 属于哪种 IPv6 地址？

(5) 哪种地址用于将分组传输到多个接口？

(6) 哪种地址标识多个接口，但目标地址为这种地址的分组只被传输到第一个找到的接口？

(7) 哪种路由选择协议使用组播地址 FF02::5？

(8) IPv4 提供了环回地址 127.0.0.1，IPv6 环回地址是什么？

(9) 链路本地地址总是以什么打头？

(10) 哪个 IPv6 地址表示包含所有路由器的组播组？

14.10.2　书面实验 14.2

在这个实验中，你将练习反转 EUI-64 地址的第 7 位。这里假定每个地址的前缀都是 2001:db8:1:1/64。

(1) 将 MAC 地址 0b0c:abcd:1234 转换为 EUI-64 地址。

(2) 将 MAC 地址 060c:32f1:a4d2 转换为 EUI-64 地址。

(3) 将 MAC 地址 10bc:abcd:1234 转换为 EUI-64 地址。

(4) 将 MAC 地址 0d01:3a2f:1234 转换为 EUI-64 地址。

(5) 将 MAC 地址 0a0c:abac:caba 转换为 EUI-64 地址。

14.11 动手实验

要完成这些实验，至少需要有 3 台路由器，有 5 台更好，但如果你使用 IOS 版 LammleSim，那么虚拟实验环境已经为你搭设好了。在本节中，你将完成如下实验。

❑ 动手实验 14.1：手动配置和有状态自动配置。

❑ 动手实验 14.2：静态和默认路由选择。

这里使用的网络如下：

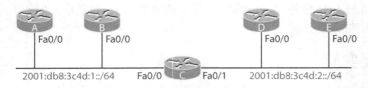

14.11.1 动手实验 14.1：手动配置和有状态自动配置

在这个实验中，你将给路由器 C 的接口 Fa0/0 和 Fa0/1 手动配置 IPv6 地址，再配置其他路由器，使其给自己自动分配 IPv6 地址。

(1) 登录路由器 C，给每个接口配置 IPv6 地址（从上图可知，这些地址应分别属于子网 1 和 2）。

```
C(config)#ipv6 unicast-routing
C(config)#int fa0/0
C(config-if)#ipv6 address 2001:db8:3c4d:1::1/64
C(config-if)#int fa0/1
C(config-if)#ipv6 address 2001:db8:3c4d:2::1/64
```

(2) 使用命令 show ipv6 route connected 和 show ipv6 int brief 验证这些接口。

```
C(config-if)#do show ipv6 route connected
[output cut]
C   2001:DB8:3C4D:1::/64 [0/0]
     via ::, FastEthernet0/0
C   2001:DB8:3C4D:2::/64 [0/0]
     via ::, FastEthernet0/0
C(config-if)#sh ipv6 int brief
FastEthernet0/0            [up/up]
    FE80::20D:BDFF:FE3B:D80
    2001:DB8:3C4D:1::1
FastEthernet0/1            [up/up]
    FE80::20D:BDFF:FE3B:D81
    2001:DB8:3C4D:2::1
Loopback0                  [up/up]
    Unassigned
```

(3) 登录到其他路由器，对每台路由器的接口 Fa0/0 进行配置，使其自动给自己配置一个 IPv6 地址。

```
A(config)#ipv6 unicast-routing
A(config)#int f0/0
A(config-if)#ipv6 address autoconfig
A(config-if)#no shut
```

```
B(config)#ipv6 unicast-routing
B(config)#int fa0/0
B(config-if)#ipv6 address autoconfig
B(config-if)#no shut

D(config)#ipv6 unicast-routing
D(config)#int fa0/0
D(config-if)#ipv6 address autoconfig
D(config-if)#no shut

E(config)#ipv6 unicast-routing
E(config)#int fa0/0
E(config-if)#ipv6 address autoconfig
E(config-if)#no shut
```

(4) 验证路由器的接口确实配置了 IPv6 地址。

```
A#sh ipv6 int brief
FastEthernet0/0                    [up/up]
    FE80::20D:BDFF:FE3B:C20
    2001:DB8:3C4D:1:20D:BDFF:FE3B:C20
```

继续验证其他路由器，核实其接口配置了 IPv6 地址。

14.11.2 动手实验 14.2：静态和默认路由选择

路由器 C 与这里的两个子网都直接相连，因此无需给它配置任何类型的路由选择。然而，其他路由器都只与一个子网直接相连，因此在这些路由器上至少需要配置一条路由。

(1) 在路由器 A 上，配置一条前往子网 2001:db8:3c4d:2::/64 的静态路由。

```
A(config)#ipv6 route 2001:db8:3c4d:2::/64 fa0/0
```

(2) 在路由器 B 上，配置一条默认路由。

```
B(config)#ipv6 route ::/0 fa0/0
```

(3) 在路由器 D 上，配置一条前往远程子网的静态路由。

```
D(config)#ipv6 route 2001:db8:3c4d:1::/64 fa0/0
```

(4) 在路由器 E 上，配置一条前往远程子网的静态路由。

```
E(config)#ipv6 route 2001:db8:3c4d:1::/64 fa0/0
```

(5) 使用命令 show running-config 和 show ipv6 route 对配置进行验证。

(6) 从路由器 D ping 路由器 A。为此，首先需要使用命令 show ipv6 int brief 获悉路由器 A 的 IPv6 地址，如下所示：

```
A#sh ipv6 int brief
FastEthernet0/0                    [up/up]
    FE80::20D:BDFF:FE3B:C20
    2001:DB8:3C4D:1:20D:BDFF:FE3B:C20
```

(7) 现在登录路由器 D，并 ping 路由器 A 的上述 IPv6 地址：

```
D#ping ipv6 2001:DB8:3C4D:1:20D:BDFF:FE3B:C20
Type escape sequence to abort.
Sending 5, 100-byte ICMP Echos to 2001:DB8:3C4D:1:20D:BDFF:FE3B:C20, timeout is 2
seconds:
!!!!!
Success rate is 100 percent (5/5), round-trip min/avg/max = 0/2/4 ms
```

14.12 复习题

注意　　下面的复习题旨在检验你对本章内容的理解程度。有关如何获取更多复习题的信息，请参阅 www.lammle.com/ccna。

这些复习题的答案见附录 B。

(1) 如何根据 48 位的 MAC 地址创建 EUI-64 格式的接口 ID？

    A. 在 MAC 地址后面加上 0xFF

    B. 在 MAC 地址前面加上 0xFFEE

    C. 在 MAC 地址的前面和后面都加上 0xFF

    D. 在 MAC 地址的前三个字节和后三个字节之间插入 0xFFFE

    E. 在 MAC 地址前面加上 0xF，并在其前三个字节的每个字节后面都插入 0xF

(2) 下面哪项是有效的 IPv6 地址？

    A. 2001:0000:130F::099a::12a

    B. 2002:7654:A1AD:61:81AF:CCC1

    C. FEC0:ABCD:WXYZ:0067::2A4

    D. 2004:1:25A4:886F::1 3

(3) 下面哪三种有关 IPv6 前缀的说法是正确的？

    A. FF00:/8 用于 IPv6 组播

    B. FE80::/10 用于链路本地单播

    C. FC00::/7 用于私有网络

    D. 2001::1/127 用作环回地址

    E. FE80::/8 用于链路本地单播

    F. FEC0::/10 用于 IPv6 广播

(4) 从 IPv4 迁移到 IPv6 时，可使用下面哪三种方法？

    A. 启用双栈路由选择

    B. 直接配置 IPv6

    C. 在 IPv6 孤岛之间配置 IPv4 隧道

    D. 使用代理和转换来将 IPv6 分组转换为 IPv4 分组

    E. 静态地将 IPv4 地址映射到 IPv6 地址

    F. 使用 DHCPv6 将 IPv4 地址映射到 IPv6 地址

(5) 下面哪两种有关 IPv6 路由器通告消息的说法是 正确的？

    A. 使用 ICMPv6 类型代码为 134

    B. 通告的前缀必须长 64 位

C. 通告的前缀必须长 48 位

D. 它们的源地址为配置的 IPv6 接口地址

E. 它们的目标地址总是邻接节点的链路本地地址

(6) 下面哪种有关 IPv6 任意播的说法是正确的?

A. 一到多通信模型

B. 一到最近通信模型

C. 任意到多通信模型

D. 组中的每台设备都有唯一的 IPv6 地址

E. 组中的多台设备使用相同的地址

F. 将分组传输到离发送设备最近的组接口

(7) 要 ping IPv6 本地主机的环回地址,可输入下面哪个命令?

A. ping 127.0.0.1   B. ping 0.0.0.0   C. ping ::1   D. trace 0.0.::1

(8) 下面哪三项是 IPv6 协议的特征?

A. 可选的 IPSec   B. 自动配置   C. 没有广播   D. 复杂的报头

E. 即插即用   F. 校验和

(9) 下面哪两项描述了 IPv6 单播地址的特征?

A. 以 2000::/3 打头的全局地址

B. 以 FE00::/12 打头的链路本地地址

C. 以 FF00::/10 打头的链路本地地址

D. 只有一个环回地址,它就是 ::1

E. 给接口分配一个全局地址后,就不能给它分配其他地址

(10) 主机在数据链路上发送路由器请求(RS)时,这种分组包含的目标地址是什么?

A. FF02::A   B. FF02::9   C. FF02::2   D. FF02::1   E. FF02::5

(11) 下面哪两项是采用 IPv6 而不是 IPv4 的正确原因?

A. 没有广播   B. IPv6 报头中的源地址不同

C. IPv6 报头中的目标地址不同   D. 执行 Telnet 时不需要密码

E. 自动配置   F. NAT

(12) 主机发送哪种 NDP 消息以提供请求的 MAC 地址?

A. NA   B. RS   C. RA   D. NS

(13) 哪种 IPv6 地址被称为"一到最近"地址?

A. 全局单播地址   B. 任意播地址   C. 组播地址   D. 未指定地址

(14) 下面哪两种有关 IPv6 地址的说法是正确的?

A. 前导零不能省略

B. 可使用两个冒号(::)代替相连的全零字段

C. 使用两个冒号(::)分隔字段

D. 可给同一个接口分配多个不同类型的 IPv6 地址

(15) IPv6 报头比 IPv4 报头简单,这表现在哪三方面?

A. 不同于 IPv4 报头,IPv6 报头是定长的

B. IPv6 使用扩展报头,而不像 IPv4 那样使用"分段"字段

C. IPv6 报头不像 IPv4 报头那样包含"校验和"字段

D. IPv6 报头用"分段偏移量"字段取代聊 IPv4 报头中的"分段"字段

E. IPv6 报头使用比 IPv4 报头更短的 "选项" 字段

F. IPv6 报头使用 4 位的 TTL 字段，而 IPv4 使用 8 位的 TTL 字段

(16) 下面哪种有关 IPv6 的说法是正确的？

A. 地址不是层次结构的，且随机地分配　　B. 淘汰了广播，取而代之的是组播

C. 提供了 27 亿个地址　　　　　　　　　　D. 每个接口只能配置一个 IPv6 地址

(17) 在 IPv6 地址中，每个字段长多少位？

A. 24　　　　　　　　B. 4　　　　　　　　C. 3　　　　　　　　D. 16

E. 32　　　　　　　　F. 128

(18) 下面哪两项正确地描述了 IPv6 单播地址的特征？

A. 全局地址以 2000::/3 打头　　　　　　　B. 链路本地地址以 FF00::/10 打头

C. 链路本地地址以 FE00::/12 打头　　　　 D. 只有一个环回地址，那就是::1

(19) 下面哪两种有关 IPv6 地址的说法是正确的？

A. 前 64 位是动态创建的接口 ID

B. 可给同一个接口分配多个不同类型的 IPv6 地址

C. 每个 IPv6 接口都至少有一个环回地址

D. IPv6 地址字段中的前导零不能省略

(20) 下面哪个命令在思科路由器上启用 IPv6 转发功能？

A. ipv6 local　　　　　　　　　　　　　 B. ipv6 host

C. ipv6 unicast-routing　　　　　　　 D. ipv6 neighbor

Part 2

第二部分

ICND2

本部分内容

第15章

高级交换技术

本章涵盖如下 ICND2 考试要点。

　　很久以前，数字设备公司（Digital Equipment Corporation，DEC）开发了最初的**生成树协议（STP）**版本，后来 IEEE 开发了 STP 版本 802.1d，而较新的思科交换机采用另一个行业标准 802.1w。本章探索各种 STP 版本，但在此之前将介绍一些重要的 STP 基本知识。

　　RIP、EIGRP 和 OSPF 等路由选择协议提供了避免网络层出现环路的机制，但如果交换机之间有冗余的物理链路，这些协议就无法防范数据链路层出现环路了。这正是开发 STP 的目的所在：终结第 2 层交换型网络中的环路问题。有鉴于此，本章将详细探讨 STP 的重要功能及其在交换型网络中的工作原理。

　　详细介绍 STP 后，我们将接着探讨 EtherChannel（以太信道）。

注意　有关本章内容的最新修订，请访问 www.lammle.com/ccna 或出版社网站的本书配套网页（www.sybex.com/go/ccna）。

15.1　VLAN 回顾

　　本书前面的 ICND1 部分介绍过，配置 VLAN 实际上非常容易。确定要在每个 VLAN 中包含哪些用户并不容易，可能需要很长的时间。但确定要创建多少个 VLAN 以及每个 VLAN 都包含哪些用户后，就可以开始创建第一个 VLAN 了。

　　要在思科 Catalyst 交换机上配置 VLAN，可使用全局配置命令 vlan。下面的示例演示了如何在交换机 S1 上配置 VLAN——为三个不同的部门创建了三个 VLAN（别忘了，默认情况下，VLAN 1 为本机 VLAN 和管理 VLAN）：

```
S1(config)#vlan ?
  WORD        ISL VLAN IDs 1-4094
  access-map  Create vlan access-map or enter vlan access-map command mode
  dot1q       dot1q parameters
  filter      Apply a VLAN Map
  group       Create a vlan group
  internal    internal VLAN
S1(config)#vlan 2
S1(config-vlan)#name Sales
S1(config-vlan)#vlan 3
S1(config-vlan)#name Marketing
S1(config-vlan)#vlan 4
S1(config-vlan)#name Accounting
S1(config-vlan)#^Z
S1#
```

　　从上述代码可知，可以创建编号为 1 ~ 4094 的 VLAN，但这不完全正确。前面说过，实际上可使用的最大 VLAN 编号为 1001，且不能使用、修改、重命名或删除 VLAN 1 以及 VLAN 1002 ~ 1005，因为它们被预留了。编号大于 1005 的 VLAN 称为扩展 VLAN，除非交换机处于 VTP（VLAN Trunk Protocol，VLAN 中继协议）透明模式，否则不会将它们保存到数据库中。在生产环境中，使用这些 VLAN 编号的情况不常见。在下面的示例中，笔者试图在处于 VTP 服务器模式（这是默认的 VTP 模式，稍后就会介绍）的交换机 S1 上创建 VLAN 4000：

```
S1#config t
S1(config)#vlan 4000
S1(config-vlan)#^Z
% Failed to create VLANs 4000
Extended VLAN(s) not allowed in current VTP mode.
%Failed to commit extended VLAN(s) changes.
```

　　创建所需的 VLAN 后，可使用命令 show vlan 查看它们。请注意，交换机的所有端口默认都属于 VLAN 1，要调整端口所属的 VLAN，需要对每个接口进行配置，明确地指定它所属的 VLAN。

注意　创建 VLAN 后，除非给它分配交换机端口，否则无法使用。默认情况下，所有端口都属于 VLAN 1。

创建 VLAN 后，可使用 show vlan（简写为 sh vlan）查看配置：

```
S1#sh vlan

VLAN Name                             Status    Ports
---- -------------------------------- --------- -------------------------------
1    default                          active    Fa0/1, Fa0/2, Fa0/3, Fa0/4
                                                Fa0/5, Fa0/6, Fa0/7, Fa0/8
                                                Fa0/9, Fa0/10, Fa0/11, Fa0/12
                                                Fa0/13, Fa0/14, Fa0/19, Fa0/20
                                                Fa0/21, Fa0/22, Fa0/23, Gi0/1
                                                Gi0/2
2    Sales                            active
3    Marketing                        active
4    Accounting                       active
[output cut]
```

要确定特定 VLAN（如 VLAN 200）包含哪些端口，显然可以使用刚才演示的命令 show vlan，但也可以使用命令 show vlan 200，后者将只列出属于 VLAN 200 的端口。

这看似多余，但很重要。还需牢记的是，不能修改、删除或重命名 VLAN 1，因为它是默认 VLAN，不能修改。它还是所有交换机的默认本机 VLAN，思科建议将其作为管理 VLAN。如果你担心安全问题，可修改本机 VLAN。基本上，没有显式地分配到特定 VLAN 的端口都属于本机 VLAN（VLAN 1）。

从交换机 S1 的上述输出可知，端口 Fa0/1 ~ Fa0/14、Fa0/19 ~ Fa0/23 以及上行链路 Gi0/1 和 Gi0/2 都属于 VLAN 1，但端口 Fa0/15 ~ Fa0/18 到哪里去了呢？你要明白，命令 show vlan 只显示接入端口。明白这一点后，你认为端口 Fa0/15 ~ Fa0/18 到哪里去了呢？它们是中继端口！思科交换机运行专用协议 DTP（Dynamic Trunk Protocol，动态中继协议），如果端口连接的是兼容的交换机，它将自动进入中继模式，而前面缺失的 4 个端口就是这样的。要查看中继端口，必须使用命令 show interfaces trunk，如下所示：

```
S1# show interfaces trunk
Port       Mode            Encapsulation  Status      Native vlan
Fa0/15     desirable       n-isl          trunking    1
Fa0/16     desirable       n-isl          trunking    1
Fa0/17     desirable       n-isl          trunking    1
Fa0/18     desirable       n-isl          trunking    1

Port       Vlans allowed on trunk
Fa0/15     1-4094
Fa0/16     1-4094
Fa0/17     1-4094
Fa0/18     1-4094

[output cut]
```

上述输出表明，默认情况下，VLAN 1 ~ 4094 都可通过中继链路传输数据。另一个很有用、也是 CCNA 考试涉及的命令是 show interfaces *interface* switchport：

```
S1#sh interfaces fastEthernet 0/15 switchport
Name: Fa0/15
Switchport: Enabled
Administrative Mode: dynamic desirable
Operational Mode: trunk
Administrative Trunking Encapsulation: negotiate
Operational Trunking Encapsulation: isl
Negotiation of Trunking: On
Access Mode VLAN: 1 (default)
Trunking Native Mode VLAN: 1 (default)
Administrative Native VLAN tagging: enabled
Voice VLAN: none
[output cut]
```

上述标出的输出表明：管理模式为 dynamic desirable；端口处于中继模式；通过使用 DTP 协商，双方同意使用帧标记方法 ISL。另外，本机 VLAN 为默认的 VLAN 1。

确定创建 VLAN 后，便可将交换机端口分配给 VLAN 了。每个端口都只能属于一个 VLAN，但语音接入端口除外。使用中继技术可让端口为所有 VLAN 传输流量，这将稍后介绍。

15.1.1　将交换机端口分配给 VLAN

要指定端口所属的 VLAN，可指定其接口模式（这决定了它将传输哪种类型的流量）以及所属 VLAN 的编号。要将交换机端口（接入端口）分配给特定 VLAN，可使用接口命令 switchport；要同时配置多个端口，可使用命令 interface range。

接下来，我将把接口 Fa0/3 分配给 VLAN 3，该接口将交换机 S3 连接到一台主机：

```
S3#config t
S3(config)#int fa0/3
S3(config-if)#switchport ?
  access        Set access mode characteristics of the interface
  autostate     Include or exclude this port from vlan link up calculation
  backup        Set backup for the interface
  block         Disable forwarding of unknown uni/multi cast addresses
  host          Set port host
  mode          Set trunking mode of the interface
  nonegotiate   Device will not engage in negotiation protocol on this
                interface
  port-security Security related command
  priority      Set appliance 802.1p priority
  private-vlan  Set the private VLAN configuration
  protected     Configure an interface to be a protected port
  trunk         Set trunking characteristics of the interface
  voice         Voice appliance attributes  voice
```

在上述输出中，有一些新内容，其中显示了各种命令（有些介绍过），但不用担心，稍后将介绍 access、mode、nonegotiate 和 trunk。下面首先将交换机 S1 的一个端口设置为接入端口，在配置了 VLAN 的生产环境中，这可能是使用最广泛的端口类型：

```
S3(config-if)#switchport mode ?
  access        Set trunking mode to ACCESS unconditionally
  dot1q-tunnel  set trunking mode to TUNNEL unconditionally
```

```
dynamic       Set trunking mode to dynamically negotiate access or trunk mode
private-vlan   Set private-vlan mode
trunk         Set trunking mode to TRUNK unconditionally
```

```
S3(config-if)#switchport mode access
S3(config-if)#switchport access vlan 3
```

这里首先使用了命令 switchport mode access，它告诉交换机这是一个非中继第 2 层端口。接下来，使用命令 switchport access 将端口分配给一个 VLAN。别忘了，要同时配置多个端口，可使用命令 interface range。

现在来查看 VLAN：

```
S3#show vlan
VLAN Name                           Status     Ports
---- ------------------------------ --------- ------------------------------
1    default                        active     Fa0/4, Fa0/5, Fa0/6, Fa0/7
                                               Fa0/8, Fa0/9, Fa0/10, Fa0/11,
                                               Fa0/12, Fa0/13, Fa0/14, Fa0/19,
                                               Fa0/20, Fa0/21, Fa0/22, Fa0/23,
                                               Gi0/1,Gi0/2

2    Sales                          active
3    Marketing                      active     Fa0/3
```

注意到 Fa0/3 现在属于 VLAN 3。但你能告诉我端口 Fa0/1 和 Fa0/2 到哪里去了吗？它们为何没有出现在命令 show vlan 的输出中？因为它们是中继端口！

为了解端口 Fa0/3 的详细情况，可使用命令 show interfaces *interface* switchport：

```
S3#sh int fa0/3 switchport
Name: Fa0/3
Switchport: Enabled
Administrative Mode: static access
Operational Mode: static access
Administrative Trunking Encapsulation: negotiate
Negotiation of Trunking: Off
Access Mode VLAN: 3 (Marketing)
```

加粗标出的输出表明，Fa0/3 是一个接入端口，属于 VLAN 3（Marketing）。

介绍中继和 VTP 前，在交换机上再添加一个语音 VLAN。对于与 IP 电话相连的交换机端口，应将其加入一个语音 VLAN。为语音流量创建独立的 VLAN 后，如果你通过以太网将 PC 或笔记本电脑连接到 IP 电话，结果将如何呢？在这种情况下，IP 电话一端与以太网端口相连，一端与交换机端口相连。换而言之，你将同时把语音和数据发送到同一个交换机端口。

为解决这种问题，你只需在交换机端口上再添加一个 VLAN，将数据和语音放在两个不同的 VLAN 中：

```
S1(config)#vlan 10
S1(config-vlan)#name Voice
S1(config-vlan)#int g0/1
S1(config-if)#switchport voice vlan 10
```

这就指定了端口所属的 VLAN，但如果此时将设备连接到 VLAN 端口，它们将只能与同一个 VLAN 内的设备通信。下面更详细地介绍中继，再启用 VLAN 间通信。

15.1.2　配置中继端口

2960 交换机只支持封装方法 IEEE 802.1q。要将快速以太网接口配置为中继端口，可使用接口命令 switchport mode trunk。在 3560 交换机上，配置方法稍有不同。

下面的示例将接口 Fa0/15 ~ Fa0/18 配置成了中继端口：

```
S1(config)#int range f0/15-18
S1(config-if-range)#switchport trunk encapsulation dot1q
S1(config-if-range)#switchport mode trunk
```

如果交换机只支持封装方法 IEEE 802.1q，就不能使用前面所示的封装命令。下面查看中继端口的详情：

```
S1(config-if-range)#do sh int f0/15 switchport
Name: Fa0/15
Switchport: Enabled
Administrative Mode: trunk
Operational Mode: trunk
Administrative Trunking Encapsulation: dot1q
Operational Trunking Encapsulation: dot1q
Negotiation of Trunking: On
Access Mode VLAN: 1 (default)
Trunking Native Mode VLAN: 1 (default)
Administrative Native VLAN tagging: enabled
Voice VLAN: none
```

注意到端口 Fa0/15 为中继端口，使用的封装方法为 802.1q。下面查看所有中继端口的详情：

```
S1(config-if-range)#do sh int trunk
Port            Mode            Encapsulation   Status          Native vlan
Fa0/15          on              802.1q          trunking        1
Fa0/16          on              802.1q          trunking        1
Fa0/17          on              802.1q          trunking        1
Fa0/18          on              802.1q          trunking        1
Port            Vlans allowed on trunk
Fa0/15          1-4094
Fa0/16          1-4094
Fa0/17          1-4094
Fa0/18          1-4094
```

注意到现在端口 Fa0/15 ~ Fa0/18 处于中继模式，但使用的封装方法为 802.1q，而不是协商得到的 ISL。配置交换机接口时，可使用下面的选项。

- ❑ **switchport mode access**　这在前一节讨论过，它将接口设置为非中继模式，并通过协商将链路设置为非中继链路。无论邻接接口是否是中继接口，该接口都将成为非中继接口，即专用的第 2 层接入端口。

- ❑ **switchport mode dynamic auto**　这种模式让接口能够将链路转换为中继链路。如果邻接接口为 trunk 或 desirable 模式，该接口将成为中继接口。在很多思科交换机上，默认模式都为 dynamic auto，但在最新的交换机上，默认模式为 dynamic desirable。

- ❑ **switchport mode dynamic desirable**　这让接口尽力将链路转换为中继链路。如果邻接接口的模式为 trunk、desirable 或 auto，该接口将成为中继接口。在所有新的思科交换机中，所有以太网接口都默认采用这种模式。

15

❑ **switchport mode trunk** 将接口设置为中继模式，并通过协商将链路转换为中继链路。即使邻接接口不是中继接口，该接口也将成为中继接口。

❑ **switchport nonegotiate** 禁止接口生成 DTP 帧。仅当接口处于 access 或 trunk 模式时，才能使用该命令。在这种情况下，要建立中继链路，必须手动将邻接接口配置为中继接口。

> **注意**　动态中继协议（DTP）用于在两台设备之间协商链路的模式以及封装类型（802.1q 还是 ISL）。如果不希望中继端口进行协商，使用命令 nonegotiate。

要在接口上禁用中继，可使用命令 switchport mode access，它将端口恢复为专用的第 2 层接入端口。

1. 指定中继端口支持的 VLAN

前面说过，默认情况下，中继端口发送和接收来自所有 VLAN 的信息，并将未标记的帧发送到管理 VLAN。这也适用于扩展 VLAN。

然而，可将某些 VLAN 排除在外，禁止其流量通过中继链路进行传输。先来看看是否所有 VLAN 的流量默认都可通过中继链路进行传输，再演示如何这样做：

```
S1#sh int trunk
[output cut]
Port       Vlans allowed on trunk
Fa0/15     1-4094
Fa0/16     1-4094
Fa0/17     1-4094
Fa0/18     1-4094
S1(config)#int f0/15
S1(config-if)#switchport trunk allowed vlan 4,6,12,15
S1(config-if)#do show int trunk
[output cut]
Port       Vlans allowed on trunk
Fa0/15     4,6,12,15
Fa0/16     1-4094
Fa0/17     1-4094
Fa0/18     1-4094
```

上述命令影响在 S1 的端口 F0/15 上配置的中继链路，导致它允许来自 VLAN 4、6、12 和 15 的流量通过。你可尝试将 VLAN 1 排除在外，但中继链路仍将接收和发送管理流量，如 CDP、DTP 和 VTP 等。

要将特定范围内的 VLAN 排除在外，可使用连字符：

```
S1(config-if)#switchport trunk allowed vlan remove 4-8
```

将 VLAN 排除在外后，要恢复到默认设置，可使用下述命令：

```
S1(config-if)#switchport trunk allowed vlan all
```

下面介绍如何配置中继端口的本机 VLAN，再启用 VLAN 间路由选择。

2. 修改中继端口的本机 VLAN

可将中继端口的本机 VLAN 从 VLAN 1 改为其他 VLAN，很多人出于安全考虑而这样做。要修改本机 VLAN，可使用如下命令：

```
S1(config)#int f0/15
```

```
S1(config-if)#switchport trunk native vlan ?
  <1-4094>   VLAN ID of the native VLAN when this port is in trunking mode
```

```
S1(config-if)#switchport trunk native vlan 4
1w6d: %CDP-4-NATIVE_VLAN_MISMATCH: Native VLAN mismatch discovered on FastEthernet0/15
(4), with S3 FastEthernet0/1 (1).
```

将中继端口的本机 VLAN 改为 VLAN 4 后，使用命令 show running-config 查看该中继端口的配置：

```
S1#sh run int f0/15
Building configuration...

Current configuration : 202 bytes
!
interface FastEthernet0/15
 description 1st connection to S3
 switchport trunk encapsulation dot1q
 switchport trunk native vlan 4
 switchport trunk allowed vlan 4,6,12,15
 switchport mode trunk
end

S1#!
```

你不会以为事情如此简单吧？确实不会如此简单。如果中继链路两端的交换机端口的本机 VLAN 不同，将出现如下错误（在你修改本机 VLAN 后马上就会出现）：

```
1w6d: %CDP-4-NATIVE_VLAN_MISMATCH: Native VLAN mismatch discovered
on FastEthernet0/15 (4), with S3 FastEthernet0/1 (1).
```

这是个清晰的错误，而且很有帮助。为消除这种错误，要么修改中继链路另一端的本机 VLAN，要么将当前端口的本机 VLAN 恢复到默认设置。这里采取第二种方式：

```
S1(config-if)#no switchport trunk native vlan
1w6d: %SPANTREE-2-UNBLOCK_CONSIST_PORT: Unblocking FastEthernet0/15
on VLAN0004. Port consistency restored.
```

这样，当前中继端口将把 VLAN 1 用作本机 VLAN。请记住，中继链路两端的本机 VLAN 必须相同，否则将导致严重的管理问题。这不会影响用户数据，而只影响交换机之间传输的管理流量。

15.2　VLAN 中继协议（VTP）

这种协议也是思科开发的。VLAN 中继协议（VTP）的基本目标是，管理交换型互联网络中配置的所有 VLAN，确保整个网络的一致性。VTP 让你能够添加、删除和重命名 VLAN，这种信息随后将传播到 VTP 域中所有的交换机。

下面是 VTP 必须提供的一些功能：

❑ 网络中所有交换机的 VLAN 配置都必须一致；

❑ 让 VLAN 能够跨越不同类型的网络，如以太网和 ATM LANE（或 FDDI）；

❑ 准确地跟踪和监视 VLAN；

❑ 随时将新增的 VLAN 报告给 VTP 域中其他所有的交换机；

❑ 以即插即用的方式新增 VLAN。

这很好，但要使用 VTP 来管理网络中的 VLAN，必须创建 VTP 服务器（实际上，你不需要这样做，因为默认情况下，所有交换机都处于 VTP 服务器模式，但必须确保有服务器）。要共享 VLAN 信息，服务器必须使用相同的域名；每台交换机不能同时属于多个域。这意味着仅当不同交换机属于同一个 VTP 域时，它们才能分享 VTP 信息。在网络中有多台交换机时，可使用 VTP 域；但如果所有交换机都属于同一个 VLAN，则根本不需要使用 VTP。请务必牢记，只能通过中继端口在交换机之间发送 VTP 信息。

交换机通告 VTP 管理域信息、配置修订号和所有已知的 VLAN。但交换机还可处于 VTP 透明模式。在这种模式下，可配置交换机，使其通过中继端口转发 VTP 信息，但不接受信息更新，也不更新其 VTP 数据库。

如果担心有人背着你将交换机加入 VTP 域中，可设置密码，但别忘了，每台交换机都必须使用相同的密码。可以想见，这种轻微的壁垒可能成为管理障碍！

交换机在 VTP 通告中查看新增的 VLAN，然后通过其中继端口发送更新，其中包含新增的 VLAN。发送的更新包含修订号，交换机看到更高的修订号后，就知道获得的信息是更新的，因此使用这些最新的信息更新 VLAN 数据库。

两台交换机要交换 VLAN 信息，必须满足如下四项要求：

❑ 设置的 VTP 版本必须相同；
❑ 两台交换机的 VTP 管理域名必须相同；
❑ 其中一台交换机被配置为 VTP 服务器；
❑ VTP 密码相同（如果使用了的话）。

这里不需要路由器。接下来将更深入地介绍 VTP：VTP 模式和 VTP 修剪。

15.2.1 VTP 运行模式

图 15-1 表明，VTP 服务器的 VLAN 数据库发生变化时，它将更新相连的 VTP 客户端的 VLAN 数据库。

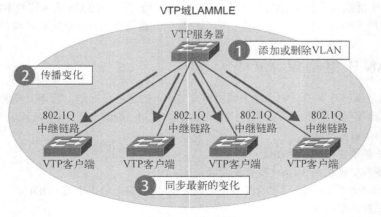

图 15-1　VTP 模式

❑ **服务器模式**　这是所有 Catalyst 交换机的默认模式。为将 VLAN 信息传遍整个 VTP 域，至少需要有一台服务器。另外，只有处于服务器模式的交换机才能在 VTP 域中创建、添加和删除 VLAN；修改 VLAN 信息时也必须在服务器模式下进行；在处于服务器模式下的交换机中对 VLAN 所做的任何修改都将被通告给整个 VTP 域。在 VTP 服务器模式下，VLAN 配置存储在交换机的 NVRAM 中。

❑ **客户端模式**　这种模式的交换机接收来自 VTP 服务器的信息，也接收并转发更新。从这种意义上说，它们类似于 VTP 服务器；差别在于它们不能创建、修改或删除 VLAN。另外，只能将客户端交换机的端口加入到其 VLAN 数据库中已有的 VLAN 中。还需要知道的是，客户端交换机不会将来自 VTP 服务器的 VLAN 信息存储到 NVRAM 中。这一点很重要，意味着如果交换机重置或重启，VLAN 信息将丢失。要让交换机成为服务器，应首先让其成为客户端，以便接收所有正确的 VLAN 信息，再将其切换到服务器模式——这样做将容易得多！

基本上，处于 VTP 客户端模式的交换机将转发和处理 VTP 摘要通告。这种交换机将获悉 VTP 配置，但不会将其保存到运行配置中，也不会将其保存到 NVRAM 中。处于 VTP 客户端模式的交换机只获悉并转发 VTP 信息，仅此而已！

 真实案例

什么情况下应考虑使用

下面是一个案例。Bob 是位于旧金山的 Acme Corporation 的一位资深网络管理员，该公司有 25 台连接在一起的交换机，而 Bob 想配置 VLAN 以增加广播域。你认为他在什么情况下应考虑使用 VTP？

如果你的回答是，只要有多台交换机和多个 VLAN，就应使用 VTP，那么你答对了。如果只有一台交换机，则根本不需要使用 VTP。如果没有在网络中配置 VLAN，也不用考虑使用 VTP。但如果有多台交换机和多个 VLAN，则最好正确地配置 VTP 服务器和客户端！

搭建交换型网络时，确保主交换机为 VTP 服务器，而其他交换机都为 VTP 客户端。这样，当你在主交换机上创建 VLAN 后，其他所有交换机都将收到新的 VLAN 数据库。

如果要在现有的交换型网络中添加交换机，在安装之前，务必将它配置为 VTP 客户端；否则，该交换机很可能向其他所有交换机发送新的 VTP 数据库，就像核爆炸一样将现有的所有 VLAN 消灭殆尽。没有人希望这样的事情发生！

❑ **透明模式**　处于透明模式的交换机不加入 VTP 域，也不分享其 VLAN 数据库，而只通过中继链路转发 VTP 通告。它们可以创建、修改和删除 VLAN，因为它们保存自己的数据库，且不将其告诉其他交换机。虽然处于透明模式的交换机将其 VLAN 数据库保存到 NVRAM 中，但这种数据库只在本地有意义。设计透明模式的唯一目的是，让远程交换机能够通过未加入当前 VTP 域的交换机从 VTP 服务器那里接收 VLAN 数据库。

VTP 只获悉常规 VLAN（ID 为 1~1005 的 VLAN）；ID 大于 1005 的 VLAN 被称为扩展 VLAN，它们不会存储在 VLAN 数据库中。要创建 ID 为 1006~4094 的 VLAN，交换机必须处于 VTP 透明模式，因此很少使用这样的 VLAN。另外，在每台路由器上，都将自动创建 VLAN 1 和 VLAN 1002~1005，且不能删除它们。

15.2.2 VTP 修剪

你可配置 VTP 以减少广播、组播和单播分组，从而节省带宽。这被称为修剪。启用了 VTP 修剪的交换机仅将广播发送给确实需要它的中继链路。

这意味着，如果交换机 A 没有属于 VLAN 5 的端口，则在 VLAN 5 中传输的广播不会进入连接到交换机 A 的中继链路。默认情况下，所有交换机都禁用了 VTP 修剪。在我看来，这种默认设置很好。在 VTP 服务器上启用修剪后，将在整个 VTP 域中启用它。默认情况下，修剪将用于 VLAN 2 ~ 1001，但对 VLAN 1 不会修剪，因为它是一个管理 VLAN。VTP 第一版和第二版都支持 VTP 修剪。

默认情况下，所有 VLAN 的流量都可通过中继链路进行传输。为验证这一点，可使用命令 show interface trunk：

```
S1#sh int trunk

Port        Mode          Encapsulation  Status         Native vlan
Fa0/1       auto          802.1q         trunking       1
Fa0/2       auto          802.1q         trunking       1

Port        Vlans allowed on trunk
Fa0/1       1-4094
Fa0/2       1-4094

Port        Vlans allowed and active in management domain
Fa0/1       1
Fa0/2       1

Port        Vlans in spanning tree forwarding state and not pruned
Fa0/1       1
Fa0/2       none
S1#
```

从上述输出可知，默认禁用了 VTP 修剪。下面来启用它。只需使用一个命令，就可在整个交换型网络中启用 VTP 修剪，如下所示：

```
S1#config t
S1(config)#int f0/1
S1(config-if)#switchport trunk ?
  allowed  Set allowed VLAN characteristics when interface is
  in trunking mode
  native   Set trunking native characteristics when interface
  is in trunking mode
  pruning  Set pruning VLAN characteristics when interface is
  in trunking mode
S1(config-if)#switchport trunk pruning ?
  vlan  Set VLANs enabled for pruning when interface is in
  trunking mode
S1(config-if)#switchport trunk pruning vlan 3-4
```

可修剪的 VLAN 为 VLAN 2 ~ 1001。扩展 VLAN（VLAN 1006 ~ 4094）不能修剪，因此可能接收大量的流量。

15.3 配置 VTP

默认情况下，所有思科交换机都被配置为 VTP 服务器。要配置 VTP，首先必须配置要使用的域名。当然，在每台交换机上配置 VTP 信息后，你需要进行核实。

创建 VTP 域时，可设置多个方面，包括版本、域名、密码、运行模式和修剪。要设置这些信息，可使用全局配置命令 vtp。在下面的示例中，我将 S1 交换机设置为 VTP 服务器、VTP 域名设置为 Lammle、VTP 密码设置为 todd：

```
S1#config t
S1#(config)#vtp mode server
Device mode already VTP SERVER.
S1(config)#vtp domain Lammle
Changing VTP domain name from null to Lammle
S1(config)#vtp password todd
Setting device VLAN database password to todd
S1(config)#do show vtp password
VTP Password: todd
S1(config)#do show vtp status
VTP Version                    : 2
Configuration Revision         : 0
Maximum VLANs supported locally : 255
Number of existing VLANs       : 8
VTP Operating Mode             : Server
VTP Domain Name                : Lammle
VTP Pruning Mode               : Disabled
VTP V2 Mode                    : Disabled
VTP Traps Generation           : Disabled
MD5 digest                     : 0x15 0x54 0x88 0xF2 0x50 0xD9 0x03 0x07
Configuration last modified by 192.168.24.6 at 3-14-93 15:47:32
Local updater ID is 192.168.24.6 on interface Vl1 (lowest numbered VLAN interface found)
```

别忘了，默认情况下所有交换机都被设置为 VTP 服务器，要在交换机上修改并分发 VLAN 信息，必须让它处于 VTP 服务器模式。配置 VTP 信息后，可使用命令 show vtp status 进行核实，如上面的输出所示。

在前面的交换机输出中，显示了 VTP 版本、配置修订号、本地支持的最大 VLAN 数量、既有的 VLAN 数量、VTP 运行模式、VTP 域名以及显示为 MD5 摘要的 VTP 密码。要查看实际密码，可在特权模式下使用命令 show vtp password。

排除 VTP 故障

使用交叉电缆将交换机连接起来，两端的指示灯都变绿后，就大功告成了。这是理想状况，真有这么容易吗？在没有使用 VLAN 的情况下，确实这么容易。但如果在交换型网络中使用了 VLAN（绝对应该这样做），且有多个 VLAN，则需要使用 VTP。

然而，如果 VTP 配置不正确，它将不能工作，因此你必须能够排除 VTP 故障。下面来看两个配置，并解决其中的问题。请看下述来自两台交换机的输出：

15

```
SwitchA#sh vtp status
VTP Version                      : 2
Configuration Revision           : 0
Maximum VLANs supported locally  : 64
Number of existing VLANs         : 7
VTP Operating Mode               : Server
VTP Domain Name                  : Lammle
VTP Pruning Mode                 : Disabled
VTP V2 Mode                      : Disabled
VTP Traps Generation             : Disabled

SwitchB#sh vtp status
VTP Version                      : 2
Configuration Revision           : 1
Maximum VLANs supported locally  : 64
Number of existing VLANs         : 7
VTP Operating Mode               : Server
VTP Domain Name                  : GlobalNet
VTP Pruning Mode                 : Disabled
VTP V2 Mode                      : Disabled
VTP Traps Generation             : Disabled
```

这两台交换机有何问题呢？为何它们没有共享 VLAN 信息？这两台交换机都处于 VTP 服务器模式，但这不是问题，都处于 VTP 服务器模式的交换机也能通过 VTP 分享 VLAN 信息。问题在于它们位于两个不同的 VTP 域：交换机 A 位于 VTP 域 Lammle 中，而交换机 B 位于 VTP 域 GlobalNet 中。它们不可能共享 VTP 信息，因为给它们配置的 VTP 域名不同。

知道如何找出交换机常见的 VTP 域配置错误后，来看另一个交换机配置：

```
SwitchC#sh vtp status
VTP Version                      : 2
Configuration Revision           : 1
Maximum VLANs supported locally  : 64
Number of existing VLANs         : 7
VTP Operating Mode               : Client
VTP Domain Name                  : Todd
VTP Pruning Mode                 : Disabled
VTP V2 Mode                      : Disabled
VTP Traps Generation             : Disabled
```

下面是在上述 VTP 配置下创建 VLAN 时出现的情况：

```
SwitchC(config)#vlan 50
VTP VLAN configuration not allowed when device is in CLIENT mode.
```

你试图在交换机 C 上新建一个 VLAN，结果遇到了什么麻烦呢？出现令人讨厌的错误！为何不能在交换机 C 上创建 VLAN 呢？在这个示例中，VTP 域名不是考虑重点，重点是 VTP 模式。该交换机的 VTP 模式为客户端，而在这种模式下，不能创建、删除或修改 VLAN。VTP 客户端只将 VLAN 数据库放在内存中，而不将其保存到 NVRAM 中。因此，要在这台交换机上创建 VLAN，必须先将其设置为 VTP 服务器模式。

为修复这种问题，需要这样做：

```
SwitchC(config)#vtp mode server
Setting device to VTP SERVER mode
SwitchC(config)#vlan 50
SwitchC(config-vlan)#
```

且慢，事情还没有完。来看看另外两台路由器的输出，为何交换机 B 没有从交换机 A 那里获取 VLAN 信息呢？

```
SwitchA#sh vtp status
VTP Version                     : 2
Configuration Revision          : 4
Maximum VLANs supported locally : 64
Number of existing VLANs        : 7
VTP Operating Mode              : Server
VTP Domain Name                 : GlobalNet
VTP Pruning Mode                : Disabled
VTP V2 Mode                     : Disabled
VTP Traps Generation            : Disabled

SwitchB#sh vtp status
VTP Version                     : 2
Configuration Revision          : 14
Maximum VLANs supported locally : 64
Number of existing VLANs        : 7
VTP Operating Mode              : Server
VTP Domain Name                 : GlobalNet
VTP Pruning Mode                : Disabled
VTP V2 Mode                     : Disabled
VTP Traps Generation            : Disabled
```

你可能会说，因为它们都处于 VTP 服务器模式，但这不是问题。即使所有交换机都能是 VTP 服务器模式，它们仍能共享 VLAN 信息。事实上，思科建议让所有交换机都处于 VTP 服务器模式，而你只需确保让它通告 VLAN 信息的交换机有最大的修订号。如果所有交换机都处于 VTP 服务器模式，它们都将保存 VLAN 数据库。交换机 B 之所以没有收到交换机 A 的 VLAN 信息，是因为它的修订号更大。你必须能够认识到这种问题，这非常重要。

要解决这种问题，有两种方式。一是在交换机 B 上修改 VTP 域名，再将域名改回到 GlobalNet，这将把修订号重置为 0。二是在交换机 A 上创建或删除 VLAN，直到其修订号大于交换机 B 的修订号。第二种方式谈不上更好，只是另一种修复问题的方式。

再来看一个例子。为何交换机 B 没有从交换机 A 那里收到 VLAN 信息呢？

```
SwitchA#sh vtp status
VTP Version                     : 1
Configuration Revision          : 4
Maximum VLANs supported locally : 64
Number of existing VLANs        : 7
VTP Operating Mode              : Server
VTP Domain Name                 : GlobalNet
VTP Pruning Mode                : Disabled
VTP V2 Mode                     : Disabled
VTP Traps Generation            : Disabled
```

15

```
SwitchB#sh vtp status
VTP Version               : 2
Configuration Revision    : 3
Maximum VLANs supported locally : 64
Number of existing VLANs  : 5
VTP Operating Mode        : Server
VTP Domain Name           :
VTP Pruning Mode          : Disabled
VTP V2 Mode               : Disabled
VTP Traps Generation      : Disabled
```

我知道，你首先可能注意到交换机 B 没有设置域名，进而认为这就是罪魁祸首。这不是问题所在！交换机启动时，设置了域名的 VTP 服务器将发送 VTP 通告，而使用出厂设置的新交换机将根据通告配置自己（其中包括域名），并下载 VLAN 数据库。

对于前述交换机，问题出在它们设置的 VTP 版本不同，但这也不是问题的全部。

默认情况下，使用的是 VTP 第 1 版。如果你要支持第 1 版没有的如下功能，可将 VTP 版本配置为 2。

❑ **令牌环支持**　就当今而言，这好像不是使用第 2 版的理由。咱们来看看其他理由。

❑ **支持无法识别的类型–长度–值（TLV）**　VTP 服务器和客户端传播配置变化，即便是无法识别的 TLV。交换机处于 VTP 服务器模式时，将把无法识别的 TLV 存储到 NVRAM 中。

❑ **独立于版本的透明模式**　在 VTP 第 1 版中，处于 VTP 透明模式的交换机检查 VTP 消息中的域名和版本，仅当版本和域名都匹配时，才转发这种消息。VTP 第 2 版只支持一个域，因此在透明模式下直接转发 VTP 消息，而不检查版本和域名。

❑ **一致性检查**　在 VTP 第 2 版中，仅当你通过 CLI 或 SNMP 输入新信息时，才会执行一致性检查（如检查 VLAN 名称和值的一致性）；而从 VTP 消息获取信息或从 NVRAM 中读取信息时，不会执行一致性检查。即便收到的 VTP 消息的 MD5 摘要不正确，也将接受其中包含的信息。

且慢！事情没那么简单。只要在交换机 A 上将版本设置为 2，就万事大吉了吗？不可能！VTP 第 2 版一个有趣的地方是，如果你在网络（VTP 域）中的一台交换机上将版本设置为 2，其他交换机都会自动将版本设置为 2！那么这会带来什么问题呢？交换机 A 不支持 VTP 第 2 版，这才是真正的问题所在！你应该看出来了，如果你不小心，VTP 能让你烦得够呛！

别烦了，去喝杯咖啡或威士忌，调整一下心情，咱们该介绍生成树协议了。

15.4　生成树协议

生成树协议（Spanning Tree Protocol，STP）的主要目的是，防止使用网桥或交换机组建的第 2 层网络出现环路，它对网络进行监视，以跟踪所有的链路并关闭冗余链路。STP 首先使用生成树算法（STA）创建拓扑数据库，再找出并禁用冗余链路。在运行了 STP 的情况下，帧只被转发到 STP 选定的最佳链路。

生成树协议非常适合用于图 15-2 所示的网络。

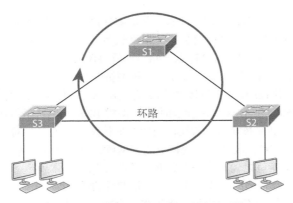

图 15-2　存在交换环路的交换型网络

　　这是一个包含冗余链路的交换型网络，存在交换环路。在这个网络中，如果不使用第 2 层机制来防范网络环路，将很容易出现广播风暴、多个帧副本、MAC 表不稳定等严重问题。图 15-3 说明了在交换机上运行 STP 后，这个网络的运行情况。

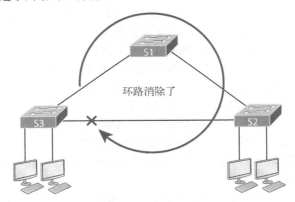

图 15-3　使用 STP 的交换型网络

　　生成树协议有多个版本，我们首先介绍 IEEE 版 802.1d，这也是所有思科 IOS 交换机默认使用的版本。

15.4.1　生成树术语

　　详细介绍 STP 在网络中的工作原理前，有必要先介绍一些基本概念和术语。

- ❑ **根网桥**　根网桥是网桥 ID 最小（最佳）的网桥。在 STP 网络中，交换机选举一个根网桥。根网桥是网络的核心，其他所有决策（如非根网桥的端口应处于阻断还是转发状态）都是从根网桥的角度做出的。选举出根网桥后，其他所有网桥都必须确定前往根网桥的最佳路径，而这条路径连接的端口称为根端口。
- ❑ **非根网桥**　指的是除根网桥外的其他所有网桥。非根网桥与其他所有网桥交换 BPDU，并更新 STP 拓扑数据库。这有助于避免环路，并能够在链路出现故障时采取补救措施。

❏ **BPDU** 所有交换机都彼此交换信息，并根据这些信息来配置网络。每台交换机都将其发送给邻居的 BPDU（Bridge Protocol Data Unit，网桥协议数据单元）参数同从其他邻居那里收到的 BPDU 参数进行比较。BPDU 包含提供它的网桥的 ID。

❏ **网桥 ID** STP 使用网桥 ID 跟踪网络中的所有交换机。网桥 ID 由网桥优先级（所有思科交换机都默认为 32 768）和 MAC 地址共同决定。网桥 ID 最小的网桥将成为根网桥。选出根网桥后，其他每台交换机都必须确定前往根网桥的最佳路径。大多数网络都将受益于将特定网桥或交换机指定为根网桥。要让特定网桥成为根网桥，可将其网桥优先级设置得比默认值小。

❏ **端口成本** 两台交换机之间有多条链路时，将根据端口成本确定最佳路径。链路的成本取决于带宽。每个网桥都根据路径成本确定前往根网桥的最佳路径。

❏ **路径成本** 在交换机和根网桥之间可能隔着一台或多台其他的交换机，因此从这台交换机前往根网桥时，可能存在多条路径。分析前往根网桥的每条路径，并这样计算其路径成本：将路径中各个端口的成本相加。

1. 端口角色

STP 根据交换机端口的角色确定它在生成树算法中的作用。

❏ **根端口** 从根端口出发前往根网桥的路径成本最低。如果有多条前往根网桥的路径，将根据带宽计算每条路径的成本，并将成本最低的路径对应的端口作为根端口。如果有多条链路连接到同一台上游设备，且经由该上游设备前往根网桥的路径成本最低，则将这样的端口作为根端口，即它连接的上游设备端口的编号最小。在根网桥上，无需指定根端口；而对于网络中的其他每台交换机，都必须有一个根端口，且只能有一个根端口。

❏ **指定端口** 指定端口是这样确定的，即从该端口出发，前往特定网段的路径成本最低。指定端口将被标记为转发端口，而对于给定网段，只能有一个转发端口。

❏ **非指定端口** 前往给定网段时，从非指定端口出发的路径成本比从指定端口出发高。基本上，除根端口和指定端口外，其他所有端口都属于非指定端口。非指定端口处于阻断或丢弃模式，即它们不是转发端口。

❏ **转发端口** 转发端口对帧进行转发，它们要么是根端口，要么是指定端口。

❏ **阻断端口** 阻断端口不转发帧，以免形成环路。阻断端口不断侦听来自邻居交换机的 BPDU 帧，但将其他所有帧都丢弃，且不传输任何帧。

❏ **替代端口** 这是一个 802.1w（快速生成树协议）术语，相当于 802.1d 中的阻断端口。替代端口位于这样的交换机上，即该交换机连接的 LAN 网段中还有多台交换机，且其中一台交换机有指定端口。

❏ **备用端口** 这是一个 802.1w 术语，相当于 802.1d 中的阻断端口。备用端口与指定端口连接到同一个 LAN 网段。

2. 生成树端口状态

当你将主机连接到交换机端口时，端口指示灯将变成琥珀色，但主机并不能马上从 DHCP 服务器那里获得地址。你只能等待，大约 1 分钟后指示灯才变成绿色。在当今的网络中，几乎都是如此，这是因为端口需要经历各种不同的状态，以确保你将设备连接后不会形成环路。STP 宁愿让主机的 DHCP 请求超时，也不允许网络中出现环路，因为环路会让网络崩溃。下面介绍端口可能经过的各种状态，本章后面将讨论如何加快端口状态切换过程。

在运行 IEEE 802.1d STP 的网桥和交换机上，端口可能经过下面 5 种状态。

❑ **禁用**（从技术上说，这并非过渡状态） 处于管理性禁用状态的端口不参与帧转发和 STP。处于禁用状态的端口就像被关闭了一样。

❑ **阻断** 前面说过，阻断端口不转发帧，而只是侦听 BPDU。将端口置于阻断状态旨在避免环路。交换机刚启动时，所有端口都默认处于阻断状态。

❑ **侦听** 端口侦听 BPDU，确保它对数据帧进行转发时不会导致环路。处于侦听状态的端口时刻准备着转发数据帧，但不填充 MAC 地址表。

❑ **学习** 交换机端口侦听 BPDU 并获悉交换型网络中的所有路径。处于学习状态的端口填充 MAC 地址表，但不转发数据帧。转发延迟指的是端口从侦听模式切换到学习模式或从学习模式切换到转发模式所需的时间，默认为 15 秒，这种设置可使用命令 show spanning-tree 来查看。

❑ **转发** 端口收发数据帧。学习阶段结束后，如果端口为指定端口或根端口，它将切换到转发状态。

注意　仅当处于学习或转发状态时，交换机端口才会填充 MAC 地址表。

交换机端口通常处于阻断或转发状态。通常，从转发端口前往根网桥的路径成本最低。然而，如果链路出现故障或新增了交换机，导致网络拓扑发生变化，交换机端口将依次进入侦听和学习状态。

前面说过，阻断端口旨在避免出现网络环路。交换机确定根端口（从它出发前往根网桥的路径最佳）和指定端口后，其他所有的冗余端口都将进入阻断模式。阻断端口依然能够收到 BPDU，只是不向外发送任何帧。

网络拓扑发生变化后，如果交换机认为阻断端口应成为指定端口或根端口，该阻断端口将进入侦听状态，并对收到的所有 BPDU 进行检查，确保它进入转发模式时不会导致网络环路。

3. 会聚

会聚指的是所有网桥和交换机的端口都处于转发或阻断模式。会聚完毕前，不会转发任何数据。你没看错：STP 会聚期间，任何主机都无法通过交换机传输数据。因此，如果你想与网络用户搞好关系或保住饭碗，就必须确保交换型网络设计良好，让 STP 能够快速完成会聚。

会聚至关重要，因为它确保所有设备的拓扑数据库一致。要让会聚高效地完成，就得在这方面花费时间和精力。在最初的 STP 版本（802.1d）中，从阻断模式过渡到转发模式默认需要 50 秒钟，但不建议对默认的 STP 定时器设置进行修改。在大型网络中，可以调整这些定时器，但更佳的解决方案是，根本就不要使用 802.1d。稍后将介绍各种 STP 版本。

4. 链路成本

介绍各种端口角色和端口状态后，很有必要说说路径成本。端口成本取决于链路的速度，表 15-1 列出了链路速度与端口成本的关系。端口成本指的是单条链路的成本，而路径成本是前往根网桥的端口成本之和。

表15-1　IEEE STP链路成本

链路速度	端口成本
10 Mbit/s	100
100 Mbit/s	19
1000 Mbit/s	4
10 000 Mbit/s	2

STP 根据这些成本为每个网桥选择根端口。你必须将表 15-1 的内容牢记在心，但不用担心，本章将通过大量示例帮助你轻松地记住这些内容。下面来综合运用前面介绍的所有知识。

15.4.2　生成树的工作原理

首先，以一个包含三台交换机的简单网络为例（如图 15-4 所示），简要地总结一下前面介绍的知识。

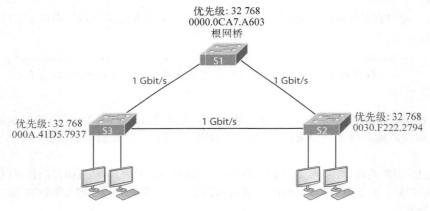

图 15-4　STP 的工作原理

大致而言，STP 的职责是找出网络中的所有链路，并关闭所有冗余链路，以免出现网络环路。为此，它首先选举根网桥。根网桥将成为 STP 域中其他所有设备的参考点，其所有端口都处于转发状态。在图 15-4 中，根据网桥 ID 将 S1 选举为根网桥。这是因为所有交换机的优先级都为 32 768，因此需要比较 MAC 地址，而 S1 的 MAC 地址比 S2 和 S3 都小，这意味着 S1 的网桥 ID 最小。

就由谁充当根网桥达成一致后，其他每台交换机都必须确定一个根端口，即唯一一条前往根网桥的路径。前往根网桥时，可能经由众多网桥，因此并非总是选择最短的路径，而是选择速度最快、带宽最高的路径。图 15-5 标出了两台非根网桥的根端口（RP 表示根端口，而 F 表示处于转发状态的指定端口）。

S2 和 S3 为何选择直连链路呢？只要看看每条链路的成本就明白了——吉比特链路的成本为 4。例如，如果 S3 选择经由 S2 的路径，就需将经由的每个端口的成本相加，结果为 8（4＋4）。

在根网桥上，每个端口都为相应网段的指定端口（处于转发状态）。可以预见，等尘埃落定后，非根网桥上既不是根端口又不是指定端口的端口都将是非指定端口。这些端口将被置于阻断状态，以免出现交换环路。

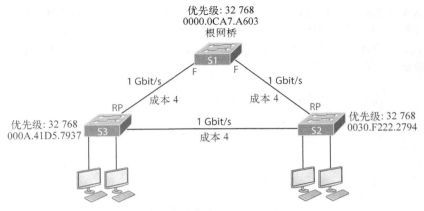

图 15-5 STP 的工作原理

至此，我们确定了根网桥（其所有端口都处于转发状态），并为每个非根网桥确定了根端口。现在余下的唯一工作是，在 S2 和 S3 之间的网段中选择一个转发端口。不能让这个网段中的两个端口都处于转发状态，否则将形成环路。根据网桥 ID，将网桥 ID 较小的交换机端口置于转发状态，而将网桥 ID 较大的交换机端口置于阻断模式。图 15-6 说明了 STP 会聚完毕后的网络。

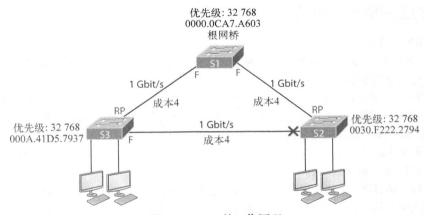

图 15-6 STP 的工作原理

由于 S3 的网桥 ID 更小，S2 的端口进入阻断模式。下面更详细地讨论根网桥选举过程。

选举根网桥

网桥 ID 用于选举 STP 域中的根网桥，为其他设备选择根端口时，如果由于路径成本相等而存在多个潜在的根端口，也将根据网桥 ID 做出选择。网桥 ID 长 8 字节，由设备的优先级和 MAC 地址组成，如图 15-7 所示。在运行 IEEE 版 STP 的设备上，优先级默认都是 32 768。

结合使用优先级和 MAC 地址来选举根网桥。如果两台交换机（网桥）的优先级相同，将根据 MAC 地址来确定谁的 ID 更小。在图 15-7 中，两台交换机的优先级都为默认值 32 768，因此 MAC 地址将成为决定因素。交换机 A 的 MAC 地址为 0000.0cab.3274，而交换机 B 的 MAC 地址为 0000.0cf6.9370，因此交换机 A 赢得选举，成为根网桥。要确定哪个 MAC 地址更小，一种非常简单的方式是，从左往右逐位进行比较，直到能够判断出大小为止。就这里的交换机 A 和 B 而言，只需比较到第 7 位，交换机 A 就将胜出，因为其 MAC 地址的前 7 位为 0000.0ca，而交换机 B 的前 7 位为 0000.0cf。别忘了，就选举根网桥而言，值越小越好。

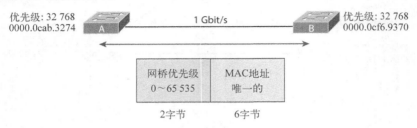

图 15-7   STP 的工作原理

需要指出的是，在选出根网桥前，所有交换机/网桥的活动端口都默认每隔 2 秒钟发送一次 BPDU，并对收到的 BPDU 进行处理。根网桥的选举正是根据这些信息进行的。要确保网桥成为根网桥，可修改其 ID，将优先级值设置得较小。在大型交换型网络中，这很重要，因为这可确保选择的路径是最佳的。对网络来说，效率总是至关重要。

15.5   生成树协议的类型

当前使用的生成树协议有多种。
- **IEEE 802.1d**   最初的桥接和 STP 标准，速度非常慢，但占用的网桥资源很少。IEEE 802.1d 也被称为公用生成树（CST）。
- **PVST+（思科默认版本）**   思科专用的 STP 改进版，为每个 VLAN 提供一个生成树实例。速度与 CST 一样慢，但有多个根网桥。这提高了网络链路的效率，但占用的网桥资源比 CST 多。
- **IEEE 802.1w**   也叫快速生成树协议（RSTP），它改进了 BPDU 交换方式，为极大地提高网络会聚速度铺平了道路，但像 CST 一样只允许每个网络中有一个根网桥。RSTP 占用的网桥资源比 CST 多，但比 PVST+ 少。
- **802.1s（MSTP）**   从思科专用的 MISTP 发展而来的 IEEE 标准。将多个 VLAN 映射到同一个生成树实例，以节省交换机的处理时间。它基本上是一种运行在另一种生成树协议之上的生成树协议。
- **快速 PVST+**   思科版 RSTP，也使用 PVST+，并为每个 VLAN 提供一个 802.1w 实例。其会聚速度极快，数据传输路径最佳，但占用的 CPU 周期和内存也是最多的。

15.5.1   公用生成树

如果在包含冗余链路的交换型网络中使用公用生成树（Common Spanning Tree，CST），STP 将为整个网络选择一个最佳的根网桥。该交换机将为网络中所有 VLAN 的根网桥，而其他每个网桥都将确定一条前往根网桥的最佳路径。你可根据网络的具体情况，手动选择最合适的根网桥。

图 15-8 说明了运行 CST 的交换型网络中的典型根网桥。

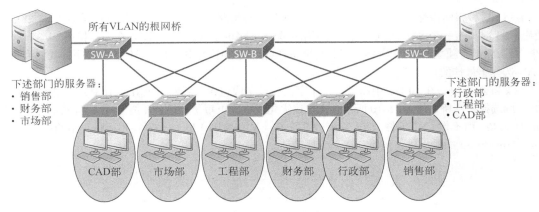

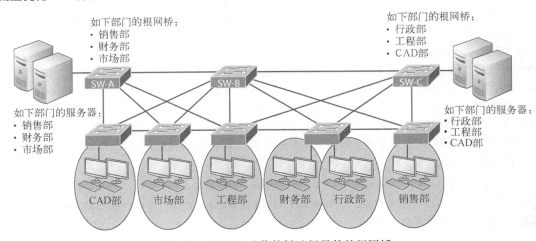

图 15-8　CST 示例

注意，交换机 A 是所有 VLAN 的根网桥，其他每台交换机都必须确定一条前往该交换机的路径，但这种选择对某些 VLAN 来说并非最佳的。这是 PVST+（Per-VLAN Spanning Tree，增强的每个 VLAN 一个生成树）的用武之地，它给每个 VLAN 都提供一个 STP 实例，让它们能选择自己的最佳根网桥。

15.5.2　PVST+

PVST+是思科专用的 802.1d STP 扩展，为网络中的每个 VLAN 提供一个 802.1d 生成树实例。所有的思科专用扩展都旨在缩短会聚时间（默认情况下，会聚时间为 50 秒）。思科 IOS 交换机默认使用 802.1d PVST+，这意味着将为每个 VLAN 选择最佳根网桥，但会聚速度依然很慢。

为每个 VLAN 创建一个 STP 实例将消耗更多的 CPU 周期和内存，但这样做是值得的，因为它让每个 VLAN 都有一个根网桥。通过将每个 VLAN 中央的交换机配置为根网桥，可针对每个 VLAN 的流量优化 STP 树。图 15-9 说明了在包含多条冗余链路的交换型网络中使用 PVST+的情形。

图 15-9　PVST+让你能够选择最佳的根网桥

　　显然，这种根网桥配置可提高会聚速度，优化流量传输路径。PVST+的会聚过程类似于 802.1 CST（使用 CST 时只有一个 STP 实例，而不管网络中配置了多少个 VLAN）。差别在于，使用 PVST+时，每个 VLAN 都有独立的 STP 实例，因此会聚是在各个 VLAN 中进行的。图 15-9 表明，我们为每个 VLAN 选择了最佳的根网桥。

　　为支持 PVST+，在 BPDU 中新增了一个字段。该字段包含扩展的系统 ID，让 PVST+能够为每个 STP 实例选择根网桥，如图 15-10 所示。这导致优先级字段更短了（只有 4 位），意味着网桥优先级的增量为 4096，而不像 CST 那样为 1。扩展的系统 ID（VLAN ID）长 12 位，在稍后将介绍的命令 show spanning-tree 的输出中，可看到这个字段的值。

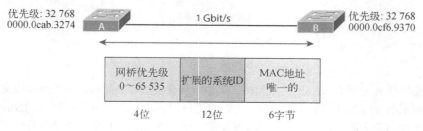

图 15-10　PSVT+的网桥 ID

　　默认的会聚时间为 50 秒，对当今的网络来说，这实在是太长了，有办法缩短会聚时间吗？

15.5.3　快速生成树协议（802.1w）

　　如果有一种可靠的 STP 配置，将其用于交换型网络时，都会在每台交换机上启用前面讨论的所有内置功能，而不管交换机的类型如何，那该多好！快速生成树协议（Rapid Spanning Tree Protocol，RSTP）就提供了这种神奇的功能。

　　为消除 IEEE 标准 802.1d 的各种缺点，思科开发了专用扩展，但这些扩展的主要缺点是需要额外的配置，因为它们是思科专用的。然而，IEEE 新标准 802.1w（RSTP）提供了简洁的解决方案，其中包含所需的大部分补丁。这再次表明了效率是金！

　　从本质上说，IEEE 802.1w（RSTP）是 STP 改进版，其会聚速度快得多。然而，它虽然解决了所有的会聚问题，但依然只提供单个 STP 实例，因此无助于解决流量传输路径次优的问题。前面说过，要提高会聚速度，占用的 CPU 周期和内存就比 CST 稍多。好消息是思科 IOS 支持快速 PVST+协议——这是思科的 RSTP 增强版，为网络中配置的每个 VLAN 都提供一个独立的 802.1w 生成树实例。然而，强大的动力需要消耗更多的燃料，虽然快速 PVST+解决了会聚速度慢和流量传输路径不佳的问题，但其占用的 CPU 周期和内存也是所有解决方案中最多的。幸好对最新的思科交换机来说，运行这种协议一点问题也没有。

　　在思科文档中，STP 802.1d 和 RSTP 802.1w 实际上指的是相应的 PVST+版，请务必牢记这一点。

　　RSTP 并非截然不同的新协议，它不过是 802.1d 标准的改进版，但在网络拓扑发生变化时会聚速度更快。开发 802.1w 标准时，必须向后与 802.1d 兼容。

RSTP 缓解了传统 STP 会聚速度慢的致命缺陷。就像 PVST+建立在标准 802.1d 的基础上一样，快速 PVST+建立在标准 802.1w 的基础之上。

快速 PVST+为每个 VLAN 提供一个 802.1w 实例，详细情况如下。

❑ 第 2 层网络拓扑发生变化时，需要重新计算生成树，而 RSTP 提高了这种计算的速度。

❑ RSTP 是一种 IEEE 标准，重新定义了 STP 端口角色、端口状态和 BPDU。

❑ RSTP 极具前瞻性且反应迅速，因此不需要 802.1d 的延迟定时器。

❑ RSTP（802.1w）优于 802.1d，同时向后与 802.1d 兼容。

❑ 大多数 802.1d 术语和参数依然适用于 RSTP。

❑ 为支持传统交换机，可在每个端口上进行配置，让 802.1w 退化为 802.1d。

802.1w 调整了 802.1d 的 5 种端口状态，具体情况如下：

802.1d端口状态		802.1w端口状态
禁用	=	丢弃
阻断	=	丢弃
侦听	=	丢弃
学习	=	学习
转发	=	转发

注意到 RSTP 基本上从丢弃状态依次切换到学习和转发状态，而 802.1d 需要 5 次状态切换。

像 802.1d 一样，RSTP 也需要确定根网桥、根端口和指定端口，而为做出这些决策，知道每条链路的成本依然很重要。下面来看一个根据修订后的 IEEE 成本规范确定端口角色的示例，如图 15-11 所示。

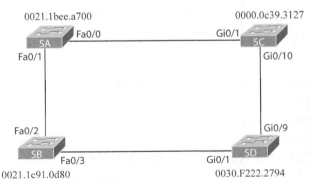

图 15-11　RSTP 示例 1

你能判断出哪台交换机将成为根网桥吗？哪些端口将成为根端口或指定端口呢？由于交换机 SC 的 MAC 地址最小，它将成为根网桥；而根网桥的所有端口都将是指定端口（处于转发状态），因此 SC 的端口 Gi0/1 和 Gi0/10 为处于转发状态的指定端口。是不是很容易？

然而，在交换机 SA 上，哪个端口将成为根端口呢？要确定这一点，必须首先确定 SA 和 SC 之间的直连链路的端口成本。虽然根网桥（SC）通过吉比特以太网端口连接到 SA，但连接的是 SA 的 100

Mbit/s 端口，这导致 SC 和 SA 之间链路的速度为 100 Mbit/s，因此成本为 19。倘若 SA 和 SC 相连的端口都是吉比特以太网端口，成本将为 4，但由于它们之间的链路的速度为 100 Mbit/s，这导致成本激增为 19。

你能确定 SD 的根端口吗？只要扫一眼就知道，SC 和 SD 之间是吉比特以太网链路，成本为 4，因此 SD 的根端口为 Gi0/9。

SB 和 SD 之间的链路也是快速以太网链路，成本为 19，因此从 SB 经 SD 前往根网桥（SC）的路径成本为 23（19 + 4）。如果 SB 经 SA 前往 SC，成本将为 38（19 + 19），因此 SB 的根端口为 Fa0/3。

SA 的根端口为 Fa0/0。这是因为该端口直接连接到 SC，成本为 19；而经 SB 和 SD 前往 SC 的成本为 42（19 + 19 + 4），因此这条路径将作为前往根网桥的备用路径，供需要时使用。

现在，需要在 SA 和 SB 之间的链路上选择一个指定端口。由于 SA 的网桥 ID 更小，其端口 Fa0/1 胜出。另外，SD 的端口 Gi0/1 将为指定端口，这是因为 SB 的端口 Fa0/3 已经是根端口，而该网段必须有一个指定端口。至此，未确定角色的只有 SB 的 Fa0/2 端口。它既不是根端口，又不是指定端口，因此将进入阻断模式，以防网络中出现环路。

来看看会聚完成后这个示例网络是什么样的，如图 15-12 所示。

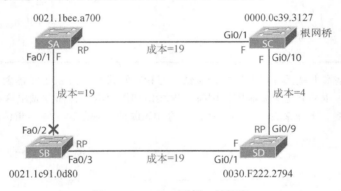

图 15-12　RSTP 示例 1 的答案

如果你还对此感到迷惑，只需记住下述三个处理步骤。

(1) 根据网桥 ID 找出根网桥。

(2) 找出前往根网桥的最佳路径，以确定根端口。

(3) 根据网桥 ID 确定指定端口。

与往常一样，掌握这种知识的最佳方式是实践。下面再来看一个示例，如图 15-13 所示。

哪个网桥将成为根网桥呢？根据优先级可知，SC 将是根网桥，这意味着 SC 的所有端口都为指定端口。现在需要确定根端口。

SA 有一个 10 吉比特以太网端口直接连接到 SC，该端口的端口成本为 2，将是 SA 的根端口。SD 有一个吉比特以太网端口直接连接到 SC，其端口成本为 4，将成为 SD 的根端口。对 SB 来说，前往 SC 的最佳路径也是从直接连接到 SC 的吉比特以太网端口出发，其端口成本为 4。

确定根网桥以及三个根端口后，接下来需要确定指定端口。除根端口和指定端口外，其他所有端口都将进入丢弃状态。请看图 15-14，看看还有哪些端口未确定角色。

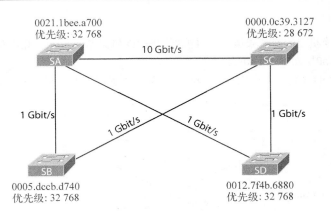

图 15-13 RSTP 示例 2

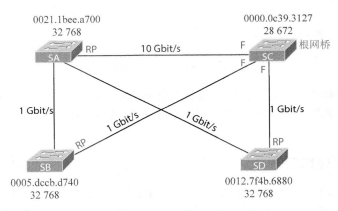

图 15-14 RSTP 示例 2 的答案 1

从图 15-14 可知，还有两条链路未选择指定端口。先来看 SA 和 SD 之间的链路。哪个网桥的 ID 更小呢？这两个网桥的优先级相同，都是默认值，因此需要比较 MAC 地址。从 MAC 地址可知，SD 的网桥 ID 更小，因此连接到 SD 的 SA 端口将进入丢弃状态，是这样吗？答案是否定的。相反，连接到 SA 的 SD 端口将进入丢弃状态。这是因为从 SA 到根网桥的路径成本更低，而为网段选择指定端口时，先考虑路径成本，再考虑网桥 ID。选择指定端口时，合乎情理的做法是，选择能够以最快速度前往根网桥的网桥的端口。下面更深入地讨论这一点。

你知道，确定根网桥和根端口后，余下的工作就是确定指定端口。除根端口和指定端口外，其他端口都将进入丢弃状态。但如何选择指定端口呢？只根据网桥 ID 选择吗？下面是选择指定端口的规则。

(1) 为选择网段的指定端口，首先找出前往根网桥的路径成本最低的交换机。我们希望前往根网桥的速度最快。

(2) 如果两台交换机前往根网桥的路径成本相等，就比较网桥 ID。前面的示例都是这样做的，但在这个 RSTP 示例中不能这样做，因为其中有一条到根网桥的 10 吉比特以太网链路。

(3) 如果希望特定端口被选作指定端口，可手动设置优先级。优先级默认为 32，但可根据需要将其设置为更小的值。

(4) 如果两台交换机之间有两条链路，且根据网桥 ID 和优先级无法决出胜负，将选择编号更小的端口。例如，选择 Fa0/1 而不是 Fa0/2。

下面来看看最终的答案，但你能为 SA 和 SB 之间的链路选择指定端口吗？答案见图 15-15。

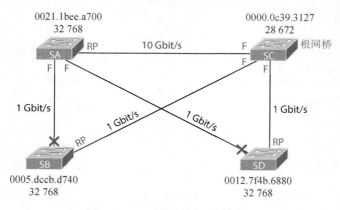

图 15-15   RSTP 示例 2 的答案 2

同样，要找出正确答案，需要确定哪台交换机前往根网桥的路径成本更低，并将该交换机相应的端口选作指定端口。显然，SA 前往根网桥的路径成本更低，因此 SB 的相应端口将进入丢弃状态。这一点都不难。

15.5.4   802.1s（MSTP）

多生成树协议（MSTP）也叫 IEEE 802.1s，其会聚速度与 RSTP 一样快，但允许我们将流量传输路径需求相同的多个 VLAN 映射到同一个生成树实例，从而减少了所需的 STP 实例数。从本质上说，它让我们能够创建成组的 VLAN，实际上就是一种运行在另一种生成树协议之上的生成树协议。

显然，需要配置大量的 VLAN，导致对 CPU 和内存的需求太高时，可使用 MSTP 而不是 RSTP。但天下没有免费的午餐：虽然 MSTP 不像快速 PVST+ 那样要求苛刻，但你必须正确地配置它，因为它本身什么都不做！

15.6   修改和验证网桥 ID

要在思科交换机上验证生成树，可使用命令 show spanning-tree。这个命令的输出指出了根网桥以及当前设备的优先级、根端口、指定端口和处于阻断/丢弃状态的端口。

这里继续以前面包含三台交换机的简单网络为例，演示如何验证 STP 配置。图 15-16 显示了本节将使用的网络。

先来看看在 S1 上执行命令 show spanning-tree 得到的输出：

```
S1#sh spanning-tree vlan 1
VLAN0001
  Spanning tree enabled protocol ieee
```

```
     Root ID     Priority    32769
                 Address     0001.42A7.A603
                 This bridge is the root
                 Hello Time  2 sec  Max Age 20 sec  Forward Delay 15 sec

     Bridge ID   Priority    32769   (priority 32768 sys-id-ext 1)
                 Address     0001.42A7.A603 him
                 Hello Time  2 sec  Max Age 20 sec  Forward Delay 15 sec
                 Aging Time  20

Interface            Role Sts Cost      Prio.Nbr Type
---------------- ---- --- --------- -------- --------------------------------
Gi1/1                Desg FWD 4         128.25   P2p
Gi1/2                Desg FWD 4         128.26   P2p
```

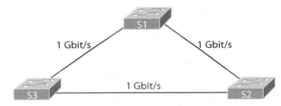

图 15-16　包含三台交换机的简单网络

　　首先，默认运行的是 IEEE 802.1d STP，但别忘了这其实指的是 802.1d PVST+。从输出可知，S1 是 VLAN 1 的根网桥。执行该命令时，首先显示的是根网桥的信息，而 Bridge ID 部分是当前网桥的信息。在这里，根网桥就是当前设备。请注意上述输出中的 sys-id-ext 1（for VLAN 1），这是 BPDU 中 12 位的 PVST+字段，让 BPDU 能够包含 VLAN 信息。要计算实际的优先级值，需要将优先级与 sys-id-ext 相加。上述输出还表明，两个吉比特以太网接口都是指定端口，处于转发状态。在根网桥上，任何端口都不会处于阻断/丢弃状态。下面来看看 S3 的输出：

```
S3#sh spanning-tree
VLAN0001
  Spanning tree enabled protocol ieee
  Root ID     Priority    32769
              Address     0001.42A7.A603
              Cost        4
              Port        26(GigabitEthernet1/2)
              Hello Time  2 sec  Max Age 20 sec  Forward Delay 15 sec

  Bridge ID   Priority    32769   (priority 32768 sys-id-ext 1)
              Address     000A.41D5.7937
              Hello Time  2 sec  Max Age 20 sec  Forward Delay 15 sec
              Aging Time  20

Interface            Role Sts Cost      Prio.Nbr Type
---------------- ---- --- --------- -------- --------------------------------
Gi1/1                Desg FWD 4         128.25   P2p
Gi1/2                Root FWD 4         128.26   P2p
```

从 Root ID 部分可知，S3 不是根网桥，但这部分指出，前往根网桥的成本为 4，这条路径始于端口 26（Gi1/2）。这表明连接到根网桥的链路为吉比特以太网链路。我们已经知道根网桥为 S1，为验证这一点，可使用命令 show cdp neighbors：

```
Switch#sh cdp nei
Capability Codes: R - Router, T - Trans Bridge, B - Source Route Bridge
                  S - Switch, H - Host, I - IGMP, r - Repeater, P - Phone
Device ID    Local Intrfce    Holdtme    Capability    Platform    Port ID
S3           Gig 1/1          135            S         2960        Gig 1/1
S1           Gig 1/2          135            S         2960        Gig 1/1
```

即便没有网络示意图，获悉根网桥也非常简单：首先使用命令 show spanning-tree 找出根端口，再使用命令 show cdp neighbors。下面来看看 S2 的输出：

```
S2#sh spanning-tree
VLAN0001
  Spanning tree enabled protocol ieee
  Root ID    Priority    32769
             Address     0001.42A7.A603
             Cost        4
             Port        26(GigabitEthernet1/2)
             Hello Time  2 sec  Max Age 20 sec  Forward Delay 15 sec

  Bridge ID  Priority    32769  (priority 32768 sys-id-ext 1)
             Address     0030.F222.2794
             Hello Time  2 sec  Max Age 20 sec  Forward Delay 15 sec
             Aging Time  20

Interface          Role Sts Cost      Prio.Nbr Type
---------------    ---- --- ---       -------- ----------------------------
Gi1/1              Altn BLK 4         128.25   P2p
Gi1/2              Root FWD 4         128.26   P2p
```

S2 显然不是根网桥，因为它有一个端口处于阻断状态，该端口连接到 S3。

出于好玩，下面来让 S2 成为 VLAN 2 和 VLAN 3 的根网桥。先来看看当前的情况：

```
S2#sh spanning-tree vlan 2
VLAN0002
  Spanning tree enabled protocol ieee
  Root ID    Priority    32770
             Address     0001.42A7.A603
             Cost        4
             Port        26(GigabitEthernet1/2)
             Hello Time  2 sec  Max Age 20 sec  Forward Delay 15 sec

  Bridge ID  Priority    32770  (priority 32768 sys-id-ext 2)
             Address     0030.F222.2794
             Hello Time  2 sec  Max Age 20 sec  Forward Delay 15 sec
             Aging Time  20

Interface          Role Sts Cost      Prio.Nbr Type
---------------    ---- --- ---       -------- ----------------------------
Gi1/1              Altn BLK 4         128.25   P2p
Gi1/2              Root FWD 4         128.26   P2p
```

从上述输出可知，前往根网桥的路径成本为 4，意味着连接到根网桥的链路为吉比特以太网链路。

让 S2 成为 VLAN 2 和 VLAN 3 的根网桥之前，我还想强调一个重点，那就是 sys-id-ext。在这里，sys-id-ext 为 2，因为这里显示的是有关 VLAN 2 的信息。将 sys-id-ext 与网桥优先级相加，可得到实际的优先级，这里为 32 768 + 2，结果为 32 770。明白输出的含义后，下面让 S2 成为根网桥：

```
S2(config)#spanning-tree vlan 2 ?
  priority  Set the bridge priority for the spanning tree
  root      Configure switch as root
  <cr>
S2(config)#spanning-tree vlan 2 priority ?
  <0-61440>  bridge priority in increments of 4096
S2(config)#spanning-tree vlan 2 priority 16384
```

可将优先级设置为 4096 的整数倍，但必须在范围 0 ~ 61 440 内。将优先级设置为 0 可确保交换机总是根网桥，条件是其 MAC 地址比其他优先级也为 0 的交换机小。如果要让交换机成为网络中每个 VLAN 的根网桥，就必须修改它在每个 VLAN 中的优先级。优先级的最小可能取值为 0，但将所有交换机的优先级都设置为 0 绝对是个馊主意。

另外，并非一定要修改优先级，因为还有另一种指定根网桥的方式，如下所示：

```
S2(config)#spanning-tree vlan 3 root ?
  primary    Configure this switch as primary root for this spanning tree
  secondary  Configure switch as secondary root
S2(config)#spanning-tree vlan 3 root primary
S3(config)#spanning-tree vlan 3 root secondary
```

注意到可将交换机设置为主根网桥或辅助根网桥。如果主根网桥和辅助根网桥都出现了故障，下一个优先级最高的交换机将成为根网桥。

下面来看看 S2 是否成了 VLAN 2 和 VLAN 3 的根网桥：

```
S2#sh spanning-tree vlan 2
VLAN0002
  Spanning tree enabled protocol ieee
  Root ID    Priority    16386
             Address     0030.F222.2794
             This bridge is the root
             Hello Time  2 sec  Max Age 20 sec  Forward Delay 15 sec

  Bridge ID  Priority    16386  (priority 16384 sys-id-ext 2)
             Address     0030.F222.2794
             Hello Time  2 sec  Max Age 20 sec  Forward Delay 15 sec
             Aging Time  20

Interface        Role Sts Cost      Prio.Nbr Type
---------------- ---- --- --------- -------- --------------------------------
Gi1/1            Desg FWD 4         128.25   P2p
Gi1/2            Desg FWD 4         128.26   P2p
```

S2 已成为 VLAN 2 的根网桥，其优先级为 16 386（16 384 + 2）。下面来看看 VLAN 3 的根网桥，但这次使用另一个命令：

```
S2#sh spanning-tree summary
Switch is in pvst mode
Root bridge for: VLAN0002 VLAN0003
```

```
Extended system ID         is enabled
Portfast Default           is disabled
PortFast BPDU Guard Default is disabled
Portfast BPDU Filter Default is disabled
Loopguard Default          is disabled
EtherChannel misconfig guard is disabled
UplinkFast                 is disabled
BackboneFast               is disabled
Configured Pathcost method used is short


Name               Blocking Listening Learning Forwarding STP Active
---------------- -------- --------- -------- ---------- ----------
VLAN0001             1        0        0         1          2
VLAN0002             0        0        0         2          2
VLAN0003             0        0        0         2          2


---------------- -------- --------- -------- ---------- ----------
3 vlans              1        0        0         5          6
```

上述输出表明，S2 是两个 VLAN 的根网桥，但在 VLAN 1 中，S2 有个端口处于阻断状态，因此它不是 VLAN 1 的根网桥。这是因为在 VLAN 1 中，有另一台交换机的网桥 ID 比 S2 小。

最后，还有一个非常重要的问题：如何在思科交换机上启用 RSTP？这个任务实际上是本章最简单的，如下所示：

S2(config)#spanning-tree mode rapid-pvst

真有这么简单吗？确实如此，因为这是一个全局命令，而非 VLAN 配置命令。来看看是否在运行 RSTP：

```
S2#sh spanning-tree
VLAN0001
  Spanning tree enabled protocol rstp
  Root ID    Priority    32769
             Address     0001.42A7.A603
             Cost        4
             Port        26(GigabitEthernet1/2)
             Hello Time  2 sec  Max Age 20 sec  Forward Delay 15 sec
[output cut]
S2#sh spanning-tree summary
Switch is in rapid-pvst mode
Root bridge for: VLAN0002 VLAN0003
```

看起来确实大功告成了！网络在运行 RSTP，其中 S1 为 VLAN 1 的根网桥，而 S2 为 VLAN 2 和 VLAN 3 的根网桥。我知道，这看起来不难，实际上也确实不难，但你依然需要实践本章前面介绍的知识，这样才能牢固地掌握它们。

15.7 生成树故障的影响

显然，路由器的路由选择协议出现故障时，将带来一定的影响，但主要影响是无法连接到与该路由器直接相连的子网，而网络的其他部分通常不受影响。有鉴于此，这种故障比较容易诊断和排除。

STP 故障分两类。一类故障的影响与路由选择协议故障相同，那就是原本应该处于转发状态的端口进入了阻断状态，这将导致相应的网段不可用，但网络的其他部分不受影响。然而，如果原本应处于阻断状态的端口进入了转发状态，结果将如何呢？这里以前一节的网络为例，详细讨论这种故障。在图 15-17 所示的网络中，如果 STP 出现故障，结果会如何？对于挑剔的读者，这里要说的是，这个示例并不完美。

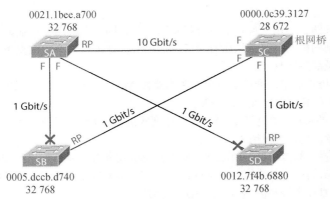

图 15-17　STP 防范环路

在图 15-17 中，如果处于阻断状态的 SD 端口进入转发状态，结果将如何呢？显然，这将给整个网络带来毁灭性影响。对于目标地址包含在 MAC 地址表中的单播帧，交换机将把它转发到相应的端口，但对于广播帧、组播帧以及目标地址不包含在 CAM 中的单播帧，将在网络中无休止地传输。图 15-18 说明了这种毁灭性后果。当你看到所有端口指示灯都频繁地在琥珀色和绿色之间切换时，就意味着发生了严重的错误，而且波及范围很广。

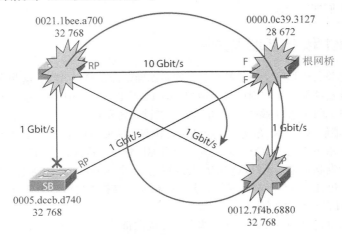

图 15-18　STP 故障

随着越来越多的帧在网络中无休止地传输，带宽逐渐被耗尽，交换机的 CPU 使用率不断上升，最终导致交换机崩溃。所有这一切都是在几秒钟内发生的。

下面列出了 STP 故障给网络带来的各种问题。你必须明白这些问题，并能够在生产网络中发现它们。当然，CCNA 考试大纲也要求你熟知这些问题。

❑ 所有链路的负载都开始上升，越来越多的帧在网络中无休止地传输。请记住，这将影响所有链路，因为这些帧总是从所有端口传输出去。如果环路被限定在单个 VLAN 内，情况就没那么可怕。在这种情况下，受影响的仅限于该 VLAN 中的端口以及为该 VLAN 传输信息的中继链路。

❑ 如果有多条环路，经由交换机的流量将不断上升，因为在环路中传输的帧会被不断复制。交换机复制收到的帧，并将其从所有端口发送出去。这个过程不断重复下去，对既有的帧和新生成的帧来说都是如此。

❑ MAC 地址表极不稳定。交换机再也无法判断源 MAC 地址对应的主机位于何方，因为交换机在多个端口上收到了源地址相同的帧。

❑ 链路和 CPU 的负载不断上升，最终可能达到或接近 100%，导致设备无法做出响应，而你也无法排除故障，真是太可怕了。

至此，你别无选择，只能将交换机之间的所有冗余链路断开，直到找出问题的根源。不过你不用担心，遭受毁灭性打击的网络最终将趋于平静，并在 STP 会聚完毕后恢复生机。精疲力竭的交换机将恢复知觉，但网络本身还未脱离险境，需要用猛药治疗。

此时该开始故障诊断，找出导致灾难的根源了。为此，一种不错的策略是，每次连接一条冗余链路，看看问题在何时出现。在此过程中，有些交换机端口甚至整台交换机都不能正常运行。将所有冗余链路都连接起来后，你需要紧密地监视网络并做好撤销准备，以便问题再次出现时能够迅速隔离，以免重蹈覆辙。

你可能会问，如何将这些 STP 问题消灭在萌芽状态？别急，15.9 节将介绍 EtherChannel，它可防范连接冗余链路的端口进入阻断/丢弃状态，让形势转危为安。但我们先来介绍 PortFast，然后再给交换机添加链路并将它们捆绑起来。

15.8　PortFast 和 BPDU 防护

将服务器或其他设备连接到交换机端口时，如果你确定即便禁用 STP，这些交换机端口也不会导致交换环路，就可在这些端口上使用思科专用的 802.1d 扩展——PortFast。这个工具的优点在于，在 STP 会聚期间，端口无需像通常那样需要 50 秒钟才能进入转发状态。

PortFast 让端口能够从阻断状态立即切换到转发状态，从而避免主机因 STP 会聚速度缓慢而无法获得 DHCP 地址。如果主机的 DHCP 请求超时，或者你厌烦了每次连接主机时，交换机端口都需要将近 1 分钟才切换到转发状态（指示灯从琥珀色变成绿色），那么 PortFast 能帮上大忙。

图 15-19 是一个包含三台交换机的网络，其中任何两台交换机之间都有一条中继链路，而交换机 S1 还连接了一台主机和一台服务器。

在 S1 的端口上，可使用 PortFast，让这些端口连接设备后马上切换到 STP 转发状态。

下面介绍配置 PortFast 所需的命令（这些命令非常简单），先来看全局模式配置命令：

```
S1(config)#spanning-tree portfast ?
  bpdufilter  Enable portfast bdpu filter on this switch
  bpduguard   Enable portfast bpdu guard on this switch
  default     Enable portfast by default on all access ports
```

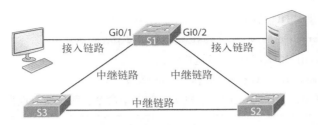

图 15-19　PortFast

如果输入命令 spanning-tree portfast default，将在所有非中继端口上启用 PortFast。在接口配置模式下，可具体指定在哪个端口上启用 PortFast，这也是更佳的方式：

```
S1(config-if)#spanning-tree portfast ?
  disable   Disable portfast for this interface
  trunk     Enable portfast on the interface even in trunk mode
  <cr>
```

在接口配置模式下，可在中继端口上启用 PortFast，但除非端口连接的是服务器或路由器（而不是交换机），否则不应启用 PortFast，因此这里不会在中继端口上启用 PortFast。下面来看看在接口 Gi0/1 上启用 PortFast 时显示的消息：

```
S1#config t
S1#config)#int range gi0/1 - 2
S1(config-if)#spanning-tree portfast
%Warning: portfast should only be enabled on ports connected to a single
 host. Connecting hubs, concentrators, switches, bridges, etc... to this
 interface  when portfast is enabled, can cause temporary bridging loops.
 Use with CAUTION

%Portfast has been configured on GigabitEthernet0/1 but will only
 have effect when the interface is in a non-trunking mode.
```

这里在端口 Gi0/1 和 Gi0/2 上启用了 PortFast，注意到显示的消息很长，但主要是告诉你要万分小心。这是因为使用 PortFast 时，千万不要将交换机或集线器连接到启用了 PortFast 的端口，以免导致网络环路。为什么呢？因为出现环路时，即便网络能够运行，数据的传输速度也将非常慢。更糟糕的是，你可能需要很长时间才能找出问题的根源，导致你极不受人待见。因此，启用 PortFast 前务必三思而行。

在此紧要关头，如果有一些方便的防护命令，可避免启用 PortFast 的端口导致环路，你一定会高兴得合不拢嘴。下面就来介绍这些至关重要的防护命令。

BPDU 防护

在交换机端口上启用 PortFast 时，最好也启用 BPDU 防护（BPDU Guard）。事实上，这绝对是个绝妙的主意，因此我个人认为，在端口上启用 PortFast 后，也应默认启用 BPDU 防护。

这是因为如果在启用了 PortFast 的交换机端口上收到 BPDU，BPDU 防护将把该端口切换到错误禁用（关闭）状态。这样，即便有人不小心将启用了 PortFast 的端口连接到交换机或集线器，这种连接也将被切断。基本上，这可保护网络，避免其性能急剧降低甚至崩溃。下面在启用了 PortFast 的 S1 接口上配置 BPDU 防护，这很简单。

要以全局方式启用 BPDU 防护，可这样做：

S1(config)# **spanning-tree portfast bpduguard default**

要在特定接口上启用 BPDU 防护，可这样做：

S1(config-if)#**spanning-tree bpduguard enable**

只需在接入层交换机（用户连接的交换机）上配置该命令，明白这一点很重要。

 真实案例

"超级碗"期间交换机端口因双重保险而禁用

一家数据中心的初级管理员火急火燎地给我打电话，说一台核心层交换机的所有端口都出现了故障，因为我是这家数据中心的首席升级顾问。这样的事情时有发生，但接到这个电话时，我正在一个"超级碗"聚会享受美好时光——观看我最喜欢球队的大决赛。我深吸了一口气以集中精神。为判断情况到底有多糟糕，我需要一些重要的信息，而这位管理员和我一样，也非常着急地想找到解决方案！

我先询问这位初级管理员到底做了什么。他当然说"我发誓，我什么都没做"，这完全在我意料之中。我敦促他提供更多信息，并最终让他提供有关该交换机的统计信息。这位管理员告诉我，10/100/1000 接口模块（line card）上所有端口的指示灯都同时变成了琥珀色——总算获得了一些有用的信息。我记得这些端口连接的是集散层交换机，并向管理员确认了这一点。看来，情况不乐观。

突然之间全部 24 个端口都出现了故障，这样的情况虽然令人难以置信，但确实可能发生。因此我询问这位管理员，是否尝试过更换接口模块。他告诉我，他更换过新的接口模块，但问题依旧。看来不是接口模块和端口的问题，问题也许出在其他交换机上。我知道涉及的交换机很多，肯定有人在什么地方搞砸了，才导致这种灾难发生！莫非是配线室出了问题？倘若如此，是什么问题呢？莫非配线室起火了？如果问题出在配线室，那肯定是内部人员在搞鬼！

我让自己冷静下来，并再次质问管理员到底做什么了。不出所料，他最终承认，为观看超级碗比赛，他尝试将笔记本电脑连接到了这台核心交换机。然后，他马上补充："仅此而已，别的什么都没做！"第二天，这个家伙经历了有生以来最难捱的星期一，这里就不详说了。但还有一些地方不合乎逻辑，原因如下。

我知道这个接口模块的所有端口都与集散层交换机相连，因此在这些端口上启用了 PortFast，以免它们经历整个 STP 过程。另外，为禁止有人将这些端口连接到交换机，我在整个接口模块上启用了 BPDU 防护。

然而，将主机连接到这些端口不会导致它们进入禁用状态，因此我询问这位管理员，他是直接连接的笔记本电脑，还是通过其他设备连接的。他承认是通过另一台交换机连接的，因为办公室有很多人都想连接到这台核心交换机，以观看超级碗比赛。开什么玩笑！安全策略明令禁止在办公室私接设备，难道他们不知道核心层设备的安全策略更严吗？什么人呀！

且慢，这无法解释为什么所有端口的指示灯都变成了琥珀色，因为只有他插入的端口会这样。我想了一会儿，知道了他是怎么做的，而他最终也对此供认不讳。插入交换机后，端口变成了琥珀色，因此他以为端口出现了故障。你认为他接下来会怎么做呢？第一次失败后，大家都会继续尝试，而这位管理员正是这样做的。他不断尝试，将 24 个端口试了个遍。终于找到了导致故障的原因！

我得以及时地回去观看比赛，可我喜欢的球队却在最后几分钟输了，真是令人郁闷的一天！

15.9 EtherChannel

在当今的所有以太网中，几乎都在交换机之间提供了多条链路，因为这种设计提供了冗余和弹性。两台交换机之间有多条链路时，STP 将发挥作用，将一些端口切换到阻断模式。另外，OSPF 和 EIGRP 等路由选择协议可能将这些冗余链路视为不同的链路，这意味着可能增加路由选择开销，具体情况取决于配置。

为充分利用交换机之间的多条链路，可使用端口信道化技术。EtherChannel 就是一种端口信道化技术，思科最初开发它旨在用于交换机之间，将多条快速以太网或吉比特以太网链路组合成一条逻辑信道。

另外需要指出的是，启用端口信道化（EtherChannel）后，第 2 层 STP 和第 3 层路由选择协议将把捆绑在一起的链路视为一条链路，这将导致 STP 不再阻断端口。端口信道化的另一个优点是，在路由选择协议看来，交换机之间只有一条链路，因此只建立单个邻接关系。

图 15-20 说明了交换机之间有四条连接时，配置端口信道前后的情形。

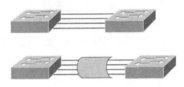

图 15-20 配置端口信道之前和之后

与其他方面一样，端口信道协商协议也有思科版和 IEEE 版供你选择。思科版名为端口聚合协议（Port Aggregation Protocol，PAgP），而 IEEE 802.3ad 标准名为链路聚合控制协议（Link Aggregation Control Protocol，LACP）。这两个版本的效果都很好，但配置方式稍有不同。别忘了，PAgP 和 LACP 都是协商协议，完全可以不使用它们，而是手动配置 EtherChannel。然而，最好使用这两种协议之一，这有助于解决兼容性问题，方便在两台交换机之间添加链路及管理故障。

思科 EtherChannel 最多支持将交换机之间的 8 对活动端口捆绑在一起。这些链路的速度、双工设置和 VLAN 配置必须相同。换句话说，不能将类型和配置不同的接口捆绑在一起。

在配置方式方面，PAgP 和 LACP 有一些不同之处，但这里先介绍一些术语，以免你感到迷惑。

- ❑ **端口信道化** 将两台交换机之间的 2～8 条快速以太网链路或两条吉比特以太网端口组合成一条逻辑链路，以提高带宽和弹性。
- ❑ **EtherChannel** 表示端口信道化的思科专用术语。
- ❑ **PAgP** 思科专用的端口信道协商协议，旨在帮助自动创建 EtherChannel 链路。要将链路捆绑在一起，它们的参数（速度、双工设置和 VLAN 信息）必须相同。PAgP 找出这些参数相同的链路，并将它们合并成一个 EtherChannel。这个 EtherChannel 将作为单个网桥端口加入 STP。至此，PAgP 的全部职责就是每隔 30 秒发送一次分组，以确保链路的一致性并管理链路添加和故障。
- ❑ **LACP（802.3ad）** 用途与 PAgP 完全相同，但不是专用的，可用于多个厂商设备组成的网络。
- ❑ **channel-group** 这个命令用于将以太网接口加入指定的 EtherChannel，其参数为端口信道 ID。
- ❑ **interface port-channel** 这个命令创建捆绑接口，而要将端口加入这种接口，可使用命令 channel-group。别忘了，该命令指定的接口号必须与命令 channel-group 指定的组号相同。

下面来实际配置端口信道，以帮助你理解上述术语。

配置和验证端口信道

这里以图 15-21 所示的简单网络为例，介绍如何配置端口信道。

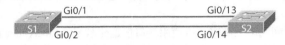

图 15-21   EtherChannel 示例

如果使用 LACP，可在每个接口上配置命令 channel-group，并将信道模式设置为 active 或 passive。如果被设置为 passive 模式，端口将在收到 LACP 分组时做出响应，但不会主动发起 LACP 协商；如果被配置为 active 模式，端口将发送 LACP 分组，主动与链路另一端的端口协商。

下面来看一个配置端口信道的简单示例，然后对配置进行验证。首先配置物理接口并将其加入端口信道，然后在全局配置模式下创建端口信道接口。

别忘了，端口的各种参数和配置必须相同。因此，配置 EtherChannel 前，先进行接口的中继设置，如下所示：

```
S1(config)#int range g0/1 - 2
S1(config-if-range)#switchport trunk encapsulation dot1q
S1(config-if-range)#switchport mode trunk
```

被捆绑的所有端口的配置必须相同，因此我将在链路两端使用相同的中继配置。现在可以将这些端口加入信道了：

```
S1(config-if-range)#channel-group 1 mode ?
  active      Enable LACP unconditionally
  auto        Enable PAgP only if a PAgP device is detected
  desirable   Enable PAgP unconditionally
  on          Enable Etherchannel only
  passive     Enable LACP only if a LACP device is detected
S1(config-if-range)#channel-group 1 mode active
S1(config-if-range)#exit
```

要配置非专用的 IEEE LACP，可将参数指定为 active 或 passive；如果要使用思科 PAgP，可将参数指定为 auto 或 desirable。不能在信道一端使用 LACP，而在另一端使用 PAgP。在纯粹的思科环境中，使用 LACP 还是 PAgP 无关紧要，只要两端使用的协商协议相同即可（如果要静态地配置 EtherChannel，可将参数设置为 on）。

从上述配置可知，必须将 S2 的接口设置为 active 模式才能使用 LACP 建立信道，这是因为链路两端的所有参数都必须相同。下面来配置端口信道接口，这个接口是前面使用命令 channel-group 时创建的：

```
S1(config)#int port-channel 1
S1(config-if)#switchport trunk encapsulation dot1q
S1(config-if)#switchport mode trunk
S1(config-if)#switchport trunk allowed vlan 1,2,3
```

注意，在端口信道接口配置模式下，我配置了与物理接口相同的中继方法，还设置了 VLAN 信息。

在端口信道下执行的命令都在接口级被继承，这让你能够轻松地使用各种参数来配置端口信道。

下面在交换机 S2 上配置物理接口、端口信道和端口信道接口：

```
S2(config)#int range g0/13 - 14
S2(config-if-range)#switchport trunk encapsulation dot1q
S2(config-if-range)#switchport mode trunk
S2(config-if-range)#channel-group 1 mode active
S2(config-if-range)#exit
S2(config)#int port-channel 1
S2(config-if)#switchport trunk encapsulation dot1q
S2(config-if)#switchport mode trunk
S2(config-if)#switchport trunk allowed vlan 1,2,3
```

在每台交换机上，我都给要捆绑的端口指定了相同的配置，然后使用命令 channel-group 将端口加入端口信道，再创建指定的端口信道。

别忘了，对于 LACP，在信道两端要么使用 active/active，要么使用 active/passive，而不能使用 passive/passive。对 PAgP 亦如此，要么使用 desirable/desirable，要么使用 auto/desirable，而不能使用 auto/auto。

下面使用一些命令对 EtherChannel 配置进行验证。首先，使用命令 show etherchannel port-channel 来查看端口信道接口的信息：

```
S2#sh etherchannel port-channel
                Channel-group listing:
                ----------------------

Group: 1
----------
                Port-channels in the group:
                --------------------------

Port-channel: Po1     (Primary Aggregator)
------------

Age of the Port-channel   = 00d:00h:46m:49s
Logical slot/port   = 2/1      Number of ports = 2
GC                  = 0x00000000      HotStandBy port = null
Port state          = Port-channel
Protocol            =    LACP
Port Security       = Disabled

Ports in the Port-channel:

Index    Load    Port    EC state          No of bits
------+------+------+------------------+-----------
  0      00    Gig0/2    Active              0
  0      00    Gig0/1    Active              0
Time since last port bundled:    00d:00h:46m:47s    Gig0/1
S2#
```

注意到有个端口信道运行的是 IEEE LACP。另外，端口信道接口 Po1（Port-channel: Po1）包含两个物理接口，它们都处于 Active 模式。Load 栏并非接口的负载，而是十六进制值，决定了将使用哪个接口来标识流量。

命令 show etherchannel summary 为每个端口信道显示一行信息：

```
S2#sh etherchannel summary
Flags:  D - down          P - in port-channel
        I - stand-alone  s - suspended
        H - Hot-standby (LACP only)
        R - Layer3       S - Layer2
        U - in use       f - failed to allocate aggregator
        u - unsuitable for bundling
        w - waiting to be aggregated
        d - default port

Number of channel-groups in use: 1
Number of aggregators:           1

Group  Port-channel  Protocol    Ports
------+-------------+-----------+-------------------------------------------

1      Po1(SU)         LACP    Gig0/1(P) Gig0/2(P)
```

这个命令表明有一个端口信道运行的是 LACP，包含物理接口 Gig0/1 和 Gig0/2，其中的(P)表明接口处于端口信道（port-channel）模式。除非有多个端口信道，否则这个命令并不能提供太大的帮助，但它确实表明端口信道运行正常！

第 3 层 EtherChannel

结束本章前要讨论的最后一项内容是第 3 层 EtherChannel。第 3 层 EtherChannel 的一种用途是将交换机连接到路由器的多个端口。在这种情况下，你不能将信道的 IP 地址分配给路由器的物理接口，而必须将其分配给逻辑端口信道，这很重要。

下面的示例演示了如何创建逻辑端口信道 1，并将 IP 地址 20.2.2.2 分配给它：

```
Router#config t
Router(config)#int port-channel 1
Router(config-if)#ip address 20.2.2.2 255.255.255.0
```

然后需要把物理端口添加到端口信道 1：

```
Router(config-if)#int range g0/0-1
Router(config-if-range)#channel-group 1
GigabitEthernet0/0 added as member-1 to port-channel1
GigabitEthernet0/1 added as member-2 to port-channel1
```

下面来查看运行配置，注意到路由器的物理接口没有 IP 地址：

```
!
interface Port-channel1
 ip address 20.2.2.2 255.255.255.0
 load-interval 30
!
 interface GigabitEthernet0/0
 no ip address
 load-interval 30
 duplex auto
 speed auto
```

```
    channel-group 1
    !
    interface GigabitEthernet0/1
    no ip address
    load-interval 30
    duplex auto
    speed auto
    channel-group 1
```

15.10 小结

本章介绍了交换技术，重点是生成树协议（STP）及其较新的版本，如 RSTP 和思科 PVST+。你学习了网桥（交换机）之间有多条链路时可能出现的问题以及 STP 提供的解决方案。

我还详细介绍了如何在思科 Catalyst 交换机上配置 STP，包括验证配置、设置思科 STP 扩展以及通过修改网桥优先级来更换根网桥。

最后，本章讨论了 EtherChannel 以及如何对其进行配置和验证。使用 EtherChannel 可将交换机之间的多条链路捆绑在一起。

15.11 考试要点

理解生成树协议在交换型网络中的主要用途。STP 的主要用途是，防止包含冗余路径的网络出现交换环路。

牢记各种 STP 状态。阻断状态旨在防止出现环路；处于侦听状态的端口时刻准备着转发数据帧，但不填充 MAC 地址表；处于学习状态的端口填充 MAC 地址表，但不转发数据帧；处于转发状态的端口收发所有的数据帧；另外，处于禁用状态的端口就像被关闭了一样。

熟悉命令 show spanning-tree。你必须熟悉命令 show spanning-tree 以及如何确定每个 VLAN 的根网桥。另外，要快速了解 STP 网络和根网桥，还可使用命令 show spanning-tree summary。

理解 PortFast 和 BPDU 防护的功能。PortFast 让端口有设备连接时立即切换到转发状态。你不希望这种端口连接到交换机，因此需要启用 BPDU 防护，让端口收到 BPDU 后立即关闭。

理解 EtherChannel 及其配置方式。EtherChannel 让你能够将多条链路捆绑起来，以防 STP 关闭冗余端口，从而提高带宽。你可配置思科 PAgP，也可配置 IEEE 版 LACP。为此，可创建端口信道接口，并将要绑定的物理接口加入端口信道。

15.12 书面实验 15

请回答下述问题。

(1) 下面哪种协议是思科专用的：LACP 还是 PAgP？

(2) 要获悉 VLAN 的根网桥，可使用哪个命令？

(3) RSTP PVST+建立在哪个标准之上？

(4) 在第 2 层网络中，使用哪种协议来避免出现环路？

(5) 端口收到 BPDU 时，哪个思科专用的 STP 扩展将端口切换到错误禁用状态？

(6) 要配置交换机端口，使其不依次经历各种 STP 端口状态，而立即切换到转发状态，可在端口上配置哪个命令？

(7) 要查看有关特定端口信道接口的信息，可使用哪个命令？

(8) 要设置交换机，确保它成为 VLAN 3 的根网桥，可使用哪个命令？

(9) 要获悉当前交换机的端口所属 VLAN 的根网桥，可使用哪两个命令？

(10) 配置 LACP 时可使用哪两种模式？

答案见附录 A。

15.13   动手实验

在本节中，你将配置并验证 STP、配置 PortFast 和 BPDU 防护以及使用 EtherChannel 将多条链路捆绑起来。

要完成这些动手实验，可使用实际设备（2960 交换机），也可使用免费的 IOS 版 LammleSim 或思科 Packet Tracer。

本章包含如下动手实验。

❑ 动手实验 15.1：验证 STP 及确定根网桥。

❑ 动手实验 15.2：配置和验证根网桥。

❑ 动手实验 15.3：配置 PortFast 和 BPDU 防护。

❑ 动手实验 15.4：配置和验证 EtherChannel。

这里使用的网络如下所示。

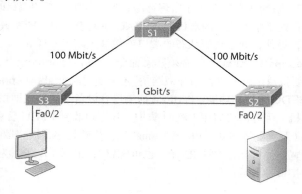

15.13.1   动手实验 15.1：验证 STP 及确定根网桥

这个实验假设你在每台交换机上都添加了 VLAN 2 和 VLAN 3，且所有链路都是中继链路。

(1) 在你的一台交换机上执行命令 show spanning-tree vlan 2，并查看其输出。

```
S3#sh spanning-tree vlan 2
VLAN0002
  Spanning tree enabled protocol ieee
  Root ID    Priority    32770
             Address     0001.C9A5.8748
```

```
           Cost        19
           Port        1(FastEthernet0/1)
           Hello Time  2 sec  Max Age 20 sec  Forward Delay 15 sec

  Bridge ID  Priority  32770  (priority 32768 sys-id-ext 2)
             Address   0004.9A04.ED97
             Hello Time  2 sec  Max Age 20 sec  Forward Delay 15 sec
             Aging Time  20

Interface        Role Sts Cost      Prio.Nbr Type
---------------- ---- --- --------- -------- --------------------------------
Fa0/1            Root FWD 19        128.1    P2p
Fa0/2            Desg FWD 19        128.2    P2p
Gi1/1            Altn BLK 4         128.25   P2p
Gi1/2            Altn BLK 4         128.26   P2p
```

从这里的输出可知，S3 不是根网桥。要找出根网桥，可找出根端口连接的网桥。根端口为 Fa0/1（其成本为 19），这意味着它连接的交换机就是根网桥，而成本 19 意味着它连接的是快速以太网链路。

(2) 找出端口 Fa0/1 连接的网桥，该网桥就是根网桥。

```
S3#sh cdp neighbors
Capability Codes: R - Router, T - Trans Bridge, B - Source Route Bridge
                  S - Switch, H - Host, I - IGMP, r - Repeater, P - Phone
Device ID    Local Intrfce    Holdtme    Capability   Platform    Port ID
S1           Fas 0/1          158        S            2960        Fas 0/1
S2           Gig 1/1          151        S            2960        Gig 1/1
S2           Gig 1/2          151        S            2960        Gig 1/2
S3#
```

注意本地接口 Fa0/1 连接的是 S1，因此要验证根网桥，需要前往 S1。

(3) 验证每个 VLAN 的根网桥。在 S1 上，执行命令 show spanning-tree summary。

```
S1#sh spanning-tree summary
Switch is in pvst mode
Root bridge for: default VLAN0002 VLAN0003
Extended system ID           is enabled
Portfast Default             is disabled
PortFast BPDU Guard Default  is disabled
Portfast BPDU Filter Default is disabled
Loopguard Default            is disabled
EtherChannel misconfig guard is disabled
UplinkFast                   is disabled
BackboneFast                 is disabled
Configured Pathcost method used is short

Name            Blocking Listening Learning Forwarding STP Active
--------------- -------- --------- -------- ---------- ----------
VLAN0001        0        0         0        2          2
VLAN0002        0        0         0        2          2
VLAN0003        0        0         0        2          2

--------------- -------- --------- -------- ---------- ----------
3 vlans         0        0         0        6          6

S1#
```

15

注意到全部三个 VLAN 的根网桥都是 S1。

(4) 如果三个 VLAN 的根网桥各不相同，将每个 VLAN 的根网桥都记录下来。

15.13.2   动手实验 15.2：配置和验证根网桥

这个实验假设你完成了动手实验 15.1，知道了每个 VLAN 的根网桥。

(1) 在一个非根网桥上，执行命令 show spanning-tree vlan，以查看其网桥 ID。

```
S3#sh spanning-tree vlan 1
VLAN0001
  Spanning tree enabled protocol ieee
  Root ID    Priority    32769
             Address     0001.C9A5.8748
             Cost        19
             Port        1(FastEthernet0/1)
             Hello Time  2 sec  Max Age 20 sec  Forward Delay 15 sec

  Bridge ID  Priority    32769  (priority 32768 sys-id-ext 1)
             Address     0004.9A04.ED97
             Hello Time  2 sec  Max Age 20 sec  Forward Delay 15 sec
             Aging Time  20

Interface        Role Sts Cost      Prio.Nbr Type
---------------- ---- --- --------- -------- -------------------------------
Fa0/1            Root FWD 19        128.1    P2p
Fa0/2            Desg FWD 19        128.2    P2p
Gi1/1            Altn BLK 4         128.25   P2p
Gi1/2            Altn BLK 4         128.26   P2p
```

注意这个网桥不是 VLAN 1 的根网桥，其根端口为 Fa0/1，成本为 19。这意味着根端口通过快速以太网链路直接连接到根网桥。

(2) 让这个网桥成为 VLAN 1 的根网桥。为此，将其优先级设置为 16 384，这低于当前根网桥的优先级 32 768。

```
S3(config)#spanning-tree vlan 1 priority ?
  <0-61440>  bridge priority in increments of 4096
S3(config)#spanning-tree vlan 1 priority 16384
```

(3) 查看 VLAN 1 的根网桥。

```
S3#sh spanning-tree vlan 1
VLAN0001
  Spanning tree enabled protocol ieee
  Root ID    Priority    16385
             Address     0004.9A04.ED97
             This bridge is the root
             Hello Time  2 sec  Max Age 20 sec  Forward Delay 15 sec

  Bridge ID  Priority    16385  (priority 16384 sys-id-ext 1)
             Address     0004.9A04.ED97
             Hello Time  2 sec  Max Age 20 sec  Forward Delay 15 sec
             Aging Time  20
```

```
Interface       Role Sts Cost    Prio.Nbr Type
--------------- ---- --- ------- -------- --------------------------------
Fa0/1           Desg FWD 19      128.1    P2p
Fa0/2           Desg FWD 19      128.2    P2p
Gi1/1           Desg FWD 4       128.25   P2p
Gi1/2           Desg FWD 4       128.26   P2p
```

注意到该网桥确实成了根网桥，其所有端口都处于 Desg FWD 模式。

15.13.3　动手实验 15.3：配置 PortFast 和 BPDU 防护

在这个实验中，你将配置 S2 和 S3 的端口，让 PC 和服务器连接到这些端口时，能够自动切换到转发模式。

(1) 连接到有主机与之相连的交换机，并在主机连接的接口上启用 PortFast。

```
S3#config t
S3(config)#int fa0/2
S3(config-if)#spanning-tree portfast
%Warning: portfast should only be enabled on ports connected to a single
host. Connecting hubs, concentrators, switches, bridges, etc... to this
interface  when portfast is enabled, can cause temporary bridging loops.
Use with CAUTION

%Portfast has been configured on FastEthernet0/2 but will only
have effect when the interface is in a non-trunking mode.
```

(2) 确保另一台交换机连接到该端口时，该端口将关闭。

```
S3(config-if)#spanning-tree bpduguard enable
```

(3) 使用命令 show running-config 验证配置。

```
!
interface FastEthernet0/2
 switchport mode trunk
 spanning-tree portfast
 spanning-tree bpduguard enable
!
```

15.13.4　动手实验 15.4：配置和验证 EtherChannel

在这个实验中，你将在交换机上配置思科 EtherChannel PAgP。这里假设预先对交换机进行了配置，将所有交换机间端口都设置为中继模式。下面使用交换机 S2 和 S3 之间的吉比特以太网链路来配置 EtherChannel。

(1) 为在交换机 S3 上配置 EtherChannel，首先创建一个端口信道接口。

```
S3#config t
S3(config)#inter port-channel 1
```

(2) 在要捆绑的端口的接口配置模式下，配置命令 channel-group。

```
S3(config-if)#int range g1/1 - 2
```

```
S3(config-if-range)#channel-group 1 mode ?
  active      Enable LACP unconditionally
  auto        Enable PAgP only if a PAgP device is detected
  desirable   Enable PAgP unconditionally
  on          Enable Etherchannel only
  passive     Enable LACP only if a LACP device is detected
S3(config-if-range)#channel-group 1 mode desirable
```

这里指定了 PAgP 模式 desirable。

(3) 在交换机 S2 上使用同样的参数配置 EtherChannel。

```
S2#config t
S2(config)#interface port-channel 1
S2(config-if)#int rang g1/1 - 2
S2(config-if-range)#channel-group 1 mode desirable
%LINK-5-CHANGED: Interface Port-channel 1, changed state to up

%LINEPROTO-5-UPDOWN: Line protocol on Interface Port-channel 1, changed state to up
```

真的非常简单，只需几个命令就大功告成了。

(4) 使用命令 show etherchannel port-channel 进行验证。

```
S3#sh etherchannel port-channel
                Channel-group listing:
                ----------------------

Group: 1
----------
                Port-channels in the group:
                ---------------------------

Port-channel: Po1
------------

Age of the Port-channel   = 00d:00h:06m:43s
Logical slot/port   = 2/1        Number of ports = 2
GC                  = 0x00000000        HotStandBy port = null
Port state          = Port-channel
Protocol            =   PAGP
Port Security       = Disabled

Ports in the Port-channel:

Index   Load    Port    EC state          No of bits
------+------+------+------------------+-----------
  0     00     Gig1/1  Desirable-Sl        0
  0     00     Gig1/2  Desirable-Sl        0
Time since last port bundled:      00d:00h:01m:30s     Gig1/2
```

(5) 使用命令 show etherchannel summary 进行验证。

```
S3#sh etherchannel summary
Flags:  D - down        P - in port-channel
        I - stand-alone s - suspended
        H - Hot-standby (LACP only)
        R - Layer3       S - Layer2
```

```
        U - in use      f - failed to allocate aggregator
        u - unsuitable for bundling
        w - waiting to be aggregated
        d - default port

Number of channel-groups in use: 1
Number of aggregators:           1

Group  Port-channel  Protocol    Ports
------+-------------+-----------+-------------------------------

1      Po1(SU)                   PAgP    Gig1/1(P) Gig1/2(P)
S3#
```

15.14　复习题

15

注意　　　　　　下面的复习题旨在检验你对本章内容的理解程度。有关如何获取更多复习题的信息，请参阅 www.lammle.com/ccna。

这些复习题的答案见附录 B。

(1) 下面是你在一台交换机上执行命令 show spanning-tree 时得到的输出：

```
S2#sh spanning-tree
VLAN0001
  Spanning tree enabled protocol rstp
  Root ID    Priority    32769
             Address     0001.42A7.A603
             Cost        4
             Port        26(GigabitEthernet1/2)
             Hello Time  2 sec  Max Age 20 sec  Forward Delay 15 sec
  [output cut]
```

哪两种有关这台交换机的说法是正确的？

　　A. 这台交换机是根网桥

　　B. 这台交换机不是根网桥

　　C. 根网桥与这台交换机之间有 4 台交换机

　　D. 这台交换机运行的是 802.1w

　　E. 这台交换机运行的是 STP PVST+

(2) 你在两台交换机上分别配置了命令 spanning-tree vlan x root primary 和 spanning-tree vlan x root secondary。如果这两台交换机都出现了故障，下面哪台交换机将成为根网桥？

　　A. 优先级为 4096 的交换机　　　　　　　B. 优先级为 8192 的交换机

　　C. 优先级为 12288 的交换机　　　　　　　D. 优先级为 20480 的交换机

(3) 要获悉当前交换机是哪些 VLAN 的根网桥，可使用下面哪两个命令？

　　A. show spanning-tree

　　B. show root all

　　C. show spanning-tree port root VLAN

　　D. show spanning-tree summary

(4) 要在交换机上运行 802.1w，可使用哪个命令来启用该协议？

A. Switch(config)#spanning-tree mode rapid-pvst

B. Switch#spanning-tree mode rapid-pvst

C. Switch(config)#spanning-tree mode 802.1w

D. Switch#spanning-tree mode 802.1w

(5) 下面哪项是一种第 2 层协议，用于确保网络没有环路？

A. VTP　　　　　　　B. STP　　　　　　　C. RIP　　　　　　　D. CDP

(6) 下面哪种说法正确地描述了已会聚的生成树网络？

A. 所有交换机和网桥的端口都处于转发状态

B. 所有交换机和网桥的端口要么是根端口要么是指定端口

C. 所有交换机和网桥的端口要么处于转发状态要么处于阻断状态

D. 所有交换机和网桥的端口要么处于阻断状态要么处于环回状态

(7) 要启用 LACP，可将 EtherChannel 模式设置为下面哪两种之一？

A. on　　　　　　　B. prevent　　　　　　C. passive　　　　　　D. auto

E. active　　　　　　F. desirable

(8) 下面哪三种有关 RSTP 的说法是正确的？

A. 第 2 层网络拓扑发生变化时，需要重新计算生成树，而 RSTP 提高了这种计算的速度

B. RSTP 是一种 IEEE 标准，重新定义了 STP 端口角色、端口状态和 BPDU

C. RSTP 极具前瞻性且反应迅速，因此绝对需要 802.1d 的延迟定时器

D. RSTP（802.1w）优于 802.1d，但依然是专用的

E. RSTP 修改了所有 802.1d 术语和大部分参数

F. 为支持传统交换机，可在每个端口上进行配置，让 802.1w 退化为 802.1d

(9) BPDU 防护有何用途？

A. 确保端口从正确的上游交换机那里收到了 BPDU

B. 禁止端口接收来自上游交换机的 BPDU，而只接收来自根交换机的 BPDU

C. 可在启用了 BPDU 防护的端口上使用 PortFast，在端口收到 BPDU 时将其关闭

D. 在端口收到 BPDU 时将其关闭

(10) 在 BPDU 中，sys-id-ext 字段长多少位？

A. 4 位　　　　　　　B. 8 位　　　　　　　C. 12 位　　　　　　D. 16 位

(11) 有两台运行 RSTP PVST+ 的交换机，它们之间有 4 条连接，你想在不牺牲 RSTP 提供的弹性的情况下提高带宽。为此，除已提供的默认配置外，你可在这两台交换机之间配置什么？

A. 配置 PortFast 和 BPDU 防护，以提高会聚速度

B. 给 RSTP PVST+ 配置非等成本负载均衡

C. 将全部 4 条链路捆绑为一条 EtherChannel

D. 配置 PPP 并使用多链路

(12) 在哪种情况下，可能在交换型 LAN 中传输单播帧的多个副本？

A. 流量很高时　　　　　　　　　　　B. 断开的链路重建后

C. 上层协议要求可靠性极高时　　　　D. 未妥善实现冗余拓扑时

(13) 配置 LACP 时，在要使用的接口上必须将哪三个参数配置得完全相同？

A. 虚拟 MAC 地址　　　　　　　　　B. 端口速度

C. 双工模式　　　　　　　　　　　　D. PortFast

E. VLAN 信息

(14) 要启用 PAgP，可使用下面哪两种 EtherChannel 模式？

    A. on   B. prevent   C. passive   D. auto

    E. active   F. desirable

(15) 在下图所示的网络中，SB 的根端口出现了故障。

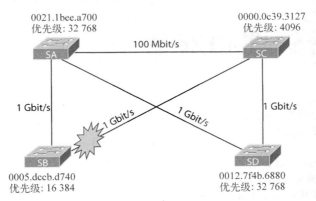

SB 将重新确定一条前往根网桥的路径。请问这条路径的成本是多少？

    A. 4   B. 8   C. 23   D. 12

(16) 要启用 LACP 并将交换机端口加入端口信道 1，可使用下面哪两个命令之一？

    A. Switch(config)#interface port-channel 1

    B. Switch(config)#channel-group 1 mode active

    C. Switch#interface port-channel 1

    D. Switch(config-if)#channel-group 1 mode active

(17) 要确保交换机成为 VLAN 30 的根网桥，可使用下面哪两个命令之一？

    A. spanning-tree vlan 30 priority 0

    B. spanning-tree vlan 30 priority 16384

    C. spanning-tree vlan 30 root guarantee

    D. spanning-tree vlan 30 root primary

(18) 思科为何要开发专用的 STP 和 RSTP 扩展 PVST+？

    A. 通过优化根网桥的配置，提高会聚速度、优化流量传输路径

    B. 通过优化非根网桥的配置，提高会聚速度、优化流量传输路径

    C. PVST+使得能够更迅速地丢弃非 IP 帧

    D. PVST+实际上是 IEEE 标准 802.1w

(19) 802.1d 定义了哪些端口状态？

    A. 阻断   B. 丢弃   C. 侦听   D. 学习

    E. 转发   F. 替代

(20) STP 定义了哪些端口角色？

    A. 阻断端口   B. 丢弃端口   C. 根端口   D. 非指定端口

    E. 转发端口   F. 指定端口

第 16 章

网络设备管理和安全

本章涵盖如下 ICND2 考试要点。

❑ 1.7 描述常用的接入层威胁缓解方法
  ■ 1.7.a 802.1x
  ■ 1.7.b DHCP snooping
✓ 4.0 基础设施服务
❑ 4.1 基本 HSRP 的配置、验证和故障排除
  ■ 4.1.a 优先级
  ■ 4.1.b 抢占
  ■ 4.1.c 版本
✓ 5.0 基础设施维护
❑ 5.1 配置和验证设备监视协议
  ■ 5.1.a SNMPv2
  ■ 5.1.b SNMPv3
❑ 5.4 描述如何通过 TACACS+ 和 RADIUS 使用 AAA 来管理设备

本章首先讨论如何使用各种安全技术来缓解接入层威胁，然后继续安全问题的讨论，将注意力转向通过 RADIUS 和 TACACS+ 使用 AAA（身份验证、授权和记账）进行外部身份验证。

接下来，介绍简单网络管理协议（SNMP）及其向网络管理工作站（NMS）发送的警报类型。

最后，演示如何利用既有路由器在网络中集成冗余和负载均衡功能。并非总是需要购买价格高昂的负载均衡设备，因为只要知道如何正确地配置和使用热备用路由器协议（Hot Standby Router Protocol，HSRP），通常都能满足冗余和负载均衡需求。

注意　有关本章内容的最新修订，请访问 www.lammle.com/ccna 或出版社网站的本书配套网页（www.sybex.com/go/ccna）。

16.1　缓解接入层威胁

思科层次模型可帮助你设计、实现和维护可扩展、可靠而物超所值的层次型互联网络。

接入层控制着用户和工作组对互联网络资源的访问，有时也被称为桌面层（desktop layer）。在这一层，大多数用户所需的资源都在本地，因为请求远程服务的流量都由集散层处理。

下面是接入层需要包含的一些功能：

- □ 秉承集散层的访问控制和策略；
- □ 创建独立的冲突域（微网段/交换机）；
- □ 将工作组连接到集散层；
- □ 将设备连接到集散层；
- □ 弹性和安全服务；
- □ 高级技术功能（语音/视频、PoE、端口安全等）；
- □ 吉比特或快速以太网交换接口。

鉴于接入层既是用户设备连接到网络的地方，也是客户端设备连接到网络的地方，因此必须对其进行保护。这对避免其他用户、应用程序和网络本身受到攻击至关重要。

下面是一些接入层保护方法（如图 16-1 所示）。

- □ **端口安全**　你对端口安全已经非常熟悉。为保护接入层，限制可通过端口连接到网络的 MAC 地址是最常用的方式。
- □ **DHCP snooping**　DHCP snooping 是一种第 2 层安全功能，它对 DHCP 消息进行验证，犹如位于不可信主机和可信 DHCP 服务器之间的防火墙。

图 16-1　缓解接入层威胁

为禁止伪造 DHCP 服务器进入网络，将交换机接口配置成了可信的或不可信的，其中可信的接口允许所有类型的 DHCP 消息通过，而不可信的接口只允许 DHCP 请求通过。可信接口是连接到 DHCP 服务器的接口，即通往 DHCP 服务器的上行链路，如图 16-2 所示。

启用 DHCP snooping 后，交换机将创建一个 DHCP snooping 绑定数据库，其中每个条目都包含主机的 MAC 地址和 IP 地址，还有 DHCP 租期、绑定类型、VLAN 和接口。动态 APR 检测也使用这个 DHCP snooping 绑定数据库。

- □ **动态 ARP 检测（DAI）**　DAI 结合使用 DHCP snooping 来跟踪 DHCP 事务中的 IP-to-MAC 绑定，以防范 ARP 欺骗，即攻击者让你将流量发送给他而不是希望的目标地址。为创建 MAC-to-IP 绑定，以便进行 DAI 验证，DHCP snooping 必不可少。
- □ **基于身份的联网**　基于身份的联网指的是这样一个概念，即通过结合使用多个身份验证、访问控制和用户策略组件，向用户提供你原本要给他提供的网络服务。

以前，用户要连接到 Finance 服务，必须将其计算机连接到 Finance LAN 或 VLAN。然而，对现代网络来说，一种核心需求是用户移动性，这使得以前的那种做法不再现实，也不够安全。

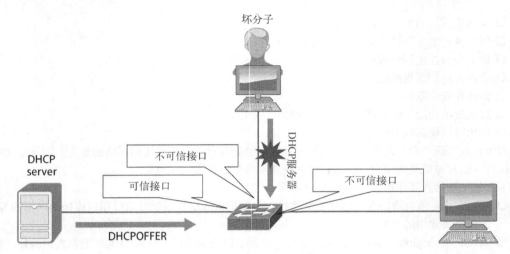

图 16-2 DHCP snooping 和 DAI

基于身份的联网让你能够在用户连接到交换机端口时对其进行验证：对用户进行身份验证，并根据用户的身份将其加入到合适的 VLAN 中。如果用户未能通过身份验证，就禁止他访问网络，或者将其加入到来宾 VLAN 中。图 16-3 说明了这个概念。

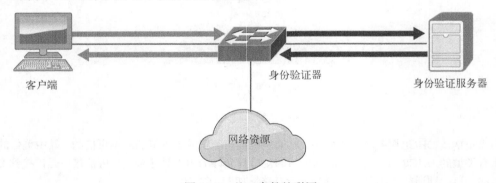

图 16-3 基于身份的联网

IEEE 802.1x 标准让你能够使用客户端/服务器访问控制对有线和无线主机实施基于身份的联网，其中包含以下三种角色。

❑ **客户端** 也被称为请求者，这种软件运行在支持 802.1x 的客户端设备上。

❑ **身份验证器** 通常是交换机，控制着对网络的物理访问，是位于客户端和身份验证服务器之间的代理。

❑ **身份验证服务器（RADIUS）** 这种服务器对每个客户端进行身份验证。客户端只有通过身份验证后才能访问服务。

16.2 外部身份验证选项

显然，我们希望只有获得授权的 IT 人员才能管理网络设备，如路由器和交换机。对于中小型网络来说，使用本地身份验证就足够了。

然而，如果网络设备数以百计，使用本地身份验证来管理对网络设备的管理性访问将是一项几乎无法完成的任务，因为你必须在每台设备上手动配置本地身份验证。在这种情况下，即便要修改一个密码，可能也需要花几个小时来更新网络。

对于大型网络来说，在每台设备上存储本地数据库通常不可行。有鉴于此，你可使用一个外部 AAA 服务器，让它负责管理所有用户以及对整个网络的管理性访问。

RADIUS 和 TACACS+是两种最流行的 AAA 服务器，接下来将分别介绍它们。

16.2.1 RADIUS

远程用户拨号身份验证服务（Remote Authentication Dial-In User Service，RADIUS）是 Internet 工程任务小组（IETF）开发的，它基本上是一个保护网络免受未经授权访问的安全系统。RADIUS 只使用 UDP，是大多数主流厂商都实现了的一个开放标准。它还是最流行的安全服务器之一，因为它融身份验证和授权服务于一身：用户通过身份验证后，就被授权访问网络服务。

RADIUS 采用客户端/服务器架构，其中客户端通常为路由器、交换机或 AP，而服务器通常为运行 RADIUS 软件的 Windows 或 Unix 设备。

身份验证过程包含三个阶段。

(1) 提示用户输入用户名和密码。

(2) 通过网络将用户名和加密后的密码发送给 RADIUS 服务器。

(3) RADIUS 服务器做出如下响应之一：

❏ **接受（Accept）** 表明用户已通过身份验证；

❏ **拒绝（Reject）** 表明用户名或密码不正确；

❏ **质询（Challenge）** RADIUS 服务器要求用户提供其他信息；

❏ **修改密码（Change Password）** 用户必须设置新密码。

别忘了，在客户端发送给服务器的访问请求分组中，RADIUS 只对其中的密码进行加密，分组的其他内容未经加密。

配置 RADIUS

要配置 RADIUS 服务器，以便使用它来对控制台和 VTY 访问请求进行身份验证，首先需要启用 AAA 服务，以便配置所有的 AAA 命令。为此，可在全局配置模式下执行命令 aaa new-model：

```
Router(config)# aaa new-model
```

命令 aaa new-model 立即对所有线路和接口（line con 0 除外）启用本地身份验证，因此为避免无法访问路由器或交换机，应在配置 AAA 前定义一对本地用户名和密码，如下所示：

```
Router(config)#username Todd password Lammle
```

创建一个本地用户至关重要，因为如果外部身份验证服务器出现故障，就可使用它来登录设备。如果没有创建这样的用户，当外部身份验证服务器无法访问时，你就只能执行密码恢复。

接下来，配置一个 RADIUS 服务器。为此，可使用任何名称，但必须使用在指定服务器上配置的密钥（key）。

```
Router(config)#radius server SecureLogin
Router(config-radius-server)#address ipv4 10.10.10.254
Router(config-radius-server)#key MyRadiusPassword
```

然后，将新创建的 RADIUS 服务器加入一个 AAA 编组，该 AAA 编组的名称可随便指定。

```
Router(config)#aaa group server radius MyRadiusGroup
Router(config-sg-radius)#server name SecureLogin
```

最后，指定使用刚创建的编组来进行 AAA 登录身份验证，同时指定在 RADIUS 服务器出现故障时，退而使用本地身份验证：

```
Router(config)# aaa authentication login default group MyRadiusGroup local
```

16.2.2 TACACS+

终端访问控制器访问控制系统（Terminal Access Controller Access Control System，TACACS+）也是一种安全服务器，但它是思科专用的，并且使用 TCP。TACACS+在很多方面都与 RADIUS 类似，但它不仅具备 RADIUS 的全部功能，还有一些其他功能，如多协议支持。

TACACS+是思科开发的，因此专为与思科 AAA 服务交互而设计。如果你使用 TACACS+，就可使用所有的 AAA 功能。不同于 RADIUS，TACACS+分开处理各个安全方面：

- ❏ **身份验证** 除登录和密码功能外，还支持消息收发；
- ❏ **授权** 让你能够显式地控制用户的访问权限；
- ❏ **记账** 提供有关用户活动的详细信息。

配置 TACACS+

配置 TACACS+几乎与配置 RADIUS 完全相同。

要配置 TACACS+服务器，以便使用它来对控制台和 VTY 访问请求进行身份验证，首先需要启用 AAA 服务，以便配置所有的 AAA 命令。为此，可在全局配置模式下执行命令 aaa new-model（如果还没有执行这个命令的话）：

```
Router(config)# aaa new-model
```

接下来，创建一个本地用户（如果还没有这样做的话）：

```
Router(config)#username Todd password Lammle
```

然后，配置一个 TACACS+服务器。为此，可使用任何名称，但必须使用在指定服务器上配置的密钥（key）。

```
Router(config)#radius server SecureLoginTACACS+
Router(config-radius-server)#address ipv4 10.10.10.254
Router(config-radius-server)#key MyTACACS+Password
```

接下来，将新创建的 RADIUS 服务器加入一个 AAA 编组，该 AAA 编组的名称可随便指定。

```
Router(config)#aaa group server radius MyTACACS+Group
Router(config-sg-radius)#server name SecureLoginTACACS+
```

最后，指定使用刚创建的编组来进行 AAA 登录身份验证，同时指定在 TACACS+服务器出现故障时，退而使用本地身份验证：

```
Router(config)# aaa authentication login default group MyTACACS+Group local
```

16.3 SNMP

虽然简单网络管理协议（Simple Network Management Protocol，SNMP）并非最古老的协议，但考虑到它是 1988 年开发的（RFC 1065），也算是相当古老了。

SNMP 是一种应用层协议，指定了一种消息格式，供各种设备上的代理用来与网络管理工作站（NMS，如思科 Prime 和惠普 Openview）交流。这些代理将消息发送给 NMS，后者再将消息写入其数据库，这种数据库被称为管理信息库（management information base，MIB）。

NMS 使用 GET 消息定期向设备的 SNMP 代理查询或轮询，以收集统计信息并进行分析。运行 SNMP 代理的终端设备出现问题时，将向 NMS 发送 SNMP TRAP 消息，如图 16-4 所示。

管理员还可使用 SNMP SET 消息来配置代理。除通过轮询获取统计信息外，SNMP 还可用于分析信息，并根据分析结果制作报告或图表。可指定阈值，以便超过时发出通知；可使用绘图工具来监视思科设备（如核心路由器）的 CPU 使用率。应不间断地监视 CPU 使用率，这样 NMS 就能根据统计数据绘制出图形。只要超过设置的阈值，NMS 就会发出通知。

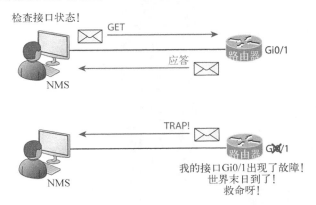

图 16-4　SNMP GET 消息和 TRAP 消息

SNMP 有三种版本，其中 v1 就算有人用也很少见。对这三种版本总结如下。

- **SNMPv1**　支持使用共同体字符串（community string）进行明文身份验证，只使用 UDP。
- **SNMPv2**　支持使用共同体字符串进行明文身份验证（不加密），但提供了 GETBULK——一种同时收集众多信息的方式，可最大限度地减少 GET 请求数。相比 v1，使用的错误消息报告方法（INFORM）更细致，但安全性没有改进。SNMPv2 默认使用 UDP，但可对其进行配置，使其使用 TCP。
- **SNMPv3**　支持使用 MD5 或 SHA 进行可靠的身份验证，并利用 DES 或 DES-256 确保消息的保密性（加密）和数据完整性。SNMPv3 也支持 GETBULK，同时使用 TCP。

16.3.1　管理信息库

鉴于涉及的设备种类众多，需要处理的数据量庞大，必须采用标准方式来组织数据，MIB 应运而生。**管理信息库（MIB）**是以层次方式组织的信息集，可使用 SNMP 等协议进行访问。相关 RFC 定义了一些通用的公用变量，但大多数厂商都在 SNMP 标准的基础上定义了专用分支。组织 ID（OID）按树形结构排列，各层级的 OID 由不同的组织指定，而顶级 MIB OID 由各种标准组织指定。

专用分支的 OID 由厂商指定。图 16-5 显示了思科使用的 OID，这些 OID 是使用字符串或数字指定的，用于获取树中特定的变量。

好在 CCNA 考试大纲不要求你牢记图 16-5 所示的 OID。

要从 MIB 获取有关 SNMP 代理的信息，可使用多种不同的操作：

❑ GET　用于从 MIB 获取信息，并将其提供给 SNMP 代理；
❑ SET　用于从 SNMP 管理器获取信息，并将其提供给 MIB；
❑ WALK　用于列出指定 MIB 中相邻 MIB 对象的信息；
❑ TRAP　供 SNMP 代理用来将触发的信息发送给 SNMP 管理器；
❑ INFORM　与 TRAP 操作相同，但添加了 TRAP 没有提供的确认。

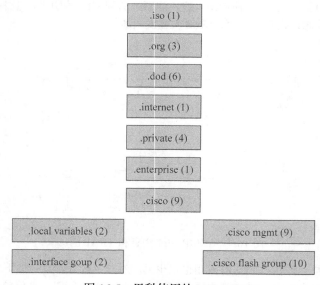

图 16-5　思科使用的 MIB OID

16.3.2　配置 SNMP

配置 SNMP 非常简单，只需使用几个命令。要在思科设备上配置 SNMP，只需执行 5 个步骤。

(1) 指定要将 TRAP 发送到哪里。
(2) 赋予 SNMP 读写路由器的权限。
(3) 配置 SNMP 联系信息。

(4) 配置 SNMP 位置信息。

(5) 配置一个 ACL，仅让 NMS 访问 SNMP。

只有 NMS 的 IP 地址和共同体字符串（用作密码或验证字符串）是必须配置的，其他配置都是可选的。下面是路由器的典型 SNMP 配置：

```
Router(config)#snmp-server host 1.2.3.4
Router(config)#snmp-server community ?
  WORD   SNMP community string

Router(config)#snmp-server community Todd ?
  <1-99>      Std IP accesslist allowing access with this community string
  <1300-1999> Expanded IP accesslist allowing access with this community
              string
  WORD        Access-list name
  ipv6        Specify IPv6 Named Access-List
  ro          Read-only access with this community string
  rw          Read-write access with this community string
  view        Restrict this community to a named MIB view
  <cr>

Router(config)#snmp-server community Todd rw
Router(config)#snmp-server location Boulder
Router(config)#snmp-server contact Todd Lammle
Router(config)#ip access-list standard Protect_NMS_Station
Router(config-std-nacl)#permit host 192.168.10.254
```

命令 snmp-server 在思科设备上启用 SNMPv1。

为提供安全性，可在 SNMP 配置模式下使用编号或名称指定 ACL，如下所示：

```
Router(config)#snmp-server community Todd Protect_NMS_Station rw
```

请注意，虽然有大量的 SNMP 配置选项，但在路由器上配置基本 SNMP 时，只需使用其中的几个。在前面的示例中，我首先设置了 NMS 的 IP 地址（指定路由器将 TRAP 发送到哪里），然后创建了共同体 Todd，并将访问权限设置为 rw（读写），这意味着 NMS 能够读取和修改路由器中的 MIB 对象。排除配置故障时，位置和联系信息很有帮助。确保理解 ACL 仅让 NMS（而不是代理所属设备）访问 MIB。

下面来说说 SNMP 读写选项。

❏ 只读　允许获得授权的管理工作站读取 MIB 中的所有对象（共同体字符串除外），但禁止它写入。

❏ 读写　允许获得授权的管理工作站读写 MIB 中的所有对象，但共同体字符串除外。

下面来探讨一种为主机配置冗余默认网关的思科专用方法。

16.4　客户端冗余问题

一个重要的问题是，如何配置客户端，使其在默认网关出现故障时也能向网络外部发送数据。答案是，通常无法实现这样的配置。大多数主机操作系统都不允许你改变数据的传输路径。当然，如果主机使用的默认网关出现故障，网络的其他部分将重新会聚，但主机无法获取新的拓扑信息。看看图 16-6 就明白了。在图 16-6 所示的网络中，实际上有两台路由器可用于转发本地网络向外发送的数据，但主机只知道其中的一台。默认网关要么是静态配置的，要么由 DHCP 服务器提供。

那么问题来了：能否通过其他方式使用第二台活动的路由器？答案有点复杂，请你耐心地听我道来。在思科路由器上，默认启用了代理地址解析协议（代理 ARP），让主机（它们对路由选择信息一无所知）能够获取网关路由器的 MAC 地址，而网关路由器能够为主机转发分组。

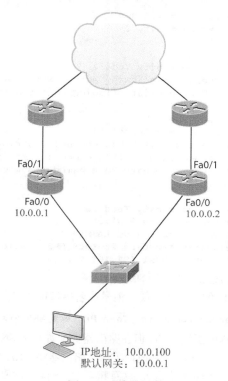

图 16-6　默认网关

图 16-7 说明了代理 ARP 的工作原理。启用了代理 ARP 的路由器收到 ARP 请求后，如果其中的 IP 地址不属于请求主机所属的子网，路由器就向请求主机发送 ARP 应答分组，将自己的本地 MAC 地址（与请求主机同属一个子网的接口的 MAC 地址）作为待解析 IP 地址对应的 MAC 地址。收到这个目标 MAC 地址后，主机将把所有的分组都发送给路由器，而不知道它以为的目标主机实际上是一台路由器。然后，路由器将把分组转发给目标主机。

因此，使用代理 ARP 后，主机就像目标设备位于当前网段中一样发送数据。如果响应 ARP 请求的路由器发送故障，源主机将继续把分组发送到原来的 MAC 地址。然而，由于相应的路由器出现了故障，这将导致通信超时。

超时后，ARP 缓存中的代理 ARP MAC 地址将过期。接下来，主机将发出新的 ARP 请求，并获得另一台代理 ARP 路由器的 MAC 地址。然而，在故障切换期间，主机无法向本地网络外部发送分组。因此这种解决方案并不完美，必须寻找更佳的解决方案。这正是冗余协议的用武之地。

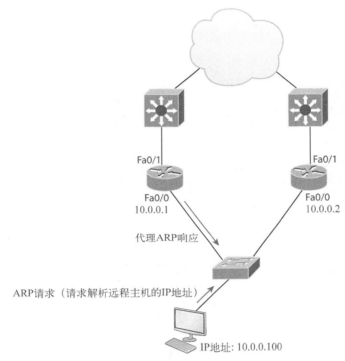

图 16-7 代理 ARP

16.5 第一跳冗余协议简介

第一跳冗余协议（First Hop Redundancy Protocol，FHRP）让你能够对多台物理路由器进行配置，让它们就像是一台逻辑路由器。这简化了客户端配置和通信，因为你只需配置一个默认网关，而主机可使用标准协议进行通信。**第一跳**指的是默认路由器，这是分组必须经由的第一台路由器（第一跳）。

冗余协议如何实现这种目标呢？这些协议向所有客户端提供一台虚拟路由器。虚拟路由器有虚拟 IP 地址和虚拟 MAC 地址。在每台主机上，都将默认网关地址指定为虚拟 IP 地址。每当主机发送 ARP 请求时，都将返回虚拟 MAC 地址。主机不知道也不关心实际转发数据的是哪台物理路由器，如图 16-8 所示。

冗余协议负责分配物理路由器的角色：哪台处于活动状态，主动地转发数据；哪台处于备用状态，以防活动路由器出现故障。活动路由器出现故障时将切换到备用路由器，但这种切换对主机来说是透明的，因为切换后，备用路由器将使用虚拟路由器的虚拟 IP 地址和虚拟 MAC 地址。主机无需更改默认网关信息，就能继续传输数据。

注意 容错解决方案使得设备出现故障时网络依然能够正常运行，而负载均衡解决方案在多台设备之间分配负载。

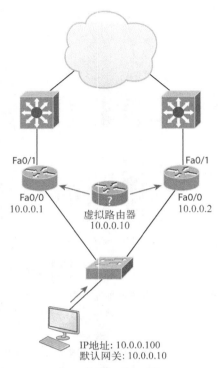

图 16-8　FHRP 使用虚拟路由器，而虚拟路由器有虚拟 IP 地址和虚拟 MAC 地址

有三种重要的冗余协议，但只有 HSRP 包含在最新的 CCNA 考试大纲中。

❑ **热备用路由器协议（HSRP）**　这无疑是思科最喜欢的协议，因为客户不是购买一台路由器，而是最多可购买 8 台路由器，但其中 7 台路由器处于备用状态，以防主路由器出现故障。HSRP 是一种思科专用协议，旨在向本地子网中的主机提供冗余网关，但并非负载均衡解决方案。HSRP 让你能够将多台路由器加入备用组，这些路由器共享 IP 地址和 MAC 地址，并提供默认网关。这些 IP 地址和 MAC 地址被分配给虚拟接口（而不是物理接口），它们独立于物理路由器。这样，当前活动路由器出现故障时，HSRP 可将这些地址划归给其他路由器。使用 HSRP 也可实现一定程度的负载均衡，方法是创建多个 VLAN，并让每个 VLAN 都使用不同的活动路由器和备用路由器。然而，这并非真正意义上的负载均衡解决方案，不如 GLBP 那样可靠。

❑ **虚拟路由器冗余协议（VRRP）**　也给本地子网中的主机提供冗余网关，但并非负载均衡解决方案。VRRP 是一种开放标准，功能与 HSRP 几乎相同。本章后面将梳理这两种协议之间的细微差别。

❑ **网关负载均衡协议（GLBP）**　最新的 CCNA 考试大纲不再包含 GLBP，其中的原因估计我一辈子都搞不明白！GLBP 不仅提供冗余网关，还提供了真正的负载均衡解决方案。使用 GLBP 时，每个转发组最多可包含 4 台路由器。默认情况下，活动路由器使用循环算法将来自主机的数据重定向到组中的其他路由器，将接下来要使用的路由器的 MAC 地址提供给主机，从而让主机将数据发送给它。

16.6　热备用路由器协议

　　HSRP 是一种思科专用协议，可用于大部分（但非全部）思科路由器和多层交换机。HSRP 定义了备用组，其中可包含如下路由器：

- 活动路由器；
- 备用路由器；
- 虚拟路由器；
- 当前子网中的其他路由器。

　　HSRP 的缺点在于，只有一台路由器处于活动状态，其他路由器都处于备用状态，仅当活动路由器出现故障时才会用上，因此成本效益和效率都不高。HSRP 不同时使用备用组中的多台路由器，如图 16-9 所示。

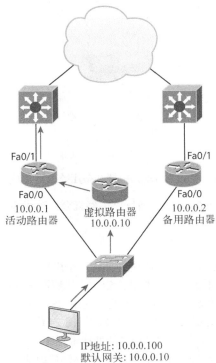

图 16-9　HSRP 活动路由器和备用路由器

　　备用组至少需要包含两台路由器，其中的主要角色是活动路由器和备用路由器，它们使用组播 Hello 消息进行通信。Hello 消息让路由器能够进行一切必要的交流。它包含完成选举（即决定由谁充当活动路由器以及由谁充当备用路由器）所需的信息，还包含完成故障切换所需的重要信息。如果备用路由器没有收到活动路由器的 Hello 分组，就会取而代之，承担活动路由器的职责，如图 16-9 和 16-10 所示。

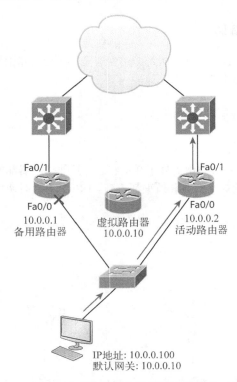

图 16-10　HSRP 活动路由器和备用路由器角色互换示例

只要活动路由器停止响应 Hello 分组，备用路由器就会自动成为活动路由器，并响应主机请求。

16.6.1　虚拟 MAC 地址

在 HSRP 组中，虚拟路由器有一个虚拟 IP 地址和一个虚拟 MAC 地址。这个虚拟 MAC 地址来自何方呢？虚拟 IP 地址配置起来不难，只需将其指定为主机所属子网中的唯一 IP 地址。但 MAC 地址有所不同，是这样吗？从某种意义上说，确实如此。使用 HSRP 时，需要伪造一个 MAC 地址。

在 HSRP MAC 地址中，只有很小一部分是可变的：前 24 位仍标识设备制造商，即组织唯一标识符（OUI）；接下来的 16 位指出这是 HSRP MAC 地址；末尾 8 位是 HSRP 组号的十六进制表示。

下面通过一个示例（0000.0c07.ac0a）来说明 HSRP MAC 地址是什么样的。

❑ 前 24 位（0000.0c）是制造商 ID。HSRP 是一种思科协议，因此该 ID 为思科的 UID。

❑ 接下来的 16 位（07.ac）是著名的 HSRP ID。这部分是思科指定的，通过它能很容易识别 HSRP MAC 地址。

❑ 只有最后 8 位（0a）是可变的，它表示 HSRP 组号，由你指定。这里组号为 10，转换为十六进制（0a）后放到了 MAC 地址末尾。

在 HSRP 组的每台路由器上，都可查看 ARP 缓存中的 MAC 地址。ARP 缓存包含 IP 地址到 MAC 地址的映射，还指出了对应设备连接的是哪个接口。

16.6.2 HSRP 定时器

深入介绍 HSRP 组中各台路由器可扮演的角色前，先来说说 HSRP 定时器。定时器对确保 HSRP 正常运行至关重要，它们用于判断路由器之间能否正常通信，以及在活动路由器出现故障时，让备用路由器接管工作。HSRP 定时器包括 **Hello 定时器**、**保持定时器**、**活动定时器**和**备用定时器**。

Hello 定时器 Hello 定时器指定了各台路由器发送 Hello 消息的间隔，默认为 3 秒钟。Hello 消息指出了路由器的状态，这很重要，因为状态决定了路由器扮演的组角色，而角色决定了路由器将做什么。在图 16-11 中，路由器发送 Hello 消息，并使用 Hello 定时器确保活动路由器出现故障时网络还能正常运行。

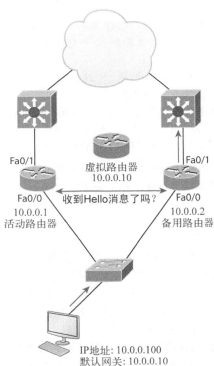

图 16-11 HSRP Hello 消息

可调整这个定时器的设置，但以前大家认为降低其值会给路由器带来不必要的负担，因此不这样做。对当今的大多数路由器来说，情况并非如此。事实上，可将该定时器设置为 1 毫秒之内。这样，故障切换将在 1 毫秒内完成。然而，需要牢记的是，如果增大 Hello 定时器的设置，则活动路由器出现故障或无法通信时，备用路由器将等待更长的时间才能接管活动路由器的工作。

保持定时器 备用路由器根据保持定时器判断活动路由器是否已离线或无法通信。默认情况下，保持定时器为 10 秒，大约是 Hello 定时器默认值的 3 倍。如果出于某种考虑调整了 Hello 定时器和保持定时器中的一个，建议你根据上述倍数相应地调整另一个定时器。通过将保持定时器设置为 Hello

定时器的 3 倍，可避免只要通信出现短暂的中断，备用路由器就接管活动路由器的工作。

　　活动定时器　活动定时器用于监视活动路由器的状态。每当备用组中的路由器收到来自活动路由器的 Hello 分组时，该定时器都被重置。该定时器是根据 HSRP Hello 消息中的保持时间设置的。

　　备用定时器　备用定时器用于监视备用路由器的状态。每当备用组中的路由器收到来自备用路由器的 Hello 分组时，该定时器都被重置。该定时器是根据 Hello 消息中的保持时间设置的。

 真实案例

使用 FHRP 的大型企业网的故障时间

　　很多年前，VRRP 和 GLBP 还未面世，HSRP 风行一时，企业网包含数百个 HSRP 组。那时，将 Hello 定时器和保持定时器分别设置为 3 秒和 10 秒完全可行，而 HSRP 给核心层路由器提供了极高的冗余性。

　　然而，近年来，10 秒钟的故障时间太长了，可以肯定以后也将如此。有些客户向我抱怨故障切换时间太长，在此期间无法连接到虚拟服务器群。

　　有鉴于此，我最近一直将定时器设置为远低于默认值，确保故障切换时间少于 1 秒钟。Hello 消息都是组播分组，对当今的高速网络来说，它们带来的开销不值一提。

　　通常将 Hello 定时器和保持定时器分别设置为 200 毫秒和 700 毫秒。为此，可使用如下命令：

`(config-if)#Standby 1 timers msec 200 msec 700`

　　这几乎可确保在故障切换期间一个分组都不会丢失。

16.6.3　组角色

　　在备用组中，每台路由器都扮演特定的角色，执行特定的功能。三个主要的角色是虚拟路由器、活动路由器和备用路由器，但备用组还可包含其他路由器。

- ❑ **虚拟路由器**　顾名思义，虚拟路由器并非物理实体，只是定义了物理路由器之一扮演的角色。充当虚拟路由器的物理路由器就是当前的活动路由器。虚拟路由器由独立的 IP 地址和 MAC 地址标识，分组将被发送给这些地址。

- ❑ **活动路由器**　活动路由器是这样的物理路由器，即它接收发送给虚拟路由器的数据，将其路由到目的地。前面说过，活动路由器接收发送给虚拟路由器 MAC 地址的所有数据，还接收发送给它自己的物理 MAC 地址的所有数据。活动路由器对需要转发的数据进行处理，并对发送给虚拟路由器 IP 地址的所有 ARP 请求做出响应。

- ❑ **备用路由器**　备用路由器是活动路由器的后援，负责监视 HSRP 组的状态，在活动路由器出现故障或失去联系时迅速接管分组转发职责。活动路由器和备用路由器都发送 Hello 消息，将其角色和状态告知组中的其他所有路由器。

- ❑ **其他路由器**　除上述三种路由器外，HSRP 组还可包含其他路由器。这些路由器是 HSRP 组的成员，但未承担活动路由器和备用路由器等主要角色。这些路由器监视活动路由器和备用路由器发送的 Hello 消息，确保它们所属的 HSRP 组有活动路由器和备用路由器。它们对发送给其 IP 地址的数据进行转发，但不转发发送给虚拟路由器的数据，除非被选举为活动路由器或备用路由器。这些路由器根据 Hello 定时器值发送"发言"（speak）消息，将其选举资历告知其他路由器。

接口跟踪

至此，你可能明白了为何在 VLAN 中配置虚拟路由器是个绝妙的主意，还知道了可动态更换活动路由器是天大的好事，因为这在网络内部提供了极高的冗余性。然而，对于启用了 HSRP 的路由器，如何监视其到上游网络或互联网的连接呢？内部主机如何判断这些路由器的外部接口是否出现了故障呢？换句话说，主机如何判断是否在将分组发送给无法路由到远程网络的活动路由器呢？这些问题都很重要，HSRP 通过接口跟踪提供了解决方案。

启用了 HSRP 的路由器可跟踪外部接口的状态，并在需要时更换活动路由器，从而避免内部主机无法连接到上游网络，如图 16-12 所示。

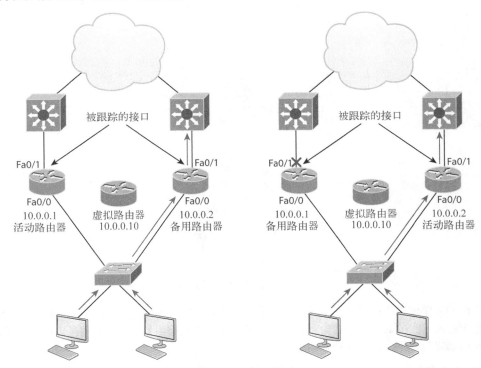

图 16-12   接口跟踪

如果活动路由器的外部链路出现故障，备用路由器将接管活动路由器的工作。在路由器的 HSRP 接口上，默认配置的优先级为 100，增大优先级值（稍后就将这样做）可让路由器优先成为活动路由器。这里之所以提到优先级，是因为被跟踪的接口出现故障时，路由器的优先级将降低。

16.6.4   配置和验证 HSRP

各种 FHRP 的配置和验证都很简单，从 CCNA 考试大纲的角度看尤其如此。然而，与大多数技术一样，各种 FHRP 也包含高级配置，如果你不小心，很容易涉足这些高级配置。因此这里只介绍你需要知道的内容。

就 CCNA 考试大纲而言，涉及的 FHRP 配置不多，但验证和故障排除很重要，因此我将在两台路由器上进行简单的 HSRP 配置。图 16-13 中是我用来演示如何配置和验证 HSRP 的网络。

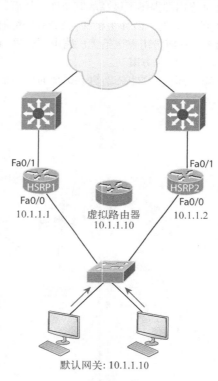

图 16-13   配置和验证 HSRP

在下面的简单配置中，只有一个命令是必不可少的，那就是 standby *group* ip *virtual_ip*。配置了这个必不可少的命令后，我给备用组指定了名称，并给路由器 HSRP1 的接口设置了优先级，确保该路由器赢得选举，成为活动路由器。

```
HSRP1#config t
HSRP1(config)#int fa0/0
HSRP1(config-if)#standby ?
  <0-255>         group number
  authentication  Authentication
  delay           HSRP initialisation delay
  ip              Enable HSRP and set the virtual IP address
  mac-address     Virtual MAC address
  name            Redundancy name string
  preempt         Overthrow lower priority Active routers
  priority        Priority level
  redirect        Configure sending of ICMP Redirect messages with an HSRP
```

```
                     virtual IP address as the gateway IP address
      timers         Hello and hold timers
      track          Priority tracking
      use-bia        HSRP uses interface's burned in address
      version        HSRP version

HSRP1(config-if)#standby 1 ip 10.1.1.10
HSRP1(config-if)#standby 1 name HSRP_Test
HSRP1(config-if)#standby 1 priority ?
  <0-255>  Priority value

HSRP1(config-if)#standby 1 priority 110
000047: %HSRP-5-STATECHANGE: FastEthernet0/0 Grp 1 state Speak -> Standby
000048: %HSRP-5-STATECHANGE: FastEthernet0/0 Grp 1 state Standby -> Active110
```

命令 standby 还有很多用于配置高级设置的选项，但这里只介绍 CCNA 考试大纲涵盖的简单选项。首先，我指定了组号（1），在承担 HSRP 职责的所有路由器上，组号都必须相同。接下来，我指定了虚拟 IP 地址，该地址由 HSRP 组中的所有路由器共享。最后，我给 HSRP 组指定了名称（该配置是可选的），将 HSRP1 的优先级设置为 110。优先级最高的路由器将赢得选举，成为活动路由器。下面来配置 HSRP2，这里保留其默认优先级 100：

```
HSRP2#config t
HSRP2(config)#int fa0/0
HSRP2(config-if)#standby 1 ip 10.1.1.10
HSRP2(config-if)#standby 1 name HSRP_Test
*Jun 23 21:40:10.699:%HSRP-5-STATECHANGE:FastEthernet0/0 Grp 1 state
Speak -> Standby
```

实际上，只有第一个命令是必不可少的，这里给备用组命名只是为了方便管理。注意到链路进入了活动状态，而 HSRP2 成了备用路由器，这是因为它的优先级更低，为默认值 100。请注意，仅当两台路由器同时启动时，优先级才会发挥作用。这意味着如果 HSRP2 先启动，则不管其优先级如何，都将成为活动路由器。

下面来查看 HSRP 配置，为此可使用命令 show standby 和 show standby brief：

```
HSRP1(config-if)#do show standby
FastEthernet0/0 - Group 1
  State is Active
    2 state changes, last state change 00:03:40
  Virtual IP address is 10.1.1.10
  Active virtual MAC address is 0000.0c07.ac01
    Local virtual MAC address is 0000.0c07.ac01 (v1 default)
  Hello time 3 sec, hold time 10 sec
    Next hello sent in 1.076 secs
  Preemption disabled
  Active router is local
  Standby router is 10.1.1.2, priority 100 (expires in 7.448 sec)
  Priority 110 (configured 110)
  IP redundancy name is "HSRP_Test" (cfgd)

HSRP1(config-if)#do show standby brief
                     P indicates configured to preempt.
```

```
Interface    Grp Prio P State    Active           Standby          Virtual IP
Fa0/0          1  110    Active   local            10.1.1.2         10.1.1.10
```

注意到每个命令都指出了组号，这是一项重要的故障排除信息。在同一个备用组中，每台路由器的组号都必须相同，否则 HSRP 将不能正常运行。这些命令还显示了虚拟 MAC 地址、虚拟 IP 地址以及 Hello 定时器设置（这里为 3 秒）。另外，它们还指出了备用路由器和虚拟 IP 地址。

下面是路由器 HSRP2 的输出，表明该路由器为备用路由器：

```
HSRP2(config-if)#do show standby brief
                        P indicates configured to preempt.
                        |
Interface    Grp Prio P State    Active           Standby          Virtual IP
Fa0/0          1  100    Standby  10.1.1.1         local            10.1.1.10
HRSP2(config-if)#
```

注意，到目前为止，你只看到了两种 HSRP 状态——活动和备用。下面来看看禁用接口 Fa0/0 后出现的情况：

```
HSRP1#config t
HSRP1(config)#interface Fa0/0
HSRP1(config-if)#shutdown
*Nov 20 10:06:52.369: %HSRP-5-STATECHANGE: Ethernet0/0 Grp 1 state Active -> Init
```

HSRP 进入了初始化状态，这意味着它正试图与对等体初始化。表 16-1 列出了接口可能进入的各种 HSRP 状态。

表16-1　HSRP状态

状　态	定　义
初始化	这是初始状态，表明HSRP没有运行。修改配置或接口刚变得可用时，将进入这种状态
学习	路由器还未获悉虚拟IP地址，且未收到来自活动路由器的Hello消息。在这种状态下，路由器还在等待来自活动路由器的消息
侦听	路由器获悉了虚拟IP地址，但它既不是活动路由器，也不是备用路由器。它侦听来自这些路由器的Hello消息
发言	路由器定期地发送Hello消息，并积极地参与活动路由器和备用路由器选举。仅当获悉虚拟IP地址后，路由器才能进入发言状态
备用	路由器是下一个活动路由器的候选者，并定期地发送Hello消息。除非处于过渡阶段，否则组中最多只有一台路由器处于备用状态
活动	路由器负责对发送到虚拟MAC地址的分组进行转发，并定期地发送Hello消息。除非处于过渡阶段，否则组中最多只有一台路由器处于活动状态

下面再介绍一个命令。如果你想深入了解 HSRP，就应学会使用下面的 debug 命令，它让你能够了解实际发生的情况。

```
HSRP2#debug standby
*Sep 15 00:07:32.344:HSRP:Fa0/0 Interface UP
*Sep 15 00:07:32.344:HSRP:Fa0/0 Initialize swsb, Intf state Up
*Sep 15 00:07:32.344:HSRP:Fa0/0 Starting minimum intf delay (1 secs)
*Sep 15 00:07:32.344:HSRP:Fa0/0 Grp 1 Set virtual MAC 0000.0c07.ac01
type: v1 default
*Sep 15 00:07:32.344:HSRP:Fa0/0 MAC hash entry 0000.0c07.ac01, Added
Fa0/0 Grp 1 to list
```

```
*Sep 15 00:07:32.348:HSRP:Fa0/0 Added 10.1.1.10 to hash table
*Sep 15 00:07:32.348:HSRP:Fa0/0 Grp 1 Has mac changed? cur 0000.0c07.ac01
new 0000.0c07.ac01
*Sep 15 00:07:32.348:HSRP:Fa0/0 Grp 1 Disabled -> Init
*Sep 15 00:07:32.348:HSRP:Fa0/0 Grp 1 Redundancy "hsrp-Fa0/0-1" state
Disabled -> Init
*Sep 15 00:07:32.348:HSRP:Fa0/0 IP Redundancy "hsrp-Fa0/0-1" added
*Sep 15 00:07:32.348:HSRP:Fa0/0 IP Redundancy "hsrp-Fa0/0-1" update,
Disabled -> Init
*Sep 15 00:07:33.352:HSRP:Fa0/0 Intf min delay expired
*Sep 15 00:07:39.936:HSRP:Fa0/0 Grp 1 MAC addr update Delete from SMF  0000.0c07.ac01
*Sep 15 00:07:39.936:HSRP:Fa0/0 Grp 1 MAC addr update Delete from SMF  0000.0c07.ac01
*Sep 15 00:07:39.940:HSRP:Fa0/0 ARP reload
```

1. HSRP 负载均衡

你知道，HSRP 并不进行真正的负载均衡，但通过配置可让多台路由器分别成为不同 VLAN 的活动路由器。这不同于使用 GLBP 实现的真正的负载均衡（稍后介绍），但 HSRP 确实可进行某种意义上的负载均衡。图 16-14 说明了 HSRP 是如何实现负载均衡的。

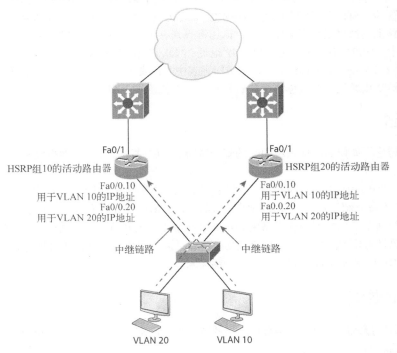

图 16-14 基于 VLAN 的 HSRP 负载均衡

如何让两台 HSRP 路由器同时处于活动状态呢？在只有一个子网的情况下，这是不可能的。但可将到每台路由器的链路配置为中继链路，并将两台路由器都配置成单臂路由器（ROAS）。这意味着每台路由器都可充当不同 VLAN 的默认网关，但每个 VLAN 依然只有一台活动路由器。通常，在比较复杂的网络环境中，不使用 HSRP 来实现负载均衡，而使用 GLBP。然而，使用 HSRP 确实可以分担负载，这也是 CCNA 考试大纲中的内容，因此你必须牢记这一点。这种功能很好，可避免单点故障导致通信中断。HSRP 给子网和 VLAN 提供了负载均衡和冗余功能，改善了网络的弹性。

2. HSRP 故障排除

除 HSRP 验证外，HSRP 故障排除也是 CCNA 考试大纲中的重点，下面就来介绍这个主题。

大多数 HSRP 配置问题都可通过检查命令 `show standby` 的输出来解决。在这个命令的输出中，包含活动 IP 和 MAC 地址、定时器、活动路由器等信息，如本节前面所示。

HSRP 配置错误有多种，但就 CCNA 考试而言，你只需注意如下几种。

对等体配置的 HSRP 虚拟 IP 地址不同 当然，控制台消息会指出这一点，但如果你这样配置，则当活动路由器出现故障时，备用路由器将成为活动路由器。它使用的虚拟 IP 地址不同于前一个活动路由器使用的虚拟 IP 地址，也不同于终端设备配置的默认网关地址，从而导致主机不能通信，这有悖于使用 FHRP 的初衷。

对等体配置的 HSRP 组不同 这种错误配置会导致两个对等体都成为活动路由器，而且你将收到有关 IP 地址重复的警告。这种问题好像很容易诊断，但接下来将介绍的问题也会导致这样的警告。

对等体配置的 HSRP 版本不同或端口被阻断 HSRP 有两个版本——第 1 版和第 2 版。如果版本不匹配，两台路由器都将成为活动路由器，你也将收到有关 IP 地址重复的警告。

在第 1 版中，HSRP 消息被发送到组播 IP 地址 224.0.0.2 和 UDP 端口 1985；而第 2 版使用组播 IP 地址 224.0.0.102 和 UDP 端口 1985。在入站访问列表中，必须允许前往这些 IP 地址和端口号的流量通过。如果分组被禁止通过，对等体将无法看到对方，也就谈不上 HSRP 冗余。

16.7　小结

本章首先讨论了如何缓解接入层面临的安全威胁，然后讨论了可简化网络设备管理工作的外部身份验证。

SNMP 是一种应用层协议，定义了一种消息格式，供各种设备上的代理用来与网络管理工作站（NMS）通信。本章介绍了使用 SNMP 所需的基本知识，即如何配置和验证它们。

最后，本章演示了如何利用既有路由器在网络中集成冗余和负载均衡功能。HSRP 是一种思科专用协议；并非总是需要购买价格高昂的负载均衡设备，因为只要知道如何正确地配置和使用热备用路由器协议（HSRP），通常能满足冗余和负载均衡需求。

16.8　考试要点

理解如何缓解接入层威胁。要缓解接入层威胁，可使用端口安全、DHCP snooping、动态 ARP 检测和基于身份的联网。

理解 TACACS+ 和 RADIUS。TACACS+ 是思科专用的，它使用 TCP 并能够将服务分开；而 RADIUS 是一种开放标准，它使用 UDP 且不能将服务分开。

牢记 SNMPv2 和 SNMPv3 的不同之处。SNMPv2 默认使用 UDP，但也可使用 TCP；与 SNMPv1 一样，SNMPv2 也以明文方式向 NMS 发送数据；另外，SNMPv2 实现了 GETBULK 和 INFORM 消息。SNMPv3 使用 TCP 并进行身份验证，还可在 SNMP 共同体字符串中指定 ACL，禁止在未经授权的情况下访问 NMS。

　　理解 FHRP，尤其是 HSRP。 FHRP 包括 HSRP、VRRP 和 GLBP，其中 HSRP 和 GLBP 是思科专用的。

　　牢记 HSRP 虚拟地址。 在 HSRP MAC 地址中，只有很小一部分是可变的：前 24 位仍标识设备制造商，即组织唯一标识符（OUI）；接下来的 16 位指出这是 HSRP MAC 地址；末尾 8 位是 HSRP 组号的十六进制表示。

　　下面用一个例子来说明 HSRP MAC 地址：

```
0000.0c07.ac0a
```

16.9　书面实验

请回答下述问题。

(1) 哪种 SNMP 操作与 TRAP 相同，但添加了 TRAP 没有提供的确认？

(2) 哪种 SNMP 操作从 MIB 获取信息，并将其提供给 SNMP 代理？

(3) SNMP 代理使用哪种操作将触发的信息发送给 SNMP 管理器？

(4) 哪种操作用于将信息从 SNMP 管理器发送给 MIB？

(5) 哪种操作用于列出指定 MIB 中相邻 MIB 对象中的信息？

(6) 如果对等体配置的 HSRP 虚拟 IP 地址不同，结果将如何？

(7) 如果对等体配置的 HSRP 组号不同，结果将如何？

(8) 如果对等体配置的 HSRP 版本不同（分别为 v1 和 v2），结果将如何？

(9) HSRP 第 1 版和第 2 版分别使用什么组播地址和端口号？

(10) 两种最流行的外部 AAA 服务器是什么？其中哪个是思科专用的？

答案见附录 A。

16.10　复习题

注意　　下面的复习题旨在检验你对本章内容的理解程度。有关如何获取更多复习题的信息，请参阅 www.lammle.com/ccna。

这些复习题的答案见附录 B。

(1) 要使用 IP 地址指定只允许 NMS 读取 MIB，可如何做？

　　A. 在逻辑控制层面放置 ACL　　　　　　B. 在配置 RO 共同体字符串时指定 ACL

　　C. 在 VTY 线路上应用 ACL　　　　　　　D. 在所有路由器接口上应用 ACL

(2) HSRP 路由器的默认优先级设置是多少？

　　A. 25　　　　　　　B. 50　　　　　　　C. 100　　　　　　　D. 125

(3) 下面哪个命令在路由器上启用 AAA？

　　A. aaa enable　　B. enable aaa　　C. new-model aaa　　D. aaa new-model

(4) 下面哪两项可缓解接入层威胁？

　　A. 端口安全　　　　B. 访问列表　　　　C. 动态 ARP 检测　　　D. AAA

(5) 下面哪种有关 DHCP snooping 的说法不正确?

A. DHCP snooping 对来自不可信来源的 DHCP 消息进行验证,并将非法消息过滤掉

B. DHCP snooping 创建并维护 DHCP snooping 绑定数据库,其中包含不可信主机的信息及其租用的 IP 地址

C. DHCP snooping 对来自可信和不可信来源的 DHCP 流量进行限制

D. DHCP snooping 是一种第 2 层安全功能,犹如位于主机之间的防火墙。

(6) 下面哪两种有关 TACACS+的说法是正确的?

A. TACACS+是一种思科专用的安全机制

B. TACACS+使用 UDP

C. TACACS+将身份验证和授权服务合而为一——用户通过身份验证后就将被授权

D. TACACS+提供了多协议支持

(7) 下面哪种有关 RADIUS 的说法是错误的?

A. RADIUS 是一种开放标准协议

B. RADIUS 将 AAA 服务分开

C. RADIUS 使用 UDP

D. 在客户端发出的访问请求分组中,RADIUS 只对其中的密码进行加密,分组的其他部分都未加密。

(8) 有一台路由器运行 SNMPv2,并配置了命令 `snmp-server community cisco RO`;一个 NMS 试图通过 SNMP 与这台路由器通信。下面哪两种说法是正确的?

A. 这个 NMS 只能根据获得的结果绘制图表

B. 这个 NMS 可根据获得的结果绘制图表,还可修改路由器的主机名

C. 这个 NMS 只能修改路由器的主机名

D. 这个 NMS 可使用 GETBULK 来返回很多结果

(9) 下面哪种有关 FHRP 的说法是正确的?

A. FHRP 向主机提供路由选择信息

B. FHRP 是一种路由选择协议

C. FHRP 提供默认网关冗余

D. FHRP 都是基于标准的

(10) 下面哪两项是 HSRP 状态?

A. 初始化　　　　B. 活动

C. 已建立　　　　D. 空闲

(11) 下面哪个命令在接口上启用 HSRP,并将虚拟路由器 IP 地址设置为 10.1.1.10?

A. `standby 1 ip 10.1.1.10`　　　　B. `ip hsrp 1 standby 10.1.1.10`

C. `hsrp 1 ip 10.1.1.10`　　　　D. `standby 1 hsrp ip 10.1.1.10`

(12) 在思科路由器或第 3 层交换机上,下面哪个命令显示所有 HSRP 组的状态?

A. `show ip hsrp`　B. `show hsrp`　　C. `show standby hsrp`

D. `show standby`　E. `show hsrp groups`

(13) 在一个 HSRP 组中有两台路由器,它们都没有配置优先级。下面哪种说法是正确的?

A. 这两台路由器都将处于活动状态　　　B. 这两台路由器都将处于备用状态

C. 这两台路由器都将处于侦听状态　　　D. 一台处于活动状态,另一台处于备用状态

(14) 下面哪种有关 HSRP 第 1 版 Hello 分组的说法是正确的?

A. HSRP Hello 分组被发送到组播地址 224.0.0.5

B. HSRP Hello 分组被发送到组播地址 224.0.0.2 和 TCP 端口 1985

C. HSRP Hello 分组被发送到组播地址 224.0.0.2 和 UDP 端口 1985

D. HSRP Hello 分组被发送到组播地址 224.0.0.10 和 UDP 端口 1986

(15) 路由器 HSRP1 和 HSRP2 都位于 HSRP 组 1 中,其中 HSRP1 为活动路由器,优先级为 120,而 HSRP2 的优先级为默认值。HSRP1 重启时,HSRP2 成了活动路由器。等 HSRP1 重启完毕后,下面哪两种说法是正确的?

A. HSRP1 将成为活动路由器

B. HSRP2 仍将是活动路由器

C. 如果配置了抢占,HSRP1 将成为活动路由器

D. 这两台路由器都将进入发言状态

(16) 下面哪项指出了 HSRP 第 2 版使用的组播地址和端口号?

A. 224.0.0.2 和 UDP 端口 1985   B. 224.0.0.2 和 TCP 端口 1985

C. 224.0.0.102 和 UDP 端口 1985   D. 224.0.0.102 和 TCP 端口 1985

(17) 下面哪两种有关 SNMP 的说法是正确的?

A. SNMPv2 比 SNMPv1 更安全   B. SNMPv3 使用 TCP 并引入了 GETBULK 操作

C. SNMPv2 引入了 INFORM 操作   D. 在全部三个版本中,SNMPv3 最安全

(18) 你要配置 RADIUS,让网络设备支持外部身份验证,同时确保可退而使用本地身份验证。为此可使用哪个命令?

A. aaa authentication login local group MyRadiusGroup

B. aaa authentication login group MyRadiusGroup fallback local

C. aaa authentication login default group MyRadiusGroup external local

D. aaa authentication login default group MyRadiusGroup local

(19) 下面哪种有关 DAI 的说法是正确的?

A. 它必须使用 TCP、BootP 和 DHCP snooping 才能工作

B. 要进行 DAI 验证,必须使用 DHCP snooping 来创建 MAC-to-IP 绑定

C. 要创建 MAC-to-IP 绑定,必须使用防范中间人攻击的 DAI

D. DAI 跟踪 DHCP 提供的 ICMP-to-MAC 绑定

(20) IEEE 802.1x 标准让你能够使用客户端/服务器访问控制对有线和无线主机实施基于身份的联网,其中包含哪三种角色?

A. 客户端   B. 转发器   C. 安全访问控制

D. 身份验证器   E. 身份验证服务器

16

第 17 章

增强 IGRP

本章涵盖如下 ICND2 考试要点。

✓ **2.0 路由选择技术**

❑ **2.2 比较距离矢量路由选择协议和链路状态路由选择协议**

❑ **2.3 比较内部路由选择协议和外部路由选择协议**

❑ **2.6 IPv4 EIGRP 的配置、验证和故障排除（不包括身份验证、过滤、手工汇总、重分发和末节路由器）**

❑ **2.7 IPv6 EIGRP 的配置、验证和故障排除（不包括身份验证、过滤、手工汇总、重分发和末节路由器）**

增强内部网关路由选择协议（EIGRP）是一种思科协议，用于思科路由器和一些思科交换机。本章介绍 EIGRP 的众多特点和功能，重点是其发现、选择和通告路由的独特方式。

EIGRP 的众多特点使其非常适合用于复杂的大型网络。EIGRP 的一个突出特点是支持 VLSM，这使其可扩展性极高。EIGRP 还具备 OSPF 和 RIPv2 等常用协议的优点，如允许在任何地方汇总路由。

本章还将通过示例介绍重要的 EIGRP 配置细节，并演示核实 EIGRP 运行正常所需的各种命令。最后，本章将介绍如何配置和验证 EIGRPv6。我敢保证，阅读本章后，你也会认为 EIGRPv6 是本章中最为简单的部分。

注意 有关本章内容的最新修订，请访问 www.lammle.com/ccna 或出版社网站的本书配套网页（www.sybex.com/go/ccna）。

17.1 EIGRP 的特点和工作原理

EIGRP 是一种无类距离矢量协议，它使用自主系统的概念。自主系统是一组连接在一起的路由器，这些路由器运行相同的路由选择协议，分享路由选择信息并在路由更新中包含子网掩码。这可不得了，因为通过通告子网信息，这种健壮的协议让我们能够在网络中使用 VLSM 以及对路由进行汇总。

EIGRP 也被称为**混合路由选择协议**或**高级距离矢量协议**，因为它兼具距离矢量协议和链路状态协议的特征。例如，EIGRP 不像 OSPF 那样发送链路状态分组，而是发送传统的距离矢量更新，这种更新包含有关网络的信息以及从通告路由器前往这些网络的成本。

EIGRP 还具备链路状态协议的特征，它在启动时与邻居同步网络拓扑信息，随后只在拓扑发生变化时发送具体的更新（有限更新）。相比 RIP，这是一个巨大的进步，也是 EIGRP 在超大型网络中表现非常出色的重要原因。

EIGRP 跳数默认为 100，最大可设置为 255，但别搞混了，EIGRP 不像 RIP 那样将跳数用作度量值。在 EIGRP 中，跳数指的是 EIGRP 路由更新分组将在经过多少台路由器后被丢弃，这旨在限制自主系统（AS）的规模。EIGRP 并不根据跳数来计算度量值，千万别忘了这一点。

EIGRP 优点众多，使其在路由选择协议中鹤立鸡群。下面是 EIGRP 的一些重要特点。

- 使用协议相关模块，从而支持 IP、IPv6 以及其他一些很少使用的被路由协议。
- 像 RIPv2 和 OSPF 一样，属于无类路由选择协议。
- 支持 VLSM/CIDR。
- 支持汇总和非连续网络。
- 高效的邻居发现。
- 使用可靠传输协议（RTP）进行通信。
- 使用扩散更新算法（DUAL）选择最佳路径。
- 使用有限更新，减少了占用的带宽。
- 不使用广播。

注意 思科将 EIGRP 称为距离矢量路由选择协议，但有时也称之为高级距离矢量协议甚至混合路由选择协议。

17.1.1 邻居发现

EIGRP 路由器要彼此交换路由，必须先成为邻居，而要成为邻居，必须满足三个条件，如图 17-1 所示。

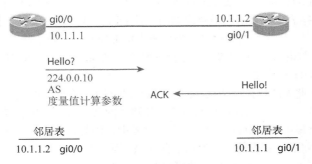

图 17-1　EIGRP 邻居发现

这三个条件如下：

- 收到了对方的 Hello 消息和确认；
- AS 号相同；
- 度量值计算参数（K 值）相同。

链路状态协议常常使用 Hello 消息来确定谁是邻居，因为它们通常不发送定期路由更新，但在新对等体加入或既有对等体出现故障时需要知道这一点。Hello 消息还用于维护邻居关系，这要求 EIGRP 路由器能够不间断地收到来自邻居的 Hello 消息。

　　然而，属于不同 AS 的 EIGRP 路由器不会自动分享路由选择信息，因此它们不会成为邻居。对大型网络来说，这其实很有帮助，因为它减少了在整个 AS 中传播的路由信息量。但这也意味着有时必须在 AS 之间手动重分发路由。选择最佳路由时，需要考虑 5 个因素，其中度量值扮演着重要角色，因此所有 EIGRP 邻居都必须就如何计算度量值达成一致。这至关重要，因为路由器的计算结果取决于其邻居的计算结果。

　　在 EIGRP 路由器之间，Hello 消息的发送间隔默认为 5 秒钟。与 Hello 定时器相关的另一个定时器是**保持定时器**。保持定时器指的是路由器愿意为收到邻居的 Hello 消息而等待的时间。这个时间过后，路由器将认为邻居已失效。邻居失效后，路由器将把它从邻居表中删除，并重新计算依赖于该邻居的所有路由。有趣的是，保持时间定时器配置指定的并非当前路由器宣布邻居失效前等待的时间，而是邻居宣布当前路由器失效前等待的时间。这意味着邻接路由器的保持定时器配置不必相同，因为保持定时器只是告诉邻居该等待多长时间。

　　EIGRP 只在下述情况下通告完整的路由信息：通过交换 Hello 分组发现新邻居并建立邻接关系后。一旦出现这种情况，邻居之间就彼此通告完整的信息。获悉邻居的全部路由后，仅在路由选择表发生变化时，将变更通告给邻居。

　　在每个 EIGRP 会话期间，路由器都创建一个邻居表，并在其中存储所有已知直连邻居的信息，包括邻接路由器的 IP 地址、保持定时器设置、**平均往返定时器**（SRTT）以及队列信息。这是一个重要的参考指标，用于判断是否需要将拓扑变化告知邻接路由器。

　　总之，EIGRP 路由器接收来自邻居的更新，并将其存储在拓扑表中。拓扑表包含所有已知邻居通告的已知路由，为选择最佳路由提供了原始材料。

　　继续往下介绍前，先来定义几个术语。

❑ **报告/通告距离（RD/AD）**　　这是邻居报告的前往特定远程网络的度量值。这种度量值包含在邻居的路由选择表中。显示当前路由器的拓扑表时，这种度量值是方括号内的第二个数字。方括号内的第一个数字是管理距离，稍后将更详细地介绍这两个数字。在图 17-2 中，路由器 SF 和 NY 都向路由器 Corp 通告了一条前往网络 10.0.0.0 的路径，但相比从 NY 出发，从 SF 出发前往网络 10.0.0.0 的成本更低。

　　路由器 Corp 据此无法选择最佳路径，它还需计算前往每个邻居的成本。

❑ **可行距离（FD）**　　这是前往远程网络的最佳路径的度量值，包含邻居通告的前往该远程网络的度量值。FD 最小的路由将出现在路由选择表中，因为它被视为最佳路由。可行距离是这样计算得到的：将邻居报告的度量值加上前往该邻居的成本，其中前者被称为报告距离或通告距离。在图 17-3 中，路由器 Corp 的路由选择表包含经路由器 SF 前往网络 10.0.0.0 的路由，因为该路由的可行距离最小（端到端成本最低）。

　　下面是路由选择表中的一条 EIGRP 路由，其中列出了 FD：

D　　10.0.0.0/8 [90/2195456] via 172.16.10.2, 00:27:06,Serial0/0

首先，D 表示 Dual。这是 EIGRP 添加到路由选择表中的路由，EIGRP 使用它来转发前往网络 10.0.0.0 的流量，将它们转发给邻居 172.16.10.2。但这不是这里要讨论的重点。注意到该路由条目中的[90/2195456]了吗？第一个数字（90）是管理距离（administrative distance），请不要将其与通告距离（advertised distance）混为一谈。由于管理距离和通告距离的缩写都是 AD，很多人都错误地将管理距离称为报告距离。第二个数字是可行距离（FD），即从当前路由器前往网络 10.0.0.0 的总成本。总之，邻居路由器发送前往网络 10.0.0.0 的报告或通告距离（RD/AD），而 EIGRP 计算前往邻居的成本，再将这两个数字相加得到 FD，即总成本。

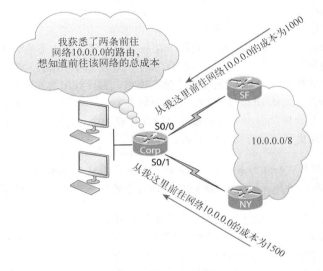

图 17-2　通告距离

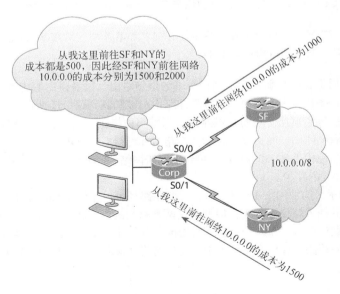

图 17-3　可行距离

❑ **邻居表**　每台路由器都存储有关邻居的信息。发现新邻居后，路由器记录其地址和接口，并

17

❑ **邻居表**　每台路由器都存储有关邻居的信息。发现新邻居后，路由器记录其地址和接口，并将这些信息存储到位于 RAM 的邻居表中。为将确认与更新分组关联起来，使用了序列号。路由器记录从邻居那里收到的最后一个序列号，这样更新分组未按顺序到达时，路由器便能知道这一点。本章后面将更详细地介绍邻居表：演示如何查看邻居表及其在排除邻接路由器间链路故障中的作用。

❑ **拓扑表**　拓扑表包含从各个邻居那里收到的路由通告，扩散更新算法（DUAL）使用它来计算出前往每个远程网络的无环路最佳路径。拓扑表包含邻接路由器通告的所有目标网络。对于每个目标网络地址，列出了通告它的所有邻居。而对于每个邻居，都记录了通告距离（来自该邻居的路由选择表）和 FD。对于每个远程网络，都计算出前往它的最佳路径，并将该路径加入路由选择表，这样 IP 就能使用它将流量转发到远程网络。加入路由选择表的路径称为后继路由。成本并非最低但也可行的路径存储在拓扑表中，用作备用路径，这种路径称为可行后继路由。下面更详细地介绍这些术语。

注意　　　邻居表和拓扑表存储在 RAM 中，并分别使用 Hello 消息和更新分组进行维护。虽然路由选择表也位于 RAM 中，但其中的信息都是从拓扑表收集而来的。

❑ **可行后继路由（FS）**　可行后继路由基本上是拓扑表中的一个条目，表示一条劣于后继路由的路径。FS 是通告距离比当前后继路由的可行距离小的路径，被视为备用路由。在 IOS 15.0 中，EIGRP 最多可在拓扑表中存储 32 条可行后继路由，而在以前的 IOS 版本中，最多只能存储 16 条，但这也很多了。只有度量值最小的路径（后继路由）会被加入路由选择表中。要查看所有的 EIGRP 可行后继路由，可使用命令 `show ip eigrp topology`。

注意　　　可行后继路由是备用路由，存储在拓扑表中。后继路由也存储在拓扑表中，但同时被复制到路由选择表中。

❑ **后继路由**　后继路由是前往特定远程网络的最佳路由。后继路由的成本最低，与其他各种信息一起存储在拓扑表中。然而，这种最佳路由也被复制到路由选择表中，这样 IP 就能够使用它前往相应的远程网络。可行后继路由为后继路由提供了后援，也存储在拓扑表中。路由选择表只包含后继路由，而拓扑表包含后继路由和可行后继路由。

在图 17-4 中，路由器 SF 和 NY 都连接到了属于网络 10.0.0.0 的子网，而路由器 Corp 有两条前往网络 10.0.0.0 的路径。

如图 17-4 所示，前往网络 10.0.0.0 时，有两条路径可供路由器 Corp 使用。EIGRP 选择最佳的路径，并将其加入路由选择表；但如果这两条路径的成本相等，EIGRP 将在这两条路径之间均衡负载（默认最多可在四条路径之间均衡负载）。EIGRP 在使用后继路由的同时，将可行后继路由作为备用路由存储在拓扑表中，这让网络会聚时速度非常快，且期间 EIGRP 发送的流量只有更新。

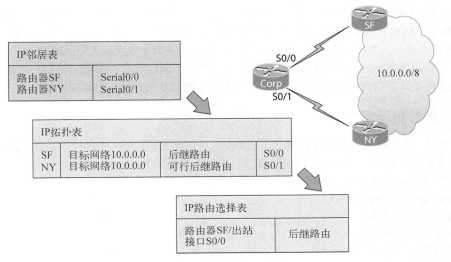

图 17-4　EIGRP 使用的各种表

17.1.2　可靠传输协议

　　EIGRP 路由器使用一种专用协议来交换消息，它就是**可靠传输协议**（RTP）。顾名思义，这种协议的重点是可靠。因此设计这种机制时，思科利用了组播和单播，以确保更新得以快速传输并紧密地跟踪数据接收情况。

　　其工作原理到底是什么呢？EIGRP 使用 D 类地址 224.0.0.10 来发送组播，而每台 EIGRP 路由器都知道它有哪些邻居。每次发送组播时，EIGRP 路由器都创建并维护一个列表，其中包含已做出应答的所有邻居。如果路由器未收到某个邻居对组播的应答，EIGRP 将尝试使用单播重发同样的数据。如果重发 16 个单播后依然没有收到该邻居的应答，就认为它已失效。这个过程通常被称为**可靠组播**。

　　为跟踪发送的信息，路由器给每个分组都指定序列号，这样就能知道未按顺序到达的信息是冗余的旧信息。后面配置 EIGRP 时，你将看到邻居表中的这种信息。

　　别忘了，EIGRP 仅在拓扑发生变化时才发送更新，因此它交换的信息很少，性能非常高。EIGRP在启动时同步路由选择数据库，随后只交换必要的更新来确保数据库始终一致。然而，这样做的缺点是，只要有任何更新分组丢失或处理更新分组的顺序不对，路由选择数据库就会不正确。

　　EIGRP 使用五种分组，对这些分组描述如下。

❑　**更新**　更新分组包含路由信息。在度量值或拓扑发生变化时，使用可靠组播来发送更新分组；如果只有一台路由器需要更新分组（如发现新邻居时），使用单播来发送。别忘了，单播也要求确认，因此更新始终是可靠的，而不管其使用的是哪种底层传输机制。

❑　**查询**　查询分组请求提供特定的路由，总是使用可靠组播。路由器意识到前往特定网络的路径不可用，需要寻找替代路径时，就会发送查询。

❑　**应答**　应答分组是对查询的响应，以单播方式发送。应答要么包含前往被查询的目标网络的路由，要么指出不知道这样的路由。

❑ **Hello**　Hello 分组用于发送 EIGRP 邻居，以不可靠的组播方式发送，这意味着不要求确认。

❑ **确认（ACK）**　确认分组是对更新分组的响应，总是以单播方式发送。ACK 分组从不以可靠方式发送，因为如果这样做，将要求进一步确认，进而生成大量无用的流量。

可将这些不同类型的分组视为信封，它们不过是类型不同的容器，供 EIGRP 用来与邻居通信。你真正感兴趣的是这些信封中的内容以及交流的步骤，这些都是我们接下来要探讨的。

17.1.3　扩散更新算法

前面说过，EIGRP 使用**扩散更新算法**（Diffusing Update Algorithm，DUAL）来选择并维护前往每个远程网络的最佳路径。DUAL 让 EIGRP 能够完成如下重要任务：

❑ 找出备用路由（如果有的话）；

❑ 支持变长子网掩码（VLSM）；

❑ 动态地恢复路由；

❑ 向邻居查询替代路由；

❑ 为替代路由发送查询。

这个列表令人印象深刻，但 DUAL 的真正卓越之处在于，让 EIGRP 的会聚速度超快！EIGRP 会聚速度超快的重要原因有两个。首先，EIGRP 路由器存储了所有邻居的路由，可据此计算前往每个远程网络的成本。这样，最佳路径不可用时，EIGRP 通常只需在拓扑表中查找可行后继路由，就可获悉另一条路由。其次，如果拓扑表中没有可行后继路由，EIGRP 路由器将马上求助于邻居，以找出最佳路径。DUAL 的"扩散"特征正是源自它的这种依赖策略，即利用其他路由器知道的信息。不像其他路由选择协议那样将更新传遍整个网络，EIGRP 只根据需要在有限的范围内传播更新。

为让 DUAL 正常运行，必须满足三个条件：

❑ 新邻居加入或既有邻居失效时，能迅速获悉；

❑ 能正确地收到发送的消息；

❑ 能按检测到的顺序处理所有的拓扑变化和相关的消息。

你知道，有新邻居加入或既有邻居失效时，Hello 协议确保 EIGRP 能够迅速获悉这一点，而 RTP 提供了可靠的传输方法，并给消息加上序列号。凭借这些坚实的基础，DUAL 能够选择并维护最佳路径。下面更深入地探讨路由发现和维护过程。

17.1.4　路由发现和维护

EIGRP 的路由发现和维护方式淋漓尽致地展现了其混合特征。与众多链路状态协议一样，EIGRP 也支持邻居的概念，通过 Hello 过程来发现邻居，并在发现邻居后对其状态进行监视。与众多距离矢量协议一样，EIGRP 也基于传言进行路由选择，这意味着对 AS 中的很多路由器来说，它们获悉的路由更新并非第一手资料。实际上，这些设备依靠"网络传言"从其他路由器那里获悉周边路由器及其状态，而其他路由器可能是从别的路由器那里获悉的。

EIGRP 路由器需要收集的信息众多，而且它们必须存储这些信息。为此，要使用本章前面介绍的各种表。你知道，EIGRP 并非只依赖一个表，而是使用三个表来存储有关周边环境的重要信息。

❑ **邻居表**　包含一系列路由器的信息，这些路由器与当前路由器建立了邻居关系。邻居表还包含 Hello 消息传输间隔以及队列中等待发送的 EIGRP 分组数。
- ❑ **拓扑表** 存储从各个邻居那里收到的路由通告。拓扑表中存储了 AS 中的所有路由，包括后继路由和可行后继路由。
- ❑ **路由选择表** 存储了当前用于做出路由选择决策的路由。路由选择表中的路由都是后继路由。

下面更详细地讨论 EIGRP 的功能。首先介绍路由的度量值，再探讨如何选择最佳路由，然后介绍路由发生变化时 EIGRP 将采取的措施。

17.2 配置 EIGRP

我知道你是怎么想的："我听说 EIGRP 非常复杂，为何这么快就开始介绍 EIGRP 配置呢？"不用担心，这里只介绍基本配置，你理解起来不会有任何问题。我们将首先介绍 EIGRP 中最简单的部分，相比更深入地阐述 EIGRP，在小型互联网络中配置 EIGRP 可让你学到更多。完成基本配置后，本章余下的篇幅将对配置进行优化，并进行有趣的探索。

要配置 EIGRP，可在两种模式下输入 EIGRP 命令：路由器配置模式和接口配置模式。在路由器配置模式下，可启用 EIGRP、指定哪些网络将运行 EIGRP 以及设置全局参数；在接口配置模式下，可配置汇总和带宽。

要在路由器上启用 EIGRP，可使用命令 router eigrp，并在其中指定网络的 AS 号。然后，指定要运行 EIGRP 的网络。为此，可使用命令 network，并在其中指定网络号。这些配置非常简单，只要知道如何配置 RIP，就知道如何配置 EIGRP。

这里将以本书第一部分的互联网络为例，但路由器连接的网络更多，以便能够更深入地探讨 EIGRP。图 17-5 显示了本章和下一章将配置的互联网络。

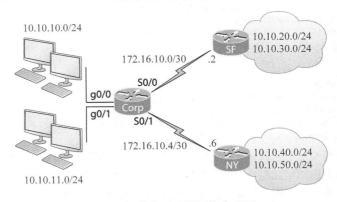

图 17-5   在我们的小型互联网络中配置 EIGRP

在图 17-5 中，路由器 Corp 连接了四个网络。下面首先在该路由器上启用 EIGRP，并将自主系统号设置为 20，如下所示：

```
Corp#config t
Corp(config)#router eigrp 20
Corp(config-router)#network 172.16.0.0
Corp(config-router)#network 10.0.0.0
```

就像配置 RIP 时一样，需要使用分类网络地址（所有子网位和主机位都为零）。这是 EIGRP 如此卓越的另一个原因：底层与链路状态协议一样复杂，配置起来却与 RIP 一样简单。

 注意　使用什么样的 AS 号无关紧要，只要所有路由器都使用相同的 AS 号即可。可使用范围 1～65 535 内的任何 AS 号。

且慢，EIGRP 配置不可能如此简单吧？只需配置几个 EIGRP 命令，网络就能正常运行吗？这完全可行，通常只需这样做，但并非总是如此。

本书前面探讨如何配置访问控制列表时，介绍过通配符掩码。配置 EIGRP 时，也可像配置访问控制列表那样使用通配符掩码。例如，假设在路由器 Corp 上，要让 EIGRP 向外通告所有的直连网络。如果使用命令 network 10.0.0.0，将通告该分类网络中的所有子网，但也可以使用下面的配置：

```
Corp#config t
Corp(config)#router eigrp 20
Corp(config-router)#network 10.10.11.0 0.0.0.255
Corp(config-router)#network 172.16.10.0 0.0.0.3
Corp(config-router)#network 172.16.10.4 0.0.0.3
```

你现在应该对上述配置非常熟悉，因为你对如何配置通配符掩码已了如指掌。这种配置通告与接口 g0/1 连接的网络以及两条 WAN 链路。使用这种配置的唯一目的是，避免将接口 g0/0 加入 EIGRP 进程。除非你的互联网络中有数万个网络，否则根本不需要使用通配符掩码，因为除刚才说到的作用外，通配符掩码不能为管理工作提供任何方便。

来看看需要在路由器 SF 和 NY 上做的简单配置：

```
SF(config)#router eigrp 20
SF(config-router)#network 172.16.0.0
SF(config-router)#network 10.0.0.0
000060:&#x00025;DUAL-5-NBRCHANGE:IP-EIGRP(0) 20:Neighbor 172.16.10.1 (Serial0/0/0)
is up:
new adjacency

NY(config)#router eigrp 20
NY(config-router)#network 172.16.0.0
NY(config-router)#network 10.0.0.0
*Jun 26 02:41:36:%DUAL-5-NBRCHANGE:IP-EIGRP(0) 20:Neighbor 172.16.10.5 (Serial0/0/1)
is up: new adjacency
```

非常容易，不是吗？从上述输出可知，路由器 SF 和 NY 与路由器 Corp 建立了邻接关系，但这些路由器为何会共享路由选择信息呢？原因是配置中的自主系统（AS）号，下面简要地介绍一下它。

EIGRP 使用 AS 号指定一组共享路由信息的路由器，只有 AS 号相同的路由器才会共享路由。配置 EIGRP 时，可指定的 AS 号为 1～65 535：

```
Corp(config)#router eigrp ?
  <1-65535>  Autonomous System
  WORD       EIGRP Virtual-Instance Name
Corp(config)#router eigrp 20
```

注意到可将 AS 号设置为 1～65 535 的任何值，我出于个人喜好选择了 20。只要所有路由器使用的 AS 号都相同，它们就会建立邻接关系。至此，你明白了 AS 号，但从上述输出可知，除数字外也可将其指定为文本，请看如下配置：

```
Corp(config)#router eigrp Todd
Corp(config-router)#address-family ipv4 autonomous-system 20
Corp(config-router-af)#network 10.0.0.0
Corp(config-router-af)#network 172.16.0.0
```

刚才演示的配置不在 CCNA 考试大纲内，在网络中配置 IPv4 路由选择时，也不必这样做。本章前面介绍的配置都是 CCNA 考试大纲要求的，只使用它们就可以了。这里之所以介绍最后一个配置示例，是因为它是 IOS 15.0 版新增的一个选项。

17.2.1 支持 VLSM 和汇总

EIGRP 是一种比较复杂的无类路由选择协议，支持使用变长子网掩码。这是件好事，因为这让我们能够根据要支持的主机数选择更合适的子网掩码，从而节省地址空间。一个绝佳的示例是，在我们的互联网络中，可以给点到点网络指定 30 位的子网掩码。另外，由于路由更新都包含子网掩码，EIGRP 还支持使用非连续子网，这给设计网络 IP 地址方案提供了极大的灵活性。EIGRP 的另一个特点是，允许在 EIGRP 网络的合适位置进行路由汇总，从而缩小路由选择表的规模。

别忘了，EIGRP 在分类网络边界自动汇总路由，同时允许在任何 EIGRP 路由器上手动汇总路由。这通常是件好事，但通过查看路由器 Corp 的路由选择表可知，自动汇总可能带来麻烦：

```
Corp#sh ip route
[output cut]
     172.16.0.0/16 is variably subnetted, 3 subnets, 2 masks
C       172.16.10.4/30 is directly connected, Serial0/1
C       172.16.10.0/30 is directly connected, Serial0/0
D       172.16.0.0/16 is a summary, 00:01:37, Null0
     10.0.0.0/8 is variably subnetted, 3 subnets, 2 masks
C       10.10.10.0/24 is directly connected, GigabitEthernet0/0
D       10.0.0.0/8 is a summary, 00:01:19, Null0
C       10.10.11.0/24 is directly connected, GigabitEthernet0/1
```

情况看起来不妙：EIGRP 注入的是汇总路由 172.16.0.0 和 10.0.0.0/8，但我们使用了分类网络 10.0.0.0/8 的多个子网，路由器 Corp 怎么知道如何路由到 10.10.20.0 等子网呢？答案是不知道，图 17-6 说明了其中的原因。

这里使用的子网是不连续的，因为我们将网络 10.0.0.0/8 划分成了多个子网，它们分布在 WAN 链路（网络 172.16.0.0）两端。

路由器 SF 和 NY 都通过自动汇总生成路由 10.0.0.0/8，并将其加入路由选择表。这是一个常见的问题，也是思科要求你明白的一个重要问题（将其涵盖在 CCNA 考试大纲中）。对于图 17-5 这样的拓扑，禁用自动汇总无疑是更好的选择。实际上，这是确保这个网络能够正常运行的唯一选择。

17

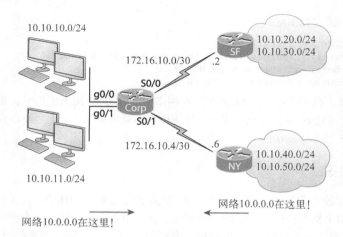

图 17-6 非连续网络

来查看路由器 NY 和 SF 的路由选择表：

```
SF>sh ip route
[output cut]
     172.16.0.0/16 is variably subnetted, 3 subnets, 3 masks
C       172.16.10.0/30 is directly connected, Serial0/0/0
D       172.16.10.0/24 [90/2681856] via 172.16.10.1, 00:54:58, Serial0/0/0
D       172.16.0.0/16 is a summary, 00:55:12, Null0
     10.0.0.0/8 is variably subnetted, 3 subnets, 2 masks
D       10.0.0.0/8 is a summary, 00:54:58, Null0
C       10.10.20.0/24 is directly connected, FastEthernet0/0
C       10.10.30.0/24 is directly connected, Loopback0
SF>

NY>sh ip route
[output cut]
     172.16.0.0/16 is variably subnetted, 2 subnets, 2 masks
C       172.16.10.4/30 is directly connected, Serial0/0/1
D       172.16.0.0/16 is a summary, 00:55:56, Null0
     10.0.0.0/8 is variably subnetted, 3 subnets, 2 masks
D       10.0.0.0/8 is a summary, 00:55:26, Null0
C       10.10.40.0/24 is directly connected, FastEthernet0/0
C       10.10.50.0/24 is directly connected, Loopback0
NY>ping 10.10.10.1
Type escape sequence to abort.
Sending 5, 100-byte ICMP Echos to 10.10.10.1, timeout is 2 seconds:
.....
Success rate is 0 percent (0/5)
NY>
```

上述输出表明，这个网络运行不正常。这是因为子网是非连续的，而 EIGRP 在分类网络边界自动进行汇总。可以看到，EIGRP 在 SF 和 NY 的路由选择表中加入了汇总路由。

要让这个网络正常运行，必须通告子网。为此，先来修改路由器 Corp 的配置：

```
Corp#config t
Corp(config)#router eigrp 20
Corp(config-router)#no auto-summary
Corp(config-router)#
*Feb 25 18:29:30%DUAL-5-NBRCHANGE:IP-EIGRP(0) 20:Neighbor 172.16.10.6 (Serial0/1)
 is resync: summary configured
*Feb 25 18:29:30%DUAL-5-NBRCHANGE:IP-EIGRP(0) 20:Neighbor 172.16.10.2 (Serial0/0)
 is resync: summary configured
Corp(config-router)#
```

网络依然不能正常运行，因为其他路由器通告的还是汇总路由。下面来配置路由器 SF 和 NY，使其通告子网：

```
SF#config t
SF(config)#router eigrp 20
SF(config-router)#no auto-summary
SF(config-router)#
000090:%DUAL-5-NBRCHANGE:IP-EIGRP(0) 20:Neighbor 172.16.10.1 (Serial0/0/0) is resync:
summary configured


NY#config t
NY(config)#router eigrp 20
NY(config-router)#no auto-summary
NY(config-router)#
*Jun 26 21:31:08%DUAL-5-NBRCHANGE:IP-EIGRP(0) 20:Neighbor 172.16.10.5 (Serial0/0/1)
is resync: summary configured
```

现在来看看路由器 Corp 的情况：

```
Corp(config-router)#do show ip route
[output cut]
     172.16.0.0/30 is subnetted, 2 subnets
C       172.16.10.4 is directly connected, Serial0/1
C       172.16.10.0 is directly connected, Serial0/0
     10.0.0.0/24 is subnetted, 6 subnets
C       10.10.10.0 is directly connected, GigabitEthernet0/0
C       10.10.11.0 is directly connected, GigabitEthernet0/1
D       10.10.20.0 [90/3200000] via 172.16.10.2, 00:00:27, Serial0/0
D       10.10.30.0 [90/3200000] via 172.16.10.2, 00:00:27, Serial0/0
D       10.10.40.0 [90/2297856] via 172.16.10.6, 00:00:29, Serial0/1
D       10.10.50.0 [90/2297856] via 172.16.10.6, 00:00:30, Serial0/1
Corp# ping 10.10.20.1

Type escape sequence to abort.
Sending 5, 100-byte ICMP Echos to 10.10.20.1, timeout is 2 seconds:
!!!!!
Success rate is 100 percent (5/5), round-trip min/avg/max = 1/2/4 ms
```

相比以前，路由选择表有天壤之别，包含了所有的子网。当今，几乎没有理由使用自动汇总。即便你要汇总路由，也必须手动进行配置。配置 RIPv2 和 EIGRP 时，使用命令 no auto-summary 禁用自动汇总是当前常见的做法。

提示　　　IOS 15.x 版默认禁用了自动汇总——早就应该这样。然而，不要指望 CCNA 考试大纲不再涵盖非连续网络和禁用自动汇总等主题，因为这不太可能。在考试中排除 EIGRP 故障时，请检查 IOS 版本，如果为 15.x，就可认为问题不出在自动汇总上。

17.2.2　控制 EIGRP 流量

要想在接口上禁用 EIGRP，该如何做呢？你想这样做的原因可能是这样的：接口连接到 ISP；不想让接口加入 EIGRP 进程，就像本章前面的接口 g0/0。要在接口上禁用 EIGRP，只需在 EIGRP 进程下使用下述命令将接口配置为被动的：

```
passive-interface interface-type interface-number
```

其中 interface-type 指定了接口类型，而 interface-number 指定了接口号。下面的命令将吉比特以太网接口 0/0 配置为被动的：

```
Corp(config)#router eigrp 20
Corp(config-router)#passive-interface g0/0
```

这个命令禁止接口收发 Hello 分组，使其无法建立邻接关系，也无法收发路由信息。然而，这不能禁止 EIGRP 将这个接口连接的子网从其他接口通告出去。要禁止 EIGRP 通告被动接口连接的子网，只能使用通配符掩码。这表明，除明白命令 passive-interface 的作用外，你还必须明白使用通配符的原因和时机。这有助于你根据具体的业务需求，明智地选择要使用的命令。

注意　　　命令 passive-interface 的影响取决于接口运行的路由选择协议。例如，在运行 RIP 的接口上，命令 passive-interface 禁止接口发送路由更新，但不禁止它接收路由更新。RIP 路由器能够通过被动接口获悉其他路由器通告的网络，这不同于 EIGRP。对于 EIGRP 接口，命令 passive-interface 不仅禁止它发送 Hello 分组，还禁止它读取收到的 Hello 分组。

通常，EIGRP 邻居使用组播来交换路由选择更新。你可以改变这种行为，方法是将特定路由器指定为邻居，这样将只使用单播给这个邻居发送路由选择更新。要启用这种功能，可在 EIGRP 进程下配置命令 neighbor。

下面配置路由器 Corp，将路由器 SF 和 NY 指定为邻居：

```
Corp(config)#router eigrp 20
Corp(config-router)#neighbor 172.16.10.2
Corp(config-router)#neighbor 172.16.10.6
```

需要指出的是，即便不使用命令 neighbor，也能建立邻居关系，但在必要时你可以这样做。

1. EIGRP 度量值

不像很多协议那样根据单个因素对路由进行比较，进而选择最佳路径，EIGRP 结合使用下面四个因素：

- ❑ 带宽
- ❑ 延迟

❏ 负载

❏ 可靠性

需要指出的是，还有第五个因素，那就是**最大传输单元**（MTU）。EIGRP 计算度量值时，从不考虑这个因素，但在一些 EIGRP 命令（尤其是那些与重分发相关的命令）中，必须指定这个参数。MTU 指的是在前往目标网络的路径上，遇到的最小 MTU。

可以将根据前面所说的四个主要因素计算出一个值，用于表示路由的好坏程度。你最好知道该计算使用的数学公式。度量值越大，路由越差。度量值计算公式如下：

$$度量值 = [K_1 \times 带宽 + (K_2 \times 带宽)/(256 - 负载) + K_3 \times 延迟] \times [K_5/(可靠性 + K_4)]$$

对这个公式解释如下。

❏ 默认情况下，$K_1 = 1$，$K_2 = 0$，$K_3 = 1$，$K_4 = 0$，$K_5 = 0$。

❏ 延迟为路径上所有链路的总延迟。

　　■ 延迟 = 以 10 微秒为单位的延迟时间 × 256

❏ 带宽为路径上速度最低的链路的带宽。

　　■ 带宽 = [10000000 / (以 Kbit/s 为单位的带宽值)] × 256

❏ 默认情况下，度量值 = 路径上速度最低的链路的带宽 + 路径的总延迟。

必要时，可调整接口的 K 值，但建议仅在思科技术协助中心（TAC）的指导下这样做。调整 K 值将影响度量值的计算方式。要查看 K 值，可使用命令 show ip protocols：

```
Corp#sh ip protocols
*** IP Routing is NSF aware ***

Routing Protocol is "eigrp 1"
  Outgoing update filter list for all interfaces is not set
  Incoming update filter list for all interfaces is not set
  Default networks flagged in outgoing updates
  Default networks accepted from incoming updates
  EIGRP-IPv4 Protocol for AS(1)
    Metric weight K1=1, K2=0, K3=1, K4=0, K5=0
```

注意到默认情况下，只有 K_1 和 K_3 不为零，例如，K_1 为 1。表 17-1 指出了各个 K 值影响的因素。

表17-1　各个K值影响的因素

K　值	影响的因素
K_1	带宽
K_2	负载（带宽使用率）
K_3	延迟
K_4	可靠性
K_5	MTU

每个 K 值都用于给相应的因素指定权重，这意味着可改变各个因素对度量值的影响程度。这很好，因为你可以通过指定权重，指出哪个因素对你来说最重要。例如，如果带宽对你来说最重要，可增大 K_1；如果无法接受延迟，可将 K_3 设置得较大。然而，需要注意的是，对默认 K 值进行任何修改都可能导致网络不稳定以及会聚问题，在延迟或可靠性值变换不定时尤其如此。但如果你实在闲得慌，想

找点事情做，尝试修改 K 值确实是件有趣的事情，既可消磨时光，又可让你获得对网络的深刻洞见。

2. 最大路径数和最大跳数

默认情况下，EIGRP 最多可在 4 条成本相等的路径之间均衡负载，RIP 和 OSPF 亦如此。然而，IOS 15.0 版允许 EIGRP 最多在 32 条路径之间均衡负载（这些路径的成本可以相等，也可以不等）。为此，可使用如下命令：

```
Corp(config)#router eigrp 10
Corp(config-router)#maximum-paths ?
  <1-32>  Number of paths
```

前面说过，在 15.0 版之前的 IOS 中，路由器最多支持 16 条到远程网络的路径，这也不少。

默认情况下，EIGRP 路由更新分组的最大跳数为 100，但最大可将其设置为 255。通常你不会想修改这个值，但如果确实需要，方法如下：

```
Corp(config)#router eigrp 10
Corp(config-router)#metric maximum-hops ?
  <1-255>  Hop count
```

从上述输出可知，最大跳数的最大可能取值为 255。EIGRP 不使用跳数来计算路径的度量值，而使用最大跳数来限制 AS 的规模。

3. 路由选择

你已对 EIGRP 的工作原理有了深入认识，还知道它配置起来非常容易。因此你可能知道，确定最佳路径非常简单，只需找出哪条路径的度量值最小。然而，EIGRP 与其他协议的不同之处并不在最佳路径选择方式方面。你知道，EIGRP 将邻居提供的路由信息存储在拓扑表中，只要邻居没有失效，EIGRP 就几乎不会丢弃从它那里获悉的任何信息。这让 EIGRP 能够在拓扑表中标出最佳路由，以便将其加入路由选择表；还让 EIGRP 能够将次优路由标记为替代路由，供最佳路由失效时使用。

在图 17-7 中，我在路由器 SF 和 NY 之间添加了一条快速以太网链路。这让我们能够更好地研究拓扑表和路由选择表。

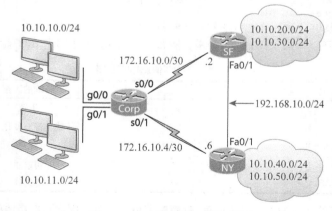

图 17-7　EIGRP 路由选择过程

首先，来看看启用新接口前路由器 Corp 的路由选择表：

```
172.16.0.0/30 is subnetted, 2 subnets
```

```
C          172.16.10.4 is directly connected, Serial0/1
C          172.16.10.0 is directly connected, Serial0/0
     10.0.0.0/24 is subnetted, 6 subnets
C          10.10.10.0 is directly connected, GigabitEthernet0/0
C          10.10.11.0 is directly connected, GigabitEthernet0/1
D          10.10.20.0 [90/3200000] via 172.16.10.2, 00:00:27, Serial0/0
D          10.10.30.0 [90/3200000] via 172.16.10.2, 00:00:27, Serial0/0
D          10.10.40.0 [90/2297856] via 172.16.10.6, 00:00:29, Serial0/1
D          10.10.50.0 [90/2297856] via 172.16.10.6, 00:00:30, Serial0/1
```

从上述输出可知，有 4 个直连接口，还有 4 个网络，这些网络是由 EIGRP 注入路由选择表中的。现在，在路由器 SF 和 NY 之间添加网络 192.168.10.0/24，并启用相应的接口。

配置新链路后，再来看看路由器 Corp 的路由选择表：

```
D   192.168.10.0/24 [90/2172416] via 172.16.10.6, 00:04:27, Serial0/1
     172.16.0.0/30 is subnetted, 2 subnets
C          172.16.10.4 is directly connected, Serial0/1
C          172.16.10.0 is directly connected, Serial0/0
     10.0.0.0/24 is subnetted, 6 subnets
C          10.10.10.0 is directly connected, GigabitEthernet0/0
C          10.10.11.0 is directly connected, GigabitEthernet0/1
D          10.10.20.0 [90/3200000] via 172.16.10.2, 00:00:27, Serial0/0
D          10.10.30.0 [90/3200000] via 172.16.10.2, 00:00:27, Serial0/0
D          10.10.40.0 [90/2297856] via 172.16.10.6, 00:00:29, Serial0/1
D          10.10.50.0 [90/2297856] via 172.16.10.6, 00:00:30, Serial0/1
```

唯一的变化是，在输出开头，新增了一条前往网络 192.168.10.0/24 的路由。这令人高兴，因为这意味着能够路由到网络 192.168.10.0/24。注意到可通过接口 Serial0/1 前往这个网络，但到路由器 SF 的链路出什么问题了呢？原本应收到路由器 SF 的通告，并在两条路径之间均衡负载呀！为了解幕后的情况，来看看拓扑表：

```
Corp#sh ip eigrp topology
IP-EIGRP Topology Table for AS(20)/ID(10.10.11.1)

Codes: P - Passive, A - Active, U - Update, Q - Query, R - Reply,
       r - reply Status, s - sia Status

P 10.10.10.0/24, 1 successors, FD is 128256
        via Connected, GigbitEthernet0/0
P 10.10.11.0/24, 1 successors, FD is 128256
        via Connected, GigbitEthernet0/1
P 10.10.20.0/24, 1 successors, FD is 2300416
        via 172.16.10.6 (2300416/156160), Serial0/1
        via 172.16.10.2 (3200000/128256), Serial0/0
P 10.10.30.0/24, 1 successors, FD is 2300416
        via 172.16.10.6 (2300416/156160), Serial0/1
        via 172.16.10.2 (3200000/128256), Serial0/0
P 10.10.40.0/24, 1 successors, FD is 2297856
        via 172.16.10.6 (2297856/128256), Serial0/1
        via 172.16.10.2 (3202560/156160), Serial0/0
P 10.10.50.0/24, 1 successors, FD is 2297856
        via 172.16.10.6 (2297856/128256), Serial0/1
        via 172.16.10.2 (3202560/156160), Serial0/0
```

17

```
P 192.168.10.0/24, 1 successors, FD is 2172416
        via 172.16.10.6 (2172416/28160), Serial0/1
        via 172.16.10.2 (3074560/28160), Serial0/0
P 172.16.10.4/30, 1 successors, FD is 2169856
        via Connected, Serial0/1
P 172.16.10.0/30, 1 successors, FD is 3072000
        via Connected, Serial0/0
```

在拓扑表中，有两条前往网络 192.168.10.0/24 的路径，但使用的是下一跳为 172.16.10.6（NY）的路径，因为它的可行距离（FD）更小。两台路由器提供的通告距离都是 28 160，但经 WAN 链路前往这两台路由器的成本不同。这导致 FD 不同，因此默认没有均衡负载。

两条 WAN 链路都属于 T1，按理默认应该均衡负载，但 EIGRP 发现，相比经由 NY 的路径，经由 SF 的路径的成本更高。鉴于 EIGRP 根据线路的带宽和延迟来确定最佳路径，我们可以使用命令 show interfaces 来查看这些统计信息，如下所示：

```
Corp#sh int s0/0
Serial0/0 is up, line protocol is up
  Hardware is PowerQUICC Serial
  Description: <<Connection to CR1>>
  Internet address is 172.16.10.1/30
  MTU 1500 bytes, BW 1000 Kbit, DLY 20000 usec,
      reliability 255/255, txload 1/255, rxload 1/255
  Encapsulation HDLC, loopback not set Keepalive set (10 sec)

Corp#sh int s0/1
Serial0/1 is up, line protocol is up
  Hardware is PowerQUICC Serial
  Internet address is 172.16.10.5/30
  MTU 1500 bytes, BW 1544 Kbit, DLY 20000 usec,
      reliability 255/255, txload 1/255, rxload 1/255
  Encapsulation HDLC, loopback not set Keepalive set (10 sec)
```

这里突出显示了 EIGRP 计算前往下一跳路由器的度量值时使用的统计信息：MTU、带宽、延迟、可靠性和负载。默认情况下，EIGRP 只使用带宽和延迟来计算度量值。从上述输出可知，接口 Serial0/0 的带宽被设置为 1000 Kbit/s，这并非默认带宽；而接口 Serial0/1 的带宽被设置为默认值 1544 Kbit/s。

下面将接口 Serial0/0 的带宽恢复到默认值，这样就将均衡前往网络 192.168.10.0 的负载了。为此，只需使用命令 no bandwidth，将带宽恢复到默认值 1544 Kbit/s：

```
Corp#config t
Corp(config)#int s0/0
Corp(config-if)#no bandwidth
Corp(config-if)#^Z
```

下面来查看拓扑表，看看两条路径的成本是否相同：

```
Corp#sh ip eigrp topo | section 192.168.10.0
P 192.168.10.0/24, 2 successors, FD is 2172416
        via 172.16.10.2 (2172416/28160), Serial0/0
        via 172.16.10.6 (2172416/28160), Serial0/1
```

在大多数互联网络中，拓扑表都可能非常大，此时命令 show ip eigrp topology | section *network* 可提供便利。它显示指定网络的信息，通常只有几行。

下面使用命令 show ip route *network* 来查看当前的情况：

```
Corp#sh ip route 192.168.10.0
Routing entry for 192.168.10.0/24
  Known via "eigrp 20", distance 90, metric 2172416, type internal
  Redistributing via eigrp 20
  Last update from 172.16.10.2 on Serial0/0, 00:05:18 ago
  Routing Descriptor Blocks:
  * 172.16.10.6, from 172.16.10.6, 00:05:18 ago, via Serial0/1
      Route metric is 2172416, traffic share count is 1
      Total delay is 20100 microseconds, minimum bandwidth is 1544 Kbit
      Reliability 255/255, minimum MTU 1500 bytes
      Loading 1/255, Hops 1
    172.16.10.2, from 172.16.10.2, 00:05:18 ago, via Serial0/0
      Route metric is 2172416, traffic share count is 1
      Total delay is 20100 microseconds, minimum bandwidth is 1544 Kbit
      Reliability 255/255, minimum MTU 1500 bytes
      Loading 1/255, Hops 1
```

这里列出了大量有关前往网络 192.168.10.0 的路由的信息。路由器 Corp 有两条前往网络 192.168.10.0 的路由，它们的成本相等。为更深入地了解负载均衡情况，下面使用更简单但更有用的命令 show ip route：

```
Corp#sh ip route
[output cut]
D    192.168.10.0/24 [90/2172416] via 172.16.10.6, 00:05:35, Serial0/1
                     [90/2172416] via 172.16.10.2, 00:05:35, Serial0/0
```

至此，我们知道有两条前往网络 192.168.10.0 的后继路由，太好了。在路由选择表中，有一条前往网络 10.10.20.0 和 10.10.30.0 的路由，而依次经由路由器 NY 和 SF 的路由为这些网络的可行后继路由。网络 10.10.40.0 和 10.10.50.0 的情况与此类似。为更深入地了解这些方面，来看看拓扑表：

```
Corp#sh ip eigrp topology
IP-EIGRP Topology Table for AS(20)/ID(10.10.11.1)

Codes: P - Passive, A - Active, U - Update, Q - Query, R - Reply,
       r - reply Status, s - sia Status

P 10.10.10.0/24, 1 successors, FD is 128256
        via Connected, GigabitEthernet0/0
P 10.10.11.0/24, 1 successors, FD is 128256
        via Connected, GigabitEthernet0/1
P 10.10.20.0/24, 1 successors, FD is 2297856
        via 172.16.10.2 (2297856/128256), Serial0/0
        via 172.16.10.6 (2300416/156160), Serial0/1
P 10.10.30.0/24, 1 successors, FD is 2297856
        via 172.16.10.2 (2297856/128256), Serial0/0
        via 172.16.10.6 (2300416/156160), Serial0/1
P 10.10.40.0/24, 1 successors, FD is 2297856
        via 172.16.10.6 (2297856/128256), Serial0/1
        via 172.16.10.2 (2300416/156160), Serial0/0
P 10.10.50.0/24, 1 successors, FD is 2297856
        via 172.16.10.6 (2297856/128256), Serial0/1
        via 172.16.10.2 (2300416/156160), Serial0/0
```

17

```
P 192.168.10.0/24, 2 successors, FD is 2172416
        via 172.16.10.2 (2172416/28160), Serial0/0
        via 172.16.10.6 (2172416/28160), Serial0/1
P 172.16.10.4/30, 1 successors, FD is 2169856
        via Connected, Serial0/1
P 172.16.10.0/30, 1 successors, FD is 2169856
        via Connected, Serial0/0
```

从上述输出可知,对于前面说的每个网络,都有一条后继路由和一条可行后继路由,这说明 EIGRP 运行正常。下面来仔细查看有关网络 10.10.20.0 的信息,并详细剖析这些信息:

```
P 10.10.20.0/24, 1 successors, FD is 2297856
        via 172.16.10.2 (2297856/128256), Serial0/0
        via 172.16.10.6 (2300416/156160), Serial0/1
```

首先看到的是 P(表示 passive),这意味着 EIGRP 找到了所有可以前往网络 10.10.20.0 的路径, 对结果很满意。如果看到的是 A(表示 active),就说明 EIGRP 对结果并不满意,正在向邻居查询 前往该网络的新路径。(2297856/128256)指的是 FD/AD,这意味着路由器 SF 通告的前往网络 10.10.20.0 的成本(AD)为 128 256。路由器 Corp 根据 WAN 链路的带宽和延迟计算前往路由器 SF 的 成本,再将结果与 AD(128 256)相加,得到前往网络 10.10.20.0 的总成本(2 297 856)。

 警告　　　要成为 CCNA R/S,必须知道如何解读拓扑表。

4. 非等成本负载均衡

与运行在思科路由器上的所有路由选择协议一样,EIGRP 也默认支持在 4 条成本相等的路由之间 均衡负载。在 IOS 15.0 中,可通过配置使得最多在 32 条成本相等的路径之间均衡负载;而在以前的 IOS 版本中,最多为 16 条。这些我在本章前面说过多次了,这里要向你演示的是如何配置 EIGRP, 使其进行非等成本负载均衡。首先,来看看路由器 Corp 当前的相关配置,为此可使用命令 show ip protocols:

```
Corp#sh ip protocols
Routing Protocol is "eigrp 20"
  Outgoing update filter list for all interfaces is not set
  Incoming update filter list for all interfaces is not set
  Default networks flagged in outgoing updates
  Default networks accepted from incoming updates
  EIGRP metric weight K1=1, K2=0, K3=1, K4=0, K5=0
  EIGRP maximum hopcount 100
  EIGRP maximum metric variance 1
  Redistributing: eigrp 20
  EIGRP NSF-aware route hold timer is 240s
  Automatic network summarization is not in effect
  Maximum path: 4
  Routing for Networks:
    10.0.0.0
    172.16.0.0
  Routing Information Sources:
    Gateway         Distance      Last Update
    (this router)         90      19:15:10
```

```
    172.16.10.6            90        00:25:38
    172.16.10.2            90        00:25:38
  Distance: internal 90 external 170
```

variance 1 表明在成本相等的路径之间均衡负载，而 Maximum path：4 表明最多在 4 条路径之间均衡负载（这是默认设置）。不同于其他大多数协议，EIGRP 还支持非等成本负载均衡，可使用参数 variance 进行配置。

为阐明非等成本负载均衡，假定参数 variance 被设置为 2。这将在所有这样的路由之间均衡负载——其可行距离不超过最佳路由的可行距离的两倍。但别忘了，进行非等成本负载均衡时，通常每条路由发送的流量与其成本呈反比，这意味着相比次优路由，通过最佳路由发送的流量更多。

下面在路由器 Corp 上配置参数 variance，看看可行后继路由会不会参与负载均衡：

```
Corp# config t
Corp(config)#router eigrp 20
Corp(config-router)#variance 2
Corp(config-router)#
*Feb 26 22:24:24:IP-EIGRP(Default-IP-Routing-Table:20):route installed for 10.10.20.0
*Feb 26 22:24:24:IP-EIGRP(Default-IP-Routing-Table:20):route installed for 10.10.20.0
*Feb 26 22:24:24:IP-EIGRP(Default-IP-Routing-Table:20):route installed for 10.10.30.0
*Feb 26 22:24:24:IP-EIGRP(Default-IP-Routing-Table:20):route installed for 10.10.30.0
*Feb 26 22:24:24:IP-EIGRP(Default-IP-Routing-Table:20):route installed for 10.10.40.0
*Feb 26 22:24:24:IP-EIGRP(Default-IP-Routing-Table:20):route installed for 10.10.40.0
*Feb 26 22:24:24:IP-EIGRP(Default-IP-Routing-Table:20):route installed for 10.10.50.0
*Feb 26 22:24:24:IP-EIGRP(Default-IP-Routing-Table:20):route installed for 10.10.50.0
*Feb 26 22:24:24:IP-EIGRP(Default-IP-Routing-Table:20):route installed for
192.168.10.0
*Feb 26 22:24:24:IP-EIGRP(Default-IP-Routing-Table:20):route installed for
192.168.10.0
Corp(config-router)#do show ip route
[output cut]
D     192.168.10.0/24 [90/2172416] via 172.16.10.6, 00:00:18, Serial0/1
                      [90/2172416] via 172.16.10.2, 00:00:18, Serial0/0
      172.16.0.0/30 is subnetted, 2 subnets
C        172.16.10.4 is directly connected, Serial0/1
C        172.16.10.0 is directly connected, Serial0/0
      10.0.0.0/24 is subnetted, 6 subnets
C        10.10.10.0 is directly connected, GigabitEthernet0/0
C        10.10.11.0 is directly connected, GigabitEthernet0/1
D        10.10.20.0 [90/2300416] via 172.16.10.6, 00:00:18, Serial0/1
                    [90/2297856] via 172.16.10.2, 00:00:19, Serial0/0
D        10.10.30.0 [90/2300416] via 172.16.10.6, 00:00:19, Serial0/1
                    [90/2297856] via 172.16.10.2, 00:00:19, Serial0/0
D        10.10.40.0 [90/2297856] via 172.16.10.6, 00:00:19, Serial0/1
                    [90/2300416] via 172.16.10.2, 00:00:19, Serial0/0
D        10.10.50.0 [90/2297856] via 172.16.10.6, 00:00:20, Serial0/1
                    [90/2300416] via 172.16.10.2, 00:00:20, Serial0/0
Corp(config-router)#
```

很好，确实管用！在路由选择表中，每个远程网络都有两条路由，不过这两条路由的可行距离不同。别忘了，默认并未启用非等成本负载均衡。另外，可参与负载均衡的路由的度量值最大可达后继路由的 128 倍。

17.2.3　水平分割

在接口上默认启用水平分割意味着在接口上收到来自邻居路由器的路由更新后,不会再通过这个接口将相关的网络通告给这个邻居。下面先来查看一个接口的情况,再通过一个示例说明水平分割的影响。

```
Corp#sh ip int s0/0
Serial0/0 is up, line protocol is up
   Internet address is 172.16.10.1/24
   Broadcast address is 255.255.255.255
   Address determined by setup command
   MTU is 1500 bytes
   Helper address is not set
   Directed broadcast forwarding is disabled
   Multicast reserved groups joined: 224.0.0.10
   Outgoing access list is not set
   Inbound  access list is not set
   Proxy ARP is enabled
   Local Proxy ARP is disabled
   Security level is default
   Split horizon is enabled
[output cut]
```

上述输出表明,默认启用了水平分割,但这到底意味着什么呢?在大多数情况下,启用水平分割利大于弊。下面以图 17-8 所示的互联网络为例,阐述水平分割的作用。

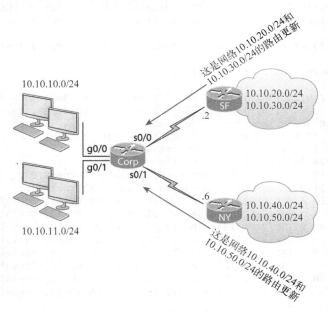

图 17-8　启用水平分割(第一部分)

注意到路由器 SF 和 NY 都将路由通告给路由器 Corp。来看看路由器 Corp 发送给路由器 SF 和 NY的信息,如图 17-9 所示。

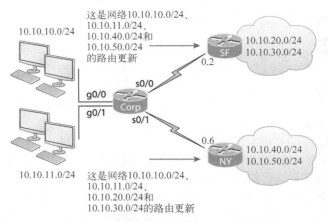

图 17-9 启用水平分割（第二部分）

你注意到了吗？在各个接口上，路由器 Corp 并未将通过它获悉的网络再通告出去。这避免了路由器 SF 和 NY 获悉错误的信息，进而避免它们错误地经路由器 Corp 前往与它们直接相连的网络。

那么，水平分割怎么会导致问题呢？毕竟，不将信息再通告给提供它们的路由器合情合理。同一个路由器接口通过点到多点链路（如帧中继）连接到多台远程路由器时，水平分割将带来问题。在点到多点链路上，要解决水平分割带来的问题，可使用逻辑接口（子接口），这将在第 21 章介绍。

17.3 EIGRP 验证和故障排除

虽然 EIGRP 通常运行平稳，需要做的维护工作也相对较少，但有几个命令你必须牢记在心，它们对于排除 EIGRP 故障大有裨益。本章前面已经介绍了其中的几个，这里将演示所有的 EIGRP 验证和故障排除工具。表 17-2 列出了一些命令，并简要地描述了它们的功能。为检查 EIGRP 是否运行正常，你必须熟悉所有这些命令。

表17-2 EIGRP故障排除命令

命　　令	描述/功能
show ip eigrp neighbors	显示所有的EIGRP邻居及其IP地址、重传间隔和排队等待发送的消息数
show ip eigrp interfaces	列出所有启用了EIGRP的接口
show ip route eigrp	显示路由选择表中的EIGRP条目
show ip eigrp topology	显示EIGRP拓扑表中的条目
show ip eigrp traffic	显示收发的EIGRP分组数
show ip protocols	显示活动协议会话的信息

排除 EIGRP 故障时，首先获取准确的网络布局总是一个不错的主意，最佳的方式是使用命令 show ip eigrp neighbors 确定当前路由器有哪些直连邻居。这个命令显示当前 AS 中的所有邻接路由器，它们与当前路由器分享路由信息。如果遗漏了本该有的邻居，就需查看配置、AS 号和链路状态，核实是否在当前路由器和遗漏的路由器上正确地配置了 EIGRP。

下面在路由器 Corp 上执行这个命令：

```
Corp#sh ip eigrp neighbors
IP-EIGRP neighbors for process 20
H   Address              Interface        Hold Uptime    SRTT   RTO  Q   Seq
                                          (sec)          (ms)        Cnt Num
1   172.16.10.2          Se0/0            11 03:54:25    1      200  0   127
0   172.16.10.6          Se0/1            11 04:14:47    1      200  0   2010
```

对上述输出中的重要信息解释如下。

❑ H 列指出了邻居的发现顺序。

❑ Hold 列指出了保持时间（单位为秒），表示当前路由器将为接收邻居的 Hello 消息等待多长时间。

❑ Uptime 列指出了邻居关系已建立多长时间。

❑ SRTT 列为平均往返时间，指的是从当前路由器前往邻居并返回总共需要多长时间。这个值决定了发送组播后，将为接收邻居的应答等待多长时间。前面说过，如果没有收到应答，路由器将尝试使用单播与邻居联系。

❑ RTO（重传超时）列指出了重传前等待的时间，这取决于 SRTT 值。

❑ Q 值指出了队列中是否有等待发送的消息。如果这个值始终很大，通常意味着存在问题。

❑ 最后，Seq 列是从邻居那里收到的最后一个更新的序列号，用于确保同步，避免处理重复的消息或处理消息的顺序不正确。

命令 show ip eigrp neighbors 很有用，但还可使用命令 show ip eigrp interfaces 获悉当前路由器的状态，如下所示：

```
Corp#sh ip eigrp interfaces
IP-EIGRP interfaces for process 20

                  Xmit Queue    Mean   Pacing Time   Multicast     Pending
Interface   Peers Un/Reliable   SRTT   Un/Reliable   Flow Timer    Routes
Gi0/0       0     0/0           0      0/1           0             0
Se0/1       1     0/0           1      0/15          50            0
Se0/0       1     0/0           1      0/15          50            0
Gi0/1       0     0/0           0      0/1           0             0

Corp#sh ip eigrp interface detail s0/0
IP-EIGRP interfaces for process 20

                  Xmit Queue    Mean   Pacing Time   Multicast     Pending
Interface   Peers Un/Reliable   SRTT   Un/Reliable   Flow Timer    Routes
Se0/0       1     0/0           1      0/15          50            0
  Hello interval is 5 sec
  Next xmit serial <none>
  Un/reliable mcasts: 0/0  Un/reliable ucasts: 21/26
  Mcast exceptions: 0  CR packets: 0  ACKs suppressed: 9
  Retransmissions sent: 0  Out-of-sequence rcvd: 0
  Authentication mode is not set
```

第一个命令（show ip eigrp interfaces）显示了启用 EIGRP 的所有接口，还指出了路由器当前通过哪些接口发送 Hello 消息，以便发现新的 EIGRP 邻居。命令 show ip eigrp interface detail *interface* 显示指定接口的详细信息，包括当前路由器的 Hello 间隔。需要指出的是，可以使用这些命令来检查 EIGRP 进程中的所有接口，但被动接口不会出现在这些命令的输出中。因此，如果接口没有出现在这些命令的输出中，务必检查它是否被配置成被动的。

确定所有邻居都正常后，就需要查看获悉的路由了。通过执行命令 show ip route eigrp，可大致了解路由选择表中的 EIGRP 路由。如果原本应该有的路由没有出现在路由选择表中，就需要检查提供该路由的路由器。如果该路由器运行正常，就检查拓扑表。

路由器 Corp 的路由选择表类似于下面这样：

```
D     192.168.10.0/24 [90/2172416] via 172.16.10.6, 02:29:09, Serial0/1
                      [90/2172416] via 172.16.10.2, 02:29:09, Serial0/0
      172.16.0.0/30 is subnetted, 2 subnets
C        172.16.10.4 is directly connected, Serial0/1
C        172.16.10.0 is directly connected, Serial0/0
      10.0.0.0/24 is subnetted, 6 subnets
C        10.10.10.0 is directly connected, Loopback0
C        10.10.11.0 is directly connected, Loopback1
D        10.10.20.0 [90/2300416] via 172.16.10.6, 02:29:09, Serial0/1
                    [90/2297856] via 172.16.10.2, 02:29:10, Serial0/0
D        10.10.30.0 [90/2300416] via 172.16.10.6, 02:29:10, Serial0/1
                    [90/2297856] via 172.16.10.2, 02:29:10, Serial0/0
D        10.10.40.0 [90/2297856] via 172.16.10.6, 02:29:10, Serial0/1
                    [90/2300416] via 172.16.10.2, 02:29:10, Serial0/0
D        10.10.50.0 [90/2297856] via 172.16.10.6, 02:29:11, Serial0/1
                    [90/2300416] via 172.16.10.2, 02:29:11, Serial0/0
```

从中可知大部分 EIGRP 路由都由 D 标识，且管理距离为 90。前面说过，[90/2300416]指的是 AD/FD。上述输出表明，对于每个远程网络，EIGRP 都在两条路径之间进行负载均衡，而这两条路由的成本可能相等，也可能不等。

下面来仔细研究两个远程网络的路由，请特别注意输出中的 FD：

```
Corp#sh ip route | section 192.168.10.0
D     192.168.10.0/24 [90/2172416] via 172.16.10.6, 01:15:44, Serial0/1
                      [90/2172416] via 172.16.10.2, 01:15:44, Serial0/0
```

上述输出表明，进行的是等成本负载均衡。下面是一个非等成本负载均衡的例子：

```
Corp#sh ip route | section 10.10.50.0
D        10.10.50.0 [90/2297856] via 172.16.10.6, 01:16:16, Serial0/1
                    [90/2300416] via 172.16.10.2, 01:16:16, Serial0/0
```

可使用命令 show ip eigrp topology 进一步查看拓扑表。如果最佳路由出现在拓扑表中，但未出现在路由选择表中，就可以完全认为拓扑表和路由选择表之间出现了问题。毕竟，如果没有充分的理由，拓扑表不会不将最佳路由加入路由选择表。这个问题本章前面详细讨论过，确实非常重要。

路由器 Corp 的拓扑表类似于下面这样：

```
P 10.10.10.0/24, 1 successors, FD is 128256
        via Connected, GigabitEthernet0/0
P 10.10.11.0/24, 1 successors, FD is 128256
        via Connected, GigabitEthernet0/1
P 10.10.20.0/24, 1 successors, FD is 2297856
        via 172.16.10.2 (2297856/128256), Serial0/0
        via 172.16.10.6 (2300416/156160), Serial0/1
```

17

```
P 10.10.30.0/24, 1 successors, FD is 2297856
        via 172.16.10.2 (2297856/128256), Serial0/0
        via 172.16.10.6 (2300416/156160), Serial0/1
P 10.10.40.0/24, 1 successors, FD is 2297856
        via 172.16.10.6 (2297856/128256), Serial0/1
        via 172.16.10.2 (2300416/156160), Serial0/0
P 10.10.50.0/24, 1 successors, FD is 2297856
        via 172.16.10.6 (2297856/128256), Serial0/1
        via 172.16.10.2 (2300416/156160), Serial0/0
P 192.168.10.0/24, 2 successors, FD is 2172416
        via 172.16.10.2 (2172416/28160), Serial0/0
        via 172.16.10.6 (2172416/28160), Serial0/1
P 172.16.10.4/30, 1 successors, FD is 2169856
        via Connected, Serial0/1
P 172.16.10.0/30, 1 successors, FD is 2169856
        via Connected, Serial0/0
```

注意到每条路由开头都有 P，这表明这些路由处于被动状态。这是好消息，因为如果路由处于活动状态，就说明它已不可用，路由器正在寻找替代路由。在每个条目中，都指出了前往远程网络的可行距离（FD），还有前往该远程网络时分组将经由的下一跳邻居。另外，在每个条目中，都有两个用括号括起的数字，其中第一个数字是到远程网络的可行距离，而第二个数字是通告距离。

同样，拓扑表也指出了进行的是等成本还是非等成本负载均衡：

```
Corp#sh ip eigrp top | section 192.168.10.0
P 192.168.10.0/24, 2 successors, FD is 2172416
        via 172.16.10.2 (2172416/28160), Serial0/0
        via 172.16.10.6 (2172416/28160), Serial0/1
```

上述输出表明进行的是等成本负载均衡。下面是一个非等成本负载均衡的例子：

```
Corp#sh ip eigrp top | section 10.10.50.0
P 10.10.50.0/24, 1 successors, FD is 2297856
        via 172.16.10.6 (2297856/128256), Serial0/1
        via 172.16.10.2 (2300416/156160), Serial0/0
```

命令 show ip eigrp traffic 让你能够检查路由器是否在发送更新。如果收发的 EIGRP 分组数不变，就说明对等体之间没有传输 EIGRP 信息。下面的输出表明，路由器 Corp 在正常地收发 EIGRP 分组：

```
Corp#show ip eigrp traffic
IP-EIGRP Traffic Statistics for process 200
  Hellos sent/received: 2208/2310
  Updates sent/received: 184/183
  Queries sent/received: 17/4
  Replies sent/received: 4/18
  Acks sent/received: 62/65
  Input queue high water mark 2, 0 drops
```

在这个命令的输出中，列出了本章前面介绍 RTP 时谈到的所有分组类型。别忘了对排除故障很有帮助的命令 show ip protocols。下面是在路由器 Corp 上执行这个命令得到的输出：

```
Routing Protocol is "eigrp 20"
  Outgoing update filter list for all interfaces is not set
  Incoming update filter list for all interfaces is not set
```

```
Default networks flagged in outgoing updates
Default networks accepted from incoming updates
EIGRP metric weight K1=1, K2=0, K3=1, K4=0, K5=0
EIGRP maximum hopcount 100
EIGRP maximum metric variance 2
Redistributing: eigrp 20
EIGRP NSF-aware route hold timer is 240s
Automatic network summarization is not in effect
Maximum path: 4
Routing for Networks:
  10.0.0.0
  172.16.0.0
Routing Information Sources:
  Gateway            Distance      Last Update
  (this router)           90       04:23:51
  172.16.10.6             90       02:30:48
  172.16.10.2             90       02:30:48
Distance: internal 90 external 170
```

从上述输出可知，为自主系统 20 启用了 EIGRP，而所有的 K 值都被设置为默认值。variance 为 2，因此进行了等成本负载均衡和非等成本负载均衡。自动汇总被禁用。另外，EIGRP 通告了两个分类网络，而邻居有两个。

命令 show ip eigrp events 显示每个 EIGRP 事件的日志，包括路由被注入路由选择表以及从路由选择表中删除，EIGRP 邻接关系恢复或中断。判断网络的路由选择是否稳定时，这些信息很有帮助。需要指出的是，即便是在这里使用的简单网络中，这个命令也会生成大量的信息。为证明这一点，下面是在路由器 Corp 上执行这个命令得到的输出：

```
Corp#show ip eigrp events
Event information for AS 20:
1    22:24:24.258 Metric set: 172.16.10.0/30 2169856
2    22:24:24.258 FC sat rdbmet/succmet: 2169856 0
3    22:24:24.258 FC sat nh/ndbmet: 0.0.0.0 2169856
4    22:24:24.258 Find FS: 172.16.10.0/30 2169856
5    22:24:24.258 Metric set: 172.16.10.4/30 2169856
6    22:24:24.258 FC sat rdbmet/succmet: 2169856 0
7    22:24:24.258 FC sat nh/ndbmet: 0.0.0.0 2169856
8    22:24:24.258 Find FS: 172.16.10.4/30 2169856
9    22:24:24.258 Metric set: 192.168.10.0/24 2172416
10   22:24:24.258 Route install: 192.168.10.0/24 172.16.10.2
11   22:24:24.258 Route install: 192.168.10.0/24 172.16.10.6
12   22:24:24.254 FC sat rdbmet/succmet: 2172416 28160
13   22:24:24.254 FC sat nh/ndbmet: 172.16.10.6 2172416
14   22:24:24.254 Find FS: 192.168.10.0/24 2172416
15   22:24:24.254 Metric set: 10.10.50.0/24 2297856
16   22:24:24.254 Route install: 10.10.50.0/24 172.16.10.6
17   22:24:24.254 FC sat rdbmet/succmet: 2297856 128256
18   22:24:24.254 FC sat nh/ndbmet: 172.16.10.6 2297856
19   22:24:24.254 Find FS: 10.10.50.0/24 2297856
20   22:24:24.254 Metric set: 10.10.40.0/24 2297856
21   22:24:24.254 Route install: 10.10.40.0/24 172.16.10.6
22   22:24:24.250 FC sat rdbmet/succmet: 2297856 128256
  --More--
```

17.3.1 EIGRP 故障排除示例

本章介绍了很多常见的 EIGRP 故障以及如何排除这些故障。你务必对本章前面介绍的内容有清晰认识，才能得心应手地处理 CCNA 考试中遇到的任何问题。

为确保你牢固地掌握成功通过 CCNA 考试以及管理网络所需的所有技能，下面将提供几个 EIGRP 验证案例。虽然这里使用的命令以及要解决的问题大都介绍过，但这些内容非常重要。要牢固地掌握它们，最佳的方式是尽可能多地练习排除 EIGRP 故障。

配置 EIGRP 后，首先使用 Ping 程序来检查到远程网络的连接性。如果 ping 操作失败，就需检查直连路由器是否在邻居表中。

如果邻居间没有建立邻接关系，就需要检查下面一些重要方面。

❑ 设备之间的接口是否出现了故障。

❑ 两台路由器的 EIGRP 自主系统号是否不同。

❑ 是否没有将正确的接口加入 EIGRP 进程。

❑ 接口是否被设置为被动的。

❑ K 值是否相同。

❑ EIGRP 身份验证是否配置正确。

如果已建立邻接关系，但没有收到来自远程网络的更新，则可能存在路由选择故障，而这种故障可能是下述问题导致的。

❑ 在 EIGRP 进程下通告的网络不正确。

❑ 访问控制列表阻断了来自远程网络的通告。

❑ 在非连续网络中，自动汇总让路由器迷失方向。

下面介绍一些故障排除案例，这些案例都基于图 17-10 所示的网络。我预先给这些路由器配置了 IP 地址，并毫不费力地留下了一些障碍，等待你去发现并排除。下面就来找出并修复这些问题。

图 17-10 故障排除案例

要排除故障，从检查是否建立了邻接关系着手是不错的选择。为此，可使用命令 show ip eigrp neighbors 和 show ip eigrp interfaces。另外，最好同时查看命令 show ip eigrp topology 显示的信息：

```
Corp#sh ip eigrp neighbors
IP-EIGRP neighbors for process 20
Corp#

Corp#sh ip eigrp interfaces
IP-EIGRP interfaces for process 20

                    Xmit Queue   Mean   Pacing Time   Multicast    Pending
Interface     Peers Un/Reliable  SRTT   Un/Reliable   Flow Timer   Routes
Se0/1         0     0/0          0      0/15          50           0
```

```
Fa0/0                    0         0/0        0       0/1        0          0
Se0/0                    0         0/0        0       0/15       50         0
Corp#sh ip eigrp top
IP-EIGRP Topology Table for AS(20)/ID(10.10.11.1)

Codes: P - Passive, A - Active, U - Update, Q - Query, R - Reply,
       r - reply Status, s - sia Status

P 10.1.1.0/24, 1 successors, FD is 28160
       via Connected, FastEthernet0/0
```

从上述三个命令的输出可知，路由器 Corp 的 LAN 链路运行正常，但两台路由器之间的串行链路不正常，因为没有建立邻接关系。从命令 show ip eigrp interfaces 的输出可知，所有接口都在运行 EIGRP，这意味着在 EIGRP 进程下配置的 network 命令很可能是正确的，稍后我们将核实这一点。

鉴于路由器之间可能存在物理层故障，下面使用命令 show ip int brief 来查看物理层和数据链路层的状态：

```
Corp#sh ip int brief
Interface                IP-Address      OK? Method Status                 Protocol
FastEthernet0/0          10.1.1.1        YES manual up                     up
Serial0/0                192.168.1.1     YES manual up                     up
FastEthernet0/1          unassigned      YES manual administratively down down
Serial0/1                172.16.10.5     YES manual administratively down down
Corp#
Corp#sh protocols s0/0
Serial0/0 is up, line protocol is up
  Internet address is 192.168.1.1/30
```

接口 Serial0/0 的 IP 地址没错，而状态为 up/up，这意味着路由器之间的数据链路层连接正常，因此问题并非出在物理链路上。注意我还使用了命令 show protocols，它指出了链路的子网掩码。别忘了，这两个命令提供的信息表明第 1 层和第 2 层状态正常，但这并不意味着能够通过这条链路执行 ping 操作。换句话说，第 3 层可能有问题。下面使用同样的命令对路由器 Branch 进行检查：

```
Branch#sh ip int brief
Interface                IP-Address      OK? Method Status                 Protocol
FastEthernet0/0          10.2.2.2        YES manual up                     up
FastEthernet0/1          unassigned      YES manual administratively down down
Serial0/0/0              192.168.1.2     YES manual up                     up
Serial0/0/1              unassigned      YES unset  administratively down down
Branch#sh proto s0/0/0
Serial0/0/0 is up, line protocol is up
  Internet address is 192.168.1.2/30
```

IP 地址和子网掩码都正确，链路的状态为 up/up，看起来再正常不过。下面尝试从路由器 Corp ping 路由器 Branch：

```
Corp#ping 192.168.1.2

Type escape sequence to abort.
Sending 5, 100-byte ICMP Echos to 192.168.1.2, timeout is 2 seconds:
!!!!!
Success rate is 100 percent (5/5), round-trip min/avg/max = 1/3/4 ms
```

成功了。至此，可以确定第 1 层、第 2 层和第 3 层都没有问题。鉴于除 EIGRP 外，两台路由器之间其他一切都看起来正常，因此接下来需要检查 EIGRP 配置。为此，首先使用命令 show ip protocols：

```
Corp#sh ip protocols
Routing Protocol is "eigrp 20"
  Outgoing update filter list for all interfaces is not set
  Incoming update filter list for all interfaces is not set
  Default networks flagged in outgoing updates
  Default networks accepted from incoming updates
  EIGRP metric weight K1=1, K2=0, K3=1, K4=0, K5=0
  EIGRP maximum hopcount 100
  EIGRP maximum metric variance 2
  Redistributing: eigrp 20
  EIGRP NSF-aware route hold timer is 240s
  Automatic network summarization is in effect
  Maximum path: 4
  Routing for Networks:
    10.0.0.0
    172.16.0.0
    192.168.1.0
Passive Interface(s):
    FastEthernet0/1
  Routing Information Sources:
    Gateway          Distance      Last Update
    (this router)       90         20:51:48
    192.168.1.2         90         00:22:58
    172.16.10.6         90         01:58:46
    172.16.10.2         90         01:59:52
  Distance: internal 90 external 170
```

上述输出表明：使用的 AS 号为 20，没有对路由选择表应用任何访问控制列表，所有 K 值都为默认值。另外，通告了网络 10.0.0.0、172.16.0.0 和 192.168.1.0，而且接口 FastEthernet0/1 是被动的。没有接口属于网络 172.16.0.0，这意味着这个网络是在 EIGRP 进程下使用 network 命令指定的。但这不会有任何害处，因此它不是问题的根源。最后，被动接口 Fa0/1 也不会导致问题，因为我们没有使用它。然而，排除故障时，最好检查一下有没有接口被设置为被动的。

下面来看看命令 show interfaces 能提供什么蛛丝马迹：

```
Corp#sh interfaces s0/0
Serial0/0 is up, line protocol is up
  Hardware is PowerQUICC Serial
  Description: <<Connection to Branch>>
  Internet address is 192.168.1.1/30
  MTU 1500 bytes, BW 1544 Kbit, DLY 20000 usec,
     reliability 255/255, txload 1/255, rxload 1/255
  Encapsulation HDLC, loopback not set
[output cut]
```

所有的参数都是默认值，看不出有什么问题。然而，本节开头指出了未建立邻接关系时应检查哪些方面。考虑到你可能忘了，这里再次列出它们。

❑ 设备之间的接口是否出现了故障。

❑ 两台路由器的 EIGRP 自主系统号是否相同。

❑ 是否没有将正确的接口加入 EIGRP 进程。

❑ 接口是否被设置为被动的。

❑ K 值是否相同。

❑ EIGRP 身份验证是否配置正确。

接口没问题，AS 号一致，路由器之间的第 3 层运行正常，用到的接口都加入了 EIGRP 进程，需要的接口都不是被动的。因此我们需要更深入地检查 EIGRP 配置，把问题查个水落石出。

鉴于路由器 Corp 使用的是基本的默认配置，只需检查路由器 Branch 的 EIGRP 配置：

```
Branch#sh ip protocols
Routing Protocol is "eigrp 20"
  Outgoing update filter list for all interfaces is 10
  Incoming update filter list for all interfaces is not set
  Default networks flagged in outgoing updates
  Default networks accepted from incoming updates
  EIGRP metric weight K1=1, K2=0, K3=0, K4=0, K5=0
  EIGRP maximum hopcount 100
  EIGRP maximum metric variance 1
  Redistributing: eigrp 20
  EIGRP NSF-aware route hold timer is 240s
  Automatic network summarization is not in effect
  Maximum path: 4
  Routing for Networks:
    10.0.0.0
    192.168.1.0
  Routing Information Sources:
    Gateway         Distance      Last Update
    192.168.1.1         90        00:27:09
  Distance: internal 90 external 170
```

这台路由器的 AS 号正确无误（总是首先检查 AS 号），通告的网络也对。但我发现了两个潜在的问题，你注意到了吗？首先，应用了出站 ACL，但这并非一定会带来麻烦。其次，K 值不是默认设置，与路由器 Corp 的 K 值不匹配。

下面来查看接口统计信息，看看是否还有其他问题：

```
Branch>sh int s0/0/0
Serial0/0/0 is up, line protocol is up
  Hardware is GT96K Serial
  Internet address is 192.168.1.2/30
  MTU 1500 bytes, BW 512 Kbit, DLY 30000 usec,
    reliability 255/255, txload 1/255, rxload 1/255
  Encapsulation HDLC, loopback not set
  [output cut]
```

带宽和延迟不是默认设置，与直接相连的路由器 Corp 不匹配。下面将这些值恢复到默认设置，看看能否解决问题：

```
Branch#config t
Branch(config)#int s0/0/0
Branch(config-if)#no bandwidth
Branch(config-if)#no delay
```

来查看统计信息，看看是否恢复到了默认设置：

```
Branch#sh int s0/0/0
Serial0/0/0 is up, line protocol is up
  Hardware is GT96K Serial
  Internet address is 192.168.1.2/30
  MTU 1500 bytes, BW 1544 Kbit, DLY 20000 usec,
     reliability 255/255, txload 1/255, rxload 1/255
  Encapsulation HDLC, loopback not set
[output cut]
```

带宽和延迟已经是默认设置了，来查看邻接关系：

```
Corp#sh ip eigrp neighbors
IP-EIGRP neighbors for process 20
```

没有建立邻接关系并非仅仅是带宽和延迟设置不匹配导致的，下面将 K 值恢复到默认设置：

```
Branch#config t
Branch(config)#router eigrp 20
Branch(config-router)#metric weights 0 1 0 1 0 0
Branch(config-router)#do sho ip proto
Routing Protocol is "eigrp 20"
  Outgoing update filter list for all interfaces is 10
  Incoming update filter list for all interfaces is not set
  Default networks flagged in outgoing updates
  Default networks accepted from incoming updates
  EIGRP metric weight K1=1, K2=0, K3=1, K4=0, K5=0
[output cut]
```

这乍一看有点复杂，但需要你做的并不多。总共有 5 个 K 值，但这里为何提供了 6 个数字呢？第一个数字为服务类型（ToS），只需将其设置为 0 即可，这意味着必须像前面的配置那样提供 6 个数字。除第一个数字 0 外，其他 5 个数字（1、0、1、0 和 0）为默认的 K 值，即只考虑带宽和延迟。再来看一下邻接关系：

```
Corp#sh ip eigrp neighbors
IP-EIGRP neighbors for process 20
H   Address             Interface       Hold Uptime   SRTT   RTO  Q  Seq
                                        (sec)         (ms)        Cnt Num
0   192.168.1.2         Se0/0           14 00:02:09    7     200  0  18
```

正常了！看起来罪魁祸首是 K 值不匹配。下面来看看能否成功地进行端到端 ping 操作，如果成功，就万事大吉了：

```
Corp#ping 10.2.2.2

Type escape sequence to abort.
Sending 5, 100-byte ICMP Echos to 10.2.2.2, timeout is 2 seconds:
.....
Success rate is 0 percent (0/5)
Corp#
```

糟糕！虽然建立了邻接关系，但依然无法与远程网络通信。接下来该干什么呢？查看路由选择表，看看能发现点什么：

```
Corp#sh ip route
[output cut]
```

```
      10.0.0.0/8 is variably subnetted, 2 subnets, 2 masks
C        10.1.1.0/24 is directly connected, FastEthernet0/0
D        10.0.0.0/8 is a summary, 00:18:55, Null0
      192.168.1.0/24 is variably subnetted, 2 subnets, 2 masks
C        192.168.1.0/30 is directly connected, Serial0/0
D        192.168.1.0/24 is a summary, 00:18:55, Null0
```

问题显而易见，因为本章一直在讨论这样的问题。如果你还未意识到，请看命令 show ip protocols 的输出：

```
Routing Protocol is "eigrp 20"
  Outgoing update filter list for all interfaces is not set
  Incoming update filter list for all interfaces is not set
  Default networks flagged in outgoing updates
  Default networks accepted from incoming updates
  EIGRP metric weight K1=1, K2=0, K3=1, K4=0, K5=0
  EIGRP maximum hopcount 100
  EIGRP maximum metric variance 2
  Redistributing: eigrp 20
  EIGRP NSF-aware route hold timer is 240s
  Automatic network summarization is in effect
  Automatic address summarization:
    192.168.1.0/24 for FastEthernet0/0
      Summarizing with metric 2169856
    10.0.0.0/8 for Serial0/0
      Summarizing with metric 28160
[output cut]
```

从图 17-10 可知，我们使用的网络是非连续的。这意味着需要禁用自动汇总，因为除非路由器使用的 IOS 为 15.0 版，否则它将默认启用自动汇总。

```
Branch(config)#router eigrp 20
Branch(config-router)#no auto-summary
008412:%DUAL-5-NBRCHANGE:IP-EIGRP(0) 20:Neighbor 192.168.1.1 (Serial0/0/0) is resync:
peer graceful-restart

Corp(config)#router eigrp 20
Corp(config-router)#no auto-summary
Corp(config-router)#
*Feb 27 19:52:54:%DUAL-5-NBRCHANGE: IP-EIGRP(0) 20:Neighbor 192.168.1.2 (Serial0/0)
 is resync: summary configured
*Feb 27 19:52:54.177:IP-EIGRP(Default-IP-Routing-Table:20):10.1.1.0/24 - do advertise
 out Serial0/0
*Feb 27 19:52:54:IP-EIGRP(Default-IP-Routing-Table:20):Int 10.1.1.0/24 metric 2816
0 - 25600 2560
*Feb 27 19:52:54:IP-EIGRP(Default-IP-Routing-Table:20):192.168.1.0/30 - do advertise
out Serial0/0
*Feb 27 19:52:54:IP-EIGRP(Default-IP-Routing-Table:20):192.168.1.0/24 - do advertise
out Serial0/0
*Feb 27 19:52:54:IP-EIGRP(Default-IP-Routing-Table:20):Int 192.168.1.0/24 metric
4294967295 - 0 4294967295
*Feb 27 19:52:54:IP-EIGRP(Default-IP-Routing-Table:20):10.0.0.0/8 - do advertise
 out Serial0/0
Corp(config-router)#
```

```
*Feb 27 19:52:54:IP-EIGRP(Default-IP-Routing-Table:20):Int 10.0.0.0/8 metric
4294967295 - 0 4294967295
*Feb 27 19:52:54:IP-EIGRP(Default-IP-Routing-Table:20):Processing incoming REPLY
packet
*Feb 27 19:52:54:IP-EIGRP(Default-IP-Routing-Table:20):Int 192.168.1.0/24 M
4294967295 - 1657856 4294967295 SM 4294967295 - 1657856 4294967295
*Feb 27 19:52:54:IP-EIGRP(Default-IP-Routing-Table:20):Int 10.0.0.0/8 M 4294967295 -
25600 4294967295 SM 4294967295 - 25600 4294967295
*Feb 27 19:52:54:IP-EIGRP(Default-IP-Routing-Table:20):Processing incoming UPDATE
packet
```

路由器 Corp 正常了，看起来问题解决了。为核实这一点，来看看路由选择表：

```
Corp#sh ip route
[output cut]
     10.0.0.0/24 is subnetted, 1 subnets
C       10.1.1.0 is directly connected, FastEthernet0/0
     192.168.1.0/30 is subnetted, 1 subnets
C       192.168.1.0 is directly connected, Serial0/0
```

真是活见鬼，怎么会这样！刚才在路由器 Corp 的控制台上明明看到了很多更新呀！下面来检查路由器 Branch 的 EIGRP 配置，为此可显示其运行配置：

```
Branch#sh run
[output cut]
!
router eigrp 20
 network 10.0.0.0
 network 192.168.1.0
 distribute-list 10 out
 no auto-summary
!
```

从上述输出可知，在路由器 Branch 上，对路由选择表应用了出站访问控制列表。可能就是它导致路由器 Corp 没有收到有关远程网络的更新。来看看 ACL 10 的内容：

```
Branch#sh access-lists
Standard IP access list 10
    10 deny   any (40 matches)
    20 permit any
```

怎么会有人在路由器上配置这样的访问控制列表？在这个 ACL 中，第一条语句禁止所有分组通过，导致第二条语句毫无意义，因为任何分组都与第一条语句匹配。这肯定是问题的根源，我们将它删除，再看看路由器 Corp 能否正常运行：

```
Branch#config t
Branch(config)#router eigrp 20
Branch(config-router)#no distribute-list 10 out
```

将讨厌的访问控制列表删除后，来看看路由器 Corp 是否获悉了远程网络：

```
Corp#sh ip route
[output cut]
     10.0.0.0/24 is subnetted, 2 subnets
D       10.2.2.0 [90/2172416] via 192.168.1.2, 00:00:24, Serial0/0
C       10.1.1.0 is directly connected, FastEthernet0/0
```

```
        192.168.1.0/30 is subnetted, 1 subnets
C        192.168.1.0 is directly connected, Serial0/0
Corp#
Corp#ping 10.2.2.2

Type escape sequence to abort.
Sending 5, 100-byte ICMP Echos to 10.2.2.2, timeout is 2 seconds:
!!!!!
Success rate is 100 percent (5/5), round-trip min/avg/max = 1/3/4 ms
Corp#
```

问题解决，一切都正常了。我们发现了如下问题：K 值不匹配，网络是非连续的，对路由选择表应用了讨厌的 ACL。在 CCNA R/S 考试中，除检查对路由选择表应用的 ACL 外，务必检查对接口应用的 ACL。ACL 可应用于接口，也可应用于路由选择表。排除路由选择协议故障时，千万别忘了检查接口是否被设置为被动的。

本节介绍的命令都是功能强大的工具，专业人员可使用它们来排除各种网络故障。我原本可以继续介绍这些命令提供的丰富信息，说明它们对解决任何网络故障几乎都大有裨益，但这些超出了本书的范围。然而，我深信前面介绍的基本知识非常实用，对你通过 CCNA 认证考试和实际管理网络大有裨益。

17.3.2 用于应付 CCNA 考试的简单的 EIGRP 故障排除方法

再来看一个故障排除场景——两台路由器未建立邻接关系。首先该采取什么措施呢？本章前面已经介绍了很多故障排除方法，不过这里将介绍一种非常简单的故障排除方法，供你应付 CCNA 考试。

你只需在每台路由器上执行命令 show running-config，然后就可修复与 EIGRP 相关的故障了。就这么简单！别忘了，你只需查看路由器的动态路由选择情况：知道 AS 号后，无需关心其他路由器的配置就能在当前路由器上正确地配置 EIGRP。

下面来看看每台路由器的配置，以确定问题出在什么地方。这里不需要网络示意图，因为你只需关心当前路由器。

下面是第一台路由器的配置：

```
R1#sh run
Building configuration...

Current configuration : 737 bytes
!
version 15.1
!
interface Loopback0
 ip address 10.1.1.1 255.255.255.255
int FastEthernet0/0
 ip address 192.168.16.1 255.255.255.0
int Serial1/1
 ip address 192.168.13.1 255.255.255.0
 bandwidth 1000
int Serial1/3
 ip address 192.168.12.1 255.255.255.0
!
```

```
router eigrp 1
 network 192.168.12.0
 network 192.168.13.0
 network 192.168.16.0
```

下面是邻居路由器的配置:

```
R2#sh run
Building configuration...

Current configuration : 737 bytes
!
version 15.1
!
interface Loopback0
 ip address 10.2.2.2 255.255.255.255
interface Loopback1
 ip address 10.5.5.5 255.255.255.255
interface Loopback2
 ip address 10.5.5.55 255.255.255.255
int FastEthernet0/0
 ip address 192.168.123.2 255.255.255.0
int Serial2/1
 ip address 192.168.12.2 255.255.255.0
!
router eigrp 2
 network 10.2.2.2 0.0.0.0
 network 192.168.12.0
 network 192.168.123.0
```

知道问题出在什么地方了吗? 这很容易看出来。首先, 注意到路由器使用的是 IOS 15.1, 因此无需担心网络不连续的问题, 也不用配置命令 no auto-summary。

现在来看各个接口(包括环回接口), 并记住或写下其网络号。完成这项工作后, 就可确保 EIGRP 配置正确无误了。

R1 的新配置如下:

```
R1#config t
R1(config)#router eigrp 1
R1(config-router)#network 10.1.1.1 0.0.0.0
```

这就行了! 我只是在 EIGRP 进程中添加了接口 Loopback0 所属的网络, 因为其他网络都已包含在 EIGRP 进程中了。至此, 我们修复了 R1 的配置, 下面来修复 R2 的配置:

```
R2#config t
R2(config)#no router eigrp 2
R2(config)#router eigrp 1
R2(config-router)#network 10.2.2.2 0.0.0
R2(config-router)#network 10.5.5.5 0.0.0.0
R2(config-router)#network 10.5.5.55 0.0.0.0
R2(config-router)#network 192.168.123.0
R2(config-router)#network 192.168.12.0
```

注意到我首先删除了错误的 AS 号, 因为两台路由器的 AS 号不匹配。接下来, 我使用 AS 号 1 创建一个 EIGRP 进程, 并添加包括环回接口在内的每个接口所属的网络。

就这么简单！只需在每台路由器上执行命令 show running-config，将各个接口所属的网络加入到 EIGRP 进程中，并确保 AS 号一致，就万事大吉了。

现在放松一下，进入本章最简单的部分——我说的是真的。话虽如此，你依然需要集中精力。

17.4 EIGRPv6

欢迎来到本章最容易的部分。当然，这样说是有条件的：本书前面的 ICND1 部分讨论了 IPv6，阅读本节前，必须牢固掌握这些重要内容。倘若如此，你就做好了充分准备，本节对你来说就是小菜一碟。

EIGRPv6 的工作原理与 IPv4 版极其相似——EIGRP 提供的大部分功能仍可用。

EIGRPv6 也是一种高级距离矢量协议，具备链路状态协议的一些特征。它也使用 Hello 分组来发现邻居，使用可靠传输协议（RTP）来提供可靠的通信，并使用扩散更新算法（DUAL）实现无环路快速会聚。

Hello 和更新分组以组播方式发送。与 RIPng 一样，EIGRPv6 所使用组播地址的最后部分与原来相同：IPv4 中使用的组播地址为 224.0.0.10，而 IPv6 中使用的组播地址为 FF02::A（A 是 10 的十六进制表示）。

然而，这两个版本肯定有不同之处。最明显的不同是，不再使用 network 命令，这让你配置 EIGRPv6 时不容易犯错。为启用对网络的通告，只需在接口配置模式下使用一个简单命令。

另外，你还需要在路由器配置模式下使用命令 no shutdown 启用 EIGRPv6，就像启用接口一样——这很有趣。然而，在 IOS 15.0 中，默认配置了命令 no shutdown，因此你可能需要手动配置该命令，也可能不用这样做。

下面演示如何在路由器 Corp 上启用 EIGRPv6：

```
Corp(config)#ipv6 unicast-routing
Corp(config)#ipv6 router eigrp 10
```

其中的 10 也是 AS 号。执行该命令后，提示符将变成(config-rtr)，此时你可在需要时执行命令 no shutdown：

```
Corp(config-rtr)#no shutdown
```

在这个模式下，还可配置其他选项，如重分发和路由器 ID（RID）。下面进入接口配置模式，并启用 IPv6：

```
Corp(config-if)#ipv6 eigrp 10
```

在这个接口命令中，10 是在路由器配置模式下指定的 AS 号。

图 17-11 显示了本章一直在使用的网络，但给接口分配的是 IPv6 地址。我在每个接口上都使用了 EUI-64 选项，这样指定 64 位的网络/子网地址后，路由器将给自己分配 IPv6 地址。

我们首先来配置路由器 Corp。为启用 EIGRPv6，只需知道要在哪些接口上使用 EIGRPv6 并通告它们连接的网络。

```
Corp#config t
Corp(config)#ipv6 router eigrp 10
Corp(config-rtr)#no shut
Corp(config-rtr)#router-id 1.1.1.1
Corp(config-rtr)#int s0/0/0
```

```
Corp(config-if)#ipv6 eigrp 10
Corp(config-if)#int s0/0/1
Corp(config-if)#ipv6 eigrp 10
Corp(config-if)#int g0/0
Corp(config-if)#ipv6 eigrp 10
Corp(config-if)#int g0/1
Corp(config-if)#ipv6 eigrp 10
```

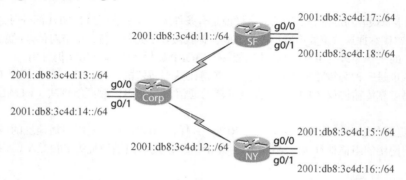

图 17-11　在我们的互联网络中配置 EIGRPv6

　　配置 EIGRPv6 前，必须删除配置并重启路由器。这意味着路由器没有 32 位地址用于生成 EIGRP RID，因此必须在全局配置模式下设置 RID。在 EIGRPv6 中，设置 RID 的命令与 EIGRP 中相同。在 EIGRP 中，RID 并不像在 OSPF 中那样重要。实际上，每台路由器的 RID 都可以相同，而使用 OSPF 时，则绝不能这样做。EIGRPv6 配置起来非常容易，除非输入的 AS 号不对，否则想搞砸都难。

　　下面来配置路由器 SF 和 NY，然后检查网络的运行情况：

```
SF#config t
SF(config)#ipv6 router eigrp 10
SF(config-rtr)#no shut
SF(config-rtr)#router-id 2.2.2.2
SF(config-rtr)#int s0/0/0
SF(config-if)#ipv6 eigrp 10
SF(config-if)#int g0/0
SF(config-if)#ipv6 eigrp 10
SF(config-if)#int g0/1
SF(config-if)#ipv6 eigrp 10

NY#config t
NY(config)#ipv6 router eigrp 10
NY(config-rtr)#no shut
NY(config-rtr)#router-id 3.3.3.3
NY(config-rtr)#int s0/0/0
NY(config-if)#ipv6 eigrp 10
NY(config-if)#int g0/0
NY(config-if)#ipv6 eigrp 10
NY(config-if)#int g0/1
```

　　鉴于需要在接口上启用 EIGRPv6，不需要使用命令 `passive-interface`。这是因为只要不在接口上启用 EIGRPv6，这个接口就不会加入 EIGRPv6 进程。要获悉哪些接口加入了 EIGRPv6 进程，可使用命令 show ipv6 eigrp interfaces，如下所示：

```
Corp#sh ipv6 eigrp interfaces
IPv6-EIGRP interfaces for process 10
                    Xmit Queue    Mean    Pacing Time   Multicast    Pending
Interface    Peers  Un/Reliable   SRTT    Un/Reliable   Flow Timer   Routes
Se0/0/0      1      0/0           1236    0/10          0            0
Se0/0/1      1      0/0           1236    0/10          0            0
Gig0/1       0      0/0           1236    0/10          0            0
Gig0/0       0      0/0           1236    0/10          0            0
Corp#
```

到目前为止，情况看起来不错。所有该出现的接口都出现了，看来路由器 Corp 的配置没有问题。现在该检查是否建立邻接关系了，为此可使用命令 show ipv6 eigrp neighbors：

```
Corp#sh ipv6 eigrp neighbors
IPv6-EIGRP neighbors for process 10
H   Address                  Interface   Hold    Uptime     SRTT   RTO    Q    Seq
                                         (sec)              (ms)          Cnt  Num
0   Link-local address:      Se0/0/0     10      00:01:40   40     1000   0    11
    FE80::201:C9FF:FED0:3301
1   Link-local address:      Se0/0/1     14      00:01:24   40     1000   0    11
    FE80::209:7CFF:FE51:B401
```

很好，列出了通过每个串行接口连接的邻居，但你是否觉得上述输出缺了点什么？太对了，邻居表中没有链路的 IPv6 网络/子网地址！建立 EIGRPv6 邻接关系时，只使用链路本地地址。在 IPv6 中，出站接口和下一跳地址都是链路本地地址。

为验证配置，可使用命令 show ip protocols：

```
Corp#sh ipv6 protocols
IPv6 Routing Protocol is "connected"
IPv6 Routing Protocol is "static
IPv6 Routing Protocol is "eigrp  10 "
  EIGRP metric weight K1=1, K2=0, K3=1, K4=0, K5=0
  EIGRP maximum hopcount 100
  EIGRP maximum metric variance 1
  Interfaces:
    Serial0/0/0
    Serial0/0/1
    GigabitEthernet0/0
    GigabitEthernet0/1
Redistributing: eigrp 10
  Maximum path: 16
  Distance: internal 90 external 170
```

使用这个命令可检查 AS 号，但也别忘了检查 K 值、variance 值和接口。排除故障时，首先要检查的就是 AS 号和接口。

拓扑表包含前往所有远程网络的可行路由，其内容可能非常丰富，下面就来看看：

```
Corp#sh ipv6 eigrp topology
IPv6-EIGRP Topology Table for AS 10/ID(1.1.1.1)

Codes: P - Passive, A - Active, U - Update, Q - Query, R - Reply,
       r - Reply status
```

17

```
P 2001:DB8:C34D:11::/64, 1 successors, FD is 2169856
        via Connected, Serial0/0/0
P 2001:DB8:C34D:12::/64, 1 successors, FD is 2169856
        via Connected, Serial0/0/1
P 2001:DB8:C34D:14::/64, 1 successors, FD is 2816
        via Connected, GigabitEthernet0/1
P 2001:DB8:C34D:13::/64, 1 successors, FD is 2816
        via Connected, GigabitEthernet0/0
P 2001:DB8:C34D:17::/64, 1 successors, FD is 2170112
        via FE80::201:C9FF:FED0:3301 (2170112/2816), Serial0/0/0
P 2001:DB8:C34D:18::/64, 1 successors, FD is 2170112
        via FE80::201:C9FF:FED0:3301 (2170112/2816), Serial0/0/0
P 2001:DB8:C34D:15::/64, 1 successors, FD is 2170112
        via FE80::209:7CFF:FE51:B401 (2170112/2816), Serial0/0/1
P 2001:DB8:C34D:16::/64, 1 successors, FD is 2170112
        via FE80::209:7CFF:FE51:B401 (2170112/2816), Serial0/0/1
```

这里的互联网络只有 8 个网络，它们都包含在拓扑表中。上述输出中加粗标出了这里要讨论的两项内容。首先，必须能读懂拓扑表，包括知道哪些网络是直连的，哪些是通过邻居获悉的。via Connected 表明网络是直连的。输出中标出的第二项内容是(2170112/2816)，这是 FA/AD，与 IPv4 版 EIGRP 中一样。

结束本章之前，来看看路由选择表：

```
Corp#sh ipv6 route eigrp
IPv6 Routing Table - 13 entries
Codes: C - Connected, L - Local, S - Static, R - RIP, B - BGP
       U - Per-user Static route, M - MIPv6
       I1 - ISIS L1, I2 - ISIS L2, IA - ISIS interarea, IS - ISIS summary
       O - OSPF intra, OI - OSPF inter, OE1 - OSPF ext 1, OE2 - OSPF ext 2
       ON1 - OSPF NSSA ext 1, ON2 - OSPF NSSA ext 2
       D - EIGRP, EX - EIGRP external
C   2001:DB8:C34D:11::/64 [0/0]
     via ::, Serial0/0/0
L   2001:DB8:C34D:11:230:A3FF:FE36:B101/128 [0/0]
     via ::, Serial0/0/0
C   2001:DB8:C34D:12::/64 [0/0]
     via ::, Serial0/0/1
L   2001:DB8:C34D:12:230:A3FF:FE36:B102/128 [0/0]
     via ::, Serial0/0/1
C   2001:DB8:C34D:13::/64 [0/0]
     via ::, GigabitEthernet0/0
L   2001:DB8:C34D:13:2E0:F7FF:FEDA:7501/128 [0/0]
     via ::, GigabitEthernet0/0
C   2001:DB8:C34D:14::/64 [0/0]
     via ::, GigabitEthernet0/1
L   2001:DB8:C34D:14:2E0:F7FF:FEDA:7502/128 [0/0]
     via ::, GigabitEthernet0/1
D   2001:DB8:C34D:15::/64 [90/2170112]
     via FE80::209:7CFF:FE51:B401, Serial0/0/1
D   2001:DB8:C34D:16::/64 [90/2170112]
     via FE80::209:7CFF:FE51:B401, Serial0/0/1
D   2001:DB8:C34D:17::/64 [90/2170112]
```

```
        via FE80::201:C9FF:FED0:3301, Serial0/0/0
D    2001:DB8:C34D:18::/64 [90/2170112]
        via FE80::201:C9FF:FED0:3301, Serial0/0/0
L    FF00::/8 [0/0]
        via ::, Null0
```

这里加粗标出了 EIGRPv6 注入路由选择表中的路由。需要指出的是，为让 IPv6 能够将分组路由到远程网络，路由器使用链路本地地址指出下一跳。例如，via FE80::209:7CFF:FE51:B401, Serial0/0/1 是路由器 NY 的链路本地地址。

正如我说过的，EIGRPv6 配置起来很简单！

17.5 小结

本章介绍的内容很多，这里简要地回顾一下。本章重点介绍了 EIGRP，它兼具链路状态和距离矢量路由选择协议的特征，通常被称为高级距离矢量协议。它支持非等成本负载均衡，能够控制路由选择更新，还能建立邻接关系。

EIGRP 使用可靠传输协议（RTP）在邻居间通信，并使用扩散更新算法（DUAL）计算前往每个远程网络的最佳路径。

本章探讨了 EIGRP 如何支持非等成本负载均衡、控制路由选择更新以及建立邻接关系。

还介绍了 EIGRP 的配置方式和众多故障排除命令，并提供了一个故障排除案例。这不仅有助于你通过 CCNA 认证考试，还可帮助你解决当今互联网络的众多常见问题。

最后，介绍了本章最容易的内容：EIGRPv6。它易于理解、配置和验证。

17.6 考试要点

熟知 EIGRP 的特点。EIGRP 是一种无类的高级距离矢量协议，支持 IP 和 IPv6。EIGRP 使用独特的 DUAL 算法来维护路由信息，并使用 RTP 与其他 EIGRP 路由器可靠地通信。

明白如何配置 EIGRP。能够进行基本的 EIGRP 配置。EIGRP 的配置方式与 RIP 相同，也使用分类网络地址来指定要加入进程的接口。

知道如何查看 EIGRP 的运行情况。知道所有的 EIGRP show 命令，熟悉这些命令的输出，能够读懂这些输出中的重要内容。

能够读懂 EIGRP 拓扑表。明白哪些是后继路由，哪些是可行后继路由以及哪些路由在后继路由失效时将成为后继路由。

能够排除 EIGRP 故障。复习故障排除案例，确保明白如何检查 AS 号、ACL、被动接口、variance 参数以及其他因素。

能够读懂 EIGRP 邻居表。明白命令 show ip eigrp neighbors 的输出。

知道如何配置 EIGRPv6。要配置 EIGRPv6，首先需要在全局配置模式下指定自主系统号，并执行命令 no shutdown。然后，在各个接口上启用 EIGRPv6。

17

17.7 书面实验

请回答下述问题。

(1) 哪个命令在全局模式下启用 EIGRPv6？

(2) EIGRPv6 使用的组播地址是什么？

(3) 判断对错：EIGRP 域中的每台路由器都必须使用不同的 AS 号。

(4) 如果两台直接相连的路由器配置的 K 值不同，结果将如何？

(5) 哪种 EIGRP 接口不收发 Hello 分组？

(6) 哪种 EIGRP 路由条目描述的是可行后继路由？

答案见附录 A。

17.8 动手实验

在本节中，你将在下面的网络中配置 EIGRP 和 EIGRPv6。

在第一个实验中，你将给两台路由器配置 EIGRP，并查看配置。在第二个实验中，你将启用 EIGRPv6。编写这些实验时，我的目标是：即便使用最廉价、最老旧的闲置路由器，也能完成它们。我这样做旨在让你明白，即便是本书最棘手的一些实验，也不要求使用昂贵的设备。然而，你也可以使用 IOS 版 LammleSim 模拟器或思科 Packet Tracer 来完成这些实验。

本章包含如下动手实验。

❑ 动手实验 17.1：配置和验证 EIGRP。

❑ 动手实验 17.2：配置和验证 EIGRPv6。

17.8.1 动手实验 17.1：配置和验证 EIGRP

这个实验假设你按前面的示意图给接口配置了 IP 地址。

(1) 在 RouterA 上配置 EIGRP。

```
RouterA#conf t
Enter configuration commands, one per line.
  End with CNTL/Z.
RouterA(config)#router eigrp 100
RouterA(config-router)#network 192.168.1.0
RouterA(config-router)#network 10.0.0.0
RouterA(config-router)#^Z
RouterA#
```

(2) 在 RouterB 上配置 EIGRP。

```
RouterB#conf t
Enter configuration commands, one per line.
```

```
    End with CNTL/Z.
RouterB(config)#router eigrp 100
RouterB(config-router)#network 192.168.1.0
RouterA(config-router)#network 10.0.0.0
RouterB(config-router)#exit
RouterB#
```

(3) 显示 RouterA 的拓扑表。

```
RouterA#show ip eigrp topology
```

(4) 显示 RouterA 的路由选择表。

```
RouterA #show ip route
```

(5) 显示 RouterA 的邻居表。

```
RouterA show ip eigrp neighbor
```

(6) 在每台路由器上执行必要的命令，以修复路由选择问题。你发现问题了吗？没错，网络是非连续的。

```
RouterA#config t
RouterA(config)#router eigrp 100
RouterA(config-router)#no auto-summary

RouterB#config t
RouterA(config)#router eigrp 100
RouterA(config-router)#no auto-summary
```

(7) 使用命令 show ip route 对路由器进行验证。

17.8.2　动手实验 17.2：配置和验证 EIGRPv6

这个实验假设你按前面的示意图给接口配置了 IPv6 地址。

(1) 在 RouterA 上配置 EIGRPv6，并使用 AS 号 100。

```
RouterA#config t
RouterA (config)#ipv6 router eigrp 100
RouterA (config-rtr)#no shut
RouterA (config-rtr)#router-id 2.2.2.2
RouterA (config-rtr)#int s0/0
RouterA (config-if)#ipv6 eigrp 100
RouterA (config-if)#int g0/0
RouterA (config-if)#ipv6 eigrp 100
```

(2) 在 RouterB 上配置 EIGRPv6。

```
RouterA#config t
RouterB(config)#ipv6 router eigrp 100
RouterB(config-rtr)#no shut
RouterB(config-rtr)#router-id 2.2.2.2
RouterB(config-rtr)#int s0/0
RouterB(config-if)#ipv6 eigrp 100
RouterB(config-if)#int g0/0
RouterB(config-if)#ipv6 eigrp 100
```

17

(3) 显示 RouterA 的拓扑表。

RouterA#**show ipv6 eigrp topology**

(4) 显示 RouterA 的路由选择表。

RouterA #**show ipv6 route**

(5) 显示 RouterA 的邻居表。

RouterA **show ipv6 eigrp neighbor**

17.9 复习题

 注意　下面的复习题旨在检验你对本章内容的理解程度。有关如何获取更多复习题的信息，请参阅 www.lammle.com/ccna。

这些复习题的答案见附录 B。

(1) 路由器有三条前往特定远程网络的路由：第一条来自 OSPF，度量值为 782；第二条来自 RIPv2，度量值为 4；第三条来自 EIGRP，度量值为 20 514 560。路由器将把哪条路由加入路由选择表？

    A. RIPv2 路由　　　　　B. EIGRP 路由　　　　　C. OSPF 路由　　　　　D. 全部三条路由

(2) 下面哪两种 EIGRP 信息存储在 RAM 中，分别使用 Hello 分组和更新分组维护？

    A. 邻居表　　　　　　　B. STP 表　　　　　　　C. 拓扑表　　　　　　　D. DUAL 表

(3) 根据下面的输出，当前路由器向下游邻居通告网络 10.10.30.0 时，将指出报告距离是多少（邻居再加上前往当前路由器的成本，得到 FD）？

```
P 10.10.30.0/24, 1 successors, FD is 2297856
        via 172.16.10.2 (2297856/128256), Serial0/0
```

    A. 4 跳　　　　　　　　B. 2 297 856　　　　　　C. 128 256　　　　　　D. EIGRP 不使用报告距离

(4) EIGRP 后继路由存储在什么地方？

    A. 只存储在路由选择表中　　　　　　　B. 只存储在邻居表中

    C. 只存储在拓扑表中　　　　　　　　　D. 存储在路由选择表和邻居表中

    E. 存储在路由选择表和拓扑表中　　　　F. 存储在拓扑表和邻居表中

(5) 哪个命令显示当前路由器知道的所有 EIGRP 可行后继路由？

    A. show ip routes *　　　　　　　　　B. show ip eigrp summary

    C. show ip eigrp topology　　　　　　D. show ip eigrp adjacencies

    E. show ip eigrp neighbors detail

(6) 下面哪三个命令既可用于配置 EIGRP，又可用于配置 EIGRPv6？

    A. network 10.0.0.0　　　　　　　　B. eigrp router-id

    C. variance　　　　　　　　　　　　　D. router eigrp

    E. maximum-paths

(7) 根据下面的输出，如果接口 Serial0/0 出现故障，EIGRP 将如何把分组发送到网络 10.1.1.0？

```
Corp#show ip eigrp topology
[output cut]
P 10.1.1.0/24, 2 successors, FD is 2681842
        via 10.1.2.2 (2681842/2169856), Serial0/0
        via 10.1.3.1 (2973467/2579243), Serial0/2
```

```
        via 10.1.3.3 (2681842/2169856), Serial0/1
```

    A. EIGRP 将让网络 10.1.1.0 进入活动模式

    B. EIGRP 将丢弃所有前往网络 10.1.1.0 的分组

    C. EIGRP 继续将前往网络 10.1.1.0 的分组从接口 S0/1 发送出去

    D. EIGRP 将出站接口为 S0/2 的路由用作后继路由，将分组继续发送到 10.1.1.0

(8) 哪个命令用于在接口上启用 EIGRPv6?

    A. router eigrp as   B. ip router eigrp as

    C. router eigrpv6 as   D. ipv6 eigrp as

(9) 哪个命令导致下面两条前往网络 10.10.50.0 的路径都出现在路由选择表中？

```
D        10.10.50.0 [90/2297856] via 172.16.10.6, 00:00:20, Serial0/1
                    [90/6893568] via 172.16.10.2, 00:00:20, Serial0/0
```

    A. maximum-paths 2   B. variance 2

    C. variance 3   D. maximum-hops 2

(10) 前往网络 10.10.10.0 的路由失效后，EIGRP 将采取下面哪两种措施？

    A. 发送一条最大跳数为 16 的反向抑制消息

    B. 如果有可行后继路由，就将其复制到路由选择表中

    C. 如果没有可行后继路由，就向所有邻居发送查询，询问它们是否知道前往网络 10.10.10.0 的路径

    D. EIGRP 将从所有接口向外发送广播，指出前往网络 10.10.10.0 的路由失效，它正在寻找可行后
       继路由

(11) 你想获悉与当前路由器建立了邻接关系的设备的 IP 地址，还想查看这些邻居路由器的重传间隔和
队列计数器。为显示这些信息，可使用哪个命令？

    A. show ip eigrp adjacency   B. show ip eigrp topology

    C. show ip eigrp interfaces   D. show ip eigrp neighbors

(12) 不知是什么原因，两台通过以太网链路相连的路由器无法建立邻接关系。从下面的输出可知，导
致这个问题的原因是哪两个？

```
RouterA##show ip protocols
Routing Protocol is "eigrp 20"
  Outgoing update filter list for all interfaces is not set
  Incoming update filter list for all interfaces is not set
  Default networks flagged in outgoing updates
  Default networks accepted from incoming updates
  EIGRP metric weight K1=1, K2=0, K3=1, K4=0, K5=0

RouterB##show ip protocols
Routing Protocol is "eigrp 220"
  Outgoing update filter list for all interfaces is not set
  Incoming update filter list for all interfaces is not set
  Default networks flagged in outgoing updates
  Default networks accepted from incoming updates
  EIGRP metric weight K1=1, K2=1, K3=1, K4=0, K5=0
```

    A. RouterA 运行的是 EIGRP，而 RouterB 运行的是 OSPF

    B. 对路由分发应用了 ACL

    C. AS 号不一致

    D. 收到的更新中没有默认网络

　　　E. K 值不一致

　　　F. 有接口被设置为被动的

(13) 下面哪两种有关 EIGRP 后继路由的说法是正确的?

　　　A. EIGRP 使用后继路由将流量转发到目标网络

　　　B. 后继路由存储在拓扑表中, 供主路由失效时使用

　　　C. 在路由选择表中, 后继路由被标记为活动的

　　　D. 可使用可行后继路由给后继路由提供后援

　　　E. 邻居发现过程结束后, 后继路由便存储在了邻居表中

(14) 路由器 RouterB 与网络 10.255.255.64/27 直接相连, 要通告这个直连网络, 可在 EIGRP 进程下使用下面哪两个 network 命令?

　　　A. network 10.255.255.64　　　　　　B. network 10.255.255.64 0.0.0.31

　　　C. network 10.255.255.64 0.0.0.0　　D. network 10.255.255.64 0.0.0.15

(15) 路由器 RouterA 和 RouterB 通过接口 Serial 0/0 相连, 但未能建立邻接关系。根据下面的输出, 可能的原因是什么?

```
RouterA#sh ip protocols
Routing Protocol is "eigrp 220"
  Outgoing update filter list for all interfaces is not set
  Incoming update filter list for all interfaces is not set
  Default networks flagged in outgoing updates
  Default networks accepted from incoming updates
  EIGRP metric weight K1=1, K2=0, K3=1, K4=0, K5=0
  EIGRP maximum hopcount 100
  EIGRP maximum metric variance 2
  Redistributing: eigrp 220
  EIGRP NSF-aware route hold timer is 240s
  Automatic network summarization is in effect
  Maximum path: 4
  Routing for Networks:
    10.0.0.0
    172.16.0.0
    192.168.1.0
  Routing Information Sources:
    Gateway         Distance      Last  Update
    (this router)         90      20:51:48
    192.168.1.2           90      00:22:58
    172.16.10.6           90      01:58:46
    172.16.10.2           90      01:59:52
  Distance: internal 90 external 170

RouterB#sh ip protocols
Routing Protocol is "eigrp 220"
  Outgoing update filter list for all interfaces is not set
  Incoming update filter list for all interfaces is not set
  Default networks flagged in outgoing updates
  Default networks accepted from incoming updates
  EIGRP metric weight K1=1, K2=0, K3=1, K4=0, K5=0
  EIGRP maximum hopcount 100
  EIGRP maximum metric variance 2
  Redistributing: eigrp 220
  EIGRP NSF-aware route hold timer is 240s
```

```
        Automatic network summarization is in effect
        Maximum path: 4
        Routing for Networks:
          10.0.0.0
          172.16.0.0
          192.168.1.0
      Passive Interface(s):
          Serial0/0
        Routing Information Sources:
          Gateway         Distance      Last Update
          (this router)        90       20:51:48
          192.168.1.2          90       00:22:58
          172.16.10.6          90       01:58:46
          172.16.10.2          90       01:59:52
        Distance: internal 90 external 170
```

A. K 值不一致　　　　B. AS 号不一致　　　　C. 路由器 RouterB 的接口 Serial 0/0 是被动的

D. 在路由器 RouterA 上应用了 ACL

(16) 默认情况下，EIGRPv6 最多在多少条路径之间均衡负载？

A. 16 条　　　　　　B. 32 条　　　　　　　C. 4 条　　　　　　　D. 不均衡负载

(17) 在下图的路由器 RouterB 上，需要使用哪两个命令来配置 EIGRPv6？

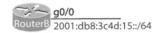
g0/0
RouterB 2001:db8:3c4d:15::/64

A. (config)#router eigrp 10

B. (config)#ipv6 router eigrp 10

C. (config)#ipv6 router 2001:db8:3c4d:15::/64

D. (config-if)#ip eigrp 10

E. (config-if)#ipv6 eigrp 10

F. (config-if)#ipv6 router eigrp 10

(18) 路由器 RouterA 有一条可行后继路由，但未在下面的输出中显示出来。根据下面的输出，如果这条前往网络 2001:db8:c34d:18::/64 的可行后继路由失效，哪条路由将成为后继路由？

```
      via FE80::201:C9FF:FED0:3301 (29110112/33316), Serial0/0/0
      via FE80::209:7CFF:FE51:B401 (4470112/42216), Serial0/0/1
      via FE80::209:7CFF:FE51:B401 (2170112/2816), Serial0/0/2
```

A. 经由接口 Serial0/0/0 的路由　　　　　　B. 经由接口 Serial0/0/1 的路由

C. 经由接口 Serial0/0/2 的路由　　　　　　D. 没有可行后继路由

(19) 你有一个如下图所示的互联网络，其中的路由器运行的是 IOS 12.4。然而，这两台路由器的路由选择表条目并不相同，其中的原因是什么？

```
      RouterA#sh ip protocols
      Routing Protocol is "eigrp 930"
        Outgoing update filter list for all interfaces is not set
        Incoming update filter list for all interfaces is not set
        Default networks flagged in outgoing updates
        Default networks accepted from incoming updates
        EIGRP metric weight K1=1, K2=0, K3=1, K4=0, K5=0
        EIGRP maximum hopcount 100
        EIGRP maximum metric variance 2
        Redistributing: eigrp 930
```

17

```
EIGRP NSF-aware route hold timer is 240s
Automatic network summarization is in effect
Automatic address summarization:
   192.168.1.0/24 for FastEthernet0/0
     Summarizing with metric 2169856
   10.0.0.0/8 for Serial0/0
     Summarizing with metric 28160
[output cut]
```

```
RouterB#sh ip protocols
Routing Protocol is "eigrp 930"
  Outgoing update filter list for all interfaces is not set
  Incoming update filter list for all interfaces is not set
  Default networks flagged in outgoing updates
  Default networks accepted from incoming updates
  EIGRP metric weight K1=1, K2=0, K3=1, K4=0, K5=0
  EIGRP maximum hopcount 100
  EIGRP maximum metric variance 3
  Redistributing: eigrp 930
  EIGRP NSF-aware route hold timer is 240s
  Automatic network summarization is in effect
  Maximum path: 4
  Routing for Networks:
    10.0.0.0
    192.168.1.0
Passive Interface(s):
    Serial0/0
  Routing Information Sources:
    Gateway         Distance       Last Update
    (this router)        90        20:51:48
    192.168.1.2          90        00:22:58
    172.16.10.6          90        01:58:46
    172.16.10.2          90        01:59:52
  Distance: internal 90 external 170
```

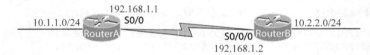

A. 两台路由器的 variance 设置不一致

B. 两台路由器的 K 值不一致

C. 有一个网络是非连续的

D. 路由器 RouterB 的接口 Serial0/0 是被动的

E. 在路由器上应用了 ACL

(20) 排除邻接关系故障时，应检查下面哪四个方面？

A. 核实 AS 号

B. 核实在正确的接口上启用了 EIGRP

C. 确保 K 值一致

D. 检查被动接口设置

E. 确保远程路由器未连接到互联网

F. 如果配置了身份验证，确保路由器使用的密码各不相同

第 **18** 章

开放最短路径优先

本章涵盖如下 ICND2 考试要点。

✓ **2.0 路由选择技术**

❑ 2.2 比较距离矢量路由选择协议和链路状态路由选择协议

❑ 2.3 比较内部路由选择协议和外部路由选择协议

❑ 2.4 单区域和多区域 IPv4 OSPFv2 的配置、验证和故障排除（不包括身份验证、过滤、手工汇总、重分发、末节路由器、虚链路和 LSA）

❑ 2.5 单区域和多区域 IPv6 OSPFv3 的配置、验证和故障排除（不包括身份验证、过滤、手工汇总、重分发、末节路由器、虚链路和 LSA）

开放最短路径优先（OSPF）无疑是当今最流行、最重要的路由选择协议——重要到我要专辟一章进行讨论。本章秉承本书始终坚持的做法，先介绍基本知识，让你熟悉重要的 OSPF 术语；然后阐述 OSPF 的工作原理，并全面介绍 OSPF 优于 RIP 的众多方面。

本章不仅包含大量至关重要的信息，还将探索实现 OSPF 需要考虑的一些至关重要而又独特的因素和问题。我将详尽地阐述如何在各种联网环境中实现单区域 OSPF，再演示一些优秀的技法，供你核实 OSPF 的各方面都配置正确且运行正常。

注意 有关本章内容的最新修订，请访问 www.lammle.com/forum 或出版社网站的本书配套网页（www.sybex.com/go/ccna）。

18.1 OSPF 基础

OSPF（Open Shortest Path First，开放最短路径优先）是一种标准的开放路由选择协议，被包括思科在内的众多网络厂商实现。OSPF 灵活而深受欢迎，其中的重要原因正是其开放标准特征。

很多人都选择使用 OSPF。OSPF 的工作原理如下：首先使用 Dijkstra 算法创建一个最短路径树，再使用计算得到的最佳路径填充路由选择表。EIGRP 的会聚速度快得不得了，但 OSPF 毫不逊色，这是它深受欢迎的另一个原因。下面是 OSPF 的另外两个重要优点：与 EIGRP 一样，支持多条到同一个目标网络的等成本路由；在被路由的协议方面，支持 IPv4 和 IPv6。

OSPF 的一些重要特色如下：

❑ 允许创建区域和自主系统；

❑ 最大限度地减少了路由选择更新流量；

❑ 高度灵活、功能多样、可扩展性极强；

❑ 支持 VLSM/CIDR；

❑ 对跳数没有任何限制；

❑ 属于开放标准，让你能够在网络中部署多个厂商的设备。

鉴于 OSPF 是大多数人遇到的第一款链路状态路由选择协议，有必要将其同更传统的距离矢量协议（如 RIPv2 和 RIPv1）比较一下。表 18-1 对这三种常见的协议进行了详尽的比较。

表18-1　OSPF和RIP的比较

特　征	OSPF	RIPv2	RIPv1
协议类型	链路状态	距离矢量	距离矢量
是否支持无类路由选择	是	是	否
是否支持VLSM	是	是	否
自动汇总	否	是	是
是否支持手工汇总	是	是	否
是否支持不连续的网络	是	是	否
传播路由的方式	网络拓扑发生变化时发送组播	定期发送组播	定期发送广播
度量值	带宽	跳数	跳数
跳数限制	无限制	15	15
会聚速度	快	慢	慢
是否验证对等体的身份	是	是	否
是否要求将网络分层	是（使用区域）	否（只支持扁平网络）	否（只支持扁平网络）
更新	事件触发	定期	定期
路由算法	Dijksta	Bellman-Ford	Bellman-Ford

需要指出的是，OSPF 还有表 18-1 未列出的众多特色。这些特色让它成为了一种快速、可扩展、健壮而又足够灵活的协议，因此被广泛用于众多生产网络。

OSPF 最重要的一个特征是对分层的支持，这意味着它让我们能够将大型互联网络划分为多个部分，这些部分被称为区域。这是一项强大的功能，建议你一定要使用，本章后面会介绍如何使用多个区域。

实现 OSPF 时，务必充分利用其层次型设计。为什么呢？下面是三个最重要的原因：

❑ 降低路由选择开销；

❑ 提高会聚速度；

❑ 将网络不稳定性限制在单个区域内。

实现这些神奇的功能是需要付出代价的，而且 OSPF 配置起来也不容易。考虑到天下很少有免费的午餐，这没有什么好奇怪的。不过你无需担心，我们将征服它。

首先来看图 18-1，这是一种极其典型但简单的 OSPF 设计。需要指出的是，其中有些路由器与主干（也叫区域 0 或主干区域）相连。对 OSPF 来说，区域 0 必不可少，其他所有区域都应连接到该区域（通过虚链路连接的路由器除外，这不在本书讨论之列）。将其他区域连接到 AS 主干区域的路由器被称为**区域边界路由器**（area border router，ABR），这些路由器至少有一个接口与区域 0 相连。

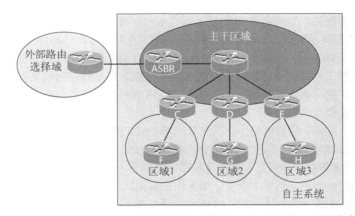

图 18-1 OSPF 设计示例。OSPF 层次设计最大限度地减少了路由选择表条目，并将
拓扑变化带来的影响限制在当前区域内

用于自主系统内部时，OSPF 的效果相当不错，但它也可用于将多个自主系统连接起来。将 AS 连接起来的路由器称为**自主系统边界路由器**（autonomous system boundary router，ASBR）。理想情况下，你的目标是通过创建区域最大限度地减少路由更新，这在大型网络中尤其重要。通过这样做，可将问题限制在单个区域内，避免它影响整个网络。

深入探讨 OSPF 之前，先来介绍一些重要的 OSPF 术语，它们对你理解 OSPF 至关重要。

18.1.1 OSPF 术语

假设你没有东南西北的概念，也不知何谓山川、湖泊和沙漠，手里只有地图和指南针，那么不管这些工具多好多新，也无助于你找到目的地，你只会完全迷失方向。正因为如此，在探索 OSPF 时，你要先牢固地掌握大量术语，再从这个营地出发去探索广阔的未知领域。下面是一些重要的术语，你必须牢记在心。

- **链路** 链路是网络或被划分到给定网络的路由器接口。接口被加入 OSPF 进程后，就被视为链路。链路（接口）有状态信息（up 或 down），还有一个或多个 IP 地址。
- **路由器 ID** 路由器 ID（RID）是用于标识路由器的 IP 地址。思科从所有环回接口的 IP 地址中选择最大的一个，并将其用作路由器 ID。如果没有给任何环回接口配置 IP 地址，OSPF 将从所有活动的物理接口的 IP 地址中选择最大的一个，并将其用作路由器 ID。在 OSPF 看来，RID 就相当于路由器的"名称"。
- **邻居** 邻居是多台这样的路由器——它们有属于同一个网络的接口，如两台与同一条点到点串行链路相连的路由器。要建立邻居关系，OSPF 邻居的很多配置选项都必须相同，这些选项包括：
  - 区域 ID
  - 末节区域标记
  - 身份验证密码（如果使用了）
  - Hello 间隔和失效（Dead）间隔

❏ **邻接关系** 邻接关系是两台 OSPF 路由器之间的一种关系，让它们能够直接交换路由更新。不像 EIGRP 那样与所有邻居直接共享路由，OSPF 在共享路由选择信息方面非常挑剔，只直接同与它建立了邻接关系的邻居共享路由。并非所有的邻居之间都会建立邻接关系——与哪些邻居建立邻接关系取决于网络类型及路由器的配置。在多路访问网络中，路由器同指定路由器和备用指定路由器建立邻接关系。在点到点网络和点到多点网络中，路由器与连接另一端的路由器建立邻接关系。

❏ **指定路由器** 在每个广播网络中，都将从所有 OSPF 路由器中选举出一个指定路由器（DR），这旨在最大限度地减少邻接关系数。在广播网络或链路中，每台路由器都将路由选择信息发送给 DR，后者再将这些信息与其他所有路由器共享。选举是根据路由器的优先级进行的，优先级最高的路由器将在选举中获胜。如果优先级相同，将根据路由器 ID 来决定胜负。在共享型网络中，所有路由器都同 DR 和 BDR 建立邻接关系，从而确保所有路由器的拓扑表都同步。

❏ **备用指定路由器** 备用指定路由器（BDR）处于热备用状态，随时准备接替广播或多路访问链路上的 DR。BDR 从 OSPF 邻接路由器那里接收所有的路由选择更新，但不传播 LSA 更新。

❏ **Hello 协议** OSPF Hello 协议用于动态地发现邻居以及维护邻居关系。Hello 分组和链路状态通告（LSA）用于创建和维护拓扑数据库。Hello 分组的目标地址为组播地址 224.0.0.5。

❏ **邻居关系数据库** 邻居关系数据库是一个 OSPF 路由器列表，包含所有从其处收到 Hello 分组的 OSPF 路由器。邻居关系数据库维护着路由器的各种信息，其中包括路由器 ID 和状态。

❏ **拓扑数据库** 拓扑数据库包含针对同一区域收到的所有链路状态通告分组中的信息。路由器将拓扑数据库中的信息交给 Dijkstra 算法，由它来计算前往每个网络的最短路径。

注意 LSA 分组用于更新和维护拓扑数据库。

❏ **链路状态通告** 链路状态通告（LSA）是一种 OSPF 数据分组，包含要在 OSPF 路由器之间共享的链路状态和路由选择信息。OSPF 路由器只跟与它建立了邻接关系的路由器交换 LSA 分组。

❏ **OSPF 区域** OSPF 区域是一组连续的网络及其中的路由器。在同一个区域中，所有路由器的区域 ID 都相同。路由器可能同时属于多个区域，因此区域 ID 与路由器接口相关联。这样，一台路由器的有些接口可能属于区域 1，而有些接口属于区域 0。在同一个区域中，所有路由器的拓扑表都相同。配置多区域 OSPF 时，你必须牢记，区域 0 必不可少，它通常被视为主干区域。区域还让你能够将网络组织成层次结构，这对提高 OSPF 的可扩展性大有裨益。

❏ **广播多路访问** 以太网等广播多路访问网络让多台设备可连接到（访问）同一个网络，从而支持广播，即将分组传输到网络中的所有节点。在 OSPF 中，在每个广播多路访问网络中都必须选举 DR 和 BDR。

❏ **非广播多路访问** 非广播多路访问（NBMA）网络指的是帧中继、X.25 和异步传输模式（ATM）等网络。这些类型的网络支持多路访问，但不像以太网那样支持广播。在 NBMA 网络中，为让 OSPF 正常运行，必须进行特殊配置。

❏ **点到点** 点到点指的是一种网络拓扑，由两台路由器之间的直接连接构成，该连接提供了单条通信路径。点到点连接可以是物理意义上的，如两台路由器通过串行电缆直接相连，也可以是逻辑意义上的，如相隔数千英里的两台路由器通过帧中继网络中的电路相连。无论是哪种方式，点到点配置都不需要 DR 和 BDR。

❑ **点到多点**　点到多点指的是一种网络拓扑，由一台路由器通过单个接口到多台远程路由器的连接构成。相关的路由器接口共享点到多点连接，并属于同一个网络。可根据是否支持广播对点到多点网络做进一步的分类。这很重要，因为类型决定了可使用的 OSPF 配置。

这些术语对理解 OSPF 的工作原理至关重要，因此务必熟悉它们。只有掌握这些术语，你才能理解本章余下的内容。

18.1.2   OSPF 的工作原理

全面掌握刚才介绍的术语和技术后，该深入探索 OSPF 如何发现、传播和选择路由了。知道 OSPF 如何完成这些任务后，就能充分理解 OSPF 的内部工作原理了。

OSPF 操作大致分三类：

❑ 初始化邻居和邻接关系；

❑ LSA 泛洪；

❑ 计算 SPF 树。

第一个阶段是建立邻居/邻接关系，这是 OSPF 操作的重要组成部分。初始化 OSPF 时，路由器将给它分配内存，并分配用于维护邻居表和拓扑表的内存。确定配置了 OSPF 的接口后，路由器将检查这些接口是否处于活动状态，并开始发送 Hello 分组，如图 18-2 所示。

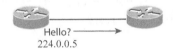

图 18-2　Hello 协议

Hello 协议用于发现邻居、建立邻接关系以及维护与其他 OSPF 路由器的关系。在支持组播的环境中，定期地通过每个启用了 OSPF 的接口向外发送 Hello 分组。

Hello 分组的目标地址为 224.0.0.5，其发送频率取决于网络的类型和拓扑。在广播网络和点到点网络中，Hello 分组的发送间隔为 10 秒，而在非广播网络和点到多点网络中，间隔为 30 秒。

1. LSA 泛洪

OSPF 使用 LSA 泛洪来共享路由选择信息。通过发送链路状态更新（LSU）分组，可在区域内所有 OSPF 路由器之间共享包含链路状态数据的 LSA 信息。网络拓扑图是根据 LSA 更新创建的，而泛洪让所有 OSPF 路由器都有相同的网络拓扑图，可用于进行 SPF 计算。

为实现高效的泛洪，使用了保留的组播地址 224.0.0.5（AllSPFRouters）。LSA 更新指出了拓扑变化，其处理方式稍有不同：用于发送更新的组播地址取决于网络类型。表 18-2 列出了用于 LSA 泛洪的组播地址（点到多点网络使用邻接路由器的单播 IP 地址）。

LSA 更新泛洪到整个网络后，每个接收方都必须确认它收到了更新。另外，接收方还必须对 LSA 更新进行验证，这很重要。

表18-2　LSA更新使用的组播地址

网络类型	组播地址	描　　述
点到点	224.0.0.5	AllSPFRouters
广播	224.0.0.6	AllDRouters
点到多点	NA	NA

2. 计算 SPF 树

每台路由器都计算前往当前区域中每个网络的最佳/最短路径。这种计算是根据拓扑数据库中的信息进行的,使用的算法名为最短路径优先(SPF)。每台路由器都创建一棵树,这棵树类似于家谱,其根为当前路由器,而其他所有网络都分布在不同的树枝和树叶上。路由器根据这个最短路径树将 OSPF 路由插入路由选择表中。

这棵树只包含路由器所属区域中的网络,明白这一点很重要。如果路由器包含分属不同区域的接口,将针对每个区域创建一个 SPF 树。选择最佳路由时,SPF 算法考虑的一个重要指标是,前往网络的每条潜在路径的度量值或成本。然而,SPF 不计算前往其他区域的路由。

3. OSPF 度量值

OSPF 使用的度量值被称为成本。SPF 树中的每个出站接口都有相关联的成本。整条路径的成本为路径上每个出站接口的成本之和。由于 RFC 2338 没有规定成本的计算方法,思科必须实现自己的方法,以计算每个 OSPF 接口的成本。思科使用的计算公式很简单:10^8/带宽,其中的"带宽"是给接口配置的带宽。根据这个公式,100 Mbit/s 快速以太网接口的默认 OSPF 成本为 1,但 1000 Mbit/s 以太网接口的成本也为 1。

需要指出的是,可使用命令 ip ospf cost 覆盖默认值,将成本设置为 1 ~ 65 535 中的一个数字。成本是赋给链路的,必须在相应的接口上进行修改。

注意　思科根据带宽来计算成本,但其他厂商可能根据别的指标来计算链路的成本。连接不同厂商的路由器可能需要调整成本,让链路在两端的路由器上的成本相同,这样 OSPF 才能够正常运行。

18.2　配置 OSPF

即便是配置基本的 OSPF,也不像配置 RIP 和 EIGRP 那样简单,而一旦考虑 OSPF 支持的众多选项,情况将非常复杂。但没有关系,因为你现在关注的重点是基本的单区域 OSPF 配置。下面就来演示如何配置单区域 OSPF。

配置 OSPF 时,最重要的两个方面是启用 OSPF 以及配置 OSPF 区域。

18.2.1　启用 OSPF

配置 OSPF 最简单的方式是只使用一个区域,但其可扩展性也最差。要以这种方式配置 OSPF,至少需要两个命令。

第一个命令用于激活 OSPF 路由选择进程,如下所示:

```
Router(config)#router ospf ?
<1-65535> Process ID
```

OSPF 进程 ID 用一个 1 ~ 65 535 的数字标识。这是路由器上独一无二的数字，将一系列 OSPF 配置命令归入特定进程下。不同 OSPF 路由器的进程 ID 即便不同，也能相互通信。进程 ID 只在本地有意义，用途不大，但你必须牢记它最小为 1，而不能是 0。

如果你愿意，可在同一台路由器上同时运行多个 OSPF 进程，但这并不意味着配置的是多区域 OSPF。每个进程都维护不同的拓扑表副本，并独立管理通信；在需要使用 OSPF 将多个 AS 连接起来时，可使用多个进程。另外，思科 CCNA 考试只涉及每台路由器运行单个进程的单区域 OSPF，因此本书将重点介绍这种情形。

OSPF 进程 ID 用于标识 OSPF 数据库实例，只在本地有意义。

18.2.2 配置区域

启动 OSPF 进程后，需要指定要在哪些接口上激活 OSPF 通信，并指定每个接口所属的区域。这样做也就指定了要将哪些网络通告给其他路由器。

下面的示例演示了基本的 OSPF 配置，其中包含第二个必不可少的 network 命令：

```
Router#config t
Router(config)#router ospf 1
Router(config-router)#network 10.0.0.0 0.255.255.255 area ?
  <0-4294967295>   OSPF area ID as a decimal value
  A.B.C.D          OSPF area ID in IP address format
Router(config-router)#network 10.0.0.0 0.255.255.255 area 0
```

区域编号可以是 $0 \sim 4.2 \times 10^9$ 的任何数字。不要将区域编号与进程 ID 混为一谈，进程 ID 的取值范围为 1 ~ 65 535。

别忘了，进程 ID 无关紧要。在网络中不同的路由器上，进程 ID 可以相同，也可以不同。进程 ID 只在本地有意义，只用于在路由器上启用 OSPF 路由选择。

在 network 命令中，前两个参数是网络号（这里为 10.0.0.0）和通配符掩码（0.255.255.255）。这两个数字一起指定了 OSPF 将在其上运行的接口，这些接口还将包含在 OSPF LSA 中。根据这个命令，OSPF 将把当前路由器上位于网络 10.0.0.0 的接口都加入区域 0。请注意，你最多可创建 4.2×10^9 个区域。实际上，路由器不会允许你创建这么多区域，但你完全可以使用 $0 \sim 4.2 \times 10^9$ 的任何数字给区域命名。给区域命名还可以使用 IP 地址格式。

下面花点时间简要地解释一下通配符掩码。在通配符掩码中，值为 0 的字节表示网络号的相应字节必须完全匹配，而 255 表示网络号的相应字节是什么无关紧要。因此，网络号和通配符掩码组合 1.1.1.1 0.0.0.0 只与 IP 地址为 1.1.1.1 的接口匹配。如果你要以清晰而简单的方式在特定接口上激活 OSPF，这种组合很有用。如果你要匹配一系列网络中的接口，可使用网络号和通配符掩码组合 1.1.0.0 0.0.255.255，它与位于地址范围 1.1.0.0 ~ 1.1.255.255 的接口都匹配。有鉴于此，更安全、更简单的做

18

法是，只使用通配符掩码 0.0.0.0，并分别指定要在其上启用 OSPF 的每个接口。从功能上说，这两种方式没有优劣之分。

最后一个参数是区域号，它指定了网络号和通配符掩码指定的接口所属的区域。前面说过，仅当两台 OSPF 路由器的接口属于同一个网络和区域时，它们才能建立邻居关系。指定区域号时，可使用 0 ~ 4 294 967 295 的十进制值，也可使用标准点分十进制表示法表示的值。例如，0.0.0.0 是合法的区域号，它表示区域 0。

通配符掩码示例

配置示例网络之前，来看一个更复杂的 OSPF 配置示例，看看使用子网号和通配符掩码的 OSPF network 命令是什么样的。

在这个示例中，假设路由器通过四个接口连接到了下面四个子网：

- ❑ 192.168.10.64/28
- ❑ 192.168.10.80/28
- ❑ 192.168.10.96/28
- ❑ 192.168.10.8/30

所有接口都必须位于区域 0，因此在我看来，最简单的配置类似于下面这样：

```
Test#config t
Test(config)#router ospf 1
Test(config-router)#network 192.168.10.0 0.0.0.255 area 0
```

我得承认，这个示例实际上非常简单，但简单并非总是最好，配置 OSPF 时尤其如此。虽然这是配置 OSPF 的最简单方式，但并没有充分利用 OSPF 的功能，而且没什么意思。更糟糕的是，CCNA 考题不太可能如此简单。下面对每个接口都使用一个 network 进行配置，并在命令中使用子网号和通配符掩码。这种配置类似于下面这样：

```
Test#config t
Test(config)#router ospf 1
Test(config-router)#network 192.168.10.64 0.0.0.15 area 0
Test(config-router)#network 192.168.10.80 0.0.0.15 area 0
Test(config-router)#network 192.168.10.96 0.0.0.15 area 0
Test(config-router)#network 192.168.10.8 0.0.0.3 area 0
```

哇，看起来与前面的配置完全不同。事实上，该配置的效果与前面的简单配置完全相同，但不同之处是，它与 CCNA 考试目标紧密相连。

这种配置看似有点复杂，但实际上一点都不复杂，你只需搞清楚块大小就万事大吉。请记住，通配符掩码总是比块大小小 1。/28 对应的块大小为 16，因此在使用子网号的 network 命令中，需要将通配符掩码的相应字节设置为 15。至于 /30，它对应的块大小为 4，因此将通配符掩码的相应字节设置为 3。经过多次练习后，这就会变得非常简单。请务必进行练习，因为本书后面介绍访问列表时，你也将面对通配符掩码。

下面在图 18-3 所示的网络中配置 OSPF，确保你牢固地掌握通配符掩码。在该图所示的网络中，有三台路由器，该图还显示了每个路由器接口的 IP 地址。

首先，你必须能够根据每个接口的 IP 地址确定它所属的网络。你肯定在想：我为何不结合使用接口的 IP 地址和通配符掩码 0.0.0.0 呢？你完全可以这样做，但这里关注的是思科 CCNA 考试目标，而不是最简单的方式。

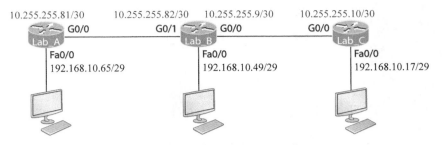

图 18-3   简单的 OSPF 配置示例

图 18-3 显示了每个接口的 IP 地址。路由器 Lab_A 与两个子网直接相连：192.168.10.64/29 和 10.255.255.80/30。下面是使用子网号和通配符掩码的 OSPF 配置：

```
Lab_A#config t
Lab_A(config)#router ospf 1
Lab_A(config-router)#network 192.168.10.64 0.0.0.7 area 0
Lab_A(config-router)#network 10.255.255.80 0.0.0.3 area 0
```

在路由器 Lab_A 上，接口 Fa0/0 使用的子网掩码为/29（255.255.255.248）。该子网掩码对应的块大小为 8，因此通配符掩码的相应字节为 7。接口 G0/0 使用的子网掩码为 255.255.255.252，它对应的块大小为 4，因此通配符掩码的相应字节为 3。注意到我指定的是子网号，而不是接口号。看到 IP 地址和用斜杠表示法表示的子网掩码后，如果你无力据此计算出子网号、子网掩码和通配符掩码，就无法以这种方式配置 OSPF。因此，如果你还不具备这种能力，就不要去参加 CCNA 考试了。

为帮助你练习，下面提供了另外两台路由器的配置：

```
Lab_B#config t
Lab_B(config)#router ospf 1
Lab_B(config-router)#network 192.168.10.48 0.0.0.7 area 0
Lab_B(config-router)#network 10.255.255.80 0.0.0.3 area 0
Lab_B(config-router)#network 10.255.255.8 0.0.0.3 area 0

Lab_C#config t
Lab_C(config)#router ospf 1
Lab_C(config-router)#network 192.168.10.16 0.0.0.7 area 0
Lab_C(config-router)#network 10.255.255.8 0.0.0.3 area 0
```

前面说过，你必须有能力根据接口的 IP 地址和子网掩码计算出子网号和通配符掩码。否则，你就不能以这里演示的方式配置 OSPF。请反复练习，直到得心应手为止。

18.2.3   在示例网络中配置 OSPF

下面来做些有意思的事情：在只使用区域 0 的情况下，给我们的示例互联网络配置 OSPF。虽然 OSPF 的默认管理距离为 110，但为避免你养成在网络中运行 RIP 的习惯，先将 RIP 删除。

配置 OSPF 的方式很多，正如前面说过的，其中最简单、最容易的方式是使用通配符掩码 0.0.0.0。但我在这里想证明一点：可在每台路由器上以不同的方式配置 OSPF，同时获得完全相同的效果。这是 OSPF 比其他路由选择协议更有趣、更具挑战性的原因之一：你一不小心就会搞砸，但搞砸也给你提供了排除故障的机会。下面在如图 18-4 所示的示例网络中配置 OSPF，注意到我新添了一台路由器。

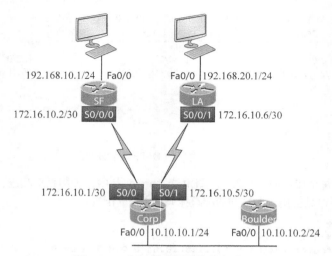

图 18-4 我们的示例网络的新布局

1. 配置路由器 Corp

下面是路由器 Corp 的配置：

```
Corp#sh ip int brief
Interface        IP-Address    OK? Method Status                  Protocol
FastEthernet0/0  10.10.10.1    YES manual up                      up
Serial0/0        172.16.10.1   YES manual up                      up
FastEthernet0/1  unassigned    YES unset  administratively down   down
Serial0/1        172.16.10.5   YES manual up                      up
Corp#config t
Corp(config)#no router rip
Corp(config)#router ospf 132
Corp(config-router)#network 10.10.10.1 0.0.0.0 area 0
Corp(config-router)#network 172.16.10.1 0.0.0.0 area 0
Corp(config-router)#network 172.16.10.5 0.0.0.0 area 0
```

这里有几点需要说明。首先，我先删除了 RIP，再添加 OSPF。我为何将 OSPF 进程号设置为 132 呢？这一点关系也没有——使用什么样的进程号无关紧要，我只是觉得 132 顺眼而已。注意到我一开始就执行了命令 show ip int brief，像配置 RIP 时一样。我这样做的原因是，确定路由器直接连接到哪些子网总是很重要，这有助于避免输入错误。

network 命令相当简单。我指定了每个接口的 IP 地址，并使用了通配符掩码 0.0.0.0，这意味着每个 IP 地址的字节都必须完全相同。这种配置方式实际上秉承了越简单越好的理念。下面是另一种配置：

```
Corp(config)#router ospf 132
Corp(config-router)#network 172.16.10.0 0.0.0.255 area 0
```

很好，这将与网络 172.16.10.0 相关的 network 命令从两个减少到一个。我希望你明白，不管你使用哪种方式配置 network 命令，OSPF 的运行情况都相同。下面来配置路由器 SF。

2. 配置路由器 SF

路由器 SF 与两个网络直接相连。配置该路由器时，我将使用每个接口的 IP 地址。

```
SF#sh ip int brief
Interface      IP-Address     OK? Method Status                Protocol
FastEthernet0/0  192.168.10.1   YES manual up                    up
FastEthernet0/1  unassigned     YES unset  administratively down down
Serial0/0/0      172.16.10.2    YES manual up                    up
Serial0/0/1      unassigned     YES unset  administratively down down
SF#config t
SF(config)#no router rip
SF(config)#router ospf 300
SF(config-router)#network 192.168.10.1 0.0.0.0 area 0
SF(config-router)#network 172.16.10.2 0.0.0.0 area 0
*Apr 30 00:25:43.810: %OSPF-5-ADJCHG: Process 300, Nbr 172.16.10.5 on Serial0/0/0 from
LOADING to FULL, Loading Done
```

在这里，我首先禁用了 RIP，再启用 OSPF 并将路由选择进程号设置为 300，然后指定了两个直接相连的网络。下面来配置路由器 LA。

3. 配置路由器 LA

路由器 LA 也与两个网络直接相连，其配置如下：

```
LA#sh ip int brief
Interface      IP-Address    OK? Method Status                Protocol
FastEthernet0/0 192.168.20.1  YES manual up                    up
FastEthernet0/1 unassigned    YES unset  administratively down down
Serial0/0/0     unassigned    YES unset  administratively down down
Serial0/0/1     172.16.10.6   YES manual up                    up
LA#config t
LA(config)#router ospf 100
LA(config-router)#network 192.168.20.0 0.0.0.255 area 0
LA(config-router)#network 172.16.0.0 0.0.255.255 area 0
*Apr 30 00:56:37.090: %OSPF-5-ADJCHG: Process 100, Nbr 172.16.10.5 on Serial0/0/1 from
LOADING to FULL, Loading Done
```

配置动态路由选择时，先执行命令 show ip int brief 可让配置工作容易得多。

另外别忘了，可使用任何进程 ID，只要在范围 1~65 535 内，因为即便所有路由器都使用相同的进程 ID 也没有关系。另外，我在这里使用了不同的通配符掩码，效果也很好。

讨论高级 OSPF 主题前，我希望你考虑下面一点：如果路由器 LA 的接口 Fa0/1 连接到了一条不需要运行 OSPF 的链路（如图 18-5 所示），该如何办呢？

这种情况你见过，因为本书前面讨论 RIP 时演示过。我们可在路由选择进程下配置同样的命令，如下所示：

```
LA(config)#router ospf 100
LA(config-router)#passive-interface fastEthernet 0/1
```

这个命令非常简单，但在路由器上配置该命令时务必谨慎。之所以使用这个命令，是因为这里没有使用接口 Fa0/1，我同时又想在路由器 LA 的其他接口上运行 OSPF。

下面来配置路由器 Corp，使其将一条默认路由通告给路由器 SF 和 LA，这可让我们的日子轻松得多。这里不在每台路由器上都配置一条默认路由，而是只配置一个路由器并让它发出通告，指出自己有默认路由。

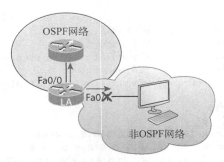

图 18-5　LA 路由器连接到了一个非 OSPF 网络

在图 18-4 所示的网络中，路由器 Corp 通过接口 Fa0/0 连接到了互联网。我们将配置一条前往互联网的默认路由，再告诉其他路由器，它们应使用这条路由前往互联网。配置如下：

```
Corp#config t
Corp(config)#ip route 0.0.0.0 0.0.0.0 Fa0/0
Corp(config)#router ospf 1
Corp(config-router)#default-information originate
```

下面来查看其他路由器，看它们是否从路由器 Corp 那里收到了这条默认路由：

```
SF#show ip route
[output cut]
E1 - OSPF external type 1, E2 - OSPF external type 2
[output cut]
O*E2 0.0.0.0/0 [110/1] via 172.16.10.1, 00:01:54, Serial0/0/0
SF#
```

在路由器 SF 的路由选择表中，最后一行表明它从路由器 Corp 那里收到了通告，该通告指出 Corp 路由器有离开当前 AS 的默认路由。

等一等！我还需配置新添的路由器，以搭建本书后面将使用的示例网络。这台新路由器通过接口 Fa0/0 连接到路由器 Corp，其配置如下：

```
Router#config t
Router(config)#hostname Boulder
Boulder(config)#int f0/0
Boulder(config-if)#ip address 10.10.10.2 255.255.255.0
Boulder(config-if)#no shut
*Apr 6 18:01:38.007: %LINEPROTO-5-UPDOWN: Line protocol on Interface FastEthernet0/0,
changed state to up
Boulder(config-if)#router ospf 2
Boulder(config-router)#network 10.0.0.0 0.255.255.255 area 0
*Apr 6 18:03:27.267: %OSPF-5-ADJCHG: Process 2, Nbr 223.255.255.254 on FastEthernet0/0
from LOADING to FULL, Loading Done
```

至此，整个网络都配置好了。但这里需要指出的是，你可不能亦步亦趋，因为我在这里只想快速配置好路由器，所以没有设置密码。这是一个非生产网络，这样做关系不大，但在安全至关重要的实际网络中，可不能这样做。

使用基本配置将新路由器连接到网络后，下面接着介绍环回接口、如何设置供 OSPF 使用的路由器 ID（RID）以及如何验证 OSPF 配置。

18.3   OSPF 和环回接口

使用 OSPF 时，配置环回接口很重要。事实上，思科建议配置 OSPF 时都应使用环回接口，这样可提高稳定性。

环回接口属于逻辑接口，这意味着它们是虚拟的软件接口，而非真正的路由器物理接口。在 OSPF 配置中使用环回接口的一个重要原因是，可确保至少有一个接口处于活动状态，可供 OSPF 进程使用。

除用于 OSPF 配置外，环回接口也有助于诊断故障。要知道，如果没有配置环回接口，路由器将在启动期间将活动接口的最大 IP 地址用作 RID。图 18-6 表明，路由器使用 RID 来标识彼此。

图 18-6   OSPF 路由器 ID（RID）

RID 不仅用于通告路由，还用于选举指定路由器（DR）和备用指定路由器（BDR）。有新路由器连接到网络时，这些指定路由器将与其建立邻接关系，并通过交换 LSA 来建立拓扑数据库。

注意　　默认情况下，OSPF 在启动时将活动接口的最大 IP 地址用作 RID，但可使用逻辑接口来改变这种行为。请记住，总是将逻辑接口的最大 IP 地址用作 RID。

下面演示如何配置逻辑环回接口以及如何验证环回接口配置和 RID。

配置环回接口

配置环回接口的工作最激动人心，因为它是最容易的 OSPF 配置部分。你我都想马上休息一会，但请坚持，终点就在眼前。

首先，使用命令 `show ip ospf` 来查看路由器 Corp 的 RID：

```
Corp#sh ip ospf
 Routing Process "ospf 1" with ID 172.16.10.5
[output cut]
```

从上述输出可知，RID 为 172.16.10.5——接口 S0/1 的 IP 地址。下面配置一个环回接口，并使用完全不同的 IP 编址方案：

```
Corp(config)#int loopback 0
```

```
*Mar 22 01:23:14.206: %LINEPROTO-5-UPDOWN: Line protocol on Interface
    Loopback0, changed state to up
Corp(config-if)#ip address 172.31.1.1 255.255.255.255
```

在这里，使用什么样的 IP 编址方案其实无关紧要，只要在每台路由器上给环回接口配置的 IP 地址属于不同的子网即可。通过使用子网掩码/32，可给环回接口分配任何 IP 地址，只要两台路由器使用的 IP 地址不同即可。

下面来配置其他路由器：

```
SF#config t
SF(config)#int loopback 0
*Mar 22 01:25:11.206: %LINEPROTO-5-UPDOWN: Line protocol on Interface
    Loopback0, changed state to up
SF(config-if)#ip address 172.31.1.2 255.255.255.255
```

下面是路由器 LA 的环回接口配置：

```
LA#config t
LA(config)#int loopback 0
*Mar 22 02:21:59.686: %LINEPROTO-5-UPDOWN: Line protocol on Interface
    Loopback0, changed state to up
LA(config-if)#ip address 172.31.1.3 255.255.255.255
```

你肯定在纳闷，子网掩码 255.255.255.255（/32）是什么意思，为何不使用 255.255.255.0 呢？虽然这两个子网掩码都行，但/32 被称为主机掩码，非常适合用于环回接口。另外，使用这种子网掩码还可节省地址空间。注意，我可使用 IP 地址 172.31.1.1、172.31.1.2、172.31.1.3 和 172.31.1.4。如果不使用/32，就必须在每台路由器上使用不同的子网，这不太好！

继续探讨其他问题之前，必须回答的一个重要问题是，通过配置环回接口，真的改变了路由器的 RID 吗？为回答这个问题，来看看路由器 Corp 的 RID：

```
Corp#sh ip ospf
  Routing Process "ospf 1" with ID 172.16.10.5
```

这是怎么回事呢？你可能以为，由于我们配置了逻辑接口，路由器的 RID 将自动变成其 IP 地址。这种想法有几分道理，但仅当你执行下述两项操作之一后才会变成现实：重启路由器；在路由器上禁用 OSPF，再重新创建数据库。这两种做法都不太理想，因此务必在启用 OSPF 路由选择之前配置逻辑接口，这样环回接口的 IP 地址将被立即用作 RID。

了解这些后，下面来重启路由器 Corp，因为在可供选择的两种方式中，它更容易。

现在来看看路由器的 RID：

```
Corp#sh ip ospf
  Routing Process "ospf 1" with ID 172.31.1.1
```

成功了，RID 变成了逻辑接口的 IP 地址。你可能认为我会接着重启所有的路由器，让它们的 RID 变成逻辑接口的 IP 地址。我真的应该这样做吗？

也许不该这样做，因为还有一种办法。可在执行命令 router ospf *process-id* 后立即修改 RID，你觉得如何？听起来不错，我们来试一试。下面的示例演示了如何在路由器 Corp 上这样做：

```
Corp#config t
Corp(config)#router ospf 1
Corp(config-router)#router-id 223.255.255.254
```

```
Reload or use "clear ip ospf process" command, for this to take effect
Corp(config-router)#do clear ip ospf process
Reset ALL OSPF processes? [no]: yes
*Jan 16 14:20:36.906: %OSPF-5-ADJCHG: Process 1, Nbr 192.168.20.1
on Serial0/1 from FULL to DOWN, Neighbor Down: Interface down
or detached
*Jan 16 14:20:36.906: %OSPF-5-ADJCHG: Process 1, Nbr 192.168.10.1
on Serial0/0 from FULL to DOWN, Neighbor Down: Interface down
or detached
*Jan 16 14:20:36.982: %OSPF-5-ADJCHG: Process 1, Nbr 192.168.20.1
on Serial0/1 from LOADING to FULL, Loading Done
*Jan 16 14:20:36.982: %OSPF-5-ADJCHG: Process 1, Nbr 192.168.10.1
on Serial0/0 from LOADING to FULL, Loading Done
Corp(config-router)#do sh ip ospf
 Routing Process "ospf 1" with ID 223.255.255.254
```

看看，管用了！在不重启路由器的情况下修改了 RID。但别忘了前面配置了一个逻辑环回接口，那么环回接口优先于命令 router-id 吗？答案是命令 router-id 优先于环回接口，它配置的 RID 无需重启路由器就能生效。

因此，选择 RID 的标准如下。

(1) 默认使用最大的活动接口 IP 地址。

(2) 逻辑接口优先于物理接口。在有逻辑接口的情况下，使用最大的逻辑接口 IP 地址。

(3) 命令 router-id 优先于物理接口和环回接口。

至此，需要决定的唯一一点是，是否希望 OSPF 通告环回接口的 IP 地址。无论使用的 IP 地址是否被通告，都各有利弊。使用不被通告的地址可节省 IP 地址空间，但这样的地址不会出现在 OSPF 表中，这意味着你不能 ping 它。

基本上，你需要在方便网络调试和节省地址空间之间做出选择。该如何选择呢？正确的策略是采取这里的做法：使用私有 IP 地址。这样便万事大吉了。

给所有路由器都配置 OSPF 后，接下来做什么呢？休息一下？还不是时候。我们还需核实 OSPF 确实管用，因此接下来要做的就是验证。

18.4　验证 OSPF 配置

要验证 OSPF 的配置正确且运行正常，有多种方式。下面将介绍各种用于验证 OSPF 的 show 命令，但在此之前，我们先来看看路由器 Corp 的路由选择表。

首先，在路由器 Corp 上执行命令 show ip route：

```
O    192.168.10.0/24 [110/65] via 172.16.10.2, 1d17h, Serial0/0
     172.131.0.0/32 is subnetted, 1 subnets
     172.131.0.0/32 is subnetted, 1 subnets
C        172.131.1.1 is directly connected, Loopback0
     172.16.0.0/30 is subnetted, 4 subnets
C        172.16.10.4 is directly connected, Serial0/1
L        172.16.10.5/32 is directly connected, Serial0/1
C        172.16.10.0 is directly connected, Serial0/0
L        172.16.10.1/32 is directly connected, Serial0/0
O    192.168.20.0/24 [110/65] via 172.16.10.6, 1d17h, Serial0/1
```

```
        10.0.0.0/24 is subnetted, 2 subnets
C          10.10.10.0 is directly connected, FastEthernet0/0
L          10.10.10.1/32 is directly connected, FastEthernet0/0
```

在路由器 Corp 的路由选择表中，只有两条动态路由，其中的 O 表示 OSPF 内部路由。C 标识的显然是直连网络，两个远程网络也出现在了路由选择表中——太好了！请注意上述输出中的 110/65，这是管理距离和度量值。

这个 OSPF 路由选择表令人满意。减轻 OSPF 网络的故障排除工作很重要，因此我在配置路由选择协议时，总是先执行命令 show ip int brief。配置 OSPF 时很容易犯错，因此请务必注意细节。

现在该介绍你必须掌握的所有 OSPF 验证命令了。

18.4.1 命令 show ip ospf

要显示路由器上运行的一个或全部 OSPF 进程的信息，可使用命令 show ip ospf。这包括路由器 ID、区域信息、SPF 统计信息以及 LSA 定时器信息。下面是在路由器 Corp 上执行这个命令得到的输出：

```
Corp#sh ip ospf
 Routing Process "ospf 1" with ID 223.255.255.254
 Start time: 00:08:41.724, Time elapsed: 2d16h
 Supports only single TOS(TOS0) routes
 Supports opaque LSA
 Supports Link-local Signaling (LLS)
 Supports area transit capability
 Router is not originating router-LSAs with maximum metric
 Initial SPF schedule delay 5000 msecs
 Minimum hold time between two consecutive SPFs 10000 msecs
 Maximum wait time between two consecutive SPFs 10000 msecs
 Incremental-SPF disabled
 Minimum LSA interval 5 secs
 Minimum LSA arrival 1000 msecs
 LSA group pacing timer 240 secs
 Interface flood pacing timer 33 msecs
 Retransmission pacing timer 66 msecs
 Number of external LSA 0. Checksum Sum 0x000000
 Number of opaque AS LSA 0. Checksum Sum 0x000000
 Number of DCbitless external and opaque AS LSA 0
 Number of DoNotAge external and opaque AS LSA 0
 Number of areas in this router is 1. 1 normal 0 stub 0 nssa
 Number of areas transit capable is 0
 External flood list length 0
 IETF NSF helper support enabled
 Cisco NSF helper support enabled
    Area BACKBONE(0)
        Number of interfaces in this area is 3
        Area has no authentication
        SPF algorithm last executed 00:11:08.760 ago
        SPF algorithm executed 5 times
        Area ranges are
        Number of LSA 6. Checksum Sum 0x03B054
        Number of opaque link LSA 0. Checksum Sum 0x000000
```

```
Number of DCbitless LSA 0
Number of indication LSA 0
Number of DoNotAge LSA 0
Flood list length 0
```

注意到路由器 ID（RID）为 223.255.255.254，这是在该路由器上配置的最大 IP 地址。你可能还注意到了，该 RID 是可用的最大 IPv4 地址。

18.4.2 命令 `show ip ospf database`

命令 show ip ospf database 显示拓扑数据库的信息，其中包括互联网络（AS）中的路由器数目以及邻接路由器的 ID。不同于命令 show ip eigrp topology，这个命令显示 OSPF 路由器，而不是 AS 中的所有链路。

这个命令的输出按区域划分，下面是在路由器 Corp 上执行它得到的输出：

```
Corp#sh ip ospf database

                OSPF Router with ID (223.255.255.254) (Process ID 1)
Router Link States (Area 0)

Link ID         ADV Router      Age     Seq#       Checksum Link count
10.10.10.2      10.10.10.2      966     0x80000001 0x007162 1
172.31.1.4      172.31.1.4      885     0x80000002 0x00D27E 1
192.168.10.1    192.168.10.1    886     0x8000007A 0x00BC95 3
192.168.20.1    192.168.20.1    1133    0x8000007A 0x00E348 3
223.255.255.254 223.255.255.254 925     0x8000004D 0x000B90 5

                Net Link States (Area 0)

Link ID         ADV Router      Age     Seq#       Checksum
10.10.10.1      223.255.255.254 884     0x80000002 0x008CFE
```

其中列出了每台路由器及其 ID——配置的最大 IP 地址。例如，新添的路由器 Boulder 出现了两次：一次用直连接口的 IP 地址（10.10.10.2）表示，另一次用我在 OSPF 进程下设置的 RID（172.31.1.4）表示。

该命令显示链路 ID（别忘了接口也是链路），并在 ADV Router（通告的路由器）列显示路由器的 RID。

18.4.3 命令 `show ip ospf interface`

命令 show ip ospf interface 显示所有与接口相关的 OSPF 信息。使用这个命令时，可显示特定接口的 OSPF 信息，也可显示所有 OSPF 接口的信息。这个命令的输出如下，我加粗标出了其中一些重要的信息：

```
Corp#sh ip ospf int f0/0
FastEthernet0/0 is up, line protocol is up
  Internet Address 10.10.10.1/24, Area 0
  Process ID 1, Router ID 223.255.255.254, Network Type BROADCAST, Cost: 1
  Transmit Delay is 1 sec, State DR, Priority 1
```

18

```
Designated Router (ID) 223.255.255.254, Interface address 10.10.10.1
Backup Designated router (ID) 172.31.1.4, Interface address 10.10.10.2
Timer intervals configured, Hello 10, Dead 40, Wait 40, Retransmit 5
  oob-resync timeout 40
  Hello due in 00:00:08
Supports Link-local Signaling (LLS)
Cisco NSF helper support enabled
IETF NSF helper support enabled
Index 3/3, flood queue length 0
Next 0x0(0)/0x0(0)
Last flood scan length is 1, maximum is 1
Last flood scan time is 0 msec, maximum is 0 msec
Neighbor Count is 1, Adjacent neighbor count is 1
  Adjacent with neighbor 172.31.1.  Suppress hello for 0 neighbor(s)
```

这个命令提供如下接口相关信息：

❑ IP 地址

❑ 所属区域

❑ 进程 ID

❑ 路由器 ID

❑ 网络类型

❑ 成本

❑ 优先级

❑ DR/BDR 选举信息（如果适用的话）

❑ Hello 定时器和失效定时器

❑ 邻接关系

　　这里使用命令 show ip ospf interface f0/0 的原因是，我知道路由器 Corp 和 Boulder 组成了一个快速以太网，而在这个广播多路访问网络中将选举指定路由器。这里标出的信息都很重要，务必牢记在心。一个很适合在这里问的问题是，Hello 定时器和失效定时器默认多长？

　　如果命令 show ip ospf interface 的输出如下，则说明在路由器上启用了 OSPF，但在指定的接口上未启用：

```
Corp#sh ip ospf int f0/0
%OSPF: OSPF not enabled on FastEthernet0/0
```

　　在这种情况下，需要检查 network 命令，因为上述输出表明指定的接口不在 OSPF 进程中。

18.4.4　命令 show ip ospf neighbor

　　命令 show ip ospf neighbor 很有用，它提供有关邻居和邻接关系状态的摘要信息。如果有 DR 和 BDR，也将显示有关它们的信息。下面是这个命令的输出：

```
Corp#sh ip ospf neighbor

Neighbor ID     Pri   State      Dead Time    Address        Interface
172.31.1.4       1    FULL/BDR   00:00:34     10.10.10.2     FastEthernet0/0
192.168.20.1     0    FULL/  -   00:00:31     172.16.10.6    Serial0/1
192.168.10.1     0    FULL/  -   00:00:32     172.16.10.2    Serial0/0
```

真实案例

两台路由器不能建立邻接关系

多年前，有位管理员惊慌失措地给我打电话，因为他无法让 OSPF 在两台路由器之间正常运行。这两台路由器中有一台较旧，而新购的路由器还没到。

OSPF 可用于多厂商网络，因此这种问题让他深感迷惑。他启用 RIP 后网络能正常运行，这让他更加迷惑：为何 OSPF 不建立邻接关系呢？我让他使用命令 show ip ospf interface 查看这两台路由器之间的链路，结果表明 Hello 定时器和失效定时器都不匹配。我让他配置这些参数，使其匹配，但依然没有建立邻接关系。我更仔细地查看命令 show ip ospf interface 的输出，发现成本不匹配。思科计算成本的方式不同于其他厂商。我让他在两台路由器上配置成本，使其相同，结果邻接关系建立了。别忘了，OSPF 确实可用于多厂商网络，但这并不意味着无需任何额外配置。

在生产网络中，这个命令特别有用，务必要掌握它。下面是在路由器 Boulder 上执行这个命令得到的输出：

```
Boulder>sh ip ospf neighbor

Neighbor ID      Pri   State     Dead Time   Address        Interface
223.255.255.254   1    FULL/DR   00:00:31    10.10.10.1     FastEthernet0/0
```

路由器 Boulder 和 Corp 通过以太网链路相连，这属于广播多路访问网络，因此将通过选举决定谁是指定路由器（DR），谁是备用指定路由器（BDR）。从上述输出可知，Corp 为指定路由器，因为它有最大的 IP 地址（最大的 RID）。

在路由器 Corp 到 SF 和 LA 的连接上，没有列出 DR 和 BDR，这是因为默认情况下，在点到点链路上不会选举 DR 和 BDR，因此状态为 FULL/-。然而，从路由器 Corp 的输出可知，它与其他三台路由器都建立了完全邻接关系。

18.4.5 命令 show ip protocols

无论你在网络中运行的是 OSPF、EIGRP、RIP、BGP、IS-IS 还是其他路由选择协议，命令 show ip protocols 都很有用，其输出概述了当前所有路由选择协议的运行情况。

下面是在路由器 Corp 上执行这个命令得到的输出：

```
Corp#sh ip protocols
Routing Protocol is "ospf 1"
  Outgoing update filter list for all interfaces is not set
  Incoming update filter list for all interfaces is not set
  Router ID 223.255.255.254
  Number of areas in this router is 1. 1 normal 0 stub 0 nssa
  Maximum path: 4
  Routing for Networks:
    10.10.10.1 0.0.0.0 area 0
    172.16.10.1 0.0.0.0 area 0
    172.16.10.5 0.0.0.0 area 0
  Reference bandwidth unit is 100 mbps
```

18

```
Routing Information Sources:
    Gateway          Distance        Last Update
    192.168.10.1        110          00:21:53
    192.168.20.1        110          00:21:53
Distance: (default is 110) Distance: (default is 110)
```

通过查看上述输出，你可获悉 OSPF 进程 ID、OSPF 路由器 ID、OSPF 区域类型、配置的网络和区域以及邻居的 OSPF 路由器 ID。这个命令提供的信息很多，真是一个高效的工具。

18.5　小结

本章介绍了大量的 OSPF 知识。这里没有全面介绍 OSPF，因为这方面的很多内容都超出了本书的范围，但只要牢固掌握本章介绍的内容，应付 CCNA 考试就绰绰有余。

本章涉及的 OSPF 主题很多，包括术语、工作原理、配置以及验证和监视。

本章介绍的每个主题都涵盖了大量内容，术语部分虽然只算 OSPF 的一点皮毛，但足以应付 CCNA 考试。最后，本章详尽地介绍了对查看 OSPF 运行情况极有帮助的命令，让你能够核实 OSPF 是否按预期运行。只要吃透这些内容，就足以应付 CCNA 考试。

18.6　考试要点

比较 OSPF 和 RIPv1。OSPF 是一种链路状态协议，支持 VLSM 和无类路由选择；RIPv1 是一种距离矢量协议，只支持分类路由选择，而不支持 VLSM。

OSPF 路由器如何建立邻接关系。收到对方的 Hello 分组且定时器匹配时，OSPF 路由器之间就将建立邻接关系。

配置单区域 OSPF。最简单的单区域配置只涉及两个命令：router ospf *process-id* 和 network *x.x.x.x y.y.y.y* area *Z*。

查看 OSPF 的运行情况。有很多 show 命令都提供了有用的 OSPF 信息，熟谙下述命令的输出很有帮助：show ip ospf、show ip ospf database、show ip ospf interface、show ip ospf neighbor 和 show ip protocols。

18.7　书面实验

请回答下述问题。

(1) 哪个命令在路由器上启用 OSPF 并将进程号设置为 101？

(2) 哪个命令显示路由器上所有 OSPF 路由选择进程的详情？

(3) 哪个命令显示与接口相关的 OSPF 信息？

(4) 哪个命令显示所有 OSPF 邻居？

(5) 哪个命令显示路由器当前知道的各种 OSPF 路由？

(6) 思科路由器使用哪些参数来计算 OSPF 成本？

(7) 导致 OSPF 路由器无法与邻居路由器建立邻接关系的原因都有哪些？

(8) 要显示 OSPF 链路状态集合，可使用哪个命令？

(9) OSPF 的默认管理距离是多少?

(10) Hello 定时器和失效定时器默认被设置为多少?

答案见附录 A。

18.8 动手实验

在下面的动手实验中，你将在如下网络中配置 OSPF。

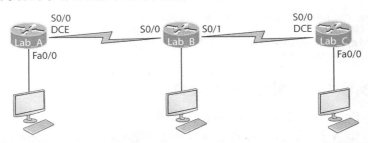

动手实验 18.1 要求你在这三台路由器上启用 OSPF，再查看配置。这些实验可使用路由器来完成，也可使用路由器模拟程序来完成。如果你愿意，可用以太网链路替换 WAN 链路。

本章包含如下动手实验。

❑ 动手实验 18.1：启用 OSPF。

❑ 动手实验 18.2：配置 OSPF 接口。

❑ 动手实验 18.3：验证 OSPF 的运行情况。

表 18-3 列出了每个路由器接口的 IP 地址（子网掩码都为 /24）。

表18-3　路由器接口的IP地址

路由器	接　　口	IP地址
Lab_A	Fa0/0	172.16.10.1
Lab_A	S0/0	172.16.20.1
Lab_B	S0/0	172.16.20.2
Lab_B	S0/1	172.16.30.1
Lab_C	S0/0	172.16.30.2
Lab_C	Fa0/0	172.16.40.1

18.8.1　动手实验 18.1：启用 OSPF 进程

下面是配置 OSPF 必不可少的第一步。

(1) 在路由器 Lab_A 上，启用 OSPF 并将进程 ID 设置为 100：

```
Lab_A#conf t
Enter configuration commands, one per line.
  End with CNTL/Z.
Lab_A (config)#router ospf 100
Lab_A (config-router)#^Z
```

(2) 在路由器 Lab_B 上，启用 OSPF 并将进程 ID 设置为 101：

```
Lab_B#conf t
Enter configuration commands, one per line.
  End with CNTL/Z.
Lab_B (config)#router ospf 101
Lab_B (config-router)#^Z
```

(3) 在路由器 Lab_C 上，启用 OSPF 并将进程 ID 设置为 102：

```
Lab_C#conf t
Enter configuration commands, one per line.
  End with CNTL/Z.
Lab_C (config)#router ospf 102
Lab_C (config-router)#^Z
```

18.8.2 动手实验 18.2：配置 OSPF 接口

配置 OSPF 必不可少的第二步是配置 network 命令。

(1) 在路由器 Lab_A 上，指定它连接的 LAN 以及它与路由器 Lab_B 之间的网络，并将这些网络分配到区域 0。

```
Lab_A#conf t
Enter configuration commands, one per line.
  End with CNTL/Z.
Lab_A (config)#router ospf 100
Lab_A (config-router)#network 172.16.10.1 0.0.0.0 area 0
Lab_A (config-router)#network 172.16.20.1 0.0.0.0 area 0
Lab_A (config-router)#^Z
Lab_A #
```

(2) 在路由器 Lab_B 上，指定它连接的网络并将这些网络分配到区域 0。

```
Lab_B#conf t
Enter configuration commands, one per line.
  End with CNTL/Z.
Lab_B(config)#router ospf 101
Lab_B(config-router)#network 172.16.20.2 0.0.0.0 area 0
Lab_B(config-router)#network 172.16.30.1 0.0.0.0 area 0
Lab_B(config-router)#^Z
Lab_B #
```

(3) 在路由器 Lab_C 上，指定它连接的网络并将这些网络分配到区域 0。

```
Lab_C#conf t
Enter configuration commands, one per line.
  End with CNTL/Z.
Lab_C(config)#router ospf 102
Lab_C(config-router)#network 172.16.30.2 0.0.0.0 area 0
Lab_C(config-router)#network 172.16.40.1 0.0.0.0 area 0
Lab_C(config-router)#^Z
Lab_C#
```

18.8.3　动手实验 18.3：验证 OSPF 的运行情况

你必须具备对配置进行验证的能力。

(1) 在路由器 Lab_A 上执行命令 show ip ospf neighbor，并查看其输出。

　Lab_A#**sh ip ospf neighbor**

(2) 执行命令 show ip route，核实每台路由器都获悉了其他所有路由器。

　Lab_A#**sh ip route**

(3) 执行命令 show ip protocols，以查看 OSPF 信息。

　Lab_A#**sh ip protocols**

(4) 执行命令 show ip ospf 以查看 RID。

　Lab_A#**sh ip ospf**

(5) 执行命令 show ip ospf interface f0/0 以查看定时器设置。

　Lab_A#**sh ip ospf int f0/0**

18.9　复习题

 注意　　下面的复习题旨在检验你对本章内容的理解程度。有关如何获取更多复习题的信息，请参阅 www.lammle.com/ccna。

这些复习题的答案见附录 B。

(1) 路由器有三条前往同一个目标网络的路由。第一条由 OSPF 提供，度量值为 782；第二条由 RIPv2 提供，度量值为 4；第三条由 EIGRP 提供，其复合度量值为 20 514 560。该路由器将把哪条路由加入路由选择表中？

　　A. RIPv2 路由　　　　B. EIGRP 路由　　　　C. OSPF　　　　　D. 全部三条路由

(2) 在下图中，哪些路由器肯定是 ABR？

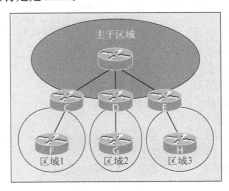

　　A. 路由器 C　　　　B. 路由器 D　　　　C. 路由器 E　　　　D. 路由器 F
　　E. 路由器 G　　　　F. 路由器 H

18

(3) 下面哪两项有关 OSPF 进程 ID 的说法是正确的?

A. 它只有本地意义

B. 它有全局意义

C. 它用于标识独一无二的 OSPF 数据库实例

D. 这是一个可选参数,仅当路由器上运行了多个 OSPF 进程时才必不可少

E. 在同一个 OSPF 区域中,所有路由器的 OSPF 进程 ID 都必须相同,这样它们才能相互交换路由选择信息

(4) 两台 OSPF 路由器要建立邻居关系,除哪一项外其他各项都必须相同?

A. 区域 ID   B. 路由器 ID   C. 末节区域标记   D. 身份验证密码(如果使用了)

(5) 在下面的示意图中,Lab_B 的路由器 ID 默认是什么?

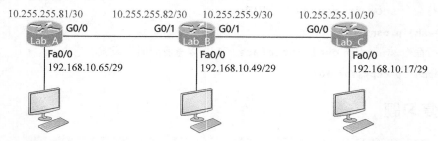

A. 10.255.255.82   B. 10.255.255.9   C. 192.168.10.49   D. 10.255.255.81

(6) 有位网络管理员给你打电话,说他给路由器配置了如下命令:

```
Router(config)#router ospf 1
Router(config-router)#network 10.0.0.0 255.0.0.0 area 0
```

可路由选择表中依然没有任何路由。这位网络管理员犯了哪种配置错误?

A. 通配符掩码不对   B. OSPF 区域不对   C. OSPF 进程 ID 不对   D. AS 配置不对

(7) 下面哪种有关下述输出的说法是正确的?

```
Corp#sh ip ospf neighbor
Neighbor ID      Pri    State      Dead Time    Address        Interface
172.31.1.4       1      FULL/BDR   00:00:34     10.10.10.2     FastEthernet0/0
192.168.20.1     0      FULL/ -    00:00:31     172.16.10.6    Serial0/1
192.168.10.1     0      FULL/ -    00:00:32     172.16.10.2    Serial0/0
```

A. 到 192.168.20.1 的链路上没有 DR

B. 在到 172.31.1.4 的链路上,BDR 为路由器 Corp

C. 在到 192.168.20.1 的链路上,DR 为路由器 Corp

D. 到 192.168.10.1 的链路处于活动(Active)状态

(8) OSPF 的默认管理距离是多少?

A. 90   B. 100   C. 120   D. 110

(9) 在 OSPF 中,将 Hello 分组发送到哪个 IP 地址?

A. 224.0.0.5   B. 224.0.0.9   C. 224.0.0.10   D. 224.0.0.1

(10) 下面的输出是哪个命令生成的?

```
172.31.1.4       1      FULL/BDR   00:00:34     10.10.10.2     FastEthernet0/0
192.168.20.1     0      FULL/ -    00:00:31     172.16.10.6    Serial0/1
```

```
192.168.10.1     0   FULL/  -   00:00:32    172.16.10.2     Serial0/0
```

A. `show ip ospf neighbor`　　　B. `show ip ospf database`
C. `show ip route`　　　　　　　D. `show ip ospf interface`

(11) 目标地址为 224.0.0.6 的更新是要发送给哪类 OSPF 路由器的?

A. DR　　　　　　B. ASBR　　　　　　C. ABR　　　　　　D. 所有 OSPF 路由器

(12) 不知什么原因, 两台路由器无法通过以太网链路建立邻接关系。根据下面的输出可知, 罪魁祸首是什么?

```
RouterA#
Ethernet0/0 is up, line protocol is up
  Internet Address 172.16.1.2/16, Area 0
  Process ID 2, Router ID 172.126.1.2, Network Type BROADCAST, Cost: 10
  Transmit Delay is 1 sec, State DR, Priority 1
  Designated Router (ID) 172.16.1.2, interface address 172.16.1.1
  No backup designated router on this network
  Timer intervals configured, Hello 5, Dead 20, Wait 20, Retransmit 5

RouterB#
Ethernet0/0 is up, line protocol is up
  Internet Address 172.16.1.1/16, Area 0
  Process ID 2, Router ID 172.126.1.1, Network Type BROADCAST, Cost: 10
  Transmit Delay is 1 sec, State DR, Priority 1
  Designated Router (ID) 172.16.1.1, interface address 172.16.1.2
  No backup designated router on this network
  Timer intervals configured, Hello 10, Dead 40, Wait 40, Retransmit 5
```

A. OSPF 区域配置得不对　　　　　　B. 在路由器 RouterA 上, 优先级设置得太低
C. 在路由器 RouterA 上, 成本设置得太低　D. 未正确配置 Hello 定时器和失效定时器
E. 需要在网络中添加备用指定路由器　　F. OSPF 进程 ID 必须相同

(13) 请将下述 OSPF 术语和定义正确搭配起来。

指定路由器　　　　　　只包含最佳路由

拓扑数据库　　　　　　在广播网络上选举产生

Hello 协议　　　　　　包含获悉的所有路由

路由选择表　　　　　　动态地发现邻居

(14) 在路由选择进程下, 要在接口 Fa0/1 上禁用 OSPF, 可使用哪个命令? 只需写出命令, 不必指出提示符。

(15) 下面哪两个命令将把网络 10.2.3.0/24 加入区域 0?

A. `router eigrp 10`
B. `router ospf 10`
C. `router rip`
D. `network 10.0.0.0`
E. `network 10.2.3.0 255.255.255.0 area 0`
F. `network 10.2.3.0 0.0.0.255 area0`
G. `network 10.2.3.0 0.0.0.255 area 0`

(16) 给定如下输出, 下面哪些说法是正确的?

```
RouterA2# show ip ospf neighbor
```

```
Neighbor ID Pri State Dead Time Address Interface
192.168.23.2 1 FULL/BDR 00:00:29 10.24.4.2 FastEthernet1/0
192.168.45.2 2 FULL/BDR 00:00:24 10.1.0.5 FastEthernet0/0
192.168.85.1 1 FULL/- 00:00:33 10.6.4.10 Serial0/1
192.168.90.3 1 FULL/DR 00:00:32 10.5.5.2 FastEthernet0/1
192.168.67.3 1 FULL/DR 00:00:20 10.4.9.20 FastEthernet0/2
192.168.90.1 1 FULL/BDR 00:00:23 10.5.5.4 FastEthernet0/1
<<output omitted>>
```

A. 在 Fa0/0 连接的网络中，DR 的接口优先级高于 2

B. 这台路由器（A2）是子网 10.1.0.0 的 BDR

C. 在 Fa0/1 连接的网络中，DR 的路由器 ID 为 10.5.5.2

D. 在串行接口连接的子网中，DR 的路由器 ID 为 192.168.85.1

(17) 下面哪三项是 OSPF 采用层次设计的原因？

A. 旨在降低路由选择开销

B. 旨在提高会聚速度

C. 旨在将网络不稳定性的影响限制在当前区域内

D. 旨在让 OSPF 配置起来更容易

(18) 下面的输出是由哪个命令生成的？只需写出命令，不用指出提示符。

```
FastEthernet0/0 is up, line protocol is up
  Internet Address 10.10.10.1/24, Area 0
  Process ID 1, Router ID 223.255.255.254, Network Type BROADCAST, Cost:
1 Transmit Delay is 1 sec, State DR, Priority 1
  Designated Router (ID) 223.255.255.254, Interface address 10.10.10.1
Backup Designated router (ID) 172.31.1.4, Interface address 10.10.10.2
Timer intervals configured, Hello 10, Dead 40, Wait 40, Retransmit 5
    oob-resync timeout 40
    Hello due in 00:00:08
  Supports Link-local Signaling (LLS)
  Cisco NSF helper support enabled
  IETF NSF helper support enabled
  Index 3/3, flood queue length 0
  Next 0x0(0)/0x0(0)
  Last flood scan length is 1, maximum is 1
  Last flood scan time is 0 msec, maximum is 0 msec
  Neighbor Count is 1, Adjacent neighbor count is 1
    Adjacent with neighbor 172.31.1.  Suppress hello for 0 neighbor(s)
```

(19) _____ 是一种 OSPF 数据分组，包含在 OSPF 路由器之间共享的链路状态和路由选择信息。

A. LSA   B. TSA   C. Hello   D. SPF

(20) 如果在一个区域中，给所有路由器配置的优先级都相同，则在没有环回接口的情况下，路由器将什么值用作 OSPF 路由器 ID？

A. 最小的物理接口 IP 地址   B. 最大的物理接口 IP 地址

C. 最小的逻辑接口 IP 地址   D. 最大的逻辑接口 IP 地址

第19章

多区域 OSPF

本章涵盖如下 ICND2 考试要点。

✓ **2.0 路由选择技术**

❏ 2.2 比较距离矢量路由选择协议和链路状态路由选择协议

❏ 2.3 比较内部路由选择协议和外部路由选择协议

❏ 2.4 单区域和多区域 IPv4 OSPFv2 的配置、验证和故障排除（不包括身份验证、过滤、手工汇总、重分发、末节路由器、虚链路和 LSA）

❏ 2.5 单区域和多区域 IPv6 OSPFv3 的配置、验证和故障排除（不包括身份验证、过滤、手工汇总、重分发、末节路由器、虚链路和 LSA）

本章首先介绍单区域 OSPF（开放最短路径优先）网络在可扩展性方面的局限性，然后探讨多区域 OSPF，它为消除这些可扩展性方面的局限性提供了解决方案。

我还将介绍多区域网络中的各种路由器，包括主干路由器、内部路由器、区域边界路由器（ABR）和自主系统边界路由器（ASBR）。

要通过 CCNA 考试，必须明白各种 OSPF 链路状态通告（LSA）的功能，因此本章将详细介绍 OSPF 使用的 LSA 类型、Hello 协议以及邻接关系建立过程中路由器经历的各种状态。

鉴于故障排除是一项至关重要的技能，我将引导你使用一系列 show 命令来排除故障，这些命令可用于监视多区域 OSPF 实现以及故障排除。最后是本章最简单的部分：配置和验证 OSPFv3。

注意 有关本章内容的最新修订，请访问 www.lammle.com/ccna 或出版社网站的本书配套网页（www.sybex.com/go/ccna）。

19.1 OSPF 的可扩展性

阅读本章前，务必确保你牢固地掌握了单区域 OSPF 基本知识。你肯定还记得 OSPF 相比 RIP 等距离矢量协议的重要优点，这些优点源自 OSPF 能够在链路状态数据库中呈现整个互联网络的拓扑，极大地缩短了会聚时间。

然而，为提供这种卓越的性能，路由器是如何做的呢？每当拓扑发生变化时，每台路由器都重新计算数据库。如果区域中的路由器众多，它们之间肯定会有大量链路。每当有链路的状态发生变化时，都将通告 1 类 LSA，导致区域内的其他所有路由器都重新计算其最短路径优先（SPF）树。可以想见，

19

这种复杂计算需要占用大量 CPU 时间。另外，每台路由器都必须存储完整的链路状态数据库，以呈现整个互联网络的拓扑，这需要占用大量内存。不过这还不算完，每台路由器还存储完整的路由选择表，让内存更加不堪重负。别忘了，路由选择表包含的条目数可能比网络数多得多，因为通常有多条路由前往每个远程网络。

考虑到所有这些 OSPF 因素，很容易想见，在超大型互联网络中，单区域 OSPF 存在严重的可扩展性问题，如图 19-1 所示。下面对这个单区域互联网络与多区域互联网络进行比较。

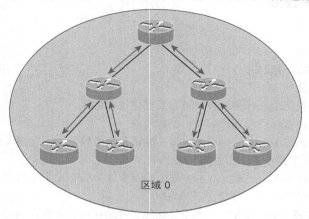

图 19-1   OSPF 单区域互联网络：每台路由器都将链路状态信息通告给区域内的其他所有路由器

单区域 OSPF 设计将所有路由器都放在一个 OSPF 区域中，导致每台路由器都需要处理大量 LSA。好在 OSPF 支持将大型互联网络划分成多个易于管理的区域，如图 19-2 所示。

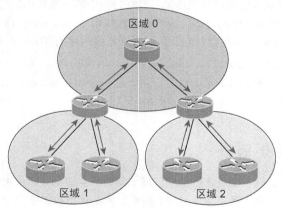

图 19-2   OSPF 多区域互联网络：每台路由器都只将链路状态信息通告给当前区域内的其他路由器

只要稍微想一想，就能明白这种层次结构的优点。首先，区域内部的路由器不用存储整个互联网络的链路状态数据库，因为它们只需知道当前区域内的链路状态信息。这极大地降低了需要占用的内存。其次，对于区域内部的路由器来说，仅当其所属区域的拓扑发生变化时，它们才需要重新计算链路状态数据库。这样，一个区域的拓扑发生变化时，不会导致所有路由器都执行 OSPF 计算，这进一步降低了处理器开销。最后，由于可以在区域边界汇总路由，路由器的路由选择表规模比使用单个区域时小得多。

然而，需要注意的是，将 OSPF 拓扑划分为多个区域后，配置将更加复杂。因此本章将介绍一些简化配置的策略，并探讨一些排除多区域 OSPF 故障的技巧。

19.2　多区域 OSPF 简介

在接下来的几节中，我将介绍路由器在多区域 OSPF 互联网络中扮演的各种角色：主干路由器、内部路由器、区域边界路由器和自主系统边界路由器。另外，还将简要地介绍 OSPF 网络使用的各种通告。

链路状态通告（LSA）描述了路由器及其连接的网络。路由器彼此交换 LSA 以获悉完整的网络拓扑，这让所有路由器的拓扑数据库都相同。建立拓扑数据库后，OSPF 使用 Dijkstra 算法来找出前往每个远程网络的最佳路径，再将它们加入路由选择表。

19.2.1　建立邻接关系必须满足的条件

发现邻居后，必须建立邻接关系，这样才能与邻居交换路由选择信息（LSA）。邻居 OSPF 路由器要建立邻接关系，需要经过两个步骤。

(1) 双向通信，这是使用 Hello 协议进行的。

(2) 数据库同步，在此期间路由器将交换三种分组：

❑ 数据库描述（DD）分组；

❑ 链路状态请求（LSR）分组；

❑ 链路状态更新（LSU）分组。

两台路由器的数据库同步后，它们就建立了邻接关系。这就是邻接关系的建立步骤，但你还需要知道在什么情况下建立邻接关系。

邻居路由器要建立邻接关系，以下方面必须一致，需要牢记：

❑ 区域 ID；

❑ 子网；

❑ Hello 定时器和失效定时器；

❑ 身份验证方法（如果配置了）。

具体何时建立邻接关系取决于网络类型。如果链路是点到点的，只要两台路由器正确地配置了 Hello 分组包含的信息，它们就将建立邻接关系。在广播多路访问网络中，OSPF 路由器只与 DR 和 BDR 建立邻接关系。

19.2.2　OSPF 路由器类型

在多区域 OSPF 网络中，路由器分为多种。图 19-3 说明了路由器扮演的各种角色。

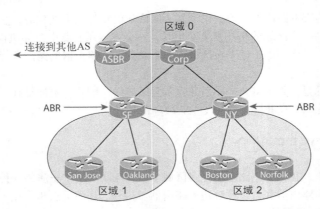

图 19-3   路由器角色：位于区域内部的路由器称为内部路由器

注意区域 0 包含 4 台路由器：路由器 Corp、SF、NY 和 ASBR（自主系统边界路由器）。配置多区域 OSPF 时，必须将一个区域命名为区域 0，该区域称为主干区域（backbone area）。其他所有区域都必须与区域 0 直接相连。这 4 台路由器被称为主干路由器，它们有的完全属于 OSPF 区域 0，有的部分属于区域 0。

路由器 SF 和 NY 还连接到了其他区域，这些路由器的一个重要特点是，它们的接口分属多个区域。这两台路由器称为区域边界路由器（ABR），因为除了有一个接口属于区域 0，SF 还有一个接口属于区域 1，而 NY 还有一个接口属于区域 2。

ABR 是属于多个 OSPF 区域的路由器，在拓扑表中维护来自所有直连区域的信息，但不在区域之间分享拓扑信息。然而，ABR 会将路由选择信息从一个区域转发到另一个区域。这里的核心概念是，ABR 分隔 LSA 泛洪区，是主要的区域地址汇总点，通常提供默认路由，同时维护其连接的每个区域的链路状态数据库（LSDB）。

记住，路由器可能扮演多种角色。在图 19-3 中，路由器 SF 和 NY 既是主干路由器，又是区域边界路由器。

下面将注意力转向路由器 San Jose 和 Oakland。从图 19-3 可知，这两台路由器的所有接口都属于区域 1。由于路由器 San Jose 和 Oakland 的所有接口都属于同一个区域，它们被称为内部路由器。内部路由器就是指，其所有接口都是同一个区域的成员。路由器 Boston 和 Norfolk 也是内部路由器，它们的接口都属于区域 2。路由器 Corp 是区域 0 的内部路由器。

最后，在图 19-3 中 ASBR 很独特，因为它连接到一个外部自主系统（AS）。当 OSPF 网络连接到 EIGRP 网络、边界网关协议（BGP）网络或运行其他外部路由选择进程的网络时，就称为 AS。

自主系统边界路由器（ASBR）是至少有一个接口连接到外部网络（其他 AS）的 OSPF 路由器。运行的路由选择协议不是 OSPF 的网络被视为外部网络。ASBR 负责将其从外部网络获悉的路由信息注入 OSPF。

这里要指出的是，ASBR 并不会自动在其 OSPF 路由选择进程和外部路由选择进程之间交换路由选择信息。这种路由交换是通过路由重分发进行的，而路由重分发不在本书的讨论范围之内。

19.2.3 链路状态通告

你知道，路由器的链路状态数据库由**链路状态通告**（LSA）组成。就像你需要牢记 OSPF 路由器有多种类型一样，你也需牢记 LSA 分为多类——准确地说是 5 类。乍一看，这些 LSA 类型好像并不重要，但等到后面介绍各种 OSPF 区域的工作原理时，你就会知道它们为何很重要。下面先来介绍思科使用的各种 LSA。

- ❏ **1 类 LSA**　被称为**路由器链路通告**（RLA）或路由器 LSA，由每台路由器向其所属区域的其他路由器发送。这种通告包含路由器连接的、属于当前区域的链路的状态。如果路由器属于多个区域，它将分别发送针对各个区域的 1 类 LSA。1 类 LSA 包含路由器 ID（RID）、接口、IP 信息和接口的当前状态。例如，在图 19-4 所示的网络中，路由器 SF 将向区域 0 和区域 1 发送不同的 1 类 LSA，以描述属于相应区域的链路的状态。图 19-4 中的其他路由器亦如此。
- ❏ **2 类 LSA**　被称为**网络链路通告**（NLA），是由指定路由器（DR）生成的。指定路由器被选举出来代表网络中的其他路由器，并与其他路由器建立邻接关系。DR 使用 2 类 LSA 来发送网络中其他路由器的状态信息。注意，2 类 LSA 被泛洪到当前区域（它包含特定的网络）的所有路由器，而不会传播到区域外部。这些更新包含 DR 和 BDR 的 IP 信息。
- ❏ **3 类 LSA**　被称为**汇总链路通告**（SLA），是由区域边界路由器生成的。ABR 将 3 类 LSA 发送到它连接的其他区域。3 类 LSA 通告网络，还通告前往主干区域（区域 0）的**区域间路由**。在这些通告中，包含发送它们的 ABR 的 IP 信息和 RID。

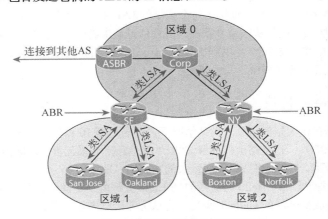

1类LSA：这是我连接的链路的状态

图 19-4　1 类链路状态通告

 注意　　"汇总"一词通常会令人联想到汇总的网络地址，这种地址隐藏了众多子网的细节。但在 OSPF 中，汇总链路通告并不一定包含网络汇总。除非管理员手动创建汇总，否则 SLA 通告的将是区域内所有的网络。

- ❏ **4 类 LSA**　由区域边界路由器生成。ABR 将 4 类 LSA 发送到它连接的其他区域。与 3 类 LSA 一样，4 类 LSA 也是汇总 LSA，但专用于告诉其他 OSPF 区域如何前往 ASBR。

❑ **5 类 LSA** 被称为**外部链路通告**，由自主系统边界路由器发送，用于通告前往 OSPF 自主系统外部的路由，将传遍整个 OSPF 自主系统。每通告一个外部网络，ASBR 都将生成一个 5 类 LSA。

图 19-5 说明了各种 LSA 在多区域 OSPF 网络中的用途。

LSA类型	描述
1	路由器LSA
2	网络LSA
3	汇总LSA
4	ASBR汇总LSA
5	自主系统LSA

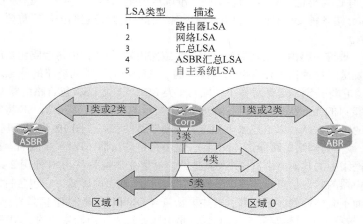

图 19-5　基本的 LSA 类型

明白各种 LSA 及其用途很重要。从图 19-5 可知，1 类和 2 类 LSA 在区域内部的路由器之间传播。路由器 Corp 是一个 ABR，维护着它连接的每个区域的 LSDB。它生成 3 类 LSA，用于将从区域 1 获悉的汇总信息通告给区域 0 或将从区域 0 获悉的汇总信息通告给区域 1。ASBR 将 5 类 LSA 泛洪到区域 1，随后路由器 Corp 将 4 类 LSA 泛洪到区域 0，让该区域内的所有路由器都知道如何前往 ASBR，因此 Corp 基本上相当于代理 ASBR。

19.2.4　OSPF Hello 协议

Hello 协议向邻居提供大量的信息。默认情况下，邻居每隔 10 秒钟就彼此交换如下信息。

❑ **路由器 ID（RID）**　这是路由器的最大活动 IP 地址。如果配置了环回接口，则为最大的环回接口地址；否则，OSPF 将选择使用最大的物理接口地址。

❑ **Hello 间隔和失效间隔**　Hello 时间指的是 Hello 分组的发送间隔，默认为 10 秒。失效时间指的是多久没有收到邻居的 Hello 分组后，将认为邻居已失效，默认为 Hello 间隔的 4 倍。

❑ **邻居列表**　发送 Hello 分组的路由器的所有邻居的路由器 ID。邻居的定义是，属于同一个子网，且使用的子网掩码相同。

❑ **区域 ID**　发送 Hello 分组的路由器接口所属的区域。

❑ **路由器优先级**　一个 8 位的值，用于协助选举 DR 和 BDR。在点到点链路上不设置。

❑ **DR 的 IP 地址**　当前 DR 的路由器 ID。

❑ **BDR 的 IP 地址**　当前 BDR 的路由器 ID。

❑ **身份验证信息**　身份验证类型和相关的信息（如果配置了）。

在邻居发送的 Hello 分组中，Hello 定时器值、失效定时器值、区域 ID、OSPF 区域类型、子网和身份验证信息（如果使用了身份验证）必须完全相同，否则将不能建立邻接关系。

19.2.5 邻居状态

要对 OSPF 进行配置、验证和故障排除，必须知道 OSPF 路由器在建立邻接关系时经历的各种状态，这很重要。

OSPF 路由器初始化过程中首先使用 Hello 协议通过组播地址 224.0.0.5 来交换信息。建立邻居关系后，路由器将通过交换 LSA 来同步链路状态数据库（LSDB）。刚开始时，OSPF 路由器之间交换了大量的重要信息。

路由器与邻居之间的关系存在 8 种可能的状态。一开始，所有 OSPF 路由器都处于 DOWN 状态。如果一切正常，它们将最终进入双向（2WAY）或完全邻接（FULL）状态。图 19-6 说明了邻居关系状态的变化过程。

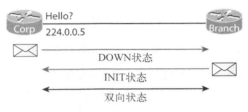

图 19-6　OSPF 邻居状态（第一部分）

路由器先发送 Hello 分组。随后，每台侦听的路由器都将始发路由器加入邻居数据库，并向始发路由器提供完整的 Hello 信息，从而让始发路由器将其加入邻居表。至此，进入了双向状态——只有部分路由器能继续往前走，最终建立邻接关系。

8 种关系状态的定义如下。

❑ **DOWN**　处于 DOWN 状态时，还未在接口上收到 Hello 分组。请记住，这并不意味着接口本身处于 down 状态。

❑ **ATTEMPT**　处于 ATTEMPT 状态时，必须手动指定邻居。这种状态只适用于非广播多路访问（NBMA）网络。

❑ **INIT**　处于 INIT 状态时，已经收到对方的 Hello 分组。然而，Hello 分组的"邻居列表"字段中并没有接收路由器的路由器 ID，这表明还未建立双向通信。

❑ **双向**　处于双向（2WAY）状态时，在收到的 Hello 分组中，"邻居列表"字段包含接收路由器的路由器 ID，已建立双向通信。在广播多路访问网络中，此时将开始选举 DR 和 BDR。选举 DR 和 BDR 后，路由器将进入预启动（EXSTART）状态，为发现有关互联网络的链路状态信息并创建 LSDB 做好了准备。接下来的过程如图 19-7 所示。

❑ **预启动**　在预启动（EXSTART）状态，DR 和 BDR 已与网络中的其他路由器建立了邻接关系。在每台路由器和 DR（BDR）之间，建立的是主–从关系。RID 较大的路由器为主，而主–从选举决定了哪台路由器将发起交换。交换 DBD 分组后，路由器将进入交换状态。

注意　两台邻居路由器不能从预启动状态切换到交换状态的原因之一是，它们的 MTU 设置不同。

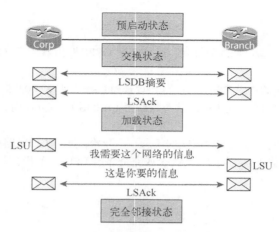

图 19-7 OSPF 路由器邻居状态（第二部分）

- ❑ **交换** 处于交换（EXCHANGE）状态时，使用数据库描述（DBD 或 DD）分组来交换路由选择信息，还可能发送链路状态请求（LSR）分组和链路状态更新。路由器开始发送 LSR 后，就进入了加载状态。
- ❑ **加载** 处于加载（LOADING）状态时，向邻居发送链路状态请求（LSR）分组，请求对方发送在交换状态期间遗漏或受损的链路状态通告（LSA）。邻居使用链路状态更新（LSU）分组进行响应，而当前路由器使用链路状态确认（LSAck）分组进行确认。路由器收到其所有 LSR 的应答后，链路状态数据库便同步了，从而进入了完全邻接状态。
- ❑ **完全邻接** 处于完全邻接（FULL）状态时，邻居便同步了所有 LSA 信息，建立了邻接关系。只有进入完全邻接状态后，OSPF 路由选择才能正常运行。

路由器最终要么处于双向状态，要么处于完全邻接状态，其他状态都属于过渡状态，明白这一点很重要。路由器在其他状态不应停留太长时间。下面来配置 OSPF，看看如何应用前面介绍的知识。

19.3 多区域 OSPF 基本配置

配置基本的多区域 OSPF 并不难。就 OSPF 而言，最难懂的是网络设计和布局、LSA 类型、DR 和选举配置、故障排除以及幕后发生的情况。

我刚说过，OSPF 配置起来非常简单，而 OSPFv3 配置起来更容易，你将在本章末尾看到这一点。介绍多区域 OSPF 的基本配置后，我将接着探讨 OSPF 验证，再提供一个详尽的故障排除案例，与第 17 章介绍 EIGRP 时所做的一样。下面就来配置多区域 OSPF，如图 19-8 所示。

这里使用本书前面一直在使用的路由器，但创建 3 个区域。这些路由器保留了 17.4 节配置的 IPv6 地址。我经过核实发现，这些路由器接口还保留着以前配置的 IPv4 地址，且没有任何问题。因此，这里可以直接配置 OSPF。下面是路由器 Corp 的配置：

```
Corp#config t
Corp(config)#router ospf 1
Corp(config-router)#router-id 1.1.1.1
Reload or use "clear ip ospf process" command, for this to
```

take effect

```
Corp(config-router)#network 10.10.0.0 0.0.255.255 area 0
Corp(config-router)#network 172.16.10.0 0.0.0.3 area 1
Corp(config-router)#network 172.16.10.4 0.0.0.3 area 2
```

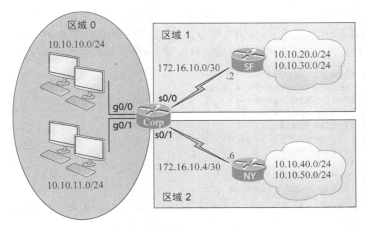

图 19-8　我们的互联网络

非常简单，不过还是简要地介绍一下。首先，使用命令 router ospf *process-id* 启动了 OSPF 进程，其中 *process-id* 可以是 1 ~ 65 535 的任何值。另外，进程 ID 只在本地有意义，因此邻居的进程 ID 不必相同。这里还设置了路由器的 RID，这样做只是想提醒你，可以在 OSPF 进程下设置它。就这个小型网络而言，如果它是生产网络，就根本没有必要配置 RID，这样只会添乱。你需要牢记的一点是，在 OSPF 中，路由器的 RID 必须各不相同。在 EIGRP 中，所有路由器的 RID 都可以相同，因为它不那么重要。然而，正如我在 17.4 节演示的，RID 还是必不可少。

配置 RID 后，需要在 OSPF 进程下配置合适的 network 命令，将路由器 Corp 的 4 个接口加入 3 个不同的区域。在第一个 network 命令中，10.10.0.0 0.0.255.255 将接口 g0/0 和 g0/1 加入区域 0。第二个和第三个 network 命令必须更精确，因为它们指定的是/30 网络。172.16.10.0 0.0.0.3 让 OSPF 进程 1 去查找 IP 地址为 172.16.10.1 或 172.16.10.2 的活动接口，并将其加入区域 1。最后一个 network 命令让 OSPF 进程 1 去查找 IP 地址为 172.16.10.5 或 172.16.10.6 的活动接口，并将其加入区域 1。通配符掩码 0.0.0.3 意味着前三个字节必须与指定的地址相同，而最后一个字节的块大小为 4。

相比单区域 OSPF 配置，这些 network 命令唯一不同的地方是，末尾的区域号各不相同。

下面是路由器 SF 和 NY 的配置：

```
SF(config)#router ospf 1
SF(config-router)#network 10.10.0.0 0.0.255.255 area 1
SF(config-router)#network 172.16.0.0 0.0.255.255 area 1

NY(config)#router ospf 1
NY(config-router)#network 0.0.0.0 255.255.255.255 area 2
00:01:07: %OSPF-5-ADJCHG: Process 1, Nbr 1.1.1.1 on Serial0/0/0 from LOADING
to FULL,
Loading Done
```

19

这两台路由器的配置都与 Corp 稍有不同，但由于它们的接口都位于同一个区域，配置时的回旋余地更大一些。对于路由器 NY，我只配置了一个 network 命令（0.0.0.0 255.255.255.255）。这个命令的意思是，去查找所有的活动接口并将其加入区域 2。不推荐你以如此宽泛的方式配置路由器，这里只想告诉你有这样的选择余地。

对 OSPF 配置进行验证前，先来介绍另一种可用来应付 CCNA 考试的 OSPF 配置方法。前面配置路由器 Corp 时，我们使用了三个 network 命令，它们涵盖了用到的全部 4 个接口。但在路由器 Corp（和其他所有路由器）上，我们也可以像下面这样配置 OSPF，其效果与前面的配置方法相同：

```
Corp(config)#router ospf 1
Corp(config-router)#router-id 1.1.1.1
Corp(config-router)#int g0/0
Corp(config-if)#ip ospf 1 area 0
Corp(config-if)#int g0/1
Corp(config-if)#ip ospf 1 area 0
Corp(config-if)#int s0/0
Corp(config-if)#ip ospf 1 area 1
Corp(config-if)#int s0/1
Corp(config-if)#ip ospf 1 area 2
```

我首先配置了进程 ID，再设置 RID（在整个互联网络中，各台路由器的 RID 绝对不能相同）。接下来，我进入每个接口，并指定它所属的区域。非常容易，根本不需要使用可能带来麻烦的 network 命令。这里要再次重申，你可以使用 network 命令来配置，也可使用接口命令来配置，具体使用哪种方法无关紧要，但你必须记住，第二种方法只能用来应付 CCNA 考试。

三台路由器都配置好后，来验证我们的互联网络。

19.4　多区域 OSPF 验证和故障排除

为帮助你监视 OSPF 网络以及排除其故障，思科 IOS 提供了多个 show 命令和 debug 命令。表 19-1 列出了其中的几个，你可使用它们来获取有关 OSPF 各个方面的信息。

表19-1　OSPF验证命令

命　　令	功　　能
show ip ospf neighbor	核实启用了OSPF的邻居
show ip ospf interface	显示启用了OSPF的接口的OSPF相关信息
show ip protocols	核实OSPF进程ID以及在路由器上是否启用了OSPF
show ip route	显示路由选择表以及OSPF注入的路由
show ip ospf database	显示数据库中的LSA摘要，每个LSA占一行，并根据类型进行组织

下面介绍一些验证命令（这些命令与单区域 OSPF 验证命令相同），再来看一个 OSPF 故障排除案例。

检查路由器之间的链路，并确定能够成功地执行 ping 操作后，验证路由选择协议的第一步是检查到邻居的连接的状态。命令 show ip ospf neighbor 很有帮助，它提供邻居的 OSPF 信息摘要以及邻接关系状态。如果有 DR 和 BDR，也会显示。下面是这个命令的输出：

```
Corp#sh ip ospf neighbor
Neighbor ID      Pri   State           Dead Time    Address        Interface
172.16.10.2       0    FULL/  -        00:00:34     172.16.10.2    Serial0/0/0
172.16.10.6       0    FULL/  -        00:00:31     172.16.10.6    Serial0/0/1

SF#sh ip ospf neighbor
Neighbor ID      Pri   State           Dead Time    Address        Interface
1.1.1.1           0    FULL/  -        00:00:39     172.16.10.1    Serial0/0/0

NY#sh ip ospf neighbor
Neighbor ID      Pri   State           Dead Time    Address        Interface
1.1.1.1           0    FULL/  -        00:00:34     172.16.10.5    Serial0/0/0
```

这里没有列出 DR 和 BDR，因为路由器 Corp 与 SF 和 NY 之间的链路为点到点链路，而在点到点链路上默认不选举 DR 和 BDR。从上述输出可知，邻居状态都是 FULL/-，这表明路由器 Corp 与其他两台路由器建立了完全邻接关系。

这个命令显示了邻居 ID，这是邻居路由器的 RID。注意到在路由器 Corp 的输出中，路由器 SF 和 NY 的 RID 都是启动 OSPF 进程时最大的活动接口 IP 地址。在路由器 SF 和 NY 的输出中，路由器 Corp 的 RID 都是 1.1.1.1，这是因为我在执行命令 router ospf 后，手动将 RID 设置成了 1.1.1.1。

第二列为 Pri，其中显示的是优先级，默认设置为 1。别忘了，在点到点链路上不会选举 DR 和 BDR，因此这里的优先级被默认设置为 0。State 列为 FULL/-，表明所有路由器的 LSDB 都已同步，而/-表明没有进行选举。失效时间（Dead Time）正在倒计时，如果这个时间过后还没有邻居的消息，路由器将认为到邻居的链路出现了故障。Address 列显示的是当前路由器连接的邻居的接口地址。

19.4.1　命令 show ip ospf

要显示路由器上运行的一个或全部 OSPF 进程的信息，可使用命令 show ip ospf。这些信息包括路由器 ID、区域信息、SPF 统计信息以及 LSA 定时器值。下面是在路由器 Corp 上执行这个命令得到的输出：

```
Corp#sh ip ospf
 Routing Process "ospf 1" with ID 1.1.1.1
 Supports only single TOS(TOS0) routes
 Supports opaque LSA
 It is an area border router
 SPF schedule delay 5 secs, Hold time between two SPFs 10 secs
 Minimum LSA interval 5 secs. Minimum LSA arrival 1 secs
 Number of external LSA 0. Checksum Sum 0x000000
 Number of opaque AS LSA 0. Checksum Sum 0x000000
 Number of DCbitless external and opaque AS LSA 0
 Number of DoNotAge external and opaque AS LSA 0
 Number of areas in this router is 3. 3 normal 0 stub 0 nssa
 External flood list length 0
    Area BACKBONE(0)
        Number of interfaces in this area is 2
        Area has no authentication
        SPF algorithm executed 19 times
        Area ranges are
        Number of LSA 7. Checksum Sum 0x0384d5
```

```
        Number of opaque link LSA 0. Checksum Sum 0x000000
        Number of DCbitless LSA 0
        Number of indication LSA 0
        Number of DoNotAge LSA 0
        Flood list length 0
    Area 1
        Number of interfaces in this area is 1
        Area has no authentication
        SPF algorithm executed 43 times
        Area ranges are
        Number of LSA 7. Checksum Sum 0x0435f8
        Number of opaque link LSA 0. Checksum Sum 0x000000
        Number of DCbitless LSA 0
        Number of indication LSA 0
        Number of DoNotAge LSA 0
        Flood list length 0
    Area 2
        Number of interfaces in this area is 1
        Area has no authentication
        SPF algorithm executed 38 times
        Area ranges are
        Number of LSA 7. Checksum Sum 0x0319ed
        Number of opaque link LSA 0. Checksum Sum 0x000000
        Number of DCbitless LSA 0
        Number of indication LSA 0
        Number of DoNotAge LSA 0
        Flood list length 0
```

采用单区域 OSPF 配置时，上述信息大多不会出现。这里信息之所以更多，是因为显示了路由器上配置的每个区域的信息。

19.4.2　命令 show ip ospf interface

命令 show ip ospf interface 显示与接口相关的所有 OSPF 信息。可指定特定的接口，如果没有指定，就是所有的 OSPF 接口。输出中加粗标出了需要特别注意的重要部分。

```
Corp#sh ip ospf interface gi0/0
GigabitEthernet0/0 is up, line protocol is up
  Internet address is 10.10.10.1/24, Area 0
  Process ID 1, Router ID 1.1.1.1, Network Type BROADCAST, Cost: 1
  Transmit Delay is 1 sec, State DR, Priority 1
  Designated Router (ID) 1.1.1.1, Interface address 10.10.10.1
  No backup designated router on this network
  Timer intervals configured, Hello 10, Dead 40, Wait 40, Retransmit 5
    Hello due in 00:00:05
  Index 1/1, flood queue length 0
  Next 0x0(0)/0x0(0)
  Last flood scan length is 1, maximum is 1
  Last flood scan time is 0 msec, maximum is 0 msec
  Neighbor Count is 0, Adjacent neighbor count is 0
  Suppress hello for 0 neighbor(s)
```

下面来查看串行接口的 OSPF 信息，并将其与刚才显示的吉比特以太网接口的 OSPF 信息进行比较。

以太网默认为广播多路访问网络，而串行链路为点到点非广播多路访问网络，它们的 OSPF 行为不同：

```
Corp#sh ip ospf interface s0/0/0
Serial0/0/0 is up, line protocol is up
  Internet address is 172.16.10.1/30, Area 1
  Process ID 1, Router ID 1.1.1.1, Network Type POINT-TO-POINT, Cost: 64
  Transmit Delay is 1 sec, State POINT-TO-POINT, Priority 0
  No designated router on this network
  No backup designated router on this network
  Timer intervals configured, Hello 10, Dead 40, Wait 40, Retransmit 5
    Hello due in 00:00:02
  Index 3/3, flood queue length 0
  Next 0x0(0)/0x0(0)
  Last flood scan length is 1, maximum is 1
  Last flood scan time is 0 msec, maximum is 0 msec
  Neighbor Count is 1 , Adjacent neighbor count is 1
    Adjacent with neighbor 172.16.10.2
  Suppress hello for 0 neighbor(s)
```

这个命令显示的信息如下：

❏ 接口的 IP 地址
❏ 所属的区域
❏ 进程 ID
❏ 路由器 ID
❏ 网络类型
❏ 成本
❏ 优先级
❏ DR/BDR 选举信息（如果适用的话）
❏ Hello 定时器和失效定时器的值
❏ 邻居的信息

我首先执行了命令 show ip ospf interface gi0/0，因为我知道，在路由器 Corp 连接的以太网广播多路访问网络上，将选举指定路由器。然而，在这个网络上，没有其他路由器与 Corp 竞争，这意味着路由器 Corp 将自动获胜。我标出的信息非常重要！Hello 定时器和失效定时器默认被设置为多长呢？虽然前面对接口成本说得不多，但它也非常重要。成本不一致时，两台路由器也能建立邻接关系，但这可能导致有些链路被空置，这将在 19.5 节末尾更详细地讨论。

 真实案例

邻居路由器未建立邻接关系

这里要更深入地探讨邻接关系问题。命令 show ip ospf interface 可帮助你解决这种问题，在多厂商网络中尤其如此。

多年前，我曾为一家大型 PC/笔记本电脑制造商提供咨询，帮助它组建大型互联网络。这是一家跨国公司，其网络使用的路由器类型众多且来自不同的制造商，因此在网络中使用的是 OSPF。

19

　　我接到一个分支机构的电话，说他们安装了一台新路由器，但看不到其以太网接口连接的思科路由器。情况无疑很紧急，因为这台新路由器通过一些 WAN 链路连接到了一个新的远程场点，而按计划这个场点在前一天就应准备就绪。

　　我首先让打电话的管理员保持冷静，接着让他执行命令 show ip ospf interface fa0/0，并查看该接口的 Hello 定时器、失效定时器和区域配置，然后让他核实接口的 IP 地址正确无误，且接口没有设置为被动的。

　　接下来，我让他在邻居路由器上检查同样的信息，并核实两个邻居的 Hello 定时器和失效定时器设置是否一致。问题很快就找到了，解决方案也很简单：使用命令 ip ospf dead 30 配置思科路由器后，两台路由器便建立了邻接关系。

　　别忘了，虽然 OSPF 可用于不同厂商的路由器之间，但这并不意味着使用出厂设置就行。

19.4.3　命令 show ip protocols

　　无论你运行的是 OSPF、EIGRP、RIP、BGP、IS-IS，还是可在路由器上配置的其他路由选择协议，命令 show ip protocols 都很有用。它简要地指出了当前运行的所有路由选择协议的运行情况。

　　下面是在路由器 Corp 上执行这个命令得到的输出：

```
Corp#sh ip protocols
Routing Protocol is "ospf 1"
  Outgoing update filter list for all interfaces is not set
  Incoming update filter list for all interfaces is not set
  Router ID 1.1.1.1
  Number of areas in this router is 3. 3 normal 0 stub 0 nssa
  Maximum path: 4
  Routing for Networks:
    10.10.0.0 0.0.255.255 area 0
    172.16.10.0 0.0.0.3 area 1
    172.16.10.4 0.0.0.3 area 2
  Routing Information Sources:
    Gateway         Distance      Last Update
    1.1.1.1             110       00:17:42
    172.16.10.2         110       00:17:42
    172.16.10.6         110       00:17:42
  Distance: (default is 110)
```

　　从中可以获悉 OSPF 进程 ID、OSPF 路由器 ID、OSPF 区域类型、通告的网络、配置的三个区域以及邻居的 OSPF 路由器 ID。信息丰富而简明。

19.4.4　命令 show ip route

　　现在是在路由器 Corp 上执行命令 show ip route 的绝佳时机：

```
Corp#sh ip route
[output cut]
      10.0.0.0/8 is variably subnetted, 8 subnets, 2 masks
C        10.10.10.0/24 is directly connected, GigabitEthernet0/0
L        10.10.10.1/32 is directly connected, GigabitEthernet0/0
C        10.10.11.0/24 is directly connected, GigabitEthernet0/1
```

```
L          10.10.11.1/32 is directly connected, GigabitEthernet0/1
O          10.10.20.0/24 [110/65] via 172.16.10.2, 02:18:27, Serial0/0/0
O          10.10.30.0/24 [110/65] via 172.16.10.2, 02:18:27, Serial0/0/0
O          10.10.40.0/24 [110/65] via 172.16.10.6, 03:37:24, Serial0/0/1
O          10.10.50.0/24 [110/65] via 172.16.10.6, 03:37:24, Serial0/0/1
        172.16.0.0/16 is variably subnetted, 4 subnets, 2 masks
C          172.16.10.0/30 is directly connected, Serial0/0/0
L          172.16.10.1/32 is directly connected, Serial0/0/0
C          172.16.10.4/30 is directly connected, Serial0/0/1
L          172.16.10.5/32 is directly connected, Serial0/0/1
```

这个命令只显示了 4 条动态路由，其中 O 表示 OSPF 内部路由。C 显示直连网络，也列出了 4 个远程网络，真是太棒了。请注意输出中的 110/65，它指的是管理距离/度量值。

另外，还可使用命令 show ip route ospf，它只显示 OSPF 注入路由选择表中的路由。排除大型网络故障时，这个命令提供的帮助之大怎么强调都不过分。

```
Corp#sh ip route ospf
        10.0.0.0/8 is variably subnetted, 8 subnets, 2 masks
O          10.10.20.0 [110/65] via 172.16.10.2, 02:18:33, Serial0/0/0
O          10.10.30.0 [110/65] via 172.16.10.2, 02:18:33, Serial0/0/0
O          10.10.40.0 [110/65] via 172.16.10.6, 03:37:30, Serial0/0/1
O          10.10.50.0 [110/65] via 172.16.10.6, 03:37:30, Serial0/0/1
```

OSPF 路由选择表非常简洁。无论管理哪种网络，诊断并排除网络故障都是必须具备的重要技能，OSPF 网络也不例外。这就是我配置路由选择协议时，总是会执行命令 show ip int brief 的原因所在。使用 OSPF 时很容易出错，因此务必特别注意细节，这在排除故障时尤其重要。

19.4.5　命令 show ip ospf database

命令 show ip ospf database 让你知道互联网络（AS）中有多少台路由器，还有邻接路由器的 ID。这就是我前面所说的拓扑数据库。

输出是按区域组织的，如下所示（这些输出也来自路由器 Corp）：

```
Corp#sh ip ospf database
            OSPF Router with ID (1.1.1.1) (Process ID 1)

        Router Link States (Area 0)

Link ID         ADV Router      Age         Seq#        Checksum Link count
1.1.1.1         1.1.1.1         196         0x8000001a 0x006d76 2

                Summary Net Link States (Area 0)
Link ID         ADV Router      Age         Seq#        Checksum
172.16.10.0     1.1.1.1         182         0x80000095 0x00be04
172.16.10.4     1.1.1.1         177         0x80000096 0x009429
10.10.40.0      1.1.1.1         1166        0x80000091 0x00222b
10.10.50.0      1.1.1.1         1166        0x80000092 0x00b190
10.10.20.0      1.1.1.1         1114        0x80000093 0x00fa64
10.10.30.0      1.1.1.1         1114        0x80000094 0x008ac9

        Router Link States (Area 1)
```

19

```
Link ID           ADV Router         Age       Seq#         Checksum Link count
1.1.1.1           1.1.1.1            1118       0x8000002a   0x00a59a 2
172.16.10.2       172.16.10.2        1119       0x80000031   0x00af47 4

                  Summary Net Link States (Area 1)
Link ID           ADV Router         Age       Seq#         Checksum
10.10.10.0        1.1.1.1            178        0x80000076   0x0021a5
10.10.11.0        1.1.1.1            178        0x80000077   0x0014b0
172.16.10.4       1.1.1.1            173        0x80000078   0x00d00b
10.10.40.0        1.1.1.1            1164       0x80000074   0x005c0e
10.10.50.0        1.1.1.1            1164       0x80000075   0x00eb73

                  Router Link States (Area 2)

Link ID           ADV Router         Age       Seq#         Checksum Link count
1.1.1.1           1.1.1.1            1119       0x8000002b   0x005cd6 2
172.16.10.6       172.16.10.6        1119       0x8000002d   0x0020a3 4

                  Summary Net Link States (Area 2)
Link ID           ADV Router         Age       Seq#         Checksum
10.10.10.0        1.1.1.1            179        0x8000007a   0x0019a9
10.10.11.0        1.1.1.1            179        0x8000007b   0x000cb4
172.16.10.0       1.1.1.1            179        0x8000007c   0x00f0ea
10.10.20.0        1.1.1.1            1104       0x80000078   0x003149
10.10.30.0        1.1.1.1            1104       0x80000079   0x00c0ae
Corp#
```

考虑到我们的互联网络只有 8 个网络, 这个数据库的信息量还是非常大的。可以看到其中列出了所有的路由器及其 RID——路由器配置的最大 IP 地址。在 Router Link States 部分, 每行都表示相应区域的一个 1 类 LSA。

输出中包含链路 ID (别忘了接口也是链路), 还在 ADV Router 列指出了通告路由器的 RID。

本章提供了大量 OSPF 详细信息, 远远超出了 CCNA 考试大纲的要求。下面以第 17 章介绍 EIGRP 时组建的网络为例, 详细介绍一个多区域 OSPF 故障排除案例。

19.5 OSPF 故障排除案例

发现 OSPF 网络有问题后, 明智的做法是, 首先使用 Ping 程序和命令 traceroute 检查第 3 层连接性, 以确定问题是否出在本地。如果本地没有问题, 再按思科提供的如下指南排除故障。

(1) 使用命令 show ip ospf neighbor 检查邻接关系。如果没有建立邻接关系, 就需检查接口是否正常以及是否启用了 OSPF。如果接口没有任何问题, 就检查 Hello 定时器和失效定时器, 核实接口位于同一个区域且没有将接口配置成被动的。

(2) 确定与所有邻居都建立了邻接关系后, 使用命令 show ip route 来查看前往所有远程网络的第 3 层路由。如果路由选择表中没有 OSPF 路由, 就需检查你是否运行了其他管理距离更小的路由选择协议。使用 show ip protocols 可查看运行在路由器上的所有路由选择协议。如果没有运行其他协议, 就检查在 OSPF 进程下配置的 network 命令。在多区域 OSPF 网络中, 务必确保所有非主干区域路由器都通过 ABR 连接到了区域 0, 否则它们将无法收发更新。

(3) 如果路由选择表中包含所有的远程网络，就检查前往每个网络的路径是否正确。如果不正确，就需使用命令 show ip ospf interface 查看接口的成本。你可能需要调整接口的成本，让 OSPF 使用你希望的路径将分组发送到远程网络。请记住，成本最低的路径就是最佳路径！

有了 OSPF 故障排除指南后，来看一下图 19-9，我们将排除这个网络的 OSPF 故障。

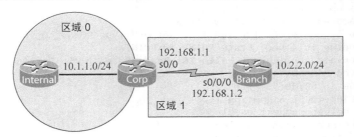

图 19-9　我们的互联网络

这 3 台路由器的 OSPF 配置如下：

```
Corp(config-if)#router ospf 1
Corp(config-router)#network 10.1.1.0 0.0.0.255 area 0
Corp(config-router)#network 192.168.1.0 0.0.0.3 area 1

Internal(config)#router ospf 3
Internal(config-router)#network 10.1.1.2 0.0.0.0 area 0

Branch(config-if)#router ospf 2
Branch(config-router)#network 192.168.1.2 0.0.0.0 area 1
Branch(config-router)#network 10.2.2.1 0.0.0.0 area 1
```

现在来检查我们的网络。首先，检查路由器间链路的第 1 层和第 2 层的状态：

```
Corp#sh ip int brief
Interface              IP-Address      OK? Method Status            Protocol
FastEthernet0/0        10.1.1.1        YES manual up                up
Serial0/0              192.168.1.1     YES manual up                up
```

IP 地址看起来没错，而第 1 层和第 2 层的状态都是 up。接下来使用 Ping 程序来检查连接性，如下所示：

```
Corp#ping 192.168.1.2
Type escape sequence to abort.
Sending 5, 100-byte ICMP Echos to 192.168.1.2, timeout is 2 seconds:
!!!!!
Success rate is 100 percent (5/5), round-trip min/avg/max = 1/2/4 ms
Corp#ping 10.1.1.2
Type escape sequence to abort.
Sending 5, 100-byte ICMP Echos to 10.1.1.2, timeout is 2 seconds:
!!!!!
Success rate is 100 percent (5/5), round-trip min/avg/max = 1/2/4 ms
```

很好，能够 ping 两个直接相连的邻居，这表明路由器间链路的第 1 ~ 3 层都正常。开局不错，但这并不意味着 OSPF 运行正常。如果使用前述命令发现了问题，就得首先检查第 1 层和第 2 层，确保

19

邻居间的数据链路运行正常，再检查第 3 层的 IP 配置。

鉴于邻居间的数据链路看起来运行正常，下一步是检查 OSPF 配置以及路由选择协议的状态。为此，首先检查接口：

```
Corp#sh ip ospf interface s0/0
Serial0/0 is up, line protocol is up
  Internet Address 192.168.1.1/30, Area 1
  Process ID 1, Router ID 192.168.1.1, Network Type POINT_TO_POINT, Cost: 100
  Transmit Delay is 1 sec, State POINT_TO_POINT
  Timer intervals configured, Hello 10, Dead 40, Wait 40, Retransmit 5
    oob-resync timeout 40
    Hello due in 00:00:03
  Supports Link-local Signaling (LLS)
  Cisco NSF helper support enabled
  IETF NSF helper support enabled
  Index 1/2, flood queue length 0
  Next 0x0(0)/0x0(0)
  Last flood scan length is 1, maximum is 1
  Last flood scan time is 0 msec, maximum is 0 msec
  Neighbor Count is 1, Adjacent neighbor count is 1
    Adjacent with neighbor 192.168.1.2
  Suppress hello for 0 neighbor(s)
```

我将重要的统计信息加粗了，检查 OSPF 接口时总是应该首先查看这些信息。你需要核实邻居的接口是否属于同一个区域，它们的 Hello 定时器和失效定时器是否一致。成本不同不会导致无法建立邻接关系，但可能导致讨厌的路由选择问题，这一点会在稍后更深入地探讨。

下面来看看连接到内部路由器的 LAN 接口：

```
Corp#sh ip ospf int f0/0
FastEthernet0/0 is up, line protocol is up
  Internet Address 10.1.1.1/24, Area 0
  Process ID 1, Router ID 192.168.1.1, Network Type BROADCAST, Cost: 1
  Transmit Delay is 1 sec, State DR, Priority 1
  Designated Router (ID) 192.168.1.1, Interface address 10.1.1.1
  Backup Designated router (ID) 10.1.1.2, Interface address 10.1.1.2
  Timer intervals configured, Hello 10, Dead 40, Wait 40, Retransmit 5
    oob-resync timeout 40
    Hello due in 00:00:00
  Supports Link-local Signaling (LLS)
  Cisco NSF helper support enabled
  IETF NSF helper support enabled
  Index 1/1, flood queue length 0
  Next 0x0(0)/0x0(0)
  Last flood scan length is 1, maximum is 1
  Last flood scan time is 0 msec, maximum is 0 msec
  Neighbor Count is 1, Adjacent neighbor count is 1
    Adjacent with neighbor 10.1.1.2  (Backup Designated Router)
  Suppress hello for 0 neighbor(s)
```

对于 LAN 接口，我们关注的重点与串行接口相同：区域 ID、Hello 定时器和失效定时器。注意到成本为 1。根据思科计算成本的方法，传输速率不低于 100 Mbit/s 的链路的成本都是 1，而带宽为默认值的串行链路的成本为 64。在包含大量高带宽链路的大型网络中，这可能带来问题。需要特别注意的一点是，在广播多路访问网络中有一个指定路由器和一个备用指定路由器。DR 和 BDR 不会带来路由选择问题，但设计和配置大型互联网络时，这依然是一个需要考虑的因素。就这里而言，DR 和 BDR 并非我们关注的焦点，但你必须保持警觉。

继续来排除故障，接着检查接口。我尝试查看路由器 Corp 未用的接口 Fa0/1 的 OSPF 信息，但出现了一条错误消息：

```
Corp#sh ip ospf int fa0/1
%OSPF: OSPF not enabled on FastEthernet0/1
```

这是因为在 OSPF 进程下，未使用 network 命令指定接口 Fa0/1 连接的网络。如果收到这样的错误消息，请马上检查 network 命令。

接下来，使用命令 show ip protocols 查看配置的 network 命令：

```
Corp#sh ip protocols
Routing Protocol is "ospf 1"
  Outgoing update filter list for all interfaces is not set
  Incoming update filter list for all interfaces is not set
  Router ID 192.168.1.1
  It is an area border router
  Number of areas in this router is 2. 2 normal 0 stub 0 nssa
  Maximum path: 4
  Routing for Networks:
    10.1.1.0 0.0.0.255 area 0
    192.168.1.0 0.0.0.3 area 1
Reference bandwidth unit is 100 mbps
  Routing Information Sources:
    Gateway          Distance      Last Update
    192.168.1.2         110        00:28:40
  Distance: (default is 110)
```

这个命令显示了进程 ID，还指出了是否对路由选择协议应用了 ACL，就像第 17 章排除 EIGRP 故障时见到的一样。然而，首先要查看的是 network 命令及其指定的区域——最重要的是各个接口所属的区域。这很重要，因为如果邻居的接口属于不同区域，就不能建立邻接关系。这个命令准确地显示了我们在 OSPF 进程下配置的 network 命令。另外，注意到参考带宽为默认值 100 Mbit/s，这将在本节末尾更详细地讨论。

需要指出的是，输出还显示了邻居的 IP 地址和管理距离。OSPF 的默认管理距离为 110，因此如果这个网络还运行了 EIGRP，路由选择表中就不会有 OSPF 路由，因为 EIGRP 的管理距离为 90。

接下来，查看路由器 Corp 的邻居表，看看 OSPF 是否与路由器 Branch 建立了邻接关系：

```
Corp#sh ip ospf neighbor
Neighbor ID     Pri   State      Dead Time    Address        Interface
10.1.1.2         1    FULL/BDR    00:00:39     10.1.1.2       FastEthernet0/0
```

终于找到问题所在了：路由器 Corp 能够看到区域 0 中的内部路由器，但看不到区域 1 中的路由器 Branch。接下来如何做呢？

首先，来回顾一下已知道的有关路由器 Corp 和 Branch 的情况。数据链路运行正常，能够在路由器之间执行 ping 操作。这表明问题出在路由选择协议上，因此我们将更详尽地检查每台路由器的 OSPF 配置。下面在路由器 Branch 上执行命令 show ip protocols：

19

```
Branch#sh ip protocols
Routing Protocol is "eigrp 20"
  Outgoing update filter list for all interfaces is not set
  Incoming update filter list for all interfaces is not set
  Default networks flagged in outgoing updates
  Default networks accepted from incoming updates
  EIGRP metric weight K1=1, K2=0, K3=1, K4=0, K5=0
  EIGRP maximum hopcount 100
  EIGRP maximum metric variance 1
  Redistributing: eigrp 20
  EIGRP NSF-aware route hold timer is 240s
  Automatic network summarization is not in effect
  Maximum path: 4
  Routing for Networks:
    10.0.0.0
    192.168.1.0
  Routing Information Sources:
    Gateway          Distance        Last Update
    (this router)         90         3d22h
    192.168.1.1           90         00:00:07
  Distance: internal 90 external 170

Routing Protocol is "ospf 2"
  Outgoing update filter list for all interfaces is not set
  Incoming update filter list for all interfaces is not set
  Router ID 192.168.1.2
  Number of areas in this router is 1. 1 normal 0 stub 0 nssa
  Maximum path: 4
  Routing for Networks:
    10.2.2.1 0.0.0.0 area 1
    192.168.1.2 0.0.0.0 area 1
  Reference bandwidth unit is 100 mbps
  Passive Interface(s):
    Serial0/0/0
  Routing Information Sources:
    Gateway          Distance        Last Update
    192.168.1.1          110         03:29:07
  Distance: (default is 110)
```

路由器 Branch 运行着两种路由选择协议，你注意到了吗？路由器 Branch 同时运行 EIGRP 和 OSPF，但这不一定是问题所在，除非路由器 Corp 也运行 EIGRP。倘若如此，路由选择表中将只有 EIGRP 路由，因为 EIGRP 的 AD 为 90，比 OSPF 的 AD 110 小。

下面来查看路由器 Branch 的路由选择表，以确定路由器 Corp 是否也运行 EIGRP。确定这一点很容易，只要看看路由选择表中有没有 EIGRP 路由：

```
Branch#sh ip route
[output cut]
     10.0.0.0/24 is subnetted, 2 subnets
C       10.2.2.0 is directly connected, FastEthernet0/0
D       10.1.1.0 [90/2172416] via 192.168.1.1, 00:02:35, Serial0/0/0
     192.168.1.0/30 is subnetted, 1 subnets
C       192.168.1.0 is directly connected, Serial0/0/0
```

显然，路由器 Corp 也运行着 EIGRP。这是第 17 章遗留的配置。为修复这种问题，只需在路由器 Branch 上禁用 EIGRP。这样做后，路由选择表就应该有 OSPF 路由：

```
Branch#config t
Branch(config)#no router eigrp 20
Branch(config)#do sh ip route
[output cut]
     10.0.0.0/24 is subnetted, 1 subnets
C       10.2.2.0 is directly connected, FastEthernet0/0
     192.168.1.0/30 is subnetted, 1 subnets
C       192.168.1.0 is directly connected, Serial0/0/0
```

情况不太妙：我在路由器 Branch 上禁用了 EIGRP，但依然没有收到 OSPF 更新。为进一步调查，在路由器 Branch 上执行命令 show ip protocols：

```
Branch#sh ip protocols
Routing Protocol is "ospf 2"
  Outgoing update filter list for all interfaces is not set
  Incoming update filter list for all interfaces is not set
  Router ID 192.168.1.2
  Number of areas in this router is 1. 1 normal 0 stub 0 nssa
  Maximum path: 4
  Routing for Networks:
    10.2.2.1 0.0.0.0 area 1
    192.168.1.2 0.0.0.0 area 1
 Reference bandwidth unit is 100 mbps
 Passive Interface(s):
   Serial0/0/0
 Routing Information Sources:
   Gateway        Distance      Last Update
   192.168.1.1       110         03:34:19
 Distance: (default is 110)
```

你发现问题所在了吗？没有应用 ACL，network 命令配置正确，但接口 Serial0/0/0 是被动的，这绝对会导致路由器 Corp 和 Branch 无法建立邻接关系。下面就来修复这种问题：

```
Branach#show run
[output cut]
!
router ospf 2
 log-adjacency-changes
 passive-interface Serial0/0/0
 network 10.2.2.1 0.0.0.0 area 1
 network 192.168.1.2 0.0.0.0 area 1
!
[output cut]
Branch#config t
Branch(config)#router ospf 2
Branch(config-router)#no passive-interface serial 0/0/0
```

现在来看看邻居表和路由选择表：

```
Branch#sh ip ospf neighbor
Neighbor ID      Pri   State        Dead Time   Address        Interface
192.168.1.1        0   FULL/  -     00:00:32    192.168.1.1    Serial0/0/0
```

19

```
Branch#sh ip route
     10.0.0.0/24 is subnetted, 2 subnets
C       10.2.2.0 is directly connected, FastEthernet0/0
O IA    10.1.1.0 [110/65] via 192.168.1.1, 00:01:21, Serial0/0/0
     192.168.1.0/30 is subnetted, 1 subnets
C       192.168.1.0 is directly connected, Serial0/0/0
```

太好了，我们的小型互联网络终于运行正常了。故障排除过程其实很有趣，只要知道该检查什么，就一点都不难。

讨论 OSPFv3 之前，还有一点需要介绍，就是 OSPF 负载均衡。为探讨负载均衡，我将以图 19-10 为例。这里在路由器 Corp 和 Branch 之间新增了一条链路。

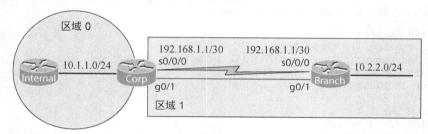

图 19-10　我们的互联网络，路由器之间有两条链路

首先，在路由器之间，吉比特以太网链路显然优于任何串行链路，这意味着我们希望路由器选择 LAN 链路。为此，可将串行链路断开，也可将其用作备用链路。

先来查看路由选择表，看看 OSPF 选择的路由：

```
Corp#sh ip route ospf
     10.0.0.0/8 is variably subnetted, 3 subnets, 2 masks
O       10.2.2.0 [110/2] via 192.168.1.6, 00:00:13, GigabitEthernet0/1
```

OSPF 很聪明，选择了吉比特以太网链路，因为其成本更低。虽然有时必须调整链路的成本，帮助 OSPF 选择最佳的路径，但就这里而言，无为而治是最佳的选择。

然而，如果就此打住，就太没意思了。下面来配置 OSPF，使其误以为两条链路一样好，从而同时使用它们。为此，只需将两个接口的成本设置为同一个值：

```
Corp#config t
Corp(config)#int g0/1
Corp(config-if)#ip ospf cost 10
Corp(config-if)#int s0/0/0
Corp(config-if)#ip ospf cost 10
```

显然，需要在链路两端都使用这样的配置，而我已经在路由器 Branch 上做了同样的配置。在两端都将成本配置相同后，来看看路由选择表：

```
Corp#sh ip route ospf
     10.0.0.0/8 is variably subnetted, 3 subnets, 2 masks
O       10.2.2.0 [110/11] via 192.168.1.2, 00:01:23, Serial0/0/0
                 [110/11] via 192.168.1.6, 00:01:23, GigabitEthernet0/1
```

我并不建议你像这里演示的那样，将串行链路和吉比特以太网链路的成本配置为相同的值，但有时候确实需要调整 OSPF 成本。只要没有多条到远程网络的路径，就根本不需要关心成本，然而根据 CCNA 考试大纲，你必须明白 OSPF 成本及其工作原理，还有如何设置成本，让 OSPF 选择最佳的路径。对于成本，我还想再说一点。

可修改路由器的参考带宽，但必须确保 OSPF AS 内所有路由器的参考带宽都相同。参考带宽默认为 10^8（100 000 000），即快速以太网的带宽（100 Mbit/s）。要查看参考带宽的值，可使用命令 show ip ospf 或 show ip protocols：

```
Routing for Networks:
    10.2.2.1 0.0.0.0 area 1
    192.168.1.2 0.0.0.0 area 1
Reference bandwidth unit is 100 mbps
```

默认参考带宽为 100 Mbit/s，让传输速率不低于 100 Mbit/s 的接口的成本都是 1。如果将参考带宽改为 1000 Mbit/s，成本将增大 10 倍。需要再次指出，如果要修改参考带宽，就必须在 AS 内的所有路由器上做同样的修改。修改方法如下：

```
Corp(route)#router ospf 1
Corp(config-router)#auto-cost reference-bandwidth ?
  <1-4294967>  The reference bandwidth in terms of Mbits per second
```

用于应付 CCNA 考试的简单的 OSPF 故障排除方法

再来看一个故障排除场景——两台路由器未建立邻接关系。首先该采取什么措施呢？本章前面介绍了很多故障排除方法，不过这里将介绍一种非常简单的故障排除方法，供你用来应付 CCNA 考试。

你只需在每台路由器上执行命令 show running-config，就可修复与 OSPF 相关的故障。就这么简单！因为你知道该注意寻找什么，所以所有的问题都将浮出水面。在第 17 章介绍的简单的 EIGRP 故障排除方法中，你不需要检查邻居路由器的配置；这里不同，你需要对直接相连的接口进行比较，确保它们的匹配。

下面来看看每台路由器的配置，以确定问题出在什么地方。

下面是第一台路由器的配置：

```
R1#sh run
Building configuration...
!
interface Loopback0
 ip address 10.1.1.1 255.255.255.255
 ip ospf 3 area 0
!
int FastEthernet0/0
 Description **Connected to R2 F0/0**
 ip address 192.168.16.1 255.255.255.0
 ip ospf 3 area 0
 ip ospf hello-interval 25
!
router ospf 3
 router-id 192.168.3.3
```

19

下面是邻居路由器的配置：

```
R2#sh run
Building configuration...
!
interface Loopback0
 ip address 10.1.1.2 255.255.255.255
 ip ospf 6 area 0
!
 Description **Connected to R1 F0/0**
 int FastEthernet0/0
 ip address 192.168.17.2 255.255.255.0
 ip ospf 6 area 1
!
router ospf 6
 router-id 192.168.3.3
```

知道问题出在什么地方了吗？这很容易看出来。只需查看命令 show running-config 的输出，对直接相连的接口进行比较即可。

每台路由器的环回接口都没问题。我看不出它们的配置有什么问题，况且它们也不相连，因此不管它们的配置如何都无关紧要。

从输出中的描述可知，路由器 R1 和 R2 的接口 f0/0 直接相连，但我们从这些接口的配置中发现了几个问题。首先，R1 没有像 R2 那样使用默认的 Hello 间隔 10 秒，这根本行不通。为解决这个问题，在 R1 的接口 f0/0 下配置命令 no ip ospf hello-interval 25。

接下来，我们注意到这两台路由器的进程 ID 不同，但这不是问题。然而，在两个接口上配置的区域不同，它们的 IP 地址也不属于同一个子网。

最后，它们使用的 RID 相同——这根本行不通！

现在终于可以进入本章最容易的部分了。

19.6 OSPFv3

OSPFv3 承袭了 OSPF 的传统，与 IPv4 版有很多相同之处。OSPFv3 的基础没变，还是一种链路状态路由选择协议，将整个互联网络（自主系统）划分成多个区域，以形成层次结构。

在 OSPFv2 中，路由器 ID（RID）默认为路由器的最大 IP 地址，但可手动指定。OSPFv3 没什么变化，你也可以指定 RID、区域 ID 和链路状态 ID，它们依然是 32 位的值。

在 OSPFv3 中，使用链路本地地址来建立邻接关系以及指定下一跳，但依然使用组播来发送更新和确认。OSPFv3 使用地址 FF02::5 表示所有 OSPF 路由器，使用地址 FF02::6 表示指定路由器；而在 OSPFv2 中，相应的地址分别是 224.0.0.5 和 224.0.0.6。

另外，鉴于 IPv4 协议不那么灵活，配置 OSPFv2 时，不能将具体的网络和接口加入 OSPF 进程，而必须在路由器配置模式下使用 network 命令进行指定。配置 OSPFv3 时，与我们讨论过的 EIGRPv6 路由选择协议一样，可在接口配置模式下将接口及其连接的网络加入 OSPFv3 进程。

要配置 OSPFv3，首先需要指定 RID，但如果给路由器接口配置了 IPv4 地址，可让 OSPFv3 自己去选择 RID，就像 OSPFv2 一样：

```
Router(config)#ipv6 router ospf 10
```

```
Router(config-rtr)#router-id 1.1.1.1
```

在路由器配置模式下，还可进行其他配置，如汇总和重分发。需要再次指出，如果给接口配置了IPv4 地址，甚至无需在这种模式下对 OSPFv3 做任何配置。

简单的接口配置类似于下面这样：

```
Router(config-if)#ipv6 ospf 10 area 0.0.0.0
```

因此，只需给每个接口指定进程 ID 和区域就大功告成了。看到了吧，非常简单！在上面的配置中，我将区域指定为 0.0.0.0，这与 0 等效。为演示如何配置 OSPFv3，我们将使用如图 19-11 所示的网络。这是第 17 章配置 EIGRPv6 时使用的网络，分配的 IPv6 地址也一样。

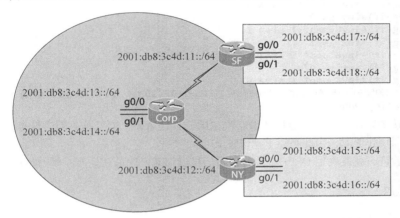

图 19-11　配置 OSPFv3

要在互联网络中启用 OSPFv3，只需对要运行它的每个接口进行配置。下面是路由器 Corp 的配置：

```
Corp#config t
Corp(config)#int g0/0
Corp(config-if)#ipv6 ospf 1 area 0
Corp(config-if)#int g0/1
Corp(config-if)#ipv6 ospf 1 area 0
Corp(config-if)#int s0/0/0
Corp(config-if)#ipv6 ospf 1 area 0
Corp(config-if)#int s0/0/1
Corp(config-if)#ipv6 ospf 1 area 0
```

还不赖，比配置 OSPFv2 容易多了。要配置 OSPFv3，只需配置要使用的接口。下面来配置其他两台路由器：

```
SF#config t
SF(config)#int g0/0
SF(config-if)#ipv6 ospf 1 area 1
SF(config-if)#int g0/1
SF(config-if)#ipv6 ospf 1 area 1
SF(config-if)#int s0/0/0
SF(config-if)#ipv6 ospf 1 area 0
01:03:55: %OSPFv3-5-ADJCHG: Process 1, Nbr 192.168.1.5 on Serial0/0/0 from LOADING to
```

19

```
FULL, Loading Done
```

很好，路由器 SF 与 Corp 建立了邻接关系！有趣的一点是，说明 OSPFv3 邻接状态变化时，使用的 RID 为 IPv4 地址。我没有手动设置 RID，因为我知道有路由器接口配置了 IPv4 地址，OSPF 进程将据此选择 RID。

下面来配置路由器 NY：

```
NY(config)#int g0/0
NY(config-if)#ipv6 ospf 1 area 2
%OSPFv3-4-NORTRID:OSPFv3 process 1 could not pick a router-id,please configure manually
NY(config-if)#ipv6 router ospf 1
NY(config-rtr)#router-id 1.1.1.1
NY(config-if)#int g0/0
NY(config-if)#ipv6 ospf 1 area 2
NY(config-if)#int g0/1
NY(config-if)#ipv6 ospf 1 area 2
NY(config-if)#int s0/0/0
NY(config-if)#ipv6 ospf 1 area 0
00:09:00: %OSPFv3-5-ADJCHG: Process 1, Nbr 192.168.1.5 on Serial0/0/0 from LOADING to
FULL, Loading Done
```

建立了邻接关系，太好了。但我必须设置 RID，你注意到了吗？这是因为没有任何接口有 IPv4 地址可供路由器用作 RID，因此必须手动设置 RID。

甚至不用验证，就能确定 OSPFv3 运行正常。虽说如此，验证在任何时候都很重要。

验证 OSPFv3

与往常一样，首先执行命令 show ipv6 route ospf：

```
Corp#sh ipv6 route ospf
OI   2001:DB8:3C4D:15::/64 [110/65]
     via FE80::201:C9FF:FED2:5E01, Serial0/0/1
OI   2001:DB8:3C4D:16::/64 [110/65]
     via FE80::201:C9FF:FED2:5E01, Serial0/0/1
O    2001:DB8:C34D:11::/64 [110/128]
     via FE80::2E0:F7FF:FE13:5E01, Serial0/0/0
OI   2001:DB8:C34D:17::/64 [110/65]
     via FE80::2E0:F7FF:FE13:5E01, Serial0/0/0
OI   2001:DB8:C34D:18::/64 [110/65]
     via FE80::2E0:F7FF:FE13:5E01, Serial0/0/0
```

太好了，显示了全部 6 个子网。注意到其中的 O 和 OI 了吗？O 表示区域内，而 OI 表示区域间，即路由来自其他区域，但仅看路由选择表无法知道来自哪个区域。另外，注意到路由器通过链路本地地址与邻居通信，如 via FE08::2E0:F7FF:FE13:5E01, Serial0/0/0。

下面来看看命令 show ipv6 protocols 的输出：

```
Corp#sh ipv6 protocols
IPv6 Routing Protocol is "connected"
IPv6 Routing Protocol is "static"
IPv6 Routing Protocol is "ospf 1"
  Interfaces (Area 0)
    GigabitEthernet0/0
```

```
GigabitEthernet0/1
Serial0/0/0
Serial0/0/1
```

这个命令只指出了哪些接口属于 OSPF 进程 1 和区域 0。要配置 OSPFv3, 必须知道要使用哪些接口。如果你不知道哪些接口处于活动状态, 命令 show ip int brief 可帮上大忙。

下面来检查路由器 Corp 的 OSPFv3 活动接口 g0/0:

```
Corp#sh ipv6 ospf int g0/0
GigabitEthernet0/0 is up, line protocol is up
  Link Local Address FE80::2E0:F7FF:FE0A:3301 , Interface ID 1
  Area 0, Process ID 1, Instance ID 0, Router ID 192.168.1.5
  Network Type BROADCAST, Cost: 1
  Transmit Delay is 1 sec, State DR, Priority 1
  Designated Router (ID) 192.168.1.5, local address FE80::2E0:F7FF:FE0A:3301
  No backup designated router on this network
  Timer intervals configured, Hello 10, Dead 40, Wait 40, Retransmit 5
    Hello due in 00:00:09
  Index 1/1, flood queue length 0
  Next 0x0(0)/0x0(0)
  Last flood scan length is 1, maximum is 1
  Last flood scan time is 0 msec, maximum is 0 msec
  Neighbor Count is 0, Adjacent neighbor count is 0
  Suppress hello for 0 neighbor(s)
```

这些信息基本上与我们在 19.4 节看到的信息相同。下面使用命令 show ipv6 ospf neighbor 查看路由器 Corp 的邻居表:

```
Corp#sh ipv6 ospf neighbor
Neighbor ID      Pri   State        Dead Time   Interface ID   Interface
2.2.2.2            0   FULL/  -     00:00:36    4              Serial0/0/1
192.168.1.6        0   FULL/  -     00:00:39    4              Serial0/0/0
```

可以看到显示了两个邻居, 但相比 OSPFv2, 内容稍有不同。最左边列出的也是 RID, 同时与两个邻居处于完全邻接状态 (这里显示连字符是因为在串行点到点链路上没有进行选举)。然而, 这里没有像 OSPFv2 列出 IPv4 地址那样, 列出邻居的 IPv6 地址, 而是显示接口 ID。

结束本节之前, 我还想介绍另一个命令——show ipv6 ospf:

```
Corp#sh ipv6 ospf
 Routing Process "ospfv3 1" with ID 192.168.1.5
 SPF schedule delay 5 secs, Hold time between two SPFs 10 secs
 Minimum LSA interval 5 secs. Minimum LSA arrival 1 secs
 LSA group pacing timer 240 secs
 Interface flood pacing timer 33 msecs
 Retransmission pacing timer 66 msecs
 Number of external LSA 0. Checksum Sum 0x000000
 Number of areas in this router is 1. 1 normal 0 stub 0 nssa
 Reference bandwidth unit is 100 mbps
    Area BACKBONE(0)
        Number of interfaces in this area is 4
        SPF algorithm executed 10 times
        Number of LSA 10. Checksum Sum 0x05aebb
        Number of DCbitless LSA 0
```

```
Number of indication LSA 0
Number of DoNotAge LSA 0
Flood list length 0
```

这个命令显示进程 ID 和 RID、路由器的参考带宽、路由器属于多少个区域（这里只有区域 0）以及各个区域包含的接口数。

本章到这里就结束了。要牢固地掌握多区域 OSPF 和 OSPFv3，最有效的方式是收集一些路由器，并花时间全面练习使用本章介绍的知识。

19.7 小结

本章首先介绍了单区域 OSPF 在可扩展性方面的局限性，然后简要地介绍了多区域 OSPF，它为消除这些局限性提供了解决方案。

你已经能够区分多区域 OSPF 网络中使用的各种路由器，包括主干路由器、内部路由器、区域边界路由器和自主系统边界路由器。

本章详细介绍了各种 OSPF 链路状态通告（LSA）的功能。你也知道，通过合理地指定 OSPF 区域的类型，可最大限度地减少 LSA。本章还讨论了 Hello 协议以及建立邻接关系时路由器将经历的各种邻居状态。

在 CCNA 考试大纲中，验证和故障排除占了很大的分量。本章根据 CCNA 考试大纲的要求，介绍了对 OSPFv2 进行验证和故障排除所需的一切知识。

最后是本章最简单的部分：配置和验证 OSPFv3。

19.8 考试要点

明白多区域 OSPF 解决的可扩展性问题。单区域 OSPF 网络的主要问题是，拓扑表和路由选择表规模庞大，同时单个区域内有大量的链路状态更新，导致 SPF 算法的计算量非常大。

熟悉各种 OSPF 路由器。主干路由器至少有一个接口属于区域 0；区域边界路由器（ABR）属于多个 OSPF 区域；内部路由器的所有接口都属于同一个区域；自主系统边界路由器（ASBR）至少有一个接口连接到外部网络。

熟悉各种 LSA 分组。思科使用 7 种不同的 LSA 分组，但你只需牢记下面 5 种及其功能：1 类 LSA（路由器链路通告）、2 类 LSA（网络链路通告）、3 类和 4 类 LSA（汇总通告）以及 5 类 LSA（AS 外部链路通告）。

能够监视多区域 OSPF。在多区域 OSPF 环境中，很多命令都提供了很有用的信息：show ip route ospf、show ip ospf neighbor、show ip ospf 和 show ip ospf database。明白每个命令提供的信息至关重要。

能够排除 OSPF 网络故障。你必须谙熟本章故障排除案例介绍的步骤，这很重要。你必须知道如何检查邻接关系。如果未建立邻接关系，需要如下检查：是否对路由选择协议应用了 ACL，接口是否设置成了被动的，network 命令是否配置正确。

知道如何配置 OSPFv3。OSPFv3 与 OSPFv2 使用的基本机制相同，但配置起来更容易，只需使用命令 ipv6 ospf *process-id* area *area* 对每个相关的接口进行配置即可。

19.9 书面实验

请回答下述问题。

(1) ASBR 发送哪类 LSA？

(2) 在建立邻接关系的过程中，INIT 状态结束后，路由器将进入哪种状态？

(3) ABR 将哪类 LSA 发送到其他区域？

(4) 在什么情况下邻居状态为 FULL/-？

(5) 判断对错：配置 OSPFv3 时，只需对各个接口进行配置，指定它所属的区域。

(6) 路由器处于哪种邻接关系状态时将使用 DBD 分组和 LSR？

(7) 哪类 LSA 被称为路由器链路通告（RLA）？

(8) 配置 OSPFv3 时，要将接口加入进程 1 和区域 0，可使用哪个命令？

(9) 两台路由器要使用 OSPFv3 建立邻接关系，哪些方面必须完全相同？

(10) 在用户模式下，如何查看在路由器上配置并运行的所有路由选择协议？

答案见附录 A。

19.10 动手实验

在本节中，你将在下面的网络中配置 OSPFv2 和 OSPFv3。

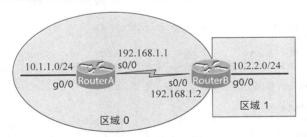

第一个实验要求你给两台路由器配置 OSPFv2，再对配置进行验证。第二个实验要求你在这个网络中启用 OSPFv3。与第 17 章一样，编写这些实验时，我的目标是：即便使用最廉价、最老旧的闲置路由器，也能完成它们。这样做旨在让你明白，即便是本书一些最棘手的实验，也不要求使用昂贵的设备。然而，你也可以使用 IOS 版 LammleSim 模拟器或思科 Packet Tracer 来完成这些实验。

本章包含如下动手实验。

❑ 动手实验 19.1：配置和验证多区域 OSPF。

❑ 动手实验 19.2：配置和验证 OSPFv3。

19.10.1 动手实验 19.1：配置和验证多区域 OSPF

在这个实验中，你将配置和验证多区域 OSPF。

(1) 根据上述示意图中的信息，在路由器 RouterA 上配置 OSPFv2。

```
RouterA#conf t
RouterA(config)#router ospf 10
```

19

```
RouterA(config-router)#network 10.0.0.0 0.255.255.255 area 0
RouterA(config-router)#network 192.168.1.0 0.0.0.255 area 0
```

(2) 根据上述示意图，在路由器 RouterB 上配置 OSPF。

```
RouterB#conf t
RouterB(config)#router ospf 1
RouterB(config-router)#network 192.168.1.2 0.0.0.0 area 0
RouterB(config-router)#network 10.2.2.0 0.0.0.255 area 1
```

(3) 显示路由器 RouterA 收到的所有 LSA。

```
RouterA#sh ip ospf database

            OSPF Router with ID (192.168.1.1) (Process ID 10)

            Router Link States (Area 0)

Link ID          ADV Router       Age       Seq#        Checksum Link count
10.1.1.2         10.1.1.2         380       0x80000035 0x0012AB 1
192.168.1.1      192.168.1.1      13        0x8000000A 0x00729F 3
192.168.1.2      192.168.1.2      10        0x80000002 0x0090F9 2

            Net Link States (Area 0)

Link ID          ADV Router       Age       Seq#        Checksum
10.1.1.2         10.1.1.2         381       0x80000001 0x003371

            Summary Net Link States (Area 0)

Link ID          ADV Router       Age       Seq#        Checksum
10.2.2.0         192.168.1.2      8         0x80000001 0x00C3FD
```

(4) 显示路由器 RouterA 的路由选择表。

```
RouterA#sh ip route
Codes: C - connected, S - static, R - RIP, M - mobile, B - BGP
       D - EIGRP, EX - EIGRP external, O - OSPF, IA - OSPF inter area
       N1 - OSPF NSSA external type 1, N2 - OSPF NSSA external type 2
       E1 - OSPF external type 1, E2 - OSPF external type 2
       i - IS-IS, su - IS-IS summary, L1 - IS-IS level-1, L2 - IS-IS level-2
       ia -IS-IS inter area,* - candidate default,U - per-user static route
       o - ODR, P - periodic downloaded static route

Gateway of last resort is not set

     10.0.0.0/24 is subnetted, 2 subnets
O IA    10.2.2.0 [110/101] via 192.168.1.2, 00:00:29, Serial0/0
C       10.1.1.0 is directly connected, FastEthernet0/0
     192.168.1.0/30 is subnetted, 1 subnets
C       192.168.1.0 is directly connected, Serial0/0
```

(5) 显示路由器 RouterA 的邻居表。

```
RouterA#sh ip ospf neighbor

Neighbor ID     Pri   State         Dead Time   Address       Interface
```

```
192.168.1.2        0   FULL/ -        00:00:35     192.168.1.2      Serial0/0
10.1.1.2           1   FULL/DR        00:00:34     10.1.1.2         FastEthernet0/0
```

(6) 在路由器 RouterB 上，使用命令 show ip ospf 核实它是 ABR。

```
RouterB#sh ip ospf
 Routing Process "ospf 1" with ID 192.168.1.2
 Start time: 1w4d, Time elapsed: 00:07:04.100
 Supports only single TOS(TOS0) routes
 Supports opaque LSA
 Supports Link-local Signaling (LLS)
 Supports area transit capability
 It is an area border router
 Router is not originating router-LSAs with maximum metric
 Initial SPF schedule delay 5000 msecs
 Minimum hold time between two consecutive SPFs 10000 msecs
 Maximum wait time between two consecutive SPFs 10000 msecs
 Incremental-SPF disabled
 Minimum LSA interval 5 secs
 Minimum LSA arrival 1000 msecs
 LSA group pacing timer 240 secs
 Interface flood pacing timer 33 msecs
 Retransmission pacing timer 66 msecs
 Number of external LSA 0. Checksum Sum 0x000000
 Number of opaque AS LSA 0. Checksum Sum 0x000000
 Number of DCbitless external and opaque AS LSA 0
 Number of DoNotAge external and opaque AS LSA 0
 Number of areas in this router is 2. 2 normal 0 stub 0 nssa
 Number of areas transit capable is 0
 External flood list length 0
    Area BACKBONE(0)
        Number of interfaces in this area is 1
        Area has no authentication
        SPF algorithm last executed 00:06:44.492 ago
        SPF algorithm executed 3 times
        Area ranges are
        Number of LSA 5. Checksum Sum 0x020DB1
        Number of opaque link LSA 0. Checksum Sum 0x000000
        Number of DCbitless LSA 0
        Number of indication LSA 0
        Number of DoNotAge LSA 0
        Flood list length 0
    Area 1
        Number of interfaces in this area is 1
        Area has no authentication
        SPF algorithm last executed 00:06:45.640 ago
        SPF algorithm executed 2 times
        Area ranges are
        Number of LSA 3. Checksum Sum 0x00F204
        Number of opaque link LSA 0. Checksum Sum 0x000000
        Number of DCbitless LSA 0
        Number of indication LSA 0
        Number of DoNotAge LSA 0
        Flood list length 0
```

19

19.10.2　动手实验 19.2：配置和验证 OSPFv3

在这个实验中，你将配置并验证 OSPFv3。

(1) 在路由器 RouterA 上配置 OSPFv3。这台路由器配置了 IPv4 地址，因此不需要设置 RID。

```
RouterA#config t
RouterA(config)#int g0/0
RouterA(config-if)#ipv6 ospf 1 area 0
RouterA(config-if)#int s0/0
RouterA(config-if)#ipv6 ospf 1 area 0
```

仅此而已！很好。

(2) 在路由器 RouterB 上配置 OSPFv3。

```
RouterB#config t
RouterB(config)#int s0/0/0
RouterB(config-if)#ipv6 ospf 1 area 0
RouterB(config-if)#int f0/0
RouterB(config-if)#ipv6 ospf 1 area 1
```

同样，就这么简单！

(3) 显示路由器 RouterA 的路由选择表。

```
RouterA#sh ipv6 route ospf
IPv6 Routing Table - 11 entries
Codes: C - Connected, L - Local, S - Static, R - RIP, B - BGP
       U - Per-user Static route
       I1 - ISIS L1, I2 - ISIS L2, IA - ISIS interarea, IS - ISIS summary
       O - OSPF intra, OI - OSPF inter, OE1 - OSPF ext 1, OE2 - OSPF ext 2
       ON1 - OSPF NSSA ext 1, ON2 - OSPF NSSA ext 2
       D - EIGRP, EX - EIGRP external
OI  2001:DB8:3C4D:15::/64 [110/65]
     via FE80::21A:2FFF:FEE7:4398, Serial0/0
```

注意到 OSPFv3 只发现一条路由，这是一条区域间路由，意味着目标网络位于另一个区域。

(4) 显示路由器 RouterA 的邻居表。

```
RouterA#sh ipv6 ospf neighbor

Neighbor ID     Pri   State           Dead Time   Interface ID   Interface
192.168.1.2      1    FULL/  -        00:00:32     6              Serial0/0
```

(5) 在路由器 RouterB 上执行命令 show ipv6 ospf。

```
RouterB#sh ipv6 ospf
 Routing Process "ospfv3 1" with ID 192.168.1.2
 It is an area border router
 SPF schedule delay 5 secs, Hold time between two SPFs 10 secs
 Minimum LSA interval 5 secs. Minimum LSA arrival 1 secs
 LSA group pacing timer 240 secs
 Interface flood pacing timer 33 msecs
 Retransmission pacing timer 66 msecs
 Number of external LSA 0. Checksum Sum 0x000000
 Number of areas in this router is 2. 2 normal 0 stub 0 nssa
 Reference bandwidth unit is 100 mbps
    Area BACKBONE(0)
```

```
        Number of interfaces in this area is 1
        SPF algorithm executed 3 times
        Number of LSA 7. Checksum Sum 0x041C1B
        Number of DCbitless LSA 0
        Number of indication LSA 0
        Number of DoNotAge LSA 0
        Flood list length 0
    Area 1
        Number of interfaces in this area is 1
        SPF algorithm executed 2 times
        Number of LSA 5. Checksum Sum 0x02C608
        Number of DCbitless LSA 0
        Number of indication LSA 0
        Number of DoNotAge LSA 0
        Flood list length 0
```

19.11 复习题

 注意　下面的复习题旨在检验你对本章内容的理解程度。有关如何获取更多复习题的信息，请参阅 www.lammle.com/ccna。

这些复习题的答案见附录 B。

(1) 下面哪些是单区域 OSPF 网络存在的可扩展性问题？

　　A. 路由选择表规模　　　　　　　　　　B. OSPF 数据库规模

　　C. 最大跳数限制　　　　　　　　　　　D. 重新计算 OSPF 数据库

(2) 下面哪项指的是连接到外部路由选择进程（如 EIGRP）的路由器？

　　A. ABR　　　　　　B. ASBR　　　　　　C. 2 类 LSA　　　　　D. 末节路由器

(3) 路由器间要建立邻接关系，下面哪三项必须一致？

　　A. 进程 ID　　　　　　　　　　　　　　B. Hello 定时器和失效定时器

　　C. 链路成本　　　　　　　　　　　　　D. 所属区域

　　E. IP 地址/子网掩码

(4) 两台路由器建立邻接关系时，将对方加入邻居表并交换 Hello 消息后，命令 show ip ospf neighbor 将显示哪种 OSPF 状态？

　　A. ATTEMPT　　　　　B. INIT　　　　　　C. 双向　　　　　　　D. 预启动

　　E. 完全邻接

(5) 为控制 OSPF 选择用来将信息路由到远程网络的最佳路径，可使用哪个命令让一条链路胜过一条链路？

　　A. ip ospf preferred 10　　　　　　B. ip ospf priority 10

　　C. ospf bandwidth 10　　　　　　　　D. ip ospf cost 10

(6) 路由器的邻居表在什么时候包含状态 FULL/DR？

　　A. 收到邻居的第一个 Hello 分组后

　　B. 邻居同步了所有信息后

　　C. 路由器因邻居表信息太多而丢弃邻居信息时

　　D. 预启动状态结束后

(7) 下面哪些有关 OSPFv3 的说法是正确的？

    A. 必须在 OSPF 进程下配置 network 命令

    B. 配置 OSPFv3 时不需要使用 network 命令

    C. OSPFv3 使用 128 位的 RID

    D. 如果在路由器上配置了 IPv4，就可以不配置 RID

    E. 如果没有在路由器上配置 IPv4，就必须配置 RID

    F. 不同于 OSPFv2，OSPFv3 不使用 LSA

(8) OSPF 交换过程时，路由器以什么顺序经过各种状态？

    A. 预启动状态 > 加载状态 > 交换状态 > 完全邻接状态

    B. 预启动状态 > 交换状态 > 加载状态 > 完全邻接状态

    C. 预启动状态 > 完全邻接状态 > 加载状态 > 交换状态

    D. 加载状态 > 交换状态 > 完全邻接状态 > 预启动状态

(9) 哪类 LSA 由 DR 生成，被称为网络链路通告（NLA）？

    A. 1 类   B. 2 类   C. 3 类   D. 4 类

    E. 5 类

(10) 哪类 LSA 由 ABR 生成，被称为汇总链路通告（SLA）？

    A. 1 类   B. 2 类   C. 3 类   D. 4 类

    E. 5 类

(11) 哪个命令显示路由器获悉的所有 LSA？

    A. show ip ospf   B. show ip ospf neighbor

    C. show ip ospf interface   D. show ip ospf database

(12) 在下图所示的网络中，从 R1 前往服务器 1 所属网络的成本是多少？每条吉比特以太网链路的成本为 4，每条串行链路的成本为 15。

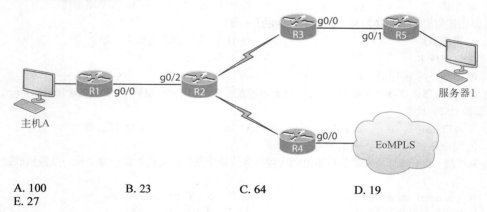

    A. 100   B. 23   C. 64   D. 19

    E. 27

(13) 对于下图所示的网络，下面哪些说法是正确的？

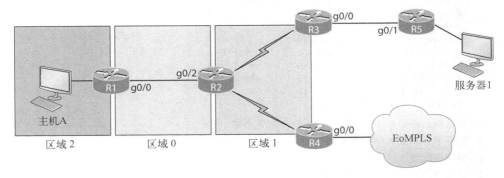

    A. R1 是内部路由器

    B. R3 将获悉一条区域间路由，用于前往路由器 R1 连接的网络

    C. R2 是 ASBR

    D. R3 和 R4 将从 R2 那里获悉有关主干区域的信息，并将这些 LSA 信息加入 LSDB

    E. R4 为 ABR

(14) 下面哪些情况将导致两台路由器无法建立邻接关系？

    A. 相连接口属于不同的区域

    B. 对于连接它们的链路，设置的成本不同

    C. 配置的进程 ID 不同

    D. 对路由选择协议应用了 ACL

    E. 相连接口不属于同一个子网或子网掩码不同

    F. 相连接口被设置为被动的

    G. 配置的 RID 相同

(15) 下面哪个 IOS 命令显示与直连路由器的邻接关系状态？

    A. `debug ospf events`   B. `show ip ospf border-routers`

    C. `show ip ospf neighbor`   D. `show ip ospf database`

(16) 哪个命令将显示指定接口所属区域的 DR 和 BDR？

    A. `show interface s0/0/0`

    B. `show interface fa0/0`

    C. `show ip ospf interface s0/0/0`

    D. `show ip ospf interface fa0/0`

(17) 路由器 Corp 未与邻居路由器建立邻接关系，根据下述输出，导致这种问题的可能原因是什么？

```
Corp#sh ip protocols
Routing Protocol is "ospf 1"
  Outgoing update filter list for all interfaces is not set
  Incoming update filter list for all interfaces is 10
  Router ID 1.1.1.1
  Number of areas in this router is 3. 3 normal 0 stub 0 nssa
  Maximum path: 4
  Routing for Networks:
    10.10.0.0 0.0.255.255 area 0
    172.16.10.0 0.0.0.3 area 1
```

```
   172.16.10.4 0.0.0.3 area 2
Reference bandwidth unit is 100 mbps
 Passive Interface(s):
   Serial0/0/0
Routing Information Sources:
   Gateway        Distance      Last Update
   1.1.1.1           110        00:17:42
   172.16.10.2       110        00:17:42
   172.16.10.6       110        00:17:42
Distance: (default is 110)
```

　　A. 在这两台路由器上配置的 network 命令不对

　　B. 它们配置的最大路径数不同

　　C. 接口被配置成被动的

　　D. 有 ACL 禁止 Hello 分组通过

　　E. 在这两台路由器上，给它们之间的链路配置的成本不同

　　F. 相连的接口位于不同的区域

(18) 下面哪些说法是正确的?

　　A. 在 OSPF 和 OSPFv3 中，参考带宽都默认为 1

　　B. 在 OSPF 和 OSPFv3 中，参考带宽都默认为 100

　　C. 要修改参考带宽，可在全局配置模式下使用命令 auto-cost reference bandwidth *number*

　　D. 要修改参考带宽，可在 OSPF 进程下使用命令 auto-cost reference bandwidth *number*

　　E. 可只在一台路由器上修改参考带宽

　　F. 要修改参考带宽的默认值，必须在区域内的所有路由器上进行修改

　　G. 要修改参考带宽的默认值，必须在 AS 内的所有路由器上进行修改

(19) 下面哪两种有关 OSPF RID 的说法是正确的?

　　A. 它标识着 1 类 LSA 的来源

　　B. 在同一个 OSPF 路由选择实例中，所有路由器的 RID 都必须相同

　　C. 默认将路由器的最小 IP 地址用作 OSPF RID

　　D. 路由器自动将环回地址的 IP 地址用作 OSPF RID

　　E. OSPF RID 是使用环回接口的 MAC 地址创建的

(20) 使用单区域 OSPF 网络设计有哪两个好处?

　　A. 单区域中路由器的 CPU 使用率更低

　　B. 生成的 LSA 类型更少

　　C. 不需要虚链路

　　D. LSA 响应速度更快

　　E. 需要建立的 OSPF 邻接关系更少

第**20**章

排除 IP、IPv6 和 VLAN 故障

本章涵盖如下 ICND2 考试要点。

❏ **1.7 描述常用的接入层威胁缓解方法**
  ■ 1.7.c 非默认的本机 VLAN
✓ **4.0 基础设施服务**
❏ **4.4 用于过滤流量的 IPv4 和 IPv6 访问列表的配置、验证和故障排除**
  ■ 4.4.a 标准
  ■ 4.4.b 扩展
  ■ 4.4.c 命名
✓ **5.0 基础设施维护**
❏ **5.2 使用基于 ICMP 回应的 IP SLA 排除网络连接故障**
❏ **5.3 使用本地 SPAN 诊断并排除故障**

乍一看，本章谈及的很多基本知识和概念都在前面介绍过。这是因为在思科 ICND1 和 ICND2 考试大纲中，故障排除乃重中之重，必须深入而详尽地探讨，否则我就没有尽到责任，无法确保你通过这些考试。有鉴于此，下面就来详尽地探讨 IP、IPv6 和虚拟 LAN（VLAN）故障排除。要成功地通过 CCNA 考试，必须牢固地掌握 IP 和 IPv6 路由选择以及 VLAN，这一点怎么强调都不过分。

为此，我将通过各种案例阐述思科故障排除步骤，让你能够妥善地解决可能面临的问题。要押准 ICND1 和 ICND2 考题很难，但只要吃透考试大纲，就能做好充分准备，无论面对什么考题都能得心应手。为此，你需要打下坚实的基础，包括训练有素地排除故障。本章设计精巧、目标准确，可助你打下坚实的故障排除基础。

前面的三章介绍了 EIGRP 和 OSPF，它们都包含故障排除专节，而第 21 章也将详尽地探讨 WAN 协议故障排除。因此，本章只介绍 IP、IPv6 和 VLAN 故障排除。

 注意 有关本章内容的最新修订，请访问 www.lammle.com/ccna 或出版社网站的本书配套网页（www.sybex.com/go/ccna）。

20.1 排除 IP 网络连接故障

先花点时间简要地复习一下 IP 路由选择。主机想传输分组时，IP 查看目标地址，确定目的地是本地还是远程的。如果是本地的，IP 将以广播方式发送 ARP 请求，以获悉目标主机的 MAC 地址；如

果是远程的，IP 将向默认网关发送 ARP 请求，以获悉该路由器的 MAC 地址。

获悉默认网关的 MAC 地址后，主机将需要传输的每个分组都交给数据链路层，后者将其封装成帧，再发送到本地冲突域。收到帧后，路由器提取其中的分组，而 IP 对路由选择表进行分析以确定出站接口。如果在路由选择表中找到了目标网络，分组将被交换到出站接口，再使用新的源 MAC 地址和目标 MAC 地址封装成帧。

经过上面的简单复习后，如果有人给你打电话，说他无法访问远程网络中的服务器，你会如何处理呢？除了重启 Windows 外，你是不是会让用户首先检查网络连接性？为此，最佳的做法是使用 Ping 程序。Ping 程序是一个相当不错的工具，它使用简单的 ICMP 回应请求和回应应答判断远程主机是否运行正常。然而，能够 ping 远程主机（服务器）并不意味着网络一切正常。别忘了，除了 Ping 程序外，还有其他简单而快捷的检查工具。

为备考 CCNA，最好习惯于连接到各种路由器并从这些路由器执行 ping 操作。当然，相比从路由器执行 ping 操作，从报告问题的主机执行 ping 操作更佳，但这并不意味着从路由器执行 ping 操作无法确定问题所在。

下面来看一些故障排除案例，这些案例都基于图 20-1 所示的网络。

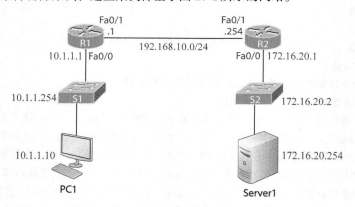

图 20-1 故障排除案例

在第一个案例中，假设有位经理给你打电话，说他无法从 PC1 登录到 Server1。你的职责是找出并解决问题。CCNA 考试大纲明确地指出，有人报告问题时，你必须采取一系列故障排除步骤，这些步骤如下。

(1) 检查电缆，确定电缆是否出现了故障。查看接口统计信息，判断接口是否出现了故障。

(2) 确保设备选择了从信源到信宿的正确路径，必要时对路由选择信息进行操作。

(3) 核实默认网关配置是否正确。

(4) 核实名称解析设置正确无误。

(5) 确定没有访问控制列表（ACL）阻断相应的流量。

为有效地排除故障，我们将按上述步骤缩小故障范围。首先从 PC1 着手，检查其配置是否正确、IP 是否运行正常。

为检查 PC1 的配置，需要执行下述四个步骤。

(1) ping 环回地址，核实本地 IP 栈是否运行正常。

(2) ping 本地 IP 地址，核实本地 IP 栈能否与数据链路层（LAN 驱动程序）通信。

(3) ping 默认网关，核实主机的 LAN 是否连接正常。

(4) ping 远程服务器 Server1，核实主机能否连接到远程网络。

下面来检查 PC1 的配置，为此可使用命令 ipconfig（如果是 Mac，则使用命令 ifconfig）：

```
C:\Users\Todd Lammle>ipconfig

Windows IP Configuration

Ethernet adapter Local Area Connection:

    Connection-specific DNS Suffix  . : localdomain
    Link-local IPv6 Address . . . . . : fe80::64e3:76a2:541f:ebcb%11
    IPv4 Address. . . . . . . . . . . : 10.1.1.10
    Subnet Mask . . . . . . . . . . . : 255.255.255.0
    Default Gateway . . . . . . . . . : 10.1.1.1
```

还可检查主机的路由选择表，看它是否获悉了默认网关。为此，可使用命令 route print：

```
C:\Users\Todd Lammle>route print
[output cut]
IPv4 Route Table
===================================================================
Active Routes:
Network Destination        Netmask          Gateway       Interface  Metric
          0.0.0.0          0.0.0.0          10.1.1.10     10.1.1.1   10
[output cut]
```

从命令 ipconfig 和 route print 的输出可知，主机获悉了正确的默认网关。

 注意 根据 CCNA 考试大纲，你必须能够查看主机的默认网关配置，并确定它与路由器接口的地址一致。这至关重要。

下面来 ping 环回地址，核实本地 IP 栈是否运行正常：

```
C:\Users\Todd Lammle>ping 127.0.0.1

Pinging 127.0.0.1 with 32 bytes of data:
Reply from 127.0.0.1: bytes=32 time<1ms TTL=128
Reply from 127.0.0.1: bytes=32 time<1ms TTL=128
Reply from 127.0.0.1: bytes=32 time<1ms TTL=128
Reply from 127.0.0.1: bytes=32 time<1ms TTL=128

Ping statistics for 127.0.0.1:
    Packets: Sent = 4, Received = 4, Lost = 0 (0% loss),
Approximate round trip times in milli-seconds:
    Minimum = 0ms, Maximum = 0ms, Average = 0ms
```

至此，核实了主机配置的 IP 地址和默认网关，并确定了本地 IP 栈运行正常。下面来 ping 本地 IP 地址，核实 IP 栈能够与 LAN 驱动程序通信。

20

```
C:\Users\Todd Lammle>ping 10.1.1.10

Pinging 10.1.1.10 with 32 bytes of data:
Reply from 10.1.1.10: bytes=32 time<1ms TTL=128
Reply from 10.1.1.10: bytes=32 time<1ms TTL=128
Reply from 10.1.1.10: bytes=32 time<1ms TTL=128
Reply from 10.1.1.10: bytes=32 time<1ms TTL=128

Ping statistics for 10.1.1.10:
    Packets: Sent = 4, Received = 4, Lost = 0 (0% loss),
Approximate round trip times in milli-seconds:
    Minimum = 0ms, Maximum = 0ms, Average = 0ms
```

确定本地 IP 栈没有问题，能够与 LAN 驱动程序通信后，该 ping 默认网关以检查 LAN 连接性了：

```
C:\Users\Todd Lammle>ping 10.1.1.1

Pinging 10.1.1.1 with 32 bytes of data:
Reply from 10.1.1.1: bytes=32 time<1ms TTL=128
Reply from 10.1.1.1: bytes=32 time<1ms TTL=128
Reply from 10.1.1.1: bytes=32 time<1ms TTL=128
Reply from 10.1.1.1: bytes=32 time<1ms TTL=128

Ping statistics for 10.1.1.1:
    Packets: Sent = 4, Received = 4, Lost = 0 (0% loss),
Approximate round trip times in milli-seconds:
    Minimum = 0ms, Maximum = 0ms, Average = 0ms
```

一切正常，可以肯定主机没有任何问题。下面来 ping 远程服务器，看主机能否让数据离开本地 LAN 前往远程网络：

```
C:\Users\Todd Lammle>ping 172.16.20.254

Pinging 172.16.20.254 with 32 bytes of data:
Request timed out.
Request timed out.
Request timed out.
Request timed out.

Ping statistics for 172.16.20.254:
    Packets: Sent = 4, Received = 0, Lost = 4 (100% loss),
```

看起来本地连接没问题，但远程连接有问题，因此需要深入挖掘，找出问题的根源。这样做之前，必须将已确定没有问题的地方记录下来，这也很重要。

(1) PC 的 IP 地址配置正确，本地 IP 栈运行正常。

(2) 默认网关配置无误，PC 的默认网关配置与路由器接口的 IP 地址一致。

(3) 本地交换机运行正常，因为可经交换机 ping 路由器。

(4) 本地 LAN 没有问题（这意味着物理层正常），因为可 ping 路由器。倘若无法 ping 路由器，就需要检查电缆和接口。

下面执行命令 traceroute，看看能不能进一步缩小问题范围：

```
C:\Users\Todd Lammle>tracert 172.16.20.254
```

```
Tracing route to 172.16.20.254 over a maximum of 30 hops

1    1 ms     1 ms     <1 ms   10.1.1.1
2    *        *        *       Request timed out.
3    *        *        *       Request timed out.
```

输出表明，分组最远只能到达默认网关。有鉴于此，我们将前往与服务器位于同一个网络的 R2，看看它能否与服务器通信：

```
R2#ping 172.16.20.254

Pinging 172.16.20.254 with 32 bytes of data:
Reply from 172.16.20.254: bytes=32 time<1ms TTL=128
Reply from 172.16.20.254: bytes=32 time<1ms TTL=128
Reply from 172.16.20.254: bytes=32 time<1ms TTL=128
Reply from 172.16.20.254: bytes=32 time<1ms TTL=128

Ping statistics for 172.16.20.254:
    Packets: Sent = 4, Received = 0, Lost = 4 (100% loss),
```

从路由器 R2 能够连接到 Server1，这说明 Server1 所处的 LAN 没有问题。下面来总结一下目前已确定的情况。

(1) PC1 配置无误。

(2) 局域网 10.1.1.0 中的交换机运行正常。

(3) PC1 的默认网关配置无误。

(4) R2 能够与 Server1 通信，这说明远程 LAN 没有问题。

然而，显然有什么地方出了问题，现在该如何做呢？现在是检查 Server1 的 IP 配置，确定其默认网关配置正确无误的最佳时机。下面就这样做：

```
C:\Users\Server1>ipconfig

Windows IP Configuration

Ethernet adapter Local Area Connection:

    Connection-specific DNS Suffix  . : localdomain
    Link-local IPv6 Address . . . . . : fe80::7723:76a2:e73c:2acb%11
    IPv4 Address. . . . . . . . . . . : 172.16.20.254
    Subnet Mask . . . . . . . . . . . : 255.255.255.0
    Default Gateway . . . . . . . . . : 172.16.20.1
```

Server1 的配置正确无误，从路由器 R2 也能够 ping 该服务器，这说明服务器的本地 LAN 没问题，本地交换机运行正常，接口和电缆没有任何问题。下面将注意力转向路由器 R2 的接口 Fa0/0，谈谈如果这个接口有问题，将出现什么情况。

```
R2#sh int fa0/0
FastEthernet0/0 is up, line protocol is up
[output cut]
  Full-duplex, 100Mb/s, 100BaseTX/FX
  ARP type: ARPA, ARP Timeout 04:00:00
  Last input 00:00:05, output 00:00:01, output hang never
  Last clearing of "show interface" counters never
```

```
Input queue: 0/75/0/0 (size/max/drops/flushes); Total output drops: 0
Queueing strategy: fifo
Output queue: 0/40 (size/max)
5 minute input rate 0 bits/sec, 0 packets/sec
5 minute output rate 0 bits/sec, 0 packets/sec
   1325 packets input, 157823 bytes
   Received 1157 broadcasts (0 IP multicasts)
   0 runts, 0 giants, 0 throttles
   0 input errors, 0 CRC, 0 frame, 0 overrun, 0 ignored
   0 watchdog
   0 input packets with dribble condition detected
   2294 packets output, 244630 bytes, 0 underruns
   0 output errors, 0 collisions, 3 interface resets
   347 unknown protocol drops
   0 babbles, 0 late collision, 0 deferred
   4 lost carrier, 0 no carrier
   0 output buffer failures, 0 output buffers swapped out
```

　　你必须有能力对接口统计信息进行分析，找出可能存在的问题，因此下面介绍与此相关的一些重要因素。

❏ **速度和双工设置**　导致接口错误的最常见原因是，以太网链路两端的双工模式不匹配。因此，确保交换机和主机（PC、路由器接口等）的速度设置相同至关重要。如果速度设置不同，它们将无法连接。另外，如果双工设置不匹配，将出现大量错误，导致讨厌的性能问题：网络时断时续，甚至根本无法通信。

　　一种极其常见的做法是自动协商速度和双工模式，这种功能默认被启用。然而，如果由于某种原因导致这种做法不可行，你就得手动设置这些配置，如下所示：

```
Switch(config)#int gi0/1
Switch(config-if)#speed ?
   10     Force 10 Mbps operation
   100    Force 100 Mbps operation
   1000   Force 1000 Mbps operation
   auto   Enable AUTO speed configuration
Switch(config-if)#speed 1000
Switch(config-if)#duplex  ?
   auto   Enable AUTO duplex configuration
   full   Force full duplex operation
   half   Force half-duplex operation
Switch(config-if)#duplex  full
```

如果延迟冲突计数器不断增大，就说明双工模式不匹配。

提示

❏ **输入队列丢弃**　如果输入队列丢弃计数器不断增大，就说明传输速度超过了路由器的处理能力。如果该计数器始终很大，可尝试找出这些计数器增大的时机，并查看这些时候的 CPU 使用率。你将发现，这个计数器增大时，忽略的分组数（ignored）和限流（throttle）计数器也会增大。

❑ **输出队列丢弃** 这个计数器指的是因接口拥塞而丢弃的分组数。接口拥塞会导致排队延迟，在这种情况下，VoIP 等应用将出现性能问题。如果发现该计数器不断增大，应考虑正确地设置 QoS。

❑ **输入错误** 输入错误通常指的是 CRC 等错误。如果该计数器不断增大，说明电缆有问题或出现了硬件故障，也可能是双工模式不匹配。

❑ **输出错误** 这是端口试图传输但遇到问题（如冲突）的总帧数。

接着执行故障排除过程的下一个步骤：分析路由器的配置。R1 的路由选择表如下：

```
R1>sh ip route
[output cut]
Gateway of last resort is 192.168.10.254 to network 0.0.0.0

S*    0.0.0.0/0 [1/0] via 192.168.10.254
      10.0.0.0/8 is variably subnetted, 2 subnets, 2 masks
C        10.1.1.0/24 is directly connected, FastEthernet0/0
L        10.1.1.1/32 is directly connected, FastEthernet0/0
      192.168.10.0/24 is variably subnetted, 2 subnets, 2 masks
C        192.168.10.0/24 is directly connected, FastEthernet0/1
L        192.168.10.1/32 is directly connected, FastEthernet0/1
```

看起来一点问题都没有。两个直连网络都在路由选择表中，而且有一条前往路由器 R2 的默认路由。下面来检查 R2 到 R1 的连接性：

```
R1>sh ip int brief
Interface            IP-Address      OK? Method Status                Protocol
FastEthernet0/0      10.1.1.1        YES manual up                    up
FastEthernet0/1      192.168.10.1    YES manual up                    up
Serial0/0/0          unassigned      YES unset  administratively down down
Serial0/1/0          unassigned      YES unset  administratively down down
R1>ping 192.168.10.254
Type escape sequence to abort.
Sending 5, 100-byte ICMP Echos to 192.168.10.254, timeout is 2 seconds:
!!!!!
Success rate is 100 percent (5/5), round-trip min/avg/max = 1/2/4 ms
```

看起来也没有问题。给接口配置的 IP 地址正确无误，物理层和数据链路层都处于 up 状态。我还顺便 ping 了路由器 R2 的接口 Fa0/1，以检查第 3 层连接性。

到目前为止一切正常，因此需要执行下一步——检查 R2 的接口的状态：

```
R2>sh ip int brief
Interface            IP-Address      OK? Method Status                Protocol
FastEthernet0/0      172.16.20.1     YES manual up                    up
FastEthernet0/1      192.168.10.254  YES manual up                    up
R2>ping 192.168.10.1
Type escape sequence to abort.
Sending 5, 100-byte ICMP Echos to 192.168.10.1, timeout is 2 seconds:
!!!!!
Success rate is 100 percent (5/5), round-trip min/avg/max = 1/2/4 ms
```

依然没有发现任何问题。IP 地址配置正确，物理层和数据链路层都处于 up 状态。我还通过 ping R1 检查了第 3 层连接性，但到目前为止一切正常。下面来查看路由选择表：

20

```
R2>sh ip route
[output cut]
Gateway of last resort is not set

     10.0.0.0/24 is subnetted, 1 subnets
S        10.1.1.0 is directly connected, FastEthernet0/0
     172.16.0.0/16 is variably subnetted, 2 subnets, 2 masks
C        172.16.20.0/24 is directly connected, FastEthernet0/0
L        172.16.20.1/32 is directly connected, FastEthernet0/0
     192.168.10.0/24 is variably subnetted, 2 subnets, 2 masks
C        192.168.10.0/24 is directly connected, FastEthernet0/1
L        192.168.10.254/32 is directly connected, FastEthernet0/1
```

路由选择表包含所有的本地网络，还有一条前往网络 10.1.1.0 的静态路由。你发现问题了吗？如果仔细查看静态路由，你将发现其出站接口为 Fa0/0，但前往网络 10.1.1.0 的出站接口为 Fa0/1。可算是找到问题了！下面来修复它：

```
R2#config t
R2(config)#no ip route 10.1.1.0 255.255.255.0 fa0/0
R2(config)#ip route 10.1.1.0 255.255.255.0 192.168.10.1
```

这样就应该没问题了。让我们从 PC1 检验一下：

```
C:\Users\Todd Lammle>ping 172.16.20.254

Pinging 172.16.20.254 with 32 bytes of data:
Reply from 172.16.20.254: bytes=32 time<1ms TTL=128
Reply from 172.16.20.254: bytes=32 time<1ms TTL=128
Reply from 172.16.20.254: bytes=32 time<1ms TTL=128
Reply from 172.16.20.254: bytes=32 time<1ms TTL=128

Ping statistics for 172.16.20.254
    Packets: Sent = 4, Received = 4, Lost = 0 (0% loss),
Approximate round trip times in milli-seconds:
    Minimum = 0ms, Maximum = 0ms, Average = 0ms
```

看起来问题解决了，但为核实这一点，需要使用 Telnet 等高级协议进行验证：

```
C:\Users\Todd Lammle>telnet 172.16.20.254
Connecting To 172.16.20.254...Could not open connection to the host, on
port 23: Connect failed
```

情况不妙！我们能够 ping Server1，但无法远程登录到它。前面曾远程登录到 Server1，而且成功了，但问题可能依然出在服务器端。为找出问题，先来看看网络——从 R1 开始：

```
R1>ping 172.16.20.254
Type escape sequence to abort.
Sending 5, 100-byte ICMP Echos to 172.16.20.254, timeout is 2 seconds:
!!!!!
Success rate is 100 percent (5/5), round-trip min/avg/max = 1/1/4 ms
R1>telnet 172.16.20.254
Trying 172.16.20.254 ...
% Destination unreachable; gateway or host down
```

不详的征兆！下面从 R2 远程登录到服务器，看看结果如何：

```
R2#telnet 172.16.20.254
```

```
Trying 172.16.20.254 ... Open

User Access Verification

Password:
```

天呐，从远程网络能够 ping 服务器，但无法远程登录到服务器，然而从本地路由器 R2 远程登录服务器时成功了。这些事实表明，服务器本身没有问题，因为从本地路由器 R2 能够远程登录到服务器。

我们知道不存在路由选择问题，因为前面修复了这种问题。接下来该如何做呢？看看 R2 是否配置了 ACL：

```
R2>sh access-lists
Extended IP access list 110
    10 permit icmp any any (25 matches)
```

真可笑，竟然在路由器上配置了一个如此愚蠢的访问控制列表！这个荒谬的访问控制列表允许 ICMP 分组通过，但仅此而已。由于每个 ACL 末尾都有一条隐式的 deny ip any any 语句，这个访问控制列表禁止除 ICMP 分组外的其他所有数据通过。然而，在我们打开香槟庆贺之前，需要看看这个愚蠢的访问控制列表是否已应用到路由器 R2 的相应接口，从而确定它确实是罪魁祸首：

```
R2>sh ip int fa0/0
FastEthernet0/0 is up, line protocol is up
  Internet address is 172.16.20.1/24
  Broadcast address is 255.255.255.255
  Address determined by setup command
  MTU is 1500 bytes
  Helper address is not set
  Directed broadcast forwarding is disabled
  Outgoing access list is 110
  Inbound  access list is not set
```

它确实是罪魁祸首。你可能会问，为何从 R2 能够远程登录到 Server1 呢？因为 ACL 只过滤经由路由器的分组，而不过滤当前路由器生成的分组。下面来修复这个问题：

```
R2#config t
R2(config)#no access-list 110
```

已经核实了能够从 PC1 远程登录到 Server1，但这里再次从 R1 远程登录到 Server1：

```
R1#telnet 172.16.20.254
Trying 172.16.20.254 ... Open

User Access Verification

Password:
```

看起来大功告成了，但使用主机名结果如何呢？

```
R1#telnet Server1
Translating "Server1"...domain server (255.255.255.255)

% Bad IP address or host name
```

并非万事大吉。下面来修复 R1，使其能够对名称进行解析：

```
R1(config)#ip host Server1 172.16.20.254
R1#telnet Server1
```

```
Trying Server1 (172.16.20.254)... Open
```

```
User Access Verification
```

```
Password:
```

从路由器 R1 看，情况很不错，但如果用户无法使用主机名远程登录到服务器，我们就得检查 DNS 服务器的连接性，并确定 DNS 服务器包含针对远程服务器的正确条目。当然，也可采取另一种做法，那就是手动配置 PC1 的本地主机表。

最后，需要检查远程服务器，看它能否对 HTTP 请求做出响应。为此，可使用 telnet 命令，如下所示：

```
R1#telnet 172.16.20.254 80
Trying 172.16.20.254, 80 ... Open
```

太好了，终于大功告成了。Server1 对端口 80 上收到的请求做出了响应，我们终于摆脱了困境。

20.1.1 使用 IP SLA 来排除故障

这里要说说另一种排除 IP 网络故障的方法——使用 IP 服务等级协议（SLA）。这样可使用 IP SLA ICMP 回应来测试远端设备，而无需手动执行 ping 操作。

使用 IP SLA 指标的目的有多个：

❏ 监视网络的端到端可用性，如分组丢失统计数据；
❏ 监视网络性能和网络性能可视化，如网络延迟和响应时间；
❏ 排除基本的网络运行故障，如网络的端到端连接性。

第 1 步：启用一个 IP SLA 操作，以进入 IP SLA 配置模式，其中操作编号可以是 1 到 21 亿的任何值。

```
R1(config)#ip sla 1
```

第 2 步：配置 IP SLA ICMP 回应测试和目标地址。

```
R1(config-ip-sla)#icmp?
icmp-echo   icmp-jitter
```

```
R1(config-ip-sla)#icmp-echo ?
  Hostname or X:X:X:X::X
  Hostname or A.B.C.D  Destination IPv6/IP address or hostname
```

```
R1(config-ip-sla)#icmp-echo 172.16.20.254
```

第 3 步：设置测试频率。

```
R1(config-ip-sla-echo)#frequency ?
  <1-604800>  Frequency in seconds (default 60)
```

```
R1(config-ip-sla-echo)#frequency 10
```

第 4 步：调度 IP SLA 测试。

```
R1(config-ip-sla-echo)#exit
R1(config)#ip sla schedule ?
  <1-2147483647>  Entry number
```

```
R1(config)#ip sla schedule 1 life ?
  <0-2147483647>  Life seconds (default 3600)
  forever          continue running forever

R1(config)#ip sla schedule 1 life forever start-time ?
  after    Start after a certain amount of time from now
  hh:mm    Start time (hh:mm)
  hh:mm:ss Start time (hh:mm:ss)
  now      Start now
  pending  Start pending

R1(config)#ip sla schedule 1 life forever start-time now
```

第 5 步：验证 IP SLA。为此可使用如下命令：

```
Show ip sla configuration
Show ip sla statistics
```

当前，在 R1 上配置了一个 ICMP 回应测试，其目标地址为远程服务器的地址，频率为每 10 秒运行一次，且不断运行直到永远。

```
R1#show ip sla configuration
IP SLAs Infrastructure Engine-II
Entry number: 1
Owner:
Tag:
Type of operation to perform: icmp-echo
Target address/Source address: 172.16.20.254/0.0.0.0
Type Of Service parameter: 0x0
Request size (ARR data portion): 28
Operation timeout (milliseconds): 5000
Verify data: No
Vrf Name:
Schedule:
   Operation frequency (seconds): 10  (not considered if randomly scheduled)
   Next Scheduled Start Time: Start Time already passed
   Group Scheduled : FALSE
   Randomly Scheduled : FALSE
   Life (seconds): Forever
   Entry Ageout (seconds): never
   Recurring (Starting Everyday): FALSE
   Status of entry (SNMP RowStatus): Active
[output cut]

R1#sh ip sla statistics
IPSLAs Latest Operation Statistics

IPSLA operation id: 1
Type of operation: icmp-echo
      Latest RTT: 1 milliseconds
Latest operation start time: *15:27:51.365 UTC Mon Jun 6 2016
Latest operation return code: OK
Number of successes: 38
Number of failures: 0
Operation time to live: Forever
```

上述输出表明，R1 上的 IP SLA 测试 1 成功地执行了 38 次，且从未失败过。

20

20.1.2 使用 SPAN 来排除故障

对监视网络及排除网络故障来说，流量嗅探器是一种很有帮助的工具。然而，从 20 多年前交换机被引入网络后，故障排除工作更难了，因为我们不能直接将分析器插入交换机端口来读取所有的网络流量。交换机未面世前，网络使用的是集线器，它在一个端口收到数字信号后将其从其他所有端口发送出去。这让连接到集线器的流量嗅探器能够收到网络中的所有流量。

现代局域网基本上都是交换型网络。交换机启动后，就开始根据它收到分组的源 MAC 地址来创建第 2 层转发表。创建这种转发表后，交换机将前往特定 MAC 地址的流量从相应的端口转发出去；默认情况下，这将导致流量嗅探器收不到未经由其连接的端口的流量。为帮助解决这个问题，在交换机中引入了 SPAN 功能，如图 20-2 所示。

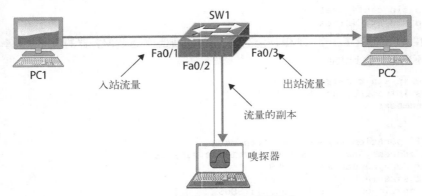

图 20-2　使用 SPAN 来排除故障

SPAN 功能让你能够复制经由特定端口的网络流量，并将其发送到另一个连接了网络分析器或其他监视设备的交换机端口，以便对其进行分析。SPAN 将源端口收到和/或发送的流量复制到目标端口，以便进行分析。

例如，如果你要对图 20-2 中 PC1 发送给 PC2 的流量进行分析，就需要指定一个要在那里捕获数据的源端口。为此，你可将接口 Fa0/1 指定为源端口以捕获入站流量，也可将接口 Fa0/3 指定为源端口以捕获出站流量；如何选择由你决定。接下来，你指定一个目标端口——嗅探器与之相连以捕获数据的接口，在这里为 Fa0/2。这样，PC1 发送给 PC2 的流量将被复制到这个接口，让你能够使用流量嗅探器对其进行分析。

第 1 步：将一个 SPAN 会话号与要监视的源端口关联起来。

```
S1(config)#monitor session 1 source interface f0/1
```

第 2 步：将同样的 SPAN 会话号与目标端口关联起来。

```
S1(config)#monitor session 1 dest interface f0/2
```

第 3 步：核实正确地配置了这个 SPAN 会话。

```
S1(config)#do sh monitor
Session 1
---------
```

```
Type                    : Local Session
Source Ports            :
    Both                : Fa0/1
Destination Ports       : Fa0/2
    Encapsulation       : Native
        Ingress         : Disabled
```

现在，你就可将网络分析器连接到端口 Fa0/2，对流量进行分析了！

20.1.3 配置和验证扩展访问列表

第 12 章介绍了一些基本的 ACL 故障排除知识，这里更深入地介绍一下，确保你真的理解了扩展命名 ACL。

首先，通过阅读本书前面的 ICND1 内容，你应该熟悉了 ACL；如果不是这样的，请回过头去阅读第 12 章，包括 12.3 节和 12.4 节。这里专注于探讨扩展命名 ACL，因为 ICND2 考试大纲只涉及这种 ACL。

你知道，标准访问列表只考虑 IP 或 IPv6 源地址，而扩展 ACL 至少会根据第 3 层源地址和目标地址来过滤，但还可能根据 IP 报头中的协议字段（在 IPv6 中为下一报头字段）以及第 4 层的源端口号和目标端口号进行过滤，如图 20-3 所示。

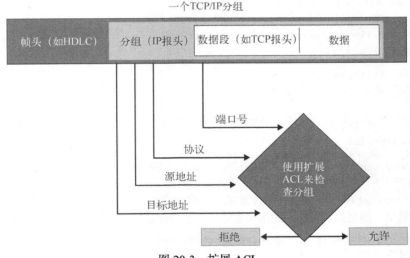

图 20-3 扩展 ACL

下面在图 20-1 所示的网络布局中创建一个扩展命名 ACL，以禁止从 10.1.1.10 Telnet 服务器 172.16.20.254。这是一个扩展访问列表，因此我们将把它放在离源地址尽可能近的地方。

第 1 步：核实当前能够 Telnet 远程主机。

```
R1#telnet 172.16.20.254
Trying 172.16.20.254 ... Open
Server1>
```

很好！

第 2 步：在 R1 上创建一个 ACL，以禁止 Telnet 远程主机 172.16.20.254。为此，可创建一个命名

ACL：首先指定协议（IP 或 IPv6），再指定要使用标准访问列表还是扩展访问列表，然后指定访问列表的名称。名称是区分大小写的。

```
R1(config)#ip access-list extended Block-Telnet
R1(config-ext-nacl)#
```

第 3 步：创建这个命名访问列表后，再添加测试参数。

```
R1(config-ext-nacl)#deny tcp host 10.1.1.1 host 172.16.20.254 eq 23
R1(config-ext-nacl)#permit ip any any
```

第 4 步：验证这个访问列表。

```
R1(config-ext-nacl)#do sh access-list
Extended IP access list Block-Telnet
    10 deny tcp host 10.1.1.1 host 172.16.20.254 eq telnet
    20 permit ip any any
```

注意到两条测试语句左边分别有编号 10 和 20，这些编号被称为序列号，可用于编辑和删除特定行乃至在两个序列号之间新增一行。命名 ACL 是可以编辑的，但编号 ACL 不可编辑。

第 5 步：将 ACL 应用于路由器接口。

这个 ACL 是在图 20-3 中的路由器 R1 上配置的，我们将把它应用于接口 Fa0/0 的入站方向，从而在离信源尽可能近的地方禁止流量通过。

```
R1(config)#int fa0/0
R1(config-if)#ip access-group Block-Telnet in
```

第 6 步：测试这个访问列表。

```
R1#telnet 172.16.20.254
Trying 172.16.20.254 ... Open
Server1>
```

唉，不管用，因为我们还是能够 Telnet 远程主机。下面来检查这个访问列表，并修复发现的问题。

```
R1#sh access-list
Extended IP access list Block-Telnet
    10 deny tcp host 10.1.1.1 host 172.16.20.254 eq telnet
    20 permit ip any any
```

通过查看序列号为 10 的 deny 语句，你发现指定的源地址为 10.1.1.1，但这个地址应该为 10.1.1.10。

第 7 步：修复访问列表。将错误的语句删除，并重新配置 ACL 以指定正确的 IP 地址。

```
R1(config)#ip access-list extended Block-Telnet
R1(config-ext-nacl)#no 10
R1(config-ext-nacl)#10 deny tcp host 10.1.1.10 host 172.16.20.254 eq 80
```

核实这个访问列表管用了。

```
R1#telnet 172.16.20.254
Trying 172.16.20.254 ...
% Destination unreachable; gateway or host down
```

第 8 步：再次显示这个 ACL，并查看每行的匹配计数器；另外，核实对指定接口应用了这个 ACL。

```
R1#sh access-list
Extended IP access list Block-Telnet
    10 deny tcp host 10.1.1.10 host 172.16.20.254 eq telnet (58 matches)
    20 permit ip any any (86 matches)
```

```
R1#sh ip int f0/0
FastEthernet0/0 is up, line protocol is up
  Internet address is 10.10.10.1/24
  Broadcast address is 255.255.255.255
  Address determined by non-volatile memory
  MTU is 1500 bytes
  Helper address is not set
  Directed broadcast forwarding is disabled
  Multicast reserved groups joined: 224.0.0.10
  Outgoing access list is not set
  Inbound  access list is Block-Telnet
  Proxy ARP is enabled
[output cut]
```

这个接口运行正常，因此进行验证有点小题大做，但你必须知道如何查看接口并排除故障，如在接口上应用了哪些 ACL。有鉴于此，请务必牢记命令 show ip interface。

下面让问题复杂些，在网络中配置 IPv6，并使用同样的步骤来排除故障。

20.2 排除 IPv6 网络连接故障

坦白地说，IPv6 故障排除步骤与刚才演示的 IPv4 故障排除过程并没有多大不同，当然 IPv6 使用的地址不同。因此，除这个重要因素外，故障排除方法完全与前面相同。为突出 IPv6 故障排除的不同之处，这里将以图 20-4 所示的网络为例。在这个案例中，面临的问题与前一节相同：PC1 无法与 Server1 通信。

需要指出的是，这里并非要介绍 IPv6，因此我假定你已掌握了一些重要的 IPv6 知识。

图 20-4 指出了分配给每个路由器接口的**链路本地地址和全局地址**，这是因为排除故障时需要知道这两种地址。有鉴于地址较长且每个接口都有多个地址，就目前而言，情况看起来有点复杂。

着手给图 20-4 所示的 IPv6 网络排除故障前，我想先复习一下 ICMPv6 协议，它是一个重要的故障排除工具。

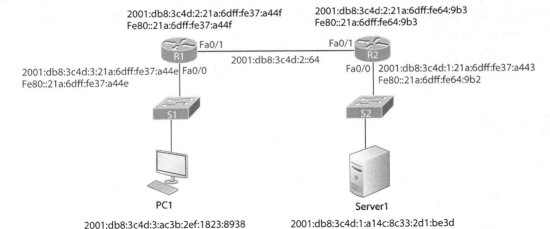

图 20-4 IPv6 故障排除案例

20.2.1 ICMPv6

IPv4 使用 ICMP 完成很多任务，如目标不可达等错误消息以及 Ping 和 Traceroute 等诊断功能。ICMPv6 也提供了这些功能，但不同的是，它不再是独立的第 3 层协议。ICMPv6 是 IPv6 不可分割的部分，其信息包含在基本 IPv6 报头后面的扩展报头中。

ICMPv6 用于路由器请求和路由器通告、邻居请求和邻居通告（即发现 IPv6 邻居的 MAC 地址）以及将主机重定向到最佳路由器（默认网关）。

邻居发现（NDP）

ICMPv6 还接管了发现本地链路上其他设备地址的任务。在 IPv4 中，这项任务由地址解析协议负责，但在 ICMPv6 中，已将这种协议重命名为邻居发现（ND）。这个过程是使用称为请求节点地址的组播地址完成的，每台主机连接到网络时都会加入这个组播组。

邻居发现支持如下功能：

- 获悉邻居的 MAC 地址；
- 路由器请求（RS），目标地址为 FF02::2；
- 路由器通告（RA），目标地址为 FF02::1；
- 邻居请求（NS）；
- 邻居通告（NA）；
- 重复地址检测（DAD）。

为生成请求节点地址，在 FF02:0:0:0:0:1:FF/104 末尾加上目标主机的 IPv6 地址的最后 24 位。被请求时，相应的主机将返回其第 2 层地址。网络设备也以类似的方式发现和跟踪相邻设备。前面介绍 RA 和 RS 消息时说过，它们使用组播来请求和发送地址信息，这是 ICMPv6 的邻居发现功能。

在 IPv4 中，主机使用 IGMP 协议来告诉本地路由器，它要加入特定的组播组并接收发送给该组播组的流量。这种 IGMP 功能已被 ICMPv6 取代，并被重命名为组播侦听者发现。

在 IPv4 中，只能给主机配置一个默认网关。如果默认网关发生故障，要么修复它，要么指定其他默认网关。对于 IPv4 的这种缺陷，另一种解决方案是使用其他协议来创建虚拟默认网关。图 20-5 说明了 IPv6 设备如何使用邻居发现来寻找默认网关。

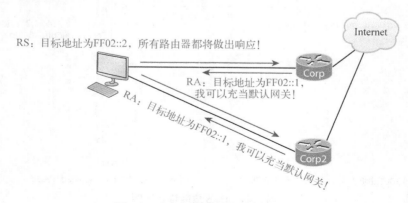

图 20-5　路由器请求和路由器通告

IPv6 主机在其连接的数据链路上发送路由器请求（RS），要求所有路由器都做出响应，这是使用组播地址 FF02::2 实现的。链路上的路由器做出响应，为此它们向请求主机发送单播或使用目标地址 FF02::1 发送路由器通告（RA）。

不仅如此，主机之间也能彼此发送请求和通告，这被称为邻居请求（NS）和邻居通告（NA），如图 20-6 所示。

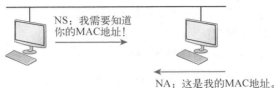

NS：我需要知道你的MAC地址！

NA：这是我的MAC地址。

图 20-6　邻居请求（NS）和邻居通告（NA）

请记住，RA 和 RS 用于收集和提供有关路由器的信息，而 NS 和 NA 用于收集和提供有关主机的信息。另外，这里的"邻居"指的是位于同一条数据链路或同一个 VLAN 中的主机。

复习这些基本知识后，来介绍一下我们将使用的故障排除步骤。

(1) 检查电缆，因为电缆和接口可能出现故障；同时查看接口统计信息。

(2) 确保设备选择了从信源到信宿的正确路径，必要时对路由选择信息进行操作。

(3) 核实默认网关配置正确。

(4) 核实名称解析设置正确无误。对于 IPv6，确保 DNS 服务器通过 IPv4 和 IPv6 都可达。

(5) 确定没有访问控制列表（ACL）阻断相应的流量。

为排除上述故障，我们将采取同样的步骤——从 PC1 着手，检查其配置是否正确、IP 是否运行正常。为检查 IPv6 栈，首先来 ping 环回地址：

```
C:\Users\Todd Lammle>ping ::1

Pinging ::1 with 32 bytes of data:
Reply from ::1: time<1ms
Reply from ::1: time<1ms
Reply from ::1: time<1ms
Reply from ::1: time<1ms
```

确定 IPv6 栈运行正常后，来 ping 路由器 R1 的接口 Fa0/0，它与 PC1 直接相连，且与 PC1 位于同一个 LAN。为此，首先来 ping 链路本地地址：

```
C:\Users\Todd Lammle>ping fe80::21a:6dff:fe37:a44e

Pinging fe80:21a:6dff:fe37:a44e with 32 bytes of data:
Reply from fe80::21a:6dff:fe37:a44e: time<1ms
Reply from fe80::21a:6dff:fe37:a44e: time<1ms
Reply from fe80::21a:6dff:fe37:a44e: time<1ms
Reply from fe80::21a:6dff:fe37:a44e: time<1ms
```

接下来 ping Fa0/0 的全局地址：

```
C:\Users\Todd Lammle>ping 2001:db8:3c4d:3:21a:6dff:fe37:a44e

Pinging 2001:db8:3c4d:3:21a:6dff:fe37:a44e with 32 bytes of data:
```

```
Reply from 2001:db8:3c4d:3:21a:6dff:fe37:a44e: time<1ms
Reply from 2001:db8:3c4d:3:21a:6dff:fe37:a44e: time<1ms
Reply from 2001:db8:3c4d:3:21a:6dff:fe37:a44e: time<1ms
Reply from 2001:db8:3c4d:3:21a:6dff:fe37:a44e: time<1ms
```

看起来 PC1 配置正确，且到路由器 R1 的本地 LAN 也运行正常。这表明，PC1 和路由器 R1 的接口 Fa0/0 之间的物理层、数据链路层和网络层都没问题。

接下来，检查 Server1 到路由器 R2 的连接，核实该 LAN 是否运行正常。为此，首先从 Server1 ping 路由器 R2 的接口 Fa0/0 的链路本地地址：

```
C:\Users\Server1>ping fe80::21a:6dff:fe64:9b2

Pinging fe80::21a:6dff:fe64:9b2  with 32 bytes of data:
Reply from fe80::21a:6dff:fe64:9b2: time<1ms
Reply from fe80::21a:6dff:fe64:9b2: time<1ms
Reply from fe80::21a:6dff:fe64:9b2: time<1ms
Reply from fe80::21a:6dff:fe64:9b2: time<1ms
```

下面来 ping 路由器 R2 的接口 Fa0/0 的全局地址：

```
C:\Users\Server1>ping 2001:db8:3c4d:1:21a:6dff:fe37:a443

Pinging 2001:db8:3c4d:1:21a:6dff:fe37:a443 with 32 bytes of data:
Reply from 2001:db8:3c4d:1:21a:6dff:fe37:a443: time<1ms
Reply from 2001:db8:3c4d:1:21a:6dff:fe37:a443: time<1ms
Reply from 2001:db8:3c4d:1:21a:6dff:fe37:a443: time<1ms
Reply from 2001:db8:3c4d:1:21a:6dff:fe37:a443: time<1ms
```

来简要地总结一下目前已确定的情况。

(1) 通过在 PC1 和 Server1 上执行命令 ipconfig /all，获悉了它们的 IPv6 全局地址和 IPv6 链路本地地址。

(2) 我们知道每个路由器接口的 IPv6 链路本地地址。

(3) 我们知道每个路由器接口的 IPv6 全局地址。

(4) 能够从 PC1 ping 路由器 R1 的接口 Fa0/0。

(5) 能够从 Server1 ping 路由器 R2 的接口 Fa0/0。

(6) 可以确定两个 LAN 都没有问题。

根据上述情况，我们将进入 PC1，看看能否从 PC1 路由到 Server1：

```
C:\Users\Todd Lammle>tracert 2001:db8:3c4d:1:a14c:8c33:2d1:be3d

Tracing route to 2001:db8:3c4d:1:a14c:8c33:2d1:be3d over a maximum of 30 hops

  1     Destination host unreachable.
```

看来情况不妙，好像存在路由选择问题。在这个小型网络中，我们使用的是 IPv6 静态路由选择，因此找出罪魁祸首需要费点工夫。着手找出可能存在的路由选择问题前，我们先来检查一下 R1 和 R2 之间的链路。为检查这条直连链路，我将从 R1 ping R2。

在路由器之间执行 ping 操作前，首先需要检查地址——是的，再检查一遍。下面来检查两台路由器的接口，再尝试从 R1 ping R2：

```
R1#sh ipv6 int brief
```

```
FastEthernet0/0                [up/up]
    FE80::21A:6DFF:FE37:A44E
    2001:DB8:3C4D:3:21A:6DFF:FE37:A44E
FastEthernet0/1                [up/up]
    FE80::21A:6DFF:FE37:A44F
    2001:DB8:3C4D:2:21A:6DFF:FE37:A44F

R2#sh ipv6 int brief
FastEthernet0/0                [up/up]
    FE80::21A:6DFF:FE64:9B2
    2001:DB8:3C4D:1:21A:6DFF:FE37:A443
FastEthernet0/1                [up/up]
    FE80::21A:6DFF:FE64:9B3
    2001:DB8:3C4D:2:21A:6DFF:FE64:9B3

R1#ping 2001:DB8:3C4D:2:21A:6DFF:FE64:9B3
Type escape sequence to abort.
Sending 5, 100-byte ICMP Echos to ping 2001:DB8:3C4D:2:21A:6DFF:FE64:9B3, timeout
is 2 seconds:
!!!!!
Success rate is 100 percent (5/5), round-trip min/avg/max = 0/2/8 ms
```

从上述输出可知，R1 和 R2 的接口 Fa0/1 都有 IPv6 地址。这些输出还表明，我使用了 Ping 程序来检查第 3 层连接性。与 IPv4 一样，要在 LAN 内部通信，需要将逻辑（IPv6）地址解析为 MAC 地址。但与 IPv4 不同的是，IPv6 不使用 ARP，而使用 ICMPv6 邻居请求。成功地执行 ping 操作后，就可查看 R1 的邻居解析表了：

```
R1#sh ipv6 neighbors
IPv6 Address                            Age Link-layer Addr  State Interface
FE80::21A:6DFF:FE64:9B3                   0 001a.6c46.9b09   DELAY Fa0/1
2001:DB8:3C4D:2:21A:6DFF:FE64:9B3         0 001a.6c46.9b09   REACH Fa0/1
```

下面花点时间说说被解析的地址可能处于的各种状态。

❏ INCMP（不完整）   正在解析地址。邻居请求消息已发出，但还未收到。

❏ REACH（可达）   已收到确认，表明前往邻居的路径没有问题。REACH 说明一切正常。

❏ STALE   在可达时间内接口未与邻居通信。再次与邻居通信时，状态将重新变为 REACH。

❏ DELAY   进入 STALE 状态后，如果在 DELAY_FIRST_PROBE_TIME 指定的时间内未收到可达性确认，将进入 DELAY 状态。这意味着路径以前没有问题，但在可达时间内未通信。

❏ PROBE   进入 PROBE 状态后，接口将再次发送邻居请求消息，并等待邻居的可达性确认。

要检查 IPv6 默认网关，可使用命令 ipconfig，如下所示：

```
C:\Users\Todd Lammle>ipconfig
    Connection-specific DNS Suffix  . : localdomain
    IPv6 Address. . . . . . . . . . . : 2001:db8:3c4d:3:ac3b:2ef:1823:8938
    Temporary IPv6 Address. . . . . . : 2001:db8:3c4d:3:2f33:44dd:211:1c3d
    Link-local IPv6 Address . . . . . : fe80::ac3b:2ef:1823:8938%11
    IPv4 Address. . . . . . . . . . . : 10.1.1.10
    Subnet Mask . . . . . . . . . . . : 255.255.255.0
    Default Gateway . . . . . . . . . : Fe80::21a:6dff:fe37:a44e%11
        10.1.1.1
```

20

默认网关为路由器的链路本地地址，明白这一点很重要。从上述输出可知，主机获悉的地址确实是路由器 R1 的接口 Fa0/0 的链路本地地址。%11 只是用于标识接口，并非 IPv6 地址的一部分。

临时 IPv6 地址

在单播 IPv6 地址下方，列出了临时 IPv6 地址 2001:db8:3c4d:3:2f33:44dd:211:1c3d。这种地址是 Windows 生成的，旨在避免使用 EUI-64 格式暴露隐私。这为主机生成一个全局地址，但生成这种地址时，不使用主机的 MAC 地址，而是生成一个随机数，对其进行散列运行，并将结果附加到路由器提供的/64 前缀后面。要禁用这项功能，可使用如下命令：

```
netsh interface ipv6 set global randomizeidentifiers=disabled
netsh interface ipv6 set privacy state-disabled
```

除使用命令 ipconfig 外，还可使用命令 netsh interface ipv6 show neighbor 来查看默认网关地址：

```
C:\Users\Todd Lammle>netsh interface ipv6 show neighbor
[output cut]

Interface 11: Local Area Connection

Internet Address                             Physical Address   Type
------------------------------------------   ----------------   -----------
2001:db8:3c4d:3:21a:6dff:fe37:a44e           00-1a-6d-37-a4-4e  (Router)
Fe80::21a:6dff:fe37:a44e                     00-1a-6d-37-a4-4e  (Router)
ff02::1                                      33-33-00-00-00-01  Permanent
ff02::2                                      33-33-00-00-00-02  Permanent
ff02::c                                      33-33-00-00-00-0c  Permanent
ff02::16                                     33-33-00-00-00-16  Permanent
ff02::fb                                     33-33-00-00-00-fb  Permanent
ff02::1:2                                    33-33-00-01-00-02  Permanent
ff02::1:3                                    33-33-00-01-00-03  Permanent
ff02::1:ff1f:ebcb                            33-33-ff-1f-eb-cb  Permanent
```

注意

我检查过 Server1 的默认网关地址，它们正确无误。应该如此，因为默认网关地址是由路由器使用 ICMPv6 RA（路由器通告）消息直接提供的。然而，这种验证并非显示在上述输出中。

下面总结一下目前了解的情况。

(1) PC1 和 Server1 的配置没有问题，这一点验证过。

(2) LAN 运行正常，因此物理层没有问题。

(3) 默认网关配置正确。

(4) 路由器 R1 和 R2 之间的链路运行正常，这一点验证过。

根据上述信息，现在该检查路由选择表了！下面先从路由器 R1 开始检查：

```
R1#sh ipv6 route
C   2001:DB8:3C4D:2::/64 [0/0]
```

```
      via FastEthernet0/1, directly connected
L    2001:DB8:3C4D:2:21A:6DFF:FE37:A44F/128 [0/0]
      via FastEthernet0/1, receive
C    2001:DB8:3C4D:3::/64 [0/0]
      via FastEthernet0/0, directly connected
L    2001:DB8:3C4D:3:21A:6DFF:FE37:A44E/128 [0/0]
      via FastEthernet0/0, receive
L    FF00::/8 [0/0]
      via Null0, receive
```

从上述输出可知，路由选择表中只包含两个直连网络，无法将 IPv6 分组路由到路由器 R2 的接口 Fa0/0 连接的子网 2001:DB8:3C4D:1::/64。下面来看看路由器 R2 的路由选择表：

```
R2#sh ipv6 route
C    2001:DB8:3C4D:1::/64 [0/0]
      via FastEthernet0/0, directly connected
L    2001:DB8:3C4D:1:21A:6DFF:FE37:A443/128 [0/0]
      via FastEthernet0/0, receive
C    2001:DB8:3C4D:2::/64 [0/0]
      via FastEthernet0/1, directly connected
L    2001:DB8:3C4D:2:21A:6DFF:FE64:9B3/128 [0/0]
      via FastEthernet0/1, receive
S    2001:DB8:3C4D:3::/64 [1/0]
      via 2001:DB8:3C4D:2:21B:D4FF:FE0A:539
L    FF00::/8 [0/0]
      via Null0, receive
```

相比 R1 的路由选择表，R2 的路由选择表的信息更丰富。它不仅包含与接口 Fa0/0 和 Fa0/1 直接相连的 LAN，还包含一条前往 2001:DB8:3C4D:3::/64 的静态路由。2001:DB8:3C4D:3::/64 正是与路由器 R1 的接口 Fa0/0 相连的 LAN，实在是太好了。下面来修复 R1 的路由选择问题，添加一条让我们能够访问 Server1 所属网络的路由，然后介绍如何排除 VLAN 和中继故障。

```
R1(config)#ipv6 route ::/0 fastethernet 0/1 FE80::21A:6DFF:FE64:9B3
```

需要指出的是，配置默认路由时，并非一定要像这里做得那么复杂。这里指定了出站接口和下一跳的链路本地地址。实际上，只需指定出站接口或下一跳的全局地址，而不要求指定链路本地地址，因此可以这样：

```
R1(config)#ipv6 route ::/0 fa0/1
```

接下来，核实能否从 PC1 ping Server1：

```
C:\Users\Todd Lammle>ping 2001:db8:3c4d:1:a14c:8c33:2d1:be3d

Pinging 2001:db8:3c4d:1:a14c:8c33:2d1:be3d with 32 bytes of data:
Reply from 2001:db8:3c4d:1:a14c:8c33:2d1:be3d: time<1ms
Reply from 2001:db8:3c4d:1:a14c:8c33:2d1:be3d: time<1ms
Reply from 2001:db8:3c4d:1:a14c:8c33:2d1:be3d: time<1ms
Reply from 2001:db8:3c4d:1:a14c:8c33:2d1:be3d: time<1ms
```

太好了，我们见到了成功的曙光。然而，依然可能存在名称解析问题。倘若如此，只需检查 DNS 服务器或本地主机表即可。

按前一节排除 IPv4 连接故障的做法，现在正是检查 ACL 的大好时机，在排除所有 LAN 和路由选择故障后问题依旧时尤其如此。为此，只需使用命令 show ipv6 access-lists 查看路由器上配置的所有 ACL，再使用命令 show ipv6 interface 检查指定接口上是否应用了 ACL。确定所有 ACL 都合情合理后，便大功告成了。

20.2.2 排除 IPv6 扩展访问列表故障

下面在 R2 上创建一个扩展 IPv6 ACL，访问几乎与第 20.1.3 节完全相同。

首先需要明白的是，在 IPv6 中只能创建命名扩展 ACL，因此你无需指定要创建的是标准访问列表还是扩展访问列表；另外，虽然在命名 IPv6 ACL 中看不到任何序列号，但依然可以对其进行一定的编辑，这意味着可删除特定的行，但不能插入行。

另外，每个 IPv4 访问列表末尾都有隐式语句 deny ip any any，但 IPv6 访问列表末尾实际上有 3 条隐式的语句：

❑ permit icmp any any nd-na
❑ permit icmp any any nd-ns
❑ deny ipv6 any any

其中两条 permit 语句对邻居发现来说必不可少。邻居发现协议是一个重要的 IPv6 协议，它取代了 ARP。

下面基于图 20-4 所示的网络布局和 IPv6 地址来创建一个 IPv6 扩展命名 ACL，以禁止从 R1（其 IPv6 地址为 2001:db8:3c4d:2:21a:6dff:fe37:a44f）Telnet Server1（其 IPv6 地址为 2001:db8:3c4d:1: a14c:8c33:2d1:be3d）。由于这是一个扩展命名 ACL（IPv6 ACL 都如此），我们将把它放在离源地址尽可能近的地方。

第 1 步：核实当前能够 Telnet 远程主机。

```
R1#telnet 2001:db8:3c4d:1:a14c:8c33:2d1:be3d
Trying 2001:db8:3c4d:1:a14c:8c33:2d1:be3d... Open

Server1>
```

很好，但这样做太麻烦了！下面在 R1 的主机表中创建一个条目，以便访问这台远程主机时无需输入其 IPv6 地址。

```
R1(config)#ipv6 host Server1 2001:db8:3c4d:1:a14c:8c33:2d1:be3d
R1(config)#do sh host
[output cut]

Host Port Flags Age Type Address(es)
Server1 None (perm, OK) 0 IPV6 2001:DB8:3C4D:1:A14C:8C33:2D1:BE3D
```

现在，只需输入主机名即可（请注意主机名是区分大小写的）。

```
R1#telnet Server1
Trying 2001:DB8:3C4D:1:A14C:8C33:2D1:BE3D... Open

Server1>
```

更简单的做法是，将 Telnet 也省略（Telnet 是默认使用的协议）。

```
R1#Server1
Trying 2001:DB8:3C4D:1:A14C:8C33:2D1:BE3D... Open

Server1>exit
```

另外，执行 ping 操作时也可使用这个主机名。

```
R1#ping Server1
Type escape sequence to abort.
Sending 5, 100-byte ICMP Echos to 2001:DB8:3C4D:1:A14C:8C33:2D1:BE3D, timeout is 2
seconds:
!!!!!
Success rate is 100 percent (5/5), round-trip min/avg/max = 0/0/1 ms
```

第 2 步：在 R2 上创建一个 ACL，以禁止 Telnet 远程主机 Server1（2001:db8:3c4d:1:a14c:8c33:2d1:be3d）。ACL 名称是区分大小写的。

```
R2(config)#ipv6 access-list Block-Telnet
R2(config-ipv6-acl)#
```

第 3 步：创建这个命名访问列表后，再添加测试参数。

```
R2(config-ipv6-acl)#deny tcp host 2001:DB8:3C4D:2:21A:6DFF:FE37:A44F host
2001:DB8:3C4D:1:A14C:8C33:2D1:BE3D eq telnet
R2(config-ipv6-acl)#permit ipv6 any any
```

第 4 步：将 ACL 应用于路由器接口。

这个 ACL 是在图 20-4 中的路由器 R2 上配置的，我们使用命令 ipv6 traffic-filter 将它应用于接口 Fa0/1，从而在离信源尽可能近的地方禁止流量通过。

```
R2(config)#int fa0/1
R2(config-if)#ipv6 traffic-filter Block-Telnet out
```

第 5 步：测试这个访问列表——从路由器 R1 Telnet Server1。

```
R1#Server1
Trying 2001:DB8:3C4D:1:A14C:8C33:2D1:BE3D ...Open


Server1>
```

唉，虽然为避免输入错误尽了最大的努力，但还是有问题。下面来检查一下。

```
R2#sh access-lists
IPv6 access list Block-Telnet
      deny tcp host 2001:DB8:3C4D:2:21A:6DFF:FE37:A44F host
2001:DB8:3C4D:1:A14C:8C33:2D1:BE3D eq telnet (96 match(es))
      permit ipv6 any any (181 match(es))
```

通过检查路由器接口的 IPv6 地址，发现这个访问列表好像没错。使用命令 show ipv6 interface brief 来核实地址很重要，下面就来看一看。

```
R1#sh ipv6 int brief
FastEthernet0/0 [up/up]
      FE80::2E0:B0FF:FED2:B701
      2001:DB8:3C4D:3:21A:6DFF:FE37:A44E
FastEthernet0/1 [up/up]
      FE80::2E0:B0FF:FED2:B702
      2001:DB8:3C4D:2:21A:6DFF:FE37:A44F
```

源地址应为路由器 R1 的接口 Fa0/1 的地址，ACL 中指定的源地址没错。下面来看看目标设备的地址。

20

```
Server1#sh ipv6 int br
FastEthernet0/0 [up/up]
     FE80::260:70FF:FED8:DD01
     2001:DB8:3C4D:1:A14C:8C33:2D1:BE3D
```

目标地址也没错！这表明前面创建的 IPv6 ACL 正确无误，因此需要检查接口。

第 6 步：修复访问列表和/或接口。

```
R2#show running-config
[output cut]
!
interface FastEthernet0/0
     no ip address
     duplex auto
     speed auto
     ipv6 address 2001:DB8:3C4D:1:21A:6DFF:FE37:A443/64
     ipv6 rip 1 enable
!
interface FastEthernet0/1
     no ip address
     ipv6 traffic-filter Block-Telnet out
     duplex auto
     speed auto
     ipv6 address 2001:DB8:3C4D:2:21A:6DFF:FE64:9B3/64
     ipv6 rip 1 enable
!
```

在 IPv4 中，可使用命令 show ip interface 来检查在接口上是否应用了特定的 ACL，但在 IPv6 中，只能使用命令 show running-config 来完成这项任务。从上面的输出可知，确实在接口 Fa0/1 上应用了这个 ACL，但将方向设置成了 out 而不是 in。下面来修复这个问题。

```
R2#config t
R2(config)#int fa0/1
R2(config-if)#no ipv6 traffic-filter Block-Telnet out
R2(config-if)#ipv6 traffic-filter Block-Telnet in
```

第 7 步：再次测试这个 ACL。

```
R1#Server1

Trying 2001:DB8:3C4D:1:A14C:8C33:2D1:BE3D ...% Connection timed out; remote host not
responding
R1#
```

管用了！虽然不推荐使用这种方法来禁止路由器执行 Telnet，但就测试 IPv6 ACL 而言，这确实是一种极佳的方式。

20.3 排除 VLAN 连接故障

你知道，VLAN 用于在第 2 层交换型网络中分割广播域。你还知道，要将交换机端口加入 VLAN 广播域，可使用命令 switchport access vlan。

接入端口只传输其所属 VLAN 的流量。两个端口位于不同的交换机，但属于同一个 VLAN 时，为让它们能够彼此通信，必须将这两台交换机之间的一个端口加入该 VLAN，或者将其配置为中继端口（这种端口默认传输所有 VLAN 的流量）。

我们将以图 20-7 所示的网络为例，介绍 VLAN 和中继的故障排除步骤。

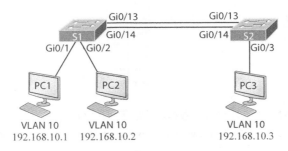

图 20-7 排除 VLAN 故障

下面首先介绍如何排除 VLAN 故障，再介绍如何排除中继故障。

20.3.1 排除 VLAN 故障

在下面两个关键时刻，VLAN 故障排除技能将派上用场：主机不能相互通信；将主机加入 VLAN 后，它们不能正常通信。

我们采取如下步骤来排除 VLAN 故障。

(1) 检查所有交换机的 VLAN 数据库。

(2) 检查内容可寻址存储器（CAM）表。

(3) 核实将端口分配到了正确的 VLAN。

下面是接下来将用到的命令：

```
Show vlan
Show mac address-table
Show interfaces interface switchport
switchport access vlan vlan
```

VLAN 故障排除案例

有位经理给你打电话，说销售团队的一位新成员刚连接到网络，可他无法与这位新成员通信。为解决这个问题，你将采取什么样的步骤呢？由于销售部主机属于 VLAN 10，我们将首先执行前面说的第 1 步，核实两台交换机的 VLAN 数据库都正确无误。

首先，检查 VLAN 10 是否包含在数据库中，为此可使用命令 show vlan 或 show vlan brief。来看一下交换机 S1 的 VLAN 数据库：

```
S1#sh vlan

VLAN Name                             Status    Ports
---- -------------------------------- --------- -------------------------------
1    default                          active    Gi0/3, Gi0/4, Gi0/5, Gi0/6
                                                Gi0/7, Gi0/8, Gi0/9, Gi0/10
                                                Gi0/11, Gi0/12, Gi0/13, Gi0/14
                                                Gi0/15, Gi0/16, Gi0/17, Gi0/18
```

```
                                                  Gi0/19, Gi0/20, Gi0/21, Gi0/22
                                                  Gi0/23, Gi0/24, Gi0/25, Gi0/26
                                                  Gi0/27, Gi0/28
10    Sales                            active     Gi0/1, Gi0/2
20    Accounting                       active
26    Automation10                     active
27    VLAN0027                         active
30    Engineering                      active
170   VLAN0170                         active
501   Private501                       active
502   Private500                       active
[output cut]
```

上述输出表明，VLAN 10 包含在本地数据库中，且端口 Gi0/1 和 Gi0/2 都属于 VLAN 10。

接下来，执行第 2 步，使用命令 show mac address-table 查看 CAM 表：

```
S1#sh mac address-table
          Mac Address Table
-------------------------------------------

Vlan    Mac Address       Type        Ports
----    -----------       --------    -----
 All    0100.0ccc.cccc    STATIC      CPU
[output cut]
   1    000d.2830.2f00    DYNAMIC     Gi0/24
   1    0021.1c91.0d8d    DYNAMIC     Gi0/13
   1    0021.1c91.0d8e    DYNAMIC     Gi0/14
   1    b414.89d9.1882    DYNAMIC     Gi0/17
   1    b414.89d9.1883    DYNAMIC     Gi0/18
   1    ecc8.8202.8282    DYNAMIC     Gi0/15
   1    ecc8.8202.8283    DYNAMIC     Gi0/16
  10    001a.2f55.c9e8    DYNAMIC     Gi0/1
  10    001b.d40a.0538    DYNAMIC     Gi0/2
Total Mac Addresses for this criterion: 29
```

交换机会显示很多分配给 CPU 的 MAC 地址，交换机使用这些 MAC 地址来管理端口。列出的第一个 MAC 地址是交换机的基本 MAC 地址，STP 使用它来生成网桥 ID。从上述输出可知，有两个 MAC 地址被划归到 VLAN 10，这些地址是动态获悉的，其中第一个 MAC 地址与端口 Gi0/1 相关联。总之，S1 看起来没什么问题。

下面来检查交换机 S2。首先，检查 PC3 连接的端口的配置，为此使用命令 show interfaces *interface* switchport：

```
S2#sh interfaces gi0/3 switchport
Name: Gi0/3
Switchport: Enabled
Administrative Mode: dynamic desirable
Operational Mode: static access
Administrative Trunking Encapsulation: negotiate
Operational Trunking Encapsulation: native
Negotiation of Trunking: On
Access Mode VLAN: 10 (Inactive)
Trunking Native Mode VLAN: 1 (default)
[output cut]
```

从上述输出可知，这个端口已启用且处于 dynamic desirable 模式。这意味着如果将它连接到另一台思科交换机，它将在对方支持的情况下进入中继模式。但别忘了，它当前被用作接入端口，运行模式 static access 也印证了这一点。在输出末尾，有 Access Mode VLAN: 10 (Inactive) 字样，这可不是好兆头。下面检查 S2 的 CAM 表，看看从中能发现什么问题：

```
S2#sh mac address-table
          Mac Address Table
-------------------------------------------

Vlan    Mac Address       Type        Ports
----    -----------       --------    -----
All     0100.0ccc.cccc    STATIC      CPU
[output cut]
  1     001b.d40a.0538    DYNAMIC     Gi0/13
  1     0021.1bee.a70d    DYNAMIC     Gi0/13
  1     b414.89d9.1884    DYNAMIC     Gi0/17
  1     b414.89d9.1885    DYNAMIC     Gi0/18
  1     ecc8.8202.8285    DYNAMIC     Gi0/16
Total Mac Addresses for this criterion: 26
```

从图 20-7 可知，主机 PC3 连接的端口是 Gi0/3。问题是，在 MAC 地址表中，并没有动态地关联到 Gi0/3 的 MAC 地址。到目前为止，我们都知道哪些情况呢？首先，我们知道 Gi0/3 被分配到 VLAN 10，但该 VLAN 并未处于活动状态。其次，Gi0/3 连接的主机的 MAC 地址并未出现在 CAM 表中。现在该查看 VLAN 数据库了，如下所示：

```
S2#sh vlan brief

VLAN Name                             Status     Ports
---- --------------------------       --------   ------------------------------
1    default                          active     Gi0/1, Gi0/2, Gi0/4, Gi0/5
                                                 Gi0/6, Gi0/7, Gi0/8, Gi0/9
                                                 Gi0/10, Gi0/11, Gi0/12, Gi0/13
                                                 Gi0/14, Gi0/15, Gi0/16, Gi0/17
                                                 Gi0/18, Gi0/19, Gi0/20, Gi0/21
                                                 Gi0/22, Gi0/23, Gi0/24, Gi0/25
                                                 Gi0/26, Gi0/27, Gi0/28

26   Automation10                     active
27   VLAN0027                         active
30   Engineering                      active
170  VLAN0170                         active
[output cut]
```

注意到数据库中根本没有 VLAN 10。问题显而易见，修复起来也很容易，只需在数据库中创建该 VLAN 即可：

```
S2#config t
S2(config)#vlan 10
S2(config-vlan)#name Sales
```

差不多了，我们再查看一遍 CAM：

```
S2#sh mac address-table
          Mac Address Table
```

```
-------------------------------------------

Vlan    Mac Address       Type        Ports
----    -----------       --------    -----
All     0100.0ccc.cccc    STATIC      CPU
[output cut]
  1     0021.1bee.a70d    DYNAMIC     Gi0/13
 10     001a.6c46.9b09    DYNAMIC     Gi0/3
Total Mac Addresses for this criterion: 22
```

一切正常了,端口 Gi0/3 连接的主机的 MAC 地址出现在了 MAC 地址表中,且被划归到 VLAN 10。

解决方案非常简单,但如果端口被分配到错误的 VLAN,就需要使用命令 switch access vlan 将其分配到正确的 VLAN,如下所示:

```
S2#config t
S2(config)#int gi0/3
S2(config-if)#switchport access vlan 10
S2(config-if)#do sh vlan
```

```
VLAN Name                             Status    Ports
---- --------------------------       ---------  -------------------------------
1    default                          active    Gi0/1, Gi0/2, Gi0/4, Gi0/5
                                                Gi0/6, Gi0/7, Gi0/8, Gi0/9
                                                Gi0/10, Gi0/11, Gi0/12, Gi0/13
                                                Gi0/14, Gi0/15, Gi0/16, Gi0/17
                                                Gi0/18, Gi0/19, Gi0/20, Gi0/21
                                                Gi0/22, Gi0/23, Gi0/24, Gi0/25
                                                Gi0/26, Gi0/27, Gi0/28

10   Sales                            active    Gi0/3
```

确定端口 Gi0/3 是 VLAN 10 的成员后,下面尝试从 PC1 ping PC3:

```
PC1#ping 192.168.10.3
Type escape sequence to abort.
Sending 5, 100-byte ICMP Echos to 192.168.10.3, timeout is 2 seconds:
.....
Success rate is 0 percent (0/5)
```

情况不妙,来看看从 PC1 能否 ping PC2:

```
PC1#ping 192.168.10.2
Type escape sequence to abort.
Sending 5, 100-byte ICMP Echos to 192.168.10.2, timeout is 2 seconds:
!!!!!
Success rate is 100 percent (5/5), round-trip min/avg/max = 1/2/4 ms
PC1#
```

成功了!两台主机连接的是同一台交换机,且属于同一个 VLAN(VLAN 10),但 ping 其中一台主机时成功了,ping 另一台主机却以失败告终。为找出问题的根源,下面简要地总结一下目前已知道的情况。

(1) 我们知道,每台交换机的 VLAN 数据库都正确无误。

(2) MAC 地址表包含每台主机的 ARP 条目,也包含到每台交换机的连接。

(3) 我们已核实,当前使用的所有端口都分配到了正确的 VLAN。

然而,我们依然无法 ping 另一台交换机连接的主机,因此需要着手检查交换机之间的连接。

20.3.2 排除中继故障

两台主机属于同一个 VLAN，但连接的交换机不同，如果它们无法彼此通信，就需要着手排除中继链路故障了。思科将这种故障称为"VLAN 泄漏"。就这里而言，VLAN 10 在交换机之间泄漏掉了。

我们将采取如下步骤来排除中继故障。

(1) 核实接口配置的中继参数正确无误。

(2) 核实端口配置正确无误。

(3) 检查每台交换机的本机 VLAN。

排除中继故障将使用如下命令：

```
Show interfaces trunk
Show vlan
Show interfaces interface trunk
Show interfaces interface switchport
Show dtp interface interface
switchport mode
switchport mode dynamic
switchport trunk native vlan vlan
```

首先检查每台交换机的端口 Gi0/13 和 Gi0/14，因为图 20-5 表明，交换机是通过这些端口连接起来的。为此，首先使用命令 show interfaces trunk：

```
S1>sh interfaces trunk
```

```
S2>sh interfaces trunk
```

一点输出都没有，这绝对是不详的征兆。再来看一眼路由器 S1 上命令 show vlan 的输出，看看从中能获得哪些信息：

```
S1>sh vlan brief

VLAN Name                             Status    Ports
---- -------------------------------- --------- -------------------------------
1    default                          active    Gi0/3, Gi0/4, Gi0/5, Gi0/6
                                                Gi0/7, Gi0/8, Gi0/9, Gi0/10
                                                Gi0/11, Gi0/12, Gi0/13, Gi0/14
                                                Gi0/15, Gi0/16, Gi0/17, Gi0/18
                                                Gi0/19, Gi0/20, Gi0/21, Gi0/22
                                                Gi0/23, Gi0/24, Gi0/25, Gi0/26
                                                Gi0/27, Gi0/28
10   Sales                            active    Gi0/1, Gi0/2
20   Accounting                       active
[output cut]
```

输出与几分钟前执行该命令时相同，但请注意 VLAN 1，其中列出了接口 Gi0/13 和 Gi0/14。这表明交换机之间的端口属于 VLAN 1，只传输 VLAN 1 的帧。

我通常跟学生讲，命令 show vlan 相当于不存在的命令 show access ports，因为它显示接入端口，而不显示中继端口。这意味着交换机之间的端口为接入端口，而不是中继端口，因此它们只为 VLAN 1 传输数据。

下面进入交换机 S2，看看其端口 Gi0/13 和 Gi0/14 属于哪个 VLAN：

20

```
S2>sh vlan brief

VLAN Name                              Status    Ports
---- --------------------------------- --------- -------------------------------
1    default                           active    Gi0/1, Gi0/2, Gi0/4, Gi0/5
                                                 Gi0/6, Gi0/7, Gi0/8, Gi0/9
                                                 Gi0/10, Gi0/11, Gi0/12, Gi0/13
                                                 Gi0/14, Gi0/15, Gi0/16, Gi0/17
                                                 Gi0/18, Gi0/19, Gi0/20, Gi0/21
                                                 Gi0/22, Gi0/23, Gi0/24, Gi0/25
                                                 Gi0/26, Gi0/27, Gi0/28
10   Sales                             active    Gi0/3
```

与交换机 S1 一样，在命令 show vlan 的输出中，也列出了端口 Gi0/13 和 Gi0/14，这意味着它们不是中继端口。为证明这一点，可使用命令 show interfaces *interface* switchport：

```
S1#sho interfaces gi0/13 switchport
Name: Gi0/13
Switchport: Enabled
Administrative Mode: dynamic auto
Operational Mode: static access
Administrative Trunking Encapsulation: negotiate
Operational Trunking Encapsulation: native
Negotiation of Trunking: On
Access Mode VLAN: 1 (default)
Trunking Native Mode VLAN: 1 (default)
```

上述输出指出，接口 Gi0/13 的模式为 dynamic auto，但运行模式为 static access，这意味着它不是中继端口。为详细查看这个端口的中继功能，可使用命令 show interfaces *interface* trunk：

```
S1#sh interfaces gi0/1 trunk

Port          Mode         Encapsulation  Status        Native vlan
Gi0/1         auto         negotiate      not-trunking  1
[output cut]
```

这进一步表明端口 Gi0/13 不是中继端口。注意到本机 VLAN 为 VLAN 1，这是默认设置。这意味着将把未标记的流量发送到 VLAN 1。

下面先来说说中继要点以及如何让交换机之间的端口提供中继功能，然后检查 S2 的本机 VLAN，确保两台路由器的本机 VLAN 1 相同。

很多思科交换机都支持思科专用的**动态中继协议**（DTP），这种协议让交换机能够自动协商中继设置。思科建议不要使用这种协议，而应手动配置交换机端口。对此我深表赞同！

知道这一点后，来看看交换机 S1 的端口 Gi0/13 的 DTP 状态。这里使用命令 show dtp interface *interface* 来查看 DTP 统计信息：

```
S1#sh dtp interface gi0/13
DTP information for GigabitEthernet0/13:
  TOS/TAS/TNS:                          ACCESS/AUTO/ACCESS
  TOT/TAT/TNT:                          NATIVE/NEGOTIATE/NATIVE
  Neighbor address 1:                   00211C910D8D
  Neighbor address 2:                   000000000000
  Hello timer expiration (sec/state):   12/RUNNING
  Access timer expiration (sec/state):  never/STOPPED
```

注意，从 S1 连接到 S2 的端口 Gi0/13 为接入端口，被配置成使用 DTP 进行自动协商。这有点意思。下面更深入地介绍各种端口配置及其对中继功能的影响。

❑ access　端口为 access 模式时，禁止中继。

❑ auto　仅当远程端口为模式 on 或 desirable 时，才启用中继功能。换句话说，收到邻接交换机的 DTP 请求时，端口才启用中继功能。

❑ desirable　只要远程端口不是处于 access 模式，就启用中继功能。处于这种模式的端口通过 DTP 进行通信，只要邻接交换机端口能够进入中继模式，这种端口就尝试进入中继模式。

❑ nonegotiate　不通过接口向外发送 DTP 帧。仅当邻接接口被手动设置为 trunk 或 access 模式时，才能使用这种模式。

❑ trunk（on）　只要远程端口不是处于 access 模式，就能提供中继功能。这种模式自动启用中继功能，而不管邻接交换机端口处于什么状态，也不关心 DTP 请求。

来看看在命令 switchport mode 中可指定哪些选项：

```
S1(config-if)#switchport mode ?
  access        Set trunking mode to ACCESS unconditionally
  dot1q-tunnel  set trunking mode to TUNNEL unconditionally
  dynamic       Set trunking mode to dynamically negotiate access or trunk mode
  private-vlan  Set private-vlan mode
  trunk         Set trunking mode to TRUNK unconditionally

S1(config-if)#switchport mode dynamic ?
  auto       Set trunking mode dynamic negotiation parameter to AUTO
  desirable  Set trunking mode dynamic negotiation parameter to DESIRABLE
```

要将接口设置为中继（trunk）模式，可在接口配置模式下使用命令 switchport mode trunk。另外，使用命令 switchport mode dynamic 可将端口设置为 auto 或 desirable 模式。要禁用 DTP，不进行任何协商，可使用命令 switchport nonegotiate。

下面来看一下 S2 的端口配置，看看能否找出交换机之间没有建立中继链路的原因：

```
S2#sh int gi0/13 switchport
Name: Gi0/13
Switchport: Enabled
Administrative Mode: dynamic auto
Operational Mode: static access
Administrative Trunking Encapsulation: negotiate
Operational Trunking Encapsulation: native
Negotiation of Trunking: On
```

从上述输出可知，端口 Gi0/13 被设置为 dynamic auto 模式，运行模式为 access。来看看该端口的 DTP 统计信息：

```
S2#sh dtp interface gi0/13
DTP information for GigabitEthernet0/3:
  DTP information for GigabitEthernet0/13:
  TOS/TAS/TNS:                          ACCESS/AUTO/ACCESS
  TOT/TAT/TNT:                          NATIVE/NEGOTIATE/NATIVE
  Neighbor address 1:                   000000000000
  Neighbor address 2:                   000000000000
  Hello timer expiration (sec/state):   17/RUNNING
  Access timer expiration (sec/state):  never/STOPPED
```

20

　　你发现问题了吗？别搞错了，根本原因不在于运行模式为 access，而是在两个设置为 dynamic auto 模式的端口之间不能建立中继链路。这种问题极其常见，因为思科交换机出厂时，端口大都被设置为 dynamic auto 模式。另一个需要注意的问题是帧标记方法。有些交换机运行 802.1q，有些同时运行 802.1q 和**交换机间链路**（ISL）路由选择，因此务必确保交换机的标记方法兼容。

　　现在该修复交换机 S1 和 S2 之间的端口存在的问题了。为此，只需修改链路一端的模式设置，因为端口处于 dynamic auto 模式时，只要远程端口处于 desirable 或 on 模式，就能成功地建立中继链路。

```
S2(config)#int gi0/13
S2(config-if)#switchport mode dynamic desirable
23:11:37:%LINEPROTO-5-UPDOWN:Line protocol on Interface GigabitEthernet0/13, changed
state to down
23:11:37:%LINEPROTO-5-UPDOWN:Line protocol on Interface Vlan1, changed state to down
23:11:40:%LINEPROTO-5-UPDOWN:Line protocol on Interface GigabitEthernet0/13, changed
state to up
23:12:10:%LINEPROTO-5-UPDOWN:Line protocol on Interface Vlan1, changed state to up
S2(config-if)#do show int trunk

Port        Mode          Encapsulation  Status      Native vlan
Gi0/13      desirable     n-isl          trunking    1
[output cut]
```

　　确实管用，太好了。现在，两端分别为 auto 和 desirable 模式，它们将交换 DTP 消息，进而建立中继链路。在上述输出中，注意到交换机 S2 的端口 Gi0/13 的模式为 desirable，而两台交换机通过协商将中继封装设置为 ISL。别忘了本机 VLAN。帧标记方法和本机 VLAN 稍后再处理，现在先来配置另一条链路的端口：

```
S2(config-if)#int gi0/14
S2(config-if)#switchport mode dynamic desirable
23:12:%LINEPROTO-5-UPDOWN:Line protocol on Interface GigabitEthernet0/14, changed
state to down
23:12:%LINEPROTO-5-UPDOWN:Line protocol on Interface GigabitEthernet0/14, changed
state to up
S2(config-if)#do show int trunk

Port        Mode          Encapsulation  Status      Native vlan
Gi0/13      desirable     n-isl          trunking    1
Gi0/14      desirable     n-isl          trunking    1

Port        Vlans allowed on trunk
Gi0/13      1-4094
Gi0/14      1-4094
[output cut]
```

　　太好了，现在交换机之间有两条中继链路。我想说的是，我真的不喜欢帧标记方法 ISL，因为它不能通过链路发送未标记的帧。下面将本机 VLAN 从默认设置 1 改为 392（392 是随意选择的，目前看起来不错）。先在交换机 S1 上修改本机 VLAN：

```
S1(config-if)#switchport trunk native vlan 392
S1(config-if)#
23:17:40: Port is not 802.1Q trunk, no action
```

　　现在你明白我为何不喜欢 ISL 了吧。我试图修改本机 VLAN 时，ISL 的反应是"本机 VLAN 是什么？"。太讨厌了，下面来解决这个问题。

```
S1(config-if)#int range gi0/13 - 14
S1(config-if-range)#switchport trunk encapsulation ?
  dot1q      Interface uses only 802.1q trunking encapsulation when trunking
  isl        Interface uses only ISL trunking encapsulation when trunking
  negotiate  Device will negotiate trunking encapsulation with peer on
             interface

S1(config-if-range)#switchport trunk encapsulation dot1q
23:23:%LINEPROTO-5-UPDOWN:Line protocol on Interface GigabitEthernet0/13, changed
state to down
23:23:%LINEPROTO-5-UPDOWN: Line protocol on Interface GigabitEthernet0/14, changed
state to down
23:23:%CDP-4-NATIVE-VLAN-MISMATCH: Native VLAN mismatch discovered on
GigabitEthernet0/13 (392), with S2 GigabitEthernet0/13 (1).
23:23:%LINEPROTO-5-UPDOWN: Line protocol on Interface GigabitEthernet0/14, changed
state to up
23:23:%LINEPROTO-5-UPDOWN: Line protocol on Interface GigabitEthernet0/13, changed
state to up
23:23:%CDP-4-NATIVE-VLAN-MISMATCH: Native VLAN mismatch discovered on
GigabitEthernet0/13 (392), with S2 GigabitEthernet0/13 (1).
```

这就对了！我在交换机 S1 上修改封装类型后，DTP 马上将 S1 和 S2 之间使用的帧标记方法改成了 802.1q。由于我在 S1 的端口 Gi0/13 上修改了本机 VLAN，交换机将通过 CDP 指出本机 VLAN 不匹配。下面继续，使用命令 show interface trunk 查看接口的状态：

```
S1#sh int trunk
Port      Mode      Encapsulation   Status      Native vlan
Gi0/13    auto      802.1q          trunking    392
Gi0/14    auto      802.1q          trunking    1

S2#sh int trunk

Port      Mode        Encapsulation   Status      Native vlan
Gi0/13    desirable   n-802.1q        trunking    1
Gi0/14    desirable   n-802.1q        trunking    1
```

注意两条链路运行的都是 802.1q，而在 S1 和 S2 端，接口分别处于 auto 和 desirable 模式。另外，注意端口 Gi0/13 的本机 VLAN 不匹配。要核实这一点，可在链路两端的交换机上执行命令 show interfaces *interface* switchport，如下所示：

```
S2#sh interfaces gi0/13 switchport
Name: Gi0/13
Switchport: Enabled
Administrative Mode: dynamic desirable
Operational Mode: trunk
Administrative Trunking Encapsulation: negotiate
Operational Trunking Encapsulation: dot1q
Negotiation of Trunking: On
Access Mode VLAN: 1 (default)
Trunking Native Mode VLAN: 1 (default)

S1#sh int gi0/13 switchport
Name: Gi0/13
Switchport: Enabled
```

```
Administrative Mode: dynamic auto
Operational Mode: trunk
Administrative Trunking Encapsulation: dot1q
Operational Trunking Encapsulation: dot1q
Negotiation of Trunking: On
Access Mode VLAN: 1 (default)
Trunking Native Mode VLAN: 392 (Inactive)
```

本机 VLAN 不匹配很糟糕吗？我的意思是说，能通过这条链路发送帧吗？我们最初面临的问题是，无法从 S1 连接的主机 ping S2 连接的主机。现在这个小问题解决了吗？现在就来看看：

```
PC1#ping 192.168.10.3
Type escape sequence to abort.
Sending 5, 100-byte ICMP Echos to 192.168.10.3, timeout is 2 seconds:
!!!!!
Success rate is 100 percent (5/5), round-trip min/avg/max = 1/1/4 ms
```

成功了，解决方案的效果确实不错。问题解决了，至少从很大程度上说如此。本机 VLAN 不匹配只是意味着无法通过链路传输未标记帧，这些帧基本上是管理帧，如 CDP 帧。因此，这种问题虽说不严重，但将导致我们无法远程管理交换机，乃至无法发送其他类型的流量。

我想说的是，可以不去解决这个问题吗？完全可以，但不应这样做。是的，你应该修复这个问题，否则 CDP 每隔一分钟就会发送一条消息，指出本机 VLAN 不匹配。这会让你发疯！为避免出现这样的情况，请按下面这样做：

```
S2(config)#int gi0/13
S2(config-if)#switchport trunk native vlan 392
S2(config-if)#^Z
S2#sh int trunk

Port      Mode        Encapsulation   Status     Native vlan
Gi0/13    desirable   n-802.1q        trunking   392
Gi0/14    desirable   n-802.1q        trunking   1
[output cut]
```

问题完全修复了！在两台交换机的端口 Gi0/13 上，本机 VLAN 都是 VLAN 392 了。我想说的是，可根据需要将不同链路的本机 VLAN 设置得不同，这没有任何问题。网络的情况各不相同，你必须根据具体的业务需求，在不同的选项之间做出最佳选择。

20.4　小结

本章介绍了故障排除技巧，有的很基本，有的很高级。本书各章大都包含故障排除内容，但本章专注于 IPv4、IPv6 和 VLAN/中继故障排除。

你学习了如何循序渐进地排除主机到远程设备的连接故障。首先学习的是 IPv4 故障排除，包括检查主机配置和本地连接性以及排除远程连接故障等步骤。

接下来，你学习了如何排除 IPv6 故障，其技巧与 IPv4 故障排除相同。对于本章用到的每个验证命令，你都必须会用，这很重要。

最后，本章介绍了如何排除 VLAN 和中继故障：使用验证命令缩小问题范围，循序渐进地将整个交换型网络检查个遍。

20.5 考试要点

请牢记思科推荐的 IPv4 和 IPv6 故障排除步骤。

(1) 检查电缆，确定电缆是否出现了故障；查看接口统计信息，判断接口是否出现了故障。

(2) 确保设备选择了从信源到信宿的正确路径，必要时对路由选择信息进行操作。

(3) 核实默认网关配置正确。

(4) 核实名称解析设置正确无误。

(5) 确定没有访问控制列表（ACL）阻断相应的流量。

牢记用于对 IPv4 和 IPv6 进行验证和故障排除的命令。你需要牢记并练习使用本章用到的命令，尤其是 ping 和 traceroute（Windows 系统上为 tracert）。本章还使用了 Windows 命令 ipconfig 和 route print 以及思科命令 show ip int brief、show interface 和 show route。

牢记如何查看 IPv6 ARP 缓存。在思科路由器上，可使用命令 show ipv6 neighbors 来显示 IP 地址到 MAC 地址的映射。

别忘了查看路由器（交换机）接口的统计信息，以找出问题所在。你必须知道如何对接口统计信息进行分析，以找出可能存在的问题。这些统计信息包括速度和双工设置、输入队列丢弃数、输出队列丢弃数、输入错误数和输出错误数。

明白本机 VLAN 是什么以及如何修改。本机 VLAN 只适用于 802.1q 中继链路，让未标记的流量能够通过中继链路进行传输。在所有思科交换机上，本机 VLAN 都默认为 VLAN 1，但可使用命令 switchport native vlan *vlan* 进行修改，以改善安全性。

20.6 书面实验

请回答下述问题。

(1) 在 IPv6 ARP 缓存中，INCMP 条目意味着什么？

(2) 要通过中继链路传输来自 VLAN 66 的流量且不对它们进行标记，可使用哪个命令？

(3) 可将交换机端口设置为哪五种模式？

(4) 网络出现问题后，你执行了如下步骤：检查电缆，确定电缆未出现故障，并查看接口统计信息，确定接口没有问题；确定设备选择了从信源到信宿的正确路径，因此无需对路由选择信息进行操作。请问你还需执行哪些故障排除步骤？

(5) 要确定主机的 IPv6 栈是否运行正常，可使用哪个命令？

答案见附录 A。

故障排除动手实验

要了解最新信息和可供下载的内容，请访问 www.lammle.com/ccna。在我的论坛上有故障排除动手实验可供下载，还有故障排除问题和答案。

20.7 复习题

注意 下面的复习题旨在检验你对本章内容的理解程度。有关如何获取更多复习题的信息，请参阅 www.lammle.com/ccna。

这些复习题的答案见附录 B。

(1) 你查看路由器的 IPv6 ARP 缓存时，发现了一个状态为 REACH 的条目。REACH 是什么意思？

    A. 当前路由器能够与相应的地址通信

    B. 这个条目不完整

    C. 这个条目已走到生命的尽头，马上就会被删除

    D. 已收到确认，表明前往邻居的路径没有问题

(2) 导致接口错误的最常见原因是什么？

    A. 速度不匹配   B. 双工模式不匹配

    C. 缓冲区溢出   D. 交换机端口和 NIC 之间发生了冲突

(3) 要查看交换机端口的 DTP 状态，可使用哪个命令？

    A. sh dtp status   B. sh dtp status interface *interface*

    C. sh interface *interface* dtp   D. sh dtp interface *interface*

(4) 哪种模式禁止交换机端口生成 DTP 帧？

    A. nonegotiate   B. trunk

    C. access   D. auto

(5) 下面的输出是由哪个命令生成的？

```
IPv6 Address                          Age Link-layer Addr State Interface
FE80::21A:6DFF:FE64:9B3                 0 001a.6c46.9b09  DELAY Fa0/1
2001:DB8:3C4D:2:21A:6DFF:FE64:9B3       0 001a.6c46.9b09  REACH Fa0/1
```

    A. show ip arp   B. show ipv6 arp

    C. show ip neighbors   D. show ipv6 neighbors

(6) 哪种状态表明接口在可达时间内未与邻居通信？

    A. REACH   B. STALE   C. TIMEOUT   D. CLEARED

(7) 你接到用户的电话，说他无法登录一台只运行 IPv6 的远程服务器。根据下述输出，问题可能是什么？

```
C:\Users\Todd Lammle>ipconfig
   Connection-specific DNS Suffix  . : localdomain
   IPv6 Address. . . . . . . . . . . : 2001:db8:3c4d:3:ac3b:2ef:1823:8938
   Temporary IPv6 Address. . . . . . : 2001:db8:3c4d:3:2f33:44dd:211:1c3d
   Link-local IPv6 Address . . . . . : fe80::ac3b:2ef:1823:8938%11
   IPv4 Address. . . . . . . . . . . : 10.1.1.10
   Subnet Mask . . . . . . . . . . . : 255.255.255.0
   Default Gateway . . . . . . . . . : 10.1.1.1
```

    A. 全局地址位于错误的子网

    B. 没有配置 IPv6 默认网关，也未从路由器那里获悉默认网关

    C. 未解析链路本地地址，主机无法与路由器通信

    D. 配置了两个 IPv6 全局地址，必须删除一个

(8) 你的主机无法访问远程网络，下面的输出表明问题是什么？

```
C:\Users\Server1>ipconfig

Windows IP Configuration

Ethernet adapter Local Area Connection:

    Connection-specific DNS Suffix  . : localdomain
    Link-local IPv6 Address . . . . . : fe80::7723:76a2:e73c:2acb%11
    IPv4 Address. . . . . . . . . . . : 172.16.20.254
    Subnet Mask . . . . . . . . . . . : 255.255.255.0
    Default Gateway . . . . . . . . . : 172.16.2.1
```

    A. IPv6 链路本地地址不对 　　　　　　B. 缺少 IPv6 全局地址

    C. 没有配置 DNS 服务器地址 　　　　　D. IPv4 默认网关地址配置有误

(9) 要确定本机 VLAN 是否不匹配, 可使用下面哪两个命令?

    A. show interface native vlan

    B. show interface trunk

    C. show interface *interface* switchport

    D. show switchport interface

(10) 你将两台新购的思科 3560 交换机连接起来, 期望它们使用 DTP 建立中继链路。然而, 当你查看统计信息时, 发现端口为接入端口, 且未相互协商。在这些思科交换机上, 为何 DTP 不管用?

    A. 链路两端的端口都被设置为 auto 模式

    B. 链路两端的端口都被设置为 on 模式

    C. 链路两端的端口都被设置为 dynamic 模式

    D. 链路两端的端口都被设置为 desirable 模式

20

第**21**章

广 域 网

本章涵盖如下 ICND2 考试要点。

✓ **3.0 WAN 技术**

❑ 3.1 在 WAN 接口上配置和验证使用本地身份验证的 PPP 和 MLP

❑ 3.2 使用本地身份验证的 PPPoE 客户端接口的配置、验证和故障排除

❑ 3.3 GRE 隧道连接性的配置、验证和故障排除

❑ 3.4 描述各种 WAN 拓扑

■ 3.4.a 点到点

■ 3.4.b 中央和分支

■ 3.4.c 全网状

■ 3.4.d 单宿主和双宿主

❑ 3.5 描述各种 WAN 接入方式

■ 3.5.a MPLS

■ 3.5.b 城域以太网

■ 3.5.c 宽带 PPPoE

■ 3.5.d 互联网 VPN（DMVPN、场点到场点 VPN、客户端 VPN）

❑ 3.6 配置和验证使用 eBGP IPv4 的单宿主分支机构连接性（仅限于对等关系和使用 network 命令通告网络）

　　思科 IOS 支持大量的广域网（WAN）协议，让你能够将本地 LAN 连接到远程场点的 LAN。不用我说你也知道，当前在不同场点之间进行信息交换有多重要！但即便如此，如果自己铺设电缆，将公司的所有远程场点连接起来，也很不合算。一种好得多的解决方案是，租用服务提供商铺设好的基础设施。

　　因此，本章将重点讨论当今 WAN 使用的各种连接、技术和设备。

　　本章还将讨论如何实现和配置高级数据链路控制（HDLC）和点到点协议（PPP）。我将介绍以太网点到点协议（PPPoE）、有线电视、数字用户线（DSL）、多协议标签交换（MPLS）、城域以太网（Metro Ethernet）、最后一公里和长距离以太网等 WAN 技术，还将介绍 WAN 安全概念、隧道技术、虚拟专网（VPN）以及如何使用通用路由选择封装（GRE）建立隧道。最后，本章将讨论边界网关协议（BGP）以及如何配置外部 BGP。

注意　　有关本章内容的最新修订，请访问 www.lammle.com/ccna 或出版社网站的本书配套网页（www.sybex.com/go/ccna）。

21.1 广域网简介

为探索 WAN 基本知识，先来回答如下问题：**广域网（WAN）和局域网（LAN）的区别何在呢？**显而易见的是距离，但当今的无线 LAN 覆盖的范围也很大，因此距离不是最重要的差别。那么带宽呢？同样，只要资金充足，在很多地方都可部署高带宽电缆，因此带宽也不是。那么到底是什么呢？

WAN 与 LAN 的一大区别是，LAN 基础设施通常归用户所有，而 WAN 基础设施通常是从服务提供商那里租来的。坦率地说，新技术使这种差别也变得模糊起来，但在思科考试中，这种说法是可行的。

本书前面讨论以太网时介绍了通常归用户所有的数据链路，这里介绍通常不归用户所有的数据链路，即从服务提供商那里租来的数据链路。

对当今的企业来说，WAN 必不可少，其中的原因有多个。

LAN 技术的速度极高（当前，10/40/100 Gbps 已很常见），投资这样的技术也能带来极高的回报，但这些解决方案仅在在地理区域较小时管用。为搭建通信环境，WAN 必不可少，因为有些业务需求要求连接到远程场点，其中的原因很多，包括：

- □ 不同地区性办公室或分支机构的工作人员需要相互通信和共享数据；
- □ 组织通常要与相隔遥远的其他组织共享信息；
- □ 出差在外的雇员经常需要访问位于公司网络中的信息。

WAN 的主要特征有如下三个：

- □ 相比于 LAN，WAN 连接的设备分布在更广阔的地理区域内；
- □ WAN 使用诸如电信公司、有线电视公司、卫星系统公司和网络提供商的服务；
- □ WAN 使用各种串行连接来提供长距离的宽带接入。

要理解 WAN 技术，关键在于熟悉各种 WAN 拓扑、WAN 术语以及服务提供商用来将 LAN 连接起来的常见 WAN 连接。下面就来介绍这些主题。

21.1.1 WAN 拓扑

物理拓扑描述了网络的物理布局，而逻辑拓扑描述了信号在物理拓扑中的传输路径。有三种基本的 WAN 拓扑。

- □ **星型（中央和分支）拓扑**　这种拓扑的特点是只有一个枢纽（中央路由器），所有远程网络都连接到该核心路由器。图 21-1 说明了这种中央–分支拓扑。

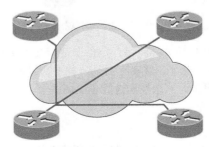

图 21-1　中央–分支拓扑

21

在整个网络中，所有流量都必须经由核心路由器。星型物理拓扑的优点是成本低、易于管理，但缺点可能非常严重。

(1) 中央路由器（枢纽）可能导致单点故障。

(2) 中央路由器让中央资源的访问性能受到限制。无论是访问中央资源的流量还是前往其他地区性路由器的流量，都由这个管道统一管理。

❑ **全网状拓扑** 在这种拓扑中，给定分组交换网络中的每个边缘路由节点都与其他所有节点直接相连，如图 21-2 所示。

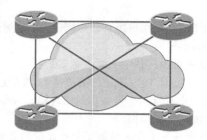

图 21-2 全网状拓扑

这种拓扑的冗余程度显然很高，但成本也是最高的。因此，对大型分组交换型网络来说，全网状拓扑根本不可行。下面是使用全网状拓扑时将面临的一些问题。

(1) 需要大量的虚电路——每对路由器之间一条，这将让成本激增。

(2) 在不支持组播的非广播环境中，路由器配置起来更复杂。

❑ **部分网状拓扑** 这种拓扑减少了网络中路由器之间的连接数量，如图 21-3 所示。

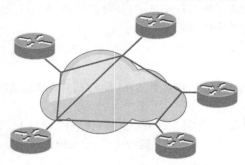

图 21-3 部分网状拓扑

部分网状拓扑不像全网状拓扑那样将每台路由器都直接连接到其他所有路由器，但其冗余性依然高于典型的中央–分支设计。这实际上是一种平衡得最好的设计，因为相比于中央–分支拓扑，它提供的虚电路更多，冗余性和性能也更高。

21.1.2 定义 WAN 术语

向服务提供商订购 WAN 服务前，必须明白服务提供商常用的术语，图 21-4 说明了这些术语。

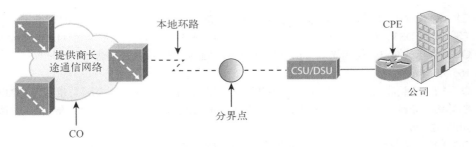

图 21-4　WAN 术语

- **用户室内设备**（customer premises equipment，CPE）　这种设备通常归用户所有，位于用户室内。
- **CSU/DSU**　信道服务单元/数据服务单元（CSU/DSU）是一种用于将数据终端设备（DTE）连接到数字电路（如 T1/T3 线）的设备。DTE 是充当数字数据信源或信宿的设备，如 PC、服务器和路由器。图 21-4 中的路由器被视为 DTE，因为它将数据传递给 CSU/DSU，后者再将数据转发给服务提供商。CSU/DSU 通过电话线或同轴电缆（如 T1 或 E1 线）连接到服务提供商基础设施，但通过串行电缆连接到路由器。就 CCNA 考试而言，需要牢记的最重要的一点是，CSU/DSU 给连接到路由器的线路指定时钟频率，你必须完全明白这一点。有鉴于此，后面介绍串行 WAN 布线时将对此进行深入讨论。
- **分界点**（demarc）　分界点明确地指出了服务提供商职责的终点和用户职责的起点。它通常是电信室内的一台设备，归电信公司所有并由其安装。从该设备到 CPE 的电缆通常由用户负责管理，这种电缆通常是到 CSU/DSU 的连接，但近来提供商越来越多地提供以太网连接。
- **本地环路**　本地环路将分界点连接到最近的交换局（中心局）。
- **中心局**（CO）　将客户的网络连接到提供商的交换网络。需要知道的是，中心局有时也被称为**出现点**（point of presence，POP）。
- **长途通信网**（toll network）　这是 WAN 提供商网络中的中继线，包含大量归互联网服务提供商（ISP）所有的交换机和设备。
- **光纤转换器**　图 21-4 中没有光纤转换器，这种设备用于端接光纤链路，负责在光信号和电信号之间进行转换。你也能以路由器或交换机模块的方式来实现光纤转换器。

你一定要熟悉这些术语，知道它们表示什么以及位于什么地方（参见图 21-4），这对理解 WAN 技术至关重要。

21.1.3　WAN 连接的带宽

接下来，介绍一些非常重要的基本带宽术语，这些术语用于描述 WAN 连接。

- **DS0**（Digital Signal 0）　这是基本的数字信令速率（64 Kbit/s），相当于一个信道。在欧洲和日本，分别用 E0 和 J0 表示。在 T 载波传输中，多个多路复用的数字载波系统都使用这个通用术语。这是容量最小的数字电路，1 DS0 相当于一条语音/数据线路。
- **T1**　也叫 DS1，它将 24 条 DS0 电路捆绑在一起，总带宽为 1.544 Mbit/s。

21

- □ E1   欧洲对 T1 的称呼，包含 30 条捆绑在一起的 DS0 电路，总带宽为 2.048 Mbit/s。
- □ T3   也叫 DS3，将 28 条 DS1（672 条 DS0）电路捆绑在一起，总带宽为 44.736 Mbit/s。
- □ OC-3   光载波 3，使用光纤，由 3 条捆绑在一起的 DS3 组成，包含 2016 条 DS0，总带宽为 155.52 Mbit/s。
- □ OC-12   光载波 12，由 4 条捆绑在一起的 OC-3 组成，包含 8064 条 DS0，总带宽为 622.08 Mbit/s。
- □ OC-48   光载波 48，由 4 条捆绑在一起的 OC-12 组成，包含 32 256 条 DS0，总带宽为 2488.32 Mbit/s。
- □ OC-192   光载波 192，由 4 条捆绑在一起的 OC-48 组成，包含 129 024 条 DS0，总带宽为 9953.28 Mbit/s。

21.1.4   WAN 连接类型

你可能知道，WAN 可使用很多类型的连接。图 21-5 列举了各种 WAN 连接，它们可用于通过数据通信设备（DCE）网络将 LAN（由数据端设备 DTE 组成）连接起来。

这里详细解释一下这些 WAN 连接。

- □ **专用线（租用线）**   通常被称为**点到点连接**或**专用连接**。专用线是预先建立好的 WAN 通信路径，它始于 CPE，穿越 DCE 交换机，终止于远程场点的 CPE。CPE 让 DTE 网络能够随时通信，无需在传输数据前经历麻烦的建立过程。如果资金充足，这绝对是不错的选择，因为它使用同步串行线路，速度可高达 45 Mbit/s。在专用线上，经常使用 HDLC 和 PPP 封装，稍后将详细介绍这些封装。
- □ **电路交换**   听到术语**电路交换**时，可想一想电话。它最大的优点是费用低，大多数普通老式电话服务（POTS）和 ISDN 拨号连接都按量计费，这是它们优于专用线的地方，因为你只需在建立呼叫后根据使用量付费。在传输数据前，必须建立端到端连接。电路交换使用拨号调制解调器或 ISDN，适用于低带宽数据传输。你可能会说，调制解调器只能在博物馆找到了！有了无线技术后，谁还会使用调制解调器呢？确实还有人使用 ISDN，调制解调器也有其用武之地（有人确实会时不时地使用调制解调器），而且电路交换可用于一些较新的 WAN 技术。
- □ **分组交换**   这种 WAN 技术让你能够与其他公司共享带宽，从而节省费用。这类似于老掉牙的合用线（party line）——多个家庭合用一个号码和一条线路以节省费用。可将分组交换视为这样的网络，它类似于专用线，但费用与电路交换相当。然而，一分价钱一分货，这种技术存在严重的缺点。如果经常传输数据，就不要考虑这种方案了，而应选择专用线。仅当偶尔（而不是经常）传输数据时，分组交换才适用。想想高速公路你就明白了——车流量决定了你的行车速度，而分组交换也是这样的。帧中继和 X.25 都属于分组交换技术，其速度从 56 Kbit/s 到 T3（45 Mbit/s）不等。

注意   多协议标签交换（MPLS）结合使用了电路交换和分组交换。

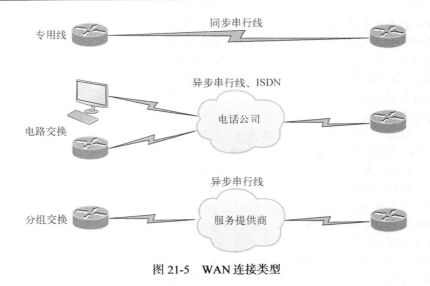

图 21-5　WAN 连接类型

21.1.5　对 WAN 的支持

思科在串行接口上支持众多的第 2 层 WAN 封装，其中包括 CCNA 考试大纲涉及的 HDLC、PPP 和帧中继。要获悉思科支持的 WAN 封装，可在串行接口上执行命令 encapsulation ?，但需要指出的是，该命令的输出可能随 IOS 版本而异：

```
Corp#config t
Corp(config)#int s0/0/0
Corp(config-if)#encapsulation ?
  atm-dxi       ATM-DXI encapsulation
  frame-relay   Frame Relay networks
  hdlc          Serial HDLC synchronous
  lapb          LAPB (X.25 Level 2)
  ppp           Point-to-Point protocol
  smds          Switched Megabit Data Service (SMDS)
  x25           X.25
```

还需指出的是，可使用的封装方法还随串行接口类型而异。千万别忘了，在串行接口上不能配置以太网封装。

下面介绍最新的 CCNA 考试大纲涉及的最广为人知的 WAN 协议：帧中继、ISDN、HDLC、PPP、PPPoE、有线电视、DSL、MPLS、ATM、3G/4G 移动通信、VSAT 和城域以太网。需要指出的是，在串行接口上通常只配置 HDLC、PPP 和帧中继，但谁说只能使用串行接口连接到广域网呢？实际上，串行连接用得越来越少了，因为相对于到 ISP 的快速以太网连接，其可扩展性不佳，且成本效率不高。

- ❏ **帧中继**　20 世纪 90 年代初面世的一种分组交换技术。帧中继是一种高性能的数据链路层和物理层规范，在很大程度上说是 X.25 的继任，但删除了 X.25 中大部分用于补偿物理错误（如噪声）的技术。帧中继的优点之一是，成本效率比点到点链路高，且速度为 64 Kbit/s ~ 45 Mbit/s（T3）。帧中继的另一个优点是，提供了动态带宽分配和拥塞控制功能。

❑ **ISDN**　综合业务数字网（ISDN）是一系列通过电话线传输语音和数据的数字服务，为需要高速连接（模拟 POTS 拨号链路无法满足这种需求）的偏远用户提供了合算的解决方案，还适合用作其他链路（如帧中继或 T1 连接）的备用链路。

❑ **HDLC**　高级数据链路控制（HDLC）从同步数据链路控制（SDLC）演变而来，是 IBM 开发的一种数据链路连接协议。HDLC 运行在数据链路层，相比平衡式链路访问过程（LAPB），其开销非常小。

开发 HDLC 并非要通过同一条链路传输多种网络层协议分组——HDLC 报头没有包含任何有关 HDLC 封装传输的协议类型的信息。因此，每家使用 HDLC 的厂商都以自己的方式标识网络层协议，这意味着每家厂商的 HDLC 都是专用的，只能用于其生产的设备。

❑ **PPP**　点到点协议（PPP）是一种著名的行业标准协议。鉴于所有 HDLC 的多协议版本都是专用的，可使用 PPP 在不同厂商的设备之间建立点到点链路。PPP 的数据链路报头中包含一个网络控制协议字段，用于标识传输的网络层协议，它还支持身份验证以及通过同步和异步链路建立多链路连接。

❑ **PPPoE**　以太网点到点协议（PPPoE）将 PPP 帧封装到以太网帧中，通常与 xDSL 服务结合使用。它提供了大量类似于 PPP 的功能，如身份验证、加密和压缩，但也存在一个缺点，那就是最大传输单元（MTU）比标准以太网低，如果防火墙配置不佳，这可能带来麻烦。

PPPoE 目前在美国仍很流行，其主要特征是，可直接连接以太网接口，同时支持 DSL。当很多主机与同一个以太网接口相连时，可利用它通过桥接调制解调器建立到很多目的地的 PPP 会话。

❑ **有线电视**　在现代的混合光纤同轴（HFC）网络中，每个有线电视段通常有 500 ~ 2000 个活动的数据用户，他们共享上行和下行带宽。HFC 是一个电信术语，指的是混合使用光纤和同轴电缆组建的宽带网络。通过有线电视（CATV）电缆连接到互联网时，用户的下载速度最高可达 27 Mbit/s，而上传速度最高可达 2.5 Mbit/s。通常情况下，用户的接入速度为 256 Kbit/s ~ 6 Mbit/s，但在美国，接入速度随所在的地区差别很大，而且当前的速度可能高得多。

❑ **DSL**　数字用户线（DSL）是传统电话公司使用的一种技术，用于通过铜质双绞电话线提供高级服务（如高速数据，有时还有视频）。其数据传输容量通常低于 HFC 网络，而数据传输速度还受电话线长度和质量的影响。数字用户线不是完全的端到端解决方案，而与拨号、有线电视和无线一样，是一种物理层传输技术。DSL 连接用于本地电话网络的最后一公里，即本地环路。这种连接是在一对 DSL 调制解调器之间建立的，这两个 DSL 调制解调器分别位于铜质电话线的两端，而铜质电话线位于用户室内设备（CPE）和数字用户线接入多路复用器（DSLAM）之间。DSLAM 是一种位于提供商中心局（CO）的设备，负责聚集来自多个 DSL 用户的连接。

❑ **MPLS**　多协议标签交换（MPLS）是一种通过分组交换网络传输数据的机制，具有电路交换网络的一些特征。MPLS 是一种交换机制，它给分组加上标签（数字），并使用这些标签来转发分组。标签是在 MPLS 网络边缘加上的，而在 MPLS 网络内部，转发完全是根据标签进行的。标签通常对应一条到第 3 层目标地址的路径，相当于基于目标 IP 地址的路由选择。除 TCP/IP 外，MPLS 还可转发其他协议分组，因此，在网络内部，无论第 3 层协议是什么，标签交换过程都相同。在大型网络中，MPLS 使得只有边缘路由器需要执行路由查找，而所有核心路由器都根据标签对分组进行转发，这提高了在服务提供商网络中转发分组的速度。这是大多数公司都将帧中继网络替换为 MPLS 的重要原因。最后，可结合使用以太网和 MPLS 来连接到 WAN，这被称为 EoMPLS（Ethernet over MPLS）。

- **ATM** 异步传输模式（ATM）是为传输对时间敏感的流量开发的，可同时传输语音、视频和数据。ATM 使用长度固定（53 字节）的信元而不是分组，它还使用同步时钟（外部时钟）以提高数据传输速度。通常，当今的帧中继都是运行在 ATM 之上的。

- **3G/4G 移动通信** 当前，将无线热点装入口袋已司空见惯。如果你使用的手机不太旧，就很可能能够通过它访问互联网。在远程办公室，你甚至可以给 ISR 路由器装上 3G/4G 卡，让无线信号覆盖整个办公区域。

- **VSAT** 如果有大量分散在各地的场点，可使用甚小孔径终端（Very Small Aperture Terminal）。VSAT 使用双向卫星地面站连接到位于同步轨道上的卫星，很多公司（如 Dish Network 和 Hughes）都生产这种卫星地面站使用的碟形天线。对于有数百乃至数千个分支机构分布在全国各地的公司，如加油站经营公司，VAST 可提供高效而合算的解决方案。如果不使用 VAST，如何将这些分支机构连接起来呢？使用专用线费用太高，而使用拨号速度太慢且难以管理。使用 VAST 可通过卫星信号同时连接众多场点，无论从成本还是效率上说，都好得多。它的速度比调制解调器快得多（快 10 倍左右），但是上传速度只是下载速度的约 10%。

- **城域以太网** 城域以太网是一种基于以太网标准的城域网（MAN），让用户能够连接到大型网络和互联网。企业可通过城域以太网将各个办事处连接起来，这是另一种成本效益极高的连接方式。在基于 MPLS 的城域以太网中，ISP 在核心网络使用 MPLS，并通过以太网或光纤连接到用户。从用户的角度看，数据将经以太网电缆进入 MPLS，再离开 MPLS 并进入远程端连接以太网。这是一种巧妙而经济的解决方案，深受用户的欢迎。

21.1.6 思科智能 WAN（IWAN）

总之，WAN 价格不菲，而且如果部署得不正确，可能为这种错误付出惨重的代价！下面简要地总结了大多数公司当前是如何部署 WAN 的。

- 使用 MPLS 链路将分支机构和远程场点连接到总部。
- 将低成本、高带宽的互联网链路用作 MPLS 链路的备用链路。

然而，这种解决方案现在也不够好。当今 WAN 面临的压力比以前大得多，需要处理的流量越来越多，如图 21-6 所示。

- 稳步增加云端流量，如谷歌文档、Office365 等。
- 移动设备前所未有地激增。
- 大量高带宽应用程序，如视频——很多视频！

为在当今变化迅速的市场中取胜，很多企业采用了如下两种新策略。

- 利用成本低廉的互联网链路，并将其设置为活动/活动模式，而不是大部分时间都处于空闲状态的活动/备用模式。
- 让远程雇员和来宾使用互联网链路来访问公共云和互联网。

这些新策略既降低了企业成本又提高了 WAN 的容量；在最终用户看来，这改善了性能和可扩展性，并为有效地实现云计算、移动性和 BYOD 铺平了道路。

21

IT趋势——分支机构面临的挑战
对你的业务至关重要，WAN带宽昂贵，压力增加

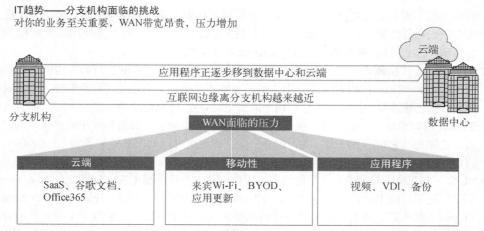

图 21-6　到分支机构的 WAN 面临的挑战

思科智能 WAN（IWAN）与这些有什么关系呢？思科 IWAN 支持应用程序服务等级协议（SLA）、端点类型和网络条件，这样可动态地路由流量，从而提供最佳的传输质量。相比于传统 WAN，这即可节省企业的基础设施升级费用，还让它们能够将资源用于业务创新。

通过使用价格更低廉的 WAN 传输方式，IT 企业可提高前往分支机构的连接的带宽，同时不影响性能、安全性和可靠性，如图 21-7 所示。

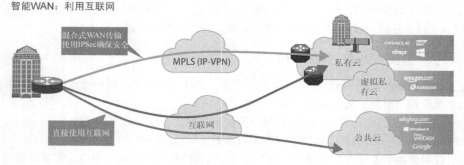

图 21-7　智能 WAN

思科 IWAN 解决方案基于图 21-8 所示的四个技术支柱。

❑ **独立于传输方式的连接性**　IWAN 应确保连接在整个网络访问过程中不中断，同时提供简单性、可扩展性和模块化。它还支持简单高效的迁移策略。别忘了，通常使用基于 DMVPN 的设计来实现这样的目的。

❑ **智能路径控制**　这种解决方案旨在帮助充分利用 WAN 链路，而不超额订购容量。在智能路径控制（路径选择）中，根据应用程序类型、策略和路径状态动态地做出路由选择决策。这让

新的云流量和来宾服务以及视频服务可轻松地在多条链路之间均衡负载。

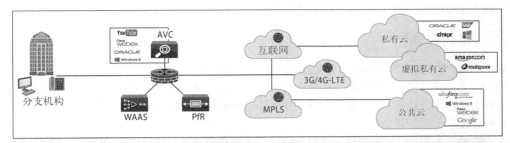

图 21-8　IWAN 的四个技术支柱

☐ **应用程序优化**　这种解决方案提供应用程序感知网络以获得最佳的性能，同时在应用层（第 7 层）提供了全面的可视化和控制。它使用 AVC、NBAR2、NetFlow、QoS 等技术来达到优化的目标，

☐ **高度安全的连接性**　符合美国政府 FIPS 140-2 标准的 IPSec 解决方案使用 DMVPN 提供安全、保密、动态的场点到场点 IPSec 隧道。使用基于区域的防火墙来防范威胁，让你能够使用云 Web 安全（CWS）连接器来访问互联网。

IWAN 还提供了其他一些很有用的技术。

☐ **智能虚拟化**　思科 IWAN 提供了基于任何传输方式的虚拟 WAN，同时不影响应用程序的性能、可用性和安全性。

☐ **自动化**　这种思科 IWAN 技术提供支持安全性和应用程序策略的网络服务。

☐ **云集成**　这种新技术支持使用 APIC 的私有云集成以及公有云应用程序优化和安全性。

☐ **服务虚拟化**　思科 IWAN 在专用路由器平台上提供虚拟服务，还在 x86 服务器平台上提供虚拟路由器和虚拟服务。

☐ **自主学习网络**　这种技术利用网络分析基于策略来预先优化基础设施。

下面休息一会儿，再回过头说说一些古老而良好的串行连接，它们依然是连接到 WAN 的有效方式。

21.2　串行广域网布线

可以想见，要连接到 WAN 并确保一切运行正常，还需知道其他一些东西。首先，你必须明白思科提供的 WAN 物理层实现类型，并熟悉涉及的各种 WAN 串行连接。

好消息是，思科串行连接几乎支持任何类型的 WAN 服务。典型的 WAN 连接是使用 HDLC 或 PPP 的专用线，速度可高达 45 Mbit/s（T3）。

21

HDLC、PPP 和帧中继可使用相同的物理层规范，我将介绍各种类型的连接，再全面介绍 ICND2 和 CCNA R/S 考试大纲涉及的所有 WAN 协议。

21.2.1   串行传输

WAN 串行接头使用**串行传输**，即通过单个信道每次传输 1 比特。

较旧的思科路由器使用专用的 60 针串行接头，只能从思科或思科设备提供商那里买到。思科还有一种新的专用串行接头——**智能串行接头**（smart-serial），其大小只有 60 针串行接头的十分之一。使用这种电缆接头前，务必核实路由器的接口类型与之匹配。

在电缆的另一端，应使用的接头类型取决于服务提供商及其对终端设备的要求。下面是几种你会遇到的接头。

- ❑ EIA/TIA-232   24 针，支持的最高速度为 64 Kbit/s。
- ❑ EIA/TIA-449。
- ❑ V.35   34 针的方形接头，是用于连接 CSU/DSU 的标准接头，支持的最高速度为 2.048 Mbit/s。
- ❑ EIA-530。

请务必清楚：串行链路用频率（赫兹，Hz）标称，在这些频率内可传输的数据量称为**带宽**。带宽指的是串行信道每秒可传输的数据量（单位为比特）。

21.2.2   数据终端设备和数据通信设备

默认情况下，路由器接口通常是**数据终端设备**（DTE），可使用 V.35 接头连接到**数据通信设备**（DCE），如信道服务单元/数据服务单元（CSU/DSU）。而 CSU/DSU 连接到分界点，即服务提供商职责终止处。在大多数情况下，分界点是位于电信室的插座，装有 RJ-45（8 针模块）母接头。

实际上，你可能听说过分界点。如果有向服务提供商报告问题的光辉经历，他们通常会告诉你，经过测试，到分界点的线路一切正常，因此问题肯定出在 CPE（用户室内设备）。换句话说，这是你的问题，不是他们的。

图 21-9 显示了网络中的典型 DTE-DCE-DTE 连接以及使用的设备。

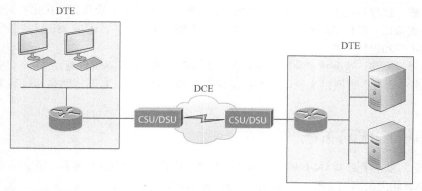

图 21-9   DTE-DCE-DTE WAN 连接：通常由 DCE 网络向路由器提供时钟；在非生产网络中，并非总是有 DCE 网络

WAN 旨在通过 DCE 网络将两个 DTE 网络连接起来。DCE 网络由如下部分组成：两端的 CSU/DSU 以及它们之间的提供商电缆和交换机。DCE 设备（CSU/DSU）向连接到 DTE 的接口（路由器的串行连接）提供时钟。

前面说过，DCE 网络（具体地说是 CSU/DSU）向路由器提供时钟。如果你组建的是非生产网络，且使用的是 WAN 交叉电缆，则没有 CSU/DSU。在这种情况下，必须在电缆的 DCE 端使用命令 clock rate，以提供时钟。要确定需要在哪个接口上配置命令 clock rate，可使用命令 show controllers *int*：

```
Corp#sh controllers s0/0/0
Interface Serial0/0/0
Hardware is PowerQUICC MPC860
DCE V.35, clock rate 2000000
```

上述输出表明，这是一个 DCE 接口，时钟频率被设置为 2 000 000（ISR 路由器的默认设置）。下面的输出表明，这是一个 DTE 接口，不需要配置命令 clock rate：

```
SF#sh controllers s0/0/0
Interface Serial0/0/0
Hardware is PowerQUICC MPC860
DTE V.35 TX and RX clocks detected
```

注意　　EIA/TIA-232、V.35、X.21 和 HSSI（高速串行接口）等术语描述的是 DTE（路由器）和 DCE 设备（CSU/DSU）之间的物理层。

21.3　高级数据链路控制协议

高级数据链路控制（HDLC）协议是一种深受欢迎的 ISO 标准，是一种面向比特的数据链路层协议。它定义了一种通过串行数据链路传输数据的封装方法，该封装具备帧的特征，并使用校验和。HDLC 是一种用于专用线的点到点协议，没有提供身份验证功能。

在面向字节的协议中，控制信息是根据字节生成的；而面向比特的协议使用比特来表示控制信息。一些常见的面向比特协议包括 SDLC 和 HDLC，而 TCP 和 IP 是面向字节的协议。

思科路由器对同步串行连接默认使用 HDLC 封装。思科的 HDLC 实现是专用的，不能与其他厂商的 HDLC 实现通信。请不要因此指责思科，因为每家厂商的 HDLC 实现都是专用的。图 21-10 说明了思科 HDLC 帧的格式。

图 21-10　思科 HDLC 帧的格式：每家厂商的 HDLC 都有一个专用的数据字段，用于支持多协议环境

21

每家厂商的 HDLC 封装方法都是专用的,因为每家厂商都采用不同的方式让 HDLC 协议能够封装多种网络层协议。如果没有与不同的第 3 层协议交流的方式,HDLC 将只能运行于使用一种第 3 层协议的环境。这种专用报头放在 HDLC 封装的数据字段中。

使用 T1 线路将两台思科路由器相连时,串行接口的配置非常简单。图 21-11 显示了两个城市之间的点到点串行连接。

图 21-11 将 WAN 封装配置为思科专用的 HDLC

在这种情况下,只需给路由器串行接口配置 IP 地址,再启用它。只要到 ISP 的链路正常,路由器就将使用默认封装(HDLC)进行通信。来看看路由器 Corp 的配置,让你明白配置有多简单:

```
Corp(config)#int s0/0
Corp(config-if)#ip address 172.16.10.1 255.255.255.252
Corp(config-if)#no shut

Corp#sh int s0/0
Serial0/0 is up, line protocol is up
  Hardware is PowerQUICC Serial
  Internet address is 172.16.10.1/30
  MTU 1500 bytes, BW 1544 Kbit, DLY 20000 usec,
     reliability 255/255, txload 1/255, rxload 1/255
  Encapsulation HDLC, loopback not set
  Keepalive set (10 sec)

Corp#sh run | begin interface Serial0/0
interface Serial0/0
 ip address 172.16.10.1 255.255.255.252
```

注意到只是给接口配置了一个 IP 地址,再启用它。真是非常简单! 这样,只要路由器 SF 使用的是默认封装,这条 WAN 链路就将处于正常状态。注意到命令 show interface 的输出指出了封装类型为 HDLC,但命令 show running-config 的输出没有指出这一点。显示运行配置时,如果没有指出串行接口的封装类型,就说明使用的是默认封装 HDLC,请务必牢记这一点。

假设你只有一台思科路由器,且需要将其连接到一台非思科路由器,该如何做呢? 不能使用默认的 HDLC 串行封装,因为这不可行。而是需要使用 PPP 等封装,以 ISO 标准方式标识上层协议。有关 PPP 标准及其起源的更详细信息,请参阅 RFC 1661。下面更详细地讨论 PPP 以及如何使用 PPP 封装将路由器连接起来。

21.4 点到点协议

点到点协议(PPP)是一种数据链路层协议,可用于异步串行(拨号)介质和同步串行介质。它使用链路控制协议(LCP)来建立和维护数据链路连接;它还使用网络控制协议(NCP),使得可在同一条点到点连接上使用多种网络层协议（被路由的协议）。

　　思科串行链路默认使用串行封装 HDLC 且效果很好，为何要使用 PPP 呢？PPP 用于通过数据链路层点到点链路传输第 3 层分组，且不是专用的。因此，除非网络中的所有路由器都是思科路由器，否则就需要在串行接口上使用 PPP，这是因为 HDLC 是思科专用的。另外，PPP 可封装多种第 3 层协议分组，并提供了身份验证、动态编址、回拨等功能，因此它胜过 HDLC，是最佳的封装解决方案。

　　图 21-12 说明了 PPP 协议栈与 OSI 参考模型之间的关系。

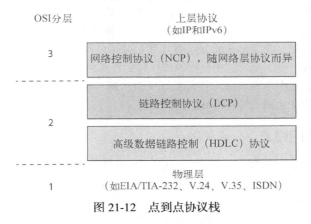

图 21-12　点到点协议栈

PPP 包含四个主要组成部分。

- ❑ **EIA/TIA-232-C、V.24、V.35 和 ISDN**　串行通信的物理层国际标准。
- ❑ **HDLC**　一种封装数据报以便通过串行链路进行传输的方法。
- ❑ **LCP**　一种建立、配置、维护和拆除点到点连接的方法，它还提供了身份验证等功能。下一节将列举 LCP 提供的所有功能。
- ❑ **NCP**　一种通过 PPP 链路传输不同网络层协议分组的方法。为支持多种网络层协议，开发了针对不同网络层协议的 NCP，包括 IPCP（网际协议控制协议）和 CDPCP（思科发现协议控制协议）。

　　请牢记，PPP 协议栈只涉及物理层和数据链路层。NCP 用于标识和封装网络层协议，使得可通过同一条 PPP 链路传输多种网络层协议分组。

　提示　　使用串行连接将思科路由器和非思科路由器连接起来时，必须使用 PPP 或其他封装方法（如帧中继），因为默认封装方法 HDLC 不可行。

　　下面介绍 LCP 配置选项和 PPP 会话的建立过程。

21.4.1　链路控制协议配置选项

　　链路控制协议（LCP）提供了很多 PPP 封装选项，以下是其中一部分。

- ❑ **身份验证**　该选项让发起建立链路的一方发送可证明用户身份的信息。有两种身份验证方法：PAP 和 CHAP。

❑ **压缩**　传输前对数据（有效负载）进行压缩，以提高 PPP 连接的吞吐量。在接收端，PPP 对数据帧进行解压缩。

❑ **错误检测**　PPP 使用质量（Quality）和神奇数字（Magic Number）确保数据链路可靠且没有环路。

❑ **多链路 PPP（MLP）**　从 IOS 11.1 版开始，思科路由器连接的 PPP 链路就支持多链路。这个选项让多条不同的物理路径在第 3 层看起来是一条逻辑路径。例如，在第 3 层路由选择协议看来，两条运行多链路 PPP 的 T1 像是一条 3 Mbit/s 路径。

❑ **PPP 回拨**　对于拨号连接，可对 PPP 进行配置，使其在通过身份验证后进行回拨。PPP 回拨是件好事，因为这让你能够根据接入费用跟踪使用情况，还有众多其他优势。启用回拨后，主叫路由器（客户端）将像前面介绍的那样与远程路由器（服务器）联系并证明自己的身份。需要指出的是，这要求两台路由器都配置回拨功能。通过身份验证后，远程路由器将断开连接，并重新发起建立到主叫路由器的连接。

21.4.2　PPP 会话的建立

发起建立 PPP 连接后，链路将经过如图 21-13 所示的三个会话建立阶段。

❑ **链路建立阶段**　每台 PPP 设备都发送 LCP 分组，以配置和测试链路。这些分组包含一个名为配置选项（Configuration Option）的字段，让设备能够协商数据长度、压缩方法和身份验证方法。如果没有配置选项，将使用默认配置。

❑ **身份验证阶段**　必要时，可使用 CHAP 或 PAP 来验证身份。身份验证是在读取网络层协议信息前进行的，在此期间还可能确定链路质量。

❑ **网络层协议阶段**　PPP 使用**网络控制协议**（NCP），以封装多种网络层协议分组并通过同一条 PPP 数据链路发送它们。每种网络层协议（如 IP、IPv6 等被路由的协议）都建立一个到 NCP 的服务。

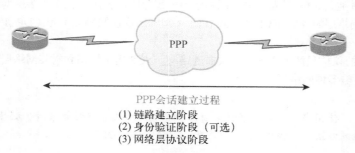

PPP会话建立过程
(1) 链路建立阶段
(2) 身份验证阶段（可选）
(3) 网络层协议阶段

图 21-13　PPP 会话建立过程

21.4.3　PPP 身份验证方法

可将两种身份验证方法用于 PPP 链路。

❑ **密码身份验证协议（PAP）**　在这两种身份验证方法中，PAP 的安全性要差些。PAP 以明文方式发送密码，且只在建立链路时进行身份验证。建立 PPP 链路时，远程节点向始发路由器发送用户名和密码，直到身份验证得到确认。这不是特别安全!

❑ **质询握手验证协议（CHAP）** CHAP 在建立链路时进行身份验证，并定期检查链路，确保路由器始终在与同一台主机通信。

PPP 结束链路建立阶段后，本地路由器向远程设备发送质询请求。远程设备使用单向散列函数 MD5 进行计算，并将结果发回本地路由器。本地路由器检查该散列值，看其与自己计算得到的值是否相同。如果不同，就立即断开链路。

注意　　　　　CHAP 不仅在建立会话时进行身份验证，还在会话期间定期地进行身份验证。

21.4.4　在思科路由器上配置 PPP

在接口上配置 PPP 封装很容易。要从 CLI 配置 PPP 封装，可执行下述简单的路由器命令:

```
Router#config t
Router(config)#int s0
Router(config-if)#encapsulation ppp
Router(config-if)#^Z
```

当然，必须在通过串行线路相连的两个接口上都启用 PPP 封装。另外，还有多个配置选项，这可通过执行命令 ppp ?获悉。

21.4.5　配置 PPP 身份验证

配置串行接口使其支持 PPP 封装后，可配置路由器使用的 PPP 身份验证。为此，需要先配置路由器的主机名，再指定远程路由器连接到本地路由器时应使用的用户名和密码，如下所示:

```
Router#config t
Router(config)#hostname RouterA
RouterA(config)#username RouterB password cisco
```

使用命令 username 时，别忘了用户名是要连接到本地路由器的远程路由器的主机名，它是区分大小写的。另外，两台路由器上的密码必须相同。这种密码是以明文方式存储的，可使用命令 show run 查看。要对密码进行加密，可使用命令 service password-encryption。对于要连接的每个远程系统，都必须为其配置用户名和密码。在远程路由器上，也必须以类似的方式配置用户名和密码。

设置主机名、用户名和密码后，便可将身份验证方法设置为 CHAP 或 PAP 了:

```
RouterA#config t
RouterA(config)#int s0
RouterA(config-if)#ppp authentication chap pap
RouterA(config-if)#^Z
```

如果像这样在同一行指定了两种方法，在链路协商期间将只使用第一种方法，而第二种方法为备用方法，仅在第一种方法失败时才使用。

如果你出于某种原因使用的是 PAP，还可使用另一个命令——启用出站 PAP 身份验证的 ppp pap sent-username <*username*> password <*password*>。当前路由器使用命令 ppp pap sent-username 指定的用户名和密码来向远程设备证明自己的身份，对方也必须配置同样的用户名/密码。

21

21.4.6　验证串行链路的配置及故障排除

　　配置 PPP 封装后，需要验证它是否运行正常。先来看一个示例网络，如图 21-14 所示，其中的两台路由器通过点到点串行连接相连，而路由器 Pod1R1 位于 DCE 端。

```
hostname Pod1R1
username Pod1R2 password cisco
interface serial 0
ip address 10.0.1.1  255.255.255.0
encapsulation ppp
clock rate 64000
bandwidth 512
ppp authentication chap
```

```
hostname Pod1R2
username Pod1R1 password cisco
interface serial 0
ip address 10.0.1.2  255.255.255.0
encapsulation ppp
bandwidth 512
ppp authentication chap
```

图 21-14　PPP 身份验证示例

　　要验证 PPP 配置，可首先使用命令 show interface：

```
Pod1R1#sh int s0/0
Serial0/0 is up, line protocol is up
  Hardware is PowerQUICC Serial
  Internet address is 10.0.1.1/24
  MTU 1500 bytes, BW 1544 Kbit, DLY 20000 usec,
     reliability 239/255, txload 1/255, rxload 1/255
  Encapsulation PPP
  loopback not set
  Keepalive set (10 sec)
  LCP Open
  Open: IPCP, CDPCP
[output cut]
```

　　在上述输出中，第 1 行很重要，从中可知接口 Serial 0/0 处于 up/up 状态。注意到封装为 PPP，而 LCP 处于打开（open）状态，这表明会话已建立且一切正常。最后一行指出 NCP 在侦听协议 IP 和 CDP，这是使用 IPCP 和 CDPCP 表示的。

　　但在并非一切完好的情况下，输出将如何呢？为查看非正常状态下的输出，我使用了如图 21-15 所示的配置。

```
hostname Pod1R1
username Pod1R2 password Cisco
interface serial 0
ip address 10.0.1.1  255.255.255.0
clock rate 64000
bandwidth 512
encapsulation ppp
ppp authentication chap
```

```
hostname Pod1R2
username Pod1R1 password cisco
interface serial 0
ip address 10.0.1.2  255.255.255.0
bandwidth 512
encapsulation ppp
ppp authentication chap
```

图 21-15　未通过 PPP 身份验证

上述配置有何问题呢？请注意用户名和密码。发现问题所在了吗？在路由器 Pod1R1 的配置中，使用命令 username 给 Pod1R2 指定用户名和密码时，使用了大写的 C。这不对，因为用户名和密码是区分大小写的。下面来看看命令 show interface 的输出：

```
Pod1R1#sh int s0/0
Serial0/0 is up, line protocol is down
  Hardware is PowerQUICC Serial
  Internet address is 10.0.1.1/24
  MTU 1500 bytes, BW 1544 Kbit, DLY 20000 usec,
     reliability 243/255, txload 1/255, rxload 1/255
  Encapsulation PPP, loopback not set
  Keepalive set (10 sec)
  LCP Closed
  Closed: IPCP, CDPCP
```

首先，注意到第 1 行输出为 Serial0/0 is up, line protocol is down，这是因为没有收到来自远程路由器的存活消息。其次，注意 LCP 处于关闭状态，因为没有通过身份验证。

1. 调试 PPP 身份验证

要实时显示网络中两台路由器之间的 CHAP 身份验证过程，可使用命令 debug ppp authentication。

如果两台路由器的 PPP 封装和身份验证都配置正确，且用户名和密码也没有问题，命令 debug ppp authentication 的输出将类似于下面这样，这被称为三次握手：

```
d16h: Se0/0 PPP: Using default call direction
1d16h: Se0/0 PPP: Treating connection as a dedicated line
1d16h: Se0/0 CHAP: O CHALLENGE id 219 len 27 from "Pod1R1"
1d16h: Se0/0 CHAP: I CHALLENGE id 208 len 27 from "Pod1R2"
1d16h: Se0/0 CHAP: O RESPONSE id 208 len 27 from "Pod1R1"
1d16h: Se0/0 CHAP: I RESPONSE id 219 len 27 from "Pod1R2"
1d16h: Se0/0 CHAP: O SUCCESS id 219 len 4
1d16h: Se0/0 CHAP: I SUCCESS id 208 len 4
```

但如果密码不正确（就像图 21-15 所示的 PPP 身份验证失败示例那样），输出将类似于下面这样：

```
1d16h: Se0/0 PPP: Using default call direction
1d16h: Se0/0 PPP: Treating connection as a dedicated line
1d16h: %SYS-5-CONFIG_I: Configured from console by console
1d16h: Se0/0 CHAP: O CHALLENGE id 220 len 27 from "Pod1R1"
1d16h: Se0/0 CHAP: I CHALLENGE id 209 len 27 from "Pod1R2"
1d16h: Se0/0 CHAP: O RESPONSE id 220 len 27 from "Pod1R1"
1d16h: Se0/0 CHAP: I RESPONSE id 220 len 27 from "Pod1R2"
1d16h: Se0/0 CHAP: O FAILURE id 220 len 25 msg is "MD/DES compare failed"
```

使用身份验证方法 CHAP 时，PPP 进行三次握手。如果用户名和密码配置不正确，将无法通过身份验证，导致链路处于 down 状态。

2. WAN 封装不一致

如果在点到点链路两端配置的封装不同，该链路根本不会进入 up 状态。在图 21-16 中，链路一端配置的是 PPP，而另一端为 HDLC。

路由器 Pod1R1 的输出如下：

```
Pod1R1#sh int s0/0
Serial0/0 is up, line protocol is down
```

```
Hardware is PowerQUICC Serial
Internet address is 10.0.1.1/24
MTU 1500 bytes, BW 1544 Kbit, DLY 20000 usec,
    reliability 254/255, txload 1/255, rxload 1/255
Encapsulation PPP, loopback not set
Keepalive set (10 sec)
LCP REQsent
Closed: IPCP, CDPCP
```

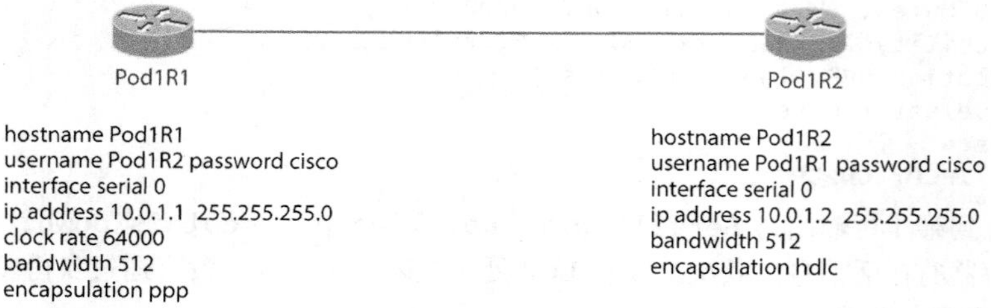

Pod1R1   Pod1R2

hostname Pod1R1   hostname Pod1R2
username Pod1R2 password cisco   username Pod1R1 password cisco
interface serial 0   interface serial 0
ip address 10.0.1.1 255.255.255.0   ip address 10.0.1.2 255.255.255.0
clock rate 64000   bandwidth 512
bandwidth 512   encapsulation hdlc
encapsulation ppp

图 21-16　WAN 封装不一致

　　串行接口处于 up/down 状态；LCP 发送请求，但没有收到任何响应，因为路由器 Pod1R2 使用的封装是 HDLC。要修复这种问题，必须在路由器 Pod1R2 的串行接口配置 PPP 封装。另外，虽然配置了命令 username，但不对。然而，这无关紧要，因为在串行接口的配置中，没有命令 ppp authentication chap。就这个例子而言，命令 username 不会带来任何影响。

　　在思科路由器上，要将串行接口的封装恢复到默认设置，可使用命令 no encapsulation，如下所示：

```
Router(config)#int s0/0
Router(config-if)#no encapsulation
*Feb 7 16:00:18.678:%LINEPROTO-5-UPDOWN: Line protocol on Interface Serial0/0, changed
state to up
```

这样，链路两端的封装将相同，而链路也将进入 up 状态。

 请牢记，不能在链路一端使用 PPP，而在另一端使用 HDLC——它们合不来！

注意

3. IP 地址不匹配

　　一个难以发现的问题是，封装方法一致，但给串行接口配置的 IP 地址不对。在这种情况下，看起来一切正常，因为接口处于 up 状态。请看图 21-17，看看你是否能够明白我的意思——两台路由器连接到的子网不同，Pod1R1 的地址为 10.0.1.1/24，而 Pod1R2 的地址为 10.2.1.2/24。

　　这种配置不管用。来看一下输出：

```
Pod1R1#sh int s0/0
Serial0/0 is up, line protocol is up
  Hardware is PowerQUICC Serial
  Internet address is 10.0.1.1/24
  MTU 1500 bytes, BW 1544 Kbit, DLY 20000 usec,
      reliability 255/255, txload 1/255, rxload 1/255
```

```
Encapsulation PPP, loopback not set
Keepalive set (10 sec)
LCP Open
Open: IPCP, CDPCP
```

 Pod1R1   Pod1R2

```
hostname Pod1R1                        hostname Pod1R2
username Pod1R2 password cisco         username Pod1R1 password cisco
interface serial 0                     interface serial 0
ip address 10.0.1.1 255.255.255.0      ip address 10.2.1.2 255.255.255.0
clock rate 64000                       bandwidth 512
bandwidth 512                          encapsulation ppp
encapsulation ppp                      ppp authentication chap
ppp authentication chap
```

图 21-17　IP 地址不匹配

给路由器接口配置的 IP 地址不正确，但链路看起来正常。这是因为与 HDLC 和帧中继一样，PPP 也是一种第 2 层 WAN 封装，根本不关心第 3 层地址。链路处于 up 状态，但 IP 地址配置错误。在这种情况下，能否通过链路传输 IP 分组呢？答案是肯定的，也是否定的。如果你尝试执行 ping 操作，将以成功告终。这是 PPP 的特点，但 HDLC 和帧中继不是这样的。然而，能够 ping 其他子网中的 IP 地址并不意味着能够传输网络流量和路由选择协议流量。因此要特别留意这种问题，尤其是排除 PPP 链路故障时。

来看看 Pod1R1 的路由选择表，看看能否发现 IP 地址不匹配的问题：

```
[output cut]
   10.0.0.0/8 is variably subnetted, 2 subnets, 2 masks
C        10.2.1.2/32 is directly connected, Serial0/0
C        10.0.1.0/24 is directly connected, Serial0/0
```

输出很有趣！其中列出了串行接口 S0/0 的地址 10.0.1.0/24，但还列出了另一个地址 10.2.1.2/32，这个地址是怎么来的呢？这是远程路由器的串行接口的 IP 地址。PPP 获悉了邻居的 IP 地址，并将其作为直连接口加入了路由选择表中，这让你能够 ping 这个地址，但它实际上位于另一个 IP 子网中。

 注意　CCNA 考试大纲要求你能够像这里这样根据路由选择表排除 PPP 故障。

要发现并修复这种问题，可在每台路由器上执行命令 show running-config、show interfaces 或 show ip interfaces brief，也可执行命令 show cdp neighbors detail：

```
Pod1R1#sh cdp neighbors detail
-------------------------
Device ID: Pod1R2
Entry address(es):
  IP address: 10.2.1.2
```

鉴于第 1 层（物理层）和第 2 层（数据链路层）都处于 up 状态，要解决问题，必须查看并验证直接相连的邻居的 IP 地址。

21

21.4.7   多链路 PPP（MLP）

可供使用的负载均衡机制有很多，但 MLP 可直接用于串行 WAN 链路！它提供了多厂商支持，是在 RFC 1990 中定义的，该规范对分组的分段和排序做了详细规定。

使用 MLP 可通过两台传统调制解调器将家庭网络连接到互联网服务提供商，还可通过两条专用线将公司连接到互联网服务提供商。

MLP 支持在多条 WAN 链路之间均衡负载，同时支持厂商间互操作性。它提供了分组分段和排序功能以及计算入站和出站负载的功能。

MLP 支持将分组分段，再通过多条点到点链路将它们同时发送到同一个远程地址。它可用于同步串行链路，也可用于异步串行链路。

MLP 将多条物理链路组合成一条逻辑链路——MLP 束。从本质上说，这种 MLP 束就是一个连接到远程路由器的虚拟接口，其中每条链路都对其他链路传输的流量一无所知。

基于串行接口的 MLP 有如下优点。

❑ **负载均衡**   MLP 按需提供带宽——最多可在 10 条链路之间均衡负载，还能够计算特定场点之间的流量负载。实际上无需让所有链路的带宽都相同，但推荐这样做。MLP 另一个重要的优点是，使用所有的链路来传输分组和分段，从而缩短了穿越 WAN 的延迟。

❑ **冗余性更高**   这一点很容易理解。如果一条链路出现故障，其他链路将接着传输和接收数据。

❑ **分组分段和交错**   MLP 中分段机制的工作原理是这样的：将较大的分组分段，再通过多条点到点链路传输这些分段。对于较小的实时分组，不进行分段。交错基本上意味着在发送非实时分组的各个分段期间，可发送实时分组，这有助于缩短线路的延迟。为对 MLP 的工作原理有更深入的认识，下面来配置它。

1. 配置 MLP

我们将以图 21-18 为例，演示如何在两台路由器之间配置 MLP。

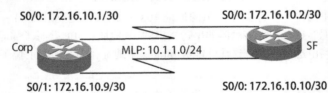

图 21-18   在路由器 Corp 和 SF 之间配置 MLP

着手配置 MLP 前，先来看看路由器 Corp 的两个将用来创建 MLP 束的串行接口的当前配置：

```
Corp# show interfaces Serial0/0
Serial0/0 is up, line protocol is up
  Hardware is M4T
  Internet address is 172.16.10.1/30
  MTU 1500 bytes, BW 1544 Kbit/sec, DLY 20000 usec,
    reliability 255/255, txload 1/255, rxload 1/255
  Encapsulation PPP, LCP Open
  Open: IPCP, CDPCP, crc 16, loopback not set

Corp# show interfaces Serial1/1
Serial1/1 is up, line protocol is up
```

```
Hardware is M4T
Internet address is 172.16.10.9/30
MTU 1500 bytes, BW 1544 Kbit/sec, DLY 20000 usec,
    reliability 255/255, txload 1/255, rxload 1/255
Encapsulation PPP, LCP Open
Open: IPCP, CDPCP, crc 16, loopback not set
```

每个串行接口都位于不同的子网中（必须如此），且使用的封装都为 PPP。你注意到了这些吗？

配置 MLP 时，必须先将物理接口的 IP 地址删除，再配置一个多链路束——在两台路由器上都创建一个多链路接口，然后给多链路接口分配一个 IP 地址。这相当于限制了物理链路，使其只能加入指定的多链路组接口。

因此，下面首先将要包含在 MLP 束中的物理接口的 IP 地址删除。

```
Corp# config t
Corp(config)# int Serial0/0
Corp(config-if)# no ip address
Corp(config-if)# int Serial1/1
Corp(config-if)# no ip address
Corp(config-if)# end
Corp#

SF# config t
SF(config)# int Serial0/0
SF(config-if)# no ip address
SF(config-if)# int Serial0/1
SF(config-if)# no ip address
SF(config-if)# end
SF#
```

接下来，在两台路由器上都创建一个多链路接口，并执行启用 MLP 束的命令。

```
Corp#config t
Corp(config)# interface Multilink1
Corp(config-if)# ip address 10.1.1.1 255.255.255.0
Corp(config-if)# ppp multilink
Corp(config-if)# ppp multilink group 1
Corp(config-if)# end

SF#config t
SF(config)# interface Multilink1
SF(config-if)# ip address 10.1.1.2 255.255.255.0
SF(config-if)# ppp multilink
SF(config-if)# ppp multilink group 1
SF(config-if)# exit
```

建立连接后，链路两端的接口将使用 MLP 束进行协商，仅当交换的标识信息与既有 MLP 束的信息匹配时，链路才会加入相应的 MLP 束。

配置命令 ppp multilink group 后，接口将不能加入除指定 MLP 束外的其他 MLP 束。

2. 验证 MLP

要验证前面配置的 MLP 束是否运行正常，只需使用命令 show ppp multilink 和 show interfaces multilink1:

```
Corp# show ppp multilink
```

21

```
Multilink1
  Bundle name: Corp
  Remote Endpoint Discriminator: [1] SF
  Local Endpoint Discriminator: [1] Corp
  Bundle up for 02:12:05, total bandwidth 4188, load 1/255
  Receive buffer limit 24000 bytes, frag timeout 1000 ms
    0/0 fragments/bytes in reassembly list
    0 lost fragments, 53 reordered
    0/0 discarded fragments/bytes, 0 lost received
    0x56E received sequence, 0x572 sent sequence
  Member links: 2 active, 0 inactive (max 255, min not set)
    Se0/1, since 01:32:05
    Se1/2, since 01:31:31
No inactive multilink interfaces
```

从上述输出可知，物理接口 Se0/1 和 Se1/2 都是逻辑接口束 Multilink1 的成员。下面来验证路由器 Corp 的接口 Multilink1 的状态：

```
Corp# show int Multilink1
Multilink1 is up, line protocol is up
  Hardware is multilink group interface
  Internet address is 10.1.1.1/24
  MTU 1500 bytes, BW 1544 Kbit/sec, DLY 20000 usec,
    reliability 255/255, txload 1/255, rxload 1/255
Encapsulation PPP, LCP Open, multilink Open
Open: IPCP, CDPCP, loopback not set
 Keepalive set (10 sec)
[output cut]
```

接下来介绍如何在思科路由器上配置 PPPoE 客户端。

21.4.8　PPP 客户端（PPPoE）

PPPoE（Point-to-Point Protocol over Ethernet，以太网点到点协议）用于 ADSL 服务，它将 PPP 帧封装到以太网帧中，并使用常见的 PPP 功能，如身份验证、加密和压缩。但正如前面说过的，PPPoE 可能带来麻烦，在防火墙配置不当时尤其如此。

PPPoE 基本上是一种隧道协议，可封装运行在 PPP 之上的 IP 和其他协议，具有 PPP 链路的特性，因此可用于连接到其他以太网设备，并发起建立点到点连接，以传输 IP 分组。

图 21-19 说明了 PPPoE 的典型用途：用于 ADSL。正如你看到的，其中建立了从 PC 到路由器的 PPP 会话，而 PC 的 IP 地址是由路由器通过 IPCP 分配的。

ISP 通常给你提供一条 DSL 线，如果这种线路没有提供高级功能，它将类似于一个网桥。这意味着使用 PPPoE 只能连接一台主机。通过使用思科路由器，可运行 IOS 功能 PPPoE 客户端，将以太网中的多台 PC 连接到该路由器。

配置 PPPoE 客户端

PPPoE 客户端配置起来非常简单。首先，你需要创建一个拨号接口，再将其与一个物理接口关联起来。

下面介绍其中涉及的简单步骤。

(1) 使用命令 interface dialer *number* 创建一个拨号接口。

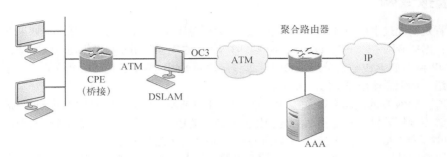

图 21-19 PPPoE 和 ADSL

(2) 使用命令 ip address negotiated 让客户端使用 PPPoE 服务器提供的 IP 地址。

(3) 将封装类型设置为 PPP。

(4) 配置拨号池并指定其编号。

(5) 在物理接口配置模式下执行命令 pppoe-client dial-pool-number *number*。

在充当 PPPoE 客户端的路由器上，执行如下命令：

```
R1# conf t
R1(config)# int dialer1
R1(config-if)# ip address negotiated
R1(config-if)# encapsulation ppp
R1(config-if)# dialer pool 1
R1(config-if)# interface f0/1
R1(config-if)# no ip address
R1(config-if)# pppoe-client dial-pool-number 1
*May 1 1:09:07.540: %DIALER-6-BIND: Interface Vi2 bound to profile Di1
*May 1 1:09:07.541: %LINK-3-UPDOWN: Interface Virtual-Access2, changed state to up
```

这就成了！下面来使用命令 show ip interface brief 和 show pppoe session 来验证接口：

```
R1# show ip int brief
Interface                  IP-Address      OK? Method Status                 Protocol
FastEthernet0/1            unassigned      YES manual up                     up
<output cut>
Dialer1                    10.10.10.3      YES IPCP   up                     up
Loopback0                  192.168.1.1     YES NVRAM  up                     up
Loopback1                  172.16.1.1      YES NVRAM  up                     up
Virtual-Access1            unassigned      YES unset  up                     up
Virtual-Access2            unassigned      YES unset  up                     up

R1#show pppoe session
    1 client session

Uniq ID  PPPoE  RemMAC          Port                 VT  VA          State
         SID    LocMAC                                   VA-st       Type
    N/A    4    aacb.cc00.1419  FEt0/1               Di1 Vi2         UP
                aacb.cc00.1f01                           UP
```

使用 PPPoE 客户端的连接运行正常。下面来介绍 VPN。

21

21.5　虚拟专网

你以前肯定听说过术语 VPN，而且不止一次。你可能还知道 VPN 指的是什么，如果不知道，这里就告诉你：**虚拟专网**（virtual private network，VPN）让你能够利用互联网组建专用网络，通过隧道安全地传输 IP 和非 TCP/IP 协议分组。VPN 让远程用户和远程网络能够使用公共介质（如互联网）连接到公司网络，而无需使用昂贵的永久性连接。

不用担心，VPN 真的没那么难懂。VPN 介于 LAN 和 WAN 之间，使用 WAN 来模拟 LAN 链路，让计算机能够连接到远程 LAN，并远程地使用其资源。使用 VPN 面临的最大问题是安全！从概念上说，VPN 类似于将 LAN（或 VLAN）连接到 WAN，但实际上远非如此。

下面简要介绍其区别。典型的 WAN 使用路由器和他人（如互联网服务提供商）的网络将多个远程 LAN 连接起来；在你的主机和路由器看来，其他的网络为远程网络，而非本地网络（本地资源）。这就是一般意义上的 WAN。而 VPN 让本地主机成为远程网络的一部分，虽然它也使用 WAN 链路将本地主机连接到远程 LAN。VPN 让你的主机像是远程网络本地的，这意味着它能够访问远程 LAN 的资源，且访问是非常安全的。

这听上去像 VLAN，实际上涉及的概念是一致的，那就是让主机对于远程 LAN 来说像是本地的。但别忘了下述重要差别：连接本地网络时，最佳解决方案是使用 VLAN，而连接远程网络时，最佳解决方案是使用 VPN。

来看一个简单的 VPN 示例。我在科罗拉多州博尔德市有一个家庭办公室，而公司办公室位于得克萨斯州达拉斯市，但我希望家庭办公室的主机就像位于公司办公室的 LAN 中一样，能够访问那里的远程服务器。为此，解决之道是使用 VPN。

图 21-20 说明了这种解决方案：博尔德的主机使用 VPN 连接到达拉斯，这让我能够访问远程网络服务和服务器，就像这台主机与服务器属于同一个 VLAN 一样。

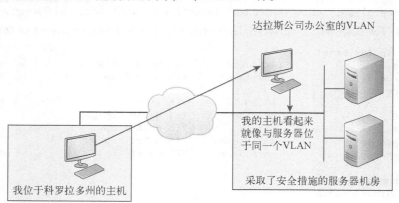

图 21-20　VPN 示例

这为何如此重要呢？答案是达拉斯的服务器采取了安全措施，只允许其所属 VLAN 中的主机连接并访问它们的资源。VPN 让我能够通过 WAN 连接到这些服务器，且看起来就像与它们位于同一个 VLAN 中一样。另一种解决方案是，允许任意互联网用户访问我的网络和服务器，但如果这样做，安全将荡然无存。由此看来，我显然别无选择，只能使用 VPN。

21.5.1 VPN 的优点

无论是在公司还是家庭网络中，使用 VPN 都有很多优点，其中 CCNA 考试大纲涉及的优点如下。

❑ **安全** VPN 使用高级加密和身份验证协议，可保护用户的网络免受未经授权的访问，从而提供了极高的安全性。这些协议包括 IPSec 和 SSL（Secure Sockets Layer，安全套接字层）。SSL 是一种用于 Web 浏览器的加密技术。浏览器使用原生 SSL 加密，被称为 Web VPN。除使用 Web VPN（Clientless SSL VPN）外，还可在 PC 上安装思科 AnyConnect SSL VPN 客户端来提供 SSL VPN 解决方案。

❑ **节省费用** 相比传统的点到点租用线，将公司远程办公室连接到最近的互联网服务提供商，再使用加密和身份验证创建 VPN 隧道，可节省大量费用。这还可提高带宽和安全性，而费用比传统连接低得多。

❑ **可伸缩性** VPN 的可伸缩性极高，能支持更多的远程办公室和移动用户，让移动用户无论是在出差期间还是在家里，都能安全地连接到公司网络。

❑ **与宽带技术兼容** 对远程办公室和移动用户来说，可使用任何互联网接入技术连接到公司 VPN。这让用户能够利用 DSL 和有线电视调制解调器等高速互联网接入方式。

21.5.2 企业管理的 VPN 和提供商管理的 VPN

VPN 是根据其在企业中扮演的角色分类的，如企业管理的 VPN 和提供商管理的 VPN。

如果 VPN 是由你的公司管理的，你使用的就是企业管理的 VPN。企业管理的 VPN 是一种非常流行的 VPN 服务提供方式。要对这种 VPN 有大致的了解，请参阅图 21-21。

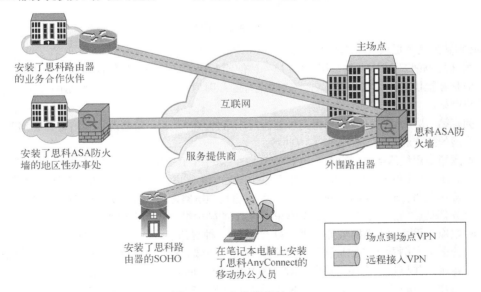

图 21-21　企业管理的 VPN

企业管理的 VPN 分三类。

- **远程接入 VPN**　让远程用户（如远程办公人员）能够随时随地安全地访问公司网络。
- **场点到场点 VPN**　也被称为内联网 VPN，让远程场点能够通过公共介质（如互联网）安全地连接到公司主干，而无需使用帧中继等昂贵的 WAN 连接。
- **外联网 VPN**　外联网 VPN 让供应商、合作伙伴和客户能够连接到公司网络，以进行有限的企业间（B2B）通信。

图 21-22 说明了提供商管理的 VPN。

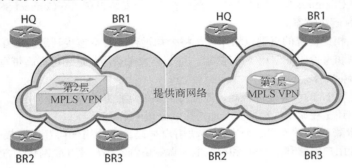

第2层MPLS VPN（VPLS和VPWS）
- 客户路由器之间直接交换路由
- 有些应用程序需要第2层连接性才能正常运行

第3层MPLS VPN
- 客户路由器与SP路由器交换路由
- 提供跨越主干的第3层服务

图 21-22　提供商管理的 VPN

你必须熟悉两类提供商管理的 VPN。

- **第 2 层 MPLS VPN**　第 2 层 VPN 是一种使用 MPLS 标签来传输数据的虚拟专网（VPN）。通信是在提供商边缘路由器（PE）之间进行的，因为它们坐落在提供商网络的边缘，并紧邻客户网络。

  拥有第 2 层网络的互联网提供商可选择使用这种 VPN，而不是其他常见的第 3 层 MPLS VPN。典型的第 2 层 MPLS VPN 技术有两种。

  - **虚拟专用线服务（VPWS）**　VPWS 是在 MPLS 上提供以太网服务的最简单方式，也被称为 ETHoMPLS（基于 MPLS 的以太网）或 VLL（虚拟专用线）。VPWS 具有如下特征：附接虚电路（attachment-virtual circuit）和仿真虚电路之间的关系是固定的。基于 VPWS 的服务都是点到点的，如运行在 IP/MPLS 之上的帧中继/ATM/以太网。

  - **虚拟专用 LAN 交换服务（VPLS）**　这是一种端到端服务，而且是虚拟的，因为这种服务的多个实例看起来像是属于同一个以太网广播域。然而，每条连接都独立于网络中的其他连接，并与其他连接相隔离。附接虚电路（attachment-virtual circuit）和仿真虚电路之间是一种动态的"获悉"关系，这种关系是根据客户的 MAC 地址确定的。

    在这种网络中，客户管理着自己的路由选择协议。相比于第 3 层 VPN，第 2 层 VPN 的一个优点是，如果节点不属于同一个第 2 层网络，有些应用程序根本行不通。

❏ **第 3 层 MPLS VPN** 第 3 层 MPLS VPN 提供横跨主干的第 3 层服务，其中每个场点都属于不同的 IP 子网。在这种 VPN 中，你通常需要部署路由选择协议，因此必须与服务提供商沟通，以便能够参与路由交换。邻接关系是在你的路由器（CE）和提供商路由器（PE）之间建立的。服务提供商网络中有很多核心路由器，这些路由器被称为 P 路由器，负责在 PE 路由器之间提供连接性。如果你要将第 3 层 VPN 完全外包，这种服务很适合你。在这种情况下，服务提供商将为你的所有场点维护和管理路由选择。在将 VPN 外包的客户看来，整个服务提供商网络就像是一台巨大的虚拟交换机。

鉴于 VPN 安全且价格低廉，你可能迫不及待地想知道如何组建 VPN。组建 VPN 的方法有多种。第一种是使用 IPSec，它在 IP 网络的端点之间提供身份验证和加密服务；第二种是使用隧道协议，它让你能够在端点之间建立隧道。需要指出的是，隧道将一种协议的数据封装在另一种协议中，这很容易理解！

稍后将介绍 IPSec，在此之前先介绍四种最常用的隧道协议。

- **第 2 层转发（L2F）** 第 2 层转发是一种思科专用的隧道协议，它是思科为支持虚拟专用拨号网络（VPDN）而开发的第一种隧道协议。VPDN 让设备能够通过拨号连接安全地访问公司网络。L2F 已被 L2TP 取代，而 L2TP 向后与 L2F 兼容。
- **点到点隧道协议（PPTP）** 点到点隧道协议（PPTP）是微软和其他一些厂商开发的，让远程网络能够安全地将数据传输到公司网络。
- **第 2 层隧道协议（L2TP）** 第 2 层隧道协议（L2TP）是思科和微软联合开发的，用于取代 L2F 和 PPTP。L2TP 容 L2F 和 PPTP 的功能于一身。
- **通用路由选择封装（GRE）** 通用路由选择封装（GRE）也是一种思科专用的隧道协议。它建立虚拟点到点链路，使得可在 IP 隧道中封装各种协议分组。本章末尾将更详细地介绍 GRE，包括如何配置。

介绍 VPN 是什么以及各种类型的 VPN 后，该深入探讨 IPSec 了。

21.5.3　思科 IOS IPSec 简介

简单地说，IPSec 是一个行业标准框架，包含用于通过 IP 网络安全地传输数据的协议和算法，它运行在 OSI 模型的第 3 层（网络层）。

上面说的是"IP 网络"，你注意到了吗？这很重要，因为 IPSec 不能用于加密非 IP 流量。这意味着如果需要对非 IP 流量进行加密，必须创建一个 GRE 隧道，再使用 IPSec 对该隧道进行加密！

21.5.4　IPSec 变换

IPSec 变换指定了一种安全协议及对应的安全算法，如果没有变换，IPSec 就不会有当今的荣耀。你必须熟悉这些技术，下面花点时间定义安全协议，并简要地介绍 IPSec 依赖的加密算法和散列算法。

1. 安全协议

IPSec 使用的两种主要的安全协议是验证头（Authentication Header，AH）和封装安全有效负载（Encapsulating Security Payload，ESP）。

- **验证头（AH）**

AH 协议使用单向散列值对分组的数据和 IP 报头进行验证，其工作原理如下：发送方生成一个单向

21

散列值，而接收方也生成一个单向散列值。如果分组被篡改，就将因散列值不匹配而无法通过身份验证，进而被丢弃。基本上，IPSec 依赖于 AH 来确保真实性。AH 检查整个分组，但没有提供任何加密服务。

这不同于 ESP，ESP 只对分组的数据进行完整性检查。

- ● **封装安全有效负载（ESP）**

ESP 提供数据保密性、数据来源身份验证、无连接完整性和防重放服务，还通过防止数据传输流程分析提供了有限的数据传输流程保密性。ESP 包含五个组成部分。

- ❑ **保密性（加密）**　让设备能够在传输分组前对其进行加密，以防止窃听。保密性是通过使用 DES 或 3DES 等对称加密算法提供的。可独立于其他服务设置保密性，但 VPN 两端的保密性设置必须相同。
- ❑ **数据完整性**　让接收方能够对收到的数据进行检查，确定数据在传输过程中未被篡改。IPSec 使用校验和进行简单的数据检查。
- ❑ **身份验证**　确保另一方的身份无误。接收方可验证信息源的身份，确保分组来自正确的地方。
- ❑ **防重放服务**　防重放服务依赖于接收方，即仅当接收方检查序列号时，这种服务才能发挥作用。重放攻击指的是制作通过验证的分组的副本，然后将其传输给目的地。当这个经过验证的 IP 分组的副本到达目的地后，可中断服务并导致其他糟糕的后果。**序列号**字段就是为挫败这种攻击而设计的。
- ❑ **数据传输流程**　为提供数据传输流程保密性，必须选择隧道模式。在大量流量聚集的安全网关实现这种功能的效果最佳，这样可对试图攻击网络的人隐藏数据传输流程。

2. 加密

VPN 使用公共网络基础设施组建私有网络，但为提供保密性和安全，需要将 IPSec 用于 VPN。IPSec 使用各种协议进行加密，当今使用以下两类加密算法。

- ❑ **对称加密**　这种加密使用相同的密钥进行加密和解密。每台计算机通过网络传输数据前，都对其进行加密，且加密和解密时使用的密钥相同。对称加密算法包括数据加密标准（DES）、三重 DES（3DES）和高级加密标准（AES）。
- ❑ **非对称加密**　这种加密算法使用不同的密钥进行加密和解密，这两种密钥分别称为私钥和公钥。私钥用于对根据消息生成的散列值进行加密，以生成数字签名，而公钥用于解密以验证数字签名。公钥还用于对一个对称密钥进行加密，以便将其安全地分发给接收主机，而接收主机使用其私钥对该对称密钥进行解密。不能使用相同的密钥进行加密和解密，这是结合使用公钥和私钥的公钥加密的变种。一个非对称加密的例子是 RSA（Rivest, Shamir and Adleman）。

从前面的介绍（只涉及 VPN 的皮毛）可知，要在两个场点之间建立 VPN，需要花些时间研究（有时候很难），还需大量地实践（有时需要有很大的耐心）。思科提供了 GUI 以完成这个过程，这对于给 VPN 配置 IPSec 很有帮助。这些知识很有用也很有趣，但超出了本书的范围，因此这里不深入介绍。

21.6　GRE 隧道

通用路由选择封装（GRE）是一种隧道协议，可用于将众多协议的数据封装到 IP 隧道中，这包括 EIGRP 和 OSPF 等路由选择协议以及 IPv6 等被路由的协议。图 21-23 说明了 GRE 报头的组成部分。

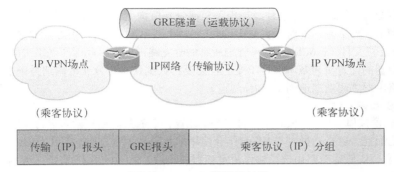

图 21-23 GRE 隧道的结构

在 GRE 封装得到的数据单元中，包含与如下协议相关的报头。

❑ IPv4 或 IPv6 等乘客协议，它们是被 GRE 封装的协议。

❑ GRE 封装协议。

❑ 传输协议，通常是 IP。

GRE 隧道具有如下特点。

❑ GRE 报头包含一个协议类型字段，因此可通过隧道传输任意第 3 层协议的数据。

❑ GRE 是无状态的，也没有流量控制机制。

❑ GRE 不提供任何安全机制。

❑ GRE 会带来额外的开销，每个分组至少 24 字节。

下面让我们来看一下如何配置 GRE 隧道，实际上非常简单。

21.6.1 GRE over IPSec

正如刚才指出的，GRE 本身没有提供任何安全性——没有任何形式的有效负载保密或加密。如果分组在公有网络中传输时被嗅探，看到的将是其明文内容。另外，IPSec 虽然提供了一种在 IP 网络中使用隧道来传输数据的安全方法，但这种方法的安全性有限。

IPSec 不支持 IP 广播和组播，这导致无法使用需要广播或组播的协议，如路由选择协议。IPSec 也不支持使用多协议流量。GRE 是一种可用来"运载"其他乘客协议的流量（如 IP 广播和组播以及非 IP 协议流量）的协议。因此，通过结合使用 GRE 和 IPSec，你能够在网络中运行路由选择协议、传输 IP 广播以及多协议流量。

通过使用中央–分支拓扑，可在总部和分支机构之间建立静态隧道，这种隧道通常是 GRE over IPSec 的。需要在网络中添加新的分支（spoke）时，只需在中央路由器上进行配置即可。分支之间的流量必须经过中央节点，并在中央节点从一个隧道进入另一个隧道。对于小型网络来说，静态隧道可能是合适的解决方案，但随着分支越来越多，这种解决方案存在无法接受的问题。

1. 思科 DMVPN（思科专用）

无论是小型还是大型 IPSec VPN，思科动态多点虚拟专网（DMVPN）都让你能够轻松地扩展它们。思科 DMVPN 是思科提供的让公司总部能够连接到分支机构的解决方案，它价格低廉、灵活而易于配置。在 DMVPN 中，有一台中央路由器（如公司总部路由器），这种路由器称为中央（hub），还有一些分支机构路由器，这些路由器称为分支（spoke）。因此总部到分支机构的连接被称为中央–分支

21

互联。它还支持分支–分支设计，这种设计用于实现分支机构之间的互联。如果你认为这种设计很像古老的帧中继网络，那么算你说对了！使用 DMVPN 时，只需在中央路由器上配置一个 GRE 隧道接口和一个 IPSec 配置文件（profile），就可管理所有的分支路由器，因此即便网络中的分支路由器不断增加，中央路由器的配置量也基本保持不变。在需要将数据从一个分支传输到另一个分支，DMVPN还允许在分支路由器之间动态地创建 VPN 隧道。

2. 思科 IPSec VTI（思科专用）

IPsec 虚拟隧道接口（VTI）模式是一种 IPSec 配置，在需要对远程接入进行保护时，使用这种模式可极大地简化配置。这是一种可与 IPSec 结合使用的封装和加密方法，但比 GRE 和 L2TP 更简单。与 GRE 一样，它也能够运载路由选择协议流量和组播流量，但不像 GRE 有那么大的开销。使用 VTI时，配置非常简单，可直接建立路由选择邻接关系，这有很多优点。请注意，VTI 对所有流量都进行加密，且像标准 IPSec 一样只支持一种协议——要么是 IPv4，要么是 IPv6。

下面来看看如何配置 GRE 隧道，这实际上非常简单。

21.6.2　配置 GRE 隧道

动手配置 GRE 隧道前，必须制订实现计划。下面是配置和实现 GRE 需要完成的任务清单。

(1) 给物理接口分配 IP 地址。

(2) 创建逻辑隧道接口。

(3) 在隧道接口配置模式下，指定要使用 GRE 隧道模式（这一步是可选的，因为隧道模式为默认设置）。

(4) 指定隧道的源 IP 地址和目标 IP 地址。

(5) 给隧道接口配置 IP 地址。

下面来看看如何建立简单的 GRE 隧道，如图 21-24 所示，其中有两台路由器。

图 21-24　GRE 配置示例

首先，需要使用命令 interface tunnel *number* 创建逻辑隧道接口，其中 *number* 的最大可能取值为 21.4 亿左右。

```
Corp(config)#int s0/0/0
Corp(config-if)#ip address 63.1.1.1 255.255.255.252
Corp(config)#int tunnel ?
  <0-2147483647>  Tunnel interface number
Corp(config)#int tunnel 0
*Jan 5 16:58:22.719:%LINEPROTO-5-UPDOWN: Line protocol on Interface Tunnel0, changed
state to down
```

配置好物理接口并创建逻辑隧道接口后，需要配置模式和传输协议。

```
Corp(config-if)#tunnel mode ?
  aurp      AURP TunnelTalk AppleTalk encapsulation
  cayman    Cayman TunnelTalk AppleTalk encapsulation
  dvmrp     DVMRP multicast tunnel
  eon       EON compatible CLNS tunnel
  gre       generic route encapsulation protocol
  ipip      IP over IP encapsulation
  ipsec     IPSec tunnel encapsulation
  iptalk    Apple IPTalk encapsulation
  ipv6      Generic packet tunneling in IPv6
  ipv6ip    IPv6 over IP encapsulation
  nos       IP over IP encapsulation (KA9Q/NOS compatible)
  rbscp     RBSCP in IP tunnel
Corp(config-if)#tunnel mode gre ?
  ip           over IP
  ipv6         over IPv6
  multipoint   over IP (multipoint)

Corp(config-if)#tunnel mode gre ip
```

创建隧道接口并指定隧道模式和传输协议后，必须配置在隧道内部使用的 IP 地址。要利用隧道通过互联网发送流量，无疑需要使用隧道接口的 IP 地址，但还需配置隧道源地址和隧道目标地址。

```
Corp(config-if)#ip address 192.168.10.1 255.255.255.0
Corp(config-if)#tunnel source 63.1.1.1
Corp(config-if)#tunnel destination 63.1.1.2

Corp#sho run interface tunnel 0
Building configuration...

Current configuration : 117 bytes
!
interface Tunnel0
 ip address 192.168.10.1 255.255.255.0
 tunnel source 63.1.1.1
 tunnel destination 63.1.1.2
end
```

下面来配置串行链路的另一端，将隧道激活。

```
SF(config)#int s0/0/0
SF(config-if)#ip address 63.1.1.2 255.255.255.252
SF(config-if)#int t0
SF(config-if)#ip address 192.168.10.2 255.255.255.0
SF(config-if)#tunnel source 63.1.1.2
SF(config-if)#tun destination 63.1.1.1
*May 19 22:46:37.099: %LINEPROTO-5-UPDOWN: Line protocol on Interface Tunnel0, changed
state to up
```

在路由器 SF 上，是不是忘了将隧道模式和传输协议分别设置为 GRE 和 IP？不是的，这些是思科 IOS 的默认设置，不需要显式地配置。首先给物理接口配置 IP 地址（这里使用的是全局地址，但并非必须如此），然后创建隧道接口并给它配置 IP 地址。千万要记得给隧道接口配置源地址和目标地址，否则隧道不会进入活动状态。在上述示例中，源地址和目标地址分别为 63.1.1.2 和 63.1.1.1。

21

21.6.3　验证 GRE 隧道

与往常一样，用我喜欢的故障排除命令 show ip interface brief 开始。

```
Corp#sh ip int brief
Interface          IP-Address    OK? Method Status                  Protocol
FastEthernet0/0    10.10.10.5    YES manual up                      up
Serial0/0          63.1.1.1      YES manual up                      up
FastEthernet0/1    unassigned    YES unset  administratively down   down
Serial0/1          unassigned    YES unset  administratively down   down
Tunnel0            192.168.10.1  YES manual up                      up
```

从上述输出可知，将隧道接口作为路由器的一个接口显示出来了。还显示了隧道接口的 IP 地址以及物理层和数据链路层状态（都是 up）。到目前为止，一切良好，下面使用命令 show interface tunnel 0 来查看隧道接口的详细信息。

```
Corp#sh int tun 0
Tunnel0 is up, line protocol is up
  Hardware is Tunnel
  Internet address is 192.168.10.1/24
  MTU 1514 bytes, BW 9 Kbit, DLY 500000 usec,
     reliability 255/255, txload 1/255, rxload 1/255
  Encapsulation TUNNEL, loopback not set
  Keepalive not set
  Tunnel source 63.1.1.1, destination 63.1.1.2
  Tunnel protocol/transport GRE/IP
    Key disabled, sequencing disabled
    Checksumming of packets disabled
  Tunnel TTL 255
  Fast tunneling enabled
  Tunnel transmit bandwidth 8000 (kbps)
  Tunnel receive bandwidth 8000 (kbps)
```

命令 show interface 显示了隧道接口的配置、状态、IP 地址以及隧道的源地址和目标地址，还显示了隧道协议 GRE/IP。最后，使用命令 show ip route 查看路由选择表。

```
Corp#sh ip route
[output cut]
      192.168.10.0/24 is subnetted, 2 subnets
C        192.168.10.0/24 is directly connected, Tunnel0
L        192.168.10.1/32 is directly connected, Tunnel0
      63.0.0.0/30 is subnetted, 2 subnets
C        63.1.1.0 is directly connected, Serial0/0
L        63.1.1.1/32 is directly connected, Serial0/0
```

在路由选择表中，接口 tunnel0 被标识为直连接口。虽然这是一个逻辑接口，但路由器将其视为物理接口，就像接口 Serial 0/0 一样。

```
Corp#ping 192.168.10.2

Type escape sequence to abort.
Sending 5, 100-byte ICMP Echos to 192.168.10.2, timeout is 2 seconds:
!!!!!
Success rate is 100 percent (5/5)
```

　　你注意到了吗，我刚才通过互联网成功地 ping 了 192.168.10.2。开始介绍 EBGP 之前，再说最后一点：如果输出表明存在隧道路由选择协议错误，该如何排除故障？如果配置 GRE 隧道后，出现下述表明隧道状态频繁切换的消息，就说明隧道配置不正确，导致路由器尝试使用隧道接口本身来路由到隧道的目标地址：

```
                  Line protocol on Interface Tunnel0, changed state to up
07:11:55: %TUN-5-RECURDOWN:
                  Tunnel0 temporarily disabled due to recursive routing
07:11:59: %LINEPROTO-5-UPDOWN:
                  Line protocol on Interface Tunnel0, changed state to down
07:12:59: %LINEPROTO-5-UPDOWN:
```

21.7　单宿主 EBGP

　　边界网关协议（BGP）可能是网络领域最著名的路由选择协议之一，这很容易理解，因为 BGP 是互联网使用的路由选择协议，正是它让我们习以为常的事情变成了现实：连接到位于本国乃至地球另一边的系统。鉴于 BGP 被广泛使用，我们每个人都可能在职业生涯的某个时候与它打交道，因此花点时间来学习它是合适的。

　　BGP 第 4 版历史悠久、名声响亮。尽管有关 BGP 的最新定义是 Rekhter 和 Li 于 1995 年以 RFC 1771 的方式发布的，但其历史可追溯到规范外部网关协议（EGP）的 RFC 827 和 904。这两个规范分别于 1982 年和 1984 年发布，那是很久很久以前的事情了！虽然 BGP 取代了 EGP，但它使用了最初由 EGP 定义的很多技术，并吸取了 EGP 使用过程中获得的众多经验教训。

　　在 1982 年，很多组织都连接到 ARPAnet——互联网的非商用前身。那时新网络通常都以不那么结构化的方式加入 ARPAnet，并参与一种通用的路由选择协议——网关到网关协议（GGP）。你可能猜到了，这种解决方案的可扩展性不佳。GGP 深受如下两个问题的困扰：管理大型路由选择表的开销极高；在没有集中管理控制的环境中，故障排除困难重重。

　　为消除这些缺陷，开发出了 EGP，同时提出了自主系统（AS）的概念。RFC 827 清楚地阐明了 GGP 存在的问题，并明确地指出了需要一种新的路由选择协议，这就是外部网关协议（EGP）。这种新协议旨在提高经过一系列自主系统传输流量的效率，这是通过交换各个自主系统包含的路由来实现的。这对最终用户隐藏了网络的网络（即互联网）的复杂性，因为在最终用户看来，互联网不过是单个地址空间，无需准确地知道流量在其中传输时经过的路径。

　　当今的 BGP 是从 EGP 派生而来的，并建立在 EGP 的基础之上。为让你对 BGP 有更深入的认识，接下来概要地介绍一下它的特点。

21.7.1　协议比较及 BGP 概述

　　鉴于 BGP 是你遇到的第一种外部网关协议，这里将其与你更熟悉的内部网关协议（如 OSPF）进行简要的比较，为你理解其特点提供一点背景知识。然后，我们将概述 BGP，让你能够快速了解其主要功能。

　　需要指出的是，这里将 BGP 同 OSPF 进行比较并不意味着 OSPF 可替换 BGP。事实上，在用作外部网关协议方面，BGP 比 OSPF 更适合得多，其中的原因很多。例如，所有 OSPF 区域都必须连接到

21

区域 0，这种要求导致 OSPF 的可扩展性根本不能满足互联网的要求。如果将 OSPF 用于互联网，连接到区域 0 的区域将数以千计，这样路由更新将得多让网络不堪重负。另外，OSPF 使用基于带宽的度量值，而在互联网中，还需基于政治和商业因素做出路由选择决策。OSPF 没有任何机制可用来基于互联网服务提供商之间的互联协议等因素来选择路径。

虽然 BGP 也是一种路由选择协议，但它与 OSPF 等协议的差别非常大，必须将其归为完全不同的类型。表 21-1 对 BGP 和 OSPF 做了比较。

表21-1　比较BGP和OSPF

特　征	BGP	OSPF
路由选择算法	距离矢量	链路状态
是否支持无类	支持	支持
是否支持VLSM	支持	支持
汇总	任何BGP路由器	ASBR/ABR
度量值	很多	带宽
层次结构	否	是
构件	自主系统	区域
基础协议	TCP端口179	协议值89
流量类型	单播	组播
邻居	专门配置	发现/配置
路由交换	只与邻居交换	只与邻接路由器交换
初始更新	同步数据库	同步数据库
更新频率	增量	增量（定时器为60分钟）
Hello定时器	60秒	10或30秒
保持定时器	180秒	40或120秒
内部路由交换	内部BGP会话	1类和2类LSA
外部路由交换	外部BGP会话	3类、4类和5类LSA
路由更新	包含网络、属性和AS路径	包含网络和度量值（3类和4类LSA）
network命令	通告网络	在接口上启用OSPF
特殊功能	路由反射器	末节、完全末节和NSSA区域

你一不小心就会迷失在 BGP 细节中，有鉴于此，下面概述 BGP 协议以及表 21-1 列出的主要特征，这些内容可能与前面介绍的内容有些重复。

BGP 是一种距离矢量协议，这意味着它将整个路由表或其中一部分通告给邻居。通告的路由包含如下内容：被通告的网络；影响最佳路径选择的属性列表；前往通告的网络时将经过的下一跳地址；路由更新经过的自主系统（AS）列表。BGP 路由器使用自主系统列表来确保路径是无环路的：任何AS 路径列表都不允许包含重复的 AS 号。

BGP 支持无类网络、变长子网掩码（VLSM）和汇总。这些特征让 BGP 可用于并非按分类边界组织的网络，同时让它能够创建网络汇总以缩小路由选择表的规模。

BGP 使用众多被称为属性的度量值从通告的多条路径中选出前往远程网络的最佳路径。即便网络管理员远离被通告的网络，也可操纵这些属性。可完全出于政治或经济原因来选择最佳路径，而忽略更传统的指标，如前往被通告的网络的距离。

BGP 支持不分层的网络结构，因此允许以复杂的方式将邻居互联起来。OSPF 使用区域 0，在区域之间传输的流量都必须经由该区域，而 BGP 没有与之对应的概念，在不同 BGP 自主系统之间传输的流量可能经由各种完全不同的路径。

BGP 使用自主系统来定义网络边界，并根据两个邻居是否位于同一个自主系统以不同的方式来处理它们之间的通信。自主系统是一系列统一管理的路由器，且在外部看来它们采用的路由策略相同。这些路由器不一定运行相同的路由选择协议，只要它们都由同一个管理机构控制和协调即可。

AS 使用 BGP 来通告需要告知外部的内部路由，它还使用 BGP 来侦听其他自主系统发出的通告，以确保路由的可达性。在要向外部通告哪些路由方面，每个 AS 都有特定的策略，并可在连接到外部 AS 的每个地方采取不同的策略。

在自主系统内部，使用内部网关协议（IGP）来探索一系列 IP 子网之间的连接性。路由选择信息协议（RIP）、内部网关路由选择协议（IGRP）、开放最短路径优先（OSPF）和增强内部网关路由选择协议（EIGPR）等协议都是著名的 IGP。

BGP 依赖 TCP 来实现面向连接的确认通信，使用的端口号为 179。你通过配置将不同的 BGP 路由器指定为邻居，它们使用单播分组来交换路由信息、存活消息和其他各种消息。在与指定的邻居建立连接、验证参数配置是否一致并开始同步路由信息的过程中，BGP 路由器将经过一系列不同的阶段。初始同步完成后，BGP 邻居将以触发的方式交换路由更新，并通过定期发送存活消息来监视连接的状态。

BGP 邻居要么位于同一个 AS 内，要么位于不同的 AS 中；在前一种情况下被称为内部 BGP（iBGP）邻居，而在后一种情况下被称为外部 BGP（eBGP）邻居。内部 BGP 邻居并非必须位于同一个网络中，它们之间可以有很多台不运行 BGP 的路由器。然后，在同一个 AS 中，必须将每台 iBGP 路由器配置为其他所有 iBPG 路由器的邻居。外部 BGP 邻居通常必须位于同一个网络中，这样它们才能直接访问对方；但不要求每台 eBGP 路由器都是其他所有 eBGP 路由器的邻居。

BGP 可通告动态和静态获悉的网络以及通过重分发获悉的网络。在其他大多数协议中，network 命令都用于让路由器接口开始侦听和发送路由选择更新，但在 BGP 路由器中，这个命令用于通告网络。对于 BGP 如何与内部网关协议交互以及如何处理因交互而通告的路由，有很多相关的规则，如同步规则。

最后，BGP 可实现各种机制来提高可扩展性，其中之一是汇总，还有路由反射器。路由反射器让你无需在 iBGP 路由器之间建立全网状邻居关系，从而减少了大型 BGP 环境中的 BGP 流量。

21.7.2　配置 EBGP

在客户网络和 ISP 之间配置 BGP 时，配置的是外部 BGP（EBGP）；在同一个 AS 中的两台路由器之间配置 BGP 对等体时，配置的是内部 BGP（IBGP）。

要配置 EBGP，你必须掌握一些基本信息：

❑ AS 号（你自己的 AS 号以及所有远程 AS 号，这些 AS 号必须各不相同）；

❑ 参与 BGP 的所有邻居（对等体）以及用于在 BGP 邻居之间通信的 IP 地址；

❑ 要在 BGP 中通告的网络。

下面以图 21-25 为例演示如何配置 EBGP。

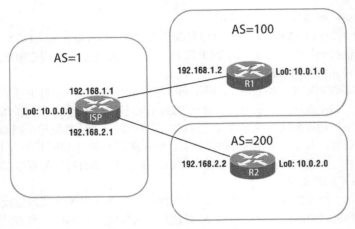

图 21-25　EBGP 配置示例

配置基本 BGP 的主要步骤有三个。

(1) 定义 BGP 进程。

(2) 建立一个或多个邻居关系。

(3) 将本地网络通告给 BGP。

1. 定义 BGP 进程

要在路由器上启动 BGP 进程，可使用命令 router bgp *AS*。每个进程都必须指定一个本地 AS 号。每台路由器都只能有一个 BGP 进程，这意味着每台路由器都只能属于一个 AS。

下面是一个配置示例：

```
ISP#config t
ISP(config)#router bgp ?
<1-65535> Autonomous system number
ISP(config)#router bgp 1
```

请注意，AS 号的取值范围为 1 ~ 65 535。

2. 建立一个或多个邻居关系

BGP 不能像其他路由选择协议那样自动发现邻居，因此你必须使用命令 neighbor *peer-ip-address* remote-as *peer-as-number* 显式地配置邻居关系。下面的示例演示了如何配置图 21-25 中的 ISP 路由器：

```
ISP(config-router)#neighbor 192.168.1.2 remote-as 100
ISP(config-router)#neighbor 192.168.2.2 remote-as 200
```

在上面的命令中，指定的是邻居的 IP 地址和 AS 号，请务必明白这一点。

3. 将本地网络通告给 BGP

要将本地网络通告给 BGP，可使用 network 命令，并在其中使用关键字 mask 指定子网掩码：

```
ISP(config-router)#network 10.0.0.0 mask 255.255.255.0
```

这些网络号必须与出现在当前路由器的转发表中的网络号完全相同。要查看转发表，可使用命令 show ip route 或 show ip int brief。在其他路由选择协议中，network 命令的含义完全不同。

例如，在 OSPF 和 EIGRP 中，network 命令指出路由选择协议应在哪些接口上发送和接收路由更新。在 BGP 中，network 命令指出应将哪些路由注入到当前路由器的 BGP 表中。

下面是图 21-25 中路由器 R1 和 R2 的 BGP 路由选择配置：

```
R1#config t
R1(config)#router bgp 100
R1(config-router)#neighbor 192.168.1.1 remote-as 1
R1(config-router)#network 10.0.1.0 mask 255.255.255.0

R2#config t
R2(config)#router bgp 200
R2(config-router)#neighbor 192.168.2.1 remote-as 1
R2(config-router)#network 10.0.2.0 mask 255.255.255.0
```

就这些，非常简单！下面来验证 EBGP 配置。

21.7.3 验证 EBGP

对于图 21-25 所示的小型网络，可使用如下命令来验证 EBGP 配置：

❑ show ip bgp summary
❑ show ip bgp
❑ show ip bgp neighbors

1. 命令 show ip bgp summary

命令 show ip bgp summary 显示 BGP 状态摘要，在其输出中列出了配置的每个邻居，包括邻居的 IP 地址和 AS 号，还有会话的状态。根据这些信息，你可确定 BGP 会话是否已建立，还可验证配置的 BGP 邻居的 IP 地址和 AS 号。

```
ISP#sh ip bgp summary
BGP router identifier 10.0.0.1, local AS number 1
BGP table version is 4, main routing table version 6
3 network entries using 396 bytes of memory
3 path entries using 156 bytes of memory
2/2 BGP path/bestpath attribute entries using 368 bytes of memory
3 BGP AS-PATH entries using 72 bytes of memory
0 BGP route-map cache entries using 0 bytes of memory
0 BGP filter-list cache entries using 0 bytes of memory
Bitfield cache entries: current 1 (at peak 1) using 32 bytes of memory
BGP using 1024 total bytes of memory
BGP activity 3/0 prefixes, 3/0 paths, scan interval 60 secs

Neighbor        V    AS MsgRcvd MsgSent   TblVer  InQ OutQ Up/Down  State/PfxRcd
192.168.1.2     4   100      56      55        4    0    0 00:53:33            4
192.168.2.2     4   200      47      46        4    0    0 00:44:53            4
```

在命令 show ip bgp summary 的输出中，第一部分描述了 BGP 表及其内容。

❑ 路由器的路由器 ID 和本地 AS 号。

❑ BGP 表版本指的是本地 BGP 表的版本号，每当 BGP 表发生变化时，这个数字都加 1。

在命令 show ip bgp summary 的输出中，第二部分是一个表，其中显示了邻居的当前状态。这部分包含如下信息。

21

- 邻居的 IP 地址。
- 与邻居通信时，当前路由器使用的 BGP 的版本号（v4）。
- 邻居的 AS 号。
- 会话建立后，从邻居那里收到的消息和更新数。
- 会话建立后，向邻居发送的消息和更新数。
- 向邻居发送的最新更新包含的本地 BGP 表的版本号。
- 邻居发送的在入站队列中等待处理的消息数。
- 向邻居发送的在出站队列中等待处理的消息数。
- 邻居已处于当前状态多长时间。有趣的是，这里并没有列出当前状态，而你需要知道当前状态，以便确定是否建立了邻居关系。
- 从邻居那里收到的前缀数。
- 从前面的输出可知，ISP 与如下两个邻居建立了会话：
  - 192.168.1.2　这是路由器 R1 的 IP 地址，该路由器位于 AS 100 中；
  - 192.168.2.2　这是路由器 R2 的 IP 地址，该路由器位于 AS 200 中。
- ISP 从每个邻居那里分别收到了 4 个前缀（4 个网络）。

在 CCNA 考试中，如果命令 show ip bgp summary 的输出末尾包含如下内容，说明对等体之间没有建立 BGP 会话：

```
Neighbor        V    AS MsgRcvd MsgSent    TblVer  InQ OutQ Up/Down State/PfxRcd
192.168.1.2     4    64       0       0         0    0    0 never    Active
```

注意到状态为 Active。别忘了，输出中没有列出状态才是好事！Active 意味着路由器正积极地尝试与对等体建立 BGP 会话。

2. 命令 show ip bgp

命令 show ip bgp 显示整个 BGP 表。对于每条路由，都将显示一系列的信息，因此这个命令非常适合用于快速了解 BGP 路由。

```
ISP#sh ip bgp
BGP table version is 4, local router ID is 10.0.0.1
Status codes: s suppressed, d damped, h history, * valid, > best, i - internal,
r RIB-failure, S Stale
Origin codes: i - IGP, e - EGP, ? - incomplete

Network Next Hop Metric LocPrf Weight Path
*> 10.0.0.0/24 0.0.0.0 0 0 32768 i
*> 10.0.1.0/24 192.168.1.2 0 0 0 100 i
*> 10.0.2.0/24 192.168.2.2 0 0 0 200 i
```

输出是按网络号排序的，如果 BGP 表包含多条前往同一个网络的路由，备用路由将在独立的行中显示。这里没有前往同一个网络的多条路由，因此没有备用路由。

对于每个网络，BGP 路径选择进程都从可用路由中选择一条作为最佳路由。这种路由的左边带字符>。

路由器 ISP 的 BGP 表包含如下网络：

- 10.0.0.0/24　这是在 ISP 路由器中使用 network 命令通告的；

❑ 10.0.1.0/24　这是邻居 192.168.1.2（R1）通告的；

❑ 10.0.2.0/24　这是邻居 192.168.2.2（R2）通告的。

这个命令显示所有的路由选择信息，因此对于网络 10.0.0.0/24，还显示了下一跳属性（0.0.0.0）。在 BGP 表中，对于当前路由器通过 BGP 通告的路由，其下一跳属性被设置为 0.0.0.0。10.0.0.0/24 是在 ISP 上配置 BGP 时通告的网络。

3. 命令 show ip bgp neighbors

相比于命令 show ip bgp，命令 show ip bgp neighbors 显示更多有关 BGP 连接的信息。这个命令可用于获悉有关 TCP 会话及其 BGP 参数的信息，还可用于显示 TCP 定时器和计数器。它的输出很多，这里只列出了开头的一部分：

```
ISP#sh ip bgp neighbors
BGP neighbor is 192.168.1.2, remote AS 100, external link
BGP version 4, remote router ID 10.0.1.1
BGP state = Established, up for 00:10:55
Last read 00:10:55, last write 00:10:55, hold time is 180, keepalive interval is 60
seconds
Neighbor capabilities:
Route refresh: advertised and received(new)
Address family IPv4 Unicast: advertised and received
Message statistics:
InQ depth is 0
OutQ depth is 0
[output cut]
```

请注意并牢记下面这一点：可使用命令 show ip bgp neighbors 来查看两个 BGP 对等体设置的保持时间。在上面的示例中，ISP 和 R1 设置的保持时间都是 180 秒。

21.8　小结

在本章中，你学习了下述 WAN 服务之间的差别：有线电视、DSL、HDLC、PPP 和 PPPoE。你还了解到，只要这些服务之一正常运行，便可使用 VPN，并创建和验证隧道接口。

你还必须理解高级数据链路控制（HDLC）以及如何使用命令 show interface 核实 HDLC 是否运行正常，这很重要！本章介绍了一些重要的 HDLC 知识，还介绍了如何使用点到点协议（PPP）。在需要使用 HDLC 提供不了的功能或需要使用不同品牌的路由器时，需要使用 PPP，这是因为每种版本的 HDLC 都是专用的，不能用于不同厂商的路由器之间。

21.4 节讨论了各种 LCP 选项以及两种身份验证方法：PAP 和 CHAP。

接下来讨论了虚拟专网、IPSec 和加密，还阐述了 GRE 以及如何配置和验证 GRE 隧道。

最后，本章讨论了 BGP

21.9　考试要点

牢记思科路由器的默认串行封装设置。默认情况下，思科路由器在其所有串行链路上都使用专用的 HDLC（高级数据链路控制）封装。

牢记 PPP 数据链路层协议。有三种数据链路层协议：网络控制协议（NCP）、链路控制协议（LCP）

和高级数据链路控制（HDLC）。NCP 定义了网络层协议，LCP 是一种建立、配置、维护和拆除点到点连接的方法，而 HDLC 是一种封装分组的 MAC 层协议。

明白如何排除 PPP 链路故障。即便第 3 层地址配置得不对，两台路由器之间的 PPP 链路也将处于 up 状态，还可从一台路由器 ping 另一台路由器。

牢记各种串行 WAN 连接。最常用的串行 WAN 连接包括 HDLC、PPP 和帧中继。

明白术语"虚拟专网"。你需要明白为何要在两个场点之间使用 VPN 以及如何创建它，还需明白 IPSec 在 VPN 中的作用。

明白如何配置和验证 GRE 隧道。要配置 GRE，首先需要使用命令 interface tunnel *number* 创建逻辑隧道接口，再在需要时使用命令 tunnel mode *mode protocol* 指定隧道模式和传输协议，然后给隧道接口配置 IP 地址、源地址和目标地址，并给物理接口配置一个全局 IP 地址。要验证 GRE 隧道，可使用命令 show interface tunnel，并 ping 隧道的另一端。

21.10　书面实验

请回答下述问题。

(1) 判断对错：IWAN 支持独立于传输方式的连接性。

(2) 判断对错：BGP 用于同一个自主系统（AS）中的两个对等体之间时，被称为外部 BGP（EBGP）

(3) 哪种协议使用 TCP 端口 179？

(4) 要获悉两个 BGP 对等体设置的保持时间，可使用哪个命令？

(5) 哪个命令不能告诉你 GRE 隧道是否处于 up/up 状态？

(6) 判断对错：GRE 隧道被认为是安全的。

(7) 如果要运行 xDSL 并进行身份验证，你使用哪种协议？

(8) PPP 规范了哪三种协议？

(9) 列举两种第 2 层 MPLS VPN 技术。

(10) 列举两种服务提供商管理的 VPN。

答案见附录 A。

21.11　动手实验

在本节中，你将完成三个 WAN 实验：对相应示意图中的思科路由器进行配置。这些实验可使用思科路由器来完成，也可使用思科程序 Packet Tracer 或 IOS 版 LammleSim 模拟器来完成。

- ❑ 动手实验 21.1：配置 PPP 封装和身份验证。
- ❑ 动手实验 21.2：配置和监视 HDLC。
- ❑ 动手实验 21.3：配置 GRE 隧道。

21.11.1　动手实验 21.1：配置 PPP 封装和身份验证

默认情况下，思科路由器在串行链路上使用点到点封装方法 HDLC（高级数据链路控制）。如果要连接到非思科设备，可使用封装方法 PPP 进行通信。

在实验 21.1 和实验 21.2 中,你将配置下述示意图中的路由器。

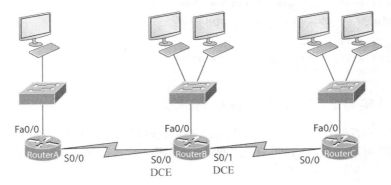

(1) 在路由器 RouterA 和 RouterB 上,执行命令 sh int s0/0,以查看封装方法。

(2) 确保给每台路由器都指定主机名:

```
RouterA#config t
RouterA(config)#hostname RouterA

RouterB#config t
RouterB(config)#hostname RouterB
```

(3) 为在这两台路由器上将封装方法从默认设置 HDLC 改为 PPP,在接口配置模式下使用命令 encapsulation。链路两端使用的封装方法必须相同。

```
RouterA#Config t
RouterA(config)#int s0
RouterA(config-if)#encap ppp
```

(4) 在路由器 RouterB 上,将接口 s0/0 的封装方法设置为 PPP。

```
RouterB#config t
RouterB(config)#int s0
RouterB(config-if)#encap ppp
```

(5) 在这两台路由器上使用命令 sh int s0/0 来验证配置。

(6) 注意到显示了 IPCP 和 CDPCP(假设接口处于 up 状态),它们用于在 MAC 子层通过 HDLC 传输网络层信息。

(7) 在每台路由器上,指定用户名和密码。请注意,用户名为远程路由器的主机名,而且密码必须相同。

```
RouterA#config t
RouterA(config)#username RouterB password todd

RouterB#config t
RouterB(config)#username RouterA password todd
```

(8) 在每个接口上启用身份验证方法 CHAP 或 PAP。

```
RouterA(config)#int s0
RouterA(config-if)#ppp authentication chap
```

21

```
RouterB(config)#int s0
RouterB(config-if)#ppp authentication chap
```

(9) 在每台路由器上，使用如下命令验证 PPP 配置。

```
RouterB(config-if)#shut
RouterB(config-if)#debug ppp authentication
RouterB(config-if)#no shut
```

21.11.2　动手实验 21.2：配置和监视 HDLC

实际上，根本不需要配置 HDLC（因为这是思科串行接口的默认配置），但完成动手实验 21.1 后，两台路由器使用的封装方法都是 PPP，这就是我将动手实验 21.1 放在前面的原因所在。在这个实验中，你将在一台路由器上配置 HDLC 封装。

注意　这个实验使用的网络与动手实验 21.1 相同。

(1) 使用命令 encapsulation hdlc 配置每个串行接口的封装方法。

```
RouterA#config t
RouterA(config)#int s0
RouterA(config-if)#encapsulation hdlc

RouterB#config t
RouterB(config)#int s0
RouterB(config-if)#encapsulation hdlc
```

(2) 在每台路由器上，使用命令 show interface s0 验证 HDLC 封装。

21.11.3　动手实验 21.3：配置 GRE 隧道

在这个实验中，你将在两台路由器之间配置简单的 IP GRE 隧道。要完成这个实验，可使用路由器，也可使用 IOS 版 LammleSim 或 Packet Tracer。

(1) 首先，使用命令 interface tunnel *number* 创建逻辑隧道接口。

```
Corp(config)#int s0/0/0
Corp(config-if)#ip address 63.1.1.2 255.255.255.252
Corp(config)#int tunnel ?
  <0-2147483647>  Tunnel interface number
Corp(config)#int tunnel 0
*Jan  5 16:58:22.719: %LINEPROTO-5-UPDOWN: Line protocol
on Interface Tunnel0, changed state to down
```

(2) 配置物理接口并创建逻辑隧道接口后，需要配置隧道模式和传输协议。

```
Corp(config-if)#tunnel mode ?
  aurp     AURP TunnelTalk AppleTalk encapsulation
  cayman   Cayman TunnelTalk AppleTalk encapsulation
  dvmrp    DVMRP multicast tunnel
  eon      EON compatible CLNS tunnel
```

```
gre      generic route encapsulation protocol
ipip     IP over IP encapsulation
ipsec    IPSec tunnel encapsulation
iptalk   Apple IPTalk encapsulation
ipv6     Generic packet tunneling in IPv6
ipv6ip   IPv6 over IP encapsulation
nos      IP over IP encapsulation (KA9Q/NOS compatible)
rbscp    RBSCP in IP tunnel
Corp(config-if)#tunnel mode gre ?
ip             over IP
ipv6           over IPv6
multipoint  over IP (multipoint)

Corp(config-if)#tunnel mode gre ip
```

(3) 创建隧道接口并指定隧道模式和传输协议后，必须配置 IP 地址。除隧道接口的 IP 地址外，还需配置隧道源地址和隧道目标地址。

```
Corp(config-if)#int t0
Corp(config-if)#ip address 192.168.10.1 255.255.255.0
Corp(config-if)#tunnel source 63.1.1.1
Corp(config-if)#tunnel destination 63.1.1.2

Corp#sho run interface tunnel 0
Building configuration...

Current configuration : 117 bytes
!
interface Tunnel0
 ip address 192.168.10.1 255.255.255.0
 tunnel source 63.1.1.1
 tunnel destination 63.1.1.2
end
```

(4) 现在配置串行链路的另一端，将隧道激活。

```
SF(config)#int s0/0/0
SF(config-if)#ip address 63.1.1.2 255.255.255.252
SF(config-if)#int t0
SF(config-if)#ip address 192.168.10.2 255.255.255.0
SF(config-if)#tunnel source 63.1.1.2
SF(config-if)#tun destination 63.1.1.1
*May 19 22:46:37.099: %LINEPROTO-5-UPDOWN: Line protocol on Interface Tunnel0, changed
state to up
```

你不用配置隧道模式和传输协议，因为它们默认分别为 GRE 和 IP。千万要记得给隧道接口配置源地址和目标地址，否则隧道将不会进入活动状态。在上述示例中，源地址和目标地址分别为 63.1.1.2 和 63.1.1.1。

(5) 使用下面的命令验证 GRE 隧道。

```
Corp#sh ip int brief
```

你将发现，隧道接口作为路由器的一个接口显示出来了。还显示了隧道接口的 IP 地址以及物理层和数据链路层状态（都是 up）。

21

```
Corp#sh int tun 0
```

命令 show interface 显示了隧道接口的配置、状态、IP 地址以及隧道的源地址和目标地址。

```
Corp#sh ip route
```

在路由选择表中，接口 tunnel0 被标识为直连接口。虽然这是一个逻辑接口，但路由器将其视为物理接口，就像接口 serial 0/0 一样。

21.12 复习题

 注意　　　　下面的复习题旨在检验你对本章内容的理解程度。有关如何获取更多复习题的信息，请参阅 www.lammle.com/ccna。

这些复习题的答案见附录 B。

(1) 下面哪个命令实时地显示网络中两台路由器之间的 CHAP 身份验证过程？

    A. show chap authentication　　　　B. show interface serial 0
    C. debug ppp authentication　　　　D. debug chap authentication

(2) 下面哪两种有关下述命令的说法是正确的？

```
R1(config-router)# neighbor 10.10.200.1 remote-as 6200
```

    A. 路由器 R1 使用 AS 号 6200　　　　B. 远程路由器使用 AS 号 6200
    C. R1 的本地接口为 10.10.200.1　　　　D. 邻居的 IP 地址为 10.10.200.1
    E. 邻居的环回接口为 10.10.200.1

(3) BGP 使用什么传输层协议和端口号？

    A. UDP 和 123　　　　B. TCP 和 123
    C. UDP 和 179　　　　D. TCP 和 179
    E. UDP 和 169　　　　F. TCP 和 169

(4) 要获悉两个 BGP 对等体的保持时间设置，可使用下面哪个命令？

    A. show ip bgp　　　　B. show ip bgp summary
    C. show ip bgp all　　　　D. show ip bgp neighbor

(5) 在命令 show ip bgp 的下述输出中，下一跳 0.0.0.0 是什么意思？

```
     Network          Next Hop          Metric LocPrf Weight Path
 *> 10.1.1.0/24       0.0.0.0                0          32768 ?
 *> 10.13.13.0/24     0.0.0.0                0          32768 ?
```

    A. 路由器不知道下一跳

    B. 相应的网络是在当前路由器中使用 network 命令通告给 BGP 的

    C. 相应的网络无效

    D. 下一跳不可达

(6) 下面哪两项是 GRE 的特征？

    A. 为了能够封装任何 OSI 第 3 层协议，GER 封装在 GRE 报头中使用了一个协议类型字段

    B. GRE 本身是有状态的，它默认包含流量控制机制

    C. GRE 包含旨在保护有效复杂的强大安全机制

    D. GRE 报头和隧道化 IP 报头一道给通过隧道传输的分组带来了 24 字节的额外开销

(7) 下述错误消息表明，一条 GRE 隧道时而处于 up 状态，时而处于 down 状态：

```
07:11:49: %LINEPROTO-5-UPDOWN:
           Line protocol on Interface Tunnel0, changed state to up
07:11:55: %TUN-5-RECURDOWN:
           Tunnel0 temporarily disabled due to recursive routing
07:11:59: %LINEPROTO-5-UPDOWN:
           Line protocol on Interface Tunnel0, changed state to down
07:12:59: %LINEPROTO-5-UPDOWN:
```

导致这种情况的可能原因是什么？

　　A. 在隧道接口上没有启用 IP 路由选择

　　B. 隧道接口存在 MTU 方面的问题

　　C. 路由器试图使用隧道接口本身路由到隧道目标地址

　　D. 隧道接口上有访问列表阻断了流量

(8) 下面哪个命令不能告诉你 GRE 隧道 0 是否处于 up/up 状态？

　　A. `show ip interface brief`　　　　B. `show interface tunnel 0`

　　C. `show ip interface tunnel 0`　　D. `show run interface tunnel 0`

(9) 下面哪种 PPP 身份验证协议根据加密的密码对链路另一端的设备进行身份验证？

　　A. MD5　　　　　B. PAP　　　　　C. CHAP　　　　D. DES

(10) 下面哪种协议将 PPP 帧封装在以太网帧中，并使用常见的 PPP 功能，如身份验证、加密和压缩？

　　A. PPP　　　　　B. PPPoA　　　　C. PPPoE　　　　D. 令牌环

(11) 接口 serial 0/0/1 被配置成使用 PPP，而执行命令 show interfaces serial 0/0/1 得到的输出如下面所示。ping 链路另一端的 IP 地址时，以失败告终。下面哪两个可能是导致这种问题的原因？

```
R1# show interfaces serial 0/0/1
Serial0/0/0 is up, line protocol is down
  Hardware is GT96K Serial
Internet address is 10.0.1.1/30
```

　　A. 链路另一端的路由器连接的 CSU/DSU 未通电

　　B. 链路另一端的路由器的 IP 地址不属于子网 192.168.2.0/24

　　C. CHAP 身份验证未通过

　　D. 链路另一端的路由器被配置成使用 HDLC

(12) 在公司总部路由器的串行接口配置了 GRE 隧道，以通过点到点链路连接到远程办事处。为显示隧道接口的 IP 地址以及隧道的源地址和目标地址，应该使用哪个命令？

　　A. `show int serial 0/0`　　　　　B. `show ip int brief`

　　C. `show interface tunnel 0`　　　D. `show tunnel ip status`

　　E. `debug ip interface tunnel`

(13) 下面哪三种有关 WAN 技术的说法是正确的？

　　A. 在连接两台路由器的点到点租用线上，必须使用 PPP

　　B. 可使用 T1 线路将客户场点连接到 ISP

　　C. 可使用 T1 线路连接到 ISP 的帧中继交换机

　　D. 通过使用 EoMPLS，可将以太网用作 WAN

　　E. 将以太网用作 WAN 时，必须配置 DLCI

(14) 你想让远程用户能够将分组安全地传输到总部，又不想在远程主机上安装额外的软件。在这种情况下，最佳的解决方案是什么？

    A. GRE 隧道　　　　　　B. Web VPN　　　　　　C. VPN Anywhere　　　D. IPSec

(15) 通过以下输出分析为何路由器 Corp 和 Remote 之间的串行链路处于 down 状态？

```
Corp#sh int s0/0
Serial0/0 is up, line protocol is down
  Hardware is PowerQUICC Serial
  Internet address is 10.0.1.1/24
  MTU 1500 bytes, BW 1544 Kbit, DLY 20000 usec,
     reliability 254/255, txload 1/255, rxload 1/255
  Encapsulation PPP, loopback not set
Remote#sh int s0/0
Serial0/0 is up, line protocol is down
  Hardware is PowerQUICC Serial
  Internet address is 10.0.1.2/24
  MTU 1500 bytes, BW 1544 Kbit, DLY 20000 usec,
     reliability 254/255, txload 1/255, rxload 1/255
  Encapsulation HDLC, loopback not set
```

    A. 串行电缆出了故障　　　　　　　　　B.两端的 IP 地址不属于同一个子网

    C. 子网掩码不正确　　　　　　　　　　D. 存活设置不正确

    E. 第 2 层帧类型不兼容

(16) 下面哪三项是使用 VPN 的优点？

    A. 安全　　　　　　　　　　　　　　　B. 专用的高带宽链路

    C. 节省费用　　　　　　　　　　　　　D. 不与宽带技术兼容

    E. 可伸缩性

(17) 下面哪两项是第 2 层 MPLS VPN 技术？

    A. VPLS　　　　　　　B. DMVPM　　　　　　C. GETVPN　　　　　　D. VPWS

(18) 下面哪项是行业标准协议和算法簇，运行在 OSI 模型的第 3 层（网络层），让你能够通过 IP 网络安全地传输数据？

    A. HDLC　　　　　　　B. 有线电视　　　　　C. VPN　　　　　　　　D. IPSec

    E. xDSL

(19) 下面哪项让你能够利用互联网组建专用网络，通过隧道安全地传输非 TCP/IP 协议分组？

    A. HDLC　　　　　　　B. 有线电视　　　　　C. VPN　　　　　　　　D. IPSec

    E. xDSL

(20) 下面哪两项是服务提供商管理的 VPN？

    A. 远程接入 VPN　　　　　　　　　　　B. 第 2 层 MPLS VPN

    C. 第 3 层 MPLS VPN　　　　　　　　　D. DMVPN

第22章

智能网络进展

本章涵盖如下 ICND2 考试要点。

- ❏ 1.6 描述交换机堆叠和机架聚合的好处
- ❏ 4.2 描述云资源对企业网络架构的影响
  - ■ 4.2.a 访问内部和外部云服务的流量的传输路径
  - ■ 4.2.b 虚拟服务
  - ■ 4.2.c 基本的虚拟网络基础设施
- ❏ 4.3 描述 QoS 基本概念
  - ■ 4.3.a 标记
  - ■ 4.3.b 设备信任
  - ■ 4.3.c 指定优先顺序
    - – 4.3.c(i) 语音
    - – 4.3.c(ii) 视频
    - – 4.3.c(iii) 数据
  - ■ 4.3.d 整形
  - ■ 4.3.e 监管
  - ■ 4.3.f 拥塞管理
- ❏ 4.5 使用 APIC-EM 的 ACL 分析工具路径跟踪来验证 ACL
- ❏ 5.5 描述企业网络架构中的网络可编程性
  - ■ 5.5.a 控制器的功能
  - ■ 5.5.b 控制层面和数据层面分离
  - ■ 5.5.c 北向和南向 API

本章是上一版没有的，专注于探讨 CCNA 考试大纲指定的智能网络内容。我将首先介绍使用 StackWise 的交换机堆叠，再讨论云计算的重要方面及其对企业网络的影响。

接下来，我将紧扣 CCNA 考试大纲中较难的主题，帮助你学习 CCNA 考试的重点。这包括如下方面：软件定义网络（SDN）、应用程序编程接口（API）、思科应用策略基础设施控制器企业模块（APIC-EM）、智能 WAN 和服务质量（QoS）。虽然云计算和 SDN 也涵盖在 CCNA 考试大纲中，最好有所了解，但它们并不像 QoS 那么重要。

网络可编程性和 SDN 都是庞大的主题，但由于篇幅有限，本章只能简要地介绍它们。另外，本章只介绍基本知识，而不涉及配置，因此理解起来有些困难。本章旨在紧扣考试大纲，尽可能确保其内容覆盖了考试大纲，同时又不太难懂！在本章末尾，将逐条检查相关的考试大纲。

> **注意**　有关本章内容的最新修订，请访问 www.lammle.com/ccna 或出版社网站的本书配套网页（www.sybex.com/go/ccna）。

22.1　交换机堆叠

为实现智能网络，思科首先采用的竟然是交换机堆叠技术。这令人难以置信，因为在我的家乡博尔德将吸烟称作"吞云吐雾"时，交换机堆叠技术就已经面世了。这扯得太远了。

常见的接入层机房有接入层交换机，这些交换机紧挨着放在同一个机架上，并通过铜制（更常见的是光纤）高速冗余链路连接到集散层交换机。

常见交换机拓扑存在三个严重的缺点。

- 管理开销很高。
- STP 将阻断一半的上行链路。
- 交换机之间不能直接通信。

思科 StackWise 技术将放在同一个机架上的交换机连接起来，变成一台大型交换机。这样做可在每个机房中逐步添加接入端口，还可节省升级到大型交换机所需的费用。换而言之，你可随公司规模的扩大逐步添加端口，而不是一开始就投资购买昂贵的大型交换机。另外，由于这些堆叠在一起的交换机是作为一个整体进行管理的，这减少了网络管理工作量。

堆叠在一起的交换机共享配置和路由选择信息，因此在任何时候，你都可轻松地添加或拆除交换机，而不会导致网络中断，也不会影响网络的性能。图 22-1 显示了一个常见接入层 StackWise 单元。

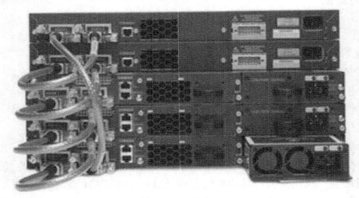

图 22-1　交换机堆叠

要创建 StackWise 单元，可使用特殊的堆叠互联电缆将多台交换机组合成一个逻辑单元，如图 22-1 所示。这将在堆叠中创建一条双向的闭环路径。

StackWise 还有其他一些特征。

- 每当网络拓扑或路由选择信息发生变化时，这种变化都将传播到整个堆叠中。
- 主交换机负责将堆叠作为一个整体进行管理。主交换机是选举出来的，是堆叠的成员之一。

- 一个堆叠最多可包含 9 台交换机。
- 每个交换机堆叠都只有一个 IP 地址，因此整个堆叠是作为一个整体进行管理的。你将使用这个 IP 地址来管理堆叠，包括故障检测、VLAN 数据库更新、安全性和 QoS 控制。每个堆叠都只有一个配置文件，这个文件被分发给堆叠中的每台交换机。
- 使用思科 StackWise 将带来一些管理开销，但堆叠中的多台交换机可创建一条 EtherChannel 连接，因此不需要使用 STP。

下面是使用 StackWise 技术的一些好处，CCNA 考试大纲要求你必须牢记这些好处。

- StackWise 让你能够将多台物理交换机组合成一个逻辑交换单元。
- 交换机是使用特殊的互联电缆组合起来的。
- 主交换机是选举出来的。
- 堆叠被作为一个整体进行管理，它只有一个管理 IP 地址。
- 降低了管理开销。
- 如果同时使用 EtherChannel，就不再需要使用 STP。
- 一个 StackWise 单元最多可包含 9 台交换机。

还有一点很酷，那就是当你在堆叠中添加交换机时，主交换机将自动使用当前运行的 IOS 映像和堆叠配置来配置新增的交换机。因此，你什么都不用做就能让新交换机运行起来，真是太好了！

22.2　云计算及其对企业网络的影响

云计算无疑是当今 IT 领域最热门的主题之一。大致而言，云计算可向用户远程地提供虚拟化的处理、存储和计算资源。不管用户使用的是什么样的连接，这都让资源是透明的。简而言之，有人将云称为“别人的硬盘”。这话当然没错，但除存储外，云还有很多其他的功能。

服务器整合和虚拟化的历史表明，鉴于其基本资源的使用效率，这已成为实现服务器的标准方式。两台物理服务器消耗的电量是一台服务器的两倍，但通过虚拟化，可让一台物理服务器托管两个虚拟机，这是推动虚拟化的主要动力。通过使用虚拟化，可更高效地共享网络组件。

无论是为了使用存储空间还是应用程序，连接到云提供商网络的用户都不关心底层的基础设施，因为随着计算逐渐从产品变成服务，它就被视为一种按需提供的资源，如图 22-2 所示。

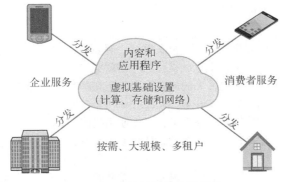

图 22-2　云计算是按需提供的

22

云服务的优点很多, 资源集中/整合、服务自动化、虚拟化和标准化只是其中的几个, 如图 22-3 所示。

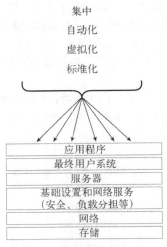

集中
自动化
虚拟化
标准化

应用程序
最终用户系统
服务器
基础设置和网络服务
(安全、负载分担等)
网络
存储

图 22-3　云计算的优点

相比于传统的计算机资源使用方式, 云计算有诸多优点。

给云服务提供商带来的好处如下。

- 降低成本、标准化和自动化。
- 通过共享虚拟化资源提高利用率。
- 管理起来更容易。
- 有条不紊的运营模型。

给云用户带来的好处如下。

- 按需获取的自助式资源提供方式。
- 部署周期短。
- 成本效益高。
- 资源集中。
- 可水平扩展的高可用性应用架构。
- 不需要本地备份。

对当今的劳动者来说, 资源集中在一起至关重要。例如, 如果你将文档存储在笔记本电脑中, 除非你坚持不断地备份, 否则一旦笔记本电脑被盗那一切就完了。这让我想起了 2005 年发生的事情!

那年我的笔记本电脑丢了, 随之丢失的还有我当时正在撰写的整本书的书稿, 我发誓再也不将文件存储在本地了。我开始使用 Google Drive、OneDrive 和 Dropbox 来存储所有的文件, 它们成了我最好的备份工具。现在如果我的笔记本电脑丢了, 只需使用任何计算机登录服务提供商的逻辑硬盘, 就能迅速找到所有的文件。这显然是一个简单的云计算使用示例; 准确地说, 这种云计算属于下面将讨论的神奇的 SaaS。

总之, 云计算支持资源共享、扩大计算规模, 无需遵循部署流程就可动态地添加新服务器, 还可降低云用户的运营成本。

服务模型

云提供商可根据你的需求和预算提供不同的资源。你只需选择一个生机勃勃的网络平台,就能获得所有的网络、OS 和应用程序资源。

图 22-4 显示了三种服务模型,具体是哪种模型取决于你要获得的云服务类型。

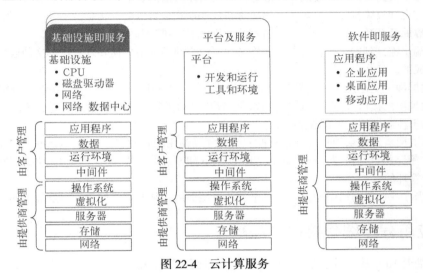

图 22-4 云计算服务

从图 22-4 可知,IaaS 允许客户管理大部分资源,SaaS 不允许客户管理任何资源,而 PaaS 介于这两者之间。显然,选择是根据成本做出的,但客户只为其使用的服务或基础设施付费。

下面来依次介绍这些服务。

❑ **基础设施即服务(IaaS)只提供网络。**提供计算机基础设施——平台虚拟化环境,客户的控制和管理权是最大的。

❑ **平台即服务(PaaS)提供操作系统和网络。**提供计算平台和解决方案栈,让客户能够开发、运行和管理应用程序,而无需承担搭建和维护所需基础设施的复杂工作。Windows Azure 提供的就是 PaaS。

❑ **软件即服务(SaaS)提供必要的软件、操作系统和网络。**SaaS 是 SaaS 厂商托管的常用应用程序软件,如数据库、Web 服务器和 Email 软件,客户通过互联网访问这种软件。SaaS 厂商拥有这些软件,并在其数据中心的计算机上运行它们,因此用户无需在其计算机或服务器上安装它们。Microsoft Office 365 和众多的亚马逊 Web 服务(AWS)产品都是典型的 SaaS。

云服务提供商推出了范围极其广泛的云计算产品,从高度专业化的产品到众多的服务,你可根据业务需求和预算进行选择。

使用云服务的优点在于,每项服务的价格都是固定的,这让你能够轻松而明智地确定未来的预算。刚开始你确实需要投入一定的资金来培训员工,但自动化让你能够以更少的员工完成更多的工作,因为管理更轻松、更简单。这让公司能够将资源用于开展新业务,长期而言,公司将变得更敏捷、更有创造力。

22

22.3   企业网络中网络可编程性概述

至此，传统网络中只有路由器和交换机端口未被虚拟化，本节就来介绍如何虚拟化物理端口。

你首先需要知道的是，传统的路由器和交换机运行一个提供网络功能的操作系统，如思科 IOS。这种做法持续了大约 25 年，效果一直很好，但在当今大型而复杂的网络中，对这些各自为政的设备进行配置、实现和故障排除太麻烦了。因为你得先搞明白业务需求，再据此对所有的设备进行配置。这可能需要数周乃至数月，因为每台设备都是分别配置、维护和监视的。

讨论将端口连接到网络的新方式前，你必须明白当前的网络如何转发数据。这种数据转发是通过两个层面完成的。

- ❏ **数据层面**   这个层面也叫转发层面，它负责使用控制层面管理的协议将帧和分组从入站接口转发到出站接口。这个层面收到数据后查找目标接口，再对帧和分组进行转发，因此它完全依赖于控制层面提供可靠的信息。
- ❏ **控制层面**   这个层面负责管理和控制数据层面使用的转发表。例如，OSPF、EIGRP、RIP 和 BGP 等路由选择协议，以及 IPv4 ARP、IPv6 NDP、交换机 MAC 地址学习和 STP 都是由控制层面管理的。

明白在当今或遗留网络中用来转发流量的两个层面后，来看看联网的未来发展方向。

22.4   应用程序编程接口（API）

如果你最近 10 年从事过企业 Wi-Fi 安装工作，就会明白，得先设计物理网络，再配置对网络中所有无线 AP 进行管理的网络控制器。当前，很难想象在企业网络中安装无线网络时不使用某种控制器。在企业网络中，接入点（AP）从控制器那里获取有关如何管理无线帧的指令，因此 AP 没有安装操作系统（大脑），无法自己做出大量的决策。

当前，对物理路由器和交换机端口来说，情况亦如此，但软件定义网络（Software Defined Network，SDN）可提供集中管理网络帧和分组的功能。

SDN 使用一个中央控制器来管理网络，这让网络设备不需要具备控制层面的功能，因此不用安装功能齐备的操作系统（如思科 IOS）。控制器通过将控制层面和数据（转发）层面分离来管理网络，从而将配置和修复网络设备的工作自动化。

换而言之，我们使用一个中央控制层面，而不是让网络设备各自拥有自己的控制层面，从而将所有的网络操作都整合到 SDN 控制器中。通过使用 API，应用程序能够控制和配置网络，而无需人工干预。API 是一种类似于 CLI、SNMP 和 GUI 的配置接口，简化了机器对机器的操作。

SDN 架构与传统的网络架构稍有不同，它增加了一层——应用程序层面。下面和图 22-5 描述了这种架构。

- ❏ **数据（转发）层面**   包含网络元素，即处理数据流量的物理或虚拟设备。
- ❏ **控制层面**   通常是一种软件解决方案。SDN 控制器位于这个层面，它负责集中控制位于数据层面的路由器和交换机，让网络设备无需有自己的控制层面。
- ❏ **应用程序层面**   这个新层包含应用程序，这些应用程序使用 API 将其网络需求告知控制器。

SDN 很酷，因为应用程序将根据业务需求告诉网络如何做，而不用你去这样做。随后，控制器将使用 API 向路由器、交换机或其他网络设备发出指令。这样，你无需花数周乃至数月来实现业务需求，相反，只需几分钟就能提供解决方案。

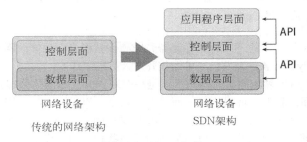

图 22-5　SDN 架构

SDN 使用的 API 有两组，这两组 API 有天壤之别。你知道，SDN 控制器使用 API 来与应用程序和数据层面通信。与数据层面的通信是使用南向接口定义的，而向应用程序层面提供服务时，使用的是北向接口。下面更深入地讨论这项在 CCNA 考试大纲中重要的内容。

22.4.1　南向 API

逻辑南向接口（SBI）（或设备与控制层面接口）API 用于控制器和网络设备之间的通信，它们让这两种设备能够通信，以便控制器能够规划路由器和交换机的数据层面转发表。图 22-6 对 SBI 做了说明。

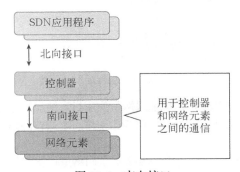

图 22-6　南向接口

在所有网络示意图中，网络设备都在控制器下方，因此用于与网络设备通信的 API 被称为南向的，这意味着"在控制器南向接口的外面"。别忘了，在 SDN 中，术语接口指的不再是物理接口！

与北向 API 一样，南向 API 也有很多相关的标准，而为备考 CCNA，你必须熟悉这些标准。下面就来说说这些标准。

- ❑ **OpenFlow**　ONF（opennetworking.org）定义的一种行业标准 API。它配置白标签（即非专用）交换机，从而定义穿越网络的传输路径。所有配置都是通过 NETCONF 完成的。
- ❑ **NETCONF**　虽然当前并非所有的设备都支持 NETCONF，但这是 IETF 制定的一种标准网络管理协议。你可通过 RPC 使用 XML 来安装、操作和删除网络设备的配置。

22

注意 NETCONF 是一种让你能够修改网络设备配置的协议。如果你要修改设备的转发表，应使用 OpenFlow 协议。

❑ **onePK** 一种思科专用的 SBI，让你无需升级硬件就能查看或修改网络设备的配置。它提供了 Java、C 和 Python 软件开发包，可简化开发人员的工作。

❑ **OpFlex** 思科 ACI 领域的南向 API，这是一个基于开放标准的分布式控制系统。OpenFlow 首先向网络设备的控制层面发送详尽而复杂的指令，以实现新的应用程序策略，这被称为命令式 SDN 模型；而 OpFlex 使用声明式 SDN 模型，因为控制器（思科称之为 APIC）向网络元素发送更抽象的"摘要策略"。摘要策略让控制器相信网络设备将使用自己的控制层面做必要的修改，因为这些设备将使用一个部分集中的控制层面。

22.4.2 北向 API

为让 SDN 控制器与通过网络运行的应用程序通信，你需要使用北向接口（NBI），如图 22-7 所示。

图 22-7 北向接口

NBI 搭建了一个框架，让应用程序能够要求网络使用指定的配置进行设置，这让应用程序能够对网络进行管理和控制。这可节省大量的时间，因为你不再需要调整网络，以便服务或应用程序能够正确运行。

在 NBI 应用程序中，有很多自动化的网络服务，从网络虚拟化和动态虚拟网络供应到粒度更细的网络监视、用户身份管理和访问策略控制。这让你能够整合提供服务器、存储和网络服务的云应用程序，从而在几分钟而不是数周内打造出全新的云服务！

遗憾的是，在编写本书期间，还没有可用于在控制器和所有应用程序之间进行通信的统一北向接口 API，因此你必须使用多个 API，其中每个 API 都只能用于一组特定的应用程序。

在大多数情况下，NBI 使用的应用程序都与 APIC 控制器位于同一个系统中，因此 API 不需要通过网络来发送消息。然而，如果它们并非位于同一个系统中，可使用 REST（表述性状态转移）；REST 使用 HTTP 消息将数据传递给位于其他主机上的应用程序。

22.5　思科 APIC-EM

思科应用程序策略基础设施控制器企业模块（Application Policy Infrastructure Controller Enterprise Module，APIC-EM）是一种思科 SDN 控制器，它使用前面提到的开放 API 来实现基于策略的管理和安全性，并对网络进行抽象，让网络服务更简单。APIC-EM 提供了集中的基于策略的应用程序配置自动化，你只需使用 APIC-EM 北向接口 API 就能以编程方式控制网络。通过这种可编程性，自动化网络控制可帮助 IT 公司在新的商业机会来临时快速做出响应。APIC-EM 还支持绿野（全新安装）和棕野（当前或遗留安装）部署，这让你使用既有的基础设施就能实现可编程性和自动化。

APIC-EM 很酷且易于使用（这一点存在争议），让你能够自动化 20 多年来一直由工程师手动完成的任务。乍一看，这好像将消灭当前的很多工作岗位。在有些情况下，拒绝改变的人肯定会被 APIC-EM 取代，但只要你现在就开始规划，就可免于沦落到这样的下场。图 22-8 说明了 APIC-EM 在 SDN 栈中所处的位置。

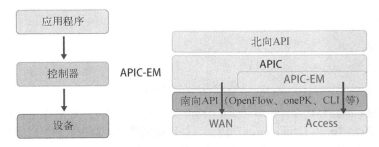

图 22-8　APIC-EM 在 SDN 栈中所处的位置

思科 APIC-EM 的北向接口不过是一个 API 而已，但南向接口是使用服务抽象层（SAL）实现的，这个服务抽象层通过 SNMP 和 CLI 与网络设备通信。通过使用 SNMP 和 CLI，让 APIC-EM 能够用于遗留的思科产品，而且不久后 APIC-EM 还将能够使用 NETCONF。

网络设备可以是物理的，也可以是虚拟的，包括 Nexus 数据中心交换机、ASA 防火墙、ASR 路由器以及第三方负载均衡器。被管理的设备必须是针对 ACI 的，换而言之，要添加与 APIC 控制器进行通信所需的南向 API，必须使用特殊的 NX-OS 或 ASR IOS 版本。

APIC-EM API 是基于 REST 的；正如你知道的，这让你能够通过 HTTP 使用 GET、POST、PUT 和 DELETE 选项以及 JSON（JavaScript 对象表示法）和 XML（可扩展的标记语言）语法来发现和控制网络。

下面介绍 CCNA 考试大纲涵盖的思科 APIC-EM 的一些重要功能，如图 22-9 所示。

在屏幕左边，有一个 Discovery 按钮，它扫描网络并显示网络信息数据库，包括所有网络设备在内的资产清单。这些网络设备也包含在 Device Inventory 中。

图 22-9 的右边还有一个网络拓扑图，指出了网络的物理拓扑。这是使用按钮 Topology 显示的，这个按钮自动发现网络设备，并绘制包含设备详细信息的拓扑图，图中还显示了发现的主机。请注意 IWAN 按钮，它显示 IWAN 网络配置文件以及简单的业务策略。还有一个 Path Trace 按钮，稍后再介绍它。

22

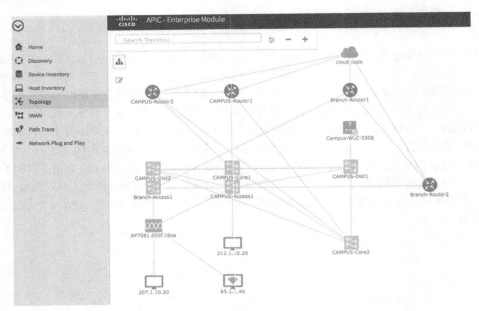

图 22-9　APIC-EM

　　介绍 APIC-EM 的路径跟踪（Path Trace）功能前，先讨论其他一些对你来说较为有用的功能。APIC-EM 提供了 Zero-Touch Deployment 功能，它使用控制器扫描器来发现并自动配置新设备。你可使用身份管理器（Identity Manager）与思科身份服务引擎（Identity Service Engine，ISE）交换信息，以跟踪用户身份和端点。通过使用 QoS 部署和变更管理功能，你可快速指定并实施 QoS 优先级策略，还可通过查询和分析每台网络设备上的 ACL 来快速管理 ACL。这意味着使用 ACL 分析可快速发现错误的 ACL 配置。最后，控制器通过使用策略管理器（Policy Manager）将业务策略转换为网络设备级策略；策略管理器可针对特定用户实施特定的策略，对于这些策略，可指定实施时间，还可指定实施范围——有线网络和/或无线网络。

　　下面来介绍 APIC-EM 中至关重要的路径跟踪功能。

使用 APIC-EM 跟踪路径

　　本章介绍的是智能网络，其中的一项重要内容是 APIC-EM 的路径跟踪功能。实际上，一直以来，我之所以使用 APIC-EM，就是为了利用其路径跟踪功能来帮助排除虚拟网络故障，结果表明它表现得确实非常出色。另外，这项功能看起来也很酷！

　　根据 CCNA 考试大纲的要求，你必须知道可以使用 APIC-EM 的路径跟踪服务来分析 ACL。这项服务让你能够查看特定类型的分组从源节点通过网络传输到目标节点时经过的路径。另外，使用它来诊断应用程序问题时，你还可指定 IP 和 TCP/UDP 端口。如果接口上有 ACL 阻断了特定的应用程序，你将在 GUI 输出中看到这一点。在你的日常网络管理工作中，这项功能可提供极大的帮助。

　　路径跟踪结果是以 GUI 的方式呈现的，其中显示了分组从源节点传输到目标节点时经过的所有设备和链路，你还可以指定显示反向路径。虽然以手动方式来跟踪路径也很轻松，但这样需要花费大量的时间！如果使用 APIC-EM 的路径跟踪功能，你只需在用户界面上单击几下，它就会替你完成这种工作。

指定源地址和目标地址（可能还有应用程序）后，就将启动路径跟踪。随后你将看到一条位于这两台主机之间的路径，还有途经的设备清单，如图 22-10 所示。

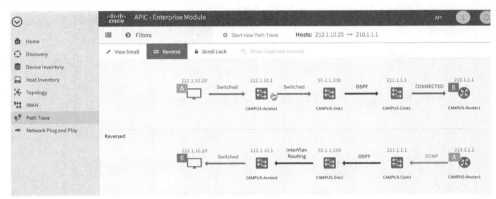

图 22-10　APIC-EM 路径功能使用示例

在图 22-10 中，你看到了从主机 A 到主机 B 的完整路径。这里还同时显示了反向路径。在这个示例中，分组未被 ACL 阻断，但如果特定应用程序的分组被阻断，你将看到分组在哪个接口处被阻断以及被阻断的原因。下面更详细地说说这个示例中的路径跟踪过程。

首先，APIC-EM Discovery 确定网络拓扑是什么样的。然后，我就可以指定分组的源地址和目标地址了——另一种指定分组的方式是指定端口号和应用程序。APIC-EM 使用 MAC 地址表、IP 路由选择表等来确定分组在网络中传输时经过的路径。最后，GUI 将路径显示出来，同时显示路径中设备和接口的信息。

需要说的最后一点是，APIC-EM 是免费的，你可免费使用大部分 NBI 应用程序，但要使用有些解决方案应用程序，必须获得许可。因此，只要有一个内存不少于 64 G 的 VM，就万事俱备了！

22.6　思科智能 WAN

这个主题在第 21 章介绍过，但鉴于它也包含在 CCNA 考试大纲中的"智能网进展"条目中，这里必须大致说说。这里还将介绍 APIC-EM 中的 IWAN 按钮。思科 IWAN 解决方案让远程场点能够利用价格低廉的带宽，同时不影响应用程序的性能、可用性和安全性，而且配置起来很容易。

显然，这让我们能够使用价格低廉的互联网连接，这种连接比以前更可靠，且成本效益比我们以前使用的专用 WAN 链路更高。这意味着通过使用思科新推出的智能 WAN（IWAN），我们可充分利用这种价格低廉的技术。IWAN 还提供了故障切换和冗余功能，这些就是大型企业使用思科 IWAN 的原因所在。IWAN 有什么缺点呢？对你对我来说没有，因为我们整个网络中使用的都是思科的设备。

IWAN 根据应用程序服务等级协议（SLA）动态地路由数据，同时关注网络状况，能够为组织提供极佳的长距离连接。无论在什么类型的网络中，IWAN 都能够做到这一点！

图 22-11 显示了 IWAN 屏幕的 IWAN Aggregation Site 选项卡。

22

APIC-EM 提供了 IWAN 发现和配置功能。

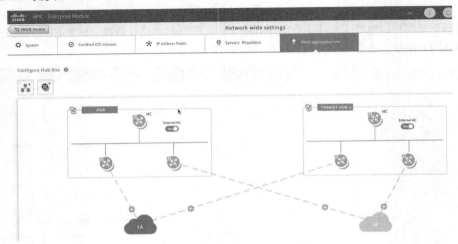

图 22-11　APIC-EN IWAN 屏幕

思科 IWAN 包含四个组件。

☐ **独立于传输方式的连接性**　思科 IWAN 提供了一种高级 VPN 连接，这种连接可使用各种前往远程场点的路由，从而将这些路由组合成只有一个路由选择域的网络。这让网络能够轻松地使用多种不同类型的 WAN 连接，包括 MPLS、宽带和移动通信连接。

☐ **智能路径控制**　通过使用思科性能路由选择（PfR），思科 IWAN 可提高应用程序使用 WAN 的效率，从而提高其数据传输速度。

☐ **应用程序优化**　通过使用应用程序可视性和控制（AVC）以及思科广域应用程序服务（WAAS），可改善通过 WAN 链路运行的应用程序的性能。

☐ **高度安全的连接性**　通过使用 VPN、防火墙、网络分段和安全功能，思科 IWAN 可帮助确保这些解决方案使用公共互联网传输数据所需的安全性。

22.7　服务质量

服务质量（QoS）指的是通过控制资源来确保服务的质量。从本质上说，这是给不同的应用程序、数据流或用户指定不同的优先级，以保证其流量的传输性能达到一定的等级。QoS 用于管理网络资源争用，以提供更佳的用户体验。

QoS 方法专注于可能对数据在网络中传输带来影响的问题。

☐ **延迟**　数据可能遇到拥塞的线路，还可能使用非最佳路由前往目的地，而诸如此类的延迟可能导致 VoIP 等应用程序无法正常运行。这是实现 QoS 最重要的原因：网络中有实时应用程序时，使用 QoS 来优先传输对延迟敏感的流量。

☐ **分组被丢弃**　有些路由器在缓冲区已满后将收到的分组丢弃。如果接收应用程序正等待这些分组却没有收到它们，通常会请求重传，这是导致服务延迟的另一个常见原因。使用 QoS 后，如果链路发生拥塞，将推迟传输或丢弃不那么重要的流量，优先传输对延迟敏感且对业务至关重要的流量。

❑ **错误**　分组在传输过程中可能受损，导致到达目的地时其格式不正确；对于这些分组，也必须重传，进而导致视频和语音等流量延迟。

❑ **抖动**　并非每个分组前往目的地时采用的路径都相同，因此那些通过较慢或较繁忙的网络连接传输的分组，其延迟时间也更长。这种分组延迟方面的差异被称为抖动，可能对需要实时通信的程序带来严重的负面影响。

❑ **到达的顺序不正确**　这也是不同分组通过网络前往目的地时使用的路径不同导致的。接收端的应用程序必须按正确的顺序排列分组，才能组合出正确的消息。因此，如果存在很长的延迟，或者未能按正确的顺序重组分组，用户可能感觉到应用程序的质量明显下降。

对于对可预见性有一定要求的应用程序，QoS 可确保它们获得必要的带宽，以便能够正常运行。显然，在带宽充裕的网络中，这不是问题；但带宽越紧缺，QoS 就显得越重要！

流量的特征

在当今的网络中，同时传输着数据、语音和视频流量，其中每种类型的流量都有不同的特征。

图 22-12 说明了当今网络中传输的数据、语音和视频流量的特征。

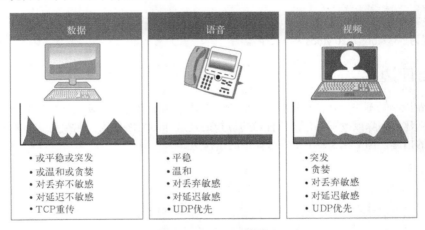

图 22-12　不同流量的特征

数据流量并非实时流量，它可能是突发（不可预测）的，分组到来的时间可能变化很大。

数据流量具有如下特征（如图 22-12 所示）：

❑ 或平稳或突发；

❑ 或温和或贪婪；

❑ 对丢弃不敏感；

❑ 对延迟不敏感；

❑ TCP 重传。

在当今的网络中，无需对数据流量做特殊处理，在其使用的是 TCP 时尤其如此。语音流量属于实时流量，所需的带宽固定且可预测，分组到来的时间也是确定的。

语音流量的特征如下：
- ❑ 平稳；
- ❑ 温和；
- ❑ 对丢弃敏感；
- ❑ 对延迟敏感；
- ❑ UDP 优先。

单程语音流量要求：
- ❑ 延迟不超过 150 毫秒；
- ❑ 抖动不超过 30 毫秒；
- ❑ 丢失率不超过 1%；
- ❑ 带宽为 30 ~ 128 Kbps。

视频流量有多种，随着 Netflix、Hulu 等的面世，当今互联网传输的很多流量都是视频流量。视频流量包括流式视频、实时交互式视频和视频会议等。

单程视频流量要求：
- ❑ 延迟不超过 200 ~ 400 毫秒；
- ❑ 抖动不超过 30 ~ 50 毫秒；
- ❑ 丢失率不超过 0.1% ~ 1%；
- ❑ 带宽为 384Kbps ~ 20Mbps 甚至更高。

22.8 信任边界

信任边界指的是不一定信任分组标记（它指出了流量属于语音、视频还是数据）的地方，在这些地方，你可创建、删除或改写标记。信任域边缘指的是这样的网络位置：你接受既有的分组标记并据此采取相应的措施。图 22-13 显示了一些典型的信任边界。

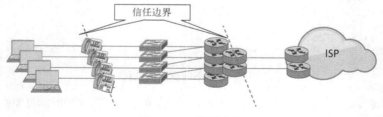

图 22-13 信任边界

该图表明，IP 电话和路由器接口通常都是可信任的，但更远的地方不可信任。下面是你在备考 CCNA 时必须牢记的一些内容。

- ❑ **不可信任域** 不由你管理的网络部分，如 PC、打印机等。
- ❑ **信任域** 只包含管理员管理的设备（如交换机、路由器等）的网络部分。
- ❑ **信任边界** 对分组进行分类和标记的地方。例如，IP 电话和 ISP 和企业网络之间的边界都是信任边界。在企业园区网中，信任边界几乎总是边缘交换机处。

在信任边界，对流量进行分类和标记，再将其转发到信任域。对于来自不可信任域的流量，通常忽略其标记，以防最终用户控制的标记利用网络的 QoS 配置投机取巧。

22.9 QoS 机制

本节介绍如下重要机制：

❑ 分类和标记工具；
❑ 监管、整形和重新标记工具；
❑ 拥塞管理（调度）工具；
❑ 针对链路的工具。

下面更深入地介绍这些工具。

22.9.1 分类和标记

分类器是一个 IOS 工具，查看分组的一个字段以确定它运载的流量的类型。这旨在让 QoS 能够判断分组所属的流量类别，进而确定如何处理它们。不能对流量频繁执行这样的操作，因为这需要占用时间和资源。根据流量的类型将其交给相应的策略实施机制进行处理。

策略实施机制包括标记、排队、监管和整形。在帧和分组中，有很多用于标记流量的第 2 层和第 3 层字段。根据 CCNA 考试大纲，你必须明白这些标记方法，现对它们进行如下介绍。

❑ **服务类别（CoS）** 一种位于第 2 层的以太网帧标记，长 3 位。如果使用的是 IEEE 802.1Q 定义的 VLAN 标记帧，这个以太网帧头中的字段被称为优先级码点（PCP）。

❑ **服务类型（ToS）** IPv4 分组报头中的 ToS 字段长 8 位，其中的 3 位为 IP 优先级字段。在 IPv6 中，相应的字段名为流量类别（Traffic Class）。

❑ **区分服务码点（DSCP 或 DiffServ）** 在现代网络中，要对网络流量进行分类和管理，进而提供服务质量（QoS），可使用的方法之一是 DSCP。这种技术使用 6 位的区分服务码点来对分组进行分类，这种码点位于 IP 报头的 8 位区分服务（DS）字段中。IP 优先级是老的 ToS 标记方式，而 DSCP 是新方式，向后与 IP 优先级兼容。

使用 IP 优先级和 DSCP 来标记第 3 层分组是使用最广泛的标记方法，因为第 3 层分组标记有端到端意义。

❑ **类别选择器** 类别选择器使用与 IP 优先级相同的 3 位字段，只能指定部分 DSCP 值。

❑ **流量标识符（TID）** 用于无线帧中，是 802.11 定义的 QoS 控制字段中的一个长 3 位的字段。它与 CoS 很像，因此你只需记住 CoS 用于有线以太网，而 TID 用于无线以太网就可以了。

分类和标记工具

前面说过，分类指定了分组或帧属于哪种流量，让你能够通过标记、整形和监管来应用策略。在任何情况下，都应在离信任边界尽可能近的地方对流量进行标记。

通常根据下面三种信息来对流量进行分类。

❑ **标记** 查看报头中的第 2 或第 3 层设置，并根据既有的标记进行分类。

❑ **地址** 这种分类方法查看报头中的第 2 层和第 3 层地址以及第 4 层端口号，你可使用 IP 地址按设备对流量进行分组，也可使用端口号按类型对流量进行分组。

22

❑ **应用程序特征** 这种分类方法查看有效负载中的信息，也称为深度分组检查。

下面来讨论基于网络的应用程序识别（Network Based Application Recognition，NBAR），以更深入地探讨深度分组检查。

NBAR 是一种执行深度分组检查的分类器，能够查看分组的第 4 ~ 7 层，但与使用地址（IP 地址或端口）或访问控制列表（ACL）相比，使用 NBAR 的 CPU 密集程度更高。

鉴于仅查看第 3 和 4 层并非总能确定流量所属的应用程序，因此 NBAR 查看分组的有效负载，并将有效负载的内容同特征数据库进行比较。这种特征数据库被称为分组描述语言模型（PDLM）。

NBAR 有两种不同的运行模式。

❑ **被动模式** 使用被动模式将实时地获悉有关应用程序的统计信息，包括协议、接口、比特率、分组数、字节数等。

❑ **主动模式** 对应用程序进行分类以便对流量进行标记，进而应用 QoS 策略。

22.9.2 监管、整形和重新标记

识别并标记流量后，该对分组采取某种措施了，这是通过分配带宽、监管、整形、排队或丢弃实现的。例如，流量超额后，为避免拥塞，可能延迟发送、丢弃甚至重新标记。

监管器和整形器是两种发现并处理流量问题的工具，它们都是速率限制工具。图 22-14 说明了这两者的差别。

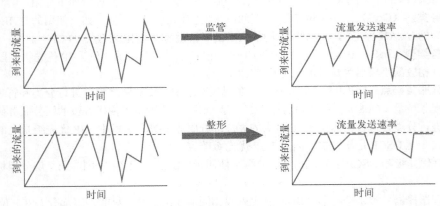

图 22-14　速率限制工具监管器和整形器

监管器和整形器识别超额流量的方式类似，但采取的措施不同。

❑ **监管器** 鉴于监管器迅速做出决策，你应将其尽可能部署在入口处。这是因为对于迟早将被丢弃的流量，你希望在收到时就丢弃它们。对于超额流量，监管器不会推迟发送，这意味着监管器不会引入抖动或延迟，因为它们只是检查这些流量，进而丢弃或重新标记。这意味着丢弃的可能性更高，进而可能导致大量的 TCP 重传。

❑ **整形器** 整形器通常部署在企业网络和服务提供商网络之间的出口处，以确保流量不超过合同速率。如果流量超过了合同速率，将被提供商监管和丢弃。整形器确保流量符合 SLA，因此与使用监管器相比，TCP 重传更少。你需要知道的是，整形确实会引入抖动和延迟。

请记住，监管器丢弃流量，而整形器推迟发送流量；监管器会导致大量的 TCP 重传，而整形器不会；整形器会引入延迟和抖动，而监管器不会。

22.9.3　拥塞管理工具

　　本节和讨论拥塞避免的下一节都介绍拥塞问题。超过网络资源的处理能力后，流量将被加入队列；大致而言，队列是分组复制的临时存储区。通过将队列排队，不用将分组丢弃，这并非坏事。实际上，这是件好事，否则不能得到及时处理的分组都将立即被丢弃。然而，对于 VoIP 等流量，如果不能分配足够的宽带来确保它们不延迟，还不如立即丢弃。

　　发生拥塞后，拥塞管理工具将激活。拥塞管理工具分两类，如图 22-15 所示。

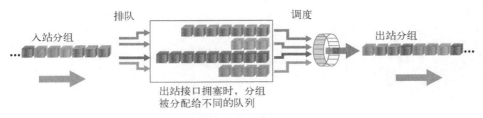

图 22-15　拥塞管理

下面更深入地介绍一下拥塞管理。

- □ **排队（缓冲）**　缓冲指的是在输出缓冲区中对分组进行逻辑排序，它仅在发生拥塞时才会激活。队列已满后，可对分组重新排序，以便先将优先级高的分组从出站接口发送出去，再发送优先级低的分组。
- □ **调度**　指的是决定接下来该发送哪个分组，无论链路是否发生拥塞，都需要做出这种决策。

　　鉴于有些调度机制你必须熟悉，下面再花点时间介绍调度。介绍完这些调度机制后，我们再回过头去详细说说排队。

- □ **严格优先调度**　仅当优先级高的队列变空后才为优先级低的队列提供服务。如果你发送的流量都是高优先级的，这很好，但优先级低的队列可能永远得不到处理，我们将这样的流量或队列称为饥饿的。
- □ **循环调度**　这是一种非常公平的方法，因为它按特定的顺序依次为各个队列提供服务。在这种情况下，不会出现饥饿的队列，但实时流量将深受其害。
- □ **加权公平调度**　这种调度方法给队列指定权重，让一些队列得到服务的频率比其他队列高，这比循环调度有进步。在这种情况下，也不会出现饥饿的队列，但与循环调度不同，你可让实时流量优先得到处理。然而，这并不能提供带宽保证。

　　下面回过头去说说排队。排队通常是一个第 3 层过程，但有些排队操作是在第 2 层甚至第 1 层进行的。有趣的是，如果第 2 层队列已满，数据可能被放入第 3 层队列；同样，如果第 1 层队列（这种队列被称为传输环路队列）已满，数据将被放入第 2 和第 3 层队列。在设备上激活 QoS 时，将出现这种情况。

22

排队机制有很多，但当前只使用其中的两种。虽然如此，还是先来看看被摒弃不用的排队方法。

- **先进先出（FIFO）**　只有一个队列，分组的处理顺序与到达顺序完全相同。
- **优先排队（PQ）**　这种排队方法真不怎么样，因为仅在高优先级队列变空后低优先级队列才能得到服务。只有 4 个队列，低优先级流量可能永远发送不出去。
- **自定义排队（CQ）**　最多可以有 16 个队列，并使用循环调度。CQ 可避免低优先级队列饥饿，并提供了带宽保证，但它没有让实时流量绝对优先，因此有些 VoIP 流量可能被丢弃。
- **加权公平排队（WFQ）**　在很长时间内，这都是一种非常流行的排队方法，因为它根据数据流数分割带宽，从而给所有应用程序都提供了带宽。这对实时流量来说很好，但不给任何数据流提供保证。

了解所有不怎么样的排队方法后，下面来看看推荐在当今的富媒体网络中使用的较新排队机制，如图 22-16 所示。

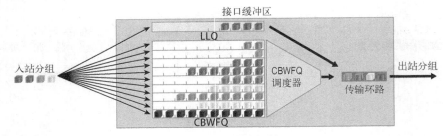

图 22-16　排队机制

在当今的网络中，应使用两种经过改进的新排队机制，它们是基于类别的加权公平排队和低延迟排队。

- **基于类别的加权公平排队（CBWFQ）**　既公平又为所有流量提供带宽保证，但没有提供延迟保证，因此通常只用于管理数据流量。
- **低延迟排队（LLQ）**　LLQ 其实与 CBWFQ 相同，但更优先传输实时流量。LLQ 提供了延迟保证和带宽保证，非常适合用于管理数据流量和实时流量。

从图 22-16 可知，LLQ 排队机制非常适合用于需要传输实时流量的网络。如果将最上面的低延迟队列删除，LLQ 就变成了 CBWFQ，这种排队机制只适合用于只传输数据流量的网络。

22.9.4　拥塞避免工具

在 20 世纪 90 年代中期，TCP 引入了滑动窗口—— 一种流量控制机制，这改变了联网领域。流量控制是一种接收设备用来控制传输设备的数据发送量的机制。

在滑动窗口面世前，如果在数据传输期间发生问题（这是常有的事），TCP 和其他第 4 层协议（如SPX）使用的流量控制方法将把传输速率减半，并在后续整个连接期间都保持这样的速率，甚至进一步降低速率。这显然遭到了用户的诟病！

当前，出现流量控制问题时，TCP 也会大大地降低传输速率，但数据段丢失的问题得到解决或分组终于得到处理后，它就会提高传输速率。滑动窗口在刚推出时虽然很了不起，但其前述行为可能导致尾丢弃。对当今的网络来说，尾丢弃绝对是不理想的，因为这导致我们无法充分利用带宽。

尾丢弃指的是将接收接口队列已满时到达的分组丢弃。这将浪费宝贵的带宽，因为 TCP 将不断重发数据，直到满意（即收到了确认）为止。这就引出了一个新的术语——TCP 全局同步，它指的是出现分组丢失的问题后，发送方立即降低传输速率。

拥塞避免在队列未满时就开始丢弃分组，但不是随机地丢弃分组，而是根据流量的权重来决定丢弃哪些分组。思科使用一种名为加权随机早期检测（WRED）的排队方法，确保发生拥塞时，高优先级流量的丢失低于其他流量。这让 VoIP 等更重要的流量得以优先处理，并丢弃那些不那么重要的流量，如到 Facebook 的连接。

提示　　排队算法管理队列的前端，而拥塞机制管理队列的后端。

图 22-17 说明了拥塞避免的工作原理。

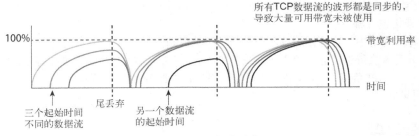

图 22-17　拥塞避免

如图 22-17 所示，如果三个数据流从不同的时间开始，发生拥塞时 TCP 可能导致尾丢弃，即在缓冲区已满后将收到的流量立即丢弃。此时，TCP 可能发起另一个数据流，但所有数据流的波形都是同步的，导致大量带宽未被使用。

22.10　小结

本章是上一版没有的，专注于探讨 CCNA 考试大纲指定的智能网络内容。我首先介绍了使用 StackWise 的交换机堆叠，然后讨论了云计算的重要方面及其对企业网络的影响。

虽然本章的内容很多，但我紧扣 CCNA 考试大纲中较难的主题，帮助你学习 CCNA 考试的重点。这包括如下方面：软件定义网络（SDN）、应用程序编程接口（API）、思科应用策略基础设施控制器企业模块（APIC-EM）、智能 WAN 和服务质量（QoS）。

22.11　考试要点

明白交换机堆叠和 StackWise。 最多可将 9 台交换机连接起来，组成一个 StackWise 单元。

明白基本云技术。 明白 SaaS 等云服务以及虚拟化的工作原理。

深入理解 QoS。 你必须明白 QoS，具体地说是详细了解标记，设备信任，给语音、视频和数据指定优先级，整形、监管和拥塞管理。

明白 APIC-EM 和路径跟踪。详细阅读介绍 APIC-EM 和 APIC-EM 路径跟踪的小节，它们全面涵盖了相关的 CCNA 考试大纲。

明白 SND。明白控制器的工作原理（尤其是控制层面和数据层面），还有北向 API 和南向 API。

22.12 书面实验

请回答下述问题。

(1) 哪种 QoS 机制是一个 6 位的值，用于描述第 3 层 IPv4 ToS 字段的含义？

(2) SDN 南向接口用于哪两个层面之间？

(3) 哪种 QoS 机制用于描述无线帧中 QoS 控制字段中的一个 3 位的字段？

(4) 对流量进行分类的方式有哪三种？

(5) CoS 是一个第 2 层 QoS_____？

(6) 有个会话使用的带宽超过了分配给它的带宽，哪种 QoS 机制将丢弃超额流量？

(7) SDN 架构包含哪三层？

(8) 在富媒体网络中，推荐使用哪两种较新的排队机制？

(9) 哪种分类器执行深度分组检查（即查看第 4～7 层），且 CPU 密集程度比标记高？

(10) _____API 负责 SDN 控制器和通过网络运行的服务之间的通信。

答案见附录 A。

22.13 复习题

下面的复习题旨在检验你对本章内容的理解程度。有关如何获取更多复习题的信息，请参阅 www.lammle.com/ccna。

这些复习题的答案见附录 B。

(1) 下面哪项是拥塞避免机制？
   A. LMI
   B. WRED
   C. QPM
   D. QoS

(2) 下面哪两种有关 StackWise 的说法是正确的？
   A. 使用 StackWise 互联电缆将交换机连接起来，以创建一条双向的闭环路径
   B. 使用 StackWise 互联电缆将交换机连接起来，以创建一条单向的闭环路径
   C. StackWise 最多可将 9 台交换机连接起来，组成一个逻辑交换单元
   D. StackWise 最多可将 9 台交换机连接起来，组成多个由单个 IP 地址管理的逻辑交换单元

(3) 下面哪项是最准确的云计算定义？
   A. UCS 数据中心
   B. 所有用户数据都放在服务提供商处的计算模型
   C. 按需计算模型
   D. 所有用户数据都放在本地数据中心的计算模型

(4) 下面哪三项是语音流量的特征或其单程要求？
   A. 突发
   B. 平稳

C. 延迟低于 400 毫秒　　　　　　　　D. 延迟低于 150 毫秒

E. 所需带宽大约为 30 ~ 128 Kbps　　F. 所需带宽大约为 0.5 ~ 20 Mbps

(5) 思科 APIC-EM 位于 SDN 架构的哪一层?

　　A. 数据层　　　　　　　B. 控制层

　　C. 表示层　　　　　　　D. 应用程序层

(6) 在哪种云服务模型中, 客户负责管理操作系统、软件、平台和应用程序?

　　A. IaaS　　　　　　B. SaaS　　　　　　C. PaaS　　　　　　D. APIC-EM

(7) 下面哪种有关 QoS 信任边界或信任域的说法是正确的?

　　A. 信任边界总是路由器

　　B. PC、打印机和平板电脑通常位于信任域内

　　C. IP 电话是常见的信任边界

　　D. 除非服务提供商网络和企业网络属于同一个信任域, 否则路由选择将不管用

(8) 下面哪种有关 IWAN 的说法是正确的?

　　A. IWAN 支持独立于传输方式的连接性

　　B. IWAN 只支持静态路由选择

　　C. IWAN 没有提供应用程序可视性, 因为它只传输经过加密的流量

　　D. IWAN 需要使用特殊的加密设备来提供可接受的安全等级

(9) 哪种高级分类工具可用于对数据应用程序进行分类?

　　A. NBAR　　　　　　B. MPLS　　　　　　C. APIC-EM　　　　　　D. ToS

(10) IP 报头中的 DSCP 字段长多少位?

　　A. 3 位　　　　　　B. 4 位　　　　　　C. 6 位　　　　　　D. 8 位

(11) SDN 南向接口用于下面哪两个层面之间?

　　A. 控制层面　　　　　　B. 数据层面　　　　　　C. 路由选择层面　　　　　　D. 应用程序层面

(12) 下面哪项属于第 2 层 QoS 标记?

　　A. EXP　　　　　　B. QoS 组　　　　　　C. DSCP　　　　　　D. CoS

(13) 在网络中开始使用 SDN 意味着什么?

　　A. 你什么都不用干, 工资却更高

　　B. 你需要升级所有的应用程序

　　C. 你需要拆除所有的思科交换机

　　D. 你将有更多的时间, 能够更快地应对新的业务需求

(14) 会话使用的带宽超过配额时, 哪种 QoS 机制将超额流量丢弃?

　　A. 拥塞管理　　　　　　B. 整形　　　　　　C. 监管　　　　　　D. 标记

(15) SDN 架构包含哪三层?

　　A. 网络层　　　　　　B. 数据链路层　　　　　　C. 控制层

　　D. 数据层　　　　　　E. 传输层　　　　　　F. 应用程序层

(16) 下面哪种有关 APIC-EM ACL 分析的说法不正确?

　　A. 快速比较设备的 ACL, 以找出差别和配置错误

　　B. 检查、审视和分析网络访问控制策略

　　C. 能够执行第 4 ~ 7 层的深度分组检查

　　D. 能够跟踪应用程序流量在两台终端设备之间的传输路径, 从而快速找出 ACL 问题和其他问题

22

(17) 下面哪两种说法不正确?

A. 南向 API 用于在控制器和网络设备之间进行通信

B. 北向 API 用于在控制器和网络设备之间进行通信

C. onePK 是思科专用的

D. 控制层面负责转发帧或分组

(18) 下面哪两种有关交换机堆叠的说法是正确的?

A. 堆叠被作为多个对象进行管理,但只有一个管理 IP 地址

B. 堆叠被作为单个对象进行管理,且只有一个管理 IP 地址

C. 主交换机是你首次在交换机上启动主交换机算法后选择的

D. 主交换机是选举出来的,它是堆叠的成员之一

(19) 下面哪种服务提供操作系统和网络?

A. IaaS   B. PaaS   C. SaaS   D. 以上答案都不对

(20) 下面哪种服务提供所需的软件、操作系统和网络?

A. IaaS   B. PaaS   C. SaaS   D. 以上答案都不对

(21) 下面哪项不是云计算给云用户带来的好处?

A. 按需获取的自助式资源提供方式

B. 资源集中

C. 本地备份

D. 可水平扩展的高可用性应用架构

附录 A

书面实验答案

A.1 第 1 章：网络互联

A.1.1 书面实验 1.1 答案

(1) 应用层负责寻找服务器通告的网络资源，并提供流量控制和错误控制功能（前提是应用程序开发人员选择这些功能）。

(2) 物理层接收来自数据链路层的帧，将 0 和 1 编码成数字或模拟（以太网或无线）信号，以便在网络介质上传输。

(3) 网络层提供了在互联网络中进行路由选择的功能，还提供了逻辑地址。

(4) 表示层确保数据为应用层能够理解的格式。

(5) 会话层在应用程序之间建立、维护并终止会话。

(6) 数据链路层的 PDU 被称为帧，该层还提供物理地址以及将分组放到网络介质上的其他选项。

(7) 传输层使用虚电路在主机之间建立可靠的连接。

(8) 网络层提供逻辑地址（通常是 IP 地址）和路由选择功能。

(9) 物理层负责在设备之间建立电气和机械连接。

(10) 数据链路层负责将数据分组封装成帧。

(11) 会话层在不同主机的应用程序之间建立会话。

(12) 数据链链路层将从网络层收到的分组封装成帧。

(13) 传输层将用户数据进行分段。

(14) 网络层将来自传输层的数据段封装成分组。

(15) 物理层负责以数字信号的方式传输 1 和 0（比特）。

(16) 数据段、分组、帧、比特。

(17) 传输层。

(18) 数据链路层。

(19) 网络层。

(20) 长 48 位（6 字节），表示为一个十六进制数。

A.1.2　书面实验 1.2 答案

描　　述	设备或OSI层
这种设备收发有关网络层的信息	路由器
该层在两个终端之间传输数据前建立虚电路	传输层
这种设备使用硬件地址过滤网络	网桥或交换机
以太网是在这些层定义的	数据链路层和物理层
该层支持流量控制、排序和确认	传输层
这种设备可度量离远程网络的距离	路由器
该层使用逻辑地址	网络层
该层定义了硬件地址	数据链路层（MAC子层）
这种设备创建一个冲突域和一个广播域	集线器
这种设备创建很多更小的冲突域，但网络仍属于一个大型广播域	交换机或网桥
这种设备不能以全双工方式运行	集线器
这种设备分割冲突域和广播域	路由器

A.1.3　书面实验 1.3 答案

A. 集线器：一个冲突域，一个广播域。
B. 网桥：两个冲突域，一个广播域。
C. 交换机：四个冲突域，一个广播域。
D. 路由器：三个冲突域，三个广播域。

A.2　第 2 章：以太网和数据封装

A.2.1　书面实验 2.1 答案

(1)

十进制数	128	64	32	16	8	4	2	1	二进制数
192	1	1	0	0	0	0	0	0	11000000
168	1	0	1	0	1	0	0	0	10101000
10	0	0	0	0	1	0	1	0	00001010
15	0	0	0	0	1	1	1	1	00001111

十进制数	128	64	32	16	8	4	2	1	二进制数
172	1	0	1	0	1	1	0	0	10101100
16	0	0	0	1	0	0	0	0	00010000
20	0	0	0	1	0	1	0	0	00010100
55	0	0	1	1	0	1	1	1	00110111

十进制数	128	64	32	16	8	4	2	1	二进制数
10	0	0	0	0	1	0	1	0	00001010
11	0	0	0	0	1	0	1	1	00001011
12	0	0	0	0	1	1	0	0	00001100
99	0	1	1	0	0	0	1	1	01100011

(2)

二进制数	128	64	32	16	8	4	2	1	十进制数
11001100	1	1	0	0	1	1	0	0	204
00110011	0	0	1	1	0	0	1	1	51
10101010	1	0	1	0	1	0	1	0	170
01010101	0	1	0	1	0	1	0	1	85

二进制数	128	64	32	16	8	4	2	1	十进制数
11000110	1	1	0	0	0	1	1	0	198
11010011	1	1	0	1	0	0	1	1	211
00111001	0	0	1	1	1	0	0	1	57
11010001	1	1	0	1	0	0	0	1	209

二进制数	128	64	32	16	8	4	2	1	十进制数
10000100	1	0	0	0	0	1	0	0	132
11010010	1	1	0	1	0	0	1	0	210
10111000	1	0	1	1	1	0	0	0	184
10100110	1	0	1	0	0	1	1	0	166

(3)

二进制数	128	64	32	16	8	4	2	1	十六进制数
11011000	1	1	0	1	1	0	0	0	D8
00011011	0	0	0	1	1	0	1	1	1B
00111101	0	0	1	1	1	1	0	1	3D
01110110	0	1	1	1	0	1	1	0	76

二进制数	128	64	32	16	8	4	2	1	十六进制数
11001010	1	1	0	0	1	0	1	0	CA
11110101	1	1	1	1	0	1	0	1	F5
10000011	1	0	0	0	0	0	1	1	83
11101011	1	1	1	0	1	0	1	1	EB

二进制数	128	64	32	16	8	4	2	1	十六进制数
10000100	1	0	0	0	0	1	0	0	84
11010010	1	1	0	1	0	0	1	0	D2
01000011	0	1	0	0	0	0	1	1	43
10110011	1	0	1	1	0	0	1	1	B3

A.2.2   书面实验 2.2 答案

以太网 LAN 中发生冲突后，将出现如下情况。

(1) 拥堵信号告诉所有的设备，发生了冲突。

(2) 冲突导致执行随机后退算法。

(3) 以太网网段中的每台设备暂停传输一段时间，直到定时器到期。

(4) 定时器到期后，所有主机的传输优先级都相同。

A.2.3   书面实验 2.3 答案

(1) 交叉电缆

(2) 直通电缆

(3) 交叉电缆

(4) 交叉电缆

(5) 直通电缆

(6) 交叉电缆

(7) 交叉电缆

(8) 反转电缆

A.2.4   书面实验 2.4 答案

在发送端，数据封装的步骤如下。

(1) 用户信息被转换为数据，以便通过网络传输。

(2) 数据被转换为数据段，并在发送主机和接收主机之间建立一条可靠的连接。

(3) 数据段被转换为分组或数据报，并在报头中加入逻辑地址，以便能够在互联网络中路由分组。

(4) 分组或数据报被转换为帧，以便在本地网络中传输。使用硬件（以太网）地址来唯一地表示本地网络中的主机。

(5) 帧被转换为比特，并使用数字编码和时钟同步方案。

A.3   第 3 章：TCP/IP 简介

A.3.1   书面实验 3.1 答案

(1) 192 ~ 223（110$xxxxx$）

(2) 主机到主机层（传输层）

(3) 1 ~ 126

(4) 环回或诊断

(5) 将所有主机位都设置为 0

(6) 将所有主机位都设置为 1

(7) 10.0.0.0 ~ 10.255.255.255

(8) 172.16.0.0 ~ 172.31.255.255

(9) 192.168.0.0 ~ 192.168.255.255

(10) 0 ~ 9 以及 A、B、C、D、E 和 F

A.3.2 书面实验 3.2 答案

(1) Internet 层

(2) 进程/应用层

(3) 进程/应用层

(4) 进程/应用层

(5) 进程/应用层

(6) Internet 层

(7) 进程/应用层

(8) 主机到主机/传输层

(9) 进程/应用层

(10) 主机到主机/传输层

(11) 进程/应用层

(12) Internet 层

(13) Internet 层

(14) Internet 层

(15) 进程/应用层

(16) 进程/应用层

(17) 进程/应用层

A.4 第 4 章：轻松划分子网

A.4.1 书面实验 4.1 答案

(1) /30 对应的子网掩码为 255.255.255.252，因此该地址属于子网 192.168.100.24，该子网的广播地址为 192.168.100.27，而合法的主机地址为 192.168.100.25 和 192.168.100.26。

(2) /28 对应的子网掩码为 255.255.255.240，因此第四个字节的块大小为 16。计算 16 的倍数，直到超过 37：0、16、32、48。该主机位于子网 32 中，该子网的广播地址为 47，而合法的主机地址范围为 33 ~ 46。

(3) /27 对应的子网掩码为 255.255.255.224，因此第四个字节的块大小为 32。计算 32 的倍数，直到超过主机地址 66：0、32、64、96。该主机位于子网 64 中，该子网的广播地址为 95，而合法的主机地址范围为 65 ~ 94。

(4) /29 对应的子网掩码为 255.255.255.248，因此第四个字节的块大小为 8，子网为 0、8、16、24。该主机位于子网 16 中，该子网的广播地址为 23，而合法的主机地址范围为 17 ~ 22。

(5) /26 对应的子网掩码为 255.255.255.192，因此第四个字节的块大小为 64，子网为 0、64、128

等。该主机位于子网 64 中，该子网的广播地址为 127，而合法的主机地址范围为 65～126。

(6) /25 对应的子网掩码为 255.255.255.128，因此第四个字节的块大小为 128，子网为 0、128。该主机位于子网 0 中，该子网的广播地址为 127，而合法的主机地址范围为 1～126。

(7) B 类网络的默认子网掩码为 255.255.0.0。在 B 类网络中，使用子网掩码 255.255.255.0 可提供 256 个子网，每个子网可包含 254 台主机。我们不需要这么多子网。如果使用子网掩码 255.255.240.0，将提供 16 个子网。让我们再添加一个子网位，使用子网掩码 255.255.248.0，这将有 5 位用于子网划分，可提供 32 个子网。这是最佳答案，其斜杠表示法为/21。

(8) /29 对应的子网掩码为 255.255.255.248，因此第四个字节的块大小为 8，子网为 0、8、16 等。该主机位于子网 8 中，该子网的广播地址为 15。

(9) /29 对应的子网掩码为 255.255.255.248，这提供 5 个子网位和 3 个主机位，每个子网只有 6 台主机。

(10) /23 对应的子网掩码为 255.255.254.0，因此第三个字节的块大小为 2，子网为 0、2、4。该主机 ID 所属的子网为 16.2.0，而该子网的广播地址为 16.3.255。

A.4.2　书面实验 4.2 答案

网络部分位数	子网掩码	每个子网的主机地址数（2^x-2）
/16	255.255.0.0	65 534
/17	255.255.128.0	32 766
/18	255.255.192.0	16 382
/19	255.255.224.0	8190
/20	255.255.240.0	4094
/21	255.255.248.0	2046
/22	255.255.252.0	1022
/23	255.255.254.0	510
/24	255.255.255.0	254
/25	255.255.255.128	126
/26	255.255.255.192	62
/27	255.255.255.224	30
/28	255.255.255.240	14
/29	255.255.255.248	6
/30	255.255.255.252	2

A.4.3　书面实验 4.3 答案

十进制IP地址	地址类	子网位数和主机位数	子网数（2^x）	主机地址数（2^x-2）
10.25.66.154/23	A	15/9	32 768	510
172.31.254.12/24	B	8/8	256	254
192.168.20.123/28	C	4/4	16	14
63.24.89.21/18	A	10/14	1024	16 382
128.1.1.254/20	B	4/12	16	4094
208.100.54.209/30	C	6/2	64	2

A.5　第 5 章：变长子网掩码、汇总和 TCP/IP 故障排除

(1) 192.168.0.0/20
(2) 172.144.0.0 255.240.0.0
(3) 192.168.32.0 255.255.224.0
(4) 192.168.96.0 255.255.240.0
(5) 66.66.0.0 255.255.240.0
(6) 192.168.0.0/17
(7) 172.16.0.0 255.255.248.0
(8) 192.168.128.0 255.255.192.0
(9) 53.60.96.0 255.255.224.0
(10) 172.16.0.0 255.255.192.0

A.6　第 6 章：思科互联网络操作系统

(1) Router(config)#`clock rate 1000000`
(2) Switch#`config t`
switch config)# `line vty 0 15`
switch(config-line)# `no login`
(3) Switch#`config t`
Switch(config)# `int f0/1`
Switch(config-if)# `no shutdown`
(4) Switch#`erase startup-config`
(5) Switch#`config t`
Switch(config)# `line console 0`
Switch(config-line)# `password todd`
Switch(config-line)# `login`
(6) Switch#`config t`
Switch(config)# `enable secret cisco`
(7) Router#`show controllers serial 0/2`
(8) Switch#`show terminal`
(9) Switch#`reload`
(10) Switch#`config t`
Switch(config)#`hostname Sales`

A.7　第 7 章：管理思科互联网络

A.7.1　书面实验 7.1 答案

(1) copy start run
(2) show cdp neighbor detail 或 show cdp entry *
(3) show cdp neighbor
(4) 按 Ctrl + Shift + 6，再按 X
(5) show sessions
(6) copy tftp run 或 copy start run

(7) NTP

(8) ip helper-address

(9) ntp server *ip_address* version 4

(10) show ntp status

A.7.2　书面实验 7.2 答案

(1) 闪存

(2) ROM

(3) NVRAM

(4) ROM

(5) RAM

(6) RAM

(7) ROM

(8) ROM

(9) RAM

(10) RAM

A.8　第 8 章：管理思科设备

(1) copy flash tftp

(2) 0x2101

(3) 0x2102

(4) 0x2100

(5) UDI

(6) 0x2142

(7) boot system

(8) POST

(9) copy tftp flash

(10) show license

A.9　第 9 章：IP 路由选择

(1) router(config)#**ip route 172.16.10.0 255.255.255.0 172.16.20.1 150**

(2) 在第 2 层将使用网关接口的 MAC 地址，而在第 3 层将使用实际的目标 IP 地址。

(3) router(config)#**ip route 0.0.0.0 0.0.0.0 172.16.40.1**

(4) 末节网络

(5) Router#**show ip route**

(6) 出站接口

(7) 错。需要知道路由器接口的 MAC 地址，而不是远程主机的 MAC 地址。

(8) 对

(9) router(config)#**router rip**

　　router(config-router)#**passive-interface S1**

(10) 对

A.10 第 10 章：第 2 层交换

(1) `show mac address-table`

(2) 将帧从所有端口（收到帧的端口除外）发送出去。

(3) 地址获悉、转发/过滤决策以及环路避免。

(4) 将源 MAC 地址加入转发/过滤表，并将其与收到帧的端口关联起来。

(5) 分别为 1 和 shutdown

(6) 限制（restrict）和关闭（shutdown）

(7) 限制（restrict）

(8) 将动态获悉的地址加入到运行配置中。

(9) `show port-security interface fastethernet 0/12` 和 `show running-config`

(10) 错

A.11 第 11 章：VLAN 及 VLAN 间路由选择

(1) 错。不用给任何物理端口配置 IP 地址。

(2) STP

(3) 广播

(4) VLAN 1 为默认 VLAN，不能修改、重命名或删除；VLAN 1002 ~ 1005 被保留；而 VLAN 1006 ~ 4094 为扩展 VLAN，仅当处于 VTP 透明模式时才能配置。因此，默认情况下，你只能配置 VLAN 2 ~ 1001。

(5) `switchport trunk encapsulation dot1q`

(6) 中继通过单条链路发送有关所有或很多 VLAN 的信息。

(7) 1000 个（VLAN 2 ~ 1001）。VLAN 1 为默认 VLAN，不能修改、重命名或删除；VLAN 1002 ~ 1005 被保留；而 VLAN 1006 ~ 4094 为扩展 VLAN，仅当处于 VTP 透明模式时才能配置。

(8) 对

(9) 接入端口

(10) `switchport trunk native vlan 4`

A.12 第 12 章：安全

(1) `access-list 10 deny 172.16.0.0 0.0.255.255`
`access-list 10 permit any`

(2) `ip access-group 10 out`

(3) `access-list 10 deny host 192.168.15.5`
`access-list 10 permit any`

(4) `show access-lists`

(5) IDS 和 IPS

(6) `access-list 110 deny tcp host`
`172.16.10.1 host 172.16.30.5 eq 23`
`access-list 110 permit ip any any`

(7) line vty 0 4
    access-class 110 in
(8) ip access-list standard No172Net
    deny 172.16.0.0 0.0.255.255
    permit any
(9) ip access-group No172Net out
(10) show ip interfaces

A.13   第 13 章：网络地址转换

(1) 端口地址转换（PAT），也叫 NAT 重载。
(2) debug ip nat
(3) show ip nat translations
(4) clear ip nat translations *
(5) 转换前
(6) 转换后
(7) show ip nat statistics
(8) 命令 ip nat inside 和 ip nat outside
(9) 动态 NAT
(10) prefix-length

A.14   第 14 章：IPv6

A.14.1   书面实验 14.1 答案

(1) 代码为 128 和 129 的 ICMP 消息
(2) 33-33-FF-17-FC-0F
(3) 链路本地地址
(4) 链路本地地址
(5) 组播地址
(6) 任意播地址
(7) OSPFv3
(8) ::1
(9) FE80::/10
(10) FF02::2

A.14.2   书面实验 14.2 答案

(1) 2001:db8:1:1:090c:abff:fecd:1234
(2) 2001:db8:1:1: 040c:32ff:fef1:a4d2
(3) 2001:db8:1:1:12bc:abff:fecd:1234
(4) 2001:db8:1:1:0f01:3aff:fe2f:1234
(5) 2001:db8:1:1:080c:abff:feac:caba

A.15　第 15 章：高级交换技术

(1) PAgP

(2) `show spanning-tree summary`

(3) 802.1w

(4) STP

(5) BPDU 防护

(6) `(config-if)#`**`spanning-tree portfast`**

(7) `Switch#`**`show etherchannel port-channel`**

(8) `Switch(config)#`**`spanning-tree vlan 3 root primary`**

(9) 首先执行命令 show spanning-tree，再使用 CDP 找出根端口连接的根网桥；也可直接使用命令 `show spanning-tree summary`。

(10) Active 和 Passive

A.16　第 16 章：网络设备管理和安全

(1) INFORM

(2) GET

(3) TRAP

(4) SET

(5) WALK

(6) 如果活动路由器出现故障，备用路由器将成为活动路由器，但其虚拟 IP 地址与终端设备配置的默认网关地址不同，导致主机无法通信，这有悖于 FHRP 的初衷。

(7) 你将收到有关 IP 地址重复的警告。

(8) 你将收到有关 IP 地址重复的警告。

(9) 在第 1 版中，HSRP 消息被发送到组播 IP 地址 224.0.0.2 和 UDP 端口 1985；而第 2 版使用组播 IP 地址 224.0.0.102 和 UDP 端口 1985。

(10) RADIUS 和 TACACS+，其中 TACACS+是思科专用的。

A.17　第 17 章：增强 IGRP

(1) `ipv6 router eigrp` *as*

(2) FF02::A

(3) 错

(4) 这两台路由器不会建立邻居关系。

(5) 被动接口

(6) 存储在拓扑表中的备用路由。

A.18　第 18 章：开放最短路径优先

(1) `router ospf 101`

(2) `show ip ospf`

(3) `show ip ospf interface`

(4) `show ip ospf neighbor`
(5) `show ip route ospf`
(6) 带宽
(7) 区域不匹配；路由器不在同一个子网内；RID 相同；Hello 和失效定时器不匹配。
(8) `show ip ospf database`
(9) 110
(10) 10 和 40

A.19　第 19 章：多区域 OSPF

(1) 5 类或 7 类
(2) 双向
(3) 3 类，还可能发送 4 类和 5 类
(4) 与通过点到点链路连接的邻居同步所有的 LSA 后。
(5) 对
(6) 交换状态
(7) 1 类
(8) `ipv6 ospf 1 area 0`
(9) 建立邻居关系时，OSPFv2 和 OSPFv3 检查的方面相同。Hello 定时器、失效定时器、子网信息和区域 ID 都必须相同；如果配置了身份验证，身份验证类型也必须相同。
(10) 使用命令 `show ip protocols` 或 `show ipv6 protocols`。

A.20　第 20 章：排除 IP、IPv6 和 VLAN 故障

(1) INCMP 是不完整的消息。这意味着邻居请求消息已发出，但还未收到。
(2) `switchport trunk native vlan 66`
(3) access、auto、desirable、nonegotiate 和 trunk（on）
(4) 核实默认网关配置正确；核实名称解析设置正确无误；确定没有访问控制列表（ACL）阻断相应的流量。
(5) `ping ::1`

A.21　第 21 章：广域网

(1) 对
(2) 错
(3) BGP
(4) `show ip bgp neighbor`
(5) `show run interface tunnel` *tunnel_number*
(6) 错
(7) PPPoE 或 PPPoA
(8) HDLC、LCP 和 NCP

(9) VPLS 和 VPWS

(10) 第 2 层 MPLS VPN 和第 3 层 MPLS VPN

A.22　第 22 章：广域网

(1) DSCP

(2) 控制层面和数据层面

(3) TID

(4) 标记、地址和应用程序特征

(5) 标记

(6) 监管

(7) 数据层、控制层和应用程序层

(8) CBWFQ 和 LLQ

(9) NBAR

(10) 北向

附录 B

复习题答案

B.1　第 1 章：网络互联

(1) A。这是一台集线器，而集线器的所有端口都位于同一个广播域和同一个冲突域中。

(2) B。协议数据单元（PDU）的内容随其所属的层而异。分组包含 IP 地址，但不包含 MAC 地址，因为只有等 PDU 为帧时，才有 MAC 地址。

(3) C。应选购一台路由器来连接这两个工作组。如果计算机位于不同的子网（这里的两组计算机就是这样），要将它们连接起来，必须使用能够根据 IP 地址做转发决策的设备。路由器运行在开放系统互联（OSI）模型的第 3 层，根据网络层信息（IP 地址）做出转发决策。它们创建路由选择表，并根据这个表将数据从正确的接口转发出去，让数据能够到达正确的子网。

(4) C。将集线器换成交换机可减少冲突和重传，这可最大限度地缓解拥塞。

(5) 答案如下：

OSI模型层	PDU
传输层	比特
数据链路层	数据段
物理层	分组
网络层	帧

OSI 模型的各层使用上述 PDU。

(6) B。无线 LAN 控制器用于管理接入点——从为数不多的几个到数千个。AP 完全由控制器管理时，被称为轻量级 AP 或哑元 AP，因为它们本身没有任何配置。

(7) B。应使用交换机来完成这里的任务。交换机避免了节点连接的端口发生冲突，给每个端口连接的节点提供了专用带宽。交换机运行在开放网络互联（OSI）模型的第 2 层，并分割冲突域。

(8)

OSI 模型层	描述
传输层	端到端连接
物理层	转换为比特
数据链路层	成帧
网络层	路由选择

这是各个 OSI 模型层对应的功能。

(9) C。防火墙用于将可信任的内部网络（如 DMZ）连接到不可信任的外部网络——通常是互联网。

(10) D。应用层负责确定目标通信方以及它是否可用，它还负责判断是否有足够的资源进行通信。

(11) A、D。传输层将数据分成小块以便进行传输。对于每个数据段，都给它分配一个序列号，让接收设备能够将收到的数据重组。网络层（第 3 层）有两项重要的职责。首先，这层控制设备的逻辑地址。其次，它确定前往目标网络的最佳路径，并据此来路由数据。

(12) C。IEEE 以太网数据链路层包含两个子层：介质访问控制（MAC）和逻辑链路控制（LLC）。

(13) C。当前，无线 AP 很常见，而且存活时间估计会与摇滚乐差不多长。AP 属于第 2 层桥接设备，旨在将无线产品连接到有线以太网。单个无线 AP 形成一个冲突域，通常也是一个独立的广播域。

(14) A。集线器运行在物理层，因为它们不分青红皂白地将所有数据都从所有端口发送出去。

(15) C。OSI 模型的主要目的确实是让不同厂商的网络能够互操作，但并未要求厂商遵循该模型。

(16) A。路由器默认不转发广播。

(17) C。交换机的每个端口都属于不同的冲突域，但它们都属于同一个广播域。路由器的每个接口都属于不同的广播域。

(18) B。底部只包含集线器的网络有 1 个冲突域。顶部使用了网桥的网络有 3 个冲突域。加上交换型网络中的 5 个冲突域（每个交换机端口一个），总共是 9 个。

(19) A。上 3 层指定了终端中的应用程序如何彼此通信以及如何与用户交流。

(20) A。下述网络设备都运行在 OSI 模型的全部 7 层上：网络管理工作站（NMS）、网关（非默认网关）、服务器和网络主机。

B.2　第 2 章：以太网和数据封装

(1) D。组织唯一标识符（OUI）由 IEEE 分配给组织，它包含 24 位（3 字节）。组织再给其生产的每个网卡都分配一个唯一的全局管理地址，该地址长 24 位（3 字节）。

(2) A。后退算法决定了发生冲突的工作站多长时间后可重新传输。发生冲突后，主机将暂停传输，等待指定的时间过后再重新传输。定时器到期后，所有主机的传输优先级都相同。

(3) A。集线器的所有端口都属于同一个冲突域，因此连接到同一台集线器的设备会发生图中所示的冲突。

(4) B。FCS 字段位于帧尾，用于存储循环冗余校验（CRC）结果。CRC 是一种数学算法，基于帧的数据，创建每个帧时都会运行它。接收主机收到帧后将运行 CRC，结果必须相同，否则，将认为发生了错误并将帧丢弃。

(5) C。半双工以太网使用载波侦听多路访问/冲突检测（CSMA/CD），这是一种帮助设备共享带宽的协议，可避免两台设备同时在网络介质上传输数据。

(6) A、E。物理地址（MAC 地址）用于在第 2 层标识设备。MAC 地址仅用于与当前网络中的设备通信，要与其他网络中的设备通信，必须使用第 3 层地址（IP 地址）。

(7) D。图中所示的电缆为直通电缆，用于连接相异的设备。

(8) C、D。以太网是一种共享环境，所有设备都有权访问介质。如果多台设备同时传输，信号将发生冲突，无法到达目的地。检测到另一台设备在发送数据时，设备将等待指定的时间后再尝试传输。

没有检查到流量时，设备将传输其消息。在传输期间，设备不断地在 LAN 上侦听流量和冲突。消息发送完毕后，设备重新回到默认的侦听模式。

(9) B。制作吉比特交叉电缆时，除将 1 和 3 号针脚以及 2 和 6 号针脚相连外，还需将 4 和 7 号针脚以及 5 和 8 号针脚相连。

(10) D。配置终端模拟程序时，使用如下设置。

❑ Baud Rate（波特率）：9600。

❑ Data bits（数据位）：8。

❑ Parity（奇偶校验）：none（无）。

❑ Stop bits（停止位）：1。

❑ Flow control（流量控制）：none（无）。

(11) D。如果这一位为 0，则表示相应的地址为全局管理地址，由 IEEE 分配。如果为 1，则表示相应的地址为本地管理地址。

(12) B。可使用以太网反转电缆将主机的 EIA-TIA 232 接口连接到路由器的控制台串行通信（COM）端口。

(13) B。冲突将导致在所有系统（而不仅仅是涉及冲突的系统）上执行后退算法。

(14) A。在全双工模式下，不会发生冲突。

(15) B。要将两台交换机相连，必须使用交叉电缆；要将主机连接到交换机，必须使用直通电缆。

(16) 这些以太网类型和标准的对应情况如下：

1000Base-T	IEEE802.3ab
1000Base-SX	IEEE802.3z
10Base-T	IEEE802.3
100Base-TX	IEEE802.3u

(17) B。虽然反转电缆不用于组建以太网，但可使用它将主机的 EIA-TIA 232 接口连接到路由器的控制台串行通信（COM）端口。

(18) B。如果你使用的是 TCP，虚电路将由源端口号和目标端口号以及源 IP 地址和目标 IP 地址（这被称为**套接字**）标识。

(19) A。十六进制值 1C 对应的十进制值为 28。

(20) A。只有光纤包含由包层材料包裹的纤芯。

B.3　第 3 章：TCP/IP 简介

(1) C。如果检测到 DHCP 冲突，服务器将保留该地址，而不再使用它，直到管理员修复问题。检测方法有两种：服务器发送 ping 并检测响应；主机使用免费 ARP 进行检测（使用 ARP 解析自己的 IP 地址，看是否有主机响应）。

(2) B。像 Telnet 一样，Secure Shell（SSH）协议也通过标准 TCP/IP 连接建立会话，但会话是安全的。SSH 用于执行下述任务：将日志写入系统，在远程系统上运行程序以及在系统之间传输文件。

(3) C。主机使用免费 ARP 来帮助避免地址重复。为此，DHCP 客户端在本地 LAN 或 VLAN 中发送 ARP 广播，并要求解析新分配给它的地址，从而将冲突消灭在萌芽状态。

(4) B。地址解析协议（ARP）用于根据 IP 地址获悉硬件地址。

(5) A、C、D。这里的选项是 OSI 模型层，而问题是关于 TCP/IP 协议栈（DoD 模型）的，但在 CCNA 考试中，这样的考题并不少见。来看看哪些答案是错误的。首先，会话层不包含在 TCP/IP 模型中，数据链路层和物理层亦如此，因此只留下传输层（DoD 模型中为主机到主机层）、Internet 层（OSI 模型中为网络层）和应用层（DoD 模型中为进程/应用层）。请记住，CCNA 考题可能提及 OSI 模型层，也可能提及 DoD 模型层。

(6) C。在 C 类地址中，只有 8 位用于定义主机：$2^8 - 2 = 254$。

(7) A、B。为获悉 IP 地址，客户端需要发送 DHCP 发现消息，为此它在第 2 层和第 3 层发送广播。第 2 层广播的目标地址全为 F，即 FF:FF:FF:FF:FF:FF。第 3 层广播的目标地址为 255.255.255.255，这表示任何网络和任何主机。DHCP 是无连接的，这意味着它在传输层（也叫主机到主机层）使用用户数据报协议（UDP）。

(8) B。虽然 Telnet 使用 TCP 和 IP（TCP/IP），但问的是第 4 层，而 IP 运行在第 3 层。Telnet 在第 4 层使用 TCP。

(9) RFC 1918。这些地址可用于私有网络，但在互联网中不可路由。

(10) B、D、E。SMTP、FTP 和 HTTP 使用 TCP。

(11) C。在 C 类地址中，网络部分长 24 位，主机部分长 8 位。

(12) C。组播地址范围为 224.0.0.0 ~ 239.255.255.255。

(13) C。首先，你应该知道，只有 TCP 和 UDP 运行在传输层，这样答对的概率变成了 50%。然而，由于该报头包含字段序列号、确认号和窗口大小，答案只能是 TCP。

(14) A。FTP 和 Telnet 都在传输层使用 TCP，但它们都是应用层协议，因此这个问题的最佳答案是应用层。

(15) C。DoD 模型包含的四层为进程/应用层、主机到主机层、Internet 层和网络接入层。Internet 层对应于 OSI 模型的网络层。

(16) C、E。A 类私有地址范围为 10.0.0.0 ~ 10.255.255.255，B 类私有地址范围为 172.16.0.0 ~ 172.31.255.255，C 类私有地址范围为 192.168.0.0 ~ 192.168.255.255。

(17) B。TCP/IP 栈（也叫 DoD 模型）包含的四层为进程/应用层、主机到主机/传输层、Internet 层和网络接入/链路层。主机到主机层对应于 OSI 模型的传输层。

(18) B、C。ICMP 用于提供诊断和目标不可达消息。ICMP 分组被封装在 IP 数据报中，由于 ICMP 用于诊断，它将向主机提供有关网络故障的信息。

(19) C。B 类网络地址范围为 128 ~ 191，对应的二进制表示为 10xxxxxx。

(20) 这些步骤的排列顺序如下：

DHCPOffer	第 2 步
DHCPDiscover	第 1 步
DHCPAck	第 4 步
DHCPRequest	第 3 步

B.4 第 4 章：轻松划分子网

(1) D。在/27 对应的子网掩码 255.255.255.224 中，最后一个字节有 3 位为 1，其余 5 位为 0。这提供了 8 个子网，每个子网可包含 30 台主机。在 A 类、B 类还是 C 类网络中使用这个子网掩码对结果有影响吗？根本没有影响，因为主机位数不变。

(2) D。使用子网掩码 255.255.255.240 时，有 4 个子网位，可提供 16 个子网，每个子网可包含 14 台主机。我们需要更多的子网，因此需要增加子网位。如果增加一个子网位，子网掩码将为 255.255.255.248。这会提供 5 个子网位（32 个子网）和 3 个主机位（每个子网 6 台主机）。这是最佳答案。

(3) 这个问题非常简单。/28 对应的子网掩码为 255.255.255.240，这意味着第四个字节的块大小为 16，因此子网为 0、16、32、48、64、80 等。该主机属于子网 64。

(4) F。CIDR 值/19 对应的子网掩码为 255.255.224.0。这是一个 B 类地址，因此只有 3 个子网位，但有 13 个主机位，因此提供 8 个子网，每个子网可包含 8190 台主机。

(5) B、D。在 A 类网络中使用子网掩码 255.255.254.0（/23）时，意味着有 15 个子网位和 9 个主机位。第三个字节的块大小为 2（256 – 254）。因此，在第三个字节中，子网号为 0、2、4、6 等，直到 254。主机 10.16.3.65 位于子网 2.0 中，下一个子网为 4.0，因此子网 2.0 的广播地址为 3.255。合法主机地址范围为 2.1 ~ 3.254。

(6) D。无论地址类型如何，/32 的第四个字节都是 252。这意味着块大小为 4，子网为 0、4、8、12、16 等。地址 14 显然位于子网 12 中。

(7) D。点到点链路只使用两个主机地址。/30（255.255.255.252）在每个子网中提供两个主机地址。

(8) C。/21 对应的子网掩码为 255.255.248.0，这意味着第三个字节的块大小为 8，因此只需从 0 往上数，每次增加 8，直到超过 66。所属的子网为 64.0，下一个子网为 72.0，因此子网 64.0 的广播地址为 71.255。

(9) A。无论在哪类网络中，/29（255.255.255.248）都只提供 3 个主机位。因此，该 LAN 最多可包含 6 台主机（包括路由器接口在内）。

(10) C。/29 对应的子网掩码为 255.255.255.248，第四个字节的块大小为 8，因此子网为 0、8、16、24、32、40 等。192.168.19.24 属于子网 24，而下一个子网为 32，因此子网 24 的广播地址为 31。只有答案 192.168.19.26 是正确的。

(11) A。/29 对应的子网掩码为 255.255.255.248，第四个字节的块大小为 8，这意味着子网为 0、8、16、24 等。10 位于子网 8 中，下一个子网为 16，因此广播地址为 15。

(12) B。你需要 5 个子网，每个子网至少 16 台主机。子网掩码 255.255.255.240 提供 16 个子网，每个子网最多 14 台主机，这不可行。子网掩码 255.255.255.224 提供 8 个子网，每个子网最多 30 台主机，这是最佳答案。

(13) C。不能划分子网就回答不了这个问题。子网掩码为 255.255.255.192 时，第四个字节的块大小为 64，主机位于子网 0 中，因此导致这种错误的原因是没有在路由器上启用命令 ip subnet-zero。

(14) A。/25 对应的子网掩码为 255.255.255.128。将该子网掩码用于 B 类网络时，第三和第四个字节用于子网划分，总共有 9 个子网位，其中 8 位位于第三个字节，1 位位于第四个字节。由于第四个字节只有 1 位用于子网划分，该位的取值要么为 0，要么为 1，即子网号的第四个字节要么为 0，要么为 128。该主机位于子网 0 中，该子网的广播地址为 127，因为下一个子网为 112.128。

(15) A。/28 对应的子网掩码为 255.255.255.240。由于需要确定第 8 个子网的广播地址，因此需要数到第 9 个子网。为此，从 16 开始（这个问题指出不使用子网 0，因此从 16 而不是 0 开始数）：16、32、48、64、80、96、112、128、144。第 8 个子网为 128，而下一个子网为 144，因此子网 128 的广播地址为 143。所以，主机地址范围 129 ~ 142，最后一个合法的主机地址为 142。

(16) C。/28 对应的子网掩码为 255.255.255.240。第一个子网为 16（这个问题指出，不使用子网 0），下一个子网为 32，因此广播地址为 31。所以，主机地址范围为 17 ~ 30，最后一个合法的主机地址为 30。

(17) B。要满足这里的条件，主机部分需要包含 9 位，因此前缀为/23。

(18) E。B 类网络使用子网掩码/22（255.255.252.0）时，第三个字节的块大小为 4，因此子网 172.16.16.0 的广播地址为 172.16.19.255。只有答案 E 的子网掩码是正确的，且主机地址 172.16.18.255 是合法的。

(19) D、E。路由器的 E0 接口的 IP 地址为 172.16.2.1/23，对应的子网掩码为 255.255.254.0，这使得第三个字节的块大小为 2。该路由器接口位于子网 2.0 中，而该子网的广播地址为 3.255，因为下一个子网为 4.0。合法的主机地址范围为 2.1 ~ 3.254。该路由器接口使用了第一个合法的主机地址。

(20) A。在这个示例中，网络的主机地址范围为 172.16.16.1 ~ 172.16.31.254，网络地址为 172.16.16.0，广播 IP 地址为 172.16.31.255。

B.5　第 5 章：变长子网掩码、汇总和 TCP/IP 故障排除

(1) D。点到点链路只使用两个主机地址，而子网掩码/30（255.255.255.252）给每个子网提供了两个主机地址。

(2) C。使用子网掩码/28 时，主机部分包含 4 位。$2^4 - 2 = 14$。

(3) D。为支持 6 台主机，主机部分需要包含 3 位，因为 2^3 为 8，而 8 − 2 =6。主机部分包含 3 位时，网络和子网部分将为 29 位，即子网掩码为/29。

(4) C。要使用 VLSM，使用的路由选择协议必须能够传输子网掩码信息。

(5) D。解答这样的问题时，需要找出感兴趣的字节，这里为第三个字节。这样就只需确定块大小。如果使用块大小 8，即汇总地址 172.16.0.0/21，覆盖范围将为 172.16.0.0 ~ 172.16.7.255。然而，如果使用块大小 16，即汇总地址 172.16.0.0/20，覆盖范围将为 172.16.0.0 ~ 172.16.15.255，其效果最佳。

(6) C。主机的 IP 地址与默认网关地址不属于同一个子网。由于主机配置的默认网关地址是正确的，**最有可能的原因是主机的 IP 地址不对**。

(7) B。配置的默认网关地址不对时，主机将无法与路由器连接的其他网络中的主机通信，但能够与当前网络中的主机通信。

(8) A。其他任何步骤失败都将导致 ping 远程主机失败。

(9) C。如果 ping 本地主机的 IP 地址失败，可认为 NIC 不正常。

(10) C、D。如果 ping 本地主机成功，可排除 IP 栈故障和 NIC 故障。

(11) E。使用子网掩码/29 时，子网只包含 6 个主机地址，因此哪个子网都不能使用这种子网掩码。

(12) A。如果使用 IP 地址 ping 某台计算机成功了，但使用名称 ping 失败了，很可能是 DNS 有问题。

(13) D。执行 ping 命令时，使用的是 ICMP 协议。

(14) B。命令 traceroute 显示前往目的地时经过的路由器。

(15) C。命令 ping 检查到其他主机的连接性，下面是这个命令的完整输出：

```
C:\>ping 172.16.10.2
Pinging 172.16.10.2 with 32 bytes of data:
Reply from 172.16.10.2: bytes=32 time<1ms TTL=128
Reply from 172.16.10.2: bytes=32 time<1ms TTL=128
Reply from 172.16.10.2: bytes=32 time<1ms TTL=128
Reply from 172.16.10.2: bytes=32 time<1ms TTL=128
Ping statistics for 172.16.10.2:
    Packets: Sent = 4, Received = 4, Lost = 0 (0% loss),
Approximate round trip times in milli-seconds:
    Minimum = 0ms, Maximum = 0ms, Average = 0ms
```

(16) 各个命令对应的功能如下：

traceroute	显示前往目的地时经过的路由器
arp -a	在 Windows PC 上显示 IP 地址到 MAC 地址的映射
show ip arp	在路由器上显示 ARP 表
ipconfig /all	显示 PC 的网络配置

(17) C。这里感兴趣的是第二个字节，块大小为 4，且从 10.0.0.0 开始。使用子网掩码 255.252.0.0 可将第二个字节的块大小设置为 4，从而让汇总地址覆盖 10.0.0.0～10.3.255.255。这是最佳的答案。

(18) A。在思科路由器上，命令 show ip arp 显示 ARP 表。

(19) C。要在 PC 上检查 DNS 配置，必须给命令 ipconfig 添加开关 /all。

(20) C。如果从 192.168.128.0 数到 192.168.159.0，将发现总共包含 32 个网络。因为汇总地址总是指定范围内的第一个网络地址，所以汇总地址为 192.168.128.0。哪个子网掩码在第三个字节提供的块大小为 32 呢？答案是 255.255.224.0（/19）。

B.6　第 6 章：思科互联网络操作系统

(1) D。输入错误数和 CRC 错误数增大通常是由于双工模式不匹配，但也可能是其他物理层问题导致的，如电缆受到的干扰太强或网络接口卡出现了故障。如果像这里这样，CRC 错误和输入错误数不断增大，但冲突计数器不变，通常可确定是干扰导致的。

(2) C。IOS 加载并运行后，将把启动配置从 NVRAM 复制到 RAM，从而变成运行配置。

(3) C、D。要在路由器上配置 SSH，需要配置命令 username、ip domain-name 和 login local、transport input ssh（在 VTY 线路配置模式下）和 crypto key。并非必须使用 SSH 第二版，但推荐这样做。

(4) C。命令 show controllers serial 0/0 指出该接口连接的是 DTE 还是 DCE 电缆。如果是 DCE 电缆，则需要使用命令 clock rate 配置时钟频率。

(5)

模　式	定　义
用户EXEC模式	只能执行基本的监视命令
特权EXEC模式	可执行所有路由器命令

（续）

模　　式	定　　义
全局配置模式	命令影响整个系统
具体的配置模式	命令只影响接口/进程
设置模式	交互式配置对话

在用户 EXEC 模式下，只能执行基本的监视命令；在特权 EXEC 模式下，可执行所有路由器命令。在具体的配置模式下，只能执行影响特定接口或进程的命令；在全局配置模式下，可执行影响整个系统的命令。在设置模式下，可进行交互式配置对话。

(6) B。从输出可知，带宽为 100 000 Kbit/s，这相当于 100 Mbit/s，即快速以太网。

(7) B。在全局配置模式下，使用命令 line vty 0 4 选择对全部 5 条默认 VTY 线路进行配置。然而，你通常总是设置全部线路，而不仅仅是默认线路。

(8) C。启用加密密码是区分大小写的，因此答案 B 不对。要设置启用加密密码，可在全局配置模式下使用命令 enable secret *password*。这种密码将自动被加密。

(9) C。banner motd 设置管理员登录路由器或交换机时看到的每日消息。

(10) C。各种提示符表示的模式如下。

❏ Switch(config)#　全局配置模式。

❏ Switch>　用户模式。

❏ Switch#　特权模式。

❏ Switch(config-if) #　接口配置模式。

(11) D。要将运行配置复制到 NVRAM，供路由器重启时使用，可在特权模式下执行命令 copy running-config startup-config（简写为 copy run start）。

(12) D。要让路由器支持 VTY（Telnet）会话，必须设置 VTY 密码。答案 C 不对，因为它在错误的路由器上设置该密码。请注意，执行命令 login 前必须设置密码。

(13) D。命令 erase startup-config 删除 NVRAM 的内容，如果随后重启交换机，将进入设置模式。答案 E 不对，因为必须输入完整的命令。

(14) B。如果接口被禁用，命令 show interface 将指出它处于管理性关闭状态（该接口可能没有连接电缆，但根据这条消息无法断定这一点）。

(15) C。使用命令 show interfaces 可查看可配置的参数，获悉交换机接口的统计信息，查看输入错误数和 CRC 错误数以及验证接口是否被禁用。

(16) C。如果删除启动配置并重启，交换机将自动进入设置模式。也可在特权模式下输入 setup 以进入设置模式。

(17) D。可在用户模式下查看接口统计信息，但需使用命令 show interface fastethernet 0/0。

(18) B。错误消息 % ambiguous command 表明有多个以 r 打头的 show 命令。要获悉正确的命令，可使用问号。

(19) B、D。命令 show interfaces 和 show ip interface 显示路由器接口的 IP 地址及其第 1 层和第 2 层的状态。

(20) A。如果串行接口和线路协议都处于 down 状态，则表明问题出在物理层。如果看到 serial1

is up, line protocol is down，说明未收到来自远程端的数据链路层存活消息。

B.7 第 7 章：管理思科互联网络

(1) B。IEEE 开发了一种新的标准化发现协议 802.1AB（Station and Media Access Control Connectivity Discovery），我们称之为链路层发现协议（LLDP）。

(2) C。在获悉路由器的 CPU 使用率方面，一个不错的工具是命令 show processes 或 show processes cpu。如果 CPU 使用率很高，就不是执行 debug 的好时机。

(3) B。命令 traceroute（简写为 trace）可在用户模式或特权模式下执行，用于获悉分组在互联网络中经过的路径，它还显示分组在哪里因路由器故障而停止前行。

(4) C。由于配置看起来正确，说明你正确地完成了复制工作。然而，将配置从网络主机复制到路由器时，路由器接口将自动关闭，需要手动使用命令 no shutdown 来启用它们。

(5) D。通过指定 DHCP 服务器的地址，让路由器能够将前往 DHCP 服务器的广播转发给它。

(6) C。开始配置路由器前，应使用命令 erase startup-config 清除 NVRAM 的内容，再使用命令 reload 重启路由器。

(7) C。这个命令可在路由器和交换机上执行，它显示与当前设备直连的每台设备的详细信息，包括 IP 地址。

(8) C。Port ID 列指出了连接的是远程设备的哪个接口。

(9) B。系统日志级别为 0 ~ 7，如果你在全局配置模式下使用命令 logging ip_address，将使用默认级别 7（也叫“调试”或 local7）

(10) C。你保存配置并重启路由器时，如果路由器启动后进入设置模式或配置为空，很可能是由于配置寄存器设置不正确。

(11) D。要让一个或多个 Telnet 会话处于打开状态，可先按 Ctrl + Shift + 6，再按 X。

(12) B、D。你需要记住的最佳答案是，要么是访问控制列表将 Telnet 会话过滤掉了，要么是远程设备未设置 VTY 密码。

(13) A、D。命令 show hosts 提供有关临时 DNS 条目的信息，还提供使用命令 ip host 创建的永久性名称–地址映射的信息。

(14) A、B、D。命令 tracert 是一个 Windows 命令，在路由器和交换机上不管用。IOS 使用命令 traceroute。

(15) D。默认情况下，思科 IOS 设备使用系统日志级别 local7，但大多数思科设备都提供了修改系统日志级别的选项。

(16) C。要通过 Telnet 会话查看控制台消息，必须执行命令 terminal monitor。

(17) C、D、F。在 IOS 中，系统日志消息比 SNMP Trap 消息多得多。系统日志是一种消息收集方法，将来自设备的消息收集到运行系统日志守护程序的服务器。通过将日志写入中央系统日志服务器，有助于收集日志和警报。

(18) E。虽然 A 无疑是“最佳”答案，但 E 也可行，且老板更希望你使用命令 show cdp neighbors detail。

(19) D。要将设备配置为 NTP 客户端，可在全局配置模式下执行命令 ntp server IP_address

version *number*。只需使用该命令即可，前提条件是 NTP 服务器运行正常。

(20) B、D、F。如果使用命令 logging trap *level* 指定了级别，将把指定级别和更高级别的消息写入日志。例如，使用命令 logging trap 3 时，紧急、警报、危险和错误消息将被写入日志，但在这个问题提供的选项中，只包含其中三个。

B.8　第 8 章：管理思科设备

(1) B。配置寄存器的默认设置为 0x2102，让路由器分别从闪存和 NVRAM 加载 IOS 和配置。0x2142 让路由器不加载 NVRAM 中的配置，以便你能够进行密码恢复。

(2) E。要将默认存储在闪存中的 IOS 复制到 TFPT 服务器，可使用命令 copy flash tftp。

(3) B。要在 ISR G2 路由器上安装新的许可证，可使用命令 license install url。

(4) C。配置寄存器设置 0x2101 让路由器加载微型 IOS，而不从闪存加载 IOS 文件。很多较新的路由器都没有微型 IOS，因此如果没有找到微型 IOS，路由器将进入 ROM 监视器模式。然而，这个文件的最佳答案是 C。

(5) B。命令 show flash 显示当前 IOS 文件的名称和大小以及闪存的容量。

(6) C。开始配置路由器之前，应使用命令 erase startup-config 删除 NVRAM 的内容，再使用命令 reload 重启路由器。

(7) D。命令 copy tftp flash 让你能够将新的 IOS 复制到路由器闪存。

(8) C。最佳答案是 show version，它显示路由器当前运行的 IOS 文件。命令 show flash 显示闪存的内容，但不会指出当前运行的是哪个文件。

(9) C。在所有思科路由器上，配置寄存器的默认设置都为 0x2102，让路由器分别从闪存和 NVRAM 加载 IOS 和配置。

(10) C。保存配置并重启路由器后，如果路由器进入设置模式或运行配置为空，很可能是由于配置寄存器的设置不对。

(11) D。命令 license boot module 在路由器上安装 RTU 许可证。

(12) A。命令 show license 指出系统中处于活动状态的许可证。对于当前运行的 IOS 映像中的每项功能（包括已许可和未许可的功能），该命令都显示多行信息，其中包含多个与软件激活和许可相关的状态变量。

(13) B。命令 show license feature 让你能够查看当前路由器支持的技术包许可证和功能许可证（包括已许可和未许可的功能），它还显示多个与软件激活和许可相关的状态变量。

(14) C。命令 show license udi 显示路由器的唯一设备标识符（UDI）。UDI 由产品 ID（PID）和路由器序列号组成。

(15) D。命令 show version 显示当前 IOS 版本的各种信息，包括许可细节（位于输出末尾）。

(16) C。命令 license save flash 让你能够将许可证存储到闪存。

(17) C。命令 show version 显示配置寄存器的当前设置。

(18) C、D。删除许可证的两个步骤如下：首先禁用相应的技术包，再清除许可证。

(19) B、D、E。将 IOS 映像备份到与路由器以太网端口直接相连的笔记本电脑前，确保满足如下条件：笔记本电脑运行着 TFTP 服务器软件；使用的以太网电缆是交叉电缆；笔记本电脑与路由器以太网端口位于同一个子网。然后，执行命令 copy flash tftp。

(20) C。默认配置寄存器设置 0x2102 让路由器在 NVRAM 中查找 boot 命令。

B.9 第 9 章: IP 路由选择

(1) show ip route。命令 show ip route 用于显示路由器的路由选择表。

(2) B。在 IOS 15 中，思科新定义了一种路由——本地路由。每条本地路由的前缀都是/32，只能用于前往一个地址（路由器的接口）。

(3) A、B。虽然 D 好像也对，但其实不对。这个子网掩码是远程网络（而不是源网络）使用的子网掩码。由于配置这条静态路由时，没有在末尾指定数字，因此它使用默认管理距离 1。

(4) C、F。交换机不会用作默认网关，也不会是目的地。交换机与路由选择一点关系都没有。目标 MAC 地址总是路由器接口的 MAC 地址，牢记这一点很重要。对于 HostA 发送的帧，目标地址将为路由器 RouterA 的接口 Fa0/0 的 MAC 地址。分组的目标地址将为 HTTPS 服务器的网络接口卡(NIC)的 IP 地址。在数据段报头中，目标端口号将为 443（HTTPS）。

(5) B。这种映射是动态获悉的，这意味着它是通过 ARP 获悉的。

(6) B。混合协议（如 EIGRP）兼具距离矢量协议和链路状态协议的特点。思科通常称 EIGRP 为高级距离矢量路由选择协议。

(7) A。由于在每一跳，目标 MAC 地址都不同，因此它必然是不断变化的。用于路由选择的 IP 地址始终不变。

(8) B、E。分类路由选择意味着互联网络中的所有主机都使用相同的子网掩码，且不交换子网掩码信息。无类路由选择意味着可使用变长子网掩码（VLSM）。

(9) B、C。距离矢量路由选择协议定期地通过所有活动接口向外发送整个路由选择表，而链路状态路由选择协议将包含链路状态的更新发送给互联网络中的所有路由器。

(10) C。这实际上是当前很多人对路由器工作原理的看法，因为早在 1990 年思科推出其第一台路由器时，路由器就是以这种简单方式交换分组的。然而，那时的流量需求极低，而现在不再如此。它转发每个分组时都需要在路由选择表中查找目标网络，以确定正确的出站接口。

(11) A、C。S*表明这是一条候选默认路由，还是手动配置的。

(12) B。默认情况下，RIP 的管理距离（AD）为 120，而 EIGRP 的管理距离为 90，因此路由器将丢弃所有这样的路由，即它与 EIGRP 路由前往同一个网络，但 AD 大于 90。

(13) D。要在路由无效后恢复，必须进行人工干预，手动将无效路由替换掉。

(14) A。RIPv1 和 RIPv2 将跳数最小的路由选作前往远程网络的最佳路由。

(15) A。由于在路由选择表中，没有前往网络 192.168.22.0 的路由，路由器将丢弃这个分组，并通过接口 FastEthernet0/0 向外发送一条 ICMP 目标不可达消息，因为该接口连接的是发送分组的主机所属的 LAN。

(16) C。静态路由的管理距离默认为 1。除非修改静态路由的管理距离，否则总是优先使用静态路由，而不是动态获悉的路由。默认情况下，EIGRP 的管理距离为 90，而 RIP 为 120。

(17) C。在列出的答案中，只有 BGP 属于 EGP。

(18) A、B 和 C。要在路由无效后恢复，必须进行人工干预，手工将无效路由替换掉。静态路由的优点是，给路由器和网络带来的负担更小，也更安全。

(19) C。命令 `show ip interface brief` 显示接口摘要。

(20) B。末尾的 150 将管理距离（AD）从默认值 1 改为 150。

B.10　第 10 章：第 2 层交换

(1) A。第 2 层交换机和网桥比路由器快，因为它们不用花时间查看网络层报头信息，但需要使用数据链路层信息。

(2) `mac address-table static aaaa.bbbb.cccc vlan 1 int fa0/7`。你可将 MAC 地址加入 MAC 地址表，这样它们将以静态条目的方式出现在 MAC 表中。

(3) B、D、E。由于该 MAC 地址未包含在 MAC 地址表中，交换机将把帧从所有端口（到达的端口除外）发送出去。

(4) `show mac address-table`。这个命令显示转发/过滤表，这个表也叫内容可寻址存储器（CAM）表。

(5) A、D、E。交换机的三项第 2 层功能是地址获悉、转发/过滤决策以及环路避免。

(6) A、D。从这里的输出可知，端口处于 Secure-shutdown 模式，因此端口指示灯将呈琥珀色。要重新启用该端口，需要执行下述命令：

```
S3(config-if)#shutdown
S3(config-if)#no shutdown
```

(7) `switchport port-security maximum 2`。将 maximum 设置为 2 意味着最多可以有两台主机连接到这个端口。如果有人试图连接更多的主机，交换机端口将采取指定的措施。要指定交换机将采取的措施，可使用命令 `switchport port-security violation`。

(8) B。命令 `switchport port-security` 启用端口安全，这是其他命令生效的前提条件。

(9) B。网关冗余并非 STP 解决的问题。

(10) A。如果没有采取环路避免措施，交换机将无休止地将广播泛洪，使其传遍整个互联网络。这有时被称为广播风暴。

(11) B、C。端口上发生违规时，模式 shutdown 和 protect 都会通过 SNMP 告诉你。

(12) 生成树协议（STP）。STP 是交换机使用的一种交换环路避免机制。

(13) `ip default-gateway`。要从 LAN 外部管理交换机，就必须像主机一样在交换机上设置默认网关。

(14) C。IP 地址配置给了一个逻辑接口，这种逻辑接口被称为管理域或 VLAN 1。

(15) B。命令 `show port-security interface` 显示交换机端口的端口安全配置和状态，如下面的输出所示：

```
Switch# show port-security interface fastethernet0/1
Port Security: Enabled
Port status: SecureUp
Violation mode: Shutdown
Maximum MAC Addresses: 2
Total MAC Addresses: 2
Configured MAC Addresses: 2
```

```
Aging Time: 30 mins
Aging Type: Inactivity
SecureStatic address aging: Enabled
Security Violation count: 0
```

(16) switchport port-security mac-address sticky。命令 switchport port-security mac-address sticky 让交换机将动态获悉的 MAC 地址保存到运行配置中，这样管理员就无需配置具体的 MAC 地址了。

(17) B、D。要只允许特定主机连接，应配置一个静态条目，将该主机的 MAC 地址关联到端口。然而，这台主机依然可以连接到其他端口，但其他主机不能连接到端口 F0/3。另一种解决方案是，配置端口安全，使端口只接受来自指定主机 MAC 地址的数据。默认情况下，对通过单个端口可获悉的 MAC 地址数没有限制，不管它是接入端口还是中继端口。要保护交换机端口，可指定一个或多个可连接到端口的 MAC 地址，并指定其他主机试图连接到端口时将采取的违规措施（如禁用端口）。

(18) D。这个命令配置一个静态条目，将 MAC 地址 00c0.35F0.8301 关联到交换机端口 F0/1。默认情况下，对通过单个端口可获悉的 MAC 地址数没有限制，不管它是接入端口还是中继端口。要保护交换机端口，可指定一个或多个可连接到端口的 MAC 地址，并指定其他主机试图连接到端口时将采取的违规措施（如禁用端口）。

(19) D。不需要将端口设置为 trunk 模式。在这里，这个交换机端口是一个 VLAN 的成员。在中继端口上也可以配置端口安全，但这与此处的问题无关。

(20) switchport port-security violation shutdown。这个命令让交换机在发生安全违规时关闭端口。

B.11   第 11 章：VLAN 及 VLAN 间路由选择

(1) D。下面简要地说明了 VLAN 简化网络管理的方式。
- 在网络中添加、移走和更换设备很容易，只需将端口加入合适的 VLAN 即可。
- 对于安全要求极高的用户，可将他们加入一个独立的 VLAN，这样，其他 VLAN 中的用户将不能与他们通信。
- 作为用户逻辑编组，VLAN 可独立于用户的物理（地理）位置。
- 实现正确的情况下，VLAN 可极大地改善网络安全。
- VLAN 增加了广播域的数量，从而缩小了广播域的规模。

(2) ip routing。必须在第 3 层交换机上启用路由选择。

(3) C。使用中继链路能让 VLAN 横跨多台交换机。中继链路为多个 VLAN 传输流量。

(4) B。接入端口只能属于一个数据 VLAN，但大多数交换机都允许将接入端口分配给另一个 VLAN，以便传输语音流量，这种 VLAN 被称为语音 VLAN。语音 VLAN 通常被称为辅助 VLAN，可以与数据 VLAN 重叠，从而让同一个端口可同时传输语音和数据。

(5) A。必须给 VLAN 接口配置命令 no shutdown。

(6) C。不像 ISL 那样使用控制信息来封装帧，802.1q 插入一个包含标记控制信息的 802.1q 字段。

(7) D。可不给每个 VLAN 提供一个路由器接口，而只使用一个快速以太网接口，并在该接口上运行中继协议 ISL 或 802.1q。这让所有 VLAN 都通过一个接口进行通信，思科称之为"单臂路由器"。

(8) switchport access vlan 2。在要加入 VLAN 的接口（交换机端口）的配置模式下执行这个命令。

(9) show vlan。创建所需的 VLAN 后，可使用命令 show vlan 来验证。

(10) B。配置每个子接口时，都必须使用命令 encapsulation 指定接口所属的 VLAN。

(11) A。在多层交换机上，启用 IP 路由选择，并使用命令 interface vlan number 为每个 VLAN 创建一个逻辑接口后，就会在交换机背板上执行 VLAN 间路由选择。

(12) A。端口 Fa0/15 ~ Fa0/18 未包含在任何 VLAN 中，它们是中继端口。

(13) C。未标记的帧属于本机 VLAN——默认为 VLAN 1。

(14) sh interface fastEthernet 0/15 switchport。这里的输出表明：管理模式为 dynamic desirable；端口处于中继模式；通过使用 DTP 协商，双方同意使用帧标记方法 ISL；本机 VLAN 为默认的 VLAN 1。

(15) C。在第 2 层交换机中，一个 VLAN 就是一个广播域。每个 VLAN 都需要使用不同的地址空间（子网）。总共有 4 个 VLAN，这意味着有 4 个广播域/子网。

(16) B。应将主机的默认网关设置为与主机所属 VLAN（这里是 VLAN 2）相关联的子接口的 IP 地址。

(17) C。VLAN 流量通过中继链路传输时，将使用帧标记。中继链路为多个 VLAN 传输数据，因此帧标记用于标识来自不同 VLAN 的帧。

(18) vlan 2。要在思科 Catalyst 交换机上创建 VLAN，可使用全局配置命令 vlan。

(19) B。802.1q 使用本机 VLAN。

(20) switchport nonegotiate。仅当接口处于 access 或 trunk 模式时，才能使用该命令。在这种情况下，要建立中继链路，必须手动将邻接接口配置为中继接口。

B.12　第 12 章：安全

(1) D。按顺序将分组与访问控制列表的语句进行比较，找到分组满足的条件后，对分组采取相应的措施，且不再进行比较。

(2) C。范围 192.168.160.0 ~ 192.168.191.0 对应的块大小为 32。网络地址为 192.168.160.0，子网掩码为 255.255.224.0，在访问控制列表中，必须使用对应的通配符掩码 0.0.31.255。其中的 31 对应于块大小 32，通配符掩码总是比块大小小 1。

(3) C。将命名访问控制列表应用于路由器接口时，只需将编号替换为名称即可，因此正确的答案是 ip access-group Blocksales in。

(4) B。必须将传输层协议指定为 TCP，使用正确的通配符掩码（这里为 0.0.0.255）并指定目标端口（80）。另外，必须指定所有主机都可访问。

(5) A。对于这样的问题，首先需要检查的是访问控制列表编号。据此可知答案 B 不正确，因为它使用的是标准 IP 访问控制列表的编号。接下来需要检查的是协议。如果要根据上层协议进行过滤，则必须指定 UDP 或 TCP，据此可排除答案 D。另外，答案 C 和 E 的语法不对。

(6) C。在所有的答案中，只有命令 show ip interface 能够告诉你对哪些接口应用了访问控制列表。命令 show access-list 不会指出对哪些接口应用了访问控制列表。

(7) 每个命令对应的功能如下所示：

show access-list	显示路由器中配置的所有访问控制列表及其参数，但不会指出访问控制列表被应用于哪个接口
show access-list 110	只显示访问控制列表110的参数，但不会指出该访问控制列表被应用于哪个接口
show ip access-list	只显示路由器上配置的IP访问控制列表
show ip interface	显示应用于指定接口的访问控制列表

(8) C。扩展访问控制列表的编号范围为 100 ~ 199 和 2000 ~ 2699，因此访问控制列表编号 100 是合法的。Telnet 使用 TCP，因此协议 TCP 也是合法的。现在，只需查看源地址和目标地址。只要答案 C 的参数排列顺序是正确的。答案 B 也许可行，但这里要求只禁止到网络 192.168.10.0 的 Telnet 连接，而答案 B 的通配符掩码指定的范围太大了。

(9) D。扩展 IP 访问控制列表的编号范围为 100 ~ 199 和 2000 ~ 2699，并根据源 IP 地址、目标 IP 地址、协议号和端口号进行过滤。答案 D 是正确的，因为它的第二条语句指定了 permit ip any any（实际上是 0.0.0.0 255.255.255.255，但这与 any 等效）。答案 C 没有这条语句，因此将禁止所有访问。

(10) D。首先，你必须知道/20 对应的子网掩码为 255.255.240.0，其第三个字节对应的块大小为 16。通过计算 16 的整数倍，可确定子网号的第三个字节为 48，而通配符掩码的第三个字节为 15，因为通配符掩码总是比块大小小 1。

(11) B。要确定子网掩码的通配符（反转）版本，只需将 0 改为 1，并将 1 改为 0：

11111111.11111111.11111111.11100000（27 位为 1，即/27）

00000000.00000000.00000000.00011111（通配符/反转掩码）

(12) A。首先，你必须知道/19 对应的子网掩码为 255.255.224.0，其第三个字节对应的块大小为 32。通过计算 32 的整数倍，可确定子网号的第三个字节为 192，而通配符掩码的第三个字节为 31，因为通配符掩码总是比块大小小 1。

(13) B 和 D。访问控制列表语句的影响范围取决于指定的通配符掩码和网络地址。在这里，影响范围的起点为网络 ID 192.111.16.32。通配符掩码为 0.0.0.31，将网络 ID 和通配符掩码的最后一个字节的值相加（32 + 31 = 63），可获悉影响范围的终点（192.111.16.63）。因此，该语句禁止来自 192.111.16.32 ~ 192.111.16.63 的流量通过。

(14) C。要将访问控制列表应用于接口，可在接口配置模式下执行命令 ip access-group。

(15) B。这个访问控制列表不包含 permit 语句，将禁止所有流量通过。

(16) D。将访问控制列表应用于接口时，如果该访问控制列表一条 permit 语句也没有，则相当于关闭了该接口，因为每个访问控制列表末尾都有一条隐式的 deny any 语句。

(17) C。要禁止以远程登录方式访问路由器，可对路由器的 VTY 线路应用一个标准 IP 访问控制列表或一个扩展 IP 访问控制列表。命令 access-class 用于将访问控制列表应用于 VTY 线路。

(18) C。思科路由器有如何在路由器接口上应用访问控制列表的规则。在每个接口的每个方向上，只能针对每种第 3 层协议应用一个访问控制列表。

(19) C。当前网络面临的最常见的攻击是拒绝访问（DoS）攻击，因为这种攻击最容易发动。

(20) C。通过实现入侵检测系统（IDS）和入侵防范系统（IPS），可实时地检测并阻止攻击。

B.13　第 13 章：网络地址转换

(1) A、C、E。NAT 并非十全十美，在有些网络中会导致一些问题，但适用于大部分网络。NAT 可能导致延迟，给故障排除带来麻烦，还可能导致有些应用程序无法正常运行。

(2) B、D、F。NAT 虽然并非十全十美，但也有一些优点。它可节省全局地址，这使得在无需使用公有 IP 地址的情况下，就可在互联网中添加数百万台主机。这提高了公司网络的灵活性。另外，NAT 还让你能够在同一个网络中多次使用同一个子网，而不会导致地址重叠的问题。

(3) C。命令 debug ip nat 实时显示路由器执行的转换。

(4) A。命令 show ip nat translations 显示转换表，其中包含所有活动的 NAT 条目。

(5) D。命令 clear ip nat translations *清除转换表中所有活动的 NAT 条目。

(6) B。命令 show ip nat statistics 显示 NAT 配置摘要、活动转换条目数、命中现有转换条目的次数、没有匹配转换条目（这将导致试图创建新转换条目）的次数以及到期的转换条目数。

(7) B。命令 ip nat pool *name* 创建地址池，主机可使用其中的地址连接到互联网。答案 B 之所以正确，是因为范围 171.16.10.65 ～ 171.16.10.94 包含 30 台主机，而子网掩码必须与之匹配，即子网掩码应为 255.255.255.224。答案 C 不正确，因为地址池名称使用了小写字母 t，而地址池名称是区分大小写的。

(8) A、C、E。在思科路由器上，可配置三种类型的 NAT：静态 NAT、动态 NAT 和 NAT 重载（PAT）。

(9) B。可使用 prefix-length *length* 代替 netmask。

(10) C。要让 NAT 提供转换服务，必须在合适的路由器接口上配置命令 ip nat inside 和 ip nat outside。

(11) A、B、D。NAT 最常见的用途是，在主机没有全局 IP 地址的情况下连接到互联网。但答案 B 和 D 也是正确的。

(12) C。对私有网络中主机的 IP 地址进行转换后，得到的是内部全局地址。

(13) A。在转换前，私有网络中主机的 IP 地址被称为内部本地地址。

(14) D。要回答这个问题，只需确定内部全局地址池。内部全局地址的范围为 1.1.128.1 ～ 1.1.135.174，其第三个字节对应的块大小为 8，这对应于子网掩码/21。要找出正确答案，只需确定块大小和感兴趣的字节。

(15) B。创建地址池后，必须使用命令 ip nat inside source 指定哪些内部本地地址可使用该地址池。为回答这个问题，需要检查访问控制列表 100 是否配置正确，因此最佳答案是 show access-list。

(16) A。要让 NAT 提供转换服务，必须配置接口。在内部网络接口上，应配置命令 ip nat inside；而在外部网络接口上，应配置命令 ip nat outside。

(17) B。要让 NAT 提供转换服务，必须配置接口。在连接到内部网络的接口上，应配置命令 ip nat inside；而在连接到外部网络的接口上，应配置命令 ip nat outside。

(18) C。端口地址转换也叫 **NAT 重载**，因为要启用端口地址转换，需要使用关键字 overload。

(19) B。在思科路由器上，使用快速交换来创建路由缓存，以免转发每个分组时都对路由选择表进行分析，从而让分组快速通过路由器。对分组进行进程交换（查看路由选择表）时，路由信息将被存储到缓存中，供以后需要时使用，以提高路由选择速度。

(20) B。创建供内部主机用于连接到互联网的地址池后，必须配置让内部主机能够使用该地址池的命令。这个问题的正确答案是 `ip nat inside source list number pool-name overload`。

B.14 第 14 章：IPv6

(1) D。修改的 EUI-64 格式的接口标识符是从 48 位的链路层（MAC）地址转换而来的，转换方法是在前三个字节（OUI 字段）和后三个字节（序列号）之间插入十六进制数 FFFE。

(2) D。IPv6 地址分成 8 组，每组包含 4 个十六进制位，即 16 个二进制位（两字节）。组之间用冒号分隔。选项 A 包含两对冒号，选项 B 没有 8 组，选项 C 包含非法的十六进制字符。

(3) A、B、C。如果使用排除法，这个问题就很容易回答。首先，环回地址只有一个，那就是::1，因此选项 D 不对；链路本地地址以 FE80::/10 而不是 FE80::/8 打头；在 IPv6 中，没有广播。

(4) A、C、D。迁移方法有多种，包括隧道化、转换和双栈。隧道用于在一种协议中传输另一种协议的数据；转换就是将 IPv6 分组转换为 IPv4 分组；双栈结合使用 IPv4 和 IPv6。使用双栈时，设备能够同时运行 IPv4 和 IPv6，如果能够进行 IPv6 通信，这是最佳的迁移方案，让主机能够同时访问 IPv4 和 IPv6 内容。

(5) A、B。ICMPv6 路由器通告的类型代码为 134，通告的前缀必须长 64 位。

(6) B、E、F。任意播地址标识了多个接口，这有点类似于组播地址，但最大的差别在于，任意播分组只传输到一台设备——从路由选择距离的角度说距离最短的设备。这种地址也被称为一到多个之一地址或一到最近地址。

(7) C。IPv4 环回地址为 127.0.0.1，而 IPv6 环回地址为::1。

(8) B、C、E。IPv6 的一个重要特征是，让设备能够独立地配置自己，从而支持即插即用。将节点插入 IPv6 网络后它就能通信，而无需任何人工干预。IPv6 没有实现传统的 IP 广播。

(9) A、D。环回地址为::1，链路本地地址以 FE80::/10 打头，场点本地地址以 FEC0::/10 打头，全局地址以 2000::/3 打头，组播地址以 FF00::/10 打头。

(10) C。发送路由器请求时，将表示所有路由器的组播地址 FF02::2 用作目标地址。路由器可向所有主机发送路由器通告，这种分组的目标地址为组播地址 FF02::1。

(11) A、E。IPv6 不使用广播，自动配置是 IPv6 的特征之一，让主机能够自动获得 IPv6 地址。

(12) A。NDP 邻居通告（NA）包含请求的 MAC 地址。为请求邻居提供 MAC 地址，主机发送邻居请求（NS）。

(13) B。IPv6 任意播地址用于一到最近通信，这意味着任意播地址被设备用来将数据发送一组接收方（接口）中最近的接收方（接口）。

(14) B、D。为简化 IPv6 地址，可用两个冒号替换相连的全零字段。为进一步缩短地址，可省略前导零。与 IPv4 一样，可给同一个接口配置多个地址；IPv6 地址类型更多，但该规则也适用。可给同一个接口配置链路本地地址、全局单播地址、组播地址和任意播地址。

(15) A、B、C。删除了"报头长度"字段，因为不再需要它。IPv6 报头的长度固定为 40 字节，而不像 IPv4 报头那样是变长的。在 IPv6 中，处理分段的方式不同，因此不再需要 IPv4 基本报头中的

"标志"字段。在 IPv6 中，路由器不再负责分段，这项工作由主机负责。删除了"报头校验和"字段，因为大多数数据链路层技术都执行校验和和错误控制，这让上层校验和不再是必不可少的。

(16) B。IPv6 没有广播，而使用单播、组播、任意播、全局单播和链路本地单播。

(17) D。这里问的是一个字段多少位，而不是整个 IPv6 地址多少位。IPv6 地址包含 8 个字段，其中每个字段长 16 位（4 个十六进制字符）。

(18) A、D。全局地址以 2000::/3 打头；链路本地地址以 FE80::/10 打头；环回地址为::1；而未指定地址为两个冒号（::）。每个接口都将自动配置一个环回地址。

(19) B、C。如果你查看主机的 IP 配置，将发现有多个 IPv6 地址，其中包括一个环回地址。最后64 位是动态创建的接口 ID，在 IPv6 地址中，每个 16 位字段的前导零都可省略。

(20) C。要在思科路由器上启用 IPv6 路由选择，可在全局配置模式下执行如下命令：

```
ipv6 unicast-routing
```

如果不能识别这个命令，说明你使用的 IOS 版本不支持 IPv6。

B.15 第 15 章：高级交换技术

(1) B、D。这台交换机不是 VLAN 1 的根网桥，否则输出将指出它是根网桥。从输出可知，从端口 Gi1/2 出发前往 VLAN 1 的根网桥的端口成本为 4，这意味着它与根网桥直接相连。据此，可使用命令 show cdp nei 来找出根网桥。另外，该交换机运行的是 RSTP（802.1w），而不是 STP。

(2) D。正确的答案好像是 A，因为要不是另外两台交换机分别配置了命令 spanning-tree vlan x root primary 和 spanning-tree vlan x root secondary，优先级为 4096 的交换机将成为根网桥。然而，由于主根网桥和辅助根网桥的优先级都为 16 384，优先级值比这个值更大的交换机将成为根网桥。

(3) A、D。获悉根网桥很重要，而命令 show spanning-tree 可帮助你完成这项任务。要快速获悉当前交换机是哪些 VLAN 的根网桥，可使用命令 show spanning-tree summary。

(4) A。802.1w 也被称为快速生成树协议。思科交换机默认不会启用它，但它是比 802.1d 更好的 STP 版本，因为它提供了所有的思科 802.1d 补丁。思科交换机运行的是 RSTP PVST+，而不仅仅是 RSTP。

(5) B。在包含冗余链路的第 2 层交换型网络中，生成树协议用于避免交换环路。

(6) C。当所有网桥和交换机的端口都切换到转发或阻断状态后，会聚便完成了。会聚期间不会转发任何数据。所有设备都更新后，才会再次转发数据。

(7) C、E。有两种类型的 EtherChannel：思科 PAgP 和 IEEE LACP。它们基本上相同，但配置方式上存在细微的差别。要启用 PAgP，可使用模式 auto 或 desirable；要启用 LACP，可使用模式 passive 或 active。这些模式决定了使用哪种 EtherChannel。在 EtherChannel 束两端，配置的模式必须相同。

(8) A、B、F。RSTP 有助于解决传统 STP 深受其害的会聚速度问题。快速 PVST+建立在 802.1w 标准的基础之上，就像 PVST+建立在 802.1d 的基础之上一样。快速 PVST+给每个 VLAN 提供一个独立的 802.1w 生成树实例。

(9) D。在端口上启用了 PortFast 时，也应启用 BPDU 防护。这样，如果端口收到来自其他交换机的 BPDU，BPDU 防护将关闭它，以防形成环路。

(10) C。为支持 PVST+，在 BPDU 中新增了一个字段。该字段包含扩展的系统 ID，让 PVST+能够为每个 STP 实例选择根网桥。扩展的系统 ID（VLAN ID）长 12 位，在命令 show spanning-tree 的输出中，可看到这个字段的值。

(11) C。PortFast 和 BPDU 防护让端口能够迅速切换到转发状态，这对交换机端口来说很好，但无关乎负载均衡。RSTP 支持一定程度的负载均衡，但这超出了本书的范围。虽然可以使用 PPP 来配置多链路（捆绑链路），但这只适用于异步或同步串行链路。思科 EtherChannel 最多可将交换机之间的 8 条链路捆绑起来。

(12) D。交换机之间有冗余链路时，如果不在交换机上运行生成树协议，就会出现广播风暴，且目标设备将收到同一个单播帧的多个副本。

(13) B、C、E。各条链路两端的端口配置必须相同，否则将不管用。速度、双工设置以及支持的 VLAN 都必须相同。

(14) D、F。有两种类型的 EtherChannel：思科 PAgP 和 IEEE LACP。它们基本上相同，但配置方式上存在细微的差别。要启用 PAgP，可使用模式 auto 或 desirable；要启用 LACP，可使用模式 passive 或 active。这些模式决定了使用哪种 EtherChannel。在 EtherChannel 束两端，配置的模式必须相同。

(15) D。如果不知道哪台设备是根网桥，就无法回答这个问题。SC 的网桥优先级为 4096，因此它是根网桥。从 SB 出发，经直连链路前往根网桥的路径成本为 4，但这条链路出现了故障。如果经 SA 前往 SC，成本将为 23（4＋19），而经 SA 和 SD 前往 SC 时，成本为 12（4＋4＋4）。

(16) A、D。要配置 EtherChannel 并使用 LACP，可在全局配置模式下创建端口信道，再将每个物理接口加入该端口信道，并将模式设置为 active。虽然仅在接口配置模式下配置命令 channel-group 也将启用 EtherChannel，但按照思科 CCNA 考试大纲，答案 A 和 D 是最佳的。

(17) A、D。可将优先级设置为 4096 的整数倍，但必须在范围 0～61 440 内。将优先级设置为 0 可确保交换机总是根网桥，条件是其 MAC 地址比其他优先级也为 0 的交换机小。另外，也可使用命令 spanning-tree vlan vlan primary，让交换机成为指定 VLAN 的根网桥。

(18) A。通过为每个 VLAN 提供一个生成树实例，可确保根网桥位于 VLAN 中央，从而优化流量的传输路径。

(19) A、C、D、E。默认情况下，每个 802.1d 端口都将依次经过阻断、侦听和学习状态，并最终进入转发状态，这需要 50 秒钟。RSTP 使用的状态只包括丢弃、学习和转发。

(20) A、C、D、E、F。在 STP 中，交换机端口可能扮演的角色包括根端口、非根端口、指定端口、非指定端口、转发端口和阻断端口。丢弃端口用于 RSTP。禁用也是一种端口角色，但这种角色没有出现在答案中。

B.16　第 16 章：网络设备管理和安全

(1) B。为提供安全性，可在 SNMP 配置模式下使用编号或名称指定 ACL。

(2) C。默认优先级为 100。通过将优先级改为更大的值，可让路由器成为活动路由器；通过设置抢占，可确保活动路由器出现故障并修复后依然是活动路由器。

(3) D。要在路由器或交换机上启用 AAA，可使用全局配置命令 aaa new-model。

(4) A、C。要缓解接入层威胁，可使用端口安全、DHCP snooping、动态 ARP 检测和基于身份的联网。

(5) D。DHCP snooping 验证 DHCP 消息，创建并维护 DHCP snooping 绑定数据库，限制来自可信和不可信来源的 DHCP 流量。

(6) A、D。TACACS+使用 TCP，它是思科专用的，提供了多协议支持并将 AAA 服务分开。

(7) B。不同于 TACACS+，RADIUS 没有将 AAA 服务分开。

(8) A、D。共同体字符串为只读时，不能对路由器做任何修改。然而，SNMPv2 可使用 GETBULK 同时创建多个请求并返回结果。

(9) C。第一跳冗余协议旨在提供默认网关冗余。

(10) A、B。路由器接口可处于很多不同的 HSRP 状态，这些状态如表 16-1 所示。

(11) A。只有选项 A 正确地排列了在接口上启用 HSRP 的命令的各部分。

(12) D。在招聘面试中，我经常提出这个问题。处理 HSRP 时，命令 show standby 对你大有帮助。

(13) D。保留优先级默认值 100 一点都没错。第一台路由器将成为活动路由器。

(14) C。在第 1 版中，HSRP 消息被发送到组播 IP 地址 224.0.0.2 和 UDP 端口 1985；而第 2 版使用组播 IP 地址 224.0.0.102 和 UDP 端口 1985。

(15) B、C。如果 HSRP1 配置了抢占，它将成为活动路由器，因为它的优先级更高；否则，HSRP2 将依然是活动路由器。

(16) C。在第 1 版中，HSRP 消息被发送到组播 IP 地址 224.0.0.2 和 UDP 端口 1985；而第 2 版使用组播 IP 地址 224.0.0.102 和 UDP 端口 1985。

(17) C、D。SNMPv2 引入了 GETBULK 和 INFORM 消息，但在安全性方面与 SNMPv1 没什么两样。SNMPv3 使用 TCP，并提供了加密和身份验证功能。

(18) D。正确的答案是 D。将新创建的 RADIUS 组用于身份验证时，务必在命令末尾加上关键字 local。

(19) B。DAI 结合使用 DHCP snooping 来跟踪 DHCP 事务中的 IP-to-MAC 绑定，以防范 ARP 欺骗。为创建 MAC-to-IP 绑定，以便进行 DAI 验证，DHCP snooping 必不可少。

(20) A、D、E。使用客户端/服务器访问控制对有线和无线主机实施基于身份的联网时，涉及三种角色：客户端也被称为请求者，这种软件运行在支持 802.1x 的客户端设备上；身份验证器通常是交换机，控制着对网络的物理访问，是位于客户端和身份验证服务器之间的代理；身份验证服务器（RADIUS）对每个客户端进行身份验证，客户端只有通过身份验证后才能访问服务。

B.17　第 17 章：增强 IGRP

(1) B。只有 EIGRP 路由会被加入路由选择表，因为它的管理距离（AD）最小，而选择路由时，总是先考虑管理距离，后考虑度量值。

(2) A、C。EIGRP 维护三个位于 RAM 中的表：邻居表、拓扑表和路由选择表。邻居表和拓扑表分别是使用 Hello 分组和更新分组创建和维护的。

(3) B。EIGRP 使用报告距离（也叫通告距离，AD）将前往远程网络的成本告诉邻居路由器。该路由器将其 FD 作为 AD 告诉邻居路由器，邻居路由器再加上前往该路由器的成本，得到 FD。

(4) E。后继路由将被加入路由选择表，因为它们是前往特定远程网络的最佳路由。然而，拓扑表也包含到每个网络的最佳路由,因此答案是拓扑表和路由选择表。前往远程网络的辅助路由被视为可行后继路由,这些路由只存储在拓扑表中,并用作备用路由,以防主路由失效。

(5) C。前往远程网络的辅助路由被视为可行后继路由,这些路由只存储在拓扑表中,并用作备用路由,以防主路由失效。要查看拓扑表,可使用命令 `show ip eigrp topology`。

(6) B、C、E。不像 OSPF,EIGRP 和 EIGRPv6 路由器可使用相同的 RID,而 RID 可使用命令 `eigrp router-id` 来设置。另外,还可设置 `variance` 以启用非等成本负载均衡,同时可使用命令 `maximum-paths` 指定最多可在多少条路径之间均衡负载。

(7) C。有两条后继路由,因此 EIGRP 默认将在始于接口 s0/0 和 s0/1 的路由之间均衡负载。s0/0 出现故障时,EIGRP 只将流量从接口 s0/1 转发出去,并将始于 s0/0 的路由从路由选择表中删除。

(8) D。要在路由器接口上启用 EIGRPv6,可使用接口配置命令 `ipv6 eigrp as`。

(9) C。从接口 Serial0/0 出发前往网络 10.10.50.0 的路径的成本,是当前后继路由的 FD 的三倍。要在 FD 相差两倍的两条路径间进行非等成本负载均衡,需要使用命令 `variance 3`。

(10) B、C。最大跳数为 16 指的是 RIP,而 EIGRP 从不使用广播,因此可以排除答案 A 和 D。可行后继路由是备用路由,且存储在拓扑表中,因此答案 B 是对的。如果没有找到可行后继路由,EIGRP 将向所有邻居查询,询问它们是否知道前往网络 10.10.10.0 的新路径。

(11) D。命令 `show ip eigrp neighbors` 让你能够查看所有邻居的 IP 地址、重传间隔和队列计数器。这些邻居都与当前路由器建立了邻接关系。

(12) C、E。要让 EIGRP 与邻居建立邻接关系,AS 号必须一致,用于计算度量值的 K 值也必须一致。另外,答案 F 也可能导致这种问题,但从给定输出无法确定是否有接口是被动的。

(13) A、D。后继路由是从拓扑表中挑选出来的前往远程网络的最佳路由,因此 IP 使用它们将流量转发到远程目的地。拓扑表包含所有这样的路由:虽然没有后继路由那么好,但被视为可行后继路由(备用路由)的路由。别忘了,所有路由都存储在拓扑表中,后继路由也不例外。

(14) A、B。答案 A 可行,因为路由器会把这个 `network` 命令中的 10.255.255.64 改为 10.0.0.0,这是由于 EIGRP 默认使用分类网络地址。因此,从技术上说,这个答案是对的,但务必明白其中的原因。像配置 OSPF 和 ACL 一样,可使用通配符掩码来指定子网地址 10.255.255.64/27。/27 对应的块大小为 32,因此通配符掩码的第 4 个字节为 31。通配符掩码 0.0.0.0 不对,因为 10.255.255.64 是网络地址,而不是主机地址;通配符掩码 0.0.0.15 也不对,因为它对应的块大小为 15,只适用于子网掩码为 /28 的网络。

(15) C。排除邻接关系故障需要检查 AS 号、K 值、`network` 命令、被动接口和 ACL。

(16) C。EIGRP 和 EIGRPv6 默认最多在 4 条成本相等的路径之间均衡负载,但在 IOS 15.0 中,可通过配置最多在 32 条路径之间进行等成本或非等成本负载均衡。

(17) B、E。必须在全局配置模式下使用命令 `ipv6 router eigrp` 启用 EIGRPv6,并指定 AS 号,然后才能设置 RID 或其他全局参数。不像配置 EIGRP 那样使用 `network` 命令,配置 EIGRPv6 时,在需要启用 EIGRPv6 的每个接口上使用命令 `ipv6 eigrp as`。

(18) C。这些输出提供的信息不多,但相比整页的输出,这些输出让问题更容易回答。鉴于始于接口 s0/0/2 的路由的 FD 和 AD 最小,它将成为后继路由,因此根据这里的输出,答案 C 正确的可能性最大。然而,需要指出的是,路由要成为可行后继路由,其报告距离必须小于当前后继路由的可行距离。

(19) C。这个示意图中的网络属于非连续网络，因为你将一个分类网络划分成了多个子网，而这些子网分布在另一个分类网络的两边。只有 RIPv2、OSPF 和 EIGRP 能够处理这种非连续网络，但使用 RIPv2 和 EIGRP 时，除非路由器运行的是 IOS 15.0，否则你必须修改其默认配置：在路由选择协议配置中使用命令 `no auto-summary`。路由器 RouterB 有一个接口是被动的，但它不是路由器 RouterA 和 RouterB 之间的接口，不会导致无法建立邻接关系。

(20) A、B、C、D。思科文档指出，出现邻接关系故障时，应检查如下方面。

❑ 设备之间的接口是否出现了故障。
❑ 两台路由器的 EIGRP 自主系统号是否不同。
❑ 是否没有将正确的接口加入 EIGRP 进程。
❑ 接口是否被设置为被动的。
❑ K 值是否相同。
❑ EIGRP 身份验证是否配置正确。

B.18　第 18 章：开放最短路径优先

(1) B。只有 EIGPR 路由会被加入路由选择表，因为它的管理距离（AD）最小，而选择最佳路由时，管理距离是比度量值优先考虑的因素。

(2) A、B、C。任何属于多个区域的路由器必然是区域边界路由器（ABR）。

(3) A、C。路由器的 OSPF 进程 ID 只在本地有意义，因此，可在每台路由器上都使用相同的进程 ID，也可在每台路由器上都使用不同的进程 ID。进程 ID 是否相同一点关系都没有。可使用的进程 ID 为 $1 \sim 65\,535$，不要将其与区域号混为一谈，后者的取值范围为 $0 \sim 4.2 \times 10^9$。

(4) B。路由器 ID（RID）是一个 IP 地址，用于标识路由器。路由器 ID 不必相同也不应相同。

(5) C。路由器 ID（RID）是一个 IP 地址，用于标识路由器。思科将最大的环回接口 IP 地址用作路由器 ID。如果没有给任何环回接口配置地址，OSPF 将选择最大的活动物理接口 IP 地址。

(6) A。管理员指定的通配符掩码不对。通配符掩码应为 0.0.0.255 或 0.255.255.255。

(7) A。`State` 列的连字符（-）表明无选举 DR，因为在点到点链路（如串行连接）上，不需要 DR。

(8) D。OSPF 的默认管理距离为 110。

(9) A。Hello 分组的目标地址为组播地址 224.0.0.5。

(10) 命令 `show ip ospf neighbor` 显示所有与接口相关的邻居信息。该命令显示 DR 和 BDR（当前路由器为 DR 或 BDR 时不显示），所有直连邻居的 RID 以及直连接口的 IP 地址和名称。

(11) A。在广播网络上，224.0.0.6 用于将数据发送给 DR 和 BDR。

(12) D。在同一条链路连接的两台路由器上，Hello 定时器和失效定时器都必须相同，否则它们将无法建立邻接关系。在 OSPF 中，Hello 定时器的默认值为 10 秒，而失效定时器默认为 40 秒。

(13)

指定路由器　　　　　　　　只包含最佳路由

拓扑数据库　　　　　　　　在广播网络上选举产生

Hello协议　　　　　　　　包含获悉的所有路由

路由选择表　　　　　　　　动态地发现邻居

在广播网络上选举指定路由器。每台 OSPF 路由器维护的描述 AS 的数据库都相同。Hello 协议用于动态地发现邻居。路由选择表只包含最佳路由。

(14) passive-interface fastEthernet 0/1。命令 passive-interface 只在指定的接口上禁用 OSPF。

(15) B、G。要配置 OSPF，必须首先启用 OSPF 并指定进程 ID。进程 ID 无关紧要，只要在范围 1 ~ 65 535 内就行。启动 OSPF 进程后，必须在 network 命令中使用 IP 地址和通配符掩码指定要在哪些接口上激活 OSPF，并指定这些接口所属的区域。答案 F 不对，因为在关键字 area 和区域号之间必须有一个空格。

(16) A。OSPF 接口的默认优先级为 1。接口优先级最高的路由器将成为子网的指定路由器（DR）。这里的输出表明，在接口 Fa0/0 连接的网段中，路由器 ID 为 192.168.45.2 的路由器是备用指定路由器（BDR），这说明有另一台路由器充当 DR。由此可以推断，该 DR 的优先级高于 2（这里的输出经过了删减，没有指出充当 DR 的路由器）。

(17) A、B、C。OSPF 采用层次设计，而不像 RIP 那样采用扁平设计。这可降低路由选择开销、加快会聚速度并将网络不稳定的影响限制在当前区域内。

(18) show ip ospf interface。命令 show ip ospf interface 显示所有与接口相关的 OSPF 信息。使用这个命令时，可显示特定接口的 OSPF 信息，也可显示所有 OSPF 接口的信息。

(19) A。LSA 分组用于更新和维护拓扑数据库。

(20) B。OSPF 进程启动时，自动将最大的活动物理接口 IP 地址用作路由器 ID（RID）。如果配置了环回接口（逻辑接口），其 IP 地址将优先于物理接口 IP 地址，被自动用作路由器的 RID。

B.19　第 19 章：多区域 OSPF

(1) A、B、D。随着单区域 OSPF 网络的规模增大，需要维护的路由选择表和 OSPF 数据库的规模也会增大。另外，只要网络拓扑发生变化，就得针对整个网络再次运行 OSPF 算法。

(2) B。连接到外部路由选择进程（其他 AS）的 OSPF 路由器都是自主系统边界路由器（ASBR），而 ABR 将一个或多个 OSPF 区域连接到区域 0。

(3) B、D、E。两台 OSPF 路由器要建立邻接关系，Hello 定时器和失效定时器都必须相同，相连接口必须属于相同的区域和子网。另外，如果配置了身份验证，相关的信息也必须相同。

(4) C。首先，路由器发送 Hello 分组。随后，每台侦听的路由器都将始发路由器加入邻居数据库，并向始发路由器提供完整的 Hello 信息，从而让始发路由器将其加入邻居表。至此，进入了双向状态——只有部分路由器能继续往前走，最终建立邻接关系。

(5) D。如果有多条链路连接到同一个远程网络，可使用命令 ip ospf cost *cost* 修改其中一条链路的成本，让 OSPF 选择使用这条链路。

(6) B。处于完全邻接状态时，邻居便同步了所有 LSA 信息。只有进入完全邻接状态后，OSPF 路由选择才能正常运行。加载状态结束后将进入完全邻接状态。

(7) B、D、E。只要知道要使用路由器的哪些接口，OSPFv3 配置起来就非常简单。OSPFv3 是在各个接口上进行配置的，无需使用 network 命令。OSPFv2 和 OSPFv3 都使用 32 位的 RID，只要给一个接口分配了 IPv4 地址，配置 OSPFv3 时就无需手动设置 RID。

(8) B。建立 OSPF 邻接关系时，路由器需要经过 7 种状态才能与邻居建立完全邻接关系。这些状态依次为 DOWN、ATTEMPT、INIT、双向、预启动、交换、加载和完全邻接。

(9) B。2 类 LSA 被称为网络链路通告（NLA），由指定路由器（DR）生成。指定路由器被选举出来代表网络中的其他路由器，并与其他路由器建立邻居关系。DR 使用 2 类 LSA 来发送网络中其他路由器的状态信息。

(10) C。3 类 LSA 被称为汇总链路通告（SLA），由区域边界路由器生成。ABR 将 3 类 LSA 发送到它连接的其他区域。3 类 LSA 通告网络，还通告前往主干区域（区域 0）的区域间路由。

(11) D。要查看路由器从邻居那里获悉的所有 LSA，需要显示 OSPF LSDB，为此可使用命令 show ip ospf database。

(12) B。根据这个问题提供的信息，从 R1 到 R2 的成本为 4，从 R2 到 R3 的成本为 15，从 R3 到 R5 的成本为 4。因此，总成本为 23（15 + 4 + 4）。非常简单。

(13) B、D。R3 与区域 1 相连，而 R1 与区域 2 和区域 0 相连，因此通告给 R3 的路由将标识为 OI，即区域间路由。

(14) A、D、E、F、G。两台 OSPF 路由器要建立邻接关系，相连的接口必须位于相同的区域和子网；如果配置了身份验证信息，也必须相同。你还需检查如下方面：是否应用了 ACL、接口是否被设置为被动的、两台 OSPF 路由器的使用的 RID 是否不同。

(15) C。IOS 命令 show ip ospf neighbor 显示邻居路由器的信息，如邻居 ID 以及与邻居路由器的邻接关系状态。

(16) D。接口属于广播多路访问网络时，命令 show ip ospf *interface* 将显示该网络的 DR 和 BDR。

(17) A、C、D、F。仅根据这些输出很难确定导致无法建立邻居关系的原因，而需要查看 ACL 10 的内容，核实相连的接口是否位于相同的区域和子网，并检查相连的接口是否被设置为被动的。

(18) B、D、G。参考带宽默认为 100，但可在 OSPF 进程下使用命令 auto-cost reference bandwidth *number* 进行修改。然而，如果确实要修改，就必须在 AS 内的所有路由器上进行同样的修改。

(19) A、D。OSPF RID 用于指出 1 类 LSA 的来源；如果有环回接口，路由器将把最大的环回接口地址用作其 OSPF RID。

(20) B、C。在单区域 OSPF 中，只使用两类 LSA，这可节省带宽。另外，不需要虚链路——一种让你能够将一个区域连接到另一个非主干区域的配置。

B.20 第 20 章：排除 IP、IPv6 和 VLAN 故障

(1) D。已收到确认，表明前往邻居的路径没有问题。REACH 说明一切正常。

(2) B。导致接口错误的最常见原因是，以太网链路两端的双工模式不匹配。如果双工设置不匹配，将出现大量错误，导致讨厌的性能问题：网络时断时续，甚至根本无法通信。

(3) D。要查看接口的 DTP 状态，可使用命令 sh dtp interface *interface*。

(4) A。不通过接口向外发送 DTP 帧。仅当邻接接口被手动设置为 trunk 或 access 模式时，才能使用这种模式。

(5) D。命令 show ipv6 neighbors 显示路由器的 ARP 缓存。

(6) B。如果在可达时间内接口未与邻居通信将进入 STALE 状态。再次与邻居通信时，状态将重新变为 REACH。

(7) B。没有 IPv6 默认网关。IPv6 默认网关是路由器接口的链路本地地址，这是以路由器通告的方式发送给主机的。收到这种路由器地址后，主机才能使用 IPv6 在本地子网内通信。

(8) D。这台主机使用 IPv4 进行通信，它没有 IPv6 全局地址，因此只能与使用 IPv4 的远程网络通信。然而，在这台主机上配置的 IPv4 地址和默认网关不属于同一个子网。

(9) B、C。命令 show interface trunk 和 show interface *interface* switchport 显示端口统计信息，包括本机 VLAN 信息。

(10) A。大多数思科交换机出厂时都默认将端口设置为 auto 模式，这意味着如果连接的端口为模式 on 或 desirable，将自动建立中继链路。虽然并非所有交换机出厂时都将端口设置为 auto 模式，但很多交换机都如此，这要求你将一端的端口设置为模式 on 或 desirable，这样才能在交换机之间建立中继链路。

B.21　第 21 章：广域网

(1) C。命令 debug ppp authentication 显示 PPP 在点到点连接上执行的身份验证过程。

(2) B、D。BGP 不能像其他路由选择协议那样自动发现邻居，因此你必须使用命令 neighbor peer-ip-address remote-as peer-as-number 显式地配置邻居关系。

(3) D。BGP 将 TCP 用作传输机制，后者提供了面向连接的可靠传输。BGP 使用 TCP 端口 179。两台使用 BGP 的路由器建立一条 TCP 连接，这两台 BGP 路由器被称为"对等路由器"或"邻居"。

(4) D。命令 show ip bgp neighbor 用于查看两个 BGP 对等体配置的保持时间。

(5) B。在命令 show ip bgp 的输出中，如果下一跳字段的值为 0.0.0.0，就意味着相应的网络是在当前路由器中使用 network 命令通告给 BGP 的。

(6) A、D。GRE 隧道具有如下特征：GRE 在 GRE 报头中使用一个协议类型字段，以便能够通过隧道传输任何第 3 层协议的数据；GRE 是无状态的且没有任何流量控制机制；GRE 没有提供安全性；GRE 给通过隧道传输的分组带来了额外的开销——每个分组至少 24 字节。

(7) C。配置 GRE 隧道时，如果出现这条指出状态反复变化的消息，就意味着你使用的是隧道接口地址而不是隧道目标地址。

(8) D。命令 show running-config interface tunnel 0 显示接口的配置，而不显示隧道的状态。

(9) C。PPP 可使用身份验证协议 PAP 和 CHAP，其中 PAP 是明文的，而 CHAP 使用 MD5 散列值。

(10) C。PPPoE 将 PPP 帧封装到以太网帧中，并使用常见的 PPP 功能，如身份验证、加密和压缩。PPPoA 用于 ATM。

(11) C、D。S0/0/0 处于 up 状态，这意味着它在与 CSU/DSU 交流，因此不存在选项 A 中的问题。身份验证未通过和另一端使用的封装类型不同都是导致数据链路未建立的原因。

(12) C。命令 show interface 显示了 GRE 隧道接口的配置、状态、IP 地址以及隧道的源地址和目标地址。

(13) B、C、D。这是一个简单的问题，旨在检查你对 WAN 连接的认识。在专用线上不需要使用

PPP，因此答案 A 不对。连接客户场点时，可使用任何 WAN 连接，因此答案 B 是对的。连接到帧中继交换机时，也可使用任何类型的连接，只要 ISP 支持，因此答案 C 也对。通过使用 EoMPLS（Ethernet over MPLS），可将以太网用作 WAN，但除非是帧中继，否则不需要配置 DLCI，因此答案 E 不对。

(14) B。所有 Web 浏览器都支持 SSL（安全套接字层），而 SSL VPN 被称为 Web VPN。远程用户无需安装任何软件就可使用浏览器来建立安全连接。GRE 不对数据进行加密。

(15) E。这个问题很简单，因为路由器 Remote 使用默认的串行封装 HDLC，而路由器 Corp 使用串行封装 PPP。应在路由器 Remote 上将封装设置为 PPP，也可在路由器 Corp 上使用接口配置命令 no encapsulation 将封装恢复到默认设置 HDLC。

(16) A、C、E。VPN 使用高级加密和身份验证协议，可保护你的网络免受未经授权的访问，从而提供了极高的安全性。相比传统的点到点租用线，将公司远程办公室连接到最近的互联网服务提供商，再使用加密和身份验证创建 VPN 隧道，可节省大量费用。VPN 的可扩展性极高，可支持更多的远程办公室和移动用户，让移动用户无论是在出差期间还是在家里，都能安全地连接到公司网络。VPN 与宽带技术的兼容性非常好。

(17) A、D。拥有第 2 层网络的互联网提供商可选择使用这种 VPN，而不是其他常见的第 3 层 MPLS VPN。虚拟专用 LAN 交换（VPLS）和虚拟专用线服务（VPWS）是两种提供第 2 层 MPLS VPN 的技术。

(18) D。IPSec 是一种行业标准协议和算法簇，运行在 OSI 模型的第 3 层（网络层），让你能够通过 IP 网络安全地传输数据。

(19) C。VPN 让你能够利用互联网组建专用网络，通过隧道安全地传输非 TCP/IP 协议分组。可通过任何类型的链路建立 VPN。

(20) B、C。第 2 层 MPLS VPN 和更流行的第 3 层 MPLS VPN 都是由提供商向客户提供并负责管理的服务。

B.22　第 22 章：智能网络进展

(1) B。在分组到达时就将其丢弃称为尾丢弃。在队列将满时选择性丢弃分组称为拥塞避免（CA）。思科将加权随机早期检测（WRED）作为 CA 方案，旨在对缓冲区深度进行监视，并在超过指定的最小队列阈值时提前执行随机的分组丢弃。

(2) A、C。你使用特殊的堆叠互联电缆将多台交换机组合成一个逻辑单元，从而创建一条双向的闭环路径。每当网络拓扑或路由选择信息发生变化时，这种变化都将传播到整个堆叠中。

(3) C。更高效地使用资源可降低成本，因为物理设备越少，意味着成本越低。客户只需为其使用的服务或基础设施付费，这可最大限度地降低开支。

(4) B、D、E。语音流量属于实时流量，其所需的带宽是固定且可预测的，分组的到达时间也是确定的。单程语音流量的需求包括延迟低于 150 毫秒、抖动低于 30 毫秒、丢失率低于 1%、需要的带宽为 30 ~ 128Kbps。

(5) B。控制层面是 SDN 架构的核心层，思科 APIC-EM 位于其中。

(6) A。基础设施即服务（IaaS）只提供网络和计算机基础设施（平台虚拟化环境）。

(7) C。信任边界是对分组进行分类和标记的地方，常见的信任边界包括 IP 电话以及 ISP 和企业网络之间的边界。

(8) A。IWAN 提供独立于传输方式的连接性、智能路径控制、应用程序优化和高度安全的连接性。

(9) A。NBAR 是一种深度分组检查分类器，对第 4 ~ 7 层进行检查。与标记相比，NBAR 的 CPU 密集程度更高，它使用既有的标记、地址或 ACL。

(10) C。DSCP 是一组 6 位的值，用于描述第 3 层 IPv4 ToS 字段的含义。IP 优先级是老的 ToS 标记方式，而 DSCP 是新方式，向后与 IP 优先级兼容。

(11) A、B。南向 API（设备到控制层面的接口）用于控制器和网络设备之间的通信，因此这些接口位于控制层面和数据层面之间。

(12) D。服务类别（CoS）是一种描述帧头或分组报头中特定字段的术语。网络中的设备根据这个字段的值来决定如何处理分组。CoS 长 3 位，通常用于以太网帧。

(13) D。虽然选项 A 无疑是最理想的，但遗憾的是情况并不是这样的。实际情况是，你无需配置各自为政的设备，这可节省时间，让你有更多的时间去应对新的业务需求。

(14) C。流量超过分配的速率时，监管器将采取两种措施之一：将流量丢弃或将其重新标记为别的服务类别。新指定的服务类别通常被丢弃的可能性更高。

(15) C、D、F。SDN 架构与传统网络的架构稍有不同，它包含三层：数据层、控制层和应用程序层。

(16) C。NBAR 是一种对第 4 ~ 7 层进行检查的深度分组检查分类器。

(17) B、D。南向 API（设备到控制层面的接口）用于控制器和网络设备之间的通信，而北向 API（北向接口）负责 SDN 控制器和通过网络运行的服务之间的通信。思科旨在通过 onePK 提供一种高级专用 API，让你无需升级硬件就能查看或修改网络设备的配置。数据层面负责转发帧或分组。

(18) B、D。每个交换机堆叠都只有一个 IP 地址，因此整个堆叠是作为一个整体进行管理的。你将使用这个 IP 地址来管理堆叠，包括故障检测、VLAN 数据库更新、安全性和 QoS 控制。每个堆叠都只有一个配置文件，这个文件被分发给堆叠中的每台交换机。当你在堆叠中添加交换机时，主交换机将自动使用当前运行的 IOS 映像和堆叠配置来配置新增的交换机。因此，你什么都不用做就能让新交换机运行起来。

(19) B。平台即服务（PaaS）提供操作系统和网络，即提供计算平台和解决方案栈。

(20) C。软件即服务（SaaS）提供必要的软件、操作系统和网络，让用户能够直接使用应用程序或软件。

(21) C。云端存储的数据在任何时候都可用，这种可用性意味着用户无需备份其数据。在云面世前，用户可能因为不小心执行了删除操作、放错了位置或计算机崩溃而丢失重要的文档。

附录 C

禁用和配置网络服务

默认情况下，思科 IOS 运行了一些不必要的服务，如果不禁用，很可能成为拒绝服务（DoS）攻击的目标。

DoS 是最常见的攻击，因为这种攻击最容易发动。要检测并防范这些简单而有害的攻击，可使用软件和硬件工具，如入侵检测系统（IDS）和入侵防范系统（IPS）。然而，如果不能实现 IDS/IPS，可在路由器上执行一些基本命令，让路由器更安全，但没有任何措施可确保当今的网络绝对安全。

下面来看看应在路由器上禁用的基本服务。

C.1 阻断 SNMP 分组

思科 IOS 默认允许从任何地方远程接入，因此除非你很信任别人或很无知，否则绝对应该关注默认配置，对远程接入进行限制。不然的话，路由器很容易成为非法登录者的攻击目标。这是访问控制列表的用武之地，它们确实能够保护路由器。

通过在外围路由器的接口 serial0/0 上配置如下命令，可禁止任何 SNMP 分组进入该路由器和 DMZ（要让这个访问控制列表真正发挥作用，还需添加一条 permit 语句，但这只是一个示例而已）：

```
Lab_B(config)#access-list 110 deny udp any any eq snmp
Lab_B(config)#interface s0/0
Lab_B(config-if)#access-group 110 in
```

C.2 禁用 echo

你可能不知道，路由器运行的一些小型服务（它们是服务器或后台程序）对诊断很有帮助。默认情况下，思科路由器启用了一系列诊断端口，以提供一些 UDP 和 TCP 服务，这包括 echo、chargen 和 discard。

主机连接到这些端口后，将占用少量 CPU 以响应相关的请求。只需使用一台攻击设备发送大量请求（这些请求使用伪造的随机源 IP 地址），就可让路由器不堪重负，使其响应缓慢甚至崩溃。为防范 chargen 攻击，可配置如下命令：

```
Lab_B(config)#no service tcp-small-servers
Lab_B(config)#no service udp-small-servers
```

finger 是一个实用程序，让互联网中的 Unix 主机用户能够彼此获取对方的信息，应禁用这项服务：

```
Lab_B(config)#no service finger
```

finger 命令可用来获取网络中所有用户和路由器的信息，这就是你应该禁用它的原因。finger 是一个远程执行的命令，效果与在路由器上执行命令 show users 相同。

下面是 TCP 小型服务。

❏ echo 回显你输入的内容。要查看相关的选项，请执行命令 telnet *x.x.x.x* echo ?。

❏ chargen 生成 ASCII 数据流。要查看相关的选项，请执行命令 telnet *x.x.x.x* chargen ?。

❏ discard 丢弃你输入的内容。要查看相关的选项，请执行命令 telnet *x.x.x.x* discard ?。

❏ daytime 如果正确，返回系统日期和时间。如果运行了 NTP 或在 EXEC 模式下手动设置了日期和时间，它们就是正确的。要查看相关的选项，请执行命令 telnet *x.x.x.x* daytime ?。

下面是 UDP 小型服务。

❏ echo 回显你发送的数据报的有效负载。

❏ discard 默默地丢弃你发送的数据报。

❏ chargen 丢弃你发送的数据报，并以一个字符串响应，该字符串包含 72 个 ASCII 字符，并以 CR + LF 结尾。

C.3 禁用 BootP 和自动配置

同样，默认情况下，思科路由器也提供 BootP 服务以及远程自动配置服务。要在思科路由器上禁用这些功能，可使用如下命令：

```
Lab_B(config)#no ip boot server
Lab_B(config)#no service config
```

C.4 禁用 HTTP 进程

对配置和监视路由器来说，命令 ip http server 可能很有用，但 HTTP 的明文特征显然是一种安全风险。要在路由器上禁用 HTTP 进程，可使用如下命令：

```
Lab_B(config)#no ip http server
```

要在路由器上启用 HTTP 服务器，以支持 AAA，可使用全局配置命令 ip http server。

C.5 禁用 IP 源路由选择

IP 报头包含一个源路由（source-route）选项，让源 IP 主机可指定分组穿越 IP 网络时采用的路由。在启用了源路由选择的情况下，分组将被转发到其源路由选项指定的路由器地址。要禁用根据报头的源路由选项来处理分组，可使用如下命令：

```
Lab_B(config)#no ip source-route
```

C.6 禁用代理 ARP

代理 ARP 是这样一种技术，由一台主机（通常是路由器）来响应发送给其他设备的 ARP 请求。通过"伪造"身份，路由器承担了将这些分组转发给"实际"目的地的职责。代理 ARP 可让主机到达远程子网，而无需配置路由选择或默认网关。要禁用代理 ARP，可使用下面的命令：

```
Lab_B(config)#interface fa0/0
Lab_B(config-if)#no ip proxy-arp
```

在路由器的所有 LAN 接口上都配置该命令。

C.7　禁用重定向消息

路由器使用 ICMP 重定向消息来告诉主机，有一条前往特定目的地的路由更好。为禁用重定向消息，以防坏人根据这种信息推断出网络拓扑，可使用如下命令：

```
Lab_B(config)#interface s0/0
Lab_B(config-if)#no ip redirects
```

在路由器的所有接口上配置该命令。然而需要知道的是，如果这样做，合法的用户流量可能采用次优路由，因此禁用这项功能时要谨慎。

C.8　禁止生成 ICMP 不可达消息

要防止外围路由器告诉外部主机哪些子网不存在，进而泄露拓扑信息，可使用命令 no ip unreachable。在连接到外部网络的所有路由器接口上配置该命令：

```
Lab_B(config)#interface s0/0
Lab_B(config-if)#no ip unreachables
```

C.9　禁用组播路由缓存

组播路由缓存列出了组播路由选择条目，这些分组可被人读取，带来了安全威胁。要禁用组播路由缓存，可使用如下命令：

```
Lab_B(config)#interface s0/0
Lab_B(config-if)#no ip mroute-cache
```

在所有路由器接口上配置该命令，但这可能降低合法组播流量的传输速度，因此这样做时应谨慎。

C.10　禁用运维协议

运维协议（Maintenance Operation Protocol，MOP）是 DECnet 协议簇中的一种协议，运行在数据链路层和网络层，供上传和下载系统软件、远程测试和故障诊断等服务使用。谁还会使用 DECnet 呢？要禁用这种服务，可使用如下命令：

```
Lab_B(config)#interface s0/0
Lab_B(config-if)#no mop enabled
```

在所有路由器接口上配置该命令。

C.11　关闭 X.25 PAD 服务

分组拆装器（Packet Assembler/Disassembler，PAD）将终端和计算机等异步设备连接到公共/私有 X.25 网络。鉴于当前的每台计算机都使用 IP，X.25 已经淘汰，因此没有理由运行该服务。要禁用 PAD 服务，可使用如下命令：

```
Lab_B(config)#no service pad
```

C.12　启用 Nagle TCP 拥塞算法

Nagle TCP 拥塞算法对避免小型分组导致的拥塞很有用，但如果你使用的 MTU 设置比默认值（1500 字节）大，这种算法可能导致负载超过平均水平。要启用该服务，可使用如下命令：

```
Lab_B(config)#service nagle
```

需要知道的是，Nagle 拥塞服务可能导致到 X Server 的 X Window 连接断开，因此如果你使用的是 X Window，请不要启用该服务。

C.13　将所有事件都写入日志

用作系统服务器时，思科 ACS 服务器可将事件写入日志，供你查看。要启用这项功能，可使用命令 logging trap debugging（或 logging trap *level*）和 logging *ip_address*：

```
Lab_B(config)#logging trap debugging
Lab_B(config)#logging 192.168.254.251
Lab_B(config)#exit
Lab_B#sh logging
Syslog logging: enabled (0 messages dropped, 0 flushes, 0 overruns)
    Console logging: level debugging, 15 messages logged
    Monitor logging: level debugging, 0 messages logged
    Buffer logging: disabled
    Trap logging: level debugging, 19 message lines logged
        Logging to 192.168.254.251, 1 message lines logged
```

命令 show logging 提供有关路由器日志配置的统计信息。

C.14　禁用思科发现协议

顾名思义，思科发现协议（CDP）发现直接相连的思科网络设备，这是一种思科专用协议。然而，它是一种数据链路层协议，因此无法发现路由器另一边的思科设备。另外，默认情况下，思科交换机不转发 CDP 分组，因此无法发现交换机端口连接的思科设备。

组建网络时，CDP 确实很有用。但熟悉该网络并编写文档后，就不再需要它了。鉴于 CDP 可用于发现网络中的思科路由器和交换机，应将其禁用。可在全局配置模式下禁用 CDP，这将在交换机或路由器上完全关闭 CDP：

```
Lab_B(config)#no cdp run
```

也可使用如下命令在每个接口上禁用 CDP：

```
Lab_B(config-if)#no cdp enable
```

C.15　禁止转发 UDP 协议分组

像下面这样在接口上配置命令 ip helper-address 后，路由器将把 UDP 广播转发到指定的服务器：

```
Lab_B(config)#interface f0/0
Lab_B(config-if)#ip helper-address 192.168.254.251
```

在需要将 DHCP 客户端请求转发给 DHCP 服务器时，通常使用命令 ip helper-address。但问题是，这不仅会转发前往端口 67 的分组（BootP 服务器请求），默认还会转发前往其他 7 个端口的分组。要禁止转发前往这些端口的分组，可使用如下命令：

```
Lab_B(config)#no ip forward-protocol udp 69
Lab_B(config)#no ip forward-protocol udp 53
Lab_B(config)#no ip forward-protocol udp 37
Lab_B(config)#no ip forward-protocol udp 137
Lab_B(config)#no ip forward-protocol udp 138
Lab_B(config)#no ip forward-protocol udp 68
Lab_B(config)#no ip forward-protocol udp 49
```

这样，将只会把 BootP 服务器请求（对应的端口为 67）转发给 DHCP 服务器。如果要转发前往特定端口的分组（如 TACACS+分组），可使用如下命令：

```
Lab_B(config)#ip forward-protocol udp 49
```

C.16　Cisco auto secure

要创建并应用 ACL，需要做的工作量很大，而关闭前面讨论的所有服务亦如此。不过你确实要使用 ACL 来确保路由器的安全，尤其是连接到互联网的接口。然而，你可能不确定最佳的方法是什么，或者不想因整夜创建 ACL 和禁用默认服务而耽误与朋友玩乐。

无论是哪种情况，思科提供的解决方案都是一个很好的起点，也很容易实现。这就是使用命令 auto secure，只需在特权模式下运行它，如下所示：

```
R1#auto secure
             --- AutoSecure Configuration ---

*** AutoSecure configuration enhances the security of
the router, but it will not make it absolutely resistant
to all security attacks ***

AutoSecure will modify the configuration of your device.
All configuration changes will be shown. For a detailed
explanation of how the configuration changes enhance
security and any possible side effects, please refer to Cisco.com
for Autosecure documentation.
At any prompt you may enter '?' for help.
```

```
Use ctrl-c to abort this session at any prompt.

Gathering information about the router for AutoSecure
Is this router connected to internet? [no]: yes
Enter the number of interfaces facing the internet [1]: [enter]
Interface              IP-Address    OK? Method Status                    Protocol
FastEthernet0/0        10.10.10.1    YES NVRAM  up                        up
Serial0/0              1.1.1.1       YES NVRAM  down                      down
FastEthernet0/1        unassigned    YES NVRAM  administratively down down
Serial0/1              unassigned    YES NVRAM  administratively down down
Enter the interface name that is facing the internet: serial0/0

Securing Management plane services...

Disabling service finger
Disabling service pad
Disabling udp & tcp small servers
Enabling service password encryption
Enabling service tcp-keepalives-in
Enabling service tcp-keepalives-out
Disabling the cdp protocol

Disabling the bootp server
Disabling the http server
Disabling the finger service
Disabling source routing
Disabling gratuitous arp

Here is a sample Security Banner to be shown
at every access to device. Modify it to suit your
enterprise requirements.

Authorized Access only
  This system is the property of So-&-So-Enterprise.
  UNAUTHORIZED ACCESS TO THIS DEVICE IS PROHIBITED.
  You must have explicit permission to access this
  device. All activities performed on this device
  are logged. Any violations of access policy will result
  in disciplinary action.

Enter the security banner {Put the banner between
k and k, where k is any character}:
#
If you are not part of the www.globalnettc.com domain, disconnect now!
#
Enable secret is either not configured or
 is the same as enable password
Enter the new enable secret: [password not shown]
% Password too short - must be at least 6 characters. Password configuration
failed
Enter the new enable secret: [password not shown]
Confirm the enable secret : [password not shown]
Enter the new enable password: [password not shown]
Confirm the enable password: [password not shown]
```

```
Configuration of local user database
Enter the username: Todd
Enter the password: [password not shown]
Confirm the password: [password not shown]
Configuring AAA local authentication
Configuring Console, Aux and VTY lines for
local authentication, exec-timeout, and transport
Securing device against Login Attacks
Configure the following parameters
Blocking Period when Login Attack detected: ?
% A decimal number between 1 and 32767.
Blocking Period when Login Attack detected: 100
Maximum Login failures with the device: 5
Maximum time period for crossing the failed login attempts: 10
Configure SSH server? [yes]: [enter to take default of yes]
Enter the domain-name: lammle.com
Configuring interface specific AutoSecure services
Disabling the following ip services on all interfaces:

 no ip redirects
 no ip proxy-arp
 no ip unreachables
 no ip directed-broadcast
 no ip mask-reply
Disabling mop on Ethernet interfaces

Securing Forwarding plane services...

Enabling CEF (This might impact the memory requirements for your platform)
Enabling unicast rpf on all interfaces connected
to internet

Configure CBAC Firewall feature? [yes/no]:
Configure CBAC Firewall feature? [yes/no]: no
Tcp intercept feature is used prevent tcp syn attack
on the servers in the network. Create autosec_tcp_intercept_list
to form the list of servers to which the tcp traffic is to
be observed

Enable tcp intercept feature? [yes/no]: yes
```

就这么简单！前面提到的服务都被禁用了，还禁用了其他一些服务！保存命令 auto secure 创建的配置后，就可在运行配置中查看新配置了。它很长！

你可能很想马上出去欢度美好时光，但还需核实安全配置，并配置访问控制列表。

版 权 声 明